TERMODINÂMICA METALÚRGICA

Coleção de Livros
Metalurgia, Materiais e Mineração

Editor-Chefe
Ronaldo Barbosa

Editor da Série Livros-Texto
Claudemiro Bolfarini

Diretor de Desenvolvimento de Competências
Valdomiro Roman da Silva

Analista Editorial
Luciane Genzano Cruz

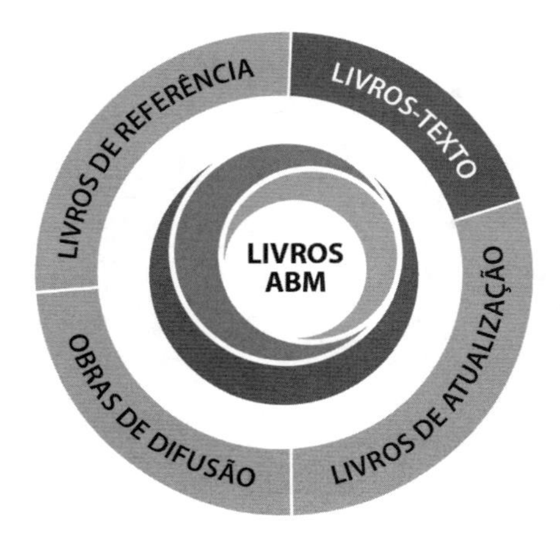

Carlos Antonio da Silva
Itavahn Alves da Silva
Luiz Fernando Andrade de Castro
Roberto Parreiras Tavares
Varadarajan Seshadri

TERMODINÂMICA METALÚRGICA

Balanços de energia, soluções e equilíbrio químico em sistemas metalúrgicos

Termodinâmica metalúrgica: balanços de energia, soluções e equilíbrio químico em sistemas metalúrgicos

Editora Edgard Blücher Ltda.

Imagem da capa: iStockphoto

Blucher

Rua Pedroso Alvarenga, 1245, 4° andar
04531-934 – São Paulo – SP – Brasil
Tel 55 11 3078-5366
contato@blucher.com.br
www.blucher.com.br

Segundo o Novo Acordo Ortográfico, conforme 5. ed. do *Vocabulário Ortográfico da Língua Portuguesa*, Academia Brasileira de Letras, março de 2009.

Dados Internacionais de Catalogação na Publicação (CIP)
Angélica Ilacqua CRB-8/7057

Termodinâmica metalúrgica : balanços de energia, soluções e equilíbrio químico em sistemas metalúrgicos / Carlos Antonio da Silva... [et al.]. – São Paulo : Blucher, 2018.
722 p. : il.

Bibliografia
ISBN 978-85-212-1331-4 (impresso)
ISBN 978-85-212-1333-8 (e-book)

1. Termodinâmica 2. Metalurgia I. Itavahn Alves da Silva.

18-0767 CDD 621.4021

Índice para catálogo sistemático:
1. Termodinâmica

APRESENTAÇÃO DA COLEÇÃO DE LIVROS ABM

A Coleção de Livros ABM, criada em 2005, tem por principais objetivos suprir lacunas de conhecimento e estimular o desenvolvimento de pessoas. De forma a ter uma abordagem mais didática, a coleção foi segmentada em quatro séries:

Livros de Referência – apresenta-se como material para consulta rápida de informações úteis, gerais ou focalizadas em um determinado campo do conhecimento, abrangendo, normalmente, tabelas, estatísticas, definições, exemplos, históricos e outros tipos de conteúdo.

Obras de Difusão – tem o propósito de levar a notícia e o conhecimento até o leitor comum, familiarizando-o com a natureza do progresso científico e tecnológico, bem como apresentar implicações econômicas, sociais e políticas em uma sociedade exposta a constantes mudanças.

Livros de Atualização – fornece ao leitor mais experiente a abordagem de assuntos especializados que complementam o conhecimento técnico-científico, além de atualização sobre os progressos nas áreas de metalurgia, materiais e mineração.

Livros-Texto – destina-se a leitores iniciantes ou que queiram se aprofundar no assunto, abordando temas de fundamentos, matérias-primas e processos, produtos e aplicações e gestão, seguindo uma sequência lógica de assunto e um grau progressivo de dificuldade, compatíveis com a finalidade didática do livro.

O título *Termodinâmica metalúrgica*, lançamento de 2018, é fruto da parceria ABM e Editora Blucher, e vem enriquecer a Coleção de Livros, contribuindo com a Série Livros-Texto.

Ronaldo Barbosa

Editor-Chefe

CONTEÚDO

INTRODUÇÃO

A ênfase deste livro se encontra nos temas balanços de energia, termodinâmica de soluções e equilíbrio de reações químicas. O leitor mais experimentado certamente notará que em alguns casos se faz necessário abordar todos esses temas simultaneamente para a solução de um dado problema. Em geral, esses problemas envolvem métodos de cálculo mais elaborados, de modo que apenas alguns exemplos são abordados para não tornar o tema excessivamente complexo. Muitos estudantes de engenharia consideram termodinâmica uma disciplina complexa; de fato, ela pode ser, mas nada impede que conclusões precisas e úteis possam ser obtidas pela aplicação da termodinâmica como uma ferramenta. Essa é a proposta deste livro, aplicar os princípios de termodinâmica de modo a se obter uma descrição precisa de processos metalúrgicos, sem, entretanto, incorrer em exaustivas digressões teóricas.

O Capítulo 1 apresenta um panorama dos campos de aplicação dos assuntos e técnicas abordadas neste livro.

O Capítulo 2 trata de conceitos básicos que serão utilizados no decorrer do livro: alguns conceitos básicos de química e uma breve revisão das leis da termodinâmica. É uma revisão curta e espera-se que o leitor tenha adquirido uma base anterior em princípios da Termodinâmica.

O Capítulo 3 é devotado aos balanços de energia, os quais são apresentados como uma expressão da Primeira Lei da Termodinâmica, combinados com o princípio de conservação dos elementos. A apresentação é tal que este capítulo possa ser utilizado independentemente dos demais, embora se reconheça que em alguns casos um tratamento mais completo precise envolver soluções e equilíbrio químico, ou equilíbrio químico acoplado a balanços de energia, por exemplo.

O foco do Capítulo 4 são as soluções metálicas. Muito esforço foi despendido no passado para descrever como as propriedades das soluções e de seus componentes variam em função de pressão, temperatura e composição. Existe um acervo muito grande destes dados para soluções binárias e ternárias. Os dados se tornam mais escassos no caso de soluções policomponentes, embora, com o advento da termodinâmica computacional, tenham sido propostos e testados métodos de extrapolação que permitem a obtenção de resultados plenamente aceitáveis. Como este é um texto introdutório, o capítulo sobre o comportamento termodinâmico das soluções inclui a apresentação clássica e tabular das propriedades das soluções, as relações entre essas propriedades, os conceitos que levam à definição de fugacidade e atividade, o conceito de soluções ideal e real e a representação wagneriana de atividade em soluções diluídas policomponentes. Esses aspectos são importantes, pois parte considerável de processos de extração e refino se dá com a participação de soluções metálicas, gases e escórias. De novo, os assuntos deste capítulo são apresentados de modo que uma abordagem em separado seja possível.

O cálculo relativo à espontaneidade e ao rendimento de reações químicas é abordado no Capítulo 5. Não necessariamente reações químicas atingem o equilíbrio nos processos de extração e refino de metais; de fato, alguns processos importantes têm rendimentos limitados por motivos cinéticos, referentes ao transporte de calor e/ou massa. Não obstante, é sempre importante determinar se uma dada proposta é factível ou qual seria o rendimento teórico a ser alcançado; além do mais, em várias situações a comprovação experimental apresenta evidências de que o equilíbrio foi de fato atingido. Relembradas estas ressalvas, o capítulo referente a equilíbrio químico inclui a dedução da lei de Ação das Massas a partir da consideração da Energia Livre de Gibbs como critério de espontaneidade e equilíbrio; relembra a aplicação da Regra das Fases de Gibbs em sistemas nos quais várias fases e reações químicas tomam parte simultaneamente. Naturalmente isto envolve considerar a participação de elementos e compostos puros e também de espécies em soluções; no caso de solutos em soluções diluídas, utiliza-se amplamente o conceito de estados de referência baseados na Lei de Henry e de parâmetros de interação. Por motivos históricos e de cunho prático, a construção e interpretação de diagramas de estabilidade de compostos é revivida, bem como de técnicas de medição de atividade.

As teorias relativas ao comportamento de escórias são discutidas no Capítulo 6. As escórias mais comuns em metalurgia são de base silicato e de caráter iônico. Muito comumente são formadas por misturas de mais de três óxidos, o que requer a representação de suas propriedades em espaço polidimensional. Algumas das propostas para sistematizar dados relativos à capacidade de refino das escórias também são apresentadas neste capítulo.

Finalmente, o Capítulo 7 traz algumas aplicações, notadamente com o uso de termodinâmica computacional. A existência de algoritmos residentes em computadores, que permitem rápida solução de problemas em termodinâmica, não exclui a necessidade de se dominar os fundamentos desta disciplina, mas as facilidades decorrentes da termodinâmica computacional têm atraído muitos usuários.

Cada capítulo apresenta, além dos conceitos pertinentes, uma sequência de exercícios resolvidos. Admite-se que o processo de procura de uma solução, o estabelecimento de hipóteses e as discussões daí advindas contribuem para o aprendizado.

A aplicação dos conceitos termodinâmicos aqui enumerados requer a disponibilidade de dados termodinâmicos. Este texto utiliza dados de algumas fontes (listadas a seguir) escolhidas por sua utilidade em relação ao conteúdo do presente livro, e não significa que outras fontes sejam menos importantes.

Em alguns casos o texto do problema não apresenta todos os dados termodinâmicos necessários à sua resolução. Isto é proposital. Parte do aprendizado da disciplina consiste em reconhecer que tipo de informação é necessária e também manusear as fontes de dados termodinâmicos. Nesse contexto podem ser de particular importância.

1. FINE, H. A.; GEIGER, G. H. *Handbook on material and energy balance calculations in metallurgical processes*. Warrandale, PA: The Minerals, Metals and Materials Society, 1993. 572 p.

2. STULL, D. R. (Dir.). *JANAF thermochemical tables. First Addendum JANAF (Joint Army Navy Air Force)*. Springfield, VA: Clearinghouse, 1966.

3. KUBASCHEWSKI, O.; ALCOCK, C. B. *Metallurgical thermochemistry*. 5. ed. Oxford: Pergamon Press, 1983. 449 p.

4. BARIN, I.; KNACKE, O.; KUBASCHEWSKI, O. *Thermochemical properties of inorganic substances*. Berlim: Springer-Verlag, 1973. 921 p.

5. KNACKE, O.; KUBASCHEWSKI, O.; HESSELMANN, K. *Thermochemical properties of inorganic substances*. 2. ed. Berlim: Springer-Verlag, 1991. 2412 p.

6. ELLIOT, J. F.; GLEISER, M.; RAMAKRISHNA, V. *Thermochemistry for steelmaking*. Massachusetts: Addison-Wesley, 1963.

7. THE JAPAN SOCIETY FOR THE PROMOTION OF SCIENCE; THE 19th COMMITTEE ON STEELMAKING. *Steelmaking data sourcebook*. New York: Gordon and Breach Science Publishers, 1988.

8. *Slag atlas*. 2. ed. Düsseldorf: Verlag Stahleisen, 1995.

9. HULTGREN, R.; DESAI, P. D.; HAWKINS, D. T.; GLEISER, M.; KELLEY, K. K. *Selected values of the thermodynamic properties of binary alloys*. Ohio: American Society for Metals, 1973.

CAPÍTULO 1
PREÂMBULO

Termodinâmica é uma ciência cujas bases remontam à experimentação e, de fato, seus postulados são amplamente aceitos porque não se conseguiu ainda produzir experimento algum que os contradissessem. Originalmente, a termodinâmica foi concebida para aplicação em sistemas macroscópicos, sem maiores preocupações com a estrutura da matéria em nível atômico ou molecular; entretanto, os avanços que permitiram descrever a matéria em nível atômico certamente deram suporte teórico aos postulados termodinâmicos. Uma sólida base experimental e teórica permite então sua aplicação em vários ramos da ciência.

Este não pretende ser um livro sobre os fundamentos da termodinâmica, mas sim sobre a aplicação de seus princípios aos processos de extração e refino de metais. Este tipo de abordagem se justifica, pois, em geral, um curso em termodinâmica metalúrgica não representa um primeiro contato do estudante com a termodinâmica; em geral, o público a quem se destina este texto haverá de ter cursado uma disciplina de caráter mais geral e básico antes. Então, a proposta dele é auxiliar na compreensão dos fenômenos que ocorrem nos reatores metalúrgicos, o que implica entender os princípios e conceitos físico-químicos que possam ser aplicados ao estudo das transformações e reações químicas envolvidas neles.

Desse modo, a importância dos tópicos apresentados neste livro pode ser apreendida ao se considerar como exemplo o processo mais difundido de produção de aço, a partir de ferro-gusa. O gusa líquido é produzido em altos-fornos, os quais operam em regime de contracorrente, isto é, a carga de particulados sólidos – minério granular, pelota, sínter, fundentes, carvão vegetal ou coque – descende enquanto pelas ventaneiras do reator promove-se o sopro de ar preaquecido enriquecido ou não em oxigênio, além de combustíveis auxiliares. Dentre os componentes que saem do reator estão o gusa e a escória, vazados por meio dos furos de corrida, bem como os efluentes pelo topo do reator: gás de topo (CO, CO_2, N_2, H_2, H_2O, CH_4) e poeiras (finos de minério, fundentes, coque ou carvão vegetal) (Figura 1.1).

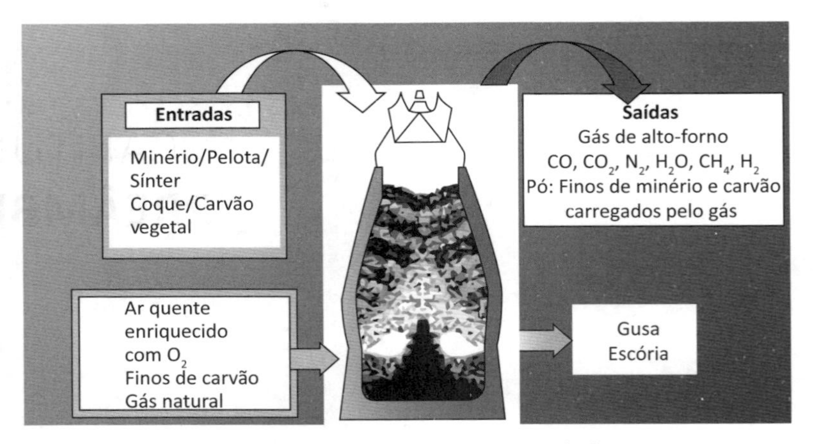

Figura 1.1 – Entrada e saída de massa em um alto-forno.

Fonte: Produção de Aços; Associação Brasileira de Fundição (ABIFA); 09/03/2001. Disponível em: www.slideshare.net, acesso em: 2 maio 2014.

A combustão dos gases de topo do alto-forno, depois de limpos, em regeneradores de calor do tipo cowpers (Figura 1.2) possibilita o preaquecimento do ar que é soprado pelas ventaneiras do alto-forno, permitindo que se alcance maiores temperaturas de chama, maior capacidade redutora do fluxo gasoso e redução do consumo de coque ou de carvão vegetal.

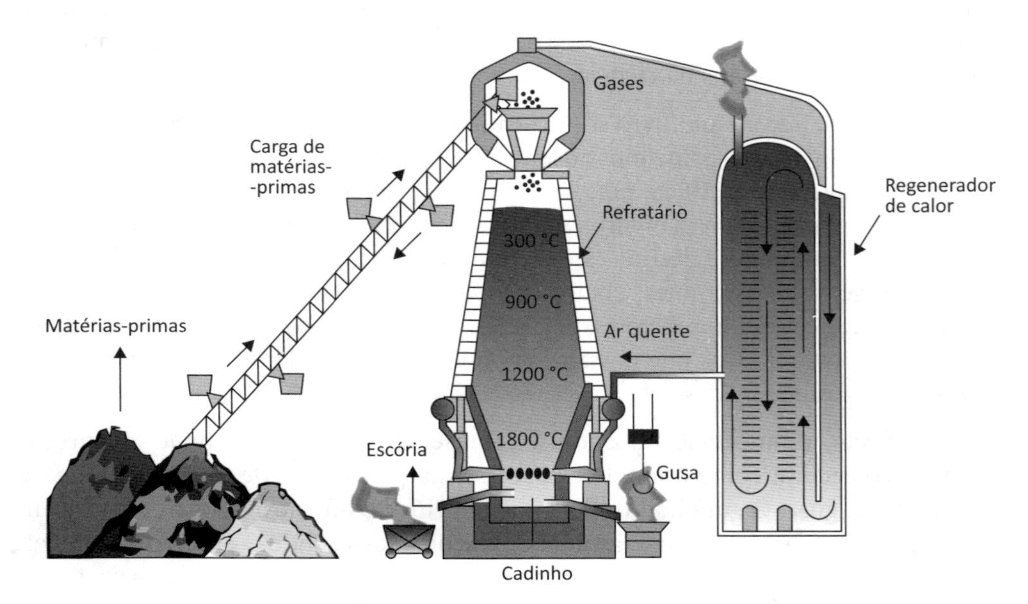

Figura 1.2 – Sistema de carregamento dos componentes da carga pelo topo e regenerador de calor (cowper) para preaquecimento do ar soprado.

Fonte: Disponível em: www.albatecnolgia.pbworks.com, acesso em: 2 maio 2014.

Os gases gerados nas zonas de combustão ascendem, em regime de contracorrente com a carga descendente, transferindo calor para a carga e provocando reações químicas de redução dos componentes óxidos da carga ferrífera, decomposição dos fundentes; escorificação dos componentes da ganga e fusão e carburação do ferro, gerando o gusa líquido. A Figura 1.3 apresenta um esquema simplificado da sequência de redução e a distribuição de temperatura no interior de um alto-forno.

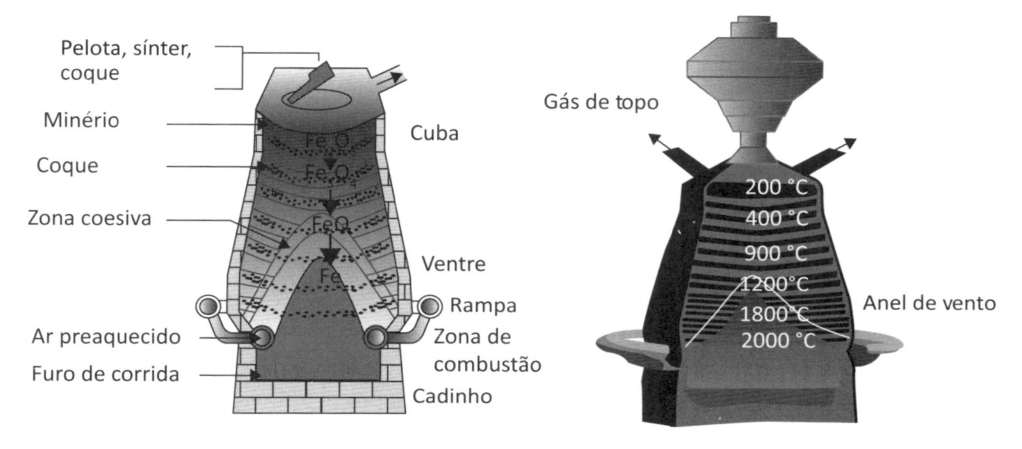

Figura 1.3 – Esquema simplificado da sequência de redução e da distribuição de temperaturas no interior de um alto-forno para a produção de ferro.

Fontes: http://webs.purduecal.edu/civs/files/2D-blast-furnace1.gif; http://www.xdem.de/research.html, acessos em: 5 maio 2014.

Como se nota, as temperaturas típicas do processo são altas e a sua economicidade depende também de um consumo mínimo de combustíveis ser atingido. Uma das maneiras de se estimar o consumo de combustíveis num alto-forno é realizar um balanço térmico estagiado do aparelho, no qual o mesmo é subdividido em dois sub-reatores, cada qual com suas reações características. A decisão sobre quais reações ocorrem em um dado sub-reator é, em parte, termodinâmica, envolvendo cálculos de espontaneidade e equilíbrio.

Em algumas usinas siderúrgicas é praticado o pré-tratamento do gusa líquido – dessiliciação; dessulfuração e/ou desfosforação. Antes dos tratamentos de dessulfuração e/ou desfosforação, é usual a remoção da escória gerada no tratamento de dessiliciação prévio, caso esta operação exista na rota de pré-tratamento do gusa líquido (Figura 1.4). Com esta estratégia tecnológica de pré-tratamento do gusa líquido, o convertedor da família LD se torna mero vaso de descarburação, permitindo reduzir substancialmente o volume de escória formada no processo de refino primário; isso possibilita a redução das perdas metálicas e do consumo de energia.

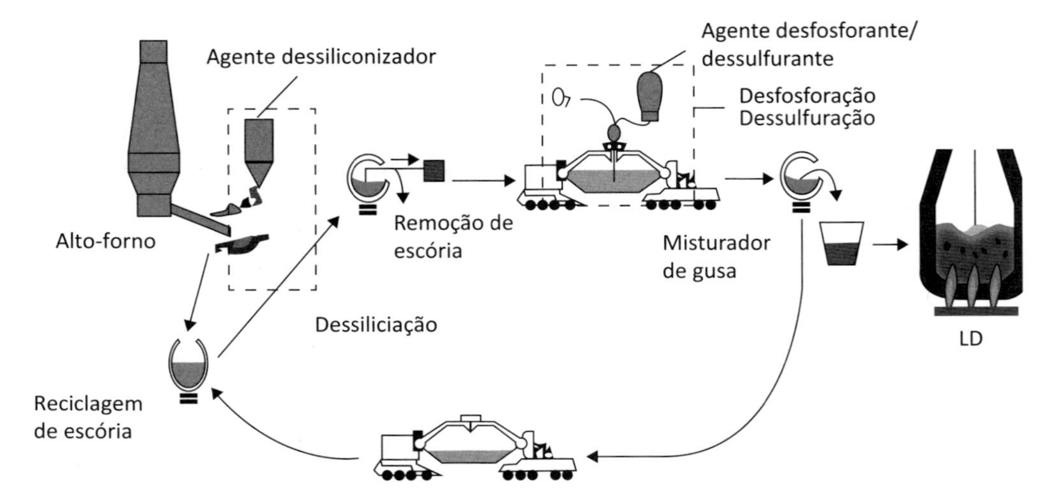

Figura 1.4 – Processo de obtenção de aço em uma usina siderúrgica integrada com operações de pré-tratamento do gusa.

Fonte: www.jfe-21st-cf.or.jp, acesso em: 5 maio 2014.

Ferro-gusa é refinado a aço por meio da oxidação seletiva de carbono, silício, manganês e outras impurezas (Figura 1.5). A oxidação tem por agente o gás oxigênio soprado por meio de uma lança refrigerada à água. Em um dado instante do processo estão em contato ao menos três fases:

1) fase metálica, uma solução, onde o ferro é solvente;

2) fase escória, uma solução, constituída pelos óxidos formados e fundentes;

3) fase gasosa, outra solução, constituída majoritariamente por CO e CO_2.

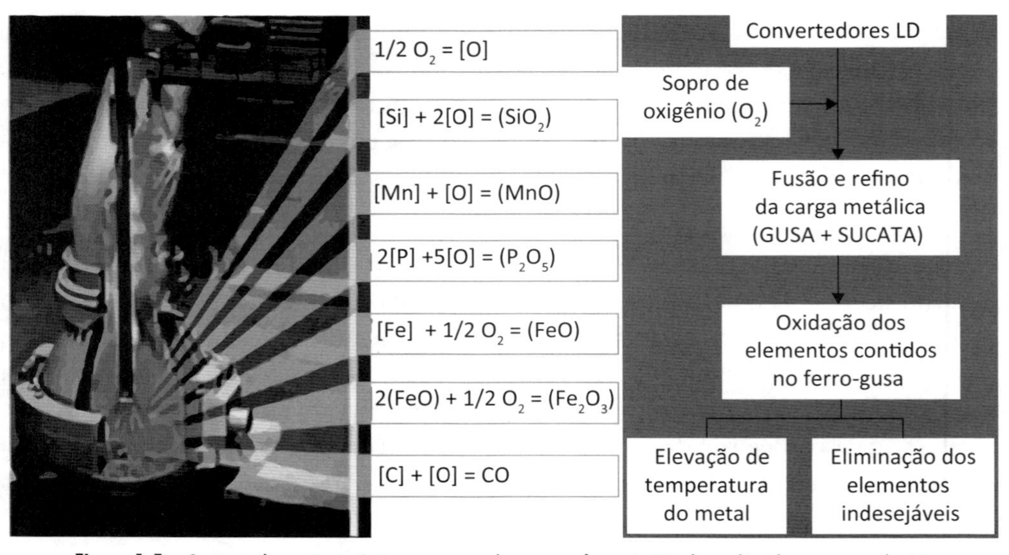

Figura 1.5 – Conjunto de reações químicas ocorrentes durante o refino primário do aço líquido no convertedor LD.

Fonte: Jalkanen & Holappa, 2005.

As reações de oxidação são exotérmicas, de modo que a temperatura das fases tende a crescer até o fim do sopro, o que é desejado, pois a temperatura *liquidus* da solução metálica cresce à medida que as impurezas são retiradas.

A oxidação do carbono ou descarburação do aço líquido é considerada a mais importante reação de refino primário através do sopro de oxigênio. Neste processo, os teores de carbono entre 4% e 4,5% do gusa produzido nos altos-fornos são reduzidos a valores menores que 0,1%. No primeiro período de refino primário a taxa de descarburação do banho metálico é baixa, enquanto a taxa de dessiliciação é elevada. No fim desse período, o silício dissolvido no banho metálico é praticamente todo oxidado e incorporado à escória. No segundo período de refino primário, a velocidade de reação de descarburação é dominante, caracterizada pela elevada taxa de geração de CO, sendo, no entanto, limitada pela taxa de suprimento de oxigênio aos sítios de reação química. Durante a evolução ou efervescência do banho causada pelas bolhas de CO, ocorre a remoção de hidrogênio e nitrogênio. No terceiro período, a velocidade de descarburação é decrescente, uma vez que a cinética da reação de descarburação é governada pela transferência de carbono através do banho metálico até o sítio de reação.

Uma curva típica mostrando a diminuição dos vários elementos indesejáveis (% peso) contidos no gusa ao longo do tempo de sopro é apresentada na Figura 1.6.

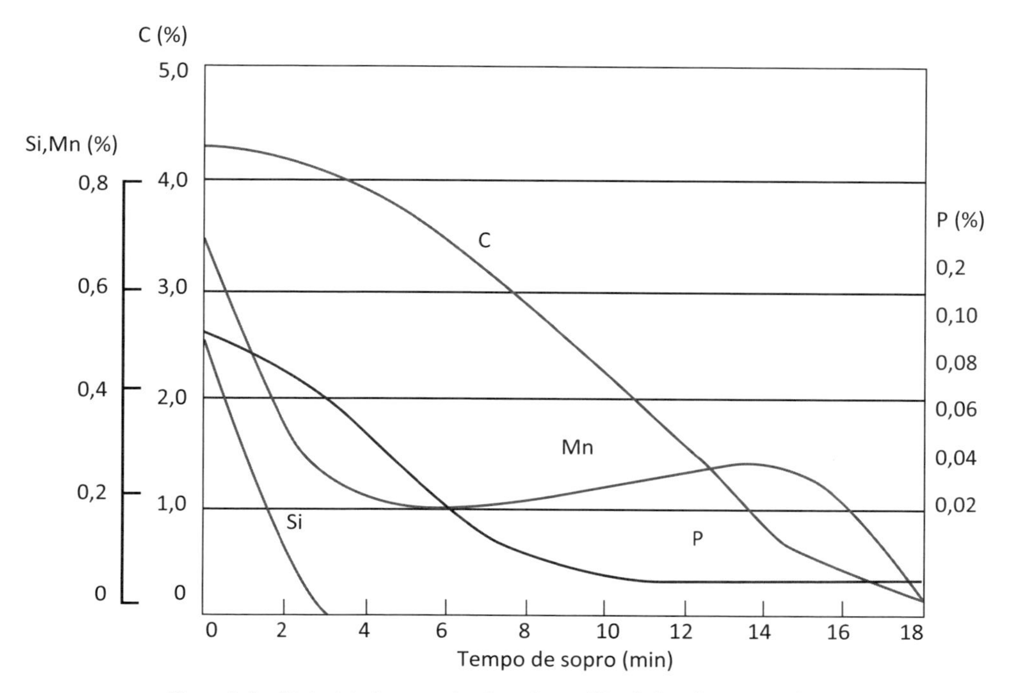

Figura 1.6 – Diminuição dos teores de solutos do metal líquido (gusa) no convertedor LD.

Fonte: Fruehan, 1998.

Note-se que o balanço térmico, envolvendo a exotermia das reações de oxidação, as perdas térmicas através das paredes e dos efluentes, determina a quantidade de sucata que pode ser recirculada no processo. Em termos de controle do processo, o operador trabalha com o conceito de janela de acerto, isto é, o processo precisa ser conduzido de modo a fornecer teor de carbono e temperatura dentro de limites preestabelecidos (Figura 1.7). Uma das maneiras de se assegurar o acerto em termos de temperatura é introduzir no sistema de controle um balanço de conservação de energia ou balanço térmico, em que todas as contribuições energéticas são pesadas e a temperatura final é o objeto de cálculo. Existe um razoável grau de incerteza, por exemplo, quanto à velocidade das várias reações, o que pode se traduzir em erros na determinação de temperatura e composição finais. Observe-se ainda que, com raras exceções, durante o pré-tratamento ou o refino primário, as espécies participam de soluções. O comportamento de espécies que participam de soluções, do ponto de vista energético ou de afinidade química, não é, em geral, igual ao comportamento dessas soluções quando puras.

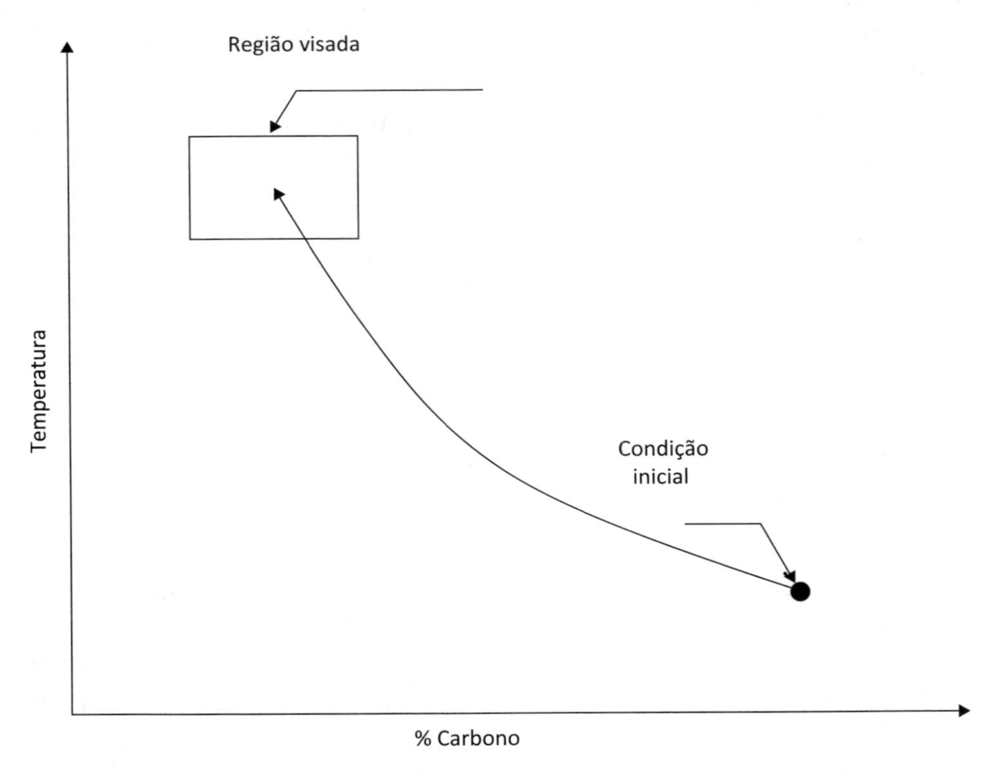

Figura 1.7 – Representação esquemática das variações de temperatura e teor de carbono ao longo do sopro, em conversor a oxigênio.

Após a etapa de refino primário do aço, podem ser necessários ajustes mais rigorosos da composição e/ou de temperatura do banho metálico, antes da etapa de solidificação. Uma primeira etapa pode ser a desoxidação do aço líquido, posto que ele sai do reator com teores elevados de oxigênio dissolvido. A desoxidação pode ser levada a cabo pela adição de elementos com alta afinidade pelo oxigênio, o mais comum sendo o alumínio. Cálculos de desoxidação envolvendo a hipótese de equilíbrio químico são úteis e corriqueiros. Geralmente, os processos de refino secundário do aço líquido envolvem borbulhamento de gás inerte (por exemplo, argônio), com vistas à remoção de impurezas residuais – oxigênio, nitrogênio, hidrogênio, enxofre, entre outros. A Figura 1.8 exemplifica, de maneira sumária, alguns métodos industriais de desgaseificação do aço líquido: reator RH, desgaseificação em câmara de vácuo durante a passagem do aço líquido da panela para outra panela; desgaseificação em tanque; entre outros.

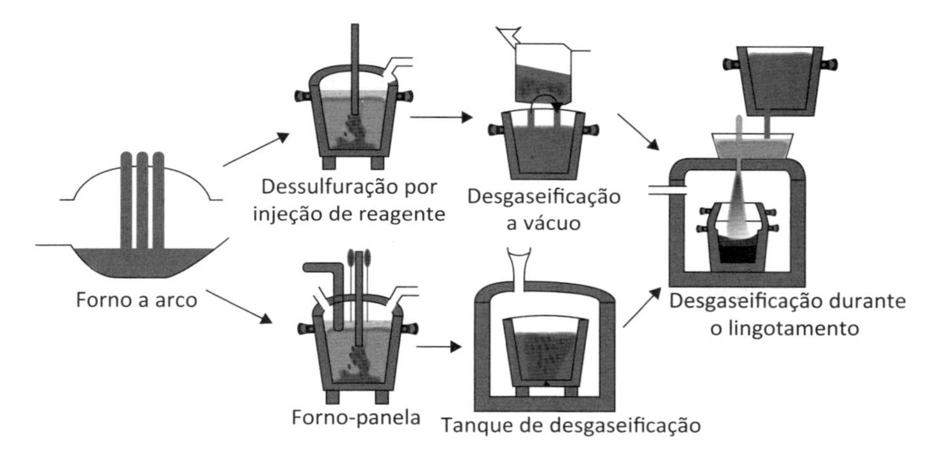

Figura 1.8 – Métodos industriais de remoção de gases dissolvidos no aço líquido.

Fonte: www.substech.com, acesso em: 5 maio 2014.

Em alguns processos de refino secundário do aço, pode ser necessária a continuidade da redução do teor de carbono em níveis de ppm, e por isso, além do borbulhamento de gás inerte, a injeção ou sopro de oxigênio, combinada com a aplicação de vácuo, pode-se fazer necessária. Por exemplo, no desgaseificador RH, argônio é injetado pela perna de subida, induzindo a recirculação do aço líquido entre a panela e a câmara de vácuo do RH propriamente dito. Na câmara de vácuo, impurezas residuais, como: oxigênio, hidrogênio, nitrogênio, entre outros, são removidas. Desde que a taxa de circulação de aço líquido seja alta, é possível desgaseificar grandes quantidades de aço líquido no RH, além de promover a descarburação através do sopro de oxigênio, aquecimento e ajuste de composição química. Já o forno-panela oferece a função de aquecimento, dessulfuração e controle preciso da temperatura do aço líquido, com redução da quantidade de fluxantes e remoção dos produtos de desoxidação.

O aço líquido, obtido após a etapa de refino secundário, é solidificado pelo método de lingotamento convencional, ou via lingotamento contínuo (Figura 1.9). O aço, durante o processo de lingotamento, continua a ser o palco de reações químicas diversas, envolvendo, por exemplo, a formação de inclusões. As perdas térmicas precisam ser conhecidas e controladas. Uma das maneiras de se obter o progresso da solidificação é realizar um balanço de energia, envolvendo os fluxos e a dissipação do calor latente de solidificação.

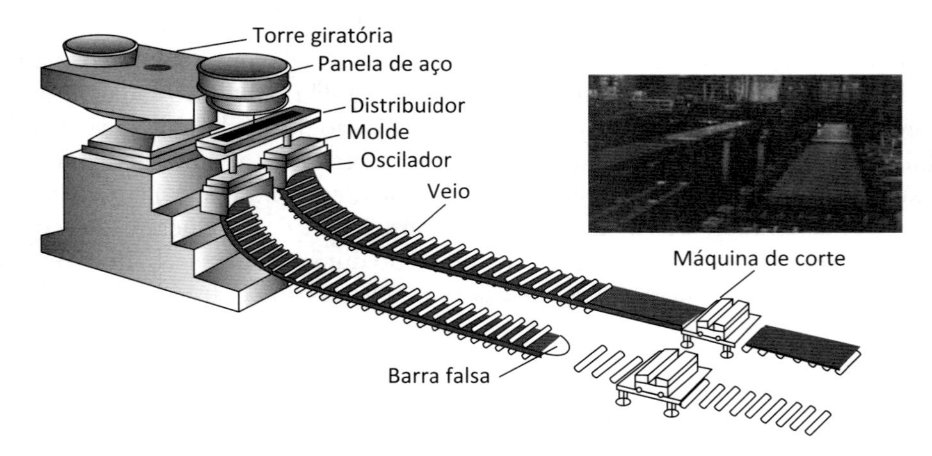

Figura 1.9 – Máquina de lingotamento contínuo do aço líquido.

Fonte: Cravo, 2006.

Após estas etapas, o aço é em geral conformado até uma forma requisitada pelo mercado.

O fluxograma de uma planta siderúrgica varia de usina a usina; cada qual vai apresentar uma combinação de aparelhos/processos específica. A Figura 1.10 ilustra o caso da Kawasaki Steel, Japão.

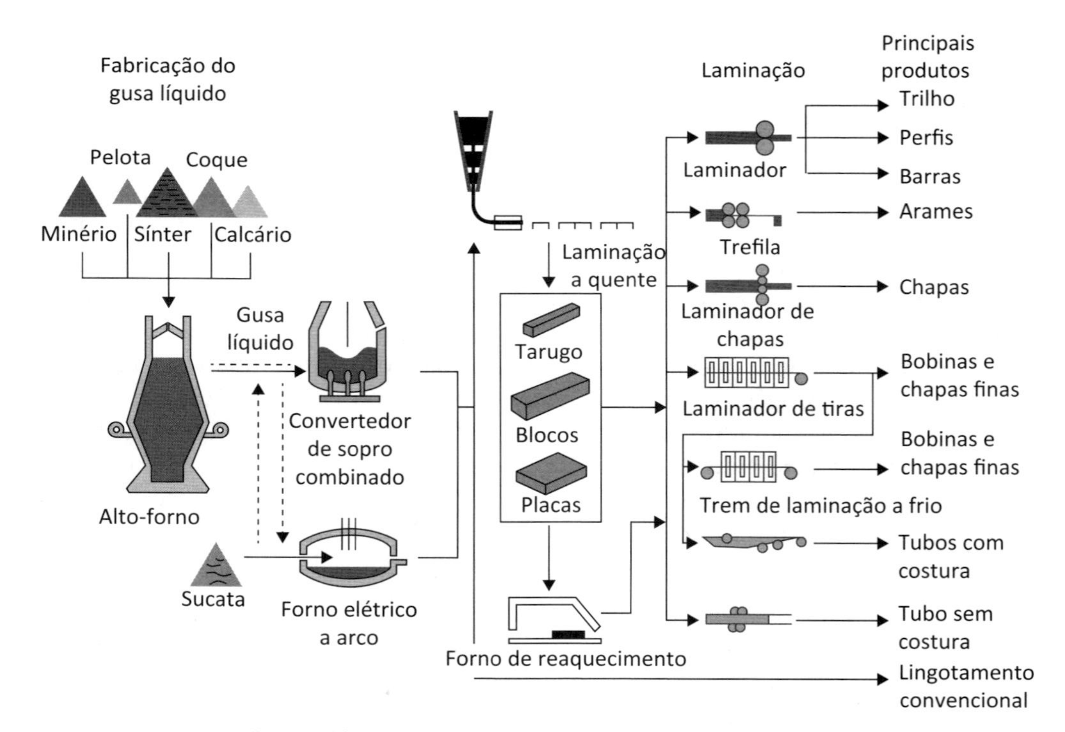

Figura 1.10 – Fluxograma de uma usina siderúrgica, Kawasaki Steel, Japão.

Fonte: www.jfe-21st-cf.or.jp, acesso em: 5 maio 2014.

Existe uma grande diversidade de rotas e produtos quando se refere à produção de aço. Não obstante, os princípios relativos aos cálculos dos balanços energéticos, do comportamento dos elementos em soluções e dos eventuais equilíbrios são os mesmos. A Figura 1.11 ilustra dois métodos de produção de aço líquido a partir de minérios de ferro: rota usando redução direta produzindo ferro-esponja e método do alto-forno produzindo gusa líquido.

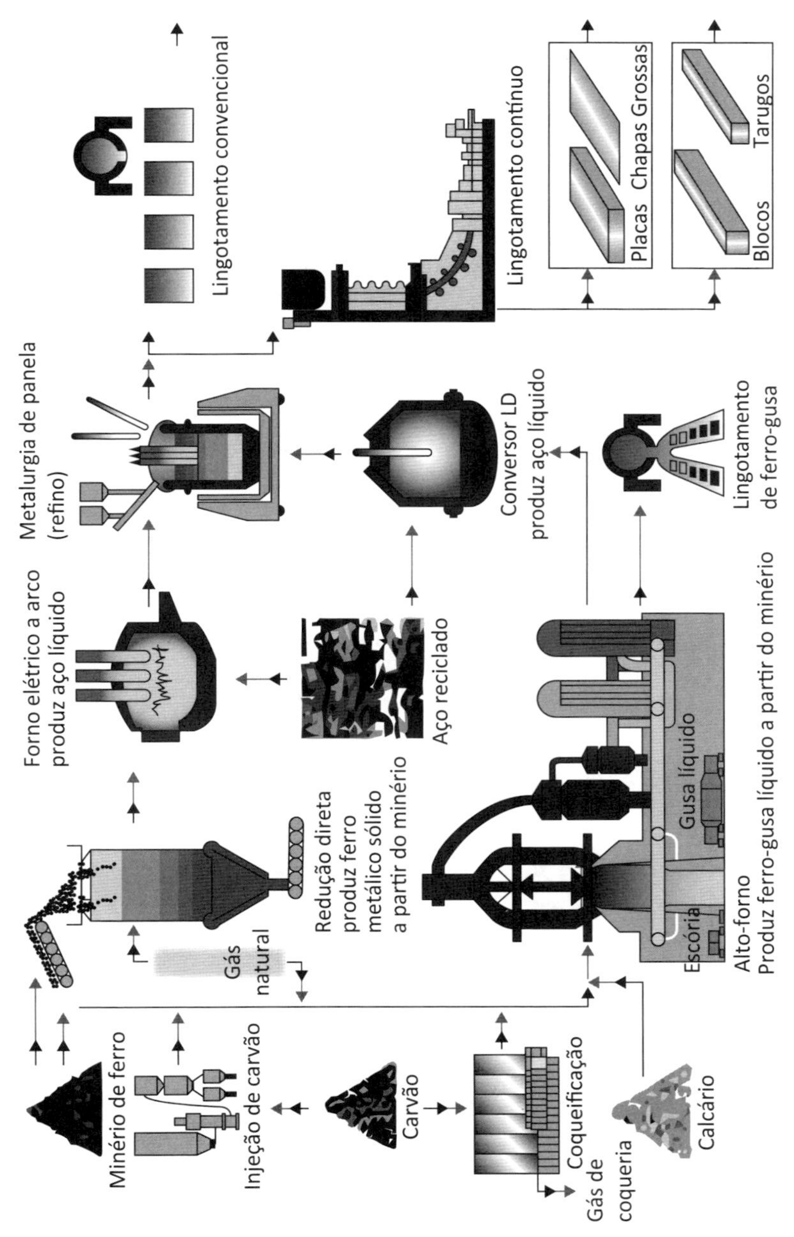

Figura 1.11 – Alternativas de produção de aço a partir de minérios de ferro: método de redução direta e método do alto-forno.

Fonte: www.univacgroup.com, acesso em: 5 maio 2014.

Como produto de uma série de tratamentos termomecânicos aplicados ao material lingotado, o aço passa por transformações de fases, as quais podem ser descritas por meio de diagramas de equilíbrio de fases. No caso de materiais metálicos (aços e ferros fundidos), a natureza policristalina é espontânea, devido à formação e ao crescimento de grãos, com orientações dos planos cristalográficos distintos. Como exemplo, a Figura 1.12 mostra a microestrutura de um aço com baixo teor de carbono, na qual se pode identificar a ferrita e a perlita. A perlita é formada por lamelas justapostas de ferrita (cor cinza) e cementita (Fe_3C, parte clara). Diagramas de equilíbrio de fases, que podem ser utilizados para se entender as transformações por que passam estas e outras ligas, podem ser construídos considerando-se as diversas soluções que podem estar presentes e os critérios de equilíbrio entre elas.

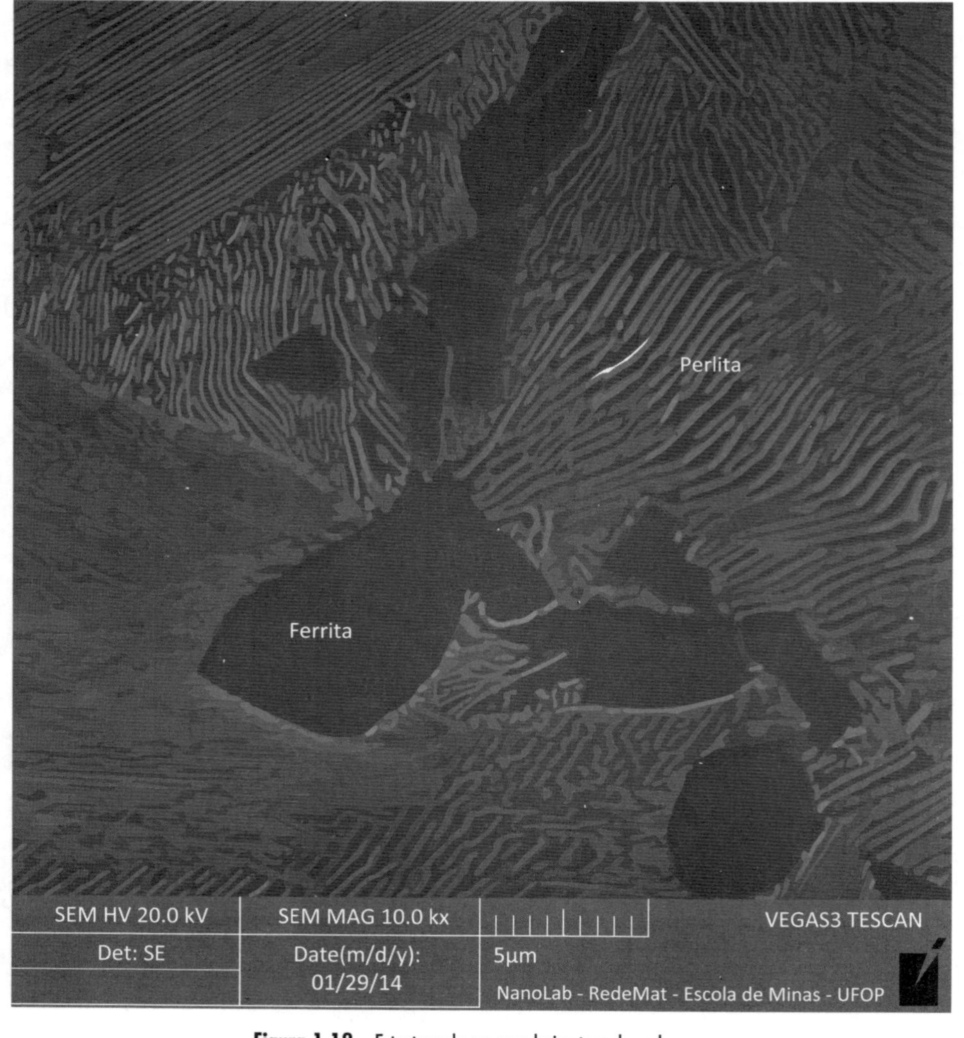

Figura 1.12 – Estrutura de aço com baixo teor de carbono.

Fonte: Cortesia de Nanolab – REDEMAT – UFOP, jan. 2014.

Conforme o exposto anteriormente, este texto não trata de fundamentos de termodinâmica ou físico-química. Pelo contrário, procura apenas utilizar as ferramentas destas disciplinas para descrever técnicas que permitem explanar sobre balanços térmicos; determinar se reações químicas são espontâneas ou se estão em equilíbrio, e, ainda, lançar as bases para a construção de diagramas de fases. O foco é a fabricação de metais e ligas, e os exemplos descritos fornecem uma ideia dos problemas que podem ser encontrados.

1.1 REFERÊNCIAS

ASSOCIAÇÃO BRASILEIRA DE FUNDIÇÃO - ABIFA. *Produção do aço, siderurgia e metalurgia do ferro e do aço.* São Paulo: Abifa, 2001. Acesso em: 09 mar. 2014. Disponível em: <www.slideshare.net>. [Apresentação atribuída a Aurélio Carvalho].

CRAVO, V. O. *Modelamento matemático da zona de mistura de aços em lingotamento contínuo.* Dissertação de Mestrado em Engenharia Metalúrgica e de Materiais. Ouro Preto: Redemat UFOP, 2006.

FRUEHAN, R. J. (Ed.). *The making, shaping and treating of steel. Steelmaking and refining volume.* Warrendale, PA: AISE Steel Foundation, 1998.

JALKANEN, H.; HOLAPPA, I. The role of slag in the oxygen converter process. In: VII INTERNATIONAL CONFERENCE ON MOLTEN SLAGS FLUXES AND SALTS. The South African Institute of Mining and Metallurgy, 2004. p. 71-67.

RIZZO, E. M. S. *Introdução aos processos de lingotamento de aços.* São Paulo: Associação Brasileira de Metalurgia (ABM), 2006.

CAPÍTULO 2
CONCEITOS FUNDAMENTAIS

Este capítulo tem como objetivo apresentar alguns conceitos simples, porém de entendimento essencial, para o desenvolvimento do texto.

2.1 O MOL

A quantidade de uma dada substância em um certo sistema é dada pela soma das massas das espécies elementares que a compõem. Essas espécies elementares, por sua vez, podem ser identificadas como átomos, moléculas ou íons. O número de espécies elementares presentes numa quantidade razoável de matéria é enorme; por exemplo, apenas 0,012 kg de isótopo 12 de carbono contém $6{,}022045 \times 10^{23}$ átomos deste.

A unidade utilizada para medir o número de espécies elementares em um sistema é o *Mol*. Um mol corresponde a $6{,}022045 \times 10^{23}$ unidades elementares; este número é conhecido como Número de Avogadro, N.

A massa atômica de um elemento é a massa de N átomos desse elemento; logo, a massa atômica do carbono (isótopo 12) é $M_C = 0{,}012$ kg/mol.

Como cada átomo de cada elemento possui massa diferente, em função do número de prótons, nêutrons e elétrons que o constituem, cada elemento apresenta massa atômica própria (Tabela 2.1).

Tabela 2.1 – Massas atômicas de diversos elementos

Nome	Símbolo	g/mol	Nome	Símbolo	g/mol
Alumínio	Al	26,98	Lítio	Li	6,94
Antimônio	Sb	121,75	Magnésio	Mg	24,31
Argônio	Ar	39,95	Manganês	Mn	54,94
Arsênio	As	74,92	Mercúrio	Hg	200,59
Astato	At	210	Molibdênio	Mo	95,94
Bário	Ba	137,33	Neônio	Ne	20,18
Berílio	Be	9,01	Nióbio	Nb	92,91
Bismuto	Bi	208,98	Níquel	Ni	58,69
Boro	B	10,81	Nitrogênio	N	14,01
Bromo	Br	79,9	Ósmio	Os	190,2
Cádmio	Cd	112,41	Ouro	Au	196,97
Cálcio	Ca	40,08	Oxigênio	O	16
Carbono	C	12,01	Paládio	Pd	106,42
Cério	Ce	140,12	Platina	Pt	195,08
Césio	Cs	132,91	Polônio	Po	209
Chumbo	Pb	207,2	Potássio	K	39,1
Cloro	Cl	35,45	Prata	Ag	107,87
Cobalto	Co	58,93	Rádio	Ra	226,03
Cobre	Cu	63,55	Radônio	Rn	222
Criptônio	Kr	83,8	Rênio	Re	186,21
Cromo	Cr	52	Ródio	Rh	102,91
Enxofre	S	32,06	Rubídio	Rb	85,47
Escândio	Sc	44,96	Rutênio	Ru	101,07
Estanho	Sn	118,69	Samário	Sm	150,36
Estrôncio	Sr	87,62	Selênio	Se	78,96
Ferro	Fe	55,85	Silício	Si	28,09
Flúor	F	19	Sódio	Na	22,99
Fósforo	P	30,97	Tálio	Tl	204,38
Frâncio	Fr	223	Tântalo	Ta	180,95
Gálio	Ga	69,72	Tecnécio	Tc	98
Germânio	Ge	72,59	Telúrio	Te	127,6
Háfnio	Hf	178,49	Titânio	Ti	47,88
Hélio	He	4	Tório	Th	232,04
Hidrogênio	H	1,01	Tungstênio	W	183,85
Índio	In	114,82	Urânio	U	238,03
Iodo	I	126,9	Vanádio	V	50,94
Irídio	Ir	192,22	Xenônio	Xe	131,29
Ítrio	Y	88,91	Zinco	Zn	65,38
Lantânio	La	138,91	Zircônio	Zr	91,22

Fonte: Adaptado de Greenwood, 1994.

Quando a substância se apresenta na forma de moléculas, costuma-se fazer referência a massa molecular. Por exemplo, a massa molecular do H_2 corresponde a $2 \times 1{,}00794$ g/mol = 2,01588 g/mol, que é a massa de N moléculas de H_2. Isso se distingue do átomo-grama de hidrogênio, que seria a massa, em gramas, de $N = 6{,}022045 \times 10^{23}$ átomos de hidrogênio, ou 1,00794 g.

Compostos são usualmente identificados através de fórmulas que explicitam sua composição a partir dos elementos, por exemplo, Fe_2O_3. A fórmula-grama de Fe_2O_3 seria a massa, em gramas, de $N = 6{,}022045 \times 10^{23}$ entidades Fe_2O_3, calculada a partir dos elementos que a compõem, isto é, $2 \times 55{,}85 + 3 \times 16{,}00 = 159{,}70$ g.

2.2 REAÇÕES QUÍMICAS

Uma determinada transformação química pode ser representada por uma equação na qual, por convenção, as espécies envolvidas no primeiro membro são denominadas reagentes, enquanto as espécies do segundo membro são designadas produtos.

Cada espécie é simbolizada por uma fórmula (como CH_4, Fe_2O_3, O_2 etc.) que explicita a constituição dela em termos dos elementos químicos.

De acordo com o princípio de conservação da massa, na ausência de transmutação de elementos, o número de mols de cada elemento, que por si só participa da reação ou está contido em alguma das espécies participantes da reação, deve ser conservado. Para assegurar que a reação química esteja em conformidade com esse princípio, a fórmula de cada espécie precisa ser multiplicada por um coeficiente estequiométrico. O número de mols de cada elemento deve ser igual, nos reagentes e nos produtos, e para tanto deve ser feito o ajuste com os coeficientes estequiométricos.

Pode-se escrever uma reação química como, por exemplo,

$$CH_4 + 3/2\ O_2 = CO + 2\ H_2O \tag{2.1}$$

ou

$$2\ CH_4 + 3\ O_2 = 2\ CO + 4\ H_2O \tag{2.2}$$

Note-se que, nas reações anteriores, os números de mols de carbono, hidrogênio e oxigênio são iguais, nos reagentes e nos produtos. O mesmo não ocorre com a reação a seguir, que precisa ser balanceada com as devidas estequiometrias.

$$CH_4 + O_2 = CO + H_2O \tag{2.3}$$

Quando reagentes são transformados em produtos observam-se, em geral, variações características em grandezas de estado ou propriedades. Entretanto, para que seja possível a quantificação da variação em uma determinada propriedade, correspondente à reação, se faz necessário especificar o estado termodinâmico de reagentes e produtos. Por exemplo:

$$C\ (s;\ 90\ K;\ 1{,}2\ atm) + \tfrac{1}{2}\ O_2(l;\ 72\ K;\ 1\ atm) = CO\ (g;\ 750\ K;\ 7\ atm) \tag{2.4}$$

onde os símbolos *s*, *l* e *g* representam sólido, líquido e gás, respectivamente. Nesse caso:

$$\Delta Y = Y_{produtos} - Y_{reagentes} \tag{2.5}$$

ou

$$\Delta Y = 1\,x\,Y^{CO}_{g;750K;7atm} - 0{,}5\,x\,Y^{O2}_{l;72K;1atm} - 1\,x\,Y^{C}_{s;90K;1,2atm} \tag{2.6}$$

(unidades de Y por mol de CO; uma quantidade intensiva!)

onde Y^i é o valor da propriedade por mol da substância *i*.

Fica claro, portanto, que a tabulação de valores de ΔY que contemplem todas as combinações de estado físico, temperatura e pressão é impraticável.

Na literatura encontram-se tabelas contendo os valores de Y e ΔY para estados termodinâmicos específicos; é comum, nessas tabelas, a utilização da simbologia:

A_2B (s); A_2B puro e sólido; 1 atm; temperatura T

A_2B (l); A_2B puro e líquido; 1 atm; temperatura T

A_2B (g); A_2B puro e gasoso; 1 atm; temperatura T

Ou então, pode-se estabelecer que os valores da propriedade referem-se ao "Estado Físico mais Estável" a 1 atm e temperatura T.

Por exemplo, a 500 K, a variação de volume para a reação:

$$2C\ (s) + O_2\ (g) = 2\ CO\ (g) \tag{2.7}$$

escreve-se,

$$\begin{aligned}\Delta V = 2xV^{CO}\left(gás, 1atm, 500K\right) - V^{O2}\left(gás, 1atm, 500K\right)\\ -2\,x\,V^{C}\left(sólido, 1atm, 500K\right)\end{aligned} \tag{2.8}$$

2.3 A LEI DO GÁS IDEAL

O gás é de comportamento ideal quando obedece a uma equação de estado simbolizada por

$$PV = nRT \tag{2.9}$$

onde P = pressão; V = volume ocupado pelo gás; n = número de mols; T = temperatura absoluta; R = constante universal dos gases. A equação $PV = nRT$ é dimensionalmente consistente, de modo que o valor de R depende das unidades escolhidas para quantificar as outras variáveis. Valores mais comuns seriam R = 8,31 J/mol.K; R = 1,9872 cal/mol.K; R = 0,082054 atm.litro/mol.K. Note-se que $k_B = R / N$, onde k_B representa a constante de Boltzmann, que tem por valor $1{,}380622 \times 10^{-23}$ J/K.

Condições normais de temperatura e pressão (CNTP), significam 0 °C e 1 atm de pressão. Portanto, nas CNTP, um mol de gás ideal ocupa

$$V = nRT/P \tag{2.10}$$

$$V\ (litros) = 1(mol)\ 0{,}082\ (atm.litro/mol.K)\ 273(K)/1(atm)$$

V = 22,386 litros.

Um Normal Litro (NL) é um litro de gás medido nas CNTP; um Normal metro cúbico (Nm^3) é um metro cúbico de gás medido nas CNTP. Portanto, 1 mol de gás ideal ocupa 22,4 NL; 1 kmol (1000 mols) de um gás ideal ocupa 22,4 Nm^3.

2.4 AS ORIGENS DA TERMODINÂMICA E A METALURGIA

No início, o interesse pela termodinâmica ou mesmo o seu desenvolvimento concentrou-se na melhoria da eficiência das máquinas térmicas (Figura 2.1). As máquinas térmicas ou a vapor permitiram a conversão de energia térmica em energia mecânica através da expansão de vapor de água, causando a movimentação de um pistão. O princípio de funcionamento das máquinas térmicas foi utilizado para a construção de bombas para drenagem de água de minas subterrâneas de minério de ferro e carvão, locomotivas a vapor, barcos a vapor, motores de combustão, motores de reação, entre outros inventos, e possibilitou a Revolução Industrial. Na realidade, o interesse é mais antigo. A primeira máquina térmica, denominada eolípila foi inventada pelo alexandrino Heron, dois séculos antes da Era Cristã.

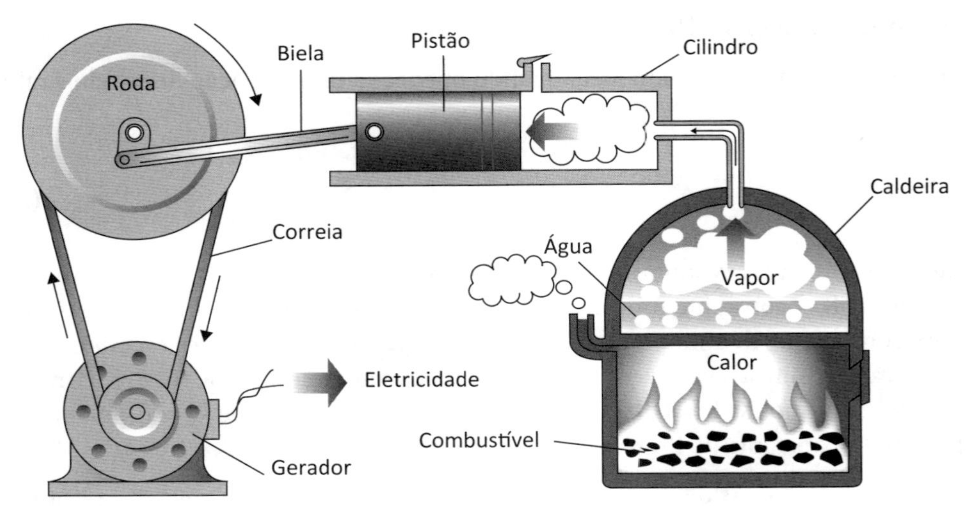

Figura 2.1 – Máquina térmica ou a vapor para geração de eletricidade.

Fonte: procesostermodinamicoseq8.blogspot.com, acesso em: 5 maio 2014.

Nessa máquina (Figura 2.2), a fuga de dois fluxos opostos do vapor de água de uma esfera oca causa o giro desta última. Esse fenômeno observado por Heron é visto comumente na rotação da válvula de uma panela de pressão durante a fervura da água no fogão de cozinha.

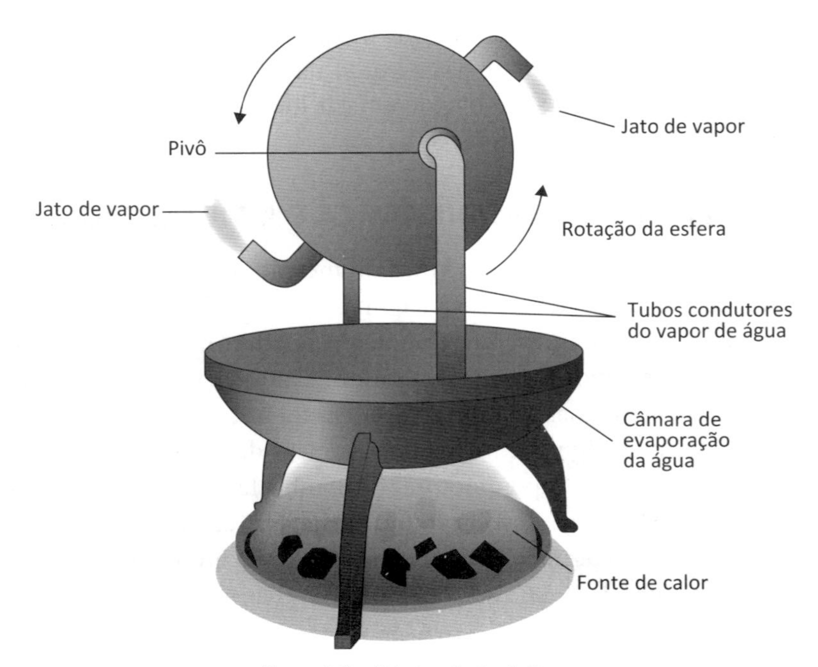

Figura 2.2 – Máquina térmica de Heron.

Fonte: Encyclopedia Britannica, 2000.

Todos os aspectos que levaram a esses avanços históricos são interessantes, mas estão fora do escopo deste texto. Trataremos aqui da termodinâmica como ferramenta para o estudo das interações químicas e transformações de fases em um sistema termodinâmico, sob o ponto de vista tanto microscópico como macroscópico. A essência das atividades em metalurgia consiste em empregar sistemas fora de equilíbrio, pois só estes são capazes de transformação; avaliar o estado de equilíbrio, pois representa a destinação final; e mensurar e controlar a cinética das transformações.

Para tanto, seus princípios mais gerais serão relembrados a seguir.

2.5 CONCEITOS BÁSICOS GERAIS

Em termodinâmica, define-se um *sistema* como qualquer porção do universo considerada como objeto de estudos.

Sob a óptica da termodinâmica clássica, os *estados* de sistema são definidos por valores específicos de variáveis macroscópicas como pressão, temperatura, volume e números de mols das espécies componentes, que são capazes de descrever, fenomenologicamente, o comportamento do sistema nos processos pelos quais troca energia com a vizinhança sob a forma de trabalho e calor.

Um sistema experimenta uma *transformação de estado* quando o valor de qualquer uma das propriedades, de qualquer fase que o constitui, se altera.

Uma *fase*, nesse contexto, seria qualquer porção do sistema, homogênea do ponto de vista químico e físico, e separada de outras fases por uma superfície de descontinuidade, como é apresentada na Figura 2.3, para o caso do sistema Au-Sn, no qual duas fases estão presentes de forma não contínua. Essa definição implica que os valores das propriedades sejam os mesmos em todos os pontos da fase.

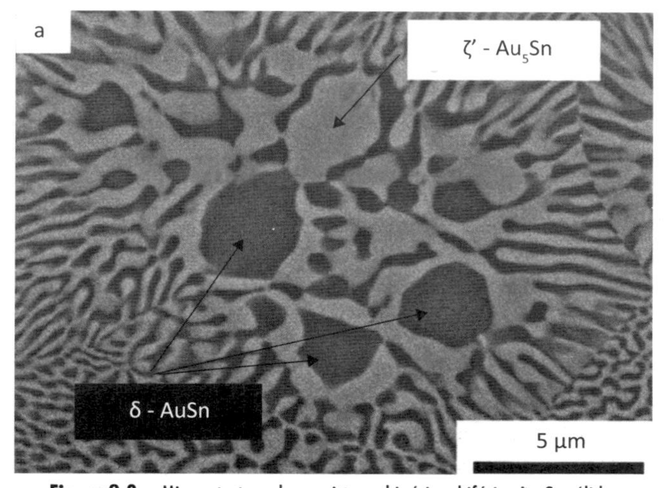

Figura 2.3 – Microestrutura de um sistema binário e bifásico Au-Sn sólido.

Fonte: Osório, 2009.

Muitas vezes, na metalurgia, essa definição é estendida de modo a incluir porções do sistema que apresentam gradientes de concentração, oriundos, por exemplo, de processos difusionais incompletos durante a etapa de solidificação. Neste texto é utilizada a definição mais restritiva, salvo quando houver aviso contrário. Não existe necessidade de a porção do sistema que constitui uma determinada fase ser contínua, isto é, porções separadas fisicamente, mas com os mesmos valores de propriedades constituem uma única fase. As palavras *fase* e *solução* têm o mesmo sentido.

Também se faz a distinção entre *sistema homogêneo* e *sistema heterogêneo*. Sistemas homogêneos são aqueles constituídos por uma única fase, enquanto os heterogêneos são constituídos por mais de uma fase. Desse modo, o sistema Au-Sn, ilustrado na Figura 2.3, deve ser considerado heterogêneo. Nos sistemas heterogêneos, as fases são separadas por superfícies ou interfaces. As superfícies e as interfaces de um sistema arbitrário exibem propriedades físico-químicas distintas daquelas do interior do volume. Quando se consideram as propriedades macroscópicas de um sistema, as contribuições das interfaces ou superfícies sobre o comportamento físico-químico daquele, em alguns casos, podem ser negligenciadas. No caso da metalurgia, os sistemas são normalmente heterogêneos, isto é, constituídos de várias fases condensadas com ou sem presença de fase gasosa.

Um minério ou concentrado, em geral, constitui-se de uma mistura de fases, por exemplo, grãos de quartzo, de alumina, de óxido de zinco etc. Portanto, novamente, um sistema heterogêneo. Nos minérios, essas *fases* são também os *minerais*, de modo que, em geral, essas palavras são utilizadas intercambiavelmente. Uma fase pode ser distinguida da outra por observação visual, natural ou com auxílio de instrumentos ópticos, ou pela comparação entre valores de propriedades físicas e químicas. Então, uma fase distingue-se de outra por diferentes valores de propriedades, como composição, massa específica, índice de refração, dureza, brilho, entre outros. Esses valores são, por sua vez, reflexo da estrutura da fase, como os átomos ou moléculas constituintes distribuem-se no espaço em função das forças de ligação presentes. Logo, fases diferenciam-se também conforme a estrutura.

A *análise elementar* de um minério, ou de um aglomerado dele, fornece as proporções relativas de todos os elementos que o constituem, sendo, por isso, importante. Ela nada indica a respeito das fases ou minerais nele presentes. Como cada fase apresenta valores de propriedades, por exemplo, reatividade a certo ácido, distintos das demais fases, seria talvez mais importante, do ponto de vista metalúrgico, a *caracterização mineralógica* do minério. Esta última informa quais minerais estão presentes, qual a proporção relativa de cada fase e como as fases estão distribuídas espacialmente. A Figura 2.4 apresenta um exemplo de micrografia de um minério sulfetado. Observe a complexidade da microestrutura, que apresenta vários minerais entremeados.

Como já citado, o *estado* de um sistema define-se pelos valores de suas propriedades. *Logo, se o sistema for polifásico, ele é definido a partir das fases presentes.* A definição do estado *microscópico* do sistema requer o conhecimento da constituição interna dele, isto é, a posição, a velocidade e o nível de energia de cada uma das partículas (Figura 2.5). Entretanto, diferentes estados microscópicos podem se apresentar indistinguíveis do ponto macroscópico, e, por essa razão, o conjunto deles define o estado *macroscópico* do sistema.

Figura 2.4 – Microestrutura de um minério sulfetado.

Fonte: Hayes 1993.

A termodinâmica clássica se ocupa do estado macroscópico, definida, então, como uma condição específica do sistema, unicamente determinada a partir de certos parâmetros mensuráveis, as chamadas propriedades. Por definição, as propriedades do sistema dependem unicamente do estado atual, e não da história, isto é, de como se faz para se atingir aquele estado.

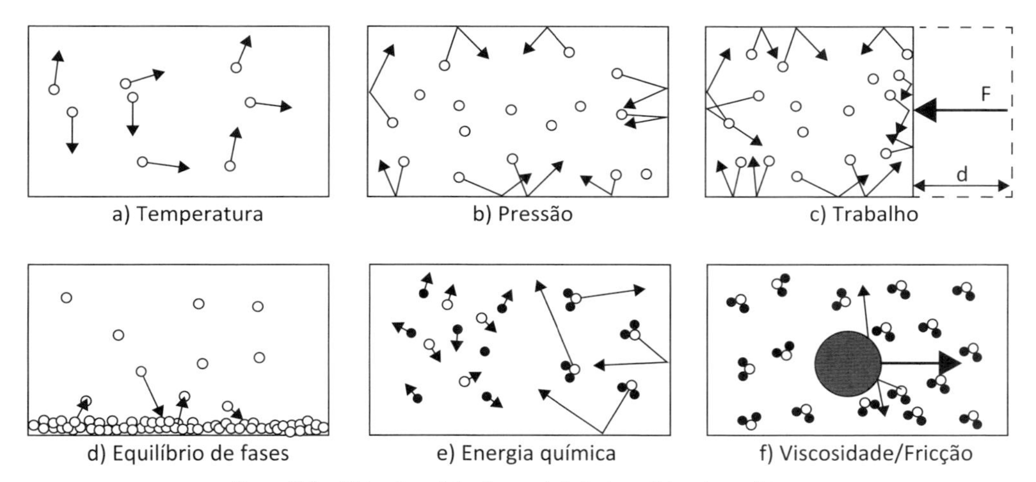

Figura 2.5 – Vista microscópica de propriedades termofísicas de um sistema.

Já sob a óptica da mecânica estatística, os estados de um sistema são definidos por variáveis microscópicas e por cálculos estatísticos correlacionando as populações e as propriedades dos átomos ou moléculas às propriedades macroscópicas do sistema.

Trabalho, em termodinâmica, é uma quantidade que flui através das fronteiras de um sistema, durante uma mudança de estado, que pode ser completamente convertida na elevação de uma massa nas vizinhanças. Portanto, trabalho se manifesta apenas durante uma mudança de estado, ou uma mudança de estado produz trabalho. Ele se manifesta nas vizinhanças, pela elevação de uma massa. O trabalho pode ser positivo ou negativo, dependendo do referencial adotado.

Calor, em termodinâmica, é uma quantidade que flui através das fronteiras de um sistema, durante uma mudança de estado, em função da existência de um gradiente de temperatura entre o sistema e as vizinhanças. Calor flui naturalmente do ponto de mais alta temperatura ao ponto de mais baixa temperatura. Portanto, calor se manifesta apenas durante uma mudança de estado, ou uma mudança de estado o produz; como corolário, um sistema ou corpo não contém calor. Ele se manifesta nas vizinhanças pela alteração da sua temperatura.

A forma mais comumente considerada de trabalho em termodinâmica é o trabalho de expansão ou trabalho do tipo pressão × volume. Quando a fronteira de um sistema, de área superficial dS, se desloca de um quantidade dX, contra uma pressão oposta P, então o trabalho realizado pelo sistema vale (força × deslocamento) (Figura 2.6).

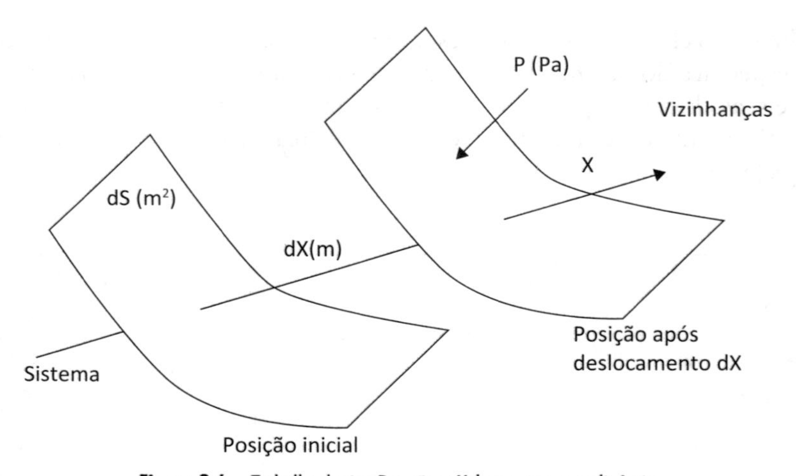

Figura 2.6 – Trabalho do tipo Pressão × Volume, em termodinâmica.

$$dW = (P\,dS)\,dX \tag{2.11}$$

ou

$$dW = P(dS\,dX) \tag{2.12}$$

ou

$$dW = P\,dV \tag{2.13}$$

onde dV corresponde à variação de volume do sistema.

Trabalho do tipo pressão × volume não é o único de importância em metalurgia. Por exemplo, durante o eletrorrefino de cobre (Figura 2.7), se faz necessário realizar um trabalho elétrico sobre o sistema, de modo que o cobre seja transferido desde o anodo (onde se encontra ligado a impurezas) até o catodo, onde se deposita em maior grau de pureza. Esse transporte não ocorreria, pois não é espontâneo, sem aplicação dessa modalidade de trabalho.

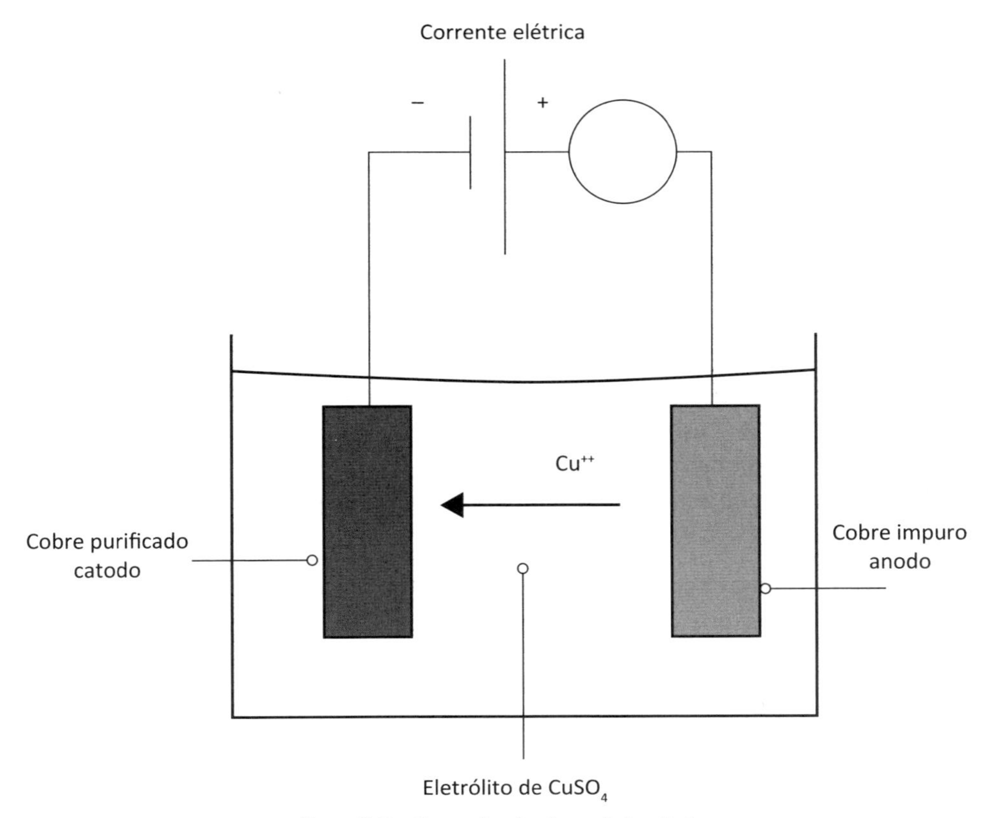

Figura 2.7 – Eletrorrefino de cobre, trabalho elétrico.

O sistema se separa do restante do universo, as *vizinhanças*, através de superfícies ou *fronteiras*, reais ou imaginárias, que podem ainda ser móveis ou fixas. As fronteiras de um sistema podem ser condutoras de calor ou isolantes (*adiabáticas*). A escolha de qual porção do universo irá constituir o sistema é arbitrária, embora esta definição possa afetar a facilidade de tratamento do problema. Por definição, um *sistema fechado*, ao contrário de um *sistema aberto*, é aquele que não troca matéria com as vizinhanças, apenas energia (Figura 2.8). Um sistema fechado é incapaz de intercambiar matéria com sua vizinhança, mas pode trocar energia sob a forma de calor ou trabalho. Já um sistema *isolado* é incapaz de trocar matéria e energia com as vizinhanças através de sua fronteira. Isso significa que a energia de um sistema isolado é constante.

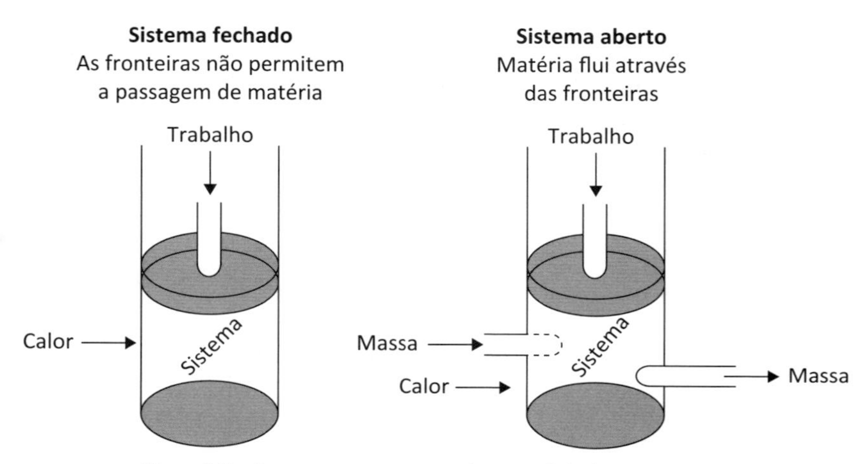

Figura 2.8 – Representação esquemática de sistema fechado e sistema aberto.

Uma transformação de estado de um sistema pode envolver uma combinação de transformações, como reações químicas, mudanças de estado físico ou, mais comumente *transformações de fases* (o fenômeno de geração e transformação de fases), geralmente motivadas por variações de temperatura e/ou de pressão exemplificadas pela substância água (Figura 2.9).

Quando um sistema se apresenta em *equilíbrio*, os valores de suas propriedades não se alteram. Isso requer que variáveis termodinâmicas que poderiam induzir uma mudança de estado não sejam alteradas. A termodinâmica oferece ferramentas que permitem determinar se um sistema se encontra em equilíbrio ou se está propenso a uma mudança de estado. Esses critérios ou ferramentas permitem distinguir entre equilíbrio *instável*, equilíbrio *metaestável* e equilíbrio *estável*. Várias analogias mecânicas costumam ser empregadas para ilustrar o conceito. A Figura 2.10 apresenta uma delas, quando apenas o potencial gravitacional se mostra importante. De acordo com a essa analogia, um sistema pode permanecer em equilíbrio instável indefinidamente, mas mesmo uma perturbação infinitesimal, como aporte de energia mecânica via vibração, pode provocar uma transformação de estado. O sistema permanece indefinidamente em equilíbrio metaestável a menos que a perturbação introduzida, em geral denominada *ativação*, seja superior a um valor crítico. Perturbações que não superam esse valor crítico fazem que o estado do sistema oscile ao redor do ponto de equilíbrio e, eventualmente, que a ele retorne.

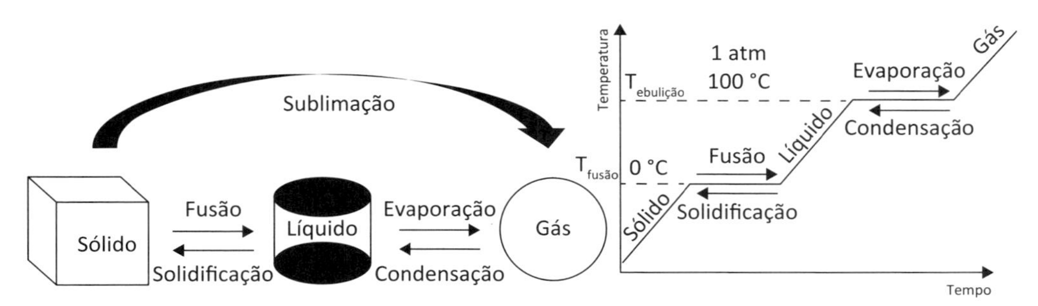

Figura 2.9 – Transformações de fases da água pura.

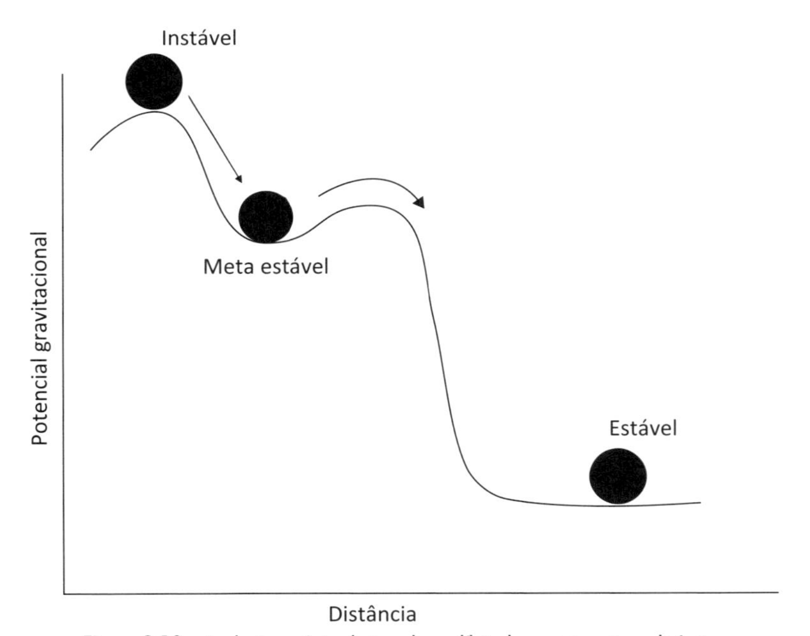

Figura 2.10 – Analogia mecânica de tipos de equilíbrio de um sistema termodinâmico.

O equilíbrio estável se distingue dos equilíbrios metaestáveis por obedecer de maneira mais completa a esse critério. No caso do análogo mecânico aqui ilustrado, é a posição de menor potencial gravitacional.

Os sistemas termodinâmicos podem apresentar *equilíbrio parcial* ou *local*. Uma condição de equilíbrio parcial indica equilíbrio de alguns processos aos quais o sistema está sujeito, mas não todos. Já a condição de equilíbrio local caracteriza a existência de regiões de equilíbrio em um sistema em desequilíbrio.

Entretanto, a ausência de uma transformação perceptível não implica necessariamente equilíbrio. Em geral é necessária uma ativação para que a transformação ocorra. Uma determinada configuração do sistema pode permanecer virtualmente "congelada" no tempo, imutável, pelo fato de a cinética da transformação ser desfavorável. A termodinâmica pode indicar se uma mudança de estado é ou não possível, mas não trata de estimar o tempo requerido para que essa mudança se complete.

Define-se um processo (mudança de estado) *reversível* como aquele que ocorre através de sucessivos estados de equilíbrio, que diferem entre si de maneira apenas infinitesimal. Um exemplo simples (Figura 2.11) de tal processo consiste em visualizar uma quantidade definida de um gás ideal, contida em um volume delimitado pelas paredes de um cilindro e um pistão, entre os quais não existe atrito.

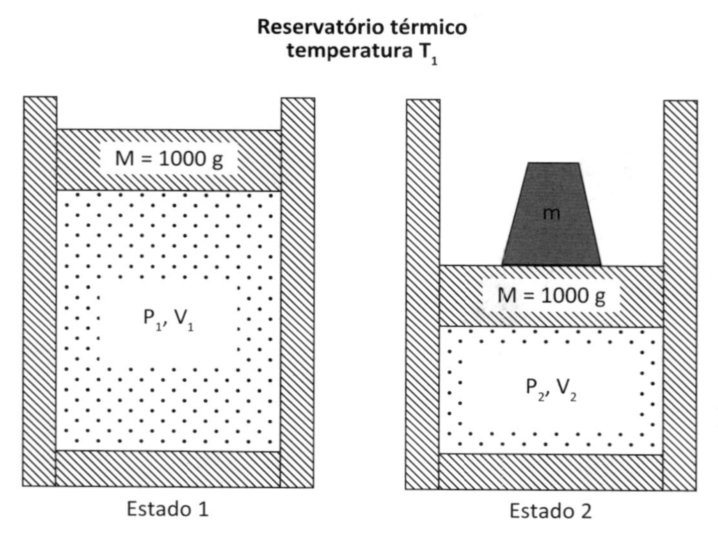

Figura 2.11 – Transformação de estado de um sistema gasoso à temperatura constante.

Fonte: Adaptado de Castellan, 1983.

Admitindo-se que a temperatura do sistema (o gás contido no cilindro) seja mantida constante e igual a T_1, e que o pistão apresente uma massa M (por exemplo, 1000 g), o volume do gás seria definido pela Lei do Gás Ideal, $PV = nRT$, de modo que a transformação de estado (desde o estado inicial identificado pelo índice (1) até o estado final identificado pelo índice (2)):

$$gás(T_1, V_1, P_1) \rightarrow gás(T_2, V_2, P_2)$$

poderia ser alcançada através da repetição cíclica das etapas seguintes:

a) adição de uma quantidade "infinitesimal" de massa (por exemplo, 1 g) ao pistão, até ser totalizada a massa adicional **m**, o que acarretaria um aumento "infinitesimal" de pressão e uma diminuição "infinitesimal" de volume;

b) repouso, por um período de tempo longo o suficiente, para que o desvio (infinitesimal) em relação ao equilíbrio seja corrigido, isto é, para que as flutuações se dispersem.

Parece razoável supor que a adoção do procedimento mostrado seria capaz de produzir um processo verdadeiramente reversível quando a massa adicionada ao pistão, na 1ª etapa do ciclo, se aproxima de zero e, por consequência, o número de ciclos necessários para dobrar a massa do pistão se aproxima do infinito. Por extensão do raciocínio, tal processo seria impraticável por demandar um intervalo de tempo ilimitado para sua concretização.

A transformação de estado exemplificada pode ser efetivada, *irreversivelmente*, através de duas únicas etapas:

a) adição de uma quantidade de massa adicional **m** (no exemplo, 1000 g) ao pistão, o que acarretaria aumento de pressão e diminuição de volume;
b) repouso, por um período de tempo longo o suficiente, para que o desvio em relação ao equilíbrio seja corrigido, isto é, para que as flutuações macroscópicas de volume e pressão em torno dos seus respectivos valores de equilíbrio se dispersem.

Quando um sistema sofre mudanças sucessivas de estado e retorna ao estado inicial, diz-se que ele executou um ciclo termodinâmico. Pode-se mostrar que uma característica fundamental de um processo (ou caminho) reversível é, ao final de uma transformação cíclica, também as vizinhanças são reconduzidas ao seu estado original.

Embora normalmente o estado do sistema seja definido através dos valores de suas propriedades, determinados de maneira experimental, podem existir relações que os interliguem sob condições de equilíbrio; isso indica não ser necessária a determinação independente de cada uma delas. Tais relações se constituem em *equações de estado*. A equação do gás ideal é uma delas.

O caminho definido pela sucessão de estados através dos quais o sistema passa é chamado de *processo*. Alguns processos apresentam características específicas e por isso merecem atenção especial. Por exemplo:

a) processo isobárico (pressão constante);
b) processo isotérmico (temperatura constante);
c) processo isocórico ou isométrico (volume constante);
d) processo isoentálpico (entalpia constante);
e) processo isoentrópico (entropia constante);
f) processo adiabático (sem transferência de calor).

A Figura 2.12 ilustra quatro modalidades de caminhos relativos à transformação de um gás ideal: transformação isocórica; transformação isobárica, transformação adiabática e transformação isotérmica.

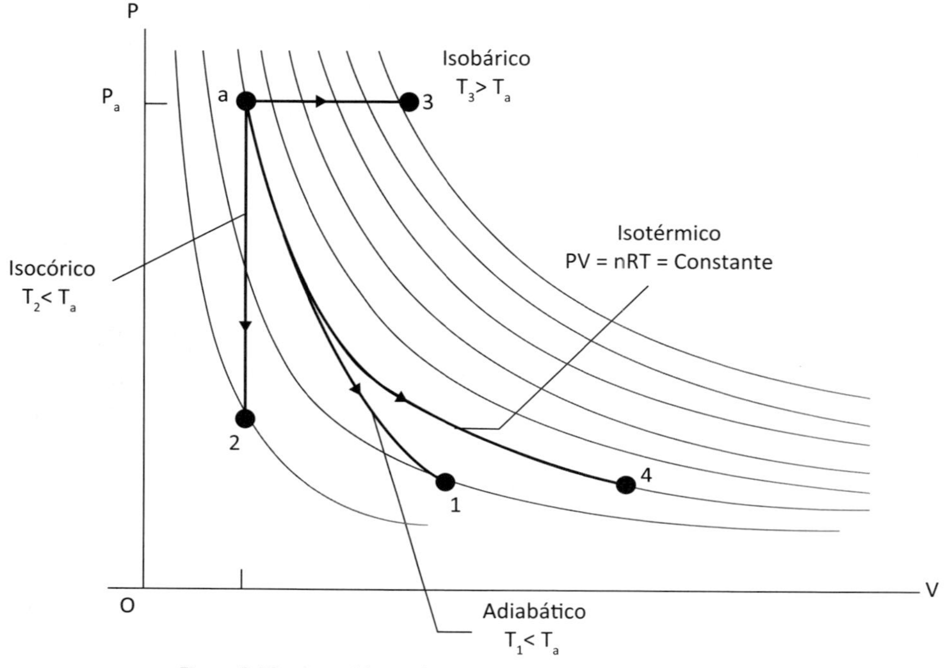

Figura 2.12 – Exemplificação de caminhos termodinâmicos de um gás ideal.

Fonte: Adaptado de http://www.fisica.ufmg.br/fterdist/processos/processos_guia.htm, acesso em: 5 maio 2014.

2.6 PRINCÍPIO ZERO OU LEI ZERO DA TERMODINÂMICA

Quando um sistema em menor temperatura é posto em contato, através de uma parede não isolante, com um outro sistema em maior temperatura, o calor flui naturalmente do sistema em maior temperatura para o sistema em mais baixa temperatura. Se esses sistemas forem mantidos em contato por um longo período, o equilíbrio térmico poderá ser estabelecido; então, as temperaturas dos dois sistemas serão iguais. A Lei Zero da Termodinâmica pode ser enunciada como: "Se dois corpos estão em equilíbrio térmico com um terceiro corpo, então, os três corpos estão em equilíbrio térmico entre si".

2.7 PRIMEIRA LEI DA TERMODINÂMICA

A Primeira Lei da Termodinâmica é a expressão do princípio da conservação da energia: "energia não pode ser criada nem destruída, apenas transmutada" (Figura 2.13).

Pode também ser enunciada da seguinte forma: "A energia do universo (ou de qualquer sistema isolado) é constante".

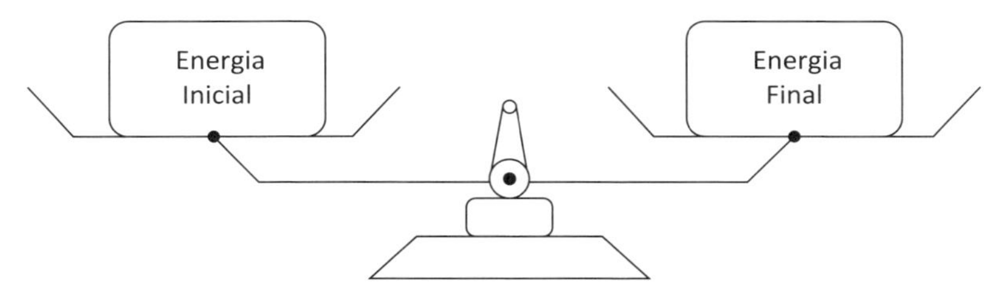

Figura 2.13 – Representação esquemática da Primeira Lei da Termodinâmica.

Define-se, pela aplicação da Primeira Lei, a função de estado denominada Energia Interna do sistema (*E*'). Argumenta-se que a energia interna do sistema aumenta quando ele recebe energia calorífica das vizinhanças e que diminui quando o sistema precisa realizar trabalho sobre as vizinhanças. Então, especificamente, para o caso de um sistema fechado, capaz de realizar trabalho (W) e trocar calor (Q) com as vizinhanças, e que experimenta a transformação: estado inicial (1) ➔ estado final (2), resulta:

$$\Delta E = E_2 - E_1 = Q - W \tag{2.14}$$

ou

$$\delta E = \delta Q - \delta W \tag{2.15}$$

Embora Q e W dependam do caminho da transformação, isto, é do modo através do qual o estado final é alcançado, a diferença Q-W só depende dos estados inicial e final, o que permite a definição de uma função de estado *E*, energia interna do sistema. Para efeito de cálculo, computa-se a energia calorífica liberada pelo sistema (exotermia) para as vizinhanças como sendo negativa e a energia calorífica absorvida pelo sistema (endotermia) como positiva. A parcela correspondente ao trabalho (W) inclui, no caso mais geral, contribuições devidas ao trabalho mecânico, elétrico, magnético, gravitacional, entre outros, sendo considerada positiva quando o sistema realiza trabalho *sobre* as vizinhanças, e negativa no caso contrário (Figura 2.14). No caso particular em que apenas trabalho mecânico, tipo pressão-volume, está presente, W pode ser calculado como:

$$W = \int_1^2 P\,dV \tag{2.16}$$

onde P representa a pressão de oposição, agindo sobre as fronteiras do sistema, e *V* o volume do mesmo.

Note que a partir do enunciado da Primeira Lei, torna-se possível calcular *variações* de energia interna, mas não seu valor absoluto.

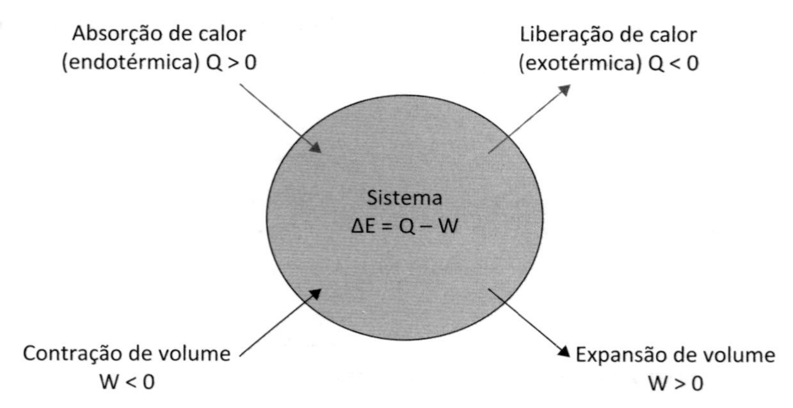

Figura 2.14 – Convenção de sinais para trabalho e troca de calor.

A título de exemplo, a Figura 2.15 ilustra a transformação de estado correspondente à expansão de um gás ideal.

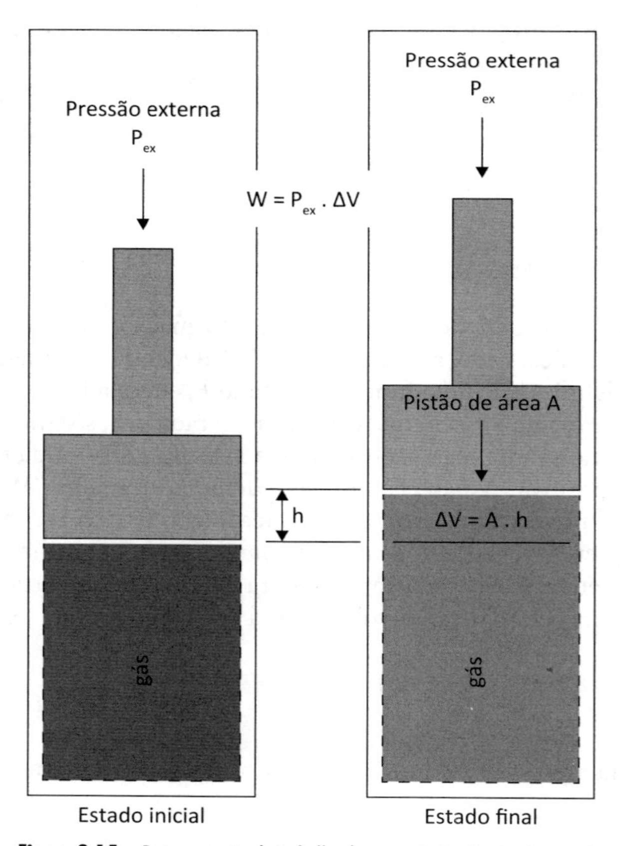

Figura 2.15 – Representação de trabalho de expansão isotérmica de um gás.

Para esse sistema gasoso, considerando o gás ideal e a temperatura constante, o trabalho realizado é expresso como:

$$W = \int_{V_1}^{V_2} P\,dV = \int_{V_1}^{V_2} \frac{nRT}{V'}\,dV = nRT\ln\frac{V_2}{V_1} \tag{2.17}$$

Uma combinação entre funções de estado de um sistema resulta também numa função de estado. Então, a função Entalpia, definida como $H = E + PV$, é uma função de estado. Dada a sua utilidade, encontram-se, na literatura, extensas compilações de valores de entalpia, para elementos e compostos e soluções.

Considere-se a aplicação do *Primeiro Princípio* a um processo isobárico, em que o trabalho envolvido é do tipo pressão-volume. Tem-se que:

$$W = \int_1^2 P\,dV = P\int_1^2 dV = P\,\Delta V = P_2\,V_2 - P_1\,V_1 \tag{2.18}$$

ou

$$E_2 - E_1 = Q - (P_2\,V_2 - P_1\,V_1) \tag{2.19}$$

ou

$$E_2 + P_2\,V_2 - (E_1 + P_1\,V_1) = H_2 - H_1 = Q \tag{2.20}$$

isto é, sob pressão constante, a quantidade de calor trocada se iguala à variação de entalpia.

Essa relação permite uma avaliação imediata de variações de entalpia. É comum que processos metalúrgicos se deem sob pressão quase constante; além disso, as pressões são ordinárias, próximas de 1 atm. Daí as tabelas de entalpia geralmente refletirem os efeitos de temperatura e composição sob pressão de 1 atm.

Como no caso da energia interna, a definição matemática de entalpia não permite a determinação de seus valores absolutos. De modo geral, para a análise de um processo metalúrgico, o interesse maior reside em estimar as variações decorrentes desse processo, sendo então suficiente medir essas variações a partir de uma base de comparação arbitrária, porém conhecida.

2.7.1 FORMAS MAIS COMUNS DE ENTALPIA

O cálculo de variação de entalpia é muito comum quando da análise de processos metalúrgicos. Como entalpia é função de estado, a variação desta grandeza não depende do caminho utilizado para o cálculo, apenas dos estados inicial e final da transformação. No entanto, o mais comum é escolher caminhos nos quais a pressão é mantida constante, usualmente 1 atm. À pressão constante, a variação de entalpia é igual ao calor trocado.

Neste texto, as variações de entalpia serão separadas em quatro classes:

1. calor de transformação: para designar a quantidade de calor cedida a uma substância para provocar mudança de fase (fusão, ebulição, sublimação, alotropia) a temperatura e pressão constantes;
2. calor de aquecimento: para designar o calor fornecido a uma substância para aquecê-la até certa temperatura, sob pressão constante;
3. calor de reação: designando o calor envolvido durante uma reação química, à pressão constante;
4. calor de dissolução: designando o efeito térmico ao se diluir uma substância em outra.

2.7.1.1 Entalpia de transformação de fase

Entalpia de transformações de fase são as de primeira ordem, que apresentam descontinuidade entre os valores de entalpia das fases que dela participam. Sob pressão constante, essas transformações, que incluem fusão, ebulição, sublimação e mudança de estado alotrópico, ocorrem à temperatura constante. Portanto, essas variações de entalpia estão associadas às respectivas temperaturas (de equilíbrio entre as fases da espécie i):

Fusão: $i(sólido) \rightarrow i(líquido)$ $$\Delta H^i_{fusão} = H^i_{líquido} - H^i_{sólido} \qquad (2.21)$$

$\Delta H^i_{fusão}$ (variação de entalpia de fusão da substância i (J/mol)) e $T^i_{fusão}$ (temperatura de fusão da espécie i (K)).

Ebulição: $i(líquido) \rightarrow i(gás)$ $$\Delta H^i_{ebulição} = H^i_{gás} - H^i_{líquido} \qquad (2.22)$$

$\Delta H^i_{ebulição}$ (variação de entalpia de ebulição da substância i (J/mol)) e $T^i_{ebulição}$ (temperatura de ebulição da espécie i (K)).

Sublimação: $i(sólido) \rightarrow i(gás)$ $$\Delta H^i_{sublimação} = H^i_{gás} - H^i_{sólido} \qquad (2.23)$$

$\Delta H^i_{sublimação}$ (variação de entalpia de sublimação da substância i (J/mol)) e $T^i_{sublimação}$ (temperatura de sublimação da espécie i (K)).

Transição: $i(sólido\ \alpha) \rightarrow i(sólido\ \beta)$ $$\Delta H^i_{tr} = H^i_{sólido\ \beta} - H^i_{sólido\ \alpha} \qquad (2.24)$$

ΔH^i_{tr} (variação de entalpia de transição ou de mudança de estado alotrópico da substância i (J/mol)) e T^i_{tr} (temperatura de transição ou de mudança de estado alotrópico da espécie i (K)).

Valores de entalpia de transformação podem ser facilmente encontrados na literatura (Geiger, 1993; Stull, 1966; Knacke, 1991; Kubaschewski, 1983).

Alguma vezes é necessário estimar a variação de entalpia de transformação em temperatura diferente da temperatura de equilíbrio. Um possível método de cálculo será ilustrado na próxima seção.

2.7.1.2 Entalpia de aquecimento

A variação de entalpia ou calor de aquecimento é normalmente simbolizada por

$$\left(H_T - H_{TR}\right)_i \tag{2.25}$$

onde

H_T representa a entalpia de 1 mol da substância *i* na temperatura referente ao estado final;

H_{TR} representa a entalpia de 1 mol da substância *i* na temperatura de referência, correspondente ao estado inicial.

O estado de agregação relativo ao estado inicial e o estado de agregação relativo ao estado final precisam ser identificados, para que a transformação de estado seja descrita com exatidão.

A entalpia de aquecimento é calculada usando o calor específico da substância. O calor específico é a quantidade de calor necessário para aquecer a unidade de massa da substância de uma unidade de temperatura. Assim, a entalpia de aquecimento pode ser determinada pela seguinte relação:

$$H_T \quad H_{TR}\ {}_i \qquad {}_{TR}^{T}\ Cp^i\, dT \qquad H_i \tag{2.26}$$

onde:

Cp^i representa o calor específico da substância *i* (J/mol.K)

ΔH_i representa a variação de entalpia das transformações de fase da substância *i*

Valores e expressões para cálculo do calor específico estão disponíveis na literatura (por exemplo, STULL, 1966; GEIGER, 1993; KNACKE, 1991; KUBASCHEWSKI, 1983).

A escolha mais comum para temperatura de referência é 25 °C = 298,15 K. Daí

$$\left(H_T - H_{298K}\right)_i = \sum \int_{298K}^{T} Cp^i\, dT + \sum \Delta H_i \tag{2.27}$$

EXEMPLO 2.1

Deseja-se obter uma expressão para cálculo de $(H_T - H_{298})$ para o alumínio líquido, válida para temperaturas entre 932 e 2700 K.

Dados: $T^{Al}_{fusão} = 932\ K$; $Cp^{Al,\,sólido} = 20{,}68 + 12{,}39 \times 10^{-3}\ T\ J/mol.K$;

$\Delta H^{Al}_{fusão} = 10758\ J/mol$; $Cp^{Al,\,líquido} = 29{,}3\ J/mol.K$

A expressão $\left(H_T - H_{298K}\right)_i = \sum \int_{298K}^{T} Cp^i\, dT + \sum \Delta H_i$

fica, neste caso,

$$\left(H_T - H_{298K}\right)_{Al(l)} = \int_{298}^{932} \left(20{,}68 + 12{,}39 \times 10^{-3} T\right) dT + 10758 + \int_{932}^{T} 29{,}30 dT\ \ J/mol$$

$$\left(H_T - H_{298K}\right)_{Al(l)} = 29{,}30T + 1386{,}49\ J/mol$$

Embora esse tipo de cálculo possa ser repetido, o mais comum é utilizar expressões e tabelas disponíveis na literatura para cada situação específica. ■

EXEMPLO 2.2

A Tabela 2.2 fornece, entre outros valores de variáveis termodinâmicas, a variação de entalpia de aquecimento do $MgCl_2$, $\left(H_T - H_{298K}\right)_{MgCl_2}$. ■

Como se nota, são aplicáveis as expressões:

Região I (298 – 987 K, cloreto sólido)

$$H_T - H_{298K} = -26744 + 79{,}11\ T + 2{,}97 \times 10^{-3}\ T^2 + 8{,}62 \times 10^5\ T^{-1}\ J/mol$$

Região II (987 – 1500 K, cloreto líquido)

$$H_T - H_{298K} = 6907 + 92{,}51\ T\ J/mol$$

Tabela 2.2 – Dados termodinâmicos para o $MgCl_2(s)$

Cloreto de Magnésio, $MgCl_2$ (c)

$\Delta H^o_{298} = -641295\ J/mol$

$S_{298} = 89{,}58\ J/mol.K$

Temperatura de fusão (MP) = 987 K

$\Delta H_{fusão} = 43116\ J/mol$

Temperatura de ebulição (B.P) = 1691 K

$\Delta H_{ebulição} = 136882\ J/mol$

Região I (c) (298 – 987 K)

$Cp = 79{,}11 + 5{,}94 \times 10^{-3}T - 8{,}62 \times 10^{5}T^{-2} J/mol$

$H_T - H_{298K} = -26744 + 79{,}11T + 2{,}97 \times 10^{-3}T^2 + 8{,}62 \times 10^5 T^{-1} J/mol$

Região II (l) (987 – 1500 K)

$Cp = 92{,}51\ J/mol.K$

$H_T - H_{298K} = 6907 + 92{,}51T\ J/mol$

Reação de formação: $Mg + Cl_2 = MgCl_2$

Região I (298 – 923 K)

$\Delta Cp = 16{,}49 - 0{,}59 \times 10^{-3}T - 2{,}51 \times 10^5 T^{-2} J/mol.K$

$\Delta H_T = -647157 + 16{,}49T - 0{,}29 \times 10^{-3}T^2 + 2{,}51 \times 10^5 T^{-1} J/mol$

$\Delta G_T = -647157 - 16{,}49T\ lnT + 0{,}29 \times 10^{-3}T^2 - 1{,}26 \times 10^5 T^{-1} + 278{,}62T\ J/mol$

Região II (923 – 987 K)

$\Delta Cp = 11{,}22 + 5{,}69 \times 10^{-3}T - 5{,}78 \times 10^5 T^{-2} J/mol$

$\Delta H_T = -645481 + 11{,}22T + 2{,}85 \times 10^{-3}T^2 + 5{,}78 \times 10^5 T^{-1} J/mol$

$\Delta G_T = -645481 - 11{,}22T\ lnT - 2{,}85 \times 10^{-3}T^2 - 2{,}89 \times 10^5 T^{-1} + 232{,}10T\ J/mol$

Região III (987 – 1393 K)

$\Delta Cp = 24{,}61 - 0{,}25 \times 10^{-3}T + 2{,}85 \times 10^5 T^{-2} J/mol$

$\Delta H_T = -620156 + 24{,}61T - 0{,}13 \times 10^{-3}T^2 - 2{,}85 \times 10^5 T^{-1} J/mol$

$\Delta G_T = -620156 - 24{,}61T\ lnT + 0{,}13 \times 10^{-3}T^2 + 1{,}42 \times 10^5 T^{-1} + 307{,}84T\ J/mol$

Região IV (1393 – 1500 K)

$\Delta Cp = 34{,}79 - 0{,}25 \times 10^{-3}T + 2{,}85 \times 10^5 T^{-2} J/mol$

$\Delta H_T = -766456 + 34{,}79T - 0{,}13 \times 10^{-3}T^2 - 2{,}85 \times 10^5 T^{-1} J/mol$

$\Delta G_T = -766456 - 34{,}79T\ lnT + 0{,}13 \times 10^{-3}T^2 - 1{,}42 \times 10^5 T^{-1} + 487{,}00T\ J/mol$

Tabela 2.2 – Dados termodinâmicos para o $MgCl_2(s)$ (*continuação*)

$T(K)$	$H_T - H_{298K}$	S_T	ΔH_T	ΔG_T	$T(K)$	$H_T - H_{298K}$	S_T	ΔH_T	ΔG_T
298		89,58	-641295	-591900	1000	99418	228,85	-596296	-482018
400	7535	111,31	-639830	-574738	1100	108669	237,68	-593366	-470716
500	15279	128,55	-638365	-558831	1200	117920	245,72	-591482	-460460
600	23253	143,12	-636691	-542924	1300	127171	253,13	-592110	-448111
700	31311	155,51	-635226	-527855	1400	136422	259,95	-718318	-437856
800	39432	166,35	-633760	-512366	1500	145673	266,52	-714341	-417135
900	47637	176,02	-632295	-497506					

Fonte: A tabela foi reproduzida integralmente de Geiger (1993). As funções Entropia (S) e Energia Livre de Gibbs (G) serão definidas posteriormente.

A unidade de energia é o Joule (J). ΔH^o_{298} representa a variação de entalpia de formação do $MgCl_2$ (cristal) a 298 K, a partir dos elementos puros em seus estados mais estáveis a 1 atm; $Mg(s) + Cl_2(g) = MgCl_2(s)$. Como por convenção a entalpia dos elementos puros, nos seus estados mais estáveis, a 1 atm de pressão de 298 K é nula, vem que $\Delta H^o_{298} = H^o_{298}$ (entalpia do cloreto a 298 K). S_{298} representa a entropia do cloreto puro a 298 K. ΔCp, ΔH_T e ΔG_T representam a variação em calor específico, variação de entalpia e variação de Energia Livre de Gibbs, de formação do cloreto $Mg + Cl_2 = MgCl_2$, a partir dos elementos puros em seus estados mais estáveis a 1 atm. São fornecidas expressões válidas por regiões, de acordo com a estabilidade do cloreto e do metal: note-se que os pontos de fusão e ebulição do Magnésio são 923 K e 1393 K.

EXEMPLO 2.3

Calcular o calor de fusão do Ferro a 1200 °C. A temperatura de fusão normal do Ferro é igual a 1812 K.

Para resolver o problema pode-se lançar mão do seguinte esquema, que se aproveita do fato que variações de entalpia só dependem do estado final e inicial e independem do caminho.

EXEMPLO 2.3 (*continuação*)

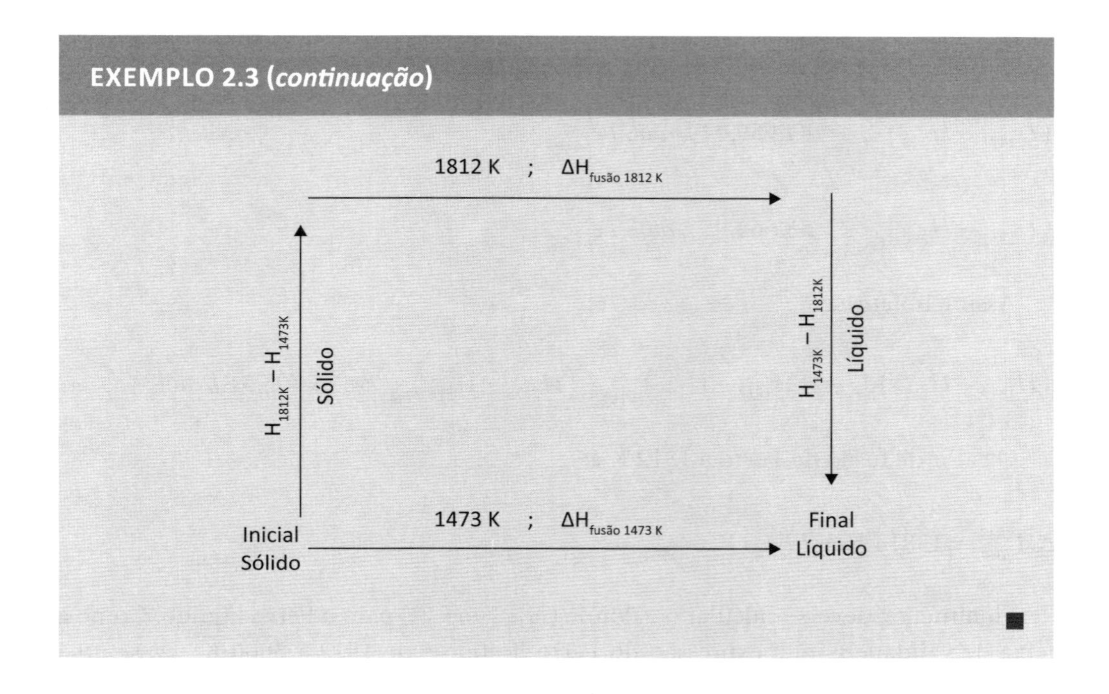

No cálculo a ser desenvolvido, tem-se, por estado inicial, Ferro sólido a 1473 K e, por estado final, Ferro líquido a 1473 K. Essa transformação pode ser realizada da seguinte forma: aquecendo o ferro sólido de 1473 a 1812 K; realizando a fusão a 1812 K e resfriando o ferro líquido de 1812 a 1473 K. Desse modo, pode-se escrever a seguinte relação:

$$\Delta H_{fusão}^{1473} = \left(H_{1812} - H_{1473}\right)_{Fe(s)} + \Delta H_{fusão}^{1812} - \left(H_{1812} - H_{1473}\right)_{Fe(l)}$$

Obtém-se de Kelley (1960), por exemplo, expressões de variação de entalpia e faixa de temperatura em que são válidas:

$$\left(H_T - H_{298}\right)_{Fe(s)} = 24{,}28.\ T + 4{,}14 \times 10^{-3}.\ T^2 + 205\ J/mol \qquad 1183\text{-}1673\ K$$

$$\left(H_T - H_{298}\right)_{Fe(s)} = 28{,}21.\ T + 3{,}35 \times 10^{-3}.\ T^2 - 3453\ J/mol \qquad 1673\text{-}1812\ K$$

$$\left(H_T - H_{298}\right)_{Fe(s)} = 40{,}90.\ T + 0{,}84 \times 10^{-3}.\ T^2 - 2805\ J/mol \qquad 1812\text{-}3000\ K$$

Tem-se:

$$\left(H_{1473} - H_{298}\right)_{Fe(s)} = 44.959{,}44\ J/mol.\ Fe$$

$$\left(H_{1812} - H_{298}\right)_{Fe(s)} = 58.664{,}95\ J/mol.\ Fe$$

Assim, obtém-se:

$$\left(H_{1812} - H_{1473}\right)_{Fe(s)} = \left(H_{1812} - H_{298}\right)_{Fe(s)} - \left(H_{1473} - H_{298}\right)_{Fe(s)} = 13.705{,}51\ J/mol$$

O calor de fusão do Ferro a 1812 K é:

$$\Delta H_{fusão}^{1812} = 13814\ J/mol.Fe$$

Finalmente, deve-se calcular o valor de $(H_{1812} - H_{1473})$ para o Ferro líquido. Como a faixa de validade para a expressão do Ferro líquido é de 1812 a 3000 K, faz-se uma aproximação de extrapolar a faixa de validade da equação para temperaturas na faixa de 1473 a 1812. Isso leva a uma imprecisão nos cálculos, mas é a única maneira de abordar o problema devido à indisponibilidade de dados mais precisos.

Assim:

$$\left(H_{1812} - H_{298}\right)_{Fe(l)} = 74.049{,}96\ J/mol.Fe$$

$$\left(H_{1473} - H_{298}\right)_{Fe(l)} = 59.253{,}50\ J/mol.Fe$$

e:

$$\left(H_{1812} - H_{1473}\right)_{Fe(l)} = \left(H_{1812} - H_{298}\right)_{Fe(l)} - \left(H_{1473} - H_{298}\right)_{Fe(l)} = 14.796{,}46\ J/mol.Fe$$

Finalmente se obtém:

$$\Delta H_{fusão}^{1473} = 13.705{,}51 + 13.814 - 14.796{,}46 = 12.723\ J/mol.Fe$$

Observa-se que a diferença entre os calores de fusão do Ferro a 1812 e 1473 K é pequena. Como o cálculo desenvolvido é bastante trabalhoso e sempre envolve algumas aproximações, a variação da entalpia de fusão com a temperatura é muitas vezes desprezada.

EXEMPLO 2.4

Neste exemplo estimam-se inicialmente as quantidades de cada componente da liga:

$$n_{Fe} = \frac{10^6.\%Fe}{M_{Fe}.100} = \frac{10^6 \times 95,00}{55,85 \times 100} = 17.009,85\ mols$$

$$n_C = \frac{10^6.\%C}{M_C.100} = \frac{10^6 \times 4,5}{12 \times 00} = 3750\ mols$$

$$n_{Si} = \frac{10^6.\%Si}{M_{Si}.100} = \frac{10^6 \times 0,50}{28,09 \times 100} = 178\ mols$$

Calcular o calor necessário para aquecer 1 tonelada de liga Fe-C-Si de 25 °C até 1400 °C, supondo que a esta temperatura a liga se encontra líquida.

Composição da liga: C = 4,5% Si = 0,5% Fe = 95%

Como antes, a variação de entalpia pode ser calculada empregando-se qualquer caminho, desde que mantidos os estados inicial e final. Uma análise criteriosa dos possíveis caminhos pode levar à conclusão que, para algumas das etapas desses caminhos, não existam dados de entalpia para a avaliação da contribuição entálpica. Dessa forma, alguma aproximação/simplificação pode ser necessária.

■

A seguir, calculam-se os calores de aquecimento, incluindo a fusão dos diversos elementos.

- Aquecimento do Ferro, considerando que ele se funde a 1812 K. Nesse caso, aquece-se o ferro sólido até 1673 K (1400 ºC) e soma-se o calor de fusão, $\Delta H^{Fe}_{fusão}$ = 13.814 J/mol.

Tem-se a 1673 K (Kelley, 1960):

$$\left(H_T - H_{298}\right)_{Fe(s)} = 28,21T + 3,35x10^{-3}\,T^2 - 3453 \qquad J/mol\ 1673 - 1812\ K$$

$$\left(H_{1673} - H_{298}\right)_{Fe(s)} = 53.121\ J/mol$$

Logo:

$$(H_{1673} - H_{298})_{Fe(l)} = (H_{1673} - H_{298})_{Fe(s)} + \Delta H^{Fe}_{fusão} = 66.934{,}81\ J/mol$$

- Aquecimento do carbono, considerando que o carbono se funde a 4073 K. Na ausência de dados de entalpia de fusão do carbono, essa contribuição é desprezada. Portanto, a 1673K, de acordo com Kelley (1960):

$$(H_T - H_{298})_C = 16{,}87T + 2{,}39\times10^{-3}T^2 + 8{,}54\times10^5/T - 8104\ J/mol \qquad 298 - 2500K$$

$$(H_{1673} - H_{298})_C = 27.307{,}45\ J/mol$$

- Aquecimento do silício, considerando que ele se funde a 1683 K, com calor de fusão igual a $\Delta H^{Si}_{fusão}$ = 50.651 J/mol. A 1673 K, de acordo com Kelley (1960):

$$(H_T - H_{298})_{Si(s)} = 23{,}86T + 1{,}47x10^{-3}T^2 + 4{,}35x10^5/T - 8703\ J/mol \qquad 298 - 1685K$$

$$(H_{1673} - H_{298})_{Si(s)} = 35.576{,}35\ J/mol$$

Assim:

$$(H_{1673} - H_{298})_{Si\ l} = (H_{1673} - H_{298})_{Si(s)} + \Delta H^{Si}_{fusão} = 86.226{,}95\ J/mol$$

Portanto, a variação de entalpia de aquecimento dos três componentes totaliza:

$$\Delta H = n_{Fe}(H_{1673} - H_{298})_{Fe(l)} + n_C(H_{1673} - H_{298})_C + n_{Si}(H_{1673} - H_{298})_{Si(l)}$$

$$\Delta H = 1.257.305{,}87\ kJ/ton\ gusa$$

Este cálculo inclui a aproximação de que os componentes da liga são aquecidos separadamente e assim permanecem. Na realidade o estado inicial, a liga sólida, é caracterizado pela presença de várias fases (ferrita, cementita, grafita) e não pelos componentes puros. De forma análoga, o estado final compreende uma solução líquida e não componentes puros. Existem erros associados a estas aproximações, que podem ser computados ao se incluir nos cálculos as variações de entalpia de dissolução.

2.7.1.3 Entalpia de reações químicas

No caso de uma reação química, esta pode ocorrer com absorção de calor (endotérmica) ou liberação de calor (exotérmica). A quantidade de calor envolvida na reação química, considerando-se pressão constante, corresponde à diferença entre a entalpia dos produtos da reação e a entalpia dos reagentes (Figura 2.16).

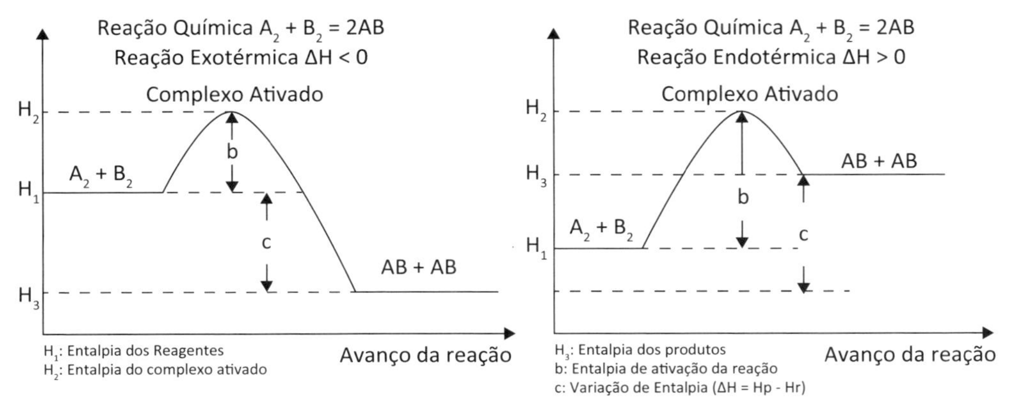

Figura 2.16 – Reações químicas com liberação de calor (reação exotérmica) e absorção de calor (reação endotérmica).

Fonte: Beychok, 2011.

Para avaliação da variação de entalpia associada a uma reação química aplica-se a relação:

Variação de entalpia = Σ entalpia dos produtos – Σ entalpia dos reagentes

ou, em símbolos:

$$\Delta H_R = \sum n_p . H_p - \sum n_r . H_r \tag{2.28}$$

onde:

ΔH_R = variação de entalpia da reação;

n_p = coeficiente estequiométrico do produto "p" na equação da reação;

H_p = entalpia do produto "p";

n_r = coeficiente estequiométrico do reagente "r" na equação da reação;

H_r = entalpia do reagente "r".

Essa avaliação requer especificar os estados físicos de cada reagente e de cada produto da reação, além da temperatura e da pressão.

Quando o sinal de variação de entalpia é negativo significa que a reação ocorre com liberação de energia, e a reação é dita exotérmica; quando o sinal da variação de entalpia de reação é positivo ocorre consumo de energia, e a reação é denominada endotérmica.

É usual a tabulação de variações de entalpia de formação, de elementos e compostos, a partir dos elementos puros no estado físico mais estável, a 25 °C e 1 atm de pressão. Uma simbologia normal para essa quantidade seria:

$$\Delta H^o_{Formação\ 298K}$$

Então, por exemplo:

$$\Delta H^o_{F\ 298K\ Fe_3O_4} = 1117{,}24\ \text{kJ} \tag{2.29}$$

corresponde à seguinte reação:

$$3Fe_{(s)} + 2O_{2(g)} = Fe_3O_{4(s)}$$

$$\Delta H^o_{F\ 298K\ Fe_3O_4} = H_{Fe_3O_4,\ sólido, 298K, 1\ atm} - 2H_{O_2,\ gás, 298K, 1\ atm} - 3H_{Fe, sólido, 298K, 1\ atm} \tag{2.30}$$

Por convenção, a entalpia de um elemento puro, na sua forma mais estável, a 25 °C e 1 atm, é igual a zero. Então, por exemplo,

$$H_{Fe,\ sólido,\ 298\ K,\ 1\ atm} = 0 \tag{2.31}$$

$$H_{O2,\ gás,\ 298\ K,\ 1\ atm} = 0 \tag{2.32}$$

Daí decorre que a variação de entalpia de formação de um composto a partir dos seus elementos na forma mais estável, a 25 °C e 1 atm, é igual à entalpia desse composto a 25 °C e 1 atm. Por exemplo:

$$\Delta H^o_{F\ 298K\ Fe_3O_4} = H_{Fe_3O_4,\ sólido,\ 298K,\ 1\ atm} \tag{2.33}$$

Também decorre que a entalpia de formação de um elemento puro a 25 °C na sua forma estável a essa temperatura é igual a zero. Desse modo, tem-se que o calor de formação do oxigênio gasoso a 25 °C é igual a zero. Esse calor pode ser designado pelos seguintes símbolos:

$$\Delta H^o_{F\ 298K\ O_2} = 0\ \text{J/mol} \tag{2.34}$$

Desde que os estados iniciais dos elementos sejam os mesmos, para a formação de cada composto envolvido em uma dada reação química pode-se empregar a lei de Hess para avaliar a variação de entalpia de reações químicas na forma:

Variação de entalpia de reação = Σ variação de entalpia de formação dos produtos – Σ variação de entalpia de formação dos reagentes ou, em símbolos:

$$\Delta H_R = \sum n_p . \Delta H_p - \sum n_r . \Delta H_r \tag{2.35}$$

onde:

ΔH_R = variação de entalpia da reação;

n_p = coeficiente estequiométrico do produto "p" na equação da reação;

ΔH_p = variação de entalpia de formação do produto "p";

n_r = coeficiente estequiométrico do reagente "r" na equação da reação;

ΔH_r = variação de entalpia de formação do reagente "r".

EXEMPLO 2.5

Calcular a variação de entalpia associada à seguinte reação, a 298 K:

$$3\,Fe_2O_{3(s)} + CO_{(g)} = 2\,Fe_3O_{4(s)} + CO_{2(g)}.$$

■

Essa variação de entalpia é dada por:

$$\Delta H_R^o = 2\,\Delta H^o_{F\,298K\,Fe_3O_4} + \Delta H^o_{F\,298K\,CO_2} - 3\,\Delta H^o_{F\,298K\,Fe_2O_3} - \Delta H^o_{F\,298K\,CO}$$

onde:

$\Delta H^o_{F\,298K\,Fe_3O_4} = -1117{,}24\ kJ/mol$

$\Delta H^o_{F\,298K\,CO_2} = -393{,}71\ kJ/mol$

$\Delta H^o_{F\,298K\,Fe_2O_3} = -821{,}71\ kJ/mol$

$\Delta H^o_{F\,298K\,CO} = -110{,}59\ kJ/mol$

Daí:

$\Delta H^o_R = 2x(-1117{,}24)+(-393{,}71)-3x(-821{,}71)-(-110{,}59) = -52467$ J

Algumas vezes pode ser necessário determinar a entalpia de uma reação em temperaturas diferentes de 298 K. Esse cálculo pode ser feito diretamente, a partir da expressão:

$$\Delta H_R = \sum n_p . H_p - \sum n_r . H_r \tag{2.36}$$

EXEMPLO 2.6

Para a reação $SiO_{2(s)} + 2C_{(s)} = Si_{(s)} + 2CO_{(g)}$, *a 1600 K e 1 atm, escreve-se que*

$$\Delta H_R = 2H_{CO\,1600K\,1\,atm} + H_{Si\,1600K\,1\,atm} - 2H_{C\,1600K\,1\,atm} - H_{SiO2\,1600K\,1\,atm}$$

■

Knacke (1991) fornece:

$H_{CO\,1600K\,1atm}$ = – 67.972 J/mol; $H_{Si\,1600K\,1\,atm}$ = 33.508 J/mol; $H_{C\,1600K\,1\,atm}$ = 25.610 J/mol; $H_{SiO_2\,1600\,K\,1\,atm}$ (quartzo) = – 822.500 J/mol

O que permite estimar ΔH_R= 668.844 J/mol.

Um procedimento alternativo compreende utilizar um ciclo, pois a variação de entalpia independe do caminho. O exemplo seguinte ilustra o ciclo para este caso.

EXEMPLO 2.7

Calcular a variação de entalpia da reação abaixo a 1600 K:

$$SiO_{2(s)} + 2C_{(s)} = Si_{(s)} + 2CO_{(g)}$$

EXEMPLO 2.7 (continuação)

Para realizar esse cálculo é necessário lembrar que a entalpia é uma função de estado, ou seja, seu valor só depende dos estados inicial e final do sistema. Assim, pode-se adotar um procedimento análogo ao feito no caso da determinação do calor de fusão em temperaturas diferentes da temperatura normal de fusão. Para tal, lança-se mão do seguinte esquema:

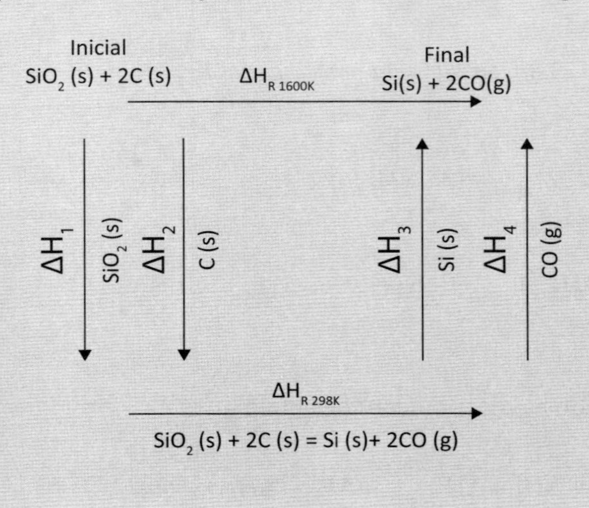

■

No ciclo citado, tem-se como estado inicial: $SiO_{2(s)}$ e $C_{(gr)}$ a 1600 K; como estado final: $Si_{(s)}$ *e* $CO_{(g)}$ a 1600 K. Inicialmente *1 mol* de $SiO_{2(s)}$ e *2 mols* de $C_{(gr)}$ são resfriados de 1600 K até 298 K; a reação se processa a 298 K; *1 mol* de $Si_{(s)}$ e *2 mols* de $CO_{(g)}$ são aquecidos de 298 K a 1600K.

Como entalpia é uma função de estado , pode-se escrever:

$$\Delta H^o_{R\,1600K} = \Delta H_1 + \Delta H_2 + \Delta H^o_{R\,298K} + \Delta H_3 + \Delta H_4$$

Como se sabe que (Kelley, 1960):

$$(H_T - H_{298})_{SiO_2(s)} = 60{,}32\,T + 4{,}06 \times 10^{-3}\,T^2 - 18649 \qquad J/mol$$

$$\left(H_T - H_{298}\right)_{C(s)} = 16{,}87T + 2{,}39x10^{-3}T^2 + 8{,}54x10^5/T - 8104 \qquad J/mol$$

$$\left(H_T - H_{298}\right)_{Si(s)} = 23{,}86T + 1{,}47x10^{-3}T^2 + 4{,}35x10^5/T - 8703 \qquad J/mol$$

$$\left(H_T - H_{298}\right)_{CO(g)} = 28{,}42T + 2{,}05x10^{-3}T^2 + 0{,}46x10^5/T - 8812 \qquad J/mol$$

Vem que:

$$\Delta H_1 = -\left(H_{1600} - H_{298}\right)_{SiO_2(s)} = -\ (88.256{,}6)\ J$$

$$\Delta H_2 = -2\left(H_{1600} - H_{298}\right)_{C(s)} = -\ 2x(25.540{,}2)\ J$$

$$\Delta H^o_{R\,298K} = 687.173{,}8\ J,\ \textit{entalpia da reação a 298 K}$$

$$\Delta H_3 = \left(H_{1600} - H_{298}\right)_{Si(s)} = (33.508)\ J$$

$$\Delta H_4 = 2\left(H_{1600} - H_{298}\right)_{CO(g)} = 2x(41.936{,}75)\ J$$

Assim, somando as contribuições de entalpia:

$$\Delta H^o_{R\,1600K} = \Delta H_1 + \Delta H_2 + \Delta H^o_{R\,298K} + \Delta H_3 + \Delta H_4 = 665{,}22\ kJ$$

O exemplo anterior permite que se desenvolva uma relação genérica para cálculo do calor de reação em temperaturas diferentes de 298 K. Essa relação é dada por:

$$\Delta H^o_T = \Delta H^o_{298} + \sum n_p \left(H_T - H_{298}\right)_p - \sum n_r \left(H_T - H_{298}\right)_r \qquad (2.37)$$

onde:

ΔH^o_T = entalpia da reação em uma temperatura "T";

n_p = coeficiente estequiométrico do produto "p" na equação da reação;

n_r = coeficiente estequiométrico do reagente "r" na equação da reação.

Algumas fontes de dados termodinâmicos fornecem valores de variação de entalpia de reações químicas em função da temperatura, o que na maior parte dos casos evita a necessidade dos cálculos anteriores. Por exemplo, de acordo com a Tabela 2.2, para a reação de formação do cloreto de magnésio, $Mg+Cl_2 = MgCl_2$, tem-se que:

ΔH_T	Faixa validade	Obs.
$-647157 + 16{,}49\,T - 0{,}29 \times 10^{-3}\,T^2 + 2{,}51 \times 10^5\,T^{-1}$ J/mol	298 – 923 K	$MgCl_2$(s)
$-645481 + 11{,}22\,T + 2{,}85 \times 10^{-3}\,T^2 + 5{,}78 \times 10^5\,T^{-1}$ J/mol	923 – 987 K	$MgCl_2$(s)
$-620156 + 24{,}61\,T - 0{,}13 \times 10^{-3}\,T^2 - 2{,}85 \times 10^5\,T^{-1}$ J/mol	987 – 1393 K	$MgCl_2$(l)
$-766456 + 34{,}79\,T - 0{,}13 \times 10^{-3}\,T^2 - 2{,}85 \times 10^5\,T^{-1}$ J/mol	1393 – 1500 K	$MgCl_2$(l)

EXEMPLO 2.8

A Tabela 2.3 apresenta valores de variação de entalpia de formação, ΔH^o_f, do cloreto de magnésio sólido, a partir dos elementos. A diferença, em relação à Tabela 2.2, é que o produto da reação é sempre sólido.

■

Tabela 2.3 – Valores de funções termodinâmicas para o $MgCl_2$(s)

	J / mol·K			kJ/mol			
T (K)	C^o_p	S^o	$-(G^o - H^o_{298})/T$	$H^o - H^o_{298}$	ΔH^o_f	ΔG^o_f	$\log K_p$
0	0,00	00,00	Infinito	−13.76	−641,496	−641,496	Infinito
100	40,31	25,97	146,84	−12,09	−643,401	−626,129	326,884
200	63,61	62,69	95,97	−6,66	−643,338	−609,251	159,037
298	71,41	89,67	89,67	0,00	−641,923	−592,399	103,731
300	71,53	90,11	89,67	0,13	−641,898	−592,093	103,038
400	75,75	111,33	92,54	7,52	−640,558	−575,692	75,138
500	78,18	128,51	98,07	15,22	−639,114	−559,635	58,434
600	79,91	142,93	104,37	23,13	−637,645	−543,879	47,324
700	81,29	155,35	110,79	31,19	−636,159	−528,365	39,406
800	82,59	166,29	117,06	39,39	−634,706	−513,074	33,483
900	83,89	176,09	123,08	47,71	−633,296	−497,950	28,885
1000	85,19	185,00	128,83	56,16	−640,801	−482,227	25,176
1100	86,46	193,18	134,32	64,74	−639,332	−466,446	22,138
1200	87,70	200,75	139,54	73,45	−637,854	−450,799	19,612
1300	88,92	207,82	144,53	82,28	−636,368	−435,269	17,480
1400	90,11	214,45	149,29	91,23	−761,99	−417,847	15,582

Tabela 2.3 – Valores de funções termodinâmicas para o $MgCl_2(s)$ (*continuação*)

	J / mol·K			kJ/mol			
$T (K)$	C_p^o	S^o	$-(G^o - H_{298}^o)/T$	$H^o - H_{298}^o$	ΔH_f^o	ΔG_f^o	$\log K_p$
1500	91,28	220,71	153,84	100,30	−758,792	−393,379	13,691
1600	92,41	226,64	158,21	109,49	−755,489	−369,130	12,045
1700	93,52	232,27	162,40	118,79	−752,078	−345,073	10,597
1800	94,61	237,65	166,43	128,19	−748,566	−321,238	9,317
1900	95,67	242,79	170,32	136,87	−744,945	−297,591	8,177
2000	96,70	247,73	174,06	147,33	−741,236	−274,145	7,156

Fonte: A tabela foi reproduzida integralmente de Stull (1966). As funções Entropia (S) e Energia Livre de Gibbs (G) e Constante de Equilíbrio (Kp) serão definidas posteriormente.

$$Massa\ molecular = 95{,}218\ g/mol$$

$$T_{fusão} = 987\ K$$

$$\Delta H_{formação\ 0K} = -641{,}504\ kJ/mol$$

$$\Delta H_{formação\ 298{,}15K} = -641{,}923\ kJ/mol$$

$$\Delta H^o_{fusão} = 43116\ J/mol$$

A temperatura de fusão do cloreto é $T_{fusão} = 987\ K$; não obstante, em temperaturas superiores a esta, os valores de propriedades termodinâmicas são para cloreto sólido, Desta forma, não se notam as descontinuidades nas curvas C_p^o *vs* T, S_T *vs* T e $H^o - H_{298}^o$ *vs* T, devidas à fusão do cloreto. De forma semelhante, ΔH_f^o e ΔG_f^o representam as variações de entalpia e de Energia Livre de Gibbs de formação do cloreto sólido, a partir dos elementos nas suas formas mais estáveis a 1 atm; $Mg + Cl_2 = MgCl_2(sólido)$; K_p é a constante de equilíbrio da reação. Define-se a Função Energia Livre (*fef – free energy function*) como $-(G^o - H_{298}^o)/T$; a utilidade desta função é exemplificada em Stull (1966).

2.7.1.4 Entalpia de dissolução

Quando duas ou mais substâncias são misturadas de modo a formar uma solução, se observa, em geral, um efeito térmico, de absorção ou liberação de calor. Quando o processo de formação se dá à pressão constante, o termo entalpia de dissolução é usado para designar a quantidade de calor envolvido.

Como será abordado com mais detalhes no Capítulo 4, a variação de entalpia de formação de uma solução binária costuma ser avaliada como:

$$\Delta H_M = X_A\, \Delta \bar{H}_A + X_B\, \Delta \bar{H}_B \qquad (2.38)$$

onde:

ΔH_M = variação de entalpia de formação da solução, ou calor de mistura (J/mol solução)

X_A = fração molar de A na solução;

X_B = fração molar de B na solução;

$\Delta \bar{H}_A$ = variação de entalpia parcial molar de dissolução de A (J/mol de A);

$\Delta \bar{H}_B$ = variação de entalpia parcial molar de dissolução de B (J/mol de B);

Os valores de $\Delta \bar{H}_i$ são tabelados para a maioria das ligas metálicas binárias.

EXEMPLO 2.9

Determinar a variação de entalpia associada à dissolução de 50 kg de liga Fe-Si 75% e 1600 °C, em uma tonelada de Fe a 1600 °C. Considere os dados de Hultgreen (1973), de entalpia parcial molar (J/mol) de dissolução de ferro e silício puros e líquidos, em soluções líquidas Fe-Si a 1873 K.

■

X_{Si}	0	0,1	0,2	0,3	0,4	0,5	0,6	0,7	0,8	0,9	1
$-\Delta \bar{H}_{Si}$	131440	125149	109732	81204	50634	27803	13671	5634	1821	318	0
$-\Delta \bar{H}_{Fe}$	0	414	3290	12960	29461	47955	65088	79806	91050	99321	104805

Os estados inicial e final estão bem definidos. Estado inicial: 50 kg de solução líquida Fe-Si(75%) e 1000 kg de Fe líquido, ambos a 1600 °C. Como a entalpia é uma função de estado, qualquer caminho seguido para sair do estado inicial e atingir o estado final fornecerá o mesmo valor de variação de entalpia.

Um caminho bastante conveniente e que simplifica os cálculos envolve as seguintes etapas:

- separação dos componentes da liga Fe-Si obtendo Fe e Si a 1600 °C;
- dissolução do Si no ferro formando a liga final.

Essas etapas podem ser vistas esquematicamente na representação a seguir.

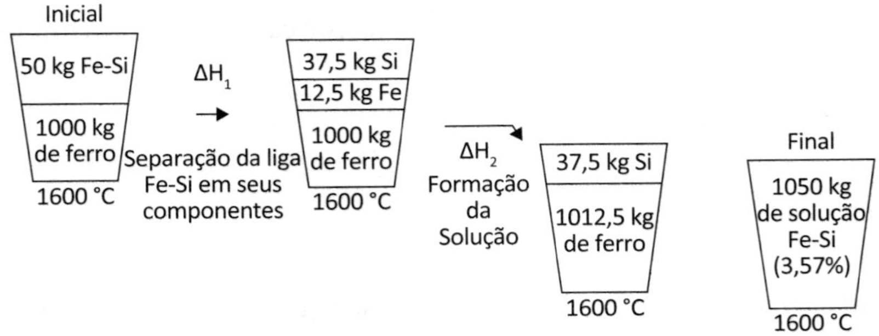

Inicial

50 kg Fe-Si
1000 kg de ferro
1600 °C

ΔH_1 →
Separação da liga Fe-Si em seus componentes

37,5 kg Si
12,5 kg Fe
1000 kg de ferro
1600 °C

ΔH_2 →
Formação da Solução

37,5 kg Si
1012,5 kg de ferro
1600 °C

Final

1050 kg de solução Fe-Si (3,57%)
1600 °C

Inicialmente, avaliam-se os números de mols e as frações molares de Si e Fe na liga Fe-Si 75 e na liga final, de acordo com a tabela a seguir.

	Inicial		**Final**
	Solução Ferro puro	*Solução Fe-Si(75%)*	*Solução Fe-Si(3,57%)*
Fe	*1000 kg ou 17905,10 mols*	*12,5 kg ou 223,81 mols*	*1012,5 kg ou 18128,92 mols*
Si	*0*	*37,5 kg ou 1334,99 mols*	*37,5 kg ou 1334,99 mols*

Isso implica (223,81+1334,99) mols de solução Fe-Si(75%), de fração molar

$$X_{Si} = \frac{n_{Si}}{n_{Si} + n_{Fe}} = \frac{1334,99}{1334,99 + 223,81} = 0,856$$

Na liga final tem-se (18128,92 + 1334,99) mols de solução Fe-Si(3,57%) de fração molar:

$$X_{Si} = \frac{n_{Si}}{n_{Si} + n_{Fe}} = \frac{1334,99}{1334,99 + 18.128,913} = 0,069$$

Hultgreen (1973) fornece, para $X_{Si} = 0,856$, os seguintes valores para a formação da solução:

$$\Delta \bar{H}_{Si} = -979,36 \ J/mol$$

$$\Delta \bar{H}_{Fe} = -95681,75 \ J/mol$$

Portanto, para a dissociação desta solução em seus componentes, tem-se:

$$\Delta H_1 = -\left(n_{Si}\,\Delta \bar{H}_{Si} + n_{Fe}\,\Delta \bar{H}_{Fe}\right) = -\left(1334,99\,x\left(-979,36\right) + 223,81\,x\left(-95681,75\right)\right)$$

$$\Delta H_1 = 22721,96 \ kJ$$

Na segunda etapa, faz-se a dissolução do Si no Fe, obtendo a liga final. Determinam-se, então, as entalpias parciais molares para a solução tal que X_{Si}= 0,069. Hultgreen (1973) fornece:

$$\Delta\bar{H}_{Si} = -127099{,}23\ J/mol$$

$$\Delta\bar{H}_{Fe} = -285{,}95\ J/mol$$

A entalpia de formação da solução Fe-Si (3,57%) é:

$$\Delta H_2 = \left(n_{Si}\,\Delta\bar{H}_{Si} + n_{Fe}\,\Delta\bar{H}_{Fe}\right) = -174860{,}16\ kJ$$

Finalmente, a variação de entalpia do processo seria:

$$\Delta H = \Delta H_1 + \Delta H_2 = 22721{,}96 - 174860{,}16 = -152138{,}2\ kJ$$

2.8 SEGUNDA LEI DA TERMODINÂMICA

A Primeira Lei da Termodinâmica trata apenas da conservação da energia, não estabelece limites em como a energia pode ser transmutada, de uma forma a outra. Sem esses limites poder-se-ia, erroneamente, chegar à conclusão de que calor pode resultar, integralmente, em trabalho. Crises de energia não existiriam, nem limites em converter reagentes em produtos. A Segunda Lei ajuda a estabelecer esses limites, ao introduzir a função de estado Entropia (S).

A Primeira Lei da Termodinâmica proíbe a criação e destruição da energia, enquanto a Segunda Lei limita a disponibilidade da energia e os modos de conservação e uso dela.

Uma consequência matemática da Segunda Lei da Termodinâmica é que pode ser definida uma função (propriedade de estado) chamada *Entropia,* e simbolizada por S, tal que:

$$\Delta S = S_2 - S_1 = \int_2^1 \frac{\delta Q_{rev}}{T} \tag{2.39}$$

onde o índice *rev* indica que a quantidade foi computada ao longo de um caminho reversível. Pode-se mostrar que:

$$\Delta S = S_2 - S_1 > \int_2^1 \frac{\delta Q}{T} \tag{2.40}$$

onde a ausência do índice *rev* indica que a transformação se deu através de um caminho irreversível (espontâneo). De um modo geral, a Segunda Lei pode ser resumida, matematicamente, na desigualdade de Clausius,

$$dS \geq \frac{\delta Q}{T} \tag{2.41}$$

ou

$$dS - \frac{\delta Q}{T} \geq 0 \tag{2.42}$$

onde o sinal *maior que* seria válido para processos irreversíveis (espontâneos), enquanto o sinal *igual* seria válido para processos em equilíbrio.

A Segunda Lei da Termodinâmica determina qual o sentido da evolução dos processos termodinâmicos. Isso se alcança através da combinação do critério de desigualdade de Clausius, e a Primeira Lei da Termodinâmica.

Por exemplo, considerando um sistema isolado (que não troca calor com as vizinhanças), tem-se:

$$dS \geq \frac{\delta Q}{T} \quad \text{e} \quad dS \geq 0 \tag{2.43}$$

Então, encontra-se que a entropia de um sistema isolado nunca decresce: não se altera nos processos reversíveis e aumenta nos processos irreversíveis que ocorrem dentro do sistema. A entropia de um sistema isolado cresce sempre, e o estado de equilíbrio termodinâmico é aquele de máxima entropia.

Boltzmann, em 1906, através da Termodinâmica Estatística, correlacionou a função entropia com a descrição do sistema em nível microscópico. Então,

$$S = K_B \ln \Omega = \frac{R}{N} \ln \Omega \tag{2.44}$$

onde K_B, R e N representam a constante de Boltzmann, constante universal dos gases e o número de Avogadro, respectivamente. Ω representa o número de microestados (um microestado é descrito pela distribuição de átomos e moléculas em nível espacial e energético) compatíveis com o macroestado.

A Figura 2.17 mostra um exemplo de distribuição espacial das moléculas de um gás. À esquerda, uma das configurações possíveis (mas pouco provável de ser encontrada por ser em menor número) em que as moléculas estariam preferencialmente alojadas em uma região específica do recipiente. Por serem poucas as distribuições espaciais desse tipo, a equação de Boltzmann informa que a entropia deve ser pequena. À direita, pode-se ver o caso de moléculas do gás distribuídas aleatoriamente no interior do recipiente. O número de microestados com essa característica é muito maior que aquele relativo ao posicionamento preferencial. Então, os microestados com desordem são em maior número, mais provavelmente observados, e fornecem uma configuração macroscópica de maior entropia. Nesse exemplo, o aumento da desordem, que resulta em aumento de entropia, representa a transformação espontânea.

Num sistema isolado, quanto maior o grau de desordem, maior o valor da entropia.

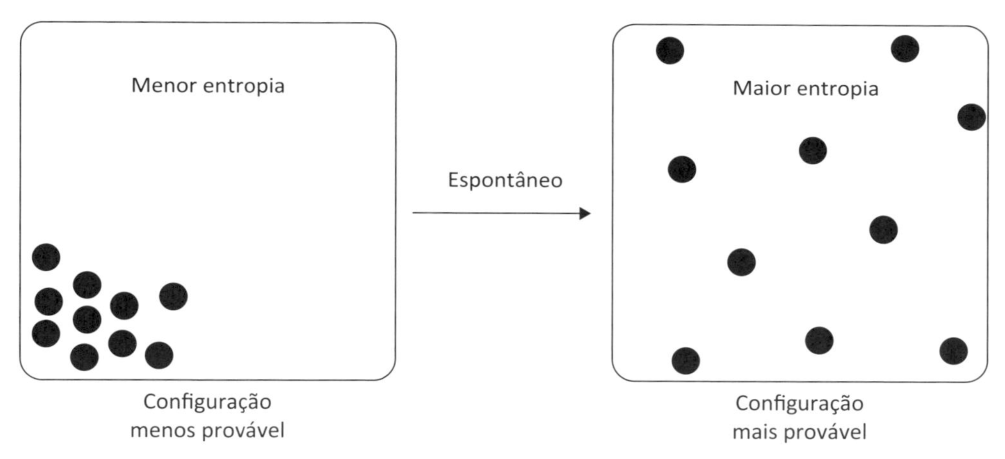

Figura 2.17 – Variação de entropia em um sistema isolado.

A Figura 2.18 ilustra as variações de entropia relativas ao aquecimento e transformação de fases de um sistema unicomponente. Nota-se que a passagem de um estado físico para outro é acompanhada de forte variação de entropia em decorrência da mudança substancial da distribuição atômica ou molecular no sistema considerado. O grau de desordem aumenta e, portanto, também aumenta a entropia na sequência $S_{sólido} < S_{líquido} < S_{gás}$. Durante a solidificação, a substância passa de um estado de maior desordem a um de menor desordem, e a entropia diminui, $S_{sólido} < S_{líquido}$. Esta transformação de estado, acompanhada de diminuição de entropia, é espontânea, quando $T < T_{fusão}$, porque durante ela o sistema não se encontra isolado, pois troca calor com as vizinhanças, o que ilustra a necessidade de desenvolver critérios de espontaneidade e equilíbrio para sistemas não isolados.

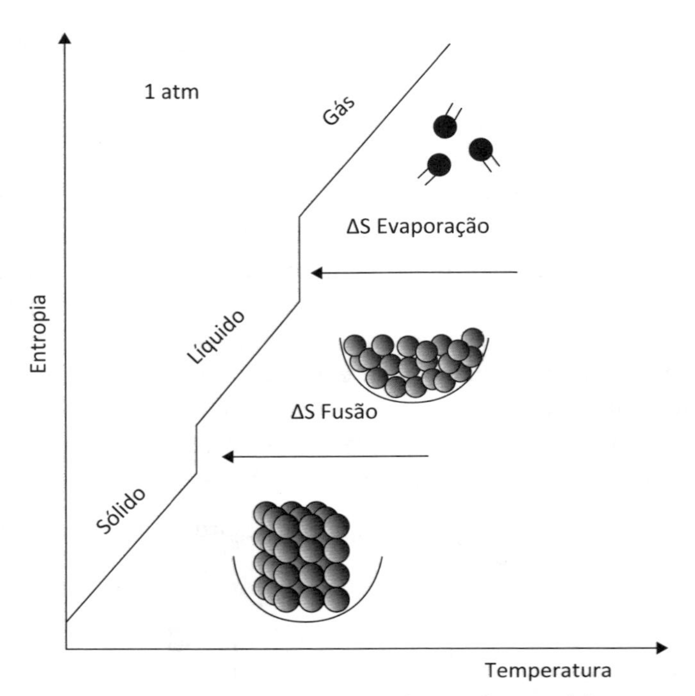

Figura 2.18 – Variações de entropia associadas a transformações de fases.

2.9 TERCEIRA LEI DA TERMODINÂMICA

Em 1906, Nernst (Lewis, 1961) estabeleceu o teorema da Terceira Lei da Termodinâmica: a entropia de qualquer sistema homogêneo ou substância cristalina, sob condições de equilíbrio interno, é nula no zero de temperatura absoluta.

Em 1911, Planck (Lewis, 1961) enuncia a Terceira Lei da seguinte forma: "*a entropia de uma substância pura, no estado cristalino e em perfeito equilíbrio interno, é igual a zero no zero absoluto de temperatura*". Então:

$$S_{0K}^{Mg} \text{ (cristal perfeito)} = 0 \tag{2.45}$$

$$S_{0K}^{MgO} \text{ (cristal perfeito)} = 0 \tag{2.46}$$

$$S_{0K}^{CO2} \text{ (cristal perfeito)} = 0, \tag{2.47}$$

etc.

Considerando-se uma substância qualquer, que experimenta uma transformação isobárica reversível, resulta que:

$$dS = \frac{\delta Q}{T} = \frac{C_p}{T} dT \tag{2.48}$$

$$S_{T_2} = S_{T_1} + \int_{T_1}^{T_2} \frac{C_P}{T} dT \tag{2.49}$$

Portanto, a escolha de T_1 como igual a zero grau absoluto permite, com o auxílio da Terceira Lei, que se determine o valor absoluto da entropia de qualquer substância, desde que a relação funcional entre C_p e temperatura (na faixa de temperatura próxima do zero absoluto) seja conhecida.

As Tabelas 2.4 a 2.6, extraídas de Knacke (1991), exemplificam esses cálculos para o Nióbio, Cloro e Cloreto de Nióbio.

Tabela 2.4 – Valores de propriedades termodinâmicas para o $Nb_{(s)}$ – Ponto de fusão: 2745K; $\Delta S_{fusão} = 9{,}63$ J/mol.K

Fase	T	C_p	h^o	S^o	μ^o
S	298	24,09	0	36,459	−10870
	300	24,12	44	36,608	−10937
	400	25,23	2520	43,723	−14968
	500	25,74	5071	49,413	−19635
	600	26,07	7662	54,137	−24819
	700	26,34	10283	58,176	−30440
	800	26,62	12931	61,711	−36438
	900	26,93	15608	64,864	−42769
	1000	27,29	18318	67,72	−49401
	1100	27,71	21068	70,34	−56305

T	C_p	h^o	S^o	μ^o
1200	28,19	23862	72,771	−63462
1300	28,73	26708	75,049	−70855
1400	29,34	29611	77,200	−78468
1500	30,02	32578	79,247	−86291
1600	30,77	35617	81,208	−94314
1700	31,58	38734	83,097	−102530
1800	32,47	41936	84,927	−110932
1900	33,43	45230	86,708	−119514
2000	34,45	48623	88,448	−128272

Fonte: Knacke (1991).

T é a temperatura em *K;* C_p é o calor específico em J/mol.K; h^o é a entalpia molar em J/mol; S^0 é a entropia molar em *J/mol.K;* μ^o é o potencial químico ou Energia Livre de Gibbs em J/mol.

Tabela 2.5 – Valores de propriedades termodinâmicas para o $Cl_{2(g)}$

Ponto de fusão: 172,17 K; ponto de ebulição: 238,55 K

Fase	T	C_p	h^o	S^o	μ^o	T	C_p	h^o	S^o	μ^o
G	298	33,87	0	223,078	−66510	1200	37,72	33060	273,595	−295253
	300	33,91	62	223,288	−66923	1300	37,85	36838	276,62	−322766
	400	35,34	3534	233,267	−89771	1400	37,98	40630	279,43	−350570
	500	36,06	7108	241,238	−113510	1500	38,11	44435	282,054	−378646
	600	36,5	10738	247,855	−137974	1600	38,23	48252	284,518	−406976
	700	36,81	14404	253,506	−163049	1700	38,35	52081	286,839	−435545
	800	37,05	18097	258,437	−188652	1800	38,47	55922	289,035	−464339
	900	37,25	21812	262,813	−214718	1900	38,59	59775	291,118	−493348
	1000	37,42	25546	266,746	−241199	2000	38,7	63639	293,1	−522560
	1100	37,57	29295	270,32	−268055					

Fonte: Knacke (1991).

Tabela 2.6 – Valores de propriedades termodinâmicas para o $NbCl_{3(s)}$.

Fase	T	C_p	h^o	S^o	μ^o
S	298	97,40	−581	147,277	−44492
	300	97,53	−401	147,880	−44765
	400	102,66	9633	176,712	−61051
	500	105,94	20072	199,993	−79924
	600	108,48	30797	219,540	−100926
	700	110,68	41757	236,431	−123743

Fonte: Knacke (1991).

A postulação de Planck resulta que a capacidade calorífica a pressão constante de uma substância cristalina em perfeito equilíbrio tende a zero quando a temperatura do sistema se aproxima de 0 K. A Figura 2.19 mostra, como exemplo, o caso do cobre.

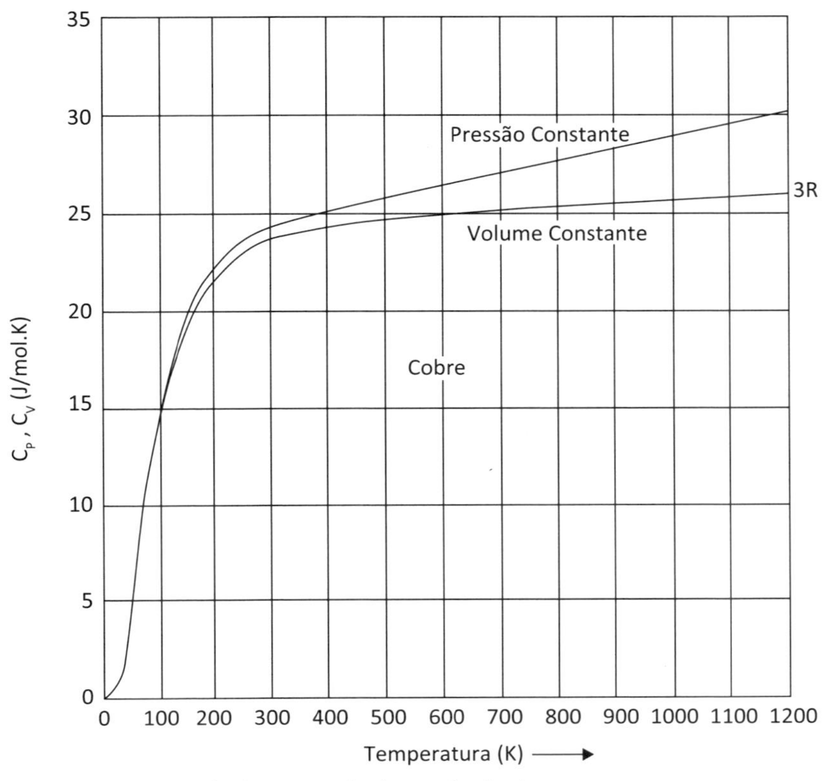

Figura 2.19 – Variação de calor específico do cobre com a temperatura.

Fonte: Olander, 2008.

Da mesma forma, os potenciais termodinâmicos – energias livres de Helmholtz (simbolizada por A) e de Gibbs (simbolizada por G) de sólidos cristalinos puros em perfeito equilíbrio – tornam-se iguais à energia interna e entalpia quando a temperatura absoluta tende a zero, respectivamente, tal que:

$$A = E - TS \rightarrow E \text{ quando } T \rightarrow 0 \quad (2.50)$$

$$G = H - TS \rightarrow H \text{ quando } T \rightarrow 0 \quad (2.51)$$

EXEMPLO 2.10

Determinar a entropia padrão do $MnCl_2$ (sólido) a 900K.

Dados de Kubaschewski (1983) fornecem $S_{298}^{o} = 118{,}25\ J.K^{-1}.mol^{-1}$ e $Cp = 75{,}52 + 13{,}23x10^{-3}T - 5{,}73x10^{5}T^{-2}$ J/mol.K, respectivamente. Portanto:

EXEMPLO 2.10 (*continuação*)

$$S_{900} = 118,25 + \int_{298}^{900} \left(\frac{75,52}{T} + 13,23x10^{-3} - \frac{5,73x10^{5}}{T^{3}}\right) dT = 207,92$$

que se compara bem com valor tabelado (Geiger, 1993), de 205,70 J.K^{-1}.mol^{-1}, ■

EXEMPLO 2.11

Determinar a variação de entropia padrão da reação de redução da magnetita pelo carbono com a formação de ferro e monóxido de carbono, a 1000 K.

A reação de interesse seria $Fe_3O_4(s) + 4\ C(s) = 3\ Fe(s) + 4\ CO(g)$. Em Geiger (1993), são encontrados os seguintes dados (J.K^{-1}.mol^{-1}):

	Fe_3O_4	C	Fe	CO
$S_{1000\,K}$	390,30	24,40	66,69	234,96

Portanto, $\Delta S_{1000} = 4\,S_{1000}^{CO} + 3\,S_{1000}^{Fe} - 4\,S_{1000}^{C} - S_{1000}^{Fe3O4}$

ΔS_{1000} = 4x(234,96) +3x(66,69) - 4x(24,40) - 390,30 =651,72 J.K^{-1}.mol^{-1}

Expressões e valores de variação de entropia referentes a reações químicas, em função da temperatura, podem ser encontrados na literatura. As Tabelas 2.2 e 2.3 exemplificam esse fato. ■

2.10 CRITÉRIOS DE ESPONTANEIDADE

A Segunda Lei da Termodinâmica estabelece que toda transformação de estado de um sistema isolado ocorre com aumento da entropia do mesmo. Na maior parte dos casos em metalurgia, as transformações de estado ocorrem em sistemas não isolados (capazes de trocar calor com as vizinhanças) sob restrições como: temperatura e volume constantes; temperatura e pressão constantes.

A Energia Livre de Gibbs (G), definida como:

$$G = E + P.V - T.S \qquad (2.52)$$

$$G = H - T.S \tag{2.53}$$

é de particular interesse para a metalurgia, por se constituir em critério de espontaneidade e equilíbrio sob condições de pressão e temperatura constantes. Esse critério pode ser derivado da combinação entre a Primeira e Segunda Leis (desigualdade de Clausius) da Termodinâmica, tal como se segue:

$$dE = \delta Q - \delta W \tag{2.54}$$

$$T\,dS \geq \delta Q \tag{2.55}$$

$$dE \leq T\,dS - \delta W \tag{2.56}$$

$$dE \leq T\,dS - P\,dV \tag{2.57}$$

$$dE + P\,dV - T\,dS = d(E + PV - TS) = d(H - TS) = dG \leq 0 \tag{2.58}$$

onde se considerou que o trabalho envolvido na transformação era do tipo pressão-volume.

Finalmente, remanejando os diversos termos e considerando que pressão e temperatura são mantidas constantes, resulta que o sinal de *menor* se aplica a processos irreversíveis (espontâneos) e o sinal de *igual* se aplica a um sistema em equilíbrio.

Portanto, processos isobáricos e isotérmicos, que implicam diminuição de Energia Livre de Gibbs, *são espontâneos.*

A Figura 2.20 mostra as condições de espontaneidade e o efeito da temperatura em uma transformação de estado de um sistema, considerando a expressão:

$$\Delta G = \Delta H - T\Delta S \tag{2.59}$$

Como a figura sugere produtos com maior grau de desordem, $\Delta S > 0$, podem ser obtidos, mesmo se a transformação é endotérmica, $\Delta H > 0$, se a temperatura for suficientemente alta: caso da fusão, da ebulição etc. Produtos com menor grau de desordem, $\Delta S < 0$, podem ser obtidos, se a transformação é exotérmica, $\Delta H < 0$, se a temperatura for suficientemente baixa: caso da solidificação, da condensação etc.

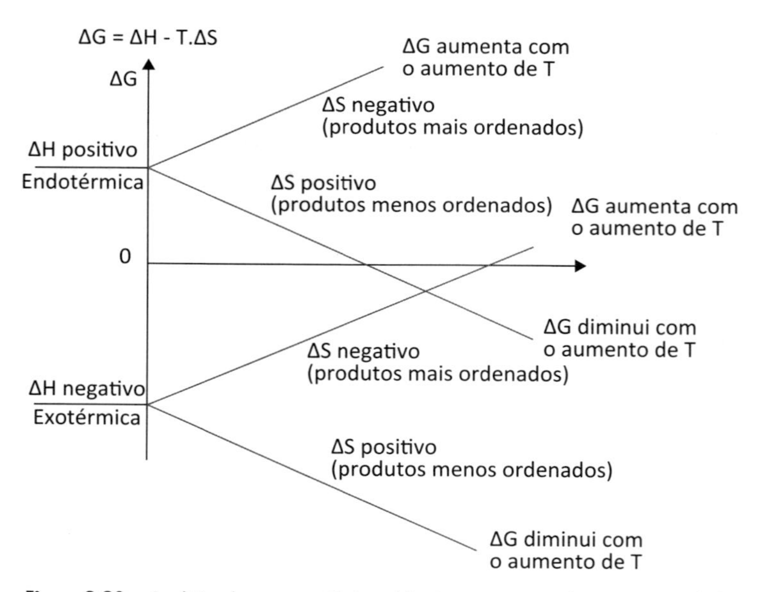

Figura 2.20 – Condições de espontaneidade e efeito da temperatura sobre a espontaneidade da transformação de estado de um sistema.

Como qualquer outra transformação de estado, a condição de espontaneidade de uma determinada reação química, a temperatura e pressão constantes, pode ser verificada através do critério:

$$dG_{P\ e\ T\ constantes} \leq 0 \tag{2.60}$$

A Figura 2.21a exemplifica, esquematicamente, o caso da reação de gaseificação do carbono. Equilíbrio é atingido no ponto de mínimo de Energia Livre de Gibbs; a reação é espontânea se a Energia Livre de Gibbs diminui.

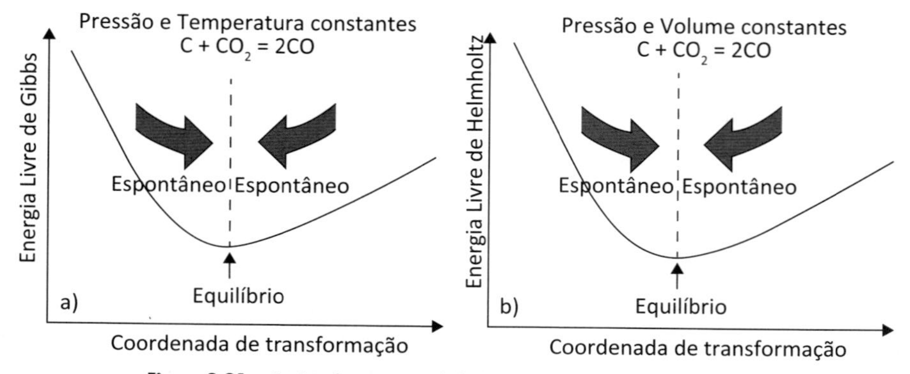

Figura 2.21 – Critério de espontaneidade da reação de gaseificação do carbono: a) pressão e temperatura constantes; b) volume e temperatura constantes.

Sob temperatura e volume constantes, o critério de espontaneidade de ocorrência de uma transformação estado é ditado pela minimização da energia livre de Helmholtz (A = E – TS), como se mostra esquematicamente na Figura 2.21b.

EXEMPLO 2.12

A 1atm de pressão, as seguintes expressões fornecem valores aproximados de Energia Livre de Gibbs molar do Nióbio, sólido e líquido, tal como mostra Knacke (1991):

$$Nb(s)\ (2400\text{-}3200\ K)\quad G^o = 20{,}93 - 0{,}096T \quad kJ/mol$$

$$Nb(l)\ (2400\text{-}3200\ K)\quad G^o = 60{,}57 - 0{,}1111T \quad kJ/mol$$

Determine se seria espontânea a fusão do Nb a 3000 K. Estime a temperatura de fusão do Nb, bem como as correspondentes variações de entalpia e entropia que acompanham o processo.

O processo de interesse pode ser representado por:

$$Nb(s) \rightarrow Nb(l)\ \Delta G = G_{Nb,\ líquido} - G_{Nb,\ sólido}$$

$$\Delta G = 39{,}64 - 0{,}0144T\ kJ$$

Portanto, se T = 3000 K, então, $\Delta G = 39{,}64 - 0{,}0144 x 3000 < 0$, *o que indica que a reação (processo) seria espontânea.*

A temperatura de fusão do Nb é temperatura na qual Nb(s) e Nb(l) estão em equilíbrio, isto é

$$\Delta G = 39{,}64 - 0{,}0144T = 0,$$

o que implica

$$T_{fusão}^{Nb} = \frac{39{,}64}{0{,}0144} = 2745\ K$$

De acordo com a definição de Energia Livre de Gibbs, para uma transformação isotérmica desde o estado 1 até o estado 2, a expressão seguinte seria válida:

$$G_2 - G_1 = (H_2 - H_1) - T(S_2 - S_1)$$

EXEMPLO 2.12 (continuação)

ou

$$\Delta G = \Delta H - T\,\Delta S$$

Portanto, uma comparação entre a expressão acima e a expressão analítica resultaria em

$$\Delta H_{fusão} = 39{,}64\ kJ/mol \quad e \quad \Delta S_{fusão} = 14{,}4\ J/mol.K$$

que representam valores aproximados, desde que as equações fornecidas pressupõem que Entalpia e Entropia sejam independentes da temperatura. A título de comparação, os valores tabelados são 26,39 kJ e 9,62 $J.K^{-1}.mol^{-1}$.

■

EXEMPLO 2.13

Utilizando os dados oriundos de Knacke (1991), como mostram as tabelas 2.4 a 2.6, verifique se a formação do tri-cloreto de nióbio a partir do nióbio e cloro seria possível, a 700 K e 1 atm. Considere que reagentes e produtos estão nos seus respectivos estados padrão.

Na compilação em questão, h^o, S^o e μ^o simbolizam entalpia molar, entropia molar e Energia Livre de Gibbs molar (também conhecida como potencial químico) da substância, respectivamente, a 1 atm; o estado de agregação está identificado na coluna "fase", à 2000 K, por exemplo,

$$H_{Nb(s)} = 48623\ J.mol^{-1}$$

$$S_{Nb(s)} = 88{,}448\ J.K^{-1}.mol^{-1}$$

$$G_{Nb(s)} = -128272\ J.mol^{-1}$$

Logo, para a reação $Nb(s) + 3/2\ Cl_2(g) = NbCl_3\,(s)$,

$$\Delta G_{900} = G_{NbCl3} - \frac{3}{2}G_{Cl2} - G_{Nb} = -5179883 - 3/2\,(-6825239) - (-1282720)\ kJ,$$

o que implica que a mesma NÃO seria espontânea ($\Delta G = +151270\ J > 0$) nas condições indicadas.

EXEMPLO 2.13 (*continuação*)

A pergunta natural que se segue é: qual seria o efeito, sobre a análise anterior, se os participantes não estivessem nos respectivos estados padrão? Por exemplo, P_{Cl2} = 0,1atm? Nb impuro? Esse tipo de situação vai ser abordado em tempo.

Valores de variação de energia livre de reações químicas, quando reagentes e produtos estão nos seus respectivos estados padrão, podem ser encontrados na literatura. Novamente, as Tabelas 2.2 e 2.3 apresentam exemplos.

■

2.11 COMENTÁRIOS FINAIS

Este capítulo não deve ser tomado como uma revisão completa dos princípios da termodinâmica. Procurou-se ressaltar os aspectos mais importantes, em termos de sua aplicabilidade nos capítulos seguintes. Também, através dos exemplos discutidos, apresentar algumas fontes de dados termodinâmicos.

1. FINE, H. A.; GEIGER, G. H. *Handbook on material and energy balance calculations in metallurgical processes.* Warrandale, PA: The Minerals, Metals and Materials Society, 1993.

2. HULTGREN, R.; DESAI, P. D.; HAWKINS, D. T.; GLEISER, M.; KELLEY, K. K. *Selected values of the thermodynamic properties of binary alloys.* Ohio: American Society for Metals, 1973.

3. KNACKE, O.; KUBASCHEWSKI, O.; HESSELMANN, K. *Thermochemical properties of inorganic substances.* 2. ed. Berlim: Springer-Verlag, 1991.

4. KUBASCHEWSKI, O.; ALCOCK, C. B. *Metallurgical thermochemistry.* 5. ed. Oxford: Pergamon Press, 1983.

5. STULL, D. R. (Dir.). *JANAF thermochemical tables. First Addendum JANAF (Joint Army Navy Air Force).* Springfield, VA: Clearinghouse, 1966.

Outras fontes de dados termodinâmicos são igualmente importantes e serão abordadas oportunamente.

2.12 REFERÊNCIAS

BEYCHOK, M.; MICHAEL HOGAN, C. Chemical reaction. In: *Encyclopedia of Earth.* Cutler J. Cleveland (Ed.). Washington, D.C.: Environmental Information Coalition, National Council for Science and the Environment, 2011.

CASTELLAN, G. W. *Physical chemistry*. 3. ed. San Francisco, CA: The Benjamin/ Cummings Publishing Company, 1983.

ENCYCLOPEDIA Britannica, 2000.

FINE, H. A.; GEIGER, G. H. *Handbook on material and energy balance calculations in metallurgical processes*. Warrandale, PA: The Minerals, Metals and Materials Society, 1993.

GREENWOOD, N. N.; EARNSHAW, A. *Chemistry of the elements*. Oxford: Pergamon Press, 1994

HAYES, P. *Process principles in minerals & materials production*. Kansas: Hayes Publishing, 1993.

HULTGREN, R.; DESAI, P. D.; HAWKINS, D. T.; GLEISER, M.; KELLEY, K. K. *Selected values of the thermodynamic properties of binary alloys*. Ohio: American Society for Metals, 1973.

KELLEY, K. K. *High temperature heat content, heat capacity, and entropy data for the elements and inorganic compounds*. Washington D.C.: U. S. Govt. Print. Off.,1960 (Série U. S. Bureau of Mines, *Bulletin* 584, Contributions to the Data on the Theoretical Metallurgy, 13).

KNACKE, O.; KUBASCHEWSKI, O.; HESSELMANN, K. *Thermochemical properties of inorganic substances*. 2. ed.Berlim: Springer-Verlag, 1991.

KUBASCHEWSKI, O.; ALCOCK, C. B. *Metallurgical thermochemistry*. 5. ed. Oxford: Pergamon Press, 1983.

LEWIS, G. N.; RANDALL, M.; PITZER, K. S. (revisor); BREWER, L. (revisor). *Thermodynamics*. New York: McGraw-Hill, 1961.

OLANDER, D. R. *General thermodynamics*. Boca Raton, FL: CRC Press, 2008.

OSÓRIO, W. R.; PEIXOTO, L.C.; GARCIA, A. Efeitos da agitação mecânica e de adição de refinador de grão na microestrutura e propriedade mecânica de fundidos da liga Al-Sn. *Revista Matéria*, Rio de Janeiro; v. 14, n. 3, 2009.

STULL, D. R. (Dir.). *JANAF thermochemical tables. First Addendum JANAF (Joint Army Navy Air Force)*. Springfield, VA: Clearinghouse, 1966.

CAPÍTULO 3
BALANÇOS DE MASSA E ENERGIA

Processos metalúrgicos comuns se dão com conservação de massa e energia. Balanços de massa e energia podem ser utilizados para uma série de fins, por exemplo, cálculos de carga, cálculo de consumo energético, construção de modelos de controle de processo.

Como uma primeira medida para o desenvolvimento de balanços de massa e energia, se faz necessário conhecer os valores das massas, que são admitidas ou produzidas no processo, e os valores de grandezas termodinâmicas, como a entalpia. Valores de grandezas físicas como estas não são conhecidos com exatidão, toda técnica de medição está sujeita a erros, sistemáticos e aleatórios. Daí a relevância de se relembrar o conceito de erro de medições, e suas implicações em metalurgia.

3.1 CONCEITO ESTATÍSTICO DE MEDIDA E ERRO

Considere que se queira lançar ferraduras de modo que elas se encaixem em um pino cravado a uma distância X_m, tal como esquematizado na Figura 3.1.

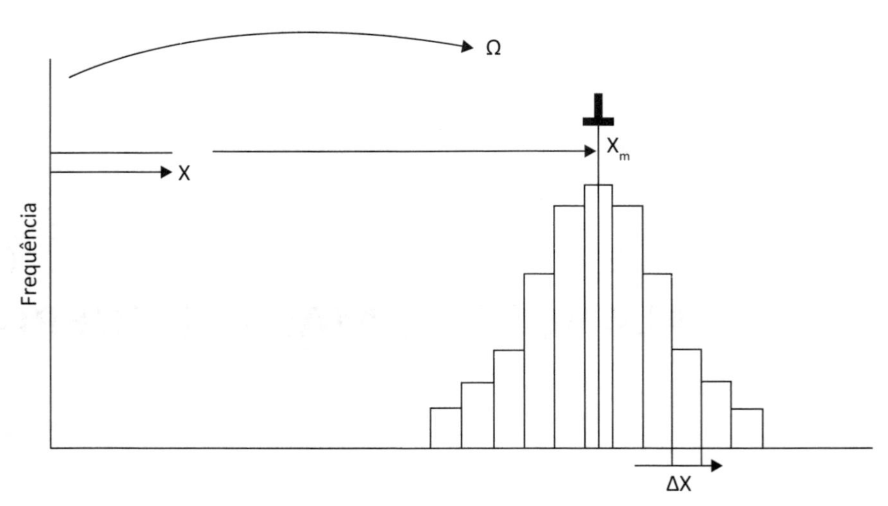

Figura 3.1 – Histograma de frequência para um determinado lançador de ferraduras.

É natural que, mesmo com bastante dedicação, nem sempre o sucesso seja obtido, as razões do fracasso podendo variar desde fatores estritamente pessoais (treinamento, coordenação motora etc.) até fatores ambientais (correntes de ar etc.). O resultado é que se o espaço ao redor de X_m for dividido, em intervalos de comprimento ΔX e, se for quantificada a frequência com que cada intervalo é atingido, obter-se-á um histograma similar ao esboçado na Figura 3.1. Tal histograma, ou as quantidades matemáticas que o caracterizam (por exemplo, média e desvio padrão), pode ser utilizado para comparar diversos jogadores: é óbvio que o melhor jogador será aquele que obtiver um histograma que indique a maior concentração de arremessos em torno de X_m (Figura 3.2).

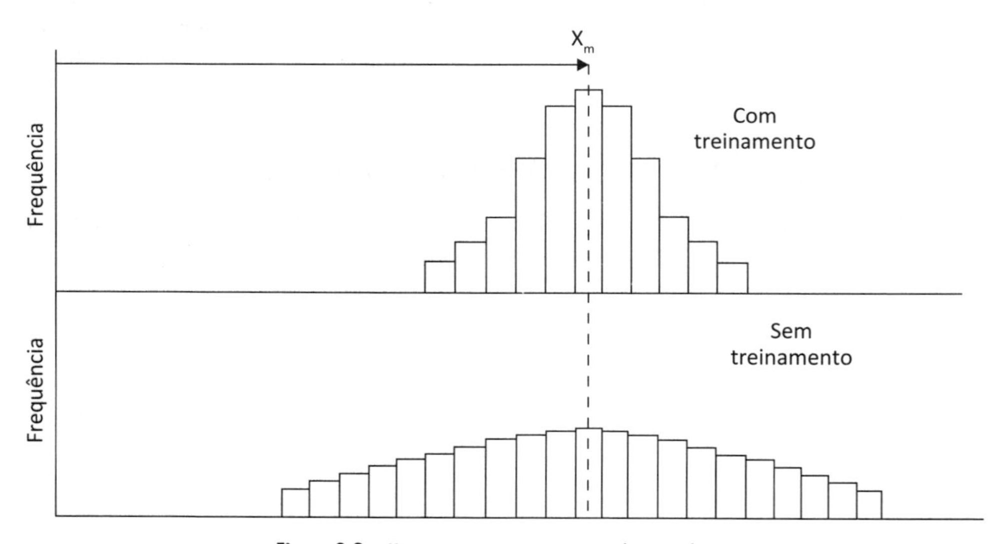

Figura 3.2 – Histograma comparativo entre dois jogadores.

Situação similar ocorre sempre que se quer, através de um dado processo, determinar o valor de uma grandeza em uma série de experimentos aparentemente repetitivos: a média deve ser considerada como o valor estimado e o desvio padrão como uma medida da precisão do processo. A Figura 3.3 ilustra e torna claro o sentido de alguns termos aplicados ao processo de medição.

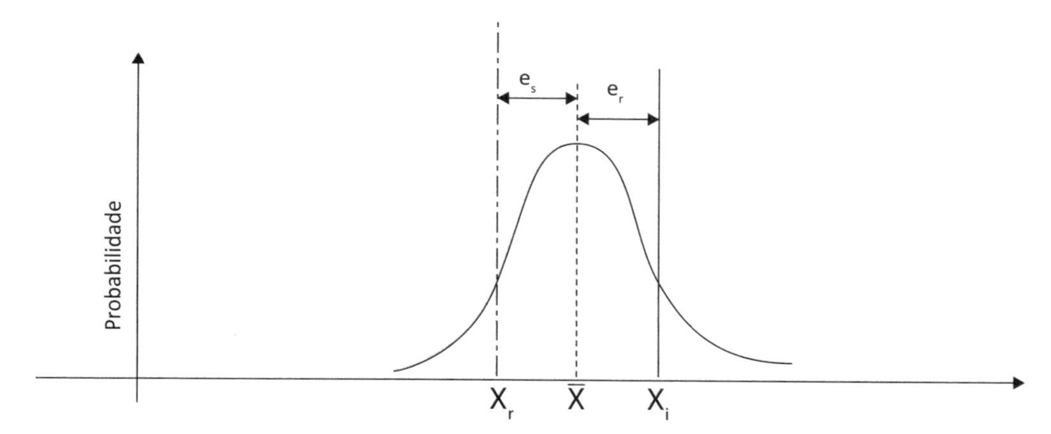

Figura 3.3 – Ilustração do conceito estatístico de medida e erro.

X_r = o valor real da grandeza;

$\overline{X}$ = o valor médio dos experimentos, o valor estimado da grandeza;

X_i = o resultado de uma determinada experiência;

e_s = o erro sistemático ou fixo, é a diferença entre o valor estimado e o valor real;

e_r = o erro aleatório ou randônico, é a diferença entre o resultado de uma dada experiência e o valor estimado.

A precisão de um processo é a medida de sua capacidade em reproduzir o mesmo resultado em situações aparentemente idênticas, isto é, é uma medida de dispersão dos dados em torno do valor estimado, $\overline{X}$, podendo ser representada pelo desvio padrão. Quanto maior a precisão, menor a probabilidade que uma dada experiência mostre como resultado um valor discrepante da média. A acurácia é uma medida do desvio entre valor real e médio, o processo sendo tanto mais acurado quanto menor for o valor absoluto de e_s.

As implicações dessas noções em um processo genérico de produção de um bem são óbvias. A qualidade do produto oscila porque ele é a conjunção entre qualidade dos insumos, equipamentos e *modus operandi*, e cada um desses itens não corresponde às especificações devido a erros sistemáticos e aleatórios. Num processo estatisticamente controlado, que é aquele em que todas variáveis intervenientes se situam dentro de faixas bem determinadas, é natural a obtenção de curvas como a da Figura 3.3, em que X representaria um certo parâmetro de avaliação da qualidade, X_r o valor especificado (desejável), $\overline{X}$ o valor médio obtido. A menos que os critérios de qualidade sejam bastante generosos, existe sempre a possibilidade concreta do produto sair fora da especificação. Melhorias na qualidade, isto é, redução do erro sistemático e aumento da reprodutibilidade do processo, de modo a minimizar a probabilidade de se obter um produto que não atende às especificações, só são conseguidas através de um controle mais rigoroso das variáveis, tendo-se em conta, porém, que certas variáveis têm muito maior influência que outras. Supercontrolar variáveis de pequeno efeito, em detrimento das outras, corresponde a desperdiçar recursos.

3.2 BALANÇOS DE MASSA

O balanço de massa é a expressão matemática do princípio que, à exceção de processos de mutação atômica, matéria não pode ser criada nem destruída, isto é, se conserva, quando se consideram os elementos envolvidos. Como a ausência de processos de degradação atômica é a tônica de sistemas metalúrgicos comuns, balanços de massa têm sido utilizados para revelar acumulação de massa, para se verificar a possibilidade de erros de amostragem e/ou análise, para cálculos de carga e modelamentos matemáticos de processos. Balanços de massa para elementos podem ser estendidos, de modo a retratar a conservação de compostos, desde que esses se conservem sem alteração num dado processo ou que se contabilize sua formação ou consumo através de reações químicas.

Considere-se, por exemplo, as seguintes variáveis relativas ao balanço de massa de um certo elemento químico.

- FE_i, i-ésima quantidade que entra no volume de controle, em unidades de massa.
- FS_i, i-ésima quantidade que sai do volume de controle, em unidades de massa.
- X, Y, Z etc., os elementos que compõem as diferentes quantidades.
- X_i^e, Y_i^e, Z_i^e, etc., porcentagem em peso dos diversos elementos na i-ésima quantidade que entra.
- X_i^s, Y_i^s, Z_i^s, etc., porcentagem em peso dos diversos elementos na i-ésima quantidade que sai.
- M_X, massa atômica do elemento X.

A Figura 3.4 é uma representação esquemática de um balanço de massa. Nesse contexto o volume de controle é a porção do universo à qual se vai aplicar o princípio de conservação da matéria, e está separado do restante do universo por uma superfície de controle, real ou imaginária, a ser escolhida convenientemente.

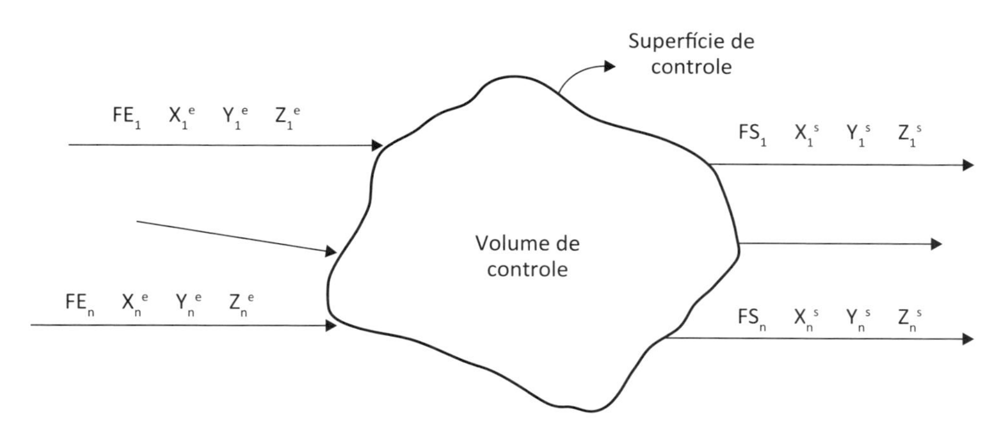

Figura 3.4 – Representação esquemática de um balanço de massa.

A princípio não é necessário saber como ocorrem as diversas transformações dentro do volume de controle, só sendo necessários dados colhidos na superfície de controle, a saber, os valores das quantidades e suas respectivas composições. O princípio da conservação, aplicado, por exemplo, ao elemento X resultaria em:

$$\sum \frac{FE_i\, X_i^e}{100\, M_X} = \sum \frac{FS_i\, X_i^s}{100\, M_X} + \Delta X \qquad (3.1)$$

Total de X que entra no volume de controle, através das superfícies de controle.	=	Total de X que sai do volume de controle, através das superfícies de controle.	+	Acúmulo de X no volume de controle.

Ou de modo equivalente, um balanço de massa:

$$\sum \frac{FE_i\, X_i^e}{100} = \sum \frac{FS_i\, X_i^s}{100} + \Delta X \qquad (3.2)$$

As expressões anteriores permitem alguns comentários. Salvo rara coincidência, um balanço de massa nunca é exato, pois não se conhecem os valores reais das quantidades e suas composições, apenas estimativas e suas respectivas precisões. Se uma das variáveis na expressão é a incógnita, então, seu valor será conhecido a menos de um erro, que deve ser creditado aos erros provenientes da determinação dos valores das outras variáveis, isto é, a qualidade da resposta depende da qualidade das informações.

Além do mais, é possível realizar um balanço de massa de um composto. Como compostos podem ser criados ou destruídos, naturalmente, por via de reações químicas, o balanço precisa levar em conta essa particularidade. Nesse caso, a expressão do balanço poderia ser escrita como:

Taxa de acumulação do composto no interior do volume de controle	=	Taxa de entrada do composto através das superfícies de controle do volume de controle	–	Taxa de saída do composto através das superfícies de controle do volume de controle	–	Taxa de consumo do composto, via reações químicas

Qual tipo de balanço de massa, de elementos ou de compostos será realizado, é simplesmente matéria de conveniência. Como ambos refletem a lei de conservação de massa, suas expressões precisam estar interligadas; isto é, uns podem ser obtidos dos outros através de simples manipulações algébricas lineares.

As Figuras 3.5 e 3.6 apresentam exemplos de alguns dados relativos aos balanços de massa de um alto-forno e um convertedor LD da Usina da Kawasaki Steel, Japão. Nesses exemplos, são mostradas as condições de sopro; os componentes da carga; composições da escória e do banho metálico gerado; composição e quantidade do gás efluente.

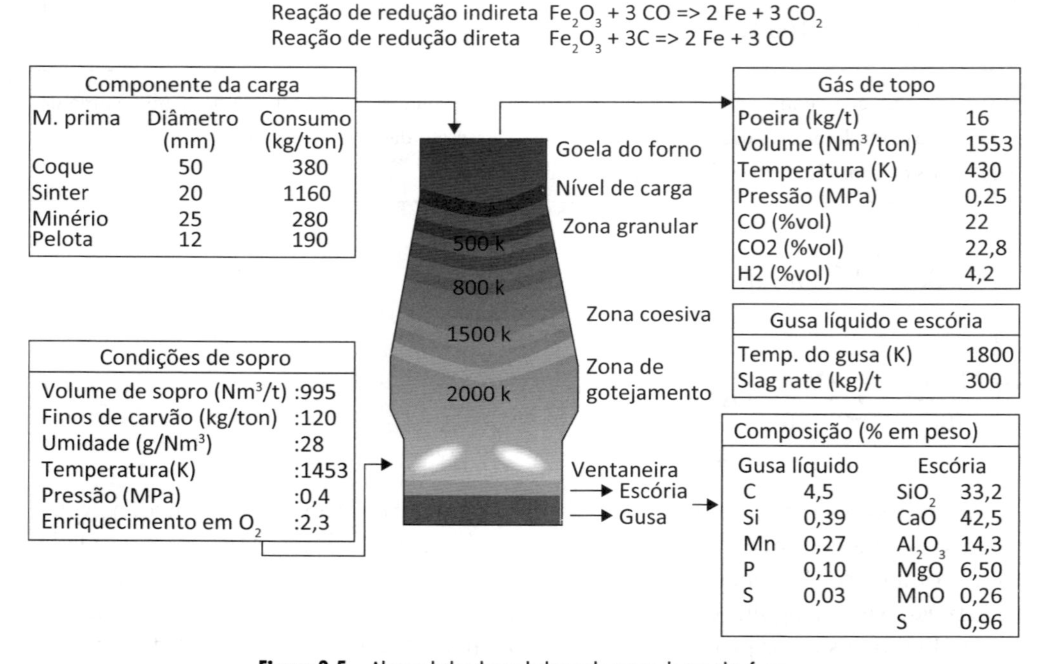

Figura 3.5 – Alguns dados de um balanço de massa de um alto-forno da Kawasaki Steel Corporation, Japão, 2003.

Fonte: www.jfe-21st-cf.or.jp, acesso em: 5 maio 2014.

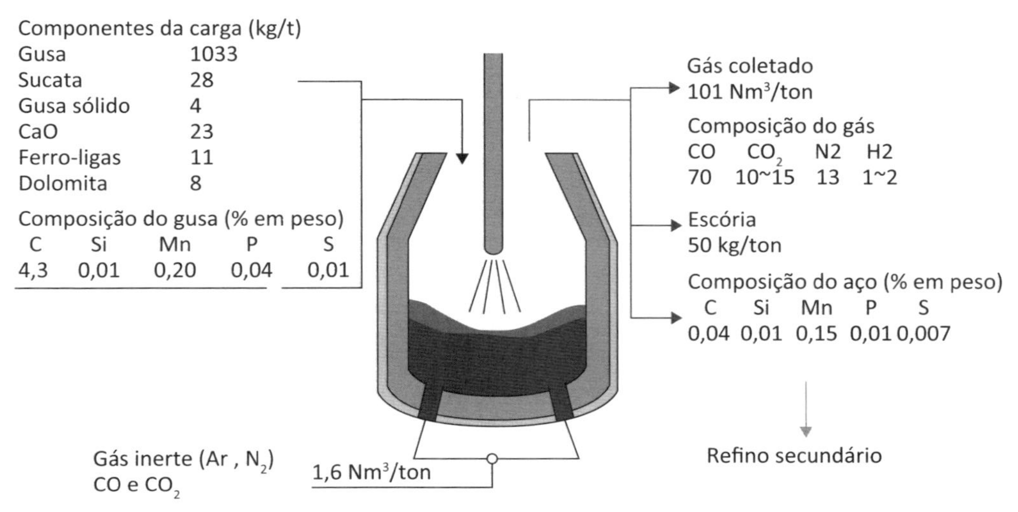

Figura 3.6 – Alguns dados do balanço de massa no convertedor de sopro combinado da Kawasaki Steel Corporation, Japão, 2003.

Fonte: www.jfe-21st-cf.or.jp, acesso em: 5 maio 2014.

A confecção de balanços como esses permite determinar a carga que representa a melhor combinação entre custo e desempenho metalúrgico, e também permite verificar se o processo ocorre como previsto; daí ser prática corriqueira.

EXEMPLO 3.1

O alto-forno é uma estrutura vertical de chapa de aço, revestida com tijolos refratários refrigerados à água. O corpo do alto-forno é composto pela goela, cuba, ventre, rampa e o cadinho, que fica na parte inferior do alto-forno. A cuba, o ventre e a rampa geralmente são revestidos com tijolos silico-aluminoso ou de carbeto de silício, e o cadinho com tijolos de carbono. Mais recentemente, os refratários da cuba, ventre e rampa têm sido substituídos total ou parcialmente por placas refrigeradas a água. As ventaneiras são usadas para injeção de ar quente, e também podem ser utilizadas para injeção de combustíveis auxiliares (finos de carvão, gás natural e etc.). Os maiores altos-fornos atualmente têm aproximadamente de 80 m de altura, 35 m de altura em seu corpo com 16 m de diâmetro máximo interno, e 5.200 m^3 no volume interno. Um alto-forno desse porte pode produzir aproximadamente de 10 a 12 mil toneladas de ferro gusa por dia. A figura mostra uma vista de um alto-forno e suas instalações auxiliares.

EXEMPLO 3.1 (*continuação*)

Considere que a carga de um alto-forno consiste de 1600 kg de Fe_2O_3; 74 kg de SiO_2; 20 kg de Al_2O_3, 100 kg de $CaCO_3$ e 500 kg de C. São utilizados 266 Nm^3 de Oxigênio (no ar) para processar a carga acima. O metal produzido contém 4% de C e 1% de Si, o resto sendo ferro, e supõe-se que todo o ferro passe para o gusa. Os óxidos restantes formam a escória, enquanto o CO_2 do calcário é expelido e se incorpora aos gases. O carbono dos gases está presente como CO e CO_2 e não existe oxigênio livre. Estime a massa de gusa, bem como a massa e composição da escória. Calcule o volume e a composição dos gases. ■

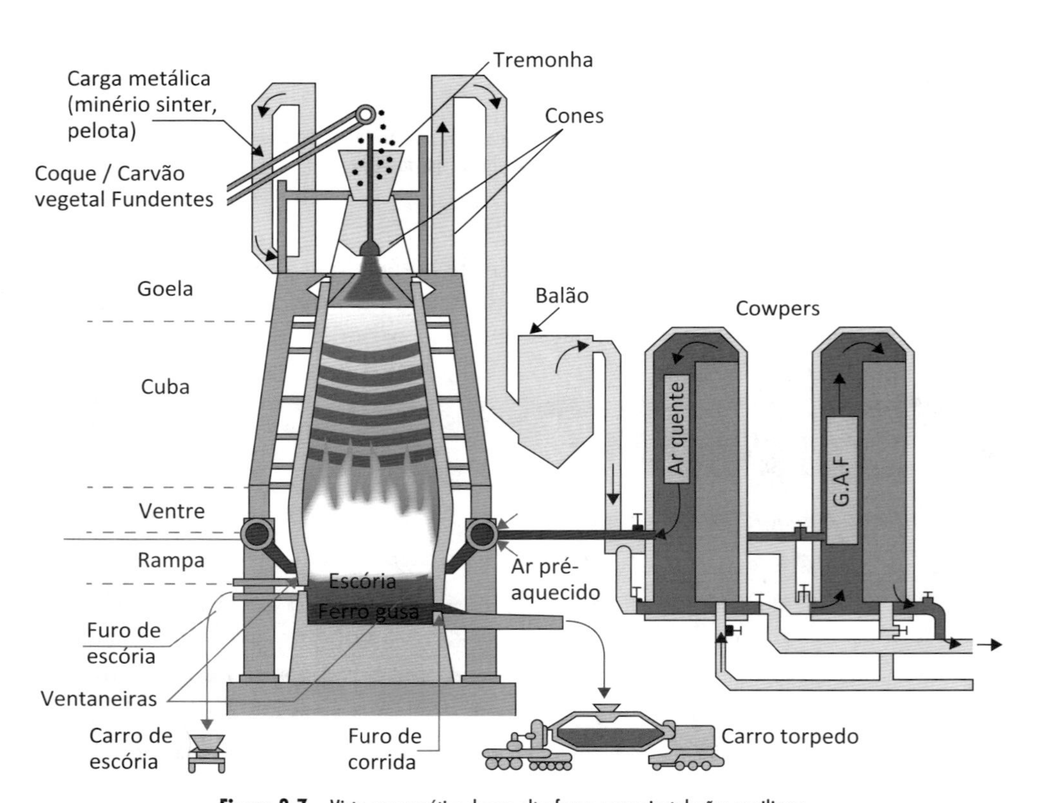

Figura 3.7 – Vista esquemática de um alto-forno e suas instalações auxiliares.

Fonte: www.jfe-21st-cf.or.jp, acesso em: 5 maio 2014.

Uma série de balanços de massa para os elementos pode ser escrita.

O balanço de ferro (em mols) indica:

$$2\, n_{\text{Fe2O3}} = 2\, \frac{M_{HEMATITA}}{M_{Fe2O3}} = \frac{MG\ \%Fe}{100\ M_{Fe}}$$

onde n_{Fe2O3} representa o número de mols de hematita que entra no reator; $M_{HEMATITA}$ a massa de hematita carregada no forno; M_{Fe2O3} a fórmula grama do Fe_2O_3; MG a massa de gusa; %Fe a percentagem de ferro no gusa; M_{Fe} a massa atômica do ferro.

Daí:

$$2\ n_{Fe2O3} = 2\ x\ \frac{1600.000}{159,70} = \frac{MG\ x\ 95}{100\ x\ 55,85}$$

fornece $n_{Fe2O3} = 10018{,}8$ mols e MG = 1.177.998,2 g.

A alumina permanece quimicamente inalterada. Desse modo, toda a alumina da carga se reporta à escória, de modo que o número de mols seria:

$$n_{Al2O3} = \frac{M_{Alumina}}{M_{Al2O3}}$$

onde $M_{Alumina}$ representa a massa de alumina e M_{Al2O3} a fórmula grama do Al_2O_3.

Logo:

$$n_{Al2O3} = \frac{20.000}{101,95} = 196,17 \text{ mols.}$$

Cálcio entra no alto-forno no calcário carregado no topo e sai pelo CaO presente na escória. O balanço de cálcio se lê,

$$n_{CaO} = n_{CaCO3} = \frac{M_{Calcário}}{M_{CaCO3}}$$

onde $M_{Calcário}$ representa a massa de calcário carregada no topo e M_{CaCO3} a fórmula grama do $CaCO_3$.

Dessa forma,

$$n_{CaO} = n_{CaCO3} = \frac{100.000}{100} = 1000 \text{ mols}$$

O silício carregado se reparte entre o gusa e a escória. O balanço que reflete essa situação seria

$$n_{SiO2} = n_{SiO2}^{Escória} + n_{Si}^{Gusa}$$

onde n_{SiO2} representa a sílica carregada, $n_{SiO2}^{Escória}$ a fração que se reporta à escória e n_{Si}^{Gusa} a quantidade de sílica reduzida.

Sílica reduzida e silício incorporado ao gusa se relacionam, estequiometricamente, através da reação:

$SiO_2 = Si + O_2$

Então, sendo M_{Silica} a massa de sílica carregada no forno, M_{SiO2} a fórmula grama de SiO_2, %Si a percentagem de silício no gusa, M_{Si} a massa atômica do silício, vem:

$$n_{SiO2} = n_{SiO2}^{Escória} + n_{Si}^{Gusa}$$

$$\frac{M_{Sílica}}{M_{SiO2}} = n_{SiO2}^{Escória} + \frac{MG\ \%Si}{100\ M_{Si}}$$

$$\frac{74.000}{60} = n_{SiO2}^{Escória} + \frac{1.177.998,2\ x\ 1}{100\ x\ 28,09}$$

Daí, $n_{SiO2} = 1.233{,}33$mols; $n_{Si}^{Gusa} = 419{,}36$ mols; $n_{SiO2}^{Escória} = 813{,}97$ mols.

Balanços de oxigênio e carbono permitem identificar os constituintes dos gases (CO, CO_2 e N_2).

O balanço de carbono seria, em mols:

$$n_C + n_{CaCO3} = n_{CO} + n_{CO2} + \{n_C\}^{gusa}$$

$$\frac{M_{Carbono}}{M_C} + \frac{M_{Calcário}}{M_{CaCO3}} = n_{CO} + n_{CO2} + \{n_C\}^{gusa}$$

Onde n_{CO} e n_{CO2} representam os números de mols de monóxido e dióxido de carbono nos gases efluentes. Os coeficientes dessa equação refletem a estequiometria das reações:

$CaCO_3 = Ca + C + 3/2\ 0_2$

$C + ½\ O_2 = CO$

$C + O_2 = CO_2$

Resulta que:

$$\frac{500.000}{12,01} + 1000 = n_{CO} + n_{CO2} + \frac{1.177.998.2\ x\ 4}{100\ x\ 12,01}$$

Ou

$$n_{CO} + n_{CO2} = 41.631{,}97 + 1000 - 3923{,}39 = 38.708{,}55$$

Finalmente, o balanço de oxigênio leva em consideração a quantidade desse elemento contida em cada espécie química:

$Si + O_2 = SiO_2$ $\quad$ $2\,Al + 3/2\,O_2 = Al_2O_3$ $\quad$ $Ca + ½\,O_2 = CaO$

$Ca + C + 3/2\,O_2 = CaCO_3$ $\quad$ $2\,Fe + 3/2\,O_2 = Fe_2O_3$ $\quad$ $C + ½\,O_2 = CO$

$C + O_2 = CO_2$

Isto é:

$$n^{ar}_{O2} + \{3/2\,n_{Fe2O3} + n_{SiO2} + 3/2\,n_{Al2O3} + 3/2\,n_{CaCO3}\}^{carga} = \{n_{SiO2} + 3/2\,n_{Al2O3} + 1/2\,n_{CaO}\}^{escória} + 1/2\,n_{CO} + n_{CO2}$$

Esse balanço costuma ser interpretado como um balanço de formação dos gases (oxigênio do ar + oxigênio da redução + oxigênio da calcinação = oxigênio dos gases):

$$n^{ar}_{O2} + 3/2\,n_{Fe2O3} + \{n_{SiO2}\}^{redução} + n_{CaCO3} = ½\,n_{CO} + n_{CO2}$$

Então, considerando 266 Nm³ de oxigênio (ou 266000 N.Litro) e que 1mol de gás ocupa 22,4 NL (volume Normal é o volume de um gás ideal medido nas CNTP):

$$\frac{266.000\ NL}{22,4\ NL/mol} + 3/2 \times 10018,8 + 419,36 + 1000 = ½\,n_{CO} + n_{CO2}$$

$$11.875 + 15.028,2 + 419,36 + 1000 = ½\,n_{CO} + n_{CO2}$$

$$28.322,56 = ½\,n_{CO} + n_{CO2}$$

Combinando os resultados dos balanços de carbono e oxigênio vem:

$n_{CO} = 20.771,98$ e $n_{CO2} = 17.936,57$

Um resumo do balanço, expressando as quantidades em mols, é apresentado na tabela a seguir.

	Fe_2O_3	SiO_2	Al_2O_3	$CaCO_3$	CaO	Fe	C	Si	O_2	N_2	CO	CO2
Carga	10018,8	1.233,33	196,17	1000			41.631,97					
Ar									11.875	44.672,6		
Gusa						20037,6	3923,39	419,36				
Gases										44.672,6	20.771,98	17.936,57
Escória		813,97	196,17		1000							

3.3 BALANÇO DE ENERGIA

A Primeira Lei da Termodinâmica estabelece que energia não pode ser criada nem destruída, somente transmutada. Ao se realizar um balanço de energia não se torna necessário conhecer como as transformações se processam dentro do volume de controle, mas apenas dados colhidos junto às superfícies de controle. A expressão genérica do balanço é:

$$E_e = E_S + \Delta E \tag{3.3}$$

Energia que entra no volume de controle, através das superfícies de controle	=	Energia que sai do volume de controle, através das superfícies de controle	+	Energia acumulada no volume de controle

As formas usuais de energia a serem consideradas compreendem energia calorífica, elétrica, eletromagnética, trabalho tipo pressão-volume e outros, energia associada aos fluxos de matéria (cinética, potencial, interna) etc. No caso de sistemas metalúrgicos é de uso comum associar Energia Interna de um certo componente que atravessa as superfícies de controle ao Trabalho Pressão-Volume referente à incorporação do mesmo ao volume de controle (Figura 3.7):

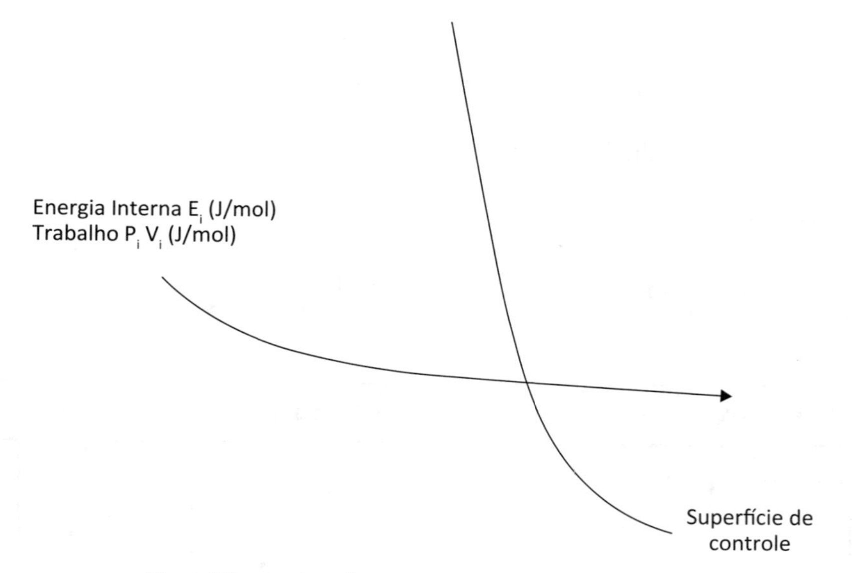

Figura 3.8 – Associação de energia interna ao trabalho pressão-volume.

Então, utiliza-se a função *Entalpia* (vastamente reportada na literatura) e emprega-se a denominação *Balanço Térmico*, desde que a maioria das operações ocorra sob pressão constante.

A expressão apresentada, embora básica do balanço de energia, não representa sua forma usual de apresentação, que pode ser obtida através de um exemplo simples, como o exposto na Figura 3.8. No caso proposto, N_C e N_{O2} representam as quantidades de carbono e oxigênio, em mols, que entram no volume de controle e, T_1 e T_2, suas respectivas temperaturas em graus Kelvin.

N_{CO}, N_{CO2}, T_3 e T_4 têm significado semelhante, apenas se referindo ao que sai do volume de controle.

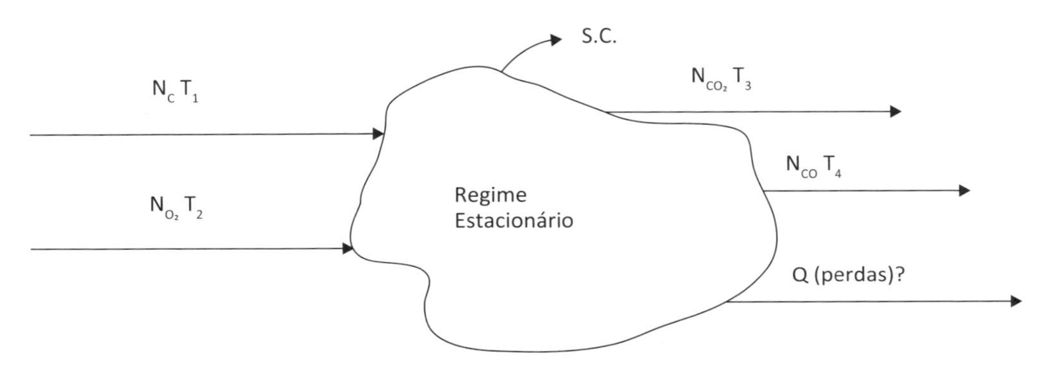

Figura 3.9 – Proposta de realização de balanço de energia.

O objetivo é determinar quais são as perdas térmicas do processo em regime permanente, no qual inexistem acúmulos de matéria e energia. A primeira consideração a ser feita é que as quantidades das espécies químicas que entram e saem do volume de controle não são independentes, mas existem relações precisas entre elas devidas à lei de conservação da matéria:

Balanço de carbono $N_C = N_{CO} + N_{CO2}$ (3.4)

Balanço oxigênio $N_{O2} = N_{CO2} + ½\, N_{CO}$ (3.5)

Por sua vez, se forem consideradas apenas a energia interna e o trabalho P-V, além da energia calorífica (perdas térmicas), a expressão desse balanço, aplicada ao caso, fica:

$$E_{entra} = E_{sai} \tag{3.6}$$

$$N_C \cdot H_{C,T1} + N_{O2} \cdot H_{O2,T2} = Q + N_{CO2} \cdot H_{CO2,T3} + N_{CO} \cdot H_{CO,T4} \tag{3.7}$$

onde $H_{C,T1}$ representa a entalpia de 1 mol de carbono à temperatura T_1 e o produto $N_C \,.\, H_{C,T1}$ representa a entalpia que entra no volume de controle, associada ao carbono à T_1. Os outros termos têm significado semelhante. A expressão anterior deixa patente que o máximo a ser conseguido será uma estimativa do valor Q, englobando todas as incertezas da determinação das entalpias, temperaturas e das massas.

EXEMPLO 3.2

Estime as perdas térmicas do processo esquematizado na figura, por mol de carbono admitido, considerando razão CO/CO2 nos efluentes igual a 9.

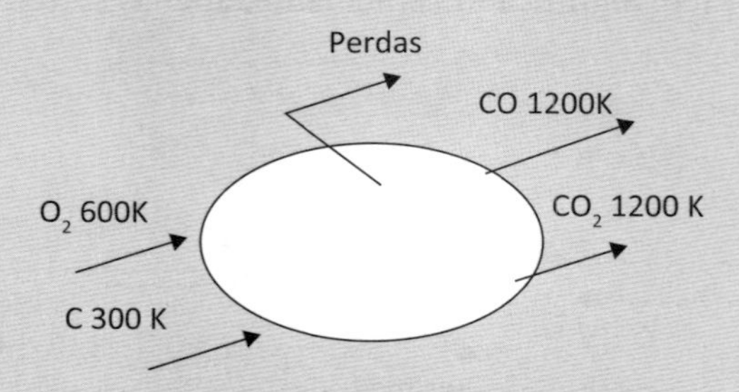

Volume de controle para combustão do carbono.

O balanço de carbono fornece $1 = n_{CO} + n_{CO2}$ *e, como* $n_{CO}/n_{CO2} = 9$ *resulta* $n_{CO} = 0{,}9$ *mols e* $n_{CO2} = 0{,}1$ *mols. As necessidades em oxigênio são aquelas referentes à formação de CO e* CO_2*, isto é* $n_{O2} = ½\, n_{CO} + n_{CO2} = 0{,}55$ *mols.*

■

Os valores de entalpia, J/mol, podem ser encontrados como se mostra na tabela a seguir:

C(s) a 300 K	O_2(g) a 600 K	CO(g) a 1200 K	CO2(g) a 1200 K
15	9303	-81664	-348162

Desse modo, o balanço seria:

$$n_{O2} \times H_{O2,\ 600\ K} + n_C \times H_{C,\ 300\ K} = n_{CO} \times H_{CO,\ 1200\ K} + n_{CO2} \times H_{CO2,\ 1200\ K} + \text{perdas}$$

$$0{,}55 \times 9303 + 1 \times 15 = 0{,}9 \times (-81664) + 0{,}1 \times (-348162) + \text{perdas}$$

O que implica perdas de 113,455 kJ.

EXEMPLO 3.3

A figura seguinte resume as quantidades que saem e entram em um reator operando em regime estacionário. Com base nos dados apresentados: 1) faça um balanço de massa e encontre o número de mols de FeO, SiO_2, Al_2O_3, CaO e MgO que entram no reator; 2) faça um balanço de carbono, combine com os dados fornecidos para o gás e encontre as relações que expressam número de mols, de CO(n_{CO}) e CO_2 (n_{CO2}), ao número de mols de carbono carregado (n_C); 3) escreva o balanço de oxigênio e encontre o número de mols de oxigênio e nitrogênio soprados, n_{O2} e n_{N2} em termos de n_{CO} e n_{CO2} e, então em termos de n_C; 4) faça um balanço térmico e encontre o consumo de carbono (n_C). Considere os valores de entalpia dados na tabela a seguir.

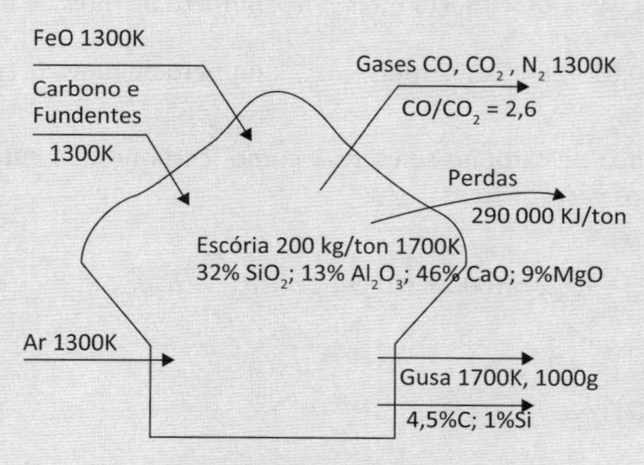

Descrição esquemática de um processo de produção de gusa.

Alguns valores de entalpia, em J/mol

Subst	E.F.	298 K	1300 K	1700 K	Subst	E.F.	298 K	1300 K	1700 K
O_2	G	0,0	33.181,0	47.775,0	Al_2O_3	S	−1.675.692,0	−1.559.273,0	−1.506.725,0
N_2	G	0,0	31.894,0	45.544,0	CaO	S	−635.089,0	−583.424,0	−560.901,0
CO	G	−110.528,0	−78.281,0	−64.484,0	MgO	S	−601.701,0	−552.800,0	−531.348,0
CO_2	G	−393.521,0	−342.597,0	−319.791,0	C	S	0,0	18.547,0	28.009,0
FeO	S	−265.955,0	−211.115,0	−186.650,0	Fe	S	0,0	38.482,0	54.043,0
SiO_2	S	−910.856	−843.879,0	−815.320,0	Si	S,S,L	0,0	25.032,0	86.583,0

Fonte: Knacke (1991).

■

Considerando 200 g de escória para cada 1000 g de gusa se pode estimar a quantidade de óxidos presentes na escória como:

$n_{SiO2} = 200 \times 0,32 / 60 = 1,067$ mols

$n_{Al2O3} = 200 \times 0,13 / 102 = 0,255$ mols

$n_{CaO} = 200 \times 0,46 / 56 = 1,642$ mols

$n_{MgO} = 200 \times 0,09 / 40 = 0,45$ mols.

É conveniente também calcular as quantidades de óxidos, FeO e SiO_2, envolvidas na redução que formará o gusa. Desse modo:

$n_{FeO}^{red} = 1000 \times 0,945 / 56 = 16,875$ mols $= n_{Fe}$, número de mols de ferro no gusa

$n_{SiO2}^{red} = 1000 \times 0,01 / 28 = 0,357$ mols $= n_{Si}^{gusa}$, número de mols de silício no gusa

Assim, o balanço de carbono se escreve como "carbono que entra = carbono no gusa + carbono nos gases", isto é:

$n_C = n_C^{gusa} + n_{CO} + n_{CO2} = 1000 \times 0,045 / 12 + n_{CO} + n_{CO2}$

$n_C - 3,75 = n_{CO} + n_{CO2}$,

onde $n_C^{gusa} = 3,75$.

Como se fornece que, nos gases efluentes, se tem $n_{CO} / n_{CO2} = 2,6$, resulta que os números de mols de monóxido e dióxido de carbono nos gases seriam:

$n_{CO2} = (n_C - 3,75) / 3,6$ e $n_{CO} = (n_C - 3,75) \times 2,6 / 3,6$.

Considerando agora a redução do FeO e a redução parcial de SiO_2 (que se incorpora ao gusa), o balanço de oxigênio seria:

$n_{O2} + ½\, n_{FeO}^{red} + n_{SiO2}^{red} = ½\, n_{CO} + n_{CO2}$

$n_{O2} + ½ \times 16,875 + 0,357 = ½\, n_{CO} + n_{CO2}$

$n_{O2} = ½\, n_{CO} + n_{CO2} - 8,795$.

Porém, em função das expressões determinadas anteriormente, $n_{CO2} = (n_C - 3{,}75) / 3{,}6$ e $n_{CO} = (n_C - 3{,}75) \times 2{,}6 / 3{,}6$, pode-se calcular que:

$$n_{O2} = ½\ (n_C - 3{,}75) \times 2{,}6 / 2{,}6 + (n_C - 3{,}75) / 3{,}6 - 8{,}795 = (n_C - 3{,}75) \times 2{,}3 / 3{,}6 - 8{,}795$$

e, então, para ar com 21% de oxigênio:

$$n_{N2} = \{(n_C - 3{,}75) \times 2{,}3 / 3{,}6 - 8{,}795\} \times 79 / 21.$$

O balanço de energia, em sua forma direta, "entalpia que entra = entalpia que sai", pode ser escrito como:

Entalpia no FeO a 1300 K + entalpia do carbono a 1300 K + entalpia nos fundentes ($CaO + MgO + Al_2O_3 + SiO_2$) a 1300 K + entalpia do ar (O_2 e N_2) a 1300 K = entalpia nos gases(CO, CO_2, N_2) a 1300 K + entalpia dos óxidos da escória ($CaO + MgO + Al_2O_3 + SiO_2$) a 1700 K + entalpia do gusa (Fe, C, Si) a 1700 K + Perdas.

Levando em consideração as quantidades das várias substâncias já calculadas (ou expressas em termos de n_C), e os valores de entalpia fornecidos, esse balanço seria:

$$n_{FeO}^{red} \times H_{FeO,\,1300\,K} + n_C \times H_{C,\,1300\,K} + \{n_{CaO} \times H_{CaO,\,1300\,K} + n_{MgO} \times H_{MgO,\,1300\,K} + n_{Al2O3} \times H_{Al2O3,\,1300\,K} + (n_{SiO2} + n_{Si}^{gusa}) \times H_{SiO2,\,1300\,K}\} + \{n_{O2} \times H_{O2,\,1300\,K} + n_{N2} \times H_{N2,\,1300\,K}\} = \{n_{CO} \times H_{CO,\,1300\,K} + n_{CO2} \times H_{CO2,\,1300\,K} + n_{N2} \times H_{N2,\,1300\,K}\} + \{n_{CaO} \times H_{CaO,\,1700\,K} + n_{MgO} \times H_{MgO,\,1700\,K} + n_{Al2O3} \times H_{Al2O3,\,1700\,K} + n_{SiO2} \times H_{SiO2,\,1700\,K}\} + \{n_{Fe} \times H_{Fe,\,1700\,K} + n_C^{gusa} \times H_{C,\,1700\,K} + n_{Si}^{gusa} \times H_{Si,\,1700\,K}\} + \text{Perdas}$$

Ou, reescrevendo a partir das relações que envolvem n_C:

$$n_{FeO}^{red} \times H_{FeO,\,1300\,K} + n_C \times H_{C,\,1300\,K} + \{n_{CaO} \times H_{CaO,\,1300\,K} + n_{MgO} \times H_{MgO,\,1300\,K} + n_{Al2O3} \times H_{Al2O3,\,1300\,K} + (n_{SiO2} + n_{Si}^{gusa}) \times H_{SiO2,\,1300\,K}\} + \{\{(n_C - 3{,}75) \times 2{,}3 / 3{,}6 - 8{,}795\} \times H_{O2,\,1300\,K} + \{\{(n_C - 3{,}75) \times 2{,}3 / 3{,}6 - 8{,}795\} \times 79 / 21\} \times H_{N2,\,1300\,K}\} = \{\{(n_C - 3{,}75) \times 2{,}6 / 3{,}6) \times H_{CO,\,1300\,K} + ((n_C - 3{,}75) / 3{,}6) \times H_{CO2,\,1300\,K} + \{\{(n_C - 3{,}75) \times 2{,}3 / 3{,}6 - 8{,}795\} \times 79 / 21\} \times H_{N2,\,1300\,K}\} + \{n_{CaO} \times H_{CaO,\,1700\,K} + n_{MgO} \times H_{MgO,\,1700\,K} + n_{Al2O3} \times H_{Al2O3,\,1700\,K} + n_{SiO2} \times H_{SiO2,\,1700\,K}\} + \{n_{Fe} \times H_{Fe,\,1700\,K} + n_C^{gusa} \times H_{C,\,1700\,K} + n_{Si}^{gusa} \times H_{Si,\,1700\,K}\} + \text{Perdas}$$

Nessa expressão, o único valor não conhecido é o de n_C, que pode então ser calculado:

$$16{,}875 \times (-211.115{,}0) + n_C \times 18.547{,}0 + \{1{,}622 \times (-583.424{,}0) + 0{,}45 \times (-552.800{,}0) + 0{,}255 \times (-1.559.273{,}0) + (1{,}066 + 0{,}357) \times (-843.879{,}0)\} + \{\{(n_C - 3{,}75) \times 2{,}3 / 3{,}6 - 8{,}795\} \times 33.181{,}0 + \{\{(n_C - 3{,}75) \times 2{,}3 / 3{,}6 - 8{,}795\} \times 79 / 21\} \times 31.894{,}0\} = \{((n_C - 3{,}75) \times 2{,}6 / 3{,}6) \times (-78.281{,}0) + ((n_C - 3{,}75) / 3{,}6) \times (-342.597{,}0) + \{\{(n_C - 3{,}75) \times 2{,}3 / 3{,}6 - 8{,}795\} \times 79 / 21\} \times 31.894{,}0\} + \{1{,}642 \times (-560.901{,}0) + 0{,}45 \times (-531.348{,}0) + 0{,}255 \times (-1.506.725{,}0) + 1{,}066 \times (-815.320{,}0)\} + \{16{,}875 \times 54.043{,}0 + 3{,}75 \times 28.009{,}0 + 0{,}357 \times 86.583{,}0\} + 290000.$$

Como já citado, a forma direta do balanço de energia é:

$$E_e = E_S + \Delta E \tag{3.8}$$

Não é, provavelmente, a mais empregada. É costume se realizar balanços de energia considerando uma sequência de etapas de acordo com as quais insumos se transformam em produtos. Para ilustrar esse procedimento, considere-se, uma vez mais, o balanço de energia referente ao processo esquematizado na Figura 3.8:

$$n_C \cdot H_{C,T1} + N_{O2} \cdot H_{O2,T2} = Q + N_{CO2} \cdot H_{CO2,T3} + N_{CO} \cdot H_{CO,T4} \tag{3.9}$$

As fontes de dados termodinâmicos normalmente não apresentam os valores absolutos da entalpia, mas uma variação relativa a um estado e temperatura bem determinados. A adequação da expressão anterior a essa particularidade pode ser conseguida se forem consideradas as relações:

$$H_{C,T1} = H_{C,TR} + \int_{TR}^{T1} C_P^C .dT = H_{C,TR} + \left(H_{C,T1} - H_{C,TR}\right) \tag{3.10}$$

$$H_{O_2,T2} = H_{O_2,TR} + \int_{TR}^{T2} C_P^{O_2} .dT = H_{O_2,TR} + \left(H_{O_2,T2} - H_{O_2,TR}\right) \tag{3.11}$$

$$H_{CO_2,T3} = H_{CO_2,TR} + \int_{TR}^{T3} C_P^{CO_2} .dT = H_{CO_2,TR} + \left(H_{CO_2,T3} - H_{CO_2,TR}\right) \tag{3.12}$$

$$H_{CO,T4} = H_{CO,TR} + \int_{TR}^{T4} C_P^{CO} .dT = H_{CO,TR} + \left(H_{CO,T3} - H_{CO,TR}\right) \tag{3.13}$$

onde: $H_{C,TR}$ representa a entalpia de 1 mol de carbono à temperatura *TR*, C_p^C representa a capacidade calorífica a pressão constante do carbono; os outros termos têm significados semelhantes.

A equação do balanço se transforma, então, em:

$$N_C \cdot H_{C,TR} + N_C \cdot [H_{C,T1} - H_{C,TR}] + N_{O2} \cdot H_{O2,TR} + N_{O2} \cdot [H_{O2,T2} - H_{O2,TR}] = Q + N_{CO2} \cdot H_{CO2,TR} + N_{CO2} [H_{CO2,T3} - H_{CO2,TR}] + N_{CO} \cdot H_{CO,TR} + N_{CO} \cdot [H_{CO,T4} - H_{CO,TR}] \tag{3.14}$$

ou, considerando-se as relações expressas pelos balanços de carbono e oxigênio:

$$N_C \cdot [H_{C,T1} - H_{C,TR}] + N_{O2} \cdot [H_{O2,T2} - H_{O2,TR}] = Q + N_{CO2} [H_{CO2,T3} - H_{CO2,TR}] + N_{CO} \cdot [H_{CO,T4} - H_{CO,TR}] + N_{CO2} \cdot [H_{CO2,TR} - H_{O2,TR} - H_{C,TR}] + N_{CO} \cdot [H_{CO,TR} - 1/2\, H_{O2,TR} - H_{O2,TR}] \tag{3.15}$$

$$N_C \cdot [H_{C,T1} - H_{C,TR}] + N_{O2} \cdot [H_{O2,T2} - H_{O2,TR}] = Q + N_{CO2} [H_{CO2,T3} - H_{CO2,TR}] + N_{CO} \cdot [H_{CO,T4} - H_{CO,TR}] + N_{CO2} \cdot \Delta H_{FCO2,TR} + N_{CO} \Delta H_{FCO,TR} \quad (3.16)$$

onde: $\Delta H_{FCO2,TR}$ e $\Delta H_{FCO,TR}$ representam as variações de entalpia de formação de CO_2 e CO, respectivamente, à temperatura TR. A temperatura TR ("Temperatura de Referência para o Balanço de Energia"), pelo menos em tese, pode ser escolhida de maneira arbitrária.

A literatura fornece valores de entalpia de formação de várias substâncias a 298 K, a partir dos elementos puros e nos estados mais estáveis, ΔH_F (J/mol); também apresenta expressões para o cálculo de calor de aquecimento na forma:

$$H_T - H_{298} = AT + B\,T^2 / 1000 + C \times 10^2 / T + D \text{ (J/mol)} \quad (3.17)$$

Os valores relevantes para este caso são mostrados na Tabela 3.1.

Tabela 3.1 – Alguns coeficientes para cálculo de variação de entalpia de aquecimento

	ΔH_F (J/mol)	A	B	C	D
O_2	0	29,97	2,09	1,67	– 9682
C	0	16,87	2,39	8,54	– 8104
CO	– 110594	28,42	2,05	0,46	– 8811
CO_2	– 393693	44,25	4,40	8,62	– 16476

Fontes: Geiger (1993); Kelley (1960).

A expressão do balanço pode ser, ainda, obtida considerando um processo imaginário, segundo o qual os insumos são transformados em produtos. Esse processo seria constituído de várias etapas e, sabendo-se que energia não pode ser criada nem destruída, a expressão do balanço se escreve, em regime permanente:

$$\sum E_i = 0 \quad (3.18)$$

E_i representa a contribuição energética da i-ésima etapa, podendo assumir valor negativo (exotermia) ou positivo (endotermia).

Além disso, a energia é uma grandeza de estado e, portanto, sua variação independe do caminho através do qual uma determinada transformação é realizada, isto é, só depende dos estados inicial e final. Dessa forma, o caminho imaginário pode ser arbitrário, e não precisa guardar relação com o processo real (embora essa identificação seja desejável). A Figura 3.9 apresenta um possível processo imaginário, representativo do exemplo proposto.

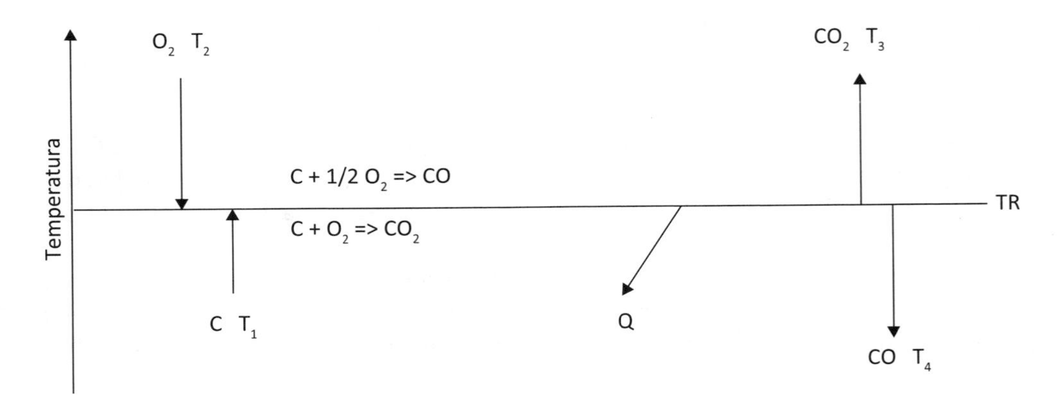

Figura 3.10 – Processo imaginário para exemplo proposto na Figura 3.8.

Nesse processo, as etapas constitutivas do caminho imaginário são:

- Etapa 1: oxigênio é resfriado desde T_2 até TR, cedendo energia ao volume de controle.
  Energia envolvida = $N_{O2} . [H_{O2,TR} - H_{O2,T2}] = - N_{O2} . [H_{O2,T2} - H_{O2,TR}]$

- Etapa 2: carbono é aquecido desde T_1 até TR, retirando energia do volume de controle.
  Energia envolvida = $N_C . [H_{C,TR} - H_{C,T1}] = - N_C . [H_{C,T1} - H_{C,TR}]$

- Etapa 3: o monóxido de carbono se forma, exotermicamente, cedendo energia ao volume de controle.
  Energia envolvida = $N_{CO} . \Delta H_{FCO,TR}$

- Etapa 4: dióxido de carbono se forma, exotermicamente, cedendo energia ao volume de controle.
  Energia envolvida = $N_{CO2} . \Delta H_{FCO2,TR}$

- Etapa 5: retira-se energia do volume de controle, como perdas térmicas
  Energia envolvida = Q.

- Etapa 6: o dióxido de carbono é aquecido desde TR até T_3, retirando energia do volume de controle.
  Energia envolvida = $N_{CO2} [H_{CO2,T3} - H_{CO2,TR}]$

- Etapa 7: o monóxido de carbono é resfriado desde TR até T_4, cedendo energia ao volume de controle.
  Energia envolvida = $N_{CO} [H_{CO,T4} - H_{CO,TR}]$

A Tabela 3.2 sintetiza o balanço de energia, identificando cada etapa do caminho e a natureza, exotérmica ou endotérmica.

Tabela 3.2 – Resumo do balanço de energia

Contribuição	Etapa	Sinal	Natureza
ΔE_1	oxigênio é resfriado desde T_2 até TR cedendo energia ao volume de controle; $N_{O2} \cdot [H_{O2,TR} - H_{O2,T2}]$	(–) exotérmica	Entrada
ΔE_2	carbono é aquecido desde T_1 até TR, retirando energia do volume de controle; $N_C \cdot [H_{C,TR} - H_{C,T1}]$	(+) endotérmica	Saída
ΔE_{13}	monóxido de carbono se forma, cedendo energia ao volume de controle; $N_{CO} \cdot \Delta H_{FCO,TR}$	(–) exotérmica	Entrada
ΔE_4	dióxido de carbono se forma, cedendo energia ao volume de controle; $N_{CO2} \cdot \Delta H_{FCO2,TR}$	(-) exotérmica	Entrada
ΔE_5	retira-se energia do volume de controle, perdas térmicas; Q	(+) endotérmica	Saída
ΔE_6	dióxido de carbono é aquecido desde TR até T_3, retirando energia do volume de controle $N_{CO2} [H_{CO2,T3} - H_{CO2,TR}]$	(+) endotérmica	Saída
ΔE_7	monóxido de carbono é resfriado desde TR até T_4, cedendo energia ao volume de controle; $N_{CO} \cdot [H_{CO2,T4} - H_{CO,TR}]$	(–) exotérmica	Entrada
$\Delta E = \Delta E_1 + \Delta E_2 + \Delta E_3 + \Delta E_4 + \Delta E_5 + \Delta E_6 + \Delta E_7 = 0$			

As contribuições das várias etapas podem ser coletadas, resultando em:

$$- N_{O2} \cdot [H_{O2,T2} - H_{O2,TR}] - N_C \cdot [H_{C,T1} - H_{C,TR}] + N_{CO} \cdot \Delta H_{FCO,TR} + N_{CO2} \cdot \Delta H_{FCO2,TR} + Q + N_{CO2} [H_{CO2,T3} - H_{CO2,TR}] + N_{CO} \cdot [H_{CO,T4} - H_{CO,TR}] = 0 \quad (3.19)$$

Finalmente o mesmo balanço pode ser reescrito de modo a se identificar, de um lado, as fontes de energia (entradas) e, de outro, os sumidouros (saídas). Neste exemplo (Figura 3.9) tem-se:

$$T_1 < TR; T_2 > TR; T_3 > TR; T_4 < TR$$

Então, a equação anterior poderá ser reescrita na forma:

$$\{N_{O2} \cdot [H_{O2,T2} - H_{O2,TR}]\} + \{- N_{CO} \cdot [H_{CO,T4} - H_{CO,TR}]\} + \{- N_{CO2} \cdot \Delta H_{FCO2,TR}\} + \{- N_{CO} \cdot \Delta H_{FCO,TR}\} = \{Q\} + \{N_{CO2} [H_{CO2,T3} - H_{CO2,TR}]\} + \{- N_C \cdot [H_{C,T1} - H_{C,TR}]\} \quad (3.20)$$

O balanço de energia na forma de expressão precedente tem a singularidade de que todos os termos entre chaves apresentam sinal intrínseco positivo (se for admitido que CO e CO_2 se formam exotermicamente), isto é, podem ser considerados valores absolutos de variações de entalpia e podem ser associados à cessão de energia ao volume de controle (os termos do 1.º membro) e à retirada de energia do volume de controle (os termos do 2.º membro).

Nota-se que as etapas 1, 3, 4 e 7, que representam cessão de energia ao volume de controle (V.C.), estão apresentadas, em valor absoluto, no 1.º termo da equação. Por sua vez, as etapas 2, 5 e 6, representativas de retirada de energia do volume de controle (V.C.), comparecem, em valor absoluto, no 2.º membro.

A representação escritural do processo imaginário da Figura 3.9 está fornecida na Tabela 3.3, na qual, de acordo com costumes já estabelecidos, as variações de entalpia de aquecimento e resfriamento são classificadas como calor de aquecimento e resfriamento, assumindo transformações sob pressão constante.

Tabela 3.3 – Resumo do balanço de energia proposto na Figura 3.8

Balanço de energia; referência TR; valores em valor absoluto	
ENTRADAS	**SAÍDAS**
Calor de aquecimento	**Calor de aquecimento**
Oxigênio; $N_{O2} . [H_{O2,T2} - H_{O2,TR}]$	Carbono; $- N_C . [H_{C,T1} - H_{C,TR}]$
Monóxido de carbono; $- N_{CO} . [H_{CO,T4} - H_{CO,TR}]$	Dióxido de carbono; $N_{CO2} [H_{CO2,T3} - H_{CO2,TR}]$
Reações exotérmicas	**Perdas térmicas; Q**
$C + ½ O_2 = CO; - N_{CO} . \Delta H_{FCO,TR}$	
$C + O_2 = CO_2; - N_{CO2} . \Delta H_{FCO2,TR}$	
Total entradas	**Total saídas**

A confecção de balanços de energia a partir da concepção de um processo imaginário através do qual insumos são transformados em produtos, juntamente com sua apresentação na forma contábil, é bastante comum.

Recomenda-se, para tal, o desenvolvimento das seguintes etapas.

1. Realizar os balanços de massa.
2. Escolher, de acordo com as conveniências, a temperatura de referência, TR. Tabelas do tipo $[H_T - H_{298,15}]$ *versus* temperatura são amplamente disponíveis, o que torna natural escolher temperatura de referência igual a 298,15 K. Às vezes

escolher uma temperatura característica do processo pode simplificar, pois alguns dos valores de entalpia de aquecimento podem resultar iguais a zero.

3. Criar um processo imaginário no qual os insumos que entram (reagentes, matérias-primas) são resfriados ou aquecidos até a temperatura de referência, reagem na temperatura de referência para formar os diversos produtos, sendo estes aquecidos ou resfriados desde a temperatura de referência até suas respectivas temperaturas de saída.
4. Separar as contribuições devidas às etapas do item anterior de modo a contabilizar, em valor absoluto:

Entradas:

- "calor de aquecimento/resfriamento" dos insumos (reagentes, matérias-primas) que entram, se a temperatura do insumo é superior à temperatura de referência;
- "calor de aquecimento/resfriamento" dos produtos que saem, se a temperatura do produto é inferior à temperatura de referência;
- entalpia de processos (formação de soluções, dissoluções) e/ou reações exotérmicas, avaliada na temperatura de referência;
- outras fontes de energia (elétrica, por exemplo).

Saídas:

- "calor de aquecimento/resfriamento" dos produtos que saem, se a temperatura do produto é superior à temperatura de referência;
- "calor de aquecimento/resfriamento" dos insumos que entram, se a temperatura é inferior à temperatura de referência;
- entalpia de reações e/ou processos endotérmicos, avaliada na temperatura de referência;
- perdas térmicas;
- outras formas de retirada de energia.

Como observação complementar deve ser notado que diferentes pessoas podem propor diferentes processos imaginários para um mesmo processo real e, portanto, a apresentação do balanço de energia não é única; da mesma forma, os termos do balanço de energia não têm sentido ou valor absoluto. Outro aspecto importante é que o balanço de energia é a expressão apenas da Primeira Lei da Termodinâmica, sendo perfeitamente possível executar balanços que entram em confronto com a Segunda Lei. Embora esse não seja o caso da análise de processos reais, a aplicação sem critérios do balanço de energia a esquemas preditivos pode levar a resultados sem sentido.

EXEMPLO 3.4

Determine a máxima temperatura que se pode atingir numa zona de combustão, na qual monóxido de carbono, inicialmente a 127 °C, é queimado com 10% de ar (seco) em excesso sobre a quantidade estequiométrica, preaquecido a 527 °C. Verifique se é válida a hipótese de total conversão de CO a CO_2.

A temperatura máxima na zona de combustão é a temperatura adiabática de chama, que é calculada admitindo-se que toda a energia disponível é utilizada para aquecer os produtos resultantes da combustão, sem perdas para o ambiente. Representa também o máximo que se pode atingir em termos de aquecimento, uma vez que, num processo de aquecimento, o calor deve fluir desde a fonte à temperatura mais alta (gases resultantes da combustão) até a fonte à temperatura mais baixa (objeto a ser aquecido).

De acordo com o esquema proposto, têm-se as seguintes etapas.

1) *Balanço de massa, base 100 mols de CO (este número é irrelevante, uma vez que a temperatura é uma grandeza intensiva, independente da massa):*

   - *O número de mols de oxigênio estritamente necessário à conversão de todo CO à CO_2 será dado pela estequiometria da reação de combustão,*

$$CO + 1/2O_2 = CO_2$$

ou seja, 50 mols de oxigênio. Considerando-se os 10% em excesso tem-se, para as quantidades que entram:

monóxido de carbono = 100 mols a 127 °C
oxigênio = 55 mols a 527 °C
nitrogênio (79% do ar) = 55x79/21 mols a 527 °C,

e, para as quantidades que saem:

dióxido de carbono = 100 mols à temperatura de chama
oxigênio (excesso) = 5 mols à temperatura de chama
nitrogênio = 55x79/21 mols à temperatura de chama

2) *Temperatura de referência igual a 298 K, de modo a aproveitar expressões já conhecidas de $[H_T - H_{298}]$*

3) *Processo imaginário:*

CO é resfriado desde 400 K até 298 K
O_2 é resfriado desde 800 K até 298 K
N_2 é resfriado desde 800 K até 298 K

EXEMPLO 3.4 (*continuação*)

Todo CO é oxidado a CO_2, através da reação $CO + 1/2\ O_2 \rightarrow CO_2$
CO_2, N_2 e O_2 (excesso) são aquecidos até a temperatura final (incógnita)

4) *Separação dos termos, de acordo com a tabela a seguir.*

Balanço de energia; TR = 298 K	
Entradas (J)	Saídas (J)
Calor de aquecimento	Calor de aquecimento
CO; $100 \times [H_{CO,400} - H_{CO,298}] = 100 \times 2972$	CO_2; $100 \times [H_{CO2,T} - H_{CO2,298}]$
O_2; $55 \times [H_{O2,800} - H_{O2,298}] = 55 \times 15844$	O_2; $5 \times [H_{O2,T} - H_{O2,298}]$
N_2; $(55 \times 79/21) \times [H_{N2,800} - H_{N2,298}] = (55 \times 79/21) \times 15048$	N_2; $(55 \times 79/21) \times [H_{N2,T} - H_{N2,298}]$
Reação exotérmica	
$CO + ½\ O_2 = CO_2$; 100×283116	
TOTAL	TOTAL

As expressões de entalpia dos gases em função da temperatura foram extraídas de Geiger (1993). A igualdade entre Entradas e Saídas permite escrever a identidade:

$$32593860,86 = 100 \times [44,25 \times T + 4,40 \times T^2/1000 + 8,62 \times 10^5/T - 16476] + 5 \times [29,97 \times T + 2,09 \times T^2/1000 + 1,67 \times 10^5/T - 9682] + 206,9 \times [28,59 \times T + 1,88 \times T^2/1000 + 0,50 \times 10^5/T - 8862] = 10489,91 \times T + 839,741 \times T^2 + 974,618 \times 10^5/T - 3529561,44$$

ou

$$T = [36123\,422 - 839,741 \times T^2 - 974,618 \times 10^5/T]/10489,90$$

Resolvendo pelo método iterativo resulta em uma temperatura de chama igual a 2808 K ou 2535 °C.

Os cálculos anteriores admitem que todo CO é convertido a CO_2, ou que os gases que saem da zona de combustão apresentam apenas traços de CO. Daí o pedido de verificação de hipótese.

De acordo com essa hipótese, as pressões parciais dos gases de combustão seriam, para pressão total igual a 1 atm:

P_{CO} = *desprezível*

EXEMPLO 3.4 (continuação)

$P_{CO2} = 100/(100 + 5 + 55 \times 79/21) = 100/311,90 = 0,32$
$P_{O2} = 5/311,9 = 0,016$
$P_{N2} = (55 \times 79/21)/311,9 = 0,663$

Pode-se mostrar que essa hipótese, embora simplificadora, está em desacordo com o Segundo Princípio da Termodinâmica, o qual permite determinar o grau possível de conversão de CO a CO_2.

Se for admitido que o máximo grau de conversão corresponde ao equilíbrio, é possível mostrar, com as ferramentas a serem apresentadas no Capítulo 5, que os gases devem obedecer, a 2808 K, à seguinte restrição:

$$K = \{P_{CO_2}/(P_{CO} \times P_{O_2}^{1/2})\}$$

Onde: $K = 6,051$

Então,

$$P_{CO} = \{P_{CO2}/(K \times P_{O2}^{1/2})\} = 0,32/(6,051 \times 0,016^{1/2})$$

$$P_{CO} = 0,41 \text{ atm.}$$

Esse resultado mostra que a pressão parcial de CO compatível com as pressões de O_2 e N_2 da hipótese original não é desprezível, e que, por consequência, deve ser reformulada. ■

EXEMPLO 3.5

Considere, de acordo com a figura a seguir, um balanço de massa simplificado referente à produção de 1000 g de aço (0,1% de carbono, 1700 °C) em um conversor a oxigênio, a partir de carga líquida de gusa (4,5% de carbono, 1% de silício, 0,5% de manganês, 1400 °C). Assuma que a basicidade binária (CaO/SiO_2) da escória (contendo 23% de FeO, ~13,8% SiO_2 e 8% MgO) seja da ordem de 4, e que ela saia do reator na mesma temperatura do aço; assuma também razão CO/CO_2 no gás da ordem de 9, o qual é expelido 100 °C acima da temperatura da escória e do metal. Estime a massa de cal adicionada, a massa de gusa e escória, a quantidade de oxigênio soprada e as perdas térmicas no processo.

EXEMPLO 3.5 (*continuação*)

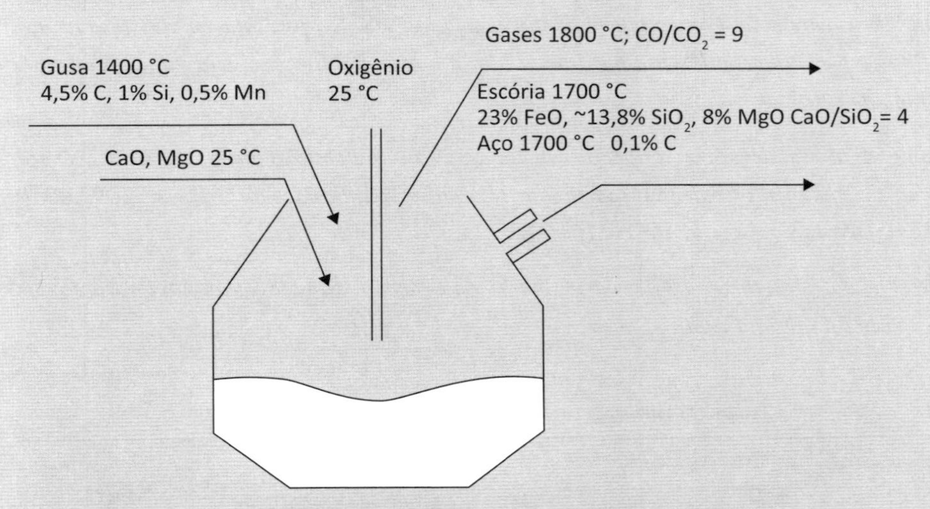

Balanço de massa simplificado de um conversor de produção de aço

A composição citada de escória resulta de uma aproximação na qual a massa de MnO é inicialmente desconsiderada. Dessa forma, os componentes principais da escória, CaO, SiO_2, FeO e MgO, totalizam 100%. Portanto, %FeO + %MgO somam 31%. Como %CaO + % SiO_2 representa o complemento e %CaO/%SiO_2 = 4, encontra-se que %SiO_2 = 13,8. O erro introduzido por essa aproximação pode ser corrigido depois, através de um processo iterativo de cálculo da massa de escória.

Designando por n_i o número de mols de uma dada espécie i, pode ser escrita uma série de balanços de massa para elementos. Por exemplo, para o Ferro (mols):

$$\frac{MG\ \%Fe}{100\ M_{Fe}} = \frac{MACO\ \ \%Fe^{aço}}{100\ M_{Fe}} + \frac{ME\ \%FeO}{100\ M_{FeO}}$$

onde: MG representa a massa de gusa; MACO, a massa de aço; ME, a massa de escória; %Fe, a percentagem de ferro no gusa; %$Fe^{aço}$, a percentagem de ferro no aço; %FeO, a percentagem de FeO na escória; M_{Fe}, a massa atômica de ferro; e M_{FeO}, a fórmula grama de FeO.

Por outro lado, a conservação de Silício (mols) impõe que

$$\frac{MG\ \%Si}{100\ M_{Si}} = \frac{MACO\ \ \%Si^{aço}}{100\ M_{Si}} + \frac{ME\%SiO_2}{100\ M_{SiO_2}}$$

EXEMPLO 3.5 (*continuação*)

onde: %Si representa a percentagem de silício no gusa; $\%S_i^{aço}$*, a percentagem de silício no aço;* $\%SiO_2$*, a percentagem de sílica na escória;* M_{Si}*, a massa atômica de silício;* M_{SiO2}*, a fórmula grama de sílica.*

Como a massa de aço é conhecida, assim como as composições do gusa, escória e aço, as duas equações precedentes podem ser resolvidas, resultando em MG = 1095,00 g, ME = 169,486 g, para MACO = 1000 g.

Deste modo, as quantidades dos vários óxidos na escória podem ser calculadas de acordo com o exposto na tabela a seguir.

Composição aproximada da escória final, 169,486 g, desconsiderando o MnO

	FeO	SiO_2	CaO	MgO
Massa	$\frac{ME\ \%FeO}{100}$ = 38,982	$\frac{ME\ \%SiO2}{100}$ = 23,389	$4 \times \frac{ME\ \%SiO2}{100}$ = 93,556	$\frac{ME\ \%MgO}{100}$ = 13,559
mols	0,543	0,389	1,670	0,339

Cálculos complementares indicam que ferro, silício e carbono se distribuem no gusa e no aço tal como se mostra na tabela a seguir.

Componentes do aço e do gusa

	Massa	Fe massa (mols)	C massa (mols)	Si massa (mols)
Gusa	1095,00	1029,30(18,430)	49,275(4,103)	10,95(0,390)
Aço	1000	999(17,887)	1(0,0833)	

EXEMPLO 3.5 (*continuação*)

O balanço de Carbono (mols) se escreve como:

$$\frac{MG\ \%C}{100\ M_C} = n_{CO} + n_{CO2} + \frac{MACO\,\%C^{aço}}{100\ M_C}$$

onde: n_{CO} representa o número de mols de CO que sai nos gases; n_{CO2}, o número de mols de CO_2 que sai nos gases; MG, a massa de gusa; %C, a percentagem de carbono no gusa; MACO, a massa de aço; $\%C^{aço}$, a percentagem de carbono no aço; M_C a, massa atômica de carbono. Como a razão n_{CO}/n_{CO2} deve ser igual a 9 e os valores das outras variáveis desta expressão já são conhecidos, pode-se calcular n_{CO} = 3,618 e n_{CO2} = 0,4020.

O último balanço, de Oxigênio (mols), é representado por:

$$\left\{1/2\ _{nMgO} + 1/2\,n_{CaO}\right\} + n_{O2}^{sopro} = n_{SiO2}^{escória} + 1/2\ n_{FeO}^{escória} +$$
$$\left\{1/2\ n_{MgO} + 1/2N_{CaO}\right\} + 1/2\ n_{CO} + n_{CO2}$$

Deve-se notar que a somatória de termos entre chaves no primeiro membro representa um aporte de oxigênio através dos óxidos MgO e CaO, enquanto a somatória entre chaves no segundo membro representa saída de oxigênio através dos óxidos mencionados, na escória; estas quantidades são iguais, pois se considera que esses óxidos não reagem. Com essa consideração, o balanço corresponde àquele de formação dos gases que contém oxigênio, isto é:

$$n_{O2}^{sopro} = n_{SiO2}^{escória} + 1/2\ n_{FeO}^{escória} + 1/2\ n_{CO} + n_{CO2}$$

o que permite estimar a quantidade de oxigênio soprado como n_{O2}^{sopro} = 2,8713.

É possível, então, estabelecer um caminho imaginário de produção de aço, tal como se esquematiza na figura a seguir. Neste, as várias etapas estão numeradas e identificadas como entrada (E) ou saída (S). De acordo com esse caminho, os componentes do gusa são resfriados até a temperatura de referência (cedendo energia ao volume de controle; entrada de energia); porção do ferro é oxidado a FeO, o silício é oxidado a sílica, forma-se o monóxido e o dióxido de carbono que vão aos gases (reações exotérmicas, liberam energia ao volume de controle; entrada de energia); os componentes dos gases, aço e escória são aquecidos até as respectivas temperaturas de saída (retirando energia do volume de controle; saída de energia); o excesso de energia se perde no meio ambiente.

EXEMPLO 3.5 (*continuação*)

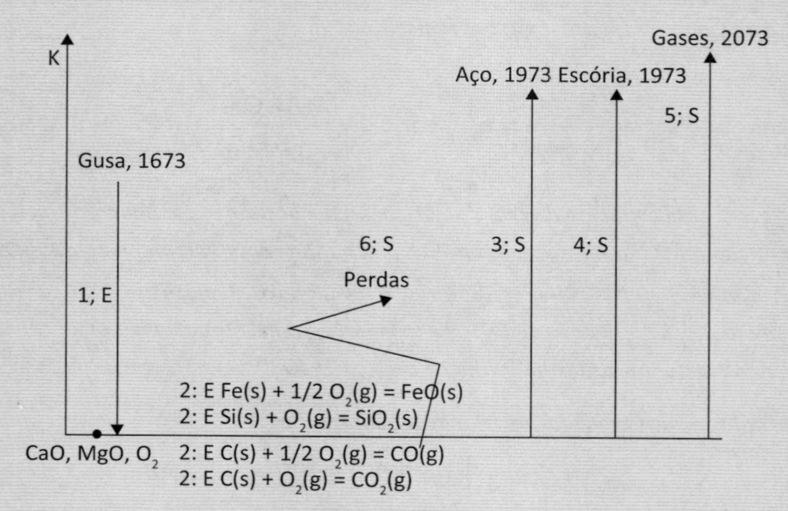

Caminho imaginário de produção de aço a partir de gusa.

Os valores dos coeficientes A, B, C e D, que permitem o cálculo de "calor de aquecimento", de acordo com a equação $H_T - H_{298} = AT + BT^2/1000 + C\,10^5/T + D\ J/mol$ *são apresentados na tabela a seguir.*

Coeficientes para cálculo de calor de aquecimento

Substância	EF	A	B	C	D
O_2	G	29,97	2,09	1,67	−9682
CO	G	28,42	2,05	0,46	−8812
CO_2	G	44,25	4,40	8,62	−16476
C	Grafite	16,87	2,39	8,54	−8104
Fe	L	40,90	0,84	0,00	−2805
Si	L	25,53	0,00	0,00	43534
CaO	S	48,85	2,26	6,53	−16957
MgO	S	42,61	3,64	6,20	−15107
SiO_2	S	60,32	4,06	0,00	−18649
FeO	L	68,23	0,00	0,00	−5023

Fonte: Geiger (1993).

EXEMPLO 3.5 (*continuação*)

Os valores de entalpia para as reações citadas, a 298 K, são:

$Si(s) + O_2(g) = SiO_2(s)$ $\Delta H^0 = -908362$ (J/mol)

$Fe(s) + 1/2\ O_2(g) = FeO(s)$ $\Delta H^0 = -264555$ (J/mol)

$C(s) + 1/2\ O_2(g) = CO(g)$ $\Delta H^0 = -110594$ (J/mol)

$C(s) + O_2(g) = CO_2(s)$ $\Delta H^0 = -393693$ (J/mol)

De posse desses valores, o balanço de energia é apresentado na tabela a seguir.

Resumo do balanço de energia para fabricação de aço em LD

Balanço de energia (em Joule); TR = 298 K			
Entradas		Saídas	
1	**Calor de aquecimento do gusa**	3	**Calor de aquecimento do aço**
	Fe: $n_{Fe}^{gusa} \times \{H_{Fe,1673} - H_{Fe,298}\} =$ $18{,}430\ \{H_{Fe,1673} - H_{Fe,298}\}$ C: $n_{C}^{gusa} \times \{H_{C,1673} - H_{C,298}\} =$ $4{,}103\ \{H_{C,1673} - H_{C,298}\}$ Si: $n_{Si}^{gusa} \times \{H_{Si,1673} - H_{Si,298}\} =$ $0{,}390\ \{H_{Si,1673} - H_{Si,298}\}$		Fe: $n_{Fe}^{aço} \times \{H_{Fe,1973} - H_{Fe,298}\} =$ $17{,}887\ \{H_{Fe,1973} - H_{Fe,298}\}$ C: $n_{C}^{aço} \times \{H_{C,1973} - H_{C,298}\} =$ $0{,}0833\ \{H_{C,1973} - H_{C,298}\}$
2	**Reações exotérmicas**	4	**Calor de aquecimento da escória**
	$Fe(s) + ½\ O_2(g) = FeO(s)$ $C(s) + 1/2\ O_2(g) = CO(g)$ $C(s) + O_2(g) = CO_2(g)$ $Si(s) + O_2(g) = SiO_2(s)$ $n_{FeO}^{Escória} \times 264555 = 0{,}543 \times 264555$		FeO: $n_{FeO}^{Escória} \times \{H_{FeO,1973} - H_{FeO,298}\} =$ $0{,}543\ \{H_{FeO,1973} - H_{FeO,298}\}$ CaO: $n_{CaO} \times \{H_{CaO,1973} - H_{CaO,298}\} =$ $1{,}670\ \{H_{CaO,1973} - H_{CaO,298}\}$

EXEMPLO 3.5 (*continuação*)

Balanço de energia (em Joule); TR = 298 K (*continuação*)			
	Entradas		**Saídas**
	$n_{CO} \times 110594 = 3{,}618 \times 110594$		SiO2: $n_{SiO2}^{Escória} \times \{H_{SiO2,\,1973}\,O_2 - H_{SiO2,\,298}\}$ $0{,}389\,\{H_{SiO2,\,1973}\,O_2 - H_{SiO2,\,298}\}$
	$n_{CO2} \times 393693 = 0{,}4020 \times 393693$	5	MgO: $n_{MgO} \times \{H_{MgO,\,1973} - H_{MgO,\,298}\} =$ $0{,}339\,\{H_{MgO,\,1973} - H_{MgO,\,298}\}$
	$n_{SiO2}^{Escória} \times 908362 = 0{,}389 \times 908362$		**Calor de aquecimento dos gases** CO: $n_{CO} \times \{H_{CO,\,2073} - H_{CO,\,298}\} =$ $3{,}618\,\{H_{CO,\,2073} - H_{CO,\,298}\}$ CO2: $n_{CO2} \times \{H_{CO2,\,2073} - H_{CO2,\,298}\} =$ $0{,}4020\,\{H_{CO2,\,2073} - H_{CO2,\,298}\}$
		6	Perdas

Como no exemplo anterior, referente à produção de gusa em alto-forno, o caminho proposto não representa um esquema perfeito, segundo o qual os insumos são transformados em gases, aço e escória. Por exemplo, a etapa 1 deveria considerar a dissociação do gusa em seus elementos, para que, posteriormente, fossem resfriados até a temperatura de referência (figura a seguir).

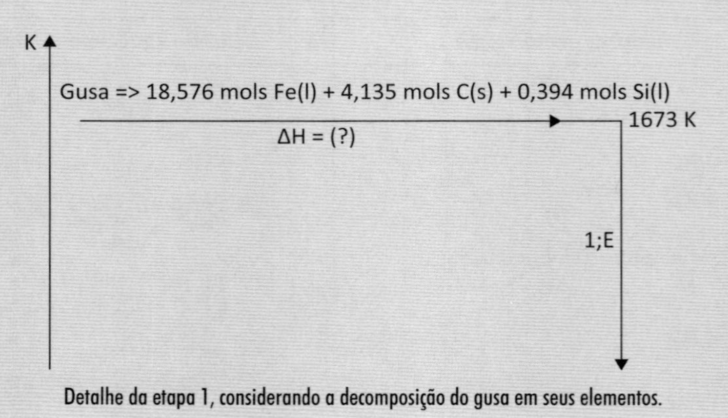

Detalhe da etapa 1, considerando a decomposição do gusa em seus elementos.

EXEMPLO 3.5 (continuação)

Essa correção se faz necessária, uma vez que a energia requerida para aquecer uma mistura mecânica, nesse caso, de ferro, carbono e silício, não é a mesma para realizar efeito igual (de aumento de temperatura) em um gusa, que é uma fase ou solução, de mesma composição.

■

EXEMPLO 3.6

Num forno para produção de ferro-silício (25% de ferro e 75% de silício) são carregados Fe_2O_3 e SiO_2 a 300 K, além de carbono (também a 300 K) em quantidade tal que os gases contenham 90% de CO e 10% de CO_2. Se a liga Fe-Si sai do forno a 1800 K, os gases a 1000 K e as perdas térmicas são de 1.675.000.000 kJ/hora, qual será a produção diária de forno com potência útil de 25000 kW? Dados pertinentes de valores de entalpia estão na tabela a seguir.

Valores de entalpia, em J/mol

Temperatura K	Fe	Si	C	O_2	CO	CO_2	Fe_2O_3	SiO_2
300	46	36	15	53	−110528	−393521	−823411	−910856
1000	24577	16935	11829	22649	−88347	−359104	−722910	−865014
1800	72047*	89303	30425	51507	−60970	−313962		−808115

*no estado líquido; xFe(l) + (1-x) Si(l) = liga líquida Fe-Si(75%) $\Delta H = -23742$ J/mol

Fonte: Knacke (1991).

Seja M[ton/hora] a produção deste forno.

Balanços de massa para elementos resultam em:

$$\text{Silício (kmols/hora); } Si + O_2 = SiO_2\text{:}$$

$$n_{SiO2} = 1000\ M\ [kg/hora] \times 0{,}75\ /28{,}09\ [g/mol] = 26{,}785\ M\ [kmol/hora]$$

Ferro (kmols/hora) $2\ Fe + 3/2\ O_2 = Fe_2O_3$:

$$2 \times n_{Fe2O3}\ [kmol/hora] = 1000\ M\ [kg/hora] \times$$

$$0{,}25\ /\ 55{,}85\ [g/mol] = 4{,}476\ M\ [kmol/hora]$$

$$n_{Fe2O3} = 2{,}238\ M\ [kmol/hora]$$

EXEMPLO 3.6 (*continuação*)

Oxigênio [kmols/hora]; $C + 1/2\ O_2 = CO$; $C + O_2 = CO_2$:

$$n_{SiO2} + 3/2\ n_{Fe2O3} = ½\ n_{CO} + n_{CO2}$$

$$26{,}785\ M + 3/2\ 2{,}238\ M = ½\ n_{CO} + n_{CO2}$$

$$30{,}142\ M = ½\ n_{CO} + n_{CO2}$$

Como a razão $CO{:}CO_2$ no gás de saída é igual a 9 implica:

$$n_{CO2} = 5{,}480\ M\ [kmols/hora]$$

$$n_{CO} = 49{,}323\ M\ [kmols/hora]$$

Carbono (kmol/hora):

$$n_C = n_{CO2} + n_{CO2} = 54{,}803\ M\ [kmols/hora]$$

O caminho imaginário proposto está esquematizado na figura a seguir, com temperatura de referência igual a 300 K.

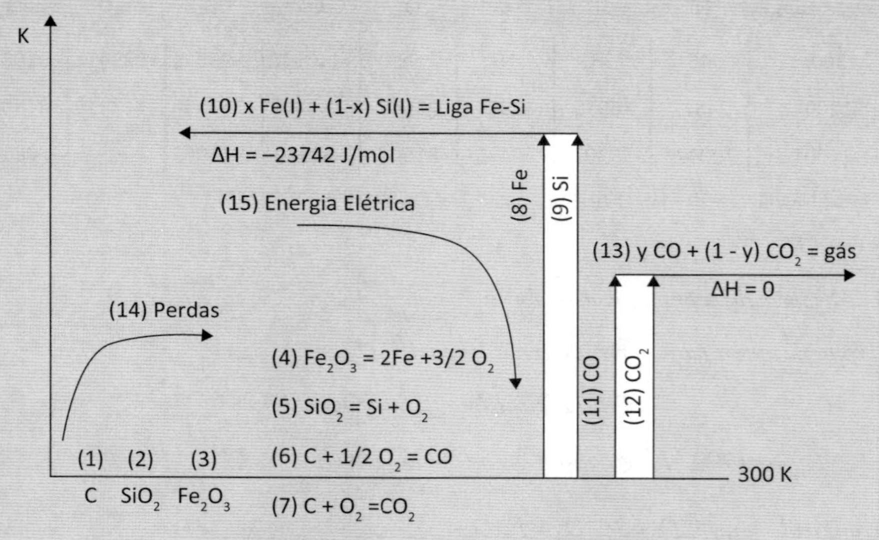

Caminho imaginário para produção de Ferro-Silício 75%.

O caminho inclui um conjunto de quatro reações químicas, a 300 K, responsáveis pela transformação de insumos em produtos. Com os dados da tabela pode-se determinar a contribuição energética de cada uma dessas reações.

EXEMPLO 3.6 (*continuação*)

$Fe_2O_3(s) = 2\ Fe(s) + 3/2\ O_2(g)\ \Delta H_{300K} = 2\ H_{Fe;300K} + 3/2\ H_{O2;300K} - H_{Fe2O3;300K}$

$\Delta H_{300K} = 2 \times 46 + 3/2 \times 53 - (-823411) = 823\ 582\ J$; *endotérmica*

$SiO_2(s) = Si(s) + O_2(g)\ \Delta H_{300K} = H_{Si;300K} + H_{O2;300K} - H_{SiO2;300K}$

$\Delta H_{300K} = 36 + 53 - (-910856) = 910\ 945\ J$; *endotérmica*

$C(s) + ½\ O_2(g) = CO(g)\ \Delta H_{300K} = H_{CO;300K} - (1/2\ H_{O2;300K} + H_{C;300K})$

$\Delta H_{300K} = -110528 - (½ \times 53 + 15) = -110570\ J$; *exotérmica*

$C(s) + O_2(g) = CO_2(g)\ \Delta H_{300K} = H_{CO2;300K} - (H_{O2;300K} + H_{C;300K})$

$\Delta H_{300K} = -393521 - (53 + 15) = -393589\ J$; *exotérmica*

Então, com base nesse caminho imaginário, o balanço térmico é apresentado na tabela que se segue. Como se nota, a única incógnita é M, a produção horária.

Quadro-resumo do balanço de produção de Ferro-Silício 75%

Etapa	Contribuição	Sinal	Natureza
ΔE_1	Aquecimento de carbono, de 300 K a 300 K; Nula		
ΔE_2	Aquecimento de SiO_2 de 300 K a 300 K; Nula		
ΔE_3	Aquecimento de Fe_2O_3 de 300 K a 300 K; Nula		
ΔE_4	Decomposição do Fe_2O_3; 2,238 M x 823582	(+) endotérmica	Saídas
ΔE_5	Decomposição do SiO_2; 26,785 M x 910945	(+) endotérmica	Saídas
ΔE_6	Formação do CO; 49,323 M x (–110570)	(–) exotérmica	Entradas
ΔE_7	Formação do CO_2; 5,480 M x (–393589)	(–) exotérmica	Entradas
ΔE_8	Aquecimento, desde 300 K até 1800 K, incluindo liquefação do ferro; 2 x 2,238 M x (72047 – 46)	(+) endotérmica	Saídas
ΔE_9	Aquecimento, desde 300 K até 1800 K, incluindo liquefação do silício; 26,785 M x (89303 – 36)	(+) endotérmica	Saídas

EXEMPLO 3.6 (*continuação*)

Quadro-resumo do balanço de produção de Ferro-Silício 75% (*continuação*)

Etapa	Contribuição	Sinal	Natureza
ΔE_{10}	Formação da liga líquida, a partir de ferro e silício puros e líquidos; (2 x 2,238 M + 26,785 M) x (–23742)	(–) exotérmica	Entradas
ΔE_{11}	Aquecimento, desde 300 K até 1000 K, do CO; 49,323 M x {–88347 –(–110528)}	(+) endotérmica	Saídas
ΔE_{12}	Aquecimento, desde 300 K até 1000 K, do CO_2; 5,480 M x {-359104 –(-393521)}	(+) endotérmica	Saídas
ΔE_{13}	Formação da solução gasosa CO-CO_2, ideal; Nula		
ΔE_{14}	Perdas térmicas; 1.675.000 kJ/hora	(+) endotérmica	Saídas
ΔE_{15}	Energia elétrica; 25000 k = J/s x 3600 s/hora	(–) exotérmica	Entradas

$\Delta E = \Delta E_1 + \Delta E_2 + \Delta E_3 + \Delta E_4 + \Delta E_5 + \Delta E_6 + \Delta E_7 + \Delta E_8 + \Delta E_9 + \Delta E_{10} + \Delta E_{11} + \Delta E_{12} + \Delta E_{13} + \Delta E_{14} + \Delta E_{15} = 0$ todas as parcelas em kJ/hora

■

EXEMPLO 3.7

A figura a seguir mostra a evolução de alguns índices técnicos – tempo de corrida, consumo específico de energia elétrica e consumo específico de eletrodo – dos FEA (Forno Elétrico a Arco) de produção de aço. Esses valores foram atingidos basicamente pela introdução de transformadores de maior capacidade, de painéis de refrigeração a água (instalados nas paredes do forno), de fontes auxiliares de energia (combustíveis fósseis) e de outras fontes ferrosas, como gusa sólido e/ou líquido.

Considere então a operação de um FEA. A capacidade do transformador é 50 MW. São carregadas 70 toneladas de sucata (0,2% C, 0,1% Si, 0,1% Mn) e 50 toneladas de gusa sólido (4,5% C, 0,7% Si, 0,3% Mn), além de fundentes como cal (95% CaO e 5% SiO_2) e dolomita calcinada (44% CaO e 56% MgO). Estima-se que "impurezas" (60% SiO_2, 15% CaO, 10% MgO e 15% Al_2O_3) acompanham a sucata (cerca de 3,5% peso)

EXEMPLO 3.7 (*continuação*)

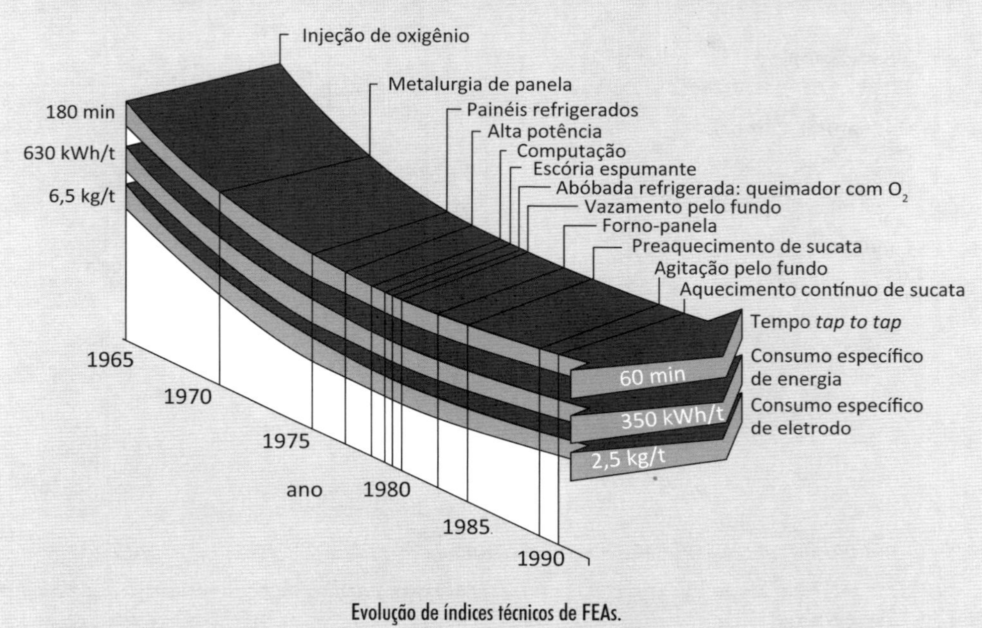

Fonte: Pfeifer (2002).

Evolução de índices técnicos de FEAs.

e o gusa (1% em peso). Injeta-se também carbono (6 kg/ton) na camada de escória; a oxidação do carbono pelo FeO provoca a espumação da escória, que protege as paredes do forno da irradiação excessiva dos arcos. A queima do carbono contido no gusa resulta em "boiling" (fervura) do banho; a fervura acelera o transporte de calor e massa, auxiliando na remoção de gases dissolvidos, como hidrogênio e nitrogênio. Gás natural (CH_4, 4 Nm^3/ton) é queimado para garantir suprimento adicional de energia. O aço produzido, a 1627 °C, contém 0,2% C, 0,05% Si e 0,1 % Mn, enquanto o ambiente oxidante no interior do forno leva à produção de cerca de 112 kg de escória por tonelada de aço, com 28% de FeO e 8% de MgO, com basicidade binária %CaO/%SiO_2 igual a 1,82, a 1677 °C. A composição média do gás (base seca), liberado a 1027 °C, se aproxima de 16% CO, 20% CO_2 e 5% H_2 (o restante é principalmente N_2 e vapor d'água).

1) Faça um balanço de ferro e estime a massa de aço produzida, bem como as quantidades de Fe, C, Si e Mn, originários da carga metálica, que são oxidadas. 2) Através de um balanço de magnésio encontre a quantidade necessária de dolomita. 3) Estime, considerando a basicidade objetivada, a massa de cal adicionada e a composição da escória. 4) Faça um balanço de carbono e encontre as quantidades de monóxido e dióxido de carbono, bem como as quantidades de hidrogênio e vapor d'água nos gases.

EXEMPLO 3.7 (continuação)

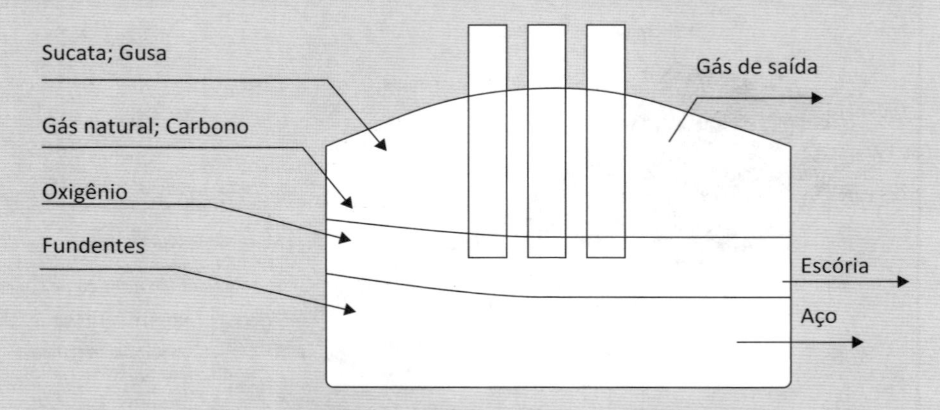

Vista esquemática das entradas e saídas de massa em um FEA.

Faça um balanço de energia, determine o tempo de corrida e o consumo específico de energia elétrica, assumindo que as perdas (via refratários, painéis de refrigeração e abóbada) sejam 1050 MJ/min.

A tabela a seguir apresenta o resultado do balanço de ferro, que permite determinar a massa de aço produzida e, então, a de escória:

$$(M_{gusa}(kg)\ \%Fe^{gusa} + M_{sucata}(kg)\ \%Fe^{sucata})/5585 =$$

$$M_{aço}(kg)\ \%Fe^{aço}\ /\ 5585 + M_{aço}(ton)\ Slag\ rate\ (kg/ton)\ \%FeO^{escória}\ /7185$$

Encontram-se 114,578 toneladas de aço, que a um "Slag Rate" de 112 (kg/ton) implica 12832,7 kg de escória.

Balanço de massa de um FEA

massa			massa			massa		
Gusa	50000 kg	kmols	Sucata	70000 kg	kmols	Aço	114578,0	kmols
%Fe	94,5	846,016	%Fe	99,6	1248,344	%Fe	99,65	2044,351
%C	4,5	187,343	%C	0,2	11,656	%C	0,2	19,080
%Si	0,7	12,5	%Si	0,1	2,5	%Si	0,05	2,046
%Mn	0,3	2,730	%Mn	0,1	1,274	%Mn	0,1	2,085

EXEMPLO 3.7 (*continuação*)

Então, por diferença, são encontradas as quantidades de ferro, carbono, silício e manganês oxidados, em kmols, como 50,01; 179,92; 12,954 e 1,918, respectivamente, que irão se reportar a escória e gases.

Como a dolomita calcinada seria, neste exemplo, a única fonte de magnésia para a escória, o balanço de magnésio fornece a quantidade desse fundente, a saber, 1306,46 kg:

$$M_{escória}(kg)\ \%MgO^{escória} = M_{dolomita}(kg)\ \%MgO^{dolomita}$$

As fontes de n_{CaO} *são as "impurezas", a cal e a dolomita, enquanto a* SiO_2 *vem destes e da oxidação do silício. Na escória, estes estão na proporção dada pelo índice de basicidade (BI = 1,82, neste exemplo). Então, considerando o índice de basicidade:*

$$BI = \frac{M_{cal}(kg)\ \%CaO^{cal} + M_{dolomita}(kg)\ \%CaO^{dolomita} + M_{impurezas}(kg)\ \%CaO^{impurezas}}{M_{cal}(kg)\ \%SiO_2^{cal} + M_{impurezas}(kg)\ \%SiO_2^{impurezas} + M_{SiO2}^{oxidação\ do\ Si}}$$

Pode-se calcular a massa de cal necessária, 4212,6 kg, uma vez que a massa de SiO2 produzida pela oxidação seja igual a 12,954 (kmols) × 60 (g/mol) = 777,24 kg. De modo análogo, o MnO da escória vem da oxidação do manganês, 1,918 (kmols) x 70,94 (g/mol), o que permite completar a tabela referente à escória.

Constituição de escória de um FEA

	Massa			Massa			Massa	
Dolomita	1306,462	kmols	Calcário	4212,607	kmols	Escória	12832,74	kmols
%CaO	44	10,265	%CaO	95	71,463	kg/ton	112	
%MgO	56	18,290	$\%SiO_2$	5	3,510	%FeO	28	50,009
	Massa					%CaO	39,113	89,630
Impurezas	2950	kmols				$\%Al_2O_3$	3,448	4,338
$\%SiO_2$	60	29,5				$\%SiO_2$	21,490	45,964
%CaO	15	7,901				%MgO	8	25,665
%MgO	10	7,375				%MnO	1,060	1,918
$\%Al_2O_3$	15	4,338				BI	1,82	

EXEMPLO 3.7 (*continuação*)

Quanto ao carbono, pode ser feito um balanço de massa que reflita o processo de formação dos gases. O carbono contido nos gases é o carbono retirado da massa metálica (sucata, gusa), somado ao carbono do CH_4 e ao carbono injetado na escória,

$$n_{CO}(kmols) + n_{CO2}(kmols) =$$
$$179{,}92 + n_{CH4}(Nm3/ton)\, M_{aço}(ton)/22{,}4 + M_C(kg/ton)\, M_{aço}(ton)/12{,}01$$

Como foram fornecidos V_{CH4} $(Nm_3/ton) = 4$ e M_C $(kg/ton) = 6$, além do que se sabe que $n_{CO}/n_{CO2} = 16/20$, pode-se encontrar $n_{CO} = 114{,}498$ kmols e $n_{CO2} = 143{,}123$. Sendo a $\%H_2$ nos gases igual a 5, determina-se $n_{H2} = 35{,}78$ mols. Daí viria, por diferença, a quantidade de vapor d'água formado,

$$n_{H2O}(kmols) = 2\, n_{CH4}(Nm3/ton)\, M_{aço}(ton)\,/\,22{,}4 - n_{H2}$$

Resulta a tabela referente aos gases,

Tabela: Composição dos gases efluentes em um FEA

Gas	%CO	$\%CO_2$	$\%H_2$	$\%H_2O$	$\%N_2$
%	16	20	5	0,718	58,281
Kmol	114,498	143,123	35,780	5,139	417,074

A figura a seguir sugere um possível caminho imaginário para a produção de aço no FEA. Escolhe-se 298 K como temperatura de referência, o que rende valores de "calor de aquecimento" (ou entalpia de aquecimento desde 298 K) iguais a zero para gusa, sucata, fundentes, CH_4, carbono injetado e ar/oxigênio de combustão.

Observe-se que as reações químicas citadas envolvem os elementos puros, nos seus estados mais estáveis a 298 K e 1 atm; por outro lado, Carbono(parcialmente), Silício, Manganês e Ferro estão, na realidade, tomando parte de ligas (sucata e gusa). Portanto, para evitar solução de continuidade, seria necessário acrescentar uma etapa adicional, de decomposição de sucata e gusa em seus elementos, a 298 K:

$$Sucata => Fe(s) + C(s) + Si(s) + Mn(s)$$

$$Gusa => Fe(s) + C(s) + Si(s) + Mn(s).$$

Essas transformações não devem ser atérmicas, mas os valores precisos de entalpia não são conhecidos; assume-se este erro.

EXEMPLO 3.7 (*continuação*)

Neste caminho imaginário, o CH_4 é decomposto em Hidrogênio e Carbono; o carbono liberado nessa decomposição, somado ao carbono oxidado da carga metálica (sucata e gusa) e ao carbono injetado na escória, seria então levado a formar monóxido e dióxido de carbono nos efluentes.

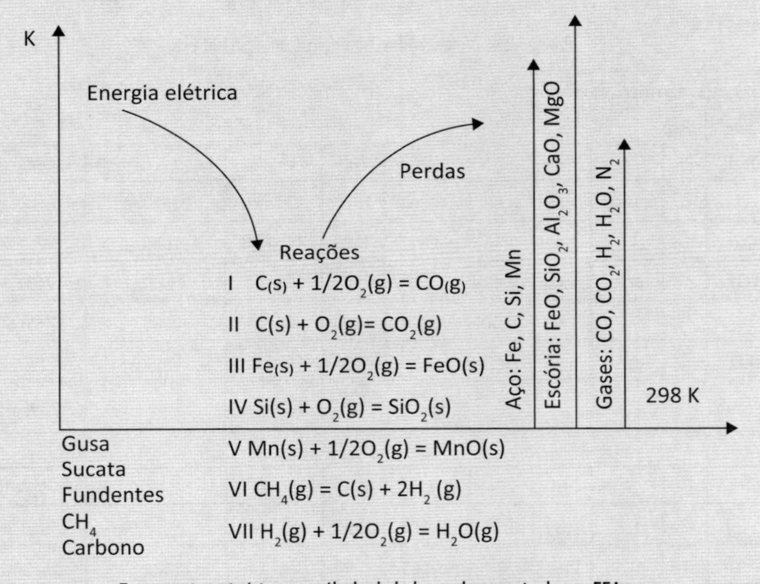

Esquema imaginário para cálculo de balanço de energia de um FEA.

As fórmulas utilizadas para avaliação de "calor de aquecimento" são do tipo $H_T - H_{298} = AT + BT^2 / 1000 + C\, 10^5 / T + D$ *J/mol (Geiger, 1993) e aplicáveis a elementos puros. Como os efluentes são soluções (gases, escória e aço), o caminho imaginário adotado se ressente da ausência das transformações referentes à formação das soluções, a saber*

$$Fe(l) + C(s) + Si(l) + Mn(l) = aço$$

$$FeO(l) + SiO_2(s) + Al_2O_3(s) + CaO(s) + MgO(s) = escória$$

$$CO(g) + CO_2(g) + H_2(g) + H_2O(g) + N_2(g) = gases.$$

No caso dos gases, o erro não seria importante se eles fossem considerados ideais. De novo se assumem os erros referentes à formação de escória e aço.

EXEMPLO 3.7 (*continuação*)

Feitas essas considerações, as contribuições ao balanço de energia, Saídas, em MJ, são fornecidas na tabela a seguir. Note-se que todos os termos são conhecidos, exceto as Perdas, função do tempo de operação, o qual a priori *não é conhecido:*

$$Perdas = 1050\ MJ/min \times t\ (min)$$

Tabela: Resumo de saídas, balanço de energia em FEA

Balanço térmico: saídas									
Gases									
Subst.	EF	A	B	C	D	T(K)	kmols	Energia (J/mol)	Energia (MJ)
N_2	G	28,59	1,88	0,50	−8862	1300	417,074	31527,82	13149,44
CO	G	28,42	2,05	0,46	−8812	1300	114,498	31640,14	3622,753
CO_2	G	44,25	4,40	8,62	−16476	1300	143,123	49135,1	7032,38
H_2	G	27,29	1,63	-0,50	−8112	1300	35,780	30088,42	1076,589
H_2O	G	30,56	5,15	0,00	−9569	1300	5,139	38857,38	199,7182
							Subtotal		5991,611
Aço									
Subst.	EF	A	B	C	D	T (K)	kmols	Energia (J/mol)	Energia (MJ)
C	S	16,87	2,39	8,54	−8104	1900	19,080	33011,08	629,86
Fe	L	40,90	0,84	0	−2805	1900	2044,350	77922,39	159300,7
Si	L	25,53	0,00	0	43534	1900	2,046	92050,14	188,34
Mn	L	46,05	0,00	0	−5107	1900	2,085	82380,48	171,80
							Subtotal		38292,091
Escória									
Subst.	EF	A	B	C	D	T(K)	kmols	Energia (J/mol)	Energia (MJ)
CaO	S	11,67	0,54	1,56	−4051	1950	89,630	87231,43	7818,61
MgO	S	10,18	0,87	1,48	−3609	1950	25,665	82154,74	2108,54
SiO_2	S	14,41	0,97		−4455	1950	45,964	114415,62	5259,05
Al_2O_3	S	27,49	1,41	8,38	−11132	1950	4,338	202036,32	876,48
FeO	L	16,3			−1200	1950	50,009	128028,81	6402,63
MnO	S	11,11	0,97	0,88	−3694	1950	1,918	90853,17	174,33
							Subtotal		22639,65
Reação Endotérmica $CH_4(g) = C(s) + 2H_2(g)$							20,460	74887,54	1532,23
Perdas	1050 MJ/min		58,00 min						14500,25
							TOTAL		270241,50

EXEMPLO 3.7 (*continuação*)

As contribuições energéticas relativas às Entradas são, para esse caminho imaginário, simplesmente aquelas referentes às reações exotérmicas.

Resumo de entradas, balanço de energia em FEA

Balanço térmico: Entradas			
Reações exotérmicas	kmols	Energia (J/mol)	Energia (MJ)
$Fe(s) + 1/2O_2(g) = FeO(s)$	50,009	264555	13230,21
$C(s) + 1/2O_2(g) = CO(g)$	114,498	110594	12662,88
$C(s) + O_2(g) = CO_2(g)$	143,123	393693	56346,70
$Si(s) + O_2(g) = SiO_2(s)$	12,953	908362	11766,89
$Mn(s) + 1/2O_2(g) = MnO(s)$	1,918	385112	738,97
$H_2(g) + 1/2O_2(g) = H_2O(g)$	5,139	241951	1243,59
Subtotal			95989,25
Energia Elétrica	50	MW x t x 60	174252,76
			0,00
	TOTAL		270242,05

Mais uma vez, a energia elétrica efetivamente utilizada depende da potência disponível (50 MW) e do tempo de aplicação. Como em regime permanente Entradas devem se igualar às Saídas, o valor de "tempo de aplicação da potência disponível" foi determinado iterativamente até que o balanço fosse alcançado: 58 minutos.

O consumo específico de energia elétrica, para este exemplo, pode ser calculado como:

$$1000 \times \text{Potência Transformador (MW)} \times t(\text{horas}) / M_{\text{aço}}(\text{ton}) \text{ ou}$$
$$1000 \times 50 \times (58/60)/114{,}578 = 421{,}84 \text{ kWh/ton}.$$

EXEMPLO 3.7 (*continuação*)

Os dados deste balanço são apenas ilustrativos, não refletindo nenhuma operação real; não obstante, podem ser comparados com o diagrama da figura a seguir, para aferição da ordem de grandeza das diversas contribuições.

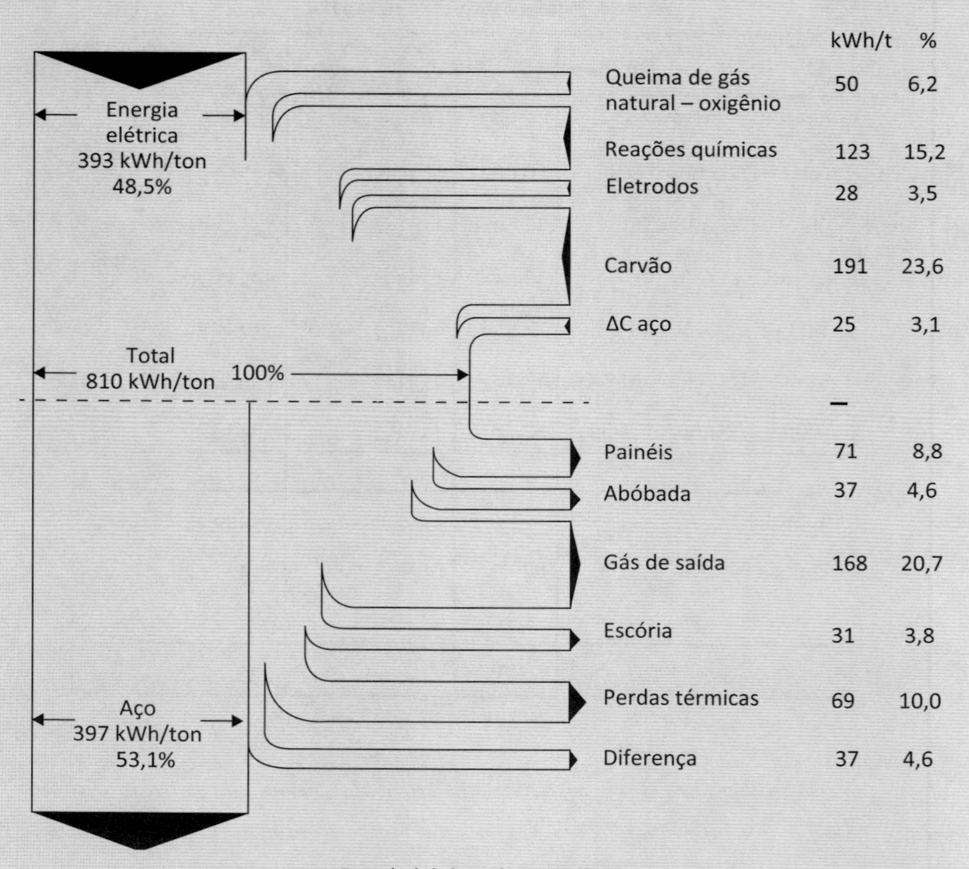

Exemplo de balanço de energia de FEA.

Fonte: Pfeifer (2002).

EXEMPLO 3.8

Utiliza-se o processo Imperial Smelting, basicamente um alto-forno, figura a seguir, para redução de concentrado de zinco. Nesse aparelho, o concentrado, obtido da ustulação de sulfetos, contendo cerca de 50% de ZnO, 20% PbO, 20% FeO e 10% SiO_2, é carregado a 1100 K, juntamente com coque (assume-se carbono puro) também a 1100 K. Injeta-se ar preaquecido e, como resultado, obtém-se um banho de chumbo líquido a 1600 K, escória líquida contendo SiO_2 e FeO, a 1600 K, e gases. Os gases, a 1300 K, contêm Zn, CO, CO_2, N_2 e algum oxigênio, e contém 7% de Zn, 5% de O_2 e apresentam razão CO_2/CO igual a 0,5. As perdas térmicas são da ordem de 334.880 J/1000 g de concentrado. Qual é a temperatura do ar soprado?

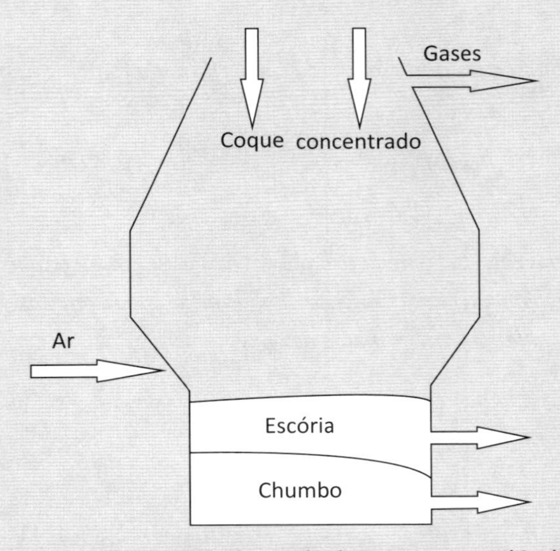

Vista esquemática do reator, alto-forno, utilizado no processo Imperial Smelting.

Os cálculos a seguir consideram 1000 g de concentrado. Massas atômicas, aproximadas, são de 16 (oxigênio), 28 (silício), 207 (chumbo), 56 (ferro), 65 (zinco), 14 (nitrogênio), em g/mol. Então, balanços de massa para o silício e o ferro permitem encontrar para a escória:

$$n_{FeO} = \frac{1000\,x\,0,20}{M_{FeO}} = \frac{1000\,x\,0,20}{72} = 2,778\,mols$$

$$n_{SiO2} = \frac{1000\,x\,010}{M_{SiO2}} = \frac{1000\,x\,0,10}{60} = 1,667\,mols$$

EXEMPLO 3.8 (*continuação*)

Todo o zinco se reporta aos gases, e logo um balanço deste elemento permite determinar a quantidade total de gases. De fato:

$$n_{ZnO} = \frac{1000\,x\,0,5}{M_{ZnO}} = \frac{1000\,x\,0,5}{81} = 6,173 = 0,07\ x\ n_G$$

Implica número de mols de gases igual a n_G, 88,193. Dessa forma, o excesso de oxigênio nos gases, em torno de 5%, seria:

$$n_{O2}^{exc} = 0,05\,x\,n_G = 4,41\,mols$$

A quantidade de chumbo líquido produzido é determinada como:

$$n_{Pb} = n_{PbO} = \frac{1000\,x\,0,2}{M_{PbO}} = \frac{200}{223} = 0,897$$

O oxigênio contido nos gases provém da redução dos óxidos de zinco e chumbo e do ar soprado; sai do reator contido no monóxido de carbono, no dióxido de carbono e como oxigênio em excesso. Isso permite escrever um balanço para formação dos gases como

$$n_{O2}^{ar} + \frac{1}{2}n_{ZnO} + \frac{1}{2}n_{PbO} = \frac{1}{2}n_{CO} + n_{CO2} + n_{O2}^{exc}$$

$$n_{O2}^{ar} + \frac{1}{2}x\frac{500}{81} + \frac{1}{2}x\frac{200}{223} = \frac{1}{2}n_{CO} + n_{CO2} + 4,41$$

$$n_{O2}^{ar} = \frac{1}{2}n_{CO} + n_{CO2} + 0,875$$

Nitrogênio acompanha o oxigênio injetado pelo ar, e sai integralmente nos gases. Assumindo 21% de oxigênio no ar, tem-se que:

$$n_{N2} = \frac{79}{21}\ x\ n_{O2}^{ar} = \frac{79}{21}x\left(\frac{1}{2}n_{CO} + n_{CO2} + 0,875\right)$$

Em consequência, os gases, exceto o zinco e o excesso de oxigênio, totalizam:

$$88,183 - 6,173 - 4,41 = n_{CO} + n_{CO2} + n_{N2}$$

EXEMPLO 3.8 (*continuação*)

$$77{,}60 = n_{CO} + n_{CO2} + n_{N2}$$

$$77{,}60 = n_{CO} + n_{CO2} + \frac{79}{21} x \left(\frac{1}{2} n_{CO} + n_{CO2} + 0{,}875 \right)$$

$$74{,}308 = 2{,}881\, n_{CO} + 4{,}762\, n_{CO2}$$

Como se informa que a razão CO_2/CO é da ordem de 0,5, tem-se que os gases contêm:

$n_{CO} = 14{,}122$ *mols;* $n_{CO2} = 7{,}061$ *mols;* $n_{N2} = 56{,}413$ *mols, além de* $n_{O2}^{exc} = 4{,}41$ *mols e* $n_{Zn} = 6{,}173$ *mols.*

Portanto, o oxigênio soprado no ar é dado como:

$$n_{O2}^{ar} = \frac{1}{2} n_{CO} + n_{CO2} + 0{,}874$$

$$n_{O2}^{ar} = \frac{1}{2} 14{,}122 + 7{,}061 + 0{,}875 = 14{,}996$$

O balanço de carbono indica o consumo teórico deste como:

$$n_C = n_{CO} + n_{CO2} = 14{,}122 + 7{,}061 = 21{,}183\, mols$$

A tabela a seguir fornece valores de entalpia, em J/mol, das espécies que entram e saem do reator, em função da temperatura.

Valores de entalpia para o balanço térmico no processo Imperial Smelting

	O_2	N_2	FeO	SiO_2	ZnO	PbO	C	CO	CO_2	Zn	Pb
298 K	0	0	–265955	–910856	–350619	–220007	0	–110528	–393521	0	0
1100 K	26115	25233	–222843	–857997	–311580	–175329	13998	–85020	–353666	30900(l)	28199(l)
1300 K	33181	31894	–211115	–843879	–300844	–136117	18547	–78281	–342597	151260(g)	33980(l)
1600 K	44075	42091	–161915(l)	–811622(l)	–284155	–116551	25610	–67972	–325571	157496(g)	42588(l)

Fonte: Knacke (1991).

EXEMPLO 3.8 (*continuação*)

De posse desses valores, o balanço de energia se escreve como (energia que entra = energia que sai):

$$n_{O2}^{ar} H_{O2,Tar} + n_{N2} H_{N2,Tar} + n_C H_{C,1100K} + n_{SiO2} H_{SiO2,1100K} + n_{FeO} H_{FeO,1100K} + n_{ZnO} H_{ZnO,1100K} + n_{PbO} H_{PbO,1100K} = Perdas + n_{SiO2} H_{SiO2,1600K} + n_{FeO} H_{FeO,1600K} ++ n_{Pb} H_{Pb,1600K} + n_{CO} H_{CO,1300K} + n_{CO} H_{CO2,1300K} + + n_{N2} H_{N2,1300K} + n_{O2}^{exc} H_{O2,1300K}.$$

Ou

$$14{,}996 \times H_{O2,Tar} + 56{,}413 \times H_{N2,Tar} + 21{,}183 \times 13998 + 1{,}667 \times (-857997) + 2{,}778 \times (-222843) + 6{,}173 \times (-311580) + 0{,}897 \times (-175329) = 334880 + 1{,}667 \times (-811622) + 2{,}778 \times (-161915) + 0{,}897 \times (42588) + 14{,}122 \times (-78281) + 7{,}061 \times (-342597) + 56{,}413 \times (31894) + 4{,}41 \times (33181).$$

Nessa expressão não se conhece a temperatura do ar (T_{ar}), e, por conseguinte, as entalpias de oxigênio e nitrogênio. As entalpias desses gases podem ser aproximadas por (assumindo um valor médio de capacidade calorífica da ordem de 30 J/mol.K (Geiger, 1993)):

$$H_{O2,Tar} = H_{O2,298K} + Cp_{O2} (Tar - 298) = 30 (Tar - 298)$$

$$H_{N2,Tar} = H_{N2,298K} + Cp_{N2} (Tar - 298) = 30 (Tar - 298)$$

Daí se encontra Tar da ordem de 680 K. ■

3.5 EXERCÍCIOS PROPOSTOS

1. Pirita (FeS_2) é ustulada com excesso de ar para resultar em Fe_2O_3 e SO_2. O gás de ustulação contém 6,3% de SO_2, o resultante sendo O_2 e N_2. Calcule, tomando por base 1 tonelada da Pirita, a quantidade necessária de ar e a composição dos gases de ustulação a 500 °C.
2. Um alto-forno é carregado com pelotas de Hematita (100%Fe_2O_3). Ele produz um ferro-gusa com 5% de carbono e são fornecidos ao forno 450 kg de carbono (como coque) e 259 Nm^3 de oxigênio (como ar) por tonelada de ferro-gusa produzido. Calcular: a) massa de pelotas consumidas (kg/t. gusa); b) volume e composição do gás de topo desse forno (Nm^3/t, %CO, %CO_2 e %N_2).

3. Procede-se à cloração de um concentrado de Molibdenita (90% MoS_2, 3% NiS, e inertes) com uma fase gasosa constituída de Cl_2 e O_2. O objetivo é produzir um oxicloreto de molibdênio, MoO_2Cl_2, que se mostra facilmente solúvel em soluções aquosas. Em um processo ocorrendo sob condições estacionárias, foram levantadas as informações apresentadas na tabela a seguir.

Entradas	**Saídas**
1000 g de concentrado a 500 K	Gases MoO_2Cl_2, Cl_2, SO_2 a 700 K
Cl_2 e O_2 na razão 3:1, a 400 K	$NiCl_2$ (s) a 700 K

Faça um balanço de Mo e determine o número de mols de MoO_2Cl_2; faça um balanço de S e determine o número de mols de SO_2; faça um balanço de Ni e determine o número de mols de $NiCl_2$; faça um balanço de O_2 e determine a quantidade necessária de oxigênio; faça um balanço de Cl_2 e determine a quantidade deste nos gases que saem do reator. Faça um balanço de energia e determine as perdas no processo. Valores de entalpia (Knacke, 1991) (em J/mol) são apresentados na tabela a seguir.

Subst.	**E.F.**	**400 K**	**500 K**	**700 K**	**Subst.**	**E.F.**	**400 K**	**500 K**	**700 K**
O_2	G	3029	6123	12552	MoO_2Cl_2	S,G,G	−714264	−614405	−594466
Cl_2	G	3534	7108	14404	SO_2	G	−292471	−287786	−277825
MoS_2	S	−269229	−262186	−247480	$NiCl_2$	S	−297838	−290170	−274233
NiS	S	−82882	−77701	−60353					

4. Com base nos dados fornecidos na figura ao lado, realize balanços de massa para elementos, explicitando as quantidades não conhecidas como função de n_C, número de mols de carbono que entram; faça balanços térmicos, utilizando como temperatura de referência 298 K e 1300 K; encontre o consumo de carbono, n_C; e compare os resultados.

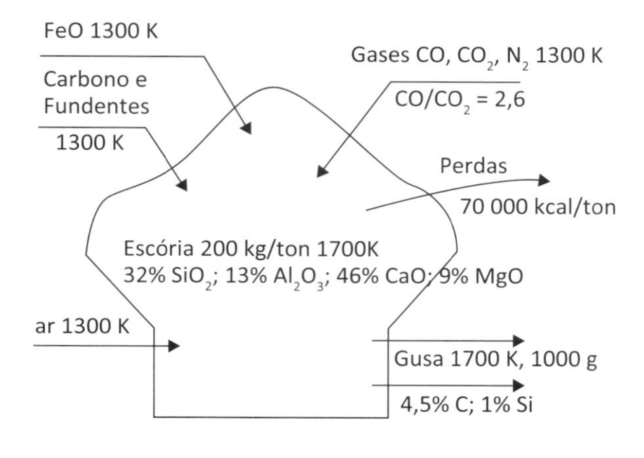

5. Considere uma rota de processamento metalúrgico que esteja sendo analisada como alternativa a um processo tradicional de fabricação de cobalto. Como parte desse esforço, foi realizado um balanço de energia – referente ao processo alternativo proposto, de fusão e refino em um forno especialmente concebido – e os seguintes valores foram estimados:
   - Entradas de energia (calor de aquecimento, reações exotérmicas): 1,0 GJ/ton.
   - Saídas de energia (calor de aquecimento, reações endotérmicas): 0,7 GJ/ton.

   Desse modo, não parece haver necessidade de aporte de energia. Esse processo poderia ser julgado termodinamicamente viável? Justifique.

6. Deseja-se aquecer 30 mols de Al_2O_3 desde 298 K até 1300 K, utilizando-se para tal de N_2 preaquecido a 1000 K. De maneira a se aumentar a eficiência térmica, o sistema será em contracorrente. Despreze as perdas térmicas, suponha que a temperatura de saída do nitrogênio seja 400 K e calcule o número de mols de N_2 necessários. Discuta a viabilidade desse processo. Dados, em J/mol:

$$(H_{1300} - H_{298})_{Al2O3} = 116078;\ (H_{1000} - H_{298})_{N2} = 21474;\ (H_{400} - H_{298})_{N2} = 2972 \text{ J/mol}$$

7. No processo aluminotérmico de produção de cromo, cromita e alumínio são misturados em quantidades estequiométricas. Para maior facilidade de separação dos produtos é desejável que a temperatura atinja cerca de 2000 °C. Verifique se a energia disponível é suficiente para tal. Refaça os cálculos supondo que as perdas térmicas sejam da ordem de 20% e determine quanto a cromita precisa ser preaquecida para atingir os objetivos.

8. Os seguintes dados foram colhidos a respeito da produção da liga Fe-Cr (60% em peso de Cr).

Entradas	Saídas
Fe_3O_4 a 600 K Cr_2O_3 a 600 K 282 kg de C a 300 K	1000 kg de liga a 2000 K Gases CO e CO_2 a 800 K

   Faça um balanço de ferro e determine o número de mols de Fe_3O_4; faça um balanço de cromo e determine o número de mols de Cr_2O_3; faça um balanço de carbono e determine a quantidade total de gás; faça um balanço de oxigênio e determine o número de mols de cada gás, CO e CO_2. Faça um balanço de energia e determine quanto tempo seria necessário para produzir essa quantidade de liga em um forno de potência igual a 25 MW, sabendo-se que as perdas térmicas são da ordem de 15% da energia elétrica. Considere os dados de entalpia (Knacke, 1991) das espécies (J/mol):

T(K)	Fe_3O_4 (s)	Cr_2O_3(s)	C (s)	CO(g)	CO_2(g)	Fe (s)	Cr (s)
300	−823817	−1140337	15	−110475	−393455	46	43
600	−785703	−1105365	3966	−101325	−379974	8581	7749
800	−755772	−1081271	7663	−94908	−369749	15567	13451
2000		−923725	35302	−53866	−302158	81220 (L)	61028

9. Um determinado processo de produção de zinco pode ser descrito pelos fluxos de entradas {100 mols de ZnO(s) a 400 K e 80 mols de C(s) a 600 K} e saídas {Zn(g) a 1200 K e CO(g) e CO_2(g) a 1200 K}. Considere os dados de entalpia (Knacke, 1991) das espécies (J/mol):

T(K)	ZnO (s)	C (s)	Zn (s)	CO (g)	CO_2 (g)	O_2 (g)
400	−344005	1047	2616	−106567	−386941	3026
500	−339317	2386	5316	−102260	−379344	6091
600	−334461	3977	8121	−101632	−380775	9251
1200	−303276	16116	149022(g)	−65996	−313812	29469

Faça balanços de massa e determine o valor de cada uma das quantidades não diretamente especificadas. Determine a variação de entalpia de formação de CO, CO_2 e ZnO a 500 K. Esquematize um caminho imaginário para o processo em questão, com temperatura de referência igual a 500 K, e considerando que se aplica energia elétrica correspondente a 300 kW. Determine os valores de "calor de aquecimento" em cada fluxo. Determine o tempo necessário para produzir 100 mols de Zn, considerando que as perdas térmicas correspondem a 20% da energia elétrica empregada. Se a temperatura de referência for acrescida de 100 K, qual o efeito sobre o resultado?

10. Assuma que uma mate possa ser considerada uma solução ideal de sulfetos Cu_2S e FeS, e que ela seja convertida a Cu metálico e FeO através da injeção de ar em um reator Pierce-Smith. As quantidades de matéria, medidas na superfície de controle, são: Entrada: Ar a 25 °C; 1 mol Cu_2S a 1050 °C; 1 mol FeS a

1050 °C; Saída: Cu, puro, líquido a 1200 °C; FeO, puro, sólido a 1200 °C; gases N_2, O_2 (10%) e SO_2 a 800 °C. Determine os números de mols de SO_2 e FeO formados bem como o número de mols de O_2 e N_2 soprados. Faça um balanço térmico e determine as perdas.

11. Determine quantos mols do monóxido de carbono (a 25 °C) precisam ser queimados (a CO_2) com ar aquecido (excesso de 10% sobre a necessidade estequiométrica, 500 ° C), para aquecer 1 tonelada de ferro a 1200 °C, se as perdas térmicas correspondem a 22000 kJ/tonelada de ferro e os gases saem a 520 °C. Qual a temperatura máxima na zona de combustão? É válida a hipótese de total conversão de CO em CO_2?

12. Pretende-se fundir 80 toneladas de sucata de aço inoxidável (17% Cr, 10% de Ni, restante de ferro) em um forno elétrico a arco. As perdas térmicas correspondem a 1.500.000 kJ/hora. Qual o consumo de energia elétrica quando a potência útil aplicada ao forno for de 20000 kW? Qual o tempo requerido para a fusão? Qual a economia resultante do aumento da capacidade do transformador para 30000 kW? Considere como temperatura do aço 1627 °C.

13. Qual a temperatura máxima que um determinado material pode atingir se ele for aquecido através da queima de gás (40% de CO; 5% de CO_2, 30% de H_2 e 25% de H_2O), preaquecido a 800 K, com quantidades estequiométricas de ar seco a 1000 K?

14. Qual a produção de um forno elétrico (potência útil 25000 kW) em que o Fe_2O_3 e o carbono são carregados, a 25 °C, em quantidade estequiométrica para produzir ferro-gusa (4% de carbono, líquido) a 1450 °C e gases (90% CO, 10% CO_2) a 400 °C? As perdas térmicas totalizam 3.800.000 kJ/hora.

15. Num forno para produção de Ferro-Silício (25% de ferro e 75% de silício) são carregados Fe_2O_3 e SiO_2 a 25 ° C, mais carbono (também a 25 °C) em quantidade tal que os gases contenham 90% de CO e 10% de CO_2. Se a liga Fe-Si sai do forno a 1500 °C, os gases a 300 °C e as perdas térmicas são de 1.700.000 kJ/hora, qual será a produção diária de forno com potência útil de 25000 kW?

16. Deseja-se aquecer 5 toneladas de ferro (temperatura inicial 25 °C, temperatura final 800 °C) através da queima de gás de alto-forno (50% N_2, 25% CO, 5% H_2; 20% CO_2) juntamente com ar (quantidade estequiométrica, 25 °C). Se os gases resultantes da combustão saem do forno a 850 °C, quanto de gás será requerido para esse processo?

17. Uma mistura de Fe_2O_3 e Al, a 25 °C, é colocada em reator adiabático juntamente com algum ferro a 25 °C. Se, após ignição, a reação aluminotérmica $Fe_2O_3 + 2Al = Al_2O_3 + 2Fe$ é completada, calcule a razão de Fe e Fe_2O_3 na mistura inicial, que resultará ao final da reação em Fe líquido e Al_2O_3 sólido, ambos a 1600 °C.

18. Um reator adiabático contém 1000 gramas de alumínio líquido a 700 °C. Calcule a massa de Cr_2O_3 (25 °C) que, adicionada ao alumínio (que reagirá com Cr_2O_3 para formar Cr e Al_2O_3), será capaz de elevar a temperatura da mistura resultante (Cr, Al_2O_3 e Cr_2O_3 sólidos) a 1000 °C.

19. Ferro e enxofre são misturados a 25° em quantidades estequiométricas para formar FeS. Suponha que a reação seja completa e determine o estado final. Repita o procedimento para temperatura inicial de 400 °C.

20. Sulfeto de cobre (Cu_2S) à 1300 °C é oxidado por ar, a 25 °C, em quantidade estequiométrica, para formar cobre e SO_2 a 1250 °C. Calcule as perdas térmicas do processo, utilizando como temperatura de referência: a) 25 °C e b) 1300 °C.

21. Sulfeto de zinco é ustulado com ar de acordo com a reação $ZnS + 3/2O_2 = ZnO + SO_2$. Na prática industrial utiliza-se 50% de ar em excesso. Se ar e o sulfeto são introduzidos a 25 °C e os produtos de reação saem a 900 °C, quanto de calor deve ser retirado (ou fornecido) ao sistema?

22. Óxido de cromo e alumínio em pó são misturados, a 25 °C, em quantidades estequiométricas para a reação $Cr_2O_3 + 2Al = Al_2O_3 + 2Cr$. Calcule a temperatura adiabática da reação.

23. Um determinado carvão tem a seguinte análise imediata, base seca: C = 79,86%; H = 5,02%; S = 1,18%, N = 1,86%; O = 4,27%, cinzas = 7,81 e umidade = 3%. Calcule a temperatura de chama se este carvão é queimado com 125% da quantidade estequiométrica de ar (a 25 °C) calcule a energia disponível para aquecimento se os produtos de reação deixam o forno a 400 °C.

24. Quanto de carbono (25 °C) deve ser queimado por ar (925 °C, quantidade estequiométrica para formar CO) para aquecer 1 tonelada de ferro a 1800 °C? Qual a temperatura adiabática de chama? Qual a temperatura mínima à qual o ar deve ser preaquecido de modo a aquecer o ferro a 1800 °C?

25. A cal é produzida a partir do calcário segundo a seguinte reação: $CaCO_3(s) = CaO(s) + CO_2(g)$. Sabendo-se que a pressão interna total é de 1 atm, pergunta-se:
    a) Qual a temperatura mínima de calcinação?
    b) Qual o consumo mínimo de energia (em kJ/t CaO), se o $CaCO_3$ é carregado a 25 °C, se o CaO sai do forno na temperatura de calcinação e o CO_2 sai do forno a 300 °C?

26. Num processo de redução de minério de ferro por gás CO têm-se as seguintes informações: a) o minério (Fe_2O_3) é carregado a 25 °C; b) o ferro produzido sai do forno a 800 °C; c) os gases, CO e CO_2, saem do forno a 200 °C; d) a composição dos gases é ditada pelo equilíbrio com Fe e FeO, a 820 °C, que é a temperatura de redução, tal que a quantidade de CO corresponde a aproximadamente 60%. A qual temperatura o gás deve ser injetado no forno?

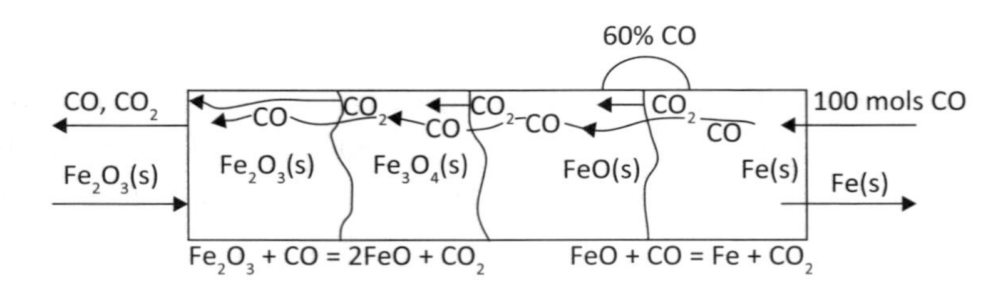

27. Normalmente, o teor de carbono do aço é rebaixado durante o refino através da injeção de oxigênio. No entanto, teve-se a ideia de fazer isso jogando minério de ferro no forno. Sabendo-se que o teor inicial do aço é 0,5%C e o final objetivado, 0,1%C, compare as duas técnicas calculando o aquecimento ou resfriamento sofrido pelo aço em cada caso. A temperatura do aço antes do refino era de 1550 °C.

28. Um gás com a composição volumétrica CO_2 = 5%, CO = 25%, H_2O = 2%, H_2 = 14%, N_2 = 54% e é alimentado em um forno a 727 °C. Deseja-se aquecer o forno o mais rápido possível, mas a temperatura máxima de chama não pode exceder 1627 °C, do contrário, os refratários fundirão. Qual o volume mínimo de ar, preaquecido a 427 °C, capaz de atingir essa condição?

29. Um forno elétrico de aciaria consome 470 kWh/t de aço levando aproximadamente duas horas para fundir, processar e aquecer 100 toneladas de aço até 1600 °C. Supondo-se que se duplique a potência do transformador, qual será a nova produção e o novo consumo de energia?

30. Calcule a temperatura adiabática de chama de um alto-forno que apresenta os seguintes dados: umidade do ar, 20 g/Nm^3 de ar; enriquecimento do ar com O_2, 1%; temperatura de sopro do ar, 1000 °C; temperatura do carbono ao adentrar a zona de combustão, 1500 °C. Assuma que os gases que saem da zona de combustão seriam CO e H_2.

31. Calcule a temperatura adiabática de chama, referente à combustão completa de C_2H_4 com oxigênio a 298 K, com quantidades estequiométricas requeridas para combustão completa. Refaça os cálculos para eventualidade de combustão parcial.

32. Considere que se carrega, em um FEA, cerca de 20% de gusa (em relação à massa de aço produzida). Verifique se a taxa de diminuição de consumo específico de energia elétrica segue a curva do gráfico a seguir.

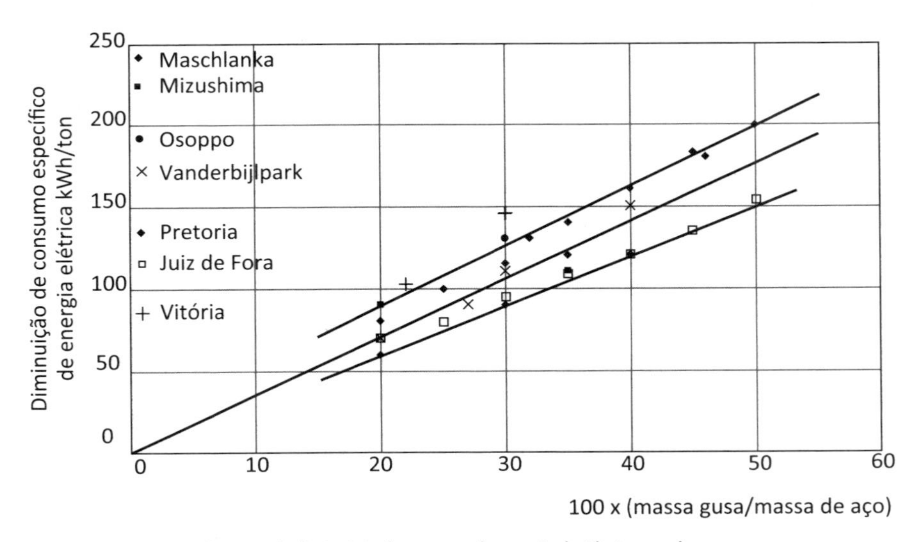

Previsão de diminuição de consumo de energia devida à carga de gusa.

33. Para a operação de um forno elétrico a arco é conveniente avaliar o potencial que cargas metálicas alternativas à sucata "fria", como por exemplo gusa sólido, gusa líquido, cementita e sucata preaquecida, teriam sobre o balanço de energia. Para tanto, é costume calcular o aporte de energia dessas fontes como a soma de "calor de aquecimento, base 298 K" e calor das reações de oxidação de carbono, silício e manganês, traduzido em termos de energia elétrica equivalente (ver figura a seguir). Confirme os dados da figura, calcule os equivalentes para sucata preaquecida a 527°C e para cementita.

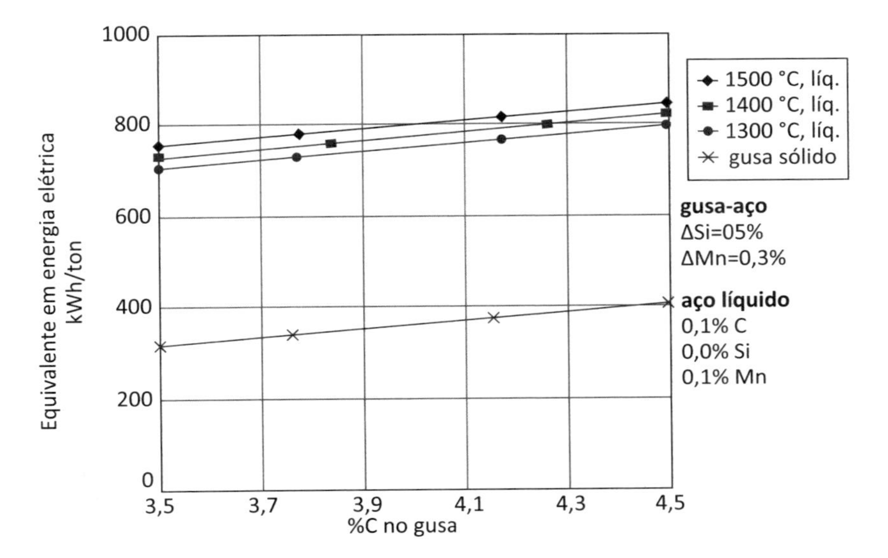

Equivalentes energéticos de gusa carregado em FEA.

34. Num forno elétrico de fabricação de ferro-manganês alto carbono são identificadas as seguintes quantidades de materiais – Entradas: carbono; minério de manganês com razão molar MnO_2/Mn_3O_4 igual a 3,667; Fe_3O_4; SiO_2; Al_2O_3; $CaCO_3$ e $MgCO_3$, todos a 27°C. O minério contém 10% de umidade. Saídas: gás composto de H_2 (5%), CO e CO_2 em razão molar CO_2/CO =1,5 e H_2O, a 227°C. Liga Ferro (14%), Manganês (79%), Carbono (7%), a 1427°C, 1000 g. Escória, a 1427°C, contendo 33% MnO, 11% Al_2O_3, 18% CaO, 27% SiO_2 e 8% MgO, 685 g.

   a) Realize balanços de massa: de manganês e determine a quantidade carregada de MnO_2 e Mn_3O_4; de ferro e estime a quantidade de Fe_3O_4.

   b) Estime as quantidades de Al_2O_3, SiO_2, $CaCO_3$ e $MgCO_3$ carregadas no forno.

   c) Observe que o aporte de água é conhecido e que apenas fração desta α se decompõe de acordo com a reação $H_2O = H_2 + 1/2\ O_2$. Com base nessa informação, e sabendo que 5% dos gases é H_2, faça um balanço de oxigênio referente à formação dos gases e determine os fluxos de CO e CO_2, H_2 e H_2O.

   d) Através de um balanço de carbono determine o consumo de carbono.

   e) Faça um balanço de energia e estime o consumo de energia elétrica.

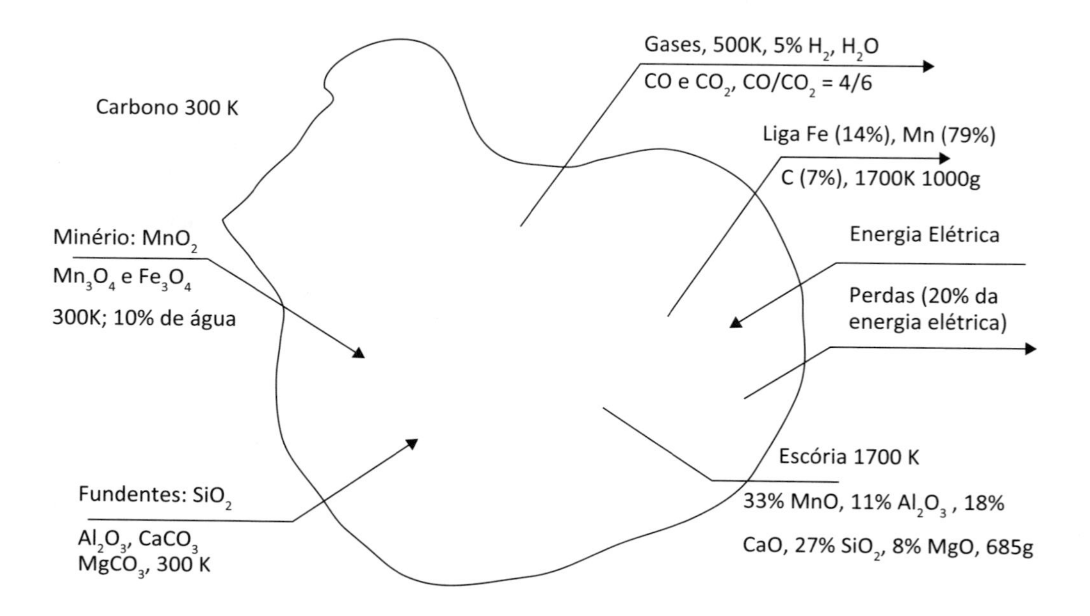

Entalpias em J/mol

	C	CO	CO_2	H_2	H_2O	Fe	Fe_3O_4	Mn	MnO
300 K	15	−110475	−393455	53	−285689(l)	46(s)	−1115198	46(s)	−382460
500 K	2389	−104462	−384838	5856	−234857(g)	5489(s)	−1080729	5669(s)	−373004
1700 K	28009	−64484	−319791	42996	−183853(g)	67850(l)	−826888	70302(l)	−307029
	Al_2O_3	CaO	$CaCO_3$	MgO	$MgCO_3$	SiO_2	MnO_2	Mn_3O_4	O_2
300 K	−1675545	−635011	−1208204	−601632	−1095657	−910774	−521953	−1385869	53
500 K	−1656166	−625725	−1189005	−593070	−1077778	−900217	−509393	−1355100	6123
1700 K	−1506725	−560901		−531348		−815320		−1102663	47775

Fonte: Knacke (1991).

3.6 REFERÊNCIAS

FINE, H. A.; GEIGER, G. H. *Handbook on material and energy balance calculations in metallurgical processes*. Warrendale, PA: The Minerals, Metals & Materials Society, 1993.

HOLMAN, J. P. *Experimental methods for engineers*. New York: McGraw-Hill, 1989.

KNACKE, O.; KUBASCHEWSKI, O.; HESSELMANN, K. *Thermochemical properties of inorganic substances*. Vols. I e II. Berlim: Springer Verlag, 1991.

KUBASCHEWSKI, O.; ALCOCK, C. B. *Metallurgical thermochemistry*. Oxford: Pergamon Press, 1983.

MORRIS, A. E.; GEIGER, G.; FINE, H. A. *Handbook on material and energy balance calculations in materials processing*. New Jersey: John Wiley & Sons, 2011.

PEACEY, J. C.; DAVENPORT, W. G. *The iron blast furnace*. Oxford: Pergamon Press, 1979.

PFEIFER, H.; KIRSCHEN, M. Thermodynamic analysis of EAF energy efficiency and comparison with a statistical model of electric energy demand. In: EUROPEAN ELECTRIC STEELMAKING CONFERENCE, 7., Veneza. *Anais...* 2002.

CAPÍTULO 4
TEORIA DAS SOLUÇÕES

4.1 GENERALIDADES

Em sistemas metalúrgicos, várias vezes podem ser identificadas diversas fases participando de uma dada transformação. Por exemplo, quando um metal entra em contato com uma escória, para fins de refino, são duas as fases trocando matéria e energia (Figuras 4.1 e 4.2). Fases, no contexto deste capítulo, são soluções, formadas pela interação em nível atômico, iônico ou molecular de dois ou mais componentes. No caso geral, os componentes perdem suas características físicas e químicas originais após serem incorporados em uma solução; desse modo, as propriedades da solução não podem ser obtidas pela simples adição ponderada dos valores correspondentes aos componentes puros.

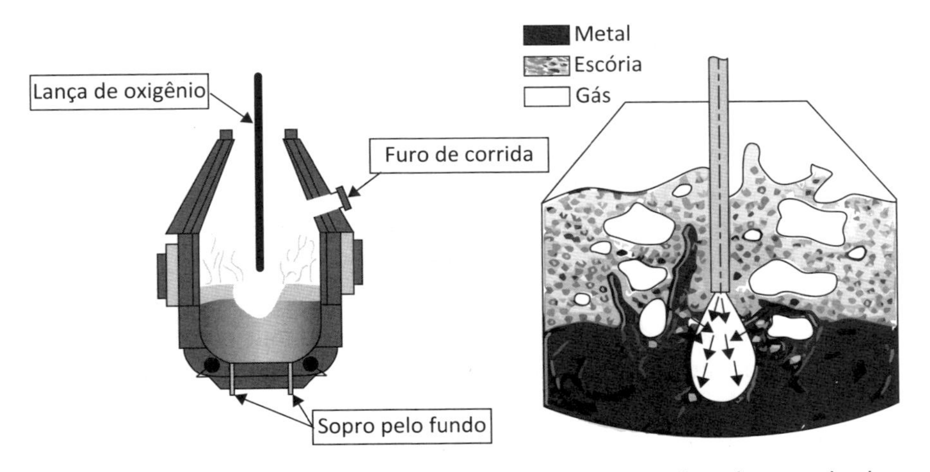

Figura 4.1 – Interações aço líquido/escória durante o sopro de oxigênio no convertedor LD de sopro combinado.

Fonte: Barão (2007; 2005).

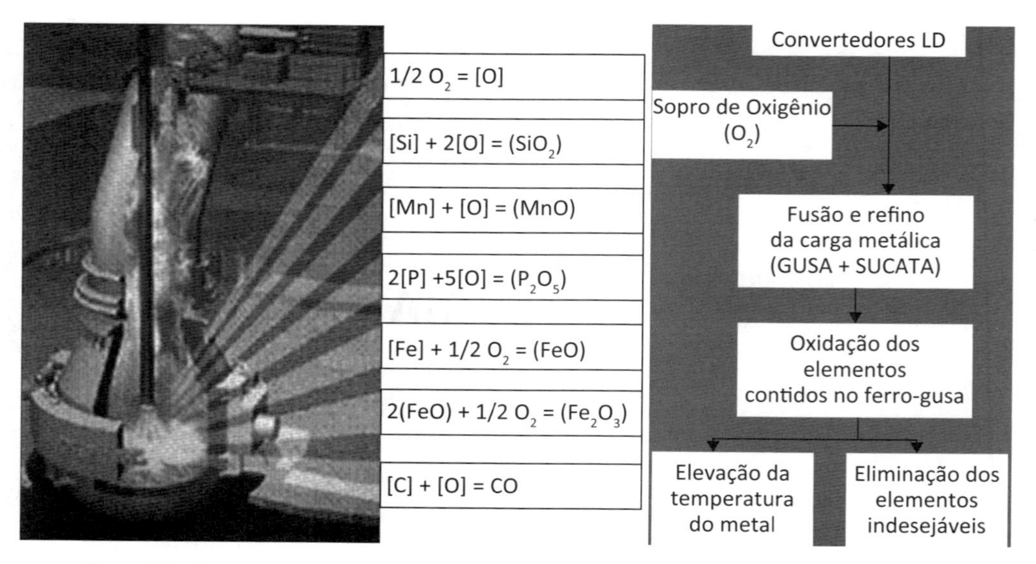

Figura 4.2 – Reações químicas ocorrentes durante o processo de refino primário do aço líquido no convertedor LD.
Fonte: Jalkanen & Holappa (2005).

Além do mais, muito raramente o processo de formação de soluções é termicamente neutro. De modo geral, o processo de formação se dá com liberação de calor (exotermia) ou com absorção de calor (endotermia); portanto, a formação de soluções, se ocorre em um determinado processo, precisa ser contabilizada nos balanços térmicos.

Considere, por exemplo, dois processos imaginários em que sal de cozinha e água entram em contato. No primeiro, o sal seco é impermeabilizado por um filme fino de plástico e então despejado no vasilhame com água. Não existe interação em nível molecular entre o NaCl e H_2O, de modo que o volume resultante pode ser encontrado pela simples soma dos volumes originais; não se nota também efeito térmico algum. Produziu-se uma mistura. No segundo caso, na ausência de impermeabilização, o NaCl se dissolve na água, gerando uma solução iônica contendo as espécies H_2O, H^+, OH^-, Na^+ e Cl^-. Observa-se, experimentalmente, uma tendência ao resfriamento da solução, o que indica uma dissolução endotérmica, e que o volume resultante não é igual à soma dos volumes originais dos componentes. Produziu-se uma solução. A Figura 4.3 indica como a variação de entalpia de formação da solução água-NaCl pode ser obtida considerando-se um caminho com duas etapas: a formação de íons gasosos Na^+ e Cl^- a partir do cristal; a hidratação desses íons para a formação da solução. O efeito global é endotérmico, com absorção de energia da ordem de 3,9 kJ/mol de NaCl. Ciclo semelhante é apresentado para o sistema água-NaOH (exotérmico; –44,5 kJ/mol). A Figura 4.3 reforça que valores de propriedades termodinâmicas de soluções são específicos e precisam ser determinados caso a caso.

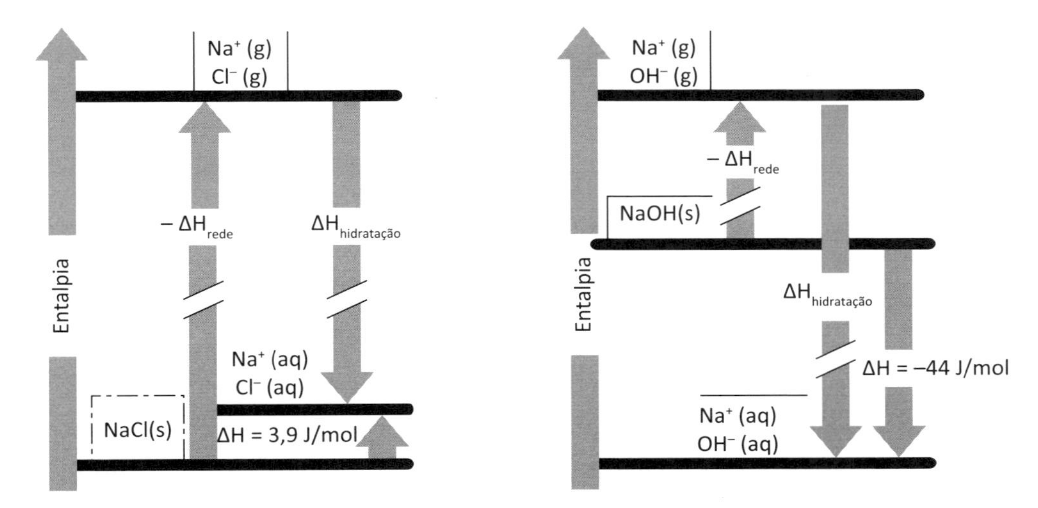

Figura 4.3 – Variação de entalpia de formação de solução aquosa de NaCl e NaOH.

Fonte: itl.chem.ufl.edu, acesso em: 6 maio 2014.

Dessa pequena discussão se apreende que se faz necessário determinar experimentalmente as características e os valores de propriedades das soluções, isto é, descrever o comportamento termodinâmico de seus componentes em função de variáveis como temperatura, pressão e composição. Este é o objetivo dos tópicos a seguir.

Em todos os ramos da ciência uma preocupação comum se refere a "como obter o maior número de informações confiáveis realizando o menor número possível de experimentos". No caso de soluções metálicas, cujos experimentos característicos em geral envolvem altas temperaturas e sistemas bastante reativos, essa preocupação se refletiu em um conjunto de técnicas através das quais se pode obter o valor de uma propriedade global da solução a partir das propriedades dos componentes e vice-versa; ou determinar o valor de propriedade termodinâmica de um componentes através dos valores de propriedades dos demais - ver equação de Gibbs-Duhem. Por motivos históricos essas técnicas envolvem alguma derivação ou integração, gráfica ou numérica, que podem ser consideradas "lentas", para os padrões de hoje. Hoje, a profusão de aplicativos matemáticos, estatísticos, planilhas eletrônicas em geral torna a vida do estudante mais fácil. Sugere-se o estudo dos tópicos seguintes sob essa óptica.

4.2 GRANDEZAS PARCIAIS MOLARES

Seja uma fase multicomponente composta das espécies $i = A, B, C,...$ e Y' uma sua grandeza extensiva qualquer, tal como energia livre, energia interna, entalpia, entropia, volume etc. Essa grandeza seria função da pressão, da temperatura, das quantidades das espécies e natureza destas. Logo,

$$Y' = Y'\left(T, P, n_A, n_B, n_C \ldots\right) \tag{4.1}$$

o que permite escrever a diferencial total em termos das derivadas parciais:

$$dY' = \frac{\partial Y'}{\partial T} dT + \frac{\partial Y'}{\partial P} dP + \Sigma \frac{\partial Y'}{\partial n_i} dn_i \qquad (4.2)$$

A grandeza,

$$\left[\frac{\partial Y'}{\partial n_i} \right]_{T,P,n_j} \qquad (4.3)$$

a qual representa a taxa de variação da grandeza extensiva com o número de moles da espécie *i*, mantidos constantes a temperatura, a pressão e os números de mols de todas as outras espécies, é simbolizada por $\overline{Y_i}$ e chamada de grandeza parcial molar de i referente à função termodinâmica escolhida Y.

$\overline{Y_i}$ pode também ser entendida como a variação em Y', resultante da adição de um mol de i a uma grande quantidade da solução, *mantidas fixas a pressão, a temperatura e as quantidades das outras espécies.*

$\overline{Y_i}$ é função de estado intensiva, portanto, depende de temperatura, pressão, quantidade relativa das espécies e natureza química destas.

Quando a espécie, elemento ou composto encontra-se puro, a grandeza parcial molar adquire o valor característico dessa condição; a ela se refere normalmente como grandeza molar, isto é, entalpia molar, energia livre molar etc. A simbologia adotada para esses casos normalmente é $\overline{Y}_i^o$ ou Y_i^o. Existem compilações bastante abrangentes destes valores, e a Tabela 4.1 apresenta um exemplo para o composto Cr_3C_2. São fornecidos os valores de Entalpia molar (a 1 atm de pressão), Entropia molar (a 1 atm de pressão) e Energia Livre de Gibbs molar (a 1 atm de pressão) do Cr_3C_2 puro e sólido, em função da temperatura.

Naturalmente, tem-se:

$$G^0 = H^0 - T\,S^0 \qquad (4.4)$$

Por exemplo, a 600 K, −149890 = −49397 − 600 × 167,488 J/mol.

Tabela 4.1 – Valores de grandezas molares do composto Cr_3C_2 puro e sólido, como função de temperatura. H^0 (J/mol), S^0 (J/K.mol), G^0 (J/mol)

T(K)	H^0	S^0	G^0	T(K)	H^0	S^0	G^0
298	−85349	85,433	−110821	1300	51572	277,834	−309611
300	−85165	86,048	−110979	1400	67240	289,444	−337981
400	−74286	117,234	−121179	1500	83186	300,445	−367480
500	−62207	144,151	−134282	1600	99409	310,914	−398052
600	−49397	167,488	−149890	1700	115905	320,913	−429647
700	−36060	188,038	−167687	1800	132671	330,496	−462221
800	−22296	206,412	−187426	1900	149706	339,705	−495734
900	−8161	223,057	−208912	2000	167008	348,58	−530151
1000	6311	238,302	−231990	2100	184576	357,151	−565439
1100	21099	252,395	−256534	2168	196674	362,82	−589919
1200	36190	265,523	−282437				

Fonte: Knacke (1991).

4.3 RELAÇÕES ENTRE GRANDEZAS PARCIAIS MOLARES

As grandezas termodinâmicas de um sistema multicomponente – volume, energia interna, Energia Livre de Gibbs, energia livre de Helmholtz, entropia, entre outras – dependem da natureza química e da proporção relativa das espécies componentes, temperatura, pressão e massa. As grandezas parciais molares de um sistema multicomponente – potencial químico, volume parcial molar, entropia parcial molar, entre outros, dependem de todas as variáveis citadas exceto massa do sistema; as grandezas parciais molares podem ser matematicamente inter-relacionadas, conforme delineado a seguir.

Se Y' é função de estado e, portanto, suas derivadas cruzadas são iguais, então:

$$\frac{\partial^2 Y'}{\partial T\, \partial n_i} = \frac{\partial^2 Y'}{\partial n_i\, \partial T} \tag{4.5}$$

$$\frac{\partial^2 Y'}{\partial P\, \partial n_i} = \frac{\partial^2 Y'}{\partial n_i\, \partial P} \tag{4.6}$$

Por exemplo, reconhecendo que para Energia Livre de Gibbs tem-se:

$$dG' = \frac{\partial G'}{\partial T} dT + \frac{\partial G'}{\partial P} dP + \Sigma \frac{\partial G'}{\partial n_i} dn_i \tag{4.7}$$

e que

$$\left[\frac{\partial G'}{\partial T}\right]_{P,n_i} = -S' \tag{4.8}$$

$$\left[\frac{\partial G'}{\partial P}\right]_{T,n_i} = V' \tag{4.9}$$

$$dG' = -S' dT + V' dP + \Sigma \frac{\partial G'}{\partial n_i} dn_i \tag{4.10}$$

Então, pode-se escrever:

$$\overline{V_i} = \frac{\partial V'}{\partial n_i} = \frac{\partial}{\partial n_i}\frac{\partial G'}{\partial P} = \frac{\partial}{\partial P}\frac{\partial G'}{\partial n_i} = \frac{\partial}{\partial P}\overline{G_i} \tag{4.11}$$

$$\overline{S_i} = \frac{\partial S'}{\partial n_i} = \frac{\partial}{\partial n_i}\left\{-\frac{\partial G'}{\partial T}\right\} = -\frac{\partial}{\partial T}\frac{\partial G'}{\partial n_i} = -\frac{\partial}{\partial T}\overline{G_i} \tag{4.12}$$

Logo, as relações válidas para as grandezas extensivas também são válidas para as grandezas parciais molares correspondentes.

4.4 RELAÇÃO ENTRE Y' E n_i

Seja o processo de formação de uma solução a temperatura e pressão constantes, desde o volume zero até uma quantidade qualquer. De acordo com:

$$dY' = \frac{\partial Y'}{\partial T} dT + \frac{\partial Y'}{\partial P} dP + \Sigma \frac{\partial Y'}{\partial n_i} dn_i \tag{4.13}$$

Y' será:

$$Y' = \sum \int_{n_i=0}^{n_i} \overline{Y_i}\, dn_i \tag{4.14}$$

e, para se chegar a Y', é preciso conhecer como $\overline{Y}_i$ varia com n_i. Essa dificuldade pode ser contornada se a formação da solução ocorrer à composição constante, o que pode ser feito com a adição das espécies i = A, B, C... em proporções fixas. Por exemplo, se a solução for ternária contendo A, B, C, com 20% de A, 50% de B e 30% de C, basta que A, B, C sejam adicionados na razão 2:5:3. Desse modo, permanecendo invariáveis temperatura, pressão e composição, isto é, tudo o que influencia $\overline{Y}_i$, $\overline{Y}_i$ permanecerá constante, e então

$$Y' = \sum \int_{n_i=0}^{n_i} \overline{Y}_i \, dn_i = \sum \overline{Y}_i \int_{n_i=0}^{n_i} dn_i = \sum \overline{Y}_i \, n_i \tag{4.15}$$

$$Y' = \sum \overline{Y}_i \, n_i \tag{4.16}$$

Dividindo a expressão anterior pelo número total de mols na solução:

$$n_T = \sum n_i \tag{4.17}$$

vem, por mol de solução,

$$\frac{Y'}{n_T} = Y = \sum \overline{Y}_i \frac{n_i}{n_T} = \sum \overline{Y}_i \, X_i \tag{4.18}$$

onde, por definição, a fração molar de i é dada como:

$$X_i = \frac{n_i}{n_T}, \tag{4.19}$$

resultando em:

$$Y = \sum \overline{Y}_i \, X_i \tag{4.20}$$

4.5 SIGNIFICADO DE ΔY

No estudo do comportamento das soluções pretende-se descrever a dependência entre Y e a composição. Na maioria das vezes é mais fácil encontrar ΔY, a diferença entre os valores da grandeza na situação de estudo e numa situação de comparação, chamada de Referência. É evidente que, nesses casos, para que os dados termodinâmicos tenham consistência, a situação de referência tem de estar bem definida. Uma referência bastante utilizada é a chamada referência *Raoultiana* (de Raoult), que consiste em estabelecer como situação de comparação aquela em que as espécies estão puras, a temperatura e pressão do estudo, no mesmo estado físico da solução. Esquematicamente tem-se (Figura 4.4):

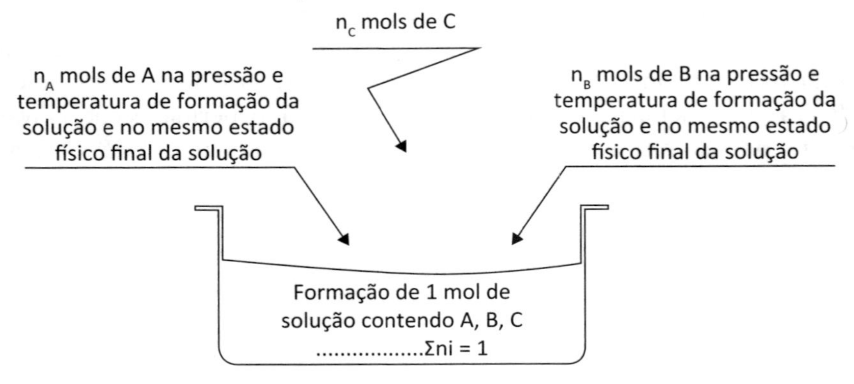

Figura 4.4 – Diagrama esquemático simbolizando a formação de solução de acordo com a referência Raoultiana.

Por sua vez, para A, B, C... puros tem-se:

$$Y^o = \sum \overline{Y}_i^o X_i \tag{4.21}$$

onde a fração molar é dada como $X_i = n_i / n_T$ e $\overline{Y}_i^o$ é o valor de Y por mol de i puro. Então, Y^o representa o valor da grandeza extensiva da mistura, antes da interação dos vários componentes. Após a formação da solução:

$$Y = \sum \overline{Y}_i X_i \tag{4.22}$$

onde $\overline{Y}_i$ é a grandeza parcial molar. Logo, por definição:

$$\Delta Y = \sum X_i \left(\overline{Y}_i - \overline{Y}_i^o \right) \tag{4.23}$$

Fica claro que, com a adoção dessa referência, quando a concentração de uma das espécies atinge 100%, ΔY é nulo, pois a situação final é idêntica à de referência.

Em processos de formação de uma solução, como descrito, são definidas variações de grandezas integrais e parciais:

Variação de grandeza integral de formação de solução de composição conhecida, a temperatura e pressão dadas,

$$\Delta Y = Y - Y^o = \sum \overline{Y}_i X_i - \sum \overline{Y}_i^o X_i = \sum X_i \left(\overline{Y}_i - \overline{Y}_i^o \right) \tag{4.24}$$

por exemplo, variação de entalpia de formação da solução ferro-cromo (30% atômico) sólida a 1600 K e 1 atm,

$$\Delta H = X_{Cr} \left(H_{Cr} - H_{Cr}^{o,s} \right) + X_{Fe} \left(H_{Fe} - H_{Fe}^{o,s} \right) = 4993 \text{ J/mol.}$$

Nessa expressão, H_{Cr} representa a entalpia parcial molar do cromo na solução sólida citada e $H_{Cr}^{o,s}$ a entalpia molar do cromo puro e sólido.

Variação de grandeza parcial molar de dissolução do componente i em solução de composição conhecida, à temperatura e pressão dadas,

$$\Delta\overline{Y}_i = \overline{Y}_i - \overline{Y}_i^o \tag{4.25}$$

por exemplo, variação de entalpia parcial molar de dissolução do cromo em solução ferro-cromo (30% atômico) a 1500 K e 1 atm,

$$\Delta\overline{H}_{Cr} = \overline{H}_{Cr} - H_{Cr}^{o,s} = 11486 \text{ J/mol.}$$

Parte considerável dos dados relativos às soluções metalúrgicas é apresentada na forma de variação relativa à referência Raoultiana. Entretanto, a adoção dessa referência não é norma, de modo que se faz necessário especificar com clareza o estado inicial.

A Tabela 4.2 e a Figura 4.5 apresentam, a título de exemplo, o caso da solução líquida ferro-carbono, a 1873 K. Note-se que as referências são carbono puro e sólido e ferro puro e líquido, isto é, os estados mais estáveis a 1 atm e 1873 K. Então, as variações de grandezas parciais molares são dadas por:

$\Delta\overline{Y}_{Fe} = \overline{Y}_{Fe}$ (grandeza parcial molar do ferro dissolvido na solução) – $Y_{Fe}^{o,l}$ (grandeza molar do ferro puro e líquido) (4.26)

$\Delta\overline{Y}_C = \overline{Y}_C$ (grandeza parcial molar do carbono dissolvido na solução) – $Y_C^{o,s}$ (grandeza molar do carbono puro e sólido) (4.27)

O valor limite de $\Delta\overline{H}_i$, quando X_i tende a zero, é denominado variação de entalpia (ou calor, uma vez que a pressão é constante) de dissolução a diluição infinita; essa quantidade é sempre finita e, no caso do carbono, nesta solução vale 22692 J/mol. Por sua vez, o valor limite de $\Delta\overline{G}_i$, quando X_i tende a zero, é sempre (por motivos que ficarão claros nas seções seguintes) igual a $-\infty$. Como o sinal de ΔG define se o processo é espontâneo ou não, esse achado tem implicações práticas: pode-se, por exemplo, afirmar que a introdução das primeiras quantidades de um componente A em outro componente, B puro, é sempre acompanhada por diminuição de Energia Livre de Gibbs; portanto, esse processo é espontâneo, o que exclui a possibilidade de se encontrar solubilidade nula (embora em alguns casos a solubilidade possa ser tomada como desprezível).

Observe-se que, para uma dada composição,

$$\Delta\overline{G}_i = \Delta\overline{H}_i - T\,\Delta\overline{S}_i \tag{4.28}$$

o que permite determinar a variação de entropia parcial molar de dissolução, do ferro ou do carbono;

$$\Delta G = \Delta H - T\Delta S \tag{4.29}$$

o que permite encontrar o valor da variação de entropia de formação da solução:

$$\Delta G = X_{Fe}\ \Delta\overline{G}_{Fe} + X_C\ \Delta\overline{G}_C \tag{4.30}$$

$$\Delta H = X_{Fe}\ \Delta\overline{H}_{Fe} + X_C\ \Delta\overline{H}_C \tag{4.31}$$

o que ilustra que nem todas as colunas são independentes umas das outras.

Tabela 4.2 – Valores de grandezas termodinâmicas, em J/mol, para soluções líquidas ferro-carbono: X Fe(l) + (1–X) C(s) = Fe-C (líquida), 1 atm e 1873 K

X_{Fe}	X_C	$\Delta\overline{G}_{Fe}$	$\Delta\overline{H}_{Fe}$	$\Delta\overline{G}_C$	$\Delta\overline{H}_C$	ΔG	ΔH
1	0	0	0	$-\infty$	22692	0	0
0,98	0,02	−343	−13	−67127	24019	−1679	469
0,96	0,04	−737	−54	−53723	25401	−2855	963
0,94	0,06	−1214	−134	−44690	26845	−3822	1486
0,92	0,08	−1758	−247	−37377	28348	−4609	2039
0,9	0,1	−2403	−402	−30939	29917	−5258	2629
0,88	0,12	−3127	−603	−25003	31558	−5752	3257
0,86	0,14	−3977	−862	−19348	33279	−6128	3918
0,84	0,16	−4944	−1180	−13851	35079	−6367	4621
0,82	0,18	−6057	−1566	−8431	36967	−6484	5371
0,8	0,2	−7330	−2030	−3001	38951	6463	6166
0,789	0,211	−8104	−2327	0	40081	−6396	6622

Fonte: Hultgreen (1973).

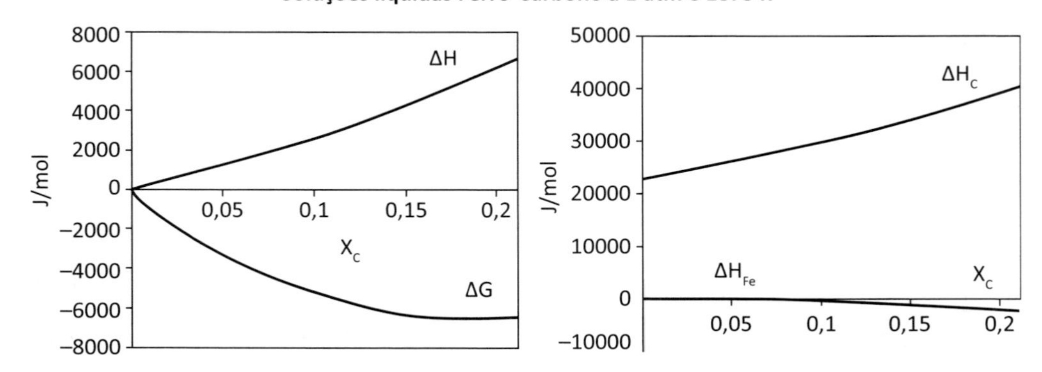

Figura 4.5 – Representação gráfica de dados da Tabela 4.2, sistema ferro-carbono.

Fonte: Hultgreen (1973).

4.6 MÉTODOS GRÁFICOS DE DETERMINAÇÃO DE $\overline{Y}_i$

O primeiro método utiliza a definição de grandeza parcial molar para justificar um procedimento experimental montado com o objetivo de determiná-la. Suponha que o objetivo seja a determinação de $\overline{Y}_A$. Mantendo fixa a temperatura, a pressão e as quantidades das outras espécies B, C..., mede-se experimentalmente como varia Y ou ΔY quando se adicionam quantidades crescentes de A. O resultado é uma curva de Y *versus* n_A ou ΔY *versus* n_A, sendo que a inclinação da tangente em um ponto dado é o valor de $\overline{Y}_A$ ou $\Delta\overline{Y}_A = \overline{Y}_A - \overline{Y}_A^o$ para a composição em particular (Figura 4.6).

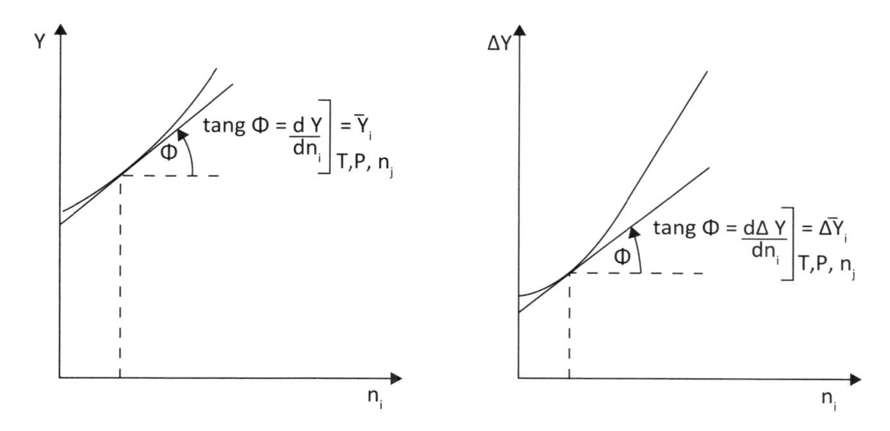

Figura 4.6 – Determinação experimental de grandeza parcial molar.

Através do segundo método pretende-se determinar a grandeza parcial molar a partir de valores conhecidos da grandeza integral molar; a técnica dá origem ao Método das Tangentes ou Método dos Interceptos (Figura 4.7). Pode-se supor que, através de medidas experimentais, seja possível construir um gráfico que represente a variação de Y com a fração molar. Pode-se provar que os interceptos da tangente à curva para uma concentração genérica X_A, com as verticais a $X_A = 1$ e $X_B = 1$, são, respectivamente, $\overline{Y}_A$ e $\overline{Y}_B$.

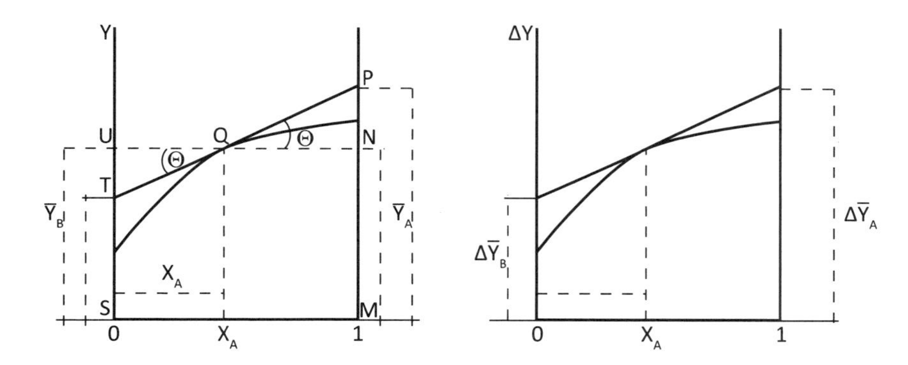

Figura 4.7 – Ilustração gráfica do Método das Tangentes.

Por exemplo, a T e P constantes e para 1 mol de solução tem-se:

$$dY = \overline{Y}_A \, dX_A + \overline{Y}_B \, dX_B = -\left(\overline{Y}_A - \overline{Y}_B\right) dX_B \tag{4.32}$$

$$\frac{dY}{dX_B} = -\left(\overline{Y}_A - \overline{Y}_B\right) \tag{4.33}$$

$$-X_A \frac{dY}{dX_B} = X_A\left(\overline{Y}_A - \overline{Y}_B\right) = X_A \, \overline{Y}_A - \left(1 - X_B\right)\overline{Y}_B = X_A \, \overline{Y}_A + X_B \, \overline{Y}_B - \overline{Y}_B \tag{4.34}$$

ou, já que:

$$Y = X_A \; \overline{Y}_A + X_B \; \overline{Y}_B \tag{4.35}$$

resulta:

$$\overline{Y}_B = Y + X_A \frac{dY}{dX_B} \tag{4.36}$$

e

$$\overline{Y}_A = Y + X_B \frac{dY}{dX_A} \tag{4.37}$$

e, analogamente,

$$\Delta\overline{Y}_B = \Delta Y + X_A \frac{d\Delta Y}{dX_B} \tag{4.38}$$

e

$$\Delta\overline{Y}_A = \Delta Y + X_B \frac{d\Delta Y}{dX_A} \tag{4.39}$$

Agora, nota-se facilmente da Figura 4.7 que $\overline{MP} = \overline{MN} + \overline{NP}$ e, então, como $\overline{MN} = Y$ e $\overline{NQ} = 1 - X_A$, além do que $tang\,\theta = dY / dX_A$, vem:

$$\overline{MP} = Y + \left(1 - X_A\right)\frac{dY}{dX_A} = Y + X_B \frac{dY}{dX_A} \tag{4.40}$$

$$\overline{MP} = \overline{Y}_A \tag{4.41}$$

De modo semelhante, $\overline{ST} = \overline{SU} - \overline{TU}$ e, sendo $\overline{SU} = Y$ e $\overline{UQ} = X_A$, além do que $tang\,\theta = dY / dX_A$, resulta:

$$\overline{ST} = Y - X_A \frac{dY}{dX_A} = Y + X_A \frac{dY}{dX_B} \tag{4.42}$$

$$\overline{ST} = \overline{Y}_B \tag{4.43}$$

O mesmo é válido para ΔY. Como a Figura 4.7 indica, os interceptos são:

$$\Delta \overline{Y}_i = \overline{Y}_i - \overline{Y}_i^o \tag{4.44}$$

EXEMPLO 4.1

Construa, com os dados (J/mol) da tabela a seguir, curvas de variação de energia livre e de variação de entalpia de formação das soluções ferro-carbono. Utilize o Método das Tangentes para encontrar a variação de energia livre e a variação de entalpia parciais molares do ferro, na solução tal que $X_{Fe} = 0,9$.

Variações de energia livre e entalpia no sistema ferro-carbono, líquidas 1873 K.

X_{Fe}	1	0,98	0,96	0,94	0,92	0,9	0,88	0,86	0,84	0,82	0,8	0,789
ΔG	*0*	−1679	−2855	−3822	−4609	−5258	−5752	−6128	−6367	−6484	−6463	−6396
ΔH	*0*	469	963	1486	2039	2629	3257	3918	4621	5371	6166	6622

Fonte: Hultgreen (1973).

Ilustra-se o cálculo da variação de energia livre parcial molar do ferro pelo Método das Tangentes. O cálculo da variação de entalpia de dissolução seria análogo.

A equação básica do método, aplicada à variação de energia livre, seria

$$\Delta\overline{G}_{Fe} = \Delta G + X_C \frac{d\Delta G}{dX_{Fe}}$$

Então, para $X_{Fe} = 09$, *tem-se* $\Delta G = -5258 J/mol$ *e pode-se estimar como* $\frac{d\Delta G}{dX_{Fe}}$, *por exemplo,* $\frac{-5752 + 5258}{0,88 - 0,90} = 24700$ *J/mol. Portanto, uma estimativa de* $\Delta\overline{G}_{Fe}$ *seria:*

$$\Delta\overline{G}_{Fe} = -5258 + 0,1 \times 24700 = -2788 \text{ J/mol.}$$

EXEMPLO 4.1 (*continuação*)

A figura a seguir apresenta um gráfico do tipo ΔG versus X_{Fe}. *Esses dados podem ser reproduzidos por uma equação de regressão do tipo:*

$$\Delta G = -461347\, X_C^3 + 346750\, X_C^2 - 83175\, X_C$$

com r_2 *próximo de 0,9992. Daí se retira:*

$$\frac{d\Delta G}{dX_{Fe}} = 1384041 X_C^2 - 693500 X_C + 83175$$

que alcança valor de:

$$\frac{d\Delta G}{dX_{Fe}} = 27\,650{,}54\ J/mol\ (para\ X_C = 0{,}1)$$

O valor da declividade no ponto de interesse mostra-se ligeiramente diferente da estimativa numérica anterior. Então, por meio dessa estimativa, encontra-se:

$$\Delta \overline{G}_{Fe} = -5258 + 0{,}1 \times 27650{,}54 = -2493\ J/mol.$$

Finalmente, a tangente à curva de ΔG *no ponto* $X_C = 0{,}1$ *pode, através de seu intercepto no eixo vertical a* $X_{Fe} = 1$*, ser utilizada para se determinar o valor de* $\Delta \overline{G}_{Fe}$*; note-se a figura a seguir.*

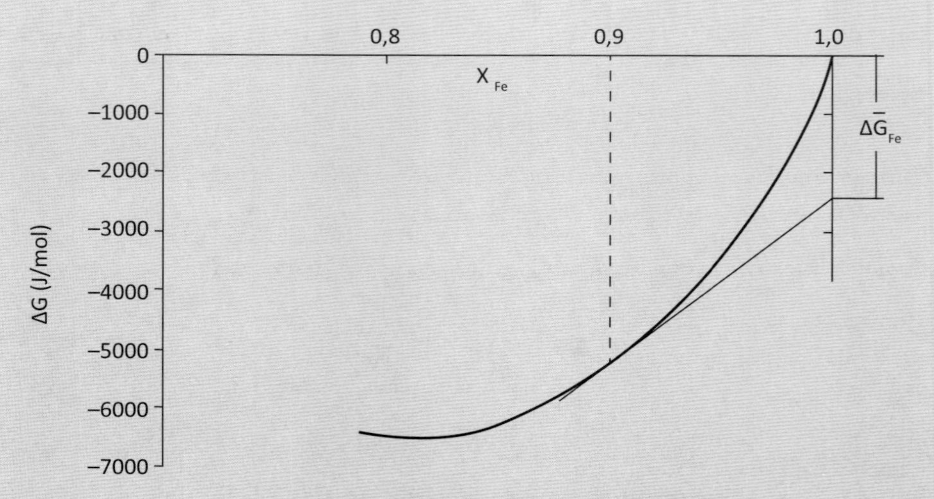

Curva de variação de energia livre de formação de soluções ferro-carbono.

Fonte: Hultgreen (1973).

EXEMPLO 4.2

Determinou-se, experimentalmente, que a variação de entalpia de formação de uma solução seria dada pela expressão $\Delta H = \Omega X_A X_B$ *J/mol. Encontre a expressão que fornece a variação de entalpia parcial molar de dissolução do componente A, nessa solução.*

Então, se $\Delta H = \Omega X_A X_B$, *isto é,* $\Delta H = \Omega X_A (1 - X_A)$, *vem* $\Delta H = \Omega X_A - \Omega X_A^2$, *expressão que fornece:*

$$\frac{d\Delta H}{dX_A} = \Omega(1 - 2X_A)$$

Como

$$\Delta \bar{H}_A = \Delta H + X_B \frac{d\Delta H}{dX_A}$$

as expressões anteriores resultam em:

$$\Delta \bar{H}_A = \Omega X_A X_B + X_B \Omega(1 - 2X_A) = \Omega X_B^2$$

■

EXEMPLO 4.3

Os dados seguintes (J/mol) se referem à formação de soluções líquidas ouro-alumínio, a 1 atm e 1338 K, de acordo com x Al(l) + (1–x) Au(l) = soluções líquidas (Hultgreen, 1973). Estime a variação de entalpia parcial molar de dissolução do alumínio, em solução tal que $X_{Au} = 0,65$:

X_{Au}	0	0,1	0,2	0,3	0,4	0,5	0,6	0,7	0,8	0,9	1,0
ΔH		−7723	−16196	−24259	−30407	−33781	−33655	−29917	−22646	−12206	0
ΔH_{Al}						−25313	−45368	−68529	−94532		−128611

A solução pode vir de uma aproximação numérica, empregando a expressão:

$$\Delta H_{Al} = \Delta H + X_{Au} \frac{d\Delta H}{dX_{Al}}$$

Nesse caso, tem-se que:

$$\Delta H = \frac{-33655 - 29917}{2} = -31786,4 \ J/mol$$

$$X_{Au} = 0,65$$

EXEMPLO 4.3 (*continuação*)

$$\frac{d\Delta H}{dX_{Al}} = \frac{-29917+33655}{0,3-0,4} = -37381 \text{ J/mol}$$

Isso resulta em:

$$\Delta H_{Al} = \Delta H + X_{Au}\frac{d\Delta H}{dX_{Al}} = -31,786,4+0,65 \text{ x}(-37381) = -56084 \text{ J/mol}$$

O valor tabelado é da ordem de (−45368−68529)/2 = −56950 J/mol

Alternativamente, pode ser traçada a tangente à curva de variação de entalpia, no ponto X_{Au} = 0,65. O intercepto dessa tangente na vertical correspondente a 100% de alumínio, figura a seguir, fornece a mesma grandeza.

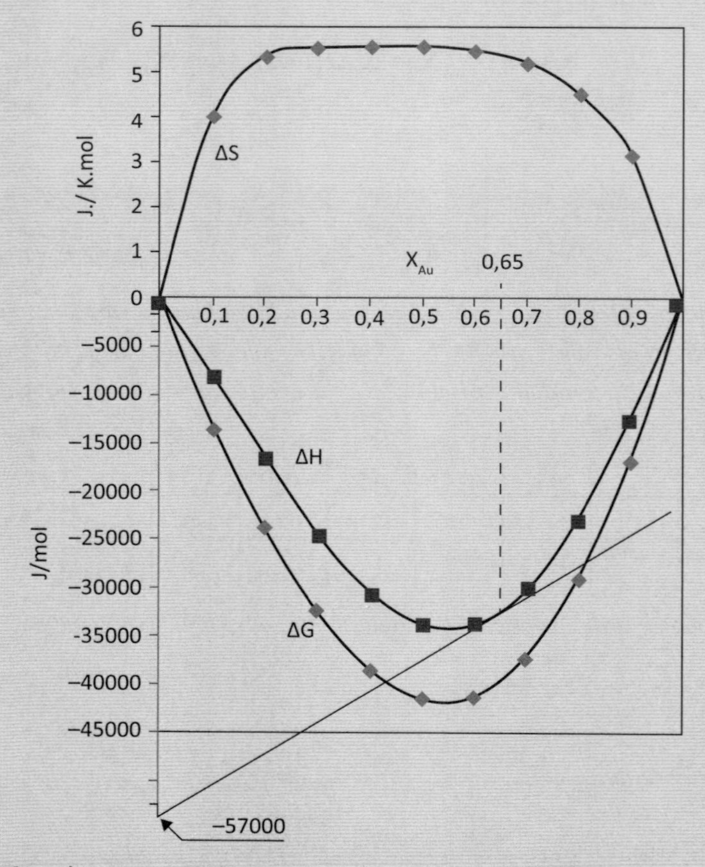

Curvas de entropia, energia livre e entalpia de formação de soluções líquidas Al-Au a 1338 K.

Fonte: Hultgreen (1973).

EXEMPLO 4.4

5 kg de silício (puro, sólido, a 25 °C) são adicionados 1000 kg de ferro (puro, líquido, a 1600 °C). Determine: número de mols, fração molar de cada metal, ΔH de formação da solução. Esquematize um balanço de energia, desprezando as perdas térmicas, e encontre a temperatura final. Considere os dados da figura a seguir e ainda:

$$(H_T - H_{298})(Si, liq) = 25{,}54\,T + 43534\ (J/mol)$$

$$(H_T - H_{298})(Fe, liq) = 40{,}90\,T + 0{,}00084\,T^2 - 2805\ (J/mol)$$

De acordo com os dados fornecidos, o sistema compreende 5000/28 = 178 mols de silício e $10^6/56 = 17857$ mols de ferro, o que corresponde a $X_{Fe} = 0{,}99$ e $X_{Si} = 0{,}01$. A leitura direta do gráfico fornece $\Delta\overline{H}_{Fe} = 0$ e $\Delta\overline{H}_{Si} = -131440$ J/mol. Daí, por cada mol de solução líquida ferro-silício, formada a partir do processo:

$$x\ Si(l) + (1\text{-}x)\ Fe(l) \Rightarrow \text{solução Fe-Si, tem-se } \Delta H = X_{Fe}\,\Delta\overline{H}_{Fe} + X_{Si}\,\Delta\overline{H}_{Si}$$

e, nesse caso, $\Delta H = 0{,}99 \times 0 + 0{,}01\,(-131440) = -1314$ J/mol.

EXEMPLO 4.4 (*continuação*)

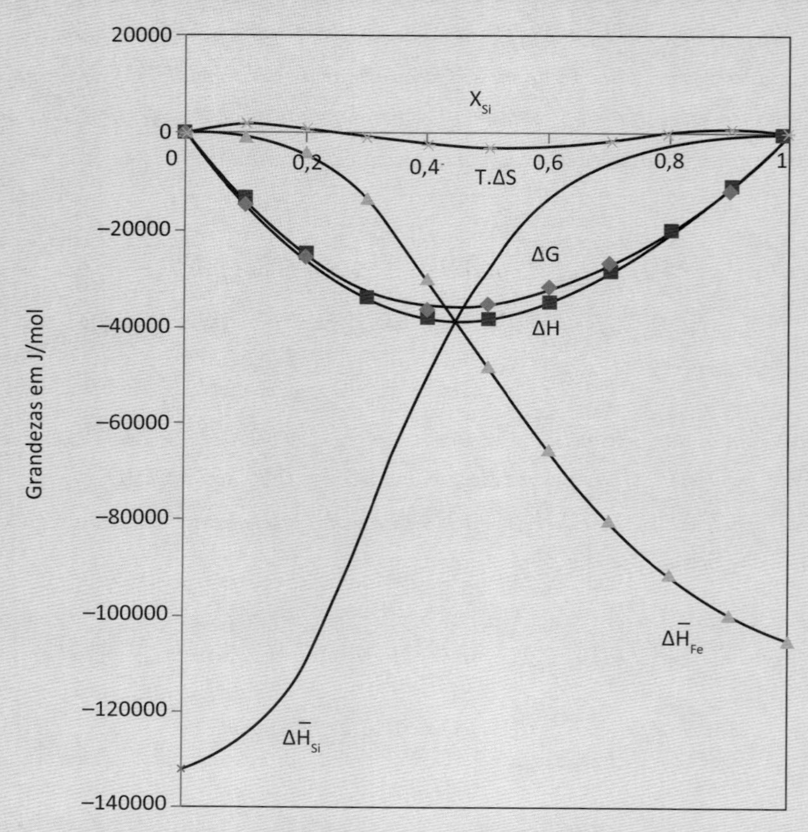

Curvas de Energia Livre de Gibbs, entropia e termoentropia (TΔS) de formação de ligas binárias Fe-Si a 1600 °C, em função de X_{Si}.

Fonte: Hultgreen (1973).

O processo imaginário poderia ser como o descrito na figura a seguir.

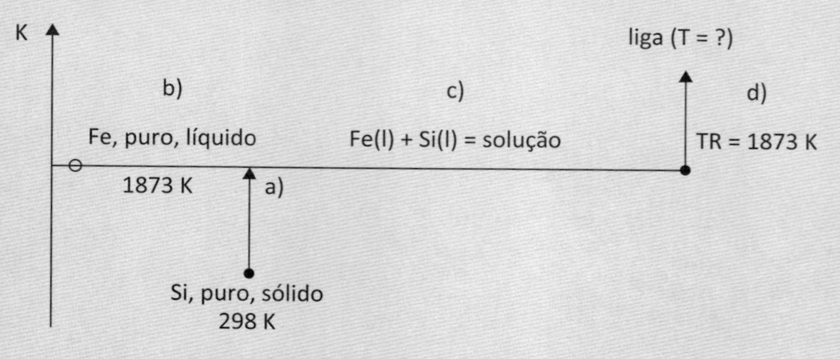

Caminho imaginário para adição de silício a ferro líquido.

EXEMPLO 4.4 (*continuação*)

Nota-se que a etapa a) representa a saída de energia, pois o silício sólido precisa ser aquecido, fundido e levado até 1873 K; essa transformação retira energia do volume de controle. A etapa b), por escolha conveniente de temperatura de referência, é irrelevante do ponto de vista energético. A etapa c) é exotérmica e, portanto, deve ser classificada como Entrada de energia no volume controle. Assumindo que desse processo resulte uma liga a temperatura superior à de referência, a etapa d) deveria ser classificada como Saída de energia do volume de controle; mas, pode resultar o contrário, o que seria automaticamente revelado pelos cálculos resumidos na tabela que se segue.

Balanço térmico para adição de silício ao ferro.

Entradas (J) TR = 1873 K	Saídas
Formação da solução Fe-Si	Calor de aquecimento
$n_T\|\Delta H\| = (178+17857) \times 1314$	Silício: $n_{Si}\left[H_{Si,1873K} - H_{Si,298K}\right]$ 178 x [25,53 x 1873 + 43534]
	Liga (por aproximação considera-se o ferro) $n_{Fe}\int_{1873\,K}^{T} C_p^{Fe} dT = 17857 \times 40{,}90 \times (T-1873)$

Igualando entradas e saídas, encontra-se: T = 1883 K.

■

4.7 EQUAÇÃO DE GIBBS-DUHEM

Mantidas constantes a temperatura e a pressão, pode-se escrever:

$$dY' = \sum \overline{Y}_i\, dn_i \tag{4.45}$$

Agora, diferenciando $Y' = \sum n_i\, \overline{Y}_i$, vem:

$$dY' = \sum n_i\, d\overline{Y}_i + \sum \overline{Y}_i\, dn_i \tag{4.46}$$

ou

$$\sum n_i\, d\overline{Y}_i = 0 \tag{4.47}$$

ou, para um mol de solução,

$$\sum X_i \, d\bar{Y}_i = 0 \tag{4.48}$$

As equações anteriores (4.47 e 4.48) implicam que as alterações das quantidades parciais molares das várias espécies que compõem o sistema, oriundas de modificação da composição a temperatura e pressão constantes, não são independentes, estando relacionadas por uma condição de vínculo. As equações citadas são a expressão da equação de Gibbs-Duhem.

A equação de Gibbs-Duhem é comumente utilizada para se determinar o valor da grandeza parcial de um componente, quando se conhece como os valores das grandezas parciais molares dos outros componentes dependem da composição.

EXEMPLO 4.5

Considere os dados da tabela a seguir, referente à formação de ligas líquidas ferro-carbono a 1873 K. São apresentadas variações de entalpia parcial molar de dissolução do ferro e do carbono, em J/mol. As referências utilizadas são ferro puro e líquido e carbono puro e sólido. Note-se que vários valores correspondentes ao carbono foram omitidos. Utilize a equação de Gibbs-Duhem e encontre a variação de entalpia parcial molar de dissolução de carbono na solução tal que $X_{Fe} = 0,8$.

Variação de entalpia molar de carbono no sistema ferro-carbono

X_{Fe}	1	0,98	0,96	0,94	0,92	0,9	0,88	0,86	0,84	0,82	0,8	0,789
X_{Fe} / X_C			24	15,66	11,5	9	7,33	6,14	5,25	4,55	4	
$\Delta\bar{H}_{Fe}$	0	−13	−54	−134	−247	−402	−603	−862	−1180	−1566	−2030	−2327
$\Delta\bar{H}_C$			25401									

Fonte: Hultgreen (1973).

Nesse caso, a equação é escrita como:

$$\sum X_i \, d\Delta\bar{Y}_i = 0$$

EXEMPLO 4.5 (*continuação*)

ou

$$X_C \, d\Delta\bar{H}_C + X_{Fe} \, d\Delta\bar{H}_{Fe} = 0$$

ou, ainda,

$$\int d\Delta\bar{H}_C = -\int \frac{X_{Fe}}{X_C} d\Delta\bar{H}_{Fe} + constante$$

A integração dessa expressão requer estabelecer limites de integração, os quais, por conveniência, escolhe-se:

$$X_{Fe} = 0{,}96;\; X_C = 0{,}04;\; \Delta\bar{H}_C = 25401 \; e \; X_{Fe} = 0{,}8$$

e também conhecer a variação de $\Delta\bar{H}_{Fe}$ *com a composição. A figura a seguir é uma representação gráfica dessa integração, mas o mesmo resultado pode ser alcançado por integração numérica,*

$$\Delta\bar{H}_C\left(X_{Fe} = 0{,}8\right) - \Delta\bar{H}_C\left(X_{Fe} = 0{,}96\right) = -\int_{X_{Fe}=0{,}96}^{X_{Fe}=0{,}80} \frac{X_{Fe}}{X_C} d\Delta\bar{H}_{Fe}$$

$$\Delta\bar{H}_C(X_{Fe} = 0{,}8) - 25401 = -\left\{\begin{array}{l} \frac{15{,}66+24}{2}(-134+54) + \frac{11{,}5+15{,}66}{2}(-247+134) \\ + \frac{9+11{,}5}{2}(-402+247) + \frac{7{,}33+9}{2}(-603+402) \\ + \frac{6{,}14+7{,}33}{2}(-826+603) + \frac{5{,}25+6{,}14}{2}(-1180+862) + \\ \frac{4{,}55+5{,}25}{2}(-1566+1180) + \frac{4+4{,}55}{2}(-2030+1566) \end{array}\right\}$$

EXEMPLO 4.5 (*continuação*)

$$\Delta\overline{H}_C\left(X_{Fe}=0,8\right)=25401+13773,24=39174,24\ J/mol$$

A título de comparação, o valor tabelado para essa variável é 38951 J/mol.

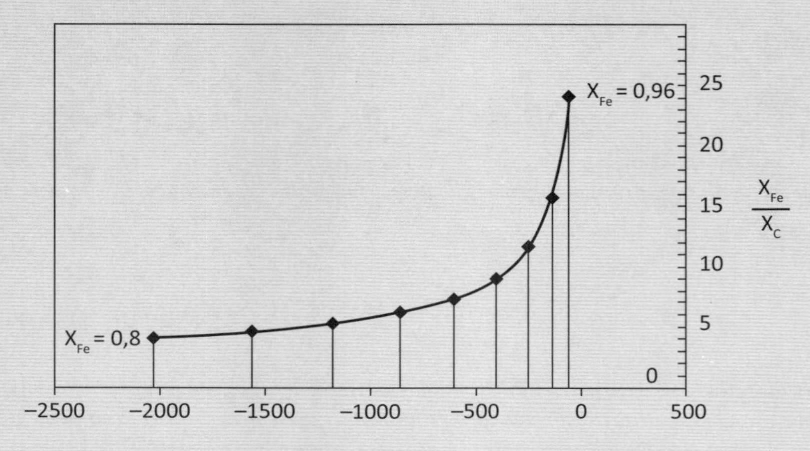

Relação X_{Fe} / X_C com a entalpia parcial molar do ferro na solução Fe-C a 1600 °C.

■

EXEMPLO 4.6

As variações de volume de formação (Referência Raoultiana) das soluções zinco-estanho – cm³.mol⁻¹ – líquidas, a 420 °C, são dadas na tabela que se segue. Desses dados, calcule o volume parcial molar de dissolução do estanho em uma solução contendo 30% (% atômica) de zinco.

Variação de volume no sistema Zn-Sn

X_{Zn}	0,10	0,20	0,3	0,4	0,5	0,6	0,7	0,8	0,9
ΔV	0,0539	0,0964	0,1274	0,1542	0,1763	0,1888	0,1779	0,1441	0,0890

Os valores procurados, para fração molar de zinco igual a 0,3, estão identificados na figura que se segue, de acordo com o Método das Tangentes.

EXEMPLO 4.6 (*continuação*)

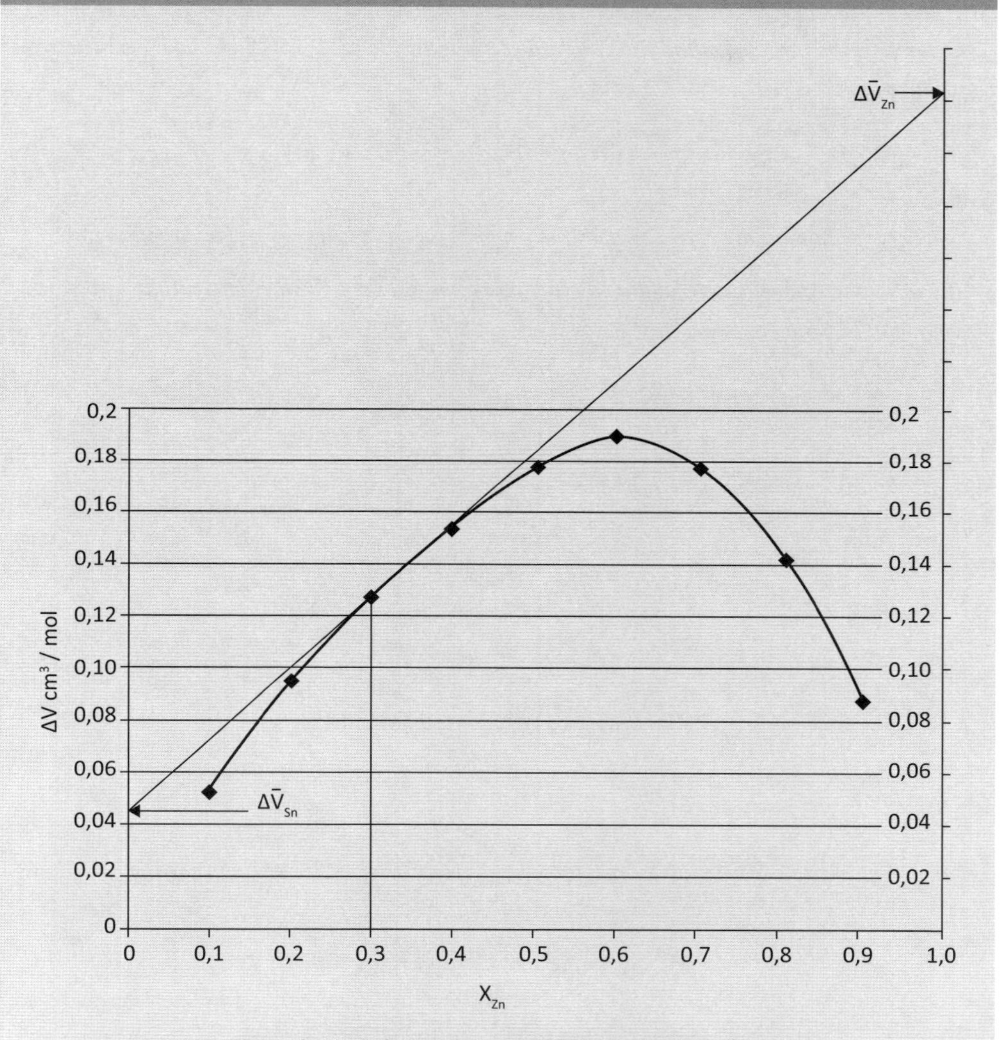

Aplicação do Método das Tangentes para determinação de volume parcial.

■

EXEMPLO 4.7

O comportamento termodinâmico do latão α (solução sólida) a 298 °C pode ser descrito pelas relações:

$$\Delta\bar{H}_{Zn} = -22395\,X_{Cu}^2 - 11846\,X_{Cu}\,J/mol \text{ e } \Delta\bar{S}_{Zn} = -15,49\log X_{Zn}\,J/mol.K$$

Encontre uma relação entre a composição e a energia livre integral molar da solução.

Inicialmente pode ser utilizada a equação de Gibbs-Duhem para se determinar os valores correspondentes ao cobre,

$$d\,\Delta\bar{Y}_{Cu} = -\frac{X_{Zn}}{X_{Cu}}\,d\,\Delta\bar{Y}_{Zn}$$

Então, para a variação de entalpia, escreve-se:

$$d\,\Delta\bar{H}_{Cu} = -\frac{X_{Zn}}{X_{Cu}}\,d\,\Delta\bar{H}_{Zn}$$

Onde:

$$d\,\Delta\bar{H}_{Zn} = -\left(44790\,X_{Cu} + 11846\right)dX_{Cu}$$

o que implica:

$$d\,\Delta\bar{H}_{Cu} = \frac{X_{Zn}}{X_{Cu}}\left(44790\,X_{Cu} + 11846\right)dX_{Cu} = \frac{1 - X_{Cu}}{X_{Cu}}\left(44790\,X_{Cu} + 11846\right)dX_{Cu}$$

$$d\,\Delta\bar{H}_{Cu} = \left\{32944 + \frac{11846}{X_{Cu}} - 44790\,X_{Cu}\right\}dX_{Cu}$$

expressão a ser integrada com limite inferior $\Delta\bar{H}_{Cu} = 0$, *para* $X_{Cu} = 1$.

Finalmente, tem-se:

$$\Delta\bar{H}_{Cu} = \left\{32944\,X_{Cu} + 11846\ln X_{Cu} - 22395\,X_{Cu}^2 + 10549\right\}J/mol$$

De modo análogo, sendo:

$$\Delta\bar{S}_{Zn} = -15,49\log X_{Zn} = -6,73\ln X_{Zn},$$

EXEMPLO 4.7 (*continuação*)

vem:

$$d\,\Delta\overline{S}_{Zn} = -6,73\frac{d\,X_{Zn}}{X_{Zn}}$$

e então:

$$d\,\Delta\overline{S}_{Cu} = -\frac{X_{Zn}}{X_{Cu}}d\,\Delta\overline{S}_{Zn} = -\frac{X_{Zn}}{X_{Cu}}\left(-6,73\frac{d\,X_{Zn}}{X_{Zn}}\right) = -6,73\frac{d\,X_{Cu}}{X_{Cu}}$$

a ser integrada com o limite inferior, $\Delta\overline{S}_{Cu} = 0$, *para* $X_{Cu} = 1$.

Resulta:

$$\Delta\overline{S}_{Cu} = -6,73\ln X_{Cu} = J/mol.K$$

De posse dessas expressões, escreve-se:

$$\Delta H = X_{Cu}\Delta\overline{H}_{Cu} + X_{Zn}\Delta\overline{H}_{Zn}$$

$$\Delta H = X_{Cu}\left\{32944X_{Cu} + 11846\ln X_{Cu} - 22395X_{Cu}^2 + 10549\right\} + X_{Zn}\left\{-22395X_{Cu}^2 - 11846X_{Cu}\right\}$$

$$\Delta S = X_{Cu}\Delta\overline{S}_{Cu} + X_{Zn}\Delta\overline{S}_{Zn}$$

$$\Delta S = X_{Cu}\left\{-6,73\ln X_{Cu}\right\} + X_{Zn}\left\{-6,73\ln X_{Zn}\right\}$$

E, finalmente, como solicitado, $\Delta G = \Delta H - 298\,\Delta S$ *J/mol.* ■

4.8 EQUAÇÃO DE GIBBS-MARGULLES

A equação de Gibbs-Margulles permite determinar o valor da grandeza extensiva, quando se conhece a grandeza parcial molar de um dos componentes de uma solução binária. Por exemplo:

$$\overline{Y}_A = Y + X_B \frac{dY}{dX_A} \tag{4.49}$$

$$\overline{Y}_A \, dX_A = Y \, dX_A + X_B \, dY = -Y \, dX_B + X_B \, dY \tag{4.50}$$

$$\frac{\overline{Y}_A \, dX_A}{X_B^2} = -\frac{Y \, dX_B}{X_B^2} + \frac{dY}{X_B} = d\left[\frac{Y}{X_B}\right] \tag{4.51}$$

$$\frac{\overline{Y}_A \, dX_A}{X_B^2} = d\left[\frac{Y}{X_B}\right] \tag{4.52}$$

e, de modo análogo, para variações de grandezas:

$$\frac{\Delta\overline{Y}_A \, dX_A}{X_B^2} = d\left[\frac{\Delta Y}{X_B}\right] \tag{4.53}$$

Para a integração dessas equações, definem-se limites de integração os mais convenientes. Estes podem incluir um valor específico de composição ou um valor extremo (uma vez que, para referência Raoultiana, o valor de variação de grandeza integral se anula nos extremos).

Então (componentes A e B são intercambiáveis nessa formulação),

$$\int_{X_A^*;Y^*}^{X_A;Y} d\left[\frac{Y}{X_A}\right] = \int_{X_A^*;Y^*}^{X_A;Y} \frac{\overline{Y}_B \, dX_B}{X_A^2} \tag{4.54}$$

e

$$\int_{X_A^*;\Delta Y^*}^{X_A;\Delta Y} d\left[\frac{\Delta Y}{X_A}\right] = \int_{X_A^*;\Delta Y^*}^{X_A;\Delta Y} \frac{\Delta\overline{Y}_B dX_B}{X_A^2} \tag{4.55}$$

e, se a expressão em termos de variações for escrita tomando-se referência Raoultiana, tem-se:

$$\Delta Y = 0 \; para \; X_B^* = 1 \tag{4.56}$$

$$\Delta Y = 0 \; para \; X_A^* = 1 \tag{4.57}$$

e, logo:

$$\frac{\Delta Y}{X_A} = \int_{X_A^*=1}^{X_A} \frac{\Delta \overline{Y}_B dX_B}{X_A^2} \tag{4.58}$$

e

$$\frac{\Delta Y}{X_B} = \int_{X_B^*=1}^{X_A} \frac{\Delta \overline{Y}_A dX_A}{X_B^2} \tag{4.59}$$

EXEMPLO 4.8

Os dados (em J/mol) da tabela são pertinentes à formação da solução líquida ferro-carbono, a partir de ferro puro e líquido e carbono puro e sólido, a 1873 K.

Dados para integração via Gibbs-Margulles

X_{Fe}	1	0,98	0,96	0,94	0,92	0,9	0,88	0,86	0,84	0,82	0,8	0,789
X_C	0	0,02	0,04	0,06	0,08	0,1	0,12	0,14	0,16	0,18	0,2	0,211
$\Delta\overline{H}_C$	22692	24019	25401	26845	28348	29917	31558	33279	35079	36967	38951	40081
$\Delta\overline{H}_C / X_{Fe}^2$	22692	25011	27561	30382	33492	36933	40751	44995	49713	54979	60860	64385

Fonte: Hultgreen (1973).

Pode-se escrever a equação de Gibbs-Margulles, neste caso, como:

$$\frac{\Delta H}{X_{Fe}} = \int_{X_{Fe}=1}^{X_{Fe}} \frac{\Delta \overline{H}_C}{X_{Fe}^2} dX_C$$

EXEMPLO 4.8 (*continuação*)

o que permitiria encontrar valores de entalpia integral de formação das soluções citadas. A figura a seguir é a expressão gráfica dessa integração, considerando como limite superior a solução tal que $X_{Fe} = 0{,}80$, *isto é,*

$$\Delta H = 0{,}8 \int_{X_{Fe}=1}^{X_{Fe}=0{,}8} \frac{\Delta \overline{H}_C}{X_{Fe}^2} dX_C$$

Em termos de aproximação numérica, essa integral pode ser estimada a partir da Regra de Simpson,

$$\Delta H = 0{,}8 \times \{0{,}5 \times 22692 + 25011 + 27561 + 30382 + 33492 + 36933 + 40751 + 44955 + 49713 + 54979 + 0{,}5 \times 60860\} \times 0{,}02 = 6169,$$

valor que pode ser comparado ao dado de tabela, 6166 J/mol.

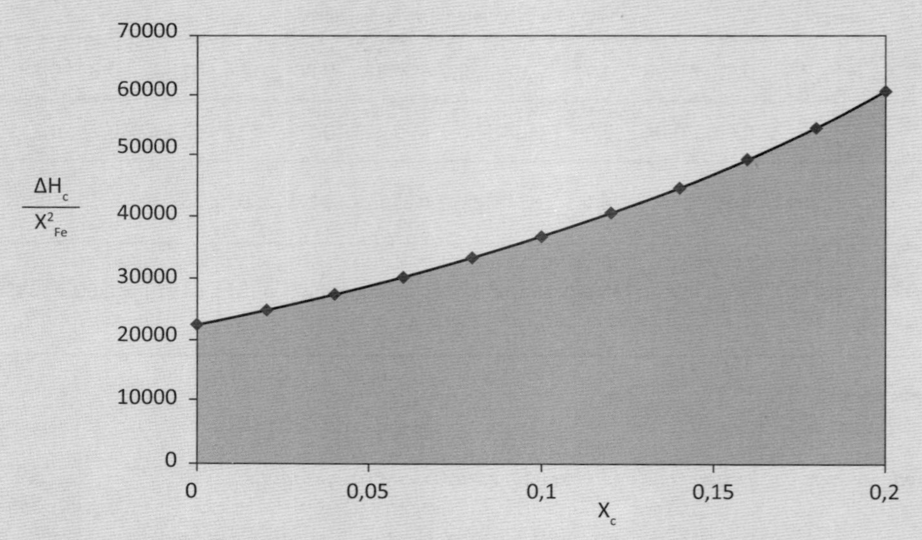

Relação $\Delta \overline{H}_C / X_{Fe}^2$ em função da composição de carbono X_C na liga binária Fe-C, a 1600 °C.

4.9 POTENCIAL QUÍMICO

O potencial químico é a grandeza parcial molar correspondente à **Energia Livre de Gibbs**, isto é, por definição:

$$\overline{G}_i = \mu_i = \left[\frac{\partial G'}{\partial n_i}\right]_{T,P,n_j} \tag{4.60}$$

$$dG' = -S'dT + V'dP + \sum \mu_i \, dn_i \tag{4.61}$$

Representa, portanto, a taxa de variação da **Energia Livre de Gibbs** com o número de mols da espécie i, mantidos constantes a pressão, temperatura e número de mols das outras espécies, ou, como já visto, a variação em G' provocada pela adição de um mol de i a uma grande quantidade de solução.

Como:

$$E' = G' + TS' - PV' \tag{4.62}$$

$$H' = G' + TS' \tag{4.63}$$

$$A' = G' - PV' \tag{4.64}$$

E, portanto:

$$dE' = dG' + T\,dS' + S'dT - PdV' - V'dP \tag{4.65}$$

$$dH' = dG' + T\,dS' + S'dT \tag{4.66}$$

$$dA' = dG' - PdV' - V'dP \tag{4.67}$$

Vem:

$$dE' = T\,dS' - PdV' + \sum \mu_i \, dn_i \tag{4.68}$$

$$dH' = T\,dS' + V'dP + \sum \mu_i \, dn_i \tag{4.69}$$

$$dA' = -S'dT - PdV' + \sum \mu_i dn_i \tag{4.70}$$

isto é,

$$\mu_i = \left[\frac{\partial G'}{\partial n_i}\right]_{T,P,n_j} = \left[\frac{\partial E'}{\partial n_i}\right]_{S,V,n_j} = \left[\frac{\partial H'}{\partial n_i}\right]_{S,P,n_j} = \left[\frac{\partial A'}{\partial n_i}\right]_{T,V,n_j} \tag{4.71}$$

Onde: G', E', H' e A' representam, respectivamente, Energia Livre de Gibbs, energia interna, entalpia e energia livre de Helmholtz.

O valor de μ_i pode ser obtido por qualquer dos métodos descritos no item anterior, e tem especial participação nos estudos sobre espontaneidade e equilíbrio.

EXEMPLO 4.9

Dada a variação de energia livre (em J/mol) de formação das soluções líquidas ferro-carbono, a 1873 K, figura e tabela a seguir, a partir das referências ferro puro e líquido e carbono puro e sólido, determine o valor do potencial químico do carbono na solução, tal que $X_{Fe} = 0{,}85$. *Os potenciais de referência são* $\mu_C^{os} = -41017$ *J/mol e* $\mu_{Fe}^{ol} = -113890$ *J/mol, a 1 atm e 1873 K.*

Energia livre de formação de soluções ferro-carbono

X_C	0	0,02	0,04	0,06	0,08	0,1	0,12	0,14	0,16	0,18	0,2	0,211
ΔG	0	−1679	−2855	−3822	−4609	−5258	−5752	−6128	−6367	−6484	−6463	−6396

Fonte: Hultgreen (1973).

Para a composição $X_C = 0{,}15$, *uma estimativa do valor de energia livre de formação da solução seria:*

$$\Delta G = (-6128 - 6367)/2 = -6248 \text{ J/mol.}$$

Também pode-se estimar:

$$\frac{d\Delta G}{dX_C} = \frac{-6367 + 6128}{0{,}16 - 0{,}14} = -11930 \, J/mol$$

EXEMPLO 4.9 (*continuação*)

Dessa forma, de acordo com o Método das Tangentes tem-se:

$$\Delta\overline{G}_C = \Delta G + X_{Fe}\frac{d\Delta G}{dX_C} = -6248 + 0,85(-11930) = -16388,5\,J/mol$$

Dado que:

$$\Delta\overline{G}_C = \overline{G}_C - \overline{G}_C^{os} = -16388,5 \text{ e } \overline{G}_C^{os} = -41017\text{ J/mol,}$$

então $\overline{G}_C = -57405,5$ *J/mol.*

O mesmo resultado poderia ser obtido ao se traçar uma tangente à curva ΔG versus X_C *na composição citada (figura a seguir). Essa tangente seria estendida até a vertical em* $X_C = 1$ *para fins de determinação de* $\Delta\overline{G}_C$.

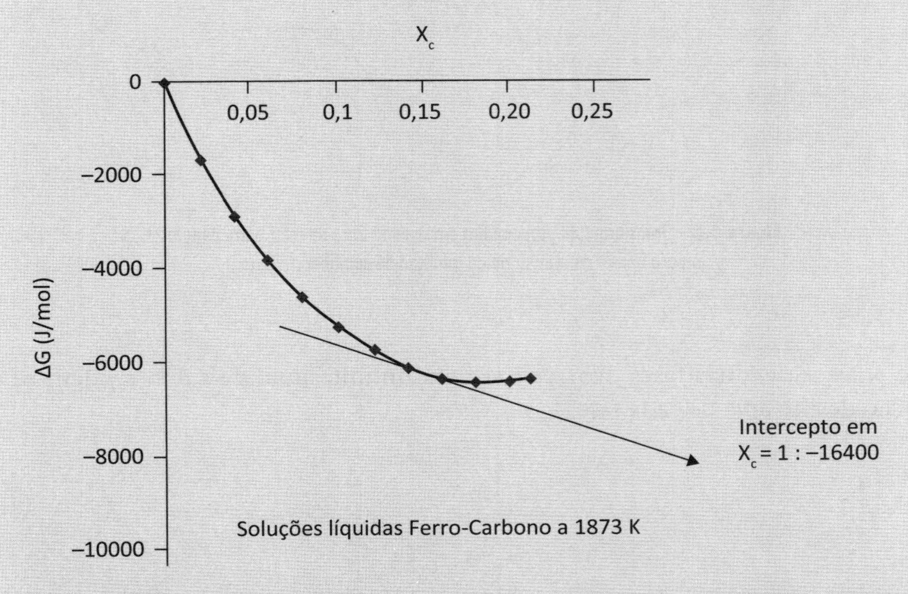

Variação de Energia Livre de Gibbs de formação da liga binária Fe-C em função da concentração de carbono a 1600 °C.

Fonte: Hultgreen (1973).

4.10 CONDIÇÕES GERAIS DE EQUILÍBRIO

Seja um sistema de várias fases α, β,..., γ, constituídas das espécies i = A, B, C,..., em equilíbrio. Para que o equilíbrio esteja caracterizado é preciso que as propriedades do sistema sejam invariantes. Como é necessário ainda que todas as fases estejam em equilíbrio entre si, basta determinar as condições de equilíbrio entre duas delas e estendê-las às demais.

4.10.1 EQUILÍBRIO TÉRMICO

Sejam as fases α e β em contato, sendo suas temperaturas T_α e T_β (Figura 4.8).

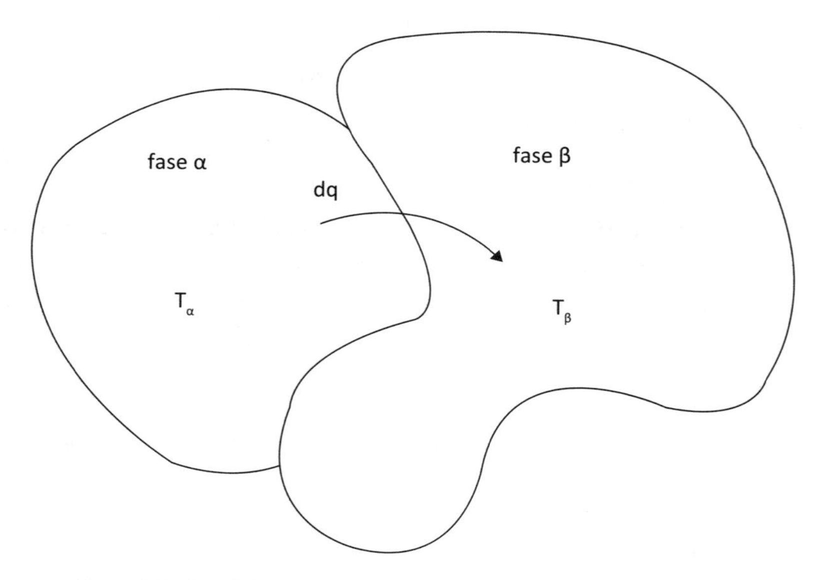

Figura 4.8 – Transformação esquemática envolvendo troca de calor entre duas fases, para fins de determinação da condição de equilíbrio térmico.

Se entre essas duas fases ocorrer um fluxo infinitesimal de calor, dq, tem-se por variação de entropia de cada fase:

$$dS'_\alpha = \frac{dq_\alpha}{T_\alpha} \tag{4.72}$$

e

$$dS'_\beta = \frac{dq_\beta}{T_\beta} \tag{4.73}$$

e já que

$$dq_{\alpha} = -dq_{\beta} \tag{4.74}$$

a condição de equilíbrio (considerando o sistema $\alpha - \beta$ isolado termicamente de suas vizinhanças e que a entropia atinge valor máximo em sistema isolado) implica:

$$dS'_{\alpha\,\beta} = dS'_{\alpha} + dS'_{\beta} = 0 \tag{4.75}$$

$$\frac{dq_{\alpha}}{T_{\alpha}} + \frac{dq_{\beta}}{T_{\beta}} = \frac{dq_{\alpha}}{T_{\alpha}} - \frac{dq_{\alpha}}{T_{\beta}} = dq_{\alpha}\left\{\frac{1}{T_{\alpha}} - \frac{1}{T_{\beta}}\right\} = 0 \tag{4.76}$$

então,

$$T_{\alpha} = T_{\beta} \tag{4.77}$$

condição que, estendida às possíveis demais fases, resulta:

$$T_{\alpha} = T_{\beta} = T_{\gamma} = \ldots = T \tag{4.78}$$

De modo geral, fazendo menção a um referencial triortogonal OX-OY-OZ, então, como condição de equilíbrio térmico, tem-se:

$$grad\,T = \left[\frac{dT}{dX}\right]\vec{i} + \left[\frac{dT}{dY}\right]\vec{j} + \left[\frac{dT}{dZ}\right]\vec{k} = 0 \tag{4.79}$$

onde $\vec{i}$, $\vec{j}$ e $\vec{k}$ são os vetores unitários nas direções x, y e z, respectivamente. Ou então,

$$\left[\frac{dT}{dX}\right] = \left[\frac{dT}{dY}\right] = \left[\frac{dT}{dZ}\right] = 0 \tag{4.80}$$

4.10.2 EQUILÍBRIO DE PRESSÕES OU EQUILÍBRIO MECÂNICO

Sejam P_{α} e P_{β} as pressões internas das fases α e β, respectivamente, e considere-se um movimento de interface $\alpha - \beta$, que se traduz em variações infinitesimais de volume dV_{α} e dV_{β}, sem que haja alteração do volume total do sistema (Figura 4.9).

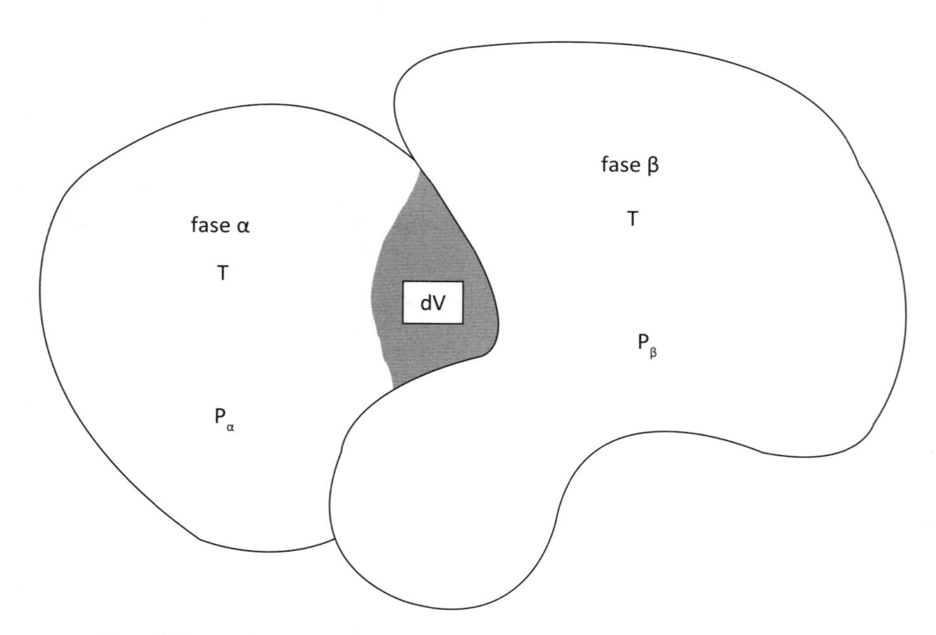

Figura 4.9 – Transformação esquemática envolvendo alteração isotérmica de volume das duas fases, para fins de determinação da condição de equilíbrio mecânico.

Então, considerando a necessidade de equilíbrio térmico, escreve-se para variação de Energia Livre de Helmholtz:

$$d A'_{\alpha} = -S'_{\alpha}\, dT - P_{\alpha}\, dV'_{\alpha} = -P_{\alpha}\, dV'_{\alpha} \tag{4.81}$$

$$d A'_{\beta} = -S'_{\beta}\, dT - P_{\beta}\, dV'_{\beta} = -P_{\beta}\, dV'_{\beta} \tag{4.82}$$

Como o critério de equilíbrio, a temperatura e o volume constantes, é que a Energia Livre de Helmholtz seja mínima, pode-se escrever,

$$dA'_{\alpha} + dA_{\beta} = 0 \tag{4.83}$$

e ainda, como o volume total não muda,

$$dV'_{\alpha} + dV'_{\beta} = 0 \tag{4.84}$$

de modo que:

$$-P_{\alpha}\, dV'_{\alpha} - P'_{\beta} dV'_{\beta} = \{-P'_{\alpha} + P_{\beta}\}\, dV'_{\alpha} = 0 \tag{4.85}$$

Resulta, uma vez que a alteração em volume é arbitrária e não nula,

$$P_\alpha = P_\beta \tag{4.86}$$

condição que, estendida às demais fases, leva a:

$$P_\alpha = P_\beta = P_\gamma = \ldots = P \tag{4.87}$$

Considerando, então, um referencial triortogonal OX-OY-OZ, a condição de equilíbrio de pressão (equilíbrio mecânico) será:

$$grad\,P = \left[\frac{dP}{dX}\right]\vec{i} + \left[\frac{dP}{dY}\right]\vec{j} + \left[\frac{dP}{dZ}\right]\vec{k} = 0 \tag{4.88}$$

onde $\vec{i}$, $\vec{j}$ e $\vec{k}$ são os vetores unitários nas direções x, y e z, respectivamente. Ou então,

$$\left[\frac{dP}{dX}\right] = \left[\frac{dP}{dY}\right] = \left[\frac{dP}{dZ}\right] = 0 \tag{4.89}$$

4.10.3 EQUILÍBRIO DE DISTRIBUIÇÃO

Considere que entre as fases α e β, à temperatura e à pressão constante, se verifique uma troca infinitesimal de matéria (Figura 4.10).

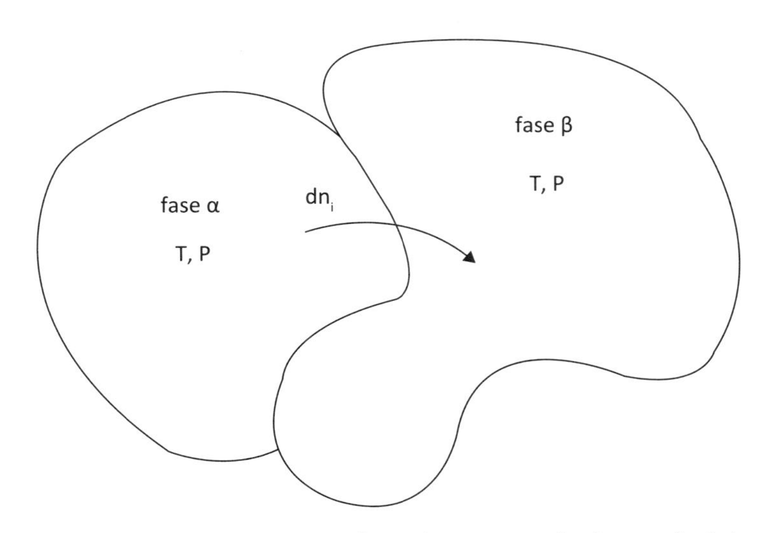

Figura 4.10 – Transformação esquemática, envolvendo transferência da espécie i, entre duas fases, para fins de determinação da condição de equilíbrio de distribuição.

Então a variação de energia livre das fases, resultante dessa troca de matéria a temperatura e pressão constantes e sob condições de equilíbrio, seria:

$$dG'_{\alpha} = \sum \mu_i^{\alpha} \, dn_i^{\alpha} \tag{4.90}$$

$$dG'_{\beta} = \sum \mu_i^{\beta} \, dn_i^{\beta} \tag{4.91}$$

Como as contribuições são aditivas e as espécies se conservam

$$dG'_{\alpha} + dG'_{\beta} = 0 \tag{4.92}$$

e

$$dn_i^{\alpha} = -dn_i^{\beta} \tag{4.93}$$

o que implica (desde que as variações em número de mols são arbitrárias e não nulas):

$$\sum \mu_i^{\alpha} \, dn_i^{\alpha} + \sum \mu_i^{\beta} \, dn_i^{\beta} = \sum \{\mu_i^{\alpha} - \mu_i^{\beta}\} dn_i^{\alpha} = 0 \tag{4.94}$$

$$\mu_i^{\alpha} = \mu_i^{\beta} \tag{4.95}$$

condição que, estendida às demais fases, leva a:

$$\mu_i^{\alpha} = \mu_i^{\beta} = \mu_i^{\gamma} = \ldots\ldots = \mu_i \tag{4.96}$$

e de modo análogo (para cada espécie i)

$$grad\, \mu_i = \left[\frac{d\mu_i}{dX}\right]\vec{i} + \left[\frac{d\mu_i}{dY}\right]\vec{j} + \left[\frac{d\mu_i}{dZ}\right]\vec{k} = 0 \tag{4.97}$$

onde $\vec{i}$, $\vec{j}$ e $\vec{k}$ são os vetores unitários nas direções x, y e z, respectivamente. Ou então,

$$\left[\frac{d\mu_i}{dX}\right] = \left[\frac{d\mu_i}{dY}\right] = \left[\frac{d\mu_i}{dZ}\right] = 0 \tag{4.98}$$

As três condições retratadas anteriormente, de igualdade de temperatura, de igualdade de pressões e de igualdade de potencial químico de cada espécie, em todas as fases presentes no sistema, representam as **Condições Gerais de Equilíbrio**.

Se ao menos uma das condições de equilíbrio não for atendida, ocorrerão, enquanto o desequilíbrio persistir, fluxos de energia e/ou matéria que poderão implicar alteração nas propriedades e/ou desaparecimento e nucleação das fases.

EXEMPLO 4.10

A 723 °C e 1 atm de pressão estão em equilíbrio metaestável (o que significa que existe um outro equilíbrio, mais favorável energeticamente) as fases cementita, um carboneto de ferro, Fe_3C α, com 6,67 % em peso de carbono, uma solução sólida conhecida como ferrita α, de estrutura cúbica de corpo centrado, com 0,02 % em peso de carbono, e outra solução sólida, denominada austenita, de estrutura cúbica de faces centradas, com 0,765% de carbono. Como condições gerais de equilíbrio pode-se escrever, além de igualdade entre as temperaturas e pressões atuantes sobre as fases, que os potenciais químicos de ferro são iguais nas três fases e que os potenciais químicos de carbono cumprem a mesma restrição. Então, principalmente porque as estruturas cristalinas e as forças de ligação são diferentes, encontram-se, a despeito das diferentes composições:

$$\mu_C \text{ (na cementita)} = \mu_C \text{ (na ferrita } \alpha) = \mu_C \text{ (na austenita)}$$

$$\mu_{Fe} \text{ (na cementita)} = \mu_{Fe} \text{ (na ferrita } \alpha) = \mu_{Fe} \text{ (na austenita)}$$

■

EXEMPLO 4.11

As temperaturas de fusão dos metais prata e estanho são 1234 K e 505,6 K, respectivamente. A 900 K o intervalo de estabilidade das soluções líquidas é tal que $0{,}28 < X_{Sn} < 1$. Para esse intervalo determinaram-se (Hultgreen, 1973) os valores seguintes (J/mol) de grandezas termodinâmicas, de acordo com x Ag(l) + (1–x) Sn (l) = soluções líquidas (portanto, a referência Raoultiana, a despeito de o fato de o estado físico mais estável da prata ser o sólido).

X_{Sn}	0,28	0,3	0,4	0,5	0,6	0,7	0,8	0,9	1,0
ΔG	-6011	-6137	-6304	-6036	-5492	-4709	-3675	-2311	0
ΔG_{Sn}	-11302	-9804	-5743	-3935	-2817	-2005	-1331	-695	0
ΔG_{Ag}	-3956	-4567	-6681	-8142	-9502	-11013	-13056	-16844	$-\infty$
ΔH					-745	180	293	268	0

EXEMPLO 4.11 (*continuação*)

Observa-se que a solução líquida de composição $X_{Sn} = 0{,}28$ estaria em equilíbrio com uma solução sólida, na qual $X_{Sn} = 0{,}095$. Encontre o valor do potencial químico do estanho nesta última solução.

De acordo com a tabela apresentada, para a solução líquida de composição $X_{Sn} = 0{,}28$, tem-se que $\Delta G_{Sn} = -11302$ J/mol.

Essa quantidade é o mesmo que:

$$\Delta G_{Sn} = \mu_{Sn} \text{ (na solução líquida)} - \mu_{Sn}^{ol} \text{ (puro e líquido)}$$

Onde: μ_{Sn} representa o potencial químico do estanho na solução e μ_{Sn}^{ol} químico do estanho puro e líquido.

Por sua vez, o valor tabelado de μ_{Sn}^{ol} (puro e líquido, 900 K e 1 atm) é -62874 J/mol.

Dessa forma, o potencial químico de estanho na solução líquida seria dado como:

$$\mu_{Sn} \text{ (na solução líquida)} = \Delta G_{Sn} + \mu_{Sn}^{ol} \text{ (puro e líquido, 900 K e 1 atm)}$$

$$\mu_{Sn} \text{ (na solução líquida)} = -11302 - 62874 = -74176 \text{ J/mol.}$$

Finalmente, como condição de equilíbrio de distribuição escreve-se que:

μ_{Sn} *(na solução líquida, $X_{Sn}= 0{,}28$)* = μ_{Sn} *(na solução sólida, $X_{Sn}= 0{,}095$)* = -74176 *J/mol.*

■

Na realidade, a igualdade de pressões só representa o equilíbrio mecânico se a interface de α e β for plana. Caso contrário, se α e β estiverem separadas por uma superfície de curvatura R (Figura 4.11) pode-se mostrar que a condição de equilíbrio mecânico seria dada por:

$$P_\alpha = P_\beta + \frac{2\sigma}{R} \tag{4.99}$$

onde σ é a tensão interfacial. Essa particularidade e suas consequências são exploradas em textos sobre termodinâmica das interfaces, fora do escopo deste livro.

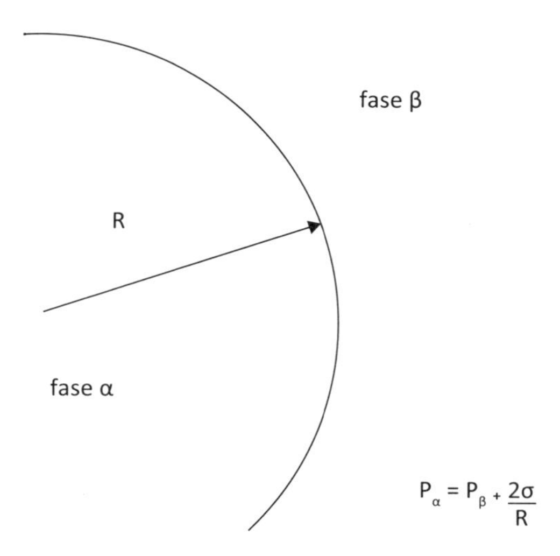

Figura 4.11 – Equilíbrio mecânico entre fases separadas por interface curva.

4.11 TENDÊNCIA AO ESCAPE

Tradicionalmente, estudos de transformações termodinâmicas e espontaneidade de processos consideram, a princípio, espécies gasosas; ou, então, estas em contato com fases condensadas (líquidas, sólidas) puras. Como citado na introdução deste texto, em parte considerável das situações, as espécies químicas tomam parte de processos enquanto dissolvidas em soluções. Este último caso poderia ser tratado considerando a influência de temperatura, pressão e composição sobre o potencial químico das espécies; normalmente este tratamento é realizado após a introdução de uma propriedade termodinâmica de estado, a Tendência ao Escape ou Fugacidade, aplicável a qualquer substância (elemento ou composto) em qualquer condição de dissolução (puro, dissolvido). A aplicação do conceito de Fugacidade remete a um tratamento unificador e a métodos de determinação do potencial químico das espécies constituintes de um sistema.

Sejam duas fases α e β em contato, tal que numa dada situação a condição de equilíbrio térmico não se cumpra; por exemplo, $T_\alpha > T_\beta$. Haverá então um fluxo de energia calorífica desde a fase α até a fase β e pode-se dizer que a temperatura é uma medida da tendência ao escape de calor, o equilíbrio térmico só sendo alcançado quando a tendência de escape de calor da fase α, ou T_α, for igual à tendência de escape de calor da fase β, ou T_β.

A mesma ideia pode ser aplicada ao equilíbrio de distribuição: se para as fases α e β, compostas das espécies i = A, B, C..., a temperatura T e pressão P definidas, o potencial químico de cada espécie não for o mesmo em todos os pontos do sistema, não existirá equilíbrio de distribuição. Por exemplo, para $\mu_i^\alpha > \mu_i^\beta$ a transferência de i desde a fase α até a fase β se fará com diminuição da Energia Livre de Gibbs, sendo, portanto, espontânea. Diz-se então que, à semelhança do caso anterior, existe uma Tendência ao Escape da espécie i em cada fase, o potencial químico podendo ser tomado como medida desta, e que só haverá equilíbrio de distribuição quando a tendência ao escape da espécie, ou μ_i, for a mesma em todos os pontos do sistema. A tendência ao escape (potencial químico), portanto, é uma função de estado, depende de temperatura, pressão, quantidades relativas das espécies constituintes e da natureza destas.

4.11.1 FUGACIDADE COMO MEDIDA DA TENDÊNCIA AO ESCAPE

Como foi mostrado, o potencial químico é uma medida demonstrativa da tendência ao escape, mas, por motivos que ficarão mais claros adiante, seu manuseio direto não é muito conveniente para o estudo de soluções, que é o objetivo desta seção. Desse modo, considera-se, inicialmente, uma transformação isotérmica de um gás ideal,

$$d\mu_i = V_i\, dP_i = RT\, dln\, P_i \tag{4.100}$$

e, sendo P^1 a pressão final, P^o a pressão inicial, escreve-se:

$$\mu_i\left(T,P^1\right) = \mu_i\left(T,P^o\right) + RT\, ln\frac{P_i^1}{P_i^o} \tag{4.101}$$

Caso o gás não seja perfeito, as expressões anteriores não serão válidas, mas f_i, a fugacidade do gás real, será *definida* de modo que, ainda assim, numa transformação isotérmica se tenha:

$$d\mu_i = RT\, dln f_i \tag{4.102}$$

ou

$$\mu_i = \mu_i^o + RT\, ln\frac{f_i}{f_i^o} \tag{4.103}$$

Embora essa relação tenha sido proposta para gases reais, a definição de fugacidade pode ser estendida de modo que $RT\, dln f_i$ expresse a variação de potencial químico para transformações isotérmicas da espécie i, seja gás real ou não, fase condensada pura ou participante de soluções.

A fugacidade f_i é uma função de estado, está relacionada diretamente ao potencial químico, e logo, definidas a pressão, a temperatura e a composição, fica definido seu valor. Por exemplo, f_i está relacionada ao estado físico para o qual o potencial químico é μ_i; f_i^o corresponde ao estado de potencial μ_i^o. Torna-se claro que, para que haja equilíbrio de distribuição, é preciso que a fugacidade de i, f_i , seja a mesma em todos os pontos do sistema.

A definição proposta de fugacidade só tem sentido prático se esta puder ser associada a alguma grandeza física mensurável; é o que se mostra a seguir.

4.11.2 FUGACIDADE DE UM GÁS IDEAL

A equação:

$$d\mu_i = RT\, dln\, f_i = RT\, dlnP_i \quad (4.104)$$

integrada de modo a refletir uma transformação isotérmica entre dois estados arbitrários resulta em:

$$\frac{P_i}{P_i^o} = \frac{f_i}{f_i^o} \quad (4.105)$$

ou

$$f_i = K\, P_i \quad (4.106)$$

Então, se por pura comodidade K for tomado como igual a 1, resulta em

$$f_i = P_i \quad (4.107)$$

isto é, a fugacidade de um gás ideal pode ser tomada como igual à sua pressão.

É fato experimental que o comportamento de um gás real se aproxima do comportamento ideal quando a pressão decresce e/ou a temperatura cresce. Nessa condição limite, característica da maioria das situações de interesse metalúrgico, pode-se tomar a fugacidade como próxima (igual) da pressão.

Em geral a Lei do Gás Ideal resulta em erros menores que 1% quando $RT/P > 0{,}005 m^3/mol$ para gases diatômicos ou $RT/P > 0{,}020\ m^3/mol$ para outros gases poliatômicos.

4.11.3 FUGACIDADE DE UM GÁS REAL (MÉTODO DE CÁLCULO)

A equação:

$$d\mu_i = RT\, dlnP_i \quad (4.108)$$

só é válida para gases ideais, porém:

$$dG' = V'\, dP \quad (4.109)$$

é válida para qualquer sistema, incluindo aqueles constituídos por gases reais, desde que esse sistema seja fechado e a temperatura, mantida constante. Logo

$$d\mu_i = RT\, dln\, f_i = \overline{V}_i\, dP \tag{4.110}$$

Onde: $\overline{V}_i$ é o volume molar real do gás.

A fugacidade do gás real pode, portanto, ser obtida se for conhecido como $\overline{V}_i$ varia em função de P_i. Na Figura 4.12, a curva que passa pelos pontos M e N é a hipérbole correspondente ao comportamento ideal, $\overline{V}_i = \frac{RT}{P_i}$, enquanto a outra é a que liga o volume molar real à pressão. Nota-se que, no caso, o volume ideal é maior que o real, mas que, à medida que a pressão decresce, as duas curvas se aproximam. Integrando

$$d\mu_i = RT\, dln\, f_i = \overline{V}_i\, dP \tag{4.111}$$

entre as pressões P_i^* e P_i resulta:

$$RT\, ln \frac{f_i}{f_i^*} = \int_{P_i^*}^{P_i} \overline{V}_i\, dP_i \tag{4.112}$$

sendo que a integral representa a área ($P_i^*\, P_i\, N'\, M'$).

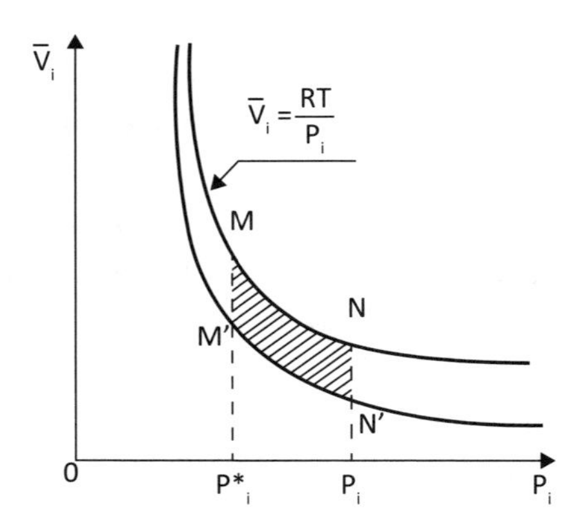

Figura 4.12 – Comparação entre comportamento real e ideal de um gás.

Evidentemente, essa área vale também a diferença entre as áreas $\left(P_i^*\, P_i\, N\, M\right)$, valor da integral se o gás se comportasse idealmente, isto é, $RT \ln \frac{P_i}{P_i^*}$ e a área (M´N´N M), hachurada. Então,

$$RT\, ln \frac{f_i}{f_i^*} = RT \ln \frac{P_i}{P_i^*} - Área\left(M'\, N'\, N\, M\right) \tag{4.113}$$

$$RT\,ln\frac{f_i}{P_i}=RT\ln\frac{f_i^*}{P_i^*}-Área\left(M'\,N'\,N\,M\right) \tag{4.114}$$

De modo a eliminar a indeterminação da razão $\frac{f_i^*}{P_i^*}$ faz-se P_i^* tender a zero – os pontos M' e M se deslocam sobre suas respectivas curvas aumentando o valor da área (M'N'NM) até que se possa tomar $f_i^* = P_i^*$, e aí então:

$$RT\,ln\frac{f_i}{P_i}=-Área\left(M'\,N'\,N\,M\right) \tag{4.115}$$

O assunto pode ser conduzido de modo diferente se for introduzida a quantidade α_i, medida do desvio do gás em relação ao comportamento ideal:

$$\alpha_i=\overline{V}_i^{ideal}-\overline{V}_i=\frac{RT}{P_i}-\overline{V}_i \tag{4.116}$$

Considerando então a função desvio já definida, escreve-se:

$$RT\,dlnf_i=\overline{V}_i dP_i=\left(\overline{V}_i^{ideal}-\alpha_i\right)dP_i=\frac{RT\,dP_i}{P_i}-\alpha_i\,dP_i \tag{4.117}$$

$$RT\ln\frac{f_i}{f_i^*}=RT\ln\frac{P_i}{P_i^*}-\int_{P_i^*}^{P_i}\alpha_i\,dP_i \tag{4.118}$$

$$RT\ln\frac{f_i}{P}=RT\ln\frac{f_i^*}{P_i^*}-\int_{P_i^*}^{P_i}\alpha_i\,dP_i \tag{4.119}$$

Com o mesmo artifício utilizado anteriormente, isto é, $P_i^* \to 0$, $P_i^* \to f_i^*$, encontra-se:

$$RT\ln\frac{f_i}{P_i}=-\int_{P_i^*}^{P_i}\alpha_i\,dP_i \tag{4.120}$$

A Figura 4.13 apresenta um esquema de variação de α_i com a pressão, à temperatura constante.

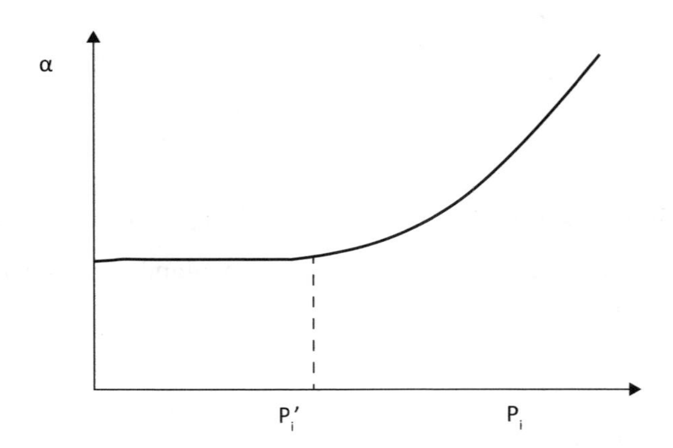

Figura 4.13 – Variação esquemática do desvio em relação à idealidade, de um gás, à temperatura constante.

O dado interessante da Figura 4.13 é que ela sugere que, nas regiões de baixas pressões, α_i é praticamente constante e, desde que P_i não ultrapasse P'_i, α_i pode ser removida da integral. Este é justamente o caso de gases na maioria dos sistemas metalúrgicos: temperaturas altas ou moderadamente altas e baixas pressões, próximas da atmosférica. Então:

$$RT \ln \frac{f_i}{P_i} = -\alpha_i P_i \tag{4.121}$$

$$f_i = P_i \exp\left(-\frac{\alpha_i P_i}{RT} \right) \tag{4.122}$$

A desvantagem dos métodos anteriores em relação a este é que pressupõem uma familiaridade experimental da relação que liga P_i a $\overline{V}_i$, enquanto neste caso apenas uma medição de α_i permite encontrar a fugacidade.

Se a pressão é realmente baixa e a temperatura alta, $\frac{\alpha_i P_i}{RT}$ é pequeno, e $\exp\left(-\frac{\alpha_i P_i}{RT} \right)$ pode ser desenvolvido pela série de Taylor. Tem-se, neste caso:

$$\exp\left(-\frac{\alpha_i P_i}{RT} \right) = 1 - \frac{\alpha_i P_i}{RT} \tag{4.123}$$

$$\frac{f_i}{P_i} = 1 - \frac{\alpha_i P_i}{RT} \tag{4.124}$$

e como:

$$\alpha_i = \overline{V}_i^{ideal} - \overline{V}_i \tag{4.125}$$

$$\frac{f_i}{P_i} = 1 - \frac{\left(\overline{V}_i^{ideal} - \overline{V}_i\right) P_i}{RT} \tag{4.126}$$

$$\frac{f_i}{P_i} = 1 - \frac{P_i \overline{V}_i^{ideal}}{RT} + \frac{P_i \overline{V}_i}{RT} \tag{4.127}$$

O segundo termo do segundo membro por definição é unitário,

$$\frac{f_i}{P_i} = \frac{P_i \overline{V}_i}{RT} \tag{4.128}$$

e se for considerado o conceito de pressão ideal, $P_i^{ideal} = \frac{RT}{\overline{V}_i}$, a pressão que o gás exerceria se se comportasse idealmente ocupando o volume $\overline{V}_i$, então

$$\frac{f_i}{P_i} = \frac{P_i}{P_i^{ideal}} \tag{4.129}$$

isto é, a pressão do gás é a média geométrica da pressão do gás calculada a partir da lei do gás ideal e da fugacidade.

EXEMPLO 4.12

Da tabela a seguir, devida a Agamat, para o hidrogênio a 0 °C, encontre a sua fugacidade a essa temperatura e a 1000 atm.

Desvio em relação à idealidade, do hidrogênio, a 0 °C

P(atm)	100	200	300	400	500	600	700	800	900	1000
$\frac{\overline{V}P}{RT}$	1,069	1,138	1,209	1,283	1,356	1,431	1,504	1,577	1,649	1,720

Fonte: Lewis (1961).

EXEMPLO 4.12 (*continuação*)

Pode-se escrever:

$$\alpha_{H2} = \bar{V}_{H2}^{ideal} - \bar{V}_{H2}$$

e identificando como X o valor de $\frac{\bar{V}P}{RT}$*, apresentado na tabela, tem-se:*

$$\bar{V}_{H2} = X\frac{RT}{P}$$

e

$$\alpha_{H2} = \bar{V}_{H2}^{ideal} - \bar{V}_{H2} = \frac{RT}{P} - X\frac{RT}{P} = (1-X)\frac{RT}{P}$$

expressão que permite montar a tabela a seguir, que mostra que α *varia pouco e tem como valor médio* $\alpha = -1,589\,x10^{-2}\left(\frac{litros}{mol}\right)$*; portanto, utilizando a fórmula*

$$f_{H2} = P_{H2}\exp\left(-\frac{\alpha_{H2}P_{H2}}{RT}\right)$$

vem:

$$f_{H2} = P_{H2}\exp\left(+\frac{1,589\,x10^{-2}\,x1000}{0,082\,x273}\right) = 2033\,atm$$

Função de desvio para o hidrogênio a 0 °C

P (atm)	a x 10² litros/mol	P (atm)	a x 10² litros/mol
100	−1,545	600	−1,608
200	−1,545	700	−1,612
300	−1,560	800	−1,615
400	−1,584	900	−1,614
500	−1,594	1000	−1,612

■

4.11.4 FUGACIDADE DE UMA FASE CONDENSADA PURA

Seja uma fase condensada pura (elemento ou composto químico i, sólido ou líquido) encerrada em um aparato tal como o esquematizado na Figura 4.14. A câmara inferior é dotada de um cilindro móvel, de modo que a fase condensada se encontra submetida a uma pressão fixa, P atmosferas. A câmara superior, inicialmente evacuada, está conectada à câmara inferior através de uma membrana conhecida como Divisória de Gibbs; a Divisória de Gibbs é uma membrana semipermeável que permite apenas a passagem do elemento (ou composto) na forma de vapor. A situação inicial não é uma situação de equilíbrio, o qual só será alcançado quando certo número de partículas passar ao estado de vapor, de modo a exercer uma pressão de vapor, que é função apenas de temperatura, da natureza da substância (ou espécie) e da pressão exercida sobre a fase condensada.

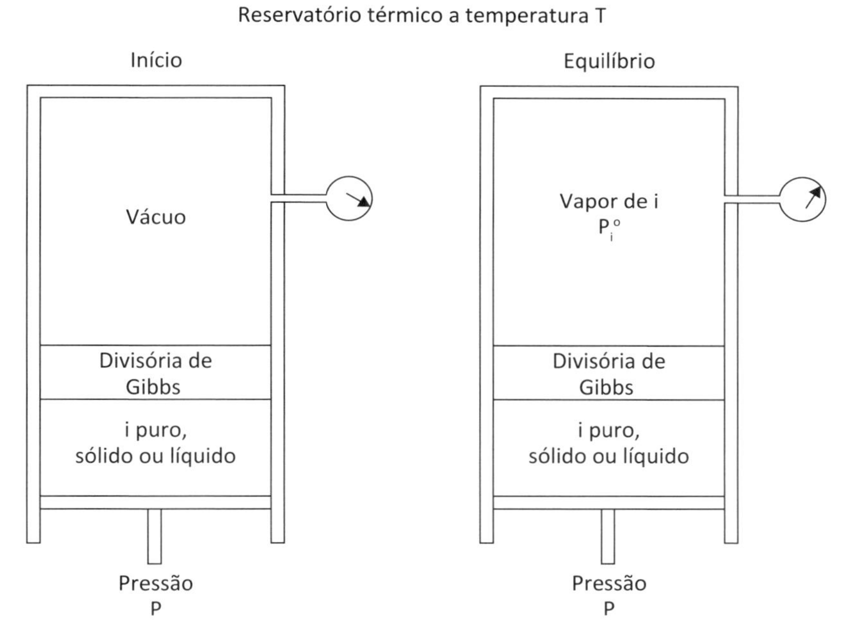

Figura 4.14 – Equilíbrio entre fase condensada pura e seu vapor.

A condição de equilíbrio entre a fase de vapor e a fase condensada é que o potencial químico da espécie que as compõem seja igual em todos os pontos do sistema, isto é,

$$\mu_i^{vapor} = \mu_i^{condensada} \tag{4.130}$$

É claro que essa condição resulta em que a fugacidade de i na fase condensada deve ser igual à fugacidade de i na fase vapor:

$$f_i^{vapor} = f_i^{condensada} \tag{4.131}$$

Isto se torna evidente após integração de

$$d\mu_i = RT\, dlnf_i \tag{4.132}$$

entre as situações que representam i na fase condensada e i na fase vapor (o que representa a transferência hipotética de um mol de i desde a fase condensada até o vapor):

$$\mu_i^{condensada} = \mu_i^{vapor} + RT \ln \frac{f_i^{vapor}}{f_i^{condensada}} \tag{4.133}$$

Como:

$$\mu_i^{vapor} = \mu_i^{condensada} \tag{4.134}$$

vem

$$f_i^{condensada} = f_i^{vapor} \tag{4.135}$$.

Finalmente, no caso particular em que o vapor se comporta idealmente, a fugacidade é igual à pressão de vapor e pode-se escrever

$$f_i^{condensada} = f_i^{vapor} = P_i \tag{4.136}$$

Caso contrário, se o vapor não se comporta idealmente, f_i^{vapor} pode ser conseguida através dos métodos de cálculo expostos anteriormente.

EXEMPLO 4.13

A temperatura de fusão do cobre puro, a 1 atm, é 1083 °C. Uma expressão para o cálculo de pressão de vapor do cobre, sobre cobre puro e líquido, em função de temperatura e sob pressão total de 1 atm (ver figura a seguir), é do tipo (Kubaschewski, 1983):

$$logP_{Cu}\,(mm\ Hg) = -17520/T - 1{,}21\ log\ T + 13{,}21$$

Estime a fugacidade do cobre líquido, sob pressão de 1 atm e a 1400 K.

EXEMPLO 4.13 (*continuação*)

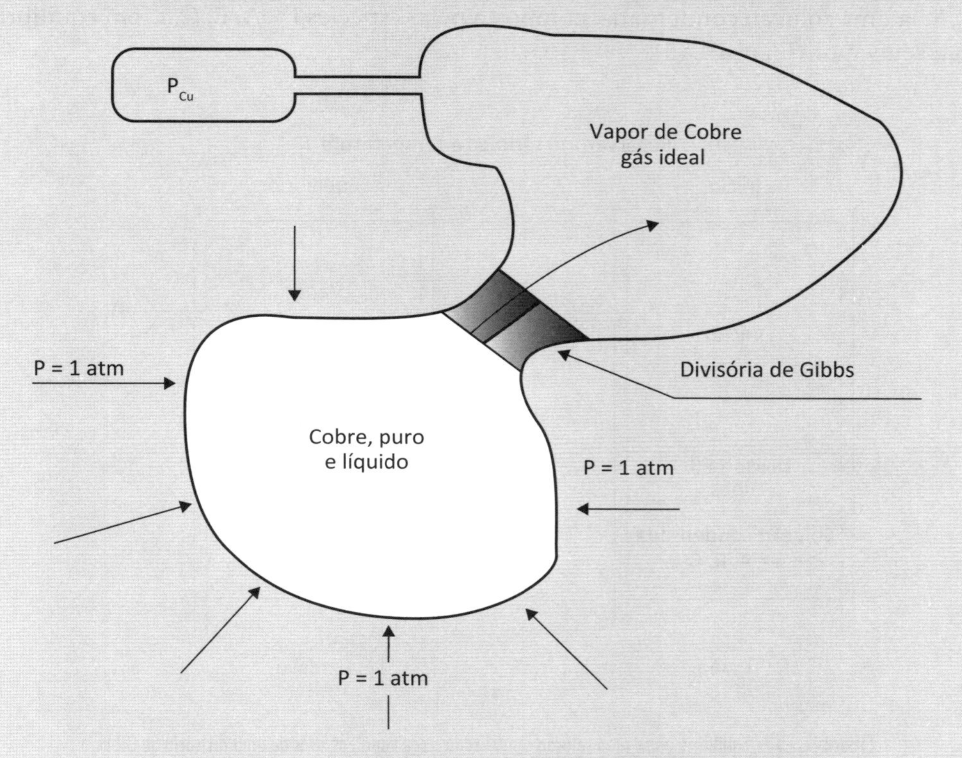

Esquema para determinação da fugacidade do cobre líquido e puro.

Para essa temperatura, o manômetro iria registrar pressão de vapor de cobre igual a:

$$\log P_{Cu}\,(mm\,Hg) = -17520/1400 - 1{,}21 \log 1400 + 13{,}21$$

$$P_{Cu} = 7{,}74 \times 10^{-4}\ mm\,Hg,\ ou\ 1{,}018 \times 10^{-6} atm$$

Essa combinação de pressão parcial de cobre e temperatura permite sugerir que o vapor se comporta como gás ideal (para gases diatômicos sugere-se considerar gás ideal se $\frac{RT}{P} > 0{,}005\ m^3/mol$*).*

$$\frac{RT}{P} = 0{,}082\ (atm.L/K.mol) \times 1400\ (K)/\ 1{,}018 \times 10^{-6}\ (atm) = 112770\ m^3/mol$$

Então, como critério de equilíbrio de distribuição, escreve-se:

$$f_{Cu}^{o,l}\left(puro\,e\,líquido, 1\,atm, 1400\,K\right) = f_{Cu}^{v}\left(gasoso\right) = P_{Cu}^{v} = 1{,}018 \times 10^{-6} atm$$

■

4.11.5 FUGACIDADE DE UMA ESPÉCIE QUE PARTICIPA DE UMA SOLUÇÃO SÓLIDA OU LÍQUIDA

Seja uma solução condensada, composta pelas espécies i = A, B, C,..., em equilíbrio com seu vapor (Figura 4.15).

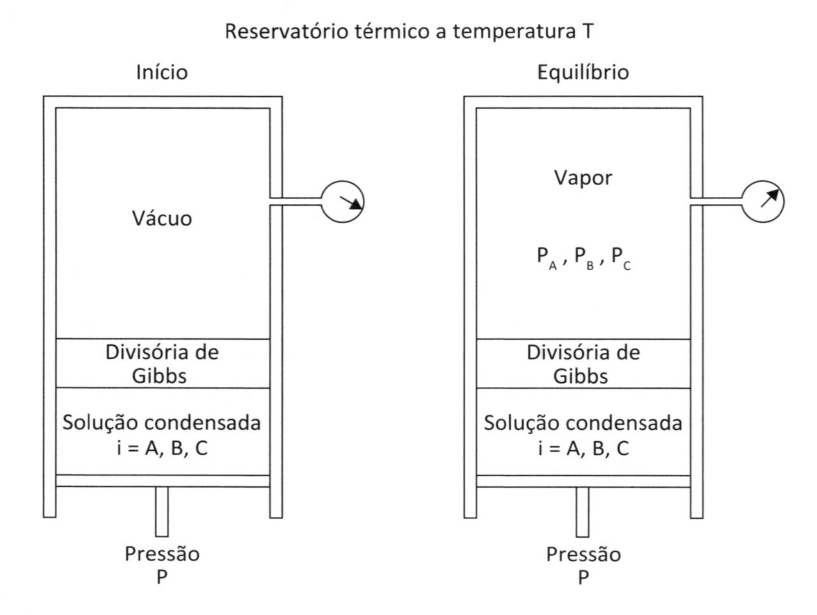

Figura 4.15 – Equilíbrio entre uma solução condensada e seu vapor, através de uma divisória de Gibbs.

O sistema está à temperatura T e cada espécie exerce sua pressão de vapor P_A, P_B, P_C... A condição de equilíbrio é que a cada espécie tenha a mesma tendência ao escape em ambas as fases, isto é:

$$f_A^{condensada} = f_A^{vapor} \tag{4.137}$$

$$f_B^{condensada} = f_B^{vapor} \tag{4.138}$$

$$f_C^{condensada} = f_C^{vapor} \tag{4.139}$$

Se os vapores se comportam idealmente

$$f_i^{condensada} = f_i^{vapor} = P_i \tag{4.140}$$

se não, suas fugacidades podem ser calculadas com auxílio dos métodos expostos anteriormente.

EXEMPLO 4.14

Os dados a seguir (Rosenqvist, 1983) foram determinados para soluções líquidas Cu-Zn a 1060 °C. Assuma comportamento ideal dos gases e determine as fugacidades do zinco.

X_{Zn}	1,00	0,45	0,30	0,20	0,15	0,10	0,05
P_{Zn} (mm de Hg)	3040	970	456	180	90	45	22

Como os vapores se comportam idealmente, então as pressões parciais são, também, valores de fugacidade do zinco. Então:

$$f_{Zn} = P_{Zn}$$

X_{Zn}	1,00	0,45	0,30	0,20	0,15	0,10	0,05
f_{Zn} (mm de Hg)	3040	970	456	180	90	45	22

■

4.11.6 INFLUÊNCIA DA PRESSÃO SOBRE A FUGACIDADE DE UMA FASE CONDENSADA

Como foi visto, a expressão geral de variação de potencial químico à temperatura constante é do tipo:

$$d\mu_i = \overline{V}_i \, dP \tag{4.141}$$

onde $\overline{V}_i$ pode significar o volume molar no caso de i puro ou volume parcial molar no caso em que a espécie participa de solução.

Como:

$$d\mu_i = RT \, dln \, f_i \tag{4.142}$$

vem:

$$\frac{d \ln f_i}{dP} = \frac{\overline{V}_i}{RT} \tag{4.143}$$

A expressão anterior sugere que, desde que a variação de pressão não seja exagerada, esta não influi muito sobre a fugacidade da espécie em solução condensada, pois, para esses casos, $\overline{V}_i$ é muito pequeno.

EXEMPLO 4.15

Como a densidade do cobre é da ordem de 8,9 g/cm³ e a massa atômica próxima de 65,3 g/mol, pode-se inferir, para volume molar do cobre:

$$\overline{V}_{Cu} = \frac{M_{Cu}}{\rho_{Cu}} = \frac{65,3}{8,9} = 7,34\frac{cm^3}{mol} = 7,34 \times 10^{-3} \text{ L/mol}$$

Dessa forma, considerando que o cobre puro e líquido seja, na prática, incompressível, vem que:

$$RT\, dln f_{Cu} = V_{Cu}\, dP$$

que, por sua vez, integrada fornece, por exemplo, a 1400 K,

$$ln\frac{f_{Cu}}{f_{Cu}^{*}} = \frac{\overline{V}_{Cu}}{RT}\left(P - P^{*}\right) = \frac{7,34 x 10^{-2}\left(\frac{litro}{mol}\right)}{0,082\left(atm.\frac{litro}{K.mol}\right)x1400(K)}\left(P - P^{*}\right)$$

Nessa expressão, f_{Cu}^{*} = 1,018 x 10^{-6} atm é o valor previamente avaliado de fugacidade do cobre líquido a 1400 K e sob pressão de 1 atm.

Tomando P = 10 atm se encontra $\frac{f_{Cu}}{f_{Cu}^{*}}$ = 1,00057, efeito desprezível. ■

Esses cálculos sugerem que, exceto nos casos de variações significativas de pressão, a influência de pressão sobre a fugacidade de uma fase condensada é desprezível.

O conceito de *fugacidade*, exposto nas seções anteriores, mostra-se extremamente útil pelo fato de possibilitar a definição de uma função de estado, de valor característico do estado físico da espécie pura ou em solução. A utilidade maior provém, entretanto, do fato de se poder considerar que a fugacidade de um gás ideal seja igual à sua pressão parcial, e que a fugacidade de uma espécie em solução seja igual à pressão de vapor de equilíbrio da espécie com a solução.

Do conceito de fugacidade se passa ao conceito de *atividade*, abordado a seguir.

4.12 ATIVIDADE DE UMA ESPÉCIE QUÍMICA

Se for comparado o potencial químico de uma espécie *i* num dado estado, μ_i, com seu potencial em outro estado à mesma temperatura, μ_i^o (o qual será identificado a partir daqui como Estado de Referência), tem-se:

$$\mu_i = \mu_i^o + RT \ln \frac{f_i}{f_i^o} \tag{4.144}$$

Por definição, a relação $\frac{f_i}{f_i^o}$ é a atividade da espécie i, a qual é simbolizada por a_i:

$$a_i = \frac{f_i}{f_i^o} \tag{4.145}$$

É evidente, pela própria definição, que um dado valor de atividade não tem aplicabilidade se o estado de referência não for especificado. Pode-se, por exemplo, escolher a referência $\left(\mu_i^{o1}; f_i^{o1}\right)$ e, esquematicamente, já que o potencial químico μ_i é função de estado, poderia ser representada a situação descrita na Figura 4.16.

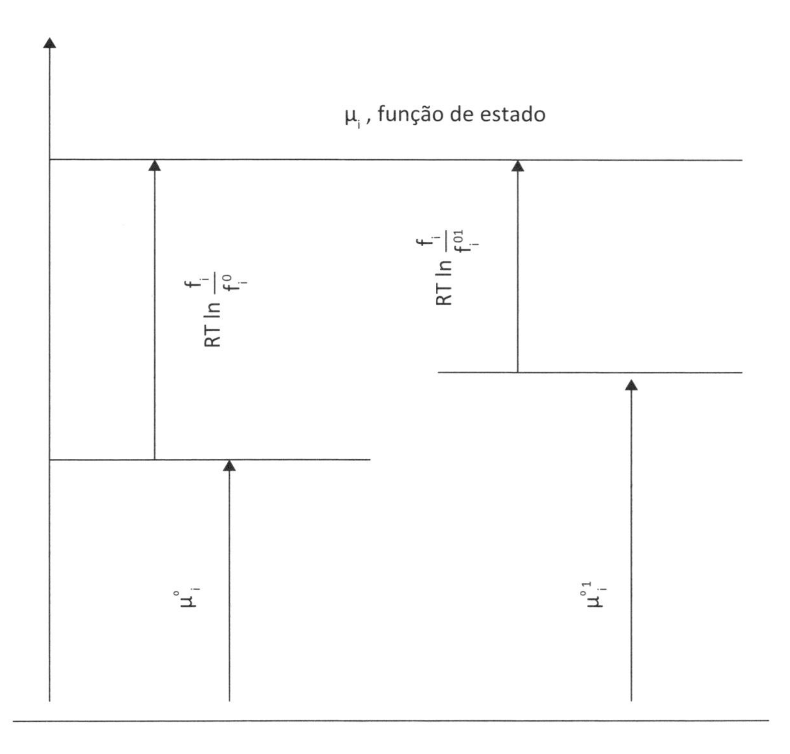

Figura 4.16 – Invariância do potencial químico, definindo valores diferentes de atividade.

Argumenta-se que, para que haja equilíbrio de distribuição, o valor de μ_i deve ser o mesmo em todos os pontos do sistema. Este argumento pode ser estendido à fugacidade: a condição de equilíbrio de distribuição é que a fugacidade de *i* seja a mesma em todos os pontos do sistema. Entretanto, essa restrição só se transfere para a atividade de *i* se, para todas as fases, for utilizado o mesmo estado de referência para medi-la.

É claro também que, quando *i* se encontra no estado de referência $f_i = f_i^o$, a atividade é unitária.

A definição de atividade pode parecer fortuita; entretanto, existe um sentido químico a ela: quanto maior o valor de atividade maior o valor de potencial químico. Em consequência, maior a tendência ao transporte desde um ponto (de maior potencial) até outro (de menor potencial) e maior a disponibilidade para uma reação química.

Define-se também o Coeficiente de Atividade como a razão entre a atividade e a concentração, por exemplo,

$$\gamma_i = \frac{a_i}{X_i} \tag{4.146}$$

Como a atividade depende da escolha, arbitrária e conveniente, do estado de referência, o mesmo ocorre com o Coeficiente de Atividade.

Independentemente de qual seja a referência utilizada, pode-se sempre escrever, por conveniência, para um componente em solução, $a_i = \gamma_i X_i$, e definir o Coeficiente de Atividade do componente i, $\gamma_i = \frac{a_i}{X_i}$; naturalmente γ_i é uma função de temperatura, pressão e composição.

EXEMPLO 4.16

Determine os valores do coeficiente de atividade de carbono no sistema ferro-carbono, a 1426 K e 1 atm.

A tabela a seguir mostra os dados referentes às soluções sólidas ferro-carbono (austenita) a 1426 K. Os estados de referência são: ferro sólido, estrutura cúbica de face centrada, a 1 atm e 1426 K, e carbono puro e sólido, grafita, a 1 atm e 1426 K. Portanto, medem-se as atividades a partir das relações:

$$\mu_{Fe} \text{ (na austenita)} = \mu^o_{Fe} \text{ (ferro puro e sólido cfc, 1 atm, 1426 K)} + RT \ln a_{Fe}$$

$$\mu_C \text{ (na austenita)} = \mu^o_C \text{ (carbono puro e sólido, 1 atm, 1426 K)} + RT \ln a_C$$

EXEMPLO 4.16 (*continuação*)

Atividades do carbono e do ferro na austenita

X_{Fe}	1	0,99	0,98	0,97	0,96	0,95	0,94	0,93	0,92	0,91
a_{Fe}	1	0,989	0,978	0,966	0,953	0,939	0,924	0,908	0,891	0,874
γ_{Fe}	1	0,999	0,998	0,996	0,993	0,988	0,983	0,976	0,969	0,960
a_C	0	0,053	0,116	0,190	0,276	0,378	0,499	0,638	0,805	1
γ_C	4,894	5,323	5,80	6,323	6,911	7,570	8,309	9,121	10,064	11,111

Fonte: Hultgreen (1973).

A figura a seguir foi construída com base na definição de coeficiente de atividade, neste caso $\gamma_C = \frac{a_C}{X_C}$. *Dois pontos dessa curva merecem comentários.*

A indeterminação relativa ao valor de:

$$\lim_{X_C \to 0} \gamma_C = \lim_{X_C \to 0} \frac{a_C}{X_C} = \frac{0}{0}$$

pode ser levantada por extrapolação da curva γ_C *versus* X_C. *Obtém-se o valor* $\gamma_C = 4{,}984$. *Este valor limite de coeficiente de atividade, quando a concentração tende a zero, costuma ser designado Coeficiente Henryano de Atividade (neste exemplo do carbono na austenita a 1 atm e 1426 K) e simbolizado por* γ_i^o.

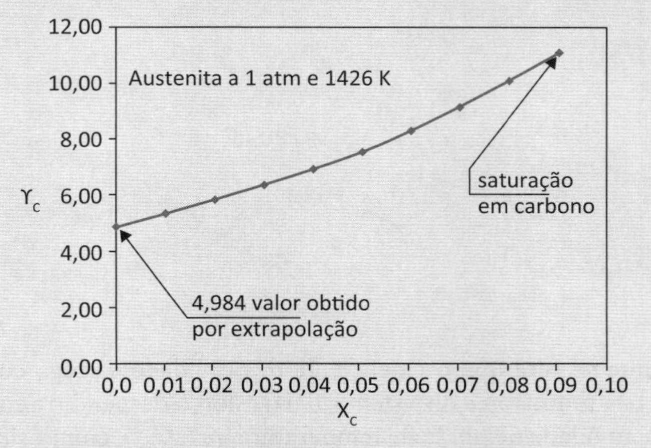

Coeficiente de atividade do carbono na austenita a 1426 K.

EXEMPLO 4.16 (*continuação*)

Observa-se, na prática, que a 1 atm e 1426 K o ferro sólido cfc só consegue absorver carbono até que a concentração da solução atinja $X_C = 0{,}09$. Quantidades adicionais de carbono provocam o aparecimento de uma segunda fase, nesse caso carbono grafítico praticamente isento de ferro; a figura a seguir ilustra este aspecto.

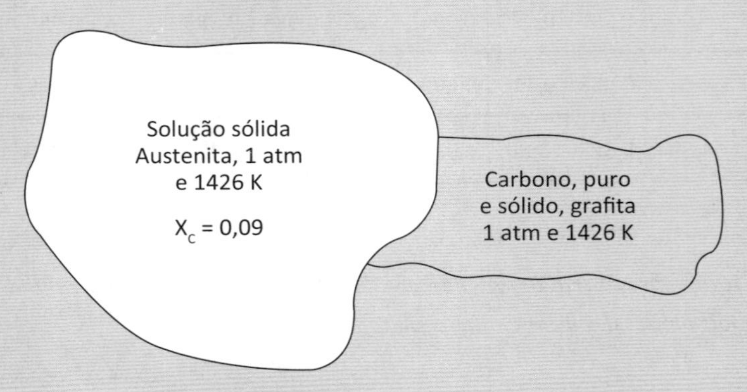

Condição de saturação de carbono grafítico na austenita.

Como condição de equilíbrio de distribuição, nessa condição de saturação da austenita em carbono, escreve-se que:

$$\mu_C\,(na\ fase\ austenita) = \mu_C^o + RT\ln a_C = \mu_C\,(grafita) = \mu_C^{os}$$

o que exige que:

$$a_C = \gamma_C X_C = \gamma_C \, x \, 0{,}09 = 1$$

$$\gamma_C = 11{,}11$$

■

Posteriormente se verá que o Coeficiente de Atividade carrega consigo as informações sobre a termodinâmica do sistema; daí o esforço despendido em retratar como o coeficiente de atividade depende de temperatura, pressão e composição.

EXEMPLO 4.17

Pedder e Barratt (Lewis, 1961) mediram a pressão de vapor sobre os amálgamas líquidos de potássio a 387,5 °C; nessa temperatura, a pressão de vapor do potássio puro é de 3,25 mm de Hg e a do mercúrio, 1280 mm de Hg. Foram obtidos os resultados mostrados na tabela a seguir.

Pressões de vapor no sistema Hg-K, a 387,5 °C

%K	41,1	46,8	50,0	56,1	63,0	72,0
P_{Hg}	31,87	17,3	13,0	9,11	6,53	3,70
P_K	0,348	0,68	1,07	1,69	2,26	2,95

Calcule a atividade e os coeficientes de atividade do mercúrio e do potássio nos diversos amálgamas.

Admite-se inicialmente que, para as combinações de temperatura e pressões citadas, se pode assumir que os vapores de mercúrio e potássio sobre os amalgamas líquidos podem ser considerados gases ideais. Dessa forma, para os componentes da fase vapor, pode-se escrever que:

$$f_{Hg} = P_{Hg}$$

$$f_K = P_K$$

Por outro lado, se existe equilíbrio entre o vapor e o amálgama, as fugacidades num e noutro precisam ser iguais,

$$f_{Hg}^{amálgama} = f_{Hg} = P_{Hg}$$

$$f_K^{amálgama} = f_K = P_K$$

Por exemplo, para $X_K = 0,468$:

$$f_{Hg}^{amálgama} = f_{Hg} = 17,3 \text{ mm de Hg}$$

$$f_K^{amálgama} = f_K = 0,68 \text{ mm de Hg.}$$

EXEMPLO 4.17 (continuação)

Para a construção de uma escala de atividade se faz necessário escolher os estados de referência, por exemplo, Mercúrio e Potássio puros e líquidos a 387,5 °C. Neste caso, para a situação de referência,

$$f^o_{Hg} = P^o_{Hg} = 1280 \text{ mm de Hg}$$

$$f^o_K = P^o_K = 3{,}25 \text{ mm de Hg.}$$

Finalmente, para cada composição, por definição de atividade, escreve-se que:

$$a_{Hg}^{amálgama} = f_{Hg}/f^o_{Hg} = P_{Hg}/P^o_{Hg}$$

$$a_K^{amálgama} = f_K/f^o_K = P_K/P^o_K$$

Então, para $X_K = 0{,}468$ tem-se que:

$$a_{Hg}^{amálgama} = P_{Hg}/P^o_{Hg} = 17{,}3/1280 = 0{,}0135$$

$$a_K^{amálgama} = P_K/P^o_K = 0{,}68/3{,}25 = 0{,}209.$$

Estes cálculos estão representados na figura a seguir, que também apresenta os valores de coeficiente de atividade, $\gamma_i = \dfrac{a_i}{X_i}$.

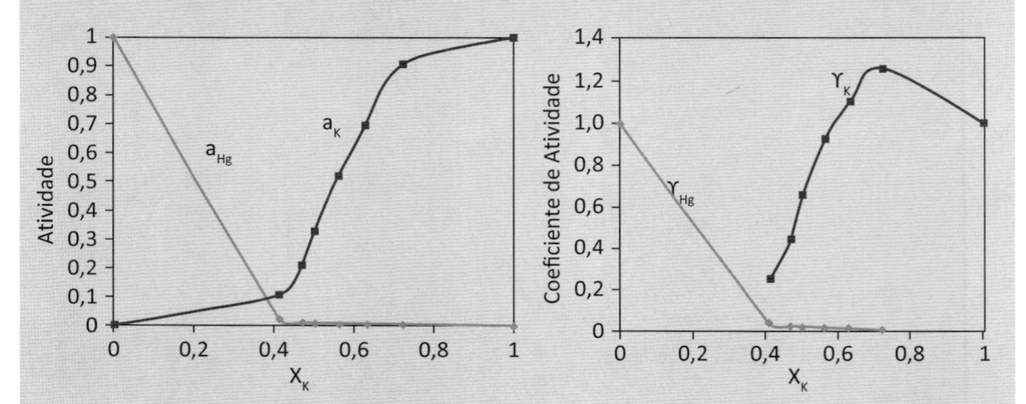

Atividades e coeficientes de atividade nos amálgamas líquidos, Hg-K, 387,5 °C.

Fugacidade e atividade de uma espécie em uma dada solução estão, por definição, relacionadas ao potencial químico da espécie; como consequência fugacidade e atividade são naturalmente dependentes de temperatura, pressão e composição. O paralelismo entre as definições de atividade e fugacidade, em contrapartida, permite que a discussão sobre influência de temperatura, pressão e composição seja integralmente aproveitada.

Por exemplo, considerando que:

$$\frac{\mu_i - \mu_i^o}{T} = R\ln a_i \tag{4.147}$$

a aplicação da equação de Gibbs-Helmholtz indica:

$$\frac{d\left\{\dfrac{\mu_i - \mu_i^o}{T}\right\}}{dT} = \frac{d\,Rlna_i}{dT} = -\frac{\bar{H}_i - H_i^o}{T^2} \tag{4.148}$$

$$\frac{d\,lna_i}{dT} = -\frac{\bar{H}_i - H_i^o}{RT^2} \tag{4.149}$$

Aqui, $\bar{H}_i - H_i^o$ representa a variação de entalpia parcial molar de dissolução da espécie i na solução. Em parte considerável dos casos os dados a respeito da variação de $\bar{H}_i - H_i^o$ com a temperatura são escassos, de forma que é comum desprezar essa influência. Nesse caso, a integração da equação anterior rende:

$$\ln a_i^{T2} - \ln a_i^{T1} = \frac{\Delta H_i}{R}\left(\frac{1}{T_2} - \frac{1}{T_1}\right) \tag{4.150}$$

Esta expressão reflete a alteração no valor de atividade quando a temperatura da solução é alterada de T_1 a T_2, a pressão e composição constantes.

É fácil notar que, como a derivada parcial anterior precisa ser realizada com todos os números de mols, de todos os componentes, mantidos constantes, o que implica sistema fechado, então, como:

$$\mu_i = \mu_i^o + RT\ln X_i + RT\ln\gamma_i \tag{4.151}$$

resulta

$$\left[\frac{d\dfrac{\Delta\mu_i}{T}}{dT}\right]_{n_i,\,P} = \left[\frac{d\,Rlna_i}{dT}\right]_{n_i,\,P} = \left[\frac{d\,Rln\gamma_i}{dT}\right]_{n_i,\,P} = -\frac{\Delta H_i}{T^2} \tag{4.152}$$

$$\ln \gamma_i^{T2} - \ln \gamma_i^{T1} = \frac{\Delta H_i}{R}\left(\frac{1}{T_2} - \frac{1}{T_1}\right) \tag{4.153}$$

EXEMPLO 4.18

Os dados (em J/mol) da tabela a seguir referem-se à formação de soluções líquidas cobre--alumínio, líquidas, a 1373 K e 1 atm, a partir do cobre e alumínio puros e líquidos. Ilustre as relações entre grandezas parciais molares e integral. Estime a atividade do cobre, em uma solução líquida, tal que $X_{Al} = 0,8$; utilize o Método das Tangentes, sabendo que $\Delta G = 78324 X_{Al}^2 - 78521 X_{Al}$ J/mol; $0 \leq X_{Cu} \leq 0,3$. Estime a atividade do alumínio, em uma solução líquida tal que $X_{Al} = 0,8$, a 1700 K.

Dados termodinâmicos para sistema Al-Cu, líquido, 1373 K

X_{Al}	X_{Cu}	a_{Al}	$\Delta\bar{G}_{Al}$	$\Delta\bar{H}_{Al}$	$\Delta\bar{G}_{Cu}$	$\Delta\bar{H}_{Cu}$	ΔG	ΔH
1	0	1	0	0	−∞	−17686	0	0
0,9	0,1	0,889	−1340	121	−60065	−20298	−7212	−1921
0,8	0,2	0,759	−3152	184	−49533	−20825	−12428	−4019
0,7	0,3	0,609	−5668	−251	−41965	−19570	−16556	−6049
0,6	0,4	0,441	−9356	−1637	−35146	−17041	−19670	−7799
0,5	0,5	0,266	−15116	−4416	−28163	−13692	−21642	−9054
0,4	0,6	0,116	−24584	−12047	−20511	−7694	−22140	−9435
0,3	0,7	0,028	−40642	−20980	−11922	−2842	−20537	−8284
0,2	0,8	0,006	−58864	−24547	−5835	−1084	−16443	−5777
0,1	0,9	0,001	−80819	−31039	−2001	−272	−9883	−3349
0	1	0	−∞	−36104	0	0	0	0

Fonte: Hultgreen (1973).

Esta tabela, de fato, apresenta várias possibilidades de cálculo. Por exemplo, para a fração molar citada tem-se:

XAl	a_{Al}	$\Delta\bar{G}_{Al}$	$\Delta\bar{H}_{Al}$	$\Delta\bar{G}_{Cu}$	$\Delta\bar{H}_{Cu}$	ΔG	ΔH
0,8	0,759	-3152	184	-49533	-20825	-12428	-4019

EXEMPLO 4.18 (*continuação*)

Várias relações se aplicam, por exemplo,

$$\Delta\bar{G}_{Al} = \Delta\bar{H}_{Al} - T\Delta\bar{S}_{Al}; -3152 = 184 - 1373\ \Delta\bar{S}_{Al}; \Delta\bar{S}_{Al} = 2{,}43 J/mol.K$$

$$\Delta G = \Delta H - T\Delta S; -12428 = -4019 - 1373\ \Delta S;\ \Delta S = 8{,}75\ J/mol.K$$

$$\Delta S = X_{Al}\Delta\bar{S}_{Al} + X_{Cu}\Delta\bar{S}_{Cu}; 8{,}75 = 0{,}8 \times 2{,}43 + 0{,}2\ \Delta\bar{S}_{Cu};\ \Delta\bar{S}_{Cu} = 34{,}04\ J/mol.K$$

$$\Delta H = X_{Al}\Delta\bar{H}_{Al} + X_{Cu}\Delta\bar{H}_{Cu}; -4019 = 0{,}8\ x184 + 0{,}2 \times (-20825)$$

e também:

$$\Delta G = X_{Al}\Delta\bar{G}_{Al} + X_{Cu}\Delta\bar{G}_{Cu}; -12428 = 0{,}8\ x(-3152) + 0{,}2\ \Delta\bar{G}_{Cu};\ \Delta\bar{G}_{Cu} = -49533\ J/mol$$

$$\Delta\bar{G}_{Cu} = RT\ln a_{Cu}; -49533 = 8{,}31 \times 1373\ lna_{Cu};\ a_{Cu} = 0{,}013.$$

Numa faixa limitada de composições aponta-se que:

$$\Delta G = 78324\ X^2_{Al} - 78521\ X_{Al} J/mol;\ 0 \le X_{Cu} \le 0{,}3$$

e logo, de acordo com o Método das Tangentes,

$$\Delta\bar{G}_{Cu} = \Delta G + X_{Al}\frac{d\Delta G}{dX_{Cu}}$$

$$\Delta\bar{G}_{Cu} = 78324\ X^2_{Al} - 78521\ X_{Al} + X_{Al}\left\{-156648\ X_{Al} + 78521\right\}$$

Para $X_{Cu} = 0{,}2$

$$\Delta\bar{G}_{Cu} = -50127; -50127 = 8{,}31\ x\ 1373\ lna_{Cu};\ a_{Cu} = 0{,}0124,$$

Finalmente, o valor de atividade do alumínio a 1700 K pode ser estimado considerando:

$$\ln\gamma_i^{T2} - \ln\gamma_i^{T1} = \frac{\Delta H_i}{R}\left(\frac{1}{T_2} - \frac{1}{T_1}\right)$$

EXEMPLO 4.18 (*continuação*)

onde:

$$a_{Al} = 0{,}759;\ \gamma_{Al} = \frac{a_{Al}}{X_{Al}} = 0{,}759/0{,}8 = 0{,}948;\ \Delta\bar{H}_{Al} = 184\ J/mol,\ a\ 1373\ K$$

$$\ln\gamma_{Al}^{1700} - \ln\gamma_{Al}^{1373} = \frac{\Delta H_{Al}}{R}\left(\frac{1}{1700} - \frac{1}{1373}\right)$$

$$\ln\gamma_{Al}^{1700} - \ln 0{,}948 = \frac{184}{8{,}31}\left(\frac{1}{1700} - \frac{1}{1373}\right)$$

$$\gamma_{Al}^{1700} = 0{,}947.$$

■

EXEMPLO 4.19

A tabela a seguir diz respeito à formação de soluções líquidas Au-Sn, a 823 K e 1 atm, a partir de Au e Sn líquidos e puros; os valores estão em J/mol. Pede-se: a) traçar a curva de atividade do estanho; b) determinar a quantidade de calor liberada quando da dissolução de um mol de Sn líquido em grande quantidade de uma liga com fração molar de Sn é igual a 0,3.

Entalpia e energia livre de formação de soluções Sn-Au

X_{Sn}	0,193	0,2	0,3	0,4	0,5	0,6	0,7	0,8	0,9
ΔH	-7690	-7907	-10327	-11507	-11578	-10632	-8749	-6158	-3181
ΔG	-13023	-13278	-16221	-17544	-17401	-16041	-13558	-10105	-5726

Fonte: Hultgreen (1973).

Os valores da tabela podem ser utilizados para se obter curvas de regressão:

$$\Delta G = -24537\ X_{Sn}^3 + 100711\ X_{Sn}^2 - 74728\ X_{Sn} - 21778\ \ (J/mol)\ r^2 = 1$$

$$\Delta H = 54986\ X_{Sn}^2 - 50701\ X_{Sn}\ \ (J/mol);\ X_{Sn} < 0{,}5;\ r^2 = 0{,}99$$

EXEMPLO 4.19 (*continuação*)

1) Como existe uma boa concordância entre os valores experimentais de variação de energia livre e a curva de regressão fornecida, o Método das Tangentes pode ser empregado, como aproximação numérica ou analiticamente,

$$\Delta\bar{G}_{Sn} = \Delta G + X_{Au}\frac{d\Delta G}{dX_{Sn}}$$

$$\Delta\bar{G}_{Sn} = \left\{-24537\ X_{Sn}^{3} + 100711\ X_{Sn}^{2} - 74728\ X_{Sn} - 21778\right\} + X_{Au}\left\{-73540\ X_{Sn}^{2} + 201422\ X_{Sn} - 74728\right\}$$

2) Valores de entalpia de dissolução podem ser estimados considerando:

$$\Delta\bar{H}_{Sn} = \Delta H + X_{Au}\frac{d\Delta H}{d\,X_{Sn}}$$

$$\Delta\bar{H}_{Sn} = 54986\ X_{Sn}^{2} - 50701\ X_{Sn} + X_{Au}\left\{109972\ X_{Sn} - 50701\right\}$$

Um resumo desses cálculos está apresentado na tabela a seguir.

Quantidades parciais molares calculadas pelo Método das Tangentes

X_{Sn}	ΔH (exp)	ΔG (exp)	ΔG	ΔH	$\Delta\bar{G}_{Sn}$	a_{Sn}	γ_{Sn}	$\Delta\bar{H}_{Sn}$
0,193	-7690	-13023	-13027	-7736	-44171	0,001576	0,008166	-72393
0,2	-7907	-13278	-13291	-7941	-43204	0,001816	0,00908	-71434
0,3	-10327	-16221	-16196	-10260	-30842	0,011046	0,036819	-58215
0,4	-11507	-17544	-17527	-11482	-21089	0,045931	0,114828	-45954
0,5	-11578	-17401	-17431	-11604	-13642	0,13632	0,272639	-34786
0,6	-10632	-16041	-16057		-8209	0,301453	0,502422	
0,7	-8749	-13558	-13554		-4496	0,518527	0,740753	
0,8	-6158	-10105	-10067		-2210	0,724261	0,905326	
0,9	-3181	-5726	-5743		-1051	0,857571	0,952857	

A variação de entalpia de dissolução de um mol de estanho em um grande volume de solução tal que X_{Sn} = 0,3 seria estimada como –58215 J/mol. ■

4.13 SOLUÇÕES IDEAIS

Tal como no caso dos gases, é costume estabelecer modelos de soluções, com a ajuda dos quais as propriedades dessas soluções podem ser descritas. Um desses modelos é o da Solução Ideal, o qual, por sua vez, se baseia na obediência à chamada Lei de Raoult, descrita a seguir.

4.13.1 LEI DE RAOULT

Pode-se analisar a equilíbrio dinâmico entre a fase condensada, composta apenas de **A**, e seu vapor à temperatura T. O vapor exerce pressão P_A^o, função somente da temperatura e da própria natureza da fase condensada.

A condição de equilíbrio dinâmico estabelece que, a cada instante, o número de partículas (átomos ou moléculas) que deixam a fase condensada na direção da fase vapor seja igual ao número de partículas que a ela tornam, ou:

velocidade de evaporação = velocidade de condensação (4.154)

A velocidade de condensação é função do número de partículas que atingem a superfície da fase condensada por unidade de tempo, e como a pressão de vapor é uma medida deste número,

$$V_c = k\,P_A^o \qquad (4.155)$$

A velocidade de evaporação, por sua vez, é o produto entre V_E^o, velocidade específica de evaporação (número de partículas que deixam a fase condensada por unidade de tempo, por unidade de área) e $Área^0$, área útil de evaporação para A (ou fração de área superficial disponível para evaporação). Das partículas A na superfície, apenas a fração que possui energia suficiente para romper as ligações com seus vizinhos pode adentrar na fase vapor (Figura 4.17).

Pictoricamente, diz-se que as partículas A da superfície estão no fundo de um poço de energia potencial e precisam "escapar" deste poço para evaporar. Pode-se então argumentar que a velocidade específica de evaporação seja dada por

$$V_E^o = \alpha \exp\left(\frac{-E_A^o}{RT}\right) \qquad (4.156)$$

onde: E_A^o é a energia de ativação do processo.

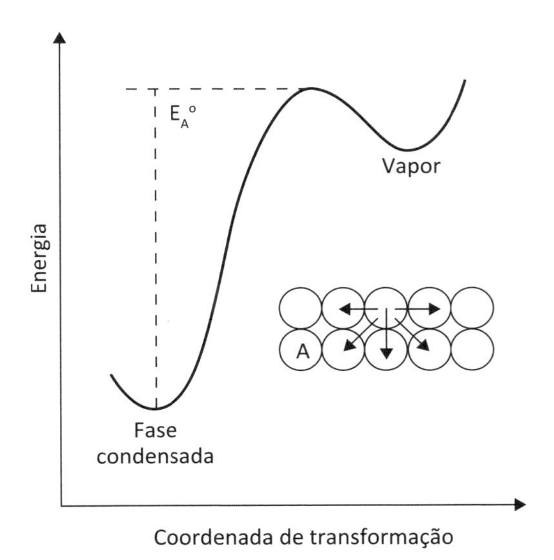

Figura 4.17 – Poço de potencial para evaporação de A puro, de uma fase condensada.

Então, deste modo,

$$V_E = V_E^o \, Área^o \tag{4.157}$$

e, considerando equilíbrio dinâmico,

$$V_E^o \, Área^o = k \, P_A^o \tag{4.158}$$

Vamos agora descrever as alterações, oriundas da adição de uma certa quantidade de B ao sistema, sob as restrições seguintes:

1. os volumes atômicos de A e B são iguais;
2. as forças de ligação A – A, B – B, A – B são iguais entre si;
3. A e B são distribuídos uniformemente na solução condensada, em decorrência das duas restrições anteriores.

Se X_A representa a fração molar de A na solução condensada, então X_A pode ser tomada como a razão *átomos de A na superfície/total de átomos na superfície.*

De modo semelhante ao analisado anteriormente, para o equilíbrio dinâmico a velocidade de condensação de A deve ser igual à velocidade de evaporação de A:

$$V_c^1 = k \, P_A \tag{4.159}$$

$$V_E^1 = V_E^{o1}\ Área^1 \tag{4.160}$$

onde os termos têm os mesmos significados, apenas identificados com o sobrescrito "1". No caso em questão, desde que as forças de ligação A-A, A-B e B-B sejam iguais, pode-se escrever:

$$V_E^{o1} = V_E^o \tag{4.161}$$

pois as profundidades dos poços de potencial seriam iguais, isto é, como sugere a Figura 4.18:

$$E_A^{o1} = E_A^o \tag{4.162}$$

Já a área útil de evaporação de A decresce do primeiro ao segundo caso, pois somente uma fração da superfície está ocupada por átomos de A (apenas desses sítios é que A pode evaporar).

$$Área^1 \big/ Área^o = X_A, \tag{4.163}$$

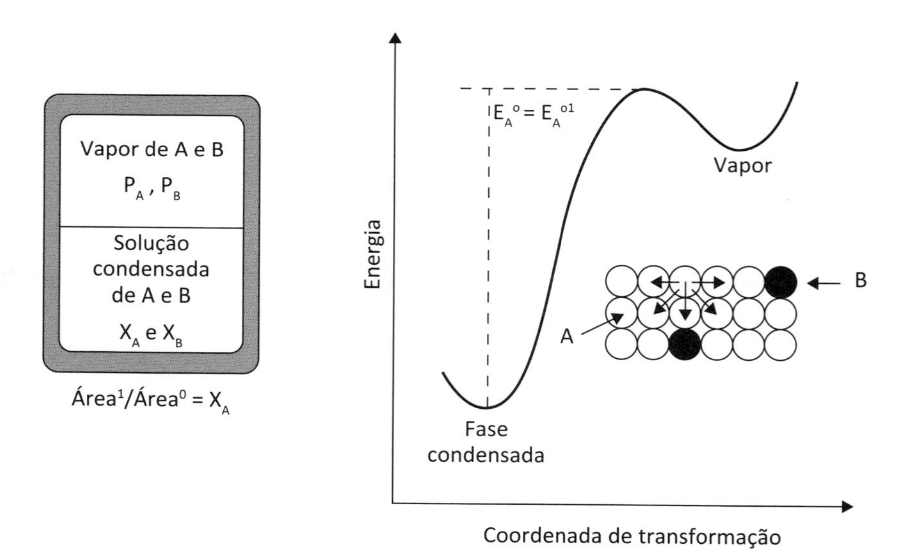

Figura 4.18 – Descrição esquemática do equilíbrio dinâmico entre vapor e solução ideal.

Logo, de $V_c^1 = V_E^1$, expressão do equilíbrio dinâmico, vem:

$$k\,P_A = V_E^{o1}\ Área^1 = V_E^o\ Área^1 = V_E^o\ Área^o\ X_A \tag{4.164}$$

expressão que, dividida por aquela referente ao equilíbrio dinâmico de A puro,

$$V_E^o \, Área^o = k \, P_A^o \tag{4.165}$$

implica:

$$\frac{P_A}{P_A^o} = X_A \tag{4.166}$$

expressão matemática da Lei de Raoult:

"A pressão de vapor de uma espécie i em solução condensada é igual ao produto entre sua pressão de vapor quando pura e sua fração molar na solução",

$$P_i = X_i \, P_i^o \tag{4.167}$$

Observem-se, entretanto, as condições de validade desta Lei: 1) volumes atômicos de A e B são iguais; 2) as forças de ligação A – A, B – B, A – B são iguais entre si; 3) A e B distribuídos uniformemente na solução condensada.

4.13.2 CARACTERIZAÇÃO DA SOLUÇÃO IDEAL

Seja a série de soluções condensadas, em equilíbrio com o seu vapor, representada na Figura 4.19.

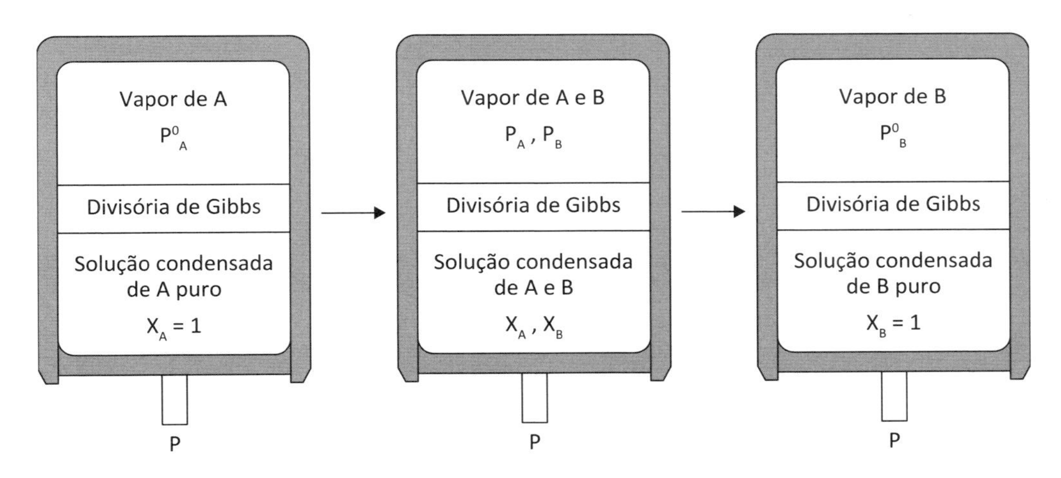

Figura 4.19 – Série de soluções ideais A-B.

Em todos os casos, a temperatura é a mesma e supõe-se que as fases condensadas estejam no mesmo estado físico. Então, se A e B obedecem à Lei de Raoult.

$$P_A = X_A P_A^o \tag{4.168}$$

e

$$P_B = X_B P_B^o \tag{4.169}$$

e se os vapores de A e B se comportam idealmente,

$$f_A = P_A \tag{4.170}$$

e

$$f_B = P_B \tag{4.171}$$

Além do mais, se for escolhida a referência Raoultiana, isto é, A e B puros no mesmo estado físico da solução, escreve-se:

$$f_A^o = P_A^o \tag{4.172}$$

e

$$f_B^o = P_B^o \tag{4.173}$$

o que resulta em:

$$\frac{f_A}{f_A^o} = \frac{P_A}{P_A^o} = X_A \tag{4.174}$$

e

$$\mu_A = \mu_A^o + RT \ln X_A \tag{4.175}$$

$$\frac{f_B}{f_B^o} = \frac{P_B}{P_B^o} = X_B \tag{4.176}$$

e

$$\mu_B = \mu_B^o + RT \ln X_B \tag{4.177}$$

Portanto, as atividades de A e B medidas de acordo com essas referências, *componentes A e B puros e no mesmo estado físico da solução*, as quais são denominadas atividades Raoultianas de A e B, são iguais às suas respectivas frações molares:

$$a_A = X_A \tag{4.178}$$

$$a_B = X_B \tag{4.179}$$

Deste modo, a solução ideal seria aquela para a qual "a pressão de vapor de uma espécie i em solução condensada é igual ao produto entre sua pressão de vapor quando pura e sua fração molar na solução: $P_i = X_i\,P_i^o$. Entretanto, a atividade de certo componente dessa solução condensada só seria igual à fração molar desse componente se for escolhido o estado de referência apropriado: referência Raoultiana. As relações entre pressões parciais, atividades e composição de uma solução condensada ideal são apresentadas, esquematicamente, na Figura 4.20.

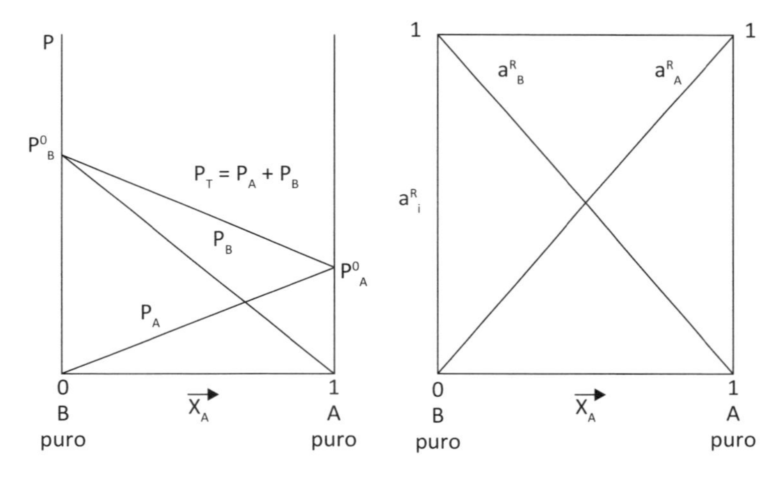

Figura 4.20 – Pressão de vapor sobre solução condensada ideal e atividades dos componentes na solução condensada ideal.

EXEMPLO 4.20

A 997 °C estão em equilíbrio uma solução sólida Au-Ag, X_{Au} = 0,2, e uma solução líquida Au-Ag. Especifique as condições gerais de equilíbrio. Utilizando referência Raoultiana para ambas as soluções e considerando que estas se comportam idealmente, escreva as expressões do potencial químico do Au determine a composição da fase líquida. Considere $T_{Au}^{fusão}$ = 1063 °C; $\Delta H_{Au}^{fusão} = 12767$ J.mol^{-1}.

EXEMPLO 4.20 (*continuação*)

Seja α a solução sólida, para a qual $X_{Au} = 0,2$, e seja β a solução líquida. As condições gerais de equilíbrio são escritas,

$$T_\alpha = T_\beta \qquad P_\alpha = P_\beta \qquad \mu^\alpha_{Au} = \mu^\beta_{Au} \qquad \mu^\alpha_{Ag} = \mu^\beta_{Ag}$$

Se as soluções podem ser tomadas como soluções ideais, então as atividades seriam iguais às frações molares se, convenientemente, for escolhida referência Raoultiana para ambas as soluções; sólidos puros para a solução sólida e líquidos puros para a solução líquida. Então, considerando o componente ouro,

$$\mu^\alpha_{Au} = \mu^{os}_{Au} + RT\ln a^\alpha_{Au} \text{ e } \mu^\beta_{Au} = \mu^{ol}_{Au} + RT\ln a^\beta_{Au}$$

$$\mu^\alpha_{Au} = \mu^{os}_{Au} + RT\ln X^\alpha_{Au} \text{ e } \mu^\beta_{Au} = \mu^{ol}_{Au} + RT\ln X^\beta_{Au}$$

Como existe equilíbrio de distribuição,

$$\mu^{os}_{Au} + RT\ln X^\alpha_{Au} = \mu^{ol}_{Au} + RT\ln X^\beta_{Au}$$

$$\mu^{os}_{Au} + RT\ln 0,20 = \mu^{ol}_{Au} + RT\ln X^\beta_{Au}$$

Valores de μ^{os}_{Au} e μ^{ol}_{Au} estão disponíveis na literatura, em função de temperatura, mas, neste caso, é conveniente reescrever a expressão anterior através da aproximação,

$$RT\ln X^\alpha_{Au} - RT\ln X^\beta_{Au} = \mu^{ol}_{Au} - \mu^{os}_{Au} = \Delta H^{fusão}_{Au}\left(1 - \frac{T}{T^{fusão}_{Au}}\right)$$

$$\ln X^\alpha_{Au} - \ln X^\beta_{Au} = \frac{\mu^{ol}_{Au} - \mu^{os}_{Au}}{RT} = \frac{\Delta H^{fusão}_{Au}}{R}\left(\frac{1}{T} - \frac{1}{T^{fusão}_{Au}}\right)$$

Portanto, nesse caso, tem-se:

$$\ln 0,20 - \ln X^\beta_{Au} = \frac{12761}{8,31}\left(\frac{1}{1270} - \frac{1}{1336}\right)$$

o que resulta em:

$$X^\beta_{Au} = 0,188.$$

■

EXEMPLO 4.21

Duas soluções, Fe-Si (X_{Si} = 0,312) e Ag-Si (X_{Si} = 0,00642), líquidas, estão em equilíbrio a 1420 °C. Essas soluções podem ser consideradas ideais? Justifique.

Designando por α a primeira solução e β a segunda solução se escreve, como equilíbrio de distribuição,

$$\mu_{Si}^{\alpha} = \mu_{Si}^{\beta}$$

e, então, escolhendo, arbitrariamente, silício puro e líquido como estado de referência, tem-se:

$$\mu_{Si} = \mu_{Si}^{ol} + RT\ln a_{Si}^{\alpha} = \mu_{Si}^{ol} + RT\ln a_{Si}^{\beta}$$

Como silício puro e líquido corresponde à referência Raoultiana para ambas as soluções, e na hipótese que ambas sejam ideais, escreve-se:

$$\mu_{Si} = \mu_{Si}^{ol} + RT\ln X_{Si}^{\alpha} = \mu_{Si}^{ol} + RT\ln X_{Si}^{\beta}$$

o que exigiria $X_{Si}^{\alpha} = X_{Si}^{\beta}$. Como isto não se cumpre, a solução (ao menos uma delas) não é ideal. ■

4.13.3 VARIAÇÃO DE ENERGIA LIVRE DE GIBBS DE FORMAÇÃO DA SOLUÇÃO IDEAL

Das relações anteriores, entre atividades e frações molares em soluções ideais, decorrem expressões para o cálculo de variações de Energia Livre de Gibbs, de entalpia, de volume e de entropia de formação dessas soluções.

De modo geral, se Y′ é uma grandeza extensiva qualquer da solução e n_i o número de mols do i-ésimo constituinte,

$$Y' = \sum n_i \overline{Y}_i \tag{4.180}$$

onde $\overline{Y}_i$ é a grandeza parcial molar correspondente.

No caso de um mol de solução tem-se que:

$$Y = \sum X_i \overline{Y}_i \tag{4.181}$$

onde X_i representa a fração molar.

Para variações da grandeza Y, isto é, a diferença entre o valor real e o valor no estado de referência, encontram-se:

$$\Delta Y = Y - Y^o \tag{4.182}$$

$$\Delta Y = \sum X_i \left(\overline{Y}_i - Y_i^o\right) \tag{4.183}$$

onde: Y_i^o é o valor da grandeza parcial molar no estado de referência.

Logo:

$$\Delta G = \sum X_i \left(\overline{G}_i - G_i^o\right) = \sum X_i \left(\mu_i - \mu_i^o\right) \tag{4.184}$$

e como:

$$\mu_i = \mu_i^o + RT \ln X_i \tag{4.185}$$

para um sistema binário ideal A – B se alcança (Figura 4.21):

$$\Delta G = RT(X_A \ln X_A + X_B \ln X_B) \tag{4.186}$$

A equação anterior indica que a variação de energia livre de formação ideal independe da natureza das espécies, e que é sempre possível formar, a T e P constantes, uma solução ideal.

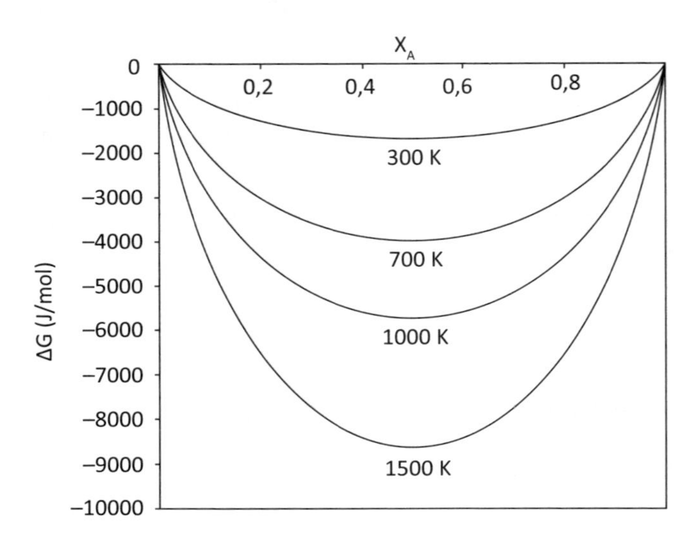

Figura 4.21 – Dependência da variação de energia livre de formação de soluções ideais e temperatura.

4.13.4 VARIAÇÃO DE ENTALPIA DE FORMAÇÃO DA SOLUÇÃO IDEAL

Como já foi mostrado, todas as relações válidas para grandezas extensivas também o são para as parciais molares. Logo, a equação de Gibbs-Helmholtz:

$$\left[\frac{d\,\Delta G/T}{dT}\right]_{P,n_i} = -\frac{\Delta H}{T^2} \tag{4.187}$$

onde os índices P, n_i significam que a fórmula é válida para transformações isobáricas e sistemas fechados, leva a:

$$\left[\frac{d\left(\mu_i - \mu_i^o\right)/T}{dT}\right]_{P,n_i} = -\frac{\bar{H}_i - H_i^o}{T^2} \tag{4.188}$$

e desde que para a solução ideal:

$$\mu_i - \mu_i^o = RT\ln X_i \tag{4.189}$$

$$\frac{\mu_i - \mu_i^o}{T} = R\ln X_i \tag{4.190}$$

$$\left[\frac{d\,R\ln X_i}{dT}\right]_{P,n_i} = 0 = -\frac{\bar{H}_i - H_i^o}{T^2} \tag{4.191}$$

$$\bar{H}_i - H_i^o = 0 \tag{4.192}$$

Conclui-se que a dissolução de 1 mol de i puro, no mesmo estado físico da solução, em uma grande quantidade de solução ideal, ocorre sem variação de entalpia; analogamente, a variação de entalpia de uma transformação que envolve um elemento em solução é a mesma que aquela na qual o elemento está puro.

Ainda, já que:

$$\Delta H = \sum X_i(\bar{H}_i - H_i^o) \tag{4.193}$$

resulta em $\Delta H = 0$ para a solução ideal, a T e P constantes. A solução ideal se forma sem troca de calor com as vizinhanças.

Daí, o gráfico da entalpia da solução binária A – B ideal (Figura 4.22):

$$H = X_A\,\bar{H}_A + X_B\,\bar{H}_B = X_A\,H_A^o + X_B\,H_B^o \tag{4.194}$$

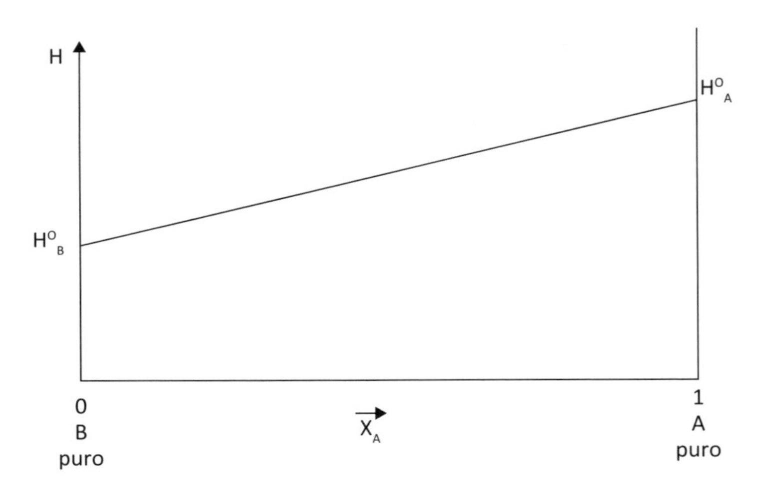

Figura 4.22 – Entalpia de solução ideal A-B, em função de composição.

4.13.5 VARIAÇÃO DE VOLUME DE FORMAÇÃO DA SOLUÇÃO IDEAL

Como se tem:

$$\left[\frac{d\Delta G}{dP}\right]_{T,n_i} = \Delta V \tag{4.195}$$

vem:

$$\left[\frac{d\left(\mu_i - \mu_i^o\right)}{dP}\right]_{T,n_i} = \overline{V}_i - V_i^o \tag{4.196}$$

e, desde que para a solução ideal:

$$\mu_i - \mu_i^o = RT \ln X_i \tag{4.197}$$

$$\left[\frac{d\,RT \ln X_i}{dP}\right]_{T,n_i} = 0 = \overline{V}_i - V_i^o \tag{4.198}$$

ou

$$\overline{V}_i - V_i^o = 0 \tag{4.199}$$

Portanto, o volume parcial molar de uma espécie i em solução ideal é igual ao volume molar da espécie pura. Logo, como:

$$\Delta V = \sum X_i(\overline{V}_i - V_i^o) \tag{4.200}$$

implica $\Delta V = 0$; a solução ideal se forma sem alteração de volume em relação aos constituintes puros. Dessa forma, o volume de uma solução ideal A-B seria dado por (Figura 4.23):

$$V = X_A\,\overline{V}_A + X_B\,\overline{V}_B = X_A\,V_A^o + X_B\,V_B^o \tag{4.201}$$

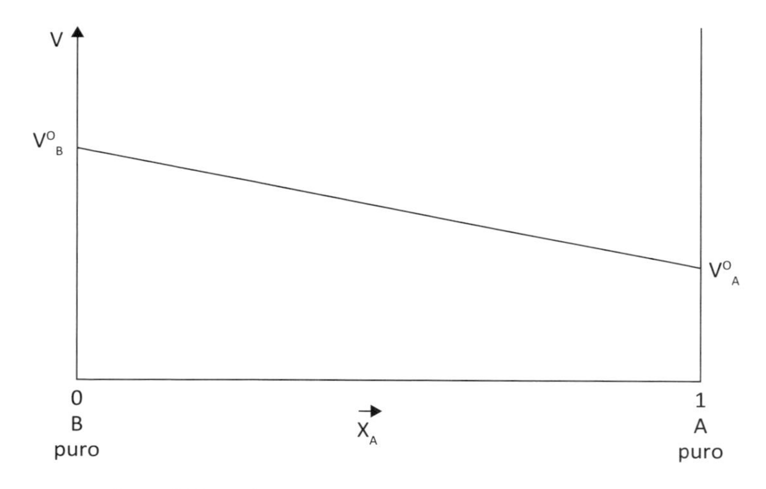

Figura 4.23 – Volume de uma solução ideal, em função de composição.

4.13.6 VARIAÇÃO DE ENTROPIA DE FORMAÇÃO DA SOLUÇÃO IDEAL

Já que:

$$\left[\frac{d\Delta G}{dT}\right]_{P,n_i} = -\Delta S \tag{4.202}$$

vem:

$$\left[\frac{d\left(\mu_i - \mu_i^o\right)}{dT}\right]_{P,n_i} = -\left(\overline{S}_i - S_i^o\right) \tag{4.203}$$

e, como para a solução ideal:

$$\mu_i - \mu_i^o = RT\ln X_i \tag{4.204}$$

$$\left[\frac{d\left(\mu_i-\mu_i^o\right)}{dT}\right]_{P,n_i}=\left[\frac{d\,RT\ln X_i}{dT}\right]_{P,n_i}=-\left(\overline{S}_i-S_i^o\right) \tag{4.205}$$

$$R\ln X_i=-\left(\overline{S}_i-S_i^o\right) \tag{4.206}$$

então, desde que:

$$\Delta S=\sum X_i(\overline{S}_i-S_i^o) \tag{4.207}$$

$$\Delta S=-R\sum X_i\ln X_i \tag{4.208}$$

a variação de entropia de formação da solução ideal depende apenas da composição desta.

Pode-se mostrar que o valor de ΔS dado pela expressão anterior corresponde à variação de entropia de configuração somente. Por exemplo, considere-se que um mol de partículas i = A, B, C..., isto é:

$$n_A+n_B+n_C+\ldots.=N, \tag{4.209}$$

onde N é o número de Avogadro, sofra uma transformação tal que na situação inicial A, B, C... estejam puros, separados uns dos outros, e na situação final formem uma solução em que estão distribuídos ao acaso no espaço. Logo, a variação de entropia seria:

$$\Delta S_{conf}=K\ln g-K\ln g^o \tag{4.210}$$

onde g^0 e g são, respectivamente, o número de microestados compatíveis com a situação inicial e o número de microestados compatíveis com a situação final (distribuição aleatória) e K é a constante de Boltzmann. E g pode ser tomado como igual a:

$$\frac{\left(n_A+n_B+n_C+\ldots.\right)!}{n_A!n_B!n_C!\ldots}=\frac{N!}{n_A!n_B!n_C!\ldots} \tag{4.211}$$

E como g^0 é pequeno em relação a g:

$$\Delta S_{conf}\approx K\ln g \tag{4.212}$$

E, de acordo com a aproximação de Stirling:

$$\ln g=N\ln N-N-n_A\ln n_A-n_B\ln n_B-n_C\ln n_C\ldots+n_A+n_B+n_C\ldots. \tag{4.213}$$

$$\ln g = N \ln N - n_A \ln n_A - n_B \ln n_B - n_C \ln n_C \ldots$$
$$= \left(n_A + n_B + n_C + \ldots\right) ln\ N - n_A \ln n_A - n_B \ln n_B - n_C \ln n_C \ldots\ldots \quad (4.214)$$

$$\ln g = -\left[n_A \ln \frac{n_A}{N} + n_B \ln \frac{n_B}{N} + n_C \ln \frac{n_C}{N} + \ldots \right] \quad (4.215)$$

Ou,

$$\text{K} \ln g = -K \left[n_A \ln \frac{n_A}{N} + n_B \ln \frac{n_B}{N} + n_C \ln \frac{n_C}{N} + \ldots \right] \quad (4.216)$$

E como:

$$K = \frac{R}{N} \quad (4.217)$$

Implica:

$$\Delta S_{conf} = K \ln g = -R[X_A \ln X_A + X_B \ln X_B + X_C \ln X_C + \ldots\ldots..] \quad (4.218)$$

$$\Delta S_{conf} = -R \sum X_i \ln X_i \quad (4.219)$$

EXEMPLO 4.22

A 1000 °C, o estanho e o bismuto têm, respectivamente, pressão de vapor de 1,66x10⁴ e 1,91 mm de Hg e entalpia de vaporização de 285,48 e 186,40 kJ/mol. Supondo ideal a solução Sn-Bi, calcule a entalpia de vaporização de uma liga de composição $X_{Bi} = 0,01$.

Considerando que estanho e bismuto se encontram dissolvidos em solução líquida, o valor de entalpia de vaporização deve refletir esta situação; isto é, a variação de entalpia seria dada pela diferença entre entalpia no estado de vapor e entalpia na solução. Então,

$$\Delta H = \left(X_{Bi}\overline{H}^g_{Bi} + X_{Sn}\overline{H}^g_{Sn}\right) - \left(X_{Bi}\overline{H}_{Bi} + X_{Sn}\overline{H}_{Sn}\right)$$

onde $\overline{H}^g_i$ e $\overline{H}_i$ representam os valores de entalpia parcial molar do componente i na fase gasosa e entalpia parcial molar do componente i na solução líquida.

Nesse caso,

$\overline{H}^g_i = H^{og}_i$ *(entalpia de i puro e gasoso a 1 atm), se a fase gasosa for ideal;*

$\overline{H}_i = \overline{H}^{ol}_i$ *(entalpia de i puro e líquido), se a fase líquida for ideal;*

EXEMPLO 4.22 (*continuação*)

e daí,

$$\Delta H = X_{Bi}\left(\overline{H}^{g}_{Bi} - \overline{H}_{Bi}\right) + X_{Sn}\left(\overline{H}^{g}_{Sn} - \overline{H}_{Sn}\right)$$

$$\Delta H = X_{Bi}\left(H^{og}_{Bi} - \overline{H}^{ol}_{Bi}\right) + X_{Sn}\left(H^{og}_{Sn} - \overline{H}^{ol}_{Sn}\right)$$

$$\Delta H = X_{Bi}\Delta H^{vaporização}_{Bi} + X_{Sn}\Delta H^{vaporização}_{Sn}$$

$$\Delta H = X_{Bi}186,40 + X_{Sn}285,48\ kJ/mol$$

■

EXEMPLO 4.23

Assumindo que uma solução ouro-cobre líquida, apresentando uma fração atômica de cobre igual a 0,45, comporta-se idealmente, calcule o calor absorvido e a variação de entropia no sistema quando um grama de cobre sólido é dissolvido isotermicamente a 1050 °C, em uma grande quantidade de liga com esta composição. Calcule o calor liberado, por grama de cobre oxidado, quando oxigênio puro é soprado através do banho descrito no exemplo anterior.

Como a solução líquida é ideal, pode-se escrever, para o cobre,

$$\overline{S}_{Cu} - \overline{S}^{ol}_{Cu} = -R\ln X_{Cu}, \text{ por ser ideal a solução líquida.}$$

$$\overline{H}_{Cu} - \overline{H}^{ol}_{Cu} = 0, \text{ por ser ideal a solução líquida.}$$

Como se pedem as variações de entalpia e entropia, considerando-se cobre puro e sólido como estado inicial tem-se:

$$\Delta\overline{S}_{Cu} = \overline{S}_{Cu} - \overline{S}^{os}_{Cu} = \left(\overline{S}_{Cu} - \overline{S}^{ol}_{Cu}\right) + \left(\overline{S}^{ol}_{Cu} - \overline{S}^{os}_{Cu}\right) = -R\ln X_{Cu} + \Delta S^{fusão}_{Cu}$$

$$\Delta\overline{H}_{Cu} = \overline{H}_{Cu} - \overline{H}^{os}_{Cu} = \left(\overline{H}_{Cu} - \overline{H}^{ol}_{Cu}\right) + \left(\overline{H}^{ol}_{Cu} - \overline{H}^{os}_{Cu}\right) = 0 + \Delta H^{fusão}_{Cu}$$

EXEMPLO 4.23 (*continuação*)

Valores tabelados de $\Delta H_{Cu}^{fusão} = 12977$ *J/mol e* $T_{Cu}^{fusão} = 1356$ *K permitem estimar:*

$$\Delta S_{Cu}^{fusão} = \frac{\Delta H_{Cu}^{fusão}}{T_{Cu}^{fusão}} = \frac{12977}{1356} = 9,57 \frac{J}{mol.K}$$

Finalmente, encontra-se tabelado, para a reação (Elliot, 1963),

$Cu(l) + ½\, O_2(g) = CuO(s)\ \ \Delta G^o = -\,167440 + 96,53\, T\, J;\ 1500\, K < T < 1720\, K$

Essa expressão implica $\Delta H^o = -167440\, J$*, de acordo com:*

$\Delta H^o = H_{CuO}$ *(CuO, puro e sólido, a 1 atm e T)* $-\ ½\, H_{O_2}$ *(oxigênio puro e gás ideal, a 1 atm e T)* $-\ H_{Cu}$ *(cobre puro e líquido, a 1 atm e T).*

No caso em questão, o cobre se encontra dissolvido na solução líquida, de modo que,

$\Delta H = H_{CuO}$ *(CuO, puro e sólido, a 1 atm e T)* $-\ ½\, H_{O_2}$ *(oxigênio puro e gás ideal, a 1 atm e T)* $-\ \bar{H}_{Cu}$ *(cobre dissolvido na solução líquida ideal, a 1 atm e T).*

Como para a solução ideal $\bar{H}_{Cu} = \bar{H}_{Cu}^{ol}$ *vem* $\Delta H = -167440\, J.$

■

EXEMPLO 4.24

Experiências mostram que as soluções líquidas Fe-Cr são ideais. Pede-se: 1) encontrar a densidade de uma solução formada com 600 g Cr e 400 g de Fe; 2) calcular as pressões parciais de Fe e Cr para a solução citada. Considere os dados:

$P_{Fe}^o(líquido) = 0,9153\, mm\, Hg$, densidade $Fe(líquido) = 6,9 \frac{g}{cm^3}$,

$P_{Cr}^o(líquido) = 4,695\, mm\, Hg$, densidade $Cr(líquido) = 6,4\, g/cm^3$.

1) As massas atômicas do ferro e do cromo são, respectivamente, 55,85 e 52 g/mol. Então os volumes molares seriam:

$$V_i^{ol} = \frac{M_i}{\rho_i}$$

Por exemplo,

$V_{Fe}^{ol} = 8,09\, cm^3/mol$ *e* $V_{Cr}^{ol} = 8,12\, cm^3/mol$

EXEMPLO 4.24 (*continuação*)

Esses volumes são também volumes parciais molares, pois se trata de solução ideal; dessa forma, os números de mols de ferro e cromo seriam:

$$n_{Fe} = \frac{400}{M_{Fe}} = 7{,}162 \; e \; n_{cr} = \frac{600}{M_{Cr}} = 11{,}54$$

o que permite estimar o volume da solução como,

$$V = n_{Fe}\, V_{Fe}^{ol} + n_{Cr}\, V_{Cr}^{ol} = 151{,}65 cm^3$$

e a densidade a partir de:

$$\rho = \frac{1000}{151{,}65} = 6{,}59\, g / cm^3$$

É fácil de observar que, neste caso,

$$\rho = \frac{1}{\dfrac{W_{Fe}}{\rho_{Fe}} + \dfrac{W_{Cr}}{\rho_{Cr}}}$$

onde W_{Fe} *e* W_{Cr} *representam as frações em massa de ferro e cromo.*

2) As pressões parciais são estimadas considerando-se que os gases são ideais, bem como a solução líquida. Logo:

$$a_i = \frac{f_i}{f_i^{ol}} = \frac{P_i}{P_i^{ol}}$$

E, também:

$$a_i = X_i$$

Como, por exemplo,

$$X_{Fe} = \frac{n_{Fe}}{n_{Fe} + n_{Cr}} = 0{,}383$$

vem:

$$P_{Fe} = X_{Fe}\, P_{Fe}^{ol}$$

$$P_{Fe} = 0{,}383 x 0{,}9153 = 0{,}349 \, mm\, Hg$$

■

4.14 SOLUÇÕES REAIS

A solução ideal é tal que se encontra que, para a mesma, $a_i = X_i$ e $\gamma_i = 1$, para toda e qualquer composição; a definição se completa exigindo-se que, para a medição das atividades seja utilizada referência Raoultiana. Toda solução que não apresenta comportamento ideal é, por exclusão, real. Dadas as condições impostas para comportamento ideal, é fácil inferir que a maioria das soluções é real. De modo a facilitar o tratamento de dados relativos às soluções reais, é costume a adoção de modelos, alguns dos quais são descritos nesta seção.

Quando da dedução da Lei de Raoult, supôs-se que as forças de ligação (A – A), (B – B), (A – B) eram iguais, o que tornava a velocidade específica de evaporação independente da composição. Na realidade, de modo geral, (A – A) ≠ (B – B) ≠ (A – B) ≠ (A – A) e então a profundidade do poço de energia potencial no qual está localizada uma partícula da superfície depende dos vizinhos que ela possui.

Considerando diferentes poços de potencial, primeiro para A puro e depois para A em solução, então as energias de ativação para o processo de evaporação de A, a partir de A puro e a partir de uma solução contendo A em estado de dissolução, seriam diferentes (Figura 4.24); esta última seria função também de composição:

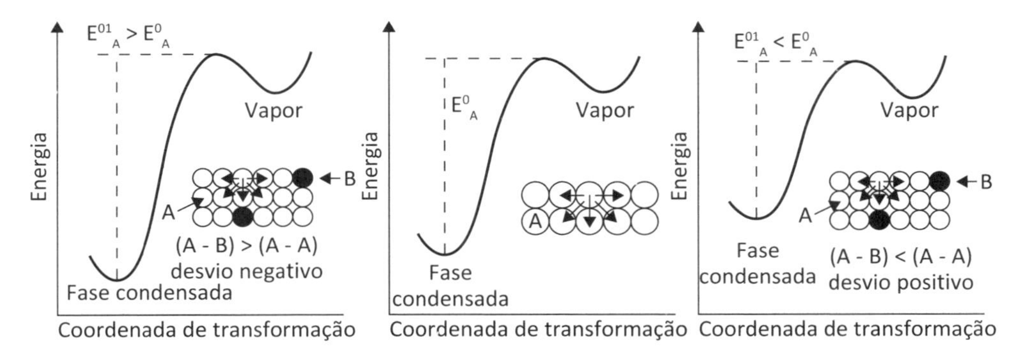

Figura 4.24 – Influência da magnitude das ligações (A-A) e (A-B) sobre os poços de potencial de evaporação de A.

$$E_A^{o1}\left(dissolvido, função\,de\,composição\right) \neq E_A^o\left(puro\right) \quad (4.220)$$

Comparando as expressões relativas aos equilíbrios dinâmicos de evaporação, substância pura *versus* substância em solução, implicaria:

$$\frac{P_A}{P_A^o} = \frac{V_E^{o1}}{V_E^o} X_A \quad (4.221)$$

e logo:

$$\frac{P_A}{P_A^o} = \gamma_A X_A \tag{4.222}$$

sendo que γ_A é função da composição.

Se a força de atração (A – B) for mais forte que a força de atração (A – A), então:

$$V_E^{o1} < V_E^o \tag{4.223}$$

e P_A será menor que $X_A\ P_A^o$; neste caso $\gamma_A < 1$ e se diz que a solução apresenta Desvio Negativo em relação à idealidade.

Caso contrário, se a força de atração (A – B) for mais fraca que a força de atração (A – A),

$$V_E^{o1} > V_E^o \tag{4.224}$$

e P_A será maior que $X_A\ P_A^o$; nesse caso, $\gamma_A > 1$e se diz que a solução apresenta Desvio Positivo em relação à idealidade.

Considere agora uma solução condensada A–B, de composição qualquer. De modo geral, para esta solução, a pressão de vapor sobre ela obedece a uma relação do tipo:

$$\frac{P_i}{P_i^o} = \gamma_i X_i \tag{4.225}$$

onde γ_i representa uma função, a determinar, de temperatura, pressão e composição. Agora, se esta solução real A – B está em equilíbrio com seu vapor, se os vapores de A e B se comportam idealmente e se for utilizada referência Raoultiana, então:

$$a_A = \frac{f_A}{f_A^o} = \frac{P_A}{P_A^o} = \gamma_A X_A \tag{4.226}$$

ou:

$$a_A = \gamma_A X_A \tag{4.227}$$

$$a_B = \frac{f_B}{f_B^o} = \frac{P_B}{P_B^o} = \gamma_B X_B \tag{4.228}$$

ou:

$$a_B = \gamma_B X_B \tag{4.229}$$

sendo que γ_A *e* γ_B são, por definição, os coeficientes de atividade de A e B, respectivamente.

EXEMPLO 4.25

A pressão de vapor do manganês puro e líquido é dada por (Kubaschewski, 1983):

$$\log P_{Mn}(mm\,Hg) = \frac{14520}{T} - 3{,}02\log T + 19{,}24$$

A atividade Raoultiana do manganês na solução líquida ferro-manganês, tal que $X_{Mn} = 0{,}4$ *vale 0,443, a 1863 K. Qual a pressão de vapor de manganês sobre essa solução? Qual o valor de coeficiente de atividade?*

Como se trata de solução líquida, a referência Raoultiana seria, nesse caso, componentes puros e líquidos. Então a atividade do manganês se calcula como:

$$a_{Mn} = \frac{f_{Mn}}{f^o_{Mn}} = \frac{P_{Mn}}{P^o_{Mn}}$$

onde o índice ol significa puro e líquido.

A igualdade entre pressão parcial e fugacidade se justifica em função da combinação de temperaturas altas e pressões baixas. De fato,

$$P^{ol}_{Mn} = 37{,}16 \text{ mm de Hg ou } P^{ol}_{Mn} = 0{,}049 \text{ atm}$$

e logo, sendo:

$$a_{Mn} = \frac{P_{Mn}}{P^o_{Mn}} \text{ ou } 0{,}443 = \frac{P_{Mn}}{37{,}16} \text{ vem } P_{Mn} = 16{,}09 \text{ mm de Hg.}$$

Naturalmente, o coeficiente de atividade se estima como:

$$\gamma_{Mn} = \frac{a_{Mn}}{X_{Mn}} = \frac{0{,}443}{0{,}4} = 1{,}08$$

■

4.14.1 AS LEIS DE RAOULT E DE HENRY EM SOLUÇÕES REAIS

No caso das soluções reais, duas situações extremas podem ser imaginadas:

a) A é solvente, X_A é próximo de 1, situação na qual, em termos práticos, A só tem partículas A por vizinhos, de sorte que:

$$E_A^{o1} \approx E_A^o \tag{4.230}$$

$$V_E^{o1} \approx V_E^o, \tag{4.231}$$

o que implica:

$$P_A = X_A\, P_A^o \tag{4.232}$$

isto é, o solvente obedece à Lei de Raoult.

Quando X_A tende a 1, A é solvente e obedece à Lei de Raoult, de modo que:

$$a_A = X_A \tag{4.233}$$

$$\gamma_A = 1 \tag{4.234}$$

b) A é soluto, X_A é próximo de zero, situação na qual A só tem partículas B por vizinhos, de sorte que:

$$V_E^{o1} \neq V_E^o \tag{4.235}$$

Porém, enquanto tal fato persistir, V_E^{o1} deve ser constante, pois E_A^{o1} resulta de apenas um tipo de interação (A–B, com átomos de A completamente circundados por átomos de B). Então:

$$\frac{V_E^{o1}}{V_E^o} = \gamma_A^o \text{ (constante),} \tag{4.236}$$

Implica:

$$\mathrm{P}_A = \gamma_A^o\, X_A\, P_A^o \tag{4.237}$$

ou a pressão de vapor do soluto é proporcional à sua fração molar, enunciado da Lei de Henry.

Se X_A tende a zero, A é soluto e obedece à Lei de Henry,

$$a_A = \gamma_A^o X_A \qquad (4.238)$$

$$\gamma_A = \gamma_A^o \qquad (4.239)$$

Então, define-se o coeficiente henryano de atividade como:

$$\gamma_A^o = \lim_{X_A \to 0} \gamma_A \qquad (4.240)$$

As mesmas considerações são válidas para o constituinte B.

4.14.2 VALIDADE SIMULTÂNEA DAS LEIS DE RAOULT E DE HENRY

É possível mostrar que quando o soluto obedece à Lei de Henry, necessariamente o solvente obedece à Lei de Raoult. Por exemplo, seja A o soluto em uma solução diluída tal que a Lei de Henry seja válida para ele, ou:

$$a_A = \gamma_A^o X_A \qquad (4.241)$$

Então, decorre que, a pressão e temperaturas constantes,

$$\mu_A = \mu_A^o + RT \ln a_A = \mu_A^o + RT \ln\left(\gamma_A^o X_A\right) \qquad (4.242)$$

$$\mu_A = \mu_A^o + RT \ln X_A + RT \ln \gamma_A^o \qquad (4.243)$$

$$d\mu_A = RT\, d\ln X_A = RT \frac{dX_A}{X_A} \qquad (4.244)$$

Aplicando a equação de Gibbs-Duhem vem,

$$\mu_B = \mu_B^o + RT \ln a_B \qquad (4.245)$$

$$X_A\, d\mu_A + X_B\, d\mu_B = 0 \qquad (4.246)$$

$$X_A\, RT \frac{dX_A}{X_A} + X_B\, RT\, dln a_B = 0 \qquad (4.247)$$

$$dX_A + X_B\, dln a_B = 0 \qquad (4.248)$$

Agora, desde que:

$$X_A + X_B = 1 \quad (4.249)$$

$$dX_A = -dX_B \quad (4.250)$$

Resulta:

$$d\,ln a_B = \frac{dX_B}{X_B} = dln\,X_B \quad (4.251)$$

Esta expressão pode ser integrada, entre limites convenientes. Estes devem ser tais que pertençam à faixa de concentrações para a qual a Lei de Henry é válida para A. O limite inferior mais apropriado é $X_A = 0$, ou $X_B = 1$, vez que para esta condição a_B é igual a um, pois B se encontra no próprio estado de referência. Conclui-se, então:

$$\int_{a_B=1}^{a_B} dln\,a_B = \int_{X_B=1}^{X_B} dln\,X_B \quad (4.252)$$

ou:

$$a_B = X_B \quad (4.253)$$

Isto é,

$$\text{A é soluto: } a_A = \gamma_A^o\, X_A \text{ e B é solvente: } a_B = X_B \quad (4.254)$$

$$\text{A é solvente: } a_A = X_A \text{ e B é soluto: } a_B = \gamma_B^o\, X_B \quad (4.255)$$

Essa conclusão é exemplificada através da Figura 4.25, que trata do caso das soluções sólidas magnésio-cádmio a 1 atm e 543 K.

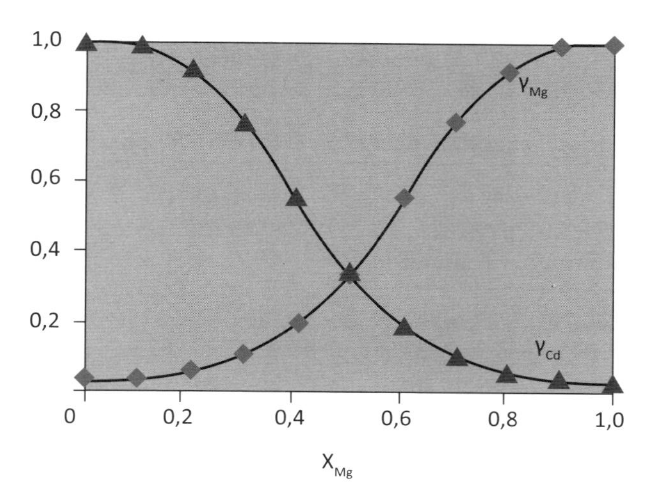

Figura 4.25 – Validade simultânea das leis de Raoult e de Henry, caso das soluções sólidas magnésio-cádmio a 1 atm e 543 K.

Fonte: Hultgreen (1973).

EXEMPLO 4.26

Quando carbono grafítico é adicionado ao ferro líquido a 1873 K, este é capaz de dissolver a espécie adicionada até que seja atingida a concentração de saturação, a qual ocorre com precipitação de grafita para $X_C = 0{,}211$ (ver figura a seguir). Determine o coeficiente de atividade do carbono nessas condições.

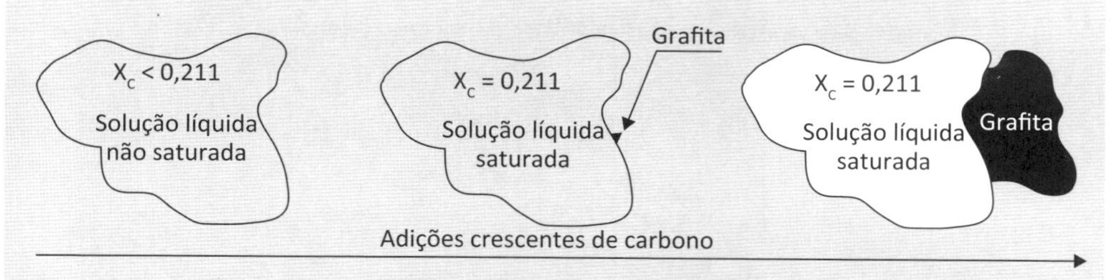

Condição de saturação em grafita, no sistema Fe-C, a 1873 K.

Fonte: Hultgreen (1973).

Na condição de saturação, o equilíbrio de distribuição pode ser descrito pela relação:

$$\mu_C\left(solução\,líquida\,Fe-C,1873\,K,1\,atm,X_C=0{,}211\right)=\mu_C\left(puro\,sólido,1873\,K,1\,atm\right)$$

de maneira que, se carbono grafítico puro e sólido, a 1873 K e 1 atm, for escolhido como estado de referência escreve-se

EXEMPLO 4.26 (*continuação*)

$$\mu_C^o + RT\ln a_C\left(solução\,Fe - C, X_C = 0{,}211\right) = \mu_C^o + RT\ln a_C\left(puro\,sólido\right)$$

$$\mu_C^o + RT\ln a_C\left(solução\,Fe - C, X_C = 0{,}211\right) = \mu_C^o$$

pois na grafita a atividade é unitária (os estados real e de referência são os mesmos).

Portanto, na condição de saturação tem-se: $a_C = \gamma_C\, X_C^{sat}$, $\gamma_C = 1/0{,}211$.

A figura que se segue mostra as curvas de atividade e de coeficiente de atividade, neste sistema. O valor de γ_C^o, *obtido por extrapolação, é da ordem de 0,56.*

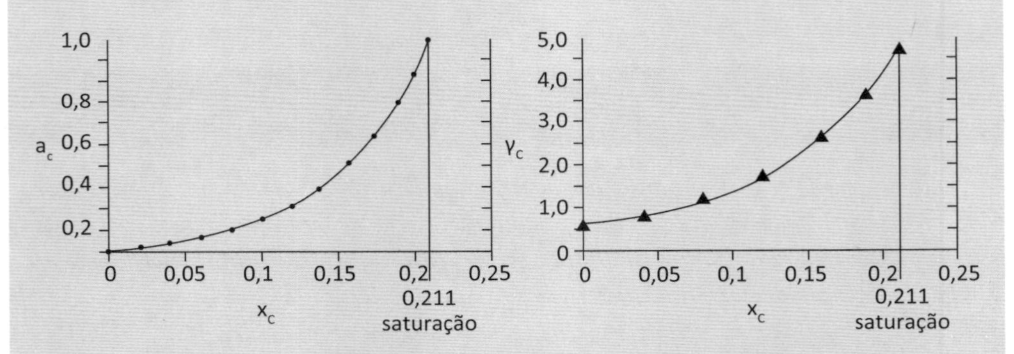

Curvas de atividade e coeficiente de atividade do carbono, nas soluções líquidas Fe-C, a 1873 K.

Fonte: Hultgreen (1973).

■

EXEMPLO 4.27

A tabela a seguir diz respeito ao sistema líquido, Fe-Ni, a 1873 K e 1 atm; estados de referência correspondem ao ferro e níquel puros e líquidos a 1873 K.

Atividade do níquel, no sistema ferro-níquel

X_{Ni}	0,00	0,10	0,20	0,30	0,40	0,50	0,60	0,70	0,80	0,90	1,00
X_{Fe}	1,00	0,90	0,80	0,70	0,60	0,50	0,40	0,30	0,20	0,10	0,00
a_{Fe}				0,69				???			
a_{Ni}	0,00	0,07	0,14	0,21	0,29	0,37	0,48	0,61	0,76	0,89	1,00
X_{Ni}/X_{Fe}	0,00	0,11	0,25	0,43	0,67	1,00	1,50	2,33	4,00	9,00	∞
$\ln a_{Ni}$	$-\infty$	−2,69	−1,98	−1,57	−1,26	−0,99	−0,73	−0,49	−0,28	−0,12	0,00

Propositalmente, não é uma tabela completa, e algumas operações matemáticas foram realizadas sobre os valores originais; note-se a indefinição do valor de $\ln a_{Ni}$ *que tende a* $-\infty$ *quando* X_{Ni} *tende a zero, e do valor de* X_{Ni}/X_{Fe} *que tende a* ∞, *quando* X_{Fe} *tende a zero. Estimar, então, a atividade do ferro na solução tal que:* $X_{Fe} = 0{,}30$.

A equação de Gibbs-Duhem aplicada aos potenciais químicos implica:

$$X_{Fe}\, d\ln a_{Fe} + X_{Ni}\, d\ln a_{Ni} = 0$$

Ou, após as devidas manipulações algébricas:

$$d\ln a_{Fe} = -\frac{X_{Ni}}{X_{Fe}}\, d\ln a_{Ni}$$

Esta expressão pode ser integrada considerando-se limites de integração convenientes; neste caso, como sugere a tabela:

$$\int_{a_{Fe}=0,69}^{a_{Fe}} d\ln a_{Fe} = -\int_{X_{Fe}=0,70}^{X_{Fe}=0,30} \frac{X_{Ni}}{X_{Fe}}\, d\ln a_{Ni}$$

$$\ln a_{Fe} - \ln 0{,}69 = -\{\frac{0{,}67+0{,}43}{2}(-1{,}26+1{,}57)+\frac{1+0{,}67}{2}(-0{,}99+1{,}26)+ \frac{1{,}5+1}{2}(-0{,}73+0{,}99)+\frac{2{,}33+1{,}5}{2}(-0{,}49+0{,}73)\}$$

ou, $a_{Fe} = 0{,}212$, *valor que pode ser comparado ao dado experimental 0,218.*

EXEMPLO 4.27 (*continuação*)

A expressão gráfica dessa integração está apresentada na figura a seguir, na qual se nota que o procedimento não poderia ser estendido aos extremos de composição, em função das indefinições de valores numéricos, já apontadas.

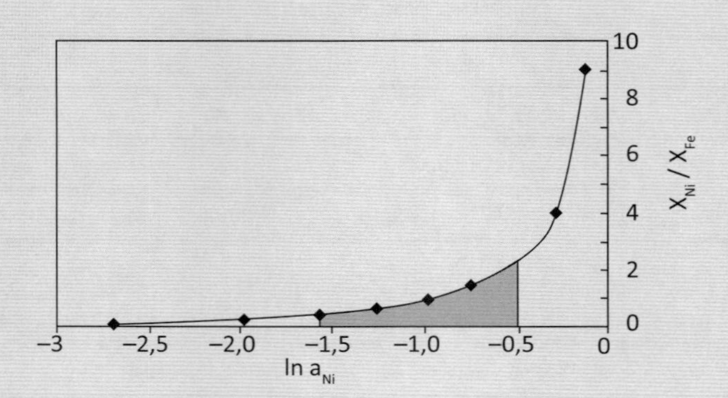

Determinação de atividade via integração da equação de Gibbs-Duhem.

■

EXEMPLO 4.28

A 700 °C, a entalpia integral de formação das soluções Cu-Cd líquidas segue a relação:

$$H^M = 837\, X_{Cu}\, X_{Cd}\ J/mol,$$

a entropia parcial molar de dissolução do cádmio vale 4,78 J/mol.K na solução equiatômica e a energia livre do cádmio puro líquido, −64,046 kJ/mol. Calcule a atividade e a energia livre molar do cádmio na solução equiatômica.

Esses valores são para referência Raoultiana, isto é, cádmio puro e líquido. Dessa forma,

$\overline{S}_{Cd}$ (na solução líquida, $X_{Cd} = 0,5$) − S^{ol}_{Cd} (puro e líquido) = 4,78 J/mol.K.

E, considerando o Método das Tangentes,

$$\Delta\overline{H}_{Cd} = \Delta H + (1 - X_{Cd})\frac{d\Delta H}{dX_{Cd}}$$

EXEMPLO 4.28 (*continuação*)

ou

$$\Delta\bar{H}_{Cd} = 837\,X_{Cu}\,X_{Cd} + (1 - X_{Cd})(837\,X_{Cu} - 837\,X_{Cd}) = 837\,X_{Cu}^2\ J/mol$$

$$\Delta\bar{H}_{Cd} = \bar{H}_{Cd}(na\ solução\ líquida) - H_{Cd}^{ol}(puro\ e\ líquido) = 837\,X_{Cu}^2\ J/mol$$

o que indica, para $X_{Cu} = 0{,}5$,

$$\Delta\bar{H}_{Cd} = \bar{H}_{Cd} - H_{Cd}^{ol} = 209\ J/mol$$

e, então,

$$\Delta\mu_{Cd} = \Delta\bar{H}_{Cd} - T\Delta\bar{S}_{Cd} = 209 - 973\,x\,4{,}78 = -4441\ J/mol$$

ou

$$\Delta\mu_{Cd} = \mu_{Cd} - \mu_{Cd}^{ol} = \mu_{Cd} - (-64046)$$

o que indica:

$$\mu_{Cd} = -68487\ J/mol$$

Finalmente, como $\Delta\mu_{Cd} = RT\ln a_{Cd} = -4441\ J/mol$ *vem:*

$$a_{Cd} = 0{,}577$$

■

EXEMPLO 4.29

Experiências realizadas com soluções sólidas prata-paládio indicaram que a pressão de vapor da Ag sobre a Ag sólida pura pode ser expressa por $\log P(mm\ Hg) = -13696/T + 8{,}727$, *enquanto a pressão de vapor da Ag sobre a solução sólida se expressa por* $\log P = -13795/T + 8{,}649$, *quando* $X_{Ag} = 0{,}802$. *Determine a atividade da prata, para referência Raoultiana. Utilize a equação de Gibbs-Helmholtz e determine a variação de entalpia parcial molar de dissolução de 1 mol de Ag.*

Como é favorável a combinação altas temperaturas e baixas pressões no caso em análise, para $X_{Ag} = 0{,}802$ *pode-se escrever:*

$$a_{Ag} = \frac{f_{Ag}}{f_{Ag}^o} = \frac{P_{Ag}}{P_{Ag}^o} = 10^{-99/T\,-0{,}078} = e^{-228/T-0{,}179}$$

EXEMPLO 4.29 (*continuação*)

Por exemplo, a 1000 K, $a_{Ag} = 0{,}665$.

Por sua vez, de acordo com a equação de Gibbs-Helmholtz,

$$\Delta \bar{H}_{Ag} = -RT^2 \frac{d\ln a_{Ag}}{dT} = -RT^2 \frac{d\left[-228/T - 0{,}179\right]}{dT} = -228\,R$$

■

EXEMPLO 4.30

Para ligas líquidas bismuto-tálio a 750 K foram determinados os seguintes valores das grandezas (ΔH e ΔS) integrais de formação (referência Raoultiana):

Alguns dados termodinâmicos no sistema Bi-Tl:

X_{Tl}	ΔH (J/mol)	ΔS (J/K.mol)	ΔG(J/mol)
0,3	−2930	5,454	−7020,97
0,4	−3596	6,27	−8298,75

Determine ΔG *de formação para as composições acima. Estime* ΔG *e* $d\Delta G / dX_{Tl}$ *para a composição* $X_{Tl} = 0{,}35$ *e, então, estime* $\Delta \bar{G}_{Tl}$ *para a composição anterior. Estime* a_{Tl} *para a composição anterior.*

Os valores de ΔG *expostos na tabela foram calculados como* $\Delta G = \Delta H - T\Delta S$*, de modo que se estima, para* $X_{Tl} = 0{,}35$,

$$\Delta G = -7659{,}88\ J/mol$$

O valor da derivada pode ser estimado a partir de uma aproximação numérica,

$$d\Delta G / dX_{Tl} = (-8298{,}75 + 7020{,}97)/(0{,}4 - 0{,}3) = -12777{,}77\ J$$

e, logo, o Método dos Interceptos fornece

$$\Delta \bar{G}_{Tl} = \Delta G + \left(1 - X_{Tl}\right) d\Delta G / dX_{Tl} =$$

$$-7659{,}88 + (1 - 0{,}35)x(-12777{,}77) = 15965{,}4\ J/mol.$$

Daí vem $\Delta \bar{G}_{Tl} = RT \ln a_{Tl}$ *e então* $a_{Tl} = 0{,}077$ *e* $\gamma_{Tl} = 0{,}22$.

■

EXEMPLO 4.31

A 1152 K e 1 atm estão em equilíbrio três soluções do sistema Ag-Cu, a saber, solução sólida α, $X_{Cu} = 0{,}141$, $\Delta G = -954$ *J/mol (referência Raoultiana); solução sólida* β, $X_{Cu} = 0{,}951$, $\Delta G = -481$ *J/mol (referência Raoultiana); solução líquida,* $X_{Cu} = 0{,}399$. *Sabe-se que* $T_{Cu}^{fusão} = 1083\,°C$ *e* $\Delta H_{Cu}^{fusão} = 13270$ *J/mol.*

Determine a expressão que fornece a atividade (referência Raoultiana) do Cu na solução α; *conhecida a atividade (R.R.) do Cu em* β, *determine a atividade (R.R.) do Cu na solução líquida.*

Como condição de equilíbrio de distribuição entre as fases, solução sólida α, $X_{Cu} = 0{,}141$ *e solução sólida* β, $X_{Cu} = 0{,}951$, *pode-se escrever que:*

$$\mu_{Cu}^{\alpha} = \mu_{Cu}^{\beta} \quad e \quad \mu_{Ag}^{\alpha} = \mu_{Ag}^{\beta}$$

de maneira que, escolhendo referência Raoultiana para ambas as soluções α *e* β,

$$\mu_{Cu}^{\alpha} = \mu_{Cu}^{os} + RT\ln a_{Cu}^{\alpha} = \mu_{Cu}^{\beta} = \mu_{Cu}^{os} + RT\ln a_{Cu}^{\beta}$$

e

$$\mu_{Ag}^{\alpha} = \mu_{Ag}^{os} + RT\ln a_{Ag}^{\alpha} = \mu_{Ag}^{\beta} = \mu_{Ag}^{os} + RT\ln a_{Ag}^{\beta}$$

pode-se identificar que

$$a_{Cu}^{\alpha} = a_{Cu}^{\beta} \ e \ a_{Ag}^{\alpha} = a_{Ag}^{\beta}$$

Portanto, de

$$\Delta G^{\alpha} = RT\left\{X_{Cu}^{\alpha}\ln a_{Cu}^{\alpha} + X_{Ag}^{\alpha}\ln a_{Ag}^{\alpha}\right\} = -954\ J/mol$$

$$\Delta G^{\beta} = RT\left\{X_{Cu}^{\beta}\ln a_{Cu}^{\beta} + X_{Ag}^{\beta}\ln a_{Ag}^{\beta}\right\} = -481\,J/mol$$

$$\Delta G^{\alpha} = 8{,}31x1152\left\{0{,}141\ln a_{Cu}^{\alpha} + 0{,}859\ln a_{Ag}^{\alpha}\right\} = -954\,J/mol$$

$$\Delta G^{\beta} = 8{,}31x1152\left\{0{,}951\ln a_{Cu}^{\beta} + 0{,}049\ln a_{Ag}^{\beta}\right\} = -481\,J/mol$$

EXEMPLO 4.31 (*continuação*)

pode-se inferir que:

$$a^{\alpha}_{Cu} = a^{\beta}_{Cu} = 0,955 \quad e \quad a^{\alpha}_{Ag} = a^{\beta}_{Ag} = 0,870$$

Por sua vez, como a solução líquida, X_{Cu} = 0,399, estaria em equilíbrio com as soluções sólidas se tem, para o cobre,

$$\mu^{\alpha}_{Cu} = \mu^{L}_{Cu}$$

de maneira que, escolhendo referência Raoultiana,

$$\mu^{\alpha}_{Cu} = \mu^{os}_{Cu} + RT \ln a^{\alpha}_{Cu} = \mu^{L}_{Cu} = \mu^{ol}_{Cu} + RT \ln a^{L}_{Cu}$$

e

$$\mu^{ol}_{Cu} - \mu^{os}_{Cu} = \Delta H^{fusão}_{Cu}\left(1 - \frac{T}{T^{fusão}_{Cu}}\right) = RT \ln a^{\alpha}_{Cu} - RT \ln a^{L}_{Cu}$$

Finalmente, para 1152 K e a^{α}_{Cu} = 0,955 vem

8,31 x 1152 (ln 0,955 - ln a^{L}_{Cu})= 13270 (1- 1152/1356)

e, logo, a^{L}_{Cu} = 0,775.

■

4.14.3 GRÁFICOS DE PRESSÃO E ATIVIDADE PARA A SOLUÇÃO REAL

Aqui se utiliza o coeficiente de atividade para caracterizar desvios em relação à idealidade, positivos e negativos. Desvios positivos são caracterizados por:

$$\gamma_i > 1 \tag{4.256}$$

desvios negativos por:

$$\gamma_i < 1 \tag{4.257}$$

Então, tem-se,

Caso I: A espécie i apresenta desvio positivo em relação à idealidade, $\gamma_i > 1$, o que implica (Figura 4.26):

$$a_i > X_i \tag{4.258}$$

$$P_i > X_i P_i^o \qquad (4.259)$$

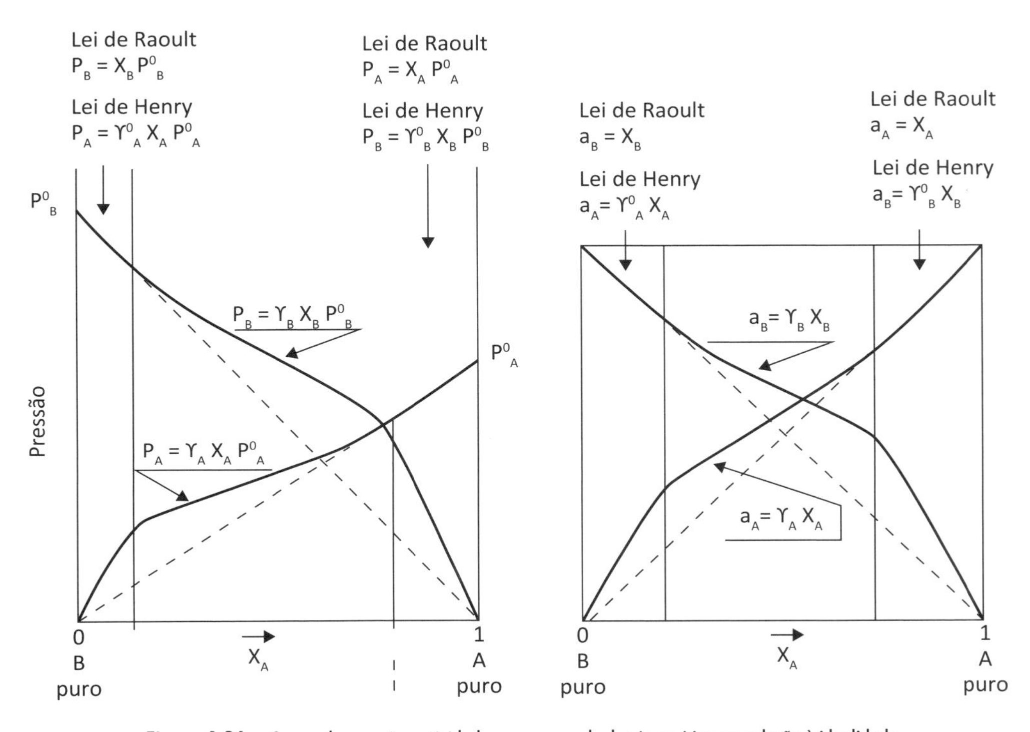

Figura 4.26 – Curvas de pressão e atividade para o caso de desvio positivo em relação à idealidade.

Nessa figura, os trechos representativos de comportamento ideal estão tracejados. Nota-se que as faixas de concentração para as quais as Leis de Raoult e Henry são válidas foram propositalmente exageradas (a rigor elas só são cumpridas à diluição infinita). Observa-se também que quando A obedece à Lei de Raoult, B obedece à Lei de Henry, e quando B obedece à Lei de Raoult, A obedece à Lei de Henry.

Caso II: A espécie i apresenta desvio negativo em relação à unidade, $\gamma_i < 1$, o que implica (Figura 4.27):

$$a_i < X_i \qquad (4.260)$$

$$P_i < X_i P_i^o \qquad (4.261)$$

É interessante notar que, tanto no caso de soluções ideais quanto no caso de soluções reais, as curvas de atividade não são isobáricas, pois a pressão exercida sobre a fase condensada, P_T, varia com a composição. Como a fugacidade de uma espécie que participa de fase condensada varia pouco com a pressão, despreza-se o erro introduzido por esta aproximação.

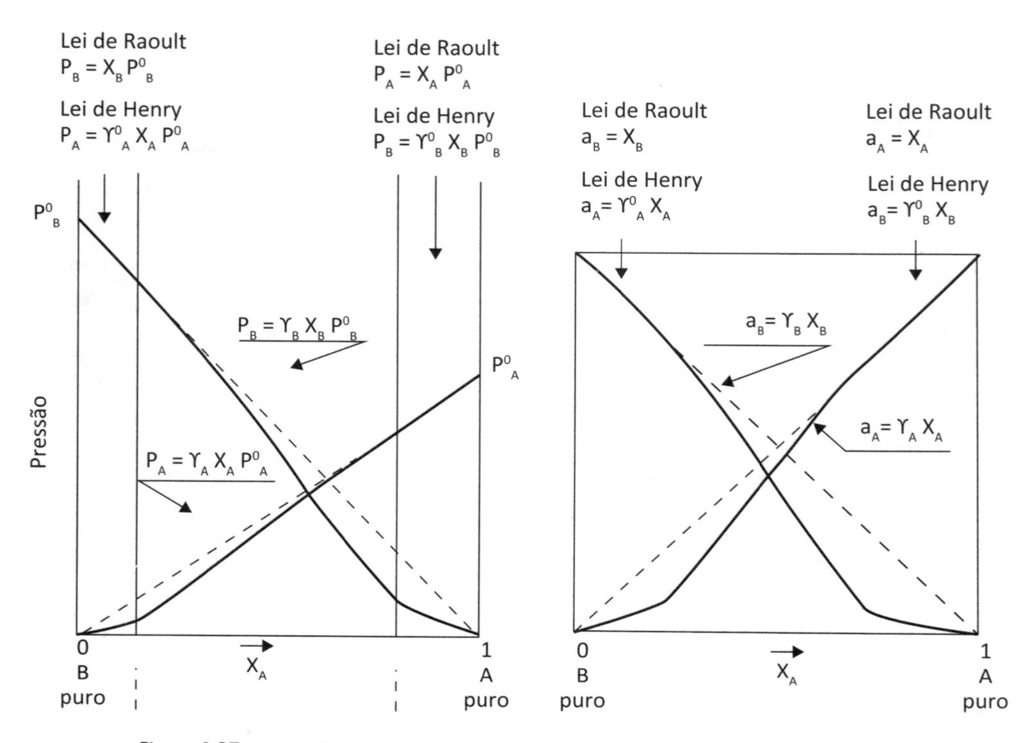

Figura 4.27 – Curvas de pressão e atividade para o caso de desvio positivo em relação à idealidade.

EXEMPLO 4.32

Considere o sistema Cu-Ag, líquido, a 1423 K e 1 atm, e caracterize o seu desvio em relação à idealidade. Trace curvas de entalpia de dissolução.

As figuras e a tabela que se seguem fornecem dados termodinâmicos relativos à formação de soluções líquidas cobre-prata, 1 atm e 1423 K, referência Raoultiana. Note-se que os valores de coeficientes de atividades são sempre superiores à unidade: neste caso, se diz ter um desvio positivo em relação à idealidade (posto que para a solução ideal o coeficiente de atividade é unitário). O gráfico de atividade ressalta as regiões de obediência às Leis de Raoult e de Henry, o que é também aparente na curva de coeficiente de atividade. O gráfico referente à entalpia parcial de dissolução mostra que o valor desta variável tende a zero quando o componente é solvente (pois então se trata de dissolver este componente nele mesmo, com variação energética nula) e que a entalpia de dissolução tende a um valor constante quando o componente é soluto.

EXEMPLO 4.32 (*continuação*)

Grandezas integrais e parciais molares (J/mol), para soluções líquidas cobre-prata a 1 atm e 1423 K

x Ag(l) + (1-x) Cu(l) => (solução líquida)					
X_{Ag}	ΔG	ΔH	ΔS	ΔG^{exc}	ΔS^{exc}
1,0	0	0	0,000	0	0,000
0,9	-2570	1900	3,144	1277	0,440
0,8	-3679	3131	4,785	2244	0,624
0,7	-4295	3855	5,726	2939	0,649
0,6	-4605	4203	6,191	3361	0,590
0,5	-4684	4245	6,275	3520	0,511
0,4	-4567	4010	6,028	3399	0,427
0,3	-4240	3474	5,421	2989	0,339
0,2	-3638	2633	4,408	2286	0,247
0,1	-2558	1473	2,834	1293	0,126
0,0	0	0	0,000	0	0,000

Fonte: Hultgreen (1973).

Ag(l) => Ag (solução líquida)							
X_{Ag}	a_{Ag}	γ_{Ag}	$\Delta\bar{G}_{Ag}$	$\Delta\bar{G}^{exc}_{Ag}$	$\Delta\bar{H}_{Ag}$	$\Delta\bar{S}_{Ag}$	$\Delta\bar{S}^{exc}_{Ag}$
1,0	1,000	1,000	0	0	0	0,000	0,000
0,9	0,912	1,014	-1084	163	368	1,021	0,147
0,8	0,841	1,052	-2047	594	1226	2,298	0,444
0,7	0,779	1,113	-2960	1264	2298	3,692	0,728
0,6	0,722	1,203	-3855	2189	3424	5,119	0,867
0,5	0,667	1,334	-4793	3412	4713	6,681	0,917
0,4	0,610	1,525	-5852	4994	6312	8,548	0,925
0,3	0,537	1,790	-7359	6890	8225	10,951	0,938
0,2	0,431	2,154	-9967	9084	10637	14,479	1,093
0,1	0,266	2,656	-15693	11562	13307	20,382	1,226
0,0	0,000	3,375	$-\infty$	14400	16325	∞	1,352

Fonte: Hultgreen (1973).

EXEMPLO 4.32 (*continuação*)

Cu(l) => Cu (solução líquida)							
X_{Cu}	a_{Cu}	γ_{Cu}	$\Delta\bar{G}_{Cu}$	$\Delta\bar{G}_{Cu}^{exc}$	$\Delta\bar{H}_{Cu}$	$\Delta\bar{S}_{Cu}$	$\Delta\bar{S}_{Cu}^{exc}$
0,0	0,000	3,406	$-\infty$	14504	23023	∞	5,986
0,1	0,260	2,600	−15944	11311	15698	22,236	3,085
0,2	0,422	2,112	−10201	8849	10758	14,726	1,340
0,3	0,535	1,782	−7413	6840	7485	10,469	0,456
0,4	0,616	1,541	−5726	5119	5371	7,799	0,180
0,5	0,679	1,359	−4575	3629	3772	5,869	0,100
0,6	0,731	1,218	−3713	2336	2474	4,345	0,096
0,7	0,782	1,118	−2905	1314	1436	3,052	0,084
0,8	0,841	1,051	−2055	586	632	1,888	0,033
0,9	0,912	1,013	−1097	151	159	0,883	0,004
1,0	1,000	1,000	0	0	0	0,000	0,000

Fonte: Hultgreen (1973).

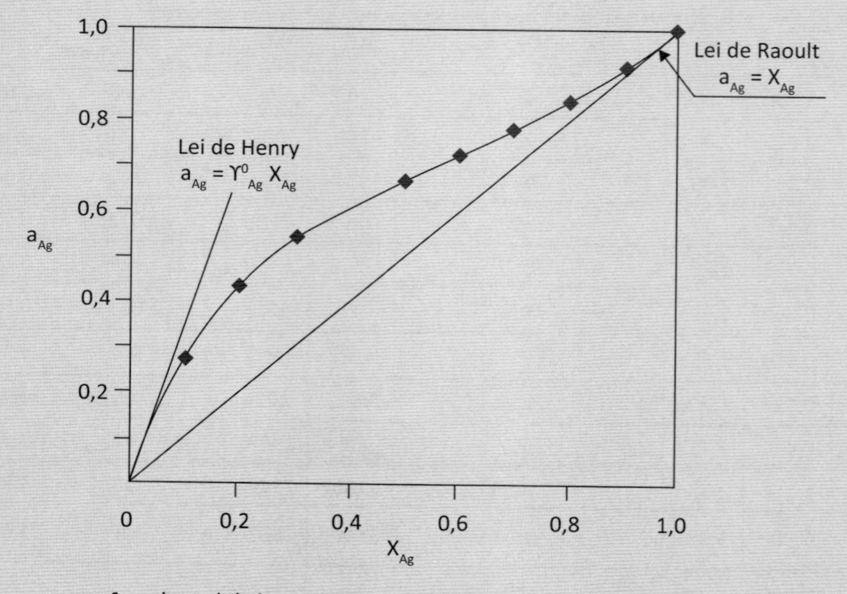

Curva de atividade da prata, para as soluções líquidas cobre-prata a 1 atm e 1423 K.

EXEMPLO 4.32 (*continuação*)

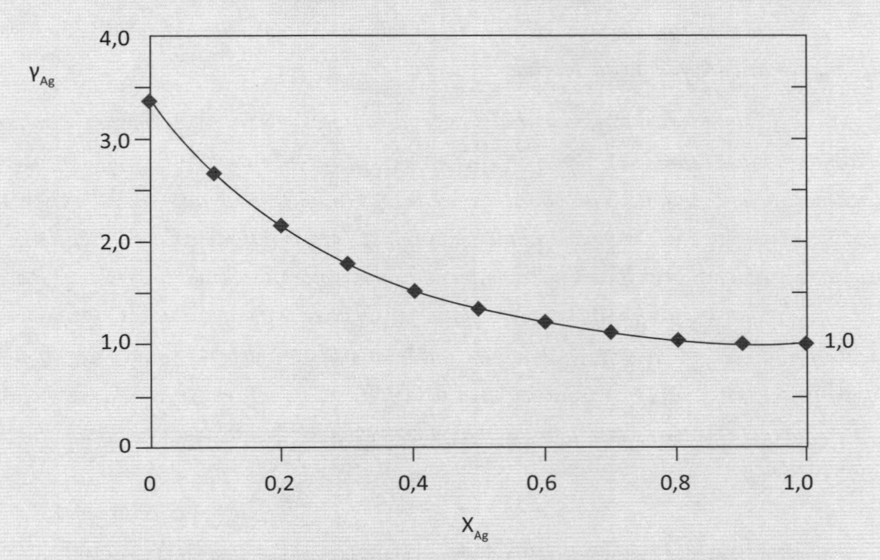

Curva de coeficiente de atividade da prata, para as soluções líquidas cobre-prata a 1 atm e 1423 K.

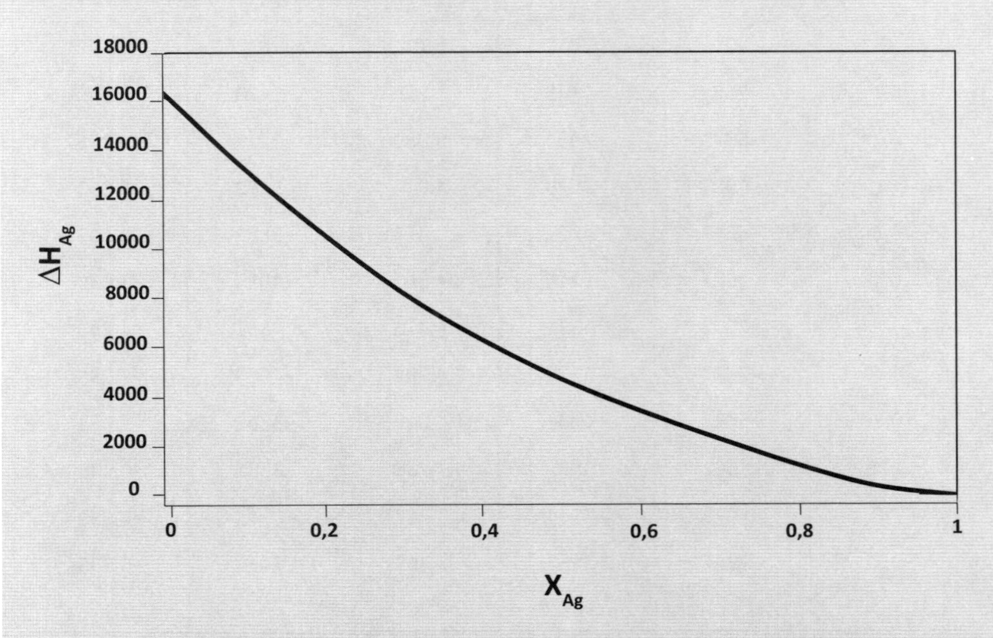

Curva de entalpia de dissolução da prata, para soluções líquidas cobre-prata a 1 atm e 1423 K.

■

EXEMPLO 4.33

Caracterize o desvio em relação à idealidade, de soluções sólidas Mg-Cd, a 543 K e 1 atm. Trace curvas de entalpia de dissolução.

As figuras e tabela a seguir fornecem dados termodinâmicos relativos à formação de soluções sólidas magnésio-cádmio, a 1 atm e 543 K, referência Raoultiana. Note-se que os valores de coeficientes de atividades são sempre inferiores à unidade: nesse caso, diz-se existir um desvio negativo em relação à idealidade (posto que, para a solução ideal, o coeficiente de atividade é unitário). O gráfico de atividade ressalta as regiões de obediência às leis de Raoult e de Henry, o que é também aparente da curva de coeficiente de atividade. O gráfico referente à entalpia parcial de dissolução mostra que o valor desta variável tende a zero quando o componente é solvente (pois então se trata de dissolver este componente nele mesmo, com variação energética nula) e que a entalpia de dissolução tende a um valor constante quando o componente é soluto.

Grandezas integrais e parciais molares (J/mol) para soluções sólidas magnésio-cádmio a 1 atm e 543 K

x Mg (s) + (1-x) Cd(s) => (solução sólida α)					
X_{Mg}	ΔG	ΔH	ΔS	ΔG^{exc}	ΔS^{exc}
0	0	0	0	0	0
0,1	-2943	-1423	2,796	-1473	0,092
0,2	-5073	-2909	3,989	-2817	-0,176
0,25	-5923	-3579	4,312	-3382	-0,360
0,3	-6652	-4219	4,475	-3889	-0,607
0,4	-7627	-5149	4,567	-4588	-1,030
0, 5	-7962	-5534	4,475	-4831	-1,293
0,6	-7627	-5295	4,299	-4588	-1,298
0,7	-6643	-4462	4,019	-3885	-1,063
0,75	-5902	-3872	3,738	-3361	-0,938
0,8	-5073	-3194	3,462	-2813	-0,699
0,9	-2947	-1662	2,369	-1478	-0,335
1,0	0	0	0	0	0

Fonte: Hultgreen (1973).

EXEMPLO 4.33 (*continuação*)

Mg (s) => Mg (solução sólida α)							
X_{Mg}	a_{Mg}	γ_{Mg}	$\Delta\bar{G}_{Mg}$	$\Delta\bar{G}^{exc}_{Mg}$	$\Delta\bar{H}_{Mg}$	$\Delta\bar{S}_{Mg}$	$\Delta\bar{S}^{exc}_{Mg}$
0,0	0,00	0,036	∞	−14986	−13169	∞	3,349
0,1	0,004	0,042	−24743	−14341	−14877	18,171	−0,984
0,2	0,012	0,061	−19913	−12646	−14391	10,172	−3,215
0,3	0,031	0,104	−15651	−10214	−12286	6,199	−3,813
0,4	0,077	0,191	−11608	−7468	−9218	4,395	−3,223
0,5	0,171	0,342	−7970	−4839	−5919	3,776	−1,988
0,6	0,333	0,555	−4965	−2658	−3093	3,445	−0,804
0,7	0,541	0,772	−2780	−1168	−1218	2,876	−0,092
0,8	0,737	0,922	−1377	−368	−339	1,909	0,054
0,9	0,889	0,988	−532	−54	−46	0,892	0,017
1,0	1,000	1,000	0	0	0	0,000	0,000

Fonte: Hultgreen (1973).

Cd (s) => Cd (solução sólida α)							
X_{Cd}	a_{Cd}	γ_{Cd}	$\Delta\bar{G}_{Cd}$	$\Delta\bar{G}^{exc}_{Cd}$	$\Delta\bar{H}_{Cd}$	$\Delta\bar{S}_{Cd}$	$\Delta\bar{S}^{exc}_{Cd}$
1,0	1, 000	1, 000	0	0	0	0,000	0,000
0,9	0,891	0,990	-519	-46	71	1,088	0,213
0,8	0,739	0,924	-1365	-356	-42	2,440	0,586
0,7	0,539	0,770	-2792	-1180	-762	3,734	0,766
0, 6	0,332	0,554	-4977	-2666	-2432	4,680	0,431
0,5	0,172	0,344	-7953	-4822	-5145	5,170	-0,594
0,4	0,076	0,191	-11620	-7480	-8590	5,580	-2,043
0,3	0,031	0,104	15664	-10226	-12035	6,685	-3,332
0,2	0,012	0,062	-19858	-12587	-14605	9,674	-3,713
0,1	0,004	0,042	-24706	-14304	-16200	15,660	-3,491
0,0	0,000	0,035	-∞	-15141	-16865	∞	3,173

Fonte: Hultgreen (1973).

EXEMPLO 4.33 (*continuação*)

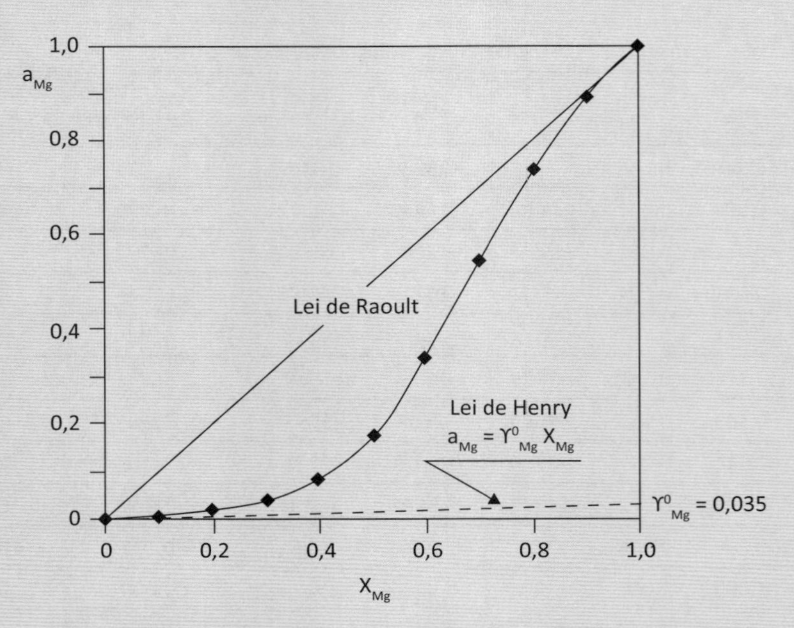

Curva de atividade do magnésio, para as soluções sólidas magnésio-cádmio a 1 atm e 543 K.

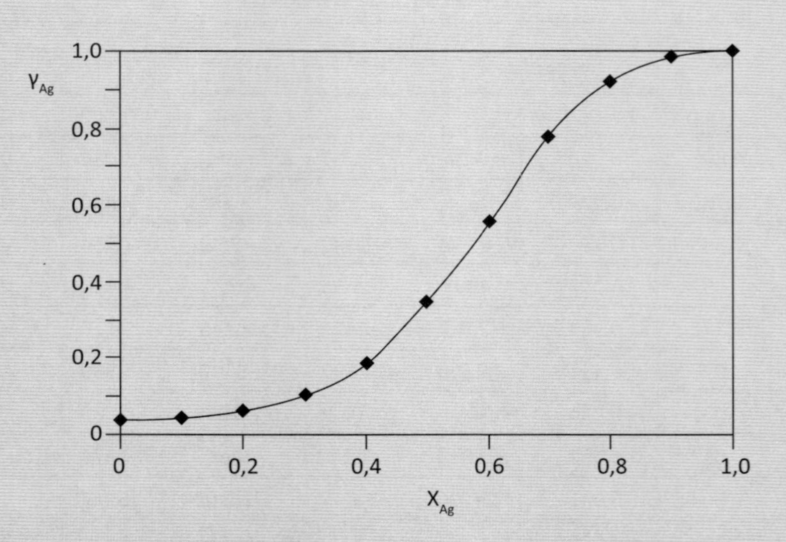

Curva de coeficiente de atividade do magnésio, para as soluções sólidas magnésio-cádmio a 1 atm e 543 K.

EXEMPLO 4.33 (*continuação*)

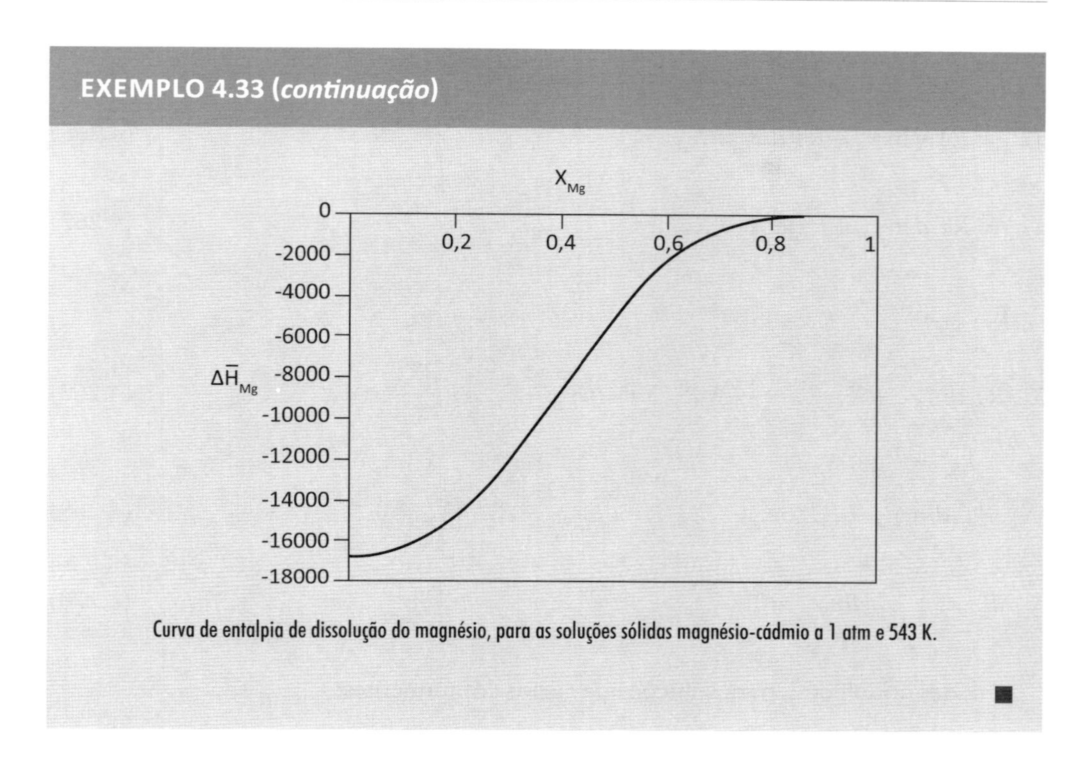

Curva de entalpia de dissolução do magnésio, para as soluções sólidas magnésio-cádmio a 1 atm e 543 K.

4.14.4 APLICAÇÃO DA EQUAÇÃO DE GIBBS-DUHEM PARA O CÁLCULO DE ATIVIDADES ATRAVÉS DO COEFICIENTE DE ATIVIDADE

A introdução de mais uma grandeza termodinâmica, o coeficiente de atividade, não é gratuita; dela resultam várias vantagens, como se verá a seguir.

A equação de Gibbs-Duhem,

$$\sum X_i \, d\overline{Y}_i = 0 \qquad (4.262)$$

aplicada ao caso de potenciais químicos dos componentes A e B de uma solução binária, implica:

$$X_A \, d\mu_A + X_B \, d\mu_B = 0 \qquad (4.263)$$

Como:

$$d\mu_A = RT \, d\ln a_A = RT \, d\ln \gamma_A X_A \qquad (4.264)$$

$$d\mu_B = RT \, d\ln a_B = RT \, d\ln \gamma_B X_B \qquad (4.265)$$

Ou

$$d\mu_A = RT\,d\ln\gamma_A + RT\,dX_A / X_A \qquad (4.266)$$

$$d\mu_B = RT\,d\ln\gamma_B + RT\,dX_B / X_B \qquad (4.267)$$

E, então,

$$X_A\ RT\,dln\gamma_A + X_A\ RT\frac{dX_A}{X_A} + X_B\ RT\,dln\gamma_B + X_B\ RT\frac{dX_B}{X_B} = 0 \qquad (4.268)$$

$$X_A\ RT\ dln\ \gamma_A + RT\ dX_A + X_B\ RT\ dln\ \gamma_B + RT\ dX_B = 0 \qquad (4.269)$$

$$X_A\ dln\gamma_A + X_B\ dln\gamma_B = 0 \qquad (4.270)$$

Ou, de modo geral, para soluções de vários componentes:

$$\sum X_i\ dln\gamma_i = 0 \qquad (4.271)$$

Logo, se a atividade de A é conhecida (e, portanto, γ_A), o coeficiente de atividade de B (e, portanto, a_B) pode ser determinado por meio da integração da expressão,

$$dln\gamma_B = -\frac{X_A}{X_B}dln\gamma_A \qquad (4.272)$$

No caso especial de se utilizar referência Raoultiana, poder-se-ia escrever:

$$\int_{\gamma_B=1}^{\gamma_B} dln\gamma_B = -\int_{X_B=1}^{X_B}\frac{X_A}{X_B}dln\gamma_A \qquad (4.273)$$

Note-se que, como limite inferior de integração foi escolhida a composição $X_B = 1$, pois para esta composição (e para referência Raoultiana), o componente B se encontra no seu estado de referência, isto é, $a_B = 1$, o que implica:

$$\gamma_B = a_B / X_B = 1 \qquad (4.274)$$

$$ln\gamma_B = -\int_{X_B=1}^{X_B}\frac{X_A}{X_B}dln\gamma_A \qquad (4.275)$$

Deve-se relembrar que a adoção de referência Raoultiana não é mandatória; em algumas ocasiões é mais conveniente não adotá-la. Um exemplo já abordado algumas vezes é o da formação de soluções líquidas ferro-carbono, para a qual é corriqueiro se escolher "ferro puro e líquido" e "carbono puro e sólido", que representam os estados mais estáveis nas temperaturas usuais de emprego desta solução.

EXEMPLO 4.34

Alguns dados termodinâmicos, referentes à solução líquida Fe-Ni, a 1873 K e 1 atm, estão novamente agrupados na tabela a seguir; estados de referência correspondem a ferro e níquel puros e líquidos a 1873 K. Os valores de a_{Ni} foram utilizados para gerar os coeficientes de atividade, $\gamma_{Ni} = a_{Ni} / X_{Ni}$. Seguindo procedimento exposto anteriormente, estimar o coeficiente de atividade do ferro, na solução para a qual $X_{Fe} = 0,2$.

Deve-se avaliar a integral:

$$\int_{\gamma_{Fe}=1}^{\gamma_{Fe}} d\ln\gamma_{Fe} = -\int_{X_{Fe}=1}^{X_{Fe}=0,2} \frac{X_{Ni}}{X_{Fe}} d\ln\gamma_{Ni}$$

$$\ln\gamma_{Fe} = -\int_{X_{Fe}=1}^{X_{Fe}=0,2} \frac{X_{Ni}}{X_{Fe}} d\ln\gamma_{Ni}$$

Dados para integração via Gibbs-Duhem, no sistema ferro-níquel

X_{Ni}	0,00	0,10	0,20	0,30	0,40	0,50	0,60	0,70	0,80	0,90	1,00
X_{Fe}	1,00	0,90	0,80	0,70	0,60	0,50	0,40	0,30	0,20	0,10	0,00
a_{Ni}	0,00	0,07	0,14	0,21	0,29	0,37	0,48	0,61	0,76	0,89	1,00
X_{Ni} / X_{Fe}	0,00	0,11	0,25	0,43	0,67	1,00	1,50	2,33	4,00	9,00	∞
$\ln\gamma_{Ni}$	−0,39	−0,39	−0,37	−0,36	−0,34	−0,29	−0,22	−0,13	−0,06	−0,01	0,00

Fonte: Hultgreen (1973).

Essa integral está simbolizada na figura a seguir; note-se que ela é indeterminada quando X_{Fe} tende a zero, quando X_{Ni} / X_{Fe} tende a ∞.

EXEMPLO 4.34 (*continuação*)

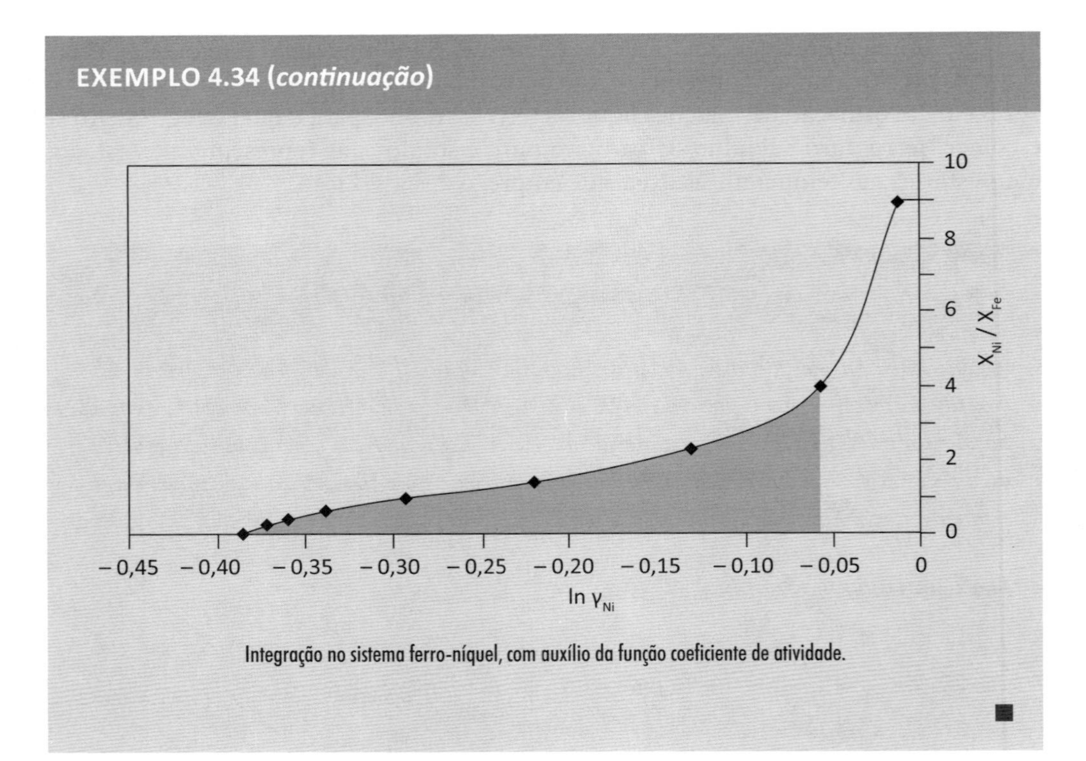

Integração no sistema ferro-níquel, com auxílio da função coeficiente de atividade.

■

EXEMPLO 4.35

Para soluções sólidas Fe-V, a 1600 K e 1 atm, foram encontrados (referência Raoultiana) os dados apresentados na tabela a seguir.

Entalpia e energia livre de formação no sistema ferro-vanádio

X_V	0,2	0,3	0,4	0,5	0,6
ΔG J/mol	-12349	-15233	-16706	-16962	-16116
ΔH J/mol	9293	7217	3705	494	-1402
γ_V		0,344			

Fonte: Hultgreen (1973).

Determine a atividade do Fe, para X_V igual a 0,3, 0,4 e 0,5, através do Método das Tangentes. Determine a variação de entropia parcial molar de dissolução do Fe, para X_V igual 0,4. Estime a atividade do Fe a 1700 K, para X_V igual a 0,4. Através da equação de Gibbs-Duhem determine γ_V para X_V igual a 0,5.

EXEMPLO 4.35 (*continuação*)

Com base nesses valores, podem-se encontrar as curvas de regressão a seguir,

$$\Delta G = 57976\,X_V^2 - 55084\,X_V - 3931{,}5 \quad r^2 = 0{,}993$$

$$\Delta H = 81974\,X_V^3 - 72133X_V^2 - 15702{,}52\,X_V + 16221{,}2 \quad r^2 = 0{,}9997$$

Logo, as derivadas

$$\frac{d\Delta G}{dX_{Fe}} = -115952\,X_V + 55084$$

$$\frac{d\Delta H}{dX_{Fe}} = -245922\,X_V^2 + 144266\,X_V + 15702{,}52$$

em decorrência do Método das Tangentes fornecem:

$$\Delta \bar{Y}_i = \Delta Y + \left(1 - X_i\right)\frac{d\Delta Y}{dX_i}$$

$$\Delta \bar{G}_{Fe} = \Delta G + \left(1 - X_{Fe}\right)\frac{d\Delta G}{dX_{Fe}} =$$

$$\left\{57976\,X_V^2 - 55084\,X_V - 3931{,}5\right\} + \left(1 - X_{Fe}\right)\left\{-115952\,X_V + 55084\right\}$$

Os valores de atividade de ferro podem ser obtidos da expressão anterior, pois

$$\Delta \bar{G}_{\mathrm{Fe}} = RT \ln a_{Fe}$$

Procedimento semelhante permite determinar a expressão para a variação de entalpia de dissolução do ferro,

$$\Delta \bar{H}_{Fe} = \Delta H + \left(1 - X_{Fe}\right)\frac{d\Delta H}{dX_{Fe}} = \left\{81974\,X_V^3 - 72133X_V^2 - 15702{,}52\,X_V + 16221{,}2\right\} +$$
$$\left(1 - X_{Fe}\right)\left\{-245922\,X_V^2 + 144266\,X_V + 15702{,}52\right\}$$

Também se escreve que $\Delta \bar{G}_{Fe} = \Delta \bar{H}_{Fe} - T\Delta \bar{S}_{Fe}$, *o que permite determinar a variação de entropia de dissolução de ferro.*

Um resumo destes cálculos está apresentado na tabela a seguir. Os valores entre parênteses são os valores experimentais; a tabela ressalta a importância de se verificar a qualidade da regressão empregada nos cálculos.

EXEMPLO 4.35 (*continuação*)

Resultados de integração, no sistema ferro-vanádio

X_V	ΔG	ΔH	$\Delta\bar{G}_{Fe}$	a_{Fe}	γ_{Fe}	$\Delta\bar{H}_{Fe}$	$\Delta\bar{S}_{Fe}$	$\ln\gamma_{Fe}$	X_{Fe} / X_V
0,3	−15233	7217	−9149,3 (−8812)	0,503 (0,516)	0,718 (0,737)	18286,55 (16430)	17,146 (15,777)	−0,331	2,333
0,4	−16706	3705	−13207,7 (−13341)	0,371 (0,370)	0,618 (0,612)	17269,8 (18104)	19,046 (19,653)	−0,481	1,5
0,5	−16962	494	−18425,5 (−18498)	0,250 (0,249)	0,501 (0,498)	13761,1 (14165)	20,118 (20,457)	−0,691	1
0,6	−16116	−1402	−24802,9 (−24375)	0,155 (0,160)	0,388 (0,400)	6776,3 (5902)	19,737 (18,925)	−0,947	0,666
0,7		−2013							0,428

Para o cálculo de atividade do ferro a 1700 K se emprega a equação de Gibbs-Helmholtz,

$$\ln a_{Fe}^{T2} - \ln a_{Fe}^{T1} = \frac{\Delta H_{Fe}}{R}\left(\frac{1}{T_2} - \frac{1}{T_1}\right)$$

de modo que para condição citada $X_V = 0,4$

$$\ln a_{Fe}^{1700} - \ln 0,371 = \frac{17269,8}{8,31}\left(\frac{1}{1700} - \frac{1}{1600}\right)$$

$$a_{Fe}^{1700} = 0,348$$

Finalmente, a aplicação da equação de Gibbs-Duhem, considerando que para $X_V = 0,3$ tem-se:

$$\gamma_V = 0,344$$

$$d\ln\gamma_V = -\frac{X_{Fe}}{X_V} dln\gamma_{Fe}$$

resulta em, para $X_V = 0,5$

$$\ln\gamma_V - \ln 0,344 = -\left\{\frac{2,33+1,5}{2}(-0,481+0,331) + \frac{1+1,5}{2}(-0,691+0,481)\right\}$$

ou

$$\gamma_V = 0,596,$$

sendo que o valor experimental é 0,628.

EXEMPLO 4.35 (*continuação*)

A 1000 °C estão em equilíbrio uma solução sólida Cu-Z$_n$*(X_{Zn} = 0,16) e uma solução líquida Cu-Zn(X_{Zn} =0,206; $RT\ln\gamma_{Zn} = -80564\,X_{Cu}^2\ J/mol$). Calcule a_{Cu} na solução sólida.*

Primeiramente, calcula-se a atividade do cobre na solução líquida citada; através da equação de Gibbs-Duhem,

$$d\,ln\gamma_{Cu} = -\frac{X_{Zn}}{X_{Cu}}\,dln\gamma_{Zn} = -\frac{X_{Zn}}{X_{Cu}}\,d\left\{\frac{-80564\,X_{Cu}^2}{RT}\right\} = -\frac{X_{Zn}}{X_{Cu}}\left\{\frac{-2\,x\,80564\,X_{Cu}\,dX_{Cu}}{RT}\right\}$$

a ser integrada com o limite inferior γ_{Cu} = 1 para X_{Cu} = 1, resultando em:

$$RT\ln\gamma_{Cu} = -80564\,X_{Zn}^2\ J/mol$$

Dessa forma, tem-se, para a solução líquida Cu-Zn (X_{Zn} = 0,206), γ_{Cu} = 0,724 e a_{Cu} = 0,575, utilizando-se cobre puro e líquido como referência.

Se as duas soluções citadas estão em equilíbrio de distribuição, aplica-se também que:

$$\mu_{Cu}\ (\text{solução sólida Cu-Zn; } X_{Zn} = 0,16) = \mu_{Cu}\ (\text{solução líquida Cu-Zn; } X_{Zn} = 0,206)$$

de maneira que, empregando-se referências Raoultianas para ambas as soluções,

$$\mu_{Cu}(\text{solução sólida}) = \mu_{Cu}^{os} + RT\,lna_{Cu}^{s} = \mu_{Cu}(\text{solução líquida}) = \mu_{Cu}^{ol} + RT\,lna_{Cu}^{L}$$

A expressão anterior pode ser reescrita como:

$$RT\,lna_{Cu}^{s} - RT\,lna_{Cu}^{L} = \mu_{Cu}^{ol} - \mu_{Cu}^{os} = \Delta H_{Cu}^{fusão}\,(1 - T/T_{Cu}^{fusão})$$

onde:

$$T_{Cu}^{fusão} = 1356\ K\ e\ \Delta H_{Cu}^{fusão} = 13270\ J/mol$$

Então, a 1273 K e sendo a_{Cu} = 0,575 resulta:

$$8,31x1273\left(lna_{Cu}^{s} - ln0,575\right) = 13270\ (1 - 1273/1356)$$

$$e\ a_{Cu}^{s} = 0,621.$$

■

EXEMPLO 4.36

Obteve-se, para soluções líquidas Al-Bi, a 1173 K e 1 atm, os dados da tabela a seguir.

Coeficientes de atividade no sistema Al-Bi

X_{Al}	1,0	0,964	0,386	0,300	0,200
γ_{Al}	1,0	1,0		3,050	3,755
γ_{Bi}			1,231		

Fonte: Hultgreen (1973).

Observou-se que as soluções de composições correspondentes a X_{Al} igual a 0,964 e 0,386 estão em equilíbrio. Determine o valor de γ_{Al} e o valor de γ^{o}_{Bi} referente a esse equilíbrio. Determine:

γ_{Bi} para a composição $X_{Al} = 0,20$.

Como as duas soluções líquidas, α e β, estão em equilíbrio escreve-se que:

$$\mu_{Al} = \mu^{ol}_{Al} + RT\ln a^{\alpha}_{Al}\left(X_{Al} = 0,964\right) = \mu^{ol}_{Al} + RT\ln a^{\beta}_{Al}\left(X_{Al} = 0,386\right)$$

e logo:

$$a^{\alpha}_{Al}\left(X_{Al} = 0,964\right) = a^{\beta}_{Al}\left(X_{Al} = 0,386\right)$$

$$\gamma^{\alpha}_{Al} X^{\alpha}_{Al} = \gamma^{\beta}_{Al} X^{\beta}_{Al}$$

$$1x0,964 = \gamma^{\beta}_{Al} x0,386$$

$$\gamma^{\beta}_{Al} = 2,45$$

O mesmo procedimento pode ser empregado no caso do bismuto, isto é,

$$\mu_{Bi} = \mu^{ol}_{Bi} + RT\ln a^{\alpha}_{Bi}\left(X_{Al} = 0,964\right) = \mu^{ol}_{Bi} + RT\ln a^{\beta}_{Bi}\left(X_{Al} = 0,386\right)$$

$$\gamma^{\alpha}_{Bi} X^{\alpha}_{Bi} = \gamma^{\beta}_{Bi} X^{\beta}_{Bi}$$

$$\gamma^{\alpha}_{Bi} x0,036 = 1,231x0,614$$

$$\gamma^{\alpha}_{Bi} = 20,99$$

EXEMPLO 4.36 (*continuação*)

Sabe-se que, na faixa de composições em que o solvente obedece à Lei de Raoult, o soluto obedece à Lei de Henry (e vice-versa). Na faixa de composições X_{Al} > 0,964 alumínio é o solvente; nesta região o alumínio obedece à Lei de Raoult, γ_{Al} = 1; nessa faixa de concentração o bismuto seria o soluto e obedece à lei de Henry; assim, γ_{Bi}^{o} = 20,99.

Finalmente, a integração numérica da equação de Gibbs-Duhem fornece o valor de coeficiente de atividade do bismuto para X_{Al} = 0,2.

Dados para integração via Gibbs-Duhem, no sistema Al-Bi

X_{Al}	1,0	0,964	0,386	0,300	0,200
γ_{Al}	1,0	1,0	2,45	3,050	3,755
γ_{Bi}		20,99	1,231		
$\ln\gamma_{Al}$	0	0	0,896	1,115	1,323
X_{Al}/X_{Bi}			0,628	0,428	0,25

Fonte: Hultgreen (1973).

Então,

$$d\ln\gamma_{Bi} = -\frac{X_{Al}}{X_{Bi}} d\ln\gamma_{Al}$$

com o limite inferior de integração

$$X_{Al} = 0{,}386 \text{ e } \gamma_{Bi} = 1{,}231$$

que resulta em:

$$\ln\gamma_{Bi} - \ln 1{,}231 = -\left\{\frac{0{,}628+0{,}428}{2}(1{,}115-0{,}896) + \frac{0{,}25+0{,}428}{2}(1{,}323-1{,}115)\right\}$$

ou γ_{Bi} = 1,022, para X_{Al} = 0,20.

■

4.14.5 FORMA DA FUNÇÃO COEFICIENTE DE ATIVIDADE, $\ln \gamma_i^R$

Experimentalmente, sabe-se que o comportamento de uma solução real de composição fixa tende ao ideal quando a temperatura cresce e/ou a pressão decresce. Esse tipo de comportamento pode ser descrito através de uma relação que interligue coeficiente de atividade, composição, temperatura e pressão.

Procura-se, então, uma relação entre γ_i^R (onde γ_i^R significa coeficiente de atividade, referência Raoultiana) e temperatura do tipo:

$$\ln \gamma_i^R = A + \frac{B}{T} + \frac{C}{T^2} + \frac{D}{T^3} + \ldots \qquad (4.276)$$

É óbvio que uma relação deste tipo implica, em um extremo, que A deve ser igual a zero de modo que γ_i^R tenda a 1 quando T cresce. Então, uma relação apropriada (embora numa faixa limitada de temperatura este requisito possa ser desconsiderado) seria do tipo:

$$\ln \gamma_i^R = \frac{B}{T} + \frac{C}{T^2} + \frac{D}{T^3} + \ldots \qquad (4.277)$$

onde os coeficientes $B = \varphi_1 (P, X_i)$, $C = \varphi_2 (P, X_i)$, $D = \varphi_3 (P, X_i)$ são, em geral, funções de pressão e composição.

Um polinômio em termos de frações molares pode ser empregado para exprimir a dependência de $\ln \gamma_i^R$ com a composição. Por exemplo, considerando a necessidade de expressões que representem o coeficiente de atividade em todo o espectro de composições, $1 \geq X_i \geq 0$, ter-se-ia:

I) $\ln \gamma_A^R = a_o$ (constante) e $\ln \gamma_B^R = b_o$ (constante), representação que só é possível se a solução é ideal, isto é, $a_0 = b_0 = 0$. Isto porque necessariamente quando $X_i = 1$ se tem $\gamma_i^R = 1$.

II) $\ln \gamma_A^R = a_o + a_1 X_B$ e $\ln \gamma_B^R = b_o + b_1 X_A$. Do mesmo modo $a_0 = b_0 = 0$,

pois para $X_i = 1$ se tem $\gamma_i^R = 1$

Além disso, as equações propostas têm que se relacionar através da equação de Gibbs-Duhem,

$$X_A \, d\ln \gamma_A^R + X_B \, d\ln \gamma_B^R = 0 \qquad (4.278)$$

e sendo:

$$d\ln \gamma_A^R = a_1 \, dX_B \qquad (4.279)$$

$$d\ln \gamma_B^R = b_1 \, dX_A \qquad (4.280)$$

vem:

$$X_A a_1 dX_B + X_B b_1 dX_A = dX_B (X_A a_1 - X_B b_1) = 0 \quad (4.281)$$

$$dX_B (a_1 - X_B (a_1 + b_1)) = 0 \quad (4.282)$$

Esta equação deve ser válida para qualquer X_B, e, portanto, somente se:

$$a1 = 0 \quad (4.283)$$

$$a_1 + b_1 = 0 \quad (4.284)$$

Portanto, $a_0 = b_0 = a_1 = b_1 = 0$, o que indica que a representação através de um polinômio de primeiro grau é impossível.

III) Propõe-se $\ln \gamma_A^R = a_o + a_1 X_B + a_2 X_B^2$ e $\ln \gamma_B^R = b_o + b_1 X_A + b_2 X_A^2$. Por raciocínio semelhante tem-se $a_0 = b_0 = 0$, pois para $X_i = 1$ se tem $\gamma_i^R = 1$.

Considerando agora a equação de Gibbs-Duhem,

$$dln\gamma_A^R = a_1 dX_B + 2a_2 X_B dX_B \quad (4.285)$$

$$dln\gamma_B^R = b_1 dX_A + 2b_2 X_A dX_A \quad (4.286)$$

ou

$$X_A d\ln\gamma_A^R = dX_B \left[a_1 X_A + 2a_2 X_A (1 - X_A) \right] \quad (4.287)$$

$$X_A d\ln\gamma_A^R = dX_B \left[(a_1 + 2a_2) X_A - 2a_2 X_A^2 \right] \quad (4.288)$$

e

$$X_B d\ln\gamma_B^R = -dX_B \left[b_1 X_B + 2b_2 X_A X_B \right] \quad (4.289)$$

$$X_B d\ln\gamma_B^R = -dX_B \left[b_1 + (2b_2 - b_1) X_A - 2b_2 X_A^2 \right] \quad (4.290)$$

e como:

$$X_A dln\gamma_A^R + X_B dln\gamma_B^R = 0 \quad (4.291)$$

vem:

$$dX_B\left[(a_1+2a_2)X_A-2a_2\,X_A^2-b_1-(2b_2-b_1)X_A+2b_2\,X_A^2\right)=0 \tag{4.292}$$

e

$$dX_B\left[-b_1+(a_1+2a_2-2b_2+b_1)X_A+(2b_2-2a_2)X_A^2\right)=0 \tag{4.293}$$

Para que essa restrição seja válida para toda e qualquer composição equação se faz necessário que:

$$b_1 = 0 \tag{4.294}$$

$$a_1 + 2a_2 - 2b_2 + b_1 = 0 \tag{4.295}$$

$$2b_2 - 2a_2 = 0 \quad (4.296),$$

o que implica:

$$a_0 = b_0 = a_1 = b_1 = 0 \tag{4.297}$$

$$b_2 = a_2 \tag{4.298}$$

Por consequência, um polinômio do segundo grau, do tipo:

$$\ln\gamma_A^R = a_2\,X_B^2 \tag{4.299}$$

$$\ln\gamma_B^R = b_2\,X_A^2 = a_2\,X_A^2 \tag{4.300}$$

é uma representação mínima *possível*, mas não necessariamente todas as relações reais se conformam a esta expressão. Conclui-se que, para que seja válido para toda faixa de composições, um polinômio que interligue $\ln\gamma_i^R$ à composição deve ser no mínimo de segunda ordem. Então, expressões da forma:

$$\ln\gamma_A^R = a_2\,X_B^2 + a_3\,X_B^3 + \ldots \tag{4.301}$$

$$\ln\gamma_B^R = b_2\,X_A^2 + b_3\,X_A^3 + \ldots \tag{4.302}$$

onde a_2, a_3 ...... b_2, b_3...... são funções de pressão e temperatura.

EXEMPLO 4.37

Os dados da tabela a seguir referem-se às soluções líquidas alumínio-cobre a 1 atm e 1373 K. Para evitar a integração numérica da equação de Gibbs-Duhem, isto é, de modo a possibilitar a integração analítica, pede-se realizar uma regressão dos dados experimentais.

Função coeficiente de atividade do alumínio, sistema Al-Cu

X_{Al}	X_{Cu}	a_{Al}	γ_{Al}
1	0	1	1
0,9	0,1	0,889	0,987778
0,8	0,2	0,759	0,94875
0,7	0,3	0,609	0,87
0,6	0,4	0,441	0,735
0,5	0,5	0,266	0,532
0,4	0,6	0,116	0,29
0,3	0,7	0,028	0,093333
0,2	0,8	0,006	0,03
0,1	0,9	0,001	0,01
0	1	0	0,0033

Fonte: Hultgreen (1973).

Os dados da tabela foram utilizados para se obter uma expressão para o coeficiente de atividade do alumínio na forma:

$$\frac{\ln \gamma_{Al}}{X_{Cu}^2} = \sum_{i=0} a_i X_{Cu}^i$$

Essa forma assegura que para $X_{Cu} = 0$ resulte $\gamma_{Al} = 1$; além do mais a expressão é de, no mínimo, segundo grau, como requerido. A fórmula proposta é (r2 = 0,9947):

$$\frac{\ln \gamma_{Al}}{X_{Cu}^2} = 30,378\, X_{Cu}^4 - 45,112\, X_{Cu}^3 + 11,37\, X_{Cu}^2 - 1,0431\, X_{Cu} - 1,2228$$

Então, aplica-se a equação de Gibbs-Duhem (com o limite de integração $X_{Cu} = 1$, $\gamma_{Cu} = 1$)

$$d\ln\gamma_{Cu} = -\frac{X_{Al}}{X_{Cu}} dln\gamma_{Al} = -\frac{X_{Al}}{X_{Cu}}$$

$$\left[6x30,378\, X_{Cu}^5 - 5x45,112\, X_{Cu}^4 + 4x11,37\, X_{Cu}^3 - 3x1,0431\, X_{Cu}^2 - 2x1,2228\, X_{Cu}\right] dX_{Cu}$$

EXEMPLO 4.37 (*continuação*)

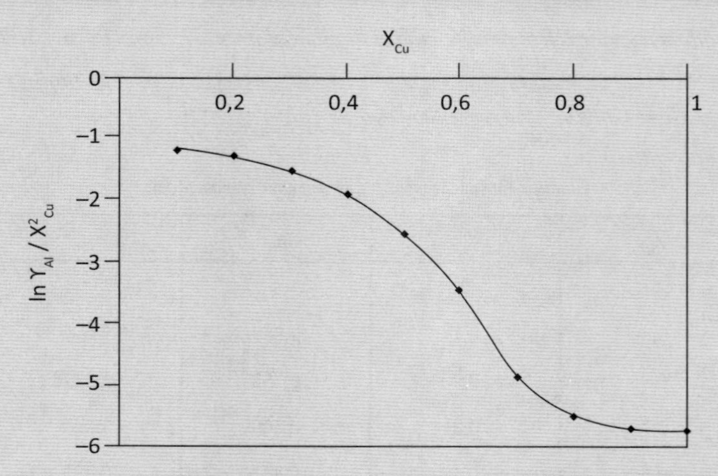

Coeficiente de atividade do alumínio, nas soluções líquidas Al-Cu, a 1 atm e 1373 K.

$$d\ln\gamma_{Cu} = -(1 - X_{Cu})$$

$$\left[6x30,378\,X_{Cu}^4 - 5x45,112\,X_{Cu}^3 + 4x11,37\,X_{Cu}^2 - 3x1,0431\,X_{Cu} - 2x1,2228\right]dX_{Cu}$$

$$\ln\gamma_{Cu} =$$

$$\left[30,378\,X_{Cu}^6 - 81,565\,X_{Cu}^5 + 67,76\,X_{Cu}^4 - 16,203\,X_{Cu}^3 + 0,342\,X_{Cu}^2 + 2,456\,X_{Cu}\right]_{X_{Cu}=1}^{X_{Cu}}$$

$$\ln\gamma_{Cu} = 30,378\,X_{Cu}^6 - 81,565\,X_{Cu}^5 + 67,76\,X_{Cu}^4 - 16,203\,X_{Cu}^3 + 0,342\,X_{Cu}^2 + 2,456\,X_{Cu} - 3,168$$

■

EXEMPLO 4.38

A 456 K estão em equilíbrio três fases no sistema chumbo-estanho. Na fase α*, que é cúbica de corpo centrado (cfc), o chumbo é o solvente e pode dissolver estanho até que* X_{Sn} *= 0,29. Para esta fase encontra-se que* $RT\ln\gamma_{Pb} = 12977\,X_{Sn}^2\ J/mol$*, tomando-se como referência o chumbo puro e sólido e cúbico de corpo centrado. Também se infere que* $RT\ln\gamma_{Sn} = 12977\,X_{Pb}^2\ J/mol$*, tomando-se como referência o estanho puro e sólido e cúbico de corpo centrado.*

EXEMPLO 4.38 (*continuação*)

A fase líquida é tal que $X_{Sn}^{L} = 0,74$. A fase sólida β é um cristal hexagonal compacto (hc), onde o estanho é o solvente, podendo dissolver chumbo até que $X_{Sn}^{\beta} = 0,985$. Para esta solução, utilizando referência Raoultiana, o que significa, neste caso, chumbo e estanho puros e sólidos na forma de cristal hexagonal compacto, pode-se argumentar que: $a_{Sn}^{\beta} = X_{Sn}^{\beta}$ e $a_{Pb}^{\beta} = \gamma_{Pb}^{o\beta} X_{Pb}^{\beta}$.

Encontre expressões adequadas para a determinação dos valores de coeficientes de atividade.

Então, como condição de equilíbrio de distribuição, que estabelece que o potencial químico de cada componente deve apresentar valor único nas três fases em equilíbrio:

$$\mu_{Pb} = \mu_{Pb}^{os,cfc} + RT\, ln\gamma_{Pb}^{\alpha} + RT\, ln\, X_{Pb}^{\alpha} =$$
$$\mu_{Pb}^{ol} + RT\, ln\gamma_{Pb}^{L} + RT\, ln\, X_{Pb}^{L} = \mu_{Pb}^{os,hc} + RT\, ln\gamma_{Pb}^{\beta} + RT\, ln\, X_{Pb}^{\beta}$$

$$\mu_{Pb} = \mu_{Pb}^{os,cfc} + 12977(X_{Sn}^{\alpha})^{2} + RT\, ln\, X_{Pb}^{\alpha} =$$
$$\mu_{Pb}^{ol} + RT\, ln\gamma_{Pb}^{L} + RT\, ln\, X_{Pb}^{L} = \mu_{Pb}^{os,hc} + RT\, ln\gamma_{Pb}^{\beta} + RT\, ln\, X_{Pb}^{\beta}$$

$$\mu_{Pb} = \mu_{Pb}^{os,cfc} + 12977\, x\, 0,29^{2} + RT\, ln 0,71 =$$
$$\mu_{Pb}^{ol} + RT\, ln\gamma_{Pb}^{L} + RT\, ln 0,26 = \mu_{Pb}^{os,hc} + RT\, ln\gamma_{Pb}^{\beta} + RT\, ln 0,015$$

e

$$\mu_{Sn} = \mu_{Sn}^{os,cfc} + RT\, ln\gamma_{Sn}^{\alpha} + RT\, ln\, X_{Sn}^{\alpha} =$$
$$\mu_{Sn}^{ol} + RT\, ln\gamma_{Sn}^{L} + RT\, ln\, X_{Sn}^{L} = \mu_{Sn}^{os,hc} + RT\, ln\gamma_{Sn}^{\beta} + RT\, ln\, X_{Sn}^{\beta}$$

$$\mu_{Sn} = \mu_{Sn}^{os\ cfc} + \qquad X_{Pb}^{\alpha} \quad + RT\, ln\, X_{Sn}^{\alpha} =$$
$$\mu_{Sn}^{ol} + RT\, ln\gamma_{Sn}^{L} + RT\, ln\, X_{Sn}$$

$$\mu_{Sn} = \mu_{Sn}^{os,cfc} + 12977\, x\, 0,71^{2} + RT\, ln 0,29 =$$
$$\mu_{Sn}^{ol} + RT\, ln\gamma_{Sn}^{L} + RT\, ln 0,74 = \mu_{Sn}^{os,hc} + RT\, ln 0,985$$

De posse de valores de potenciais químicos de referência, os valores de coeficientes de atividade podem ser inferidos.

■

EXEMPLO 4.39

A 1200 K e 1 atm de pressão estão em equilíbrio duas soluções líquidas do sistema Al-Pb, de composições $X_{Pb} = 0{,}012$ e $X_{Pb} = 0{,}942$, tal como esquematizado na figura a seguir. As variações de energia livre de formação desstas soluções, referência Raoultiana, foram determinadas como −126 e −565 J/mol, respectivamente. Qual a relação entre as atividades de alumínio nas duas soluções? Quais os valores de atividade e de coeficientes de atividade? Qual a pressão de vapor do chumbo, sobre a solução líquida tal que $X_{Pb} = 0{,}012$, sabendo-se que, para o chumbo puro e líquido,

$$\log P_{Pb}(mm\,Hg) = -10130/T - 0{,}985 \log T + 11{,}16$$

Seja α a fase líquida de composição tal que $X_{Pb} = 0{,}012$ e β a fase líquida de composição $X_{Pb} = 0{,}942$. Como as soluções estão em equilíbrio de distribuição se escreve, para um dos componentes:

$$\mu_{Al}^{\alpha} = \mu_{Al}^{\beta} \text{ e } \mu_{Pb}^{\alpha} = \mu_{Pb}^{\beta}$$

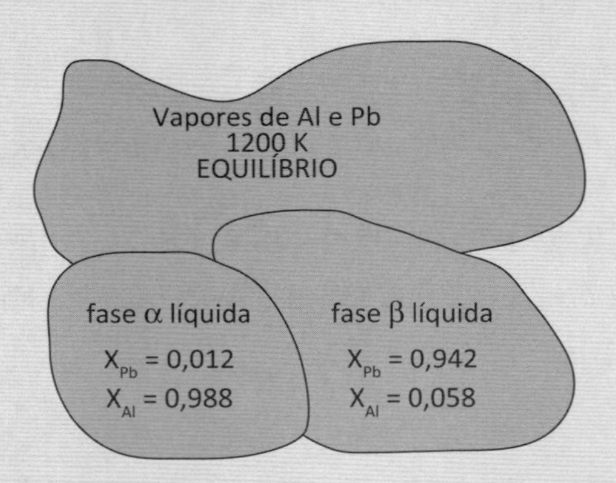

Esquema de um equilíbrio de distribuição entre três fases.

E, além do mais, como ambas as soluções são líquidas e se emprega referência Raoultiana, tem-se:

$$\mu_{Al} = \mu_{Al}^{ol} + RT \ln a_{Al}^{\alpha} = \mu_{Al}^{ol} + RT \ln a_{Al}^{\beta}$$

fase α *fase β*

$$\mu_{Pb} = \mu_{Pb}^{ol} + RT \ln a_{Pb}^{\alpha} = \mu_{Pb}^{ol} + RT \ln a_{Pb}^{\beta}$$

fase α *fase β*

EXEMPLO 4.39 (*continuação*)

Essas relações levam a que, como condição de equilíbrio de distribuição, as atividades de cada um dos componentes devem ser iguais nas fases em equilíbrio,

$$a_{Al}^{\alpha} = a_{Al}^{\beta} \qquad e \qquad a_{Pb}^{\alpha} = a_{Pb}^{\beta}$$

Por sua vez, para uma solução binária A-B, a variação de Energia Livre de Gibbs de formação se calcula como:

$$\Delta G = RT(X_A \ln a_A + X_B \ln a_B)$$

logo, para as soluções citadas:

fase α:

$$\Delta G = RT(X_{Al}^{\alpha} \ln a_{Al}^{\alpha} + X_{Pb}^{\alpha} \ln a_{Pb}^{\alpha})$$

$$-126 = 8{,}31 \times 1200 \times \{0{,}988 \ln a_{Al}^{\alpha} + 0{,}012 \ln a_{Pb}^{\alpha}\}$$

fase β:

$$\Delta G = RT(X_{Al}^{\beta} \ln a_{Al}^{\beta} + X_{Pb}^{\beta} \ln a_{Pb}^{\beta})$$

$$-565 = 8{,}31 \times 1200 \times \{0{,}058 \ln a_{Al}^{\beta} + 0{,}942 \ln a_{Pb}^{\beta}\}$$

Portanto, encontra-se $a_{Al}^{\alpha} = a_{Al}^{\beta} = 0{,}988$ *e* $a_{Pb}^{\alpha} = a_{Pb}^{\beta} = 0{,}942$.

Daí, para a:

Fase α:

$$\gamma_{Al}^{\alpha} = \frac{a_{Al}^{\alpha}}{X_{Al}^{\alpha}} = \frac{0{,}988}{0{,}988} = 1 \qquad e \qquad \gamma_{Pb}^{\alpha} = \frac{a_{Pb}^{\alpha}}{X_{Pb}^{\alpha}} = \frac{0{,}942}{0{,}012} = 78{,}5$$

Fase β:

$$\gamma_{Al}^{\beta} = \frac{a_{Al}^{\beta}}{X_{Al}^{\beta}} = \frac{0{,}988}{0{,}058} = 17{,}03 \qquad e \qquad \gamma_{Pb}^{\beta} = \frac{a_{Pb}^{\beta}}{X_{Pb}^{\beta}} = \frac{0{,}942}{0{,}942} = 1$$

Finalmente, por definição de atividade, e considerando que fase vapor em hipotético equilíbrio com a solução líquida possa ser considerada ideal, tem-se:

$$a_{Pb} = \frac{f_{Pb}}{f_{Pb}^{o}} = \frac{P_{Pb}}{P_{Pb}^{o}}$$

e, como se conhece $P_{Pb}^{o} = 0{,}484$ *mm Hg, vem:* $P_{Pb} = a_{Pb}^{\beta} P_{Pb}^{o} = 0{,}942 \times 0{,}484 = 0{,}456$ *mm Hg*

■

EXEMPLO 4.40

A 1200 K e 1 atm de pressão estão em equilíbrio duas soluções líquidas do sistema Al-Pb, de composições $X_{Pb} = 0{,}012$ e $X_{Pb} = 0{,}942$. Com base em referência Raoultiana, e considerando que as leis de Henry e Raoult são aplicáveis onde apropriadas, encontre os valores dos coeficientes henryanos de atividade, γ^{o}_{Pb} e γ^{o}_{Al}.

Seja α a fase líquida de composição tal que $X_{Pb} = 0{,}012$ e β a fase líquida de composição $X_{Pb}{}^{\alpha} = 0{,}942$. Como as soluções estão em equilíbrio de distribuição se escreve (por exemplo, para o alumínio):

$$\mu^{\alpha}_{Al} = \mu^{\beta}_{Al}$$

Além do mais, como ambas as soluções são líquidas e se emprega referência Raoultiana,

$$\mu_{Al} = \mu^{ol}_{Al} + RT \ln a^{\alpha}_{Al} = \mu^{ol}_{Al} + RT \ln a^{\beta}_{Al}$$

fase α *fase β*

Esses argumentos, já apresentados anteriormente, implicam que as atividades de cada um dos componentes devem ser iguais nas fases em equilíbrio,

$$a^{\alpha}_{Al} = a^{\beta}_{Al} \qquad e \qquad a^{\alpha}_{Pb} = a^{\beta}_{Pb}$$

Por sua vez, a composição da fase α é tal que $X_{Pb} = 0{,}012$ ou $X_{Al} = 0{,}988$; isto é, o alumínio é solvente nesta solução. Então, se o alumínio obedece à Lei de Raoult, escreve-se que $a^{\alpha}_{Al} = X^{\alpha}_{Al} = 0{,}988$. Raciocínio análogo permite sugerir que na fase β, $X_{Pb} = 0{,}942$, o chumbo é o solvente; portanto, se o chumbo obedece à Lei de Raoult, escreve-se que $a^{\beta}_{Pb} = X^{\beta}_{Pb} = 0{,}942$. Numa solução, quando o solvente obedece à Lei de Raoult, o soluto precisa obedecer à Lei de Henry, logo:

Fase α:

$$a^{\alpha}_{Pb} = \gamma^{o\alpha}_{Pb} X^{\alpha}_{Pb} = \gamma^{o\alpha}_{Pb} \, x \, 0{,}012 = a^{\beta}_{Pb} = 0{,}942, \text{ de onde } \gamma^{o\alpha}_{Pb} = 78{,}5$$

Fase β:

$$a^{\alpha}_{Al} = \gamma^{\alpha}_{Al} X^{\alpha}_{Al} = 0{,}988 = a^{\beta}_{Al} = \gamma^{o\beta}_{Al} X^{\beta}_{Al} = \gamma^{o\beta}_{Al} \, x \, 0{,}058, \text{ de onde } \gamma^{o\beta}_{Al} = 17{,}5$$

■

4.14.6 FUNÇÕES TERMODINÂMICAS EM EXCESSO

Por definição, a função termodinâmica em excesso é a diferença entre o valor real da grandeza e o valor que seria observado se a solução fosse ideal. Então, se Y é uma grandeza qualquer, por mol de solução,

$$Y^{excesso} = Y^{real} - Y^{ideal} \tag{4.314}$$

Dessa forma, somando e subtraindo ao segundo membro o valor de referência,

$$Y^{o} = \sum X_i \bar{Y}_i^{o} \tag{4.315}$$

vem que:

$$Y^{excesso} = \left(Y^{real} - Y^{o}\right) - \left(Y^{ideal} - Y^{o}\right) = \Delta Y^{real} - \Delta Y^{ideal} \tag{4.316}$$

o que é uma definição equivalente.

Por exemplo, se $Y = G$, então G^{exc} (Energia Livre de Gibbs em excesso de formação da solução) será:

$$G^{exc} = \Delta G^{real} - \Delta G^{ideal} = \sum RT\, X_i \ln a_i - \sum RT\, X_i \ln X_i \tag{4.317}$$

$$G^{exc} = \sum RT\, X_i \ln a_i / X_i \tag{4.318}$$

$$G^{exc} = \sum RT\, X_i \ln \gamma_i \tag{4.319}$$

Se $Y = H$, então H^{exc} (entalpia em excesso de formação da solução) será:

$$H^{exc} = \Delta H^{real} - \Delta H^{ideal} \tag{4.320}$$

e como:

$$\Delta H^{ideal} = 0 \tag{4.321}$$

vem:

$$H^{exc} = \Delta H^{real} \tag{4.322}$$

Modo semelhante, se $Y = V$, então V^{exc} (volume em excesso de formação da solução) será:

$$V^{exc} = \Delta V^{real} - \Delta V^{ideal} \qquad (4.323)$$

e como:

$$\Delta V^{ideal} = 0 \qquad (4.324)$$

resulta em:

$$V^{exc} = \Delta V^{real} \qquad (4.325)$$

No caso em que $Y = S$, o valor de S^{exc} (entropia em excesso de formação da solução) será:

$$S^{exc} = \Delta S^{real} - \Delta S^{ideal} = \Delta S^{real} + \sum R X_i \ln X_i \qquad (4.326)$$

A mesma definição pode ser estendida a quantidades parciais molares do componente *i* da solução, e então a grandeza parcial molar em excesso seria a diferença entre o valor real e o valor ideal:

$$\overline{Y}_i^{excesso} = \overline{Y}_i^{real} - \overline{Y}_i^{ideal} \qquad (4.327)$$

ou

$$\overline{Y}_i^{excesso} = \left(\overline{Y}_i^{real} - \overline{Y}_i^{o}\right) - (\overline{Y}_i^{ideal} - \overline{Y}_i^{o}) \qquad (4.328)$$

$$\overline{Y}_i^{excesso} = \Delta \overline{Y}_i^{real} - \Delta \overline{Y}_i^{ideal} \qquad (4.329)$$

De modo semelhante, tem-se, para $\overline{Y}_i = \mu_i$, μ_i^{exc} (Energia Livre de Gibbs parcial molar em excesso do componente *i* na solução):

$$\mu_i^{exc} = \Delta \mu_i^{real} - \Delta \mu_i^{ideal} = RT \ln a_i - RT \ln X_i \qquad (4.330)$$

$$\mu_i^{exc} = RT \ln \gamma_i \qquad (4.331)$$

$\overline{Y}_i = \overline{H}_i$, $\overline{H}_i^{exc}$ (entalpia parcial molar em excesso de i na solução):

$$\overline{H}_i^{exc} = \Delta \overline{H}_i^{real} - \Delta \overline{H}_i^{ideal} \qquad (4.332)$$

$$\overline{H}_i^{exc} = \Delta \overline{H}_i^{real} \qquad (4.333)$$

$\overline{Y}_i = \overline{V}_i$, $\overline{V}_i^{exc}$ (volume parcial molar em excesso de i na solução):

$$\overline{V}_i^{exc} = \Delta\overline{V}_i^{real} - \Delta\overline{V}_i^{ideal} \quad (4.334)$$

$$\overline{V}_i^{exc} = \Delta\overline{V}_i^{real} \quad (4.335)$$

$\overline{Y}_i = \overline{S}_i$, $\overline{S}_i^{exc}$ (entropia parcial molar em excesso de i na solução):

$$\overline{S}_i^{exc} = \Delta\overline{S}_i^{real} - \Delta\overline{S}_i^{ideal} = \Delta\overline{S}_i^{real} + R\ln X_i \quad (4.336)$$

É evidente, pela própria natureza da definição de grandeza em excesso, que todas as relações válidas para uma grandeza termodinâmica qualquer também o são para a correspondente parcela em excesso.

Assim, por exemplo:

$$\left[\frac{dG^{exc}}{dP}\right]_{T,n_i} = V^{exc} \quad (4.337)$$

$$\left[\frac{d\mu_i^{exc}}{dP}\right]_{T,n_i} = V_i^{exc} \quad (4.338)$$

EXEMPLO 4.41

A partir dos dados (J/mol) da tabela a seguir (em negrito), referente à formação das soluções sólidas Ni-Pd, 1 atm e 1273 K, xNi(s) + (1–x) Pd(s) => soluções sólidas, encontre os respectivos valores em excesso.

Então, por exemplo, para $X_{Pd} = 0{,}3$

$$\mu_{Pd}^{exc} = \Delta\mu_{Pd}^{real} - \Delta\mu_{Pd}^{ideal} = \Delta\mu_{Pd}^{real} - RT\ln X_{Pd}$$

$$\mu_{Pd}^{exc} = -19360 - 8{,}31 \text{ x } 1273 \text{ x } \ln 0{,}3 = -6623 \text{ J/mol}$$

De modo semelhante, para a mesma composição,

$$\overline{H}_{Pd}^{exc} = \Delta\overline{H}_{Pd}^{real} = -2202 \text{ J/mol}$$

EXEMPLO 4.41 (*continuação*)

Dados termodinâmicos para o sistema Ni-Pd

X_{Pd}	a_{Pd}	γ_{Pd}	ΔG_{Pd}	$\Delta \bar{G}_{Pd}^{exc}$	ΔH_{Pd}	ΔS_{Pd}	$\Delta \bar{S}_{Pd}^{exc}$
0,0	0,000	0,866	$-\infty$	-1520	**8472**	∞	7,849
0,1	0,064	0,635	**-29189**	-4806	**3056**	25,329	6,174
0,2	0,109	0,547	**-23437**	-6392	**-389**	18,104	4,713
0,3	0,161	0,536	**-19360**	-6610	**-2202**	13,479	3,462
0,4	0,229	0,572	**-15614**	-5911	**-2855**	10,025	2,403
0,5	0,320	0,639	**-12077**	-4734	**-2780**	7,300	1,536
0,6	0,437	0,728	**-8765**	-3353	**-2281**	5,094	0,846
0,7	0,578	0,826	**-5806**	-2030	**-1607**	3,299	0,331
0,8	0,729	0,911	**-3345**	-984	**-896**	1,926	0,067
0,9	0,877	0,975	**-1386**	-272	**-280**	0,871	-0,008
1,0	1,000	1,000	0	0	**0**	0,000	0,000
X_{Ni}	a_{Ni}	γ_{Ni}	ΔG_{Ni}	$\Delta \bar{G}_{Ni}^{exc}$	ΔH_{Ni}	ΔS_{Ni}	$\Delta \bar{S}_{Ni}^{exc}$
1,0	1,000	1,000	**0**	0	**0**	0,000	0,000
0,9	0,914	1,015	**-959**	159	**272**	0,963	0,088
0,8	0,833	1,040	**-1938**	423	**862**	2,202	0,343
0,7	0,732	1,046	**-3299**	477	**1448**	3,730	0,762
0,6	0,605	1,008	**-5320**	88	**1783**	5,584	1,331
0,5	0,460	0,919	**-8230**	-887	**1708**	7,807	2,043
0,4	0,313	0,783	**-12294**	-2591	**1080**	10,507	2,884
0,3	0,186	0,620	**-17816**	-5065	**-184**	13,851	3,834
0,2	0,092	0,460	**-25267**	-8225	**-2357**	17,996	4,609
0,1	0,031	0,313	**-36674**	-12290	**-5923**	24,153	5,002
0,0	0,000	0,191	$-\infty$	-17518	**-11415**	∞	4,793

Fonte: Hultgreen (1973).

■

EXEMPLO 4.42

Determinou-se, a 1153 °C, os valores a seguir de atividade Raoultiana (referência carbono puro e sólido) do carbono nas soluções sólidas Fe–C (austenita):

Atividade do carbono na austenita

X_C	0,010	0,020	0,030	0,040	0,050	0,060
a_C	0,053	0,116	0,190	0,276	0,378	0,499
γ_C	5,3	5,8	6,33	6,9	7,56	8,316
$\overline{G}_C^{exc}$ (J/mol)	19833	20850	21876	22931	24011	25116

Fonte: Hultgreen (1973).

Calcule os valores correspondentes de coeficiente de atividade e de energia livre parcial molar em excesso de carbono nestas soluções.

O cálculo é imediato, para coeficiente de atividade, $\gamma_C = a_C / X_C$ *e para energia livre parcial molar do carbono,* $\overline{G}_C^{exc} = RT \ln \gamma_C$*, o que justifica os valores nas duas últimas linhas da tabela. Também se estima, por extrapolação,* $\gamma_C^o = 4{,}908$.

■

EXEMPLO 4.43

Os dados da tabela são fornecidos a respeito da solução líquida Fe–Si a 1873 K, referência Raoultiana (líquidos puros):

Grandezas parciais molares do silício, no sistema Fe-Si

X_{Si}	0,0	0,10	0,20	0,30	
$\Delta\overline{S}_{Si}$		0,741	−6,463	−6,685	J/K.mol
$\Delta\overline{H}_{Si}$		−125149	−109732	−81204	J/mol
γ_{Si}	0,00132	0,00297	0,0095	0,0406	
G^{exc}		−9707	−17677	−2306	J/mol

Fonte: Hultgreen (1973).

EXEMPLO 4.43 (*continuação*)

Determine a energia livre parcial molar em excesso do Si para as composições dadas. Determine, através da equação de Gibbs-Duhem, o coeficiente de atividade do Fe para as composições dadas. Compare os valores de energia livre integral em excesso com os valores experimentais.

Os valores da tabela a seguir foram calculados de acordo com a sequência,

$$\overline{S}_{Si}^{exc} = \Delta\overline{S}_{Si} - \Delta\overline{S}_{Si}^{ideal} = \Delta\overline{S}_{Si} + R\ln X_i$$

$$\overline{H}_{Si}^{exc} = \Delta\overline{H}_{Si}$$

$$\overline{G}_{Si}^{exc} = \overline{H}_{Si}^{exc} - 1873\,\overline{S}_{Si}^{exc}$$

Dados para integração via Gibbs-Duhem, no sistema Fe-Si

X_{Si}	0,0	0,10	0,20	0,30	
X_{Si} / X_{Fe}	0	0,1111	0,25	0,4286	
$\overline{S}_{Si}^{exc}$		−18,410	−19,850	−16,698	J/mol.K
$\overline{H}_{Si}^{exc}$		−125149	−109732	−81204	J/mol
$\overline{G}_{Si}^{exc}$	-103290	−90664,6	−72551,8	−49926,4	J/mol
γ_{Si}	0,00132	0,00297	0,00949	0,04056	

Então, aplicando a equação de Gibbs-Duhem,

$$d\overline{G}_{Fe}^{exc} = -\frac{X_{Si}}{X_{Fe}}\,d\overline{G}_{Si}^{exc}$$

e, considerando o limite inferior de integração, $X_{Fe} = 1$, $\gamma_{Fe} = 1$ e $\overline{G}_{Fe}^{exc} = 0$, vem:

$$\overline{G}_{Fe}^{exc}\ (X_{Fe} = 0{,}9) = -\left\{\frac{0+0{,}1111}{2}\left(-90665+103290\right)\right\} = -701{,}32\,J/mol$$

EXEMPLO 4.43 (*continuação*)

e como:

$$\overline{G}_{Fe}^{exc} = RT \ln \gamma_{Fe}$$

vem:

$$\gamma_{Fe} = 0,956$$

$$\overline{G}_{Fe}^{exc}\ (X_{Fe} = 0,8) =$$

$$-\left\{\frac{0+0,1111}{2}(-90665+103290)+\frac{0,1111+0,25}{2}(-72552+90665)\right\} = -3971,55\,J/mol$$

$$\gamma_{Fe} = 0,775$$

$$\overline{G}_{Fe}^{exc}\ (X_{Fe} = 0,7) =$$

$$-\left\{\begin{matrix}\frac{0+0,1111}{2}(-90665+103290)+ \\ \frac{0,1111+0,25}{2}(-72552+90665)+\frac{0,25+0,4286}{2}(-49926+72552)\end{matrix}\right\} = -11649,64\,J/mol$$

$$\gamma_{Fe} = 0,474$$

Então, desde que $G^{exc} = X_{Si}\,\overline{G}_{Si}^{exc} + X_{Fe}\,\overline{G}_{Fe}^{exc}$, *resulta a tabela a seguir (na qual os valores experimentais estão entre parênteses):*

Resultados de integração no sistema Fe-Si

X_{Si}	0,0	0,10	0,20	0,30	
γ_{Si}	0,00132	0,00297	0,00949	0,04056	
$\overline{G}_{Si}^{exc}$	−103290	−90664,6	−72551,8	−49926,4	J/mol
γ_{Fe}	1	0,956	0,775	0,474	
$\overline{G}_{Fe}^{exc}$	0	−703	−3973	−11650	J/mol
G^{exc}		−9699 (−9707)	−17686 (−17677)	−23132 (−23065)	J/mol

■

4.15 FUNÇÃO DE DARKEN OU FUNÇÃO α

Para facilitar a integração gráfica da função $\ln\gamma_i$ através da equação de Gibbs-Duhem, Darken introduziu a função α ou função de Darken da espécie i, através da relação:

$$\ln\gamma_i = \frac{\alpha_i}{T}(1 - X_i)^2 \quad (4.339)$$

onde α_i é a função de Darken da espécie i. Também é comum a representação da função de Darken na forma equivalente,

$$\ln\gamma_i = \frac{\Omega_i}{RT}(1 - X_i)^2 \quad (4.340)$$

Nota-se, pelo exposto anteriormente, que α_i (ou Ω_i) é função, modo geral, de temperatura, pressão e composição. É claro que para que a solução seja ideal α_i (ou Ω_i) deve ser igual a zero.

4.15.1 INTEGRAÇÃO COM AUXÍLIO DA FUNÇÃO DE DARKEN

Como já citado, a integração gráfica da função:

$$\int_{a_B^*}^{a_B} d\ln a_B = -\int_{X_B^*}^{X_B} \frac{X_A}{X_B} d\ln a_A \quad (4.341)$$

leva a incertezas, pelo fato de a curva correspondente ser assintótica ao eixo X_A / X_B, (pois, quando $X_B \to 0$, $X_A / X_B \to \infty$) e, modo semelhante ao eixo $-\ln a_A$ (pois, quando $X_A \to 0$, $a_A \to 0$, $-\ln a_A \to \infty$). A precisão fica comprometida nestes extremos.

Da mesma maneira, a integração utilizando coeficientes de atividade é pouco precisa perto de $X_B = 0$, pois a curva torna-se, neste extremo, assintótica ao eixoX_A / X_B,

$$\int_{\gamma_B^*}^{\gamma_B} d\ln\gamma_B = -\int_{X_B^*}^{X_B} \frac{X_A}{X_B} d\ln\gamma_A \quad (4.342)$$

Com o auxílio da função de Darken tem-se, sucessivamente:

$$d\ln\gamma_B = -\frac{X_A}{X_B} d\ln\gamma_A = -\frac{X_A}{X_B} d\left[\frac{\alpha_A}{T} X_B^2\right] \quad (4.343)$$

ou

$$T\,dln\gamma_B = -\frac{X_A}{X_B}d\left[\alpha_A\,X_B^2\right] \tag{4.344}$$

e

$$T\int dln\gamma_B = -\int 2\alpha_A\,X_A\,dX_B - \int X_A\,X_B\,d\alpha_A \tag{4.345}$$

Integrando a segunda parcela por partes,

$$\int X_A\,X_B\,d\alpha_A = \alpha_A\,X_A\,X_B - \int \alpha_A\,d\left(X_A\,X_B\right) \tag{4.346}$$

ou

$$\alpha_A\,X_A\,X_B - \int \alpha_A\,X_A\,dX_B - \int \alpha_A\,X_B\,dX_A \tag{4.347}$$

$$\alpha_A\,X_A\,X_B - \int 2\alpha_A\,X_A\,dX_B + \int \alpha_A\,dX_B \tag{4.348}$$

ou

$$\alpha_A\,X_A\,X_B - \int 2\alpha_A\,X_A\,dX_B - \int \alpha_A\,dX_A \tag{4.349}$$

Resulta, após a escolha apropriada dos limites de integração:

$$T\int_{\gamma_B^*}^{\gamma_B} dln\gamma_B = \left[-\alpha_A\,X_A\,X_B + \int \alpha_A\,dX_A\right]_{X_A^*}^{X_A} \tag{4.350}$$

A vantagem do procedimento exposto é que, da maneira como é definida, α_i resulta em valores sempre finitos, de sorte que não se incorre nas imprecisões citadas.

EXEMPLO 4.44

As atividades do níquel nas ligas líquidas Fe-Ni a 1600 °C estão na tabela.

Atividades a 1600 °C, no sistema Fe-Ni

X_{Ni}	1	0,9	0,8	0,7	0,6	0,5	0,4	0,3	0,2	0,1
a_{Ni}	1	0,89	0,766	0,63	0,485	0,374	0,283	0,207	0,136	0,067

Fonte: Hultgreen (1973).

Determine as atividades do ferro, a 1600 °C, em relação ao ferro puro e líquido, para a composição dada como X_{Ni} = 0,4.

De acordo com o exposto, define-se: $\alpha_{Ni} = T \ln\gamma_{Ni} / X_{Fe}^2$, o que permite determinar como varia α_{Ni} com a composição (ver tabela e figura a seguir):

Valores da função de Darken para o níquel

X_{Ni}	1	0,9	0,8	0,7	0,6	0,5	0,4	0,3	0,2	0,1	0,0
X_{Fe}	0,0	0,1	0,2	0,3	0,4	0,5	0,6	0,7	0,8	0,9	1,0
a_{Ni}	1,00	0,890	0,766	0,620	0,485	0,374	0,283	0,207	0,136	0,067	0,000
γ_{Ni}	1,000	0,989	0,958	0,886	0,808	0,748	0,708	0,690	0,680	0,670	
α_{Ni}	−2150*	−2033	−2033	−2525	−2490	−2175	−1800	−1418	−1128	−926	−770*

*** Valores obtidos por extrapolação, ver gráfico a seguir.**

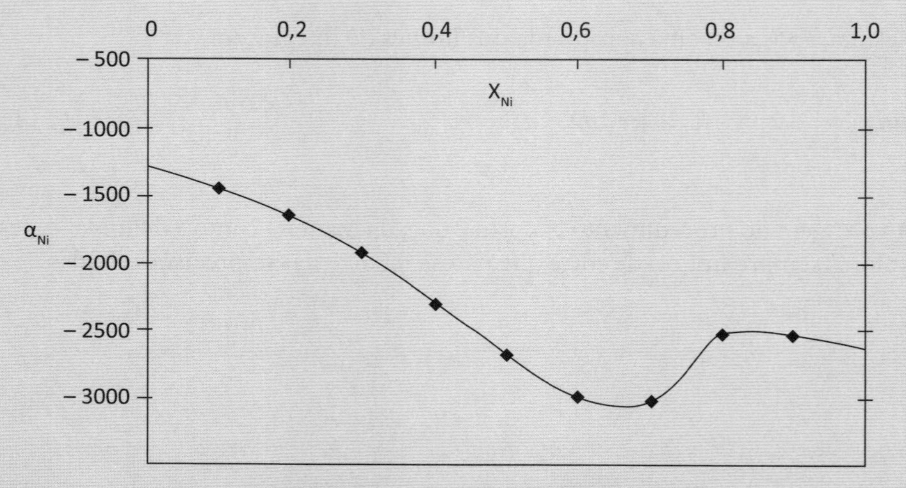

Função de Darken para o níquel, no sistema Fe-Ni, líquido, a 1600 °C.

EXEMPLO 4.44 (*continuação*)

A fórmula para integração seria:

$$T\int_{\gamma_{Fe}^{*}}^{\gamma_{Fe}} d\ln\gamma_{Fe} = \left[-\alpha_{Ni}\,X_{Ni}\,X_{Fe} + \int \alpha_{Ni}\,dX_{Ni}\right]_{X_{Ni}^{*}}^{X_{Ni}}$$

sendo que, para o caso particular em que $X_{Fe}^{*}=1$, *tem-se* $\gamma_{Fe}^{*}=1$ *e:*

$$T\ln\gamma_{Fe} = -\alpha_{Ni}\,X_{Ni}\,X_{Fe} + \int_{X_{Ni}^{*}=0}^{X_{Ni}} \alpha_{Ni}\,dX_{Ni}$$

O método de integração poderia ser, por exemplo, o método dos trapézios. Dessa forma, ter-se-ia, para $X_{Ni}=0{,}4$*:*

$$1873\ln\gamma_{Fe} = 1800\,x\,0{,}4\,x\,0{,}6 + 0{,}1\left(\frac{-926-770-1128-926-1418-1128-1800-1418}{2}\right)$$

ou

$$\gamma_{Fe} = 0{,}977$$

Cálculos semelhantes, para as outras composições, permitem construir a tabela a seguir.

Valores estimados de atividade do ferro

X_{Fe}	1	0,9	0,8	0,7	0,6	0,5	0,4	0,3	0,2	0,1	0
a_{Fe}	1	0,899	0,797	0,694	0,586	0,466	0,339	0,215	0,114	0,047	0

■

4.16 EXCESSOS MOLARES

A classificação das soluções reais em duas classes (as que apresentam desvio positivo e as que apresentam desvio negativo) permite antecipar o sinal esperado das variações de volume e entalpia de formação das soluções. Essa análise se baseia no pressuposto de que o comportamento termodinâmico de uma solução real se aproxima do comportamento ideal quando a temperatura aumenta e/ou a pressão diminui.

Como já foi visto, pode-se relacionar V^{exc}, H^{exc} e S^{exc} a G^{exc} através das derivadas:

$$\left[\frac{dG^{exc}}{dP}\right]_{T,n_i} = V^{exc} \qquad (4.351)$$

$$\left[\frac{d\dfrac{G^{exc}}{T}}{dT}\right]_{P,n_i} = -\frac{H^{exc}}{T^2} \tag{4.352}$$

$$\left[\frac{dG^{exc}}{dT}\right]_{P,n_i} = -S^{exc} \tag{4.353}$$

que podem ser utilizadas para estudar a dependência entre o excesso de Energia Livre de Gibbs e a função coeficiente de atividade.

4.16.1 VARIAÇÃO DE VOLUME DE FORMAÇÃO DA SOLUÇÃO REAL

O volume molar de formação de uma solução binária AB é dada por:

$$\Delta V^{real} = V^{exc} = \left[\frac{dG^{exc}}{dP}\right]_{T,n_i} = \left[\frac{dRT(X_A \ln\gamma_A + X_B \ln\gamma_B)}{dP}\right]_{T,\,n_i} \tag{4.354}$$

$$\Delta V^{real} = V^{exc} = RT\left\{X_A\left[\frac{d\ln\gamma_A}{dP}\right]_{T,\,n_i} + X_B\left[\frac{d\ln\gamma_B}{dP}\right]_{T,n_i}\right\} \tag{4.355}$$

E, desde que para uma solução de composição fixa, o comportamento tende ao ideal quando a pressão diminui, tem-se dois casos a considerar.

1. A e B apresentam desvio positivo,

$$\left[\frac{d\ln\gamma_i}{dP}\right]_{T,n_i} > 0 \tag{4.356}$$

a solução se forma com aumento de volume em relação aos constituintes puros.

2. A e B apresentam desvio negativo,

$$\left[\frac{d\ln\gamma_i}{dP}\right]_{T,n_i} < 0 \tag{4.357}$$

a solução se forma com diminuição de volume em relação aos constituintes puros. O efeito da pressão sobre as atividades dos componentes de uma solução real é expresso na Figura 4.28.

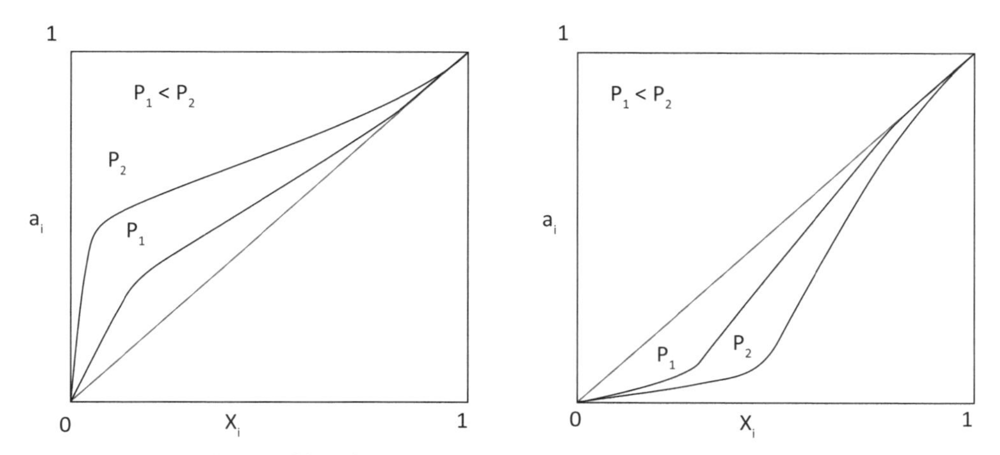

Figura 4.28 – Influência da pressão sobre o desvio em relação à idealidade.

4.16.2 VARIAÇÃO DE ENTALPIA DE FORMAÇÃO DA SOLUÇÃO REAL

Já entalpia molar de formação de uma liga binária AB é expressa como:

$$\left[\frac{d\dfrac{G^{exc}}{T}}{dT}\right]_{P,\,n_i} = -\frac{H^{exc}}{T^2} = -\frac{\Delta H^{real}}{T^2} \tag{4.358}$$

$$\Delta H^{real} = -T^2\left[\frac{d\dfrac{G^{exc}}{T}}{dT}\right]_{P,\,n_i} = -RT^2\left[\frac{d(X_A \ln\gamma_A + X_B \ln\gamma_B)}{dT}\right]_{P,\,n_i} \tag{4.359}$$

$$\Delta H^{real} = -RT^2\left\{X_A\left[\frac{d\ln\gamma_A}{dT}\right]_{P,\,n_i} + X_B\left[\frac{d\ln\gamma_B}{dT}\right]_{P,\,n_i}\right\} \tag{4.360}$$

e, desde que o comportamento tende ao ideal quando a temperatura aumenta, tem-se dois casos a considerar:

1. A e B apresentam desvio positivo,

$$\left[\frac{d\ln\gamma_i}{dT}\right]_{P,n_i} < 0 \tag{4.361}$$

a solução se forma com absorção de calor.

2. A e B apresentam desvio negativo,

$$\left[\frac{d\ln\gamma_i}{dT}\right]_{P,n_i} > 0 \tag{4.362}$$

a solução se forma com liberação de calor. O efeito da temperatura sobre as atividades dos componentes de uma solução binária AB é mostrado na Figura 4.29.

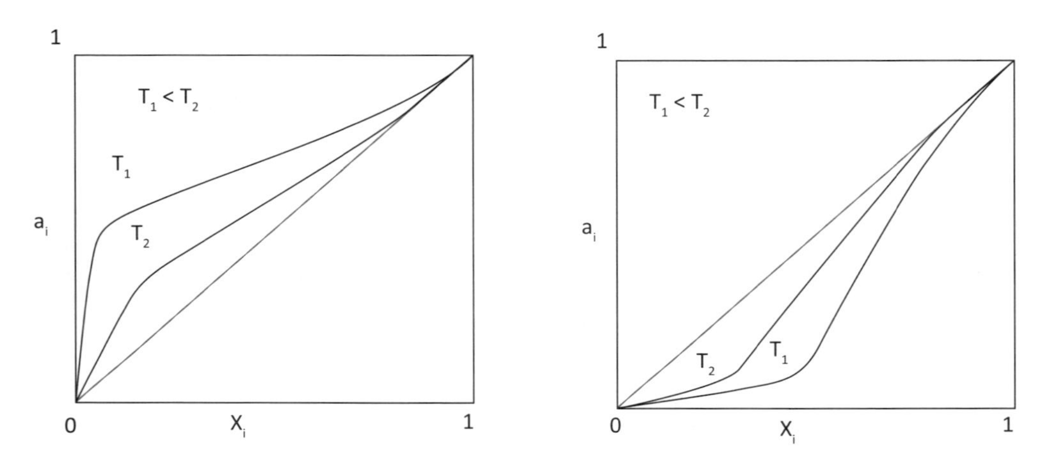

Figura 4.29 – Influência da temperatura sobre o desvio em relação à idealidade.

A expressão de dependência entre energia livre em excesso e temperatura permite também mostrar que a função ΔH é linear nos extremos de composição. Por exemplo, se X_A tende a 1, A obedece à Lei de Raoult, B obedece à Lei de Henry, então $\gamma_A = 1$ e $\gamma_B = \gamma_B^o$ de modo que:

$$\Delta H = X_A\left(\bar{H}_A - \bar{H}_A^o\right) + X_B\left(\bar{H}_B - \bar{H}_B^o\right) \tag{4.363}$$

$$\Delta H^{real} = -RT^2\left\{X_A\left[\frac{d\ln 1}{dT}\right]_{P,\,n_i} + X_B\left[\frac{d\ln\gamma_B^o}{dT}\right]_{P,\,n_i}\right\} = -RT^2\ X_B\left[\frac{d\ln\gamma_B^o}{dT}\right]_{P,\,n_i} \tag{4.364}$$

A equação anterior é do tipo $\Delta H^{real} = aX_B$, que mostra uma dependência linear entre ΔH^{real} e composição, como se quis demonstrar.

Nota-se que a variação de entalpia de dissolução de um mol de solvente em uma grande quantidade de solução infinitamente diluída é nula e que a de um mol de soluto é constante,

$$\bar{H}_i - \bar{H}_i^o = -RT^2\left[\frac{d\ln\gamma_i^o}{dT}\right]_{P,n_i} \tag{4.365}$$

4.16.3 VARIAÇÃO DE ENTROPIA DE FORMAÇÃO DA SOLUÇÃO REAL

A variação da entropia de formação de uma solução binária AB vale:

$$\Delta S^{real} = \Delta S^{ideal} + S^{exc} = \Delta S^{ideal} - \left[\frac{dG^{exc}}{dT} \right]_{P,n_i} =$$

$$\Delta S^{ideal} - R\{X_A \ln \gamma_A + X_B \ln \gamma_B\} - RT \left\{ X_A \left[\frac{d\ln\gamma_A}{dT} \right]_{P,n_i} + X_B \left[\frac{d\ln\gamma_B}{dT} \right]_{P,n_i} \right\} \tag{4.366}$$

e, *a priori*, não se pode prever o sinal de ΔS.

Em alguns sistemas o tipo de desvio varia com a composição, e não é possível uma análise qualitativa tão simples. Nesses casos necessita-se conhecer a função $\ln\gamma_i = \varphi(T, P)$.

EXEMPLO 4.45

Com base em dados termodinâmicos das soluções sólidas Fe-V e das soluções líquidas Ag-Ge analise a correspondência entre o tipo de desvio em relação à idealidade e os efeitos térmicos do processo de formação das soluções.

No caso da solução ferro-vanádio, tabela a seguir, o desvio em relação à idealidade é negativo, para ambos os componentes, em toda a faixa de composição. Entretanto, nota-se que, numa faixa de composições, a variação de entalpia de formação é positiva, noutra é negativa.

Dados termodinâmicos (em J/mol e J/mol.K) para a formação de soluções sólidas ferro-vanádio a 1600 K x Fe(s,α) + (1-x) V(s) = solução sólida α

X_{Fe}	a_{Fe}	γ_{Fe}	$\Delta\bar{G}_{Fe}$	$\Delta\bar{G}_{Fe}^{exc}$	$\Delta\bar{H}_{Fe}$	$\Delta\bar{S}_{Fe}$	$\Delta\bar{S}_{Fe}^{exc}$
1,0	1,000	1,000	0	0	0	0,000	0,000
0,9	0,861	0,957	−1984	−582	3638	3,512	2,637
0,8	0,687	0,859	−4990	−2018	10708	9,808	7,953
0,7	0,516	0,737	−8812	−4065	16430	15,777	12,809
0,6	0,370	0,612	−13341	−6543	18104	19,653	15,404
0,5	0,249	0,498	−18498	−9272	14165	20,415	14,651
0,4	0,160	0,400	−24375	−12181	5902	18,925	11,302
0,3	0,095	0,316	−31357	−15333	-565	19,256	9,230
0,2	0,049	0,243	−40261	−18837	-5978	21,424	8,037
0,1	0,018	0,180	−53497	−22851	-9289	27,632	8,481
0,0	0,000	0,129	$-\infty$	−27242	−10498	∞	10,465

EXEMPLO 4.45 (*continuação*)

X_V	a_V	γ_V	$\Delta\bar{G}_V$	$\Delta\bar{G}_V^{exc}$	$\Delta\bar{H}_V$	$\Delta\bar{S}_V$	$\Delta\bar{S}_V^{exc}$
0,0	0,000	0,045	$-\infty$	–41274	118409	∞	99,80
0,1	0,012	0,117	–59240	–28590	45226	65,289	46,138
0, 2	0,043	0,217	–41785	–20365	3633	28,389	14,998
0,3	0, 103	0,344	–30210	–14186	–14287	9,954	–0,063
0,4	0,195	0,488	–21750	–9557	–17895	2,411	–5,212
0, 5	0,314	0, 628	–15425	–6204	–13178	1,406	–4,362
0,6	0,450	0,751	–10612	–3813	–6271	2,713	–1,536
0,7	0,597	0,853	–6857	–2110	–2637	2,637	–0,327
0,8	0,745	0, 932	–3914	–942	–753	1,976	0,117
0, 9	0,884	0, 983	–1637	–234	–67	0,980	0,105
1,0	1, 000	1, 000	0	0	0	0,000	0,000

Fonte: Hultgreen (1973).

No caso das soluções prata-germânio (ver tabela a seguir) nota-se que, em determinada faixa de concentração, o desvio é positivo, noutra, o desvio é negativo; para cada um dos componentes as variações de entalpia parcial molar de dissolução seguem a tendência prevista.

Dados termodinâmicos (em J/mol e J/mol.K) para a formação de soluções líquidas prata-germânio, a 1250K x Ag(l) + (1–x) Ge(l) = solução líquida

X_{Ag}	a_{Ag}	γ_{Ag}	$\Delta\bar{G}_{Ag}$	$\Delta\bar{G}_{Ag}^{exc}$	$\Delta\bar{H}_{Ag}$	$\Delta\bar{S}_{Ag}$	$\Delta\bar{S}_{Ag}^{exc}$
0,0	1,000	1,000	0	0	0	0,000	0,000
0,9	0,880	0,978	–1331	–234	–519	0,649	–0,226
0,8	0,744	0,930	–3077	–753	–1637	1,151	–0,703
0,7	0,610	0,871	–5145	–1436	–2574	2,055	–0,908
0,6	0,506	0,843	–7083	–1775	–2436	3,721	–0,527
0, 5	0,425	0,850	–8891	–1683	–1009	6,304	0,540
0,4	0,353	0,882	–10833	–1306	1260	9,674	2,051
0,3	0,282	0,941	–13148	–632	4144	13,835	3,818
0,2	0,202	1,008	–16652	84	7409	19,247	5,860
0, 1	0,114	1,137	–22609	1331	11461	27,255	8,104
0,0	0,000	1,646	$-\infty$	5182	16325	∞	8,912

Fonte: Hultgreen (1973).

EXEMPLO 4.45 (*continuação*)

X_{Ge}	a_{Ge}	γ_{Ge}	$\Delta\bar{G}_{Ge}$	$\Delta\bar{G}_{Ge}^{exc}$	$\Delta\bar{H}_{Ge}$	$\Delta\bar{S}_{Ge}$	$\Delta\bar{S}_{Ge}^{exc}$
0,0	0,000	0,412	$-\infty$	-9209	-12558	∞	-2,679
0,1	0,066	0,658	-28297	-4358	-2135	20,930	1,775
0,2	0,176	0,878	-18088	-1352	4366	17,962	4,575
0,3	0,321	1,070	-11813	707	7321	15,308	5,291
0,4	0,457	1,142	-8150	1377	7179	12,265	4,642
0,5	0,566	1,131	-5927	1281	5479	9,121	3,357
0,6	0,659	1,099	-4328	980	3608	6,350	2,101
0,7	0,743	1,061	-3089	620	2060	4,119	1,155
0,8	0,830	1, 037	-1938	381	975	2,332	0,473
0,9	0,915	1,017	-925	172	255	0,942	0,067
1,0	1,000	1,000	0	0	0	0,000	0,000

Fonte: Hultgreen (1973).

■

4.17 SOLUÇÕES REGULARES

Existem duas classes de soluções: *soluções ideais*, para as quais ΔV e ΔH de formação são nulos, e *soluções reais*, para as quais $\Delta V \neq 0$ e $\Delta H \neq 0$.

Dentro da classe de soluções reais, existe um conjunto especial de soluções para as quais ΔH de formação é diferente de zero, porém, a variação de entropia de formação é igual à de uma solução ideal de mesma composição. Tais soluções são chamadas soluções regulares, e diferem das soluções ideais pelo fato de que as forças de interação entre as diversas espécies (que podem ser átomos, íons ou moléculas) não são iguais, porém, as diferenças são moderadas o suficiente de modo que a energia térmica produza uma distribuição de partículas próximas da aleatória (Figura 4.30). Soluções sólidas dessa classe são do tipo substitucional, devendo obedecer às restrições de Hume-Rothery: mesma estrutura cristalina e valência; afinidades químicas e tamanhos atômicos próximos; naturalmente a restrição de estrutura cristalina não se aplica às soluções líquidas. Então, para uma solução regular, a entropia em excesso é nula.

$$S^{exc} = S^{real} - S^{ideal} = \Delta S^{real} - \Delta S^{ideal} = 0 \qquad (4.367)$$

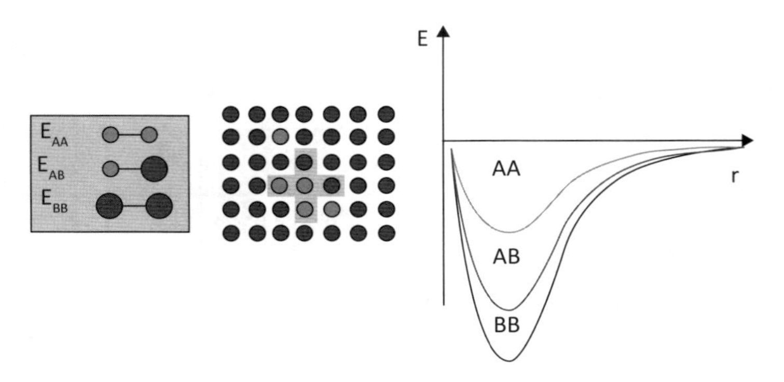

Figura 4.30 – Distribuição atômica e curva esquemática de energia potencial interatômica em uma solução binária regular (adaptado de http//faculty.kfupm.ed.sa/CHE/Che401/Lecture_17.Specialcases.ppt).

4.17.1 FORMA DA FUNÇÃO DE DARKEN PARA SOLUÇÕES REGULARES

Se a solução é regular, então:

$$S^{exc} = -\left[\frac{dG^{exc}}{dT}\right]_{P,n_i} = 0. \quad (4.368)$$

A energia livre em excesso independe da temperatura, isto é, para uma solução de composição fixa, ela é a mesma em todas as temperaturas.

Para que esta expressão seja válida para todas as composições, é necessário que:

$$\left[\frac{dG^{exc}}{dT}\right]_{P,n_i} = \left[\frac{dR\{X_A T\ln\gamma_A + X_B T\ln\gamma_B\}}{dT}\right]_{P,n_i} = 0 \quad (4.369)$$

$$\left[\frac{dT\ln\gamma_A}{dT}\right]_{P,n_i} = \left[\frac{dT\ln\gamma_B}{dT}\right]_{P,n_i} = 0 \quad (4.370)$$

isto é, a função $T\ln\gamma_i$ deve ser independente da temperatura.

Porém, de acordo com a definição de função de Darken,

$$\ln\gamma_i = \frac{\alpha_i}{T}(1 - X_i)^2 \quad (4.371)$$

de modo que:

$$T\ln\gamma_i = \alpha_i(1 - X_i)^2 \quad (4.372)$$

e

$$\left[\frac{dT\ln\gamma_i}{dT}\right]_{P,n_i}=0, \tag{4.373}$$

o que implica:

$$\left[\frac{d\alpha_i}{dT}\right]_{P,n_i}=0 \tag{4.374}$$

Logo, para que a solução seja regular, as funções de Darken dos constituintes devem independer da temperatura, isto é, α_A e α_B são funções apenas da pressão e da composição.

Alternativamente, poder-se-ia escrever como definição da função de Darken:

$$\ln\gamma_A=\frac{\Omega_A}{RT}(1-X_A)^2 \tag{4.375}$$

e

$$\ln\gamma_B=\frac{\Omega_B}{RT}(1-X_B)^2 \tag{4.376}$$

E, de modo semelhante, para que a solução seja regular, as funções de Darken, Ω_A e Ω_B, dos constituintes devem independer da temperatura.

A energia livre em excesso em termos da função de Darken de A e B fica:

$$G^{exc}=RT\ (X_A\ln\gamma_A+X_B\ln\gamma_B)=R\left(X_A\,\alpha_A\,X_B^2+X_B\,\alpha_B\,X_A^2\right) \tag{4.377}$$

$$G^{exc}=RX_AX_B\left(\alpha_A\,X_B+\alpha_B\,X_A\right) \tag{4.378}$$

Ou, alternativamente,

$$G^{exc}=RT\ (X_A\ln\gamma_A+X_B\ln\gamma_B)=\left(X_A\,\Omega_A\,X_B^2+X_B\,\Omega_B\,X_A^2\right) \tag{4.379}$$

$$G^{exc}=X_AX_B\left(\Omega_A\,X_B+\Omega_B\,X_A\right) \tag{4.380}$$

4.17.2 A VARIAÇÃO DE ENTALPIA DE FORMAÇÃO DE SOLUÇÕES REGULARES

Pode-se escrever $\Delta G = \Delta H - T\,\Delta S$, para transformação isotérmica, e, no caso da solução ideal,

$$\Delta G^{ideal} = -T\,\Delta S^{ideal} \tag{4.381}$$

pois ΔH^{ideal} é igual a zero.

Também,

$$\Delta G^{real} = \Delta H^{real} - T\,\Delta S^{real}, \tag{4.382}$$

de modo que subtraindo uma expressão da outra tem-se:

$$\Delta G^{real} - \Delta G^{ideal} = G^{exc} = \Delta H^{real} - T\left(\Delta S^{real} - \Delta \mathrm{S}^{\mathrm{ideal}}\right) = \Delta H^{real} - T\,\mathrm{S}^{\mathrm{exc}} \tag{4.383}$$

porém, para soluções regulares $\mathrm{S}^{\mathrm{exc}} = 0$, ou

$$G^{exc} = \Delta H^{real} \tag{4.384}$$

a variação de entalpia de formação da solução regular é independente da temperatura, e é igual à Energia Livre de Gibbs em excesso.

Como:

$$G^{exc} = \Delta H^{real} = X_A\,RT\ln\gamma_A + X_B\,RT\ln\gamma_B \tag{4.385}$$

e

$$\Delta H = X_A\left(\bar{H}_A - \bar{H}_A^o\right) + X_B\left(\bar{H}_B - \bar{H}_B^o\right), \tag{4.386}$$

Vem:

$$\bar{H}_i - \bar{H}_i^o = RT\ln\gamma_i \tag{4.387}$$

No caso de algumas soluções, tem-se a seguinte relação funcional:

$$\ln\gamma_A = \frac{\alpha_A}{T}\left(1 - X_A\right)^2 = \frac{\alpha_A}{T}X_B^2 \tag{4.388}$$

e

$$\ln\gamma_B = \frac{\alpha_B}{T}\left(1 - X_B\right)^2 = \frac{\alpha_B}{T}X_A^2 \tag{4.389}$$

sendo que α_A e α_B independem da temperatura e da composição, isto é, são funções apenas da pressão. Como as expressões apresentadas devem obedecer à equação de Gibbs-Duhem, vem:

$$X_A d\ln\gamma_A + X_B d\ln\gamma_B = \frac{2\alpha_A X_A X_B dX_B}{T} + \frac{2\alpha_B X_A X_B dX_A}{T} = 0, \tag{4.390}$$

ou

$$2\alpha_A X_A X_B dX_B + 2\alpha_B X_A X_B dX_A = 2X_A X_B\left(\alpha_A - \alpha_B\right)dX_B = 0 \tag{4.391}$$

isto é:

$$\alpha_A = \alpha_B = \alpha. \tag{4.392}$$

Tais soluções são chamadas soluções Estritamente Regulares. Portanto, para elas

$$G^{exc} = \Delta H^{real} = R\alpha X_A X_B. \tag{4.393}$$

Alternativamente se tem

$$\Omega_A = \Omega_B = \Omega \tag{4.394}$$

e

$$G^{exc} = \Delta H^{real} = \Omega X_A X_B \tag{4.395}$$

A Figura 4.31 relaciona o máximo de S^{exc} com o máximo de ΔH para várias soluções sólidas e líquidas. Nota-se que a condição de $S^{exc} = 0$ só é atingida, para a maioria dos casos, quando $\Delta H = 0$ e que a figura sugere uma relação linear entre ΔH e S^{exc}. Apesar disto, o estudo das soluções regulares é interessante porque várias soluções foram estudadas com a suposição de que o modelo fosse válido. Valores positivos de S^{exc} são, *grosso modo*, associados à entropia térmica, enquanto valores negativos são associados à entropia de configuração (supõe-se ausência de distribuição aleatória).

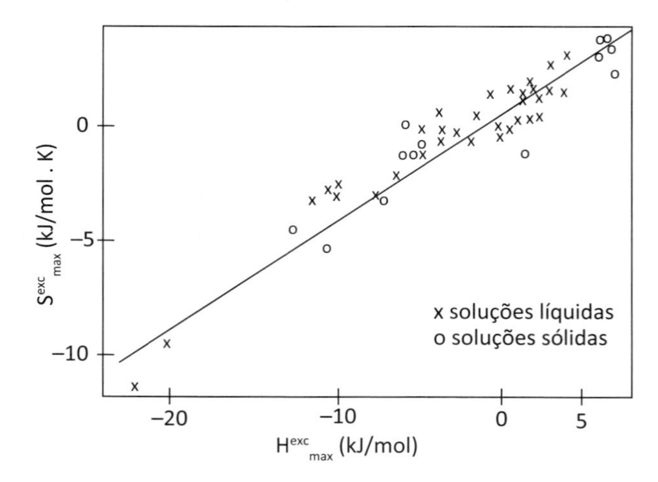

Figura 4.31 – Entropia em excesso *versus* entalpia em excesso para soluções reais diversas.

Fonte: Kubaschewski (1983).

EXEMPLO 4.46

A partir de medições de força eletromotriz, a variação de energia livre parcial molar de dissolução da prata na solução ouro-prata líquida, de composição correspondente a X_{Ag} igual a 0,8, foi determinada como sendo −2930 J/mol, a 1085 °C, referência Raoultiana. Assumindo que a solução ouro-prata comporta-se de maneira estritamente regular, calcule a variação de energia livre integral molar em excesso de formação da solução.

Como tem-se que, para X_{Ag} = 0,8, a 1358K,

$$\Delta\overline{G}_{Ag} = RT \ln a_{Ag} = RT \ln \gamma_{Ag} + RT \ln X_{Ag} = -2930\, J/mol$$

Vem para X_{Ag} = 0,8, a 1358K

$$\Delta\overline{G}^{exc}_{Ag} = RT\, ln\gamma_{Ag} = -412\, J/mol$$

Se, de fato, a solução é estritamente regular, pode-se escrever que, para qualquer composição,

$$\Delta\overline{G}^{exc}_{Ag} = RT\, ln\gamma_{Ag} = \Omega X^2_{Au}$$

o que indica que $\Omega = -10296\, J/mol$.

Logo, a variação de energia integral molar em excesso de formação da solução seria:

$$G^{exc} = \Omega X_{Ag} X_{Au} = -10296 X_{Ag} X_{Au}\, J/mol.$$

EXEMPLO 4.47

Soluções líquidas Cd-Zn são estritamente regulares, $RT\ln\gamma_i = 8776\,(1 - X_i)^2$ J/mol. Durante a destilação de tal liga se produz um vapor com 73% de zinco, a 800K; estime a composição da solução líquida, que estaria em equilíbrio com este vapor.

Se o vapor com 73% de zinco se comporta como gás ideal, então:

$$\frac{P_{Zn}}{P_{Cd}} = \frac{73}{27}$$

Por outro lado, se este mesmo vapor está em equilíbrio com a fase líquida, estes valores de pressão podem ser calculados a partir das atividades:

$$a_i = \gamma_i X_i \text{ e } a_i = P_i / P_i^o \text{ ou } P_i = a_i P_i^o = P_i^o \gamma_i X_i$$

Desse modo, vem:

$$\frac{P_{Zn}}{P_{Cd}} = \frac{P_{Zn}^{ol}\, e^{8776\, X_{Cd}^2/RT}\left(1 - X_{Cd}\right)}{P_{Cd}^{ol}\, e^{8776\left(1 - X_{Cd}\right)^2/RT}\, X_{Cd}} = \frac{73}{27}$$

O que permite determinar X_{Cd}, pois a 800 K tem-se (Kubaschewski, 1983):

$$\log P_{Zn}\,(mmHg) = -6620/T - 1{,}255 \log T + 12{,}34 \quad e \quad P_{Zn}^{ol}(mmHg) = 2{,}64$$

$$\log P_{Cd}\,(mmHg) = -5819/T - 1{,}257 \log T + 12{,}287 \quad e \quad P_{Cd}^{ol}\,(mmHg) = 23{,}12$$

Neste caso, $X_{Cd} = 0{,}011498$

■

4.18 MODELO QUASE QUÍMICO DE SOLUÇÕES

O modelo é aplicável a soluções cujos componentes têm igual volume molar e ainda os volumes parciais molares dos constituintes iguais aos volumes molares, isto é,

$$\overline{V}_i = V_A^o = V_B^o \qquad (4.396)$$

portanto, ΔV é zero. Supõe-se ainda que as interações sejam de curto alcance, só necessitando serem consideradas as energias de ligação entre os vizinhos mais próximos, e que essas energias não variam com a composição.

Supondo, então, que um mol de solução tem: P_{AA} ligações A-A, de energia E_{AA}, P_{BB} ligações B-B, de energia E_{BB}, P_{AB} de ligações A-B, de energia E_{AB}, a energia interna da solução será:

$$E = P_{AA}\,E_{AA} + P_{AB}\,E_{AB} + P_{BB}\,E_{BB} \tag{4.397}$$

Seja Z o número de coordenação dos átomos, isto é, o número de vizinhos mais próximos; então, cada átomo ostenta Z pontes de ligação, que podem ser do tipo A-A, B-B, A-B, e pode-se escrever:

número de átomos de A × número de ligações por átomo =
= número de ligações A-B + número de ligações A-A × 2,

(número de ligações A-A × 2 porque a ligação A_1A_2 é idêntica à ligação A_2A_1, na qual 1 e 2 representam sítios de volume).

Logo, vem

$$n_A\,Z = P_{AB} + 2\,P_{AA} \tag{4.398}$$

e

$$P_{AA} = \frac{n_A\,Z - P_{AB}}{2} \tag{4.399}$$

$$n_B\,Z = P_{AB} + 2\,P_{BB} \tag{4.400}$$

e

$$P_{BB} = \frac{n_B\,Z - P_{AB}}{2} \tag{4.401}$$

e, portanto, como energia interna da solução,

$$E = \frac{n_A\,Z - P_{AB}}{2}\,E_{AA} + P_{AB}\,E_{AB} + \frac{n_B\,Z - P_{AB}}{2}\,E_{BB} \tag{4.402}$$

ΔE (variação de energia interna de formação da solução) será $E - E^0$, onde E é dado pela expressão anterior e E^0 representa a energia interna de A e B antes da miscigenação, isto é, a energia de A e B puros. Então,

$$E^o = \frac{n_A\,Z}{2}\,E_{AA} + \frac{n_B\,Z}{2}\,E_{BB} \tag{4.403}$$

(não existem ligações A-B, $A_2\ A_1 \equiv A_1\ A_2$ e $B_2\ B_1 \equiv B_1\ B_2$, – 1 e 2 representando posições dos átomos) e

$$\Delta E = -\frac{P_{AB}}{2} E_{AA} + P_{AB} E_{AB} - \frac{P_{AB}}{2} E_{BB} = P_{AB}\left(E_{AB} - \frac{E_{AA} + E_{BB}}{2}\right) \tag{4.404}$$

Como $\Delta V = 0$ e sendo

$$\Delta H \text{ (variação de entalpia de formação da solução)} = \Delta E + P\Delta V \tag{4.405}$$

$$\Delta H = P_{AB}\left(E_{AB} - \frac{E_{AA} + E_{BB}}{2}\right) \tag{4.406}$$

Daí conclui-se que, para que a solução seja ideal, é necessário que:

$$E_{AB} = \frac{E_{AA} + E_{BB}}{2}. \tag{4.407}$$

Como E_{AA}, E_{AB}, E_{BB} são menores que zero

$$\text{se } \left|E_{AB}\right| > \left|\frac{E_{AA} + E_{BB}}{2}\right|, \text{ então } \Delta H < 0 \tag{4.408}$$

$$\text{se } \left|E_{AB}\right| < \left|\frac{E_{AA} + E_{BB}}{2}\right|, \text{ então } \Delta H > 0 \tag{4.409}$$

A determinação de ΔH envolve a determinação de P_{AB}, porém, nos casos em que o desvio da idealidade não é grande, ΔH é pequeno, pode-se supor que a distribuição de A e B no volume da solução seja idêntica à da solução ideal, isto é, uma distribuição casual resultando em desordem completa. Neste caso, P_{AB} pode ser calculado com auxílio da estatística:

$$\textit{número total de pares} = \frac{n_A + n_B}{2} Z \tag{4.410}$$

e a probabilidade de se encontrar um par AB será igual a $2X_A\ X_B$ (imagine dois sítios 1 e 2: a probabilidade de se achar um átomo A no sítio 1 é X_A, e a probabilidade de se achar um átomo B no sítio 2 é X_B; logo, a probabilidade de se encontrar A no sítio 1 e B no sítio 2 é $X_A\ X_B$, a probabilidade de se encontrar A em 2 e B em 1 é $X_B X_A$ e, portanto, a probabilidade de se encontrar um par A-B é $2X_A\ X_B$).

$$P_{AB} = \left[\frac{n_A + n_B}{2} Z\right] 2 X_A\ X_B = (n_A + n_B) Z\ X_A\ X_B \tag{4.411}$$

Se o volume da solução for limitado de modo que se tenha um mol, $n_A + n_B = N$ (número de Avogadro), tem-se:

$$\Delta H = P_{AB}\left(E_{AB} - \frac{E_{AA} + E_{BB}}{2}\right) = N\,Z\left(E_{AB} - \frac{E_{AA} + E_{BB}}{2}\right)X_A X_B = \Omega X_A X_B \qquad (4.412)$$

$$\Omega = N\,Z\left(E_{AB} - \frac{E_{AA} + E_{BB}}{2}\right) \qquad (4.413)$$

o que corresponde ao modelo de solução estritamente regular.

Quando se estudam as soluções ideais, diz-se que sua formação é devida à maximização da entropia da configuração; no caso de soluções reais existe um compromisso entre entropia e entalpia, de modo que a Energia Livre de Gibbs seja mínima. Esse compromisso pode ser ilustrado como se segue. A Figura 4.32a representa o caso em que

$$|E_{AB}| > \left|\frac{E_{AA} + E_{BB}}{2}\right|, \qquad (4.414)$$

isto é, $\Delta H < 0$, e a Figura 4.32b em que

$$|E_{AB}| < \left|\frac{E_{AA} + E_{BB}}{2}\right|, \qquad (4.415)$$

$\Delta H > 0$, para uma solução $X_A = 0{,}5$. Em ambos os casos, no eixo da abscissa está representado P_{AB}, número de ligações A-B, que varia de zero (A e B separados, ou formação de "cachos" de A e "cachos" de B) até um valor máximo (ordem completa, A tendo por vizinhos somente B e vice-versa), sendo que nestes extremos $\Delta S_{configuração}$ é nulo. O valor de $\Delta S_{configuração}$ é máximo para um valor intermediário, para o qual a mistura de A e B é casual.

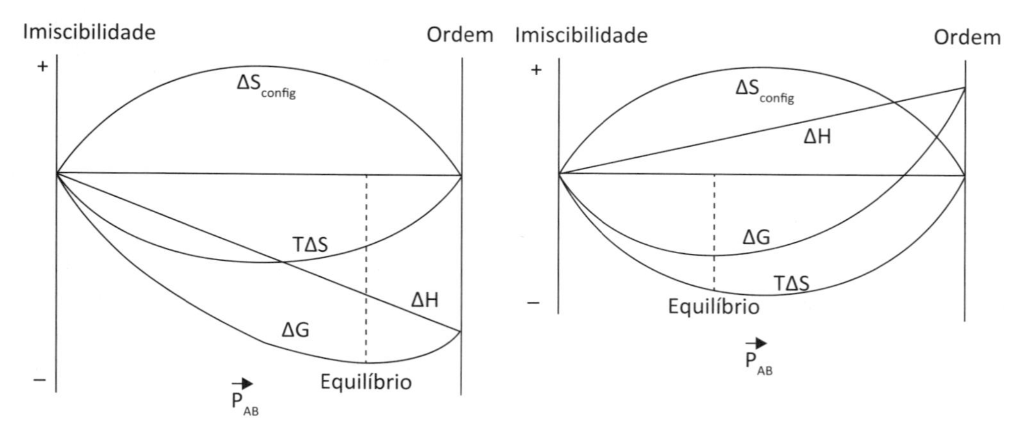

Figura 4.32 – a) energia livre *versus* P_{AB} no caso de formação exotérmica; b) energia livre *versus* P_{AB} no caso de formação endotérmica.

Fonte: Gaskell (1981).

Para o caso (a), a minimização de entalpia se dá com a maximização do número de ligações AB, e o equilíbrio se estabelece entre a distribuição casual e o ordenamento completo. Pela própria forma de equação $\Delta G = \Delta H - T\Delta S$, vê-se que o peso da entropia aumenta com a temperatura, isto é, quanto maior a temperatura mais perto da distribuição casual se localizará o equilíbrio.

4.19 MUDANÇA DE ESTADO DE REFERÊNCIA

O objetivo de uma série de experimentos, realizados para se estudar o comportamento termodinâmico de uma solução AB, a uma pressão P e temperatura T definidas, é, em geral, conhecer como variam as grandezas *G, H, S,* ou as quantidades parciais molares $\mu_A, \mu_B, \overline{H}_A, \overline{H}_B, \overline{S}_A, \overline{S}_B$, com a composição.

Em geral, o resultado é apresentado não em termos dessas quantidades, mas em termos de suas variações, variações medidas em relação a um estado, dito ser de Referência. Este Estado de Referência pode ser escolhido de forma arbitrária, por simples conveniência, e representa uma base de comparação. Como para cada medição, a composição da solução, o estado físico, a temperatura e a pressão estão definidos, o estado termodinâmico da solução também o está; o que implica valores únicos e determinados para *G, H, S,* $\mu_A, \mu_B, \overline{H}_A, \overline{H}_B, \overline{S}_A, \overline{S}_B$. Entretanto, se os resultados são dados em termos de variações, $\Delta G, \Delta H, \Delta S, \Delta\mu_A, \Delta\mu_B, \Delta\overline{H}_A, \Delta\overline{H}_B, \Delta\overline{S}_A, \Delta\overline{S}_B$, os valores de variações perdem utilidade sem a especificação da referência utilizada para as medições.

Como já mencionado, estados de referência podem ser escolhidos à luz da conveniência, de modo arbitrário. Em alguns dos casos introduz-se um estado de referência específico que tem a faculdade de facilitar os cálculos ou de torná-los mais próximos da linguagem do operador. Por exemplo, as escalas de concentração mais comumente utilizadas em Metalurgia são a *porcentagem* e *partes por milhão* (em peso), em detrimento de fração molar, mais comum em química. Isso levou à introdução de um estado de referência tal que, em condições particulares de soluções diluídas, a atividade de um soluto pode ser substituída pela porcentagem em peso deste.

Naturalmente, não podem mudar, em função dos estados de referência escolhidos, as respostas a indagações do tipo: 1) Qual das fases é a mais estável? 2) Qual o rendimento químico deste sistema? 3) Quais as reações espontâneas?

Portanto, os significados das várias escalas de atividade, dos estados de referência possíveis, devem ser precisos e claros. Abordam-se a seguir algumas das referências de uso mais comum.

4.19.1 REFERÊNCIA RAOULTIANA

Utiliza-se a referência Raoultiana quando se escolhe como base de comparação, ou estado inicial, ou Estado de Referência, aquele correspondente aos componentes puros, à pressão e à temperatura de estudo, no mesmo estado físico da solução. No caso, por exemplo, de uma solução líquida, as referências seriam:

- A puro, líquido à temperatura e pressão do estudo,
- B puro, líquido à temperatura e pressão do estudo,

independentemente do fato de que, por exemplo, o estado mais estável de A ou de B, ou A e B na temperatura e pressão de estudo, possa vir a ser, diga-se, o sólido.

No caso de uma solução sólida as referências seriam:

- A puro, sólido à temperatura e pressão do estudo
- B puro, sólido à temperatura e pressão do estudo,

EXEMPLO 4.48

Discuta a relação entre valores de propriedades termodinâmicas do processo de formação de soluções líquidas Cu-Bi, de acordo com os caminhos a seguir.

$$x\,Bi(l) + (1\text{-}x)\,Cu(l) = \text{solução líquida Cu-Bi}$$

$$x\,Bi(l) + (1\text{-}x)\,Cu(s) = \text{solução líquida Cu-Bi}$$

As temperaturas de fusão do cobre e bismuto são, 1358 K e 545 K, respectivamente. Para o processo de formação da solução líquida Cu-Bi a 1200 K, tal que X_{Cu}= 0,2, de acordo com a sequência,

$x\,Bi(l) + (1-x)\,Cu(l)$ = solução líquida Cu-Bi; referência Raoultiana (Hultgreen, 1963),

determinou-se experimentalmente que:

$$\Delta G = -3089\ J/mol,\ \Delta H = 3374\ J/mol,\ a_{Bi} = 0{,}834,$$

$$a_{Cu} = 0{,}439,\ \Delta\overline{H}_{Bi} = 950\ J/mol,\ \Delta\overline{H}_{Cu} = 13077\ J/mol.$$

Portanto, esses valores referem-se ao cobre puro e líquido e ao bismuto puro e líquido como estado de referência, independentemente de o estado mais estável do cobre, nessa temperatura, ser o sólido.

Como em condições normais (1 atm, 1200 K) o bismuto seria líquido e o cobre sólido, é razoável que, no laboratório, cobre sólido tenha sido adicionado a um banho de bismuto líquido. Esse processo corresponderia a:

$$x\,Bi(l) + (1\text{-}x)\,Cu(s) = \text{solução líquida Cu-Bi.}$$

EXEMPLO 4.48 (*continuação*)

É fácil notar (ver figura a seguir) que os processos citados estão interligados; neste caso, pela consideração da fusão do cobre. O caminho (I) representa o procedimento normal de laboratório; o caminho (II) é conceitualmente idêntico ao caminho (I), estando explícita nele a etapa de fusão de cobre e a de formação da solução a partir dos líquidos puros; o caminho (III) representa a formação de solução líquida a partir de referência Raoultiana. Portanto, extrair os dados do caminho (III) a partir dos dados do caminho (I) não deve representar dificuldade adicional.

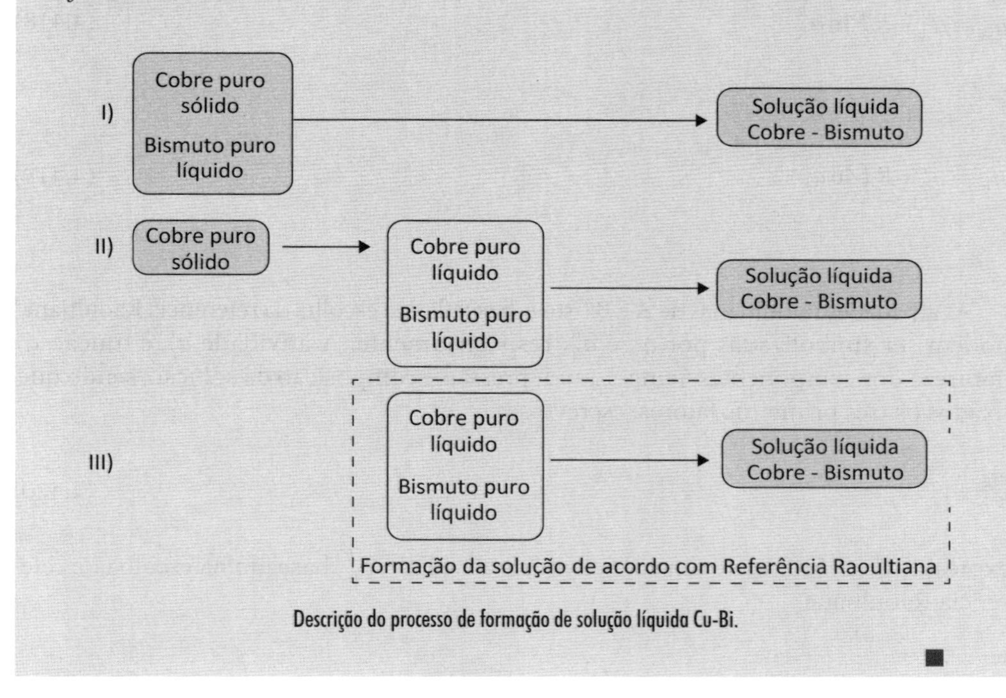

Descrição do processo de formação de solução líquida Cu-Bi.

■

Como uma grandeza extensiva qualquer, Y está ligada às grandezas intensivas dos componentes, $\overline{Y}_i$, através da relação $Y = \sum X_i \overline{Y}_i$. Pode-se escrever para cada mol de solução:

$$\Delta H_R = X_A\left(\overline{H}_A - \overline{H}_A^o\right) + X_B\left(\overline{H}_B - \overline{H}_B^o\right) \tag{4.416}$$

onde ΔH_R é a variação de entalpia de formação da solução a partir de A e B, puros (no mesmo estado físico da solução), ou utilizando-se a referência Raoultiana; $\overline{H}_A$, $\overline{H}_B$ são as entalpias parciais molares de A e B, respectivamente, na solução; $\overline{H}_A^o$, $\overline{H}_B^o$ são as entalpias molares de A e B, puros (no mesmo estado físico da solução), respectivamente. Também se tem:

$$\Delta G_R = X_A\left(\overline{G}_A - G_A^o\right) + X_B\left(\overline{G}_B - G_B^o\right) = X_A\left(\mu_A - \mu_A^o\right) + X_B\left(\mu_B - \mu_B^o\right) \tag{4.417}$$

onde ΔG_R representa a variação de Energia Livre de Gibbs de formação da solução a partir de A e B, puros (no mesmo estado físico da solução), ou utilizando-se referência Raoultiana; μ_A, μ_B são os potenciais químicos de A e B, respectivamente, na solução; e μ_A^o, μ_B^o os potenciais químicos de A e B, puros (no mesmo estado físico da solução), respectivamente. Nesse caso, por definição de atividade, estão interligados os valores de

$$\mu_A \, e \, \mu_A^o \quad \text{e} \quad \mu_B \, e \, \mu_B^o$$

através das equações

$$\mu_A = \mu_A^o + RT \ln a_A^R \tag{4.418}$$

e

$$\mu_B = \mu_B^o + RT \ln a_B^R \tag{4.419}$$

As atividades Raoultianas de A e B (isto é, baseadas na escolha da referência Raoultiana) podem ser simbolizadas por a_A^R e a_B^R, respectivamente. A atividade a_i^R é função da natureza dos componentes, temperatura, pressão e composição da solução, sendo que, fixados os três primeiros fatores, escreve-se:

$$a_i^R = \gamma_i^R X_i \tag{4.420}$$

expressão de definição de um coeficiente de atividade, γ_i^R, baseado na escolha de referência Raoultiana.

Do exame da equação:

$$\mu_i = \mu_i^o + RT \ln a_i^R \tag{4.421a}$$

e pelas próprias características do estado de referência adotado, conclui-se que, quando a fração molar do componentes tende à unidade, o mesmo ocorre com a atividade do mesmo e, logo, ao coeficiente de atividade, o que permite escrever (nestas condições):

$$a_i^R = X_i \tag{4.421b}$$

conhecida como lei de Raoult, válida, em maior ou menor extensão, a depender da solução, quando i é solvente.

4.19.2 REFERÊNCIA HENRYANA

Como já mencionado, definido o estado termodinâmico da solução, ficam definidas todas as grandezas intensivas e extensivas, sem possibilidade de dúvidas. O potencial químico de um componente pode ser medido tomando uma referência arbitrária, seja ela realizável ou não fisicamente. A Figura 4.33 ilustra justamente a independência entre o potencial químico e a referência escolhida: o potencial de referência muda, mas sua alteração é compensada por uma mudança de atividade, de modo que a soma $\mu_i = \mu_i^o + RT \ln a_i$ permanece inalterada. Então, se no decorrer de um estudo troca-se a referência, a atividade continua sendo uma função da natureza dos componentes, temperatura, pressão e composição, porém, uma função diversa da anterior.

A referência Henryana (ou a escala Henryana de atividades) é definida de tal modo que a nova atividade do componente i, a_i^H, tenda para sua fração molar, X_i, quando esta tende a zero.

Então, por definição:

$$a_i^H = X_i \tag{4.422}$$

quando $X_i \to 0$. Mas, para uma solução de composição qualquer

$$a_i^H = \gamma_i^H X_i \tag{4.423}$$

onde γ_i^H é o novo coeficiente de atividade. Pela própria definição, vê-se que $\gamma_i^H = 1$, quando $X_i \to 0$.

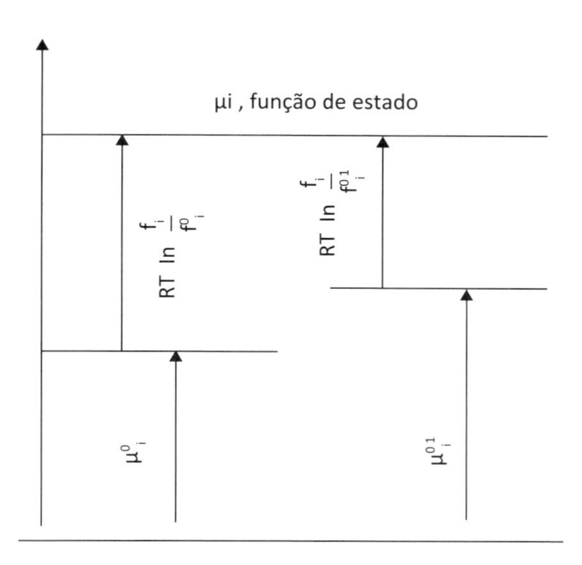

Figura 4.33 – Dependência entre o valor de atividade e o estado de referência escolhido; por definição a atividade é a razão entre as fugacidades no estado real e no estado de referência.

A referência Henryana não teria outro interesse além do teórico se não pudesse ser relacionada à referência Raoultiana; ou se os valores de atividade e de variação de energia livre não pudessem ser objeto de determinação experimental. Essa relação é possível de ser determinada e será mostrada a seguir. Definido o estado da solução, devido à imutabilidade de potencial químico, pode-se escrever:

$$\mu_i = \mu_i^o + RT\ln a_i = \mu_i^{oH} + RT\ln a_i^H \qquad (4.424)$$

$$RT\ln\frac{a_i^H}{a_i} = \mu_i^o - \mu_i^{oH} \qquad (4.425)$$

onde μ_i^o é o potencial químico na referência Raoultiana (mesmo estado físico da solução) e μ_i^{oH} é o potencial da nova referência, Henryana.

Esta restrição precisa ser válida (a T e P constantes) para toda e qualquer composição neste sistema, de modo que, de

$$\frac{a_i^H}{a_i} = \frac{\gamma_i^H X_i}{\gamma_i X_i} = \frac{\gamma_i^H}{\gamma_i} = constante \qquad (4.426)$$

resulta, quando i é soluto, o que implica valores de X_i, próximos de zero, e então

$\gamma_i \to \gamma_i^o$, coeficiente Henryano de atividade (não confundir com γ_i^H)

$\gamma_i^H \to 1$, de acordo com a definição da nova referência,

a relação seguinte:

$$\frac{a_i^H}{a_i} = \frac{\gamma_i^H}{\gamma_i} = \frac{1}{\gamma_i^o} \qquad (4.427)$$

e

$$\mu_i^{oH} - \mu_i^o = RT\ln\gamma_i^o. \qquad (4.428)$$

Existem dois casos a considerar.

a) O componente i apresenta desvio positivo, isto é, $\gamma_i > 1$ e $\gamma_i^o > 1$, a_i^H é sempre menor que a_i e nota-se que não existe uma solução para a qual a_i^H seja igual à unidade (Figura 4.34). Não existe, portanto, uma solução que encerre i no novo estado de referência: este não tem sentido físico. Não obstante é sempre possível relacionar, numericamente, valores de grandezas termodinâmicas nesta escala de atividade com os valores respectivos em outra escala; mas esta transformação não seria fisicamente realizável.

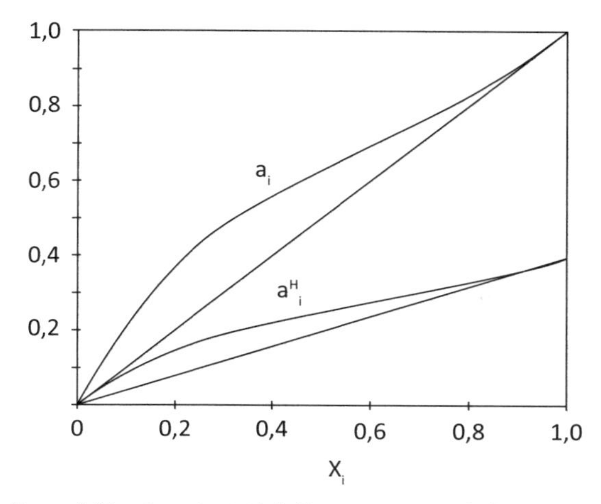

Figura 4.34 – Curva de atividade Henryana para caso de desvio positivo.

b) O componente i apresenta desvio negativo, isto é, $\gamma_i < 1$ e $\gamma_i^o < 1$, a_i^H é sempre maior que a_i e existe uma solução, de composição X_i^*, para a qual a_i^H é igual à unidade: essa solução encerra i no novo estado de referência. X_i^* pode ser determinado graficamente (Figura 4.35) ou, posto que geralmente γ_i é conhecido como $\ln\gamma_i = f(X_i)$, resolvendo-se a equação $\ln\gamma_i + \ln X_i - \ln\gamma^o{}_i = 0$.

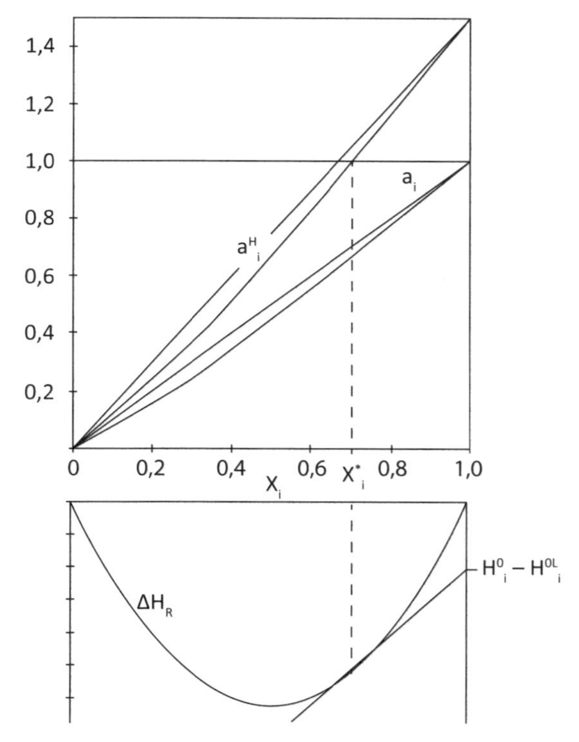

Figura 4.35 – Curva de atividade Henryana para caso de desvio negativo; determinação da entalpia parcial molar na situação de referência, pelo método das tangentes.

EXEMPLO 4.49

Para as soluções líquidas Pb-Sn encontrou-se, a 473 °C, $\ln\gamma_{Pb} = -0{,}73\,X_{Sn}^2$*. Pede-se calcular a atividade do chumbo na referência Henryana e determinar a composição da solução para a qual a atividade do chumbro é unitária.*

Como $\ln\gamma_{Pb} = -0{,}73\,X_{Sn}^2$ *resulta que* $\ln\gamma_{Pb}^o = -0{,}73$ e daí $\ln\gamma_{Pb}^H = \ln\gamma_{Pb} - \ln\gamma_{Pb}^o = 0{,}73\left(1 - X_{Sn}^2\right)$. *Note-se que, quando a fração molar de chumbo se aproxima de zero, o coeficiente de atividade, na nova escala, aproxima-se de 1.*

Uma equação para a curva de atividade do chumbo seria:

$$\ln a_{Pb}^H = \ln\gamma_{Pb}^H + \ln X_{Pb} = 0{,}73\left(1 - X_{Sn}^2\right) + \ln X_{Pb} = 0{,}73\left(1 - X_{Sn}^2\right) + \ln(1 - X_{Sn})$$

Ver figura a seguir:

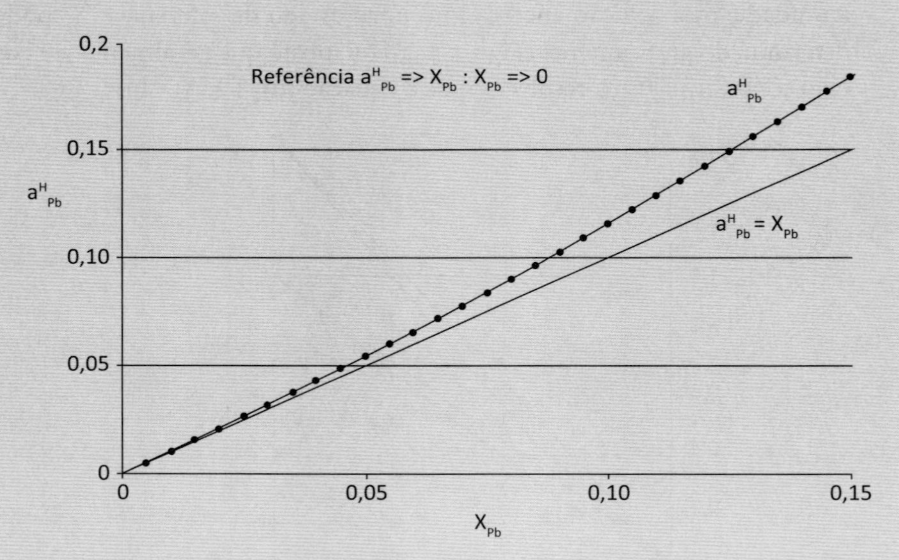

Curva de atividade Henryana (solução infinitamente diluída) do chumbo em soluções Pb-Sn, na faixa de soluções diluídas.

Requer-se a composição para a qual a atividade do chumbo, na nova escala de referência, seja unitária. Então,

$$\ln a_{Pb}^H = 0{,}73\left(1 - X_{Sn}^2\right) + \ln(1 - X_{Sn}) = 0$$

o que ocorre para $X_{Sn} = 0{,}4437$ ■

4.19.3 REFERÊNCIA 1% EM PESO

Parte considerável das soluções em metalurgia são soluções diluídas, e suas análises são geralmente fornecidas em porcentagem em peso e porcentagem atômica, em vez de fração molar. O teor de solutos presentes em uma liga é normalmente determinante no que diz respeito ao seu comportamento durante as várias etapas de produção e durante a vida em serviço. Foi introduzido então um referencial que considerasse essas particularidades. A referência 1% em peso é definida de modo que a nova atividade do componente i, simbolizada por h_i, tenda à sua porcentagem em peso $\%i$, quando esta tende a zero. Logo, por definição, $h_i \rightarrow \%i$, quando $\%i \rightarrow 0$, mas para uma solução qualquer $h_i = f_i\ \%i$ onde f_i é o coeficiente de atividade.

Como no caso anterior, seria interessante poder comparar valores de grandezas termodinâmicas nessa nova escala de atividade com aquelas determinadas para outras escalas. Por exemplo, como o valor do potencial químico não depende da referência, pois este é função de estado, pode-se escrever:

$$\mu_i = \mu_i^o + RT \ln a_i = \mu_i^{o\%} + RT \ln h_i, \tag{4.429}$$

ou

$$RT \ln \frac{h_i}{a_i} = \mu_i^o - \mu_i^{o\%} \tag{4.430}$$

onde μ_i^o e $\mu_i^{o\%}$ são os potenciais de referência Raoultiana (mesmo estado físico da solução) e na nova escala de atividade. De modo que

$$\frac{h_i}{a_i} = \frac{f_i\ \%i}{\gamma_i\ X_i} = constante \tag{4.431}$$

Essa relação precisa ser válida para todas as concentrações, inclusive para valores pequenos de X_i, condição que permite determinar o valor da constante. Por exemplo, a relação entre X_i e $\%i$ em uma solução binária qualquer é dada por:

$$\%i = \frac{X_i\ M_i\ 100}{X_i\ M_i + (1 - X_i) M_j} \tag{4.432}$$

onde M_i representa a massa atômica de i e M_j a massa atômica de j (o segundo componente). No caso de uma solução suficientemente diluída, para a qual $X_i \rightarrow 0$, o que implica $\gamma_i \rightarrow \gamma_i^o$, tem-se, naturalmente, $\%i \rightarrow 0$ e $f_i \rightarrow 1$ por definição). Então,

$$\%i \approx \frac{X_i\ M_i\ 100}{M_j} \tag{4.433}$$

o que resulta em:

$$\frac{h_i}{a_i} = \frac{f_i \ \%i}{\gamma_i X_i} = \frac{M_i 100}{M_j \gamma_i^o} \tag{4.434}$$

e

$$\mu_i^o - \mu_i^{o\%} = RT \ln \frac{M_i 100}{M_j \gamma_i^o} \tag{4.435}$$

Pode então ser verificado se existe sentido físico nesse estado de referência; isto é, se existe uma solução do sistema A-B que possa ser associada a ele. Essa solução seria aquela do conjunto AB para a qual $h_i = f_i \ \%i = 1$. Se a Lei de Henry for válida até essa concentração vem:

$$a_i = \gamma_i^o X_i \tag{4.436}$$

$$\frac{f_i \ \%i}{\gamma_i X_i} = \frac{1}{\gamma_i^o X_i} = \frac{M_i 100}{M_j \gamma_i^o} \tag{4.437}$$

o que fornece um valor de concentração da ordem de $X_i = M_j / (100\ M_i)$; para soluções diluídas, isso seria o mesmo que:

$$\%i \approx \frac{X_i M_i 100}{M_j} = \frac{\left(M_j / \left(100 M_i\right)\right) M_i 100}{M_j} = 1. \tag{4.438}$$

Portanto, $\%i = 1$ (um por cento em peso), o que justifica a nomenclatura da nova referência. Esses cálculos baseiam-se na pressuposição de que a nova referência se localiza na faixa das soluções diluídas, o que é verdade se M_i é maior ou da ordem de grandeza de M_j e γ_i^o é menor ou não diverge muito de 1.

Se necessário, o valor de $\overline{H}_i^{o\%} - \overline{H}_i^o$ (onde $\overline{H}_i^{o\%}$ representa a entalpia parcial molar na nova referência) pode ser encontrado utilizando o método dos interceptos, seja graficamente pelo traçado de uma tangente à curva ΔH_R na concentração $X_i = M_j / (100\ M_i)$, ou analiticamente, se a forma da função $\Delta H_R = f(X_A)$ for conhecida. Alternativamente, como se supõe que a Lei de Henry é obedecida, deve-se ter, à diluição infinita

$$\overline{H}_i^{o\%} - \overline{H}_i^o = -RT^2 \left[\frac{d \ln \gamma_i^o}{dT} \right]_{P,n_i} \tag{4.439}$$

EXEMPLO 4.50

Com base nos sistemas Fe-Ni e Fe-Si exemplifique a relação entre coeficientes de atividade Henryano e Raoultiano.

A figura a seguir apresenta comparações entre coeficientes de atividade, em soluções líquidas Fe-Ni e Fe-Si, utilizando-se referências Raoultiana e Henryana. Note-se que, no caso de referência Henryana, o coeficiente de atividade só se torna unitário, como requerido, em soluções diluídas.

Soluções líquidas Fe-Ni a 1600 °C

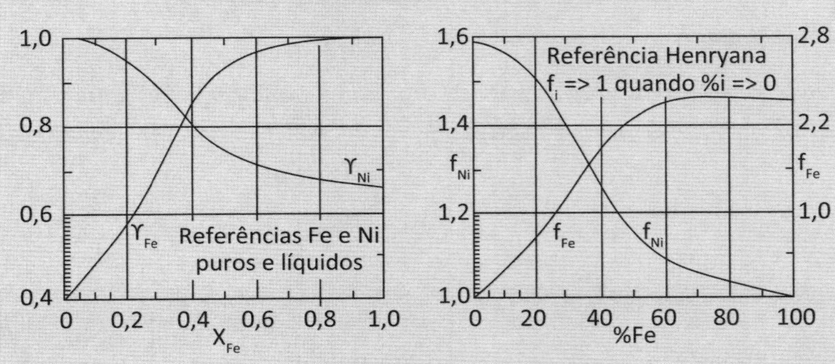

Soluções líquidas Fe-Si a 1600 °C

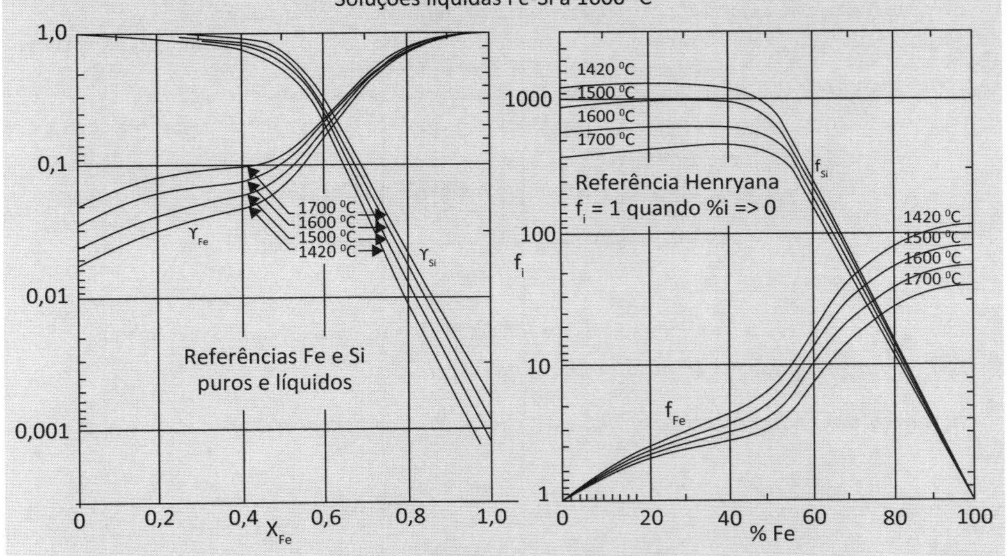

Coeficientes de atividade em soluções líquidas Fe-Ni e Fe-Si.

Fonte: Elliot (1963).

EXEMPLO 4.51

Para a transformação Si(l) = Si $_{1\%, ferro\ líquido}$

Encontra-se que:

$$\Delta G^o = \mu_{Si}^{o\%} - \mu_{Si}^{ol} = -119301 - 28,88\ T \frac{J}{mol}$$

Estime a variação de entalpia de dissolução do silício em uma grande quantidade de ferro puro líquido.

Por comparação com $\Delta G^0 = \Delta H^0 - T\Delta S^0$ *vem que* $\Delta H^0 = -119301$ *J/mol e* $\Delta S^0 = 28,88$ *J/mol.K.*

O valor apontado para diluição de um mol de silício líquido em ferro líquido, a 1600 °C, quando a concentração de silício é próxima de zero, é $\Delta \bar{H}_{Si} = -115115$ *J/mol (Hultgreen, 1963).*

■

EXEMPLO 4.52

Determinou-se os valores da tabela a seguir para soluções líquidas Ni-Si

Coeficientes de atividade do silício em três temperaturas

T (°C)	1475	1530	1580
γ_{Si}^o	$3,505 \times 10^{-5}$	$4,876 \times 10^{-5}$	$8,388 \times 10^{-5}$

Encontre a expressão de γ_{Si}^o versus *T, na forma* $ln\gamma_{Si}^o = a + b/T$, *e também a expressão de* ΔG_{Si}^o *(puro e líquido => 1% diluído em níquel líquido).*

Espera-se uma relação entre coeficiente de atividade e temperatura do tipo,

$$\ln\gamma_i^{T2} - \ln\gamma_i^{T1} = \frac{\Delta H_i}{R}\left(\frac{1}{T_2} - \frac{1}{T_1}\right)$$

Então, uma regressão do tipo $ln\gamma_{Si}$ versus $1/T$ *fornece:*

$$ln\gamma_{Si}^o = 4,9722 - 26699/T.$$

EXEMPLO 4.52 (continuação)

Por outro lado, a variação da energia livre citada calcula-se como:

$$\Delta G^o_{Si} \ (RR => 1\%) = \mu^{o\%}_{Si} - \mu^{ol}_{Si} = RT \ln \frac{\gamma^o_{Si} M_{Ni}}{100 M_{Si}}$$

$$\Delta G^o_{Si} = \mu^{o\%}_{Si} - \mu^{ol}_{Si} = RT \ln \gamma^o_{Si} + RT \ln \frac{M_{Ni}}{100 M_{Si}}$$

$$\Delta G^o_{Si} = \mu^{o\%}_{Si} - \mu^{ol}_{Si} = \mathrm{RT}\ \{ 4{,}9722 - 26699/\mathrm{T} \} + RT \ln \frac{M_{Ni}}{100 M_{Si}}$$

$$\Delta G^o_{Si} = \mu^{o\%}_{Si} - \mu^{ol}_{Si} = - 26699\, R + RT\ \{\ln \frac{M_{Ni}}{100 M_{Si}} + 4{,}9722\}$$

onde M_{Si} e M_{Ni} simbolizam as massas atômicas de silício e níquel, respectivamente.

■

EXEMPLO 4.53

O coeficiente de atividade do titânio no ferro puro líquido, válido para soluções altamente diluídas em Ti, referência titânio puro e sólido, é 0,011 a 1600 °C. Calcule a variação da energia livre correspondente à mudança de estado de referência Ti(s) = Ti (1% em peso, no ferro líquido).

Considerando que o potencial químico do titânio precisa ser independente da referência, escreve-se:

$$\mu^{os}_{Ti} + RT \ln a_{Ti} = \mu^{o\%}_{Ti} + RT \ln h_{Ti}$$

$$\mu^{os}_{Ti} + RT \ln \gamma_{Ti} X_{Ti} = \mu^{o\%}_{Ti} + RT \ln f_{Ti}\ \%Ti$$

O que implica:

$$\mu^{os}_{Ti} - \mu^{o\%}_{Ti} = RT \ln \frac{M_{Ti}\, 100}{M_{Fe}\, \gamma^o_{Ti}}$$

EXEMPLO 4.53 (*continuação*)

onde M_{Ti} (47,9 g/mol) e M_{Fe} (55,85 g/mol) são as massas atômicas de titânio e ferro, e γ^o_{Ti} representa o coeficiente Henryano de atividade do titânio no ferro líquido, referência titânio sólido puro. Neste caso γ^o_{Ti} = 0,011 a 1600 °C e, então, a esta temperatura,

$$\mu^{os}_{Ti} - \mu^{o\%}_{Ti} = 8,31x1873\ln\frac{47,9x100}{55,85x0,011} = 139307\ J/mol$$

Uma expressão mais completa, que considera a influência de temperatura, seria:

$$\mu^{os}_{Ti} - \mu^{o\%}_{Ti} = 54837 + 44,79\ T\ J,\ ou$$

$$\mu^{os}_{Ti} - \mu^{o\%}_{Ti} = RT\ln\frac{M_{Ti}100}{M_{Fe}\gamma^o_{Ti}} = 54837 + 44,79\ T\ J/mol,\ ou$$

$$\mu^{os}_{Ti} - \mu^{o\%}_{Ti} = RT\ln\frac{47,9x100}{55,85\gamma^o_{Ti}} = 54837 + 44,79\ T\ J/mol$$

o que permite inferir que

$$RT\ln\gamma^o_{Ti} = -7,765\ T - 54837\ J/mol$$

■

EXEMPLO 4.54

Tomando como base o processo de dissolução de oxigênio em ferro líquido exemplifique como se pode determinar a variação de Energia Livre de Gibbs, de dissolução de um gás diatômico em um metal.

Quando oxigênio se dissolve em ferro líquido tal como ocorre na forma atômica, esquematicamente,

$$O_2(g) = 2\underline{O}$$

Então é possível realizar experimentos onde se relaciona a pressão parcial de oxigênio na fase gasosa à concentração de oxigênio no ferro líquido. A figura a seguir mostra um exemplo.

EXEMPLO 4.54 (*continuação*)

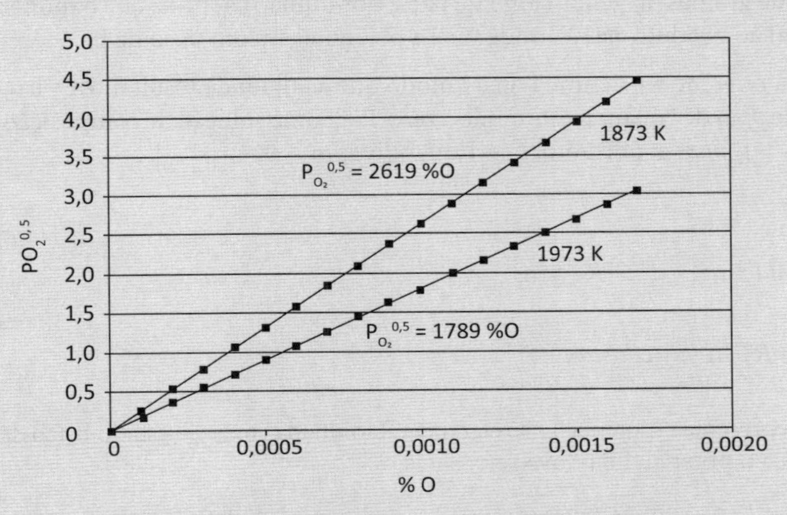

Relação entre pressão parcial de oxigênio e conteúdo deste em ferro líquido.

O potencial químico do oxigênio neste equilíbrio pode ser determinado a partir da relação

$$\mu_O = \frac{1}{2}\{\mu_{O2}^{og}(1atm,T) + RT\ln P_{O2}\} = \mu_O^{o\%} + RT\ln h_O$$

onde se admitiu, por parte do gás, comportamento ideal e, para o oxigênio dissolvido referência % peso, com base na Lei de Henry. Então, pode-se escrever:

$$\mu_O^{o\%} - \frac{1}{2}\mu_{O2}^{og} = 1/2\,RT\ln P_{O2} - RT\ln h_O$$

expressão que deve apresentar valor constante, não importa a composição da solução, se a temperatura for mantida constante. Portanto, nota-se que, em soluções extremamente diluídas,

$$\mu_O^{o\%} - \frac{1}{2}\mu_{O2}^{og} = RT\ln\frac{P_{O2}^{0,5}}{h_O} \approx RT\ln\frac{P_{O2}^{0,5}}{\%O}$$

e que a declividade da curva $P_{O2}^{0,5}$ versus *%O, na origem, permite determinar, para cada temperatura, o valor de* $\mu_O^{o\%} - \frac{1}{2}\mu_{O2}^{og}$*; daí resulta*

$$\frac{1}{2}O_2(g) = O_{\%} \quad \Delta G^o = \mu_O^{o\%} - \frac{1}{2}\mu_{O2}^{og} = -\ 117208 - 2{,}888\ T\ J/mol.$$

■

4.19.4 REFERÊNCIA PPM

De acordo com a própria definição de *ppm* (1 *ppm* corresponde a um grama em 1 milhão de gramas ou genericamente parte por milhão), tem-se que o número de *ppm* de i é igual ao produto $\%i10^4$, onde $\%i$ é a percentagem em peso de i.

A nova referência é definida de tal modo que a atividade resultante de i, $a_i^{''}$ tenda ao número de *ppm* de i quando este tende a zero. Para uma solução de composição qualquer escreve $a_i^{''} = f_i^{''}\, ppm$ e, portanto, $f_i^{''} \rightarrow 1$ quando $ppm \rightarrow 0$.

Então,

$$\mu_i = \mu_i^o + RT \ln a_i = \mu_i^{o''} + RT \ln a_i^{''} \qquad (4.440)$$

$$\mu_i^{o''} - \mu_i^o = RT \ln \frac{a_i}{a_i^{''}} = constante \qquad (4.441)$$

onde μ_i^o representa o potencial na referência Raoultiana (mesmo estado físico da solução) e $\mu_i^{o''}$ indica o potencial da nova referência.

Essa expressão seria válida para toda faixa de concentrações, e, portanto, para soluções extremamente diluídas em i,

$$\frac{a_i^{''}}{a_i} = \frac{f_i^{''}\, ppm}{\gamma_i X_i} = \frac{\%i10^4}{\gamma_i^o X_i} = \frac{(X_i M_i 100 / M_j)10^4}{\gamma_i^o X_i} = \frac{M_i 10^6}{\gamma_i^o M_j} \qquad (4.442)$$

e

$$\mu_i^{o''} - \mu_i^o = RT \ln \frac{\gamma_i^o M_j}{M_i 10^6} \qquad (4.443)$$

É fácil (desde que a lei de Henry seja seguida) mostrar que a solução A-B correspondente a este estado de referência apresentaria 1% do soluto em questão (essa solução é aquela para a qual $a_i^{''} = f_i^{''}\, ppm = 1$).

Portanto, sendo diluída a solução de referência, pode-se escrever para a variação de entalpia (como no caso da referência 1% em peso),

$$\bar{H}_i^{o''} - \bar{H}_i^o = -RT^2 \left[\frac{d \ln \gamma_i^o}{dT} \right]_{P,n_i} \qquad (4.444)$$

EXEMPLO 4.55

Considere que um determinado gás inerte, em contato com ferro líquido a 1600 °C, esteja contaminado com hidrogênio, ao nível de 1% em volume. Se a pressão total é igual a 1,5 atm, qual a quantidade de hidrogênio que o ferro conseguiria dissolver?

Sabe-se que no gás o hidrogênio se encontra na forma molecular (H_2), enquanto no ferro líquido, na forma atômica (H). Em condição de equilíbrio de distribuição de hidrogênio entre essas duas fases pode-se escrever que o potencial químico do hidrogênio deve ser o mesmo:

$$\mu_H = \frac{1}{2}\{\mu_{H2}^{og}(1atm, T) + RT\ln P_{H2}\} = \mu_H^{o''} + RT\ln a_H^{''}$$

onde se admitiu, por parte do gás, comportamento ideal e, para o hidrogênio dissolvido referência ppm, com base na Lei de Henry. Então, pode-se escrever:

$$\mu_H^{o''} - \frac{1}{2}\mu_{H2}^{og} = 1/2\,RT\ln P_{H2} - RT\ln a_H^{''}$$

expressão que deve apresentar valor constante, não importa a composição da solução, se a temperatura for mantida constante. Em soluções extremamente diluídas, em função da própria definição de referência ppm

$$\mu_H^{o''} - \frac{1}{2}\mu_{H2}^{og} = RT\ln\frac{P_{H2}^{0,5}}{ppm\,H}$$

Portanto, se forem realizados experimentos de absorção de hidrogênio pelo ferro líquido, a declividade da curva $P_{H2}^{0,5}$ versus *ppmH, na origem, permite determinar, para cada temperatura, o valor de $\mu_H^{o''} - \frac{1}{2}\mu_{H2}^{og}$. Esses experimentos foram realizados e resultaram em:*

$$\mu_H^{o''} - \frac{1}{2}\mu_{H2}^{og} = 36502 - 46{,}13\,T\,J.$$

Dessa forma,

$$\mu_H^{o''} - \frac{1}{2}\mu_{H2}^{og} = RT\ln\frac{P_{H2}^{0,5}}{a_H^{''}} = RT\ln\frac{P_{H2}^{0,5}}{ppm\,H} = 36502 - 46{,}13\,T\,J$$

fornece, para P_{H2} = 0,015 atm, 1873K, uma quantidade de hidrogênio dissolvido da ordem de 3 ppm.

■

4.19.5 REFERÊNCIA ESTADO FÍSICO DIVERSO

Considere, apenas por conveniência, o caso de uma solução líquida. Então, a referência Raoultiana implica escolher A e B puros e líquidos como referência. Nada impediria, em vez disso, a escolha de A e B puros e sólidos como referência.

Aqui, ainda, se pode escrever:

$$\mu_i = \mu_i^{ol} + RT\ln a_i^L = \mu_i^{os} + RT\ln a_i^S \tag{4.445}$$

onde μ_i^{os} é o potencial químico de i sólido e puro, e a_i^S a atividade de i medida em relação a esse referencial; μ_i^{ol} é o potencial químico de i líquido e puro, e a_i^L a atividade de i medida em relação a esse referencial. Portanto existe uma relação entre atividades, constante, com o valor:

$$RT\ln\frac{a_i^S}{a_i^L} = \mu_i^{ol} - \mu_i^{os} = \Delta\mu_i^{fusão}. \tag{4.446}$$

Do mesmo modo, $a_i^S = \gamma_i^S X_i$, onde γ_i^S é o coeficiente da atividade em relação ao sólido puro e $a_i^L = \gamma_i^L X_i$, onde γ_i^L é o coeficiente da atividade em relação ao líquido puro. Então,

$$RT\ln\frac{a_i^S}{a_i^L} = RT\ln\frac{\gamma_i^S}{\gamma_i^L} = \mu_i^{ol} - \mu_i^{os} = \Delta\mu_i^{fusão} = \Delta H_i^{fusão} - T\Delta S_i^{fusão} \tag{4.447}$$

Então, desde que a temperatura do estudo não seja muito diferente da temperatura de fusão de i (ou se as capacidades caloríficas de sólido e líquido são iguais, $C_p^L = C_p^S$), pode-se tomar

$$RT\ln\frac{a_i^S}{a_i^L} = RT\ln\frac{\gamma_i^S}{\gamma_i^L} = \Delta H_i^{fusão}\left(1 - T/T_i^{fusão}\right) \tag{4.448}$$

onde $T_i^{fusão}$ e $\Delta H_i^{fusão}$ representam a temperatura e a variação de entalpia de fusão de i.

Sendo H_A^{oS}, H_B^{oS} e μ_A^{oS}, μ_B^{oS}, as entalpias molares de A e B puros e sólidos, e potenciais químicos de A e B puros e sólidos, respectivamente; sendo H_A^{oL}, H_B^{oL} e μ_A^{oL}, μ_B^{oL}, as entalpias molares de A e B puros e líquidos, e potenciais químicos de A e B puros e líquidos, pode-se escrever as expressões de variação de entalpia de formação e de Energia Livre de Gibbs de formação, a partir dos sólidos puros:

$$\Delta H_S = X_A\left(\bar{H}_A - H_A^{os}\right) + X_B\left(\bar{H}_B - H_B^{os}\right) \tag{4.449}$$

$$\Delta H_S = X_A\left(\bar{H}_A - H_A^{os} \pm H_A^{ol}\right) + X_B\left(\bar{H}_B - H_B^{os} \pm H_B^{ol}\right) \tag{4.450}$$

$$\Delta H_S = X_A\left(\bar{H}_A - H_A^{ol}\right) + X_B\left(\bar{H}_B - H_B^{ol}\right) + X_A\left(H_A^{ol} - H_A^{os}\right) + X_B\left(H_B^{ol} - H_B^{os}\right) \quad (4.451)$$

$$\Delta G_S = X_A\left(\mu_A - \mu_A^{os}\right) + X_B\left(\mu_B - \mu_B^{os}\right) \quad (4.452)$$

$$\Delta G_S = X_A\left(\mu_A - \mu_A^{os} \pm \mu_A^{ol}\right)\mu + X_B\left(\mu_B - \mu_B^{os} \pm \mu_B^{ol}\right) \quad (4.453)$$

$$\Delta G_S = X_A\left(\mu_A - \mu_A^{ol}\right) + X_B\left(\mu_B - \mu_B^{ol}\right) + X_A\left(\mu_A^{ol} - \mu_A^{os}\right) + X_B\left(\mu_B^{ol} - \mu_B^{os}\right) \quad (4.454)$$

Então, variações de entalpia de formação e de Energia Livre de Gibbs de formação, a partir dos sólidos puros e a partir dos líquidos puros, estão interligadas:

$$\Delta H_S = \Delta H_L + X_A \Delta H_A^{fusão} + X_B \Delta H_B^{fusão} \quad (4.455)$$

$$\Delta G_S = \Delta G_L + X_A \Delta G_A^{fusão} + X_B \Delta G_B^{fusão} \quad (4.456)$$

$$\Delta G_S = \Delta G_L + X_A \Delta H_A^{fusão}\left(1 - T \Big/ T_A^{fusão}\right) + X_B \Delta H_B^{fusão}\left(1 - T \Big/ T_B^{fusão}\right) \quad (4.457)$$

Esse tipo de manipulação se mostra extremamente útil quando da construção de diagramas de fases, o que requer a comparação entre valores de variação de energia livre de várias fases, a partir da mesma base de referência.

EXEMPLO 4.56

As soluções líquidas Fe-Cr são ideais. Encontre o valor de ΔG^0 de dissolução do cromo sólido em líquido, de acordo com a reação:

$$Cr(s) \rightarrow Cr\,(1\%\ em\ ferro\ líquido)$$

Dados: $\Delta H_{Cr}^{fusão} = 20930\ J/mol$; $M_{Cr} = 52\ g/mol$; $T_{Cr}^{fusão} = 1898\ °C$; $M_{Fe} = 55{,}85\ g/mol$

A relação entre os potenciais químicos das referências Raoultiana e 1% em peso é:

$$\mu_{Cr}^{o\%}\left(em\ ferro\ líquido\right) - \mu_{Cr}^{ol} = RT \ln \frac{\gamma_{Cr}^{o}\ M_{Fe}}{100\ M_{Cr}}$$

EXEMPLO 4.56 (*continuação*)

e como as soluções líquidas Fe-Cr são ideais, $\gamma^o_{Cr} = 1$*, o que resulta em:*

$$\mu^{o\%}_{Cr} - \mu^{ol}_{Cr} = RT\ln\frac{M_{Fe}}{100\,M_{Cr}} = RT\ln\frac{55,85}{100x52} = -37,68T\ J/mol$$

$$Cr(l) \rightarrow Cr(1\%\ em\ Ferro\ líquido) \quad \Delta G^o = -37,68\ T\ J/mol$$

Por sua vez, para a reação:

$$Cr(s) \rightarrow Cr(l) \quad \Delta G^o = \Delta H^{fusão}_{Cr}\left(1 - T/T^{fusão}_{Cr}\right) = 20930 - \frac{20930}{2171}T$$

$$Cr(s) \rightarrow Cr(l) \quad \Delta G^o = 20930 - 9,64T\ J/mol$$

O que implica:

$$Cr(s) \rightarrow Cr(1\%\ em\ ferro\ líquido)\ \Delta G^o = 20930 - 47,32T\ J/mol$$

■

EXEMPLO 4.57

Para as soluções líquidas Cu-Zn, entre 1000 e 1500 K, é válida a expressão (referência líquido puro)

$$RT\ln\gamma_{Zn} = -19255\,X^2_{Cu}\ \ J/mol$$

Pede-se encontrar a expressão de $\ln\gamma^H_{Cu}$ *e escrever a expressão para* ΔG^0 *de dissolução do Cu em Zn de acordo com a reação* $Cu(s) \rightarrow Cu(1\%\ em\ zinco\ líquido)$

Dados: $\Delta H^{fusão}_{Cu} = 13060\,J/mol;\ M_{Cu} = 63,54\,g/mol;\ T^{fusão}_{Cu} = 1083\ °C;\ M_{Zn} = 65,38\,g/mol,$

Como a solução é estritamente regular, tem-se sucessivamente:

$$\ln\gamma_{Cu} = -\frac{19255}{RT}X^2_{Zn}$$

e

$$\ln\gamma^o_{Cu} = \lim_{X_{Cu}\rightarrow 0}\gamma_{Cu} = -\frac{19255}{RT}$$

EXEMPLO 4.57 (*continuação*)

e logo, como:

$$\gamma_{Cu}^{H} = \frac{\gamma_{Cu}}{\gamma_{Cu}^{o}},$$

vem:

$$\ln \gamma_{Cu}^{H} = \ln \gamma_{Cu} - \ln \gamma_{Cu}^{o} = \frac{19255}{RT}(1 - X_{Zn}^{2}).$$

A relação entre os potenciais químicos Raoultiano e 1% em peso é, para o caso,

$$\mu_{Cu}^{o\%}(em\ zinco\ líquido) - \mu_{Cu}^{ol} = RT \ln \frac{\gamma_{Cu}^{o}\ M_{Zn}}{100\ M_{Cu}} = RT \ln \gamma_{Cu}^{o} + RT \ln \frac{M_{Zn}}{100\ M_{Cu}}$$

$$\mu_{Cu}^{o\%}(em\ zinco\ líquido) - \mu_{Cu}^{ol} = -19255 + RT \ln \frac{65,38}{100\ x\ 63,54} = -19255 - 38,03\ T\ J/mol$$

Logo, como:

$$Cu(l) \rightarrow Cu(1\%\ em\ Zn\ líquido) \quad \Delta G^{o} = -19255 - 38,03T$$

$$Cu(s) \rightarrow Cu(l) \quad \Delta G^{o} = \Delta H_{Cu}^{fusão}\left(1 - T/T_{Cu}^{fusão}\right) = 13060 - \frac{13060}{2171}T$$

$$Cu(s) \rightarrow Cu(l) \quad \Delta G^{o} = 13060 - 9,63T$$

$$Cu(s) \rightarrow Cu(1\%\ em\ Zn\ líquido) \quad \Delta G^{o} = -6195 - 47,66T\ J/mol$$

■

EXEMPLO 4.58

Considere as soluções sólidas e líquidas de um sistema A-B hipotético e determine as condições de equilíbrio entre essas fases. Assuma que essas soluções são estritamente regulares, de modo que se tem:

$$RT \ln \gamma_{i} = -7000(1 - X_{i})^{2}\ J/mol;\ soluções\ sólidas;\ referência\ Raoultiana$$

$$RT \ln \gamma_{i} = -9000(1 - X_{i})^{2}\ J/mol;\ soluções\ líquidas;\ referência\ Raoultiana$$

EXEMPLO 4.58 (*continuação*)

Também se sabe que, na temperatura de estudo, 2000 K, os potenciais químicos (J/mol) de A e B, puros, seriam

μ_A^{os}	μ_A^{oL}	μ_B^{os}	μ_B^{ol}
–5000	–10000	–22000	–17000

Essas informações permitem escrever expressões para os potenciais químicos de cada um dos componentes nas duas fases.

Para a fase sólida,

$$\mu_A^{sol} = \mu_A^{os} + RT\ln\gamma_A + RT\ln X_A = \mu_A^{os} - 7000(1 - X_A)^2 + RT\ln X_A$$

$$\mu_B^{sol} = \mu_B^{os} + RT\ln\gamma_B + RT\ln X_B = \mu_B^{os} - 7000(1 - X_B)^2 + RT\ln X_B$$

Enquanto, para a fase líquida,

$$\mu_A^{liq} = \mu_A^{ol} + RT\ln\gamma_A + RT\ln X_A = \mu_A^{ol} - 9000(1 - X_A)^2 + RT\ln X_A$$

$$\mu_B^{liq} = \mu_B^{ol} + RT\ln\gamma_B + RT\ln X_B = \mu_B^{ol} - 9000(1 - X_B)^2 + RT\ln X_B$$

As curvas referentes a essas expressões são apresentadas na figura a seguir, juntamente com as curvas de energia livre das soluções sólidas e líquidas, calculadas como

$$G^{sol} = X_A\,\mu_A^{sol} + X_B\mu_B^{sol} \text{ solução sólida;}$$

$$G^{liq} = X_A\,\mu_A^{liq} + X_B\mu_B^{liq} \text{ solução líquida.}$$

Nessa figura foram traçadas também, como aplicação do método dos interceptos, uma tangente à curva de energia livre da solução sólida na composição X_A = 0,15 e outra tangente à curva de energia livre da solução líquida na composição X_A = 0,65; essas composições foram escolhidas arbitrariamente. Observe-se que, como indicam as curvas de energia livre, uma solução sólida de composição X_A = 0,15 não poderia estar em equilíbrio com uma solução líquida de composição X_A = 0,65; como $\mu_A^{sol} \neq \mu_A^{liq}$ não haveria equilíbrio de distribuição.

EXEMPLO 4.58 (*continuação*)

A condição de equilíbrio de distribuição pode então ser encontrada por meio de uma tangente que seja comum a ambas as curvas, uma Dupla Tangente, que assegure o mesmo intercepto e por consequência o mesmo potencial. Muito comumente se prefere o traçado de curvas de variação de energia livre de formação de soluções em vez de curvas de energia livre; para assegurar o mesmo resultado se faz necessário construir as curvas de variação a partir da mesma base de referência. Por exemplo, se forem escolhidos como referência A e B puros e sólidos, pode-se escrever, para a solução sólida:

$$\mu_A^{sol} - \mu_A^{os} = -7000(1 - X_A)^2 + RT\ln X_A$$

$$\mu_B^{sol} - \mu_B^{os} = -7000(1 - X_B)^2 + RT\ln X_B$$

e, portanto:

$$\Delta G^{sol} = X_A\left(\mu_A^{sol} - \mu_A^{os}\right) + X_B\left(\mu_B^{sol} - \mu_B^{os}\right)$$

$$\Delta G^{sol} = RT(X_A \ln X_A + X_B \ln X_B) - 7000\, X_A X_B \,.$$

Para a solução líquida, pode-se escrever, por sua vez,

$$\Delta G^{liq} = X_A\left(\mu_A^{liq} - \mu_A^{os}\right) + X_B\left(\mu_B^{liq} - \mu_B^{os}\right)$$

$$\Delta G^{liq} = X_A\left(\mu_A^{liq} - \mu_A^{ol}\right) + X_B\left(\mu_B^{liq} - \mu_B^{ol}\right) + X_A\left(\mu_A^{ol} - \mu_A^{os}\right) + X_B\left(\mu_B^{ol} - \mu_B^{os}\right)$$

e como:

$$\mu_A^{sol} - \mu_A^{ol} = -9000(1 - X_A)^2 + RT\ln X_A$$

$$\mu_B^{sol} - \mu_B^{ol} = -9000(1 - X_B)^2 + RT\ln X_B$$

Vem:

$$\Delta G^{liq} = RT(X_A \ln X_A + X_B \ln X_B) - 9000\, X_A\, X_B + X_A\left(\mu_A^{ol} - \mu_A^{os}\right) + X_B\left(\mu_B^{ol} - \mu_B^{os}\right)$$

EXEMPLO 4.58 (*continuação*)

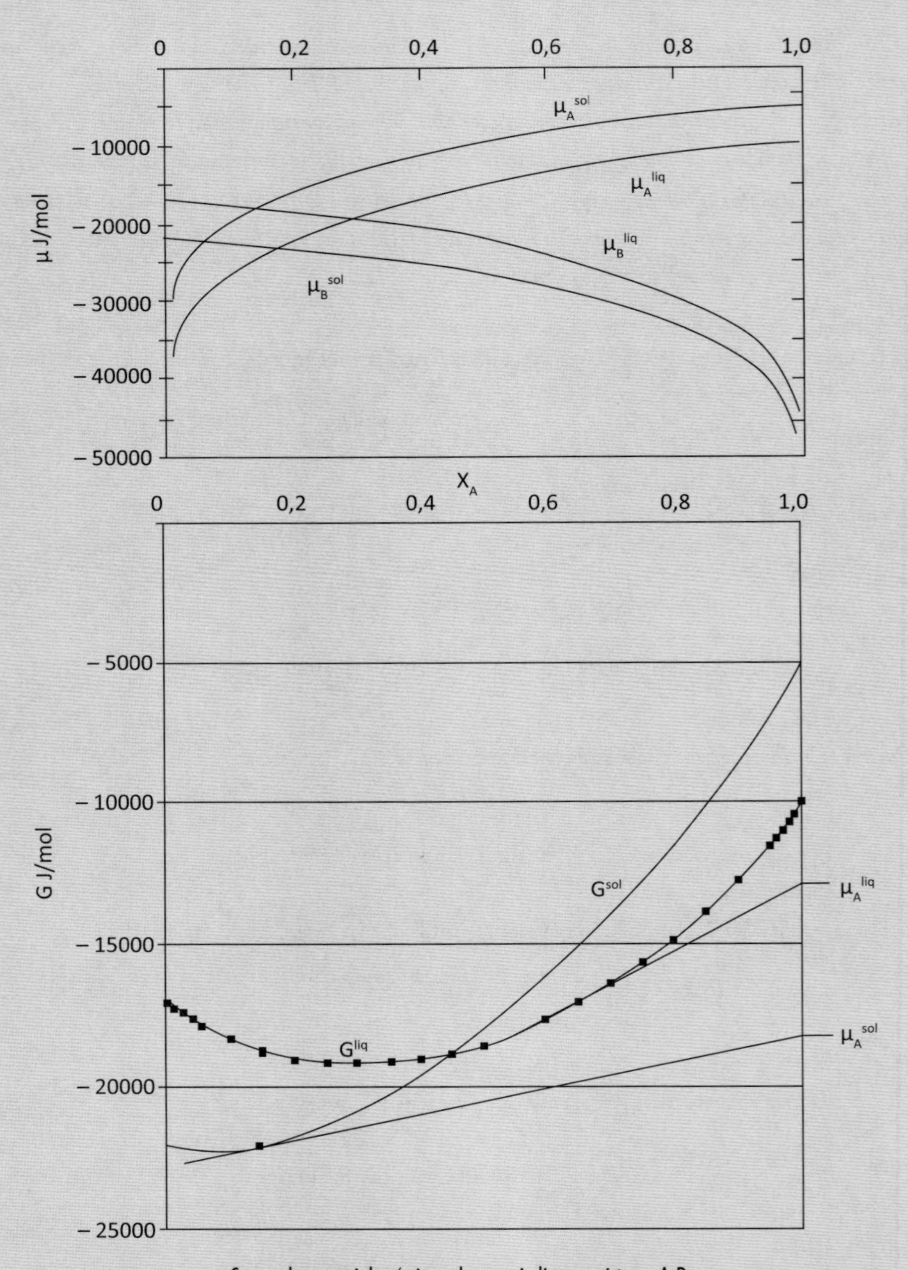

Curvas de potencial químico e de energia livre no sistema A-B.

EXEMPLO 4.58 (*continuação*)

A construção da dupla tangente se encontra exemplificada na figura a seguir; os pontos de tangência representam as composições de equilíbrio.

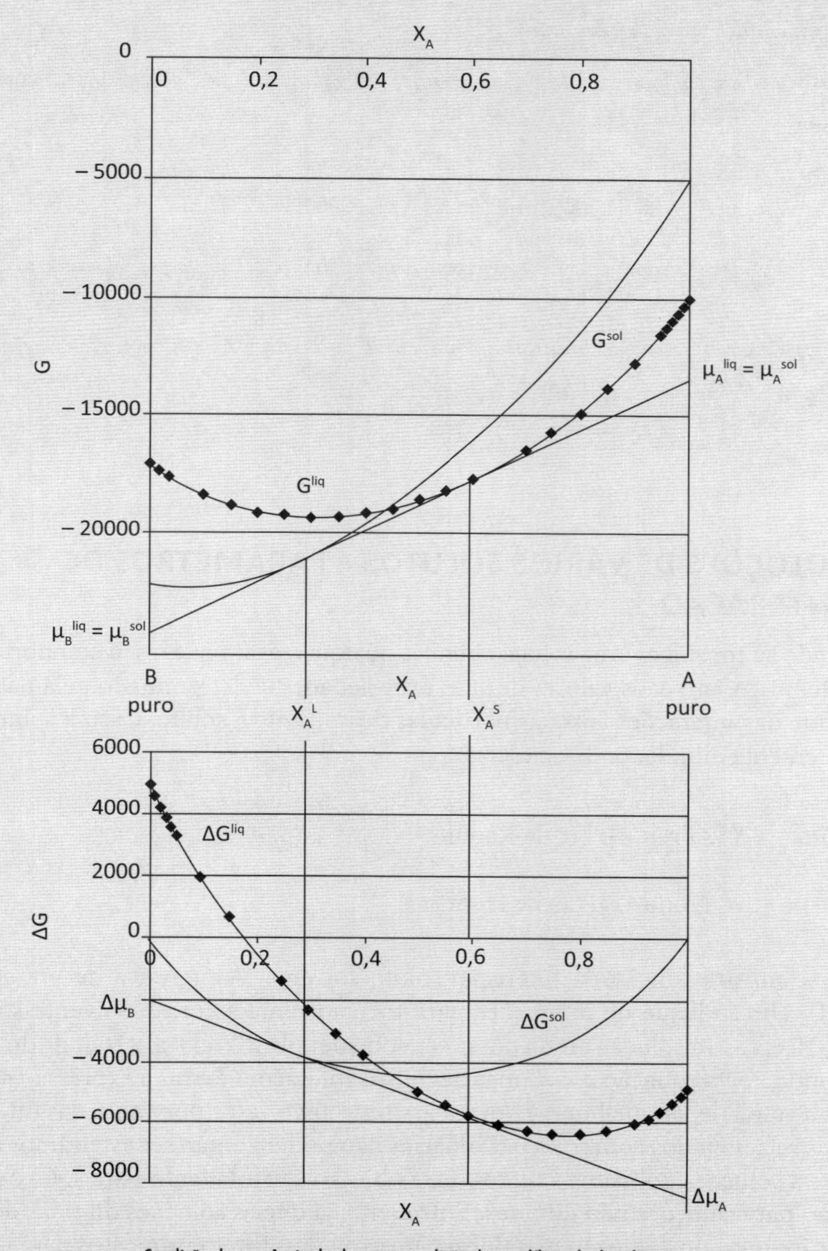

Condição de tangência dupla como condição de equilíbrio de distribuição.

EXEMPLO 4.58 (*continuação*)

Como se nota, os pontos de dupla tangência à curva de energia livre da solução sólida e da solução líquida, X_A^S *e* X_A^L*, respectivamente, são os mesmos pontos de dupla tangência às curvas de variação de energia livre; os interceptos resultantes são* $\mu_A - \mu_A^{os}$ *e* $\mu_B - \mu_B^{os}$*, o que assegura equilíbrio de distribuição.*

Esse tratamento geométrico não é imprescindível. Como equilíbrio de distribuição pode-se escrever

$$\mu_A = \mu_A^{os} - 7000\left(1 - X_A^S\right)^2 + RT\ln X_A^S = \mu_A^{ol} - 9000\left(1 - X_A^L\right)^2 + RT\ln X_A^L$$

$$\mu_B = \mu_B^{os} - 7000\left(1 - X_B^S\right)^2 + RT\ln X_B^S = \mu_B^{ol} - 9000\left(1 - X_B^L\right)^2 + RT\ln X_B^L$$

expressões a serem resolvidas conjuntamente com $X_A^S + X_B^S = 1$ *e* $X_A^L + X_B^L = 1$*. Como resultado tem-se* $X_A^S = 0,2832$ *e* $X_A^L = 0,5899$*.*

■

4.20 SOLUÇÕES DE VÁRIOS SOLUTOS – PARÂMETROS DE INTERAÇÃO

Quando se considera uma solução binária qualquer, é fato que o seu comportamento termodinâmico, isto é, os valores de suas propriedades, é determinado pela natureza e magnitude das interações entre as partículas do solvente e soluto. Caso a solução seja suficientemente diluída, pode-se escrever:

$$a(solvente) = X(solvente);\ \text{Lei de Raoult} \tag{4.458}$$

$$a(soluto) = \gamma_I^o\, X_I\,(soluto\, I),\ \text{Lei de Henry} \tag{4.459}$$

onde γ_I^o se mostra função da interação soluto-solvente. A presença de um segundo soluto, II, abre o leque de interações para três: solvente-soluto I, solvente-soluto II, soluto I-II, e, caso a solução ainda possa ser considerada diluída, a atividade do solvente será obtida pela equação $a = X$, mas devido às interações extras a expressão $a = \gamma_I^o X_I$ perderá a validade, ou melhor, γ_I^o deverá assumir novo valor por conta das interações. Os dados relacionados com soluções binárias não podem então ser estendidos arbitrariamente a soluções policomponentes. Essa objeção é válida tanto para soluções diluídas como para soluções não diluídas. Entretanto, já que as soluções diluídas de vários solutos são uma constante em metalurgia, mecanismos foram propostos para levar em consideração as possíveis interações entre os vários solutos.

Coeficientes de Interação ou Parâmetros de Interação podem ser definidos, para o fim citado anteriormente, como se segue.

Seja α_i o coeficiente de atividade e C_i a concentração do soluto i, numa solução em que A é o solvente, tal que o produto $\alpha_i C_i$ seja igual à atividade de i, medida em relação a uma referência dada. Esta é uma solução multicomponente de A, i e outros solutos j = B, C, D... e quando se tratar do caso da binária A-i, escrever-se-á

$$\alpha_i = \alpha_i^i \tag{4.460}$$

No sistema binário A-i tem-se que $a_i = \alpha_i^i C_i$ e se a presença de um segundo soluto B altera o coeficiente de atividade de i a α_i, então a diferença entre α_i e α_i^i é quantificada pela expressão:

$$\alpha_i = \alpha_i^i \alpha_i^B \tag{4.461}$$

onde α_i^B é o coeficiente de interação de B em i, e é uma medida de influência de B no comportamento de i. Analogamente, se uma pequena quantidade de C é adicionada à solução A-i, e se, como resultado, α_i^i se transforma em α_i, então:

$$\alpha_i = \alpha_i^i \alpha_i^C \tag{4.462}$$

Considere-se agora uma solução quaternária A, i, B, C e seja a possibilidade de se utilizar os dados dos três sistemas anteriores, A-i, A-i-B, A-i-C, para se encontrar a atividade de i. Quando o soluto C é adicionado à solução A-i-B, α_i^B pode variar com a concentração de C e, similarmente, se B é adicionado à solução A-i-C, α_i^C pode variar com a concentração de B. Se isto ocorre, nenhuma solução matemática é possível e cada combinação de solutos precisa ser investigada experimentalmente. Entretanto, encontra-se, dentro dos limites dos erros experimentais, que α_i^j é independente da concentração dos outros solutos se a solução é diluída, resultando que para a solução A-i-j se possa escrever:

$$\alpha_i = \alpha_i^i \alpha_i^B \alpha_i^C \alpha_i^D \dots \tag{4.463}$$

ou

$$ln\,\alpha_i = ln\alpha_i^i + ln\,\alpha_i^B + ln\,\alpha_i^C + ln\alpha_i^D \dots \tag{4.464}$$

equação que expressa o princípio da atividade das influências dos solutos j = B, C, D,... sobre o soluto i.

Para fins ilustrativos (Figura 4.36), considere-se que existam dados a respeito da variação de γ_i^H (coeficiente de atividade de i, referência Henryana) com as concentrações dos solutos j, obtidos através do estudo das soluções ternárias A-i-j, onde a concentração do soluto i é constante e as dos solutos j = B, C, D,... variam. Como o interesse está concentrado nas soluções diluídas, escolhe-se a concentração de i tal que para a solução binária A-i a Lei de Henry se cumpra. Nesse caso, $\gamma_i^H = 1$ e os dados relatarão a alteração deste valor devido à presença dos outros solutos.

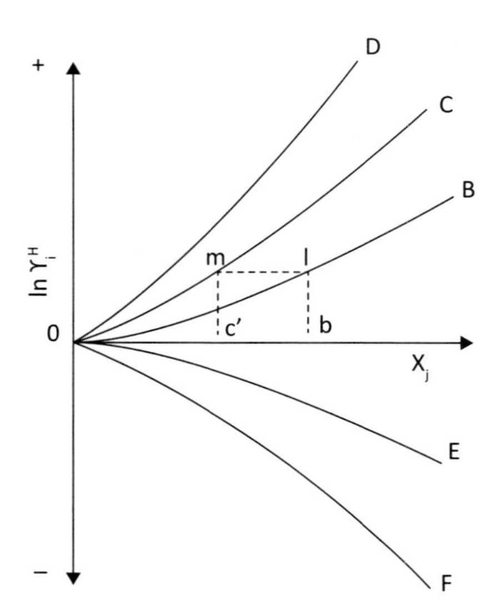

Figura 4.36 – Influência de vários solutos sobre o coeficiente de atividade do soluto i.

A Figura 4.36 sumariza as experiências. B, C, D,... aumentam γ_i^H e, portanto, o potencial químico de i na solução, enquanto E, F,... produzem o efeito contrário.

O valor de γ_i^H neste sistema multicomponente, no qual as concentrações de B, C, D, E, F,... são b, c, d, e, f,..., respectivamente, pode ser obtido como se segue. Começa-se com elementos que aumentam γ_i^H, considerando em primeiro lugar a curva mais próxima da linearidade. Nesse caso, esta é a curva de B e o valor de $ln\gamma_i^H$ para sua concentração na solução b é dado pelo ponto *l*. Esse ponto, *l*, é transportado para a curva seguinte mais próxima de uma reta, caso a curva de C, definindo o ponto m ao qual corresponde uma concentração c' de C. c' é a concentração equivalente de C que produz o mesmo efeito que a concentração b de B. Agora, procura-se na curva de C o valor de $ln\gamma_i^H$ para a concentração $c+c'$ e repete-se o procedimento para o restante dos solutos que aumentam γ_i^H. O mesmo esquema é repetido para os solutos que diminuem γ_i^H, e o resultado é dado pela soma algébrica das duas tendências. No caso limite em que todas as curvas são lineares, dentro da faixa de interesse, esta sequência não precisa ser obedecida e as contribuições podem ser somadas indiscriminadamente.

No caso em que α_i^j independe das concentrações dos outros solutos, o assunto pode ser tratado, também, com o auxílio da Série Taylor. O coeficiente de atividade de i é uma função das concentrações C_B, C_C..., de B, C,..., e considerando como ponto inicial a solução correspondente a A puro, para pequenos valores de C_B, C_C ..., tem-se:

$$\ln \alpha_i = \ln \alpha_i^0 + C_i \left[\frac{d \ln \alpha_i}{dC_i} \right]_{C_i = C_j = 0} + C_B \left[\frac{d \ln \alpha_i}{dC_B} \right]_{C_i = C_j = 0} + C_c \left[\frac{d \ln \alpha_i}{dC_C} \right]_{C_i = C_j = 0} + \ldots +$$
$$\frac{1}{2} C_i^2 \left[\frac{d^2 \ln \alpha_i}{dC_i^2} \right]_{C_i = C_j = 0} + \frac{1}{2} C_B^2 \left[\frac{d^2 \ln \alpha_i}{dC_B^2} \right]_{C_i = C_j = 0} + \frac{1}{2} C_C^2 \left[\frac{d^2 \ln \alpha_i}{dC_C^2} \right]_{C_i = C_j = 0} +$$
$$\ldots + C_i C_B \left[\frac{d^2 \ln \alpha_i}{dC_i \, dC_B} \right]_{C_i = C_j = 0} + C_i C_C \left[\frac{d^2 \ln \alpha_i}{dC_i \, dC_C} \right]_{C_i = C_j = 0} + C_B C_C \left[\frac{d^2 \ln \alpha_i}{dC_B dC_C} \right]_{C_i = C_j = 0} + \ldots$$

(4.465)

onde α_i^o é o valor de α_i na solução binária A-i quando $C_i \to 0$. Os termos de primeira e segunda ordem dessa série são denominados parâmetros de interação e são representados por

$$\left[\frac{d \, ln\alpha_i}{dC_i} \right]_{C_i = C_j = 0} = \xi_i^i$$ parâmetro de autointeração de 1ª ordem. (4.466)

$$\frac{1}{2} \left[\frac{d^2 \ln \alpha_i}{dC_i^2} \right]_{C_i = C_j = 0} = \xi_i^{ii}$$ parâmetro de autointeração de 2ª ordem (4.467)

$$\left[\frac{d \, ln\alpha_i}{dC_B} \right]_{C_i = C_j = 0} = \xi_i^B$$ parâmetro de interação de B em i. (4.468)

$$\frac{1}{2} \left[\frac{d^2 \ln \alpha_i}{dC_B^2} \right]_{C_i = C_j = 0} = \xi_i^{BB}$$ parâmetro de interação de 2ª ordem de B em i. (4.469)

$$\left[\frac{d^2 \ln \alpha_i}{dC_B \, dC_C} \right]_{C_i = C_j = 0} = \xi_i^{BC}$$ parâmetro de interação conjunta de 2ª ordem de B e C em i. (4.470)

Então, utilizando-se essa simbologia, escreve-se:

$$\ln \; \alpha_i = \ln \alpha_i^o + C_i \; \xi_i^i + C_B \; \xi_i^B + C_C \; \xi_i^C + \cdots + C_i^2 \; \xi_i^{ii} + C_B^2 \; \xi_i^{BB} + C_C^2 \; \xi_i^{CC} + \cdots \quad (4.471)$$
$$+ C_i \; C_B \; \xi_i^{Bi} + C_i \; C_C \; \xi_i^{Ci} + C_B \; C_C \; \xi_i^{CB} + \ldots$$

que se reduz, se os valores de C_i e C_j são suficientemente pequenos, a:

$$\ln \alpha_i = ln\alpha_i^o + C_i \; \xi_i^i + C_B \; \xi_i^B + C_C \; \xi_i^C + \ldots \quad (4.472)$$

Se o soluto i obedece à lei de Henry na solução A-i, então se encontra $\alpha_i = \alpha_i^o$, isto é, o coeficiente de atividade é constante para C_i bastante pequeno, donde,

$$\left[\frac{d\,ln\alpha_i}{dC_i}\right]_{C_i=0} = \frac{1}{2}\left[\frac{d^2 \ln\alpha_i}{dC_i^2}\right]_{C_i=0} = 0 = \xi_i^i = \xi_i^{ii} \qquad (4.473)$$

o que implica:

$$\ln\alpha_i = ln\alpha_i^o + C_B\,\xi_i^B + C_C\,\xi_i^C + \ldots = \ln\alpha_i^o + \sum \xi_i^j\, C_j \qquad (4.474)$$

Pode-se notar que ξ_i^B, ξ_i^C,..., são as inclinações na origem às curvas $\ln\alpha_i$ "*versus*", B, C, e então esse tratamento fornece o mesmo resultado que o método gráfico se as curvas são lineares na faixa de interesse.

As Figuras 4.37 e 4.38 apresentam dados relativos à interação de vários solutos sobre o hidrogênio e o nitrogênio, dissolvidos em ferro líquido a 1600 °C. Note-se, nesse caso, a quase linearidade das curvas.

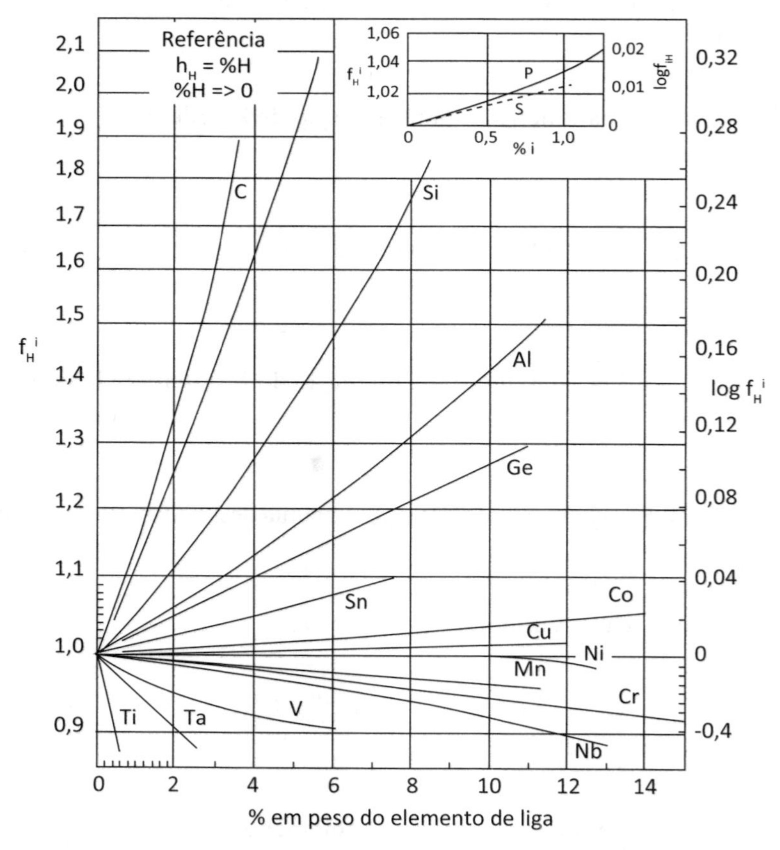

Figura 4.37 – Interação de vários solutos sobre hidrogênio, dissolvido em ferro líquido a 1600 °C.

Fonte: Elliot (1963).

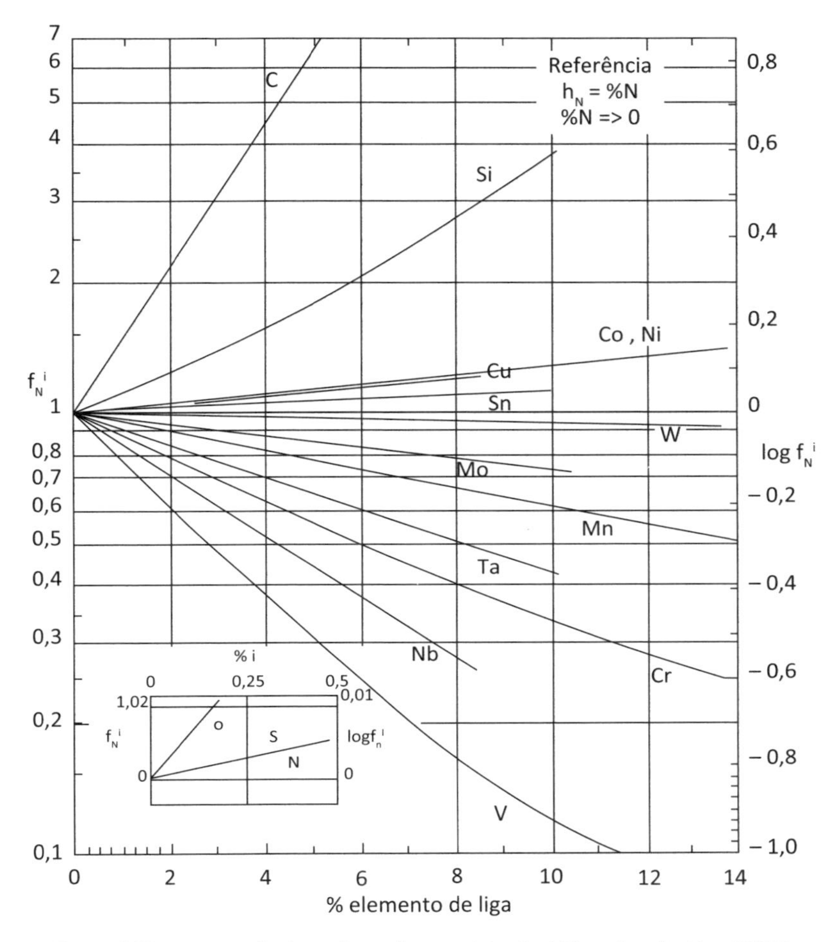

Figura 4.38 – Interação de vários solutos sobre nitrogênio, dissolvido em ferro líquido a 1600 °C.

Fonte: Elliot (1963).

4.20.1 APLICAÇÃO AOS CASOS DAS REFERÊNCIAS RAOULTIANA E HENRYANA

$\gamma_i^H = \gamma_i / \gamma_i^o$ o que resulta em $\ln \gamma_i^H = \ln \gamma_i - \ln \gamma_i^o$, sendo portanto iguais as derivadas de ambos os membros das igualdades. Simbolizando então fração molar por X_j e parâmetro de interação, do soluto j sobre o soluto i, por ε_i^j escreve-se:

$$\ln \gamma_i = ln\gamma_i^o + X_i\, \varepsilon_i^i + X_B\, \varepsilon_i^B + X_C\, \varepsilon_i^C + \ldots \tag{4.475}$$

e

$$\ln\, \gamma_i^H = 0 + X_i\, \varepsilon_i^i + X_B\, \varepsilon_i^B + X_C\, \varepsilon_i^C + \ldots \tag{4.476}$$

Para uma solução A (solvente) – i (soluto) – j (soluto) pode-se escrever que a Energia Livre de Gibbs é uma função de temperatura, pressão e número de mols de cada componente, isto é, $G'\left(T,P,n_A,n_i,n_j\right)$. Daí, sendo também uma função de estado, as derivadas cruzadas são iguais, como por exemplo:

$$\frac{d^2G'}{dn_i\,dn_j}=\frac{d\bar{G}_i}{dn_j}=\frac{d\bar{G}_j}{dn_i}. \tag{4.477}$$

Considerando-se agora a expressão de cálculo de potencial químico e a definição de fração molar, pode-se escrever, por exemplo,

$$\mu_i=\mu_i^o+RT\ln a_i \tag{4.478}$$

e

$$\mu_j=\mu_j^o+RT\ln a_j \tag{4.479}$$

$$X_i=\frac{n_i}{n_i+n_j+n_A} \tag{4.480}$$

e

$$X_j=\frac{n_j}{n_i+n_j+n_A} \tag{4.481}$$

E também que:

$$\left[\frac{d\ln a_i}{dn_j}\right]_{n_A,n_i}=\left(\frac{d\ln a_i}{dX_i}\right)\left(\frac{dX_i}{dn_j}\right)_{n_A,n_i}+\left(\frac{d\ln a_i}{dX_j}\right)\left(\frac{dX_j}{dn_j}\right)_{n_A,n_i} \tag{4.482}$$

E, de modo semelhante:

$$\left[\frac{d\ln a_j}{dn_i}\right]_{n_A,n_j}=\left(\frac{d\ln a_j}{dX_i}\right)\left(\frac{dX_i}{dn_i}\right)_{n_A,n_j}+\left(\frac{d\ln a_j}{dX_j}\right)\left(\frac{dX_j}{dn_i}\right)_{n_A,n_j} \tag{4.483}$$

Aplicando, então, a definição de parâmetro de interação vem:

$$\varepsilon_i^j=\varepsilon_j^i \tag{4.484}$$

Nas expressões anteriores se tomou $\ln\gamma_i$ e $\ln\gamma_i^H$ em termos de frações molares, mas é costume escrever $\log\gamma_i$ e $\log\gamma_i^H$ como funções de percentagens em peso dos solutos. O que requer a determinação de novos valores de parâmetros de interação, e_i^j, na forma:

$$\log\gamma_i = \log\gamma_i^o + e_i^i\ \%i + e_i^B\ \%B + e_i^C\ \%C + \ldots \tag{4.485}$$

$$\log\gamma_i^H = 0 + e_i^i\ \%i + e_i^B\ \%B + e_i^C\ \%C + \ldots \tag{4.486}$$

As duas definições podem ser comparadas termo a termo (após multiplicação por 2,303 e considerando ainda que nas condições de estudo $X_j \approx M_A\ \%j / M_j 100$), obtendo-se:

$$2,303 e_i^j\ \%j = \varepsilon_i^j \frac{M_A\ \%j}{M_j 100} \tag{4.487}$$

$$e_i^j = \varepsilon_i^j \frac{M_A}{230,2\, M_j} \tag{4.488}$$

e, logo,

$$\varepsilon_i^j = \frac{230,3\, M_j}{M_A} e_i^j \tag{4.489}$$

Lupis (1983) propõe um tratamento matemático mais apurado, do qual resulta a relação:

$$\varepsilon_i^j = \frac{230,3\, M_j}{M_A} e_i^j + \frac{M_A - M_j}{M_A} \tag{4.490}$$

EXEMPLO 4.59

Ferro líquido, contendo Si (X_{Si} = 0,04), Cr(X_{Cr} = 0,021) e V(X_V = 0,0054), é mantido a 1600 °C em um cadinho de grafite, até se obter equilíbrio de saturação. Estime a influência dos elementos de liga sobre o teor de carbono na condição de saturação.

Estime primeiramente a solubilidade do carbono no binário C-Fe, a 1600 °C, considerando que o coeficiente Henryano, baseado em carbono puro e sólido como referência, é dado por $\log\gamma_c^O = \frac{1180}{T} - 0,87$ *e que* $\varepsilon_C^C = 11$ *(dado que* $e_C^C = 0,22$ *a 1600 °C).*

Qualquer que seja a referência utilizada, na condição de saturação se pode escrever, como condição de equilíbrio de distribuição,

$$\mu_C \text{ (na liga Fe-C-X)} = \mu_C \text{ (na grafita)}$$

Escolhendo carbono puro e sólido como estado de referência, a expressão anterior implica: $\mu_C = \mu_C^{os} + RT\ln a_C = \mu_C^{os}$, *isto é* $a_C = \gamma_C X_C = 1$.

EXEMPLO 4.59 (*continuação*)

Na presença de vários solutos ($\varepsilon_C^{Si} = 12; \varepsilon_C^{Cr} = -5,1; \varepsilon_C^{V} = -8$) *dissolvidos em ferro líquido, pode-se estimar o coeficiente de atividade do carbono a partir dos parâmetros de interação, isto é:*

$$\ln \gamma_C = \ln \gamma_C^o + \sum \varepsilon_C^i X_i$$

De modo que se tem a 1873 K, como $a_C = \gamma_C X_C = 1$,

$$\ln \gamma_C^o + \sum \varepsilon_C^i X_i + \ln X_C = 2,303 \log \gamma_C^o + \sum \varepsilon_C^i X_i + lnX_C = 0$$

$$2,303 \{1180/1873 - 0,87\} + 11X_C + lnX_C = 0$$

$$-0,553 + 11X_C + lnX_C = 0$$

$$X_C = 0,1976 \text{ ou } \%C = 5,03.$$

No caso da solução multicomponente, novamente escreve-se:

$$\ln \gamma_C^o + \sum \varepsilon_C^i X_i + \ln X_C = -0,553 + \varepsilon_C^C X_C + \varepsilon_C^{Si} X_{Si} + \varepsilon_C^{Cr} X_{Cr} + \varepsilon_C^V X_V + \ln X_C = 0$$

$$\ln \gamma_C^o + \sum \varepsilon_C^i X_i + \ln X_C = -0,553 + 11 X_C + 12x0,04 - 5,1x0,021 - 8x0054 + \ln X_C = 0$$

$$-0,2233 + 11 X_C + \ln X_C = 0$$

$$X_C = 0,1776$$

A diminuição da solubilidade do carbono no ferro líquido se deve, principalmente, ao aumento de coeficiente de atividade, propiciado pelo silício.

■

4.20.2 APLICAÇÃO AO CASO DA REFERÊNCIA 1% EM PESO

Neste caso,

$$h_i = f_i \ \%i = a_i \frac{100 M_i}{\gamma_i^o M_A} = \frac{\gamma_i 100 M_i}{\gamma_i^o M_A} X_i \tag{4.492}$$

ou

$$logf_i + log \ \%i = \log \gamma_i^H + \log \frac{100 M_i}{M_A} X_i \tag{4.493}$$

que derivada em relação a %*j*:

$$\frac{d\,log f_i}{d\ \%j}+\frac{d\,log\ \%i}{d\ \%j}=\frac{\mathrm{d}\ \log \gamma_i^H}{d\ \%j}+\frac{\mathrm{d}\ \log \frac{100\,M_i}{M_A}X_i}{d\ \%j} \tag{4.494}$$

Considerando-se o resultado da expressão anterior, quando $\%i \rightarrow 0$, $\%j \rightarrow 0$, $\%i \approx X_i M_i 100 / M_A$, vem:

$$\left(\frac{d\,log f_i}{d\ \%j}\right)_{\%i=\%j=0}+\left(\frac{d\,log\ \%i}{d\ \%j}\right)_{\%i=\%j=0}=e_i^j+\left(\frac{d\,log\ \%i}{d\ \%j}\right)_{\%i=\%j} \tag{4.495}$$

o que fornece:

$$\left(\frac{d\,log f_i}{d\ \%j}\right)_{\%i=\%j=0}=e_i^j \tag{4.496}$$

Então, escrevendo $log\,f_i$ em função das porcentagens em peso dos solutos, tem-se:

$$log\ f_i = e_i^i\ \%i + e_i^B\ \%B + e_i^C\ \%C + \ldots \tag{4.497}$$

Note-se ainda que, para baixas concentrações de i:

$$a_i^{''} = f_i^{''}\ ppmi = a_i\frac{10^6\ M_i}{\gamma_i^o\ M_A}=\frac{\gamma_i 10^6\ M_i}{\gamma_i^o\ M_A}X_i=\frac{\gamma_i}{\gamma_i^o}ppmi \tag{4.498}$$

e logo e_i^j pode ser utilizado também para a referência ppm.

A Tabela 4.3 apresenta, como exemplo, parâmetros de interação de vários solutos dissolvidos em cobre líquido.

Tabela 4.3 – Coeficientes de interação para elementos dissolvidos em cobre líquido

i	j	$\varepsilon_j^i=\varepsilon_i^j$	Temp °C	i	j	$\varepsilon_j^i=\varepsilon_i^j$	Temp °C
H	Ag	– 0,5	1225	O	Sn	– 4,6	1100
H	Al	6,2	1225	S	Au	6,7	1115-1200
H	Au	– 1,9	1225	S	Co	– 4,8	1300-1500
H	Co	– 3,1	1150	S	Fe	– 25400/*T* +8,7	1300-1500
H	Cr	– 1,6	1550	S	Ni	– 29800/*T* +13	1300-1500

Tabela 4.3 – Coeficientes de interação para elementos dissolvidos em cobre líquido (*continuação*)

i	j	$\varepsilon_j^i = \varepsilon_i^j$	Temp °C	i	j	$\varepsilon_j^i = \varepsilon_i^j$	Temp °C
H	Fe	– 2,9	1150-1550	S	Pt	11,5	1200-1500
H	Mn	– 1,1	1150	S	Si	6,9	1200
H	Ni	– 5,5	1150-1240	Ag	Ag	– 2,5	1150
H	P	10,0	1150	Al	Al	14	1100
H	Pb	21,0	1100	Au	Au	3,7	1277
H	Pt	– 8,0	1225	Bi	Bi	$-6800/T+1{,}65$	1000-1200
H	S	9,0	1150	Ca	Ca	20	877
H	Sb	13,0	1150	Fe	Fe	– 5,7	1550
H	Si	4,8	1150	Ga	Ga	7	1280
H	Sn	6,0	1100-1300	Ge	Ge	13,4	1255
H	Te	– 6,6	1150	H	H	1,0	1123
H	Zn	6,8	1150	Mg	Mg	9,8	927
O	Ag	– 0,7	1100-1200	Mn	Mn	6	1244
O	Au	8,6	1200-1550	O	O	$-24000/T+7{,}8$	1100-1300
O	Co	– 68	1200	Pb	Pb	– 2,7	1200
O	Fe	$-4{,}04 \times 10^6/T+2183$	1200-1350	S	S	$-20800/T$	1050-1250
O	Ni	$-36000/T+17$	1200-1300	Sb	Sb	15	1000-1200
O	P	$-70000/T+385$	1150-1300	Sn	Sn	10	1300-1320
O	Pb	– 7,4	1100	Tl	Tl	– 4,8	1300
O	Pt	38	1200	Zn	Zn	4	1150
O	S	– 19	1206	Zn	Zn	0,38	902
O	Si	– 6300	1250	Zn	Zn	0,72	727
				Zn	Zn	1,185	653
				Zn	Zn	1,40	604

Fonte: ASM (2008).

EXEMPLO 4.60

A solubilidade do carbono, puro e sólido (grafita) em ferro líquido, a 1873 K e 1 atm de pressão é tal que, na solução saturada ferro-carbono $X_C = 0{,}211$. Essa condição de saturação é ilustrada na figura a seguir. Estimar a influência do teor de silício sobre a condição de saturação

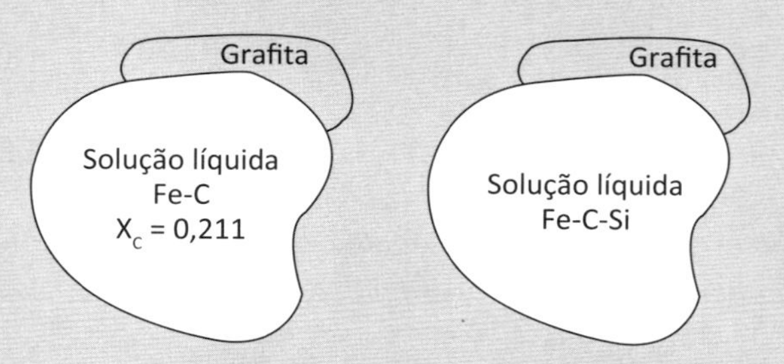

Ilustração da condição de saturação em ligas Fe-C-X.

Considerando $e_C^C = 0{,}22$ e $e_C^{Si} = 0{,}10$, pode-se estimar a atividade de carbono na liga binária e na grafita, na escala % em peso; para tanto, utiliza-se a restrição de equilíbrio de distribuição de carbono.

Nesse caso, escreve-se, para ambas as fases (líquido e grafita):

$$\mu_C = \mu_C^{o\%} + RT \ln h_C \text{ (fase líquida Fe-C)} = \mu_C^{o\%} + RT \ln h_C \text{ (grafita)}$$

Como a referência é a mesma, resulta a igualdade entre atividades,

$$h_C \text{ (fase líquida Fe-C)} = h_C \text{ (grafita)}$$

as quais podem ser estimadas, pois para a solução líquida

$$\log h_C = \log \%C + \log f_C = \log \%C + e_C^C \ \%C = \log 5,43 + 0,22 x 5,43$$

$$h_C = 84,99.$$

Considere-se também o equilíbrio entre a mesma grafita e agora uma solução ternária ferro--carbono-silício, com 1,5% em peso de silício. Nas mesmas condições anteriores, reescreve-se a condição de equilíbrio de distribuição, o que permite estimar a concentração de carbono de saturação.

EXEMPLO 4.60 (*continuação*)

Então,

$$\mu_C = \mu_C^{o\%} + RT\ln h_C \text{ (fase líquida Fe-C-Si)} = \mu_C^{o\%} + RT\ln h_C \text{ (grafita)}$$

o que implica:

$$h_C \text{ (fase líquida Fe-C-Si)} = h_C \text{ (grafita)}$$

E, portanto,

$$\log h_C = \log\%C + \log f_C = \log\%C + e_C^C\ \%C + e_C^{Si}\ \%Si = \log 84,99$$

Apesar da introdução do silício na solução líquida, o valor de atividade não muda, pois se trata ainda de equilíbrio com carbono puro e sólido, grafítico. Em consequência,

$$\log\%C + 0,22\ \%C + 0,1x1,5 = \log 84,99$$

o que rende %C = 4,935. Como $e_C^{Si} > 0$*, a presença de silício aumenta a atividade do carbono na solução líquida e, portanto, reduz a concentração de saturação.*

■

EXEMPLO 4.61

Verifica-se experimentalmente que, em soluções líquidas ferro carbono, o coeficiente de atividade baseado na Lei de Henry, escala em fração molar, é dado por (Elliot, 1963):

$$\log\gamma_C^H = \frac{4350}{T}\left(1 + 4x10^{-4}(T - 1770)\right)\left(1 - X_{Fe}^2\right), \text{ ver figura a seguir.}$$

Encontre os valores dos parâmetros de autointeração do carbono.

Da expressão fornecida retira-se:

$$\ln\gamma_C^H = 2,303x\frac{4350}{T}\left(1 + 4x10^{-4}(T - 1770)\right)\left(1 - X_{Fe}^2\right)$$

de maneira que as derivadas primeira e segunda em relação à fração molar de carbono seriam:

$$\frac{d\ln\gamma_C^H}{dX_C} = 2x2,303x\frac{4350}{T}\left(1 + 4x10^{-4}(T - 1770)\right)X_{Fe}$$

EXEMPLO 4.61 (*continuação*)

$$\frac{d^2 \ln \gamma_C^H}{d X_C^2} = -2x2{,}303x\frac{4350}{T}\left(1+4x10^{-4}\left(T-1770\right)\right)$$

Os valores limites destas derivadas podem então ser utilizados para se desenvolver a função coeficiente de atividade em torno do ponto $X_C = 0$, isto é:

$$\ln \gamma_C^H = \left(\frac{d \ln \gamma_C^H}{d X_C}\right)_{X_C=0} X_C + \frac{1}{2}\left(\frac{d^2 \ln \gamma_C^H}{d X_C^2}\right)_{X_C=0} X_C^2 + ...$$

$$\ln \gamma_C^H = \varepsilon_C^C X_C + \varepsilon_C^{CC} X_C^2 + ...$$

da qual se retira que:

$$\varepsilon_C^C = 2x2{,}303x\frac{4350}{T}\left(1+4x10^{-4}\left(T-1770\right)\right)$$

$$\varepsilon_C^{CC} = -2{,}303x\frac{4350}{T}\left(1+4x10^{-4}\left(T-1770\right)\right)$$

Por exemplo, a 1873K, se encontra ε_C^C = 11,13 (o valor tabelado é 11).

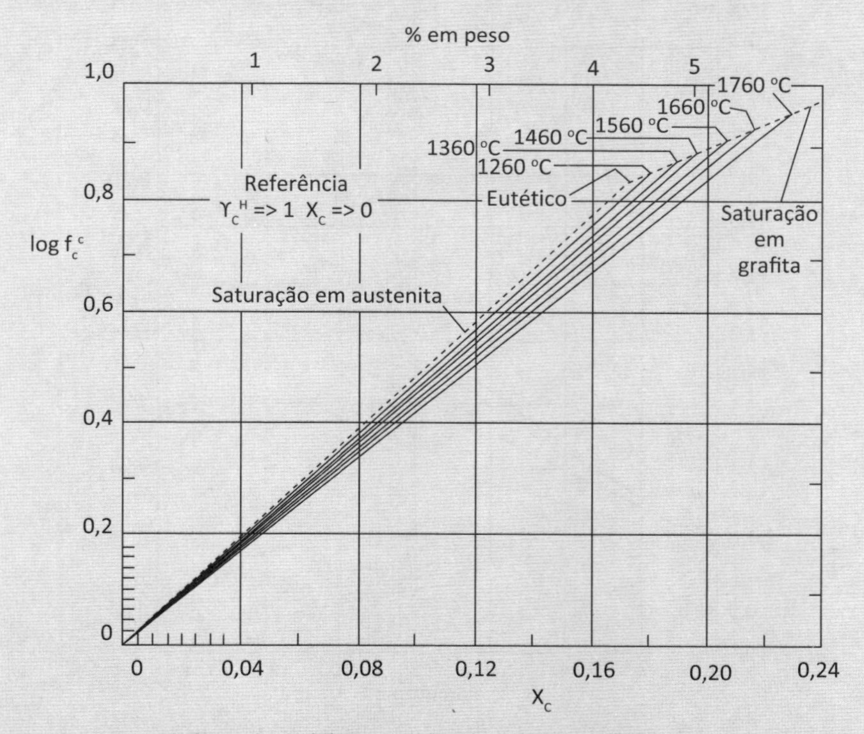

Coeficiente de atividade Henryano do carbono em soluções líquidas Fe-C.

Fonte: Elliot (1963).

EXEMPLO 4.61

Levando em consideração os dados da figura a seguir, que retrata a influência da adição de vários elementos sobre o coeficiente de atividade do hidrogênio no ferro líquido, referência % em peso, baseada na Lei de Henry, determine os valores de e_H^B, e_H^{Si} *e* e_H^{Al}.

Os parâmetros de interação são numericamente iguais às declividades das curvas $\log f_H$ versus *%X, na origem:*

$$e_H^x = \left(\frac{d \log f_H}{d\ \%X}\right)_{\%X=0}$$

A título de exemplo foi traçada a tangente, na origem, da curva $\log f_H$ versus *%Al; define-se o ponto (0,16; 12,3%), o qual implica declividade igual a*

$e_H^{Al} = 0{,}16 / 12{,}3 = 0{,}013$ *(o valor tabelado é 0,013). Procedendo de forma semelhante, estima-se que:* $e_H^B = 0{,}05$ $e_H^{Si} = 0{,}022$.

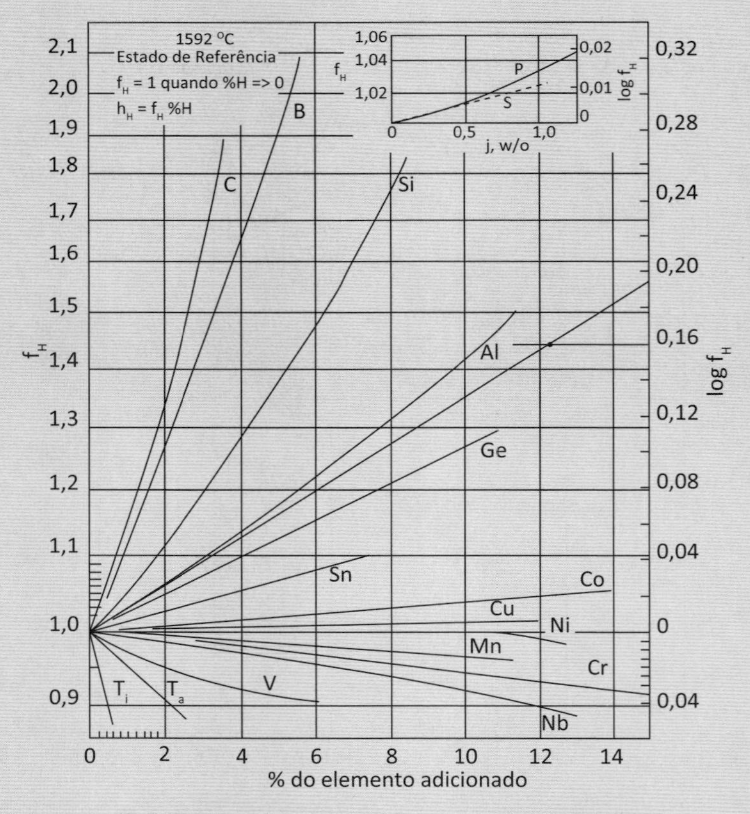

Coeficiente de atividade do hidrogênio em soluções líquidas Fe-H-X.

Fonte: Elliot (1963).

4.21 EXERCÍCIOS PROPOSTOS

1. Considere-se que soluções líquidas Cd-Zn sejam estritamente regulares, $RT \ln \gamma_i = 8776(1 - X_i)^2$ Joules/mol. Determine a composição da solução que, a 900 K, está em equilíbrio com uma solução gasosa equimolar, Cd/Zn.
2. São dados, para o sistema ferro-cobre a 1823 K, os coeficientes de atividade e os excessos molares de Energia Livre de Gibbs (Joules/mol) de formação das soluções líquidas. Trace as curvas de atividade e a variação de Energia Livre de Gibbs de formação. Calcule os coeficientes de atividade do ferro para as composições dadas.

X_{Fe}	0,10	0,20	0,30	0,40	0,50	0,60	0,70	0,80	0,90	1,0
γ_{Cu}	1,032	1,12	1,254	1,428	1,657	2,01	2,598	3,641	5,575	9,512
G^{exc} J/mol	3056	5233	6656	7409	7660	7409	6572	5149	2972	0

3. Os dados a seguir foram determinados para soluções líquidas Cu-Zn a 1060 °C. O sistema é ideal? Qual o intervalo de composição em que se segue a Lei de Henry? Calcule para $X_{Zn} = 0,3$ a energia livre parcial molar e a energia livre parcial molar em excesso.

X_{Zn}	1,00	0,45	0,30	0,20	0,15	0,10	0,05
P_{Zn} (mm de Hg)	3040	970	456	180	90	45	22

4. O coeficiente de atividade do alumínio nas soluções líquidas Al-Zn é dado pela relação empírica $RT \ln \gamma_{Al} = 7322\, X_{Zn}^2$ Joules/mol. Trace as curvas de atividade ΔG, ΔS, ΔH de formação para 550 °C.
5. Numa solução A-B a 500 °C, $a_A = 0,5412$ para $X_A = 0,4$ e $a_A = 0,673$ para $X_B = 0,4$. Sabendo-se que α_A é função linear de X_B, encontre as expressões do coeficiente de atividade de A e B.
6. Para o sistema A-B, tem-se, entre 1000 e 1500 K, $\ln \gamma_A = \frac{A}{T} X_B^3$, onde A = 2150. Para T = 1400 K, encontre as expressões de $\ln \gamma_B$ e ΔG. Trace as curvas de atividade de A e B *versus* X_B. Trace a curva ΔH_m *versus* X_B. A solução se forma com contração ou expansão de volume em relação aos elementos puros? Justifique.
7. A solução A-B é regular, e a 1000 °C encontrou-se $\ln \gamma_A = 0,9\, X_B^2 + 0,3\, X_B^3$. Traçar os diagramas de atividade de ambos os componentes. Traçar os diagramas de ΔH_m, ΔS_m, ΔG_m. Há contração ou expansão volumétrica em relação aos elementos puros? Há absorção ou liberação de calor durante a formação da solução?
8. Para uma solução binária A-B encontrou-se $\ln \gamma_A = (-4600 / T)\, X_B^2$. Pede-se para a temperatura de 1000 °C, traçar os diagramas de atividade dos dois componentes. Traçar os diagramas de ΔG e ΔH do sistema A-B. Calcular os valores de $\Delta \bar{H}_A, \Delta \bar{H}_B, \Delta \bar{G}_A, \Delta \bar{G}_B$, para a solução que contém 60% do componente A.

9. Entre 1000 e 1500 K, tem-se, para as soluções líquidas Cobre-Zinco, $RT\,ln\gamma_{Zn} = -19255\,X_{Cu}^2$ J/mol. Para T = 1300 K, encontre as curvas de atividade, ΔG_m, ΔH_m e o coeficiente de atividade em função de composição, utilizando as seguintes referências: líquido puro; sólido puro; Henryana ("solução infinitamente diluída"); Henryana 1% em peso; Henryana p.p.m.

	Massas atômicas	T fusão (C)	ΔH fusão (kJ/mol)
Cu	63,64 g/mol	1083	13,02
Zn	65,37 g/mol	419,5	6,95

10. Para as soluções líquidas Zn-Cd tem-se, a 800 K, $\ln\gamma_{Zn} = 1{,}286\,X_{Cd}^2 - 0{,}099X_{Cd}^3$. Pede-se traçar a curva de atividade do Zn tomando como referência "solução 1% em peso".

11. Determinou-se que, para soluções líquidas Al-Ag, γ_{Ag}^o vale 0,471 e 0,384, a 900 e 700 °C, respectivamente. Encontre a expressão de γ_{Ag}^o, na forma $\ln\gamma_{Ag}^o = a + b/T$, ΔG^0 da reação Ag(l) = Ag(1%). Verifique se a dissolução de prata em alumínio seria endotérmica ou exotérmica.

12. São adicionados 9,8 g de zinco puro e sólido, em sua temperatura normal de fusão, 419,5 °C, em uma grande quantidade de Cd (líquido a 419,5 °C), sendo absorvidos no processo 2407 Joules. Assumindo $\Delta H_{Zn}^{fusão} = 7280$ Joules/mol, e que as soluções sejam estritamente regulares, encontre γ_{Zn}^o.

13. Para soluções líquidas Al-Cu a 1100 °C, $\ln\gamma_{Al} = 31{,}6X_{Al}^2 + 0{,}90\,X_{Al} - 5{,}204$, quando $X_{Al} < 0{,}15$. Determine e_{Al}^{Al}.

14. Os dados da tabela a seguir foram determinados para ligas líquidas Pb-Sn, 1050 K. Determine a atividade do Sn na solução $X_{Pb} = 0{,}7$, referências Henryana (solução infinitamente diluída) e 1% em peso. Verifique se a solução pode ser considerada estritamente regular.

X_{Sn}	0,0	0,1	0,3	0,5	0,7	0,9
γ_{Sn}	6,815	3,485	1,571	1,155	1,042	1,004

15. A 1000 K e 1 atm estão em equilíbrio uma solução líquida Ag-Bi [X_{Ag} = 0,818; γ_{Ag} (referência Raoultiana) = 0,929; γ_{Bi} (referência Raoultiana) = 1,098] e uma solução sólida (X_{Bi} = 0,018). Determine γ_{Bi} (referência Raoultiana) na solução sólida.

$T_{Bi}^{fusão} = 544$ K; $\Delta H_{Bi}^{fusão} = 11302$ J/mol; $T_{Ag}^{fusão} = 1234$ K; $\Delta H_{Ag}^{fusão} = 11093$ J/mol.

16. Considere os dados a seguir (em Joules/mol) relativos à solução líquida Ag-Al a 1273 K e 1 atm.

X_{Al}	1	0,9	0,8	0,7	0,6	0,5	0,4	0,3	0,2	0,1	0
a_{Al}	1	0,903	0,808	0,703	0,583	0,438	0,263	0,110	0,032	0,008	0
γ_{Al}	1	1,004	1,009	1,004	0,972	0,877	0,657	0,366	0,158	0,075	0,041
$\Delta\bar{H}_{Al}$	0	406	1310	2260	3169	5526	2771	−8983	−18711	−27431	−35581
ΔG	0	−4621	−7727	−10151	−12010	−13270	−13688	−12968	−10632	−6509	0
ΔH	0	280	−167	−1130	−2361	−3943	−5886	−6409	−5341	−3135	0

Determine a composição da solução correspondente ao estado de referência Henryano (solução infinitamente diluída) para o Al. Trace as curvas de coeficiente de atividade do alumínio, referência Henryana (solução infinitamente diluída), 1% em peso e ppm. Determine ΔG de formação da solução de composição $X_{Al} = 0,3$, utilizando como referências os sólidos puros.

17. Para as soluções sólidas Cd-Mg a 543 K e 1 atm determinou-se:

X_{Mg}	0	0,1	0,2	0,3	0,4	0,5	0,6	0,7	0,8	0,9
γ_{Mg}	0,036									
G^{exc} J/mol	0	−1473	−2817	−3889	−4588	−4831	−4588	−3885	−2813	−1478
H^{exc} J/mol		−1423	−2909	−4219	−5149	−5534	−5295	−4462	−3194	−1662

Determine os valores correspondentes de atividade (referência Raoultiana) do Mg bem como a composição correspondente à referência Henryana (solução infinitamente diluída) para o Mg. Verifique se os valores de coeficiente de atividade se conformam a uma expressão do tipo $RT \ln \gamma_i = \Omega_i (1 - X_i)^2$. A solução pode ser considerada estritamente regular?

18. Para soluções líquidas Fe-Si a 1873 K são dados (referência Raoultiana)

X_{Fe}	γ_{Fe}	γ_{Si}	G_{Si}^{exc} (J/mol)
1	1		−103319
0,9	0,955		
0,8	0,776		
0,7	0,476	0,0406	

Determine γ_{Si} para X_{Si} igual a 0,1 e 0,2. Verifique se a solução pode ser considerada estritamente regular.

19. Os dados a seguir referem-se à formação de soluções Fe-Si equimolares:

    ΔG (solução sólida α, referência Raoultiana) = – 43497 + 5,2886 T J/mol

    ΔG (solução líquida L, referência Raoultiana) = – 37594 + 1,4551 T J/mol

    ΔH_{Fe}^{exc} (1873 K; solução líquida; referência Raoultiana) = – 47955 J/mol; S_{Fe}^{exc} (1873 K; solução líquida; referência Raoultiana) = –6,631 J/K.mol

Encontre a expressão de ΔG (solução sólida; referências Fe e Si puros e líquidos). Considere a possibilidade de formação de soluções, sólida e líquida, a 1 atm e 1500 K, a partir de Fe e Si puros e líquidos. Qual solução seria a mais estável, sólida ou líquida? Estime a atividade (referência Raoultiana) do Fe na solução líquida, a 1500 K, assumindo que as quantidades parciais molares independem da temperatura. Determine a atividade do silício na mesma solução.

$\Delta H_{Si}^{fusão} = 50575$ J/mol, $T_{Si}^{fusão} = 1685$ K; $\Delta H_{Fe}^{fusão} = 13814$ J/mol, $T_{Fe}^{fusão} = 1803$ K

20. A 779 °C e 1 atm estão em equilíbrio três soluções do sistema Ag-Cu: fase sólida α_1, $X_{Cu} = 0{,}08$, diluída em Cu, Ag solvente; fase sólida α_2, $X_{Cu} = 0{,}92$, diluída em Ag, Cu solvente; fase líquida L, $X_{Cu} = 0{,}281$. Estime as atividades, utilizando referência Raoultiana (a_{Cu}, a_{Ag}) nas soluções citadas e também os valores da função de Darken. A 900 °C e 1 atm estão em equilíbrio a fase sólida α_1, $X_{Cu} = 0{,}04$, e a fase líquida, que pode ser considerada estritamente regular. Qual a composição desta última? O processo de formação da solução α_1 é exotérmico ou endotérmico? Justifique.

21. A tabela a seguir é válida para soluções líquidas Au-Cu, a 1550 K e 1 atm. A representa a variação de energia livre parcial molar de dissolução do Au, referência Raoultiana, J/mol; B representa a entalpia parcial molar em excesso do Au, referência Raoultiana, J/mol; C simboliza a variação de entalpia de formação das soluções, referência Raoultiana, J/mol.

X_{Au}	1,0	0,9	0,8	0,7	0,6	0,5	0,4	0,3	0,2	0,1	0,0
A	0	−1599	−3839	−6765	−10436	−14952	−20478	−27326	−36154	−49186	−∞
B	0	−222	−867	−1880	−3219	−4839	−6731	−8749	−10942	−13240	−15593
C	0	−1708	−2976	−3830	−4286	−4370	−4102	−3512	−2616	−1436	0

Determine a_{Au}^{H} para as composições citadas. Estime ΔH de formação das soluções, referência sólidos puros. Considere $T^{fusão}$ (°C): 1064, 1083; Au, Cu, respectivamente; $\Delta H^{fusão}$ (J/mol): 12558, 13270; Au, Cu, respectivamente

22. As variações de volume de formação (referência Raoultiana) das soluções zinco-estanho – $cm^3.mol^{-1}$ – líquidas, a 420 °C, são dadas na tabela a seguir. Desses dados estime a variação de volume parcial molar de dissolução do estanho para $X_{Zn} = 0,8; 0,9; 1,0$. Através da equação de Gibbs-Duhem determine ΔV_{Zn}, para $X_{Zn} = 0,8$.

X_{Zn}	0,10	0,20	0,30	0,40	0,50	0,60	0,70	0,80	0,90
ΔV^m	0,0539	0,0964	0,1274	0,1542	0,1763	0,1888	0,1779	0,1441	0,0890

23. Para o processo de formação das soluções sólidas Au-Cu encontrou-se, como aproximação, $\Delta H = -20083\ X_{Cu}\ X_{Au}$ J/mol, equação válida em uma ampla faixa de temperatura (700 a 1000 K). Considerando que a solução possa ser tomada como estritamente regular e temperatura correspondente a 773K, determine: ΔH_{Cu} e γ^o_{Cu}; trace a curva de atividade do cobre, referência 1% em peso.

24. Calcule o efeito calorífico da adição de 40 Kg de Ni a uma tonelada de ferro líquido a 1600 °C. Suponha que não haja troca de calor com as vizinhanças. Considere, como aproximação, solução líquida estritamente regular, na qual γ^o_{Ni} (1873 K) vale 0,617.

25. A partir de medidas de pressão de vapor, os valores da tabela a seguir foram determinados para a atividade (referência Raoultiana) do mercúrio na solução líquida mercúrio-bismuto a 320 °C. Calcule a atividade do bismuto na liga de composição X_{Bi} igual a 0,463, a essa temperatura.

X_{Hg}	0,949	0,893	0,851	0,753	0,653	0,537	0,437	0,330	0,207	0,063
a_{Hg}	0,961	0,929	0,908	0,840	0,765	0,650	0,542	0,432	0,278	0,092

26. Assuma que a solução ferro-manganês pode ser considerada ideal, e determine a variação da energia livre correspondente à mudança de estado de referência Mn(l) = Mn (1% em peso, ferro líquido).

27. Determinaram-se os dados a seguir para soluções líquidas Fe-Si (referência Raoultiana) a 1600 °C. Estime, para $X_{Si} = 0,4$, os valores de G^{exc}_{Si}, γ_{Si} e H^{exc}_{Si}.

X_{Si}	G^{exc} (J/mol)	S^{exc}_{Si} (J/mol.K)
0,3	−23069	
0,4	−25170	−12,692
0,5	−24049	

28. Foram encontrados os valores apresentados na tabela a seguir de entalpia parcial molar de dissolução (referência Raoultiana) do alumínio – $kJ.mol^{-1}$ – em função de % atômica de Al, a 900 °C, em soluções líquidas Al-Bi.

% Al	1	2	4	6	8	10	12
ΔH_{Al}^{m}	24,11	23,15	21,89	20,93	20,09	19,38	18,71
%Al	14	16	18	20	22	24	26
ΔH_{Al}^{m}	18,00	17,33	16,66	15,95	15,28	14,57	13,90

Calcule a variação de entalpia parcial molar de dissolução do bismuto na solução com 80% (atômica) de Bi a esta temperatura.

29. Os valores a seguir foram determinados para a atividade do carbono a 925 °C em uma liga ferro-carbono sólida (austenita), referência carbono puro sólido.

X_C	0,005	0,010	0,015	0,020	0,025	0,030
a_C	0,064	0,132	0,205	0,280	0,361	0,445

Determine a atividade do carbono à concentração de 0,5% em peso, referência 1% em peso.

30. Assuma que as soluções líquidas Cu-Cd sejam estritamente regulares e que a 873 K a entalpia integral molar em excesso de formação das soluções seja dada por 2616 $X_{Cd}X_{Cu}$ Joules/mol. Determine a_{Cu} quando $X_{Cu} = 0,2$, bem como h_{Cu} para a mesma composição.

31. Ferro e prata são imiscíveis um no outro e, a 1420 °C, o silício se distribui entre os dois como se mostra na tabela:

X_{Si} (no ferro)	0,410	0,312	0,245	0,182
X_{Si} (na prata)	0,0399	0,00642	0,00138	0,00057

Sabendo-se que nessa faixa de composição γ_{Si} (na prata, referência Raoultiana) = 2, determine γ_{Si} (no ferro, referência Raoultiana).

32. O limite de saturação da prata líquida em ferro sólido (gama) é dado por $\log \%Ag\left(em\ peso\right) = -6027/T + 2,289$, 234 K < T < 1665 K. Encontre o valor do coeficiente de atividade Henryano da prata no ferro sólido, a 1500 K.

33. Entre 1000 K e 1500 K, tem-se, para as soluções líquidas Cu-Zn, $RT\ln\gamma_{Zn} = -19255\,X_{Cu}^2$ Joules/mol. Para T = 1300 K encontre as expressões que fornecem as atividades utilizando as referências: líquido puro; sólido puro; Henryana (solução infinitamente diluída); 1% em peso. Encontre as expressões que fornecem os valores de ΔG, ΔH utilizando as seguintes referências: líquido puro e sólido puro.

34. A 473 °C a solução líquida Pb-Sn exibe comportamento regular, sendo o coeficiente de atividade do Pb dado por $\log\gamma_{Pb} = 0,32\left(1 - X_{Pb}\right)^2$. Construa o diagrama de atividades para esse sistema a essa temperatura e calcule a atividade do chumbo, para X_{Pb} = 0,5, a 746K e 1000 K. Se 1 mol de Pb a 25 °C é adicionado a uma grande quantidade de liga líquida, com X_{Pb} = 0,5, a 473 °C, pede-se calcular a variação de entalpia e a variação de entropia do chumbo, decorrente desse processo.

35. Para as soluções líquidas Si-Ni é válida a expressão $\ln\gamma_{Ni}^{o} = 2,8584 - 14620/T$. Essa solução poderia ser considerada regular? Justifique. Determine ΔG^0 da transformação $Ni_{(s)} = Ni_{\%}$, dados: M_{Si} = 28,09 g/mol; M_{Ni} = 58,7 g/mol; $\Delta H_{Ni}^{fusão}$ = 17163 J.mol^{-1}; $T_{Ni}^{fusão}$= 1728 K.

36. A 1050 °C e 1 atm estão em equilíbrio uma solução Cu-Zn, líquida, X_{Zn} = 0,1, e outra solução Cu-Zn, sólida, na qual o Cu é o solvente. Experiências mostraram que, para as *soluções líquidas*, a entalpia em excesso de formação é independente da temperatura, e a entalpia parcial molar em excesso do Zn seria igual a $-20930\,X_{Cu}^2$ Joules/mol. Escreva uma expressão para a atividade do Cu na solução sólida e determine a composição dela, além de γ_{Zn}. Sabendo-se que, a 500 °C, γ_{Zn}^{o} na solução sólida é igual a 0,014, verifique se ela pode ser considerada regular.

    $\Delta H_{Cu}^{fusão}$ = 13270 J/mol; $T_{Cu}^{fusão}$ = 1083 °C; $\Delta H_{Zn}^{fusão}$ = 7284 J/mol; $T_{Zn}^{fusão}$ = 420 °C.

37. Considere a solução Ferro-Níquel, líquida, a 1600 °C. Determine a_{Fe} e S_{Fe} para $X_{Fe} = 0,6$.

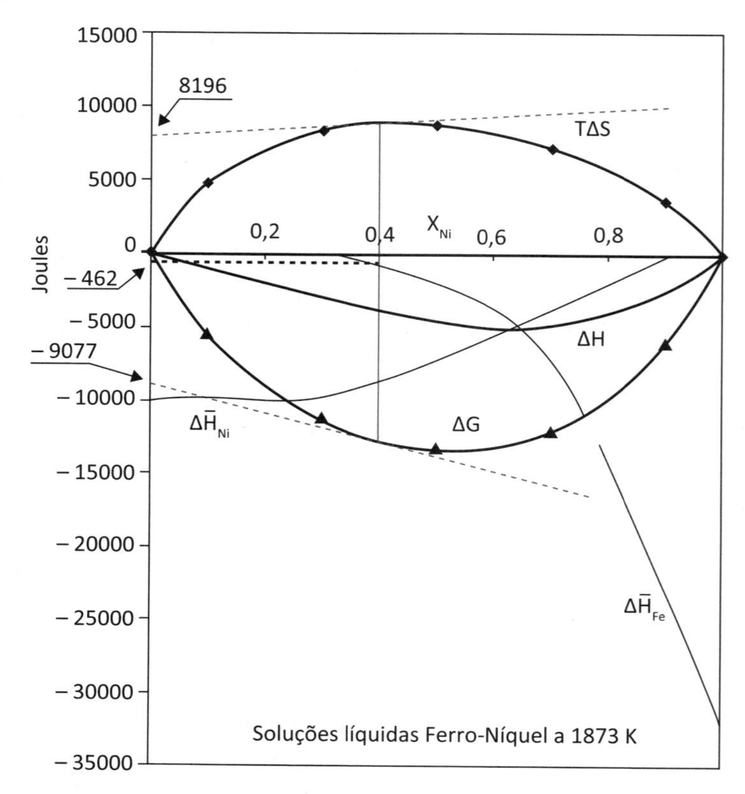

38. A variação de energia livre molar de fusão do ferro é dada pela expressão: $13096 - 1{,}256\ln T + 2{,}168T$ (*Joules*). A 1477 °C uma solução líquida Ferro-Cobre, na qual $X_{Cu} = 0{,}12$ está em equilíbrio com uma solução sólida na qual $X_{Cu} = 0{,}05$. Calcular a atividade do ferro na solução líquida Ferro-Cobre, tomando-se ferro puro líquido como estado de referência.

39. A partir de medições experimentais do equilíbrio entre soluções gasosas H_2-H_2O, sílica sólida pura e silício dissolvido em ferro líquido, foi determinada a variação da energia livre da transformação.

$$Si_{puro,\,líquido} = Si_{1\%\,em\,peso,\,Fe\,líquido} \quad \Delta G^0 = -119301 - 24{,}28\ \text{T J/mol}$$

A 1600 °C o coeficiente de atividade do silício no ferro, referência Raoultiana, vale 0,0014 em uma solução tal que $X_{Si} = 0{,}01$. Calcule o coeficiente de atividade do silício, referência 1% em peso, nesta composição.

40. A 1600 °C, coeficiente de atividade do vanádio a diluição infinita em ferro líquido, relativo ao vanádio puro e sólido, é 0,068. Calcule a variação de energia livre acompanhando a mudança de estado de referência vanádio puro => vanádio 1% em peso, no ferro líquido.

41. Considere as soluções líquidas Pb-Sn, a 1050 K e 1 atm, para as quais se determinou:

X_{Pb}	1	0,879	0,737	0,657	0,514	0,397	0,282	0,176	0,091
P_{Pb} (atm) x 10^5	4,525	4,253	4,101	3,881	3,621	2,929	2,311	1,555	1,015

Sabe-se ainda que os valores de temperatura de fusão e entalpia de fusão seriam, para o chumbo, 600,6 K e 4799 J/mol, para o estanho, 505,1 K e 7029 J/mol. Estime atividade, coeficiente de atividade, energia livre parcial molar do chumbo, em relação ao chumbo puro e líquido. Estime atividade, coeficiente de atividade, energia livre parcial molar do estanho, em relação ao estanho puro e sólido.

42. Valores de coeficientes de atividade de níquel, referência Raoultiana, em ligas líquidas Ni-Ti a 1700 °C são dados na tabela a seguir:

X_{Ti}	1	0,9	0,8	0,7	0,6	0,5	0,4	0,3	0,2	0,1	0,0
γ_{Ni}	0,021	0,023	0,052	0,104	0,189	0,313	0,474	0,659	0,834	0,956	1

Trace a curva de atividade para o titânio; encontre os valores das constantes da Lei de Henry.

43. Os dados se referem à formação de soluções sólidas Ni-Pt, referência Raoultiana, a 1625K:

X_{Pt}	0	0,05	0,1	0,15	0,2	0,25	0,3	0,35	0,4
ΔG (J/mol)	0	−3830	−7187	−10084	−12529	−14538	−16124	−17297	−18067
ΔH_{Pt} (J/mol)	−36510	−32868	−29428	−26183	−23136	−20281	−17619	−15149	−12872

Encontre o valor da variação de entalpia parcial molar de dissolução do níquel, ΔH_{Ni}, na solução tal que $X_{Pt} = 0{,}2$; encontre o valor da variação de energia livre parcial molar de dissolução do níquel, ΔG_{Ni}, na solução tal que $X_{Pt} = 0{,}2$.

44. Para as soluções líquidas Fe-Cu a 1823 K são dados (referência Raoultiana):

X_{Fe}	0,10	0,20	0,30	0,40	0,50	0,60	0,70	0,80	0,90	1,0
γ_{Cu}	1,032	1,12	1,254	1,428	1,657	2,01	2,598	3,641	5,575	9,512
G^{exc} J/mol	3056	5233	6656	7409	7660	7409	6572	5149	2972	0

Pede-se calcular: a) a variação de energia livre de formação para a solução de composição $X_{Fe} = 0{,}6$; b) as atividades do Fe e do Cu nesta solução. A formação da solução se dá exotermicamente? A solução poderia ser considerada estritamente regular?

4.22 REFERÊNCIAS

ASM Handbook. Casting, ASM International, 2008. vol. 15.

BARÃO, C. *Comportamento do manganês durante o sopro de oxigênio em convertedor*. 2007. Dissertação (Mestrado) – REDEMAT.

BARÃO, C.; CASTRO, L. F. A.; SILVA, C. A.; FARIA, M. A. A.; MALYNOWSKYJ, A.; MARTINS, A. A. R.; AUAD, M. V. *Fabricação de aço em forno básico a oxigênio*. ABM, 2005.

CHANG, Y. A.; OATES, W. A. *Materials thermodynamics*. John Wiley, 2010.

DARKEN, L. S.; GURRY, R. W. *Physical chemistry of metals*. New York: McGraw-Hill, 1953.

DeHOFF, R.T. *Thermodynamics in materials science*. New York: McGraw-Hill, 1993.

ELLIOT, J. F.; GLEISER, M.; RAMAKRISHNA, V. *Thermochemistry for steelmaking*. Massachusetts: Addison-Wesley Pub. Co, Reading, 1963.

GASKELL, D. R. *Introduction to metallurgical thermodynamics*. 2. ed. Hemisphere, 1981.

GUGGEINHEIM, E. A. *Mixtures*. Oxford: Oxford University Press, 1952.

HILDEBRAND, J. H.; SCOTT, R. L. *The solubility of non-electrolytes*. Reinhold, 1950.

HUDSON, J. B. *Thermodynamics of materials*. John Wiley, 1996.

HULTGREN, R.; DESAI, P. D.; HAWKINS, D. T.; GLEISER, M.; KELLEY, K. K. *Selected values of the thermodynamic properties of binary alloys*. Ohio: American Society for Metals, 1973.

JALKANEN, H.; HOLAPPA, L. The role of slag in the oxygen converter process. In: INTERNATIONAL CONFERENCE ON MOLTEN SLAGS FLUXES AND SALTS, VII. The South African Institute of Mining and Metallurgy, 2004. p. 71-67.

KNACKE, O.; KUBASCHEWSKI, O.; HESSELMANN, K. *Thermochemical properties of inorganic substances*. 2. Ed. Berlim: Springer Verlag, 1991. 2412 p.

KUBASCHEWSKI, O.; ALCOCK, C. B. *Metallurgical thermochemistry*. 5. ed. Oxford: Pergamon Press, 1983. 449 p.

LEWIS, G. N.; RANDALL, M. *Thermodynamics*. Revisão Kenneth Pitzer, Leo Brewer. New York: McGraw-Hill, 1961.

ROSENQVIST, T. *Principles of extractive metallurgy*. New York: McGraw-Hill, 1983.

STOLEN, S.; GRANDE, T. *Chemical thermodynamics of materials*. John Wiley, 2004.

CAPÍTULO 5
EQUILÍBRIO QUÍMICO

Neste capítulo é revisada a aplicação do critério de espontaneidade e equilíbrio mais comumente considerado – a minimização de Energia Livre de Gibbs, para transformações a temperatura e pressão constantes. O foco são as reações químicas em sistemas metalúrgicos, inclusive com a participação de elementos dissolvidos em soluções. O objetivo é poder determinar se as reações são ou não espontâneas e qual o rendimento químico no equilíbrio.

5.1 IMPORTÂNCIA DO ESTUDO DE EQUILÍBRIO QUÍMICO NA METALURGIA

Os processos metalúrgicos, em geral, envolvem várias fases e várias reações químicas. As reações podem se dar no interior de uma fase e são denominadas homogêneas, ou ocorrer nas interfaces entre fases distintas, tais como: gás-sólido; gás-líquido; líquido-líquido; sólido-sólido, sendo classificadas como heterogêneas. Então, é importante a análise dos efeitos das variáveis de estado sobre a espontaneidade de cada reação química, bem como sobre o rendimento metalúrgico de um dado processo. Como exemplo, considere-se o processo Midrex (Figura 5.1), que é utilizado para a redução direta de minério de ferro e produção de ferro-esponja. Neste reator, a redução dos óxidos de ferro se dá pela ação do monóxido de carbono e do hidrogênio, obtidos pelas reações químicas de reforma do gás (transformação do gás natural em mistura gasosa CO e H_2). O processo de redução é controlado por variáveis de natureza termodinâmica, como temperatura no interior do reator e razão $\frac{\%CO}{\%H_2}$, e variáveis de natureza cinética, como o tempo de residência da carga. Outra reação que merece destaque é a de deposição de carbono, já que o teor de carbono no ferro reduzido é ponto importante no balanço térmico dos fornos elétricos, onde normalmente esta matéria-prima é utilizada.

$$2\ CO = C + CO_2 \tag{5.1}$$

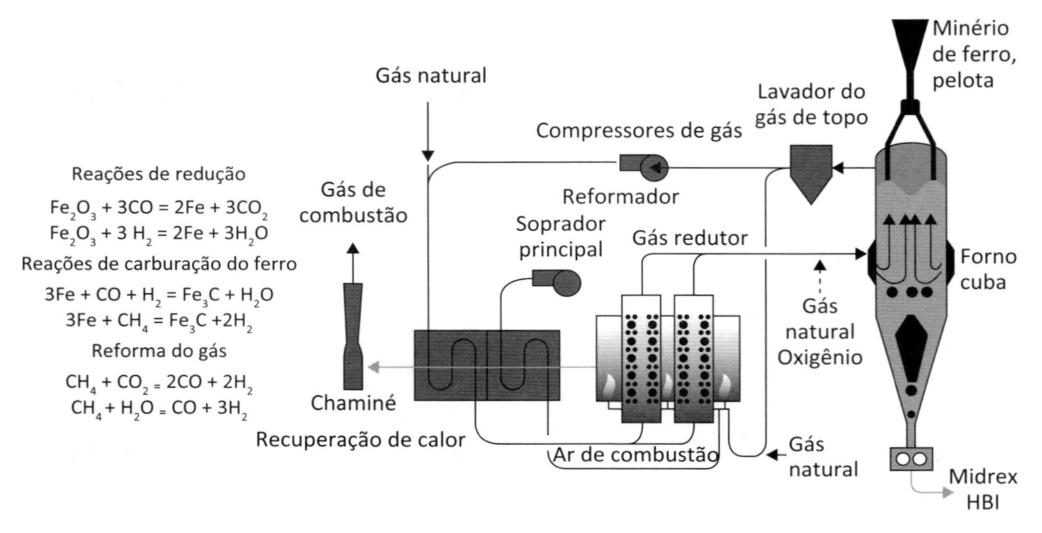

Figura 5.1 – Exemplo de fenômenos termoquímicos ocorrentes no Processo Midrex.

Fonte: Artigo disponível em: wn.com; Paul_Wurth_becomes_MIDREX_Process, acesso em: 7 maio 2014.).

A Figura 5.2, conhecida de todos aqueles que trabalham com redução de óxidos de ferro, apresenta os diagramas de equilíbrios Fe-C-O e Fe-H-O, e permite determinar as condições de equilíbrio dos vários óxidos de ferro, bem como as composições das misturas gasosas propícias à redução.

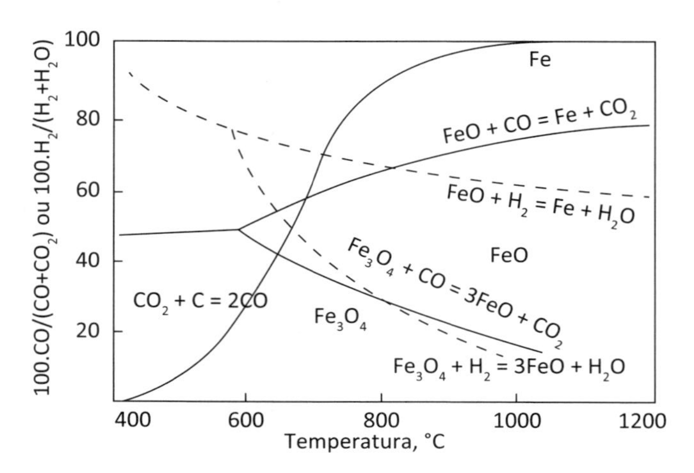

Figura 5.2 – Diagramas de oxirredução Fe-C-O e Fe-H-O.

Fonte: Biswas, 1981.

Estas e outras informações podem ser obtidas diretamente dos critérios de espontaneidade e equilíbrio abordados nesta seção.

5.2 LEI DA AÇÃO DAS MASSAS

Como primeiro passo considera-se a Lei da Ação das Massas aplicada a uma reação única, que ocorre entre espécies contidas em um sistema que pode ser multifásico. Supõe-se que esse sistema seja fechado, a temperatura e pressão constantes, e constituído das espécies A... B... C... D, cujas quantidades estão relacionadas através de, por exemplo, uma reação do tipo:

$$\alpha A + \beta B \rightarrow \gamma C + \delta D \tag{5.2}$$

onde α, β, γ e δ representam os coeficientes estequiométricos da reação.

Se a Energia Livre de Gibbs do sistema diminui quando a reação prossegue no sentido indicado pela seta, a reação é espontânea no sentido proposto; caso contrário, se ocorrer aumento de energia livre, a reação é espontânea no sentido inverso ao proposto. Isso decorre do segundo princípio da termodinâmica, que estabelece que as transformações a temperatura e pressão constantes são espontâneas, se ocorrem com diminuição de Energia Livre de Gibbs (Figura 5.3).

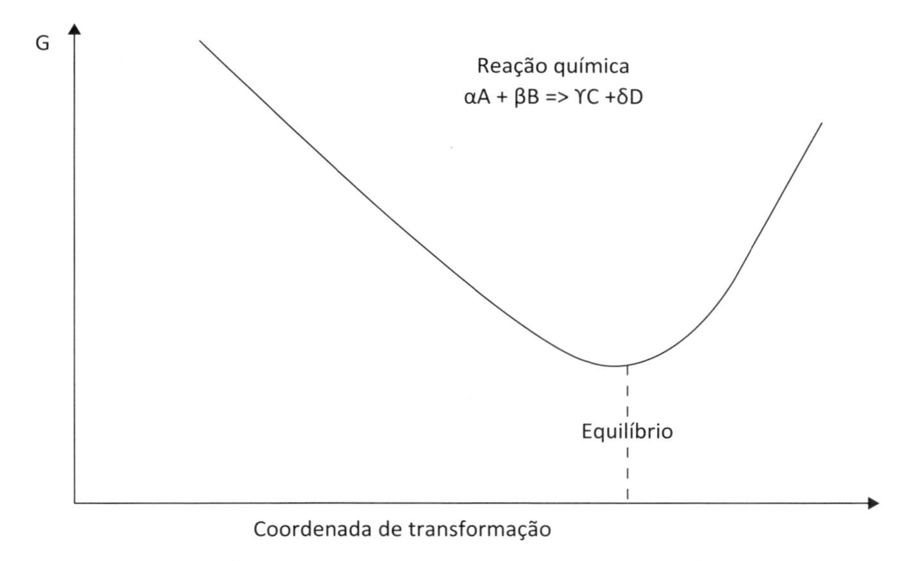

Figura 5.3 – Critério de minimização de energia como condição de equilíbrio.

A coordenada de transformação, utilizada para mensurar o quanto e em qual sentido a reação prossegue, pode ser o Avanço. Define-se "Avanço da Reação", normalmente simbolizado por ξ, de tal modo que se diz que, quando α mols de A se combinam com β mols de B para formar γ mols de C e δ mols de D, a reação avançou uma unidade. Deste modo as quantidades de A, B, C, D estão relacionadas ao avanço ξ através das equações:

$$n_A = n_A^o - \alpha A \tag{5.3}$$

$$n_B = n_B^o - \beta A \tag{5.4}$$

$$n_C = n_C^o + \gamma C \tag{5.5}$$

$$n_D = n_D^o + \delta D \tag{5.6}$$

onde n_A^o, n_B^o, n_C^o, n_D^o são os números de mols de A, B, C, D, no instante em que se começou a contagem de ξ, justificando-se a forma das equações pela estequiometria da equação.

Portanto, para uma transformação infinitesimal do sistema, a temperatura e pressão constantes

$$dG = \mu_A \, dn_A + \mu_B \, dn_B + \mu_C \, dn_C + \mu_D \, dn_D, \tag{5.7}$$

a qual, escrita em termos de ξ, fornece

$$dG = (\gamma \, \mu_C + \delta \, \mu_D - \alpha \, \mu_A - \beta \, \mu_B) d\xi \tag{5.8}$$

Fica evidente que tal transformação será espontânea se $dG < 0$ ou $dG / d\xi < 0$. A Figura 5.4 mostra a forma da função energia livre do sistema em função do avanço.

$$G = \mu_A \, n_A + \mu_B \, n_B + \mu_C \, n_C + \mu_D \, n_D \tag{5.9}$$

O menor valor de ξ é caracterizado pela ausência completa de C e/ou D (produtos), e o valor limite de ξ, pela ausência completa de A e/ou B (reagentes). Entre estes extremos G passa por um mínimo, que caracteriza o equilíbrio. Então, enquanto $dG / d\xi < 0$, a reação é espontânea no sentido proposto, para $dG / d\xi = 0$ atinge-se o equilíbrio e se $dG / d\xi > 0$ a reação é espontânea no sentido inverso ao proposto.

No decorrer da reação química as quantidades dos reagentes e dos produtos variam continuamente, até que a situação de equilíbrio termodinâmico seja alcançada, situação para a qual $\frac{dG}{d\xi} = 0$ (Figura 5.5). Atingido o equilíbrio, as concentrações dos reagentes e produtos permanecem inalteradas desde que as variáveis de estado termodinâmico que atuam sobre o equilíbrio do sistema considerado permaneçam inalteradas.

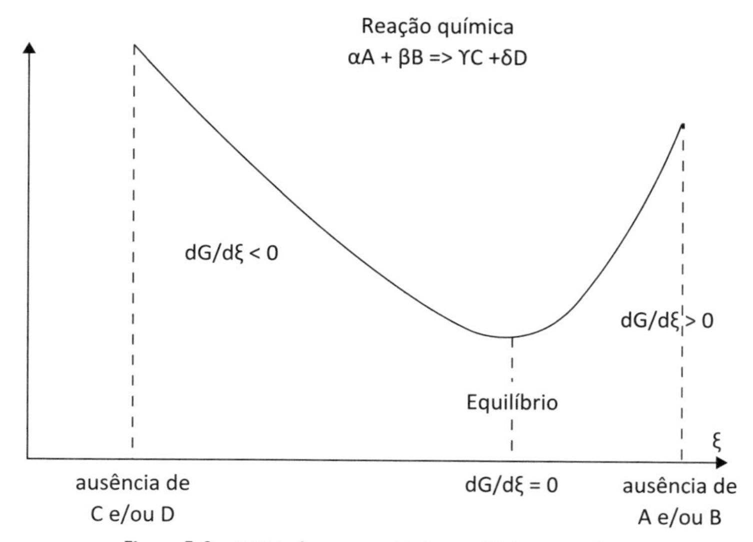

Figura 5.4 – Critério de espontaneidade e equilíbrio a partir do avanço.

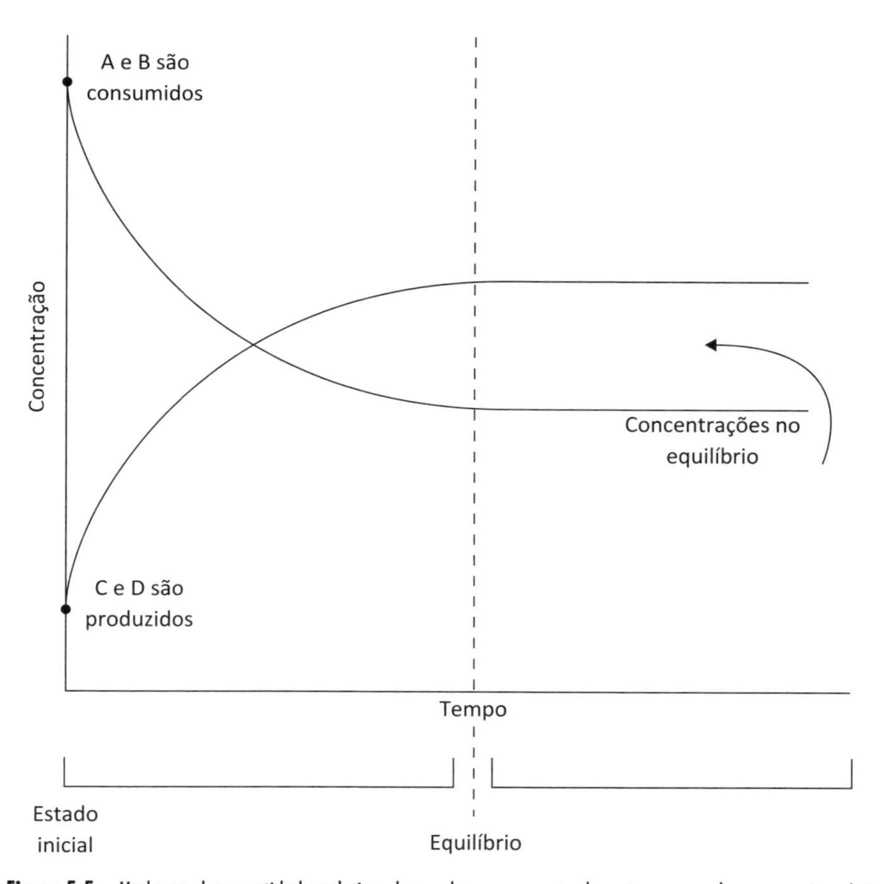

Figura 5.5 – Mudanças das quantidades relativas dos produtos e reagentes durante o avanço de uma reação química.

EXEMPLO 5.1

Considere, a 1300 K e 1,0 atm, os valores seguintes de potenciais químicos (J/mol): NiO (sólido, −337912); Ni (sólido, −66431); CO (gás, −395728); CO_2 (gás, −713919). Escreva um expressão para a energia livre do sistema, constituído inicialmente de 10 mols de NiO e 3 mols de CO, em função do avanço da reação de redução, e determine a condição de equilíbrio, a 1300 K e 1,3 atm de pressão.

A reação de redução pode ser escrita como:

$$NiO(s) + CO(g) = Ni(s) + CO_2(g)$$

Os números de mols de cada espécie podem ser calculados em função do avanço como:

$$n_{NiO} = n^o_{NiO} - \xi = 10 - \xi$$

$$n_{CO} = n^o_{CO} - \xi = 3 - \xi$$

$$n_{CO2} = n^o_{CO2} + \xi = \xi$$

$$n_{Ni} = n^o_{Ni} + \xi = \xi$$

Por sua vez, o potencial químico de cada participante da reação seria dado pela expressão:

$$\mu_i = \mu_i^o\left(1\ atm,\ 1300\ K\right) + RTlna_i$$

Para o caso de um gás ideal, por exemplo, CO e CO_2 (uma vez que a temperatura é relativamente alta e a pressão relativamente baixa), a fugacidade se iguala à pressão. Então, $f_i^o = P_i^o = 1$ e $f_i = P_i$, o que rende atividade idêntica à pressão parcial, $a_i = P_i$. Portanto, os potenciais químicos de CO e CO_2 seriam, considerando as frações molares destes gases na fase gasosa, iguais a:

$$X_{CO} = \frac{3-\xi}{3} \quad e \quad X_{CO2} = \frac{\xi}{3}$$

$$\mu_{CO} = \mu^o_{CO} + RTln\frac{3-\xi}{3}P_T \quad e \quad \mu_{CO2} = \mu^o_{CO2} + RTln\frac{\xi}{3}P_T$$

onde P_T representa a pressão total.

EXEMPLO 5.1 (*continuação*)

NiO e Ni são fases condensadas e puras. A fugacidade (e por consequência o potencial químico) de uma fase condensada é muito pouco afetada pela pressão (a menos de variações extremas de pressão, o que não seria este caso, de 1 atm a 1,3 atm). Logo, para estas espécies pode-se escrever que a atividade é unitária.

$$\mu_{NiO} = \mu^o_{NiO} + RT\ln a_{NiO} = \mu^o_{NiO}$$

$$\mu_{Ni} = \mu^o_{Ni} + RT\ln a_{Ni} = \mu^o_{Ni}$$

Finalmente, a relação entre Energia Livre de Gibbs e avanço de reação seria dada como:

$$G = \Sigma\mu_i n_i = \{10-\xi\}\mu^o_{NiO} + \{3-\xi\}\left\{\mu^o_{CO} + RT\ln\frac{3-\xi}{3}P_T\right\} + \xi\mu^o_{Ni} + \xi\left\{\mu^o_{CO2} + RT\ln\frac{\xi}{3}P_T\right\}$$

Além disso, encontra-se que:

$$dG = \Sigma\mu_i dn_i = -\mu^o_{NiO}d\xi - \left\{\mu^o_{CO} + RT\ln\frac{3-\xi}{3}P_T\right\}d\xi + \mu^o_{Ni}\,d\xi + \left\{\mu^o_{CO2} + RT\ln\frac{\xi}{3}P_T\right\}d\xi$$

$$\frac{dG}{d\xi} = -\mu^o_{NiO} - \left\{\mu^o_{CO} + RT\ln\frac{3-\xi}{3}P_T\right\} + \mu^o_{Ni} + \left\{\mu^o_{CO2} + RT\ln\frac{\xi}{3}P_T\right\}$$

Estas funções do avanço, *G e $dG/d\xi$, são apresentadas na figura a seguir. O ponto de mínimo indica a situação de equilíbrio e corresponde a um avanço, ξ, da ordem de 2,961.*

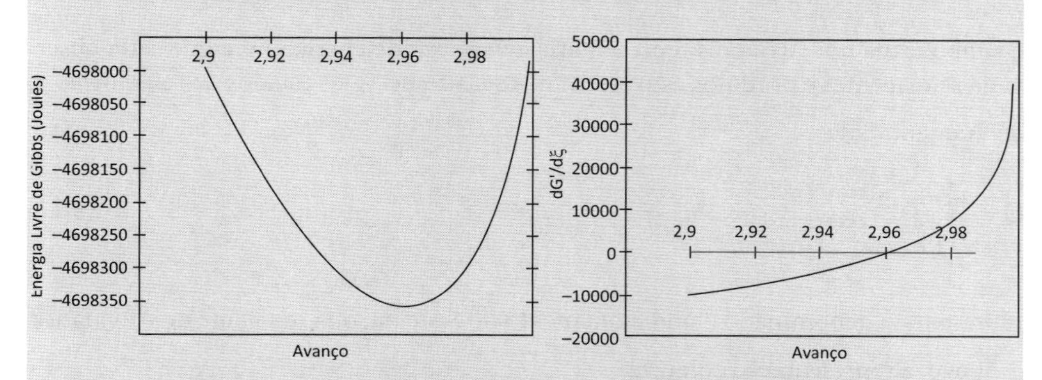

Variações da energia livre do sistema e da taxa de variação de energia livre com o avanço da reação.

Como visto, a aplicação do critério de minimização de energia livre se resume a, primeiramente, mensurar a quantidade.

$$\frac{dG}{d\xi} = \delta\mu_D + \gamma\mu_C - \alpha\mu_A - \beta\mu_B \tag{5.10}$$

E como

$$\mu_A = \mu_A^o + RT\ln a_A \tag{5.11}$$

$$\mu_B = \mu_B^o + RT\ln a_B \tag{5.12}$$

$$\mu_C = \mu_C^o + RT\ln a_C \tag{5.13}$$

$$\mu_D = \mu_D^o + RT\ln a_D \tag{5.14}$$

implica:

$$\frac{dG}{d\xi} = \left(\delta\mu_D^o + \gamma\mu_C^o - \alpha\mu_A^o - \beta\mu_B^o\right) + RT\ln\frac{a_D^\delta\, a_C^\gamma}{a_A^\alpha\, a_B^\beta} \tag{5.15}$$

A expressão precedente tem forma de uma variação de energia livre, e por isto os valores dela resultantes são comumente denominados Variação de Energia Livre da Reação e simbolizados por ΔG.

Do mesmo modo,

$$\delta\mu_D^o + \gamma\mu_C^o - \alpha\mu_A^o - \beta\mu_B^o \tag{5.16}$$

é simbolizada por ΔG^0, pois representaria a variação de energia livre que seria observada se reagentes e produtos estivessem nos seus respectivos estados de referência.

A quantidade

$$Q = \frac{a_D^\delta\, a_C^\gamma}{a_A^\alpha\, a_B^\beta} \tag{5.17}$$

representa o denominado Condicionamento do Sistema, ou Quociente de Atividades.

Logo, a representação comum:

$$\Delta G = \Delta G^o + RT\ln Q = \Delta G^o + RT\ln\frac{a_D^\delta\, a_C^\gamma}{a_A^\alpha\, a_B^\beta} \tag{5.18}$$

O equilíbrio é um caso especial para o qual se tem:

$$\frac{dG}{d\xi} = 0 \tag{5.19}$$

isto é,

$$\Delta G = 0 = \Delta G^{o} + RT \ln \left[\frac{a_D^{\delta}\, a_C^{\gamma}}{a_A^{\alpha}\, a_B^{\beta}} \right]_{eq} \tag{5.20}$$

sendo que:

$$\left[\frac{a_D^{\delta}\, a_C^{\gamma}}{a_A^{\alpha}\, a_B^{\beta}} \right]_{eq} = K \tag{5.21}$$

é conhecida como Constante de Equilíbrio da reação.

A relação entre as curva de Energia Livre, G, e a curva de sua derivada primeira em relação ao avanço, $\frac{dG}{d\xi} = \Delta G$, é mostrada na Figura 5.6; ressaltam-se também os critérios de:

$$\text{espontaneidade } \frac{dG}{d\xi} = \Delta G < 0 \tag{5.22}$$

$$\text{equilíbrio } \frac{dG}{dG} = \Delta G = 0 \tag{5.23}$$

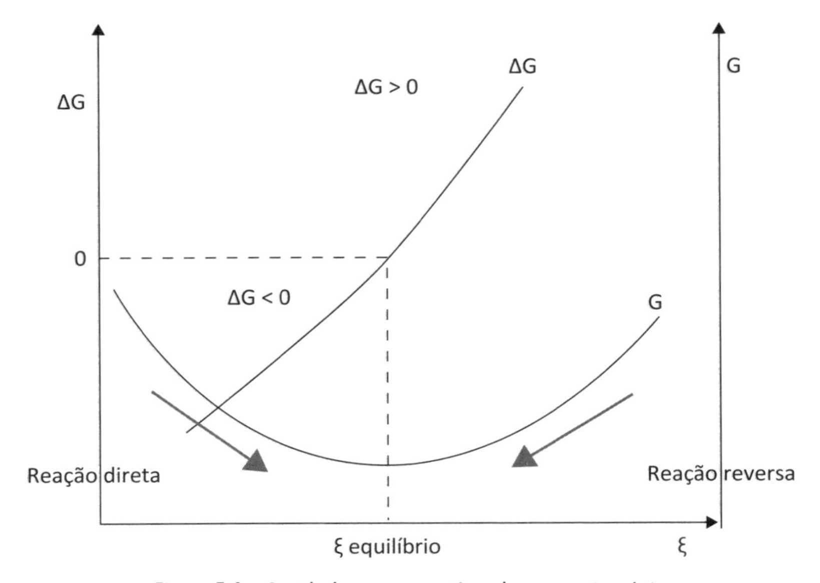

Figura 5.6 – Sentido de avanço espontâneo de uma reação química.

A constante de equilíbrio da reação, embora tendo sido escrita em termos de atividades, é independente das atividades ou concentrações de A... B... C... D, pois, obviamente,

$$\Delta G^o = \delta\mu_D^o + \gamma\mu_C^o - \alpha\mu_A^o - \beta\mu_B^o = -RT\ln K \tag{5.24}$$

tal que,

$$K = e^{-\Delta G^o/RT} \tag{5.25}$$

O valor de ΔG^0, e portanto de K, é definido pelos potenciais de referência, sendo que normalmente as referências utilizadas são:

a) substância pura no estado físico mais estável a uma atmosfera de pressão e à temperatura de estudo, ou Estado Padrão, com as simbologias (g) para gases, (l) para líquidos, (s) para sólidos; e
b) referências Raoultiana, Henryana e 1% em peso, considerando-se a solução a uma atmosfera de pressão e à temperatura de estudo.

Desta forma, para uma dada reação química que ocorre em temperatura definida, não existe um valor único de constante de equilíbrio; o valor depende das referências escolhidas.

EXEMPLO 5.2

Numa faixa restrita de temperatura pode ser possível utilizar uma aproximação linear de energia livre em função de temperatura,

$$\alpha A + \beta B = \gamma C + \delta D \qquad \Delta G^o = \Delta H^o - T\Delta S^o$$

Como:

$$\Delta G^o = \Delta H^o - T\Delta S^o = -RTlnK_{eq}$$

vem, sucessivamente,

$$\Delta H^o - T\Delta S^o = -2,303\,RT\,logK_{eq}$$

$$log\,K_{eq} = -\frac{\Delta H^o}{2,303RT} + \frac{\Delta S^o}{2,303R}$$

EXEMPLO 5.2 (*continuação*)

Este tipo de expressão é uma forma comum de se fornecer valores de Variação de Energia Livre de Gibbs de referência. Por exemplo,

$$CO(g) = C_{1\%, Fe\ líquido} + O_{1\%, Fe\ líquido} \qquad log\,K_{eq} = \frac{-2423,26}{T} - 1,367$$

$$MnO(s) = Mn(s) + 1/2O_2(g) \qquad logK_{eq} = \frac{-20093,70}{T} + 3,802$$

$$MnO(s) = Mn(l) + \frac{1}{2}O_2(g) \qquad logK_{eq} = \frac{-20847,62}{T} + 4,305$$

■

EXEMPLO 5.3

Para a reação de formação de monóxido de carbono a partir do carbono e oxigênio dissolvidos no ferro líquido pode-se empregar dados termodinâmicos de fontes diversas, por exemplo.

Reação	ΔG^0 (*J*)	K_{eq}	*Fonte*
$C_{(\%)}+O_{(\%)}=CO(g)$	−22395 − 39,6 *T*	*497 (1873 K)*	*Elliot, 1963*
$C_{(\%)} + O_{(\%)} = CO(g)$	−22200 − 38,34 *T*	*420 (1873 K)*	*Steelmaking Data Sourcebook, 1988*
$C(s) + ½\ O_2(g) = CO(g)$	−118045 − 84,39 *T*	$4,98 \times 10^7$ *(1873 K)*	*Elliot, 1963*
$C(s) + ½\ O_2(g) = CO(g)$	−111766 − 87,70 *T*	$4,95 \times 10^7$ *(1873 K)*	*Kubaschewiski, 1983*
$C(s) + ½\ O_2(g) = CO(g)$	*−277737 (1900 K)*	$4,29 \times 10^7$ *(1900 K)*	*JANAF, 1966*
$C(s) + ½\ O_2(g) = CO(g)$	*−278703 (1900 K)*	$4,63 \times 10^7$ *(1900 K)*	*Knacke, 1991*

$\gamma_C^o = 0{,}538$ *a 1873 K (Steelmaking Data Sourcebook, 1988);* $\gamma_C^o = 0{,}573$ *a 1873 K (Turkdogan, 1983)*

Os teores de silício e oxigênio, dissolvidos em ferro líquido, referentes ao equilíbrio entre a solução metálica e a escória do sistema CaO-SiO$_2$, podem ser estimados considerando os valores apropriados de atividade da sílica, como os apresentados na figura a seguir.

$$Si_{\%} + 2\,O_{\%} = SiO_{2(s)} \qquad \Delta G^0 = -576440 + 218{,}2T\,J \ (Steelmaking\ Data\ Sourcebook,\ 1988)$$

EXEMPLO 5.3 (*continuação*)

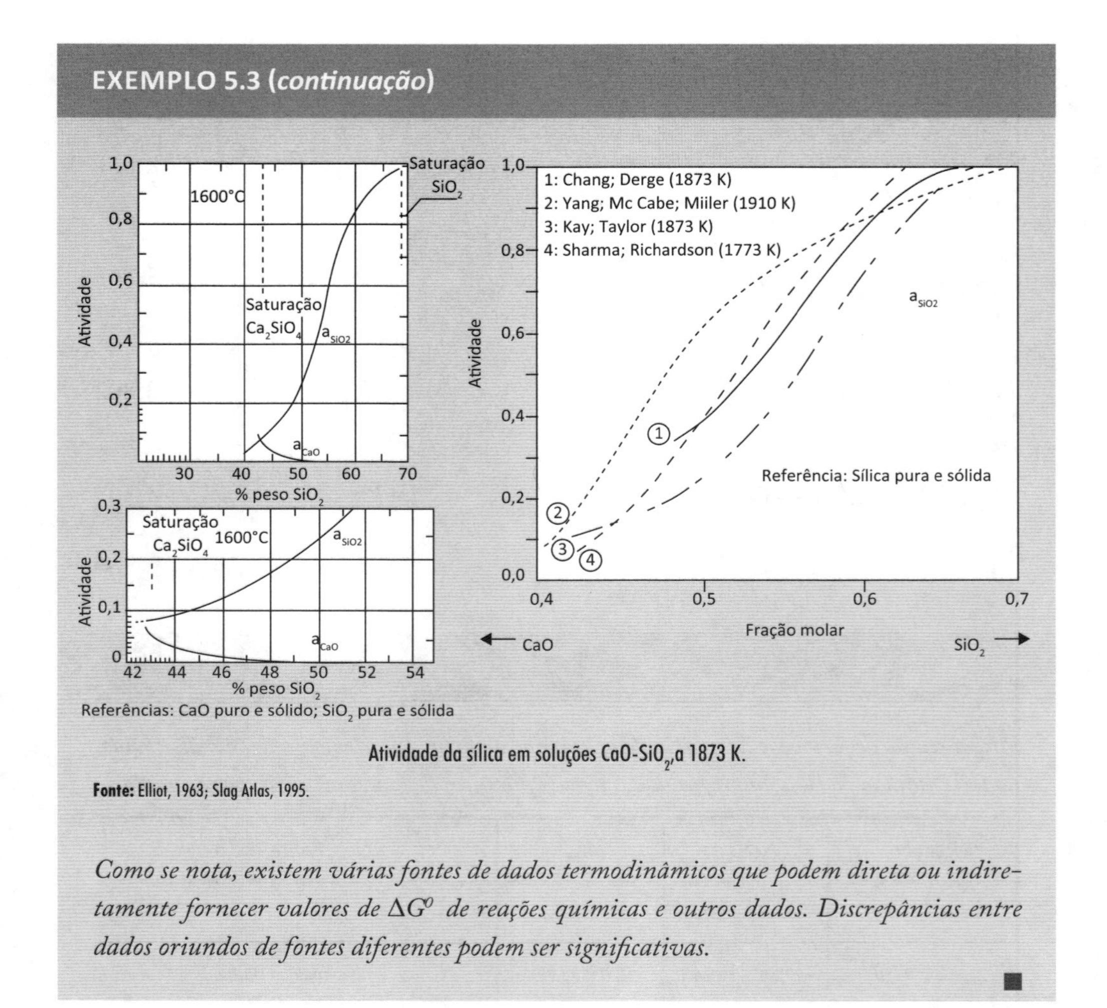

Atividade da sílica em soluções CaO-SiO_2, a 1873 K.

Fonte: Elliot, 1963; Slag Atlas, 1995.

Como se nota, existem várias fontes de dados termodinâmicos que podem direta ou indiretamente fornecer valores de ΔG^0 de reações químicas e outros dados. Discrepâncias entre dados oriundos de fontes diferentes podem ser significativas. ■

Cabe a quem estiver analisando o problema escolher, de acordo com sua conveniência, os estados de referência e as fontes de dados termodinâmicos a serem utilizados. A menos de incertezas naturais de determinação experimental destes valores, os resultados precisam independer desta escolha arbitrária.

Como, para todas as condições, a pressão de referência é 1 atm, a constante de equilíbrio, K, não é influenciada por esta variável, porém o é pela temperatura. De acordo com a equação de Gibbs Helmholtz:

$$\left[\frac{d\ \Delta G^o / T}{d(1/T)}\right]_{P,n_i} = \Delta H^o; \qquad \left[\frac{d\ R\ln K}{dT}\right]_{P,n_i} = \frac{\Delta H^o}{T^2} \tag{5.26}$$

ou

$$\ln K_{T2} - \ln K_{T1} = \frac{1}{R}\int_{T1}^{T2} \frac{\Delta H^o}{T^2} dT \tag{5.27}$$

onde

$$\Delta H^o = \delta H_D^o + \gamma H_C^o - \alpha H_A^o - \beta H_B^o \tag{5.28}$$

e $H_D^o, H_C^o, H_A^o, H_B^o$ são as entalpias molares ou parciais molares de D, C, B e A nos seus respectivos estados de referência.

Como se pode notar, para determinar se uma dada reação é ou não espontânea é preciso conhecer a relação entre atividades de reagentes e produtos, em função de temperatura, pressão e composição. Em alguns casos, a escolha judiciosa de estado de referência pode resultar em valores imediatos de atividade. Por exemplo, para gases a escolha comum de referência é Gás Ideal e Puro, a 1 atm de Pressão e na Temperatura de Estudo. Neste caso,

> *se o comportamento do gás for ideal, então, a atividade do gás poderá ser simplesmente substituída por sua pressão parcial;*

caso contrário, a atividade do gás será igual à fugacidade dele. Métodos de cálculo de fugacidade de um gás real foram apresentados no Capítulo 4. Na maioria das situações práticas, a pressão é baixa o suficiente e a temperatura alta o suficiente para que o comportamento do gás possa ser tomado como próximo do ideal (em geral a Lei do Gás Ideal resulta em erros menores que 1% quando RT/P > 0,005 m³/mol para gases diatômicos ou RT/P > 0,020 m³/mol para outros gases poliatômicos). Este efeito é mostrado na Tabela 5.1.

Tabela 5.1 – Fugacidades de alguns gases a 50 atm, em função de temperatura

Gás	0 °C	100 °C	200 °C
H_2	51,5	51,2	51,0
O_2	48,5	50,0	50,5
CH_4	45,2	48,5	50,0

Fonte: Ghosh, 2003.

Também se argumenta que, para variações ordinárias de pressões, o efeito destas sobre a fugacidade (e logo sobre a atividade) de uma fase condensada é desprezível. Por exemplo, a fugacidade (ver Capítulo 4), de ferro puro e sólido a 1 atm de pressão e 1200 °C (uma possível referência) é na prática igual à fugacidade de ferro puro e sólido a 1,75 atm de pressão e 1200 °C (um hipotético caso real). Dessa forma, a atividade do ferro puro e sólido a 1,75 atm de pressão e 1200 °C, em relação à referência ferro puro e sólido a 1 atm e 1200 °C, seria unitária. Modo geral, *quando a situação física real coincide com a situação de referência (escolhida arbitrariamente, por conveniência) a atividade é unitária.*

Caso contrário, se faz necessário determinar a relação funcional entre temperatura, pressão, composição da fase e a atividade da espécie química de interesse.

EXEMPLO 5.4

Considere um experimento, conduzido a 800 °C e 1 atm de pressão, no qual óxido de cálcio é utilizado para reagir com enxofre da atmosfera gasosa de maneira a formar sulfeto de cálcio. Dispõe-se de cal pura e sólida.

Neste caso, estando disponível uma expressão para ΔG^0 da reação, de acordo com

$$CaO(s) + ½\ S_{2(g)} = CaS(s) + ½\ O_{2(g)}$$

a atividade da cal deve ser tomada como unitária. Isto porque existe perfeita identidade entre a situação física real (CaO, puro, sólido, 1 atm, 800 °C) e o estado de referência, pois CaO(s) significa CaO, puro, sólido, 1 atm, 800 °C:

$$\mu_{CaO}(situação\ real; puro; sólido; 1\ atm; 800\ ^oC) =$$

$$\mu_{CaO}(referência; puro; sólido; 1\ atm; 800\ ^oC) + RT \ln a_{CaO}$$

A atividade da cal pura pode ser tomada como sendo unitária mesmo que a pressão total seja diferente de 1 atm. Isto porque a variação de pressão afeta muito pouco a fugacidade (ou atividade) das fases condensadas.

Por exemplo, estimar a que nível a pressão precisa ser elevada para que a atividade da cal alcance o valor 1,01. Considera-se, então:

$$\mu_{CaO}(puro,\ sólido,\ P\ atm,\ 800\ °C) = \mu_{CaO}(puro,\ sólido,\ 1\ atm,\ 800\ °C) + \text{RT} \ln a_{CaO}$$

$$\mu_{CaO}(puro,\ sólido,\ P\ atm,\ 800\ °C) - \mu_{CaO}(puro,\ sólido,\ 1\ atm,\ 800\ °C) = \text{RT} \ln a_{CaO}$$

e que esta variação de energia livre pode ser estimada, assumindo incompressibilidade do óxido de cálcio, como

$$\int_1^P V_{CaO}\, dP = V_{CaO} \int_1^P dP$$

Logo, tomando-se a densidade da cal igual a 3350 kg/m³ e $M_{CaO} = 56x10^{-3} kg/mol$

$$RT \ln a_{CaO} = V_{CaO} \int_1^P dP$$

$$8{,}31\ (J / K.mol)1073(K)\ln 1{,}01 = \frac{56x10^{-3}(kg / mol)}{3350(kg / m^3)}(P-1)(atm)1{,}013x10^5(Pa / atm)$$

Encontra-se a pressão requerida como sendo da ordem de 51 atm. ■

EXEMPLO 5.5

Considere a decomposição do carbonato de cálcio, $CaCO_3(s) = CaO(s) + CO_2(g)$. Experimentalmente se encontra para fugacidade do CO_2, $f = Pe^{0,52\,P/T}$ atm e, ainda, $V_{CaO} = 16,76 cm^3/mol$, $V_{CaCO3} = 34,16 cm^3/mol$. Encontre a pressão de equilíbrio a 1300 K, levando em conta o efeito da pressão sobre a atividade das fases condensadas.

Pode-se primeiramente escrever uma expressão para o potencial químico do dióxido de carbono, considerando a possibilidade de que as pressões sejam tão altas que o comportamento do dióxido de carbono não possa ser considerado ideal,

$$\mu_{CO2} = \mu^o_{CO2}\left(gás\ ideal,\ puro,\ 1300K,\ 1atm\right) + RT\ln\frac{f_{CO2}}{f^o_{CO2}}$$

$$\mu_{CO2} = \mu^o_{CO2} + RTln\,P\,e^{0,52P/T}$$

De maneira semelhante, assumindo que haja influência significativa da pressão sobre a atividade da cal,

$$\mu_{CaO} = \mu^o_{CaO}\left(sólido, puro, 1300K, 1atm\right) + V_{CaO}\left(P-1\right)$$

$$\mu_{CaO} = \mu^o_{CaO} + V_{CaO}\left(P-1\right)$$

O segundo termo do segundo membro da expressão anterior reflete o aumento no valor de potencial químico da cal, quando a pressão aplicada sobre a mesma é alterada, desde o valor de referência, 1 atm, até a pressão P; note-se que foi assumido que a cal é incompressível.

Também para o calcário se escreve:

$$\mu_{CaCO3} = \mu^o_{CaCO3}\left(sólido, puro, 1300K, 1atm\right) + V_{CaCO3}\left(P-1\right)$$

$$\mu_{CaCO3} = \mu^o_{CaCO3} + V_{CaCO3}\left(P-1\right)$$

Nestas expressões, P simboliza a pressão parcial de dióxido de carbono e a pressão total aplicada sobre as fases condensadas, uma vez que o dióxido é o único componente gasoso.

Portanto, quando equilíbrio é atingido tem-se,

$$\frac{dG}{d\xi} = \mu_{CO2} + \mu_{CaO} - \mu_{CaCO3} = 0$$

$$\mu^o_{CO2} + RTlnPe^{0,52P/T} + \mu^o_{CaO} + V_{CaO}\left(P-1\right) - \left\{\mu^o_{CaCO3} + V_{CaCO3}\left(P-1\right)\right\} = 0$$

$$\left\{\mu^o_{CO2} + \mu^o_{CaO} - \mu^o_{CaCO3}\right\} + RTlnPe^{0,52P/T} + V_{CaO}\left(P-1\right) - V_{CaCO3}\left(P-1\right) = 0$$

EXEMPLO 5.5 (*continuação*)

Por outro lado, considerando os dados termodinâmicos

$$CaCO_3(s) = CaO(s) + CO_2(g)$$

$$\Delta G^o = \left\{\mu^o_{CO2} + \mu^o_{CaO} - \mu^o_{CaCO3}\right\}$$

$$\Delta G^o = 168487 - 144,0T \text{ J}$$

pode-se encontrar o valor de pressão através da resolução (cuidado com as unidades!!) da equação,

$$168487 - 144,0T + \left\{RTln\,Pe^{0,52\,P/T} + V_{CaO}(P-1) - V_{CaCO3}(P-1)\right\} = 0$$

Como primeira estimativa da ordem de grandeza esperada se pode, inicialmente, desprezar o efeito da pressão sobre as atividades. Então,

$$K = e^{-\Delta G^o/RT} = \frac{a_{CaO}\,P_{CO2}}{a_{CaCO3}} = P_{CO2} = 5,64atm$$

Como o valor de pressão resultante desta estimativa é muito próximo ao da pressão ordinária (de referência, 1 atm), não se esperam efeitos significativos.

■

EXEMPLO 5.6

Soluções cobre-prata líquidas podem ser consideradas regulares a 1150 °C, temperatura na qual a entalpia parcial molar de dissolução (referência Raoultiana, J/mol) do cobre é fornecida, para várias composições. Encontre uma expressão para a variação do coeficiente de atividade do cobre com composição a esta temperatura. Determine a fração molar de cobre na solução líquida que estaria em equilíbrio com ar e Cu_2O puro e sólido (assuma, inicialmente, que se trata de solução diluída em cobre).

Dados termodinâmicos do sistema binário cobre-prata líquido

X_{Ag}	0,1	0,2	0,3	0,4	0,5	0,6	0,7
$\Delta\bar{H}_{Cu}$	167	607	1360	2344	3453	4856	6656
Ω	16744	15174	15116	14651	13814	13487	13579
γ_{Cu}	1,014	1,052	1,122	1,219	1,339	1,517	1,755

Fonte: Hultgren, 1973.

EXEMPLO 5.6 (*continuação*)

Se as soluções cobre-prata são regulares, então:

$$\Delta \bar{G}_{Cu}^{exc} = RTln\gamma_{Cu} = \Delta \bar{H}_{Cu}$$

Valores da função de Darken (Ω) estimados a partir de (ver seções 4.15 e 4.17)

$$\Delta \bar{G}_{Cu}^{exc} = RTln\gamma_{Cu} = \Omega X_{Ag}^2,$$

bem como de γ_{Cu} foram acrescentados à tabela. Como Ω se mostra dependente da composição pode-se procurar uma relação polinomial de maior ordem, por exemplo:

$$\Delta \bar{G}_{Cu}^{exc} = RTln\gamma_{Cu} = 15300,67\, X_{Ag}^2 - 2614,16\, X_{Ag}^3\ J/mol,$$

o que permite inferir $\gamma_{Cu}^o = 2,921$

Sabe-se também que, para a formação do óxido de cobre (Kubaschewski, 1983),

$$Cu_2O(s) = 2\ Cu(l) + ½\ O_2(g)$$

$$\Delta G^0 = 195486 + 16,41\ T \log T - 142,74\ T\ J$$

de maneira que a 1423 K tem-se:

$$K_{eq} = 3,789x10^{-3} = \frac{a_{Cu}^2\, P_{O2}^{1/2}}{a_{Cu_2O}}.$$

Assumindo que o óxido permaneça puro e sólido, que a solução seja diluída em cobre, e que o gás seja ideal,

$$K_{eq} = 3,789x10^{-3} = \frac{a_{Cu}^2\, P_{O_2}^{1/2}}{a_{Cu_2O}} = \frac{(2,921 X_{Cu})^2\, x\, 0,21^{1/2}}{1},$$

encontra-se que $X_{Cu} = 0,031$, o que confirma a suposição de solução diluída em cobre. ■

EXEMPLO 5.7

Uma amostra gasosa contendo 80% de H_2O de 20% de H_2 oxida o níquel puro a 1150 K? Qual deve ser a composição da atmosfera gasosa em equilíbrio com uma solução sólida Ni-Au a 1150 K, contendo níquel, tal que $X_{Ni} = 0,3$? Qual a diferença entre as entalpias envolvidas quando se considera a reação a partir do níquel puro e do níquel em solução? Considere que o produto da oxidação seja NiO puro e sólido e que

$$Ni(s) + \tfrac{1}{2}\,O_2(g) \rightarrow NiO(s) \qquad \Delta G^0 = -244672 + 98,58\,T\ J$$

$$H_2(g) + \tfrac{1}{2}\,O_2(g) \rightarrow H_2(g) \qquad \Delta G^0 = -246555 + 58,84\,T\ J$$

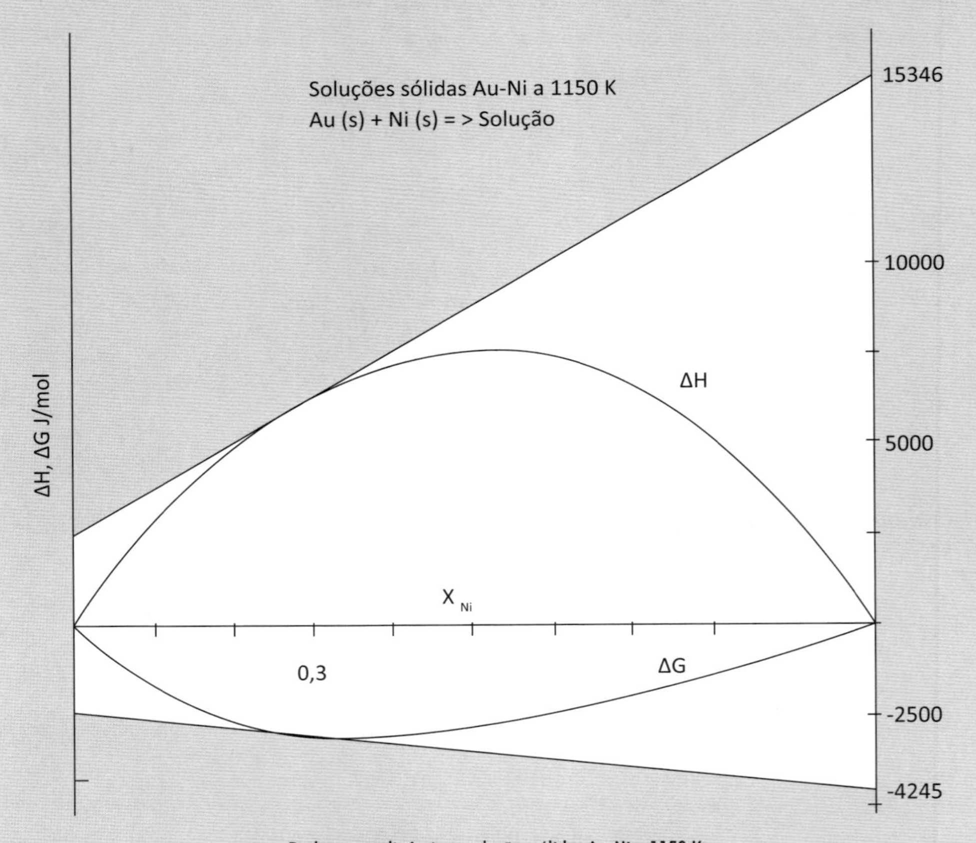

Dados termodinâmicos, soluções sólidas Au-Ni a 1150 K.

Fonte: Hultgren, 1973.

EXEMPLO 5.7 (*continuação*)

Os dados citados permitem escrever:

$Ni(s) + H_2O(g) \rightarrow NiO(s) + H_2(g)$ $\Delta G^0 = 1884 + 43{,}74\ T$ J

Como Ni e NiO permanecem puros e sólidos, pode-se supor que suas atividades são unitárias (se a pressão que age sobre eles não é muito diferente de 1 atm; a fugacidade de uma fase condensada varia pouco para pequenas alterações na pressão) e então, desde que H_2O e H_2 se comportem idealmente,

$$\Delta G = \Delta G^o + RTln\frac{a_{NiO}\,P_{H2}}{a_{Ni}\,P_{H2O}} = 1884 + 43{,}74x1150 + RTln\frac{20}{80} = 38937\,J > 0$$

e a oxidação não será espontânea.

Se o níquel se encontra em solução, sua atividade não mais pode ser tomada como unitária. Particularmente, para a composição $X_{Ni} = 0{,}3$, a atividade do níquel (em relação ao níquel puro e sólido) pode ser conseguida pelo método das tangentes aplicada à curva de ΔG (note-se que, para o traçado das curvas, foi utilizada referência Raoultiana):

$$\Delta\mu_{Ni} = RTlna_{Ni} = -4245\,J$$

onde resulta:

$$a_{Ni}\left(X_{Ni} = 0{,}3\right) = 0{,}643$$

Logo, para a condição de equilíbrio,

$$\Delta G^o = -RTln\frac{a_{NiO}\,P_{H2}}{a_{Ni}\,P_{H2O}} = -RTlnK = 1884 + 43{,}74T\,J$$

$$K = 4{,}25x10^{-3} = \frac{P_{H2}}{a_{Ni}\,P_{H2O}}$$

De modo que:

$$\left[\frac{P_{H2O}}{P_{H2}}\right]_{eq} = \frac{1}{a_{Ni}\,4{,}25x10^{-3}} = \frac{1}{0{,}643x4{,}25x10^{-3}} = 3{,}66x10^2$$

EXEMPLO 5.7 (*continuação*)

A atmosfera de equilíbrio é, portanto, constituída de praticamente H_2O.

Em termos energéticos (de liberação ou absorção de calor), a diferença entre as duas situações retratadas se encontra no fato de que em uma delas o níquel está puro, em outra o níquel está em solução, tal que $X_{Ni} = 0{,}30$. Logo, a diferença é o calor de dissolução do níquel puro e sólido nesta solução. De acordo com a figura anterior, este corresponde a:

$$H_{Ni} - H_{Ni}^{os} = 15346\,J$$

Então, se a reação $Ni + H_2O = NiO + H_2$ avança de uma unidade, no primeiro caso ΔH será igual a 1884 J. No segundo caso ΔH será igual a 1884 - 15346, isto é, $\Delta H = -13462$ J. O valor 1884 só se aplica se o Ni estiver puro e sólido e, neste caso, pode-se imaginar a reação ocorrendo em duas etapas:

1 - 1 mol de Ni deixa a solução	$\Delta H_1 = -\Delta H$ *dissolução* $= -15346$ *J*
2 - 1 mol de Ni puro e sólido é oxidado	$\Delta H_2 = 1884$ *J*
	$\Delta H = (1884 - 15346)$ *J*

■

EXEMPLO 5.8

O diagrama de fases da figura seguinte mostra curvas de isoatividade do carbono, referência carbono puro e sólido, grafítico e a 1 atm, na fase austenita (solução sólida de carbono em ferro cúbico de face centrada) do sistema Ferro-Carbono. Qual seria a composição da fase CO-CO_2, sob pressão total de 2 atm, capaz de carburar ferro puro tal que a fração molar de carbono atingisse 0,04 a 1000 °C?

As curvas de isoatividade podem ser representadas analiticamente pela expressão

$$\log a_C = \log \frac{X_C}{1-2X_C} + \frac{2300}{T} - 0{,}92 + \frac{3860}{T}\frac{X_C}{1-X_C}$$

Então, para $X_C = 0{,}04$ e $T = 1273$ K, vem que $a_C = 0{,}448$.

O equilíbrio químico pertinente seria dado como:

$$C(s) + CO_2(g) = 2\,CO\,(g) \quad \Delta G^0 = 170789 - 174{,}56\,T\,J$$

EXEMPLO 5.8 (*continuação*)

Desta forma, a 1273 K, encontra-se que:

$$K_{eq} = \frac{P_{CO}^2}{a_C \, P_{CO2}} = \frac{P_{CO}^2}{0{,}448 \, P_{CO2}} = 128{,}56$$

Restrição que pode ser prontamente combinada com a de pressão total, $P_T = P_{CO} + P_{CO2}$, *para gerar a composição pedida.*

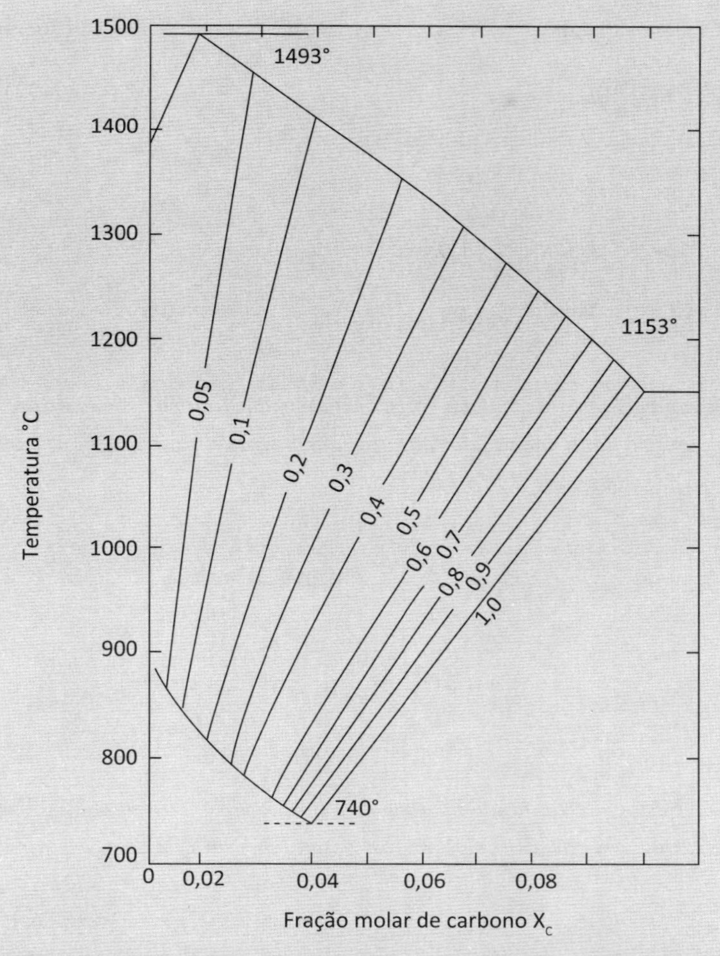

Curvas de isoatividade do carbono na austenita (referência carbono grafítico) em função de composição e temperatura.

Fonte: Elliot, 1963.

EXEMPLO 5.9

Um fluxo gasoso contendo 57% H_2, 32% CO, 8% H_2O e 3% CO_2 é equilibrado com um leito de wustita, de forma a produzir Fe, a 1150 K e 1 atm. Calcule a quantidade de gás necessária para produzir 1 mol de Fe.

Sabendo-se que os dados termodinâmicos seguintes se aplicam,

$FeO(s) = Fe(s) + ½ (O_2)$ $\Delta G^0 = 265016 - 65{,}39\ T$ J

$H_2(g) + 1/2\ O_2(g) = H_2O(g)$ $\Delta G^0 = -246555 + 54{,}84\ T$ J

$CO(g) = C(s) + ½\ O_2(g)$ $\Delta G^0 = 111766 + 87{,}70\ T$ J

$C(s) + O_2(g) = CO_2(g)$ $\Delta G^0 = -394321 - 0{,}84\ T$ J

pode-se escrever que:

1) $FeO(s) + H_2(g) = Fe(s) + H_2O(g)$ $\Delta G^0 = 18460 - 10{,}55\ T$ J

2) $FeO(s) + CO(g) = Fe(s) + CO_2(g)$ $\Delta G^0 = -17539 + 21{,}47\ T$ J

Assumindo comportamento ideal dos gases, bem como que tanto o ferro como a wustita permaneçam puros e sólidos (neste caso suas atividades serão unitárias), vem, para constante de equilíbrio de cada reação a 1150 K,

$$K_1 = e^{-\Delta G^o/RT} = 0{,}516 = \frac{P_{H2O}}{P_{H2}}$$

$$K_2 = e^{-\Delta G^o/RT} = 0{,}473 = \frac{P_{CO2}}{P_{CO}}$$

Para fins de cálculo acerca da quantidade de gás necessário para produzir 1 mol de ferro considere-se, inicialmente, 100 mols de fase gasosa e sejam ξ_1 e ξ_2 os avanços da reações. Então,

$$n_{H2} = 57 - \xi_1 \qquad n_{H2O} = 8 + \xi_1$$

$$n_{CO} = 32 - \xi_2 \qquad n_{CO2} = 3 + \xi_2$$

EXEMPLO 5.9 (*continuação*)

O que permite, em função da lei do gás ideal, inferir que:

$$K_1 = 0,516 = \frac{8+\xi_1}{57-\xi_1} \quad e \quad \xi_1 = 14,124\,mols$$

$$K_2 = 0,473 = \frac{3+\xi_2}{32-\xi_2} \quad e \quad \xi_2 = 8,238\,mols$$

Deste modo, 100 mols de gás iriam produzir $\xi_1 + \xi_2 = 14,124 + 8,238$ *mols de ferro.*

■

EXEMPLO 5.10

Considere uma escória saturada em FeO (líquido) em contato com aço líquido, a 1873 K e 0,75 atm de pressão. Admita que se desenvolve um equilíbrio químico entre FeO, carbono dissolvido no aço e monóxido de carbono (majoritário no gás) e estime o teor de carbono.

Então, para a reação seguinte (e os estados de referência indicados) pode-se determinar a variação de Energia Livre de Gibbs padrão:

$FeO(l) + C(s) = Fe(l) + CO(g)$ $\qquad \Delta G^0 = 126417 - 137,18\ T$ J.

$FeO(l) = ½\ O_2(g) + Fe(l)$ $\qquad \Delta G^0 = 238183 - 49,48\ T$ J *(Elliot, 1963)*

$C(s) + ½\ O_2(g) = CO\ (g)$ $\qquad \Delta G^0 = -111766 - 87,70\ T$ J *(Kubaschewski, 1983)*

A 1873 K se conhece que γ_C^o *vale 0,573 (Steelmaking Data Sourcebook, 1988); a pressão total não difere muito de 1 atm, e como a atividade de uma fase condensada não é significativamente influenciada pela pressão, e a escória se encontra saturada de FeO líquido, se permite escrever* $a_{FeO} = 1$*; com argumento análogo e assumindo que a solução se encontra na faixa de soluções diluídas, onde o ferro obedece à Lei de Raoult,* $a_{Fe} = X_{Fe} \approx 1$*; o monóxido de carbono é um gás ideal. Desta forma, a partir da constante de equilíbrio,*

$$K_{eq} = e^{-\Delta G^o/RT} = \frac{P_{CO}a_{Fe}}{a_{FeO}a_C} = \frac{P_{CO}a_{Fe}}{a_{FeO}\gamma_C^o X_C} = 4348,22 = \frac{0,75}{0,573X_C}$$

Daí se encontra $X_C = 3,010 \times 10^{-4}$ *ou* $\%C = 6,47 \times 10^{-3}$.

EXEMPLO 5.10 (*continuação*)

Outra alternativa de cálculo poderia envolver a combinação, pela Lei de Hess, das reações,

$FeO(l) + C(s) = Fe(l) + CO(g)$ $\Delta G^0 = 126417 - 137{,}18\ T$ J

$C_{\%} = C(s)$ $\Delta G^0 = -21349 + 41{,}90\ T$ J *(Elliot, 1963)*

a qual rende:

$FeO(l) + C_{\%} = Fe(l) + CO(g)$ $\Delta G^0 = 105069 - 95{,}32\ T$ J.

Com este valor de ΔG^0 *e as respectivas referências se escreve, a 1873 K,*

$$K_{eq} = e^{-\Delta G^0/RT} = \frac{P_{CO}\, a_{Fe}}{a_{FeO}\, h_C} = \frac{P_{CO} a_{Fe}}{a_{FeO}\ \%C} = 111{,}627 = \frac{0{,}75}{\%C}$$

e, logo,

$$\%C = 6{,}71x10^{-3}$$

Não existe, conceitualmente, nenhuma diferença entre as duas metodologias de cálculo empregadas; os resultados precisam ser idênticos (observe-se que há 4% de diferença entre os valores, o que provavelmente se deve à utilização de diferentes fontes de dados termodinâmicos).

Este exemplo apenas reforça que o estado de equilíbrio não pode se alterar porque foram utilizadas diferentes referências e, por conseguinte, diferentes valores de ΔG^0*; o valor de* ΔG *da reação independe das referências, e estas podem ser escolhidas de acordo com as conveniências ou disponibilidade de dados termodinâmicos.*

■

EXEMPLO 5.11

Aço líquido, a 1600 °C, contendo carbono e oxigênio, está em equilíbrio com oxigênio sob pressão de 5 x 10^{-9} *atm, e pressão parcial de monóxido de carbono igual a 0,67 atm.*

Considere que se conhece, para a reação,

$$C(s) + ½\ O_2(g) = CO\ (g)\ \Delta G^0 = -118045 - 84{,}39\ T\ \text{J}$$

e

$$\gamma_C^o \text{ (1873 K, referência carbono grafítico) igual a 0,573}$$

e determine o teor de carbono de equilíbrio.

EXEMPLO 5.11 (*continuação*)

Repita os cálculos sabendo-se que se tem para:

$\frac{1}{2} O_2(g) = \underline{O}_{\%}$, $\Delta G^0 = -117208 - 2{,}89\ T$ J

e para:

$\underline{C}_{\%} + \underline{O}_{\%} = CO(g)$ $\Delta G^0 = -22395 - 39{,}69\ T$ J.

Discuta as diferenças entre os resultados.

Considerando a reação de descarburação e respectivos estados de referência encontra-se, a 1873 K,

$$C(s) + \tfrac{1}{2} O_2(g) = CO\,(g)\ \Delta G^0 = -118045 - 84{,}39\ T\text{ J}$$

$$K = e^{-\Delta G^O/RT} = 49785 = \frac{P_{CO}}{a_C\ P_{O2}^{1/2}}$$

A atividade de carbono, se for confirmado que a solução metálica é diluída em carbono, escreve-se como:

$$a_C = \gamma_C^o X_C,$$

e, logo:

$$49875 = \frac{P_{CO}}{\gamma_C^o X_C P_{O2}^{1/2}} = \frac{0{,}67}{0{,}573 X_C \left(5x10^{-9}\right)^{1/2}}$$

O que resulta em:

$$X_C = 3{,}32x10^{-4}\ \ ou\ \ \%C = 7{,}13x10^{-3}.$$

Por sua vez, considerando que existe equilíbrio entre o oxigênio gasoso e aquele oxigênio dissolvido no metal, de acordo com:

$$\tfrac{1}{2} O_2(g) = \underline{O}_{\%},\ \Delta G^0 = -117208 - 2{,}89\ T\text{ J}$$

$$K = e^{-\Delta G^o/RT} = 2619 = \frac{h_o}{P_{O2}^{1/2}} = \frac{h_o}{(5x10^{-9})^{1/2}}$$

EXEMPLO 5.11 (*continuação*)

encontra-se, para atividade de oxigênio, $h_O = 0,185$. *E, então, tem-se:*

$$\underline{C}_{\%} + \underline{O}_{\%} = CO(g) \quad \Delta G^0 = -22395 - 39,69\,T\ J$$

onde a constante de equilíbrio é:

$$K = e^{-\Delta G^o/RT} = 497 = \frac{P_{CO}}{h_C\, h_O} = \frac{0,67}{h_C\, 0,185}$$

O que retorna $h_C = 7,28 \times 10^{-3}$. *Este é virtualmente o mesmo resultado anterior, o que já se esperava, pois o resultado precisa independer dos estados de referência escolhidos.*

■

EXEMPLO 5.12

Em determinada etapa de fabricação do aço, é conveniente reduzir o teor de oxigênio presente. Isso é conseguido pela adição de elementos que tenham grande afinidade pelo oxigênio e cujos óxidos sejam pouco solúveis no aço. Compare os poderes desoxidantes do carbono ($P_{CO} = 1$, $P_{CO} = 0,1$ *atm*)*, silício, alumínio, na suposição de que durante a desoxidação são formados óxidos puros. Discuta a validade desta suposição.*

$$2\,Al_{\%} + 3\,O_{\%} = Al_2O_3(l) \qquad \Delta G_1^o = -1133987 + 347,90\,T\ J$$

$$C_{\%} + O_{\%} = CO(g) \qquad \Delta G_2^o = -22186 - 39,40\,T\ J$$

$$Si_{\%} + 2O_{\%} = SiO_2(l) \qquad \Delta G_3^o = -583110 + 224,16\,T\ J$$

Tomando-se as atividades de MnO, SiO_2, Al_2O_3 *como unitárias e considerando que o CO se comporta idealmente, pode-se escrever:*

$$\frac{1}{h_{Al}^2\, h_O^3} = e^{-\Delta G_1^o/RT}$$

e

$$\frac{P_{CO}}{h_C\, h_O} = e^{-\Delta G_2^o/RT}$$

EXEMPLO 5.12 (*continuação*)

e

$$\frac{1}{h_{Si}\, h_O^2} = e^{-\Delta G_3^o / RT}$$

As expressões anteriores fornecem as atividades dos possíveis desoxidantes em equilíbrio com oxigênio a uma dada concentração (isto é, atividade). Desde que na prática as concentrações, tanto do oxigênio como do desoxidante, sejam pequenas, é possível supor $h_i = f_i \cdot \%i = \%i$ e então, atribuindo valores a %O, constrói-se a tabela adiante (T = 1600 °C).

A curva da figura seguinte, construída a partir da tabela citada, mostra que o alumínio é o melhor desoxidante, pois para se atingir o mesmo teor final de oxigênio é necessário que o teor residual de alumínio seja menor que os teores correspondentes de silício, carbono e manganês. Por exemplo, admita-se que o teor final de oxigênio deva ser 100 ppm. Os teores residuais de Al, C, Si, Mn em equilíbrio com oxigênio a essa concentração seriam:

$$\%Al = 2{,}09 x 10^{-4} \;\; e \;\; \%C(P_{CO} = 0{,}1) = 2{,}13 x 10^{-2}$$

$$\%C(P_{CO} = 1) = 2{,}13 x 10^{-1} \;\; e \;\; \%Si = 3{,}01 x 10^{-1}$$

Na realidade o assunto é mais complexo. Os desoxidantes são adicionados para deter ou controlar a formação de CO, mas fatores cinéticos também intervêm na desoxidação. Além do mais, a suposição de que os produtos de desoxidação permaneçam puros não é válida, pois eles normalmente tomam parte de escórias.

A diluição do produto de desoxidação na escória faz com que a atividade deste diminua e, portanto, o rendimento aumente. Por exemplo, se a 1600 °C a alumina (Al_2O_3) participa de uma escória com aproximadamente 40% SiO_2, 41% CaO e 19% Al_2O_3, onde sua atividade (medida em relação à alumina pura e líquida) é 0,0027, então, o teor de Al em equilíbrio com oxigênio a 100 ppm seria dado por:

$$\frac{\%Al^2 \;\; \%O^3}{a_{Al2O3}} = 4{,}37 x 10^{-14}, \; isto \; é, \; \%Al = 1{,}086 x 10^{-5}.$$

EXEMPLO 5.12 (*continuação*)

Equilíbrio M *versus* O em aço líquido a 1600 °C

$\%CO\%O=2{,}31x10^{-3}.P_{CO}$ $P_{CO}=1$ atm		$\%Si.\%O^2=3{,}01x10^{-5}$		$\%Al^2.\%O^3=4{,}37x10^{-14}$		$\%O.\%C=2{,}31x10^{-3}.P_{CO}$ $P_{CO}=0{,}1$ atm	
O (ppm)	% C	O(ppm)	%Si	O (ppm)	% Al	O (ppm)	% C
107	0,2	123	0,2	2,59	0,05	10,7	0,2
142	0,15	142	0,15	3,01	0,04	14,2	0,15
213	0,1	173	0,1	3,65	0,03	23	0,1
285	0,075	200	0,075	4,78	0,02	28,5	0,075
427	0,05	245	0,05	7,59	0,01	42,7	0,05
		388	0,02	8,14	0,009	53,3	0,04
				8,8	0,008	71,1	0,03
				9,62	0,007	107	0,02
				10,7	0,006	210	0,01
				12,0	0,005		
				16,9	0,003		
				22,3	0,002		
				35,2	0,001		

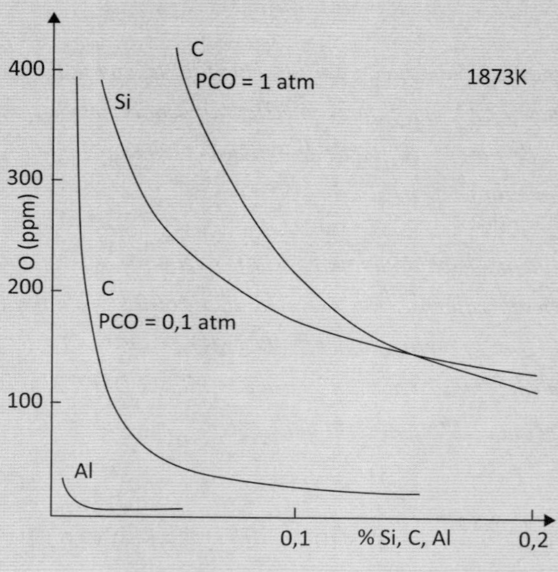

Curva de desoxidação do aço a 1600 °C.

Na prática industrial, as adições de agentes desoxidantes e de ligas podem ser realizadas de várias maneiras, por exemplo, durante o vazamento ou através de injeção de fios no banho metálico (Figura 5.7). A segunda opção mostra-se mais eficiente em termos de recuperação do elemento de liga e reprodutibilidade dos resultados, posto que a adição durante o vazamento é caracterizada pelo entranhamento de ar na região de impingimento do jato de aço, o que provoca a reoxidação do banho e conduz a maiores perdas do elemento de liga por oxidação. Este tipo de complicação leva à incerteza quanto ao cálculo da quantidade de desoxidante a ser adicionada.

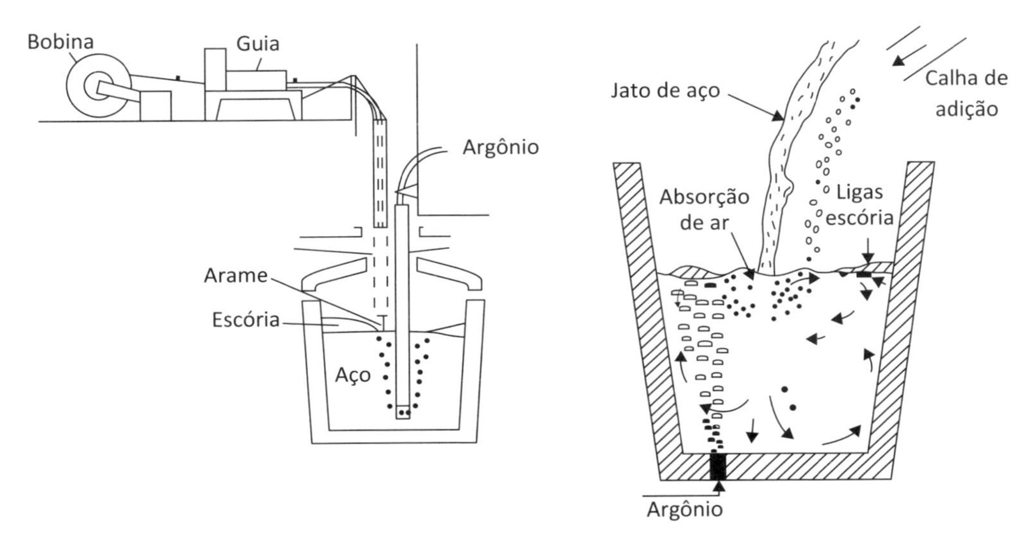

Figura 5.7 – Representação esquemática da adição de agentes desoxidantes no aço líquido na panela.

Fonte: Fruehan, 1998; Guthrie, 1989.

EXEMPLO 5.13

Uma certa amostra de aço líquido, a 1600 °C, a qual continha inicialmente 200 ppm de oxigênio e 200 ppm de carbono, se encontra submetida a vácuo tal que P_{CO} = 0,1 atm. A curva de equilíbrio se encontra na figura. Determine, graficamente, os teores de equilíbrio.

A solução se encontra sobre a curva de equilíbrio já traçada, e na interseção desta com a reta que representa a restrição estequiométrica da reação C + O = CO:

$$\%C = \%C^o - \frac{12}{16}\left(\%O^o - \%O\right) = \%C^o - \frac{12}{16}\left(ppm^o\,O - ppm\,O\right)/10^4$$

$$\%C = 0{,}2 - 12\,(200 - ppm\,O)/\,(16 \times 10^4)$$

EXEMPLO 5.13 (*continuação*)

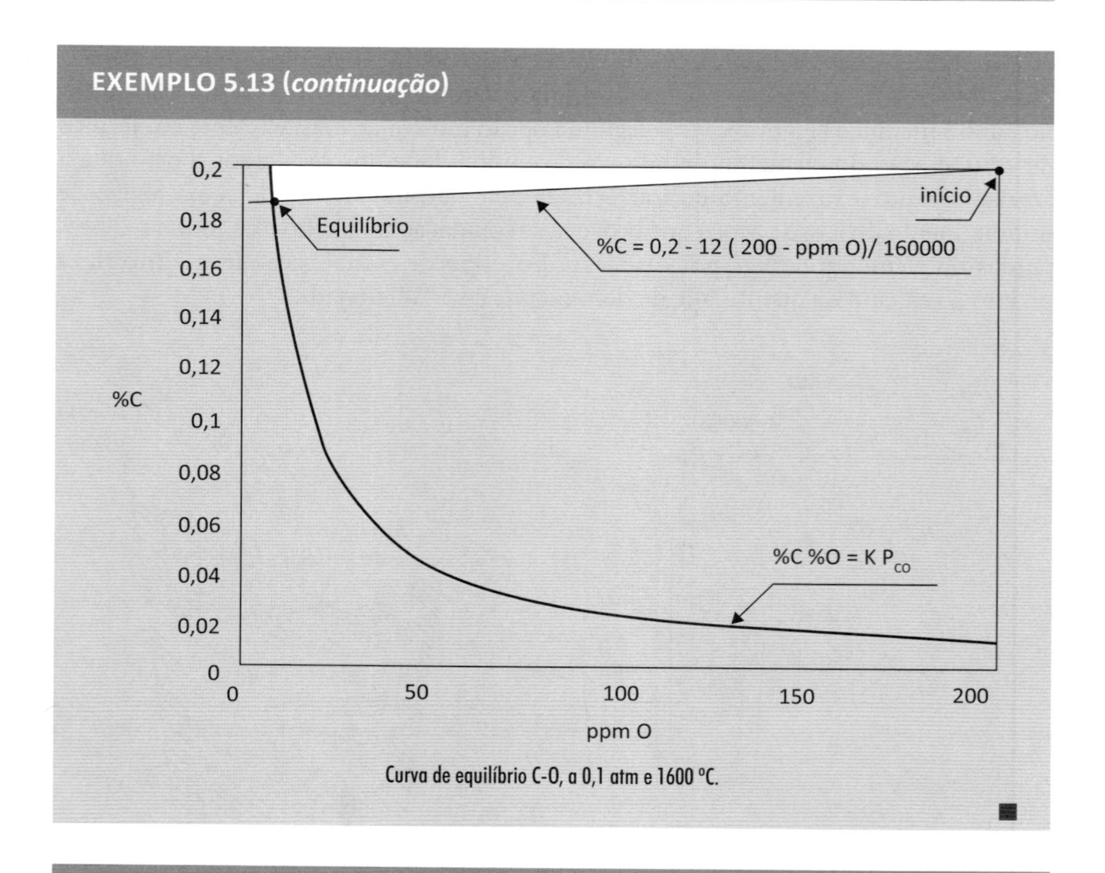

Curva de equilíbrio C-O, a 0,1 atm e 1600 °C.

EXEMPLO 5.14

Dez quilogramas de silício metálico são adicionados a uma tonelada de aço líquido, o qual inicialmente contém 0,1% de oxigênio e nenhum silício. Qual o efeito térmico dessa adição? Considere que o produto da desoxidação é sílica pura e líquida. Refaça os cálculos para o caso em que o teor de oxigênio inicial é zero e compare os resultados. Cálculos para T = 1605 °C.

Dados:

$$Si(1\%) + 2O\ (1\%) \rightarrow SiO_2\ (\ell) \qquad \Delta G^0 = -583110 + 224{,}16\ T\ J$$

$$C_P^{Si\ sólido} = 23{,}94 + 2{,}47x10^{-3}T - 4{,}14x10^5\ T^{-2}\ J/K.mol;\ C_P^{Si\ líquido} = 25{,}62\ J/K.mol$$

$$C_P^{Fe\ líquido} = 41{,}8\ J/K.mol;\ C_P^{SiO2\ líquido} = 84{,}56\ J/K.mol\ (valor\ médio,\ 1800 < T < 2000\ K)$$

$$T_{fusão}^{Si} = 1683\ K;\ \Delta H_{fusão}^{Si} = 50{,}65\ kJ\ /\ K.mol;$$

EXEMPLO 5.14 (*continuação*)

Para o caso de ferro líquido contendo 0,1% de oxigênio admite-se, primeiramente, que todo o silício se dissolve no banho, e então este passa a conter 1% de Si; em seguida, silício e oxigênio seriam consumidos estequiometricamente, de acordo com a reação $Si + O_2 \rightarrow SiO_2$*, até suas concentrações de equilíbrio.*

$$\begin{array}{ccccc} Si & + & O_2 & \rightarrow & SiO_2 \\ 28g & & 32g & & \end{array}$$

A estequiometria da reação anterior informa que se %O representa a porcentagem de oxigênio no equilíbrio, isto é, se a variação de concentração de oxigênio é dada por:

$$(0{,}1 - \%0)$$

então a variação em concentração de silício é:

$$\left(0{,}1 - \%O\right) x \frac{28}{32} = 0{,}875\left(0{,}1 - \%O\right)$$

de forma que a concentração final de silício é:

$$1 - 0{,}875(0{,}1 - \%O)\ \%\text{de silício.}$$

Para a reação:

$$Si_{1\%\ Fe\ liq} + 2\ O_{1\%\ Fe\ líq} \rightarrow SiO_2\ (l),\ \Delta G^0 = -583110 + 224{,}16\ T\ J$$

e, logo, para T igual a 1605 °C, tem-se:

$$\%Si.\%O^2 = 3{,}01\ x\ 10^{-5}\ \text{ou}\ \{1 - 0{,}875(0{,}1 - \%O)\}.\%O^2 = 3{,}01 \times 10^{-5}$$

Resolvendo esta equação encontra-se:

$$\%O = 0{,}005728$$

EXEMPLO 5.14 (*continuação*)

e logo:

% Si no equilíbrio = 1 - 0,875 (0,1 - 0,005728) = 0,91751

Si efetivamente dissolvido = (0,91751/100) 10^6 = 9175,1 g ou 9175,1/28 = 327,68 mols de Si

Si oxidado = Si total - Si dissolvido = 10^4/28 - 327,68 = 29,46 mols de Si.

Para fins de determinação dos efeitos térmicos consideram-se agora as etapas a seguir.

1) Aquecimento isobárico do silício sólido desde 298 K a 1683 K.

$$\Delta H_I = 357 \int_{298}^{1683} \left(23,94 + 2,47x10^{-3}T - \frac{4,14x10^5}{T^2} \right) dT$$

$$\Delta H_I = 357 \left[(23,94(1683-298) + \frac{2,47}{2} x10^{-3} \left(1683^2 - 298^2\right) + 4,14x10^5 \left(\frac{1}{1683} - \frac{1}{298} \right) \right]$$

$$\Delta H_I = 12638\,kJ$$

2) Fusão de 357 mols de silício a 1683 K

$$\Delta H_{II} = 357\,x\,50,65 = 18082\,kJ$$

3) Aquecimento do silício líquido desde 1683 K a 1878 K

$$\Delta H_{III} = 357\,x\,25,62 \int_{1683}^{1878} dT = 1784\,kJ$$

4) Dissolução de 357 mols de Si, sendo que a variação de entalpia, por mol, envolvida é praticamente aquela da diluição infinita, isto é,

$$\Delta H_{IV} = 357 \times (-119301) = -42590 \text{ kJ}$$

5) Reação de desoxidação:

$$Si_{(1\%)} + 2O_{(1\%)} \rightarrow SiO_2(l) \qquad \Delta G^0 = -583110 + 224,16\,T \text{ J}$$

que ocorre em 29,46 unidades de avanço, isto é,

$$\Delta H_V = 29,46 \times (-583110) = -17178 \text{ kJ}$$

EXEMPLO 5.14 (*continuação*)

Finalmente considera-se que a quantidade de calor resultante das etapas anteriores é utilizada para aquecer a solução metálica e escória,

$$\Delta H_T = \Sigma\Delta H = -n_{Fe}C_P^{Fe,L}\Delta T - n_{SiO2}C_P^{SiO2,\,L}\,\Delta T$$

fórmula que considera que não existe troca de calor com as vizinhanças e que o banho é praticamente ferro puro. Então, vem:

$$12638 + 18082 + 1784 - 42590 - 17178\,kJ = -\frac{1}{10^3}\left[\frac{10^6}{55,85}x\,41,8 + 29,46\,x\,84,56\right]\Delta T$$

$$-27264kJ = -750,924\ \Delta T$$

$$\Delta T = 36,31\ K$$

De modo análogo, para ferro com zero % de oxigênio; porém, neste caso, não se considera a etapa 5 e, portanto,

$$\Delta H_T = -10089 = -n_{Fe}C_P^{Fe,L}\Delta T$$

$$-10089 = -\frac{1}{1000}\left(\frac{10^6}{55,85}\right)x\,41,8\,\Delta T$$

$$\Delta T = 13,48\,K.$$

Resultados desse tipo de cálculo estão apresentados nas figuras a seguir.

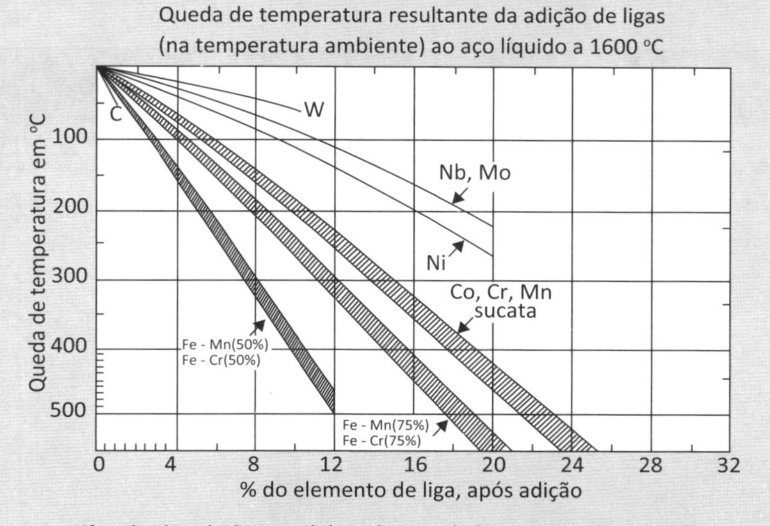

Efeito da adição de elementos de liga sobre a queda de temperatura do aço líquido.

Fonte: Elliot, 1963.

EXEMPLO 5.14 (*continuação*)

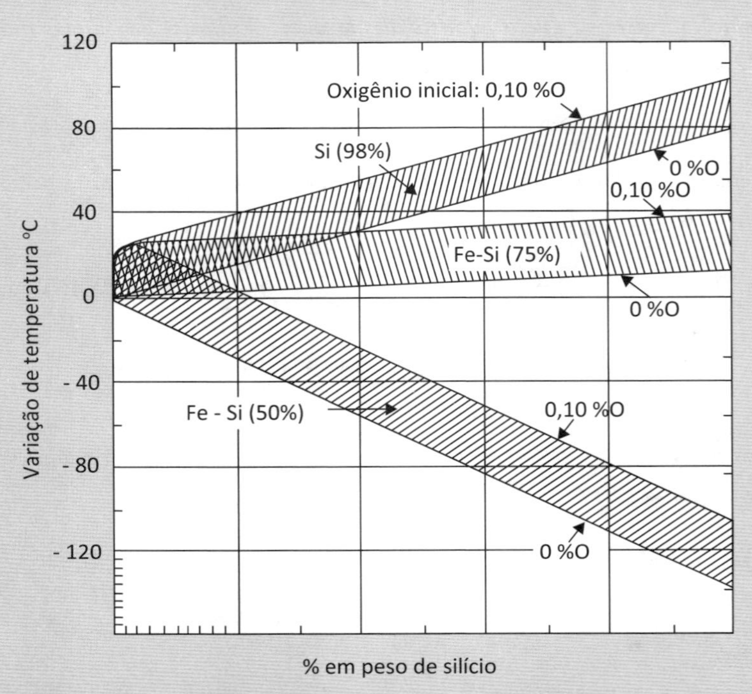

Efeitos térmicos da adição de ligas (à temperatura ambiente) ao aço líquido a 1600 °C. Composição expressa em termos de % em peso do elemento de liga, logo após adição. Não se consideram trocas térmicas com a vizinhança.

Fonte: Elliot, 1963.

■

EXEMPLO 5.15

Determine a % Si num banho Fe-Si a 1600 °C, sob uma pressão de O_2 igual a $5{,}36 \times 10^{-12}$ atm, primeiramente sem considerar interações e depois as considerando. Considere a formação de sílica pura. Dados termodinâmicos relevantes são:

$$Si(s) + O_2(g) = SiO_2(s) \qquad \Delta G^0 = -953152 + 203{,}86T \text{ J}$$

$$Si(l) = Si(1\%) \qquad \Delta G^0 = -119301 - 25{,}49T \text{ J}$$

que implicam:

$$Si\ (1\%) + O_2(g) = SiO_2(s) \qquad \Delta G^0 = -833851 + 229{,}35T \text{ J}$$

EXEMPLO 5.15 (*continuação*)

Sem considerar as interações, supondo que o oxigênio se comporta idealmente e que a sílica permaneça pura e sólida, escreve-se, a 1873 K:

$$\Delta G^o = -RT\ln K = -RT\ln\frac{a_{SiO2}}{h_{Si}P_{O2}}$$

$$RTln\,P_{O2}h_{Si} = -833851 + 229{,}35T;\; lnP_{O2}h_{Si} = -25{,}95;\; P_{O2}h_{Si} = 5{,}36x10^{-12}$$

$$Como\ P_{O2} = 5{,}36x10^{-12}\,atm\ e,\ se\ a\ Lei\ de\ Henry\ for\ aplicável,\ h_{Si} = f_{Si.}\%Si = \%Si,$$

$$resulta\ em{:}\ \%Si = 1{,}0$$

Por sua vez, valores relevantes de parâmetros de interação são,

$$e_o^{Si} = -0{,}16,\quad e_o^o = -0{,}20,\quad e_{Si}^o = -0{,}262,\quad e_{Si}^{Si} = 0{,}32$$

Pode-se, então, escrever:

$$\log f_o = e_o^{Si}\%Si + e_o^o\%O;\ \log f_o = -0{,}16\%Si - 0{,}20\%O$$

e

$$\log f_{Si} = e_{Si}^o\%O + e_{Si}^{Si}\%Si;\ \log f_{Si} = -0{,}262\%O + 0{,}32\%Si$$

Desta forma, resulta:

$$\log h_o = \log\%O + \log f_o = \log\%O - 0{,}16\%Si - 0{,}20\%O$$

$$\log h_{Si} = \log\%Si + \log f_{Si} = \log\%Si - 0{,}262\%O + 0{,}32\%Si$$

Voltando à reação:

$$Si\,(\%) + O_2(g) = SiO_2(s) \qquad \Delta G^0 = -833851 + 229{,}35T\ J$$

escreve-se que:

$$2{,}303RT\ \log P_{O2}h_{Si} = -833851 + 229{,}35T$$

$$\log P_{O2}h_{Si} = -11{,}268\ (a\ 1873\ K)$$

$$\log P_{O2} + \log h_{Si} = \log 5{,}36x10^{-12} + \log\%Si - 0{,}262\%O + 0{,}32\%Si = -11{,}268.$$

EXEMPLO 5.15 (*continuação*)

Por sua vez, para a reação:

$$1/2\ O_2(g) = O(1\%),\ \Delta G^0 = -117208 - 2{,}88T\ J$$

e

$$-2{,}303\,RT\,\log K = -117208 - 2{,}88T\ J,$$

ou

$$\log \frac{h_o}{(P_{O2})^{1/2}} = 3{,}417$$

Portanto,

$$\log h_o = 3{,}417 + 1/2 \log P_{O2}$$

$$\log \%O - 0{,}16\%Si - 0{,}20\ \%O = 3{,}417 + 1/2 \log P_{O2}$$

Então, seriam duas equações a resolver, por exemplo, graficamente:

$$\log 5{,}36 \times 10^{-12} + \log \%Si - 0{,}262\%O + 0{,}32\%Si = -11{,}268 \qquad (a)$$

$$\log \%O - 0{,}16\%Si - 0{,}20\%O = 3{,}417 + \frac{1}{2} \log 5{,}36 \times 10^{-12} \qquad (b)$$

Na tabela a seguir, os valores da primeira coluna são valores de %Si, arbitrariamente escolhidos; da equação (a) se estima a %O, segunda e quinta colunas; na terceira e sexta colunas se encontram valores de %O, calculados da equação (b) e segunda coluna. A solução se encontra no ponto de interseção (figura a seguir).

EXEMPLO 5.15 (*continuação*)

%Si	%O eq. (a)	%O eq. (b)	%Si	%O eq. (a)	%O eq. (b)
0,63	0,007232	0,007653	0,62993	0,007501	0,007654
0,62999	0,00727	0,007653	0,62992	0,00754	0,007654
0,62998	0,007309	0,007653	0,62991	0,007578	0,007654
0,62997	0,007347	0,007653	0,6299	0,007617	0,007654
0,62996	0,007386	0,007653	0,62989	0,007655	0,007654
0,62995	0,007424	0,007653	0,62988	0,007694	0,007654
0,62994	0,007463	0,007654	0,62987	0,007732	0,007654

Daí vem % Si = 0,62989; %O = 0,007655; f_0 = 0,7901; f_{Si} =1,5833.

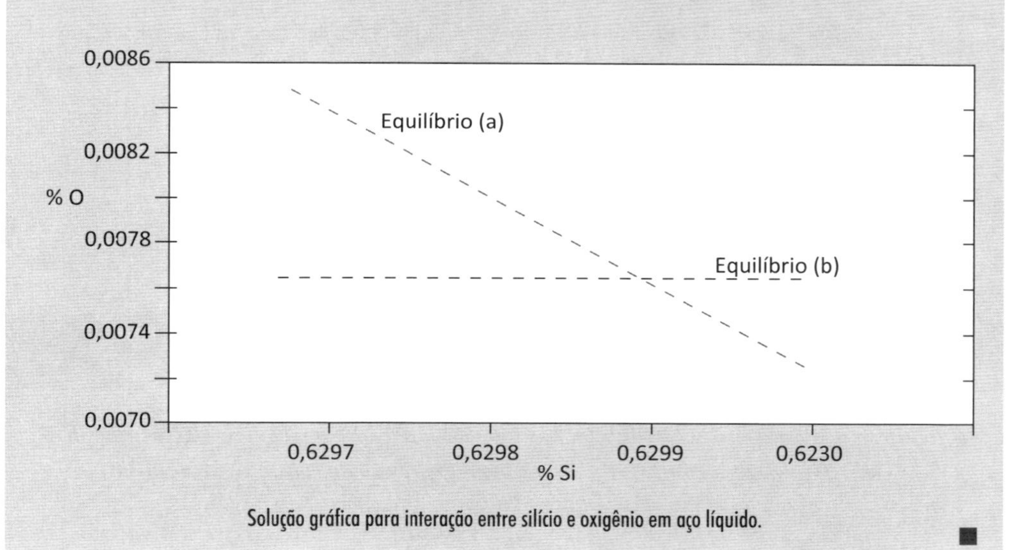

Solução gráfica para interação entre silício e oxigênio em aço líquido.

EXEMPLO 5.16

Estime a concentração de equilíbrio de nitrogênio dissolvido em ferro-gusa (1450 °C, 0,8% silício, 4,5% carbono), sob pressão parcial de nitrogênio igual a 2 atm. Considere as interações:

$$1/2N_2(g)=N_{\%} \quad \Delta G^0= 3600 +23,90\, T \quad J$$

$$e_N^N = 0;\ e_N^C = 0,13;\ e_N^{Si} = 0,047$$

EXEMPLO 5.16 (*continuação*)

Na temperatura citada a constante de equilíbrio pode ser estimada como:

$$K = e^{-\Delta G^o/RT} = 0,044 = \frac{h_N}{P_{N2}^{1/2}} = \frac{f_N\ \%N}{P_{N2}^{1/2}}$$

Portanto,

$$logK = logf_N + log\%N - \frac{1}{2}logP_{N2}$$

onde:

$$logf_N = e_N^N\%N + e_N^C\%C + e_N^{Si}\%Si = 0x\ \%N + 0,13x4,5 + 0,047x0,8$$

o que resulta em:

$$\log 0,044 = 0x\%N + 0,13x4,5 + 0,047x0,8 + log\%N - \frac{1}{2}\log P_{N2}$$

$$log0,044 = 0x\%N + 0,13x4,5 + 0,047x0,8 + log\%N - \frac{1}{2}log2$$

%N = 0,0148 ou 148 ppm de nitrogênio.

■

EXEMPLO 5.17

A figura a seguir apresenta um diagrama de desoxidação simples do aço, referente à reação $x\underline{M} + \underline{O} = M_xO$, *o qual se constrói considerando a expressão da constante de equilíbrio:*

$$K = e^{-\Delta G^o/RT} = \frac{a_{M_xO}}{h_M^x\, h_o}$$

Ou ainda:

$$logK = loga_{M_xO} - logh_M^x\, h_O = loga_{M_xO} - x\, logh_M - logh_O$$

de modo que, para o caso em que o produto de reação se forma no estado de referência, encontra-se uma relação linear (no espaço logarítmico) entre as atividades do oxigênio e elemento dissolvidos no ferro.

EXEMPLO 5.17 (*continuação*)

$$\log K = -x \log h_M - \log h_O$$

ou

$$\log h_O = -\log K - x \log h_M$$

Em concentrações suficientemente baixas de oxigênio e do elemento dissolvido, pode-se escrever que $h_i = \%i$; neste caso, existiria também uma relação linear do tipo:

$$\log \%O = -\log K - x \log \%M.$$

Nota-se, entretanto, que, quando a concentração do elemento dissolvido cresce, ocorre um desvio entre concentração e atividade, o qual pode ser retratado via coeficiente de atividade, $h_i = f_i\ \%i$. De acordo com os dados experimentais mostrados na figura, o aumento de concentração do elemento dissolvido faz diminuir o coeficiente de atividade do oxigênio (de modo que a solução pode dissolver mais oxigênio sob a mesma atividade); isto se deve à grande afinidade química ou interação entre o oxigênio e o elemento dissolvido.

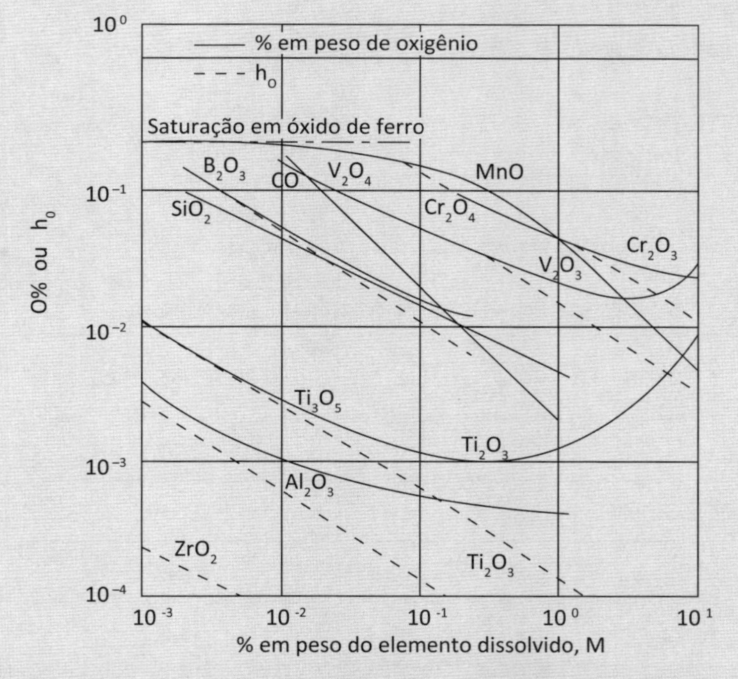

Concentração ou atividade do oxigênio em função da concentração residual do elemento desoxidante no aço líquido.

Fonte: Oeters, 1989.

EXEMPLO 5.17 (*continuação*)

Em alguns casos se nota, nitidamente, um ponto de mínimo. Quando este mínimo ocorre na região correspondente a soluções diluídas, o mesmo pode ser identificado por meio dos parâmetros de interação. Por exemplo:

$$\log h_O = -\log K - x \log h_M$$

$$e_O^O \%O + e_O^M \%M + \log\%O = -\log K - x\left\{e_M^M \%M + e_M^O \%O + \log\%M\right\}$$

Esta expressão pode ser derivada em relação a %M, resultando em:

$$e_O^O \frac{d\%O}{d\%M} + e_O^M + \frac{\left\{\frac{1}{\%O}\frac{d\%O}{d\%M}\right\}}{2,303} = -x\left\{e_M^M + e_M^O \frac{d\%O}{d\%M} + \frac{\left\{\frac{1}{\%M}\right\}}{2,303}\right\}$$

Como a condição de ponto de extremo é ditada por $\frac{d\%O}{d\%M} = 0$, *encontra-se que:*

$$e_O^M = -x\left\{e_M^M + \frac{1}{2,303\%M}\right\} \text{ ou } \%M = -1/\left\{2,303\left[e_O^M + xe_M^M\right]\right\}.$$

Alguns cálculos ilustrativos são mostrados na tabela a seguir.

Ponto de mínimo para curva de desoxidação por alguns elementos

Óxido	e_O^M	e_M^M	$-1/\left\{2,303\left[e_O^M + xe_M^M\right]\right\}$
2/3 Al_2O_3	-1,98	0,043	0,222
2/3 Ti_2O_3	-3,40	0,042	0,129
½ SiO_2	-0,119	0,113	6,947
2/3 V_2O_3	-0,46	0,0309	0,988
2/3 Cr_2O_3	-0,16	-0,0003	2,710

■

5.3 INFLUÊNCIA DA PRESSÃO E DA TEMPERATURA SOBRE O EQUILÍBRIO – PRINCÍPIO DE LE CHATELIER

Anteriormente, foi estabelecido que uma reação química, a pressão e temperatura constantes, tende ao estado de equilíbrio, o qual está vinculado à configuração de menor Energia Livre de Gibbs. Mudanças nas variáveis de estado (temperatura e/ou pressão) afetam o sentido da reação química, forçando o sistema a buscar outra condição de equilíbrio, também de mínimo em energia livre (Figura 5.8). Observa-se que, em geral, em função de alterações em temperatura e pressão, tanto o valor do avanço como o valor de Energia Livre de equilíbrio são modificados. Isto é, a nova condição de equilíbrio é aquela capaz de minimizar a energia livre do sistema para as novas condições de estado termodinâmico impostas, o que ocorre com modificações das concentrações das espécies reagentes e dos produtos. A Figura 5.8 exemplifica também, de forma qualitativa, o caso referente à reação química de síntese de amônia:

$$N_{2(g)} + 3H_{2(g)} \rightarrow 2NH_3(g)$$

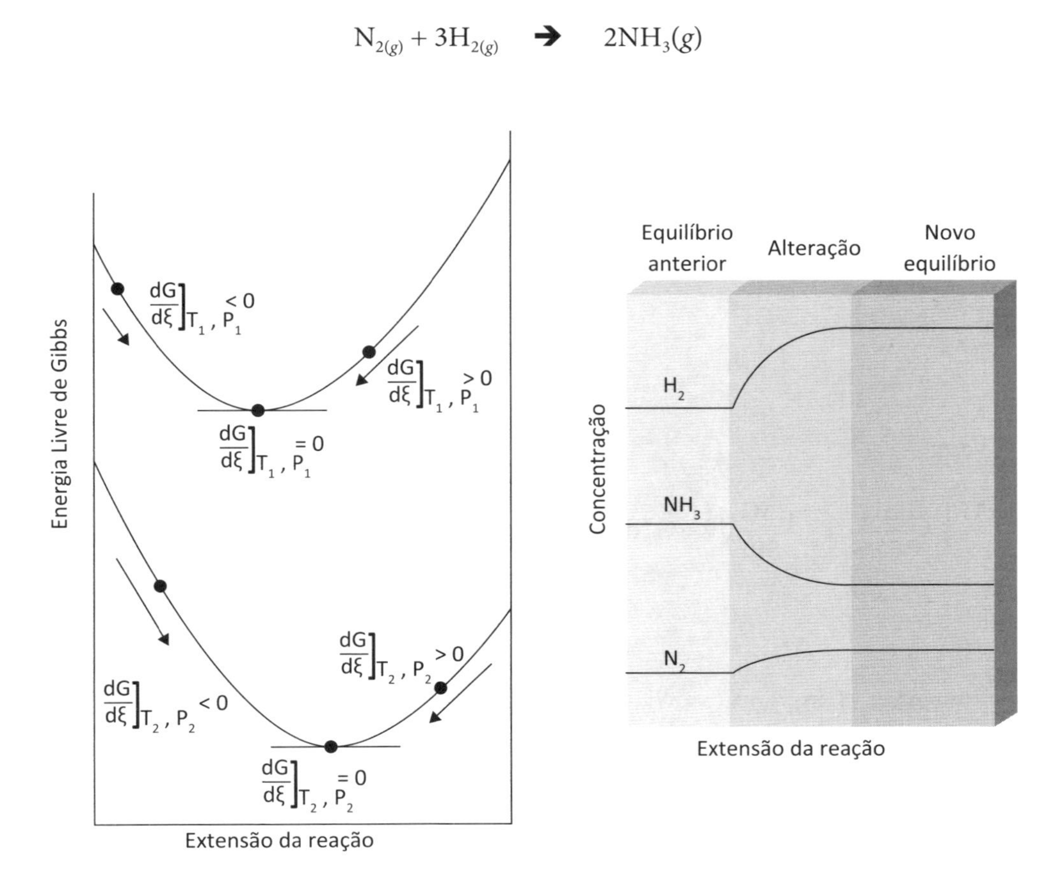

Figura 5.8 – Mudança de condição de equilíbrio para a reação de síntese da amônia.

Diante do mencionado, torna-se importante estabelecer formulações termodinâmicas que possam retratar o efeito de uma variável termodinâmica de estado sobre a posição de equilíbrio do sistema. Com efeito, a influência de qualquer fator X sobre o equilíbrio pode ser determinada através da relação $d\xi_{equil} / dX$, mantidas fixas as outras variáveis.

Como a quantidade:

$$\left[dG / d\xi\right]_{T,P}$$

inclinação da tangente à curva $G(T,P,\xi)$, é também função destas variáveis, pode-se escrever que:

$$d\left[\frac{\partial G}{\partial \xi}\right] = \frac{\partial}{\partial T}\left[\frac{\partial G}{\partial \xi}\right]dT + \frac{\partial}{\partial P}\left[\frac{\partial G}{\partial \xi}\right]dP + \frac{\partial}{\partial \xi}\left[\frac{\partial G}{\partial \xi}\right]d\xi \qquad (5.29)$$

Relembrando que:

$$\frac{\partial G}{\partial \xi} = \Delta G \qquad (5.30)$$

e simbolizando:

$$\partial^2 G / \partial \xi^2 = G'' \qquad (5.31)$$

Vem:

$$d\left[\frac{\partial G}{\partial \xi}\right] = \frac{\partial \Delta G}{\partial T}dT + \frac{\partial \Delta G}{\partial P}dP + G''d\xi \qquad (5.32)$$

onde se tem:

$$\frac{\partial \Delta G}{\partial T} = -\Delta S = -\left(\delta S_D + \gamma S_C - \alpha S_A - \beta S_B\right) \qquad (5.33)$$

e

$$\frac{\partial \Delta G}{\Delta P} = \Delta V = \left(\delta V_D + \gamma V_C - \alpha V_A - \beta V_B\right) \qquad (5.34)$$

Se estas variações forem restringidas de modo que o equilíbrio se mantenha, então, deve-se ter:

$$\frac{\partial G}{\partial \xi} = 0 \tag{5.35}$$

e

$$\frac{\partial^2 G}{d\xi^2} > 0, \tag{5.36}$$

de modo que:

$$0 = -\Delta S\left(dT\right)_{eq} + \Delta V\left(dP\right)_{eq} + G"d\xi_{eq} \tag{5.37}$$

Esta é a expressão analítica do princípio de Le Chatelier, o qual permite prever o efeito das variáveis pressão e temperatura no avanço de equilíbrio. Por exemplo, à pressão constante, em equilíbrio,

$$\Delta S = \frac{\Delta H}{T} \tag{5.38}$$

$$\left[\frac{d\xi}{dT}\right]_{eq} = \frac{\Delta H}{T.G"} \tag{5.39}$$

E, então, um aumento de temperatura faria com que o equilíbrio se deslocasse no sentido da reação endotérmica. À temperatura constante

$$\left[d\xi / dP\right]_{eq} = \frac{-\Delta V}{G"} \tag{5.40}$$

E, portanto, um aumento de pressão faria com que o equilíbrio se deslocasse no sentido da reação que se processa com diminuição de volume.

O princípio de Le Chatelier pode ser enunciado como: "Se os vínculos externos sob os quais um sistema está em equilíbrio são alterados, o mesmo se transforma de maneira a contrariar as alterações". É evidente que isso não quer dizer que o sistema impede as alterações. Por exemplo, se o equilíbrio original se estabelece num reservatório térmico a T_1 e o sistema é transladado a outro reservatório à temperatura $T_2 > T_1$, o sistema não reage de modo que se atinja uma temperatura média T_m, $T_1 < T_m < T_2$, apenas o equilíbrio se desloca no sentido da reação endotérmica, extraindo mais calor do reservatório do que seria o caso se a reação não fosse considerada, isto é, a capacidade calorífica do sistema reativo é maior que a de um sistema não reativo. Do mesmo modo, o sistema não impede que se estabeleça um aumento de pressão, apenas este é acompanhado de uma diminuição de volume maior que a observada se a reação não fosse considerada, neste caso, a compressibilidade do sistema reativo é maior (Figura 5.9).

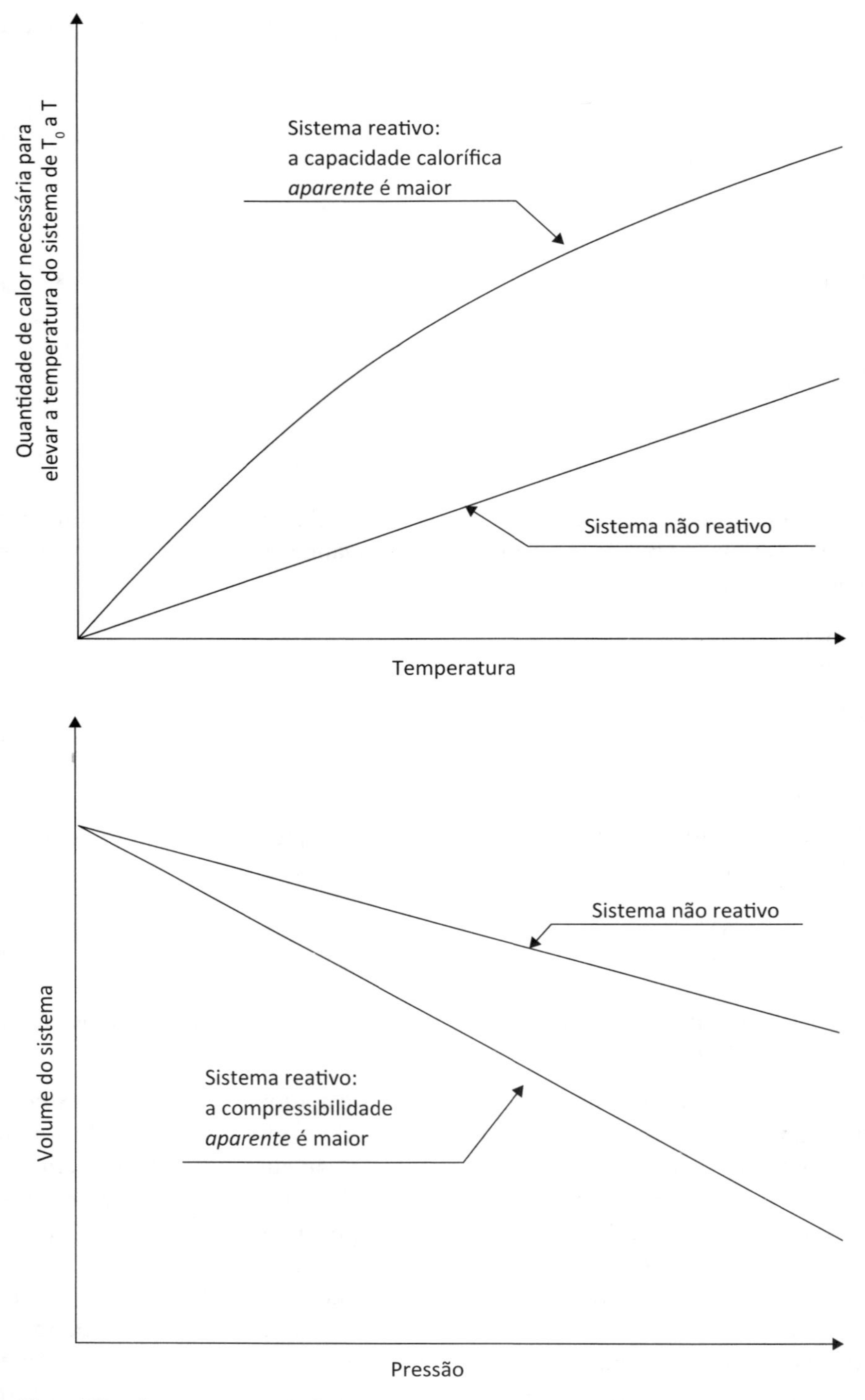

Figura 5.9 – Efeitos comparativos de alteração de pressão e temperatura, em sistemas reativos e não reativos.

As Figuras 5.10 a 5.13 exemplificam os efeitos de algumas variáveis de estado sobre a direção de ocorrência de algumas reações químicas importantes em reatores siderúrgicos. Por exemplo, o CO produzido durante a descarburação do aço líquido no convertedor a oxigênio pode ser queimado a CO_2, liberando calor, conforme a reação:

$$1/O_2(g) + CO(g) = CO_2(g) \tag{5.41}$$

$$\Delta G^o = -RTlnK = -288442 + 285,23T \text{ J/mol} \tag{5.42}$$

A constante de equilíbrio da reação de combustão do monóxido de carbono é:

$$K = \frac{p_{CO2}}{p_{CO}\sqrt{P_{O2}}} \tag{5.43}$$

Os efeitos das variações de temperatura, pressão e composição dos gases sobre o equilíbrio da reação estão sumarizados na Figura 5.10. Na aciaria, esta prática operacional, denominada pós-combustão, apresenta as seguintes vantagens: aumento do enfornamento de sucatas, redução do tempo de sopro oxigênio, eliminação de cascão na boca do convertedor.

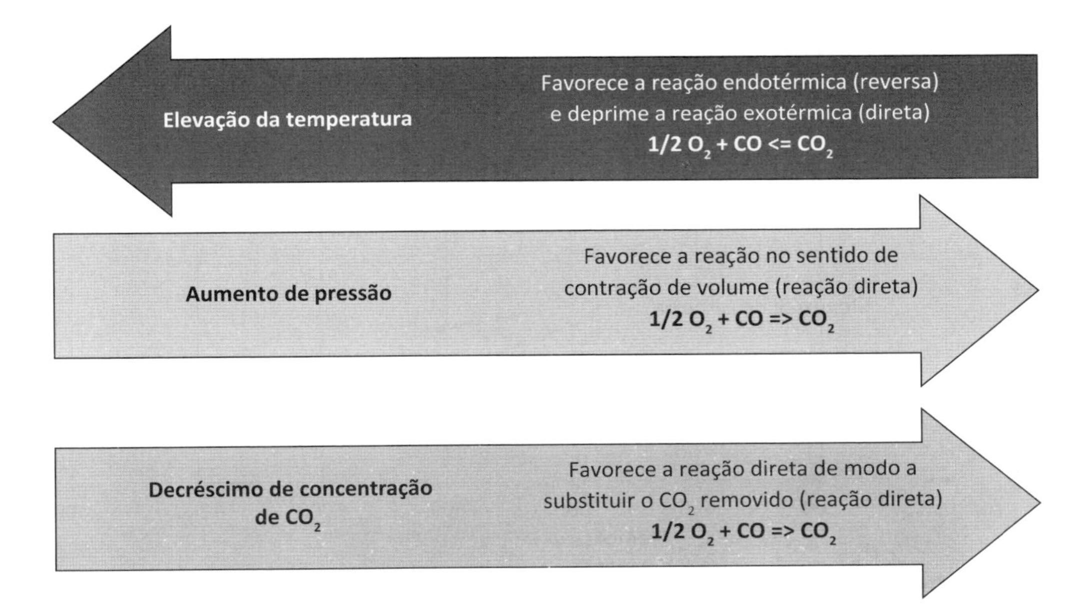

Figura 5.10 – Efeitos de fatores termodinâmicos sobre o deslocamento do equilíbrio da reação de pós-combustão do CO no convertedor LD.

A Figura 5.11 apresenta o efeito da variação da pressão externa sobre o deslocamento do equilíbrio da reação de gaseificação do carbono pelo dióxido de carbono (reação endotérmica, $\Delta H > 0$),

$$C(s) + CO_2(g) = 2CO(g) \tag{5.44}$$

$$\Delta G^o = 170707 - 174,47T \quad \text{J/mol} \tag{5.45}$$

onde a constante de equilíbrio da reação, considerando o carbono sólido puro, é:

$$logK = log\frac{p_{CO}^2}{a_C\, p_{CO2}} = log\frac{p_{CO}^2}{p_{CO2}} = \exp\left[-\frac{\Delta G^o}{RT}\right] \tag{5.46}$$

Nota-se que, para uma dada temperatura, o aumento da pressão sobre o sistema desloca o equilíbrio para a situação de aumento da concentração de CO_2. Este efeito termodinâmico fica denotado pelo deslocamento da curva de concentração de CO para a direita.

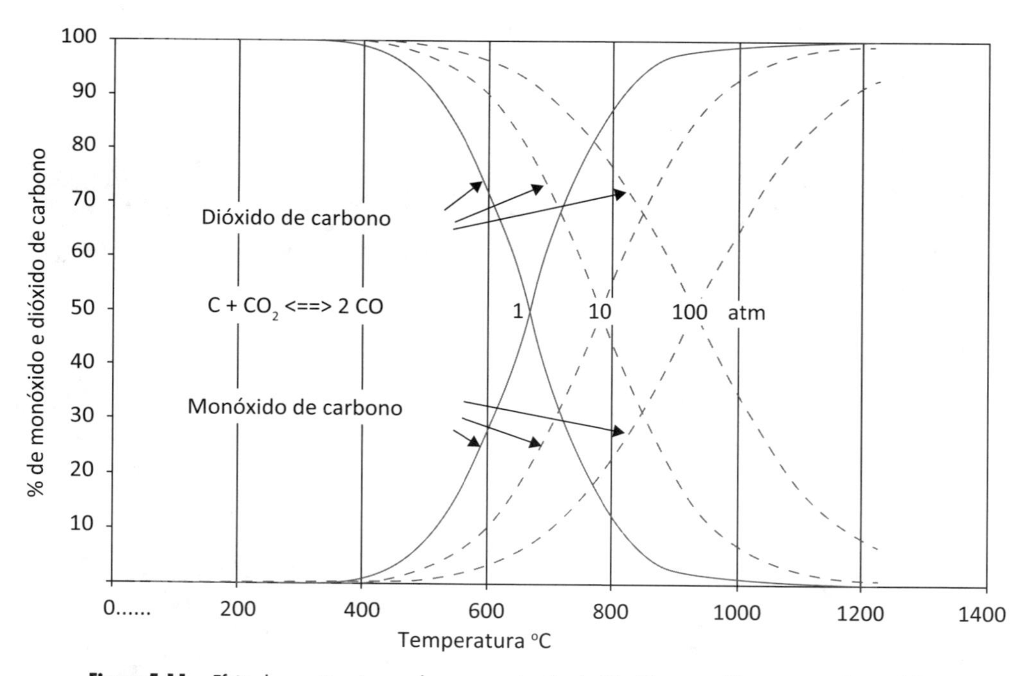

Figura 5.11 – Efeito da pressão externa sobre as concentrações de CO e CO_2 em equilíbrio com o carbono sólido.

Já a Figura 5.12 mostra que, para uma dada temperatura, o aumento da pressão decresce a proporção de CO na mistura gasosa, decrescendo seu poder de redução do óxido de ferro pela mistura CO/CO_2. Nota-se também que a variação de pressão não afeta significativamente o equilíbrio das reações de redução:

$$3Fe_2O_3(s) + CO(g) = 2Fe_3O_4(s) + CO_2(g) \quad (5.47)$$

$$Fe_3O_4(s) + CO(g) = 3\,FeO(s) + CO_2(g) \quad (5.48)$$

$$FeO(s) + CO(g) = Fe\,(s) + CO_2(g) \quad (5.49)$$

$$\tfrac{1}{4}Fe_3O_4(s) + CO(g) = \tfrac{3}{4}Fe(s) + CO_2(g) \quad (5.50)$$

posto que as variações de volume relativas a estas reações são praticamente nulas ($V_{reagentes} \approx V_{produtos}$).

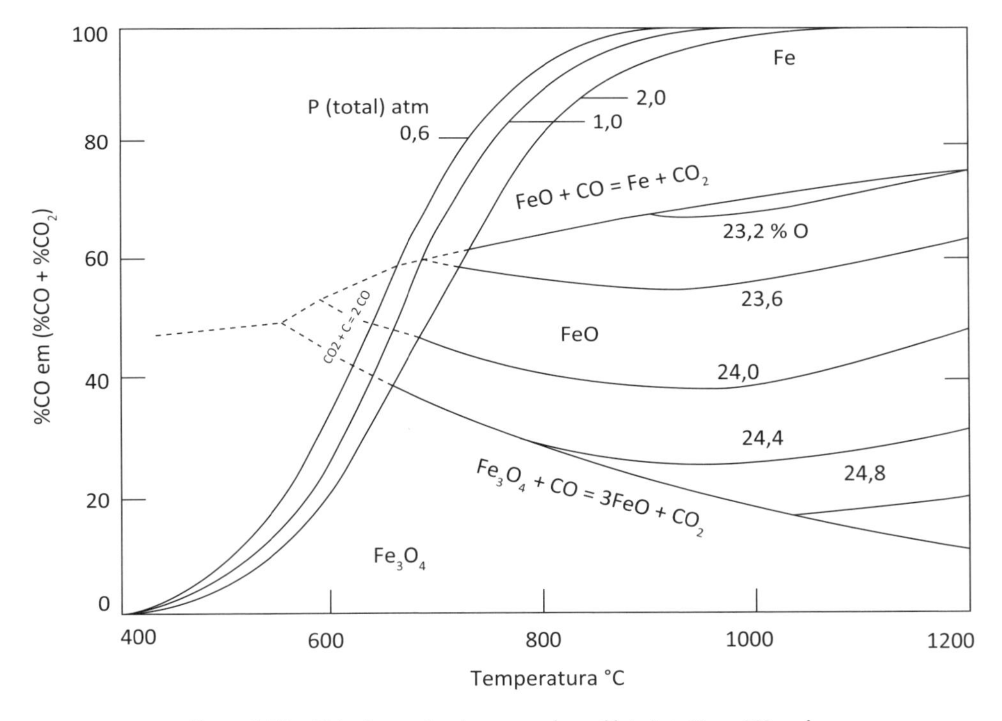

Figura 5.12 – Efeito da pressão sobre a curva de equilíbrio $C + CO_2 = 2CO$ e sobre o comportamento de redução dos óxidos de ferro pela mistura gasosa.

Fonte: Adaptado de Biswas, 1981.

A reação de desoxidação do aço por adição de alumínio é exotérmica; a elevação da temperatura deprime a espontaneidade da reação química no sentido direto (Figura 5.13). Nota-se que menores temperaturas do banho resultam em menores concentrações residuais de oxigênio no aço líquido, isto é, a reação exotérmica se torna favorecida, o que implica que quantidades adicionais de alumina podem ser precipitadas durante o resfriamento do aço até a solidificação.

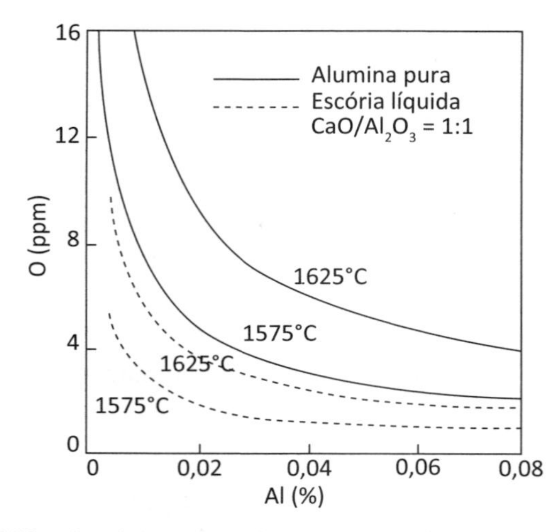

Figura 5.13 – Efeito da temperatura sobre os teores de equilíbrio de alumínio e oxigênio no aço líquido depois da etapa de desoxidação pela adição de alumínio.

Fonte: Turkdogan, 1996.

Considere a introdução de um gás inerte num sistema gasoso, por exemplo, o controlado pela reação $CO_2 + \underline{C} \rightarrow 2CO$: o gás inerte, por diluição, abaixa as pressões parciais dos gases (Figura 5.14) e provoca o mesmo efeito que a diminuição da pressão total, logo, o equilíbrio é deslocado de maneira a se formar mais CO.

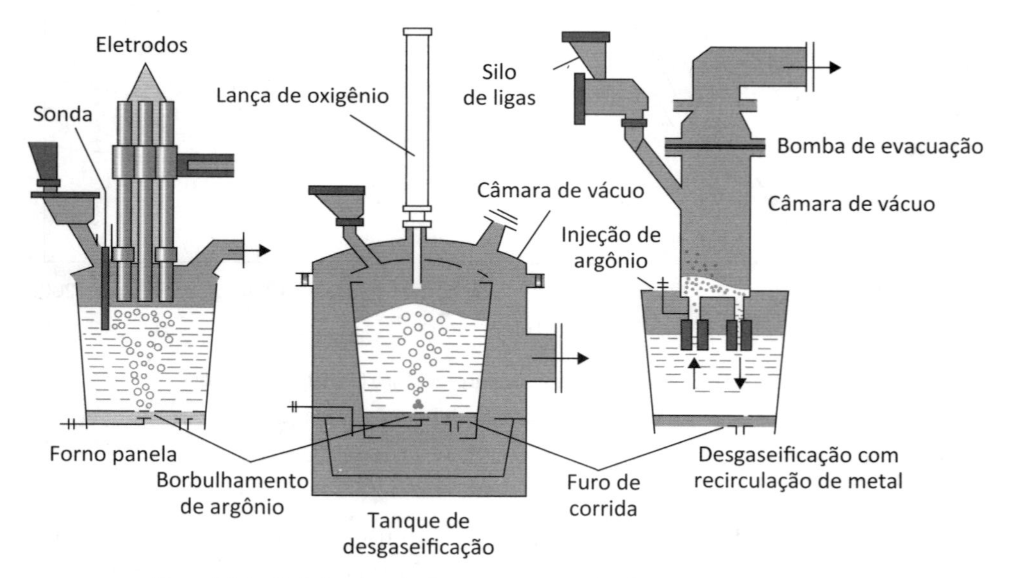

Figura 5.14 – Borbulhamento de gás inerte em reatores de refino secundário do aço líquido: forno panela, tanque de desgaseificação e desgaseificador a vácuo com recirculação de aço.

Fonte: Wondris, Steel, disponível em: http://global.britannica.com, acesso em: 8 maio 2014.

EXEMPLO 5.18

Tomando por base o princípio de Le Chatelier, analisar os efeitos da temperatura e da pressão total no equilíbrio das seguintes reações.

a) A reação:

$$CO_{2(g)} + C_{(s)} = 2CO_{(g)} \qquad \Delta H^o_{298} = 172,52 \text{ kJ/mol}$$

é endotérmica. Portanto, um aumento de temperatura a favorece, desloca o equilíbrio no sentido direto e implica formação adicional de CO.

Para se determinar o efeito da pressão primeiramente se avalia o volume molar de cada participante. Um mol de gás ideal ocupa, nas CNTP, 22,4 L. Por sua vez, a densidade do carbono é da ordem de 2250 kg/m³, e, sendo a massa atômica 12,01 g/mol, implica volume molar da ordem de:

$$V_C = \frac{M_C(kg/mol)}{\rho_C(kg/m^3)} = 5,34 \ x \ 10^{-6}\left(m^3/mol\right) \ ou \ 5,34 \ x \ 10^{-3} L/mol$$

Esses cálculos exemplificam que, numa reação em que tomam parte fases condensadas (sólidos ou líquidos), o volume destas é desprezível comparativamente ao de um gás. Nesses casos, avaliar a variação de volume se traduz em avaliar a variação de número de moles de gás, entre produtos e reagentes.

Portanto, $\Delta V = 2V_{CO} - V_C - V_{CO2} \approx 2V_{CO} - V_{CO2}$, *e sendo:*

- *mols de gás nos reagentes: 1*
- *mols de gás no produto: 2*

conclui-se que o aumento de pressão favorece a reação reversa, que ocorre com diminuição de volume, e desfavorece a produção de CO.

b) Tem-se a reação:

$$H_2O_{(g)} + CO_{(g)} = H_{2(g)} + CO_{2(g)} \qquad \Delta H^o_{298} = -41,165 \text{ kJ/mol}$$

A reação é exotérmica e logo a redução de temperatura favorece a produção de H_2 *e* CO_2.
Número de mols de gás nos reagentes: 2.
Número de mols de gás nos produtos: 2.

Alterações de pressão não modificam as condições de equilíbrio, pois os números de mols de gás nos reagentes e produtos são os mesmos, e a variação de volume é nula. ■

EXEMPLO 5.19

100 mols de fase gasosa CO_2 (40%) e CO (60%) são equilibrados com grafite, em um forno a temperatura fixa (900 °C ou 1000 °C) e pressão fixa (de 1,2 atm ou 2,0 atm). Assumindo que as espécies sejam CO, CO_2, O_2 e grafite, encontre o avanço no equilíbrio e explique os resultados de acordo com o princípio de Le Chatelier.

Valores de energia livre padrão, de relevância neste caso, são:

$$2C(s) + O_{2(g)} = 2CO \qquad \Delta G^0 = -223532 - 175{,}39\,T\,J$$

$$CO_2(g) = C(s) + O_2(g) \qquad \Delta G^0 = 394321 + 0{,}84\,T\,J$$

O que permite encontrar que,

$$C(s) + CO_2(g) = 2CO(g) \qquad \Delta G^0 = 170789 - 174{,}56\,T\,J$$

Logo, designando por ξ o avanço da reação, escreve-se que:

$$n_{CO2} = 40 - \xi \qquad n_{CO} = 60 + 2\xi \qquad n_T = 100 + \xi$$

$$P_{CO2} = \frac{40 - \xi}{100 + \xi} P_T$$

e

$$P_{CO} = \frac{60 + 2\xi}{100 + \xi} P_T$$

E, por consequência, a cada temperatura, considerando ser unitária a atividade do carbono e ideais os gases,

$$K = e^{-(170789 - 174{,}56T)/8{,}314\,T} = \frac{P_{CO}^2}{P_{CO2}} = \frac{(60 + 2\xi)^2}{(100 + \xi)(40 - \xi)} P_T$$

A tabela a seguir foi desenvolvida a partir desta expressão de equilíbrio. Note-se que o aumento de pressão faz com que o equilíbrio se desloque no sentido de diminuição de volume (consumo de CO e produção de CO_2), o que se traduz pela diminuição de avanço. A reação é endotérmica (ΔH = 170789 J) e logo seria favorecida pelo aumento de temperatura; de fato o avanço aumenta quando a temperatura aumenta.

EXEMPLO 5.19 (*continuação*)

Valores de avanço de equilíbrio para a reação $CO_2 + C = 2\ CO$		
	1173	1273
1,2 atm	35,342	38,728
2,0 atm	32,707	37,918

■

5.4 EQUILÍBRIO DEPENDENTE

Para ilustrar os conceitos, foram analisados, até aqui, casos em que apenas uma reação ocorria no sistema. De modo geral, deve-se considerar a possibilidade de várias reações simultâneas e que, então, equilíbrio global só seria atingido se todas as reações individuais obedecessem às respectivas restrições de equilíbrio. Essa consideração dá ensejo ao tema Equilíbrio Dependente.

Considere, por exemplo, um sistema fechado a temperatura e pressão constantes, constituído das espécies A, B, C, D e E, cujas quantidades estão interligadas através das reações:

1) $\alpha A + \beta B \rightarrow \gamma C$
$$K_1 = \left[\frac{a_C^{\gamma}}{a_A^{\alpha} a_B^{\delta}} \right]_{eq} \tag{5.51}$$

2) $\beta B + \delta D \rightarrow \varepsilon E$
$$K_2 = \left[\frac{a_E^{\varepsilon}}{a_B^{\beta} a_D^{\delta}} \right]_{eq} \tag{5.52}$$

Se fosse possível considerar apenas uma das reações propostas, o estudo do equilíbrio não traria muitos problemas, porém, neste caso, a espécie B toma parte de ambas as reações e, portanto, o equilíbrio completo só será possível se houver um conjunto de valores de concentração (e logo atividades) que satisfaçam a ambas as equações K_1 e K_2. Especificamente, um valor único de atividade da espécie comum às duas reações (B) precisa atender a ambas as restrições. Se não existe esse conjunto de valores, as concentrações oscilarão entre as concentrações dos equilíbrios, em torno de um ponto cuja localização vai depender da cinética das reações.

Suponha que o problema seja encontrar as condições em que, sob pressão total de 1 atm, Fe, FeO, C, CO_2, CO e O_2 estivessem em equilíbrio. Podem ser consideradas como as reações que controlam as quantidades de cada espécie:

1) $CO_2(g) + C(s) \rightarrow 2\,CO(g)$ $$K_1 = \frac{P_{CO}^2}{a_C\, P_{CO2}} \quad (5.53)$$

2) $2\,C(s) + O_2(g) \rightarrow 2\,CO(g)$ $$K_2 = \frac{P_{CO}^2}{a_C^2\, P_{O2}} \quad (5.54)$$

3) $FeO(s) + CO(g) \rightarrow Fe(s) + CO_2(g)$ $$K_3 = \frac{a_{Fe} P_{CO2}}{P_{CO}\, a_{FeO}} \quad (5.55)$$

Supondo, como simplificação, que a_{Fe}, a_C, a_{FeO} não variam e que, para a fase gasosa, se aplique a restrição,

$$P_{CO} + P_{CO2} + P_{O2} = 1 \quad (5.56)$$

além daquelas pertinentes aos equilíbrios:

$$P_{CO2} = \frac{P_{CO}^2}{a_C\, K_1} \quad (5.57)$$

$$P_{O2} = \frac{P_{CO}^2}{a_C^2\, K_2} \quad (5.58)$$

pode-se construir um gráfico P_{CO} *versus* temperatura para o equilíbrio (CO, CO_2, O_2, C).

Também das restrições:

$$P_{CO} + P_{CO2} + P_{O2} = 1 \quad (5.59)$$

$$P_{CO2} = \frac{K_3\, P_{CO}\, a_{FeO}}{a_{Fe}} \quad (5.60)$$

$$P_{O2} = \frac{P_{CO}^2}{a_C^2\, K_2} \quad (5.61)$$

pode ser construído um gráfico P_{CO} *versus* temperatura para o equilíbrio (Fe, FeO, CO, CO_2, e O_2). O resultado está mostrado esquematicamente na Figura 5.15. É evidente que a única condição de equilíbrio é aquela correspondente a T_e, onde P_{CO} do equilíbrio (CO, CO_2, O_2, C) é igual à P_{CO} do equilíbrio (Fe, FeO, CO, CO_2, O_2).

A uma temperatura $T_1 > T_e$, a pressão de CO, de equilíbrio, da reação (1) é maior que a da reação (3), de modo que (3) ocorre no sentido indicado pela seta, gerando CO_2, que é consumido por (1), que produz CO.

A uma temperatura $T_2 < T_e$, a pressão de CO, de equilíbrio, pela reação (3) é maior que a da (1), de modo que (1) ocorre no sentido inverso do indicado pela seta, produzindo CO_2 que é consumido por (3) (no sentido inverso ao indicado pela seta), que produz CO.

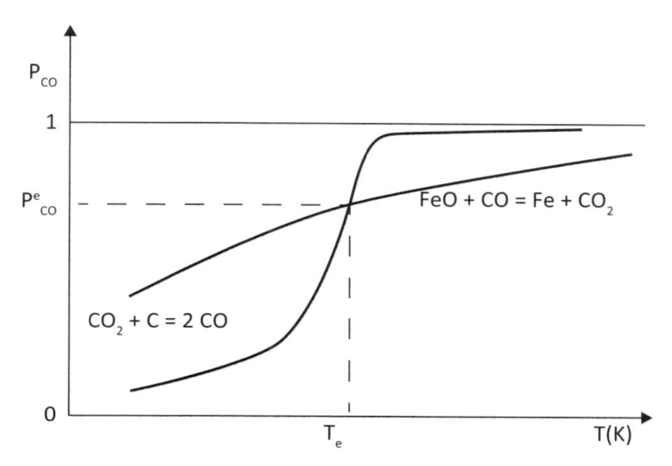

Figura 5.15 – Pressão de monóxido de carbono no equilíbrio entre CO, CO_2, O_2, C(grafite), Fe(puro e sólido) e FeO(puro e sólido).

No alto-forno de produção de gusa (Figura 5.16), o equilíbrio de várias das reações, por exemplo:

- de redução: $FeO(s) = Fe(s) + ½\ O_2(g)$ (5.62)
- de incorporação de silício ao gusa: $SiO(g) = Si(l) + ½\ O_2(g)$ (5.63)
- de volatização de álcalis $K_2O(l) = 2\ K(g) + ½\ O_2(g)$ (5.64)

são reguladas pelo potencial de oxigênio (ou pressão parcial do oxigênio), normalmente definido como

$$\mu_{O2} = RT\ln P_{O2} \qquad (5.65)$$

Em outras palavras, um hipotético equilíbrio simultâneo destas reações, se observado, ocorreria para um mesmo valor de potencial de oxigênio. A espontaneidade destas reações em determinada região do aparelho poderia ser julgada em se fazendo a comparação entre o potencial de oxigênio característico daquela região e o potencial de oxigênio calculado para a reação em análise.

Por exemplo, na zona de elaboração do alto-forno (porção inferior do forno, onde o carbono é reativo e as temperaturas são altas, maiores que 1000 °C), o potencial de oxigênio local pode ser calculado considerando o equilíbrio entre gás e carbono,

$$C(s) + ½\, O_2(g) = CO(g) \qquad \Delta G_1^o = -RT\ln\frac{P_{CO}}{a_C P_{O2}^{1/2}} \qquad (5.66)$$

o que resulta em:

$$\mu_{O2}^{(1)} = 2\Delta G_1^o + 2RT\ln\frac{P_{CO}}{a_C} \qquad (5.67)$$

Por sua vez, para a reação:

$$FeO(s) = Fe(s) + ½\, O_2(g) \qquad \Delta G_2^o = -RT\ln\frac{P_{O2}^{1/2}\, a_{Fe}}{a_{FeO}} \qquad (5.68)$$

vem:

$$\mu_{O2}^{(2)} = -2\Delta G_2^o - 2RTln\frac{a_{Fe}}{a_{FeO}} \qquad (5.69)$$

A introdução dos valores apropriados de atividades permite determinar que $\mu_{O2}^{(1)} < \mu_{O2}^{(2)}$, de modo que a reação a seguir é espontânea (Figura 5.17).

$$FeO(s) = Fe(s) + ½\, O_2(g) \qquad (5.70)$$

A zona de Reserva Química (Figura 5.17), quando existe, é uma região para a qual se verifica equilíbrio simultâneo das reações:

$$FeO\ (s) = Fe(s) + ½\, O_2(g); \qquad \Delta G_2^o = -RTln\frac{P_{O2}^{1/2}\, a_{Fe}}{a_{FeO}} \qquad (5.71)$$

$$\mu_{O2}^{(2)} = -2\Delta G_2^o - 2RT\ln\frac{a_{Fe}}{a_{FeO}} \qquad (5.72)$$

$$CO(g) + ½\, O2(g) = CO_2(g); \qquad \Delta G_3^o = -RTln\frac{P_{CO2}}{P_{CO}\, P_{O2}^{1/2}} \qquad (5.73)$$

$$\mu_{O2}^{(3)} = 2\Delta G_3^o + 2RTln\frac{P_{CO2}}{P_{CO}} \qquad (5.74)$$

De modo que se aplica a restrição de equilíbrio dependente,

$$\mu_{O2}^{(3)} = \mu_{O2}^{(2)} \qquad (5.75)$$

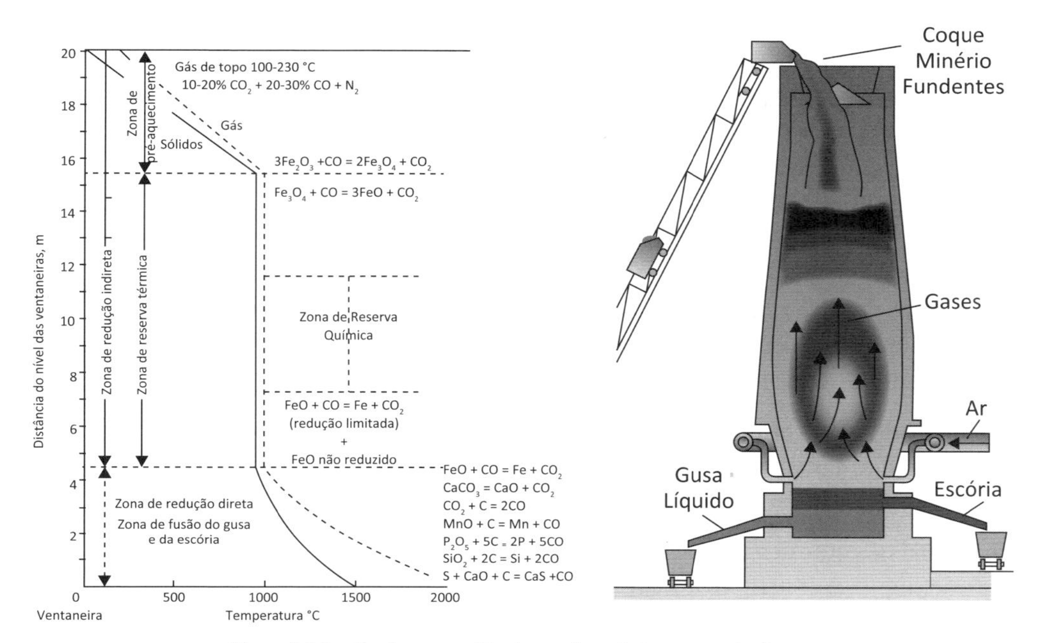

Figura 5.16 – Quadro esquemático das reações químicas em um alto-forno.

Fonte: Biswas, 1981.

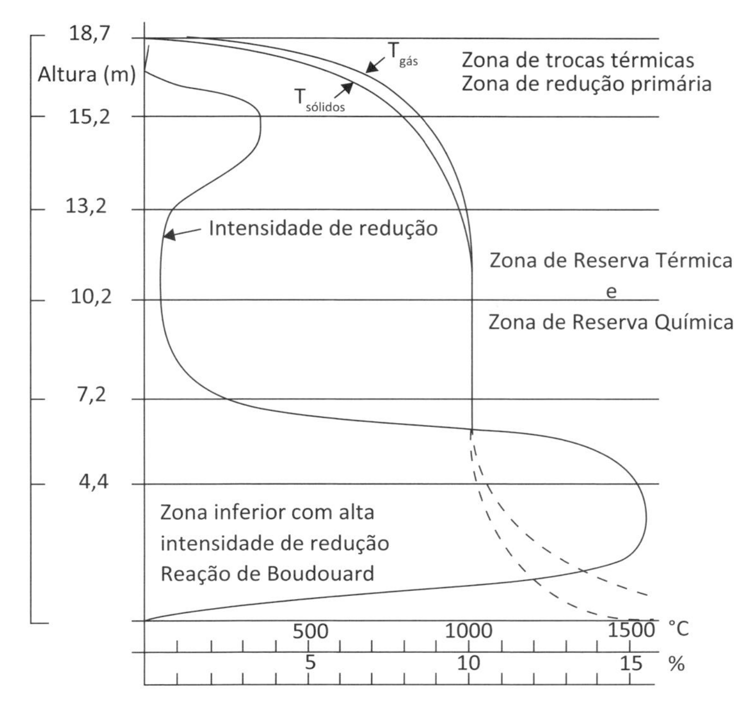

Figura 5.17 – Zonas de equilíbrio térmico e químico no interior de um alto-forno.

Fonte: Strassburger, 1969.

Por sua vez, é comum encontrar, nas operações metalúrgicas, um certo número de reações termodinamicamente espontâneas, as quais, devido a motivos cinéticos, podem ser desconsideradas por não ocorrerem a velocidades perceptíveis. Nesse caso, diz-se que essas reações estão "congeladas". É evidente que o tratamento termodinâmico se simplifica. Ao invés de se abordar um equilíbrio complexo, dependente, considera-se um equilíbrio relativamente mais simples, referente apenas àquelas reações que ocorrem a velocidades significativas. Neste caso, o equilíbrio é dito parcial. No alto-forno de fabricação de ferro, por exemplo, de modo a se alcançar a maior eficiência de combustível, prefere-se que o gás entre em equilíbrio com o minério ao invés do coque. Procura-se, então, um equilíbrio parcial, que será mais facilmente atingido quanto maior for a redutibilidade do minério e menor a reatividade do carvão.

De modo geral, então, diz-se que um equilíbrio é parcial quando ele é atingido em relação a algumas variáveis e a outras, não.

A discussão sobre equilíbrios complexos, ou dependentes, indicando por isso que várias reações químicas e espécies encontram-se em equilíbrio simultâneo, não é completa sem que se considere a Regra das Fases.

5.5 REGRA DAS FASES DE GIBBS

A Regra das Fases permite calcular a Variância ou o Número de Graus de Liberdade de um sistema termodinâmico. Do ponto de vista de equilíbrio químico, isso quer dizer conhecer quantas e quais variáveis precisam ser especificadas (ou que podem ser alteradas arbitrariamente) para que o estado termodinâmico do sistema fique definido. Variáveis termodinâmicas comuns envolvem a Pressão, a Temperatura e a quantidade relativa de cada componente nas várias fases, isto é, a composição (ou atividade).

A Regra das Fases pode ser deduzida se o Número de Graus de Liberdade for definido como a diferença entre o número de valores de variáveis termodinâmicas que precisam ser conhecidas, para que o estado do sistema também o seja, e o número de equações independentes entre estas variáveis, previamente conhecidas.

Por exemplo, em um sistema com F fases, α, β,γ..., seria necessário conhecer F valores de temperatura, um para cada fase. De modo análogo, seriam F valores de pressão. Se o número de componentes nesse sistema é simbolizado por C, então, para cada fase seria necessário especificar (C-1) variáveis de composição (ou valores de atividade); contabilizando todas as fases seriam então F(C-1). O total de variáveis a serem conhecidas resulta, portanto, em 2F+ F(C-1). As equações independentes entre as variáveis termodinâmicas podem advir das condições de equilíbrio, cada uma delas representando uma restrição. Então, se são F fases, α, β, γ..., em equilíbrio térmico deve-se ter (F-1) igualdades independentes do tipo:

$$T_\alpha = T_\beta = T_\gamma \dots\dots\dots \qquad (5.76)$$

De modo análogo, se são F fases, α, β, γ..., em equilíbrio mecânico deve-se ter (F-1) igualdades independentes do tipo

$$P_\alpha = P_\beta = P_\gamma \ldots\ldots\ldots \tag{5.77}$$

E ainda, para cada componente i presente no sistema, a condição de equilíbrio de distribuição entre as F fases implica:

$$\mu_i^\alpha = \mu_i^\beta = \mu_i^\gamma \ldots\ldots\ldots \tag{5.78}$$

seriam (F-1) restrições independentes para cada componente, logo, no computo geral C(F-1). O número total de restrições independentes de equilíbrio seria então 2(F-1)+C(F-1).

Formando a diferença, resulta a expressão da Regra das Fases:

$$\mathbf{V = C - F + 2} \tag{5.79}$$

onde V é o número de graus de liberdade, C é o número de componentes e F, o número de fases.

Observe-se, entretanto, que esta dedução levou em consideração apenas as restrições advindas de equilíbrio térmico, equilíbrio de pressões e equilíbrio de distribuição. Num sistema sujeito à ocorrência de reações químicas, cada reação química independente permite escrever uma restrição independente entre Temperatura, Pressão e atividades, qual seja a constante de equilíbrio correspondente. Do ponto de vista da Regra das Fases em sistemas reativos o número de componentes do sistema deve ser entendido como o menor número de espécies químicas, presentes ao equilíbrio, a partir das quais se pode gerar todas as outras. Se S representa o número de espécies presentes no equilíbrio e se $\Re$ representa o número de reações de síntese independentes, em equilíbrio, então se escreve C = (S-$\Re$) e, para a Regra das Fases,

$$\mathbf{V = (S-\Re) - F + 2} \tag{5.80}$$

Outras restrições adicionais podem ser aplicáveis, mas precisam ser identificadas caso a caso. Como exemplo considere-se a decomposição em vácuo de um óxido, realizada em altas temperaturas, $MgO(s) = Mg(g) + 1/2\ O_2(g)$; como indica a estequiometria da reação seriam 1 mol de gás Mg para cada ½ mol de gás O_2, de modo que se deve encontrar $P_{Mg} = 2P_{O2}$; esta seria uma Restrição Adicional, RA, não considerada na dedução da Regra das Fases. Portanto, esta regra ainda poderia ser escrita como:

$$V = (S - \Re) - F + 2 - RA \tag{5.81}$$

EXEMPLO 5.20

Em uma determinada experiência, um fluxo gasoso contendo 76% de AlCl, 16% de $AlCl_3$ e 8% de He, apresentando uma vazão de 0,96 $m^3.min^{-1}$ (1400 K e 1,32 atm), é conduzida ao equilíbrio sob pressão de 1,32 atm e 1400 K, de modo a produzir Al(l). Qual a composição do gás na saída? Quanto tempo é necessário para reduzir 1 kg de Al? Valores de potencial químico a 1400 K, em J/mol, são apresentados na tabela a seguir.

Potenciais químicos a 1400 K, de alumínio e seus cloretos

	Al(l)	AlCl(g)	$AlCl_3$(g)
μ^0(J)	−74225	−409165	−1107583

Fonte: Knacke, 1991.

A reação química pertinente é:

$$3\ AlCl(g) = 2\ Al(l) + AlCl_3(g)\ \Delta G^0 = -28538\ J.$$

Sob pressão de 1,32 atm se encontra, para a fase gasosa admitida no reator $P_{AlCl} = 0,76 \times 1,32 = 1,0$ *atm,* $P_{AlCl3} = 0,16 \times 1,32 = 0,21$ *atm e* $P_{He} = 0,08 \times 1,32 = 0,11$ *atm.*

Desta forma (assumindo comportamento ideal dos gases, deposição de alumínio puro), com:

$$\Delta G = \Delta G^o + RTln\frac{P_{AlCl3}\,a_{Al}^2}{P_{AlCl}^3} = -28538 + 8,31\ x\ 1400\ ln\frac{0,21\ x\ 1^2}{1^3} = -46694\ J$$

a reação é espontânea. Atingido o equilíbrio seriam quatro espécies (Al, AlCl, $AlCl_3$, He) e uma reação independente entre elas. As fases seriam duas (gás e alumínio líquido). O número de graus de liberdade redundaria em $V = (S - R) - F + 2 = (4 - 1) - 2 + 2 = 3$. Dois graus de liberdade foram especificados como 1,32 atm e 1400 K.

Podem agora ser analisadas as informações provindas de balanços de conservação de elementos. Por exemplo, para cada minuto de operação, a 1,32 atm e 1400 K, entram no reator:

$$n_o = \frac{PV}{RT} = \frac{1,32(atm)x960(litros)}{0,082(atm.litro/mol.K)x1400(K)} = 11,038\,mols\,de\,gás.$$

EXEMPLO 5.20 (*continuação*)

Como a composição do gás de entrada é conhecida, os balanços de distribuição de elementos (Al, Cl e He, nesta ordem) seriam:

$$0,76n_o + 0,16n_o = n_{AlCl} + n_{AlCl3} + n_{Al}$$

$$0,76n_o + 3x0,16n_o = n_{AlCl} + 3n_{AlCl3}$$

$$0,08n_o = n_{He}$$

As duas últimas expressões permitem escrever:

$$1,24n_o = n_{AlCl} + 3n_{AlCl3}$$

$$n_o = n_{He} / 0,08$$

$$(1,24 / 0,08)n_{He} = n_{AlCl} + 3n_{AlCl3}$$

Esta relação interliga, apenas, número de mols de espécies gasosas. Então, após multiplicação pela razão entre pressão total e número de mols de espécies gasosas no equilíbrio, $\frac{P_T}{n_{eq}}$, *alcança-se:*

$$15,5P_{He} = P_{AlCl} + 3P_{AlCl3}$$

Uma restrição adicional entre as pressões parciais. Finalmente, resolvendo o sistema de equações:

$$15,5P_{He} = P_{AlCl} + 3P_{AlCl3}$$

$$P_T = 1,32atm = P_{AlCl} + P_{AlCl3} + P_{He}$$

$$K_{eq} = e^{-\Delta G^o/RT} = 11,62 = \frac{P_{AlCl3}\, a_{Al}^2}{P_{AlCl}^3} = \frac{P_{AlCl3}}{P_{AlCl}^3}$$

Resulta:

P_{AlCl} = *0,40085 atm,* P_{AlCl3} = *0,74843 e* P_{He} = *0,17072 atm.*

EXEMPLO 5.20 (*continuação*)

Como o hélio se conserva, o balanço deste implica: $(0,08 \times n_O) = (0,17072/P_T)n_{eq}$.

Daí vem $n_{eq} = 6,827$ *mols/minuto, de onde pode ser calculada a taxa de produção de alumínio como 4,21 mols/minuto.*

Num sistema que apresente poucas espécies e número reduzido de reações químicas, torna-se relativamente simples identificar o número de espécies e as reações químicas independentes. No caso de sistemas mais complexos, esta tarefa pode ser desgastante. Entretanto, com base nos argumentos apresentados anteriormente, pode ser proposto um algoritmo, tal como mostrado no exemplo a seguir, que trata da utilização da matriz de átomos.

■

EXEMPLO 5.21

Considere-se o sistema em equilíbrio, no qual estão presentes as espécies Fe(s), FeO(s), CO(g), CO_2*(g), C (s),* O_2 *(g). Então, cada reação química independente entre elas precisa obedecer a uma restrição do tipo:*

$$X_1\,Fe + X_2\,FeO + X_3\,CO + X_4\,CO_2 + X_5\,C + X_6\,O_2 = 0$$

Nesta expressão, X_1, X_2, X_3, X_4, X_5 *e* X_6 *são coeficientes estequiométricos a determinar. Além do mais, como cada qual dos elementos envolvidos precisa ser conservado durante a reação química, a eles se aplica o princípio da conservação. Isso permite escrever, na forma de matriz:*

O	0	1	1	2	0	2
C	0	0	1	1	1	0
Fe	1	1	0	0	0	0
	X_1	X_2	X_3	X_4	X_5	X_6

EXEMPLO 5.21 (*continuação*)

Essa é a matriz de átomos, a qual será manipulada a seguir para identificação das reações independentes. Por exemplo, as espécies químicas podem ser explicitadas, resultando em:

Linha	Espécie	Átomos		
		Fe	C	O
1	Fe	1	0	0
2	FeO	1	0	1
3	CO	0	1	1
4	CO_2	0	1	2
5	C	0	1	0
6	O_2	0	0	2

A ordem segundo a qual as espécies e átomos foram introduzidos nesta matriz não é importante. Sobre essa matriz serão aplicadas operações algébricas lineares sobre as linhas; o objetivo é reduzir o maior número possível de linhas a linhas cujos elementos sejam nulos; o procedimento seria então aquele adotado para a decomposição de Gauss-Siedel, objetivando reduzir os elementos abaixo da diagonal principal a zero. Por exemplo, escolher o primeiro elemento da primeira linha como pivô e a partir dele tornar igual a zero tantos elementos quanto possível, na primeira coluna; neste caso, substituir a linha (2) pelo resultado da operação (2)-(1), o que implica:

Linha	Espécie	Átomos		
		Fe	C	O
1	Fe	1	0	0
2	FeO-Fe	0	0	1
3	CO	0	1	1
4	CO_2	0	1	2
5	C	0	1	0
6	O_2	0	0	2

EXEMPLO 5.21 (*continuação*)

Trocar de posição as linhas (2) e (3), o que fornece:

Linha	Espécie	Átomos		
		Fe	C	O
1	Fe	1	0	0
2	CO	0	1	1
3	FeO-Fe	0	0	1
4	CO_2	0	1	2
5	C	0	1	0
6	O_2	0	0	2

Adotar o segundo elemento da segunda linha como pivô e reduzir a zero tantos elementos da segunda coluna quanto possível; então substituir (4) por (4) – (2) e (5) por (5) – (2), o que resulta:

Linha	Espécie	Átomos		
		Fe	C	O
1	Fe	1	0	0
2	CO	0	1	1
3	FeO-Fe	0	0	1
4	CO_2-CO	0	0	1
5	C-CO	0	0	-1
6	O_2	0	0	2

Como próximo passo, adotar o terceiro elemento da terceira linha como pivô e reduzir os elementos da terceira coluna a zero, quando possível; então, substituir (4) por (4)-(3), substituir (5) por (5) + (3) e substituir (6) por (6) – 2 x (3) leva a:

Linha	Espécie	Átomos		
		Fe	C	O
1	Fe	1	0	0
2	CO	0	1	1
3	FeO–Fe	0	0	1
4	CO_2–CO–FeO+Fe	0	0	0
5	C–CO–FeO+Fe	0	0	0
6	O_2–2(FeO–Fe)	0	0	0

EXEMPLO 5.21 (*continuação*)

Esse procedimento permite identificar três linhas abaixo da diagonal principal cujos elementos são, todos, iguais a zero. Essas linhas podem ser consideradas linearmente dependentes das demais; este conjunto de procedimentos aplicado à coluna de espécies permite também identificar as reações independentes:

$$CO_2 + Fe = FeO + CO$$
$$C + FeO = CO + Fe$$
$$O_2 + 2Fe = 2FeO$$

Portanto, do ponto de vista da regra das fases, seriam seis espécies ($S = 6$) e três equilíbrios independentes ($\Re=3$), rendendo $C = (S - \Re) = 3$. Se são quatro fases (Fe(sólida), FeO(sólida), C(sólida) e gás (contendo as espécies CO, CO_2 e O_2)), resulta:

$$V = (S - \Re) - F + 2 - RA = 3 - 4 + 2 = 1$$

o que denota a existência de um único grau de liberdade para o sistema considerado.

■

EXEMPLO 5.22

Aço líquido, a 1873 K, contém dissolvidas as espécies O, C e Si e está em contato com escória líquida contendo CaO, SiO_2, Al_2O_3 e MgO, além de uma fase gasosa contendo O_2 e CO. Utilize uma matriz de átomos e encontre as reações independentes, bem como o número de graus de liberdade. De posse da composição do aço seria possível especificar o estado do sistema em equilíbrio? Uma possível matriz de átomos seria:

Linha	Espécie	Átomos						
		O	C	Si	Ca	Mg	Al	Fe
1	<u>O</u>	1						
2	<u>C</u>		1					
3	<u>Si</u>			1				
4	CaO	1			1			
5	SiO_2	2		1				
6	Al_2O_3	3					2	
7	MgO	1				1		
8	O_2	2						
9	CO	1	1					
10	Fe							1

EXEMPLO 5.22 (*continuação*)

E uma primeira série de transformações envolvendo o pivô (1,1) fornece:

Linha	Espécie	Átomos						
		O	C	Si	Ca	Mg	Al	Fe
1	$\underline{O}$	1						
2	$\underline{C}$		1					
3	$\underline{Si}$			1				
4	$CaO - \underline{O}$				1			
5	$SiO_2 - 2\underline{O}$			1				
6	$Al_2O_3 - 3\underline{O}$						2	
7	$MgO - \underline{O}$					1		
8	$O_2 - 2\underline{O}$							
9	$CO - \underline{O}$		1					
10	Fe							1

As manipulações envolvendo o pivô (2,2) trazem:

Linha	Espécie	Átomos						
		O	C	Si	Ca	Mg	Al	Fe
1	$\underline{O}$	1						
2	$\underline{C}$		1					
3	$\underline{Si}$			1				
4	$CaO- \underline{O}$				1			
5	$SiO_2 - 2\underline{O}$			1				
6	$Al_2O_3 - 3\underline{O}$						2	
7	$MgO - \underline{O}$					1		
8	$O_2 - 2\ \underline{O}$							
9	$CO - \underline{O} - \underline{C}$							
10	Fe							1

EXEMPLO 5.22 (*continuação*)

Daquelas envolvendo o terceiro pivô (3,3)

Linha	Espécie	Átomos						
		O	C	Si	Ca	Mg	Al	Fe
1	$\underline{O}$	1						
2	$\underline{C}$		1					
3	$\underline{Si}$			1				
4	$CaO - \underline{O}$				1			
5	$SiO_2 - 2\,\underline{O} - \underline{Si}$							
6	$Al_2O_3 - 3\underline{O}$						2	
7	$MgO - \underline{O}$					1		
8	$O_2 - 2\,\underline{O}$							
9	$CO - \underline{O} - \underline{C}$							
10	Fe							1

E, então, alternando as linhas de modo que todos os elementos abaixo da diagonal principal sejam reduzidos a zero.

Linha	Espécie	Átomos						
		O	C	Si	Ca	Mg	Al	Fe
1	$\underline{O}$	1						
2	$\underline{C}$		1					
3	$\underline{Si}$			1				
4	$CaO - \underline{O}$				1			
5	$MgO - \underline{O}$					1		
6	$Al_2O_3 - 3\underline{O}$						2	
7	Fe							1
8	$O_2 - 2\,\underline{O}$							
9	$CO - \underline{O} - \underline{C}$							
10	$SiO_2 - 2\underline{O} - \underline{Si}$							

EXEMPLO 5.22 (*continuação*)

Daí, identificam-se as reações independentes,

$$SiO_2 = \underline{Si} + 2\,\underline{O}$$

$$O_2 = 2\,\underline{O}$$

$$CO = \underline{C} + \underline{O}$$

Como seriam 10 espécies (S=10), três reações químicas independentes (R=3) e três fases (F=3, gás, aço e escória) vem que:

$$V = (S - R) - F + 2 = (10\text{-}3) - 3 + 2 = 6 \text{ graus de liberdade.}$$

De posse dos valores de composição (ou atividades de oxigênio, silício e carbono no aço), além da temperatura, especificada como 1873 K, isto é, após exercer quatro graus de liberdade, seria possível calcular:

- *a pressão parcial de CO considerando que:*

$$C(1\%) + O(1\%) = CO(g) \qquad \Delta G^0 = -22395 - 39{,}68\,T\,J$$

- *a pressão de oxigênio, desde que:*

$$\tfrac{1}{2}\,O_2\,(g) = O(1\%) \qquad \Delta G^0 = -\,117208 - 2{,}88\,T\,J$$

- *a atividade da sílica na escória, pois:*

$$SiO_2(s) = Si(1\%) + 2\,O(1\%) \qquad \Delta G^0 = 594412 - 230\,T\,J$$

Restam dois graus de liberdade a serem exercidos, os quais permitiriam encontrar a composição da escória.

■

EXEMPLO 5.23

Considere que $n^o(0,10)$ mols de $H_2S(g)$ são decompostos em um reator previamente evacuado, de 1 litro, a 1000 K. No equilíbrio encontram-se as espécies gasosas $H_2S(g)$, $H_2(g)$, $HS(g)$ e $S_2(g)$. Os valores de potenciais químicos destas espécies puras, em J, a 1000 K e 1 atm, seriam $H_2S(-245395)$, $H_2(-145516)$, $HS(-72460)$ e $S_2(-117213)$. Encontre as pressões parciais no equilíbrio.

Então, as reações independentes seriam:

$$1)\ H_2(g) + \tfrac{1}{2}\, S_2(g) = H_2S(g) \qquad \Delta G^0 = -41272{,}5 \quad J$$

$$K_1 = e^{\frac{-\Delta G^o}{RT}} = \frac{P_{H2S}}{P_{S2}^{1/2}\, P_{H2}}$$

$$2)\ \tfrac{1}{2}\, H_2(g) + \tfrac{1}{2} S_2(g) = HS(g) \qquad \Delta G^0 = 58904{,}5 \quad J$$

$$K_2 = e^{\frac{-\Delta G^o}{RT}} = \frac{P_{HS}}{P_{S2}^{1/2}\, P_{H2}^{1/2}}$$

A Regra das Fases fornece:

$$V = (S - R) - F + 2$$

onde S é o número de espécies (H_2S, H_2, HS e S_2), R o número de reações independentes entre as espécies (2) e F o número de fases (1). Logo $V = 3$.

Um grau de liberdade foi exercido ao se fixar a temperatura como 1000 K. Por sua vez, balanços de conservação de elementos fornecem as expressões seguintes:

$$1)\ \textit{conservação de } H_2 \quad n^o = n_{H2S} + n_{H2} + \tfrac{1}{2} n_{HS}$$

$$2)\ \textit{conservação de } S \quad n^o = n_{H2S} + 2n_{S2} + n_{HS}$$

Se cada um destes balanços for multiplicado pela razão $\frac{P_T}{n_T}$, então, os termos referentes ao número de mols serão transformados em pressões parciais. Sabe-se também, de acordo com a lei do gás ideal,

$$P_T V = n_T RT,$$

EXEMPLO 5.23 (*continuação*)

isto é:

$$P_T / n_T = RT / V.$$

Resulta que os balanços de conservação serão:

$$1)\ n^o\left[P_T / n_T\right] = \frac{n^o RT}{V} = 0{,}10x0{,}082x1000/1 = 8{,}2 = P_{H2S} + P_{H2} + \frac{1}{2} P_{HS}$$

$$2)\ n^o\left[P_T / n_T\right] = \frac{n^o RT}{V} = 0{,}10x0{,}082x1000/1 = 8{,}2 = P_{H2S} + 2P_{S2} + P_{HS}$$

O sistema seguinte, de quatro equações e quatro incógnitas pode, portanto, ser resolvido:

$$K_1 = \frac{P_{H2S}}{P_{S2}^{1/2} P_{H2}}$$

$$K_2 = \frac{P_{HS}}{P_{S2}^{1/2} P_{H2}^{1/2}}$$

$$8{,}2 = P_{H2S} + P_{H2} + \frac{1}{2} P_{HS}$$

$$8{,}2 = P_{H2S} + 2P_{S2} + P_{HS}$$

■

EXEMPLO 5.24

É admitido 1 mol de H_2S em um reator, e no equilíbrio o gás contém as espécies H_2S, H_2, HS, S_2 e S. Utilize a matriz de átomos e determine as reações independentes e o número de graus de liberdade. Verifique se existe alguma restrição adicional a ser obtida pelos balanços de conservação de elementos. Seria possível determinar o estado de equilíbrio especificando apenas que a pressão atinge 1,2 atm e a temperatura alcança 1700 K?
A matriz de átomos pode ser escrita como:

Linha	Espécie	Átomos	
		S	H
1	S	1	
2	H_2		2
3	H_2S	1	2
4	HS	1	1
5	S_2	2	

EXEMPLO 5.24 (*continuação*)

Nota-se, então, que a matriz de átomos pode ser escrita como:

Linha	Espécie	Átomos	
		S	H
1	S	1	
2	H_2		2
3	H_2S -S		2
4	HS -S		1
5	$S_2 - 2S$		

E, também,

Linha	Espécie	Átomos	
		S	H
1	S	1	
2	H_2		2
3	$H_2S - S - H_2$		
4	$HS - S - ½ H_2$		
5	$S_2 - 2S$		

O que permite identificar as reações independentes,

$$H_2S(g) = S(g) + H_2(g)$$

$$HS(g) = S(g) + ½\ H_2(g)$$

$$S_2(g) = 2S(g)$$

São, então, cinco espécies (S = 5), três reações independentes (R = 3) e uma única fase. Desse modo:

$$V = (S\text{-}R) - F + 2 = (5\text{-}3) - 1 + 2 = 3,$$

o que denota a existência de três graus de liberdade.

Os balanços de conservação, em átomos-grama de enxofre e hidrogênio, informam que,

$$n^o_{H2S} = n_{H2S} + n_S + 2n_{S2} + n_{HS}$$

$$2n^o_{H2S} = 2n_{H2S} + 2n_{H2} + n_{HS}$$

EXEMPLO 5.24 (*continuação*)

Os quais podem ser combinados, resultando em:

$$2x\left(n^{o}_{H2S} = n_{H2S} + n_{S} + 2n_{S2} + n_{HS}\right) - \left(2n^{o}_{H2S} = 2n_{H2S} + 2n_{H2} + n_{HS}\right) = 0$$

$$2n_{S} + 4n_{S2} + n_{HS} - 2n_{H2} = 0$$

Essa relação implica que:

$$2P_{S} + 4P_{S2} + P_{HS} = 2P_{H2}$$

Relação Adicional entre as variáveis termodinâmicas; então, seriam, na realidade, dois graus de liberdade,

$$V = (S\text{-}R) - F + 2 - RA = (5\text{-}3) - 1 + 2 - 1 = 2.$$

Especificar temperatura e pressão total seria suficiente. ■

EXEMPLO 5.25

Uma fase gasosa contendo 60% CO, 15% CO_2, 25% H_2 é alimentada em um forno a 900 °C e 1,2 atm. Encontre as concentrações em equilíbrio.

Nada se informa sobre a lista de espécies em equilíbrio. Admitindo que sejam CO, CO_2, O_2, H_2 e H_2O as reações químicas independentes, seriam:

$$CO + 1/2\ O_2 = CO_2$$

e

$$H_2 + 1/2\ O_2 = H_2O$$

Desse modo, sendo uma só fase a Regra das Fases indica (S = 5; R = 2; F = 1) que:

V = (S – R) – F + 2 = (5 – 2) – 1 +2 = 4, quatro graus de liberdade.

EXEMPLO 5.25 (*continuação*)

Destes, dois foram exercidos ao serem especificados os valores de temperatura e pressão. Pode-se agora investigar se existe alguma restrição adicional entre as pressões parciais; por exemplo, se inicialmente são 100 mols de gás, balanços de conservação (em átomos-grama) de hidrogênio, oxigênio e carbono seriam, respectivamente:

$$50 = 2n_{H2} + 2n_{H2O}$$

$$90 = n_{CO} + 2n_{CO2} + n_{H2O} + 2n_{O2}$$

$$75 = n_{CO} + n_{CO2}$$

Essas três relações produzem duas relações independentes entre os números de mols, por exemplo,

$$50/90 = \left(2n_{H2} + 2n_{H2O}\right)/\left(n_{CO} + 2n_{CO2} + n_{H2O} + 2n_{O2}\right)$$

$$50n_{CO} + 100n_{CO2} + 100n_{O2} = 180n_{H2} + 130n_{H2O}$$

$$90/75 = \left(n_{CO} + 2n_{CO2} + n_{H2O} + 2n_{O2}\right)/\left(n_{CO} + n_{CO2}\right)$$

$$15n_{CO} = 60n_{CO2} + 75n_{H2O} + 150n_{O2}$$

Daí, notam-se duas relações, adicionais, entre as pressões parciais:

$$50P_{CO} + 100P_{CO2} + 100P_{O2} = 180P_{H2} + 130P_{H2O}$$

$$15P_{CO} = 60P_{CO2} + 75P_{H2O} + 150P_{O2}$$

Essas duas restrições podem ser combinadas com aquelas oriundas do equilíbrio, a 1173 K.

$$H_2(g) + 1/2\ O_2(g) = H_2O(g) \qquad \Delta G^0 = -246555 + 54{,}84\ T \quad J$$

$$K_1 = e^{-\Delta G^o/RT} = 1{,}293x10^8 = \frac{P_{H2O}}{P_{H2}P_{O2}^{1/2}}$$

$$CO_2(g) = ½\ O_2(g) + CO(g) \qquad \Delta G^0 = 282555 - 86{,}86\ T \quad J$$

$$K_2 = e^{-\Delta G^o/RT} = 9{,}075x10^{-9} = \frac{P_{CO}P_{O2}^{1/2}}{P_{CO2}}$$

EXEMPLO 5.25 (*continuação*)

E com aquela que retrata a somatória das pressões parciais,

$$P_T = P_{CO} + P_{CO2} + P_{O2} + P_{H2} + P_{H2O} = 1,2$$

Nesse tipo de situação, encontra-se que a pressão parcial de oxigênio é muito pequena, comparativamente às demais; então uma solução aproximada considera

$$50P_{CO} + 100P_{CO2} = 180P_{H2} + 130P_{H2O}$$

$$15P_{CO} = 60P_{CO2} + 75P_{H2O}$$

$$P_T = P_{CO} + P_{CO2} + P_{H2} + P_{H2O}$$

$$K_1K_2 = \frac{P_{H2O}}{P_{H2}}\frac{P_{CO}}{P_{CO2}}$$

As três primeiras expressões podem ser dispostas na forma de uma matriz, tal como mostrado na tabela a seguir.

Matriz de pressões			
P_{CO}	P_{CO2}	P_{H2}	Independente
50	100	–180	130 P_{H20}
15	–60		75 P_{H20}
1	1	1	$P_T - P_{H20}$

Então, o determinante geral vale Δ = *–18000, como indica a matriz expandida.*

Matriz expandida de pressões					
P_{CO}	P_{CO2}	P_{H2}	P_{CO}	P_{CO2}	independente
50	100	–180	50	100	130 P_{H20}
15	–60		15	–60	75 P_{H20}
1	1	1	1	1	$P_T - P_{H20}$

EXEMPLO 5.25 (*continuação*)

O determinante característico para a pressão parcial de CO vale, de acordo com a matriz característica mostrada na tabela,

$$\Delta_{CO} = -18000P_{H2O} - 10800P_T.$$

Daí,

$$P_{CO} = \Delta_{CO} / \Delta = P_{H2O} + 0,6P_T$$

Matriz para cálculo da pressão de monóxido

P_{CO}	P_{CO2}	P_{H2}	P_{CO}	P_{CO2}	independente
130 P_{H20}	100	–180	130 P_{H20}	100	130 H_20
75 P_{H20}	–60		75 P_{H20}	–60	75 H_20
$P_T - P_{H20}$	1	1	$P_T - P_{H20}$	1	$P_T - P_{H20}$

De modo semelhante, o determinante característico para a pressão parcial de CO_2 (ver tabela) rende:

$$\Delta_{CO2} = 18000P_{H2O} - 2700P_T$$

Daí,

$$P_{CO2} = \Delta_{CO2} / \Delta = -P_{H2O} + 0,15P_T$$

Matriz para cálculo de pressão de dióxido

P_{CO}	P_{CO2}	P_{H2}	P_{CO}	P_{CO2}	independente
50	130 P_{H20}	–180	50	130 P_{H20}	130 P_{H20}
15	75 P_{H20}		15	75 P_{H20}	75 P_{H20}
1	$P_T - P_{H20}$	1	1	$P_T - P_{H20}$	$P_T - P_{H20}$

EXEMPLO 5.25 (*continuação*)

E, como indica a tabela a seguir, o determinante característico para a pressão parcial de H_2 vale:

$$\Delta_{H2} = 18000P_{H2O} - 4500P_T$$

Daí,

$$P_{H2} = \Delta_{H2} / \Delta = -P_{H2O} + 0,25P_T$$

Matriz para cálculo de pressão de hidrogênio

P_{CO}	P_{CO2}	P_{H2}	P_{CO}	P_{CO2}	independente
50	100	130 P_{H2O}	50	100	130 P_{H2O}
15	–60	75 P_{H2O}	15	–60	75 P_{H2O}
1	1	$P_T - P_{H2O}$	1	1	$P_T - P_{H2O}$

Assim, a equação a ser resolvida seria:

$$K_1K_2 = \frac{P_{H2O}}{(0,25P_T - P_{H2O})} \frac{(P_{H2O} + 0,6P_T)}{(0,15P_T - P_{H2O})}$$

A qual fornece P_{H2O} = 0,049722; P_{H2} = 0,250278; P_{CO2} = 0,130278; P_{CO} = 0,769722.

Finalmente, a lista de espécies pode ser questionada com base nestas pressões parciais. A precipitação de carbono seria possível se:

$$2\,CO\,(g) = C(s) + CO_2(g) \qquad \Delta G^0 = -170789 + 174,56\,T \quad J$$

$$\Delta G = \Delta G^o + RTln\frac{a_C P_{CO2}}{P_{CO}^2} \text{ for menor que zero.}$$

$$\Delta G = -170789 + 174,56x1173 + 8,31x1173ln\frac{1x0,1303}{0,769^2} = 19080\,J$$

EXEMPLO 5.25 (*continuação*)

Por sua vez, a formação de CH_4 pode ser aferida considerando:

$$CO(g) + 3\,H_2(g) = CH_4(g) + H_2O(g) \qquad \Delta G^0 = -227300 + 253{,}25\,T \quad J$$

Tal que a constante de equilíbrio da reação é:

$$K = e^{-\Delta G^o/RT} = \frac{P_{H2O}\,P_{CH4}}{P_{CO}P_{H2}^3} = 7{,}84x10^{-4}$$

o que implica:

$$P_{CH4} = 1{,}903x10^{-4}\,atm.$$

Então, não seria preciso incluir a precipitação de carbono e o metano apenas em nível de refinamento, pois a pressão parcial seria pequena face às demais. A hipótese inicial, a respeito da pressão parcial de oxigênio, precisa ser avaliada,

$$K_2 = e^{-\Delta G^o/RT} = 9{,}075x10^{-9} = \frac{P_{CO}P_{O2}^{1/2}}{P_{CO2}} = \frac{0{,}7997\,x\,P_{O2}^{1/2}}{0{,}1303}$$

Ou $P_{O2} = 2{,}36x10^{-18}\,atm$*, desprezível, portanto.* ■

EXEMPLO 5.26

1 mol de SO_2, inicialmente na temperatura T_{SO2} (673 K), é misturado a $n^0(3)$ mols de ar (21% O_2) inicialmente a T_{ar} (673 K). Objetiva-se obter SO_3 através da reação $SO_2(g)$+ ½ $O_2(g) = SO_3(g)$, com o auxílio de um catalisador específico. Dados termodinâmicos indicam (ver tabela a seguir), para cálculo de entalpia de aquecimento, as expressões seguintes (a aproximação linear permanece válida na faixa de temperaturas de 400 a 1000 K).

EXEMPLO 5.26 (*continuação*)

Coeficientes para cálculo de entalpia de aquecimento

	$H_T - H_{298} = AT + BT^2/1000 + C/T + D(J)$				$H_T - H_{298} = AT + B\ (J)$	
	A	B	C	D	A	B
SO_2	46,21	3,93	770224	−16711	48,595	−14945,3
O_2	29,97	2,09	167440	−9682	32,043	−9714,87
SO_3	58,19	12,77	1347892	−23002	69,722	−21891,1
N_2	28,59	1,88	50232	−8862	30,791	−9293,76

Por sua vez, a variação de entalpia da reação pertinente seria dada por:

$$SO_2(g) + 1/2O_2(g) = SO_3(g)\Delta H_{298K} = -96445\,J$$

Pretende-se encontrar o grau de conversão de SO_2 a SO_3, bem como a temperatura no reator, assumindo processo adiabático e equilíbrio na fase gasosa, sob pressão total P_T (1,2 atm), de acordo com:

$$SO_2(g) + 1/2O_2(g) = SO_3(g) \qquad \Delta G^0 = -94604 + 89{,}41T\,J,$$

Atingir este equilíbrio implica obter, no reator,

$$\frac{P_{SO3}}{P_{O2}^{1/2}\,P_{SO2}} = e^{11374/T - 10{,}75}$$

Admite-se, inicialmente, que os gases presentes em equilíbrio sejam SO_2, O_2, SO_3 e N_2. De acordo com o proposto, balanços de conservação de enxofre, oxigênio e nitrogênio permitem escrever, nesta ordem:

$$1 = n_{SO2} + n_{SO3}$$

$$1 + 0{,}21n^o = n_{O2} + n_{SO2} + 3/2n_{SO3}$$

$$0{,}79n^o = n_{N2}$$

EXEMPLO 5.26 (*continuação*)

Essas relações podem ser reescritas como:

$$n_T = n_{O2} + n_{SO2} + n_{SO3} + n_{N2} = 1 + n^o - 1/2n_{SO3}$$

$$n_{SO2} = 1 - n_{SO3}$$

$$n_{O2} = 1 + 0,21n^o - 1/2n_{SO3}$$

Sendo cada pressão parcial estimada a partir de $P_i = \frac{n_i}{n_T} P_T$; *a restrição de equilíbrio resume-se a:*

$$\frac{P_{SO3}}{P_{O2}^{1/2} P_{SO2}} = \frac{n_{SO3}}{n_{O2}^{1/2} n_{SO2}} \left(\frac{n_T}{P_T} \right)^{1/2} = e^{11374/T - 10,75}$$

ou

$$\frac{n_{SO3}}{\left(1 + 0,21n^o - 0,5n_{SO3}\right)^{\frac{1}{2}} \left(1 - n_{SO3}\right)} \left(\frac{1 + n^o - 0,5n_{SO3}}{P_T} \right)^{1/2} = e^{11374/T - 10.75} \quad (I)$$

Nesta última expressão os valores de n^0 *e* P_T *são conhecidos, restando duas incógnitas. A saber, a temperatura (T) e o grau de conversão* (n_{SO3}). *Portanto, arbitrando-se valores de* n_{SO3} *pode-se encontrar a temperatura de equilíbrio (T).*

Outra restrição entre as variáveis provém do balanço de energia do processo. Um possível caminho imaginário seria como mostrado na figura a seguir.

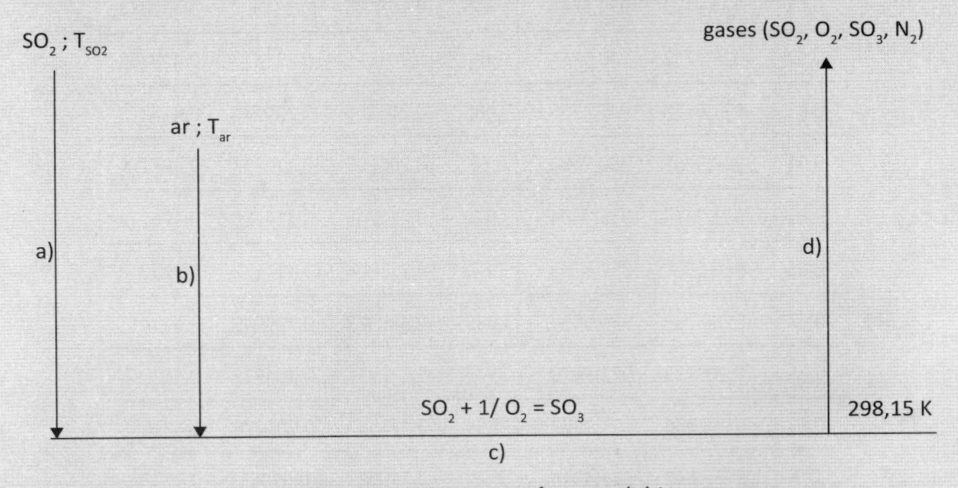

Caminho imaginário para esta transformação adiabática.

EXEMPLO 5.26 (*continuação*)

Quatro etapas seriam suficientes para descrever o balanço, e as contribuições de cada uma delas indicam:

ENTRADAS: $1 \times (48{,}595\ T_{SO2} - 14945{,}3) + n^o\ \{ 0{,}21(32{,}043\ T_{ar} - 9714{,}87) + 0{,}79(30{,}791\ T_{ar} - 9293{,}76)\} + 96445\ n_{SO3}$

SAÍDAS: $(1 - n_{SO3})\ (48{,}595\ T - 14595{,}3) + (1 + 0{,}21\ n^o - 1/2\ n_{SO3})(32{,}043\ T - 9714{,}87) + n_{SO3}\ (69{,}722\ T - 21891{,}16) + 0{,}79\ n^o\ (30{,}791\ T - 9293{,}76)$

A expressão do balanço pode ser rearranjada para:

$1 \times (48{,}595\ T_{SO2} - 14595{,}3) + n^o\ \{0{,}21(32{,}043\ T_{ar} - 9714{,}87) + 0{,}79(30{,}791\ T_{ar} - 9293{,}76)\} + 96445\ n_{SO3} + \{14945{,}3\ (1 - n_{SO3}) + 9714{,}87\ (1 + 0{,}21\ n^o - 1/2\ n_{SO3}) + 21891{,}1\ n_{SO3} + 0{,}79 \times 9293{,}75\ n^o\} = T\ \{ 48{,}595\ (1 - n_{SO3}) + 32{,}043\ (1 + 0{,}21\ n^o - 1/2 n_{SO3}) + 69{,}722\ n_{SO3} + 0{,}79 \times 30{,}791\ n^o\} (II)$

Logo, partindo de valores conhecidos de T_{SO2}, T_{ar} e n^o, pode-se determinar um valor de temperatura adiabática para cada valor de n_{SO3} (ver tabela a seguir). A solução precisa satisfazer simultaneamente as restrições I e II, e resulta em $T = 960\ K$ e $n_{SO3} = 0{,}659$, como indicam a figura e a tabela a seguir.

Valores de temperatura de acordo com as expressões I e II, de equilíbrio e de conservação de energia, em função de *nS03*

n_{SO3}	T_{equ} (I)	T_{adiab} (II)	n_T	P_{SO3}	P_{SO2}	P_{O2}
0,6	982,5602	929,6002	3,7	0,194595	0,12973	0,431351
0,61	978,9193	934,8944	3,695	0,198106	0,126658	0,430311
0,62	975,2722	940,1854	3,69	0,201626	0,123577	0,429268
0,63	971,6158	945,4735	3,685	0,205156	0,120488	0,428223
0,64	967,9468	950,7584	3,68	0,208696	0,117391	0,427174
0,65	964,2617	956,0404	3,675	0,212245	0,114286	0,426122
0,66	960,5569	961,3193	3,67	0,215804	0,111172	0,425068
0,67	956,8289	966,5951	3,665	0,219372	0,108049	0,424011
0,68	953,0735	971,8679	3,66	0,222951	0,104918	0,422951
0,69	949,2868	977,1377	3,655	0,226539	0,101778	0,421888
0,7	945,4641	982,4044	3,65	0,230137	0,09863	0,420822

EXEMPLO 5.26 (*continuação*)

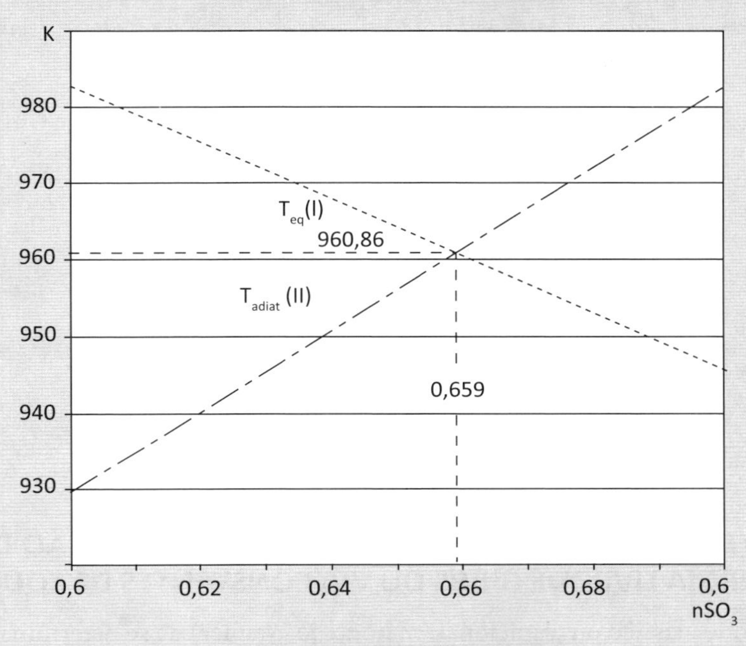

Solução ao problema: temperatura adiabática (960 K) e grau de conversão a SO_3 (0,659).

Observe-se que, neste sistema, são quatro as espécies químicas, $SO_2\,(g)$, $O_2\,(g)$, $SO_3\,(g)$ e $N_2(g)$, cujas quantidades relativas estão reguladas por um equilíbrio químico $SO_2\,(g) + 1/2\ O_2\,(g) = SO_3\,(g)$. Dessa forma, o número de componentes, de acordo com a Regra das Fases, seria $C = (S - R) = 4 - 1 = 3$. Estando presente uma única fase, gasosa, o número de graus de liberdade pode ser calculado como $V = C - F + 2 = 3 - 1 + 2 = 4$.

Em uma análise puramente matemática podem ser consideradas as pressões parciais como sendo as incógnitas neste problema, P_{SO2}, P_{O2}, P_{SO3}, P_{N2}, isto é, 4. A pressão total foi fornecida, o que permite escrever uma relação independente entre as pressões parciais,

$$P_T = P_{SO2} + P_{O2} + P_{SO3} + P_{N2}$$

Por sua vez, os balanços de conservação de elementos podem ser combinados:

$$1 = n_{SO2} + n_{SO3} \ \text{ e } \ 0{,}79n^o = n_{N2}$$

$$\frac{1}{0{,}79n^o} = \frac{n_{SO2} + n_{SO3}}{n_{N2}} = \frac{P_{SO2} + P_{SO3}}{P_{N2}}$$

EXEMPLO 5.26 (*continuação*)

O que representa outra restrição independente entre as pressões posto que n^o é dado

De modo análogo, os balanços de conservação:

$$1 = n_{SO2} + n_{SO3} \text{ e } 1 + 0{,}21n^o = n_{O2} + n_{SO2} + 3/2n_{SO3}$$

$$\frac{1}{1+0{,}21n^o} = \frac{n_{SO2} + n_{SO3}}{n_{O2} + n_{SO2} + 3/2n_{SO3}} = \frac{P_{SO2} + P_{SO3}}{P_{O2} + P_{SO2} + \frac{3}{2} P_{SO3}}$$

fornecem uma terceira relação independente entre as pressões parciais. A quarta restrição é representada pelo balanço de conservação de energia.

■

5.6 DETERMINANDO O EQUILÍBRIO VIA MINIMIZAÇÃO DE ENERGIA LIVRE DE GIBBS OU VIA CONSTANTES DE EQUILÍBRIO

No método clássico ou tradicional (método de Wagner) de se determinar as condições de equilíbrio químico escrevem-se todas as restrições relativas a balanços de massa e constantes de equilíbrio. O sistema algébrico resultante pode então ser resolvido, em geral numericamente. É o que tem sido feito até aqui.

No método CALculation of PHAse Diagrams (CALPHAD) (Lukas, 2007), bastante utilizado em *softwares* comerciais, utilizam-se bancos de dados que permitem escrever as funções que fornecem as energias livres de todas as fases passíveis de serem encontradas no sistema; este procedimento é especializado, e parte importante de pesquisas no ramo é propor formas de funções que permitem uma descrição satisfatória da função energia livre a partir de um conjunto limitado de dados experimentais. O método se completa com um procedimento numérico que procura as condições que levam à minimização de energia livre do sistema.

Os dois métodos são perfeitamente equivalentes do ponto de vista de resultados, se as premissas utilizadas forem as mesmas.

Como exemplo, ainda que limitado, considera-se a solução aço, no estado inicial, com teores de alumínio e oxigênio iguais a $\%Al^i$ e $\%O^i$, respectivamente, totalizando uma massa M[g].

Se n^o_{Fe}, n^o_{Al}, n^o_O e n^o_{Al2O3} representam os números de mols (ou átomos-grama, ou fórmulas-grama), de ferro, alumínio, oxigênio e alumina, respectivamente, no instante inicial, então as quantidades após reação podem ser relacionadas a partir da estequiometria da reação e da variável ξ [mols], avanço da reação. Então, aplicam-se as expressões dadas na Tabela 5.2.

Tabela 5.2 – Quantidades de reagentes e de produto no início e após a reação

Reação	$\underline{Al}_{(\%)} + \frac{3}{2}\underline{O}_{(1\%)} \rightarrow \frac{1}{2}Al_2O_{3(s)}$		
	Reagentes		Produto
Início	n^0_{Al}	n^0_O	0
Após reação	$n^0_{Al} - \xi$	$n^0_O - 3/2\xi$	$1/2\ \xi$

Essas relações estequiométricas permitem escrever (M_{Al} e M_O são as massas atômicas de alumínio e oxigênio, 27 g/mol e 16 g/mol, respectivamente):

$$\%Al^f = \%Al^i - \xi M_{Al} 100 / M \tag{5.82}$$

$$\%O^f = \%O^i - \frac{3}{2}\xi M_O 100 / M \tag{5.83}$$

Caso o estado "após reação" corresponda ao equilíbrio, os teores de alumínio e oxigênio precisam obedecer à restrição seguinte (para a qual se considera a formação de alumina pura e sólida):

$$K = \frac{a_{Al2O3}}{(h_{Al})^2 (h_O)^3} \cong \frac{1}{\%Al^2\ \%O^3} \tag{5.84}$$

Dados termodinâmicos pertinentes a este equilíbrio disponíveis na literatura, por exemplo,

$$2Al_{(l)} + 3/2O_{2(g)} = Al_2O_{3(s)} \quad \Delta G^o_I = -1679876 + 321{,}79T\ J \quad \text{(Elliot, 1963)} \tag{5.85}$$

$$Al_{(l)} = \underline{Al}_{(\%)} \ldots\ldots\ldots\ldots \Delta G^o_{II} = 63180 - 27{,}91T\ \ J \quad \text{(Engh, 1992)} \tag{5.86}$$

$$1/2O_{2(g)} = \underline{O}_{(1\%)} \ldots\ldots \Delta G^o_{III} = -117150 - 2{,}89T\ \ J \quad \text{(Engh, 1992)} \tag{5.87}$$

permitem escrever, para a reação (a 1627 °C ou 1900 K),

$$2Al_{(1\%)} + 3O_{(1\%)} = Al_2O_{3(s)} \ldots \Delta G^o = -1202066 + 386{,}28T\ \ J \tag{5.88}$$

$$\Delta G^o = -RTlnK.:\ K = \exp\left[\frac{-\Delta G^0}{RT}\right] = 7{,}52x10^{12} \tag{5.89}$$

No caso de um exemplo hipotético, para o qual a massa inicial de aço totaliza 1 g, com composição inicial tal que %Al = 0,10 e %O = 0,010, tem-se:

$$\%Al^{f} = \%Al^{i} - \left(\xi . \frac{M_{Al.}100}{M} \right) = 0,10 - 2700\xi \tag{5.90}$$

$$\%O^{f} = \%O^{i} - \left(\frac{3}{2} \xi . \frac{M_{O}.100}{M} \right) = 0,010 - 2400\xi \tag{5.91}$$

Essas expressões levadas à constante de equilíbrio fornecem:

$$K = 7,52x10^{12} = \frac{a_{Al_2O_3}}{(\%Al^{f})^2 \ (\%O^{f})^3} = \frac{1}{\left(0,1 - 2700\xi\right)^2 \left(0,01 - 2400\xi\right)^3} \tag{5.92}$$

ou

$$\xi = \left[0,1 - \frac{1}{\sqrt{K\left(0,01 - 2400\xi\right)^3}} \right] / 2700 \tag{5.93}$$

a qual, resolvida iterativamente, indica:

$\xi = 4,06x10^{-6}$, e então: $\%Al^{f} = 0,08903\%$; $\%O^{f} = 0,000254\%$; $n_{Al_2O_3} = 2,03x10^{-6}$

O procedimento relativo à Minimização de Energia Livre é, conceitualmente, completamente similar a este, embora as técnicas matemáticas de resolução possam diferir.

A escolha da técnica a ser empregada, de acordo com este procedimento, consistiria em escrever uma expressão para energia livre do sistema após ser atingido um progresso genérico da reação, ξ,

$$G = n_{Fe}\mu_{Fe}^{o,L} + n_{O}.\mu_{O} + n_{Al}.\mu_{Al} + n_{Al_2O_3}.\mu_{Al_2O_3}^{o,S} \tag{5.94}$$

$$G = n_{Fe}\,\mu_{Fe}^{o,L} + \left(\frac{\%O^{i} M}{100 M_{O}} - 1,5\xi \right) \mu_{O} + \left(\frac{\%Al^{i} M}{100 M_{Al}} - \xi \right) \mu_{Al} + 0,5\xi\,\mu_{Al_2O_3}^{o,S} \tag{5.95}$$

Nessa expressão, n_{Fe}, n_{Al}, n_{O} representam os números de mols (ou átomos-grama) de ferro, alumínio e oxigênio na solução aço; $\mu_{Fe}^{o,L}$, μ_{Al}, μ_{O} são os potenciais químicos dessas espécies na solução citada, funções de temperatura, pressão e composição. Note-se que, como a solução aço é diluída em oxigênio e alumínio, tomou-se o potencial químico do ferro na solução como sendo o potencial químico do ferro puro e líquido. De modo semelhante, $n_{Al_2O_3}$ e $\mu^{o,s}_{Al_2O_3}$ seriam o número de fórmulas-grama e potencial da alumina.

Os valores dos potenciais químicos da alumina pura e sólida e do ferro puro e líquido estão tabelados:

$$\mu^{o,S}_{Al_2O_3} = -1486649 - 261{,}15T \quad \left[\frac{J}{mol}\right] \tag{5.96}$$

$$\mu^{o,L}_{Fe} = 74475 - 100{,}88T \quad \left[\frac{J}{mol}\right] \tag{5.97}$$

Os valores dos demais potenciais podem ser estimados como se segue. Para o alumínio em solução se escreve:

$$\mu_{Al} = \mu^{o\%}_{Al} + RTlnh_{Al} \tag{5.98}$$

onde $\mu^{o\%}_{Al}$ representa o potencial de referência Henryano, tal que a atividade se torna idêntica à % em peso, em soluções diluídas; $h_{Al} = f_{Al}\ \%Al$ é a atividade do alumínio. Somando e subtraindo o valor de $\mu^{o,L}_{Al}$ ao segundo membro da equação precedente se encontra:

$$\mu_{Al} = \mu^{o,L}_{Al} + \left(\mu^{o\%}_{Al} - \mu^{o,L}_{Al}\right) + RTlnh_{Al} \tag{5.99}$$

Sabe-se, entretanto, que:

$$\mu^{o,L}_{Al} = 57717 - 92{,}96T \quad \left[\frac{J}{mol}\right] \tag{5.100}$$

e, além disto,

$$Al_{(l)} \rightarrow Al_{(1\%)} \ldots\ldots\ldots \Delta G^o = -62760 - 27{,}90T \quad J \tag{5.101}$$

$$\Delta G^o_1 = \mu^{o\%}_{Al} - \mu^{o,L}_{Al} = -62760 - 27{,}90T \tag{5.102}$$

o que permite escrever:

$$\mu_{Al} \cong \mu^{o,L}_{Al} + \Delta G^o_1 + RTln\%Al \tag{5.103}$$

Finalmente, composição em % em peso e número de mols podem ser relacionados através de:

$$\%Al = \frac{n_{Al}M_{Al}}{n_{Al}M_{Al} + n_O M_O + n_{Fe}M_{Fe}} x100 \approx n_{Al}\frac{M_{Al}}{n_{Fe}M_{Fe}}100 \quad (5.104)$$

Resultando para potencial químico do alumínio em solução:

$$\mu_{Al} \cong (57797 - 92,96T) + (-62760 - 27,90T) + RTln\left(\frac{M_{Al}}{n_{Fe}\,M_{Fe}}100n_{Al}\right) \quad (5.105)$$

O potencial químico do oxigênio pode ser obtido de modo semelhante. Desse modo,

$$\mu_O = \mu_O^{o\%} + RTlnh_O \quad (5.106)$$

onde $\mu_O^{o\%}$ representa o potencial de referência Henryano, tal que a atividade se torna idêntica à % em peso, em soluções diluídas; $h_O = f_O\ \%O$ é a atividade do oxigênio. Somando e subtraindo o valor $1/2\mu_{O_2}^{o,g}$ ao segundo membro da equação anterior:

$$\mu_O = 1/2\mu_{O_2}^{o,g} + \left(\mu_{Al}^{o\%} - 1/2\mu_{O_2}^{o,g}\right) + RTlnh_O \quad (5.107)$$

Como

$$\mu_{O2}^{o,g} = 53359 - 265,71T \left[\frac{J}{mol}\right] \quad (5.108)$$

$$½O_2(g) \rightarrow O_{(1\%)} .... \Delta G^0 = -117152 - 2,887T\ J \quad (5.109)$$

$$\Delta G_2^o = \mu_O^{o\%} - 1/2\mu_{O_2}^{o,g} = -117152 - 2,887T \quad (5.110)$$

Escreve-se:

$$\mu_0 \cong 1/2\mu_{O_2}^{o,g} + \Delta G_2^o + RTln\%O \quad (5.111)$$

Concentração e número de mols das espécies em solução estão relacionados como:

$$\%O = \frac{n_O M_O}{n_{Al}M_{Al} + n_O M_O + n_{Fe}M_{Fe}} x100 \approx n_O\frac{M_O}{n_{Fe}M_{Fe}}100 \quad (5.112)$$

Finalmente, a função a minimizar seria:

$$G = n_{Fe}\mu_{Fe}^{o,L} + n_O\mu_O + n_{Al}\mu_{Al} + n_{Al_2O_3}\mu_{Al_2O_3}^{o,S} \quad (5.113)$$

$$G = n_{Fe}\mu_{Fe}^{o,L} + \left(\frac{\%O^i.M}{100M_O} - 1{,}5\xi\right)\mu_O + \left(\frac{\%Al^i.M}{100M_{Al}} - \xi\right)\mu_{Al} + 0{,}5\xi\,\mu_{Al_2O_3}^{o,S} \quad (5.114a)$$

e, logo,

$$G = n_{Fe}\left(74475 - 100{,}88T\right) + \left(\frac{10^{-3}}{27} - \xi\right)\left\{\left(57797 - 92{,}96T\right) + \left(-62760 - 27{,}90T\right) + \right.$$

$$\left. RTln\left[\frac{M_{Al}}{n_{Fe}M_{Fe}}100\left(\frac{10^{-3}}{27} - \xi\right)\right]\right\} + \left(\frac{10^{-4}}{16} - \frac{3}{2}\xi\right)\left\{\frac{1}{2}\left(53359 - 265{,}71T\right) + \left(-117152 - 2{,}887T\right) + \right.$$

$$\left. RTln\left[\frac{M_O}{n_{Fe}M_{Fe}}100\left(\frac{10^{-4}}{16} - \frac{3}{2}\xi\right)\right]\right\} + \frac{1}{2}\xi\left(-1486649 - 261{,}15T\right) \quad (5.114b)$$

Como se nota G é função do avanço. O valor de avanço, ξ, que torna mínimo o valor de G, isto é, para o qual $\frac{dG}{d\xi} = 0$ (Figura 5.18), é igual a 4,06 x 10^{-6} mols.

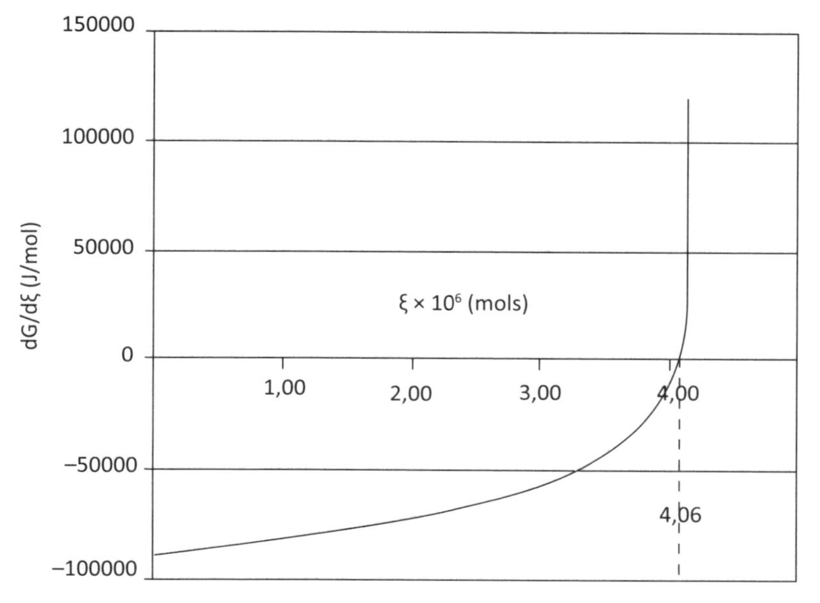

Figura 5.18 – Valor da primeira derivada de energia livre do sistema Ferro-Alumínio-Oxigênio a 1900 K, com função do avanço.

5.7 MULTIPLICADORES DE LAGRANGE

Após a identificação do problema e o estabelecimento das hipóteses, os cálculos referentes ao equilíbrio químico se resumem, em geral, à implementação de técnicas de resolução de equações. Multiplicadores de Lagrange podem ser utilizados para tal fim, como se ilustra a seguir.

Considere o equilíbrio químico entre as espécies gasosas SO_2, O_2 e SO_3. Se n_{SO2}, n_{O2} e n_{SO3} denotam os números de mols de cada uma dessas espécies, então a energia livre do sistema será dada por:

$$G = n_{SO_2}\mu_{SO_2} + n_{O_2}\mu_{O_2} + n_{SO_3}\mu_{SO_3} \tag{5.115}$$

O equilíbrio é alcançado quando o valor dessa função atinge um mínimo (a temperatura e pressão constantes). Entretanto, esse mínimo está condicionado à obediência ao princípio de Conservação de Massa, que em termos elementares pode ser escrito como:

$$n_s = n^o_{SO_2} + n^o_{SO_3} = n_{SO_2} + n_{SO_3} \tag{5.116}$$

$$n_O = 2n^o_{SO_2} + 2n^o_{O_2} + 3n^o_{SO_3} = 2n_{SO_2} + 2n_{O_2} + 3n_{SO_3} \tag{5.117}$$

$$n_T = n_{SO_2} + n_{O_2} + n_{SO_3} \tag{5.118}$$

A resolução desse problema utilizando o método dos Multiplicadores de Lagrange pode ser resumida como:

1) minimizar a função:

$$G = n_{SO_2}\mu_{SO_2} + n_{O_2}\mu_{O_2} + n_{SO_3}\mu_{SO_3} = \sum n_i \mu_i \tag{5.119}$$

2) condicionada às restrições:

$$\lambda_S : n_S - n_{SO_2} - n_{SO_3} = 0 \tag{5.120}$$

$$\lambda_O : n_O - 2n_{SO_2} - 2n_{O_2} - 3n_{SO_3} = 0 \tag{5.121}$$

onde λ_S e λ_O são os multiplicadores de Lagrange.

Então, o Lagrangeano escreve-se como:

$$L = \left\{ n_{SO_2}\mu_{SO_2} + n_{O_2}\mu_{O_2} + n_{SO_3}\mu_{SO_3} \right\} + \lambda_S \left\{ n_S - n_{SO_2} - n_{SO_3} \right\} + \lambda_O \left\{ n_O - 2n_{SO_2} - 2n_{O_2} - 3n_{SO_3} \right\} \tag{5.122}$$

E, como o equilíbrio é alcançado para valores particulares de números de mols que o minimizam, implica:

$$\frac{\partial L}{\partial n_{SO_2}} = \mu_{SO_2} - \lambda_S - 2\lambda_O = 0 \tag{5.123}$$

$$\frac{\partial L}{\partial n_{O_2}} = \mu_{O_2} - 2\lambda_O = 0 \quad (5.124)$$

$$\frac{\partial L}{\partial n_{SO_3}} = \mu_{SO_3} - \lambda_S - 3\lambda_O = 0 \quad (5.125)$$

A concentração da solução gasosa no equilíbrio pode então ser obtida pela resolução simultânea das equações de minimização mostradas, sujeitas às restrições de Conservação de Massa, desde que sejam fornecidas expressões para os potenciais químicos. Nesse caso, assumindo que temperatura e pressão total sejam conhecidas e que o gás se comporta idealmente, se escreve:

$$P_i = \frac{n_i}{n_T} P \quad (5.126)$$

$$P_{SO_2} = \frac{n_{SO_2}}{n_{SO_2} + n_{O_2} + n_{SO_3}} P \quad (5.127a)$$

$$P_{O_2} = \frac{n_{O_2}}{n_{SO_2} + n_{O_2} + n_{SO_3}} P \quad (5.127b)$$

$$P_{SO_3} = \frac{n_{SO_3}}{n_{SO_2} + n_{O_2} + n_{SO_3}} P \quad (5.128)$$

$$\mu_{SO_2} = \mu^o_{SO_2} + RTlnP_{SO_2} \quad (5.129)$$

$$\mu_{O_2} = \mu^o_{O_2} + RTlnP_{O_2} \quad (5.130)$$

$$\mu_{SO_3} = \mu^o_{SO_3} + RTlnP_{SO_3} \quad (5.131)$$

Note-se que os valores de potenciais de referência, $\mu_i^o\left(T, 1atm\right)$, podem ser facilmente encontrados na literatura.

A vantagem deste método é que pode ser generalizado, para incluir número maior de espécies e outras fases, e que não requer que as reações independentes entre as espécies sejam escritas. Observe-se também que se os multiplicadores de Lagrange forem eliminados das equações de minimização citadas anteriormente encontra-se que:

$$0 = \mu_{SO_2} + 1/2\mu_{O_2} - \mu_{SO_3} \quad (5.132)$$

que representa o equilíbrio químico em questão. Logo, os métodos de resolução, utilizando constantes de equilíbrio e Multiplicadores de Lagrange, se equivalem.

EXEMPLO 5.27

Escreva as equações referentes ao equilíbrio entre as espécies CO, CO_2, O_2, H_2 e H_2O, utilizando o método de multiplicadores de Lagrange.

O problema consiste em minimizar a função:

$$G = n_{CO}\mu_{CO} + n_{CO_2}\mu_{CO_2} + n_{O_2}\mu_{O_2} + n_{H_2}\mu_{H_2} + n_{H_2O}\mu_{H_2O}$$

sujeita às restrições de conservação de massa:

$$n_C = n_{CO} + n_{CO_2}$$

$$n_O = n_{CO} + 2n_{CO_2} + 2n_{O_2} + n_{H_2O}$$

$$n_H = 2n_{H_2} + 2n_{H_2O}$$

as quais permitem definir os multiplicadores de Lagrange,

$$\lambda_C : n_C - n_{CO} - n_{CO_2} = 0$$

$$\lambda_O : n_O - n_{CO} - 2n_{CO_2} - 2n_{O_2} - n_{H_2O} = 0$$

$$\lambda_H : n_H - 2n_{H_2} - 2n_{H_2O} = 0$$

O Lagrangeano, função a ser minimizada, seria escrito como:

$$L = n_{CO}\mu_{CO} + n_{CO_2}\mu_{CO_2} + n_{O_2}\mu_{O_2} + n_{H_2}\mu_{H_2} + n_{H_2O}\mu_{H_2O} + \lambda_C\left\{n_C - n_{CO} - n_{CO_2}\right\}$$
$$+ \lambda_O\left\{n_O - n_{CO} - 2n_{CO_2} - 2n_{O_2} - n_{H_2O}\right\} + \lambda_H\left\{n_H - 2n_{H_2} - 2n_{H_2O}\right\}$$

A minimização ocorre para valores específicos de número de mols de cada espécie, condição que pode ser encontrada estabelecendo-se que as derivadas primeiras devem ser nulas, isto é:

$$1)\ \frac{\partial L}{\partial n_{CO}} = \mu_{CO} - \lambda_C - \lambda_O = 0$$

$$2)\ \frac{\partial L}{\partial n_{CO_2}} = \mu_{CO_2} - \lambda_C - 2\lambda_O = 0$$

EXEMPLO 5.27 (*continuação*)

$$3)\ \frac{\partial L}{\partial n_{O_2}} = \mu_{O_2} - 2\lambda_O = 0$$

$$4)\ \frac{\partial L}{\partial n_{H_2}} = \mu_{H_2} - 2\lambda_H = 0$$

$$5)\ \frac{\partial L}{\partial n_{H_2O}} = \mu_{H_{2O}} - \lambda_O - 2\lambda_H = 0$$

A resolução simultânea destas equações requer expressões para o potencial químico das espécies, em função de temperatura, pressão e número de mols. Por exemplo, sendo os gases ideais, vem:

$$P_i = \frac{n_i}{n_T} P$$

onde:

$$n_T = n_{CO} + n_{CO_2} + n_{O_2} + n_{H_2} + n_{H_2O}$$

Então, as expressões requeridas seriam:

$$\mu_{CO} = \mu_{CO}^o + RTln \frac{n_{CO}}{n_{CO} + n_{CO_2} + n_{O_2} + n_{H_2} + n_{H_2O}} P$$

$$\mu_{CO2} = \mu_{CO2}^o + RTln \frac{n_{CO2}}{n_{CO} + n_{CO_2} + n_{O_2} + n_{H_2} + n_{H_2O}} P$$

$$\mu_{O2} = \mu_{O2}^o + RTln \frac{n_{O2}}{n_{CO} + n_{CO_2} + n_{O_2} + n_{H_2} + n_{H_2O}} P$$

$$\mu_{H2} = \mu_{H2}^o + RTln \frac{n_{H2}}{n_{CO} + n_{CO_2} + n_{O_2} + n_{H_2} + n_{H_2O}} P$$

$$\mu_{H2O} = \mu_{H2O}^o + RTln \frac{n_{H2O}}{n_{CO} + n_{CO_2} + n_{O_2} + n_{H_2} + n_{H_2O}} P$$

EXEMPLO 5.27 (*continuação*)

Note-se que os valores de potenciais de referência, $\mu_i^o(T, 1\text{atm})$, podem ser facilmente encontrados na literatura.

Como já citado, uma das vantagens desse método é que as reações independentes entre as espécies não precisam ser escritas. É fácil mostrar que as reações de equilíbrio podem ser recuperadas ao se eliminar os multiplicadores de Lagrange entre as expressões de derivada primeira. Por exemplo:

$$\text{de 3) resulta que } \lambda_O = \frac{1}{2}\mu_{O_2}$$

$$\text{de 4) resulta que } \lambda_H = \frac{1}{2}\mu_{H_2}$$

Logo, de 1) e 2) vem, sucessivamente:

$$\mu_{CO} - \lambda_C - \lambda_O = 0$$

e

$$-\mu_{CO_2} + \lambda_C + 2\lambda_O = 0$$

ou

$$\mu_{CO} - \mu_{CO_2} + \lambda_O = 0$$

ou

$$\mu_{CO} - \mu_{CO_2} + \frac{1}{2}\mu_{O_2} = 0$$

ou

$$\mu_{CO} + \frac{1}{2}\mu_{O_2} - \mu_{CO_2} = 0.$$

EXEMPLO 5.27 (*continuação*)

Esta última expressão corresponde à variação de energia livre da reação:

$$CO_2 = \frac{1}{2}O_2 + CO$$

$$\Delta G = \mu_{CO} + \frac{1}{2}\mu_{O2} - \mu_{CO2} = 0$$

utilizada como critério de equilíbrio.

De modo análogo, 5) fornece:

$$\mu_{H_2O} - \lambda_O - 2\lambda_H = 0$$

ou

$$\mu_{H_2O} - \frac{1}{2}\mu_{O_2} - \mu_{H_2} = 0$$

expressão que corresponde à variação de energia livre da reação:

$$\frac{1}{2}O_2 + H_2 = H_2O$$

$$\Delta G = \mu_{H_2O} - \frac{1}{2}\mu_{O_2} - \mu_{H_2} = 0$$

empregada como critério de equilíbrio.

Como antes se mostra que os métodos são equivalentes.

■

EXEMPLO 5.28

Considere, a 1900 K, 1000 g de aço contendo alumínio e oxigênio, tal que %Al = 0,10 e %O = 0,010. Utilize o método dos multiplicadores de Lagrange e estime as concentrações no equilíbrio.

Assumindo que as espécies em equilíbrio sejam ferro (solvente da solução Fe-Al-O), oxigênio e alumínio dissolvidos e alumina, as quantidades iniciais destas, $n^o_{Fe}, n^o_{Al}, n^o_O$ *e* $n^o_{Al_2O_3}$*, podem ser estimadas como:*

$$n^o_{Fe} = 1000 \times (1 - 0{,}0010 - 0{,}00010)/55{,}85 = 17{,}885$$

$$n^o_{Al} = 1000 \times 0{,}0010/27 = 0{,}037$$

$$n^o_O = 1000 \times 0{,}00010/16 = 0{,}00625$$

$$n^o_{Al_2O_3} = 0.$$

O equilíbrio será observado quando a função:

$$G = n_{Fe}\,\mu^{o,L}_{Fe} + n_O\,\mu_O + n_{Al}\,\mu_{Al} + n_{Al_2O_3}\,\mu^{o,S}_{Al_2O_3}$$

atingir o mínimo, restringido por balanços de conservação de massa (de ferro, oxigênio e alumínio), os quais permitem identificar os seguintes multiplicadores de Lagrange:

$$\lambda_{Al} : n^o_{Al} = n_{Al} + 2n_{Al_2O_3} \quad \text{ou} \quad n^o_{Al} - n_{Al} - 2n_{Al_2O_3} = 0$$

$$\lambda_O : n^o_O = n_O + 3n_{Al_2O_3} \quad \text{ou} \quad n^o_O - n_O - 3n_{Al_2O_3} = 0$$

$$\lambda_{Fe} : n^o_{Fe} = n_{Fe} \quad \text{ou} \quad n^o_{Fe} - n_{Fe} = 0$$

A função a ser minimizada se escreve, portanto:

$$L = G + \lambda_{Al}\left(n^o_{Al} - n_{Al} - 2n_{Al_2O_3}\right) + \lambda_O\left(n^o_O - n_O - 3n_{Al_2O_3}\right) + \lambda_{Fe}\left(n^o_{Fe} - n_{Fe}\right)$$

$$L = n_{Fe}\mu^{o,L}_{Fe} + n_O\mu_O + n_{Al}\mu_{Al} + n_{Al_2O_3}\mu^{o,S}_{Al_2O_3} + \lambda_{Al}\left(n^o_{Al} - n_{Al} - 2n_{Al_2O_3}\right) + \lambda_O\left(n^o_O - n_O - 3n_{Al_2O_3}\right) + \lambda_{Fe}\left(n^o_{Fe} - n_{Fe}\right)$$

EXEMPLO 5.28 (*continuação*)

Como o valor de L depende do número de mols de cada espécie, então, o equilíbrio se dará quando os valores das derivadas parciais seguintes forem, simultaneamente, iguais a zero:

$$\frac{\partial L}{\partial n_{Al}} = \mu_{Al} - \lambda_{Al} = 0 \qquad \frac{\partial L}{\partial n_O} = \mu_O - \lambda_O = 0$$

$$\frac{\partial L}{\partial n_{Fe}} = \mu_{Fe}^{oL} - \lambda_{Fe} = 0 \qquad \frac{\partial L}{\partial n_{Al_2O_3}} = \mu_{Al_2O_3}^{oS} - 2\lambda_{Al} - 3\lambda_O = 0$$

Os valores dos potenciais químicos da alumina pura e sólida e do ferro puro e líquido são:

$$\mu_{Al_2O_3}^{o,S} = -1486649 - 261{,}15T \; J/mol$$

$$\mu_{Fe}^{o,L} = 74475 - 100{,}88T \; J/mol$$

Por sua vez, para o alumínio em solução se escreve, sucessivamente,

$$\mu_{Al} = \mu_{Al}^{o\%} + RTlnh_{Al}$$

$$\mu_{Al} = \mu_{Al}^{o,L} + \left(\mu_{Al}^{o\%} - \mu_{Al}^{o,L}\right) + RTlnh_{Al}$$

Sabe-se, entretanto, que:

$$\mu_{Al}^{o,L} = 57717 - 92{,}96T \; J/mol$$

e, além disto,

$$Al_{(l)} \rightarrow Al_{(1\%)} \ldots\ldots\ldots\ldots \Delta G_1^o = \mu_{Al}^{o\%} - \mu_{Al}^{o,L} = -62760 - 27{,}90T \; J/mol$$

o que permite escrever:

$$\mu_{Al} \cong \mu_{Al}^{o,L} + \Delta G_1^o + RTln\%Al$$

EXEMPLO 5.28 (continuação)

Fazendo uso da aproximação:

$$\%Al = \frac{n_{Al}M_{Al}}{n_{Al}M_{Al} + n_O M_O + n_{Fe}M_{Fe}} x100 \approx n_{Al} \frac{M_{Al}}{n_{Fe}M_{Fe}} 100$$

encontra-se:

$$\mu_{Al} \cong -4963 - 120,86T + RTln\left(\frac{M_{Al}}{n_{Fe}M_{Fe}} 100 n_{Al}\right)$$

O potencial químico do oxigênio pode se obtido de modo semelhante. Desse modo,

$$\mu_O = \mu_O^{o\%} + RTlnh_O$$

$$\mu_O = 1/2\mu_{O_2}^{o,g} + \left(\mu_O^{o\%} - 1/2\mu_{O_2}^{o,g}\right) + RTlnh_O$$

Assumindo ser válida a aproximação:

$$\%O = \frac{n_O.M_O}{n_{Al}M_{Al} + n_O M_O + n_{Fe}M_{Fe}} x100 \approx n_O \frac{M_O}{n_{Fe}.M_{Fe}} 100$$

e, como:

$$\mu_{O_2}^{o,g} = 53359 - 265,71T \; J/mol$$

$$1/2O_2(g) \rightarrow O_{(1\%)} \ldots\ldots\ldots \Delta G_2^o = \mu_O^{o\%} - 1/2\mu_{O_2}^{o,g} = -117152 - 2,887T \; J$$

escreve-se:

$$\mu_O \cong 1/2\mu_{O_2}^{o,g} + \Delta G_2^0 + RTln\%O$$

$$\mu_O \cong -90472 - 135,72T + RTln\left(\frac{M_O}{n_{Fe}.M_{Fe}} 100 n_O\right) J$$

EXEMPLO 5.28 (*continuação*)

Finalmente, as condições de equilíbrio podem ser determinadas pela resolução simultânea das equações:

$$\mu_{Al} - \lambda_{Al} = 0 \qquad \mu_O - \lambda_O = 0$$

$$\mu_{Fe}^{oL} - \lambda_{Fe} = 0 \qquad \mu_{Al_2O_3}^{oS} - 2\lambda_{Al} - 3\lambda_O = 0$$

Onde:

$$\mu_O \cong -90472 - 135{,}72T + RTln\left(\frac{M_O}{n_{Fe}.M_{Fe}}100n_O\right) \; J/mol$$

$$\mu_{Al} \cong -4963 - 120{,}86T + RTln\left(\frac{M_{Al}}{n_{Fe}M_{Fe}}100n_{Al}\right) \; J/mol$$

$$\mu_{Al_2O_3}^{o,S} = -1486649 - 261{,}15T \; J/mol$$

$$\mu_{Fe}^{o,L} = 74475 - 100{,}88T \; J/mol$$

além das restrições de balanço de massa:

$$n_{Al}^o - n_{Al} - 2n_{Al_2O_3} = 0 \qquad n_O^o - n_O - 3n_{Al_2O_3} = 0 \qquad n_{Fe}^o - n_{Fe} = 0$$

Por exemplo, combinando os balanços de massa de alumínio e oxigênio escreve-se:

$$n_{Al} = n_{Al}^o - \frac{2}{3}\left(n_O^o - n_O\right)$$

de modo que a expressão:

$$\mu_{Al_2O_3}^{oS} - 2\lambda_{Al} - 3\lambda_O = 0$$

pode ser reescrita como:

$$-1486649 - 261{,}15T - 2\left(-4963 - 120{,}86.T + RTln\left(\frac{M_{Al}}{n_{Fe}M_{Fe}}100n_{Al}\right)\right)$$
$$-3\left(-90472 - 135{,}72T + RTln\left(\frac{M_O}{n_{Fe}M_{Fe}}100n_O\right)\right) = 0$$

EXEMPLO 5.28 (*continuação*)

ou

$$-1486649-261{,}15T-2\left(-4963-120{,}86.T+RTln\left(\frac{M_{Al}}{n_{Fe}.M_{Fe}}100\left[n_{Al}^{o}-\frac{2}{3}\left(n_{O}^{o}-n_{O}\right)\right]\right)\right)$$

$$-3\left(-90472-135{,}72T+RTln\left(\frac{M_O}{n_{Fe}M_{Fe}}100n_O\right)\right)=0$$

Resolvendo, para 1900 K, encontra-se $n_O = 1{,}585x10^{-4}$ *e*

$$\%O = n_O\frac{M_O}{n_{Fe}.M_{Fe}}100 = 0{,}000254$$

■

5.8 A IMPORTÂNCIA DAS SUPOSIÇÕES CORRETAS

Como se nota, existem vários esquemas matemáticos que permitem resolver o problema da minimização de Energia Livre de Gibbs, aplicando-se as restrições apropriadas a cada caso. A resposta, entretanto, independente da robustez, rapidez ou elegância das ferramentas matemáticas, pode carecer de sentido físico se o problema não for explicitado corretamente do ponto de vista físico-químico. Isso quer dizer que um problema mal definido pode conduzir a uma solução sem sentido físico.

Por exemplo, considere-se calcular a temperatura de chama, referente à combustão de H_2 por O_2 sob pressão de 1 atm, quando os reagentes são admitidos em proporção estequiométrica. Em qualquer caso supõe-se que a reação prossiga em um sistema adiabático e que a energia da combustão seja utilizada para aquecer os produtos do processo.

Se for assumido que a combustão seja completa, isto é, que todo O_2 e H_2 sejam consumidos e que ao final do processo a única espécie presente seja H_2O, calcula-se a temperatura de chama como 4984 K. Por sua vez, assumindo que combustão completa não seja possível, que a fase gasosa resultante precisa obedecer à restrição de equilíbrio representada por $1/2\ O_2 + H_2 = H_2O$, e que ao final as espécies presentes sejam O_2, H_2, H_2O, encontra-se temperatura de chama igual a 3508 K. Mesmo procedimento, quando se considera as espécies $H, H_2, H_2O, H_2O_2, O, O_2\ e\ O_3$, rende 3146 K. Esses resultados estão resumidos na Tabela 5.3, para ressaltar as diferenças provindas de diferentes suposições.

Tabela 5.3 – Temperatura adiabática de chama para a reação $H_2 + ½\,O_2 = H_2O$

Espécies	Pressão(atm)	Espécies	Pressão(atm)	Espécies	Pressão(atm)
H	0,0964	H_2O	1	H_2O	0,569
H_2	0,157	O_2	0	O_2	0,287
H_2O	0,618	H_2	0	H_2	0,144
H_2O_2	3,57 x 10^{-6}				
O	0,0508				
O_2	0,0774				
O_3	4,19 x 10^{-8}				
Temperatura	3146 K	Temperatura	4984 K	Temperatura	3508 K

EXEMPLO 5.29

Determine a relação entre a temperatura de chama, o excesso de ar e a composição dos gases efluentes, numa zona de combustão, na qual monóxido de carbono, inicialmente a 127 °C, é queimado com ar preaquecido em excesso, a 527 °C. Assuma que os produtos da combustão sejam CO, CO_2, N_2 *e* O_2*, e que a combustão possa ser incompleta. A pressão é igual a 1 atm.*

Considerando 100 mols de CO e a estequiometria da reação de combustão,

$$CO + 1/2O_2 = CO_2,$$

seriam 50 mols de oxigênio para combustão completa. Representando por Δ a fração de excesso de ar se tem, como quantidades que entram no sistema,

$$\begin{aligned} \text{monóxido de carbono} &= 100 \text{ mols} && \text{a } 127\ °C \\ \text{oxigênio} &= 50\,(1+\Delta) && \text{a } 527\ °C \\ \text{nitrogênio (79\% do ar)} &= 50\,(1+\Delta)\,79/21 \text{ mols} && \text{a } 527\ °C, \end{aligned}$$

Como combustão completa não é garantida, pode-se admitir

	CO	$+\ 1/2O_2$	$= CO_2$
entrada	*100*	*50 (1+Δ)*	*0*
saída	*100 – ξ*	*50 (1+Δ) – 0,5 ξ*	*ξ*

EXEMPLO 5.29 (*continuação*)

Isto é, que ξ mols de CO são consumidos, juntamente com ½ ξ mols de O_2, para a formação de ξ mols de CO_2. Então os efluentes seriam:

monóxido de carbono = 100 - ξ mols à temperatura de chama

dióxido de carbono = ξ mols à temperatura de chama

oxigênio = 50 (1+Δ) - 0,5 ξ mols à temperatura de chama

nitrogênio = 50 (1+Δ) 79/21 mols à temperatura de chama

Escolhe-se um Processo Imaginário tal que:

CO é resfriado desde 400 K até 298 K

O_2 é resfriado desde 800 K até 298 K

N_2 é resfriado desde 800 K até 298 K

CO é parcialmente oxidado a CO_2, através da reação CO + 1/2 $O_2 \rightarrow CO_2$

CO, CO_2, N_2 e O_2 são aquecidos até a temperatura final (incógnita)

Deste modo, os termos do balanço podem ser separados de acordo com a tabela a seguir.

Balanço de energia; TR = 298 K	
ENTRADAS (J)	**SAÍDAS (J)**
Calor de aquecimento	Calor de aquecimento
$CO;100\left[H_{CO,400}-H_{CO,298}\right]=100x2972$	$CO;(100-\xi)\left[H_{CO,T}-H_{CO,298}\right]$
$O_2;50(1+\Delta)\left[H_{O_2,800}-H_{O_2,298}\right]=50(1+\Delta)15844$	$CO_2;\xi\left[H_{CO_2,T}-H_{CO_2,298}\right]$
$N_2;\left(\frac{50(1+\Delta)79}{21}\right)\left[H_{N_2,800}-H_{N_2,298}\right]=\left(\frac{50(1+\Delta)79}{21}\right)15049$	$O_2;\left(50(1+\Delta)-\frac{1}{2}\xi\right)\left[H_{O_2,T}-H_{O_2,298}\right]$
Reação Exotérmica	$N_2;\left(\frac{50(1+\Delta)79}{21}\right)\left[H_{N_2,T}-H_{N_2,298}\right]$
$CO+1/2O_2=CO_2;\ 283116\ \xi$	
TOTAL	TOTAL

EXEMPLO 5.29 (*continuação*)

O valor do excesso (Δ) precisa ser fornecido, bem como uma metodologia para se estimar o grau de conversão de CO a CO_2. Este grau de conversão seguramente depende da temperatura, a qual é o objeto do cálculo; pode-se admitir que estejam relacionados por uma restrição de equilíbrio,

$CO_{(g)} + 1/2\ O_{2(g)} = CO_{2(g)}$, $\Delta G^o = -281442 + 85{,}23\ T\ J$

Tal que a constante de equilíbrio da reação é:

$$K = e^{-\Delta G^o/RT} = e^{\frac{33837}{T} - 10{,}25}$$

ou

$$K = \frac{P_{CO_2}}{P_{CO} P_{O_2}^{1/2}}$$

Então, se os gases são ideais, o número total de mols de gás efluente (CO, CO_2, O_2, N_2) seria

$$n_T = (100 - \xi) + \xi + (50(1+\Delta) - 0{,}5\xi) + \left(\frac{50(1+\Delta)79}{21}\right)$$

$$n_T = 338{,}09 + 238{,}09\Delta - 0{,}5\xi$$

E, daí, cada pressão parcial, $P_i = \frac{n_i}{n_T} P_T$, *calcula-se como:*

$$P_{CO} = \frac{n_{CO}}{n_T} P_T = \frac{100 - \xi}{338{,}09 + 238{,}09\Delta - 0{,}5\xi} P_T$$

$$P_{CO_2} = \frac{n_{CO_2}}{n_T} P_T = \frac{\xi}{338{,}09 + 238{,}09\Delta - 0{,}5\xi} P_T$$

$$P_{O_2} = \frac{n_{O_2}}{n_T} P_T = \frac{50(1+\Delta) - 0{,}5\xi}{338{,}09 + 238{,}09\Delta - 0{,}5\xi} P_T$$

$$P_{N_2} = \frac{n_{N_2}}{n_T} P_T = \frac{50(1+\Delta)79/21}{338{,}09 + 238{,}09\Delta - 0{,}5\xi} P_T$$

EXEMPLO 5.29 (*continuação*)

Finalmente, encontra-se a relação de restrição, a ser resolvida em conjunto com o balanço de energia,

$$K = \frac{P_{CO_2}}{P_{CO}P_{O_2}^{1/2}} = e^{\frac{33837}{T} - 10,25} = \frac{\xi\left(338,09 + 238,09\Delta - \frac{1}{2}\xi\right)^{1/2}}{(100-\xi)\left(50(1+\Delta) - \frac{1}{2}\xi\right)^{1/2}} \frac{1}{P_T^{1/2}}$$

Para cada valor específico de excesso de ar (Δ) a solução pode ser encontrada por um método iterativo: 1) especifica-se um valor "semente" de ξ; 2) a partir do valor de ξ um valor de temperatura é estimado considerando a restrição imposta pela constante de equilíbrio; 3) o valor estimado de temperatura retorna, quando lançado no balanço térmico, um novo valor de ξ etc.

A tabela e a figura a seguir foram construídas tomando-se como expressões para cálculo de calor contido (J/mol):

$CO: 28,42\ T + 2,05\ T^2/1000 + 0,46\ 10^5/T - 8812$
$CO_2: 44,23\ T + 4,40\ T^2/1000 + 8,62\ 10^5/T - 16476$
$O_2: 29,97\ T + 2,09\ T^2/1000 + 1,67\ 10^5/T - 9682$
$N_2: 28,59\ T + 1,88\ T^2/1000 + 0,50\ 10^5/T - 8862$

A figura mostra a evolução de temperatura de chama e número de mols de monóxido de carbono nos gases efluentes em função do excesso de ar; combustão incompleta de monóxido de carbono preaquecido a 400 K, com ar (21% oxigênio) preaquecido a 400 K.

Balanços térmicos para combustão incompleta de monóxido de carbono preaquecido a 400 K, com ar (21% oxigênio) preaquecido a 400 K

T_{chama} = 2539,28 K; Fração excesso = 0,00		T_{chama} = 2457,66 K; Fração excesso = 0,25	
Entradas	**Saídas**	**Entradas**	**Saídas**
Calor de aquecimento CO: 100 x 3000,9 O_2: 50,00 x 15844 N_2: 188,10 x 15278,9	Calor de aquecimento CO: 20,10 x 76606,10 O_2: 10,05 x79986,05 N_2: 188,10 x 75903,06 CO_2: 79,90 x 124557,32	Calor de aquecimento CO: 100 x 3000,9 O_2: 62,50 x15844 N_2: 235,12 x 15278,9	Calor de aquecimento CO: 11,54 x 73450,19 O_2: 18,27 x 76688,19 N_2: 235,12 x 72801,82 CO_2: 88,46 x 119164,45
CO + 1/2 O_2 = CO_2 79,90 x 283116		CO + 1/2 O_2 = CO_2 88,46 x 283116	
composição efluente	%CO 6,74 %CO_2 26,80 %O_2 3,37 %N_2 63,09	composição efluente	%CO 3,27 %CO_2 25,03 %O_2 5,17 %N_2 66,5

EXEMPLO 5.29 (*continuação*)

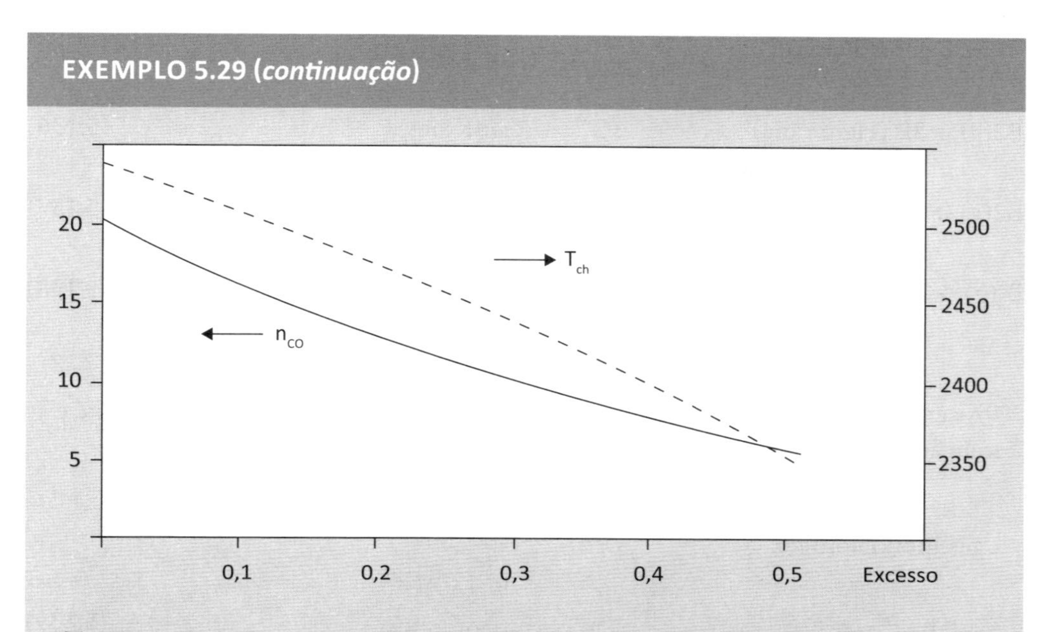

Temperatura de chama e ***número de mols*** *de monóxido de carbono nos gases efluentes em função do excesso de ar; combustão incompleta de monóxido de carbono preaquecido a 400 K, com ar (21% oxigênio) preaquecido a 400 K.*

Observa-se que mesmo a introdução de ar em excesso não seria capaz de garantir combustão completa. A combustão incompleta decorre naturalmente da exotermia do processo, de acordo com o Princípio de Le Chatelier.

■

5.9 SOLUBILIDADE DE GASES EM METAIS

Considera-se que os gases se dissolvem em metais na forma atômica e que normalmente a solubilidade é pequena. Se forem escolhidas referências apropriadas para a dissolução, por exemplo, gás puro a 1 atm para o gás na fase gasosa, referência Henryana ou 1% em peso ou ppm para o "gás" dissolvido no metal, então se tem:

Se o gás é monoatômico:

A (g) → A (Henryana) $\Delta G^o = -RTlnK_1$ (5.133)

A (g) →A (1%) $\Delta G^o = -RTlnK_2$ (5.134)

A (g) → A (ppm) $\Delta G^o = -RTlnK_3$ (5.135)

Se o gás é diatômico:

$B2(g) \rightarrow 2B$ (Henryana) $\qquad \Delta G^o = -RTlnK_4$ (5.136)

$B2(g) \rightarrow 2B$ (1%) $\qquad \Delta G^o = -RTlnK_5$ (5.137)

$B_2(g) \rightarrow 2B$ (ppm) $\qquad \Delta G^o = -RTlnK_6$ (5.138)

As expressões acima permitem escrever se os gases se comportam idealmente e se a solução é realmente diluída, isto é, se o soluto obedece à Lei de Henry.

gás monoatômico:

$$X_A = K_1.P_A \tag{5.139}$$

$$\%A = K_2.P_A \tag{5.140}$$

$$ppm = K_3.P_A \tag{5.141}$$

gás diatômico:

$$X_B = \left(K_4\right)^{1/2} \sqrt{P_{B_2}} = K_4^{'} \sqrt{P_{B_2}} \tag{5.142}$$

$$\%B = \left(K_5\right)^{1/2} \sqrt{P_{B_2}} = K_5^{'} \sqrt{P_{B_2}} \tag{5.143}$$

$$\text{ppm de } B = \left(K_6\right)^{1/2} \sqrt{P_{B_2}} = K_6^{'} \sqrt{P_{B_2}} \tag{5.144}$$

As três últimas equações (5.143 a 5.145) são as expressões matemáticas da *Lei de Sieverts*, que estabelece que a quantidade de gás dissolvido no metal é proporcional à raiz quadrada da pressão.

As Figuras 5.19 e 5.20 exemplificam processos de refino secundário do aço líquido, nos quais ocorrem reações que levam à redução do conteúdo de gases dissolvidos no metal – desgaseificação. Nestes processos, a aplicação de vácuo, combinada com a injeção de gás inerte, provoca a redução da pressão parcial do gás (hidrogênio, nitrogênio) a ser removido; desta forma, tal como previsto pela Lei de Sieverts, os residuais de gases dissolvidos podem ser minimizados.

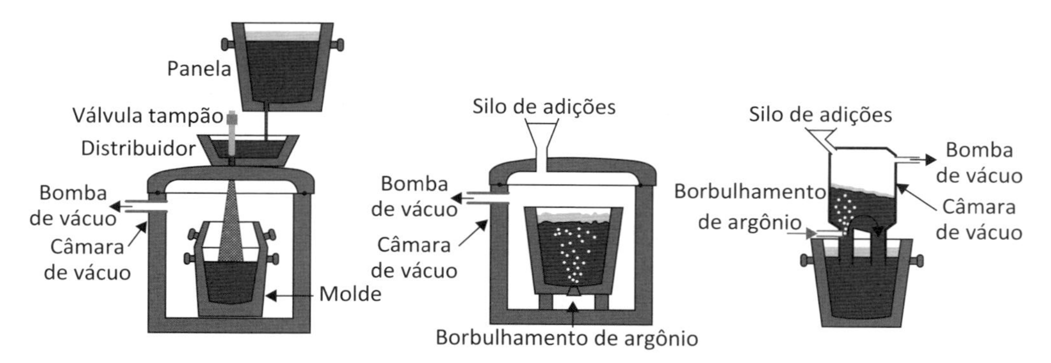

Figura 5.19 – Alguns processos industriais de refino secundário do aço líquido.

Fonte: Adaptado de D. Kopeliovich, Steelmaking, disponível em: www.substech.com, acesso em: 8 maio 2014.).

Da mesma forma, a submissão do aço líquido à ação de uma atmosfera rarefeita (combinação de vácuo e gás inerte) desequilibra a reação química [C] + [O] = CO, estimulando a formação de CO (Figura 5.20).

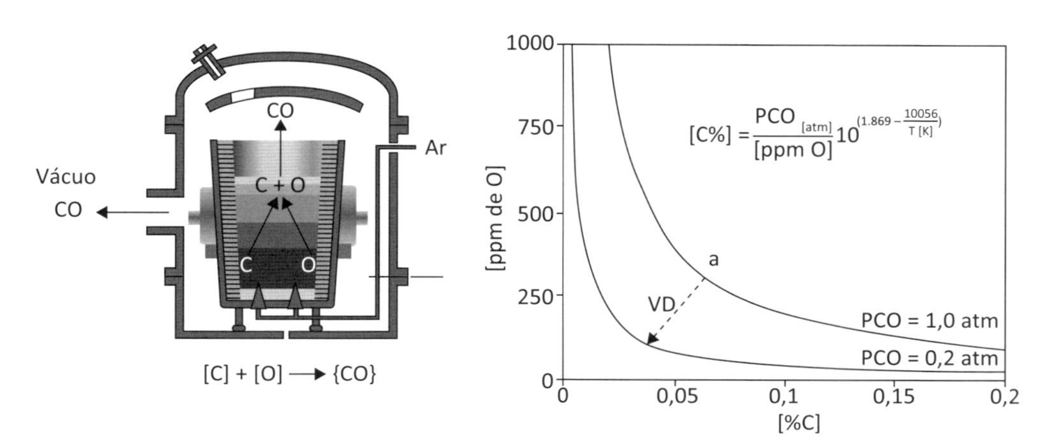

Figura 5.20 – a) Vista do processo de desgaseificação VTD (Vacuum Tank Degasser); b) dependência da concentração do oxigênio residual com a do carbono dissolvido no aço.

Fonte: Rizzo, 2005.

EXEMPLO 5.30

Seja uma experiência na qual oxigênio a 1 atm é colocado em contato com 100 gramas de prata a 800 °C até que o equilíbrio se estabeleça. Medições foram realizadas e constatou-se que 3,3 cm³ de oxigênio foram consumidos. Quanto oxigênio a prata dissolve a 800 °C e sob pressão de: a) 0,1 atm e b) 10 atm?

Desde que a Lei de Sieverts seja seguida tem-se:

$$\%O = K\sqrt{P_{O_2}}$$

e como 3,3 cm³ de O_2 correspondem a:

$$n_{O_2} = \frac{PV}{RT} = \frac{1 \text{ x } 3,3 \text{ x } 10^{-3}}{0,082 \text{ x } 1073} = 3,75 \text{ x } 10^{-5} \text{ mols}$$

ou

$$3,75 x 10^{-5} x 32 = 1,2.10^{-3} \textit{gramas de } O_2,$$

então, a constante da Lei de Sieverts, a esta temperatura tem o valor $K = 1,2 \times 10^{-3}$. Por consequência, para $P_{O2} = 0,1$ atm dissolvem-se $3,8 \times 10^{-4}$ gramas de oxigênio, para $P_{O2} = 10$ atm dissolvem-se $3,8 \times 10^{-3}$ gramas de oxigênio.

■

EXEMPLO 5.31

Considere-se uma solução líquida Fe-X, onde X representa um soluto, como C, Si, Mn, O, N, H. Durante a solidificação de uma liga como esta pode acontecer que se observe, numa dada temperatura, o equilíbrio entre duas fases Fe-X: uma sólida e outra líquida. Em geral as composições destas fases são diferentes, o que costuma ser caracterizado através do Coeficiente de Partição definido como:

$$K = \frac{C_X^L}{C_X^S}$$

EXEMPLO 5.31 (*continuação*)

onde C_X^L representa a concentração de X na fase líquida e C_X^S, a concentração na fase sólida.

Nestes exemplos o líquido seria capaz de comportar mais soluto X que o sólido, mas a extensão desta diferença depende do soluto. A tabela apresenta alguns coeficientes de partição de alguns solutos entre ferro líquido e ferro sólido.

Coeficientes de partição de alguns solutos entre o ferro sólido (δ) e líquido

	C	Si	P	S	Mn	H_2	N_2	O_2
K	5,26	1,30	4,35	20	1,30	3,4	4	33,3

Fonte: Gosh, 2011.

Seja então um modelo, aproximado, do processo de solidificação. De acordo com esse modelo, à medida que se extrai calor de uma amostra metálica, inicialmente líquida e de composição C_X^o, o soluto se particiona entre as fases sólida e líquida. Se f_s representa a fração solidificada, se M^S e M^L são as massas de fase sólida e líquida, respectivamente, então um balanço de conservação resulta em:

$$\left(M^s + M^L\right)C_X^o = M^s C_X^s + M^L C_X^L$$

$$C_X^o = f_s C_X^s + \left(1 - f_s\right)C_X^L$$

$$C_X^o = f_s \frac{C_X^L}{K} + \left(1 - f_s\right)C_X^L$$

Logo, em função da concentração inicial, da fração solidificada e do coeficiente de partição, a composição do líquido fica:

$$C_X^L = C_X^o / \left\{\frac{f_s}{K} + \left(1 - f_s\right)\right\} = C_X^o / \left\{1 - f_s \frac{K-1}{K}\right\}$$

A figura a seguir exemplifica o grau de enriquecimento relativo do líquido, em função dos parâmetros citados.

EXEMPLO 5.31 (*continuação*)

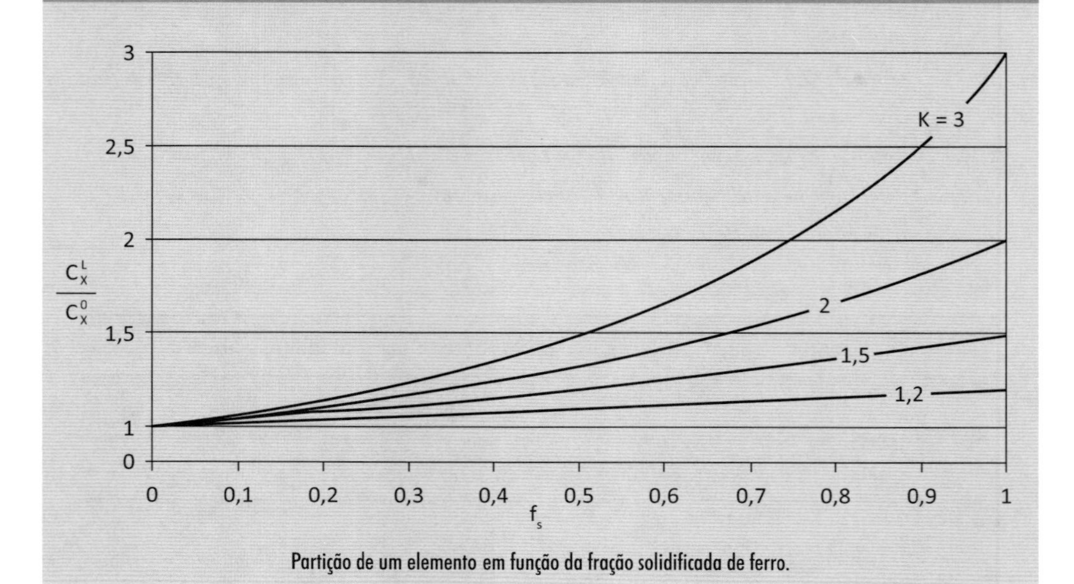

Partição de um elemento em função da fração solidificada de ferro.

Como os cálculos sugerem, ao final da solidificação o líquido residual pode se apresentar muito enriquecido em soluto. Alguns dos solutos citados, C, Si, Mn, O, N, H, são capazes de gerar gases, por exemplo, através das reações,

$$\underline{C} + \underline{O} = CO(g) \qquad \underline{N} = \tfrac{1}{2}\, N_2(g) \qquad \underline{H} = \tfrac{1}{2}\, H_2(g)$$

de modo que a possibilidade termodinâmica de formação de gases, e de cavidades na peça solidificada, aumenta com o progresso da solidificação. Considerando, a título de aplicação, um aço com 10 ppm de hidrogênio, isto é, %H = 0,001, a Lei de Sieverts, expressa por:

$$\underline{H}\ (1\%, \text{ferro líquido}) = \tfrac{1}{2}\, H_2(g) \qquad \Delta G^o = -36502 - 30{,}47\ T\ J$$

pode-se calcular, a 1810 K, a pressão parcial de hidrogênio em função da composição do líquido. A saber:

$$P_{H_2}^{1/2} = K_{eq}\,\%H = 440{,}7\ \%H.$$

EXEMPLO 5.31 (*continuação*)

Como a concentração em hidrogênio no líquido residual depende da fração solidificada e do coeficiente de partição,

$$\%H = \%H^o / \left\{1 - f_s \frac{K_H - 1}{K_H}\right\} = 0{,}001 / \left\{1 - f_s \frac{K_H - 1}{K_H}\right\}$$

pode ser construída a tabela seguinte, que ressalta a necessidade de eliminação de gases dissolvidos (ou de elementos formadores de gases) para a produção de peças fundidas sem porosidades.

Pressões de hidrogênio desenvolvidas pela partição entre ferro líquido e sólido; 1810 K e 10 ppm de hidrogênio no líquido original

f_s	0	0,1	0,2	0,3	0,4	0,5	0,6	0,7	0,8	0,9	1
100 %H	0,1	0,1076	0,1164	0,1269	0,1393	0,1545	0,1735	0,1977	0,2297	0,2742	0,34
P_{H_2}(atm)	0,194	0,224	0,263	0,312	0,377	0,463	0,584	0,758	1,024	1,460	2,245
%H / %H^0	1	1,076	1,164	1,269	1,393	1,545	1,735	1,977	2,297	2,742	3,4

■

5.10 DIAGRAMAS DE ESTABILIDADE

Diagramas de estabilidade podem ser entendidos como mapas, que indicam quais as espécies estariam presentes, quando de um certo conjunto de valores de parâmetros termodinâmicos. Esses parâmetros poderiam ser, em geral, temperatura, pressão, pressões parciais, concentrações ou atividades ou mesmo combinações destes. A Figura 5.21 apresenta um exemplo de diagrama, de amplo uso para o entendimento de processos de ustulação, o qual indica as regiões de estabilidade de fases contendo metal, no sistema Metal(Cobre)-S-O, em função das pressões parciais de O_2 e SO_2, além de temperatura. Nessa representação no espaço log P_{O2} *versus* log P_{SO2} *versus* 1/T, pode-se mostrar que as fronteiras entre as regiões de estabilidade se traduzem em planos. Desta forma, num corte isotérmico seriam segmentos de reta, os quais podem ser determinados a partir das reações químicas que interligam pares de espécies.

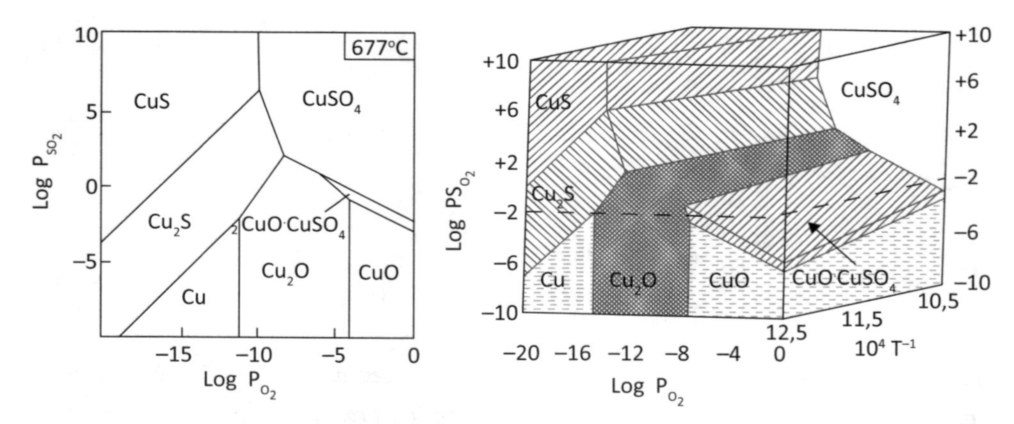

Figura 5.21 – Estabilidade no sistema Cu-O-O; a) para a isoterma de 677 °C; b) visão tridimensional envolvendo os três parâmetros, pressão parcial de oxigênio, de dióxido de enxofre e temperatura.

Fonte: Rao, 1985.

Além de apontar as espécies estáveis, um diagrama de estabilidade pode, também, sugerir a sequência de transformações. Por exemplo, a 677 °C, sob condições oxidantes e sob pressão $P_{SO2} = 10^{-5}$ atm, a sequência de transformações seria dada como CuS => Cu_2S => Cu => Cu_2O => CuO => $CuO.CuSO_4$. Espécies estáveis podem ser omitidas de diagramas de estabilidade, espécies metaestáveis podem ser incluídas, o que os torna bastante versáteis.

EXEMPLO 5.32

Considere-se construir um diagrama de estabilidade, a 1000 K, envolvendo as espécies Ni (s), NiO (s) e NiS (s), além de uma fase gasosa contendo O_2 (g) e S_2 (g). As reações químicas relevantes podem ser identificadas como

1 - $Ni(s) + 1/2O_2(g) = NiO(s)$ $\qquad \Delta G^o = -234458 + 85{,}27T\ J$

2 - $Ni(s) + 1/2\ S_2(g) = NiS(s)$ $\qquad \Delta G^o = -146426 + 72{,}02T\ J$

3 - $NiS(s) + 1/2\ O_2(g) = NiO(s) + ½\ S_2(g)$ $\qquad \Delta G^o = -88032 + 13{,}249T\ J$

Para cada equilíbrio químico se pode escrever:

$$\Delta G^o = -RT\ln K_{eq} \quad ou \quad \Delta G^o = -2{,}303\ RT\log K_{eq}$$

EXEMPLO 5.32 (*continuação*)

Então, assumindo que as fases sólidas permaneçam puras, que a pressão total não seja alta o suficiente para afetar a atividade das fases condensadas, que os gases sejam ideais, isto é, que:

$a_{Ni} = 1;\ a_{NiO} = 1;\ a_{NiS} = 1;\ a_{S2} = P_{S2};\ a_{O2} = P_{O2}$

pode-se escrever que:

$$-\log K_1 = -log\frac{1}{P_{O2}^{1/2}} = \frac{-234458 + 85,27T}{2,303RT}$$

$$-\log K_2 = -log\frac{1}{P_{S2}^{1/2}} = \frac{-146426 + 72,02T}{2,303RT}$$

$$-\log K_3 = -\log\frac{P_{S2}^{1/2}}{P_{O2}^{1/2}} = \frac{-88032 + 13,249T}{2,303RT}$$

Ou ainda que, para os diversos equilíbrios:

$Ni - NiO$ $\quad \log P_{O2} = -\frac{24480}{T} + 8,903$

$Ni - NiS$ $\quad \log P_{S2} = -\frac{15288}{T} + 7,519$

$NiO - NiS$ $\quad \log P_{O2} - \log P_{S2} = -\frac{9191}{T} + 1,383$

Observe-se que foram obtidas equações de planos no espaço log P_{O2} versus *log* P_{S2} versus *1/T; que a terceira expressão é uma combinação linear das duas primeiras, o que decorre da terceira reação ser combinação linear das duas primeiras. Daí, no corte isotérmico, as três retas devem se interceptar em um mesmo ponto, e a terceira deve apresentar declividade intermediária em relação às duas primeiras.*

Estas expressões estão representadas, a 1000 K, na figura a seguir.

EXEMPLO 5.32 (continuação)

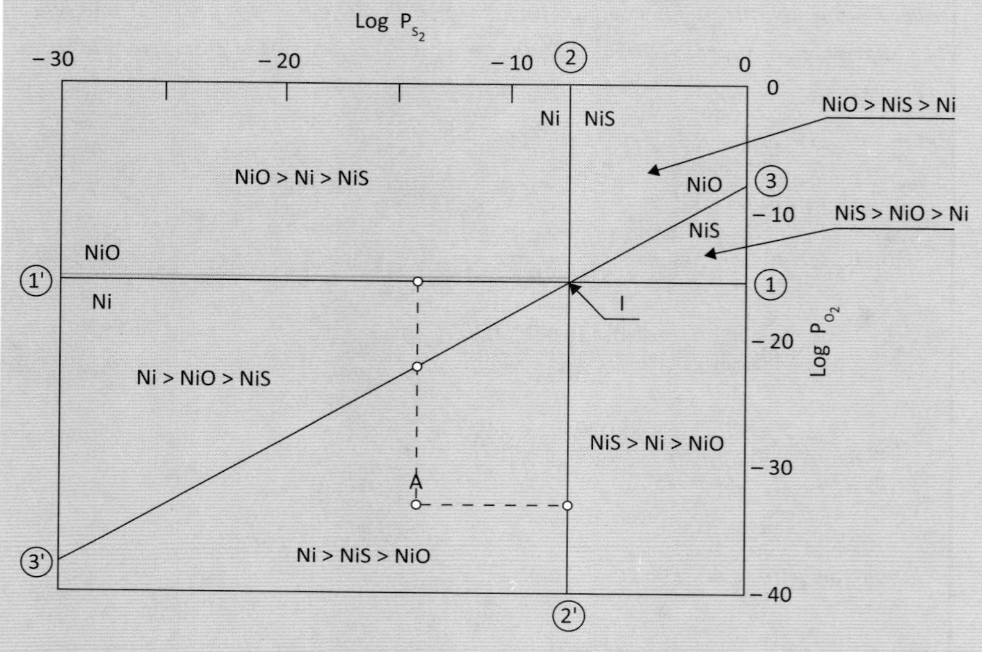

Traçado preliminar do diagrama de estabilidade Ni-S-O a 1000 K.

O equilíbrio Ni–NiO está representado pela reta 1–1´; o equilíbrio Ni–NiS pela reta 2–2´; o equilíbrio NiS-NiO pela reta 3–3´. As três retas concorrem no ponto I. O ponto A representa uma certa condição termodinâmica, com pressões de enxofre e oxigênio conhecidas. Mantidas estas pressões nenhuma das reações se encontra equilibrada, pois o ponto A não pertence a nenhuma delas.

Quanto à reação Ni (s) +1/2 O_2 (g) = NiO (s) nota-se que o ponto A representa um valor de pressão de oxigênio inferior ao valor de equilíbrio. Logo, ΔG desta reação seria positivo, o que indica que NiO deve se decompor em Ni e oxigênio. Abaixo da reta 1–1´ se encontram as condições em que Ni é mais estável, relativamente o NiO.

O ponto A denota condição em que a pressão parcial de enxofre é inferior à pressão de enxofre correspondente ao equilíbrio Ni (s) +1/2 S_2 (g) = NiS (s), reta 2–2´. Nessa condição, ΔG dessa reação é positivo, o que indica que NiS se decompõe em Ni e enxofre. À esquerda da reta 2–2´ o Ni é mais estável, relativamente o NiS.

Finalmente, o ponto A indica condição em que a pressão de oxigênio é inferior àquela do equilíbrio NiS (s) + 1/2 O_2 (g) = NiO (s) + ½ S_2 (g). Dessa forma, ΔG dessa reação é positivo, o que indica que NiO reage com enxofre de forma a produzir NiS e oxigênio.

EXEMPLO 5.32 (*continuação*)

À direita e abaixo da reta 3-3´ o NiS é mais estável, relativamente ao NiO.

Quando estas condições de estabilidade relativa são levadas em consideração, se pode argumentar que, na região 3´- I – 2´, o NiS é mais estável que o NiO (reta 3-3´); que o Ni é mais estável que o NiS (reta 2-2´); daí, nesta região, a fase mais estável é o Ni.

A extensão desse raciocínio às demais áreas permite identificar as regiões de estabilidade, tais como mostradas na figura que se segue. Como se nota o ponto A representa condições de estabilidade do níquel metálico. A pressões parciais de gases como SO_2 e SO_3 podem ser facilmente estimadas considerando-se equilíbrio tais como $\frac{1}{2} S_2 + O_2 = SO_2$ e $\frac{1}{2} S_2 + 3/2\ O_2 = SO_3$; daí a escolha das variáveis que irão compor os eixos coordenados é pura matéria de conveniência. Por exemplo, o equilíbrio Ni-NiO pode ser descrito através da reação:

$$Ni(s) + \frac{1}{2} SO_2(g) = NiO(s) + \frac{1}{4} S_2(g)$$

Tal escolha permite traçar um diagrama no espaço log P_{O2} versus *log P_{SO2}* versus *1/T, completamente equivalente ao anterior. Esta representação é mais comum, pois os gases O_2 e SO_2 são, em geral, majoritários nesse tipo de atmosfera.*

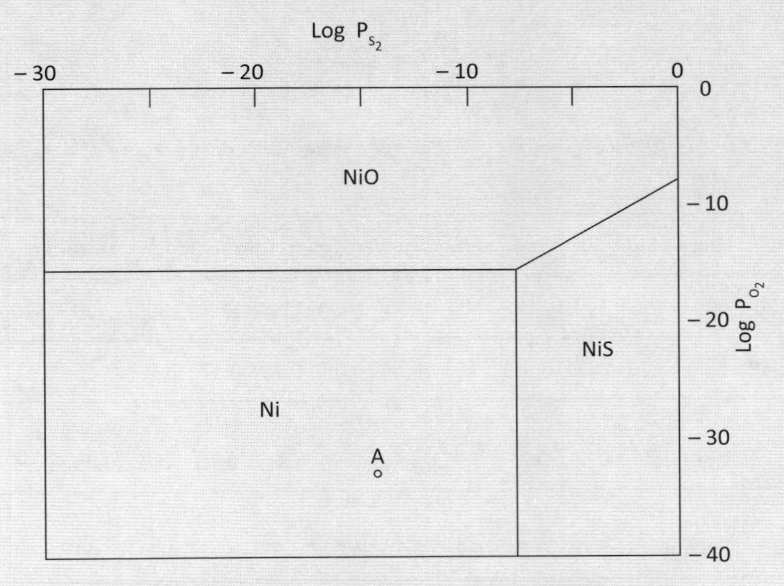

Diagrama de estabilidade envolvendo as fases Ni(s), NiO(s) e NiS(s) a 1000 K.

EXEMPLO 5.33

Pede-se construir um diagrama de fases que mostre qual a fase condensada, entre Fe, FeO, Fe_3O_4 e Fe_2O_3, é estável sob várias condições de temperatura e razão CO/CO_2 na fase gasosa. Deseja-se encontrar a temperatura e pressão total em que C, CO, CO_2, O_2, Fe, FeO, Fe_3O_4 estão em equilíbrio.

1) $FeO(s) + CO(g) \rightarrow Fe(s) + CO_2(g)$ $\quad \Delta G^o = -22814 + 24,28T \ J$

2) $Fe_3O_4(s) + CO(g) \rightarrow 3\ FeO(s) + CO_2(g)$ $\quad \Delta G^o = 29804 - 38,30T \ J$

3) $3\ Fe_2O_3(s) + CO(g) \rightarrow 2\ Fe_3O_4(s) + CO_2(g)$ $\quad \Delta G^o = -32986 - 53,87T \ J$

4) $1/4\ Fe_3O_4(s) + CO(g) \rightarrow 3/4\ Fe(s) + CO_2(g)$ $\quad \Delta G^o = -9657 + 8,67T \ J$

Assumindo que Fe, FeO, Fe_3O_4 e Fe_2O_3 permanecem puros, suas atividades podem ser tomadas como iguais à unidade e, portanto, para cada uma das reações

$$\log \frac{P_{CO}}{P_{CO_2}} = \frac{\Delta G^O}{2,303RT}$$

É possível construir a tabela a seguir, na qual é apresentada a razão CO/CO_2 para os diversos equilíbrios.

Razão $\log P_{CO}/P_{CO_2}$ para vários equilíbrios, em função de temperatura.

T(K)	300	400	500	600	700	800	900	1000	1100	1200	1300	1400	1500	1600	1700
FeO/Fe	-2,68	-1,70	-1,11	-0,71	-0,43	-0,22	-0,06	0,08	0,18	0,27	0,35	0,41	0,47	0,52	0,52
Fe_3O_4/FeO	3,17	1,88	1,11	0,59	0,22	-0,05	-0,27	-0,44	-0,58	-0,70	-0,8	-0,88	-0,96	-1,02	-1,08
Fe_2O_3/Fe_3O_4	-8,5	-7,07	-6,22	-5,65	-5,24	-4,93	-4,70	-4,51	-4,35	-4,22	-4,11	-4,02	-3,94	-3,86	-3,80
Fe_3O_4/Fe	-1,22	-0,80	-0,55	-0,39	-0,27	-0,18	-0,11	-0,05	-0,01	0,03	0,06	0,09	0,12	0,14	0,15

EXEMPLO 5.33 (*continuação*)

Essa tabela pode ser utilizada para construir um diagrama oxidação-redução para o ferro, como mostra a figura. Neste, a linha A-A' representa as razões CO/CO_2 para o equilíbrio Fe-FeO; a linha B-B' representa as razões CO/CO_2 do equilíbrio FeO-Fe_3O_4; a linha C-C' representa as razões CO/CO_2 do equilíbrio Fe_3O_4-Fe_2O_3, enquanto a linha D-D' representa as razões CO/CO_2 do equilíbrio Fe-Fe_3O_4.

As curvas A-A', B-B' e D-D' se cortam em um único ponto P, localizado a 843 K, e este ponto determina, portanto, a razão CO/CO_2 na atmosfera e a temperatura em que Fe, FeO e Fe_3O_4 estão em equilíbrio.

Resta agora determinar as várias regiões de estabilidade neste diagrama. Por exemplo, analisando a área APD conclui-se que nesta o Fe é mais estável que Fe_3O_4, o FeO é mais estável que Fe e, portanto, esta área é de estabilidade de FeO. Na área DPB, Fe_3O_4 é mais estável que Fe, FeO é mais estável que Fe_3O_4 e então esta área também é de estabilidade de FeO. Logo, toda a área APB representa estabilidade de FeO.

Acima da linha CC' Fe_3O_4 é mais estável que Fe_2O_3, na área abaixo de BPA' Fe_3O_4 é mais estável que FeO e FeO é mais estável que Fe, resultando que a área compreendida entre os trechos CC' e BPA' representa estabilidade de Fe_3O_4. Dentro da área D'PA', Fe_3O_4 é mais estável que Fe, Fe é mais estável que FeO e, logo, toda a área acima de CC' e abaixo de BPD' representa estabilidade de Fe_3O_4.

Com o mesmo raciocínio mostra-se que acima de APD' a estabilidade é do Fe e abaixo de CC' a estabilidade é do Fe_2O_3. Os limites dos campos de estabilidade das várias fases foram traçados em linha cheia.

Finalmente, a pressão para a qual CO, CO_2, C, O_2, Fe, FeO e Fe_3O_4 estão em equilíbrio pode ser encontrada se for considerado que esta condição é atingida a 843 K e sob uma pressão total $P = P_{CO} + P_{CO_2}$.

Assim, considerando as reações:

$$C(s) + \tfrac{1}{2}(O_2(g) \rightarrow CO(g) \quad \Delta G^O = -11766 - 287{,}70T \ J$$

$$C(s) + O_2(g) \rightarrow CO_2(g) \quad \Delta G^O = -394321 - 0{,}84T \ J$$

EXEMPLO 5.33 (*continuação*)

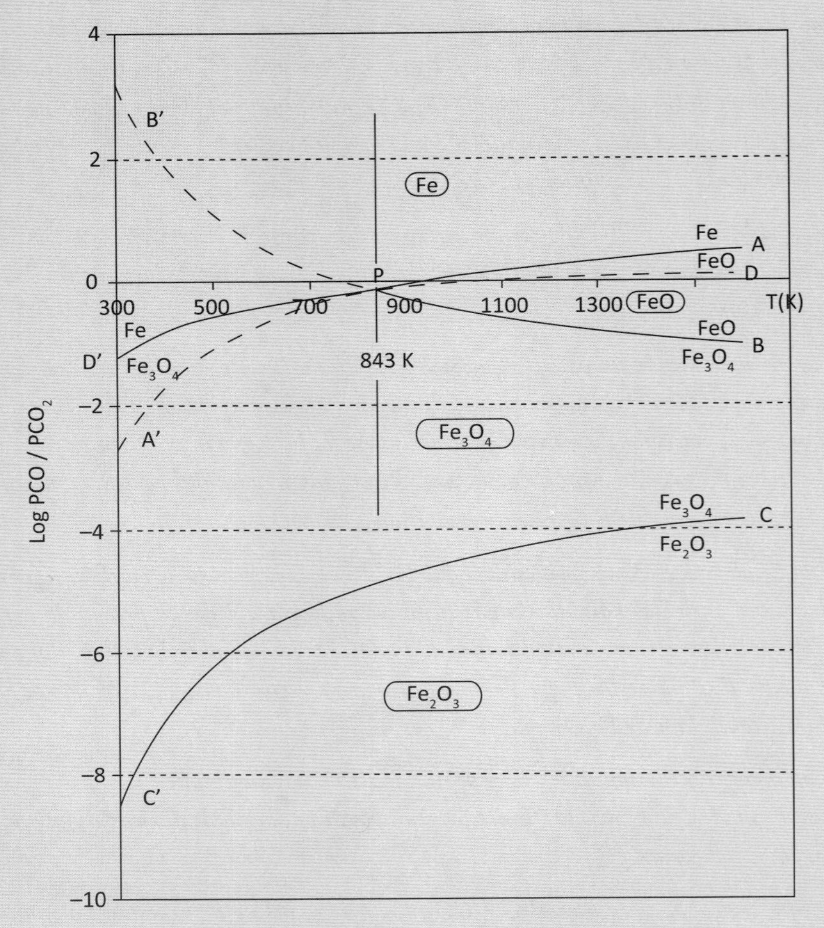

Diagrama oxidação-redução para o ferro em atmosfera CO/CO_2.

as quais fornecem, para o equilíbrio de Boudouard,

$CO_2\,(g) + C(s) \rightarrow 2CO(g)\ \Delta G^O = 170789 - 174,56T\ J$

e sabendo-se que a 843 K se tem equilíbrio tal que $logP_{CO} / P_{CO_2} = -0,15$, *isto é,*

$lnP_{CO} / P_{CO_2} = -0,35$, *se encontra (para atividade unitária do carbono):*

$$170789 - 174,56T = -RTln P_{CO} \frac{P_{CO}}{P_{CO_2}}$$

EXEMPLO 5.33 (*continuação*)

ou

$$\frac{20400}{T} - 20,85 = -lnP_{CO} - ln\frac{P_{CO}}{P_{CO_2}} \quad e\ se \quad T = 843K,$$

$$lnP_{CO} = 20,85 - \frac{20400}{843} + 0,35,$$

ou $P_{CO} = 0,05\,atm$, *o que implica* $P_{CO_2} = 0,07\,atm$ *e* $P_T = 0,12\,atm$. ■

EXEMPLO 5.34

Considere o diagrama de estabilidade do manganês e seus óxidos. Com base na tabela seguinte, encontre as variações de energia livre padrão das reações envolvidas nas curvas (1), (2) e (3). Determine então, a partir das constantes de equilíbrio, a temperatura e pressão de oxigênio do equilíbrio Mn/MnO(l)/MnO(s). Determine qual a fase em equilíbrio, com uma mistura gasosa correspondente ao equilíbrio $CO/CO_2/O_2$ *e carbono, a 1500 °C e 1 atm de pressão. Se a pressão for elevada para 1,2 atm, com a introdução de um gás inerte, nitrogênio, que exerce pressão parcial de 0,2 atm, qual o efeito sobre o cálculo anterior? Temperatura de fusão do MnO: 2083 K; variação de entropia de fusão: 26,37 kJ/K mol.*

EXEMPLO 5.34 (*continuação*)

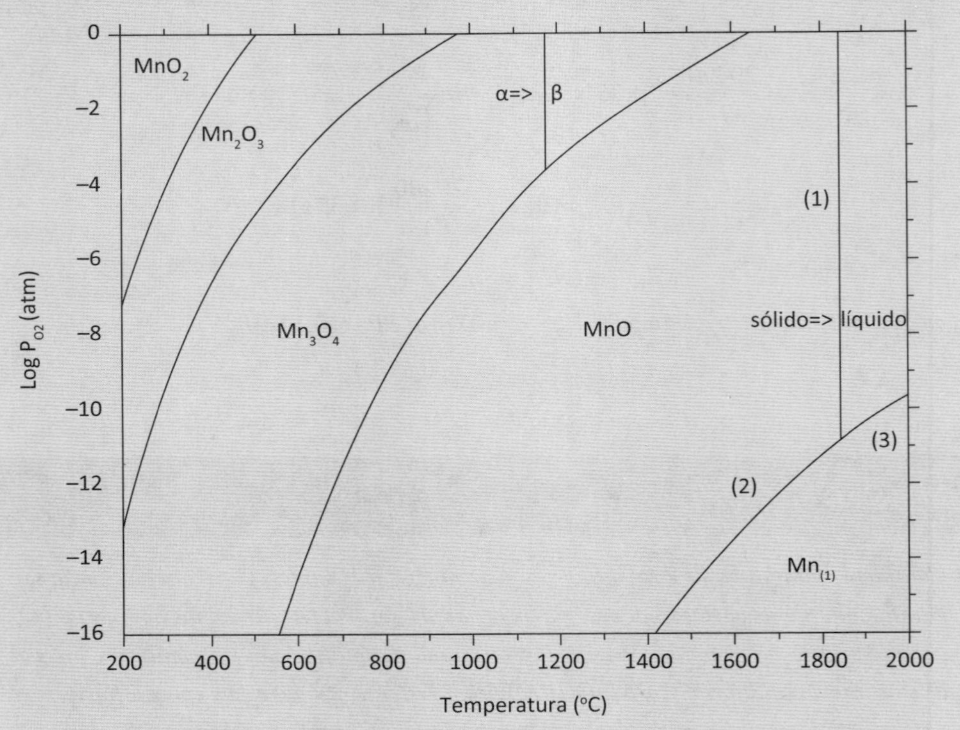

Efeito da temperatura sobre a pressão de oxigênio de equilíbrio de manganês e seus óxidos.

Fonte: Olsen, 2007.

Valores de potenciais químicos para substâncias puras, 1 atm, em J/mol						
T(K)	O_2	Mn	MnO	Mn_3O_4	Mn_2O_3	MnO_2
298	−61164	−9543	−400132	−1432156	−991905	−537897
300	−61543	−9602	−400241	−1432442	−992110	−537995
400	−82520	−13216	−406858	−1450165	−1004767	−544218
500	−104264	−17540	−414670	−1471773	−1020165	−552029
600	−126639	−22472	−423468	−1496667	−1037883	−561204

EXEMPLO 5.34 (*continuação*)

Valores de potenciais químicos para substâncias puras, 1 atm, em J/mol (*continuação*)

T(K)	O_2	Mn	MnO	Mn_3O_4	Mn_2O_3	MnO_2
700	−149552	−27937	−433108	−1524414	−1057618	−571562
800	−172936	−33881	−443485	−1554693	−1079146	−582963
803						−583319
900	−196737	−40262	−454518	−1587259	−1102293	
980		−45658				
1000	−220916	−47091	−466144	−1621917	−1126923	
1100	−245440	−54479	−478314	−1658510	−1152927	
1200	−270282	−62212	−490985	−1696909	−1180214	
1300	−295418	−70267	−504124	−1737006	−1208708	
1361		−75329			−1226654	
1400	−320830	−78684	−517699	−1778709		
1412		−79726				
1445				−1797977		
1500	−346500	−87624	−531687	−1822621		
1519		−89360				
1600	−372413	−97528	−546065	−1868503		
1700	−398557	−107870	−560813	−1915698		
2083			−620450			

EXEMPLO 5.34 (*continuação*)

Valores de potenciais químicos para substâncias puras, 1 atm, em J/mol (*continuação*)

T(K)	O_2	Mn	MnO	Mn_3O_4	Mn_2O_3	MnO_2
1800	−424919	−118484	−575916	−1964130		
1833				−1980372		
1900	−451490	−129353	−591358			
2000	−478259	−140465	−607125			
2100	−505218	−151807				
2200	−532360	−163368				
2300	−559676	−175139				
2332		−178948				

Fonte: Knacke, 1991.

Como se nota pelo diagrama, a temperatura de fusão do MnO está em torno de 1800 °C; observe-se ainda que, de acordo com a tabela fornecida, as temperaturas de fusão seriam $T_f^{Mn} = 1519$ *K e* $T_f^{MnO} = 2083$ *K. O ponto de equilíbrio citado seria a interseção de três curvas:*

1) equilíbrio $MnO(s) = MnO(l)$;

2) equilíbrio $Mn(l) + ½\ O_2(g) = MnO(s)$;

3) equilíbrio $Mn(l) + ½\ O_2(g) = MnO(l)$.

Para o equilíbrio (2): $Mn(l) + ½\ O_2(g) = MnO(s)$ *o valor de* $\Delta G^o = \mu^o_{MnO(s)} - 1/2\mu^o_{O2(g)} - \mu^o_{Mn(l)}$ *pode ser estimado, a partir dos valores de potenciais químicos listados entre 1600 K e 2000 K, como* $\Delta G^o = -401560 + 87{,}005T\,J$ *(ver figura a seguir):*

EXEMPLO 5.34 (*continuação*)

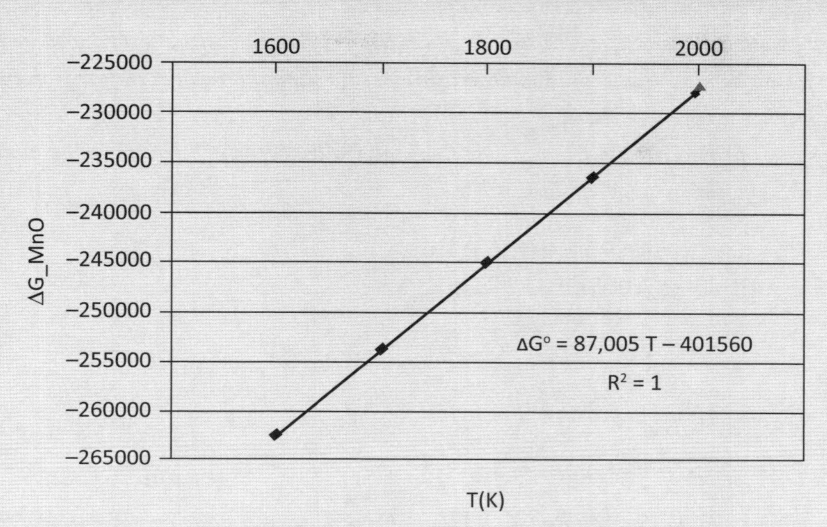

Variação de energia livre padrão de formação do MnO(s).

Para a fusão do MnO tem-se:

MnO(s) = MnO(l)

$$\Delta G_f^o = \mu^o_{MnO(l)} - \mu^o_{MnO(s)} = T_f \Delta S_f - T\Delta S_f = 2083x26,37 - Tx26,37 \ J$$

ou

$$\Delta G_f^o = 54932 - 26,37T \ J$$

correspondente ao equilíbrio (1).

A combinação desses dois equilíbrios:

2) $Mn(l) + ½\ O_2(g) = MnO(s)$ $\quad \Delta G^o = -401560 + 87,005T\ J$

1) $MnO(s) = MnO(l)$ $\quad \Delta G_f^o = 54932\ -26,37T\ J$

rende o equilíbrio (3),

3) $Mn(l) + ½\ O_2(g) = MnO(l)$ $\quad \Delta G^o = -346654 + 60,65T\ J$

EXEMPLO 5.34 (*continuação*)

Então, assume-se que a temperatura de equilíbrio é 2083 K, e ainda a presença de Mn e MnO puros, de modo que a pressão de oxigênio seria estimada considerando, por exemplo,

$Mn(l) + ½\ O_2(g) = MnO(s) \qquad \Delta G^o = -401560 + 87{,}005T$

e

$$\Delta G^o = -401560 + 87{,}005T = 1/2RTlnP_{O_2}.$$

Logo,

$$P_{O_2} = 8{,}8x10^{-12}\,atm.$$

A composição de uma fase gasosa $CO - CO_2 - O_2$ *pode ser estimada considerando o equilíbrio, a 1500 °C, sob a restrição* $P_{CO2} + P_{CO} + P_{O2} = 1$.

As reações relevantes seriam:

$C(s) + ½\ O_2(g) = CO(g)\ \Delta G^o = -111766 - 87{,}70T\ J$

$$K_1 = e^{-\frac{\Delta G^o}{RT}} = \frac{P_{CO}}{a_c P_{O_2}^{1/2}} = \frac{P_{CO}}{P_{O_2}^{1/2}}$$

o que implica:

$$P_{CO} = K_1 P_{O2}^{1/2}$$

$$C(s) + O_2(g) = CO_2(g)\ \Delta G^o = -394321 - 0{,}84T\ J$$

$$K_2 = e^{-\frac{\Delta G^o}{RT}} = \frac{P_{CO_2}}{a_c P_{O_2}} = \frac{P_{CO_2}}{P_{O_2}}$$

EXEMPLO 5.34 (*continuação*)

o que implica:

$$P_{CO_2} = K_2 P_{O_2}$$

Logo, a pressão de oxigênio seria dada pela expressão:

$$K_2 P_{O_2} + K_1 P_{O_2}^{1/2} + P_{O_2} = 1$$

e a 1773 K:

$$4{,}532 x 10^{11} P_{O_2} + 7{,}42097 x 10^{7} P_{O_2}^{1/2} + P_{O_2} = 1$$

resulta em:

$$P_{O2} = 1{,}81 x 10^{-16}\ atm.$$

Como se nota, a partir do diagrama fornecido, este par (P_{O_2} versus T) define um ponto na região de estabilidade do manganês metálico.

Como a introdução do gás inerte foi calibrada de modo que a somatória das pressões parciais de CO, CO_2 e O_2 permanecesse igual a 1 atm, nada mudaria pela introdução dele.

■

EXEMPLO 5.35

A *1800 K e 1 atm pode o Cr_2O_3 ser reduzido ao seu metal por carbono, ou o carboneto $Cr_{23}C_6$ se formará? Analise o efeito da variação da pressão total sobre a formação das diversas fases.*

Para responder à pergunta procura-se primeiro verificar o que acontece se Cr_2O_3 for mantido em contato com uma mistura CO-CO_2, que está em equilíbrio com o carbono grafítico. Se a cromita puder ser reduzida por esta mistura, então ela poderá ser reduzida pelo próprio carbono.

Dados termodinâmicos informam que:

EXEMPLO 5.35 (*continuação*)

1. $C\,(s) + \frac{1}{2}\,O_2(g) \rightarrow CO(g)$ $\Delta G^o = -111766 - 87{,}48T\ J$

2. $C\,(s) + O_2(g) \rightarrow CO_2(g)$ $\Delta G^o = -394321 - 0{,}84T\ J$

3. $2\ Cr\,(s) + 3/2O_2(g) \rightarrow Cr_2O_3(s)$ $\Delta G^o = -1120802 + 259{,}95T\ J$

4. $23\ Cr\,(s) + 6\ C\,(s) \rightarrow Cr_{23}C_6(s)$ $\Delta G^o = -411400 - 38{,}68T\ J$

5. $2CO(g) \rightarrow C\,(s) + CO_2(g)$ $\Delta G^o = -170789 + 174{,}56T\ J$

6. $23\ Cr\,(s) + 12\ CO(g) \rightarrow Cr_{23}C_6(s) + 6CO_2(g)$ $\Delta G^o = -1436133 + 1008{,}66T\ J$

7. $3CO(g) + Cr_2O_3\,(s) \rightarrow 3CO_2(g) + 2\ Cr\,(s)$ $\Delta G^o = 273137 + 0{,}63T\ J$

As três últimas expressões permitem escrever (assumindo que as fases Cr, Cr_2O_3, e $Cr_{23}C_6$ permaneçam nos respectivos estados de referência) as relações entre lnP_{CO} e lnP_{CO2} dos diversos equilíbrios:

5) $lnP_{CO_2} - 2lnP_{CO} = lnK_5$

6) $lnP_{CO_2} - 2lnP_{CO} = \dfrac{1}{6}lnK_6$

7) $lnP_{CO_2} - lnP_{CO} = 1/3lnK_7$

K_5, K_6 e K_7 são as constantes de equilíbrio à temperatura considerada. Na figura a seguir estão expostas estas retas para T = 1800 K.

Exposta também está a curva $lnP_{CO} = ln(1 - P_{CO2})$, que indica a relação entre lnP_{CO} e lnP_{CO2}, se a pressão total é 1 atm. Esta curva intercepta a reta denominada "Boudouard" no ponto A, que é representativo das pressões CO e CO_2 para o equilíbrio CO-CO_2, grafita a 1800 K e 1 atm de pressão. Nota-se que a pressão de CO (compare os valores de lnP_{CO}) é maior que o P_{CO} do equilíbrio Cr-Cr_2O_3 e maior que P_{CO} do equilíbrio $Cr_{23}C_6$-Cr e, portanto, a cromita será reduzida e o carboneto se formará.

EXEMPLO 5.35 (*continuação*)

Para a análise do efeito, a variação de pressão total, o ponto C é importante: C representa o equilíbrio Cr-Cr_2O_3-C-CO-CO_2 sob pressão total de aproximadamente 33,2 atm (lnP_{CO} = 3,4 e lnP_{CO2} = –2,5) a 1800 K. Se a pressão total é superior a 33,2 atm, a fase gasosa não é capaz de reduzir a cromita e, portanto, o carboneto não é formado. Abaixo de 33,2 atm, a fase gasosa sempre é redutora face à cromita e, portanto, o cromo será reduzido e carbonetado.

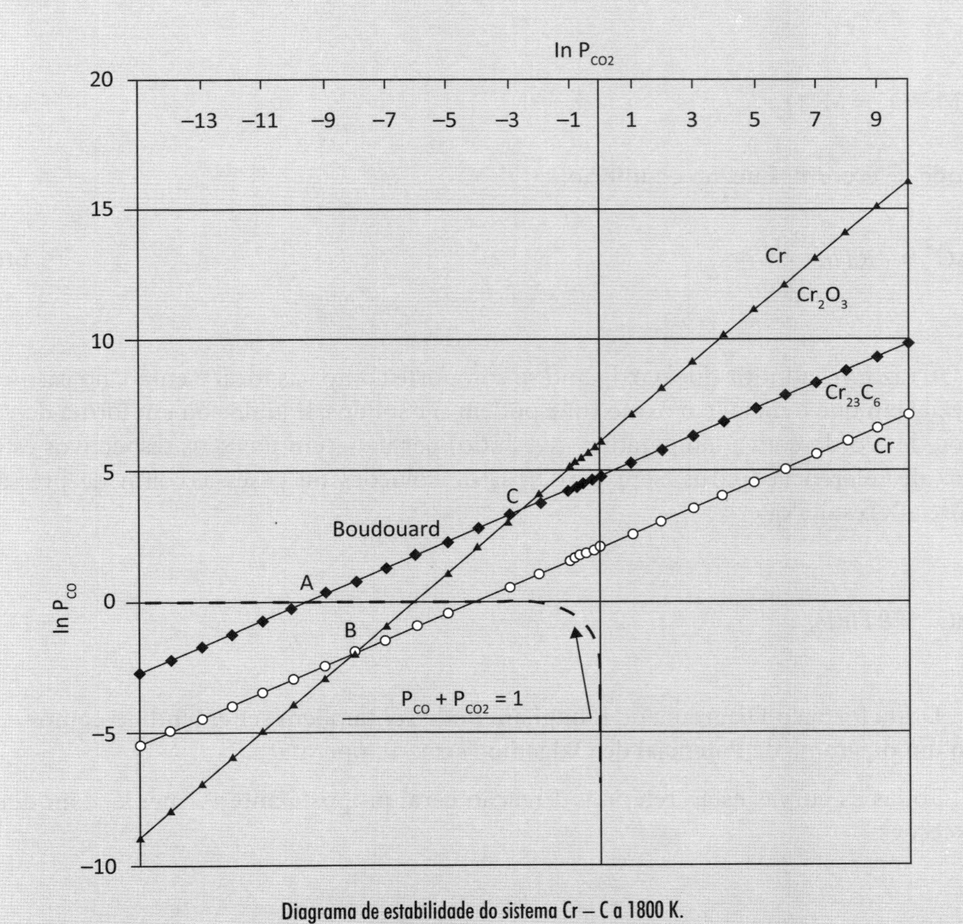

Diagrama de estabilidade do sistema Cr – C a 1800 K.

5.11 DIAGRAMA DE ELLINGHAM E A ESTABILIDADE DOS ÓXIDOS E DOS SULFETOS

Este diagrama apresenta um conjunto de curvas de Variação de Energia Livre Padrão de formação de alguns compostos *versus* Temperatura, com algumas particularidades que facilitam a interpretação dos dados. Talvez o mais comum seja o de formação de óxidos, a partir dos respectivos elementos puros e oxigênio (Figura 5.22).

Como referência, adota-se a forma mais estável, sólida, líquida ou gasosa à temperatura T considerada e sob 1 atm de pressão.

Então, considerando a relação de formação dos óxidos a partir de 1 mol de oxigênio:

$$xM + O_2 = M_X O_2 \tag{5.145}$$

pode-se escrever que, no equilíbrio,

$$\Delta G^o = -RTln \frac{a_{M_xO_2}}{a_M^x \, a_{O_2}}, \tag{5.146}$$

É razoável admitir que o oxigênio se comporte como gás ideal e então, no caso especial em que o metal e o óxido (que podem ser sólidos, líquidos ou em forma de vapor, de acordo com a temperatura de estudo) permanecem nos seus respectivos estados de referência (puros, sem participar de soluções ou gases a 1 atm de pressão parcial), resulta que:

$$\Delta G^o = RTlnP_{O_2} \tag{5.147}$$

Desta forma o Diagrama de Ellingham pode ser também ser entendido como sendo um diagrama de Potencial de Oxigênio *versus* Temperatura.

Todas as curvas estão referidas à reação geral proposta anteriormente, com duas exceções:

$$6FeO + O_2 \rightarrow 2Fe_3O_4 \quad \text{e} \quad 4Fe_3O_4 + O_2 \rightarrow 6Fe_2O_3 \tag{5.148}$$

em que se parte de óxido inferior, porém sempre relativas a um mol de oxigênio.

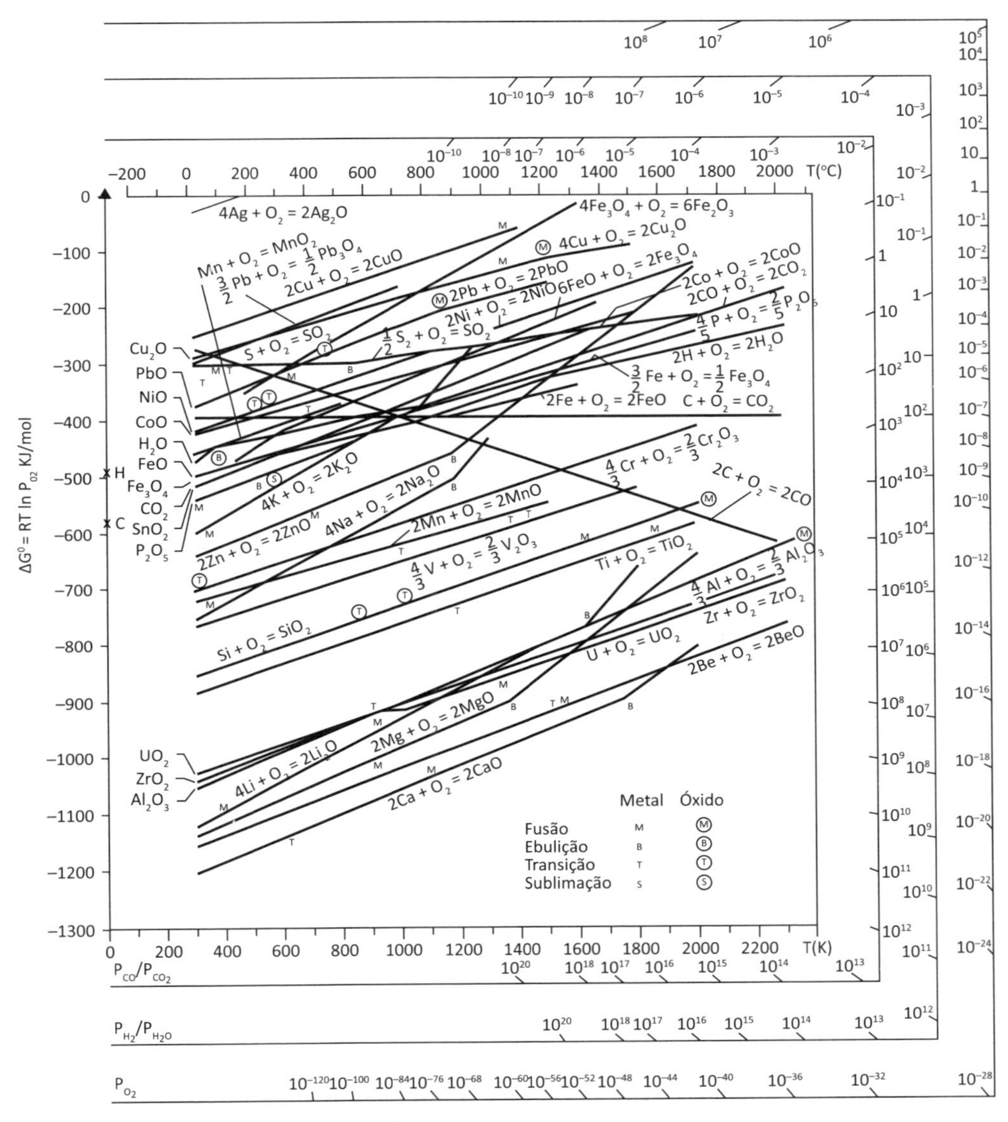

Figura 5.22 – Diagrama de Ellingham para óxidos.

Fonte: Jonghe, 1991.

A inclinação da curva em qualquer ponto é:

$$d\Delta G^o / dT = -\Delta S^o \tag{5.149}$$

onde ΔS^o é a variação de entropia padrão da reação à temperatura considerada. Pode-se notar, entretanto, que as curvas são assimiláveis a trechos de retas, devido à necessidade de agrupar um grande número de dados (curvas) e devido a que erros experimentais de até 8% não permitem assegurar com certeza se existe ou não curvilinidade. Para todos os propósitos, pode-se então supor função linear do tipo ΔG^o *versus* T,

$$\Delta G^o = \Delta H^o - T\Delta S^o \tag{5.150}$$

o que seria idêntico a supor ΔH^o e ΔS^o independentes da temperatura, sendo ΔH^o e $-\Delta S^o$ a ordenada na origem e inclinação, respectivamente.

Nota-se que todas as retas, à exceção das representativas da formação do óxido de carbono, têm, enquanto metal e óxido são fases condensadas, inclinação positiva. Neste caso, de acordo com a reação geral, se considera uma transformação desde um estado de alta entropia – metal condensado e um mol de gás – até outro de baixa entropia – óxido condensado – o que acarreta $-\Delta S^o$ maior que zero; no caso da formação de dióxido de carbono não existe praticamente variação de entropia, pois tem-se o mesmo número de mols gasosos entre reagentes e produto; já a reta referente à formação do monóxido de carbono apresenta inclinação fortemente negativa, porque para cada mol de oxigênio ocorre a formação de dois mols de monóxido, resultando em alto crescimento de entropia.

Desde que:

$$-\Delta S = -\left(S^o_{M_xO_2} - S^o_{O_2} - xS^o_M\right) \tag{5.151}$$

é evidente que qualquer alteração na entropia molar padrão se reflete em mudança na declividade da reta. Podem ser analisados dois casos:

1) o metal sofre transformação alotrópica, funde, sublima ou vaporiza, S^o_M cresce, $-\Delta S^o$ cresce, isto é, a declividade aumenta;

2) o óxido sofre transformação alotrópica, funde, sublima ou vaporiza, $S^o_{M_xO_2}$ cresce, $-\Delta S^o$ decresce, isto é, a declividade diminui. As letras M, B, S, T indicam os pontos de fusão, ebulição, sublimação e transição para o metal, enquanto as mesmas letras dentro de um quadro correspondem a estas transformações para o óxido. São estas letras, portanto, que indicam que estado associar ao valor de ΔG^o.

A Figura 5.23 apresenta diagramas P × T hipotéticos de um metal; destacando as transformações que ocorrem a 1 atm. No caso da Figura 5.23a, até a temperatura correspondente ao ponto T a forma estável é o ponto S_1, entre T e M o sólido S_2, entre M e B o líquido e acima de B o gás. No caso da Figura 5.23b, até a temperatura correspondente ao ponto S a forma estável é o sólido, e acima desta, o gás.

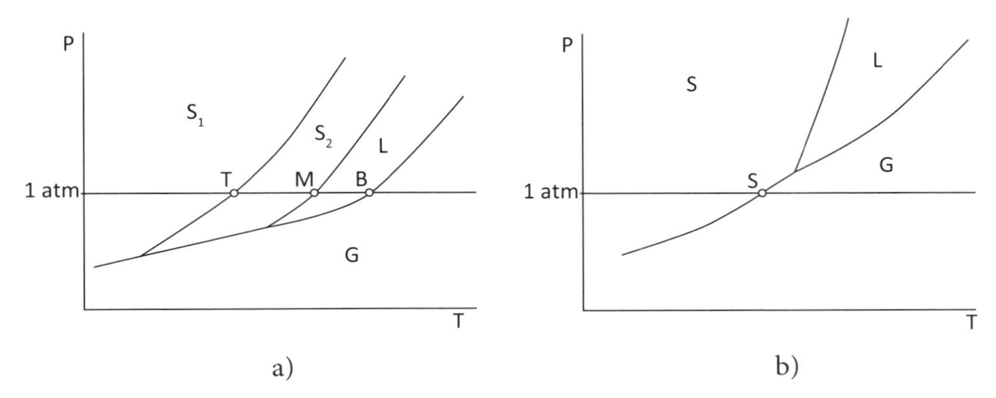

Figura 5.23 – Diagramas de estabilidade de fases, hipotéticos.

As variações de entropia padrão para estas transformações podem, então, ser calculadas medindo-se a variação de declividade da reta ou, já que a ordenada na origem é a variação de entropia padrão, formando-se a diferença entre os valores de ΔH^o, quando se considera um trecho de reta e que aquele subsequente à transformação e dividindo-a pela temperatura de transformação.

A Figura 5.24 mostra um esquema hipotético das alterações, onde o trecho (1) corresponde à reação:

$$xM_{(l)} + O_2 \rightarrow M_xO_{2(s)} \tag{5.152}$$

o trecho (2), à reação:

$$xM_{(l)} + O_2 \rightarrow M_xO_{2(l)} \tag{5.153}$$

isto é, o óxido se funde à T_1; e, o trecho (3), à reação:

$$xM_{(v)} + O_2 \rightarrow M_xO_2 \tag{5.154}$$

o metal se vaporizando a T_2.

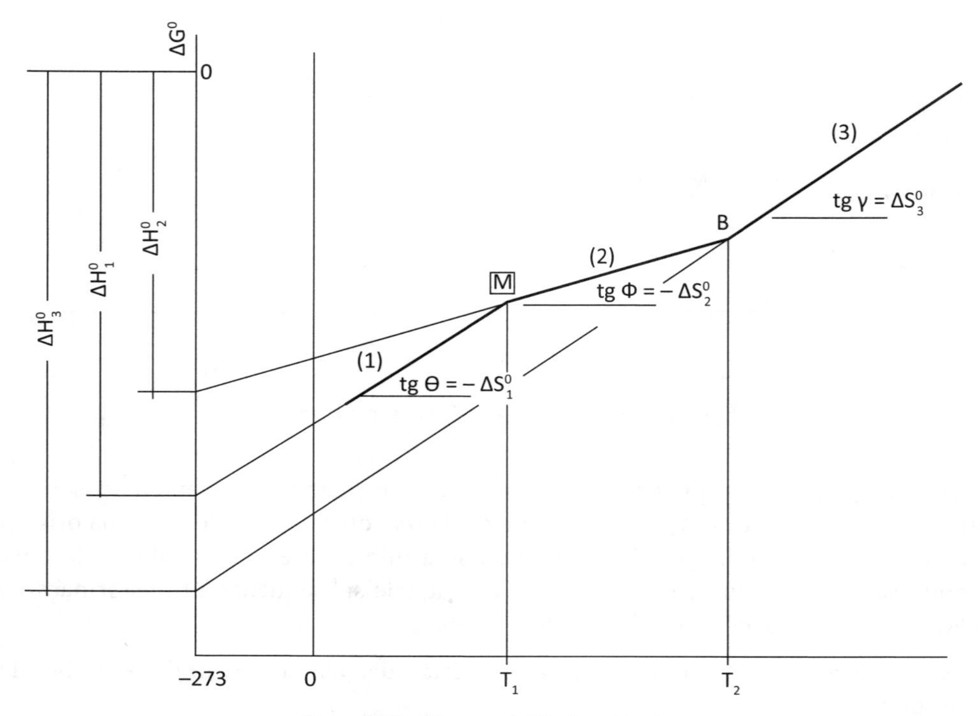

Figura 5.24 – Diagrama de Ellingham, hipotético.

Por exemplo, a variação da entropia de vaporização de M pode ser calculada combinando as reações:

$$xM_{(l)} + O_2 \rightarrow M_xO_{2(l)} \qquad \Delta S_2^o, \Delta H_2^o \tag{5.155}$$

$$xM_{(v)} + O_2 \rightarrow M_xO_{2(l)} \qquad \Delta S_3^o, \Delta H_3^o \tag{5.156}$$

o que fornece

$$xM_{(l)} \rightarrow xM_{(v)} \qquad \left(\Delta S_2^o - \Delta S_3^o\right), \left(H_2^o - \Delta H_3^o\right) \tag{5.157}$$

$$M_{(l)} \rightarrow M_{(v)} \qquad \frac{\Delta S_2^o - \Delta S_3^o}{x}, \frac{\left(\Delta H_2^o - \Delta H_3^o\right)}{x} \tag{5.158}$$

$$\Delta S_{\text{vaporização}} = \frac{\Delta S_2^o - \Delta S_3^o}{x} = \frac{\Delta H_2^o - \Delta H_3^o}{x.T_2} \tag{5.159}$$

5.11.1 PRESSÃO DE OXIGÊNIO NO EQUILÍBRIO METAL-ÓXIDO-OXIGÊNIO

Viu-se que, pelas expressões da constante de equilíbrio, existe sempre um valor determinado de P_{O_2} no equilíbrio relacionado com a temperatura por meio da equação:

$$\Delta G^o = -RT\ln K. \qquad (5.160)$$

No caso geral faz-se necessário conhecer dados sobre a_M, e $a_{M_xO_2}$, mas no caso especial em que metal e óxido são fases condensadas puras:

$$K = \frac{1}{P_{O_2}} \qquad (5.161)$$

$$\Delta G^o = RTlnP_{O_2} \qquad (5.162)$$

$$P_{O_2} = \exp\left(\frac{\Delta G^o}{RT}\right). \qquad (5.163)$$

Essa pressão de equilíbrio de oxigênio pode ser diretamente lida do diagrama, pois é o valor do intercepto sobre a escala P_{O_2} da reta que passa através do ponto O (situado sobre a vertical relativa a 0 K) e o ponto da reta, representativa da reação em questão, correspondente à temperatura considerada.

5.11.2 EQUILÍBRIO METAL-ÓXIDO-OXIGÊNIO-HIDROGÊNIO E VAPOR-D'ÁGUA

Uma dada temperatura T pode ser representada pelo equilíbrio dependente relativo às seguintes reações:

$$xM + O_2 \rightarrow M_xO_2 \qquad \Delta G_1^o \qquad (5.164)$$

$$2H_2 + O_2 \rightarrow 2H_2O \qquad \Delta G_2^o \qquad (5.165)$$

o que fornece:

$$xM + 2H_2O \rightarrow M_xO_2 + 2H_2 \qquad \Delta G_3^o = \Delta G_1^o - \Delta G_2^o \qquad (5.166)$$

A relação H_2 / H_2O no equilíbrio pode ser calculada se forem conhecidos os valores de a_M, e $a_{M_xO_2}$; no caso particular em que metal e óxido são fases condensadas puras.

$$\Delta G_3^o = -RT \ln\left(\frac{H_2}{H_2O}\right)^2 \tag{5.167}$$

$$\frac{H_2}{H_2O} = \exp\left(-\Delta G_3^o / 2RT\right) \tag{5.168}$$

Essa mesma relação é obtida de modo similar ao descrito no item anterior, utilizando o ponto H e a escala H_2 / H_2O.

5.11.3 EQUILÍBRIO METAL-ÓXIDO-OXIGÊNIO-MONÓXIDO E DIÓXIDO DE CARBONO

Tem-se as reações relevantes ao equilíbrio,

$$xM + O_2 \rightarrow M_xO_2 \qquad \Delta G_1^o \tag{5.169}$$

$$2CO + O_2 \rightarrow 2CO_2 \qquad \Delta G_2^O \tag{5.170}$$

$$xM + 2CO_2 \rightarrow M_xO_2 + 2CO \qquad \Delta G_3^o = \Delta G_1^o - \Delta G_2^o \tag{5.171}$$

Desta forma, considerações análogas às do item anterior resultam em:

$$\Delta G_3^o = -RT \ln\left(\frac{CO}{CO_2}\right)^2 \tag{5.172}$$

$$\frac{CO}{CO_2} = \exp\left(-\Delta G_3^o / 2RT\right) \tag{5.173}$$

ou o valor dessa relação pode ser obtido utilizando-se o ponto C e a escala CO/CO_2.

A Figura 5.22 pode ainda fornecer informações acerca da estabilidade relativa dos óxidos de metais diferentes, M^1 e M^2. A uma dada temperatura T as reações de formação dos respectivos óxidos serão dadas como:

$$xM^1 + O_2 \rightarrow M_x^1O_2 \qquad \Delta G_1^o \tag{5.174}$$

$$yM^2 + O_2 \rightarrow M_y^2O_2 \qquad \Delta G_2^o \qquad (5.175)$$

$$M_y^2O_2 + xM^1 \rightarrow M_x^1O_2 + yM^2 \qquad \Delta G_3^o = \Delta G_1^o - \Delta G_2^o \qquad (5.176)$$

Se os metais e óxidos se apresentam como fases condensadas e permanecem puros, ΔG_3 é idêntico a ΔG_3^0, isto é, a energia livre padrão passa a ser critério de espontaneidade e equilíbrio. Neste caso, se ΔG_3^0 é menor que zero, o óxido de metal M^1 é mais estável que o de M^2, isto é, pode-se reduzir o metal M^2 com M^1.

A Figura 5.25 ilustra exatamente este processo: os dois vasos inicialmente contem M^1, M_xO_2 e oxigênio à $P_{O_2}^1$ e M^2, $M_y^2O_2$ e oxigênio à $P_{O_2}^2$, ambos à temperatura T. $P_{O_2}^2$ é maior que $P_{O_2}^1$ pois ΔG_2^0 é maior que ΔG_1^0. Se, através da válvula, os vasos forem conectados, haverá um fluxo de oxigênio do vaso 2 para o vaso 1, o que acarreta uma diminuição momentânea da pressão de oxigênio em 2 – seguida da reação:

$$M_y^2O_2 \rightarrow yM^2 + O_2 \qquad (5.177)$$

e um aumento momentâneo de pressão de oxigênio em 1 – seguido da reação:

$$xM^1 + O_2 \rightarrow M_x^1O_2 \qquad (5.178)$$

persistindo este desequilíbrio enquanto houver M^1 a oxidar ou M^2 a reduzir. Em termos de posição relativa das retas correspondentes às reações de formação dos óxidos, a reta correspondente ao metal M^1 deve se localizar na faixa de temperatura em que a redução é possível, abaixo da do metal M^2. Então, se fosse preciso construir uma escala de estabilidade dos óxidos, baseada nos valores de ΔG^o, os mais estáveis seriam aqueles cujas retas correspondentes à variação de energia livre de formação estão localizadas nas regiões mais inferiores do diagrama. A interseção de duas retas indica a temperatura de equilíbrio.

As mesmas assertivas podem ser feitas a respeito da redução pelo carbono, desde que se considere que seus óxidos devem exercer 1 atm de pressão (para que ΔG^o seja critério de espontaneidade e equilíbrio).

Além de reunir dados de ΔG^o *versus* T, os diagramas de Ellingham (Figura 5.26) permitem deduzir informações importantes acerca da estabilidade dos óxidos (ou outros compostos, ver o exemplo do diagrama de Ellingham para sulfetos). Entretanto, faz-se necessário ressaltar algumas limitações, as quais podem ser resumidas em três:

- não se considera a possibilidade de outras reações além das supostas;
- não se oferece nenhuma informação sobre a cinética da reação, que em termos industriais é fator relevante na viabilidade do processo;

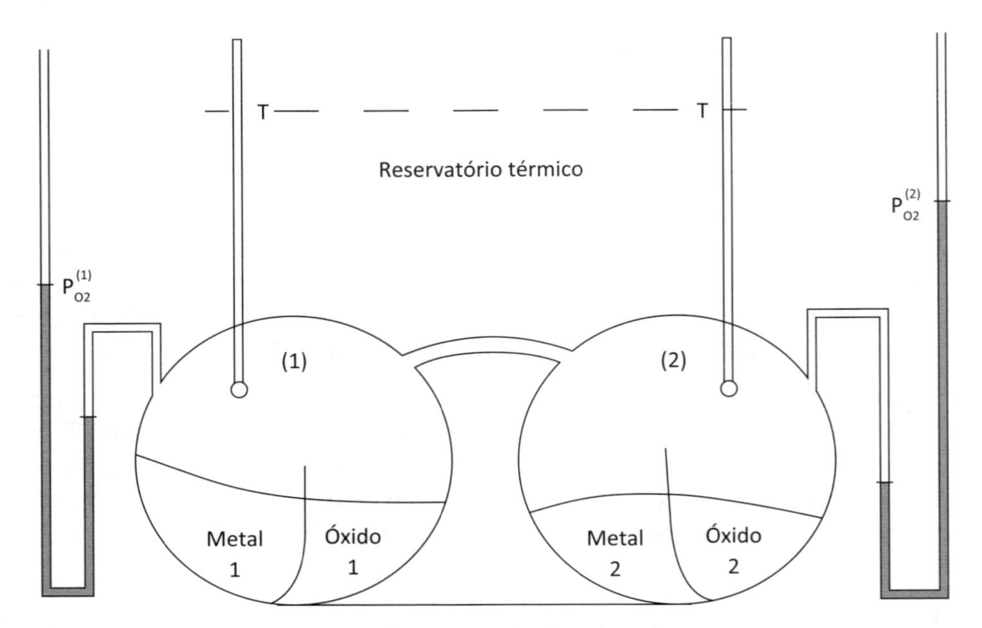

Figura 5.25 – Estabilidade relativa dos óxidos.

- considera-se que reagentes e produtos permanecem no estado de referência, o que não ocorre na prática, onde parte significativa dos processos metalúrgicos ocorre em presença de soluções, de modo que as atividades nas fases condensadas não podem ser tomadas como unitárias.

EXEMPLO 5.36

Tem-se em um forno, silício líquido puro, sílica líquida pura e oxigênio na pressão de 10^{-30} atm a 1800 °C. Determine se o sistema se encontra no equilíbrio. Caso contrário, quais reações devem ser esperadas?

A reação envolvida é:

$$Si_{(l)} + O_{2(g)} = SiO_{2(l)}$$

A expressão correspondente de ΔG° (J) pode ser encontrada combinando:

$$Si_{(s)} + O_{2(g)} = SiO_{2(s)} \qquad \Delta G^{o} = -877930 + 180,67\ T$$

$$Si_{(l)} = Si_{(s)} \qquad \Delta G^{o} = -50650 + 30,10\ T$$

EXEMPLO 5.36 (*continuação*)

$$SiO_{2(s)} = SiO_{2(l)} \qquad \Delta G^o = 15070 - 7,53\ T$$

$$Si_{(l)} + O_{2(g)} = SiO_{2(l)} \qquad \Delta G^o = -913.510 + 203,23T$$

Para metal e óxido puros, tem-se como valor de Potencial de Oxigênio:

$$\mu_{O_2}^{Si-SiO_2} = \Delta G^o = RTlnP_{O_2} = -913.510 + 203,23T$$

Para T = 2073 K, obtém-se:

$$\mu_{O_2}^{Si-SiO_2} = -492.214,37\ J/mol$$

Para uma pressão de O_2 no forno igual a 10^{-30} atm, o Potencial de Oxigênio correspondente é:

$$\mu_{O_2}^{FORNO} = RTlnP_{O_2} = 8,31\ x\ 2073\ ln(10^{-30})$$

$$\mu_{O_2}^{FORNO} = -1.189.973\ J/mol$$

Logo:

$$\Delta G = \mu_{O_2}^{Si-SiO_2} - \mu_{O_2}^{FORNO} = -492.214 - (-1.189.973) = 697.759 \qquad J/mol$$

Como $\Delta G > 0$, o sistema não está no equilíbrio e a tendência é que ocorra a redução da sílica, como ilustra a figura a seguir.

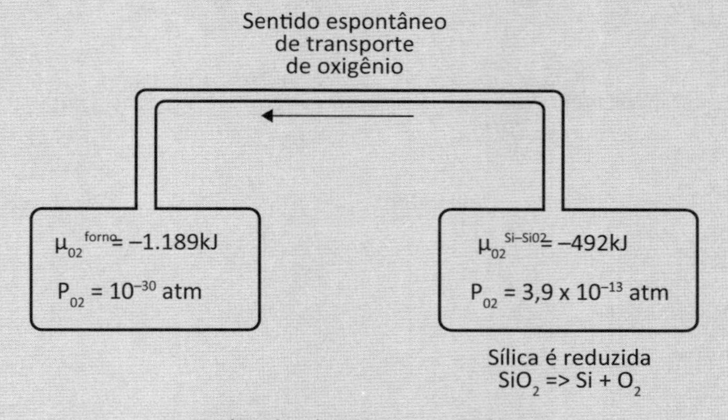

Condição de redução de sílica em um forno.

■

EXEMPLO 5.37

Usando o diagrama de Ellingham (Figura 5.26), determine se os óxidos a seguir seriam reduzidos dentro de um forno a 1000 °C, em que a pressão de oxigênio é de 6,53 x 10^{-30} atm.

a) FeO
b) Cr_2O_3
c) MnO
d) SiO_2
e) Al_2O_3
f) MgO
g) CaO

Para responder a essa questão pode-se identificar no diagrama de Ellingham o ponto correspondente ao valor de $\mu_{O_2}^{FORNO}$, na temperatura citada. Caso este ponto esteja abaixo da linha do óxido, tem-se:

$$\mu_{O_2}^{M-MO_2} > \mu_{O_2}^{FORNO}$$

o que implica que haverá a redução do óxido, pois a pressão parcial de oxigênio no forno seria menor que a pressão de oxigênio requerida para manter estável o óxido (pressão do equilíbrio M-MO).

Seguindo este procedimento, obtém-se a figura esquemática mostrada a seguir. Por sua vez, o valor de $\mu_{O_2}^{FORNO}$ a 1273 K é dado por:

$$\mu_{O_2}^{FORNO} = RTlnP_{O_2} = 8,31x1273ln\left(6,3x10^{-30}\right) \cong -711.620\ J/mol$$

Esse ponto se encontra identificado no diagrama a seguir.

EXEMPLO 5.37 (*continuação*)

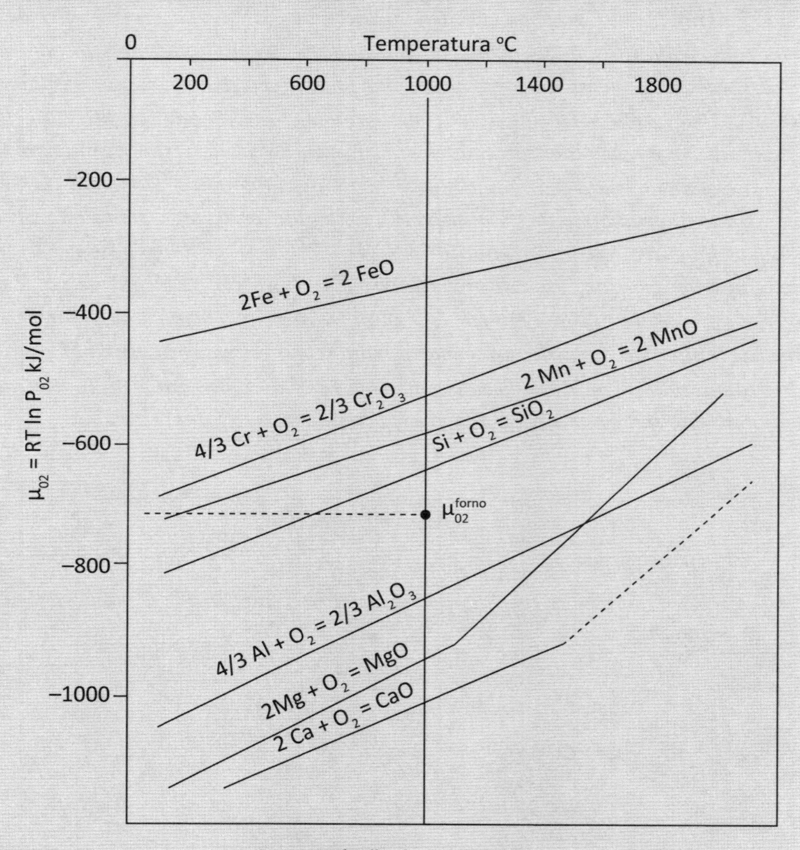

Diagrama de Ellingham esquemático.

Observando-se a figura, nota-se que o Potencial de Oxigênio no forno, $\mu_{O_2}^{FORNO}$, é menor que os potenciais seguintes: $\mu_{O_2}^{Fe-FeO}$, $\mu_{O_2}^{Cr-Cr_2O_3}$, $\mu_{O_2}^{Mn-MnO}$ e $\mu_{O_2}^{Si-SiO_2}$. Portanto, os óxidos FeO, Cr_2O_3, MnO e SiO_2 serão reduzidos nesse forno.

Em contrapartida, como $\mu_{O_2}^{FORNO}$ é maior que: $\mu_{O_2}^{Al-Al_2O_3}$, $\mu_{O_2}^{Mg-MgO}$ e $\mu_{O_2}^{Ca-CaO}$, serão estáveis os óxidos Al_2O_3, MgO, CaO.

Para solução do problema foi considerado que todas as fases condensadas (metais e óxidos) estão puras, ou seja, estão no estado-padrão, com atividade unitária. ■

EXEMPLO 5.38

Goodeve (Hopkins, 1958) propôs explicar a redução de óxidos de ferro no interior de um alto-forno com o auxílio do diagrama de Ellingham (figura anterior). De acordo com este, o potencial de oxigênio do ar soprado no forno corresponde a, aproximadamente, $\Delta\mu = RT \ln 0{,}21\, P_{sopro}$*. O potencial de oxigênio então é reduzido quando oxigênio entra na zona de combustão, e reage com carbono, de acordo com a reação* $C(s) + \frac{1}{2}\, O_2(g) = CO(g)$*. Quando os gases atravessam a carga, ainda na zona de elaboração (T > 1000 °C), eles entram em contato alternadamente, com carbono e óxidos de ferro, de maneira que o potencial de oxigênio oscila entre aqueles dos equilíbrios* $C(s) + \frac{1}{2}\, O_2(g) = CO(g)$ *e* $Fe + \frac{1}{2}\, O_2 = FeO$*. Na porção superior do forno, zona de preparação (T < 1000 °C), o carbono deixa de ser reativo (restrição cinética) e existe excesso de CO, de modo que o potencial de oxigênio permanece praticamente inalterado. Estas transformações estão representadas pela linha H → F, traçada no diagrama. A área hachurada corresponde aos resultados de sondagem (amostragem de gases) em aparelhos industriais e a linha G → F representa resultados médios.*

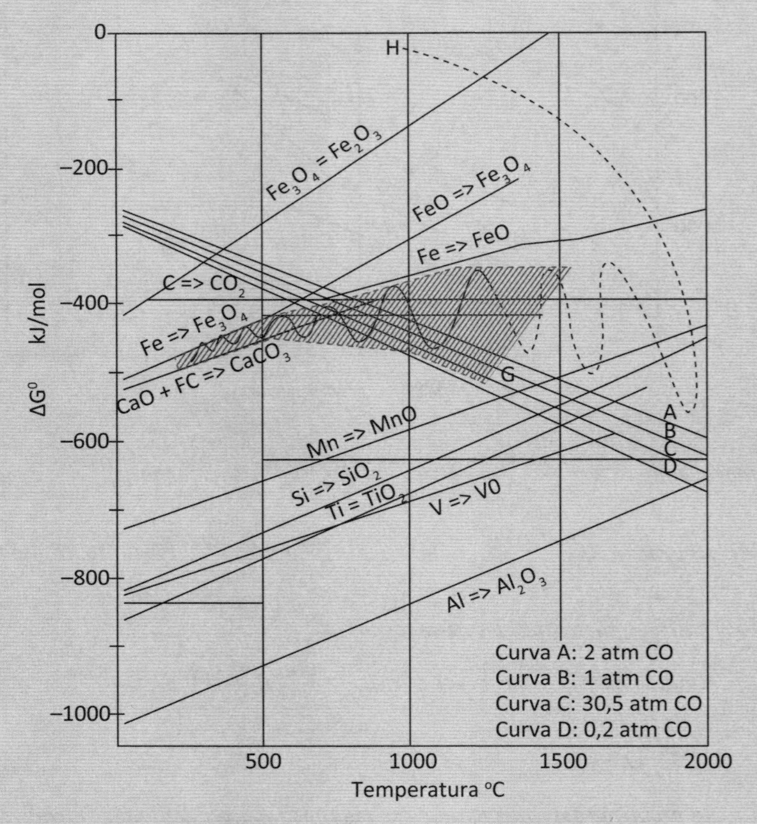

Diagrama de Goodeve, para redução de óxidos de ferro em altos-fornos.

Fonte: Hopkins, 1958.

■

EXEMPLO 5.39

Considere a formação da sílica:

$$Si(s)+O_2(g)=SiO_2 \qquad \Delta G^o=-902502+173{,}72T\ J$$

além dos dados adicionais,

$$2H_2(g)+O_2(g)=2\ H_2O \qquad \Delta G^o=-493111+109{,}67T\ J.$$

$$C(s)+\frac{1}{2}O_2(g)=CO(g) \qquad \Delta G^o=-111766-87{,}70T\ J$$

$$C(s)+O_2(g)=CO_2(g) \qquad \Delta G^o=-394321-0{,}84T\ J$$

Encontre os valores de equilíbrio das quantidades P_{O_2}*;* P_{CO}/P_{CO_2}*; e* P_{H_2}/P_{H_2O} *e os compare com aqueles obtidos dos ábacos do diagrama de Ellingham a 1200 °C. Admita que metal e óxido permanecem puros e sólidos.*

Considerando os dados relativos à reação:

$$Si(s)+O_2(g)=SiO_2(s) \qquad \Delta G^o=-902502+173{,}72J$$

e que silício e sílica permaneçam puros e sólidos, em seus respectivos estados de referência, portanto, ostentando atividades unitárias, vem que:

$$\Delta G^o=-RTlnK_1=-RTln\frac{a_{SiO_2}}{a_{Si}\,P_{O_2}}=RTlnP_{O_2}$$

Então, para 1473 K resulta que $P_{O_2}=1{,}2x10^{-23}$ *atm.*

O valor a ser lido no diagrama de Ellingham, ligando-se o ponto "O" (na vertical a 0 K) ao ponto definido pela interseção entre a vertical a 1200 °C e a curva Si/SiO$_2$*, e estendendo-se esta reta até a escala simbolizada por* P_{O_2}*, é mostrado na figura a seguir. A concordância é evidente.*

Através da combinação dos dados,

$$Si(s)+O_2(g)=SiO_2 \qquad \Delta G^o=-902502+173{,}72T\ J$$

EXEMPLO 5.39 (*continuação*)

$2H_2O = 2H_2(g) + O_2(g)$ $\Delta G^o = 493111 - 109,67T\ J.$

Escreve-se, para o equilíbrio $Si - SiO_2 - H_2 - H_2O$

$Si(s) + 2H_2O(g) = SiO_2(s) + 2H_2(g)$ $\Delta G^o = -409391 + 64,05T\ J$

$$\Delta G^o = -RTlnK_2 = -RTln\frac{a_{SiO_2}\,P_{H_2}^2}{a_{Si}\,P_{H_2O}^2} = -RTln\frac{P_{H_2}^2}{P_{H_2O}^2}$$

Então, para 1473 K vem que:

$$P_{H_2} / P_{H_2O} = 3,8x10^5$$

O valor lido no diagrama de Ellingham, ligando-se o ponto "H" (na vertical a 0 K) ao ponto definido pela interseção entre a vertical a 1200 °C e a curva Si/SiO$_2$*, e estendendo-se esta reta até a escala simbolizada por* P_{H_2} / P_{H_2O}*, é destacado na figura.*

Analisando-se também o equilíbrio $Si - SiO_2 - CO - CO_2$*, através dos dados,*

$Si(s) + O_2(g) = SiO_2(s)$ $\Delta G^o = -902502 + 173,72T\ J$

$2C(s) + O_2(g) = 2CO(g)$ $\Delta G^o = -223532 - 175,39T\ J$

$2CO_2(g) = 2C(s) + 2O_2(g)$ $\Delta G^o = 788642 + 1,68T\ J$

Isto é:

$Si(s) + 2CO_2(g) = 2CO(g) + SiO_2(s)$ $\Delta G^o = -337391\ J$

$$\Delta G^o = -RTlnK_3 = -RTln\frac{a_{SiO_2}\,P_{CO}^2}{a_{Si}\,P_{CO_2}^2} = -RTln\frac{P_{CO}^2}{P_{CO_2}^2}$$

EXEMPLO 5.39 (*continuação*)

Rende: $P_{CO} / P_{CO_2} = 0{,}954x10^6$. *Este valor pode ser comparado com aquele lido no diagrama de Ellingham, ligando-se o ponto "C" (na vertical a 0 K) ao ponto definido pela intersecção entre a vertical a 1200 °C e a curva Si/SiO*$_2$*, e estendendo-se esta reta até a escala simbolizada por* P_{CO} / P_{CO_2}.

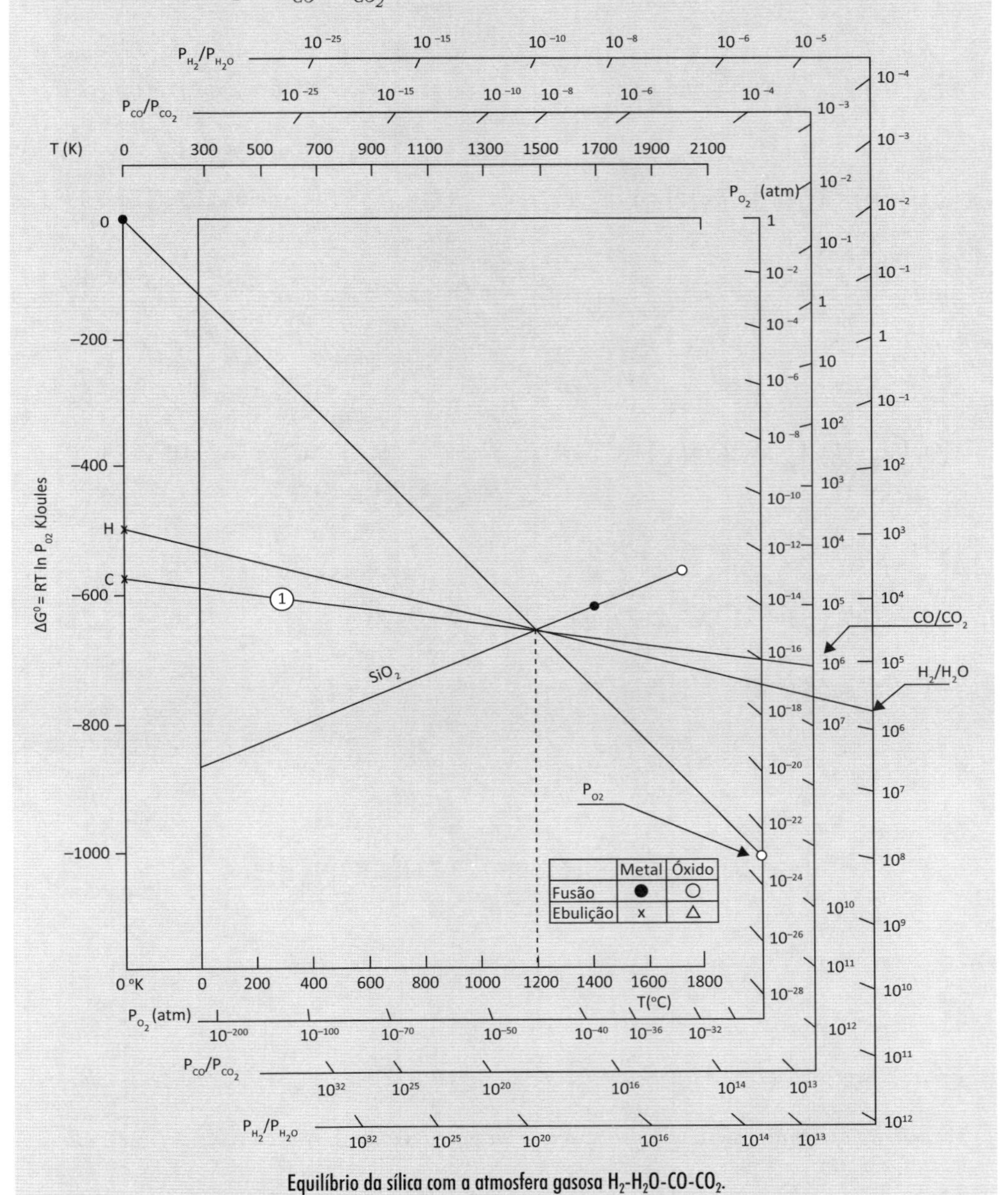

Equilíbrio da sílica com a atmosfera gasosa H_2-H_2O-CO-CO_2.

EXEMPLO 5.40

Considere os dados termodinâmicos a seguir e encontre as coordenadas dos pontos «C» e «H» no diagrama de Ellingham.

$$xM + O_2(g) = M_xO_2 \qquad \Delta G^o_{M/MnO_2} = A_o + B_o T$$

$$2H_2O(g) = 2H_2(g) + O_2(g) \qquad \Delta G^o = 493111 - 109{,}67T\ J$$

$$2CO_2(g) = O_2(g) + 2CO(g) \qquad \Delta G^o = 565110 - 173{,}72T\ J$$

Para o equilíbrio entre metal – óxido – CO – CO_2, pode-se escrever:

$$xM + O_2(g) = M_xO_2 \qquad \Delta G^o_{M/MxO2} = A_o + B_o T$$

$$CO_2(g) = O_2(g) + 2CO(g) \qquad \Delta G^o = 565110 - 173{,}72T$$

isto é,

$$xM + 2CO_2(g) = M_xO_2 + 2CO(g) \qquad \Delta G^o = \Delta G^o_{M/MxO2} + 565110 - 173{,}72T$$

Entretanto, para metal e óxido puros

$$\Delta G^o = -RTln\frac{P^2_{CO}}{P^2_{CO_2}} = \Delta G^o_{M/MxO2} + 565110 - 173{,}72T$$

$$\Delta G^o_{M/MxO2} = -565110 + 173{,}72T - RTln\frac{P^2_{CO}}{P^2_{CO_2}}$$

$$\Delta G^o_{M/MxO2} = -565110 + \left\{173{,}72 - Rln\frac{P^2_{CO}}{P^2_{CO_2}}\right\}T$$

Então, a expressão anterior representa, independentemente do par M / M_xO_2 envolvido, o lugar geométrico dos pontos para os quais se tem o mesmo valor de $\frac{P_{CO}}{P_{CO_2}}$. Este lugar geométrico é uma reta, cujo intercepto na origem, em 0 K, se localiza em $\Delta G^o_{M/MxO2} = -565110\,J$.

EXEMPLO 5.40 (*continuação*)

Por exemplo, se $\frac{P_{CO}}{P_{CO_2}} = 10^6$, *encontra-se que:*

$$\Delta G^o_{M/MxO_2} = -565110 + \left\{173,72 - Rln10^{12}\right\}T$$

$$\Delta G^o_{M/MxO_2} = -565110 - 56,105T$$

que é a equação da reta identificada pelo símbolo (1) *na figura anterior.*

De maneira análoga,

$$xM + O_2(g) = M_xO_2 \qquad \Delta G^o_{M/MxO2} = A_o + B_oT$$

$$2H_2O(g) = 2H_2(g) + O_2(g) \qquad \Delta G^o = 493111 - 109,67T\ J$$

Rende:

$$xM + 2H_2O(g) = M_xO_2 + 2H_2(g) \qquad \Delta G^o = \Delta G^o_{M/MxO_2} + 493111 - 109,67T.$$

Entretanto, para metal e óxido puros

$$\Delta G^o = -RTln\frac{P^2_{H_2}}{P^2_{H_2O}} = \Delta G^o_{M/MxO_2} + 493111 - 109,67T$$

$$\Delta G^o_{M/MxO2} = -493111 + 109,67T - RTln\frac{P^2_{H_2}}{P^2_{H_2O}}$$

$$\Delta G^o_{M/MxO2} = -493111 + \left\{109,67 - 2Rln\frac{P_{H2}}{P_{H2O}}\right\}T$$

Então, a expressão anterior representa, independentemente do par M/M_xO_2 *envolvido, o lugar geométrico dos pontos para os quais* $\frac{P_{H2}}{P_{H2O}}$ *apresenta valor fixo. É uma função linear de temperatura cujo intercepto na origem, em 0 K, se localiza em* $\Delta G^o_{M/MxO2} = -493111\ J$.

EXEMPLO 5.40 (*continuação*)

Justifica-se prontamente a posição e utilização do ponto «O» considerando que, de maneira análoga,

$$xM + O_2(g) = M_xO_2 \qquad \Delta G^o_{M/MnO2} = RTlnP_{O2}$$

Portanto, para cada valor de P_{O2}*, independentemente do par* M / M_xO_2 *envolvido, a variável* $\Delta G^o_{M/M_xO_2}$ *pode ser descrita por uma reta que passa pela origem.* ■

EXEMPLO 5.41

Para o processo Pidgeon (figura a seguir), de produção de magnésio pela redução do óxido com silício, tem-se:

$$Si + O_2 \rightarrow SiO_2 \qquad \Delta G^o_1$$

$$2Mg + O_2 \rightarrow 2MgO \qquad \Delta G^o_2$$

$$2MgO + Si \rightarrow SiO_2 + 2Mg \qquad \Delta G^o_3 = \Delta G^o_1 - \Delta G^o_2$$

De acordo com o diagrama de Ellingham, ΔG^o_3 *é maior que zero, isto é, a reação não seria possível se reagentes e produtos permanecessem nos estados de referência. Entretanto, a atividade de Mg (que é vapor na temperatura de processo) pode ser diminuída, estabelecendo-se vácuo sobre o sistema; a atividade da sílica pode ser também diminuída fazendo-se com que ela forme solução com um sal. Desse modo,*

$$\Delta G = \Delta G^o + RTln\frac{a_{SiO_2}\ a^2_{Mg}}{a_{Si}\ a^2_{MgO}} = \Delta G^o + RT\ ln a_{SiO_2}\ a^2_{Mg} < 0$$

e a reação será termodinamicamente possível.

EXEMPLO 5.41 (*continuação*)

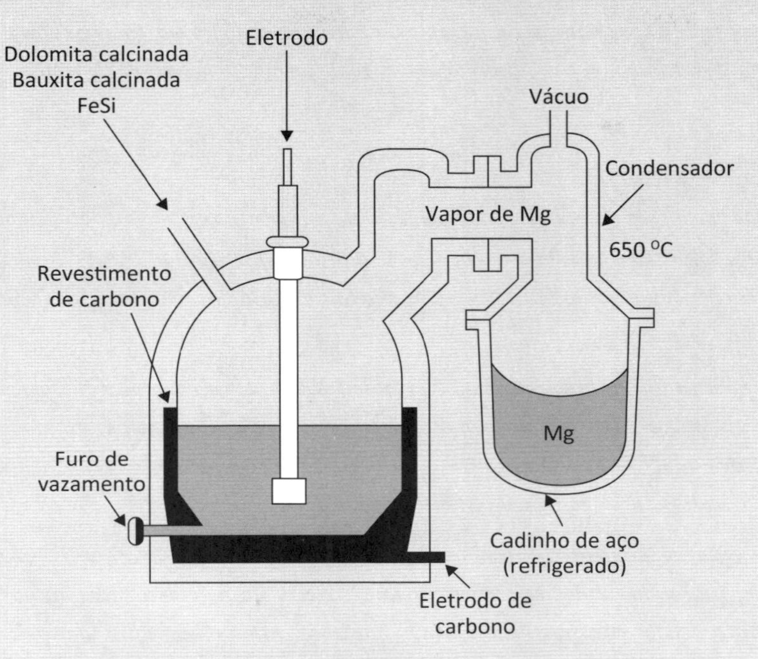

Esquema do reator Pidgeon para produção silicotérmica de magnésio.

Fonte: Friedrich, 2006.

■

EXEMPLO 5.42

A figura a seguir apresenta um diagrama de Ellingham de formação de óxidos a partir de elementos dissolvidos em ferro líquido; a reação de formação descrita é do tipo:

$$xM_{1\%} + O_{1\%} = M_xO$$

As curvas podem ser comparadas de forma direta, determinando-se a estabilidade relativa dos óxidos, pois cada um deles envolve sempre a mesma quantidade de oxigênio. Além disso, os valores envolvidos estão mais próximos da realidade, já que, em geral, os elementos citados são solutos no aço.

Nas temperaturas de fabricação de aço, cerca de 1900 K, espera-se que o óxido de cálcio seja muito mais estável que a alumina, o que justifica a injeção de cálcio para a modificação de inclusões de alumina. Nesse tratamento, a alumina é parcialmente reduzida com o objetivo de se formar uma inclusão líquida no sistema CaO-Al_2O_3.

Dos elementos usualmente utilizados como desoxidantes de aço, manganês, silício e alumínio, as estabilidades dos respectivos óxidos crescem no sentido citado; então, o melhor desoxidante, dentre esses três, é o alumínio, que apresenta a maior afinidade pelo oxigênio.

A desoxidação com evolução de monóxido de carbono sob pressões ordinárias não deve ser efetiva; de fato, somente com aplicação de vácuo profundo ou injeção de gás inerte (que abaixa a pressão parcial de monóxido de carbono) esta se cumpre.

EXEMPLO 5.42 (*continuação*)

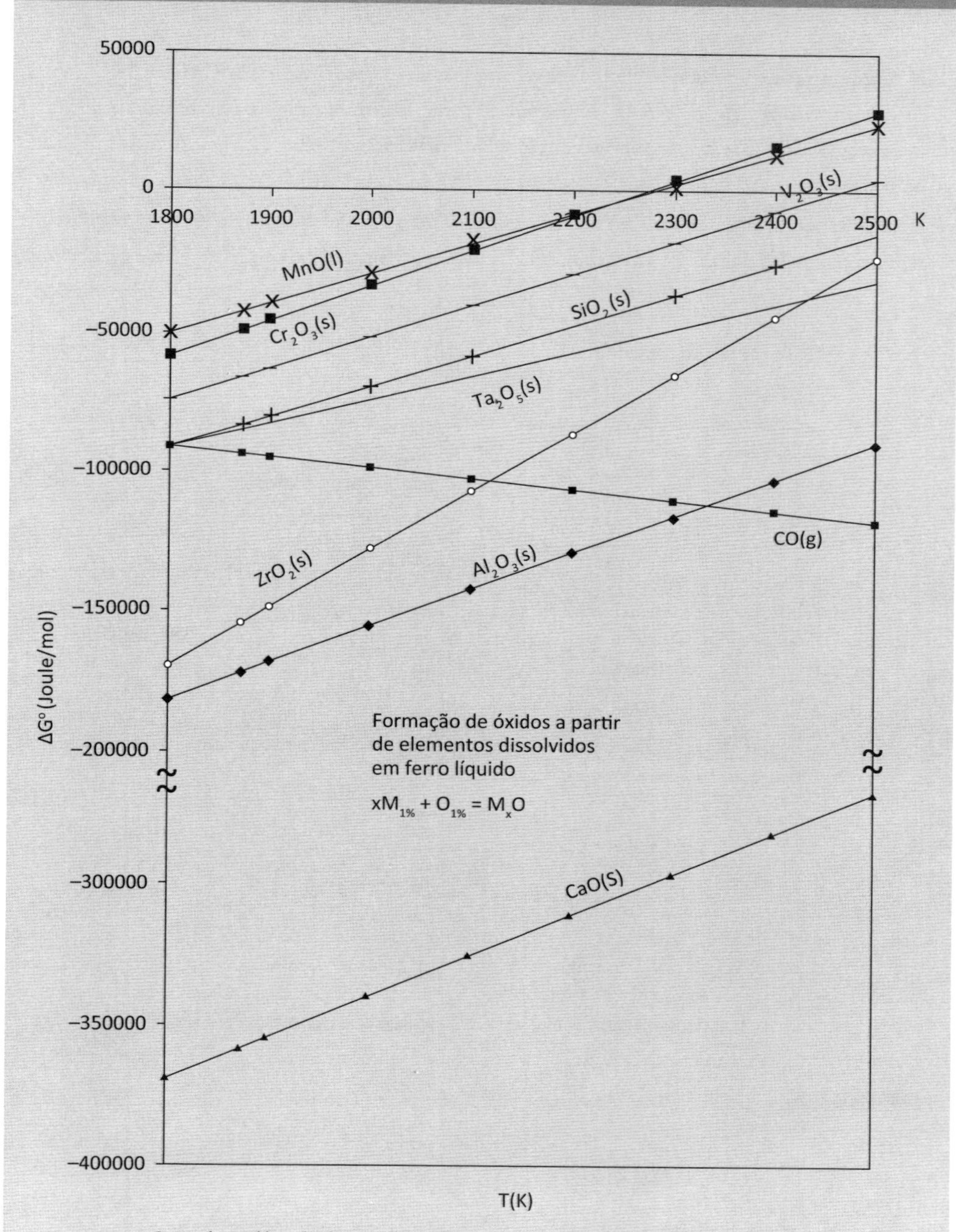

Curvas de equilíbrio de algumas reações químicas envolvendo a formação de óxidos a partir de elementos dissolvidos no ferro líquido.

Fonte: Steelmaking Data Sourcebook, 1988.

EXEMPLO 5.43

A figura a seguir apresenta curvas de atividade nas soluções líquidas $CaO - Al_2O_3$, *em três temperaturas. A 1873 K, o diagrama de fases do sistema sugere que soluções líquidas seriam estáveis na faixa de composição 36 < %CaO < 58, em peso. Com os dados da figura, pode ser construída uma tabela de valores de atividade de* $CaO - Al_2O_3$, *para composições específicas. Os valores citados na tabela são resultado de leitura direta, exceto aqueles entre parênteses, de atividade de alumina, obtidos via integração da equação de Gibbs-Duhem.*

$$dlna_{Al_2O_3} = -\frac{X_{CaO}}{X_{Al_2O_3}} dlna_{CaO}$$

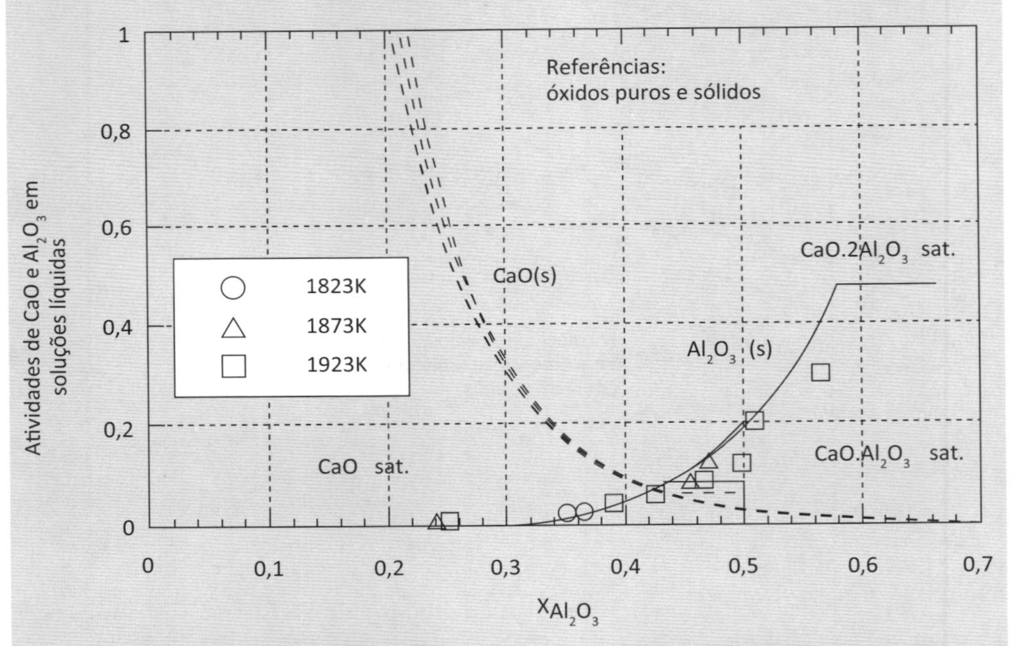

Curvas de atividades do CaO e da Al_2O_3 em escórias líquidas *versus* fração molar da alumina.

Fonte: Slag Atlas, 1995.

EXEMPLO 5.43 (*continuação*)

Valores de atividade de CaO e Al_2O_3, a 1873 K, em soluções líquidas			
%CaO	36	45	56
X_{CaO}	0,5	0,6	0,7
a_{CaO}	0,021	0,085	0,31
Ln a_{CaO}	−3,8632	−2,4651	−1,1711
X_{CaO} / X_{Al2O3}	1	1,25	2,3333
X_{Al2O3}	0,5	0,4	0,3
$a_{A_2O_3}$	0,2	0,038(0,041)	(0,0041)

Valores de energia livre padrão para as reações de formação de CaO e Al_2O_3 são como se seguem:

$$Ca_{1\%, Fe\, liq} + O_{1\%, Fe\, liq} = CaO(s) \qquad \Delta G^o = -629863 + 144,79T\ J$$

$$1/3Al_2O_2(s) = 2/3Al_{1\%, Fe\, liq} + O_{1\%, Fe\, liq} \qquad \Delta G^o = 414276 - 131,73T\ J$$

Nesse sistema de seis espécies (Fe, Ca, Al, O, CaO e Al_2O_3) distribuídas em duas fases (metal e escória), entre as quais ocorrem duas reações independentes, seriam quatro os graus de liberdade. Portanto, após especificar pressão (1 atm) e temperatura (1873 K), restariam dois outros a serem exercidos (envolvendo a composição da escória ou do metal).

Na ausência dessa informação específica, pode ser traçado o diagrama da figura a seguir, que mostra a razão %Ca / %Al que produz uma escória de composição fixa. Por exemplo, a 1873 K tem-se:

$$Ca_{1\%, Fe\, liq} + 1/3\, Al_2O_3 = CaO(s) + 2/3\, Al_{1\%, Fe\, liq} \qquad \Delta G^o = -215587 + 13,06T\ J$$

$$Ca_{1\%, Fe\, liq} + 1/3\, Al_2O_3(s) = CaO(s) + 2/3\, Al_{1\%, Fe\, liq} \qquad \Delta G^o = -191125,39\ J$$

$$K_{eq} = \frac{h_{Al}^{2/3}\, a_{CaO}}{h_{Ca}\, a_{Al_2O_3}^{1/3}} = \frac{\%Al^{2/3}\, a_{CaO}}{\%Ca\, a_{Al_2O_3}^{1/3}} = 2,128x10^5$$

EXEMPLO 5.43 (*continuação*)

De modo que, para 56% CaO tem-se:

$$\frac{\%Al^{2/3}}{\%Ca} = K_{eq}\frac{a_{Al_2O_3}^{1/3}}{a_{CaO}} = K_{eq}\frac{0,0041^{1/3}}{0,31} = 109888$$

para 45% CaO:

$$\frac{\%Al^{2/3}}{\%Ca} = K_{eq}\frac{a_{Al_2O_3}^{1/3}}{a_{CaO}} = K_{eq}\frac{0,038^{1/3}}{0,085} = 841772$$

e para 36% CaO:

$$\frac{\%Al^{2/3}}{\%Ca} = K_{eq}\frac{a_{Al_2O_3}^{1/3}}{a_{CaO}} = K_{eq}\frac{0,2^{1/3}}{0,021} = 5926327$$

Essas relações estão apresentadas na figura a seguir, na qual se nota que, naturalmente, maiores concentrações de CaO na escória requerem maior residual de cálcio dissolvido no metal.

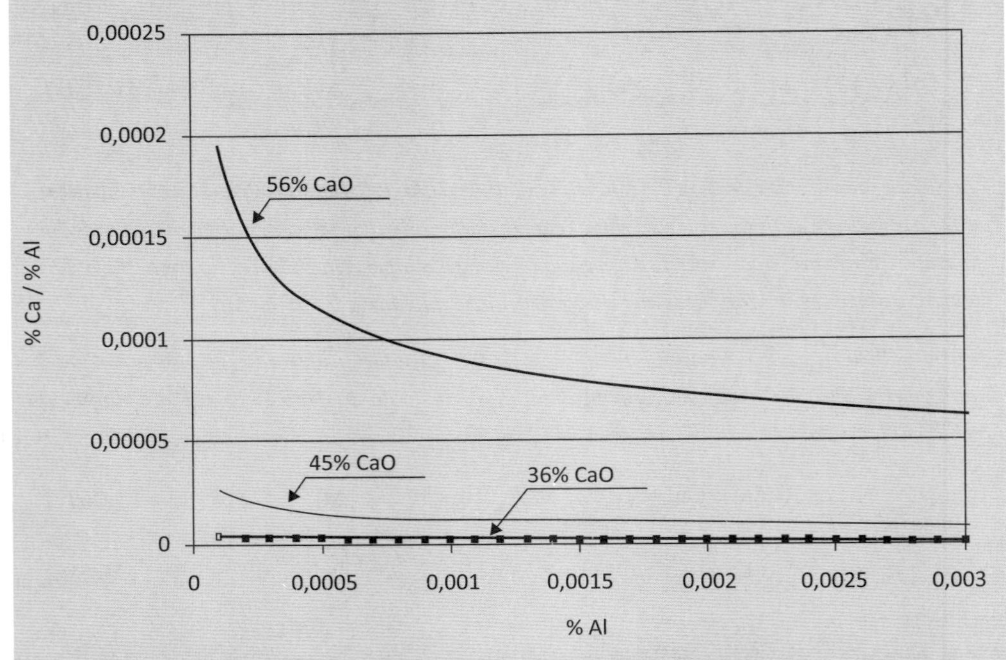

Variação da relação %Ca/%Al com a % de alumínio residual no aço líquido.

EXEMPLO 5.43 (*continuação*)

Considere-se então que certa corrida de aço tenha sido desoxidada ao alumínio. Após desoxidação, medições de temperatura e porcentagem de elementos dissolvidos retornaram $\%Al^0 = 0{,}0200$ e $\%O^0 = 0{,}0003$, valores que correspondem ao virtual equilíbrio com Al_2O_3 pura e sólida. Como, apesar da diferença de densidades entre aço e alumina, a separação não é imediata, o teor de oxigênio total (dissolvido e na forma de alumina) pode ser muito maior que aquele referente ao oxigênio dissolvido, neste exemplo: $\%O^t = 0{,}0100$. Algum tipo de operação, especialmente projetada para a flotação de inclusões e sua absorção por uma escória de cobertura, pode ser empregada; não obstante, resta sempre uma quantidade de inclusões de alumina, em suspensão, que poderia provocar problemas de lingotabilidade do aço (obstrução das válvulas cerâmicas). Dessa maneira, uma medida adicional inclui a injeção de cálcio, de modo a formar cálcio-aluminatos no estado líquido, que não aderem à superfície das válvulas cerâmicas.

Seja, portanto, o objetivo produzir inclusões líquidas, com 45% de CaO. Nessas inclusões tem-se $a_{CaO} = 0{,}085$ e $Al_2O_3 = 0{,}038$. Com base na estequiometria da reação, simbolizando como $\%Ca^0$ a porcentagem de cálcio que restaria dissolvido no aço antes de reagir com a alumina, simbolizando como $\Delta\%Ca$ o consumo de cálcio para a redução de alumina, se escreve que

$$Ca_{1\%,Fe,liq} + 1/3\,Al_2O_3(s) = CaO(s) + 2/3\,Al_{1\%,Fe\,liq}$$

Início	$\%Ca^o$	$\%Al^o$
Final	$\%Ca^o - \Delta\%Ca$	$\%Al^o + \left\{\frac{2}{3}(27/40)\right\}\Delta\%Ca$

Como para essa composição de escória (ou inclusão) deve-se ter:

$$\frac{\%Al^{2/3}}{\%Ca} = K_{eq}\frac{a_{Al_2O_3}^{1/3}}{a_{CaO}} = K_{eq}\frac{0{,}038^{1/3}}{0{,}085} = 841772$$

a relação seguinte:

$$\frac{\left\{\%Al^o + \left(\frac{2}{3}(27/40)\right)\Delta\%Ca\right\}^{2/3}}{\%Ca^o - \Delta\%Ca} = 841772$$

EXEMPLO 5.43 (*continuação*)

representa a restrição de equilíbrio, que interliga o consumo de cálcio à composição da inclusão. Neste caso, sendo %O^t oxigênio total (dissolvido e na forma de alumina, antes da injeção de cálcio) a quantidade de oxigênio em inclusão seria (%O^t – %O^0). Em uma amostra hipotética, de 100g, (%O^t – %O^0)/16 átomos gramas de oxigênio seriam divididos entre cal e alumina, de modo a formar a inclusão com 45% de CaO. Então,

α*(%O^t – %O^0)/16 átomos grama de oxigênio geram* α*(%O^t – %O^0)/16 mols de CaO*

(1– α)*(%O^t – %O^0)/16 átomos grama de oxigênio geram* (1– α)*(%O^t – %O^0)/48 mols de Al_2O_3*

E, por consequência:

$$\frac{\alpha\left(\%O^t - \%O^o\right)56/16}{\alpha\left(\%O^t - \%O^o\right)56/16 + (1-\alpha)\left(\%O^t - \%O^o\right)102/48} = 0,45$$

Daí se retira α *= 0,332.*

Como na reação anterior cada mol de cálcio consumido corresponde ao consumo de 1 mol de oxigênio encontra-se que,

$$\alpha\left(\%O^t - \%O^o\right)/16 = \Delta\%Ca/40.$$

Finalmente, a quantidade de cálcio que precisa se injetada se estima facilmente, pois

$$\frac{\left\{\%Al^o + \left(\frac{2}{3}(27/40)\right)\Delta\%Ca\right\}^{2/3}}{\%Ca^o - \Delta\%Ca} = 841772$$

onde:

$$\Delta\%Ca = \alpha\left(\%O^t - \%O^o\right)40/16 = 0,0081$$

$$\%Al^o = 0,0200$$

EXEMPLO 5.43 (*continuação*)

$$\frac{\left\{0,0200+\left(\frac{2}{3}(27/40)\right)0,0081\right\}^{2/3}}{\%Ca^{o}-0,0081}=841772$$

$$\%Ca^{o}\approx\Delta\%Ca=0,0081.$$

Essa quantidade de cálcio dissolvido, antes da reação com alumina, é praticamente o valor estimado para reagir o oxigênio total da amostra, posto que o oxigênio dissolvido pode ser desprezado. De fato, com $\alpha = 0,332$*, vem:*

$$\%Ca^{o}\approx\Delta\%Ca=\alpha\ \%O^{t}\ 40/16=0,0083$$

Também se nota que, em virtude do alto valor da constante de equilíbrio, quase todo o cálcio injetado seria utilizado na reação,

$$\frac{\left\{\%Al^{o}+\left(\frac{2}{3}(27/40)\right)\Delta\%Ca\right\}^{2/3}}{\%Ca^{o}-\Delta\%Ca}=841772;$$

$$\%Ca^{o}-\Delta\%Ca=\frac{\left\{\%Al^{o}+\left(\frac{2}{3}(27/40)\right)\Delta\%Ca\right\}^{2/3}}{841772}\approx 0$$

Assumindo a liga Ca-Si com 30% de cálcio (composição média Si: 58 – 65%; Ca: 30 – 33%; Al: 1% Max; C: 1% Max), 83 ppm de cálcio implicam consumo de 83 g de cálcio por tonelada ou 0,25 kg de liga/ton.

Nota-se, na prática, que a implementação desse processo requer cuidados especiais. Primeiro porque a pressão de vapor do cálcio nas temperaturas de fabricação do aço é muito alta, o que pode conduzir a perdas elevadas por evaporação.

$$logP_{Ca}^{ol}(atm)=-\frac{8920}{T}-1,39logT+9,569 \qquad P_{Ca}^{1873K}=1,81atm$$

EXEMPLO 5.43 (*continuação*)

Esse problema pode ser minimizado pela dissolução de cálcio em uma liga mestre, por exemplo, Ca-Si (composição citada anteriormente), na qual a atividade do cálcio seja suficientemente rebaixada para garantir baixa pressão de vapor. As perdas de cálcio tendem também a ser elevadas pelo fato de a solubilidade do cálcio em ferro líquido ser desprezível. ■

5.12 ESTABILIDADE DOS SULFETOS

Exatamente o mesmo tipo de tratamento pode ser dispensado à formação de outras classes de compostos, como nitretos, cloretos, sulfetos etc. Como exemplo, a Figura 5.26 mostra um diagrama de estabilidade de sulfetos. As reações são sempre para um mol de enxofre gasoso, e os estados de referência são os mesmos citados no estudo de óxidos.

$$xM + S_2 \rightarrow M_xS_2 \tag{5.179}$$

O ponto S, a escala P_{S_2}, o ponto H e a escala H_2S/H_2 permitem encontrar a pressão de S_2 de equilíbrio:

$$xM + S_2 \rightarrow M_xS_2 \tag{5.180}$$

e razão H_2S/H_2 de equilíbrio dependente relativo às reações:

$$xM + S_2 \rightarrow M_xS_2 \tag{5.181}$$

$$2H_2 + S_2 \rightarrow 2H_2S \tag{5.182}$$

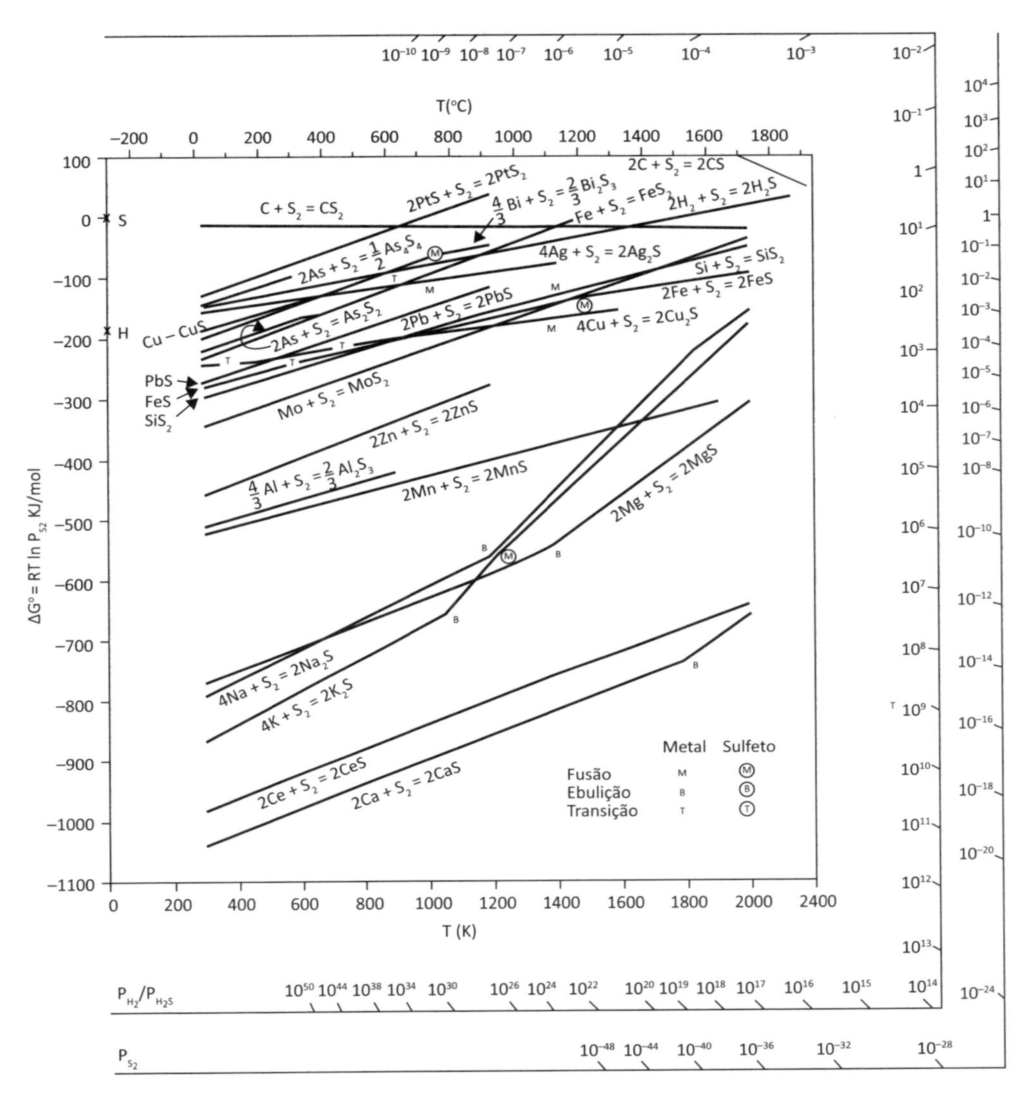

Figura 5.26 – Diagrama de estabilidade de sulfetos.

Fonte: Jonghe, 1991.

As letras M, B, S e T têm o mesmo significado que no caso dos óxidos (mudança de estado de agregação).

5.13 MÉTODOS DE MEDIÇÃO DE ATIVIDADE

Parte considerável deste texto abordou as relações entre atividades de componentes em soluções, a temperatura, pressão e composição destas. Através de alguns dos exemplos citados pode-se ilustrar como princípios termodinâmicos podem auxiliar na montagem de experimentos que visem à determinação de valores de atividade. Assim, podem ser relembradas técnicas envolvendo: i) determinação das pressões de vapor, ii) equilíbrio químico, iii) distribuição entre soluções, e iv) método eletroquímico.

5.13.1 A DETERMINAÇÃO DAS PRESSÕES DE VAPOR

O fundamento termodinâmico deste método já foi discutido. Determinando a pressão de vapor de equilíbrio do componente i sobre a solução, pode-se escrever:

a) $$f_i^{cond} = f_i^{vapor} = P_i \qquad (5.183)$$

se o vapor se comporta idealmente;

b) $$f_i^{cond} = f_i^{vapor} \neq P_i \qquad (5.184)$$

se o vapor não se comporta idealmente, mas a relação entre f_i^{vapor} e P_i pode ser conseguida, como já abordado em exemplo anterior. Em qualquer dos casos, a atividade de i seria dada por:

$$a_i = \frac{f_i}{f_i^o} \qquad (5.185)$$

onde f_i é o valor da fugacidade de i na solução e f_i^o é o valor correspondente ao estado de referência.

5.13.2 MÉTODO DO EQUILÍBRIO QUÍMICO

Quando o componente i participa de uma reação e esta reação é conduzida ao equilíbrio, a atividade de i aparece na expressão da constante de equilíbrio. Se a atividade das outras substâncias implicadas é conhecida, a atividade de i pode ser obtida.

Como exemplo de aplicações em siderurgia considere-se que a atividade do oxigênio no ferro pode ser obtida através do equilíbrio com atmosferas $H_2 - H_2O$

$$H_2 + O \rightarrow H_2O \qquad (5.186)$$

A atividade do enxofre pode ser obtida através do equilíbrio com atmosferas $H_2 - H_2S$,

$$H_2 + S \rightarrow H_2S \qquad (5.187)$$

A atividade do carbono através do equilíbrio com atmosferas CO_2 – CO,

$$C + CO_2 \rightarrow 2CO \tag{5.188}$$

A atividade do silício através do equilíbrio com atmosferas H_2O – H_2

$$Si + 2H_2O \rightarrow SiO_2 + 2H_2 \tag{5.189}$$

A atividade do nitrogênio através do equilíbrio

$$N_2 \rightarrow 2N \tag{5.190}$$

5.13.3 MÉTODO DA DISTRIBUIÇÃO ENTRE SOLUÇÕES

Não representa senão uma variante do método do equilíbrio químico. Pressupõe que o componente i é solúvel simultaneamente em dois solventes imiscíveis. Se forem designadas por α e β as duas soluções formadas, então, quando se atinge a condição de equilíbrio parcial de distribuição de i, seria válida a expressão:

$$\mu_i^{\alpha} = \mu_i^{\beta} \tag{5.191}$$

Caso seja conhecida a atividade de i em uma das fases, a atividade na outra pode ser obtida.

Outra possibilidade, que é exemplificada quando do estudo de diagramas de equilíbrio, é a de se tratar do equilíbrio de soluções distintas do mesmo par.

Como:

$$\Delta \overline{H}_i = -RT^2 \left[\frac{dlna_i}{dT} \right]_{P,n_i} \tag{5.192}$$

$$\Delta \overline{S}_i = -R \left[\frac{d(Tlna_i)}{dT} \right]_{P,n_i} \tag{5.193}$$

experiências realizadas em duas temperaturas T_1 e T_2, relativamente próximas, permitem inferir que:

$$\Delta\overline{H}_i \cong -RT_1T_2\frac{(\ln a_i)_{T_2} - (\ln a_i)_{T_1}}{T_2 - T_1} \tag{5.194}$$

$$\Delta\overline{S}_i = -R\frac{T_2(\ln a_i)_{T_2} - T_1\left(\ln_{a_i}\right)_{T_1}}{T_2 - T_1} \tag{5.195}$$

Além do mais, qualquer dos métodos anteriores, permitindo a determinação de grandezas parciais molares de i, levam a, através da equação de Gibbs-Duhem,

$$X_i d\overline{Y}_i + X_j d\overline{Y}_j = 0 \tag{5.196}$$

$$\int d\Delta\overline{Y}_j = -\int\frac{X_i}{X_j}d\Delta\overline{Y}_i \tag{5.197}$$

encontrar os valores das variações de grandezas parciais molares do outro componente j; através da equação de Gibbs-Margules

$$\int d\frac{\Delta Y}{X_j} = -\int\frac{\Delta\overline{Y}_i}{X_j^2}dX_i \tag{5.198}$$

encontrar os valores das variações de grandezas extensivas.

5.13.4 MÉTODO ELETROQUÍMICO

O Primeiro Princípio da Termodinâmica permite escrever, para um sistema fechado,

$$dE = dq - dw \tag{5.199}$$

onde dE representa a variação de energia interna do sistema, dq, o calor que o sistema troca com as vizinhanças e dw, o trabalho realizado por ou sobre ele. O termo dw engloba, além do trabalho do tipo pressão-volume, trabalho devido à ação de campos elétricos, magnéticos, gravitacionais. Então:

$$dE = dq - PdV - dw' \tag{5.200}$$

sendo que na parcela dw' estão incluídas todas as classes de trabalho que não o de variação de volume.

O Segundo Princípio aplicado para transformações reversíveis fornece

$$dq = TdS \tag{5.201}$$

onde dS é a variação de entropia e, portanto,

$$dE = TdS - PdV - dw' \tag{5.202}$$

onde, agora, dw' é o trabalho máximo (porque obtido em condições reversíveis), que não o de pressão-volume, que o sistema pode realizar ou

$$dE - TdS + PdV = -dw' \tag{5.203}$$

expressão que, para transformações isotérmicas e isobáricas, fica sendo:

$$d\left(E - TS + PV\right) = dG = -dw' \tag{5.204}$$

A equação precedente informa que se um sistema experimenta uma transformação reversível, isobárica e isotérmica, a variação de Energia Livre de Gibbs iguala-se ao trabalho devido a campos elétricos, magnéticos e gravitacionais, com o sinal trocado.

Por definição de potencial elétrico, o trabalho que um sistema realiza para transportar uma carga q entre dois pontos vale

$$dw' = q\ dU \tag{5.205}$$

onde dU é a diferença de potencial elétrico entre os dois pontos (Figura 5.27).

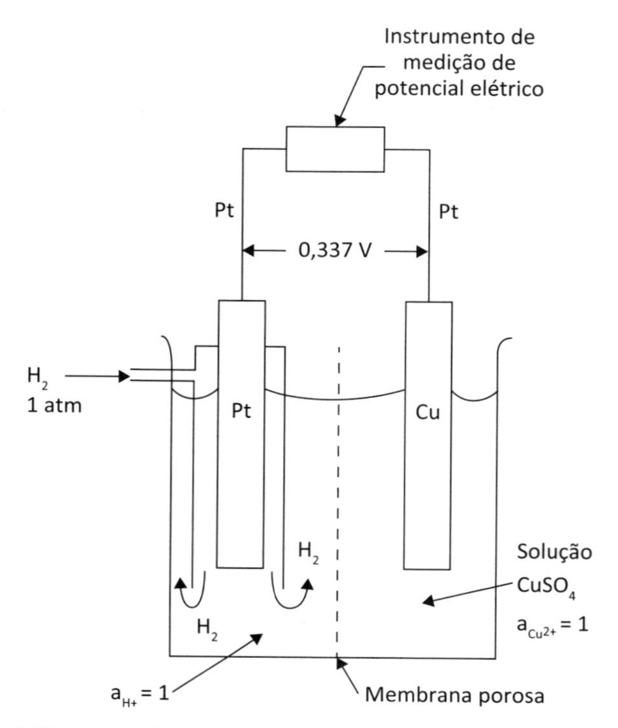

Figura 5.27 – Esquema de uma célula eletrolítica para medição de potencial padrão do cobre.

Fonte: Schlesinger, 2000.

Então, construindo uma célula eletrolítica na qual ocorre, reversivelmente, uma determinada transformação química, a qual corresponde à transferência de z mols de elétrons, o trabalho elétrico w' seria dado por $zF.\varepsilon$, onde F é o número de Faraday (carga de um mol de elétrons) e ε é a força eletromotriz da célula. Em termos práticos, para que a célula seja operada reversivelmente é preciso que a corrente que flui no circuito seja infinitesimal. Isso implica que se deve contrapor à célula uma diferença de potencial externa infinitesimalmente menor que sua força eletromotriz. Nessas condições, o trabalho é máximo, isto é,

$$\Delta G = -w' = -nF\varepsilon \tag{5.206}$$

Por sua vez, se a célula é operada irreversivelmente, uma corrente finita percorre o circuito; neste caso o trabalho elétrico será menor que o máximo (deve-se lembrar que ε é o valor máximo da diferença de potencial entre os eletrodos, medida com circuito aberto, isto é, sem passagem de corrente).

Desde que a temperatura e pressão permaneçam constantes no decorrer do processo, tem-se:

$$q = T\Delta S \quad (5.207)$$

$$\Delta G = -zF\varepsilon \quad (5.208)$$

se o mesmo é conduzido reversivelmente, e, se não,

$$\Delta G = \Delta E + P\Delta V - T\Delta S = q - \left(P\Delta V + w'\right) + P\Delta V - T\Delta S = q - w' - T\Delta S = \Delta H - T\Delta S \quad (5.208b)$$

isto é,

$$\Delta H = q - w', \; q = \Delta H + w' \quad (5.209)$$

onde w' é um trabalho menor que o máximo.

Para o estudo de sistemas metalúrgicos, uma possibilidade é construir a célula:

$$M_I M_{II}\left(concentração\, X_{M_I}^1\right)\Big|M_I^{+z}\left(cátion\, em\, eletrólito\right)\Big|M_I M_{II}\left(concentração\, X_{M_I}^2\right),$$

onde $X_{M_I}^1$ é maior que $X_{M_I}^2$ e o metal M_{II} é mais eletropositivo que M_I. Nessa célula, o processo químico corresponde à transferência de M_I desde a liga de composição $X_{M_I}^1$ até a liga de composição $X_{M_I}^2$ e então:

$$\Delta G = \Delta\mu_{M_I} = RT\ln\frac{a_{M_I}^2}{a_{M_I}^1} = -zF\varepsilon \quad (5.210)$$

Essa expressão é válida desde que a referência para a medição de atividade seja a mesma para M_I em ambas as ligas. Nessa expressão, $a_{M_I}^2$ é atividade do metal M_I na liga de composição $X_{M_I}^2$, $a_{M_I}^1$ é atividade do metal M_I na liga de composição $X_{M_I}^1$.

Eventualmente o anodo pode resumir a M_I puro.

$$M_I\left(\text{puro}\right)\Big|M_I^{+z}\left(\text{cátion em eletrólito}\right)\Big|M_I M_{II}\left(\text{solução}\right)$$

e então:

$$\Delta\mu_{M_I} = RT \ln a_{M_I} = -zF\varepsilon \tag{5.211}$$

onde a_{M_I} é a atividade do metal M_I na liga $M_I M_{II}$ medida em relação a M_I puro, no mesmo estado físico do anodo.

EXEMPLO 5.44

A 900 °C, foram obtidos os valores apresentados na tabela a seguir para a força eletromotriz (f.e.m.) de células para as quais um eletrodo é alumínio puro e líquido e o outro de ligas líquidas alumínio-chumbo.

X_{Al}	0,0017	0,0067	0,0084	0,0131	0,0165	0,0404
f.e.m. (mV)	100,8	56,2	48,9	35,5	29,4	6,15

Calcular as atividades do alumínio nas ligas acima.

Considerando z = 3 (Al^{3+} no eletrólito), tem-se, por exemplo, para $X_{Al} = 0{,}0084$:

$$\Delta\mu_{Al} = RT\ln a_{Al} = -zF\varepsilon$$

$$1173 x 8{,}31 \ln a_{Al} = -3 x 96500 x 0{,}0489$$

$$a_{Al} = 0{,}234$$

■

Como

$$\Delta\bar{H}_{M_I} = -T^2\left[\frac{d\left(\Delta\mu_{M_I}/T\right)}{dT}\right]_{P,n_i} \tag{5.212}$$

e

$$\Delta\bar{S}_{M_I} = -\left[\frac{d\Delta\mu_{M_I}}{dT}\right]_{P,n_i} \quad (5.213)$$

vem

$$\Delta\bar{H}_{M_I} = -zF\varepsilon + T\,z\,F\frac{d\varepsilon}{dT} \quad (5.214)$$

e

$$\Delta\bar{S}_{M_I} = zF\frac{d\varepsilon}{dT} \quad (5.215)$$

No caso mais geral, se na célula ocorre a reação:

$$\alpha A + \beta B \rightarrow \gamma C + \delta D \quad (5.216)$$

que envolve a transferência de z mols de elétrons, tem-se:

$$-zF\varepsilon = \Delta G = \Delta G^o + RT\ln\frac{a_D^\delta a_C^\gamma}{a_A^\alpha a_B^\beta} \quad (5.217)$$

$$\varepsilon = -\frac{\Delta G^o}{zF} - \frac{RT}{zF}\ln\frac{a_D^\delta a_C^\gamma}{a_A^\alpha a_B^\beta} \quad (5.218)$$

É costumeiro definir ε^o, o potencial padrão da célula, para a situação em que todos os produtos e reagentes estão nos respectivos estados de referência, isto é,

$$\Delta G^o = -zF\varepsilon^o \tag{5.219}$$

o que resulta em:

$$\varepsilon = \varepsilon^o - \frac{RT}{zF} ln \frac{a_D^\delta a_C^\gamma}{a_A^\alpha a_B^\beta} \tag{5.220}$$

A equação anterior informa que, se $a_D^\delta\ a_C^\gamma / a_A^\alpha\ a_B^\beta$ é igual à constante de equilíbrio da reação, então a força eletromotriz da célula é nula, e que se as atividades de todos os participantes, à exceção de um, são conhecidas, a atividade que falta pode ser determinada medindo-se ε.

De modo análogo, as variações de entalpia e entropia da reação são

$$\Delta H = -zF\varepsilon + zTF \left[\frac{d\varepsilon}{dT} \right]_{P,\, n_i} \tag{5.221}$$

e

$$\Delta S = zF \left[\frac{d\varepsilon}{dT} \right]_{P, n_i} \tag{5.222}$$

EXEMPLO 5.45

A força eletromotriz da célula $Pb(s)|PbCl_2(s)|HCl(aquoso)|AgCl(s)|Ag(s)$, *onde todos os componentes estão presentes como sólidos puros em contato com o eletrólito de HCl, é, a 25 °C, 0,490 Volts, e a esta temperatura seu coeficiente de variação de força eletromotriz com a temperatura é* $-1{,}84 x 10^{-4}$ *Volts / grau. Escreva as reações da célula e calcule as variações de energia livre e entalpia da reação a 298 K.*

EXEMPLO 5.45 (*continuação*)

As reações de meia célula seriam:

$$\frac{1}{2}Pb + Cl^- = \frac{1}{2}PbCl_2 + e$$

$$e + AgCl = Ag + Cl^-$$

as quais resultam em:

$$\frac{1}{2}Pb + AgCl = \frac{1}{2}PbCl_2 + Ag$$

e como todos metais e cloretos estão puros, escreve-se:

$$\Delta H^o = -zF\varepsilon^o + zTF\left[\frac{d\varepsilon^o}{dT}\right]_{P,n_i}$$

$$\Delta H^o = -1x96500x0,490 + 1x298x96500\left[-1,84x10^{-4}\right]$$

$$\Delta H^o = -52576J$$

$$\Delta G^o = -zF\varepsilon^o$$

$$\Delta G^o = -1x96500x0,490$$

$$\Delta G^o = -47285J$$

■

Como outros exemplos de importância metalúrgica, serão abordados dois casos, que seguem.

1. Células de formação, $M\left|M^{+z}X^{-z}\right|X$, na qual ocorre a reação:

$$M \rightarrow M^{+z} + ze^-\,(no\,anodo)$$

$$X + ze^- \rightarrow X^{-z}\,(no\,catodo) \qquad (5.223)$$

$$M + X \rightarrow M^{+z} + X^{-z}$$

Se M e MX estão nos respectivos estados de referência, a célula fornece ΔG^o da reação $M + X \rightarrow MX$. Alternativamente, por exemplo, o metal M pode não se encontrar no estado de referência e, então, a célula pode ser usada para medições de atividade. Neste caso, encontra-se:

$$\Delta G = \Delta G^o + RT \ln \frac{a_{MX}}{a_M a_X} = \Delta G^o + RT \ln \frac{1}{a_M} \qquad (5.224)$$

$$\varepsilon = \varepsilon^o - \frac{RT}{zF} \ln \frac{1}{a_M} \qquad (5.225)$$

2. Célula de concentração de oxigênio:

$$Pt, O_2\left(gás\,sob\,pressão\,P_1\right)\left|CaO - ZrO_2\right|O_2\left(gás\,sob\,pressão\,P_2\right), Pt$$

na qual ocorre a reação (o anodo, onde ocorre a reação, é representado à esquerda): O_2 (pressão P_2) → O_2 (pressão P_1), que corresponde a uma variação de energia livre dada pela fórmula:

$$\mu_{O_2}\left(\text{pressão } P_1\right) - \mu_{O_2}\left(\text{pressão } P_2\right) = \text{RTln}\frac{P_{O_2}(1)}{P_{O_2}(2)} \qquad (5.226)$$

uma vez que a referência seja única e se suponha que o oxigênio se comporta idealmente. Trabalha-se em condições de temperatura e pressão nas quais a mistura CaO – ZrO_2 é um condutor iônico, no qual a única espécie móvel se resume ao íon de oxigênio. Então:

$$-\text{zF}\varepsilon = \text{RTln}\frac{\text{P}_{\text{O}_2}(1)}{\text{P}_{\text{O}_2}(2)} = -4\text{F}\varepsilon \qquad (5.227)$$

ou

$$\varepsilon = -\frac{\text{RT}}{4\text{F}}\text{RTln}\frac{\text{P}_{\text{O}_2}(1)}{\text{P}_{\text{O}_2}(2)} \qquad (5.228)$$

A pressão P_1 de O_2 pode ser fixada pelo equilíbrio M_I (puro, sólido ou líquido) – $[xM_IO_2]$(puro, sólido ou líquido) – O_2 (gás, puro), e a pressão P_2 pelo equilíbrio M_{II} (puro, sólido ou líquido) – $[y\ M_{II}O_2]$ (puro, sólido ou líquido) – O_2 (gás, puro). Isso resulta em valores únicos de $P_{O_2}(1)$ e $P_{O_2}(2)$ a cada temperatura.

Nesse caso,

$$-zF\varepsilon = RT\ln\frac{P_{O_2}(1)}{P_{O_2}(2)} = -4F\varepsilon \tag{5.229}$$

representa também ΔG^o de reação:

$$xM_I + [yM_{II}O_2] \rightarrow yM_{II} + [xM_IO_2]$$

Pode-se considerar que esteja ocorrendo em etapas:

$$[yM_{II}O_2] \rightarrow yM_{II} + O_2(catodo) \qquad \Delta G^o = -RT\ln P_{O2}(2) \tag{5.230}$$

$$xM_I + O_2 \rightarrow [xM_IO_2] \rightarrow \quad (anodo) \qquad \Delta G^o = +RT\ln P_{O2}(1) \tag{5.231}$$

$$xM_I + [yM_{II}O_2] \rightarrow yM_{II} + [xM_IO_2] \qquad \Delta G^o = +RT\ln\frac{P_{O2}(1)}{P_{O2}(2)} \tag{5.232}$$

Logo, ε^o da célula seria dado por:

$$-\frac{RT}{4F}\ln\frac{P_{O_2}(1)}{P_{O_2}(2)} = \frac{-\Delta G^o}{zF} \tag{5.233}$$

Por sua vez, se os metais M_I e M_{II} e seus respectivos óxidos não se encontram puros (condição assumida como referência), então, se $P'_{O_2}(1)$ é a pressão de equilíbrio:

$$M_I(\text{solução}) - [xM_IO_2](\text{solução})$$

e se $P'_{O_2}(2)$ é a pressão do equilíbrio:

$$M_{II}(\text{solução})-[yM_{II}O_2](\text{solução})$$

tem-se:

$$P'_{O2}(1)=\frac{a_{[xM_IO_2]}}{a^x_{M_I}}P_{O2}(1) \quad (5.234)$$

$$P'_{O2}(2)=\frac{a_{[yM_{II}O_2]}}{a^y_{M_{II}}}P_{O2}(2) \quad (5.235)$$

$$\frac{P'_{O_2}(1)}{P'_{O_2}(2)}=\frac{a_{[xM_IO_2]}\ a^y_{M_{II}}}{a^x_{M_I}\ a_{[yM_{II}O_2]}}\cdot\frac{P_{O_2}(1)}{P_{O_2}(2)} \quad (5.236)$$

Desse modo, a força eletromotriz da nova célula (ε') será:

$$-\frac{RT}{4F}\ln\frac{P'_{O_2}(1)}{P'_{O_2}(2)}=-\frac{RT}{4F}\ln\frac{a_{[xM_IO_2]}.a^y_{M_{II}}}{a^x_{M_I}.a^y_{[yM_{II}O_2]}}-\frac{RT}{4F}\ln\frac{P_{O_2}(1)}{P_{O_2}(2)} \quad (5.237)$$

$$\varepsilon'=\varepsilon^o-\frac{RT}{4F}\ln\frac{a_{[xM_IO_2]}.a^y_{M_{II}}}{a^x_{M_I}.a_{[yM_{II}O_2]}} \quad (5.238)$$

Como se nota,

$$RT\ln\frac{P'_{O2}(1)}{P'_{O2}(2)} \quad (5.239)$$

corresponde à variação de energia livre da reação:

$$xM_I+[yM_{II}O_2]\rightarrow yM_{II}+[xM_IO_2] \quad (5.240)$$

Outra alternativa é, por exemplo, construir uma célula em que a pressão P_1 de O_2 é a do equilíbrio:

$$M_I(\text{puro}) - [xM_IO_2](\text{puro})$$

e a pressão P_2 de O_2 é a do equilíbrio:

$$M_I(\text{solução}) - [xM_IO_2](\text{puro}):$$

Como, nesse caso,

$$\frac{P_{O_2}(1)}{a^x_{M_I}} = P_{O_2}(2) \tag{5.241}$$

vem:

$$\frac{P_{O_2}(1)}{P_{O_2}(2)} = a^x_{M_I} \tag{5.242}$$

e

$$-4F\varepsilon = RT\ln\frac{P_{O_2}(1)}{P_{O_2}(2)} = RT\ln a^x_{M_I} \tag{5.243}$$

ou

$$\varepsilon = -\frac{x\,RT}{4F}.\ln a_{M_I} \tag{5.244}$$

Ainda uma célula em que a pressão P_1 de O_2 é a do equilíbrio:

$$M_I(\text{puro}) - xM_IO_2 \quad (\text{solução})$$

e a pressão P_2 de O_2 é a do equilíbrio:

$$M_I(\text{puro}) - xM_IO_2(\text{puro}),$$

para a qual são válidas as relações:

$$\frac{P_{O2}(1)}{a_{[x\,M_IO_2]}} = P_{O2}(2) \quad (5.245)$$

$$\frac{P_{O2}(1)}{P_{O2}(2)} = a_{[x\,M_IO_2]} \quad (5.246)$$

$$\varepsilon = -\frac{RT}{4F}.\ln a_{[xM_IO_2]} \quad (5.247)$$

EXEMPLO 5.46

Uma célula galvânica é constituída de eletrodos de alumínio sólido e liga sólida alumínio--zinco, sendo o eletrólito de $AlCl_3$ e NaCl fundidos. Para uma liga $X_{Al} = 0{,}38$, a força eletromotriz é *7,43 mV e o coeficiente de temperatura da célula é $2{,}9\text{x}10^{-5}$ Volts/grau a 380 °C. Calcule a atividade do alumínio na liga, as variações de entropia parcial molar e de entalpia de dissolução do alumínio na liga.*

A reação da célula consiste na transferência de alumínio desde o eletrodo onde está puro até a liga, através de um eletrólito que contém íons Al^{+3}. Logo,

$$\mu_{Al}(liga) - \mu_{Al}^{oS} = RTlna_{Al} = -zF\varepsilon = -3F\varepsilon$$

Como F = 96500 J/mol.Volt e T = 653 K, vem:

$$8{,}31 \text{ x } 653 \text{ x } \ln a_{Al} = -3 \text{ x } 96500 \text{ x } 7{,}43 \text{ x } 10^{-3}$$

EXEMPLO 5.46 (*continuação*)

ou

$$a_{Al} = 0,674$$

As variações de entalpia e entropia seriam dadas por:

$$\Delta\overline{H}_{Al} = -zF\varepsilon + zFT\left|\frac{d\varepsilon}{dT}\right|_{P,n_i} = -3 \text{ x } 96500 \text{ x } 7,43 \text{ x } 10^{-3} + 3 \text{ x } 96500 \text{ x } 653 \text{ x } 2,9 \text{ x } 10^{-5}$$

O que resulta em:

$$\Delta\overline{H}_{Al} = 3330,80 \text{ J/mol}$$

$$\Delta\overline{S}_{Al} = zF\left|\frac{d\varepsilon}{dT}\right|_{P,n_i} = 3 \text{ x}96500 \text{ x}2,9 \text{ x}10^{-5} = 8,37\frac{\text{J}}{\text{mol}}.\text{K}$$

■

EXEMPLO 5.47

O monitoramento da atividade do oxigênio nos processos de refino do aço líquido é de suma importância para o controle da qualidade. O controle do estado de oxidação do aço líquido bem como do oxigênio da escória de topo pode ser empregado para a melhoria da recuperação de elementos de liga, dessulfuração do banho metálico, captura de inclusões não metálicas pela escória de topo e diminuição da taxa de desgaste do revestimento refratário da panela, especialmente, na linha de escória.

A figura a seguir ilustra o sensor de oxigênio (Celox), o qual é composto de uma célula de oxigênio e um termopar. A célula, por sua vez, é composta de um eletrólito sólido e dois eletrodos formados por fases com potenciais de oxigênio distintos, sendo um de referência, onde o potencial de oxigênio é conhecido.

EXEMPLO 5.47 (*continuação*)

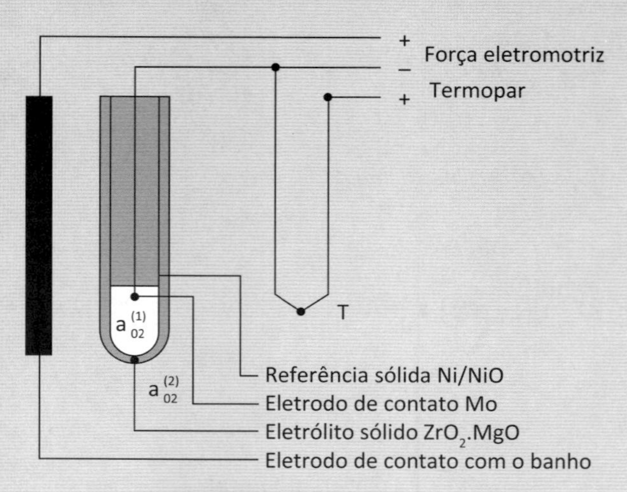

Representação esquemática do Sensor Celox.

Fonte: www.heraeus-electro-nite.com.

A medição da força eletromotriz é iniciada quando da imersão do sensor no banho metálico. Após a imersão é estabelecida uma diferença de potencial entre os eletrodos (Mo/Metal), a qual é descrita pela Lei de Nernst.

$$\Delta\varepsilon = \frac{RT}{4F}\ln\frac{P_{O2}^{referência}}{P_{O2}^{açolíquido}}$$

onde $\Delta\varepsilon$ = *diferença de potencial gerada entre os eletrodos da célula (mV); R = constante dos gases; T = temperatura medida (K); F = constante de Faraday (J/mV.mol);* $P_{O2}^{referência}$ *e* $P_{O2}^{açolíquido}$ *pressões parciais do oxigênio de referência e de oxigênio no aço, respectivamente.*

A figura a seguir mostra a correlação entre a concentração de alumínio dissolvido no aço líquido e a diferença de força eletromotriz (mV) gerada no sensor Celox.

EXEMPLO 5.47 (*continuação*)

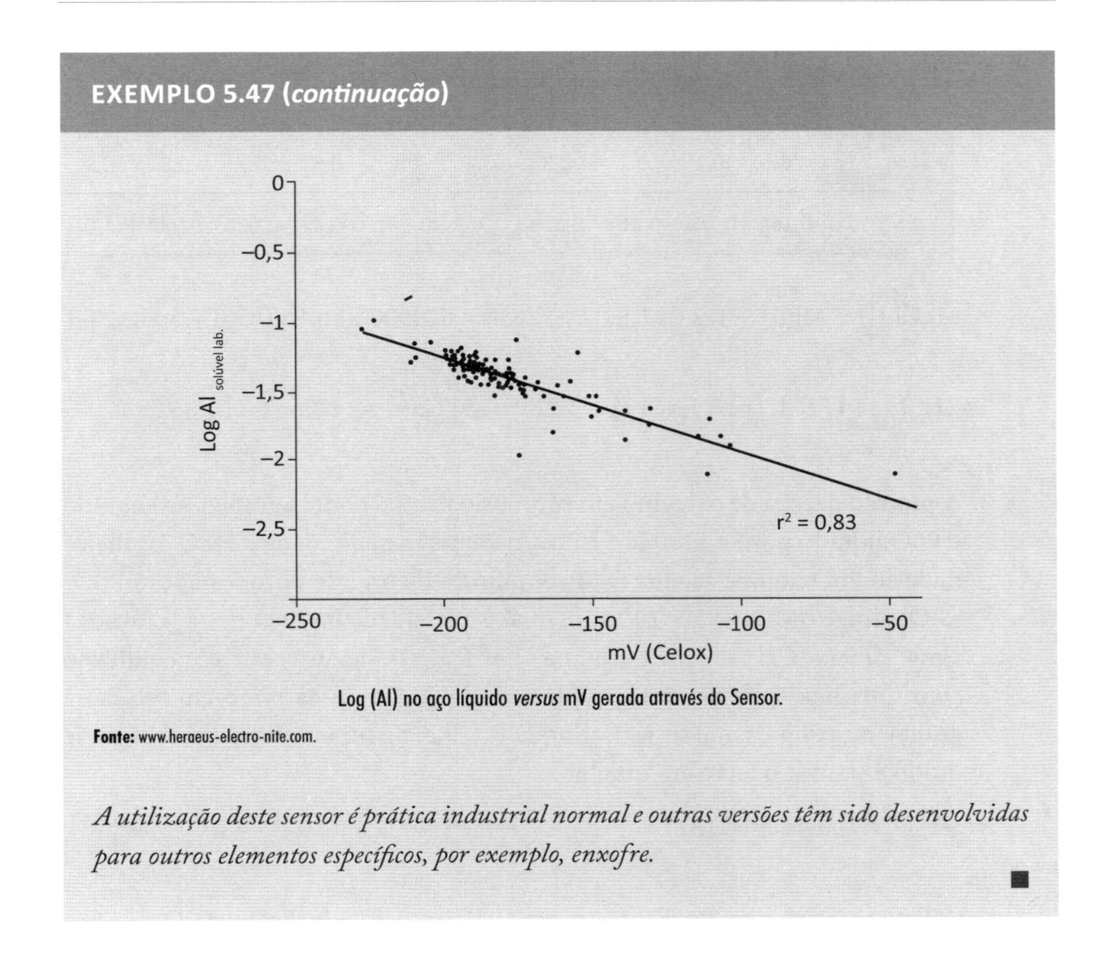

Log (Al) no aço líquido *versus* mV gerada através do Sensor.

Fonte: www.heraeus-electro-nite.com.

A utilização deste sensor é prática industrial normal e outras versões têm sido desenvolvidas para outros elementos específicos, por exemplo, enxofre.

5.14 EXERCÍCIOS PROPOSTOS

1. Ar a 1,3 atm é soprado sobre um líquido Cu-Au rico em cobre a 1500 K. Se só o cobre é oxidado, formando Cu_2O puro e sólido, qual a menor concentração de Cu que pode ser atingida? Considere γ^o_{Cu} (a 1550 K) = 0,155 ΔH^∞_{Cu} (entalpia de dissolução, à diluição infinita) = −15593J/mol.

$$2\,Cu(l) + 1/2\,O_2(g) = Cu_2O(s) \qquad \Delta G^o = -195486 - 16{,}41 T\log T + 142{,}74T\ J$$

2. Magnésio pode ser removido da solução líquida Mg-Al pela formação seletiva do cloreto $MgCl_2$. Calcule a menor concentração de Mg, que pode ser atingida, no sistema líquido Mg-Al a 800 ºC através da reação dessa solução com uma mistura $H_2 - HCl\left(P_{H_2} = 1atm\,e\,P_{HCl} = 10^{-5}atm\right)$ que forma $MgCl_2$ puro líquido. Considere γ^o_{Mg} (a 1073 K) = 0,168;

$$\Delta H_{Mg}^{\infty}\left(entalpia\ de\ dissolução,\ à\ diluição\ infinita\right) = -14559\ J/mol.$$

X_{Mg}	0	0,1	0,2	0,3	0,4	0,5	0,6	0,7	0,8	0,9
γ_{Mg}	0,168	0,301	0,464	0,623	0,763	0,871	0,942	0,982	0,997	1,0

$MgCl_2(l) = Mg(l) + 1/2\ Cl_2(g)$ $\quad \Delta G^o = 618900 + 56,85TlogT - 304,62T\ J$

$1/2H_2(g) + 1/2Cl_2(g) = HCl(g)$ $\quad \Delta G^o = -91129 + 4,14TlogT - 21,85T\ J$

3. A pressão parcial de oxigênio em equilíbrio parcial com chumbo puro líquido e PbO líquido puro a 1200 K é 10^{-8} atm. Se certa quantidade de SiO_2 é adicionada ao PbO líquido tal que P_{O_2} do equilíbrio Pb líquido puro – solução PbO-SiO_2 atinge o valor $2,5 \times 10^{-9}$ atm, qual é a atividade do PbO nesta solução?
4. Uma solução $CH_4 - H_2$ a 1 atm, na qual $P_{H_2} = 0,955\,atm$, está em equilíbrio com uma liga Fe-C a 1000 K. Calcule a atividade do carbono em relação à grafita, nesta liga. Qual seria o valor de P_{CH4} na mistura gasosa ($P_T = 1$ atm) de modo a saturar o ferro em grafita?

   $C(s) + 2H_2(g) = CH_4(g)$ $\quad \Delta G^o = -69153 + 51,28TlogT - 65,39T\ J$

5. Calcule a atividade do FeO em uma solução líquida $FeO - Al_2O_3 - SiO_2$, abaixo da qual o FeO não pode ser reduzido a Fe líquido por uma mistura CO/CO_2, $P_{CO}/P_{CO_2} = 10^5$ a 1600 °C.

   $C(s) + \frac{1}{2}O_2(g) = CO(g)$ $\quad \Delta G^o = -111776 - 87,7T\ J$

   $C(s) + O_2(g) = CO_2(g)$ $\quad \Delta G^o\ -394321\ -0,84\ T\ J$

   $FeO(l) = Fe(l) + \frac{1}{2}\ O_2(g)$ $\quad \Delta G^o = 232825 - 145,33\ T\ J$

6. Uma solução gasosa contendo 97% de H_2O e 3% de H_2 oxida o níquel a 1000 K?

   $Ni(s) + 1/2O_2(g) = NiO(s): \Delta G^o = -148184\,J$

   $H_2(g) + 1/2O_2(g) = H_2O(g): \Delta G^o = -190882\,J$

7. A obtenção do ferro quimicamente puro pode ser conseguida passando-se uma corrente gasosa contendo CO sobre FeO. Operando-se a 1 atm e 1000 °C, com uma mistura de 20% de CO e 80% de N_2, qual seria a massa de ferro obtida por metro cúbico de gás seco?

$$FeO(s)+CO(g)=Fe(s)+CO_2(g) \qquad K_{1000C}=0,403$$

8. Para a reação $NiO(s)+CO(g)=Ni(s)+CO_2(g)$ foram observados os seguintes valores de constante de equilíbrio:

T(K)	671	765
K	4570	1584

Estime o valor de ΔH^0 para a reação. Verifique se o NiO seria reduzido a 663 °C em atmosfera com 20% de CO e 80% CO_2.

9. A variação de energia livre padrão que corresponde à redução do óxido de cromo pelo hidrogênio é dada por $Cr_2O_3(s)+3H_2(g)=2Cr(s)+3H_2O(g)\Delta G^o=408763-119,72T\,J$. Encontre a composição da mistura gasosa em equilíbrio com o cromo a 1 atm e 1500 K. A oxidação do cromo pelo vapor-d'água é endo ou exotérmica?

10. Pretende-se fundir, sob vácuo, ferro puro (contendo 0,1% a 0,7% em átomos de oxigênio) em um cadinho de magnésia (MgO). A 1600 °C encontra-se a relação seguinte, entre pressões parciais de oxigênio e oxigênio dissolvido no ferro. A operação seria viável?

O/Fe (fração atômica)	$1,05 \times 10^{-3}$	$2,1 \times 10^{-3}$	$5,5 \times 10^{-3}$	7×10^{-3}
P_{O_2} (atm)	$1,61 \times 10^{-10}$	$6,75 \times 10^{-10}$	$4,5 \times 10^{-9}$	$9,65 \times 10^{-9}$

11. Um estágio na produção de N_2 purificado é a remoção de pequenas quantidades de O_2 residual. Passa-se o gás sobre o cobre aquecido a 1 atm e 500 °C. Admitindo-se que o equilíbrio é alcançado nesse processo, calcular a pressão parcial de O_2 ainda presente no nitrogênio. Refaça os cálculos para 800 °C. Qual o efeito de uma maior pressão?

$$2Cu(s)+1/2O_2(g)=Cu_2O(s) \qquad \Delta G^o_T=-166812+63,04T\ J$$

12. Tem-se numa mistura silício líquido puro, sílica líquida pura e oxigênio na pressão de 10^{-30} atm, a 1800 °C. O sistema está em equilíbrio? Se não, o que deverá ocorrer?

$$Si(l)+O_2(g)=SiO_2(l) \qquad \Delta G^o_T=-978687+192,89T\ J$$

Calcule a quantidade de oxigênio em equilíbrio com 0,16% de Si, em ferro líquido a 1600 °C, e $SiO_2(l)$, considerando as interações.

13. É possível reduzir o $Al_2O_3(s)$ pelo carbono a 500 °C, em atmosfera com 20%CO_2 e 80% de N_2?
14. Um certo tipo de aço contém determinada percentagem de oxigênio a uma temperatura de 1600 °C. Sabendo-se que a pressão parcial do oxigênio em equilíbrio com o oxigênio dissolvido no aço é de $1,457.10^{-11} atm$, qual é a atividade do oxigênio dissolvido?

$$1/2O_2(g) = O_{(1\% \text{ em Fe liq})} \qquad \Delta G^o = -117208 - 2,89T \text{ J}$$

15. A atividade do carbono na austenita foi medida utilizando-se o equilíbrio $2CO(g) \Leftrightarrow \underline{C} + CO_2(g)$, a 1000 °C, e tomando como estado de referência a grafita pura obteve-se:

X_c	0,01	0,02	0,03	0,04	0,05	0,06
a_c	0,09	0,20	0,33	0,47	0,66	0,85

A constante de equilíbrio da reação $2H_2(g) + C(s) = CH_4(g)$ a 1000 °C é K = 9,6 x 10^{-3}. Calcule X_C e a percentagem em peso de carbono na austenita em equilíbrio com uma mistura de 99,5% H_2 e 0,5% CH_4. Considere pressão total de 1 atm.

16. Considere as reações a seguir:

$$C(s) + 1/2(O_2) = CO(g) \qquad \Delta G^o = -111766 - 87,70T \text{ J}$$

$$C(s) + O_2(g) = CO_2(g) \qquad \Delta G^o = -394321 - 0,84T \text{ J}$$

$$FeO(s) \rightarrow Fe(s) + 1/2O_2(g) \qquad \Delta G^o = 264889 - 65,35T \text{ J}$$

Pede-se a pressão parcial mínima de CO capaz de impedir a oxidação do ferro, a 800 °C, bem como a pressão total, considerando a mistura como sendo CO + CO_2. Sabe-se ainda que o carbono é proveniente do coque, tendo, portanto, uma atividade igual a 1,8 em relação ao carbono grafítico.

17. Uma solução líquida Fe-Ti contendo Ti a $h_{Ti} = 1$ está em equilíbrio com o TiO_2 puro sólido e uma mistura $H_2 - H_2O$ na qual $P_{H2O} / P_{H2} = 2,58x10^{-3}$ a 1600 °C. Calcule γ^o_{Ti} a 1600 °C.

$$TiO_2(s) = Ti(s) + O_2(g) \qquad \Delta G^o = 935571 - 173,93T \text{ J}$$

$$2H_2(g) + O_2(g) = 2H_2O(g) \qquad \Delta G^o = -503994 + 116{,}71T \text{ J}$$

$$Ti(s) = Ti(l) \qquad \Delta G^o = 15488 - 7{,}95T \text{ J}$$

18. Estime o valor de γ_V^o a 1600 °C, numa solução líquida Fe-V, sabendo que:

$$V(s) = V_{(1\% \text{ em Fe})} \qquad \Delta G^o = -15488 - 45{,}63T \text{ J}$$

Se uma solução líquida Fe-V está em equilíbrio com VO puro sólido e uma solução gasosa contendo oxigênio a uma pressão de $6{,}58 \times 10^{-11}$ atm, calcule a atividade do V na solução líquida: em relação ao vanádio puro sólido; em relação ao vanádio puro líquido; em relação a referência 1% em peso.

$$2VO(s) = 2V(s) + O_2(s) \qquad \Delta G^o = 861867 - 150{,}28T \text{ J}$$

$$\Delta H_{\text{fusão}}^{\text{Va}} = 1750 \text{ J/mol e } T_{\text{fusão}}^{\text{Va}} = 2185 \text{ K}$$

19. Estime o conteúdo de oxigênio em equilíbrio numa liga Fe-C-O, que a 1600 °C contém 0,4% em peso de carbono, sob 1,3 atm de CO.

$$C(s) + 1/2O_2(g) = CO(g) \qquad \Delta G^o = -111766 - 87{,}70T \text{ J}$$

$$C(s) = C_{(1\% \text{ Fe liq})} \qquad \Delta G^o = 22604 - 42{,}28T \text{ J}$$

$$1/2O_2(g) = O_{(1\% \text{ Fe liq})} \qquad \Delta G^o = -117208 - 2{,}89T \text{ J}$$

$$e_C^C = 0{,}23 \quad e_C^O = -0{,}097 \quad e_O^O = -0{,}20 \quad e_O^C = -0{,}13$$

20. Determine a porcentagem em peso de oxigênio em equilíbrio com 0,03% de Al no aço a 1600 °C. Suponha que o produto de desoxidação seja alumina pura e sólida e que o aço contenha também 0,27% de C e 0,5% de Si.

$$2\underline{Al}_{(1\% \text{ Fe liq})} + 3\underline{O}_{(1\% \text{ Fe liq})} \rightarrow Al_2O_3(s) \qquad \Delta G^o = -1242823 + 395{,}16T \text{ J}$$

Considere as interações:

$$e_{Al}^{O} = -1{,}6 \quad e_{Al}^{Al} = 0{,}048 \quad e_{Al}^{C} = 0{,}11 \quad e_{Al}^{Si} = 0{,}06$$

$$e_{O}^{O} = -0{,}2 \quad e_{O}^{Al} = -0{,}94 \quad e_{O}^{C} = -0{,}13 \quad e_{O}^{Si} = -0{,}14$$

21. Em um determinado processo metalúrgico deseja-se que ocorra a reação:

$$(CaO)+S_{(1\%\ Fe\ liq)}+[Fe]=(CaS)+(FeO) \qquad \Delta G^o = \Delta H^o - T\Delta S^o$$

$$(\Delta H^o > 0)$$

CaO, CaS e FeO e participam de uma escória, enquanto o enxofre está, juntamente com outras impurezas, dissolvido no ferro. Admita que essa reação atinge o equilíbrio. Analise a influência de: temperatura, concentração de FeO, CaO, CaS na escória, concentração de impurezas no ferro e na quantidade de enxofre que permanece no banho metálico. As outras impurezas são C, P, Si e Mn, sendo que e_S^C, e_S^P, e_S^{Si} são maiores que zero e e_S^{Mn} é menor que zero. Sugere-se explicitar ln%S e analisar as influências separadamente.

22. Com base nas expressões seguintes e supondo que Cr, Cr_2O_3, $Cr_{23}C_6$ e C permaneçam nos seus respectivos estados de referência, foi construído, para a temperatura de 1800 K, o diagrama a seguir:

$$2CO(g)=CO_2(g)+C(s) \qquad \Delta G^o = -170789+174{,}56T\ J$$

$$23Cr(s)+12CO(g)=Cr_{23}C_6+6CO_2(g) \qquad \Delta G^o = -1436133+1004{,}64T\ J$$

$$3CO(g)+Cr_2O_3=3CO_2(g)+2Cr \qquad \Delta G^o = 273136+0{,}63T\ J$$

$$23Cr_2O_3+93CO(g)=2Cr_{23}C_6+81CO_2(g) \qquad \Delta G^o = 3409873+2023{,}72T\ J$$

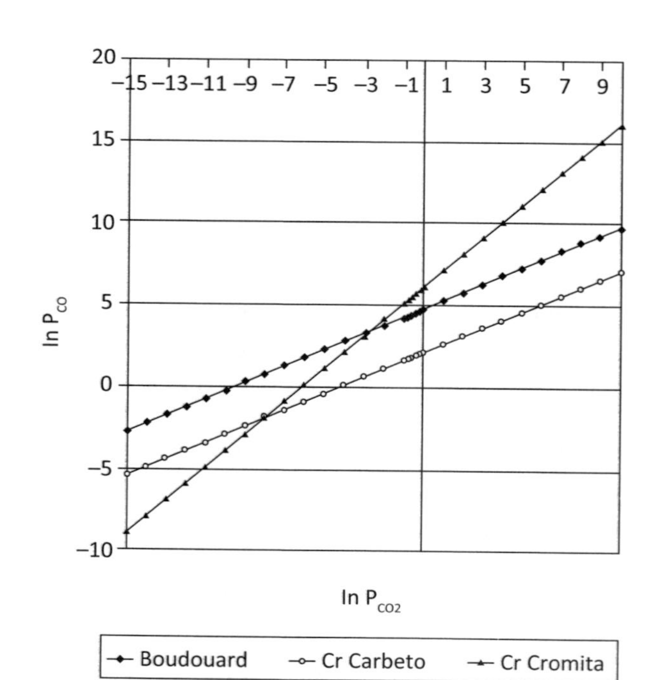

Trace a reta correspondente ao equilíbrio cromita-carbeto e determine as regiões de estabilidade das fases. Pergunta-se qual(is) a(s) fase(s) estável(is) sob a pressão de 2 atm e 100 atm.

23. Chumbo e estanho podem ser obtidos através da redução de PbO e SnO_2 com carbono. Encontre as temperaturas a partir das quais os metais podem ser produzidos por misturas $CO - CO_2$ sob pressão de 1 atm e 3 atm. Determine o estado físico do produto da redução.
24. Compare os poderes desoxidantes do alumínio e do titânio para o aço, supondo que os produtos da desoxidação sejam Al_2O_3 e Ti_2O_3, puros e sólidos, respectivamente.
25. Construa um diagrama de fases que mostre que fase, entre Fe, FeO, Fe_3O_4 e Fe_2O_3, é estável sob as várias condições de temperatura e razão H_2/H_2O na fase gasosa.
26. Encontre as pressões parciais de nitrogênio e hidrogênio em equilíbrio a 1540 °C com ferro líquido contendo 0,01% de nitrogênio e 0,0005% de hidrogênio. A essa temperatura, ferro líquido contém 0,039% de nitrogênio em equilíbrio com N_2 a 1 atm e 0,0025% de hidrogênio em equilíbrio com H_2 a 1 atm.
27. Foram encontradas as seguintes quantidades de H_2, em cm^3 (medida nas CNTP) que 100 gramas das soluções líquidas dissolvem sob pressão de 1 atm:

	1000 °C	1100 °C	1200 °C	1300 °C
100% Cu		5,73	7,34	9,37
88,5% Cu 11,5% Sn	3,09	4,11	5,35	6,85
78,5% Cu 21,7% Sn	2,11	2,97	3,94	5,10

Encontre K, ΔH^o e ΔG^o para a reação $H_2(g) = 2H_{(1\% \text{ na liga})}$.

28. Foram medidas as seguintes solubilidades de oxigênio em 100 gramas de prata líquida a 1705 °C.

Pressão de O_2 (mm de Hg)	128	488	760	1203
Oxigênio dissolvido, cm^3 (CNTP)/100 g de Hg	81,5	156,9	193,6	247,8

Mostre se essas observações concordam com a Lei de Sieverts.

29. A força eletromotriz de uma célula, na qual um eletrodo é constituído de liga líquida Zn-Sn ($X_{Zn} = 0,5$) e outro de Zn líquido puro, vale 10,8 mV a 479 °C. À mesma temperatura a força eletromotriz de uma célula semelhante na qual ambos os eletrodos são constituídos de liga líquidas Zn-Sn, uma com

$X_{Zn} = 0,5$ e outra com $X_{Zn} = 0,173$, vale 26,9 mV. Calcular a atividade do zinco na liga com $X_{Zn} = 0,173$.

30. A 25 °C, a força eletromotriz da célula $Pb(s)|PbCl_2(s):Hg_2Cl_2|Hg$ é 0,5357 Volts e seu coeficiente de temperatura, $1,45.10^{-4}$ Volts/grau, quando metais e cloretos estão puros. Escreva as reações de meia célula pertinentes, estime a variação de entropia, de entalpia e de energia livre da reação. Se o eletrodo da célula é substituído por uma liga Hg-X, na qual $X_{Hg} = 0,3$ e X é inerte, a força eletromotriz da célula cresce de 0,0089 Volts. Encontre a atividade do Hg na liga a 25 °C.

31. A força eletromotriz da célula $\text{Ag(s)}|\text{AgCl(s)}|\text{Cl}_2\text{(1 atm)}$, Pt, na faixa de temperatura de 100 °C a 450 °C, é dada por:

$$\varepsilon(Volts) = 0,977 + 5,7.10^{-4}(350 - T) - 4,8.10^{-7}(350 - T)^2$$

Encontre o ΔH para a reação correspondente.

32. Bidwell e Speiser estudaram as ligas Ni-Pd sólidas utilizando a pilha:

$$Pt|Ni(s), NiO|0,85ZrO_2, 0,15CaO|Ni - Pd, NiO|Pt$$

Os resultados obtidos de força eletromotriz da pilha (mV) se encontram no quadro seguinte. Determine, para a temperatura de 900 °C e para os valores correspondentes de X_{Pb}, os valores de a_{Ni}, $\Delta\bar{S}_{Ni}$ e $\Delta\bar{H}_{Ni}$.

X_{pb}	700 °C	800 °C	900 °C	1000 °C	1100 °C	1200 °C
0,107	3,51	4,09	4,69	5,27	5,86	6,45
0,191	6,25	7,32	8,39	9,47	10,55	11,63
0,287	10,45	12,30	14,15	15,98	17,83	19,68
0,382	17,43	20,13	22,75	25,41	28,03	30,69
0,474	26,75	30,40	34,00	37,65	41,30	44,90
0,564	41,40	46,40	51,40	56,35	61,35	66,35
0,681	66,30	73,05	79,80	86,50	93,30	100,05
0,777	93,40	102,15	110,85	119,55	128,20	136,90
0,865	132,85	144,05	155,05	166,25	177,25	188,35

33. Na célula $Ag(s)|AgCl|Ag(solução\,sólida\,Ag - Au)$ foram medidos os valores de força eletromotriz a 400 °C a seguir:

X_{Ag}	1,0	0,9	0,8	0,7	0,6	0,5	0,4	0,3	0,2
ε (Volts)	0	0,0110	0,0231	0,0367	0,0527	0,0725	0,0963	0,1292	0,1782

Calcule a atividade da prata a cada composição. Determine a atividade do ouro a cada composição, utilizando a equação de Gibbs-Duhem.

34. Os dados a seguir se aplicam à célula $Cd(l)|CdCl_2 - LiCl|Cd(em\,solução\,líquida\,Cd - Sb)$ operada a 753 K.

X_{Cd}	0,8960	0,8180	0,7497	0,6760	0,5880	0,5590	0,4340	0,4006	0,3745	0,3444
ε, mV	3,31	7,20	11,56	18,96	29,69	33,85	52,00	56,51	59,90	63,95

Calcule a atividade (referência líquido puro) do cádmio em cada solução. Sabendo-se que para a reação $Cd(l) = Cd(g), \Delta G^o = 109296 + 20,80 T \log T - 168,07T$ J qual é a pressão de vapor do cádmio sobre soluções de fração molar de Cd igual a 0,75 K a 753 K?

35. Numa célula eletrolítica, um eletrodo é de Cd líquido e o outro de liga líquida Cd-Pb. O eletrólito é de mistura $LiCl - KCl - CdCl_2$ fundida. Quando a fração molar do Cd na liga é 0,5, a força eletromotriz da célula é 10,80 mV a 500 °C e o coeficiente de temperatura dε/dT é $36x10^{-3} mV/C$. Calcule a atividade e o coeficiente de atividade do cádmio na liga. Determine a variação de entropia de dissolução de um mol de cádmio puro líquido na liga acima.

36. A partir de medições experimentais do equilíbrio entre soluções gasosas H_2-H_2O, sílica sólida pura e silício dissolvido em ferro líquido, foi determinada a variação da energia livre seguinte

$$Si_{puro,\,líquido} = Si_{1\%\,em\,peso,\,Fe\,líquido} \qquad \Delta G^o = -119301 - 24,28T\,J.$$

A 1600 °C o coeficiente de atividade do silício no ferro, referência Raoultiana, vale 0,0014 em uma solução tal que $X_{Si} = 0,01$. Calcule o coeficiente de atividade do silício, referência 1% em peso, nesta composição.

37. Hidrogênio puro (com traços de oxigênio) é circulado em um sistema fechado, sobre o zircônio puro aquecido a 800 °C e sobre o níquel aquecido a mesma temperatura, para remover oxigênio do níquel. Qual a pressão parcial de oxigênio no equilíbrio com zircônio e zircônia? A solubilidade de oxigênio no níquel – em equilíbrio com o óxido NiO(s) e oxigênio sob pressão de 1 atm – é de 0,019% em peso a esta temperatura. Se o oxigênio dissolvido no níquel se conforma à Lei de Henry, calcule a concentração do oxigênio remanescente neste, assumindo que o equilíbrio zircônia-zircônio controla a pressão parcial de oxigênio.

38. Em um processo de refino do chumbo, cobre é removido do chumbo através de uma reação com sulfeto de chumbo (PbS) de maneira a formar sulfeto de cobre (Cu_2S). A reação pertinente, a 400 °C, seria:
2 Cu(impureza, dissolvida no Pb) + PbS (sólido puro) = Cu_2S(sólido puro) + Pb (solvente)

    A solubilidade máxima do cobre no chumbo líquido, a essa temperatura, corresponde a uma porcentagem atômica de 0,40% (a saturação se dá com precipitação de cobre sólido). Encontre o valor do coeficiente henryano de atividade do cobre no chumbo líquido, γ^o_{Cu}. Encontre a concentração de cobre no equilíbrio.

39. Uma fase gasosa contendo CS_2, CS, S_2 e S está em equilíbrio com C, a 1500 K e 1,2 atm. Determine as pressões parciais de equilíbrio. Se as quantidade iniciais são 1 mol de CS_2, 2 mols de CS, 1 mol de S_2, qual a quantidade de carbono formado? Valores de potencial químico, em J/mol, seriam a 1500 K:

	C(s)	S_2(g)	S(g)	CS(g)	CS_2(g)
μ^0	−27389	−256758	−2397	−75435	−305497

40. Uma mistura CdO(s)/CdS(s) é evaporada em um fluxo de gás inerte a 800 K, de modo a formar Cd(g) e SO_2. Calcule as pressões parciais de Cd e SO_2. Determine a pressão de O_2. Verifique se é possível precipitar Cd(l).

41. 10 mols de H_2 a 827 °C e 10 mols de CO_2 a 527 °C são reagidos ao equilíbrio em um reator adiabático, a 1 atm. Determine a temperatura e composição dos gases H_2, CO_2, H_2O, CO.

42. 1,6 mols de H_2S, 0,8 mols de H_2 e 1,2 mols de S_2 são equilibrados a 1600 K e 0,6 atm. Sendo as espécies contidas no equilíbrio H_2S, H_2, HS, S_2 e S, determine as pressões parciais.
Valores de potencial químico, em J/mol, seriam a 1600 K:

	H_2(g)	HS(g)	H_2S(g)	S_2(g)
μ^0	−250017	−218090	−404501	−285519

43. 0,12 mol de H_2S é introduzido em um reator de volume interno igual a 1 litro e a 1000 K, e levado ao equilíbrio onde as espécies H_2S, H_2, HS, S_2, e S foram detectadas. Determine as pressões de equilíbrio. Valores de potencial químico, em J/mol, seriam a 1000 K:

	$H_2(g)$	HS(g)	$H_2S(g)$	$S_2(g)$	S(g)
μ^0	−145516	−72460	−245395	−117213	97503

44. 4 mols de H_2 e 2,05 mols de O_2 são equilibrados a 1 atm e 2200 K, de modo a formar as espécies H_2, H, O_2, O, H_2O. Determine as pressões de equilíbrio. Valores de potencial químico, em J/mol, seriam a 2200 K:

	$H_2(g)$	H(g)	$H_2O(g)$	O(g)	$O_2(g)$
μ^0	−362019	−86275	−753312	−158062	−532360

45. Sendo dados, para T = 1000 °C,

$$3\ NiS(s) + O_2(g) = Ni_3S_2(s) + SO_2(g) \qquad \log K = 12{,}2305$$

$$NiS(s) + 3/2\ O_2(g) = NiO(s) + SO_2(g) \qquad \log K = 18{,}8742$$

Determine qual a fase mais estável se $P_{O2} = 10^{-1}$ e $P_{SO2} = 10^{-12}$ atm.

46. Cloreto cuproso é contactado com hidrogênio praticamente puro (1% de H_2O), a 900 K e 1 atm. Determine a composição do gás, assumindo que as espécies presentes são CuCl(l), H_2, H_2O, HCl, Cu_3Cl_3. Quanto cobre é formado, por cada 100 mols de gás?

$$2CuCl(l) + H_2(g) = 2Cu(s) + 2HCl(g) \qquad \Delta G^o = -11104\ J$$

$$3\ CuCl(l) = Cu_3Cl_3(g) \qquad \Delta G^o = 29970\ J$$

$$3CuCl(l) = Cu_3Cl_3(g) \qquad \Delta G^o = 29970\ J$$

$$H_2(g) + ½\ O_2(g) = H_2O(g) \qquad \Delta G^o = -30779\ J$$

47. Os gases de uma retorta vertical de produção de zinco contêm 45% de Zn, 0,4% de Cd, 0,6% de Pb, 54% de CO, e são admitidos em um condensador que opera a 750 Torr. Determine: i) a temperatura de início de condensação de Pb, Cd e Zn; ii) a % de Pb condensado antes do Zn; iii) % de Zn nos gases ao início de condensação do Cd.

48. Gases produzidos em uma retorta de produção de zinco contêm 42% de Zn, 53% de CO, 2,2% de N_2, 2% de CO_2, 0,6% de Cd e 0,2% Pb, e são admitidos em um condensador no qual se formam as fases: solução líquida Zn(γ_{Zn}^R=1)/

$Pb(\gamma_{Pb}^{R} = 22{,}4)/Cd(\gamma_{Cd}^{R} = 3{,}74)$; ZnO(s), CdO(s) e PbO(s); gases Zn, Pb, Cd, CO, CO_2. O equilíbrio se dá a 527 °C e 750 Torr. Determine: i) razão CO/CO_2; ii) composição do líquido; iii) pressões de CO e CO_2; iv) composição do gás; v) quantidade de cada uma das fases, por cada 100 mols de gás de retorta.

49. 2 mols de Sb e 1,5 mols de O_2 comercial (1,2% de N_2) são colocados em um reator de 5 litros a 1000 K. Verifique em que quantidades as espécies Sb(l), Sb, Sb_2, Sb_4, O_2, N_2, Sb_4O_6 estarão presentes no equilíbrio. Valores de potencial químico, em J/mol, seriam a 1000 K:

	Sb(l)	Sb(g)	Sb2(g)	Sb4(g)	O2(g)	N2(g)	Sb4O6(g)
μ^0	–61130	74687	–42441	–185247	–220916	–207037	–1764212

50. A 1000 °C determinou-se, para o carbono dissolvido em Fe sólido, a relação a seguir entre concentração de carbono dissolvido e composição de fase gasosa:

% C	0,1	0,2	0,4	0,6	0,8	1,0	1,2	1,4	sat.
P_{CO}^2 / P_{CO2}	5,6	11,1	23,7	38,7	55,7	75	97,2	122,8	137,2

Determine a_C (em relação à grafita pura) e ΔG^0 da reação $C(s) = C_{1\%,Fe}$.

51. A tabela a seguir apresenta os valores de energia livre integral molar em excesso (Raoultiana), para soluções líquidas Fe-Si a 1580 °C. Determine: i) γ_{Si}^{o}; ii) ΔG^0 (R => 1%); %Si em equilíbrio com $SiO_2(s)$ e $P_{O2} = 10^{-10}$ atm.

X_{Si}	0,01	0,1	0,2	0,3	0,4	0,5
Gexc (J)	–1578	–12043	–22885	–28343	–30897	–31583

52. Gás natural, CH_4, é misturado com vapor-d'água na razão H_2O/CH_4 igual a 1,4, e o sistema é conduzido ao equilíbrio a 850 °C e 1 atm. Assumindo que as espécies presentes sejam CO, CO_2, H_2O, H_2 e CH_4, determine a composição.

53. Vapor de zinco pode ser produzido aquecendo-se ZnO(s) e C(s) em uma retorta. Assumindo que as espécies ZnO(s), C(s), Zn, CO e CO_2 estão presentes no equilíbrio, calcule as pressões parciais e a pressão total para temperatura igual a 900 °C e 1500 °C. Verifique a possibilidade de formação de Zn(l) e refaça os cálculos, se necessário.

54. $CuSO_4(s)$ é colocado em um reator evacuado, e o sistema aquecido até 1000 K, sendo detectadas no equilíbrio as espécies $CuSO_4(s)$, $CuO.CuSO_4(s)$, SO_2, SO_3, O_2. Determine as pressões parciais.
Valores de potencial químico, em J/mol, seriam a 1000 K:

	$CuSO_4$(s)	$CuO.CuSO_4$(s)	SO_2(g)	SO_3(g)	O_2(g)
μ^0	−941404	−1172043	−568586	−684669	−220916

55. Qual a composição de um gás S_2, SO_2, SO_3, O_2 em equilíbrio com Cu(s), Cu_2O e Cu_2S a 750 K? Qual a pressão total?
56. Gás contendo 12% de SO_2, 6% O_2 e 82% N_2 é equilibrado a 900 K e 1 atm, apresentando no final as espécies SO_2, O_2, SO_3 e N_2. Calcule a composição de equilíbrio.
57. Determine a composição de equilíbrio quando um mol de CH_4 é equilibrado com 4 mols de H_2O de modo a formar H_2, H_2O, CO, CO_2, CH_4 a 1 atm e 627 °C. Verifique se seria possível a precipitação de C(s).
58. Uma fase gasosa contendo 1,8 mols de CH_4, 6,4 mols de H_2O, 0,2 mols de H_2 e 0,4 mols de CO é equilibrada a 900 K e 5 atm. Se as espécies presentes são CH_4, H_2O, H_2, CO_2 e CO, determine a composição do gás. Verifique se seria possível a deposição de C(s) e refaça os cálculos, se necessário.
59. K_2O(s) e C(s) são aquecidos, em reator evacuado, até 1000 K. Observa-se o equilíbrio entre K_2O(s), C(s), K, CO, CO_2. Determine as pressões parciais. Valores de potencial químico, em J/mol, seriam a 1000 K:

	K_2O(s)	C(s)	K(g)	CO(g)	CO_2(g)
μ^0	−502959	−15260	−81727	−323738	−630311

60. CdO(s) e C(s) são aquecidos em reator evacuado a 600 °C. Assuma que as espécies presentes são CdO(s), C(s), Cd e CO e CO_2. Calcule as pressões parciais e verifique a possibilidade de formação de Cd(l). Refaça os cálculos, se necessário.
61. Calcule as pressões do equilíbrio PbO(s), Pb(l), C(s), CO e CO_2 a 750 K. Considere que são carregados 1 mol de C e 3 mols de PbO e calcule o consumo de carbono.
62. ZnO(1,2 mols) e CH_4(1 mol) são equilibrados a 1100 K e 1,8 atm. Determine as pressões parciais de Zn, CO, CO_2, CH_4, H_2, H_2O. Haverá formação de Zn(l)? De C(s)?
63. 1 mol de Fe_3O_4 é levado ao contato com 1 mol de CH_4 a 1200 K e 1 atm. Determine as pressões parciais no equilíbrio Fe, FeO, CO, CO_2, H_2, H_2O, CH_4. Determine a produção de Fe.
64. 5 mols de CH_4, 1 mol de H_2O e 1 mol de CO são equilibrados a 1 atm e 1100 K. Determine as pressões parciais de CH_4, H_2, H_2O, CO, CO_2, O_2. Haverá formação de C?

65. Determine as pressões parciais do equilíbrio Al_2O_3, C, $AlCl_3$(g), CO, CO_2, $COCl_2$, Cl_2, a 1 atm e 1000 K, assumindo que no início apenas Al_2O_3, C e Cl_2 estão presentes. Valores de potencial químico, em J/mol, seriam a 1000 K:

	Al_2O_3(s)	C(s)	$AlCl_3$(g)	CO(g)	CO_2(g)	$COCl_2$(g)	Cl_2(g)
μ^0	−1778633	−15260	−938149	−323738	−630311	−537690	−241199

66. Cd_3P_2 se decompõe de acordo com as reações:

$$Cd_3P_2(s) = 3\ Cd(g) + 1/2\ P_4(g) \qquad K = ?$$

$$P_4(g) = 2\ P_2(g) \qquad \Delta G^o = 224317 - 266.35T\ J$$

Determine o valor de K (a 936 K) sabendo-se que a esta temperatura a pressão total vale 266,35 Torr.

67. Calcule as pressões parciais de Si, O_2 e SiO sobre SiO_2(l) a 2100 K, admitindo decomposição a partir da SiO_2. Valores de potencial químico, em J/mol, seriam a 2100 K:

	SiO_2(l)	Si(g)	O_2(g)	SiO(g)
μ^0	−1146021	48294	−505218	−619406

68. Calcule as pressões parciais de Si, Si_2, Si_3 e SiO sobre SiO_2(l) a 2000 K e $P_{O2} = 10^{-4}$ atm.

69. Para ligas Cu(solvente)–S–O, líquidas, e a 1206 °C, $e_O^O = -0,1571$ $e_S^S = -0,1904$ $e_O^S = -0,164$ $e_S^O = -0,33$, determinou-se:

$$S_{1\%} + 2\ O_{1\%} = SO_2(g) \qquad \Delta G^o = -71295 + 10,376T\ J$$

$$S_{1\%} + 3\ O_{1\%} = SO_3(g) \qquad \Delta G^o = -82173 + 82,508T\ J$$

$$S_{1\%} + O_{1\%} = SO(g) \qquad \Delta G^o = 147135 - 48,744T\ J$$

Calcule, nessa temperatura, as pressões parciais sobre uma liga com 0,2% de S e 0,5% de O.

70. As seguintes espécies, ZnS(g), Zn(g), S_2(g), estão presentes em um reator, sob pressão de 0,32 atm e 1800 K. Assumindo as quantidades iniciais 0,6; 0,24 e 0,36 mols, respectivamente, e

$$ZnS(g) = Zn(g) + 1/2\ S_2\ (g) \qquad \Delta G^o = -60000\ J \text{ a } 1600\ K$$

calcule as concentrações de equilíbrio.

71. Um reator contém aço, a 1600 °C, contendo 400 ppm de oxigênio e 500 ppm de carbono. Faz-se vácuo, de modo a se atingir 0,01 atm. A descarburação seria possível? Qual o teor final de carbono?

$$C_{(1\%\ \text{em Fe liq})} + 1/2O_2(g) = CO(g) \qquad \Delta G^o = -139394 - 42{,}53T\ J$$

$$1/2O_2(g) = O_{(1\%\ \text{em Fe liq})} \qquad \Delta G^o = -117208 - 2{,}88T\ J$$

72. Um gás, contendo inicialmente 5,6 mols de Cd e 8,4 mols de S_2, encontra-se confinado em um reator a 1500 K e pressão de 0,4 atm. Será possível a formação de CdS(s)? Caso positivo, quantos mols?
73. 3,6 mols de CO puro são levados a se dissociar, sob pressão de 5 atm e a 800 K, de acordo com a reação 2 CO = CO_2 + C. Qual a quantidade de C depositada?
74. ΔG^0 da reação $F_2(g) = 2\ F(g)$ vale 5247 J a 1250 K. Inicialmente o sistema contém 1,4 mols de F_2 e 0,2 mols de F. Calcule as composições de equilíbrio sob as pressões de 5 atm e 1 atm.
75. Uma solução sólida Au-Cu(X_{Cu} = 0,303) está em equilíbrio com Cu_2O, puro e sólido, e O_2 sob pressão igual a $1{,}04 \times 10^{-3}$ mm Hg a 897 K. Determine a_{Cu} na liga.
76. Uma fase gasosa contendo 6,6 mols de AlCl e 1,2 mols de $AlCl_3$ é equilibrada sob pressão de 1,16 atm e 1400 K. Determine o número de mols de Al que se precipitam.
77. Durante o refino do Pb, a impureza Sb é removida da solução líquida Pb-Sb a 905 K através da oxidação com o ar. Assuma γ^o_{Sb} (905 K; R. Raoultiana) = 0,779 e que para a reação

$$2\ Sb(l) + 3\ PbO(l) = 3\ Pb(l) + Sb_2O_3(l) \qquad \Delta G^o = -105414 - 17{,}972T\ J$$

e determine o teor mínimo em Sb.

78. Uma fase gasosa contendo 14% de $TiCl_4$ e 86% de A é contatada, a 1100 K e 1,112 atm, com Ti(s) de modo a formar o tricloreto

$$3\ TiCl_4(g) + Ti(s) = 4\ TiCl_3(g) \qquad \Delta G^0 = -49420\ J$$

Assumindo que se alcança o equilíbrio, qual a velocidade de corrosão de Ti, quando o fluxo gasoso é de 2,4 litros.min^{-1} ?

79. Uma fase gasosa contendo 64% de H_2 e 36% de H_2O a 1 atm está em equilíbrio com Fe puro e FeO puro, a 950 °C. Na mesma série de experimentos constatou-se que uma solução Fe-Ni(X_{Ni} =0,19) e wustita estão em equilíbrio

com um gás contendo 59% de H_2 e 41% de H_2O. Encontre o coeficiente de atividade do Fe na liga Fe-Ni.

80. Uma fase gasosa contendo inicialmente H_2, H_2S e 40% de He é levada ao equilíbrio com Cu(s) e Cu_2S(s) a 600 °C, de acordo com a reação 2 Cu + H_2S = H_2 + Cu_2S. Calcule as pressões parciais de H_2 e H_2S sob pressão total de 3,2 atm. Qual o coeficiente de atividade do cobre numa solução sólida Au-Cu(X_{Cu} = 0,175) que está em equilíbrio com uma fase gasosa He, H_2, H_2S a 600 °C, tal que a razão H_2S/H_2 seja igual a 6,81 × 10^{-4}?
81. Determine a temperatura na qual MgO(s), Al_2O_3(s) e Al estão em equilíbrio com oxigênio e Mg(g), este último sob pressão de 1 atm.
82. Determine a pressão de S_2 e a razão H_2/H_2S que pode coexistir com Ca(s) e CaS(s) a 1200 °C.
83. Cr_3C_2 e Cr_2O_3 estão em equilíbrio de modo que os únicos produtos são o CO e Cr(s). Qual a pressão de CO a 1700 K?
84. ZrO_2(s) e C(s) são colocados em um vaso evacuado de modo que no equilíbrio, além destas espécies, se encontram ZrC, CO, CO_2 e O_2. Determine as pressões parciais dos gases a 1200 K. Valores de potencial químico, em J/mol, a 1200 K, seriam:

	ZrO_2(s)	C(s)	ZrC(s)	CO(g)	CO_2(g)	O_2(g)
μ^0	−1212372	−18019	−279134	−371442	−685576	−270282

85. Considere o equilíbrio $H_2(g) = 2\ H_{1\%,Al,l}$. Sob a mesma pressão de H_2 foram determinadas, a 800 °C, as solubilidades [cm³ H_2(CNTP)/100 g de alumínio líquido]:
log S = −2550/T + 2,62 (em Al puro) e log S' = −2950/T + 2,90 (em Al–Cu(2%))
Estime e_H^{Cu} a 800 °C.
86. Uma solução líquida {Fe, 0,6% de C, 0,06% de S}, $e_S^S = -0,028$, está em equilíbrio a 1600 °C com um gás tal que H_2S/H_2 é igual a 1,64 x 10^{-4}. Estime e_S^C.
87. O residual de O_2 em uma solução Cu–O–S pode ser controlado através da sua reação com CO/CO_2. Calcule a razão CO/CO_2 de modo que a 1206 °C o teor de O_2 seja reduzido a 0,01%, sabendo-se que, para a reação 1/2 O_2(g) = $0_{1\%,Cu,líquido}$, $\Delta G^o = -85354 + 18,535T\ J$.
88. Determine a temperatura para a qual Ni(s), NiO(s), Co(s), CoO(s), O_2, CO e CO_2 estão em equilíbrio. Determine as pressões parciais.
89. Uma fase gasosa contendo 46% de Zn, 52% de CO e 2% de CO_2, inicialmente a 1000 °C e 1 atm, é resfriada à pressão constante. A que temperatura ZnO(s)

começará a se formar?

90. Presente como impureza no Al líquido, Mg pode ser removido pela injeção gasosa CO/Cl_2 (1000 K, 20% de CO, 80% de Cl_2, 1 atm). Assumindo que o controle se dá via reação $Mg + 2/3\ AlCl_3 = 2/3\ Al + MgCl_2$, e que $\alpha_{Mg} = \ln\gamma_{Mg} / X_{Al}^2 = -1,7182\left(1 - X_{Mg}\right)$, determine a concentração mínima de Mg. Valores de potencial químico, em J/mol, a 1000 K, seriam:

	Mg(l)	$AlCl_3$(l)	Al(l)	$MgCl_2$(l)
μ^0	−47162	−938149	−42599	−773824

91. Uma mistura CoO/Fe_3O_4 é processada em um forno a 800 °C, de modo a produzir cobalto. É necessário, entretanto, que a magnetita permaneça como tal, inalterada. Determine se o gás constituído por 22,4% de CO, 34,6% de CO_2 e 43% de N_2 seria recomendável para o processo.

92. Calcule a temperatura em que FeO, Fe, Fe_3O_4, CO, CO_2 e O_2 estão em equilíbrio. Verifique se sob a pressão total de 1 atm seria possível a deposição de C. Caso positivo, determine a pressão a partir da qual não haverá deposição.

$$FeO(s) = Fe(s) + 1/2\ O_2(g) \qquad \Delta G^o = 259741 - 62,58T\ J$$

$$Fe_3O_4(s) = 3\ FeO(s) + 1/2\ O_2(g) \qquad \Delta G^o = 312359 - 125,16T\ J$$

$$C(s) + O_2(g) = CO_2\ (g) \qquad \Delta G^o = -394321 - 0,84T\ J$$

$$C(s) + 1/2\ O_2(g) = CO(g) \qquad \Delta G^o = -111766 - 87,70T\ J$$

93. Para a mudança de estado de referência:

$$Ti(s) => Ti_{(\%\ Ni\ liq.)} \qquad \Delta G^o = -118407 - 44,601T\ J$$

Calcular o valor de γ_{Ti}^o a 1600 °C. Se uma solução líquida Ni–Ti está em equilíbrio com TiO_2 puro sólido e uma solução gasosa contendo oxigênio a uma pressão de 10^{-10} atm, pede-se calcular a concentração de Ti na solução líquida, bem como a atividade do oxigênio em relação ao Ti puro sólido.

$$TiO_2\ (s) = Ti\ (s) + O_2\ (g) \qquad \Delta G^0 = 934230 - 173,679\ T\ J$$

94. Calcular o teor de oxigênio residual no ferro líquido contendo 0,1% em peso de silício e em equilíbrio com sílica sólida pura a 1600 °C, considerando as interações.

$$Si\ (l) + O_2\ (g) = SiO_2\ (s) \qquad \Delta G^o = -948129 + 198,84T\ J$$

$$O_2(g) = 2\ \underline{O}_{\ (\%\ Fe)} \qquad \Delta G^o = -233579 - 6,11T\ J$$

$$Si(l) = \underline{Si}_{\ (\%\ Fe)} \qquad \Delta G^o = -119301 - 25,53T\ J$$

$$e_{Si}^{Si} = 0,32 \quad e_{Si}^{O} = -0,24 \quad e_{O}^{O} = -0,20 \quad e_{O}^{Si} = -0,14$$

95. Zinco, presente como *impureza* no Pb líquido, pode ser removido deste através da reação:

$$Zn(l) + PbCl_2(l) => Pb(l) + ZnCl_2(l) \qquad \Delta G^o_{663K} = -63167\ J$$

Assumindo que a escória $PbCl_2$–$ZnCl_2$, $X_{ZnCl2} = 0,983$ se comporta idealmente e que a Energia Livre de Gibbs, parcial molar em excesso, do Zn vale 18569 J, à mesma temperatura, calcule a atividade e concentração de Zn no equilíbrio.

96. Certo tipo de aço contém 0,002% de O e 1% de V a 1600 °C. São dados:

$$2\ V_{1\%} + 3\ O_{1\%} = V_2O_3\ (s) \qquad \Delta G^o = -780773 + 267,90T\ J$$

$$e_O^O = -0,2\ e_O^V = -0,3\ e_V^V = -0,015\ e_V^O = -0,97$$

Determine h_O e h_V e verifique se é possível a formação de $V_2O_3(s)$.

97. Considere o equilíbrio entre as espécies Mo(s), MoO_3(s), O_2, SO_2, SO_3. Especifique quantas e quais são as espécies e fases presentes. Determine o número de reações independentes e escreva um conjunto de reações compatível. Calcule o número de graus de liberdade e, de maneira coerente com o valor encontrado, equacione matematicamente o sistema de equações que permite definir o estado termodinâmico do sistema.

98. Considere o equilíbrio entre as espécies MoS_2(s), MoO_2(s), MoO_3(s), O_2, SO_2 e SO_3 a 500 K. Escreva a reação que expresse o equilíbrio entre MoO_2 e MoO_3 e determine a pressão de oxigênio de equilíbrio. Escreva a reação que expressa o equilíbrio entre MoO_2, MoS_2, SO_2 e O_2 e determine a pressão de SO_2 de equilíbrio. Determine a pressão de SO_3 de equilíbrio. Valores de potencial químico, em J/mol, a 500 K, seriam:

	MoS_2(s)	MoO_2(s)	MoO_3(s)	O_2(g)	SO_2(g)	SO_3(g)
μ^0	−311087	−614508	−778398	−104264	−423327	−527484

99. Injeta-se cloro sob pressão de 1,5 atm em um banho Al(solvente)–Mg(0,3%)–Si(0,02%), a 1000 K. Determine a atividade do Mg, considerando as possíveis interações. Escreva a reação que representa a formação do cloreto de magnésio, determine o valor de ΔG^0 e verifique se ela é espontânea. Considere os dados:

Parâmetros de interação $e_{Mg}^{Si} = -0{,}037$ $e_{Si}^{Mg} = -0{,}044$ $e_{Mg}^{Mg} = 0$

Potenciais químicos $MgCl_2$(l, 1000 K) = −771153 J; Mg(l, 1000 K) = −47189 J; Cl_2(g, 1000 K) = −241155 J

ΔG^o Mg(l) = Mg(1%, Al líq.) $\Delta G^o = -14550 - 38{,}66T\ J$

100. No processo de retorta de redução do zinco, ZnO(sólido) e C(sólido) são aquecidos a 1000 °C. Admita que o processo de redução se dê de acordo com a reação, ZnO(s) + C(s) = Zn(g) + CO(g), e determine a pressão parcial de zinco no equilíbrio. Dados:

ZnO(s) = Zn(g) + 1/2 O_2(g) $\Delta G^o = 483148 + 43{,}33\,T\log T - 344{,}84\,T$ J

C(s) + 1/2 O_2(s) = CO(g) $\Delta G^o = -111766 - 87{,}70T\ J$

101. Uma solução líquida Fe/O a 1600 °C contém, inicialmente, 600 ppm de oxigênio. 0,8 kg de alumínio puro são adicionados a 1 tonelada de solução. Determine os teores finais de Al e O, no equilíbrio.
102. Considere o processo de cloração do BeO(s), no qual este é levado a se equilibrar com Cl_2(g) e C(s) a 1400 K. BeO, C e Cl_2 são as únicas espécies presentes inicialmente e, no equilíbrio, além destas, estão presentes $BeCl_2$ e CO. Determine a relação entre as pressões parciais de $BeCl_2$ e CO. Considere que a pressão total seja igual a 1,2 atm e determine as pressões parciais dos gases. Valores de potencial químico, em J/mol, a 1400 K, são:

	BeO(s)	C(s)	Cl_2(g)	$BeCl_2$(g)	CO(g)
μ^0	−669090	−24095	−350570	−773190	−420274

103. Uma fase gasosa constituída de H_2, H_2O e O_2 está em equilíbrio com outras duas, uma delas FeO puro e líquido e a outra uma solução líquida Co–Fe–O–H, onde Fe, O, H são impurezas. Assuma que as porcentagens em peso de

O e H são, respectivamente, 0,1 e 0,3 a 1880 K. Determine as pressões parciais de equilíbrio de O_2, H_2 e H_2O, bem como a % de Fe.

$$Fe(l) = Fe_{\%,Co\ liq.} \qquad \Delta G^o = -12050 - 27,49T\ J$$

$$1/2\ H_2(g) = H_{\%,Co\ liq.} \qquad \Delta G^o = 35560 + 31,51T\ J$$

$$1/2\ O_2(g) = O_{\%,Co\ liq.} \qquad \Delta G^o = -61630 - 9,71T\ J$$

$$FeO(l) = Fe(l) + 1/2\ O_2(g) \qquad \Delta G^o = 232825 - 45,33T\ J$$

$$H_2(g) + 1/2\ O_2(g) = H_2O(g) \qquad \Delta G^o = -246555 - 54,84T\ J$$

104. Aço líquido contém 0,08% C, 0,90% Cr, 0,85% Mn e 0,03% S. Calcule h_C no banho (nesse cálculo, despreze a influência do oxigênio). Calcule a quantidade de oxigênio dissolvido no banho em equilíbrio com CO e 1 atm e 1600 °C.

$$C(s) = C_{(1\%\ Fe\ liq)} \qquad \Delta G^o = 21347 - 41,8T\ J$$

$$1/2O_2(g) = O_{(1\%\ Fe\ liq)} \qquad \Delta G^o = -119301 - 2,89T\ J$$

$$C(s) + 1/2O_2(g) = CO(g) \qquad \Delta G^o = -111766 - 87,70T\ J$$

$$e_O^C = -0,13 \quad e_O^{Cr} = -0,041 \quad e_O^{Mn} = 0 \quad e_O^S = -0,091 \quad e_O^O = -0,20$$

$$e_C^C = 0,22 \quad e_C^{Cr} = -0,024 \quad e_C^{Mn} = 0 \quad e_C^S = 0,09 \quad e_C^O = -0,09$$

105. Oxigênio, carbono grafítico, magnesita pura e calcário puro são aquecidos juntos sob pressão total de 1,3 atm, até a temperatura de 700 K. Analisa-se que as possibilidades de equilíbrio, de acordo com os exemplos mostrados na figura a seguir.

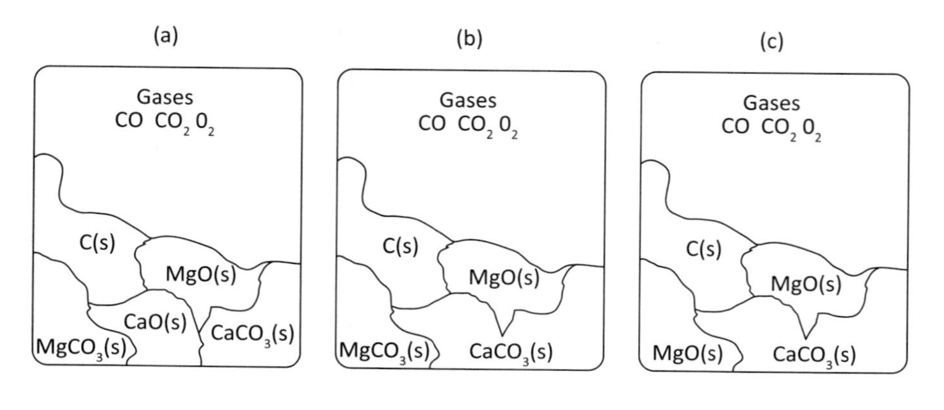

Para cada caso identifique quantas e quais são as espécies, as fases, as reações químicas independentes e o número de graus de liberdade. Para cada caso verifique se seria possível, independentemente, fixar valores de temperatura e pressão, como proposto. Para os casos em que é possível fixar pressão e temperatura determine quais fases estariam presentes.

$$MgCO_3(s) = MgO(s) + CO_2(g) \qquad \Delta G^o = 117627 - 169{,}95T \text{ J}$$

$$CaCO_3(s) = CaO(s) + CO_2(g) \qquad \Delta G^o = 168487 - 144{,}0T \text{ J}$$

$$CO_2(g) + C(s) = 2\ CO(g) \qquad \Delta G^o = 160638 - 168{,}99T \text{ J}$$

106. São colocados 10 g de $CaCO_3$ em uma câmara de volume interno igual a 5 litros, que contém, inicialmente, CO_2 a 800 °C e 0,1759 atm. Assuma, para os cálculos a seguir, que se pode desprezar o volume das fases condensadas. Determine o número inicial de mols de CO_2. Assuma que se atinge equilíbrio a 800 °C, e determine a pressão de equilíbrio da reação $CaCO_3$ = CaO + CO_2. Determine o avanço de equilíbrio da reação e a quantidade restante de $CaCO_3$. Determine o avanço correspondente à completa dissociação do $CaCO_3$ e a temperatura a partir da qual isso acontece.

$$CaCO_3(s) = CaO\ (s) + CO_2\ (g) \qquad \Delta G^o = 168487 - 144{,}0T\ J$$

107. Pode-se retirar o cobre (impureza) de um banho de chumbo líquido, através da reação 2 <u>Cu</u> + PbS(s) = Cu_2S(s) + Pb(l), na qual os sulfetos são puros e sólidos. Assumindo que a solubilidade máxima de cobre em chumbo líquido seja dada por $lnX_{Cu}^{sat} = -8060{,}5/T + 5{,}207$, qual grau de refino possível a 800 °C?
108. Uma solução líquida ferro/1% em peso de vanádio é equilibrada a 1623 °C com uma fase gasosa H_2/H_2O contendo 5% em volume de vapor. O metal contém 0,033% em peso de oxigênio. Assumindo que o oxigênio dissolvido no ferro obedece à Lei de Henry, encontre o valor da atividade do ferro e o parâmetro de interação do vanádio sobre o oxigênio.
109. A razão P_{H2S}/P_{H2} no equilíbrio do ferro líquido contendo 0,04% em peso de enxofre e 1,2% em peso de carbono é $1{,}4 \times 10^{-4}$ a 1600 °C. O parâmetro de interação e_S^S é igual a –0,028. Encontre o valor da atividade de enxofre e o parâmetro de interação do carbono sobre o enxofre. Considere:

$$1/2\ S_2(g) = S_{(1\%\ \text{em peso, em Fe})} \qquad \Delta G^o = -131943 + 22{,}06T\ J$$

110. A solubilidade de oxigênio em ferro puro líquido é 0,230% (atômica) a 1600 °C e, dentro desse campo de solubilidade, o coeficiente de atividade do oxigênio dissolvido é dado por $log\ f_o = -0,20[\%O]$. Determine o oxigênio contido no ferro líquido em um cadinho de magnésia se o equilíbrio é estabelecido a 1600 °C sob um vácuo de 0,001 atm.

111. Durante uma etapa do refino do aço líquido, a composição do banho é:

Elemento	C	S	P	Mn
% em peso	0,06	0,028	0,025	0,13

A temperatura amostrada foi de 1570 °C e a atividade do P_2O_5 na escória 9,6 × 10^{-19}, relativo ao P_2O_5 puro líquido como estado de referência. Assumindo que a pressão parcial do monóxido de carbono era 1 atm, e, de acordo com os dados seguintes, determine se a reação de oxidação do carbono e fósforo estava em equilíbrio:

$$C_{(1\%,\ Fe\ liq)} + O_{(1\%,\ Fe\ liq)} = CO(g) \qquad \Delta G^o = -15530 - 42,24T\ J$$

$$2P_{(1\%,\ Fe\ liq)} + 5O_{(1\%,\ Fe\ liq)} = P_2O_5(l) \qquad \Delta G^o = -687232 + 580,31T\ J$$

	C	S	P	Mn
e_C^X	0,25	0,045	0,047	−0,002
e_P^X	0,12	0,041	0	−0,012

112. São equilibrados n_1 mols de CdO e n_2 mols de C a 1000 °C. Observa-se que as espécies no equilíbrio são C(s), CdO(s), Cd(g), CO(g) e CO_2(g). Escreva o sistema de equações que permita o cálculo das pressões parciais através da seguinte sequência: i) determine o número de reações independentes; ii) escreva um conjunto de reações independentes compatível com o problema; iii) determine o valor numérico e expresse as constantes de equilíbrio em termos das várias pressões parciais; iv) faça um balanço de massa de conservação dos elementos e determine uma relação adicional entre as pressões parciais.

$$Cd(g) + 1/2\ O_2(g) = CdO(s) \qquad \Delta G^o = -356657 + 198,531T\ J$$

$$C(s) + 1/2\ O_2(g) = CO(g) \qquad \Delta G^o = -112877 - 86,514T\ J$$

$$C(s) + O_2(g) = CO_2(g) \qquad \Delta G^o = -394762 - 0,836T\ J$$

113. Uma fase líquida Fe(solvente)/C/S/O a 1600 °C contém 0,6% de C; 0,5% de S e 0,01% de O. Determine h_C, h_O levando em conta as interações. Encontre P_{O2} de equilíbrio. Encontre P_{CO} de equilíbrio.

$$1/2\ O_2(g) = O_{1\%} \qquad \Delta G^o = -117208 - 2,89T\ J$$

$$C_{1\%} + O_{1\%} = CO\ (g) \qquad \Delta G^o = -22395 - 39,68T\ J$$

$$e_C^O = -0,097;\ e_C^C = 0,22;\ e_C^S = 0,09; e_O^C = -0,13;\ e_O^O = -0,20; e_O^S = -0,091$$

114. Estão em equilíbrio as espécies Fe, C, Si, O (dissolvidas em uma solução líquida onde o Fe é o solvente), além de O_2, CO, CO_2 (que formam uma fase gasosa) e SiO_2(s). Quantas variáveis devem ser especificadas de modo a se determinar o estado termodinâmico do sistema? Exemplifique. Determine e escreva um conjunto de reações independentes compatível com a situação.

115. Uma solução contendo Fe(solvente), C, Si, O está em equilíbrio com uma fase gasosa contendo CO, CO_2, O_2 e uma escória contendo SiO_2. Determine: i) a %O a 1600 °C, dado que a solução contém 0,1% de carbono e a pressão parcial de CO é igual a 1 atm; ii) a %Si se a atividade do SiO_2 (referência sólido puro) na escória for igual a 0,1; iii) P_{CO2} e P_{O2}; iv) h_C, considerando as interações.

$$C(s) + 1/2\ O_2(g) = CO(g) \qquad \Delta G^o = -111766 - 87,70T\ J$$

$$C(s) + O_2(g) = CO_2(g) \qquad \Delta G^o = -394321 - 0,84T\ J$$

$$Si(l) + O_2(g) = SiO_2(s) \qquad \Delta G^o = -902502 + 173,30T\ J$$

$$Si(l) = Si_{1\%} \qquad \Delta G^o = -119301 - 25,47T\ J$$

$$C(s) = C_{1\%} \qquad \Delta G^o = 21349 - 41,8T\ J$$

$$1/2\ O_2(g) = O_{1\%} \qquad \Delta G^o = -117208 - 2,89T\ J$$

$$e_C^C = 0,22;\quad e_C^{Si} = 0,10;\quad e_C^O = -0,097$$

116. Considere o diagrama de Ellingham seguinte, esquemático. Especifique os estados de referência correspondentes ao ΔG^0 de formação do MO_2 a 1000 °C e 1500 °C. Determine se seria possível a formação do óxido em uma atmosfera tal que $CO/CO_2 = 10$.

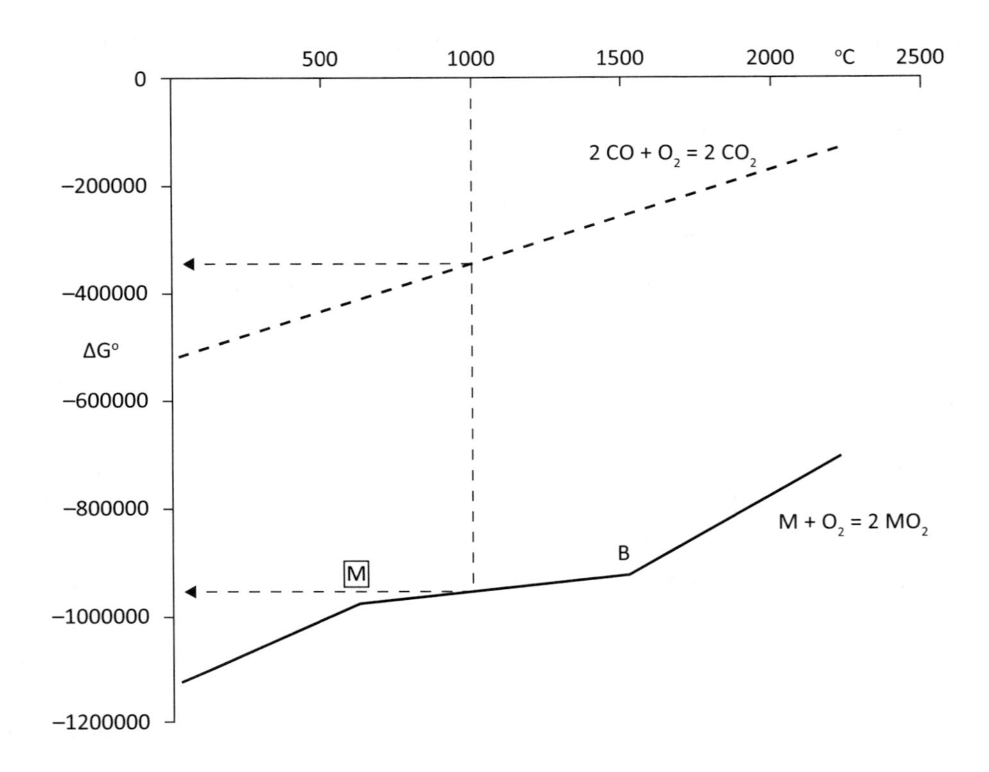

117. ΔG^0 de dissolução do Mn em Co líquido, Mn(l) = Mn (1%, Co, líquido) é dado por −37,7 T J. Assuma que essa solução seja estritamente regular e determine a forma da função $\Delta G^0 = f(T)$. Assuma que a solução seja ideal e determine a forma da função $\Delta G^0 = f(T)$. Com base nos itens anteriores determine a variação de entalpia de formação da solução de concentração $X_{Mn} = 0,37$. Considere que a solução Co–Mn, $X_{Mn} = 0,37$, 1500 °C, se faz contatar com oxigênio, sob pressão de 0,25 atm. Verifique qual metal seria oxidado.

$$MnO(s) = Mn(l) + 1/2\ O_2(g) \qquad \Delta G^o = 399344 - 82,46T\ J$$

$$2\ CoO(s) = 2\ Co(s) + O_2(g) \qquad \Delta G^o = 467995 - 141,49T\ J$$

$\Delta H^{Co}_{fusão} = 15488$ J/mol; $T^{Co}_{fusão} = 1495$ C; $M_{Mn} = 54,93$ g/mol; $M_{Co} = 58,93$ g/mol

118. Ferro líquido entra em contato com vapor-d'água, sob pressão de 0,1 atm, de modo que a reação $H_2O = 2\ H + O$ atinge o equilíbrio a 1600 °C. Assuma que n mols de H_2O se dissociam, e encontre a relação entre as percentagens em peso de H e O. Determine a %O no equilíbrio. Quais os efeitos, sobre %O de equilíbrio, oriundos de um aumento de pressão? E de temperatura?

$$2\ H(1\%, Fe\ líq.) + O(1\%, Fe\ líq.) = H_2O(g) \qquad \Delta g^0 = -202305 - 3,27\ T\ J$$

119. A 1600 °C, soluções líquidas de MnO/FeO e as soluções líquidas Mn/Fe são aproximadamente ideais. Determine a porcentagem em peso do manganês na solução Fe/Mn, a qual está em equilíbrio com uma solução FeO/MnO (fração molar de MnO igual a 0,30).
120. Óxido de magnésio sólido é misturado intimamente com silício sólido e aquecido a 1427 °C, quando então a seguinte reação ocorre:

$$4\ MgO(s) + Si(l) = 2\ Mg(g) + Mg_2SiO_4(s)$$

Determine a pressão de vapor do magnésio em equilíbrio com a mistura sólida.

121. Calcule a relação P_{H2S}/P_{H2} no equilíbrio entre o cobre puro e sulfeto de cobre, Cu_2S, a 500 °C. Se o valor da relação no equilíbrio com uma solução Cu–Au (X_{Cu} = 0,85) é 2,88 × 10^{-4} na mesma temperatura, calcule o coeficiente de atividade do cobre na liga.
122. Determine a máxima temperatura que o molibdênio pode ser aquecido sem a formação do óxido MoO_2 em uma atmosfera de 69% de H_2 e 31% de vapor-d'água.
123. $CaSO_4$(s) se decompõe parcialmente, em um reator inicialmente evacuado, em CaO, CaS, SO_2, SO, O_2 e S_2 a 1400 K. Determine as pressões parciais de equilíbrio.
124. Utilize o diagrama de Ellingham para verificar se seria possível fundir titânio metálico em cadinhos de alumina; existe a preocupação de que uma reação do tipo 3/2 Ti(l) + Al_2O_3(s) = 2 Al(l) + 3/2 TiO_2 (s) possa levar às perdas metálicas não suportáveis. Considere a temperatura de 2200 K. Repita a análise, levando em consideração o diagrama de fases seguinte, e que o teor de oxigênio residual deve ser quase nulo.

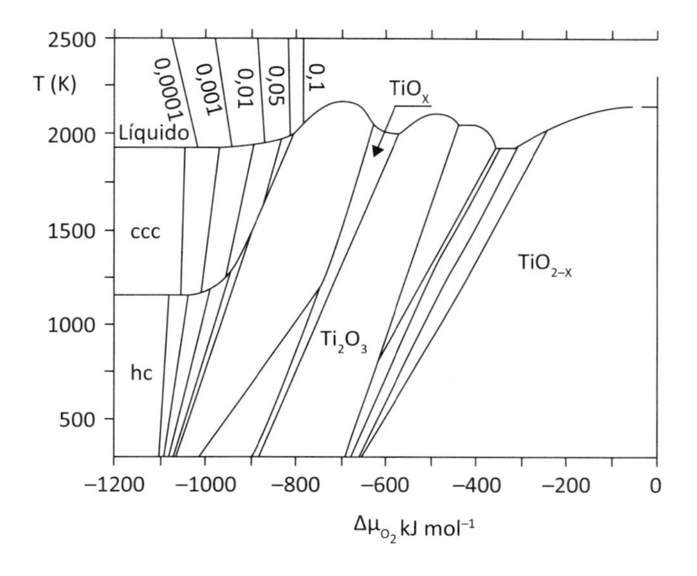

125. Estime qual seria a pressão requerida para estabilizar a cementita a 298 K, sabendo que:
    a) $3\ Fe(s) + C(s) = Fe_3C(s)\ \Delta G^o_{298K} = 19045$ J;
    b) os volumes molares de Fe_3C, grafite e ferro são, respectivamente, 24,24; 5,34 e 7,10 cm^3/mol.
126. Faça uma predição sobre as estabilidades relativas de Si_3N_4 e BN, em função de temperatura. Assuma que, para:

$B(s) + ½\ N_2(g) = BN(s)$ $\Delta G^0 = -108800 + 40,6\ T$ J 1200–2300 K

$3\ Si(s) + 2\ N_2(g) = Si_3N_4\ (s)$ $\Delta G^0 = -753200 + 336,4\ T$ J 298–2300 K

127. Uma mistura gasosa contendo 1 mol de SO_2 e 0,6 mols de O_2 é introduzida em um reator a 1 atm e 1000 K, onde se estabelece o equilíbrio $SO_2(g) + ½\ O_2(g) = SO_3(g)\ \Delta G^0 = -94558 + 89,37\ T$ J. Determine as pressões parciais.
128. Considere as fases condensadas do sistema Ni–O–S: Ni, NiO, NiS, $NiSO_4$ e Ni_3S_2. Quais são os possíveis equilíbrios independentes entre um par destas fases condensadas e uma atmosfera gasosa contendo SO_2, O_2 e SO_3? Trace o diagrama de predominância.
129. Uma mistura gasosa contendo 50% H_2S e 50% O_2 é introduzida em um forno, tal que o equilíbrio $H_2S(g) + \frac{1}{2}O_2(g) = H_2O + \frac{1}{2}S_2(g)$ se estabelece a 3 atm e a 1000 K. Qual a composição de equilíbrio?
130. Os sólidos ZnO e ZnS são equilibrados a 2000 K, com uma mistura gasosa contendo H_2S, H_2O (0,5 atm), H_2 (0,0421 atm), O_2, S_2, e Zn. Determine as pressões parciais restantes.
131. Os sólidos puros Si, SiO_2 e Si_3N_4 estão em equilíbrio com uma fase gasosa $O_2 + N_2$ a 1000 K. Quantos são os graus de liberdade?
132. A solubilidade do carbono no alumínio líquido é de 6 ppm a 960 °C e 12,5 ppm a 1000 °C. Estime a solubilidade a 660 °C. Verifique se seria possível formar carbeto de alumínio a partir da solução saturada a 660 °C, sabendo que $4\ Al(l) + 3\ C(s) = Al_4C_3(s)\ \Delta G^0 = -266521 + 96,23.T$ J
133. A razão P_{H2} / P_{H2O} de equilíbrio entre chumbo puro e líquido e um banho de silicato de chumbo ($X_{PbO} = 0,7$) é $5,66 \times 10^{-4}$ a 900 °C; a 1200 °C vale $1,2 \times 10^{-3}$. Qual a variação de entalpia parcial molar de dissolução do PbO líquido nessa escória?
134. Uma fase gasosa H_2/H_2S (10:1) foi equilibrada com ferro puro e líquido a 1850 K, tendo sido encontrado teor de enxofre igual a 0,8% em peso. Sabendo que $e_S^S = -0028$ e que, para $H_2(g) + 1/2\ S_2(g) = H_2S(g)\ \Delta G^0 = 690$ J, qual o valor de $\Delta G^0\ (1/2S_2(g) = S_{1\%})$?

135. Uma fase gasosa CH_4(0,64%)/H_2 a 1 atm e 925 °C se encontra em equilíbrio com aço contendo 0,6% de carbono. Qual a atividade do carbono no aço? Qual fase CO/CO_2 estaria em equilíbrio com tal aço?
136. Uma solução sólida Cr–Mn, ideal, com 15% atômico de cromo reage com uma fase gasosa H_2O/H_2 para formar (somente) Cr_2O_3 a 1000 °C. Qual a composição de equilíbrio da fase gasosa?
137. Zinco, uma impureza em chumbo líquido, pode ser retirado do chumbo através da reação Zn + $PbCl_2$ = Pb + $ZnCl_2$. Encontre o residual possível de ser atingido a 663 K, sabendo que os cloretos formam uma solução ideal. Considere $\Delta G^o_{PbCl2}\left(\text{formação, 663 K}\right) = -257{,}5 \text{ kJ}$, $\Delta G^o_{ZnCl2}\left(\text{formação, 663 K}\right) = -320{,}7 \text{ kJ/mol}$, que a composição de fase cloreto corresponde a $X_{ZnCl2} = 0{,}983$ e que $\ln \gamma^o_{Pb} = 2798/T - 0{,}962$.
138. Uma solução de ferro líquido contendo 0,5% em peso de silício e 2% em peso de carbono encontra-se a 1900 K. Estime os valores de h_{Si} e μ_{Si}, sabendo que $\gamma^o_{Si} = 1{,}37x10^{-3}$; $e^C_{Si} = 0{,}18$ e $e^{Si}_{Si} = 0{,}11$.
139. Qual o valor de $\Delta G^o(\text{Cu}(l) = \text{Cu}_{1\%,\ \text{Fe liq}})$ a 1550 °C, se $log\gamma_{Cu} = 1{,}45X^2_{Fe} - 1{,}86X^3_{Fe} + 1{,}41X^4_{Fe}$?
140. Aço líquido a 1600 °C contém carbono e oxigênio, em equilíbrio relativo à reação de formação de monóxido de carbono. Considere pressões parciais de monóxido de carbono e de oxigênio iguais a 1,5 atm e 5,25 × 10^{-10} atm, respectivamente. Considere as interações, $e^C_C = 0{,}22$; $e^O_C = -0{,}097$; $e^O_O = -0{,}20$; $e^C_O = -0{,}13$ e encontre os valores de concentração de oxigênio e carbono, sabendo que:

$$C(s) + 1/2\ O_2(g) = CO(g) \qquad \Delta G^o = -111766 - 87{,}70\,T\ J$$

$$C(s) = C(1\%) \qquad \Delta G^o = 21349 - 41{,}8\,T\ J$$

$$\tfrac{1}{2}\ O_2 = O_{\%} \qquad \Delta G^o = -117208 - 0{,}84\,T\ J$$

5.15 REFERÊNCIAS

BISWAS, A. K. *Principles of blast furnace ironmaking*. SBA Publications, 1981.

DENBIGH, K. *The principles of chemical equilibrium*. Cambridge: Cambridge University Press, 1981.

ENGH, T. A. *Principles of metal refining*. Oxford: Oxford University Press, 1992.

EVANS, J. W.; DE JONGHE, L. C. *The production of inorganic materials*. Macmillan, 1991.

FRIEDRICH, H. E.; MORDIKE, B. L. *Magnesium technology: metallurgy, design data, applications*. Springer, 2006.

FRUEHAN, R. J. (Ed.). *The making shaping and treating of steel.* AISE Steel Foundation, 1998.

GASKEL, D. R. *Introduction to the thermodynamics of materials.* Taylor&Francis, 1995.

GHOSH, A. *Textbook of materials and metallurgical thermodynamics.* Prentice Hall, 2003.

GHOSH, A.; CHATTERJEE, A. *Ironmaking and steelmaking, theory and pratice.* PHI Learning Private Ltd., 2011.

GRAETZEL, M.; INFELTA, P. *The bases of chemical thermodynamics.* Universal Publishers, 2000. vol. II.

GUTHRIE, R. I. L. *Engineering in process metallurgy.* Oxford: Oxford Science Publications, 1989.

HOPKINS, D. W. *Aspects physico-chimiques de l'élaboration des metaux.* Dunod, 1958.

KNACKE, O.; KUBASCHEWSKI, O.; HESSELMANN, K. *Thermochemical properties of inorganic substances.* Berlim: Springer Verlag, 1991.

LUKAS, H. L.; FRIES, S. G.; SUNDMAN, B. *Computational thermodynamics (The Calphad Method).* Cambridge: Cambridge University Press, 2007.

OETERS, F. *Metallurgy of steelmaking.* Stahl&Eisen, 1994.

OLANDER, D. R. *General thermodynamics.* CRC Press, 2008.

OLSEN, S. E.; TANGSTAD, M.; LINSTAD, T. *Production of manganese ferro-alloys.* Tapir Academic Press, 2007.

RAO, Y. K. *Stoichiometry and thermodynamics of metallurgical processes.* Cambridge: Cambridge University Press, 1985.

RIZZO, E. M. S. *Introdução aos processos siderúrgicos.* São Paulo: ABM, 2005.

SCHLESINGER, M.; PAUNOVIC, M. *Modern electroplating.* John Wiley and Sons, 2000.

STRASSBURGER, J. H. *Blast furnace: theory and practice.* Gordon and Breach, 1969.

TURKDOGAN, E. T. *Fundamentals of steelmaking.* London: The Institute of Materials, 1996. p. 182-183.

5.15.1 REFERÊNCIAS ESPECÍFICAS PARA VALORES DE ΔG^0 DE REAÇÕES QUÍMICAS

BARIN, I.; KNACKE, O.; KUBASCHEWSKI, O. *Thermochemical properties of inorganic substances.* 1. ed. Berlim: Springer Verlag, 1973. 921 p.

ELLIOT, J. F.; GLEISER, M.; RAMAKRISHNA, V. *Thermochemistry for steelmaking.* Massachusetts:Addison-Wesley, 1963.

HULTGREN, R.; DESAI, P. D.; HAWKINS, D. T.; GLEISER, M.; KELLEY, K. K. *Selected values of the thermodynamic properties of binary alloys.* Ohio: American Society for Metals, 1973.

KNACKE, O.; KUBASCHEWSKI, O.; HESSELMANN, K. *Thermochemical properties of inorganic substances.* 2. ed. Berlim: Springer Verlag, 1991. 2412 p.

KUBASCHEWSKI, O.; ALCOCK, C. B. *Metallurgical thermochemistry*. 5. ed. Oxford: Pergamon Press, 1983. 449 p.

Slag atlas. 2. ed. Verlag Stahleisen, 1995.

STULL, D. R. (Dir.). *JANAF thermochemical tables*. First Addendum JANAF (Joint Army Navy Air Force), Clearinghouse, 1965/1966.

THE JAPAN SOCIETY FOR THE PROMOTION OF SCIENCE. *Steelmaking data sourcebook*. The 19th Committee on Steelmaking, Gordon and Breach, 1988.

TURKDOGAN, E. T. *Physicochemical properties of molten slag and glasses*. London: The Metals Society, 1983.

CAPÍTULO 6
TERMODINÂMICA DE ESCÓRIAS METALÚRGICAS

6.1 INTRODUÇÃO

A escória é um subproduto do processo de elaboração de um metal e tem como missão a incorporação de impurezas da carga e a repartição de solutos entre o banho metálico e ela mesma.

Além da função já citada de refino, a escória pode participar de outras atividades, como:

- proteção do banho metálico contra a interação com a atmosfera evitando a absorção de gases como oxigênio e nitrogênio;
- promoção de reações eletroquímicas, como no processo Hall-Heroult;
- absorção de inclusões não metálicas dispersas no banho metálico;
- redução das perdas térmicas;
- no molde da máquina de lingotamento contínuo de aços, a infiltração de escória entre as paredes do molde e da pele sólida produz a lubrificação, evitando "breakouts" e controlando a extração de calor.

O comportamento metalúrgico de uma escória depende de suas características termodinâmicas (atividade de seus componentes) e físicas (viscosidade, temperatura *liquidus*, densidade, tensão superficial, difusividade dos seus componentes, condutividades térmica e elétrica), as quais são governadas pela temperatura, estrutura e composição.

As escórias metalúrgicas normalmente são multicomponentes, contendo óxidos, tais como: CaO, MgO, SiO_2, Al_2O_3, MnO, FeO, Fe_2O_3, P_2O_5, K_2O, Na_2O, Li_2O etc. A depender da proporção relativa dos constituintes, as escórias podem ser classificadas em silicatadas, fosfáticas, aluminossilicatadas, boratadas, entre outras.

Alguns dos principais tipos de escórias metalúrgicas são exemplificados na Figura 6.1.

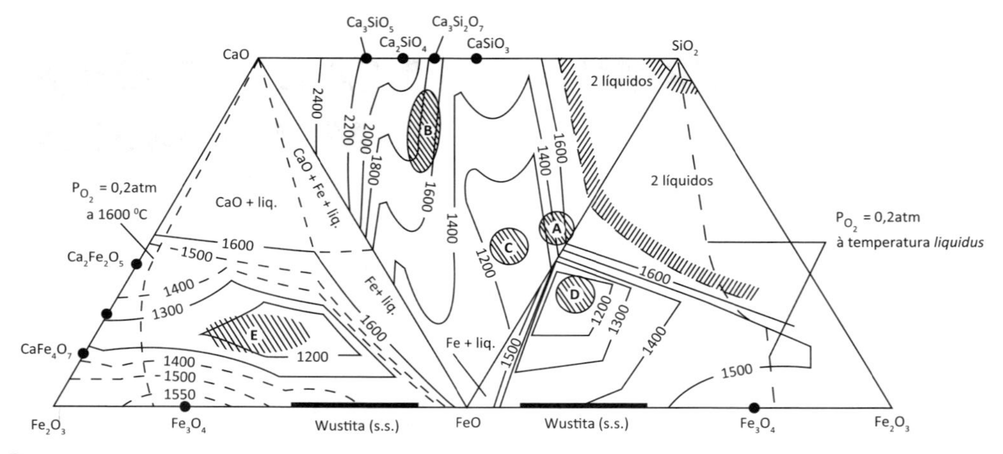

Figura 6.1 – Isotermas e regiões de escória em sistemas ternários: A = escórias ácidas de aciaria; B = escórias básicas de aciaria; C = escórias de fusão de cobre e chumbo no sistema CaO–SiO_2–FeO; D = escórias de fusão de cobre e chumbo no sistema SiO_2–Fe_2O_3–FeO; E = escórias de cálcio-ferrita.

Fonte: Rosenqvist, 1983.

Escórias são também responsáveis por outros fenômenos, como o desgaste do revestimento refratário (Figura 6.2). A corrosão do refratário é regida pela interação dos mecanismos primários: dissolução do material refratário; penetração da escória no refratário seguida de efeitos mecânicos e químicos; formação de compostos químicos de baixos pontos de fusão.

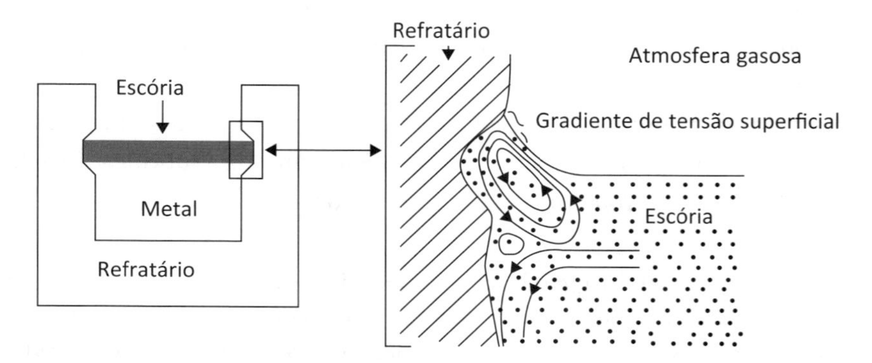

Figura 6.2 – Exemplo de mecanismo de desgaste do revestimento refratário pela ação de escória.

Fonte: Jones, 2001.

A escória também pode ser utilizada como ingrediente de prolongamento da vida útil do revestimento refratário. Através da tecnologia denominada "Slag Splashing", pode-se recobrir a parede interna do revestimento refratário do convertedor de sopro combinado (de refino de aço) com uma camada de escória solidificada. Essa camada de escória atua como proteção, aumentando a longevidade do convertedor. A escória de recobrimento do revestimento refratário consiste em escória do convertedor recondicionada com MgO de modo a adequar sua viscosidade, facilitando sua aderência sobre a parede desgastada do revestimento refratário do convertedor. Ao termo da operação de recobrimento do refratário procede-se a remoção do excesso de escória remanescente no convertedor. O emprego da prática de "slag splashing" reduz substancialmente a frequência de reparos do revestimento refratário do conversor.

A Figura 6.3a mostra esquematicamente o perfil de desgaste do revestimento refratário do convertedor a oxigênio; a Figura 6.3b ilustra o recobrimento com escória, e a Figura 6.3c ilustra os perfis original e após o recobrimento do revestimento desgastado com escória recondicionada.

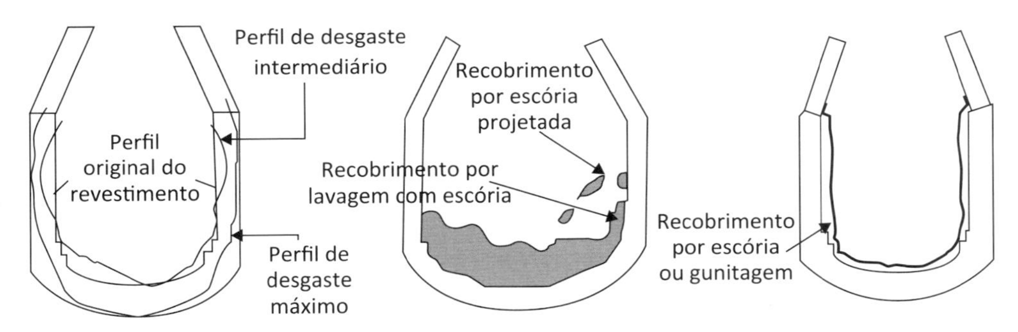

Figura 6.3 – Recobrimento da parede interna do convertedor LD por uma camada de escória recondicionada.

Fonte: Mills et al., 2005.

Outro aspecto importante é a reutilização das escórias metalúrgicas. Escórias de altos-fornos e aciaria, após o controle de sua expansividade e hidraulicidade, têm sido amplamente reutilizadas para a produção de cimento; adições em concretos; lastro de ferrovias; sub-base e impermeabilização asfáltica; pavimentação de estradas; construção de gabiões; fabricação de telhas; materiais cerâmicos; lãs de escória; fabricação de argamassas; proteção de taludes; aterros rodoviários, corretivos de solos e fertilizantes agrícolas; utensílio de decoração; entre outros. A Figura 6.4 ilustra as faixas de composições de escórias de altos-fornos, cimentos Portland e cimentos de alta-alumina. Da mesma forma, escórias de altos-fornos podem ser enriquecidas em sílica para a produção de vidros e cerâmicas.

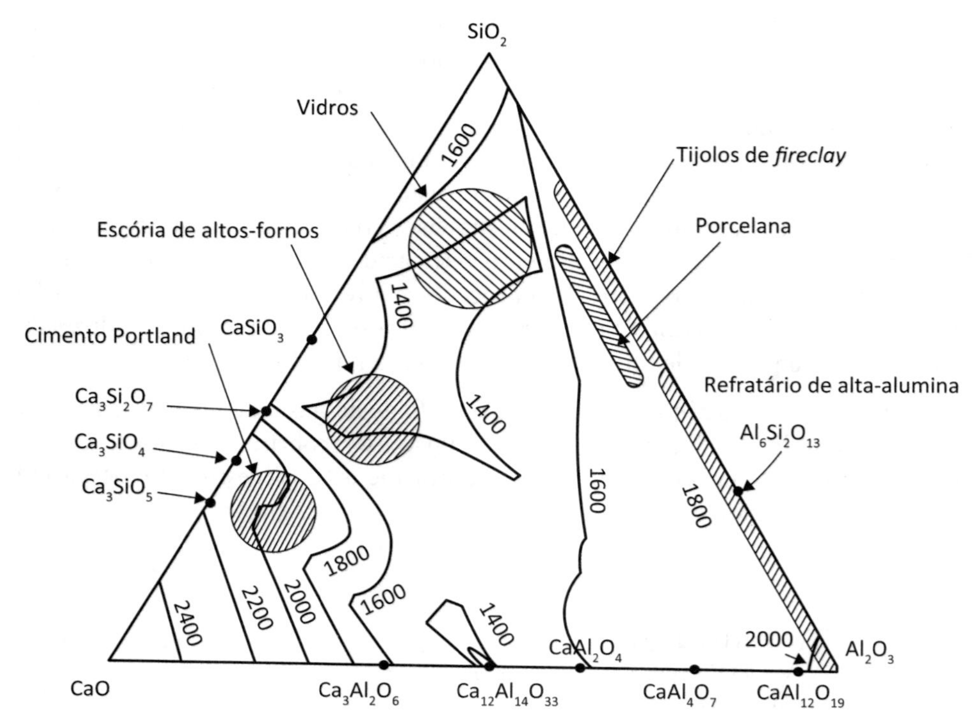

Figura 6.4 – Faixas de composição de escórias de altos-fornos, cimento Portland, refratários de alta-alumina e argilas refratárias, porcelanas.

Fonte: Muan e Osborn, 1965.

6.2 ESCÓRIAS DE ALTOS-FORNOS E ACIARIA

Escórias são diferentes, de acordo com o reator/operação metalúrgica. As escórias de altos-fornos são predominantemente constituídas de $CaO–MgO–SiO_2–Al_2O_3$, com composição típica mostrada na Figura 6.5, sendo constituídas primariamente de silicatos. Nos altos-fornos, em média, são gerados 200 a 300 kg de escória/tonelada de gusa.

A formação de escória nos altos-fornos ocorre na região da zona de amolecimento e fusão, zona de gotejamento e na região da interface metal-escória (Figura 6.6) e pode ser expressa pelas reações químicas:

$$2(FeO) + [Si] = 2[Fe] + (SiO_2) \tag{6.1}$$

$$(FeO) + [Mn] = [Fe] + (MnO) \tag{6.2}$$

$$(FeO) + (SiO_2) = (FeSiO_3) \tag{6.3}$$

$$(MnO) + (SiO_2) = (MnSiO_3) \tag{6.4}$$

$$2[P] + 5[O] = (P_2O_5) \tag{6.5}$$

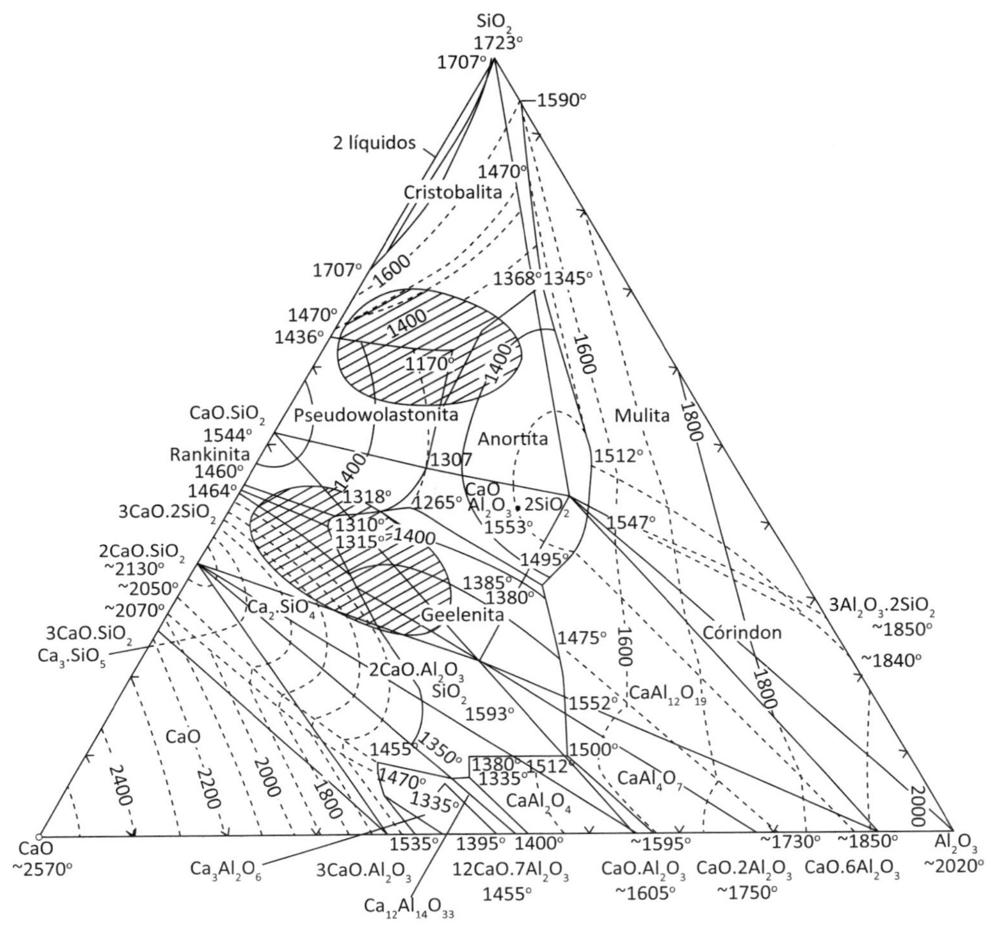

Figura 6.5 – Escórias de altos-fornos: básicas (região hachurada inferior) e ácidas (região hachurada superior).

Fonte: Coudurier et al., 1985.

$$6(CaO) + 2(P_2O_5) = (2Ca_3(PO_4)_2) \quad (6.6)$$

$$(CaO) + (SiO_2) = (CaSiO_3) \quad (6.7)$$

$$(CaO) + (Al_2O_3) + 2(SiO_2) = (CaAl_2Si_2O_8) \quad (6.8)$$

$$2(CaO) + (Al_2O_3) + 2(SiO_2) = (Ca_2Al_2Si_2O_9) \quad (6.9)$$

$$(MgO) + (Al_2O_3) = (MgAl_2O_4) \quad (6.10)$$

onde o símbolo () indica espécie dissolvida na escória e [ ] indica elemento dissolvido no metal. A dissolução mútua dos óxidos citados completa o processo de formação dessas escórias.

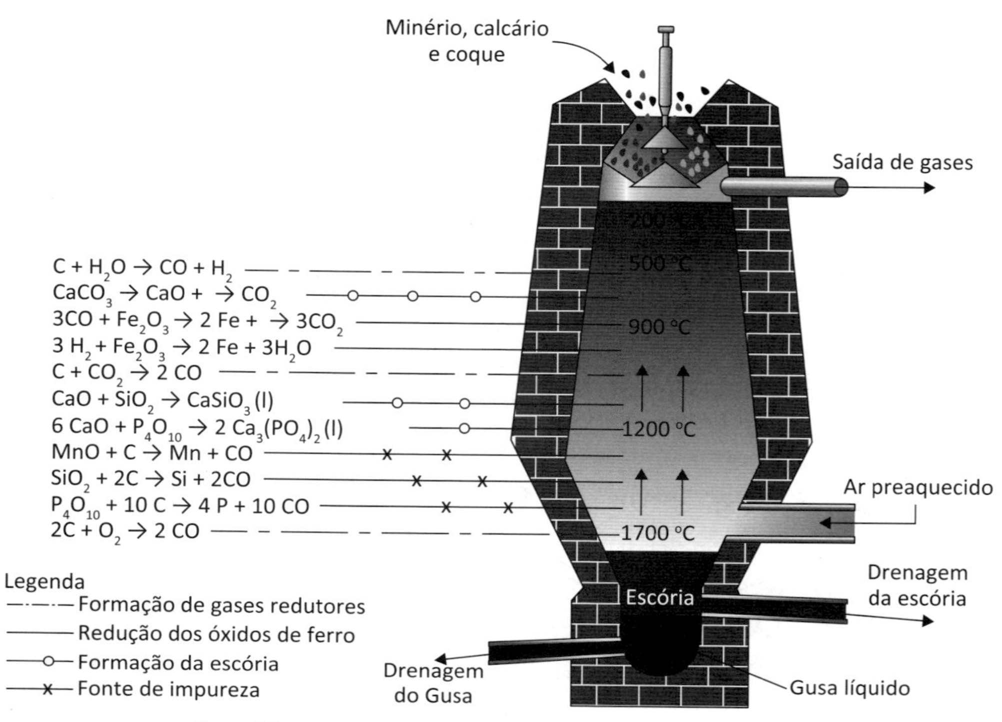

Figura 6.6 – Reações químicas que ocorrem no alto-forno de produção de gusa.

Fonte: Disponível em: yugajyoti.blogspot.com, acesso em: 26 jul. 2013.

As reações de formação de escória em altos-fornos são complexas. As transformações que levam à formação da escória começam com a descida da carga, em diferentes condições de temperatura, pressão e composição de gás (Figura 6.7). As interações químicas entre os fundentes, componentes da ganga e do minério ocorrem segundo reações sequenciais e paralelas. Note-se que os diferentes compostos são estáveis em faixas específicas de temperatura e que diferentes composições de escória podem ser encontradas em regiões específicas do reator. As fases de baixos pontos de fusão são as primeiras a serem formadas, causando a dissolução progressiva de outras fases, durante o descimento da carga. Esses fenômenos causam a evolução gradual da composição da escória gerada, incorrendo em aparecimento e desaparecimento de fases durante o descimento da carga.

A faixa de composição das escórias de altos-fornos a coque está indicada na Tabela 6.1.

Tabela 6.1 – Composição média das escórias de altos-fornos a coque, % em peso

%CaO	%SiO_2	%MgO	%Al_2O_3	%FeO
40 – 45	35 – 40	5 – 12	12 – 20	1 – 2

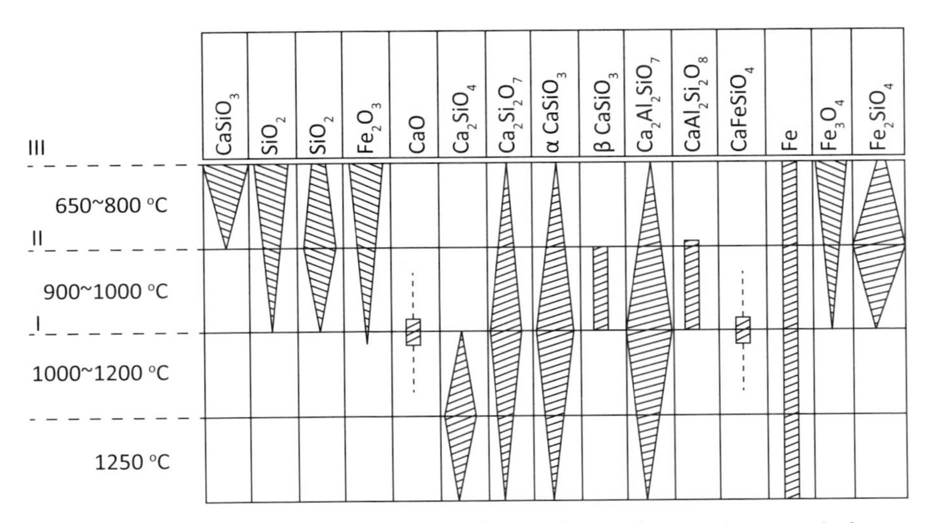

Figura 6.7 – Variação da composição mineral da carga e da escória durante o descimento da carga no alto-forno.

Fonte: Wegmann, 1984.

Nas aciarias a oxigênio são gerados cerca de 90 a 120 kg de escória/tonelada de aço; nos fornos elétricos de 110 a 180 kg de escória/tonelada de aço e nas panelas de refino e no distribuidor da máquina de lingotamento contínuo a quantidade de escória é 15 a 22 kg de escória/tonelada de aço.

Durante a etapa de refino primário do aço, no convertedor do tipo LD, variações na composição da escória são ditadas pela prática operacional. A evolução da composição e o volume da escória gerada resultam da combinação de mecanismos (Figura 6.8): dissolução do CaO; dissolução de CaF_2; dissolução do MgO enfornado e do revestimento refratário desgastado; oxidação do silício; incorporação da alumina dos fundentes e da escória do alto-forno; oxidação do manganês do banho; desfosforação do banho; oxidação do ferro; dessulfuração. No início da operação de sopro de oxigênio, a escória é constituída de SiO_2, FeO e MnO seguindo-se a dissolução do CaO e MgO. Portanto, nos instantes iniciais de refino, a escória formada é de baixa basicidade. Variações na temperatura do aço, na metade da etapa de refino, provocam reversões temporárias de fósforo e de manganês da escória para o aço líquido. Com o prosseguimento da dissolução do CaO e do MgO, a basicidade da escória se eleva.

No distribuidor da máquina de lingotamento contínuo (Figura 6.9), a escória de cobertura atua na absorção de inclusões não metálicas, além de proteger o banho metálico contra a reoxidação e contaminação pela atmosfera. A composição e quantidade de escória no distribuidor podem ser significativamente alteradas durante as operações de troca de panelas, se for permitido que escória de panela seja transferida ao distribuidor, o que interfere em suas propriedades termodinâmicas de refino e proteção do aço líquido.

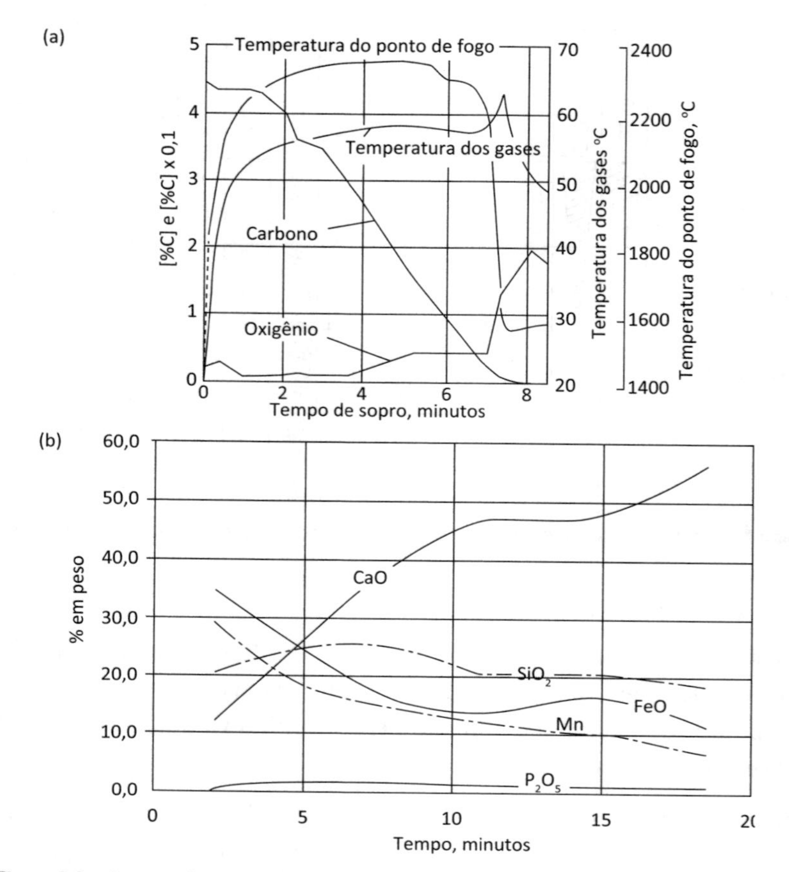

Figura 6.8 – Variações de composições do aço (a) e da escória (b) durante o período de refino primário do aço em um convertedor de 300 toneladas LD.

Fontes: Deo e Boom, 1993; Jalkanen e Holappa, 2004.

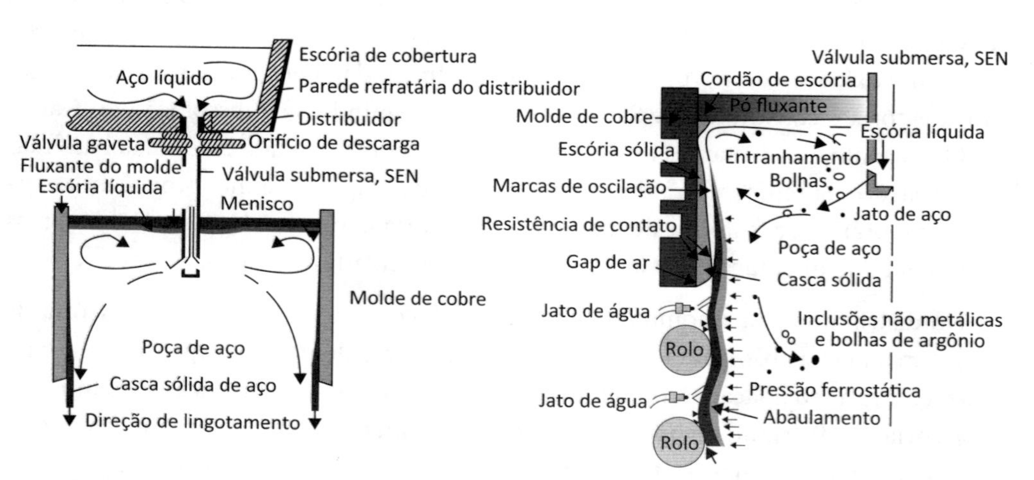

Figura 6.9 – Participação de escórias no distribuidor e no molde de uma máquina de lingotamento contínuo de aços.

Fonte: Sengupta e Thomas, 2006.

A escória do molde tem função similar, de isolante térmico e químico e de receptáculo de inclusões, além de prover lubrificação entre veio e molde. A composição (e propriedades) do filme de líquido se mostra diferente, desde o início da sequência de lingotamento até se atingir regime permanente, em função da incorporação de alumina.

6.3 ESCÓRIAS DE PROCESSOS METALÚRGICOS DE NÃO FERROSOS

Há uma grande variedade de processos industriais de fusão ou de conversão para a obtenção de metais não ferrosos a partir de seus minérios: sulfetos, cloretos, óxidos, carbonatos, entre outros.

Alguns tipos e composições de escórias geradas nos processos de elaboração de metais não ferrosos a partir de seus minérios ou concentrados são mostrados nas Tabelas 6.2 e 6.3. Nota-se que para os processos indicados nessa tabela, as escórias são essencialmente constituídas de faialita.

Tabela 6.2 – Composições típicas de escórias de processos de produção de metais não ferrosos, % em peso

	SiO_2	CaO	FeO	MgO	Al_2O_3	S	Cu	Pb	Ni
Fusão de Cu	37,3	4,7	46,0		6,9	1,1	0,44		
Conversão de Cu	26,2	0,7	58,5		4,9	1,5	2,93		
Fusão de Ni	36,0	-	49,0			1,6	0,08		0,2
Fusão de Sn	35	28	18,0						
Fusão de Pb	27	8	37	4,9	5,7	3,0		16	

Fonte: Waseda e Toguri, 1998.

Tabela 6.3 – Composição média de escórias em reatores metalúrgicos de produção de níquel, chumbo e cobre, em % em peso

Tipo de escória	Composição											Temp. de fusão °C
	SiO_2	FeO	CaO	Al_2O_3	MgO	Cu	Co	Ni	Zn	Pb	S	
Forno de fusão de Cu	32~45	25~45	12	3,2~9,7	2~11	0,3~0,9			0,5~1	0,22~0,8	0,4~1,2	1100~1150
Alto Forno de Ni	39~45	16~24	12~21	4,5~7,5	9,17		0,01~0,024	0,1~0,17			0,43~0,5	1100~1200
Forno básico a oxigênio de Ni	25~35	40~60	23	3~10	~2~4	0,1~0,2	0,01~0,02	0,3~0,7			2~3	1100~1200

Fonte: Disponível em: www.technologiya-metallov.com/english/oekologie_4.htm, acesso em: 06 maio 2014.

As composições das escórias de produção de metais não ferrosos (e também as dos ferrosos) são geralmente dominadas por quatro ou cinco espécies óxidas: sílica, cal, alumina, óxido de ferro e magnésia, em um total de 95%. A principal diferença entre as escórias de ferrosos e de não ferrosos é a proporção dos óxidos de ferro. No caso das escórias de não ferrosos, as proporções dos óxidos de ferro são elevadas (em alguns casos entre 40% e 50% (ver Tabela 6.2 e Chaskar e Klein, 2001). Diferentemente das escórias de altos-fornos e aciaria, as escórias de processos não ferrosos são usualmente tóxicas e contaminantes do meio ambiente, por conterem metais pesados.

A seguir são apresentados alguns exemplos de reatores industriais de elaboração de metais não ferrosos. A Figura 6.10 ilustra o processo "Flash Smelting" para produção de cobre blister (Vaarno et al., 2003). Nesse reator a escória é gerada a partir de reações químicas envolvendo as partículas finas de minério/concentrado sulfetado de cobre, areia, calcário e ar, em temperaturas da ordem de 1100 °C. A Tabela 6.4 mostra a caracterização química e mineralógica de escórias dessa modalidade de processo industrial.

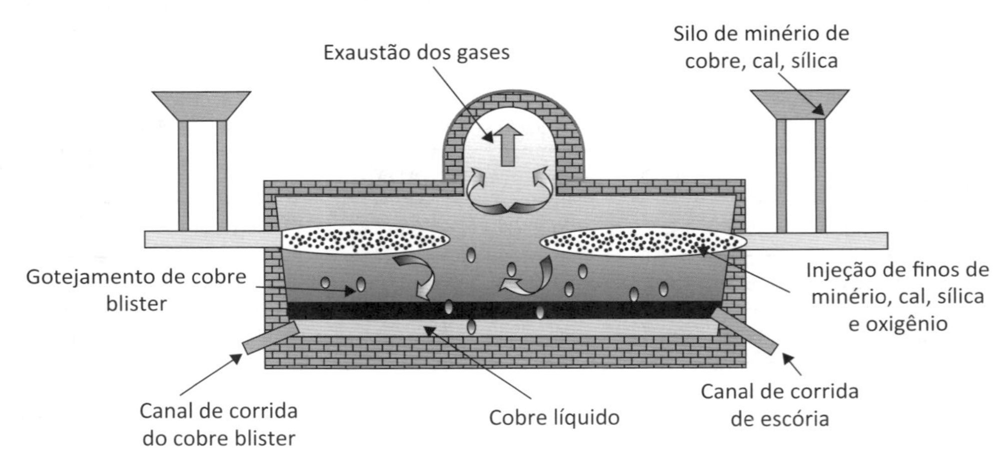

Figura 6.10 – Forno de produção de cobre – Processo "Flash Smelting".

Fonte: Disponível em: www.brighthubengineering.com, acesso em: 26 jul. 2013.

Tabela 6.4 – Caracterização química e mineralógica de escórias do processo "Flash Smelting"

Composto	Cu_2O	Cu_2S	FeS	FeO	Fe_2O_3	SiO_2	Al_2O_3	CaO	Outros
% em peso	0,76	2,00	1,17	40,61	12,38	33,00	2,12	0,69	7,27
Elemento	Cu	Fe	S	Si	Al	Ca	As (mg /kg)		
% em peso	2,27	41,3	0,83	15,4	1,60	0,49	74		

Fonte: Busolic et al., 2009.

As escórias geradas no processo Mitsubishi, para produção de cobre blister a partir de mate de cobre (Figura 6.11) são majoritariamente constituídas de Cu_2O–CaO–SiO_2–Fe_2O_3.

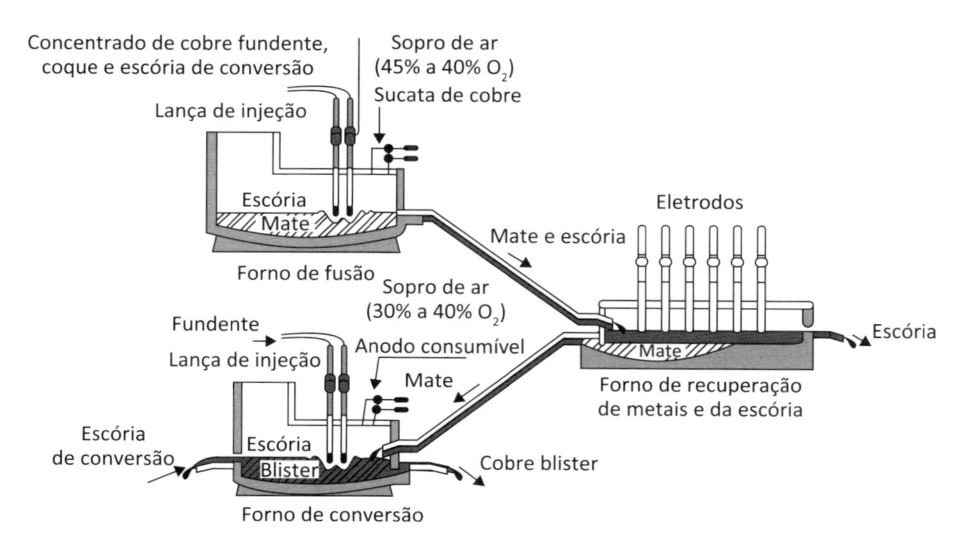

Figura 6.11 – Vista esquemática do Processo Mitsubishi: três fornos interconectados – forno de fusão, forno de limpeza da escória e forno de conversão.

Fonte: Goto et al., 1998.

No caso de concentrados de óxidos de zinco e de chumbo, podem ser produzidos e separados, em altos-fornos, vapor de zinco e "bullion" de chumbo (Figura 6.12), gerando-se escória com composição mostrada na Tabela 6.5.

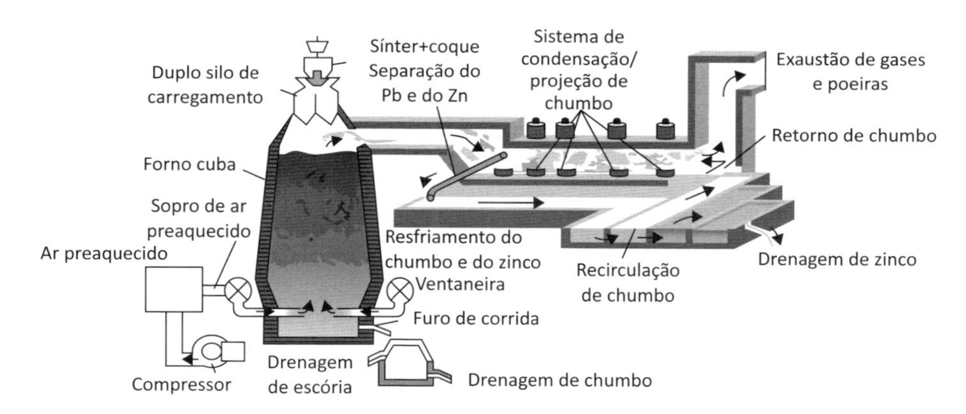

Figura 6.12 – Detalhes de um alto-forno para produção de bullion de chumbo e zinco.

Fonte: Disponível em: kids.britannica.com, acesso em: 26 jul. 2013.

Tabela 6.5 – Composição média de escórias de altos-fornos de produção de chumbo, em % em peso

CaO	MgO	FeO	Al_2O_3	Cr_2O_3	SiO_2	ZnO	K_2O+Na_2O
20	2,5	39	5	0,3	25	4	–

Fonte: Hoed, 2000.

Durante a ustulação da galena (Figura 6.13), são formados óxido de chumbo e uma mistura de sulfatos e silicatos de chumbo, além de outros compostos do minério. Cerca de 90% do chumbo é recuperado no metal, e o restante, na camada de escória. Adições de coque pulverizado e CaO permitem a recuperação do PbO da escória (ver exemplo na Tabela 6.6).

Tabela 6.6 – Composição de escória de forno revérbero para ustulação da galena

%CaO	%SiO_2	%MgO	%Al_2O_3	%Fe_2O_3/FeO	%MnO/Mn_3O_4
19,1	32,6	1,8	3,1	30,4	0,9

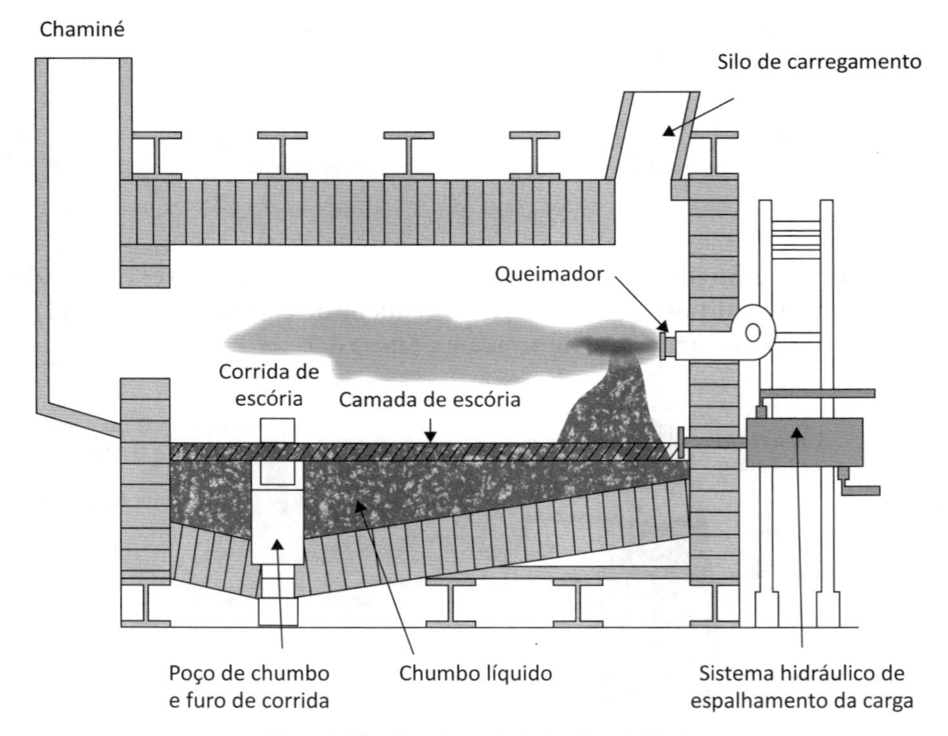

Figura 6.13 – Forno de ustulação de sulfeto de chumbo.

Fonte: Disponível em: www.nptel.iitm.ac.in, acesso em: 26 jul. 2013.

As concentrações metálicas em escórias de não ferrosos, relativamente altas, indicam que as perdas metálicas podem ser substanciais, o que pode resultar no interesse de recuperação de metais dessas escórias por processos específicos. A relação entre composição, temperatura e a estrutura e atividades dos componentes da escória, que definem o comportamento metalúrgico dela, será abordada a seguir.

6.4 ASPECTOS ESTRUTURAIS DAS ESCÓRIAS

As escórias metalúrgicas são sistemas multicomponentes constituídos de cátions e ânions complexos de silicatos, aluminatos e fosfatos. Em escórias silicatadas, as unidades aniônicas são representadas por combinações de tetraedros SiO_4^{4-} (Figura 6.14a, de acordo com Fahlman, 2011). Os vértices do tetraedro são definidos por átomos de oxigênio, enquanto a posição central é ocupada por um átomo de silício. A Figura 6.14b mostra uma representação dos ânions silicatos presentes em uma escória metalúrgica (de acordo com Ray, 2006).

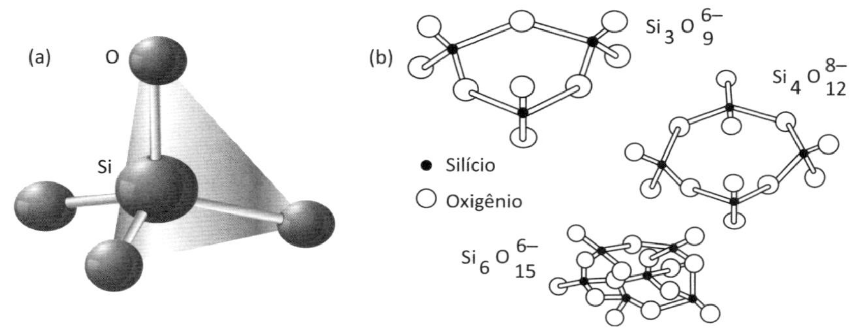

Figura 6.14 – (a) Representação do tetraedro SiO_4^{-4} (Fahlman, 2011); (b) representação de ânions em uma escória silicatada (Ray, 2006).

A Figura 6.15a ilustra a estrutura de um cristal perfeito de sílica; nessa estrutura um átomo de oxigênio é compartilhado por dois tetraedros SiO_4^{-4}, gerando uma rede tridimensional. O processo de fusão introduz defeitos nessa rede, mas o grau de compartilhamento dos átomos de oxigênio se mantém elevado, como exemplifica Figura 6.15b.

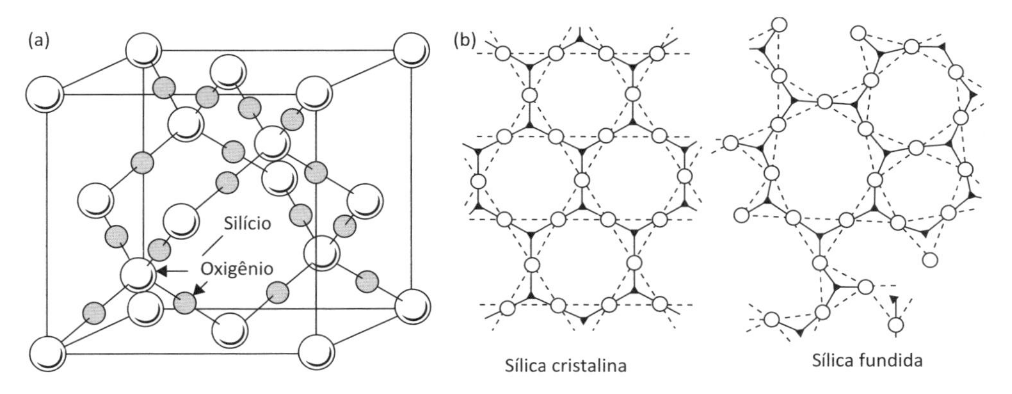

Figura 6.15 – (a) Estrutura tridimensional da cristobalita (Chiang et al., 1997); (b) comparação entre as estruturas da sílica sólida e líquida (Geiger, 1994).

A incorporação de óxido básico, tal qual CaO, ao arcabouço da escória causa a ruptura da rede silicatada (Figuras 6.16 e 6.17), de tal sorte que o aumento da proporção de CaO resulta no aumento da fluidez da escória e difusividade de seus íons.

$$CaO \Rightarrow Ca^{2+} + O^{2-}$$

$$-O-\underset{\underset{|}{O}}{\overset{\overset{|}{O}}{Si}}-O-\underset{\underset{|}{O}}{\overset{O}{Si}}-O \rightarrow -O-\underset{\underset{|}{O}}{\overset{O}{Si}}-O^{-} + Ca^{2+} + {}^{-}O-\underset{\underset{|}{O}}{\overset{O}{Si}}-O-$$

Figura 6.16 – Ruptura da estrutura tridimensional da escória silicatada pela presença de CaO.

Fonte: Geiger, 1994.

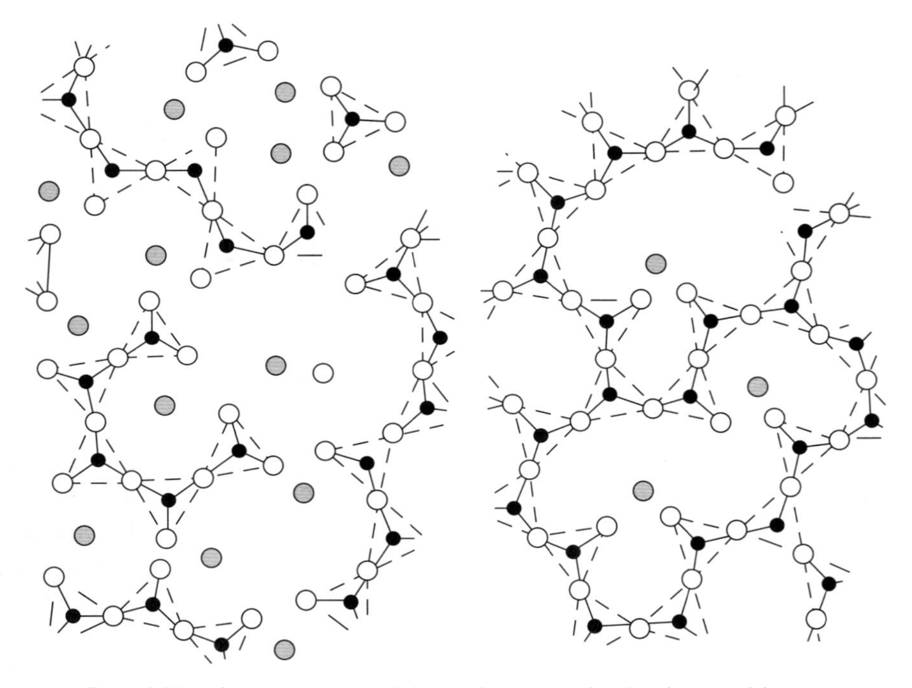

Figura 6.17 – Efeito da inserção de óxido básico sobre a ruptura da rede tridimensional da escória.

Fonte: Geiger, 1994.

A formação de unidades de pequenos tamanhos em uma escória silicatada – monômero (SiO_4^{4-}) e dímero ($Si_2O_7^{6-}$), e demais unidades estruturais de ânions silicatos (trímero, polímeros) – depende da natureza química e quantidade de óxido básico incorporado à escória. Se cátions divalentes são substituídos por cátions monovalentes, por exemplo, CaO por Na_2O, dois cátions monovalentes substituem um cátion divalente, causando rupturas diferentes da rede tridimensional (Figura 6.18). No caso do CaO, os cátions Ca^{2+} ficam alojados juntos a dois ânions de oxigênio O^{-}; enquanto cada cátion Na^{+} fica conectado a cada ânion O^{-}. Essas duas situações de destruição da rede tridimensional do silicato pelos cátions Ca^{2+} e Na^{+} criam mobilidades ou difusividades diferentes dos íons na escória. No caso da adição de CaF_2 numa escória (que já contenha CaO), o efeito de ruptura da rede tridimensional assemelha-se ao do Na_2O.

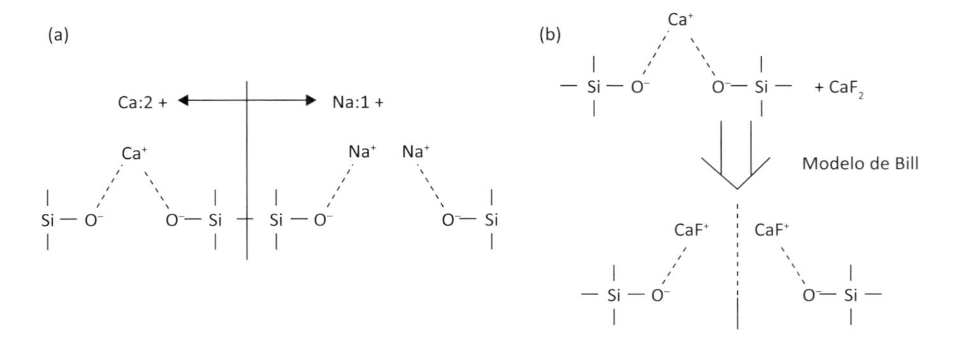

Figura 6.18 – (a) Comparação entre o comportamento de ruptura da rede tridimensional da sílica pelo CaO e pelo Na_2O; (b) efeito da adição de CaF_2 sobre a ruptura da rede da sílica.

Fonte: Miyabayashi et al., 2009.

O rompimento da rede tridimensional caracteriza-se pela ocorrência de ânions de oxigênio de diferentes cargas: O^O, O^- e O^{2-}. A Figura 6.19 mostra esses três tipos de ligações de oxigênio na escória: oxigênio compartilhado entre tetraedros de sílica (O^O), oxigênio ligado a um tetraedro de silíca (O^- ou "non-bridging oxygen") e oxigênio completamente livre na escória (O^{2-}).

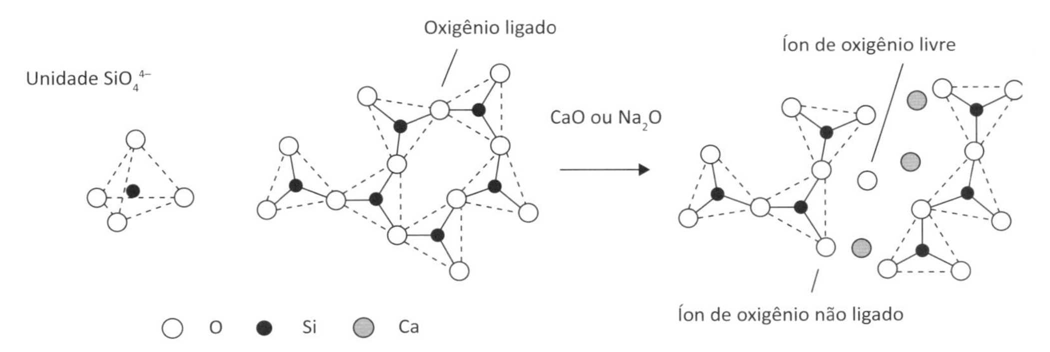

Figura 6.19 – Tipos de ligações do oxigênio com o tetraedro da sílica da escória.

Fonte: Miyabayashi et al., 2009.

Mysen (1990) define o parâmetro NBO/T ("Non Bridging Oxygen per tetrahedrally-coordinated cations") como o número de átomos de oxigênio que não formam pontes ou não estão compartilhados entre dois tetraedros, para cada cátion tetraedricamente compartilhado. Esses átomos são representados por O^- (Figura 6.19).

Sugere-se calcular NBO, T e então NBO/T, considerando:

$$NBO = 2[X_{CaO} + X_{MgO} + X_{FeO} + X_{MnO} + 2X_{TiO2} + X_{Na2O} + X_{K2O} + 3f\, X_{M2O3} - X_{Al2O3} - (1 - f)X_{M2O3}] \tag{6.11}$$

onde X_i representa a fração molar do óxido i na escória e f representa a fração do óxido M_2O_3 (Fe_2O_3, Cr_2O_3, entre outros) que atua como rompedor da rede tridimensional. Enquanto:

$$T = X_{SiO2} + 2\,X_{Al2O3} + 2\,(1 - f)\,X_{Fe2O3} + \ldots.. \quad (6.12)$$

Tal que NBO/T seria dado como:

$$NBO/T = 2[X_{MO} + X_{M2O} + 3f\,X_{M2O3} - X_{Al2O3} - (1 - f)\,X_{M2O3}]/$$
$$[X_{SiO2} + 2\,X_{Al2O3} + 2(1 - f)X_{M2O3}] \quad (6.13)$$

Então, no caso de uma escória $CaO{-}Al_2O_3{-}SiO_2$, NBO/T se calcula como:

$$NBO/T = \frac{2X_{CaO} - 2X_{Al_2O_3}}{X_{SiO_2} + 2X_{Al_2O_3}} \quad (6.14)$$

Quando todas as ligações entre tetraedros estão rompidas e os ânions são do tipo SiO_4^{4-}, então NBO vale 4. NBO/T é igual a 0 quando a rede tridimensional é perfeita; ânions de complexidade variável se situam entre esses extremos de NBO/T. Por exemplo, a título de ordem de grandeza: para escórias de convertedores a oxigênio para refino primário de aços, ânions SiO_4^{4-}, o que corresponde a $2CaO.SiO_2$, NBO/T = 4; para fluxantes de molde de lingotamento contínuo de tarugos, ânions $Si_2O_7^{6-}$, o que corresponde a $3CaO.2SiO_2$, NBO/T = 3; para escórias de altos-fornos, ânions $Si_2O_6^{4-}$, o que corresponde a $CaO.2SiO_2$, NBO/T = 2; para vidros e escórias de carvão, ânions $Si_2O_5^{2-}$, o que corresponde a CaO.2SiO2, NBO/T =1; para vidros, SiO_2, o que corresponde a NBO/T = 0.

As concentrações dos vários tipos de ânions silicatos presentes na escória variam em função da composição e dos óxidos incorporados na escória. Na Tabela 6.7, são identificadas as reações de formação de íons silicatos da escória, para diversas faixas de valores de NBO/Si.

O aumento da fração de óxido básico na escória: CaO, Na_2O, K_2O, entre outros, associados a menores frações molares de Al_2O_3, TiO_2, B_2O_3, inclusive de SiO_2, óxidos formadores da rede, aumenta a magnitude de NBO/T. Maiores valores de NBO/T indicam maior grau de ruptura da rede tridimensional da escória.

Tabela 6.7 – Tipos de reações de formação de ânions silicatados na escória *versus* faixa de NBO/Si

Faixa de composição	Esquema de mutação	Reações
4 > NBO/Si > 2	$2Si_2O_7^{-6} \leftrightarrow 2SiO_4^{4-} + Si_2O_6^{4-}$	$2SiO_4^{4-} \leftrightarrow Si_2O_7^{6-} + O^{2-}$
	$12O^- + 4O^o \leftrightarrow 12O^- + 4O^-$	$Si_2O_7^{6-} \leftrightarrow Si_2O_6^{4-} + O^{2-}$
		$8O^- \leftrightarrow 6O^- + O^o + O^{2-}$
		$6O^- + O^o \leftrightarrow 4O^- + 2O^{2-} + O^{2-}$
2 > NBO/Si > 1	$3Si_2O_6^{6-} \leftrightarrow 2SiO_4^{4-} + 2Si_2O_5^{2-}$	$2SiO_4^{4-} \leftrightarrow Si_2O_6^{4-} + 2O^{2-}$
	$12O^- + 4O^o \leftrightarrow 12O^- + 4O^-$	$Si_2O_6^{4-} \leftrightarrow Si_2O_5^{2-} + O^{2-}$
		$8O^- \leftrightarrow 4O^- + 2O^o + 2O^{2-}$
		$4O^- + 2O^o \leftrightarrow 2O^- + 3O^o + O^{2-}$
1 > NBO/Si > 0,1	$2Si_2O_5^{6-} \leftrightarrow Si_2O_6^{4-} + 2SiO_2$	$Si_2O_6^{4-} \leftrightarrow 2SiO_2 + 2O^{2-}$
NBO/Si < 0,75	$4O^- + 3O^o \leftrightarrow 4O^- + 3O^o$	$Si_2O_6^{4-} \leftrightarrow Si_2O_5^{2-} + O^{2-}$
		$4O^- + 2O^o \leftrightarrow 4O^o + 2O^{2-}$
		$4O \quad 2O^o \quad 2O \quad 3O^o \quad O^2$

Fonte: Ottonello, 1997.

6.4.1 BASICIDADE DE UMA ESCÓRIA

Os íons O^{2-} nas escórias exercem papel importante nas reações químicas. Por exemplo, a reação de desfosforação do aço e a reação de dessulfuração do aço podem ser representadas, respectivamente, por:

$$2\,\underline{P} + 5/2\,O_2(g) + 3\,O^{2-} = 2\,PO_4^{3-} \tag{6.15}$$

$$\underline{S} + O^{2-} = \underline{O} + S^{2-} \tag{6.16}$$

Além disso, a atividade desses íons na escória pode ser relacionada ao grau de ruptura da rede. Como a atividade do íon oxigênio $a_{O^{2-}}$ não é diretamente mensurável, pode-se escolher, como medida indireta, um índice de Basicidade, uma razão entre as quantidades de óxidos capazes de ceder ânions O^{2-} à escória (ou óxidos básicos) e de óxidos capazes de aprisionar os átomos de oxigênio na rede, ou óxidos ácidos. Alguns óxidos, como a Al_2O_3, possuem comportamento anfotérico. A depender da composição da escória, os óxidos anfótericos comportam-se como básicos, quando de escórias ácidas, e ácidos, quando de escórias básicas. Entre os óxidos anfotéricos podem ser citados: As_2O_3, As_2O_5, Sb_2O_3, Sb_2O_5, ZnO, Al_2O_3, Fe_2O_3, Cr_2O_3, SnO, SnO_2, PbO, PbO_2, MnO_2.

Uma descrição idealizada da estrutura de uma escória $RO–SiO_2$ baseia-se na suposição de que a adição de um óxido básico, RO, libera íons O^{2-} que se prestam à decomposição da rede tridimensional (Figura 6.20). A composição do ortossilicato R_2SiO_4 seria a fronteira do domínio de escórias ácidas e básicas; para essa proporção todas as ligações compartilhadas entre tetraedros estariam rompidas e a unidade estrutural seria representada pelo ânion SiO_4^{4-}; a escória seria constituída unicamente dos íons SiO_4^{4-} e R^{2+}. Com uma razão $RO/SiO_2 > 2$, haveria a presença dos íons SiO_4^{4-}, R^{2+} e O^{2-} (íons livres, característica de uma escória básica). Esse cenário idealizado não encontra suporte na prática; a distribuição iônica depende do grau de basicidade do óxido em questão.

O grau de basicidade de um óxido, ao ser adicionado à escória, pode ser medido pela facilidade em se obter a decomposição:

$$RO = R^{2+} + O^{2-} \tag{6.17}$$

Quanto maior a facilidade de decomposição, ou menor a estabilidade do cristal RO, maior é o índice de basicidade. Se for admitido que a estabilidade do cristal de RO é garantida por forças eletrostáticas, principalmente, o índice de basicidade estaria relacionado ao parâmetro (Tabela 6.8).

$$\frac{Z}{(R_O + R_C)^2} \tag{6.18}$$

onde Z, R_O e R_C representam a carga do cátion, o raio iônico do oxigênio e o raio do cátion do metal. Menor esse valor, menor a estabilidade do cristal e, então, maior a basicidade.

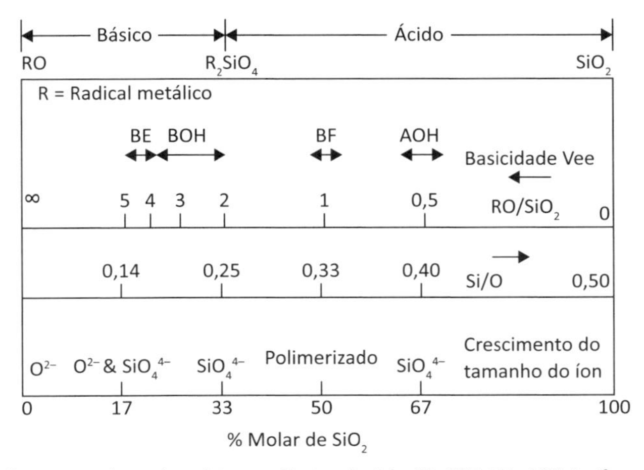

Figura 6.20 – Composições típicas de escórias metalúrgicas. As siglas BE, BOH, BF e AOH significam, respectivamente, Forno Elétrico Básico, Siemens-Martin Básico, Alto-forno e Siemens-Martin Ácido.

Fonte: Ray, 2006.

Tabela 6.8 – Raios catiônicos, interação íon-oxigênio, tipos de óxidos (formadores e ruptores da rede tridimensional)

Óxido	Raio Catiônico	$\frac{Z}{(R_O + R_C)^2}$	Tipo de óxido
Na_2O	0,95	0,18	Óxido básico (quebrador de rede)
CaO	0,99	0,35	
MnO	0,80	0,42	
FeO	0,75	0,44	
MgO	0,65	0,48	
Cr_2O_3	0,64	0,72	Óxidos anfotéricos
Fe_2O_3	0,60	0,75	
Al_2O_3	0,50	0,83	
TiO_2	0,68	0,93	
SiO_2	0,41	1,22	Óxidos ácidos (formadores de rede)
P_2O_5	0,34	1,66	

Fonte: Ray, 2006.

Como, na prática, atividade do ânion O^{2-} não é mensurável, recorre-se, como já citado, a índices práticos do tipo:

$$B = \frac{\sum_{i}^{j} (\%\ \acute{o}xidos\ b\acute{a}sicos)}{\sum_{k}^{\phi} (\%\ \acute{o}xidos\ \acute{a}cidos)} \tag{6.19}$$

Na prática industrial, várias correlações empíricas têm sido utilizadas para a avaliação da basicidade de escórias, conforme explicitado na Tabela 6.9. Essas correlações visam somente caracterizar de maneira rápida e fácil a capacidade de refino da escória. O principal problema dessas expressões advém da decisão arbitrária em como mensurar a atividade do íon O^{2-}.

Tabela 6.9 – Algumas correlações empíricas da basicidade de escórias na prática industrial

Basicidade binária	$Vee = \frac{(\%CaO)}{(\%SiO_2)}$
Basicidade ternária	$B = \frac{(\%CaO)}{(\%SiO_2) + (\%Al_2O_3)}$
Basicidade quaternária	$B = \frac{(\%CaO) + (\%MgO)}{(\%SiO_2) + (\%Al_2O_3)}$
Diferença entre óxidos básicos e ácidos	$\{(\%CaO) + (\%MgO) + (\%MnO)\} - \{(\%SiO_2) + (\%P_2O_5) + (\%TiO_2)\}$

Outro parâmetro empírico que relata a basicidade de uma escória é denominado Excesso de Base (EB), que indica a capacidade da escória em fornecer íons de oxigênio divalente. EB pode ser definida como:

$$EB = \sum X_{b\acute{a}sicos} - \sum X_{\acute{a}cidos} \tag{6.20}$$

onde X_i representa as frações dos componentes da escória considerada.

Conforme citado por Rao (1985), em termos da teoria molecular, o parâmetro Base em Excesso indica a quantidade relativa de CaO necessária para a formação de $2CaO.SiO_2$ e $3CaO.P_2O_5$ e pode ser expresso como:

$$EB = \%CaO - 1,86\ \%SiO_2 - 1,19\ \%P_2O_5 \quad (6.21)$$

Para o caso de escórias complexas, assume-se a formação de compostos $2MO.SiO_2$; $4MO.Al_2O_3$ e $MO.Fe_2O_3$, então, o parâmetro Excesso de Base pode ser expresso como:

$$EB = \%MO - 2\%SiO_2 - 4\ \%P_2O_5 - \%\ Fe_2O_3 \quad (6.22)$$

De acordo com a teoria iônica das escórias, a basicidade, expressa como oxigênio em excesso, pode ser descrita como:

$$\mathrm{EB} = n_{O^{2-}} = n_{CaO} + n_{MgO} + n_{FeO} + nMnO + ... - 2n_{SiO_2} - n_{Al_2O_3} - 3n_{P_2O_5} \quad (6.23)$$

Onde n representa o número de mols de cada composto, em 100 gramas de escória.

6.4.2 BASICIDADE ÓTICA DE UMA ESCÓRIA

Mais recentemente, a basicidade de uma escória tem sido retratada pelo conceito da sua basicidade ótica. A basicidade ótica de um óxido é definida como:

$$\Lambda = \frac{\text{Poder de doação de elétron da escória}}{\text{Poder de doação de elétron do CaO}} \quad (6.24)$$

Duffy e Ingram (1971) vincularam a basicidade ótica de cada óxido puro com a eletronegatividade (tendência de um átomo em atrair elétrons, quando combinado em um composto) de Pauling, x, do cátion tal que:

$$\Lambda_i = \frac{0,74}{x - 0,26} \quad (6.25)$$

Com isso, a basicidade ótica da escória é expressa de acordo com:

$$\Lambda = \frac{\sum X_i n_i \Lambda_i}{\sum n_i \Lambda_i} \quad (6.26)$$

onde X_i = fração molar do componente i; n_i = número de átomos de oxigênio no componente i; e Λ_i = basicidade ótica do componente i.

O conceito de basicidade ótica retrata características químicas da escória de maneira muito mais abrangente em comparação com o conceito de basicidade convencional.

Nakamura et al. (1986) consideraram a densidade de elétrons média, D, substituindo a eletronegatividade de Pauling pela densidade de elétrons definida como:

$$D = \frac{\alpha z}{d^2} \quad (6.27)$$

onde α, z e d representam um parâmetro específico relativo ao ânion, a carga do cátion e a distância cátion-ânion, respectivamente. Valores de basicidade ótica, de acordo com as escalas de Duffy e Ingram (1974) e Nakamura et al. (1986), são mostrados na Tabela 6.10.

Tabela 6.10 – Basicidades óticas de diversos componentes puros

Componente	Escala de Duffy (eletronegatividade de Pauling)	Escala de Nakamura (densidade de elétrons média)	Componente	Escala de Duffy (eletronegatividade de Pauling)	Escala de Nakamura (densidade de elétrons média)
K_2O	1,4	1,16	FeO	0,61	0,94
Na_2O	1,15	1,11	Fe_2O_3	0,48	0,72
BaO	1,15	1,08	SiO_2	0,48	0,47
SrO	–	1,04	P_2O_5	0,40	0,38
Li_2O	1,00	1,06	SO_3	0,33	0,29
CaO	1,00	1,00	CaF_2	0,42	0,67
MgO	0,78	0,92	$CaCl_2$	–	0,72
TiO_2	0,61	0,65	BaF_2	–	0,78
Al_2O_3	0,61	0,66	$BaCl_2$	–	0,84
MnO	0,59	0,95	NaF	–	0,67
			NaCl	–	0,68

Fonte: Ray, 2006.

A Figura 6.21 indica que as divergências, quanto aos valores de basicidade ótica, são principalmente para os compostos CaF_2, Fe_2O_3, FeO, MnO e K_2O.

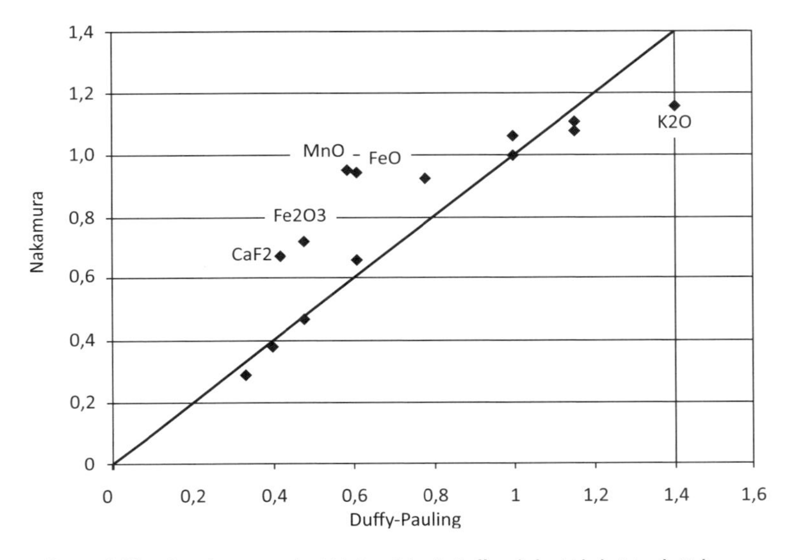

Figura 6.21 – Correlação entre basicidade teórica de Duffy e de basicidade ótica de Nakamura.

A Figura 6.22 correlaciona basicidade ótica (Duffy e Ingram, 1974) e basicidade convencional B de algumas escórias metalúrgicas. Nota-se que não existe uma relação de proporcionalidade entre elas. Então, se a escala de basicidade ótica for representativa da atividade de ânions O^{2-}, a escala tradicional (Tabela 6.9) não o será.

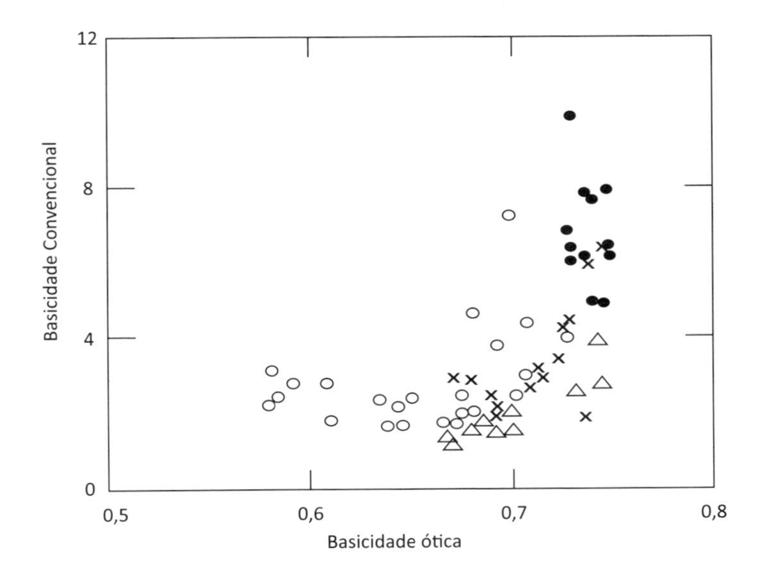

Figura 6.22 – Basicidade ótica de Duffy *versus* basicidade convencional de escórias metalúrgicas.

Fonte: Turkdogan e Fruehan, 1998.

Anteriormente se estabeleceu que os íons de O^{2-} presentes nas escórias exercem papel importante nas reações químicas. Isso porque a atividade química de um dado componente da escória pode ser relacionada à basicidade, através do equilíbrio envolvendo o cátion e íons oxigênio livres:

$$O^{2-} + M^{2+} = \text{MO} \tag{6.28}$$

De modo semelhante, a estrutura da escória seria ditada pelo equilíbrio, envolvendo novamente a basicidade,

$$O^{O} \text{ (compartilhado entre tetraedros)} + O^{2-} \text{ (livre)} = 2O^{-} \text{ (ligado a um tetraedro)} \tag{6.29}$$

Dessa forma, a basicidade da escória, além de temperatura e outras variáveis de composição, tem sido amplamente utilizada em correlações de propriedades termofísicas e termoquímicas.

EXEMPLO 6.1

Comumente, na literatura especializada, as distribuições de espécies entre o banho metálico e a escória são correlacionadas com a basicidade ou "índice de basicidade" da escória envolvida. No alto-forno, silício, manganês e enxofre são repartidos entre a escória e o gusa líquido (ver figuras a seguir). Para uma dada temperatura, o aumento da basicidade da escória do alto-forno decresce a partição de silício [%Si]/(%SiO_2). Da mesma forma, a partição de manganês entre o gusa e a escória [%Mn]/(%Mn) eleva-se com o aumento da basicidade, indicando maior recuperação de manganês na fase metálica, o que corresponde a maior eficiência de utilização de minério de manganês carregado na carga do alto-forno. Por sua vez, para uma dada basicidade da escória, o aumento da temperatura eleva a magnitude de (%S)/[%S] e de [%Mn] /(%MnO); enquanto o contrário ocorre com o valor da partição de silício [%Si]/(%SiO_2).

EXEMPLO 6.1 (*continuação*)

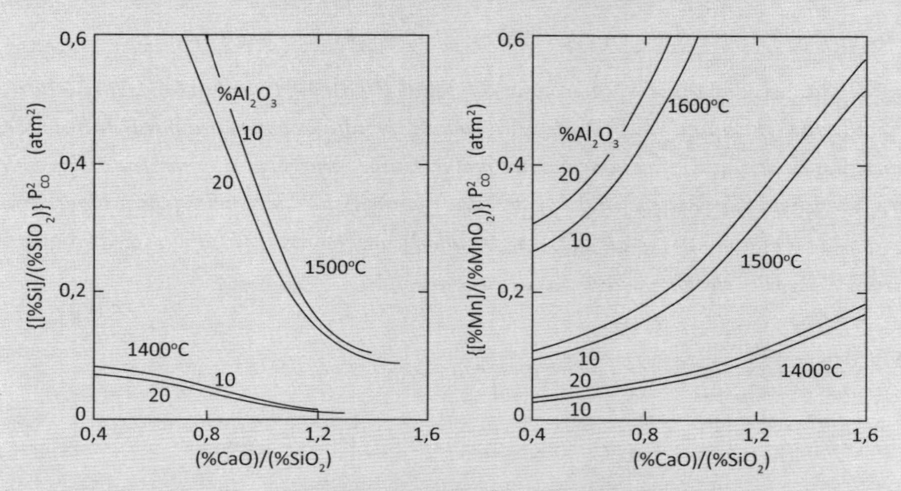

Partição de silício e manganês entre o gusa líquido e a escória em altos-fornos.
[ ] representa espécie dissolvida no gusa, ( ) representa espécie dissolvida na escória.

Fonte: Griveson, 1982.

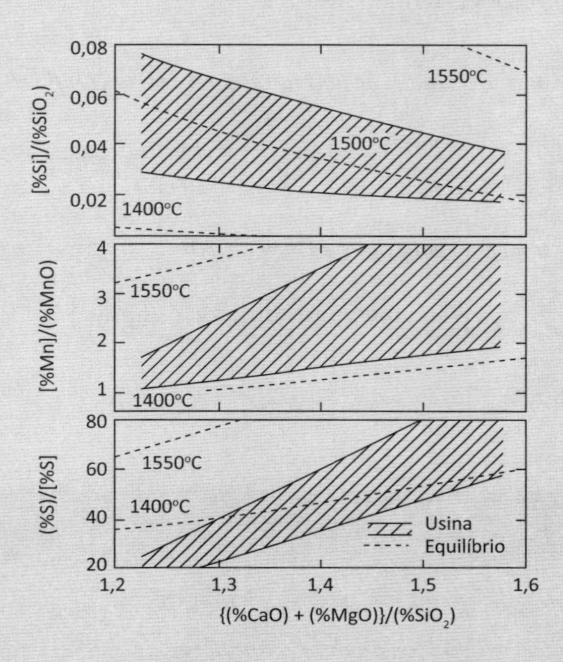

Correlação entre as partições de silício, manganês e enxofre entre a escória e o gusa no alto-forno.

Fonte: Turkdogan, 1983.

■

EXEMPLO 6.2

Correlações entre atividades ou coeficientes de atividade e basicidade ótica.

Nas últimas décadas, diversas correlações empíricas têm sido disponibilizadas na literatura especializada vinculando basicidade ótica com propriedades termodinâmicas (atividades, coeficientes de atividades, volume parcial molar, tensões superficiais, concentrações de equilíbrio, coeficientes de partição etc.) e propriedades termofísicas de escórias (viscosidade, difusividade de íons, condutividade elétrica, densidade, entre outras) (Duffy et al., 1978; entre outros). A seguir, relatam-se algumas dessas correlações.

a) *Capacidade magnesiana de uma escória (Duffy et al., 1978):*

$$\log C_{Mg^2} = -4{,}51\Lambda - \frac{1378}{T} + 4{,}52$$

b) *Concentração de oxigênio em equilíbrio com uma escória (Slag Atlas, 1995):*

$$\log[\%O] = -1{,}907\Lambda - \frac{6005}{T} + 3{,}57$$

c) *Relação entre as concentrações de íons ferrosos na escória (Duffy et al., 1978):*

$$\log\frac{(Fe^{3+})}{(Fe^{2+})} = 1{,}720\Lambda + \frac{113}{T} - 2{,}351$$

d) *Densidade de uma escória (Zhang e Chou, 2010):*

$$\rho = -4599{,}22 + 9113{,}78\,\Lambda \text{ (kg/m}^3\text{)}$$

■

EXEMPLO 6.3

Para se avaliar a eficiência de remoção de enxofre de um aço ou gusa, a partir da reação com uma escória que contém cal, pode-se analisar o equilíbrio.

CaO *(escória)* + S *(metal)* = CaS *(escória)* + O *(metal)* $\quad K_{eq} = \frac{a_O\ a_{CaS}}{a_S\ a_{CaO}}$

EXEMPLO 6.3 (*continuação*)

Desse modo, a eficiência de dessulfuração pode ser definida a partir de valores de atividades de componentes da escória, a_{CaS}, a_{CaO}. *Essas atividades seriam funções de temperatura e composição da escória. Indiretamente procura-se retratar o efeito de composição através do índice de basicidade, mas a variável termodinâmica primária é a atividade. Dada a importância óbvia de se conhecer a relação entre atividades dos componentes da escória e a temperatura e composição, muito esforço foi empreendido nessa direção. Valores de atividade ou de isocoeficientes de atividades podem ser apresentados em várias formas, mas é comum a representação via diagramas binários ou através de projeções isotérmicas em diagramas ternários, os quais podem ser encontrados, por exemplo, em Elliot et al. (1963) e em Slag Atlas (1995).*

■

Nas seções a seguir serão apresentadas teorias de comportamento termodinâmico de escórias que permitem a construção de modelos de cálculo de atividades. Esses modelos são úteis tanto para o preenchimento de lacunas de dados experimentais, como para a operacionalização de procedimentos numéricos de cálculo.

6.5 MODELOS PARA O CÁLCULO DE ATIVIDADES DOS COMPONENTES DE ESCÓRIAS

Na literatura especializada pode ser encontrado um certo número de modelos de comportamento termodinâmico de escórias, com graus variáveis de sucesso. Modelos empíricos e semiempíricos, os quais são alicerçados na interpolação ou extrapolação de dados industriais ou de laboratórios, podem conduzir a conclusões dúbias ou errôneas. Os modelos pioneiros de Schenck (1945), Temkin (1945), Flory (1936), Toop e Samis (1970), Masson (1972), Myssen e Richet (2005), Forland e Grjotheim (1977), Flood e Grojtheim (1952) e Blander (1977) são limitados, em geral, por falta de informações adicionais especialmente sobre a estrutura de escórias em altas concentrações de sílica. Os modelos de duas sub-redes iônicas de Temkin e de solução regular, o modelo molecular (Schenck, 1945), entre outros, têm pouca evidência experimental para suporte destes, como por exemplo: faltam dados relativos à concentração dos diversos ânions de silicatos e às concentrações dos diversos íons de oxigênio na escória.

6.5.1 MODELO DE SCHENCK – TEORIA MOLECULAR DAS ESCÓRIAS

Schenck (1945) postulou uma teoria de comportamento termodinâmico de escórias originalmente para interpretar a distribuição de equilíbrio de espécies como silicio, fósforo, manganês, entre a escória e o aço em fornos Siemens-Martin ácidos. Nessa teoria, a escória é assumida como uma solução ideal, constituída de moléculas simples de todas as espécies que a compõem: CaO, Al_2O_3, SiO_2, MgO, FeO, CaS, FeS, MnO, MnS, P_2O_5 etc. Parte dessas espécies pode estar associada, formando moléculas complexas, como $CaAl_2O_4$, $3CaO.Al_2O_3$, $3CaO.SiO_2$, $4CaO.P_2O_5$, $CaO.SiO_2$, $2CaO.SiO_2$, $FeO.SiO_2$, $2CaO.Al_2O_3.SiO_2$, $2CaO.MgO.2SiO_2$, $3CaO.MgO.2SiO_2$, entre outras. Essas associações reduzem a disponibilidade efetiva, ou atividade química, das espécies simples que tomam parte das reações de refino. Para exemplificar, a Figura 6.23 mostra as variações de % em peso de FeO, $2FeO.SiO_2$ e SiO_2 em função da fração molar de sílica em uma escória binária SiO_2–FeO. As concentrações dessas espécies na escória são atreladas ao equilíbrio – ( ) indica dissolvido na escória, [ ] indica dissolvido no metal:

$$(2FeO.SiO_2) = 2(FeO) + (SiO_2) \tag{6.30}$$

Para essa reação, a constante de equilíbrio é dada como:

$$\log K = -\frac{11230}{T} + 7{,}76 \tag{6.31}$$

$$K = \frac{a_{FeO}^2 \, a_{SiO_2}}{a_{2FeO.SiO_2}} = \frac{(\%FeO)^2(\%SiO_2)}{(\%\ 2FeO.SiO_2)} \tag{6.32}$$

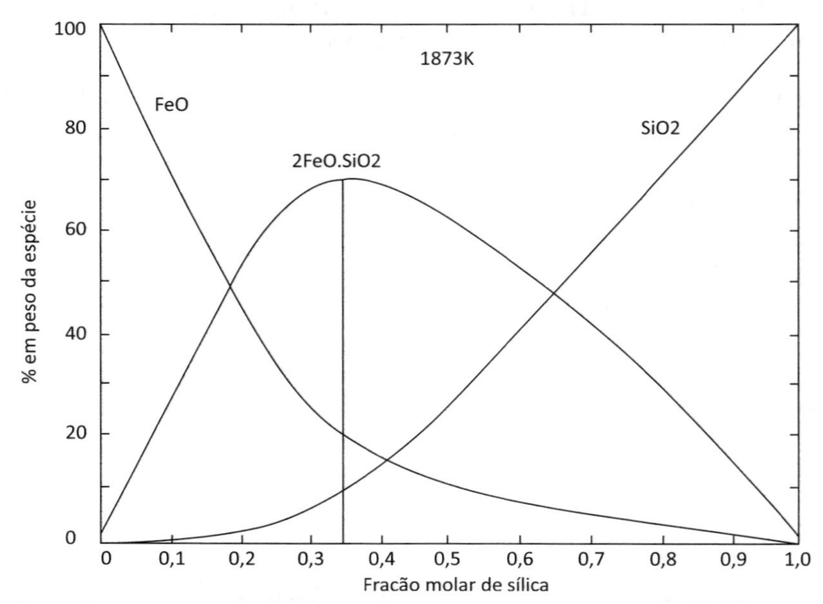

Figura 6.23 – Concentração em peso de FeO, $2FeO.SiO_2$ e SiO_2 em função da fração molar da sílica na escória FeO–SiO_2, a 1600 °C.
Fonte: Schenck, 1945.

De acordo com Schenck (1945), tanto as espécies moleculares simples como as complexas encontram-se distribuídas na escória líquida, e suas atividades são representadas pelas suas respectivas composições em peso. Com isso, cada componente da escória deverá existir em equilíbrio com as diversas moléculas complexas de cujas constituições químicas aquele componente participa, tal qual mostrado a seguir:

$$(2FeO.SiO_2) = 2(FeO) + (SiO_2) \tag{6.33}$$

$$K = \frac{a_{FeO}^2 \; a_{SiO_2}}{a_{2FeO.SiO_2}} = \frac{(\%FeO)^2(\%SiO_2)}{(\% \; 2FeO.SiO_2)} \tag{6.34}$$

$$(2MnO.SiO_2) = 2(MnO) + (SiO_2) \tag{6.35}$$

$$K = \frac{a_{MnO}^2 \; a_{SiO_2}}{a_{2MnO.SiO_2}} = \frac{(\%MnO)^2(\%SiO_2)}{(\% \; 2MnO.SiO_2)} \tag{6.36}$$

$$(2CaO.SiO_2) = 2(CaO) + (SiO_2) \tag{6.37}$$

$$K = \frac{a_{CaO}^2 \; a_{SiO_2}}{a_{2CaO.SiO_2}} = \frac{(\%CaO)^2(\%SiO_2)}{(\% \; 2CaO.SiO_2)} \tag{6.38}$$

$$(3CaO.Fe_2O_3) + [Fe] = 3(CaO) + 3(FeO) \tag{6.39}$$

$$K = \frac{a_{CaO}^3 \; a_{FeO}^3}{a_{Fe} \; a_{3CaO.Fe_2O_3}} = \frac{(\%CaO)^3(\%FeO)^3}{(\% \; 3CaO.Fe_2O_3)} \tag{6.40}$$

As reações anteriores neutralizam parte da cal adicionada para a formação da escória. Então, num equilíbrio que envolva a participação dessa espécie, por exemplo, a dessulfuração do aço:

$$(CaO) + [S] = (CaS) + [O] \tag{6.41}$$

apenas a cal livre, não associada, participaria diretamente da reação. Com esse tratamento pode-se estabelecer as distribuições de espécies, como fósforo, enxofre, silício, manganês etc., entre o banho metálico e a escória.

A teoria molecular de Schenck (1945) ressalta a necessidade de excesso de óxido básico na escória para garantir a remoção das impurezas do aço (ou do gusa), evitando o fenômeno de reversão. A Figura 6.24 ilustra o efeito do excesso de óxido básico em uma escória $CaO–MgO–SiO_2–Al_2O_3$ sobre a distribuição de enxofre entre o aço e a escória, para uma dada temperatura. Nessa figura, o excesso de base ou base em excesso é definido como:

$$EB = n_{CaO} + \frac{2}{3} n_{MgO} - n_{SiO_2} - n_{Al_2O_3} \tag{6.42}$$

onde n representa o número de mols dos componentes em 100 g de escória (conforme Hatch e Chipman, 1946).

Nota-se que maiores quantidades em excesso de óxidos básicos resultam em maiores magnitudes da partição de enxofre.

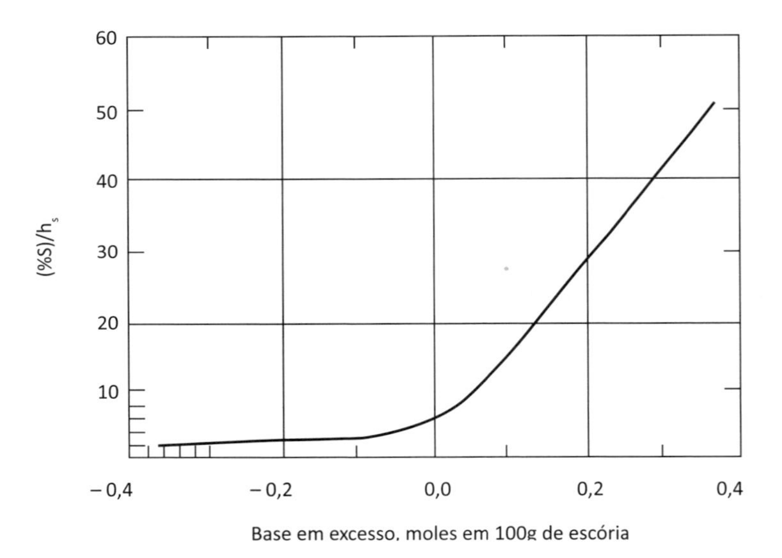

Figura 6.24 – Efeito da composição da escória sobre a distribuição de enxofre entre o gusa e a escória no alto-forno.

Fonte: Hatch e Chipman, 1946.

O modelo de Schenck (1945), apesar de conceitualmente incorreto, por não considerar as espécies iônicas que compõem a escória, representa um método simples de interpretar e correlacionar partições de espécies entre o banho metálico e a escória.

6.5.2 MODELO DE HERASYMENKO E SPEIGHT

Com a concepção de que as escórias são de natureza poliônica, Herasymenko e Speigth (1950a e 1950b) propuseram o primeiro tratamento matemático para o cálculo das atividades de ânions e cátions da escória. De acordo com esses autores, as escórias (do tipo de aciaria) são completamente ionizadas e praticamente não contêm moléculas neutras. Óxidos básicos e sílica se neutralizam de acordo com:

$$2(RO) + (SiO_2) = 2R^{2+} + SiO_4^{4-} \tag{6.43}$$

Em escórias ácidas, por sua vez, o excesso de SiO_2 seria dissociado conforme a reação:

$$2SiO_2 = Si^{4+} + SiO_4^{4-} \tag{6.44}$$

Para efeito de aplicação dessa teoria, Herasymenko (1938, 1950a, 1950b) postulou que uma escória metalúrgica exibe um caráter poliônico e ideal, e então que a atividade de cada íon na escória pode ser estimada como se segue.

Para um dado cátion X^+ da escória, a atividade é calculada como:

$$a_{X^+} = X_{X^+} = \frac{n_{X^+}}{\sum n_{X^+} + \sum n_{Y^-}} \tag{6.45}$$

Para um dado ânion Y^- da escória, a atividade desse íon é determinada como:

$$a_{Y^-} = X_{Y^-} = \frac{n_{Y^-}}{\sum n_{X^+} + \sum n_{Y^-}} \tag{6.46}$$

onde n_{X^+} e n_{Y^-} representam os números de mols do cátion X^+ e do ânion Y^-, respectivamente. Os termos $\sum n_{X^+}$ *e* $\sum n_{Y^-}$ representam o total de número de mols de cátions e ânions na escória, respectivamente.

Ainda, se X^+ e Y^- são capazes de se associar (por exemplo, $Ca^{2+} + O^{2-} = CaO$) na forma do composto XY, então, a atividade do último seria dada por:

$$a_{XY} = a_{X^+} \cdot a_{Y^-} \tag{6.47}$$

Sob essa ótica, Herasymenko (1938, 1950a, 1950b) propôs que as distribuições de equilíbrio de enxofre, fósforo e manganês entre gusa ou o aço e a escória podem ser interpretadas como se segue.

a) Distribuição de enxofre entre a escória e o aço líquido
A reação pertinente seria:

$$[S] + (O^{2-}) = [O] + (S^{2-}) \quad (6.48)$$

onde a constante de equilíbrio é:

$$K = \frac{h_O \, a_{S_{2-}}}{h_S \, a_{O_{2-}}} = \frac{f_O \, [\%O] \, X_{S_{2-}}}{f_S \, [\%S] \, X_{O_{2-}}} \quad (6.49)$$

sendo $X_{S^{2-}}$ e $X_{O^{2-}}$ as frações dos ânions enxofre e de oxigênio na escória, respectivamente. [%S], f_S e f_O representam a concentração de enxofre e os coeficientes de atividade do enxofre e do oxigênio no banho metálico, respectivamente.

b) Distribuição de fósforo entre a escória e o aço líquido
A reação de desfosforação do aço é regida pela reação eletroquímica entre a escória e o banho metálico a seguir:

$$2[P] + 5\,[O] + 3(O^{2-}) = 2(PO_4^{3-}) \quad (6.50)$$

Tal que a constante de equilíbrio da reação é:

$$K = \frac{a^2_{PO_4^{3-}}}{h_P^2 \, h_O^5 \, a^3_{O_{2-}}} = \frac{X^2_{PO_4^{3-}}}{f_P^2 \, [\%P]^2 \, f_O^5 \, [\%O]^5 \, X^3_{O_{2-}}} \quad (6.51)$$

onde $X_{PO_4^{3-}}$ e $X_{O^{2-}}$ são as frações do ânion fosfato e de oxigênio na escória, respectivamente. [%P] e [%O] seriam as concentrações em peso do fósforo e oxigênio no banho metálico, respectivamente; f_P e f_O são os coeficientes de atividade no metal.

c) Distribuição de manganês entre a escória e o aço
Sob a ótica da teoria de Herasymenko (1938, 1950a, 1950b), a distribuição de manganês entre a escória e o aço pode ser interpretada por diferentes reações eletroquímicas. Por exemplo:

$$[Si] + 2(Mn^{2+}) = 2\,[Mn] + (Si^{4+}) \quad (6.52)$$

Sendo a constante de equilíbrio expressa como:

$$K = \frac{h_{Mn}^2 a_{Si^{4+}}}{h_{Si}\ a_{Mn^{2+}}^2} = \frac{\{f_{Mn}\ [\%Mn]\}^2\ X_{Si^{4+}}}{f_{Si}\ [\%Si]\ X_{Mn^{2+}}^2} \quad (6.53)$$

onde $X_{Si^{4+}}$ e $X_{Mn^{2+}}$ são as frações iônicas de silício e manganês na escória, respectivamente; [%Mn] e [%Si] as concentrações em peso do Mn e Si no banho, respectivamente; f_{Mn} e f_{Si} seriam os coeficientes de atividades henryanos do manganês e silício no banho metálico, respectivamente.

Ou, por exemplo,

$$(Fe^{2+}) + [Mn] = [Fe] + (Mn^{2+}) \quad (6.54)$$

De modo que a constante de equilíbrio é dada como:

$$K = \frac{a_{Fe}\ a_{Mn^{2+}}}{h_{Mn}\ a_{Fe^{2+}}} = \frac{X_{Mn^{2+}}}{f_{Mn}\ [\%Mn]\ X_{Fe^{2+}}} \quad (6.55)$$

A principal dificuldade de aplicação dessa teoria reside em se definir critérios para o cálculo das concentrações iônicas em escórias complexas.

EXEMPLO 6.4

Considere uma liga metálica líquida Fe–Mn em equilíbrio com uma escória binária líquida FeO–MnO, a 1600 °C. Considere a relação molar MnO/FeO = 1 e que a concentração de oxigênio de equilíbrio na liga seja 0,00010%. Estime a concentração de Mn no aço líquido, através do modelo de Herasymenko.

A partição de manganês entre a liga Fe–Mn–O e a escória é regida pela reação:

$Mn_{1\%} + FeO(l) = MnO(l) + Fe(l)$

tal que:

$$\Delta G^o = -123300 + 56{,}1\ T\ (J/mol)$$

EXEMPLO 6.4 (*continuação*)

Considerando-se que a escória FeO–MnO seja completamente iônica, e que o ferro seja solvente na solução metálica, a constante de equilíbrio da reação química seria:

$$K = \frac{a_{MnO}\ a_{Fe}}{h_{Mn}\ a_{FeO}} \cong \frac{X_{Mn^{2+}}\ X_{O^{2-}}}{h_{Mn}\ X_{Fe^{2+}} X_{O^{2-}}} = \frac{X_{Mn^{2+}}}{h_{Mn}\ X_{Fe^{2+}}}$$

onde $X_{Mn^{2+}}$ *e* $X_{Fe^{2+}}$ *são as concentrações de cátions do manganês e do ferro na escória binária FeO–MnO e se admitiu atividade do ferro próxima da unidade. Como a relação MnO/FeO na escória foi informada ser unitária, pode-se assumir que:*

$$\frac{X_{Mn^{2+}}}{X_{Fe^{2+}}} = 1$$

Resulta que, a 1873 K,

$$\log K = -h_{Mn} = \frac{6440}{T} - 2{,}93$$

ou

$$h_{Mn} = f_{Mn}[\%Mn] = 3{,}22$$

O coeficiente de atividade do manganês pode ser avaliado considerando as interações:

$$\log f_{Mn} = e_{Mn}^{Mn}\ \%Mn + e_{Mn}^{O}\ \%O$$

$$\log f_{Mn} = -0{,}003\ \%Mn - 0{,}10\ \%O$$

$$\log f_{Mn} = -0{,}003\ \%Mn - 0{,}10 \times 0{,}00010 \approx -0{,}003\ \%Mn$$

Com isso, escreve-se:

$$h_{Mn} = f_{Mn}[\%Mn] = 3{,}22$$

$$\log h_{Mn} = \log f_{Mn} + \log \%Mn$$

$$\log 3{,}22 = -0{,}003\ \%Mn + \log \%Mn$$

ou

$$\%Mn = 3{,}29.$$

■

6.5.3 MODELO DE TEMKIN

A teoria iônica de Temkin (1945), originalmente desenvolvida para sais fundidos, postula que a escória é constituída unicamente de íons. Os cátions estão arranjados aleatoriamente em uma sub-rede catiônica; os ânions estão arranjados aleatoriamente em sua própria sub-rede aniônica. Íons de mesma carga não interagem mutuamente. De modo a satisfazer a eletroneutralidade das cargas dos íons, cada cátion encontra-se rodeado de ânions, e vice-versa. Sob a ótica dessa teoria, uma escória poliônica arbitrária é formada por duas soluções ideais de cátions e de ânions interpenetradas, formando uma sub-rede catiônica e outra aniônica. Temkin (1945) admitiu que as forças coulombianas entre os íons no estado líquido são extremamente fortes, similares às forças eletroestáticas no componente sólido, de modo que os arranjos iônicos de curto alcance no líquido são preservados (Figura 6.25). No estado líquido, a escória é tratada através da aproximação de quase-rede.

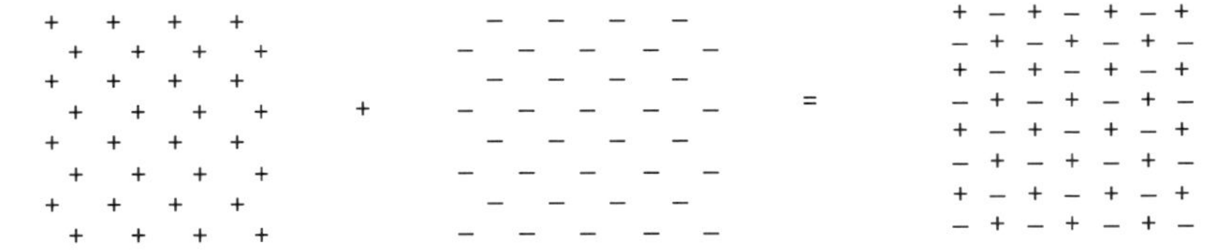

Figura 6.25 – Ilustração do modelo de Temkin para escória e sais fundidos mostrando a interpenetração das duas sub-redes de cátions e ânions.

Sob o ponto de vista termodinâmico, as equações referentes ao modelo de Temkin podem ser derivadas, como se segue. Considere-se que em uma escória os componentes AC, BD, AD e BC encontram-se completamente ionizados, tal que:

$$AC \Rightarrow A^+ + C^- \qquad BD \Rightarrow B^+ + D^- \tag{6.56}$$

$$AD \Rightarrow A^+ + D^- \qquad BC \Rightarrow B^+ + C^- \tag{6.57}$$

Um balanço de conservação de cátions A^+ e B^+, que provém dos compostos AC e AD e BD e BC (n representa o número de mols), permite escrever:

$$n_{A^+} = n_{A^+}^{AC} + n_{A^+}^{AD} \tag{6.58}$$

e

$$n_{B^+} = n_{B^+}^{BC} + n_{B^+}^{BD} \tag{6.59}$$

Total de cátions na escória:

$$\sum n_{cátions} = n_{A^+} + n_{B^+} \tag{6.60}$$

Similarmente, do balanço de conservação de ânions de C^- e D^- pode-se escrever:

$$n_{C^-} = n_{C^-}^{AC} + n_{C^-}^{BC} \tag{6.61}$$

e

$$n_{D^-} = n_{D^-}^{BD} + n_{D^-}^{AD} \tag{6.62}$$

Total de ânions na escória:

$$\sum n_{ânions} = n_{C^-} + n_{D^-} \tag{6.63}$$

Posto que a escória é assumida poliônica e ideal, que as distribuições de cátions e ânions são aleatórias dentro de suas próprias sub-redes, formando soluções ideais intercaladas, postula-se escrever que a energia livre de formação da escória é:

$$\Delta G = \Delta H - T\Delta S = -T\Delta S = -T\left[\Delta S_{catiônica} + \Delta S_{aniônica}\right] \tag{6.64}$$

A concepção da existência de duas sub-redes interpenetradas e distintas permite estimar a entropia configuracional da rede catiônica independentemente da entropia configuracional da rede aniônica e vice-versa. Logo cada sub-rede iônica pode ser tratada independentemente da outra. Diante dessa assertiva, o número total de cátions distinguíveis na rede catiônica é $n_{A+} + n_{B+} = n$, tal que a entropia configuracional da rede catiônica formada por íons A^+ e B^+ é (utilizando-se a aproximação de Stirling):

$$\Delta S_{catiônica} = -K_B \ln \frac{n!}{n_{A^+}!n_{B^+}!} = -\frac{R}{n_{A^+} + n_{B^+}}\left[n_{A^+} \ln \frac{n_{A^+}}{n_{A^+} + n_{B^+}} + n_{B^+} \ln \frac{n_{B^+}}{n_{A^+} + n_{B^+}}\right] \tag{6.65}$$

ou

$$\Delta S_{catiônica} = -R\left[N_{A^+} \ln N_{A^+} + N_{B^+} \ln N_{B^+}\right] \tag{6.66}$$

onde N_{A^+} e N_{B^+} representam as frações A^+ e B^+ na sub-rede catiônica da escória.

Da mesma forma, o número total de ânions distinguíveis na rede aniônica é $n_C^- + n_D^- = n$, de modo que a entropia configuracional da rede aniônica da escória considerada é expressa como:

$$\Delta S_{aniônica} = -R\ln\frac{n!}{n_{C^-}!\,n_{D^-}!} = -\frac{R}{n_{C^-}+n_{D^-}}\left[n_{C^-}\ln\frac{n_{C^-}}{n_{C^-}+n_{D^-}} + n_{D^-}\ln\frac{n_{D^-}}{n_{C^-}+n_{D^-}}\right] \quad (6.67)$$

ou

$$\Delta S_{aniônica} = -R\left[N_{C^-}\ln N_{C^-} + N_{D^-}\ln N_{D^-}\right] \quad (6.68)$$

onde N_{C^-} e N_{D^-} representam as frações C^- e D^- na sub-rede aniônica da escória.

Diante da hipótese de que cada componente da escória, por exemplo, AC, decompõe-se completamente em íons A^+ e C^-, segundo um comportamento ideal, $(\Delta \bar{H}_{AC} = 0)$ pode-se escrever que:

$$\Delta\mu_{AC} = \Delta\bar{H}_{AC} - T\Delta\bar{S}_{AC} = -T\Delta\bar{S}_{AC} \quad (6.69)$$

e

$$\Delta\mu_{AC} = -T\left(\Delta\bar{S}_{A^+} + \Delta\bar{S}_{C^-}\right) \quad (6.70)$$

Como as variações de potencial químico do componente AC e as variações de entropias de configuração de seus íons na escória são:

$$\Delta\mu_{AC} = RT\ln a_{AC} \quad (6.71)$$

$$\Delta\bar{S}_{A^+} = -R\ln\frac{n_{A^+}}{n_{A^+}+n_{B^+}} = -R\ln N_{A^+} \quad (6.72)$$

e

$$\Delta\bar{S}_{C^-} = -R\ln\frac{n_{C^-}}{n_{C^-}+n_{D^-}} = -R\ln N_{C^-} \quad (6.73)$$

obtém-se que:

$$\Delta\mu_{AC} = RT\ln a_{AC} = -T\left(\Delta\bar{S}_{A^+} + \Delta\bar{S}_{C^+}\right) = RT\left[\ln N_{A^+} + \ln N_{C^-}\right] \quad (6.74)$$

de onde resulta que a atividade do componente AC na escória é o produto entre as frações iônicas em cada sub-rede:

$$a_{AC} = N_{A^-} N_{C^-} \quad (6.75)$$

Então, a partir desse ponto de vista, a atividade de cada cátion X^+ e ânion Y^- da escória pode ser representada por:

$$a_{X^+} = N_{X^+} = \frac{n_{X^+}}{\sum n_{X^+}} \quad (6.76)$$

e

$$a_{Y^-} = N_{Y^-} = \frac{n_{Y^-}}{\sum n_{Y^-}} \quad (6.77)$$

onde N_{X^+} ; N_{Y^-} ; n_{X^+} ; n_{Y^-} representam as frações iônicas em cada sub-rede e números de mols do cátion e ânion, respectivamente. Com isso, a atividade do componente arbitrário XY da escória pode ser descrita como:

$$a_{XY} = a_{X^+} a_{Y^+} = N_{X^+} N_{Y^+} = \frac{n_{X^+}}{\sum n_{X^+}} \cdot \frac{n_{Y^-}}{\sum n_{Y^-}} \quad (6.78)$$

Generalizando a formulação termodinâmica de Temkin, para componentes da escória poliônica do tipo X_pY_q capazes de dissociar completamente conforme a reação:

$$X_pY_q \Rightarrow pX^+ + qY^- \quad (6.79)$$

pode-se escrever que a atividade do componente X_pY_q na escória é dada como:

$$a_{X_pY_q} = a_{X^+}^p \, a_{Y^-}^q = N_{X^+}^p \, N_{Y^-}^q = \left(\frac{n_{X^+}}{\sum n_{\text{cátions}}}\right)^p \left(\frac{n_{Y^-}}{\sum n_{\text{ânions}}}\right)^q \quad (6.80)$$

Novamente, a principal dificuldade de aplicação dessa teoria reside em se definir critérios para o cálculo das concentrações iônicas em escórias complexas.

EXEMPLO 6.5

O tratamento termodinâmico de Temkin pode ser aplicado à reação de partição de manganês entre escória e aço,

$$[Fe] + (MnO) = (FeO) + [Mn]$$

Nesse caso, a escória é composta de dois cátions e um ânion. A reação de partição ocorre por substituição de parte de um cátion, na rede catiônica, a fim de estabelecer o equilíbrio entre o banho metálico e a escória.

$$\Delta G = k_B T\left[n_{Fe^{2+}} \ln\left(\frac{n_{Fe^{2+}}}{n_{Fe^{2+}} + n_{Mn^{2+}}}\right) + n_{Mn^{2+}} \ln\left(\frac{n_{Mn^{2+}}}{n_{Fe^{2+}} + n_{Mn^{2+}}}\right)\right]$$

Onde

$$\Delta G_{Fe^{2+}} = RT\ln\left(\frac{n_{Fe^{2+}}}{n_{Fe^{2+}} + n_{Mn^{2+}}}\right) = RT\ln N_{Fe^{2+}}$$

$$\Delta G_{Mn^{2+}} = RT\ln\left(\frac{n_{Mn^{2+}}}{n_{Fe^{2+}} + n_{Mn^{2+}}}\right) = RT\ln N_{Mn^{2+}}$$

A contribuição devida à parcela aniônica não aparece porque nessa sub-rede só existe um ânion, O^{2-}, *tal que* $N_{O^{2-}} = 1$. *Então:*

$$a_{O^{2-}} = N_{O^{2-}} = 1;\ a_{Fe^{2+}} = N_{Fe^{2+}}$$

e

$$a_{FeO} = a_{O^{2-}}\ a_{Fe^{2+}}\ \textit{ou}\ a_{FeO} = N_{Fe^{2+}}$$

■

EXEMPLO 6.6

Suponha que uma escória com a composição dada pela tabela a seguir esteja em equilíbrio com uma liga binária líquida Fe–O, a 1600 °C. Determine a atividade do oxigênio, de FeO e da sílica na escória. Estime a concentração de oxigênio dissolvido na liga Fe–O a essa temperatura.

Composição molar da escória				
CaO	MgO	FeO	SiO_2	Fe_2O_3
0,40	0,10	0,45	0,025	0,025

Considere que a escória seja constituída pelos íons: Ca^{2+}, Mg^{2+}, Fe^{2+}, SiO_4^{4-}, $Fe_2O_5^{4-}$, O^{2-}. *Essas espécies provêm da dissociação dos óxidos básicos*

$$CaO = Ca^{2+} + O^{2-} \qquad MgO = Mg^{2+} + O^{2-} \qquad FeO = Fe^{2+} + O^{2-}$$

E, como é básica, admite-se neutralização dos componentes ácidos, por meio das reações:

$$SiO_2 + 2\ O^{2-} = SiO_4^{4-} \qquad Fe_2O_3 + 2\ O^{2-} = Fe_2O_5^{4-}$$

Dessa forma, as quantidades de cada uma dessas espécies, por mol de escória, seriam:

$$n_{Ca^{2+}} = 0{,}40 \qquad n_{Mg^{2+}} = 0{,}10 \qquad n_{Fe^{2+}} = 0{,}45$$

$$n_{SiO_4^{4-}} = 0{,}025 \qquad n_{Fe2O_5^{4-}} = 0{,}025$$

enquanto o número total de ânions de oxigênio livres na escória equivale a:

$$n_{O^{2-}} = \left(n_{CaO} + n_{MgO} + n_{FeO}\right) - \left(2n_{SiO_4^{4-}} + 2n_{Fe_2O_5^{4-}}\right)$$

EXEMPLO 6.6 (*continuação*)

$$n_{O^{2-}} = (0,40 + 0,10 + 0,45) - (2x0,025 + 2x0,025) = 0,825$$

De acordo com a teoria postulada por Temkin, as atividades são iguais às frações molares medidas dentro da sub-rede aniônica e catiônica. Então, para o cálculo da atividade do cátion ferroso:

$$a_{Fe^{2+}} = N_{Fe^{2+}} = \frac{n_{Fe^{2+}}}{\sum n_{X^+}}. = \frac{n_{Fe^{2-}}}{n_{Ca^{2+}} + n_{Mg^{2+}} + n_{Fe^{2+}}}$$

$$a_{Fe^{2+}} = N_{Fe^{2+}} = \frac{0,45}{0,40 + 0,10 + 0,45} = \frac{0,45}{0,95} \approx 0,4737$$

Para o ânion oxigênio:

$$a_{O^{2-}} = N_{O^{2-}} = \frac{n_{O^{2-}}}{\sum n_{Y^-}}. = \frac{n_{O^{2-}}}{n_{SiO_4^{4-}} + n_{Fe_2O_5^{4-}} + n_{O^{2-}}}$$

$$a_{O^{2-}} = N_{O^{2-}} = \frac{n_{O^{2-}}}{n_{SiO_4^{4-}} + n_{Fe_2O_5^{4-}} + n_{O^{2-}}} = \frac{0,825}{0,025 + 0,025 + 0,825} = \frac{0,825}{0,875} \approx 0,943$$

Ainda, de acordo com Temkin, a atividade do FeO na escória seria dada por:

$$a_{FeO} = a_{Fe^{2+}} a_{O^{2-}} = N_{Fe^{2+}} N_{O^{2-}} = 0,4737 \ x \ 0,943 \cong 0,4467$$

Pode-se calcular o coeficiente de atividade do FeO na escória:

$$\gamma_{FeO} = \frac{a_{FeO}}{N_{FeO}} = \frac{0,4467}{0,45} = 0,9927$$

que se avizinha da unidade, fato comum para escórias básicas com baixos teores de sílica.

EXEMPLO 6.6 (*continuação*)

A atividade da sílica pode ser estimada considerando o equilíbrio:

$$SiO_2 + 2\ O^{2-} = SiO_4^{4-}$$

$$a_{SiO2}\ \{a_{O^{2-}}\}^2 = a_{SiO_4^{4-}}$$

onde:

$$a_{O^{2-}} = 0{,}943$$

$$a_{SiO_4^{4-}} = \frac{n_{SiO_4^{4-}}}{n_{SiO_4^{4-}} + n_{Fe_2O_5^{4-}} + n_{O^{2-}}} = \frac{0{,}025}{0{,}025 + 0{,}025 + 0{,}825} = \frac{0{,}025}{0{,}875} \approx 0{,}0286$$

Então,

$$a_{SiO2} = 0{,}032.$$

Finalmente, ressalta-se que a concentração de oxigênio na liga é regida pela reação:

$FeO(l) = Fe(l) + \underline{O}$

$$\log \frac{f_O\ \%O\ a_{Fe}}{a_{FeO}} = -\frac{6372}{T} + 2{,}73$$

$$\log \frac{\%O}{a_{FeO}} \approx -\frac{6372}{T} + 2{,}73$$

se for possível assumir um baixo conteúdo de oxigênio dissolvido no metal. Nesse caso,

$$\log\ \%O = \log\ a_{FeO} - \frac{6372}{T} + 2{,}73$$

$$\log\ \%O = \log\ 0{,}4737 - \frac{6372}{1873} + 2{,}73$$

$$\%O = 0{,}095$$

■

6.5.4 MODELO DE TEMKIN MODIFICADO: SOLUÇÕES REGULARES

O uso do modelo de soluções regulares para descrever a termodinâmica de escórias silicatadas foi originalmente proposto por Lumsden (1961) e seguido por outros.

O modelo de Temkin considera a escória composta de íons distribuídos aleatoriamente dentro de cada sub-rede, catiônica e aniônica. Cada sub-rede se comporta como uma solução ideal, o que significa que a entalpia de formação da escória é nula. A consideração de que a escória metalúrgica exiba um comportamento de uma solução regular insere o conceito de que a escória se forma com variação de entalpia, $\Delta H_m \neq 0$, embora a distribuição espacial de ânions e cátions permaneça aleatória.

Nesse modelo, considera-se que a energia de uma solução regular é equivalente à soma das energias associadas aos pares interacionais dos vários componentes da solução. No caso da existência de duas sub-redes – uma catiônica e outra aniônica – interpenetradas, os pares de interações entre íons pertencentes a sub-redes diferentes (ânion *versus* cátion) e também os pares de interações de íons em uma mesma sub-rede (cátion *versus* cátion; ânion *versus* ânion) devem ser considerados.

Considere-se o caso da escória formada pelo par AC–BC, por exemplo: CaO–FeO, MnO–FeO, MgO–FeO. Sejam E, E_{ij} e N_{ij} a energia de interação de todos os pares da escória; a energia de interação de cada par iônico ij e o número de ligações referente ao par interacional entre os íons ij, respectivamente. Assumindo-se, por simplicidade, o mesmo número de coordenação para as sub-redes catiônica e aniônica iguais a z e o número de sítios em cada sub-rede igual a N, então existem na escória $\frac{zN}{2}$ interações entre os íons mais próximos uns dos outros. Com isso, a soma de todas as energias de interações cátion-cátion, ânion-ânion, cátion-ânion equivale à energia global interacional da escória, que pode ser estimada como:

$$E = N_{A^+A^+}E_{A^+A^+} + N_{B^+B^+}E_{B^+B^+} + N_{A^+B^+}E_{A^+B^+} + \\ N_{C^+C^+}E_{C^+C^+} + N_{A^+C^-}E_{A^+C^-} + N_{B^+C^-}E_{B^+C^-} \tag{6.81}$$

O número de interações $N_{C^-C^-}$ é igual a $\frac{zN}{2}$; os números de interações A^+C^- e B^+C^- são iguais a $\frac{1}{2}\left(zN_{A^+}\right)$ e $\frac{1}{2}\left(zN_{B^+}\right)$, respectivamente. Nessas expressões, N_{A^+} e N_{B^+} representam os números de cátions A^+ e B^+, respectivamente, na escória.

Já os números de interações entre os cátions A^+A^+ e B^+B^+ são $\frac{1}{2}\left(zN_{A^+} - N_{A^+B^+}\right)$ e $\frac{1}{2}\left(zN_{B^+} - N_{A^+B^+}\right)$, respectivamente. Substituindo esses valores na expressão anterior de energia interna, advém que:

$$E = \frac{z}{2}\left[N_{A^+}E_{A^+A^+} + N_{B^+}E_{B^+B^+} + N\,E_{C^-C^-} + N_{A^+}E_{A^+C^-} + N_{B^-}E_{B^+C^-}\right] + N_{A^+B^+}\left[E_{A^+B^+} - \frac{1}{2}\left(E_{A^+A^+} + E_{B^+B^+}\right)\right] \quad (6.82)$$

Em busca de simplicidade, e considerando que $N = N_{A^+} + N_{B^+}$, podem ser definidos os termos:

$$\omega_{A^+B^+} = E_{A^+B^+} - \frac{1}{2}\left(E_{A^+A^+} + E_{B^+B^+}\right) \quad (6.83)$$

$$E_{AC} = \frac{zN_{A^+}}{2}\left[E_{A^+A^+} + E_{C^-C^-} + E_{A^+C^-}\right] \quad (6.84)$$

e

$$E_{BC} = \frac{zN_{B^+}}{2}\left[E_{B^+B^+} + E_{C^-C^-} + E_{B^+C^-}\right] \quad (6.85)$$

Obtém-se que:

$$E = E_{AC} + E_{BC} + N_{A^+B^+}\ \omega_{A^+B^+} \quad (6.86)$$

O número de interações $N_{A^+B^+}$ pode ser determinado quando se assume que esse par iônico encontra-se distribuído aleatoriamente na sub-rede de cátion, tal que a probabilidade de existência do par AB ou BA é igual a $2X_{A^+}X_{B^+}$, onde X_{A^+} e X_{B^+} representam as frações catiônicas de A e de B. Com isso:

$$N_{A^+B^+} = \frac{zN}{2}\ 2\ X_{A^+}X_{B^+} = \frac{z\ N_{A^+}N_{B^+}}{N} \quad (6.87)$$

Por sua vez, a energia livre G, para fases condensadas, pode ser escrita como:

$$G = -k_B T \ln W \quad (6.88)$$

onde k_B e W representam a constante de Boltzmann e a função de partição de N partículas que interagem. A função de partição, sob a ótica da mecânica estatística, é definida como:

$$W = \sum_i g_i \exp\left(\frac{E_i}{k_B T}\right) \quad (6.89)$$

onde E_i e g_i representam a energia do estado i e o número de partículas com energia i. Logo, para essa escória binária com comportamento regular:

$$W = \frac{N!}{N_{A^+}!\ N_{B^+}!} \exp\left[- \frac{E_{AC} + E_{BC} + \left(\frac{z\ N_{A^+}\ N_{B^+}}{N}\right)\omega_{A^+B^+}}{k_B T} \right] \quad (6.90)$$

Logo, a energia livre da escória pode ser escrita como:

$$G \approx A = -k_B T \ln\left(\frac{N!}{N_{A^+}!\ N_{B^+}!}\right) + E_{AC} + E_{BC} + \left(\frac{z\ N_{A^+}\ N_{B^+}}{N}\right)\omega_{A^+B^+} \quad (6.91)$$

onde G e A representam as energias livres de Gibbs e de Helmholtz do sistema. Note-se que para um sólido ou um líquido é válida a aproximação G ~ A.

Resulta na expressão para variação de energia livre de formação dessa solução regular:

$$\Delta G = RT\left[X_{A^+}\ln X_{A^+} + X_{B^+}\ln X_{B^+}\right] + \Omega_{A^+B^+} X_{A^+} X_{B^+} \quad (6.92)$$

O primeiro termo da expressão de ΔG fornece a entropia configuracional de formação da rede catiônica da escória (a contribuição da rede aniônica é nula, posto que só existe uma espécie desse tipo):

$$\Delta S = -R\left[X_{A^+}\ln X_{A^+} + X_{B^+}\ln X_{B^+}\right] \quad (6.93)$$

O segundo termo representa a entalpia de formação da rede catiônica da escória:

$$\Delta H = \Omega_{A^+B^+}\ X_{A^+}\ X_{B^+} \quad (6.94)$$

Então, de acordo com a teoria das soluções regulares, tem-se que:

$$\mu_{AC} - \mu^o_{AC} = RT \ln X_A + \Omega_{A^+B^+}\ X^2_{B^+} \quad (6.95)$$

E como o número de mols do componente AC é igual ao número de cátions A^+ resulta que:

$$\Delta\mu_{AC} = \mu_{AC} - \mu^o_{AC} = RT \ln X_{AC} + \Omega_{A^+B^+} X^2_{BC} \qquad (6.96)$$

E ainda que:

$$\ln\gamma_{AC} = \frac{\Omega_{A^+B^+} X^2_{BC}}{RT} \qquad (6.97)$$

O parâmetro de Darken, Ω_{ij}, é constante e independente da temperatura e da composição da escória. Se $\Omega_{ij} > 0$, a escória se forma com absorção de calor e expansão de volume, sendo o coeficiente de atividade da espécie ij maior do que a unidade. Se $\Omega_{ij} < 0$, a escória se forma com liberação de calor e contração de volume, e o coeficiente de atividade da espécie ij é menor do que a unidade.

A Tabela 6.11 apresenta valores da função de Darken para algumas soluções que obedecem a esse modelo.

Tabela 6.11 – Valores do parâmetro de Darken (J/mol) para algumas soluções binárias

Par	CaO–CdO	MgO–CoO	CaO–MnO	MgO–FeO	MgO–MnO	CaO–SrO	CaO–CoO	CaO–FeO	CaO–NiO	MgO–CaO
Ω_{ij}	0	4440	14285	14920	18410	24000	31360	33600	46200	60960

Fonte: Stolen e Grande, 2004.

6.5.5 MODELO DE TOOP E SAMIS

A teoria desenvolvida por Toop e Samis (1962) preconiza que a adição gradual de óxido básico MO (onde M = Ca, Mg, Mn, Fe, Li, Na, K, Pb etc.) a uma escória silicatada binária rompe progressivamente a rede tridimensional da escória, devido à liberação do íon O^{2-}, conforme esquematizado na Figura 6.26. Entretanto, o grau de complexidade da estrutura de uma escória SiO_2–MO dependeria da composição, da natureza do óxido básico e da temperatura.

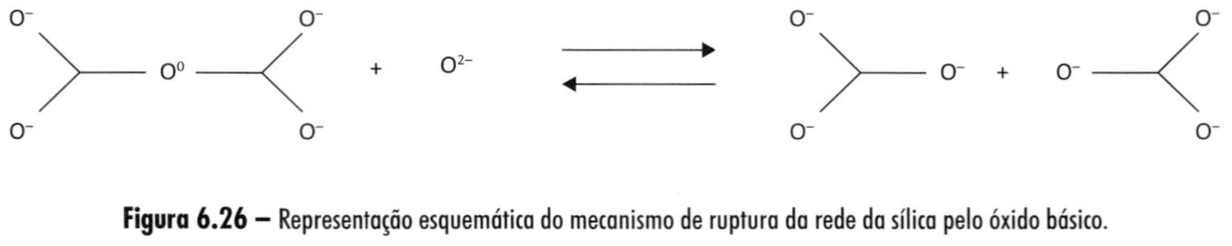

$$O^- \quad O^- \quad\quad O^- \quad O^-$$
$$\succ\!\!- O^0 -\!\!\prec \; + \; O^{2-} \rightleftharpoons \succ\!\!- O^- \; + \; O^- -\!\!\prec$$
$$O^- \quad O^- \quad\quad O^- \quad O^-$$

Figura 6.26 – Representação esquemática do mecanismo de ruptura da rede da sílica pelo óxido básico.

Fontes: Toop e Samis (1962); Stolen e Grande (2004).

A ruptura da rede da sílica pela dissociação do óxido básico MO resulta na existência de três modalidades distintas de oxigênio na escória, tal qual mostrado pela equação (Richardson, 1974):

$$2O^- = O^o + O^{2-} \tag{6.98}$$

onde O^o, O^- e O^{2-} representam os íons de oxigênio compartilhados entre tetraedros, ligados a um tetraedro, e íons livres de oxigênio. Como usual, supondo que a condição de equilíbrio seja alcançada, pode-se escrever que (Richardson, 1974):

$$K = \frac{a_{O^o}\, a_{O^{2-}}}{a^2_{O^-}} = \frac{(O^o)\,(O^{2-})}{(O^-)^2} \tag{6.99}$$

onde (O^o), (O^-) e (O^{2-}) representam os números de mols de cada espécie de oxigênio por 1 mol de escória. Ray (2006) ressalta que K não é uma constante de equilíbrio verdadeira por depender das frações iônicas e natureza dos cátions envolvidos em uma dada escória. Toop e Samis (1962) apontaram que K não é influenciada pelo grau de complexidade da rede e pela concentração dos cátions do óxido básico; e que as três espécies de íons de oxigênio dissolvem-se segundo o comportamento de uma solução ideal, e ainda que a energia livre de formação da escória corresponde à energia livre causada pela reação correspondente entre os três tipos de oxigênio. A Tabela 6.12 mostra valores da constante de equilíbrio K para alguns sistemas binários.

Tabela 6.12 – Valores da constante de equilíbrio para a reação

Sistema	K	T (K)
Cu_2O–SiO_2	0,35	1373
FeO–SiO_2	0,17	1873
ZnO–SiO_2	0,06	1573
PbO–SiO_2	0,04	1373
CaO–SiO_2	0,0017	1873

Fonte: Wang et al., 2009.

Para estimar a atividade do óxido básico em uma escória, além da concentração do seu cátion, torna-se necessário o cálculo das concentrações do oxigênio sob as formas O^-, O^{2-} e O^o. Para tal é necessário estabelecer a participação dessas formas de oxigênio na escória. Considere-se então duas situações espaciais da estrutura silicatada: na forma de cadeia (Figura 6.27) e de anel (Figura 6.28).

Para o ânion silicato em formato de cadeia (Figura 6.27), pode-se determinar os números de átomos de O^-, O^{2-} e O^o. Nesse arranjo atômico, três átomos de silício estão ligados com dois átomos de oxigênio com carga zero e oito átomos de oxigênio monovalentes O^-, perfazendo um total de 10 átomos de oxigênio na estrutura de silicato considerada.

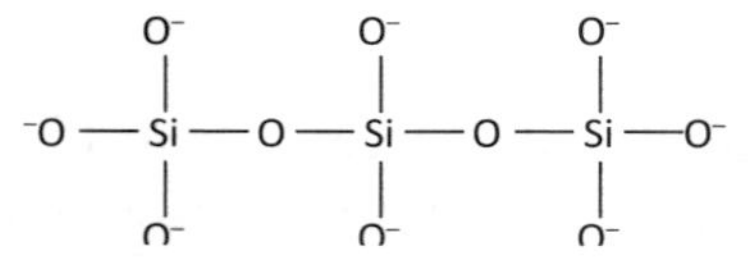

Figura 6.27 – Distribuição das ligações entre oxigênio e silício para o silicato em forma de cadeia.

Fonte: Ray, 2006.

Pode-se escrever que:

$$4X_{SiO_2} = 2\ (O^o) + (O^-) \tag{6.100}$$

Por sua vez, se a unidade estrutural de ânions silicatos exibe o formato de anel simples (Figura 6.28), obtém-se que seis átomos de silício estão ligados com 12 átomos de oxigênio de carga nula e 12 átomos de oxigênio monovalente, perfazendo um total de 24 átomos.

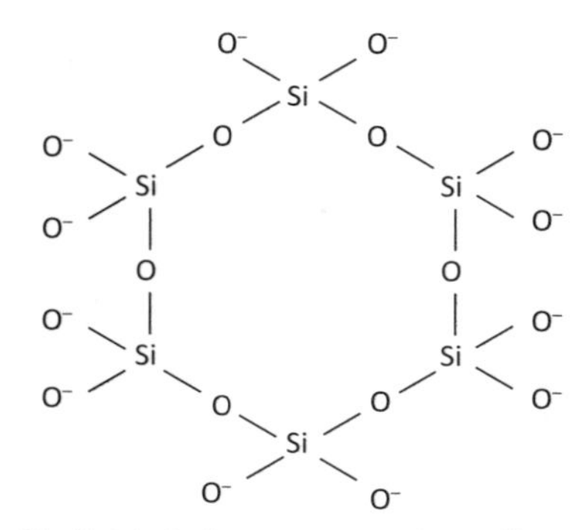

Figura 6.28 – Distribuição das ligações entre oxigênio e silício em forma de anel.

Fonte: Ray, 2006.

Novamente, obtém-se que:

$$4X_{SiO_2} = 2\ (O^o) + (O^-) \tag{6.101}$$

Desse modo, pode-se escrever que o número de átomos de oxigênio compartilhados entre tetraedros (O^o) é:

$$(O^o) = \frac{4X_{SiO_2} - (O^-)}{2} \tag{6.102}$$

A quantidade de oxigênio oriundo do óxido básico é dada por $(1 - X_{SiO_2})$. Esses átomos podem se distribuir como íons livres ou podem ser utilizados para romper ligações entre tetraedros – o mesmo que formar íons de oxigênio monovalentes O^-. Portanto:

$$(1-X_{SiO_2}) = (O^{2-}) + \frac{(O^-)}{2} \tag{6.103}$$

Com isso, o número de átomos de oxigênio bivalente na escória (número de íons O^{2-}) é:

$$(O^{2-}) = (1-X_{SiO_2}) - \frac{(O^-)}{2} = \frac{2 - 2X_{SiO_2} - (O^-)}{2} \tag{6.104}$$

Substituindo as equações de (O^o) na equação da constante de equilíbrio,

$$K = \frac{(O^o)\ (O^{2-})}{(O^-)^2} \tag{6.105}$$

resulta que:

$$K = \frac{\left[4X_{SiO_2} - (O^-)\right]\ \left[2 - 2X_{SiO_2} - (O^-)\right]}{4(O^-)^2} \tag{6.106}$$

Essa equação pode ser rearranjada na forma quadrática como:

$$(4K - 1)(O^-)^2 + 2(1 + X_{SiO_2})(O^-) + 8X_{SiO_2}(X_{SiO_2} - 1) = 0 \tag{6.107}$$

e ainda ser genericamente representada como:

$$a(O^-)^2 + b(O^-) + c = 0 \tag{6.108}$$

Para cada valor da constante de equilíbrio K e de X_{SiO_2} as quantidades (O^o), (O^-) e (O^{2-}) podem ser obtidas.

A Tabela 6.13 apresenta os coeficientes da equação quadrática para alguns valores de X_{SiO_2}.

Tabela 6.13 – Equações quadráticas de escória para diversos valores de fração molar de sílica numa escória $MO–SiO_2$

X_{Sio2}	$a(O–)^2$	$+b(O–)$	$+c = 0$
0,10	$(4K-1)(O^-)^2$	$+2,2(O^-)$	$-0,72=0$
0,20	$(4K-1)(O^-)^2$	$+2,4(O^-)$	$-1,28=0$
0,30	$(4K-1)(O^-)^2$	$+2,6(O^-)$	$-1,68=0$
0,40	$(4K-1)(O^-)^2$	$+2,8(O^-)$	$-1,92=0$
0,50	$(4K-1)(O^-)^2$	$+3,0(O^-)$	$-2,00=0$
0,60	$(4K-1)(O^-)^2$	$+3,2(O^-)$	$-1,92=0$
0,70	$(4K-1)(O^-)^2$	$+3,4(O^-)$	$-1,68=0$
0,80	$(4K-1)(O^-)^2$	$+3,6(O^-)$	$-1,28=0$
0,90	$(4K-1)(O^-)^2$	$+3,8(O^-)$	$-0,72=0$

Fonte: Toop e Samis, 1962.

A Figura 6.29 apresenta, como exemplo, resultados referentes ao cálculo da concentração do ânion O^{2-} para alguns valores seletos de K. Os resultados são, naturalmente, sensíveis ao valor escolhido de K.

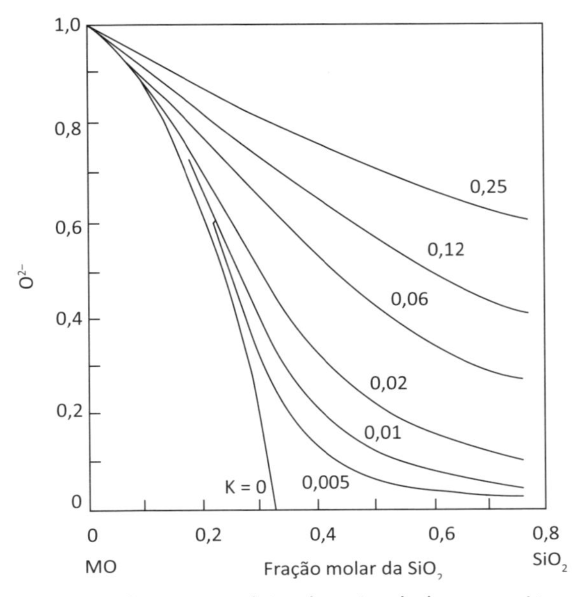

Figura 6.29 – Variação da concentração de íons de oxigênio divalentes para vários valores de K.

Fonte: Toop e Samis, 1962.

Para escórias dos sistemas $PbO–SiO_2$ e $ZnO–SiO_2$, as variações de concentrações dos íons de oxigênio com a concentração da sílica nessas escórias são mostradas na Figura 6.30.

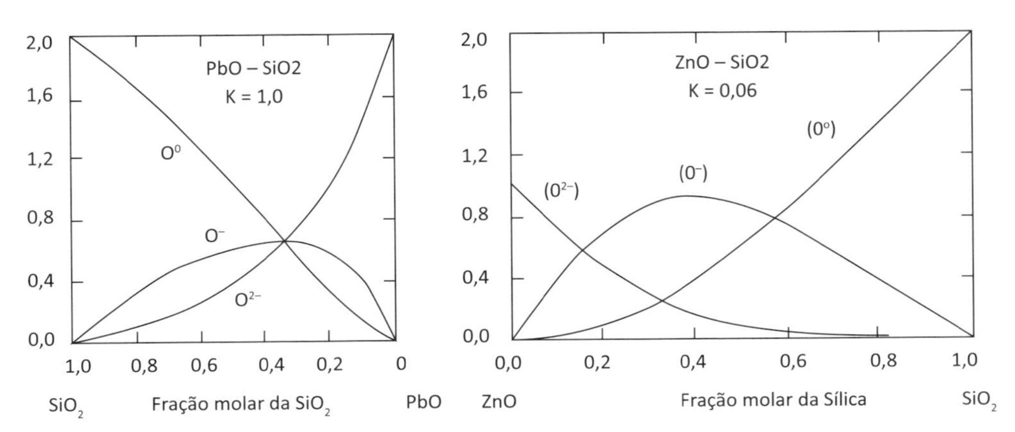

Figura 6.30 – Variação da concentração de íons de oxigênio divalentes com a concentração de sílica em escórias $PbO–SiO_2$, e $ZnO–SiO_2$.

Fonte: Toop e Samis, 1962.

Valores apropriados de K, para cada par $MO–SiO_2$, podem ser encontrados pelo confronto entre dados experimentais e o que prevê o modelo. Por exemplo, Toop e Samis (1962) consideraram que a energia livre molar de formação de escória binária $MO–SiO_2$ seria expressa como:

$$\Delta G = \left[\frac{(O^{-})}{2}\right] RT \ln K \tag{6.109}$$

A Figura 6.31 mostra a energia livre de formação de escórias binárias $CaO–SiO_2$ (à temperatura de 1600 °C) e $PbO–SiO_2$ (à temperatura de 1100 °C), obtida pela equação precedente, em função da fração molar de sílica nessas escórias, denotando os valores adequados do parâmetro K para os pares em questão.

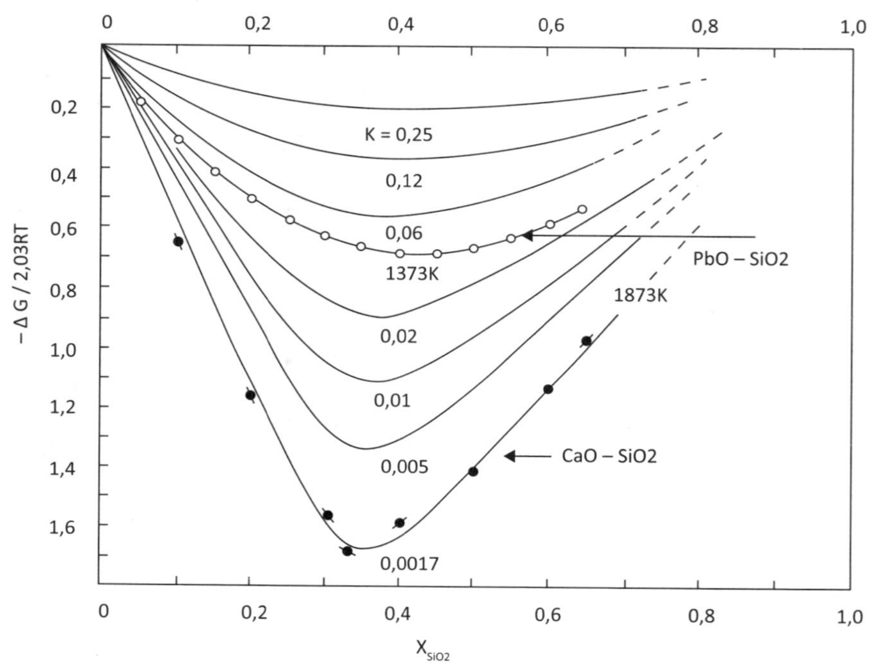

Figura 6.31 – Energia livre de formação de escória binária silicatada, segundo o modelo de Toop-Samis, comparada com os valores observados em escórias $PbO–SiO_2$ e $CaO–SiO_2$ a duas temperaturas distintas.

Fonte: Ottonello, 1997.

Toop e Samis (1962, 1970) assumiram que o óxido básico dissocia-se completamente; e que sua atividade pode ser expressa pela equação de Temkin. Supondo, então, que a única espécie catiônica seja o cátion M^{2+}, sua fração catiônica (na sub-rede catiônica) seria unitária, de modo que a atividade do óxido básico pode ser escrita como:

$$a_{MO} = a_{M^{2+}} \, a_{O^{2}} = a_{O^{2-}} = (O^{2-}) \tag{6.110}$$

Posto que a variação de energia livre de formação da solução $MO–SiO_2$ é dada por:

$$\Delta G = RT\left[(1 - X_{SiO2})\ln a_{MO} + X_{SiO2}\ln a_{SiO_2}\right] \tag{6.111}$$

$$\Delta G = RT\left[\left(1 - X_{SiO2}\right)\ln a_{O^{2-}} + X_{SiO2}\ln a_{SiO_2}\right] \quad (6.112)$$

$$\Delta G = RT\left[\left(1 - X_{SiO2}\right)\ln\ (O^{2-}) + X_{SiO2}\ln a_{SiO_2}\right] \quad (6.113)$$

Então, o valor apropriado de K pode ser obtido de dados experimentais de ΔG e a_{SiO2}.

Por exemplo, arbitrando-se um valor de K pode-se determinar como varia (O^{2-}) em função de X_{SiO2}. A equação de Gibbs-Duhem pode ser aplicada ao par MO–SiO_2 para se determinar a atividade de sílica, a_{SiO2}; ou podem ser utilizados valores experimentais de a_{SiO2}. Os valores previstos de ΔG podem ser comparados com os valores experimentais de ΔG e os valores de K ajustados até que haja boa concordância.

Alternativamente, pode ser realizada uma comparação direta entre valores de atividade do óxido, a_{MO} (Figura 6.32).

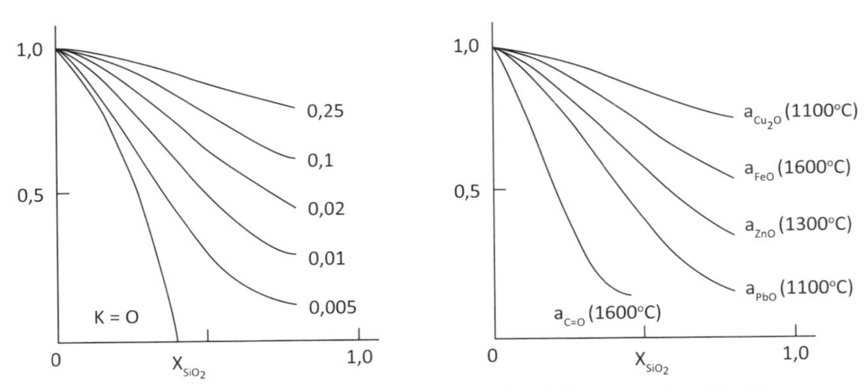

Figura 6.32 – Valores experimentais de atividade do óxido básico em escórias MO–SiO_2.

Fonte: Toop e Samis, 1962.

6.5.6 MODELO DE MASSON

Masson (1972) propôs a coexistência, numa escória formada a partir do par MO–SiO_2, do cátion proveniente da decomposição do óxido básico, M^{2+}, de ânions oxigênio livres, O^{2-}, e de um conjunto de espécies silicatadas de grau de complexidade variável, denotadas por $Si_nO_{3n+1}^{2(n+1)-}$.

As proporções relativas das espécies silicatadas seriam reguladas pela atividade do ânion O^{2-} por meio de reações do tipo.

$$SiO_4^{4-} + SiO_4^{4-} = Si_2O_7^{6-} + O^{2-} \qquad k_1 \quad (6.114)$$

$$SiO_4^{4-} + Si_2O_7^{6-} = Si_3O_{10}^{8-} + O^{2-} \qquad k_2 \qquad (6.115)$$

$$SiO_4^{4-} + Si_3O_{10}^{8-} = Si_4O_{13}^{10-} + O^{2-} \qquad k_3 \qquad (6.116)$$

$$SiO_4^{4-} + Si_4O_{13}^{10-} = Si_5O_{16}^{12-} + O^{2-} \qquad k_4 \qquad (6.117)$$

onde k_1, k_2, k_3 e k_4 são constantes de equilíbrio das reações entre as unidades estruturais de silicatos. Note-se que, consonante outros modelos, os ânions silicatos se tornam mais simples à medida que a basicidade aumenta e que todas as espécies coexistem, qualquer que seja a composição.

Assumindo-se que a escória exiba um comportamento ideal, as constantes de equilíbrio das reações precedentes podem ser descritas em termos de frações aniônicas como:

$$K_1 = \frac{N_{Si_2O_7^{6-}}}{N^2_{SiO_4^{4-}}}.N_{O2-} \quad K_2 = \frac{N_{Si_3O_{10}^{8-}}}{N_{SiO_4^{4-}}\ N_{Si_2O_7^{6-}}}.N_{O2-} \quad K_3 = \frac{N_{Si_4O_{13}^{10-}}}{N_{SiO_4^{4-}}\ N_{Si_3O_{10}^{8-}}}.N_{O2-} \qquad (6.118)$$

$$K_4 = \frac{N_{Si_5O_{16}^{12-}}}{N_{SiO_4^{4-}}\ N_{Si_4O_{13}^{10-}}}.N_{O2-} \qquad (6.119)$$

Masson (1970) sugere que cada estágio estrutural da escória pode ser caracterizado pelas constantes de equilíbrio anteriores. Um dilema termodinâmico do modelo se alicerça na determinação dos valores das constantes de equilíbrio para os diversos equilíbrios entre os ânions silicatos: monômero, dímeros etc. Nesse sentido, Masson considerou que $K_1 = K_2 = K_3 = K$, com isso, os equilíbrios citados podem ser descritos pelas relações:

$$N_{Si_2O_7^{6-}} = \frac{K\ N^2_{SiO_4^{4-}}}{N_{O2-}} \qquad N_{Si_3O_{10}^{8-}} = \frac{K\ N_{SiO_4^{4-}}\ N_{Si_2O_7^{6-}}}{N_{O2-}}$$

$$N_{Si_4O_{13}^{10-}} = \frac{K\ N_{SiO_4^{4-}}\ N_{Si_3O_{10}^{8-}}}{N_{O2-}} \qquad (6.120)$$

Considerando-se o balanço de unidades estruturais dos ânions silicatos, pode-se escrever que:

$$\sum N_{silicatos} = N_{SiO_4^{4-}} + N_{Si_2O_7^{6-}} + N_{Si_3O_{10}^{8-}} + N_{Si_4O_{13}^{10-}} \ldots \quad (6.121)$$

De modo que:

$$\sum N_{silicatos} = N_{SiO_4^{4-}} + \frac{K\ N_{SiO_4^{4-}}}{N_{O^{2-}}}\left[N_{SiO_4^{4-}} + N_{Si_2O_7^{6-}} + N_{Si_3O_{10}^{8-}} + N_{Si_4O_{13}^{10-}} \ldots\right] \quad (6.122)$$

resulta em:

$$\sum N_{silicatos} = N_{SiO_4^{4-}} + \frac{K\ N_{SiO_4^{4-}}}{N_{O^{2-}}} \sum N_{silicatos} \quad (6.123)$$

e, então:

$$\sum N_{silicatos} = \frac{N_{SiO_4^{4-}}}{1 - \dfrac{K\ N_{SiO_4^{4-}}}{N_{O^{2-}}}} \quad (6.124)$$

Supondo-se que os ânions da escória sejam apenas de íons silicatos e de oxigênio, tem-se a relação a seguir entre as frações aniônicas:

$$\sum N_{silicatos} = 1 - N_{O^{2-}} \quad (6.125)$$

Com isso, resulta que a fração de íon silicato monômero (a partir da qual as outras frações podem ser obtidas) é:

$$N_{SiO_4^{4-}} = \frac{(1 - N_{O^{2-}})}{1 - K\ (1 - \dfrac{1}{N_{O^{2-}}})} \quad (6.126)$$

A equação precedente mostra como a concentração de ânions silicatos, para uma dada escória e temperatura, isto é, para um dado valor de K, é função da concentração de ânion oxigênio divalente O^{2-}. A Tabela 6.14 enumera alguns valores de K para sistemas binários (Wang et al., 2009).

Tabela 6.14 – Valores da constante de equilíbrio

Sistema	K_1	T (K)
$MgO-SiO_2$	0,01	2173
$FeO-SiO_2$	0,7	1573
$FeO-SiO_2$	1,0	1873
$MnO-SiO_2$	0,25	1773
$PbO-SiO_2$	0,196	1273
$CaO-SiO_2$	0,0016	1873

Fonte: Wang et al., 2009.

Masson (1965) também sugere a relação entre a fração molar de sílica no par MO–SiO_2 e a fração aniônica de O^{2-}.

$$\frac{1}{X_{SiO2}} = 3-K + \frac{N_{O^{2-}}}{1-N_{O^{2-}}} + \frac{K(K-1)}{\dfrac{N_{O^{2-}}}{1-N_{O^{2-}}}+K} \qquad (6.127)$$

Assim, de posse de um valor de K, da fração de sílica no par MO–SiO_2, pode-se determinar a fração de íons O^{2-} e a distribuição das espécies $Si_nO_{3n+1}^{2(n+1)-}$.

A Figura 6.33 mostra as variações das concentrações de ânions silicatos em função da fração molar de sílica, a temperaturas de 1450 °C e 1500 °C, em escórias binárias CoO–SiO_2. Nota-se que cada curva passa por um valor máximo. De acordo com Smith e Masson (1971), as frações iônicas de ânions silicatos tendem a se aproximar de zero para fração molar de sílica igual 0,5.

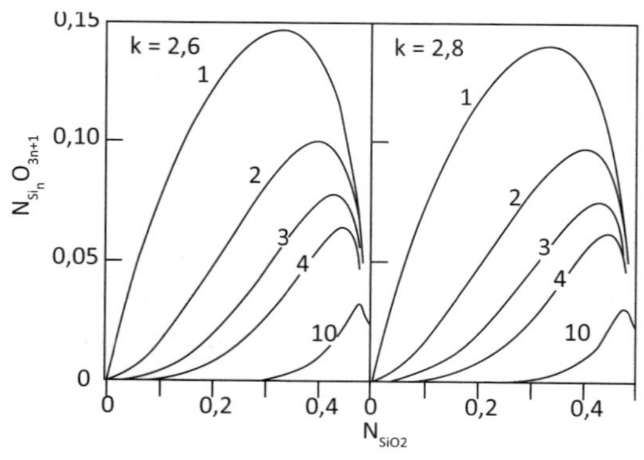

Figura 6.33 – Frações de ânions silicatos em escórias CoO–SiO_2, a 1450 °C e 1500 °C, para K = 2,6 e K = 2,8.

Fonte: Smith e Masson, 1971.

Similarmente, a Figura 6.34 mostra as variações das concentrações dos ânions silicatos $Si_nO_{3n+1}^{2(n+1)-}$ em escórias $FeO-SiO_2$ em função da fração molar de sílica, para k = 1,4 e faixa de temperatura de 1530 K a 1680 K. Para cada espécie de íons silicatos, a curva de variação da fração aniônica com a fração molar de sílica na escória $FeO-SiO_2$ alcança um valor máximo. Masson (1965) afirma que para as curvas correspondentes às unidades aniônicas SiO_4^{4-}, $Si_2O_7^{6-}$ e $Si_3O_{10}^{8-}$ os pontos de máximo correspondem às composições de Fe_2SiO_4, $Fe_3Si_2O_7$ e $Fe_4Si_3O_{10}$.

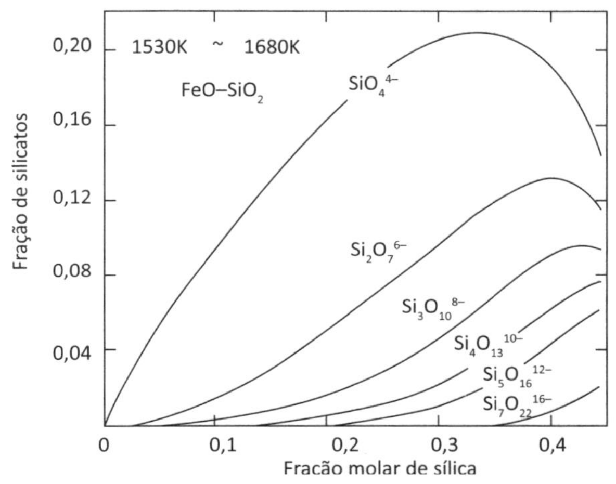

Figura 6.34 – Influência da fração molar de sílica sobre a fração de íons silicatos ($Si_nO_{3n+1}^{2(n+1)-}$) em escórias binárias $FeO-SiO_2$, para K = 1,4, na faixa de temperatura de 1530 K a 1680 K.

Fonte: Masson, 1965.

Os valores apropriados de K, a serem aplicados a cada par $MO-SiO_2$, podem ser encontrados por uma comparação entre dados experimentais de atividade do óxido e valores previstos pelo modelo, para cada valor de K. Por exemplo, de acordo com a regra de Temkin, a atividade do óxido MO é expressa como:

$$a_{MO} = N_{M^{2+}} \, N_{O^{2-}} \qquad (6.128)$$

e, como a escória $MO-SiO_2$ contém um único cátion, tem-se que:

$$N_{M^{2+}} = 1 \qquad (6.129)$$

$$a_{MO} = N_{O^{2-}} \qquad (6.130)$$

A Figura 6.35 mostra os efeitos da composição da escória $MO-SiO_2$ e da escolha de um valor específico de K sobre a atividade do óxido básico nesta. Note-se que os valores previstos de atividade são extremamente sensíveis à escolha do valor de K e que, como consequência, se torna simples ajustar o modelo.

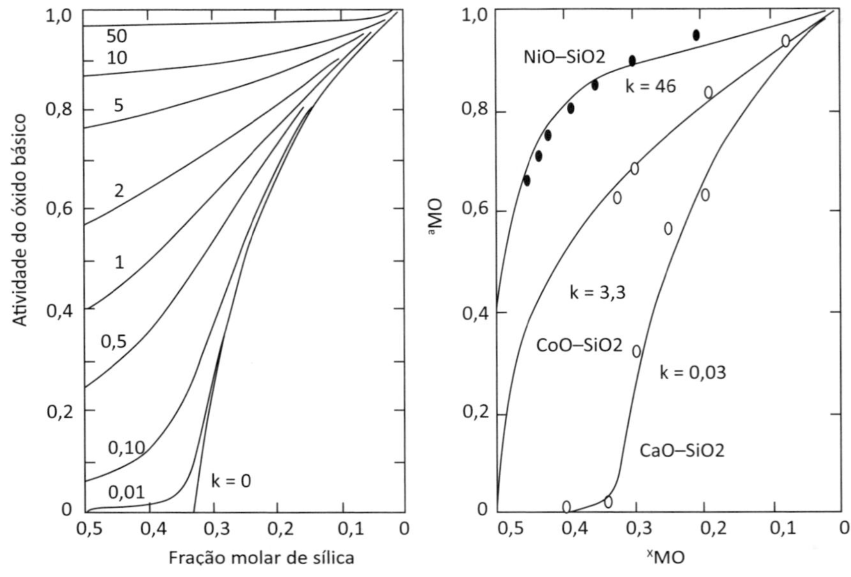

Figura 6.35 – Curvas teóricas de atividade do componente básico MO em função de sua fração molar para vários valores de K (Masson, 1965) e comparação com resultados experimentais (Ottonello, 1997).

EXEMPLO 6.7

A Figura a seguir mostra dados de atividade dos óxidos MnO e SiO_2, em escórias líquidas, em três temperaturas. Os estados de referência são óxidos puros e sólidos.

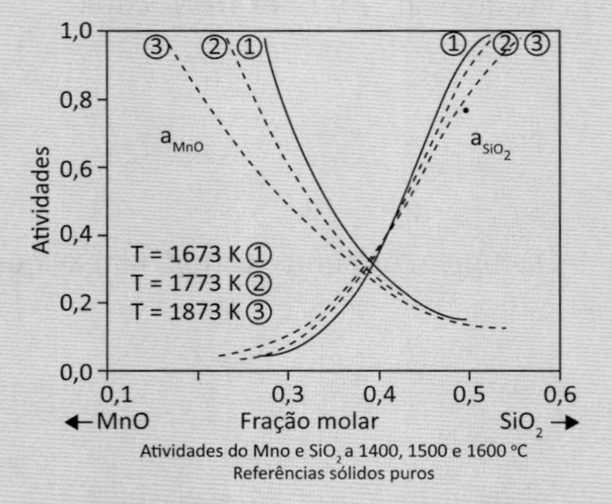

Atividades dos óxidos nas escórias líquidas MnO—SiO_2.

Fonte: Slag Atlas, 1995.

EXEMPLO 6.7 (*continuação*)

A aplicabilidade do modelo de Samis pode ser verificada, por exemplo, comparando-se os valores experimentais de atividade de MnO com valores previstos pelo modelo. Para tanto, o valor adequado de K (constante do modelo) precisa ser determinado para esse par de óxidos e para a temperatura em questão. O valor adequado é aquele que minimiza os erros, nesse caso, K = 0,1 a 1873 K.

As colunas 2, 3 e 4 da tabela a seguir mostram os coeficientes da equação quadrática proposta pelo modelo, estimados para K = 0,1. Valores de concentração das espécies O^- *(coluna 5),* O^{2-} *(coluna 6) e* O^o *(coluna 7) foram determinados após resolução das equações do modelo.*

As curvas de distribuição dessas espécies são mostradas na Figura 6.48. Notem-se as curvas referentes ao O^- *e* O^{2-}*, que estariam relacionadas à variação de energia livre de formação da solução e à atividade do óxido.*

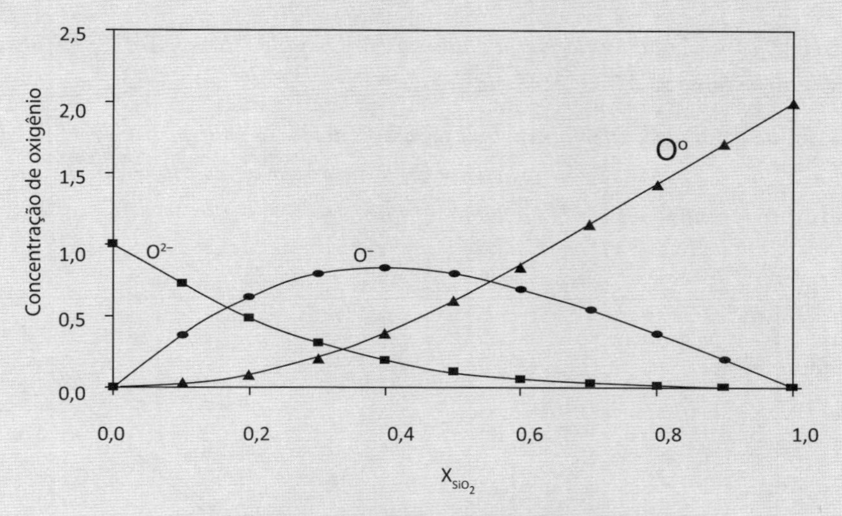

Curvas de distribuição de espécies para K = 0,1; sistema $MnO-SiO_2$.

Como só existe um cátion na sub-rede catiônica, então, $N_{Mn^{2+}} = 1$*; assim, de acordo com a Teoria de Temkin, a atividade do óxido (coluna 6 ou 8) seria dada como:*

$$a_{MnO} = N_{Mn^{2+}} \; N_{O^{2-}} = (O^{2-})$$

Os valores experimentais de atividade de MnO, coluna 10 da tabela a seguir, utilizam como referência MnO, puro e sólido. Para fins de comparação esses valores foram transpostos para a escala Raoultiana, que, nesse caso, implica tomar como referência MnO puro e líquido. A relação de transformação é como se segue, uma vez que o potencial químico do MnO precisa ser independente da referência:

EXEMPLO 6.7 (*continuação*)

$$\mu_{MnO} = \mu^{os}_{MnO} + RT\,ln\ a_{MnO}(s) = \mu^{ol}_{MnO} + RT\,ln\ a_{MnO}(l)$$

Essa equação pode ser reescrita como:

$$RT\{ln\ a_{MnO}(s) - ln\ a_{MnO}(l)\} = \mu^{ol}_{MnO} - \mu^{os}_{MnO}$$

$$RT\{ln\ a_{MnO}(s) - ln\ a_{MnO}(l)\} = \Delta H^{fusão}_{MnO}(1 - T/T^{fusão}_{MnO})$$

$$ln\ a_{MnO}(s) - ln\ a_{MnO}(l) = \frac{\Delta H^{fusão}_{MnO}}{RT}(1 - T/T^{fusão}_{MnO})$$

onde $\Delta H^{fusão}_{MnO}$ *representa a entalpia de fusão do MnO, 54392 J/mol;* $T^{fusão}_{MnO}$ *representa a temperatura de fusão do MnO, 2148 K.*

Os valores de atividade, referência MnO puro e líquido, são mostrados na coluna 11 da tabela a seguir; a comparação entre valores previstos (para o valor de ajuste K = 0,1) e valores experimentais é mostrada na figura a seguir.

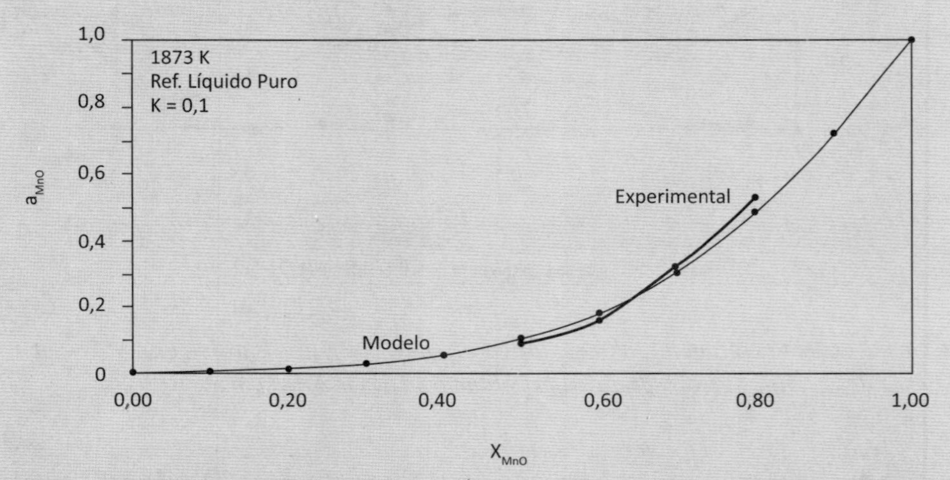

Comparação entre valores experimentais e previstos de atividade do MnO em escórias líquidas $MnO-SiO_2$ a 1873 K. Referência MnO puro e líquido; K = 0,1.

EXEMPLO 6.7 (*continuação*)

Aplicação do modelo às escórias líquidas $MnO-SiO_2$, a 1873 K, para K = 0,1

1	2	3	4	5	6	7	8	9	10	11
X_{MnO}	a	b	c	(O^-)	(O^{2-})	(O^o)	a_{MO}	a_{SiO2} (s)	a_{MnO} (s)	a_{MnO} (l)
1,00	*−0,60*	2,00	0,00	0,000	1,000	0,000	1,000			
0,90	*−0,60*	2,20	*−0,72*	0,363	0,718	0,018	0,718			
0,80	*−0,60*	2,40	*−1,28*	0,634	0,483	0,083	0,483	0,03	0,83	0,531
0,70	*−0,60*	2,60	*−1,68*	0,790	0,305	0,205	0,305	0,10	0,50	0,320
0,60	*−0,60*	2,80	*−1,92*	0,835	0,182	0,382	0,182	0,38	0,25	0,160
0,50	*−0,60*	3,00	*−2,00*	0,792	0,104	0,604	0,104	0,80	0,14	0,090
0,40	*−0,60*	3,20	*−1,92*	0,689	0,055	0,855	0,055			
0,30	*−0,60*	3,40	*−1,68*	0,547	0,027	1,127	0,027			
0,20	*−0,60*	3,60	*−1,28*	0,380	0,010	1,410	0,010			
0,10	*−0,60*	3,80	*−0,72*	0,196	0,002	1,702	0,002			
0,00	*−0,60*	4,00	0,00	0,000	0,000	2,000	0,000			

■

EXEMPLO 6.8

A tabela a seguir foi gerada com a aplicação do modelo de Masson às escórias líquidas $MnO–SiO_2$, a 1873 K, assumindo-se K = 0,25. Inicialmente, para esse valor de K e para cada valor de concentração, encontrou-se o valor de $N_{O^{2-}}$ que atende à expressão:

$$\frac{1}{X_{SiO_2}} = 3 - K + \frac{N_{O^{2-}}}{1 - N_{O^{2-}}} + \frac{K(K-1)}{\dfrac{N_{O^{2-}}}{1 - N_{O^{2-}}} + K}$$

EXEMPLO 6.8 (*continuação*)

Como $N_{Mn^{2+}} = 1$, *e de acordo com a Teoria de Temkin, a atividade do óxido seria:*

$$a_{MnO} = N_{Mn^{2+}} N_{O^{2-}} = N_{O^{2-}}$$

As concentrações das outras espécies podem ser encontradas a partir da concentração da espécie SiO_4^{4-}, *determinada como:*

$$N_{SiO_4^{4-}} = \frac{(1 - N_{O^{2-}})}{1 - K\left(1 - \frac{1}{N_{O^{2-}}}\right)}$$

Como mostra a tabela a seguir, o modelo não parece descrever com exatidão os dados experimentais, sugerindo, inclusive, que a atividade seja nula quando a fração molar de sílica é igual a 0,5 (figura a seguir).

Atividade do MnO no sistema MnO – SiO_2 a 1873 K, calculada de acordo com o modelo de Masson para K = 0,25

X_{MnO}	a_{SiO2} (s)	a_{MnO} (s)	a_{MnO} (l)	a_{SiO2} (l)	$N_{O^{2-}} = a_{MO}$
0,99					0,9898
0,90					0,8791
0,80	0,03	0,83	0,531	0,028	0,6990
0,70	0,10	0,50	0,320	0,094	0,4341
0,60	0,38	0,25	0,160	0,358	0,1545
0,50	0,80	0,14	0,090	0,754	0

Esse comportamento, típico das regiões intermediárias de concentração, não é realístico e advém da suposição de valor único para todas as constantes de equilíbrio das várias reações de formação de ânions silicatados.

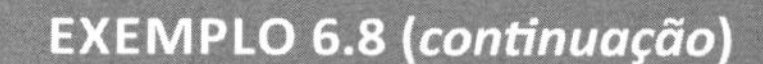

EXEMPLO 6.8 (*continuação*)

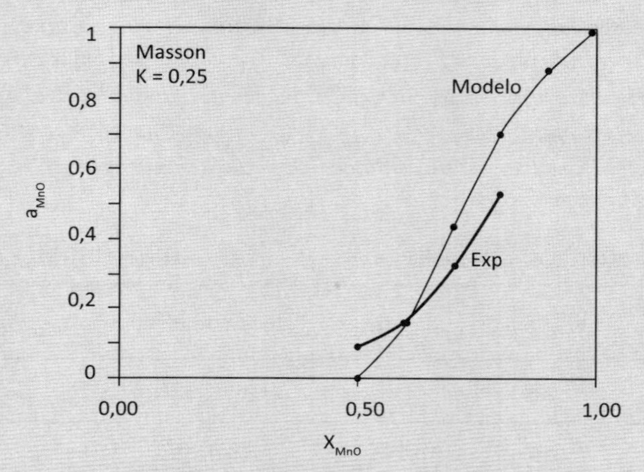

Atividades nas escórias $MnO-SiO_2$, a 1873 K, de acordo com modelo de Masson, K = 0,25.

■

EXEMPLO 6.9

Uma comparação entre os valores previstos pelos modelos de Masson e Toop pode ser feita tomando, por exemplo, dados do sistema $PbO–SiO_2$, escórias líquidas, a 1467 K. As curvas experimentais de atividade são mostradas na figura a seguir.

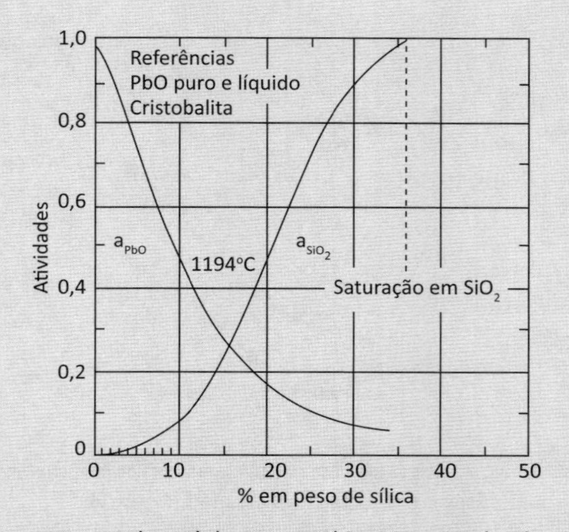

Valores experimentais de atividade no sistema $PbO-SiO_2$, escórias líquidas, a 1467 K.

EXEMPLO 6.9 (*continuação*)

Um resumo dos cálculos é mostrado na tabela a seguir. Os valores previstos pelo modelo de Masson foram calculados com K = 0,2 e parecem reproduzir bem a curva de atividade na região de basicidade alta, $X_{PbO} > 0,7$. *Os valores devidos ao modelo de Toop são para K = 0,19 e uma boa aproximação para* $X_{PbO} < 0,5$. *Essa situação pode ser visualizada na figura a seguir, e parece sugerir a necessidade de um ajuste por trechos.*

Resumo de cálculos do modelo de Masson e de Toop, para escórias líquidas $PbO-SiO_2$ a 1467 K

X_{SiO2}	a_{SiO2} (s)	a_{PbO} (l)	a_{PbO} (Masson; K = 0,2)	a_{PbO} (Toop, K = 0,19)
0,001	0	1	0,998998	0,997
0,1635	0,0197	0,75	0,770708	0,589
0,2921	0,079	0,4664	0,440098	0,366
0,3959	0,2361	0,2885	0,141384	0,238
0,4815	0,4743	0,1669	0,016101	0,161
0,5532	0,7233	0,1067	*-0,03432*	0,111

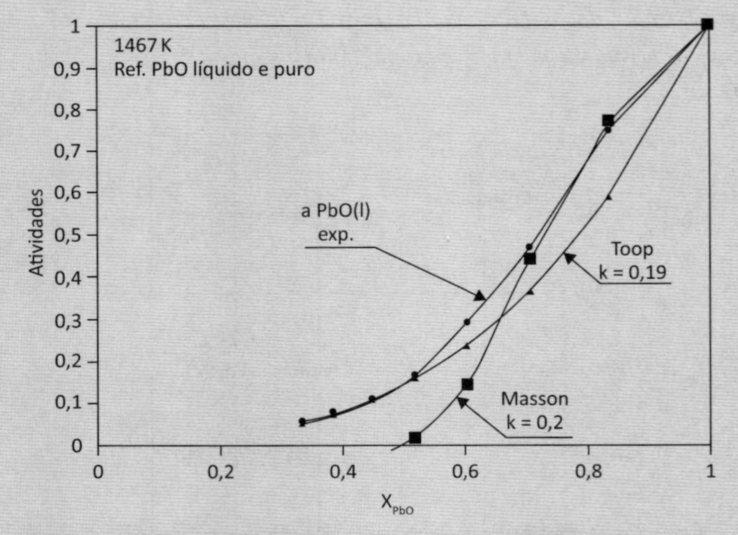

Valores previstos e experimentais de atividade do PbO nas escórias líquidas $PbO-SiO_2$ a 1467 K, de acordo com Masson (K = 0,2) e Toop (K = 0,19).

Os modelos de cálculo de atividade descritos anteriormente requerem, para sua aplicação, um ajuste por comparação com dados experimentais de atividade. Uma vez realizado esse ajuste, podem ser utilizados com restrições. Por exemplo, não parece claro sua aplicação ao caso de sistemas multicomponentes, a maioria das escórias metalúrgicas. Nesse caso, deve-se recorrer a dados específicos de Atividade ou de Capacidade das escórias.

De fato, mostra-se comum apresentar dados termodinâmicos relativos à propensão de escórias, em participar de algumas classes de reações bem específicas, através do parâmetro Capacidade. A capacidade procura medir a quantidade de certa espécie química, por exemplo, água, que uma dada escória, de temperatura e composição definidas, seria capaz de estocar em condições de equilíbrio. A partir dos valores de capacidade pode-se antever os resultados prováveis da interação das escórias com um banho metálico.

Naturalmente, esses dados podem ser diretamente obtidos por correlações que liguem a composição e a temperatura da escória às atividades de seus componentes. Entretanto, é fato que as capacidades resultam em maneira concisa de se estocar dados de uma grande variedade de situações.

6.6 CAPACIDADE SULFÍDICA DE UMA ESCÓRIA

A presença do enxofre em ligas de aço geralmente é nociva, uma vez que resulta em redução da ductilidade, abaixamento da resistência ao impacto; diminuição da resistência à corrosão; e formação de inclusões não metálicas. A segregação interdendrítica pode resultar em fragilidade a quente, por refusão parcial, durante as operações de forjamento e laminação em função da formação de fissuras durante a ação do martelo de forja ou cilindros laminadores (Miyake et al., 2006).

As principais fontes de enxofre dos gusas de altos-fornos são: coque (Sano, 1997, e outros autores afirmam que cerca de 90% do enxofre carregado nos altos-fornos é proveniente do coque), combustíveis auxiliares, pelotas e sínter. No caso do convertedor LD e dos fornos elétricos, as principais fontes de enxofre são: gusa, fundentes e sucatas ferrosas. Nos diversos processos de dessulfuração do gusa e do aço, escórias são envolvidas (Figura 6.36). Essas escórias devem ser projetadas de modo que suas habilidades de absorção de íons de enxofre (na forma S^{2-}) sejam elevadas.

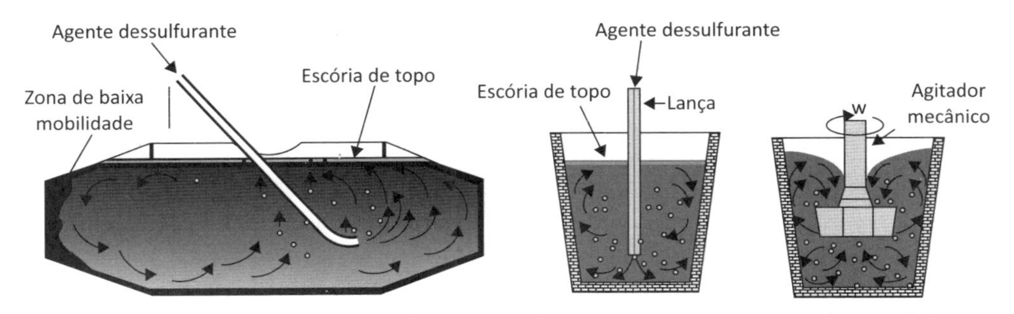

Figura 6.36 – Esquema dos métodos de dessulfuração do gusa líquido: carro-torpedo, injeção na panela; reator Kanbara.

Na aciaria, Sano (1997) ressalta que cerca de 30% a 40% do enxofre é removido pela escória. Nesses processos, a eficiência de dessulfuração está atrelada à temperatura, à capacidade de absorção dos íons de enxofre pela escória e ao volume desta, como abordado a seguir.

6.6.1 CAPACIDADE SULFÍDICA E SULFÁTICA DE UMA ESCÓRIA

6.6.1.1 Mecanismos de dissolução de íons de enxofre em escórias

As reações químicas a seguir exemplificam as possibilidades de captação de enxofre pela escória, sob as duas modalidades de íons (Turkdogan, 1996):

Em ambiente redutor, $\log p_{O_2} < -5$ (para cálcio-ferritas líquidas a 1620 °C, Figura 6.37), o enxofre dissolve-se na escória sob a forma de íons sulfeto, conforme a reação:

$$\tfrac{1}{2}\,S_2 + O^{2-} = S^{2-} + \tfrac{1}{2}O_2 \qquad (6.131)$$

Em ambiente oxidante, $\log p_{O_2} > -5$ (para cálcio-ferritas líquidas a 1620 °C), o enxofre dissolve-se na escória sob a forma de ânion sulfato, conforme a reação:

$$3/2\ O_2 + S_2 + O^{2-} = SO_4^{2-} \qquad (6.132)$$

Ressalta-se que para condições de baixos potenciais de oxigênio, o enxofre abriga-se na escória sob a forma de íons sulfeto; enquanto sob condições de altos potenciais de oxigênio, sob a forma de íons sulfato. Diante disso, espera-se que nos processos de dessulfuração do gusa e aço o enxofre seja transferido do banho metálico para a escória sob a forma de íons sulfeto. Turkdogan (1983, 1996) aponta que o potencial de oxigênio nos processos de refino primário e secundário dos aços não é suficientemente alto para que as escórias absorvam enxofre sob a forma de íons sulfato. Um fator importante para que uma escória aja como bom dessulfurante é sua capacidade de solubilizar o sulfeto.

A Figura 6.38 mostra curvas de isossolubilidade de sulfeto de cálcio em escórias $CaO–CaF_2–SiO_2$, a 1300 °C. No caso de escória com baixa solubilidade do sulfeto, o volume dessa escória deve ser alto o suficiente para que a eficiência de dessulfuração almejada possa ser alcançada. Essa classe de escórias, principalmente as saturadas duplamente em CaO e $3CaO.SiO_2$, são empregadas no processo de pré-tratamento de dessulfuração externa do gusa em carros-torpedos ou panelas de transferência.

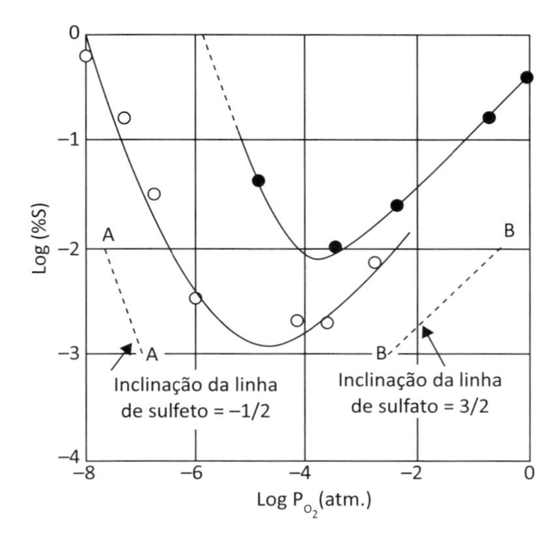

Figura 6.37 – Influência do potencial de oxigênio sobre o tipo de íons enxofre na escória. Círculo escuro: cálcio-ferrita líquida a 1620 °C, círculos abertos: silicato de alumínio e cálcio a 1500 °C.

Fonte: Sano, 1997.

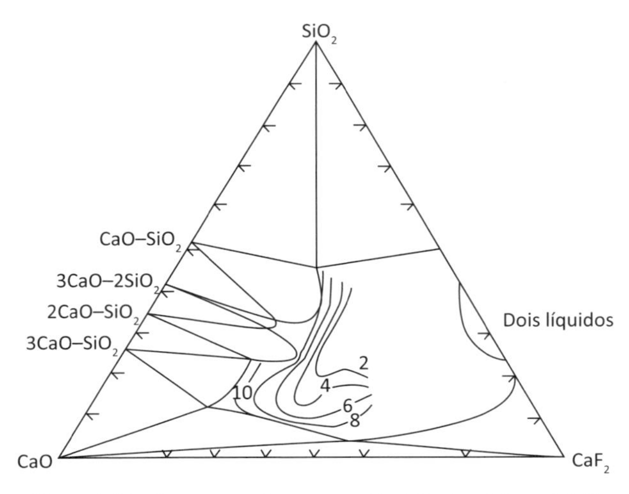

Figura 6.38 – Isotermas do diagrama ternário $CaO–CaF_2–SiO_2$, a 1300 °C, mostrando as curvas de isossolubilidade (em % em massa) de sulfeto de cálcio.

Fonte: Sano, 1997.

6.6.2 CAPACIDADE SULFÍDICA

A distribuição de enxofre e oxigênio entre a escória e a fase gasosa pode ser interpretada pela reação:

$$\frac{1}{2} S_{2(g)} + (O^{2-}) = \frac{1}{2} O_{2(g)} + (S^{2-}) \quad (6.133)$$

Essa reação descreve o equilíbrio relativo à dissolução de enxofre na forma de sulfeto. A constante de equilíbrio da reação precedente é dada como:

$$K_S = \frac{a_{S^{2-}}}{a_{O^{2-}}}\sqrt{\frac{p_{O_2}}{p_{S_2}}} = \frac{\gamma_{S^{2-}}(\%S^{2-})}{a_{O^{2-}}}.\sqrt{\frac{p_{O_2}}{p_{S_2}}} \tag{6.134}$$

onde $a_{S^{2-}}$, $a_{O^{2-}}$, p_{O_2}, p_{S_2}, $\gamma_{S^{2-}}$, $(\%S^{2-})$ representam as atividades do enxofre e do oxigênio na escória, pressão parcial de oxigênio e de enxofre na atmosfera; coeficiente de atividade e concentração do íon de enxofre na escória, respectivamente.

Richardson e Fincham (1954), considerando a reação química anterior, apontam que capacidade em enxofre da escória pode ser definida como:

$$C_S = \frac{K_S\, a_{O^{2-}}}{\gamma_{s^{2-}}} = (\%S^{2-}).\left(\frac{p_{O_2}}{p_{S_2}}\right)^{1/2} \tag{6.135}$$

De acordo com esses autores, escórias básicas, altas temperaturas e menores coeficientes de atividade dos íons sulfeto são condições necessárias para a elevação da capacidade sulfídica de uma escória.

Note-se que a capacidade sulfídica pode ser (facilmente) experimentalmente determinada através de análise química (teor de enxofre) da escória e dos valores de pressões parciais de enxofre e oxigênio em equilíbrio.

$$C_S = (\%S^{2-}).\left(\frac{p_{O_2}}{p_{S_2}}\right)^{1/2} \tag{6.136}$$

O valor da capacidade em enxofre depende tão-somente da temperatura e das características físico-químicas (composição) da escória.

$$C_S = \frac{K_S\, a_{O^{2-}}}{\gamma_{s^{2-}}} \tag{6.137}$$

A quantidade de enxofre capaz de se acomodar em uma escória pode ser imediatamente inferida a partir do valor da capacidade de enxofre, sem que seja preciso recorrer a cálculos envolvendo equilíbrio químico e atividades. Isso permite concluir que a capacidade sulfídica pode ser empregada como critério de comparação das características dessulfurantes de escórias diferentes.

Em contrapartida, pode-se considerar a reação:

$$\underline{S} + (O^{2-}) = \underline{O} + (S^{2-}) \tag{6.138}$$

onde $\underline{S}$ e $\underline{O}$ representam elementos dissolvidos em um dado metal (por exemplo, gusa ou aço) tal que a constante de equilíbrio é

$$K_S^* = \frac{h_O \; a_{S^{2-}}}{h_S \; a_{O^{2-}}} \tag{6.139}$$

Nesse caso, seria possível definir capacidade sulfídica da escória como:

$$C_S^{'} = \frac{\left(\%S^{2-}\right) \; h_O}{h_S} = \frac{K_S^* \; a_{O^{2-}}}{\gamma_{S^{2-}}} \tag{6.140}$$

onde h_S e h_O representam as atividades Henryanas do enxofre e oxigênio em um dado banho metálico, gusa ou aço, por exemplo. Essa outra definição de capacidade, $C_S^{'}$, não guarda o mesmo grau de generalidade da primeira, pois implica contato da escória com um metal ou liga bem definido.

No caso do banho metálico ser gusa ou aço essas duas funções de capacidades sulfídicas de uma escória são correlacionadas pela equação (Gosh, 2001):

$$\log C_S = \log C_S^{'} + \frac{936}{T} - 1{,}375 \tag{6.141}$$

Calcula-se, para temperaturas de 1823 K e 1873 K, que $C_S / C_S^{'} = 0{,}137$ e $C_S / C_S^{'} = 0{,}133$, respectivamente. Para as faixas de temperatura de elaboração do aço a relação $C_S / C_S^{'}$ praticamente não varia, podendo ser considerada virtualmente constante.

As possíveis influências de alguns parâmetros metalúrgicos sobre a capacidade sulfídica podem ser analisadas à luz dessas definições. Por exemplo, a Figura 6.39 mostra que o aumento da concentração de óxido básico na escória (isto é, aumento da basicidade ou da atividade dos íons de oxigênio divalente), além do aumento da temperatura, provoca o aumento da capacidade sulfídica da escória. Os valores de capacidade são dependentes da natureza do óxido básico.

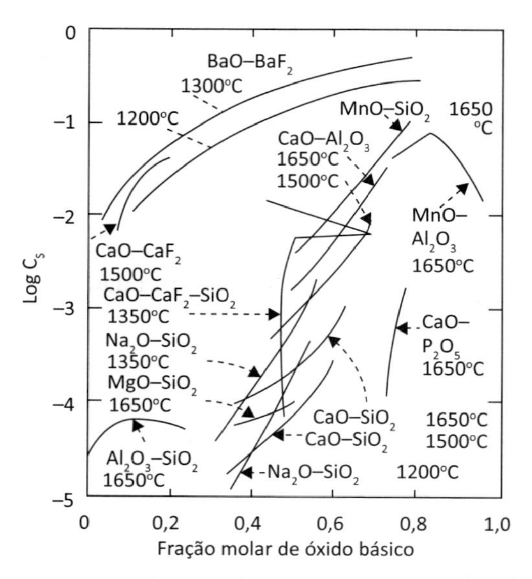

Figura 6.39 – Influência da quantidade do óxido básico, tipo e temperatura da escória sobre a capacidade sulfídica.

Fonte: Rachev et al., 1991.

A presença do CaO nas escórias visa ao controle da basicidade e fluidez, além de dotar a escória de poder dessulfurante. A Figura 6.40 mostra que o aumento da temperatura e da concentração de CaO em escórias $CaO–MgO–Al_2O_3–SiO_2$, com 7,5% de SiO_2 e 7,5% de MgO, eleva substancialmente sua capacidade sulfídica. Para uma dada concentração de CaO, o aumento da temperatura da escória eleva fortemente sua capacidade sulfídica.

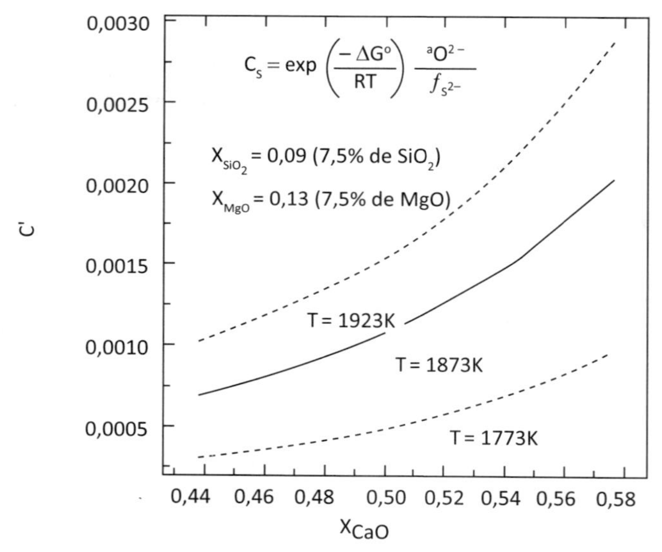

Figura 6.40 – Influência da fração molar de CaO e da temperatura sobre a capacidade sulfídica de escórias $CaO–MgO–Al_2O_3–SiO_2$, a 1500 °C.

Fonte: Nzotta et al., 1999.

Escórias como $CaO–Na_2O$ e $Na_2O–SiO_2$ podem ser consideradas exímias dessulfurantes (em virtude da elevada capacidade sulfídica) (Figura 6.41). Van Niekerk e Dippenaar (1993) reportam que a presença de Na_2O (que é um óxido de forte caráter básico) incrementa a habilidade dessulfurante de escórias à base de CaO e silicatadas a baixas temperaturas. No entanto, devido ao efeito poluente e à agressão ao revestimento refratário, tal qual a fluorita, somente pequenas quantidades de Na_2O podem ser adicionadas às escórias.

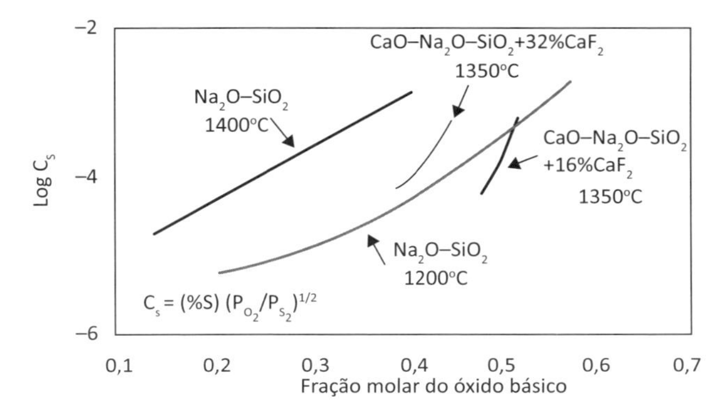

Figura 6.41 – Influência da temperatura e composição sobre a capacidade sulfídica de algumas escórias.

Fonte: Van Niekerk e Dippenaar, 1993.

Dados como esses estão disponíveis também para a Capacidade Sulfídica (C'_S). Por exemplo, como esperado, Chipman (1961) demonstra que, no caso de escórias do tipo $CaO–MgO–Al_2O_3–SiO_2$, o aumento da basicidade causa aumento da capacidade sulfídica (Figura 6.42).

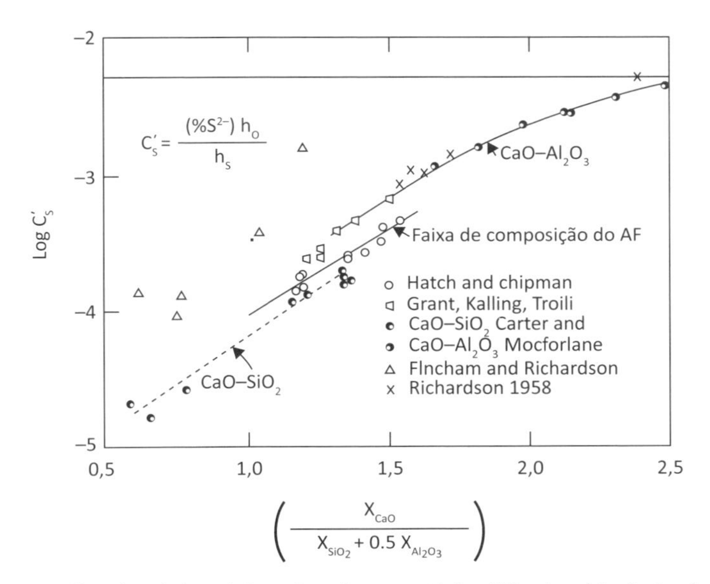

Figura 6.42 – Efeito da basicidade ternária sobre a capacidade sulfídica de escórias de altos-fornos.

Fonte: Chipman, 1961.

Conforme Gaye e Lehmann (2004), a capacidade sulfídica ($C_S^{'}$) pode ser expressa pela correlação, para as condições de refino do aço líquido:

$$\log C_S^{'} = \frac{B}{D} - 13300/T + 2{,}82\,;\ \log C_S = \frac{B}{D} - 12364/T + 1{,}445 \quad (6.142)$$

onde:

$$B = 5{,}62\ \%CaO + 4{,}15\ \%MgO - 1{,}15\ \%SiO_2 + 1{,}46\ \%Al_2O_3 \quad (6.143)$$

e

$$D = \%CaO + 1{,}39\ \%MgO + 1{,}87\ \%SiO_2 + 1{,}65\ \%Al_2O_3 \quad (6.144)$$

Essa correlação precedente não considera o efeito da presença de CaF_2 sobre a magnitude da capacidade sulfídica da escória.

A capacidade sulfídica pode também ser relacionada à basicidade ótica e à temperatura, como mostram os exemplos a seguir.

Diversos modelos matemáticos têm sido propostos para o cálculo da capacidade sulfídica de uma escória como função da temperatura e basicidade ótica. Sosinsky e Sommerville (1986) propuseram uma correlação matemática vinculando capacidade sulfídica da escória com a temperatura e basicidade ótica teórica proposta por Duffy, tal que:

$$\log C_S = \left(\frac{22690 - 54640\Lambda}{T} \right) + 43{,}6\Lambda - 25{,}2 \quad (6.145)$$

onde T e Λ representam a temperatura e a basicidade ótica da escória, considerando-se a faixa de temperatura de 1400 °C a 1700 °C.

Young et al. (1992) estabeleceram correlações matemáticas vinculando a capacidade sulfídica com temperatura, composição e basicidade ótica de Duffy.

Para $\Lambda < 0{,}8$:

$$\log C_S = -13{,}913 + 42{,}84\Lambda - 23{,}82\Lambda^2 - \frac{11710}{T} - 0{,}02223\%SiO_2 - 0{,}02275\%Al_2O_3 \quad (6.146)$$

Para $\Lambda > 0{,}8$

$$\log C_S = -0{,}6261 + 0{,}4808\Lambda + 0{,}7917\Lambda^2 - \frac{1697}{T} - \frac{2587\Lambda}{T} - 5{,}144x10^{-4}\%FeO \qquad (6.147)$$

Taniguchi et al. (2009) propuseram uma correlação vinculando capacidade sulfídica de escórias à basicidade ótica de Duffy, composição e temperatura.

$$\log C_S = 7{,}350 + 94{,}89\log\Lambda - \frac{10051 + \left[-338\%MgO + 287\%MnO\right]\Lambda}{T} + 0{,}2284\%SiO_2 +$$

$$+ \ 0{,}1379\ \%Al_2O_3\ -\ 0{,}0587\ \%MgO\ +\ 0{,}0841\ \%MnO \qquad (6.148)$$

Essa equação foi desenvolvida para um total de 306 escórias contendo: CaO = 10–63%, Al_2O_3 = 0–65%, SiO_2 = 0–68%, MgO = 0–15%, MnO = 0–30% em peso; temperatura entre 1673 K e 1928 K, com coeficiente de correlação múltipla de 0,99. A Figura 6.43 compara valores de capacidade sulfídica de escórias CaO–Al_2O_3–SiO_2–MgO–MnO obtidas por diversos autores com os valores previstos pela equação de Taniguchi et al. (2009), demonstrando a validade desta última.

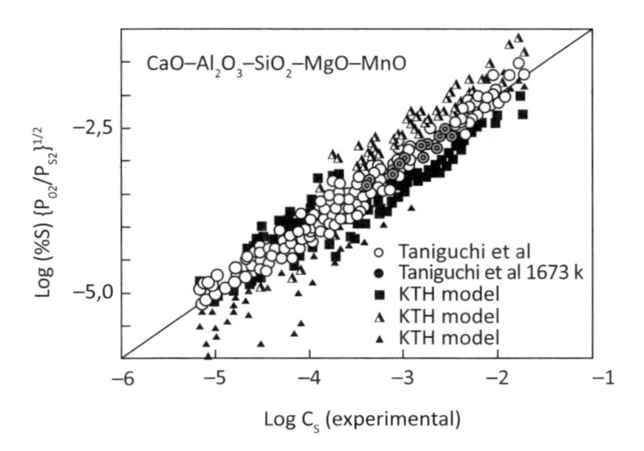

Figura 6.43 – Correlação entre capacidades sulfídica predita e experimental.

Fonte: Taniguchi et al., 2009.

Entretanto, a Figura 6.44 mostra que os valores de capacidades sulfídicas de escórias à base de CaO, contendo Na_2O e CaF_2, apresentam desvio positivo em relação às calculadas pela correlação proposta por Sosinsky e Sommerville (1986). Cho et al. (2010) sugerem que essa inconsistência advém do fato de que a correlação de Sosinsky e Sommerville não inclui as contribuições de CaF_2 e Na_2O.

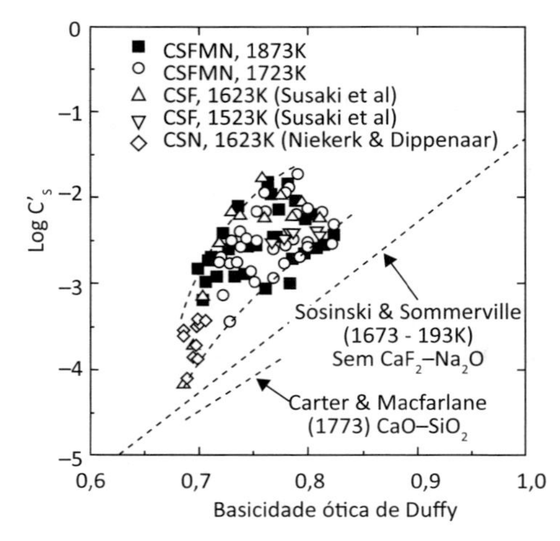

Figura 6.44 – Relação entre capacidade sulfídica e basicidade ótica de escórias à base de CaO. Os símbolos literais na figura são: C = CaO; S = SiO_2; F = CaF_2; M = MgO e N = Na_2O.

Fonte: Cho et al., 2010.

6.6.3 COEFICIENTE DE PARTIÇÃO DE ENXOFRE ENTRE ESCÓRIA E METAL

Coeficientes de partição podem ser definidos considerando o contato entre um metal específico e uma escória. Procuram retratar a distribuição de certa espécie química entre essas fases e podem ser encontrados a partir dos valores de Capacidade da escória e de propriedades termodinâmicas do metal. Portanto, sendo um valor específico de cada combinação escória/banho metálico, perde em generalidade, mas torna mais imediata a aplicação.

Como aplicação específica, os comentários a seguir aplicam-se ao equilíbrio entre escória e gusa ou aço.

Para a definição desse parâmetro, coeficiente de partição, considera-se o equilíbrio entre a escória e o banho metálico, segundo a reação:

$$\underline{S} + (O^{2-}) = \underline{O} + (S^{2-}) \tag{6.149}$$

A constante de equilíbrio dessa reação eletroquímica vale:

$$K_S^* = \frac{h_O}{h_S} x \frac{a_{S^{2-}}}{a_{O^2}} = \frac{f_O[\%O]}{f_S\,[\%S]} x \frac{\gamma_{S^{2-}}(\%S^{2-})}{a_{O^2}} \tag{6.150}$$

Define-se a capacidade sulfídica da escória como $C_S^{'}$:

$$C_S^{'} = \frac{\%S\ h_O}{h_S} = \frac{K_S^{*}\ a_{O^{2-}}}{\gamma_{S^{2-}}} \tag{6.151}$$

onde h_O e h_S representam as atividades henryanas do oxigênio e enxofre no banho metálico.

O coeficiente de partição ou índice de partição pode ser definido como:

$$L_S = \frac{(\%S^{2-})}{[\%S]} \tag{6.152}$$

Elliot et al. (1955) reportam o coeficiente de partição de enxofre entre a escória e o banho como:

$$L_S^{'} = \frac{(\%S^{2-})}{h_S} \tag{6.153}$$

onde representa h_S atividade henryana do enxofre no banho metálico. Então, o coeficiente de partição de enxofre pode ser correlacionado com a capacidade sulfídica da escória, tal que (Gosh, 2001):

$$L_S = \frac{(\%S^{2-})}{[\%S]} = \frac{C_S^{'}}{h_O}\ f_S \tag{6.154}$$

Onde $C_S^{'}$ representa a capacidade sulfídica modificada, tal que, para o aço líquido:

$$\log C_S = \log C_S^{'} + \frac{936}{T} - 1{,}375 \tag{6.155}$$

Pode-se escrever que:

$$\log L_S = \log C_S - \frac{936}{T} + 1{,}375 - \log h_O + \log f_S \tag{6.156}$$

O aumento da basicidade da escória, o aumento da temperatura e a diminuição da atividade do oxigênio no banho metálico aumentam o valor de L_S (Figura 6.45).

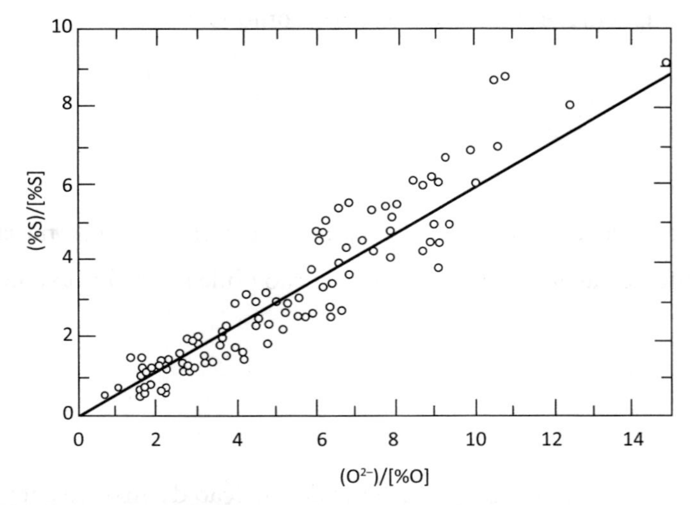

Figura 6.45 – Efeito da relação $(O^{2-})/\%O$ sobre a distribuição de enxofre entre o gusa e a escória em altos-fornos.

Fonte: Coudurier et al., 1985.

Isso leva a estabelecer que a prática de pré-desoxidação ou desoxidação conjunta ao tratamento de dessulfuração do banho metálico favorece o aumento de L_S.

O FeO é considerado óxido básico à medida que é capaz de prover ânions oxigênio à escória através da reação (FeO) = (Fe^{2+}) + (O^{2-}). Ao mesmo tempo, elevados teores de FeO na escória indicam ambiente oxidante, capazes de induzir altos valores de atividade de oxigênio no metal. Os efeitos de adição (ou do conteúdo de FeO) podem então ser contraditórios, como sugere a Figura 6.46. Em escórias ácidas, o FeO é benéfico à dessulfuração, o contrário se dando no ramo básico.

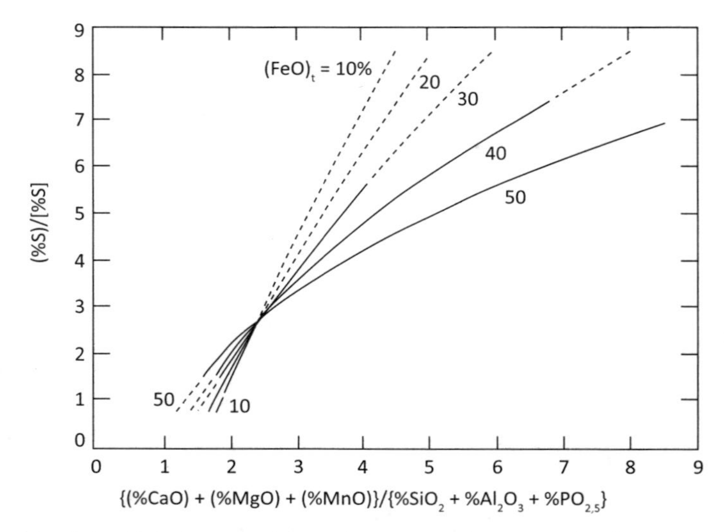

Figura 6.46 – Efeitos da basicidade da escória e do teor de FeO sobre o coeficiente de partição de enxofre entre o aço e a escória.

Fonte: Iwamoto, 1982.

Como já dito, maiores basicidades e temperaturas de tratamento elevam o coeficiente de partição de enxofre entre a escória e o banho (Figura 6.47). No entanto, na prática industrial, a alternativa de aumentar a temperatura de tratamento é com certeza implausível, uma vez que onera o processo de dessulfuração e aumenta a taxa de desgaste do revestimento refratário na linha de escória do reator metalúrgico.

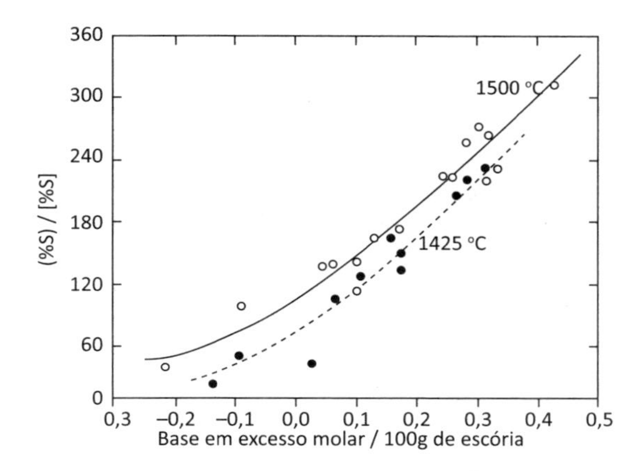

Figura 6.47 – Efeito do excesso de base ($EB = n_{CaO} + \frac{2}{3} n_{MgO} - n_{SiO_2} - n_{Al_2O_3}$) da escória e da temperatura de tratamento sobre o coeficiente de partição de enxofre entre a escória e o gusa.

Fonte: Iwamoto, 1982.

Para uma dada escória e condição operacional, uma vez que $L_S = f_S \; C'_S / h_O$, altos valores do coeficiente de partição podem ser alcançados com a diminuição da atividade do oxigênio no banho metálico. No caso do gusa e do aço líquidos, essa condição é comumente alcançada através de uma das reações de desoxidação do banho que se seguem:

$$\underline{Si} + 2\,\underline{O} = (SiO_2) \tag{6.157}$$

$$\underline{C} + \underline{O} = CO(g) \tag{6.158}$$

$$2\,\underline{Al} + 3\underline{O} = (Al_2O_3) \tag{6.159}$$

A Figura 6.48 mostra curvas de isocoeficientes de partição de enxofre entre o aço líquido acalmado ao alumínio e escórias $CaO–Al_2O_3–SiO_2$ e $CaO–MgO–Al_2O_3–SiO_2$, a 1600 °C, e atividade de silício no aço igual a 0,20.

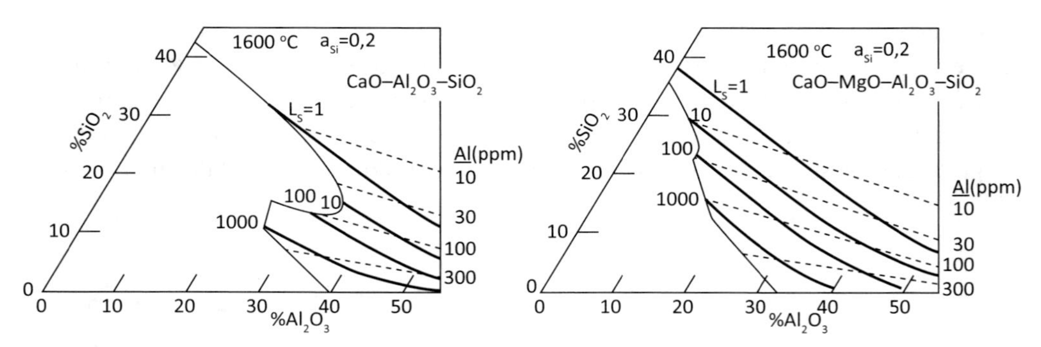

Figura 6.48 – Isoterma do diagrama ternário a 1600 °C mostrando as curvas de isocoeficiente de partição de enxofre entre o aço líquido acalmado ao alumínio (e para atividade de silício no aço igual a 0,20) e a escória: (a) $CaO–Al_2O_3–SiO_2$; (b) $CaO–MgO–Al_2O_3–SiO_2$, a 1600 °C.

Fonte: Gaye e Lehman, 2004.

Finalmente, embora haja perda de generalidade, a utilização do conceito de coeficiente de partição permite um enfoque mais rápido na análise da operação de refino de interesse.

EXEMPLO 6.10

Para produção de aços LCAK (Low Carbon, Aluminum Killed Steels) ou HSLA (High Strength Low Alloyed Steels), escórias $CaO–MgO–Al_2O_3–SiO_2$ são utilizadas como meio de refino, acompanhadas de agitação do banho metálico por meio de borbulhamento de argônio pelo fundo da panela. Estime a capacidade sulfídica da escória típica com composição inicial: 48,87% CaO, 37,59% Al_2O_3, 7,53% SiO_2, 6,01% MgO; seja a pressão parcial de oxigênio igual a $7x10^{-10}$ atm e pressão parcial de enxofre de $1,23x10^{-6}$, a 1600 °C. Considere concentração de enxofre na escória igual a 0,30% e determine a capacidade de enxofre. Compare com valores oriundos de expressões da literatura. Considere que a concentração de alumínio residual no aço é de cerca de 0,04% e estime o coeficiente de partição.

Seja a definição de Richardson e Fincham (1954) para a capacidade sulfídica da escória:

$$C_S = \frac{K\, a_{O^{2-}}}{f_{S^{2-}}} = (\%S^{2-})\sqrt{\frac{p_{O_2}}{p_{S_2}}}$$

Então,

$$C_S = (\%S^{2-})\sqrt{\frac{p_{O_2}}{p_{S_2}}} = 0,3x\sqrt{\frac{7x10^{-10}}{1,2x10^{-6}}} = 7,24x10^{-3}$$

EXEMPLO 6.10 (*continuação*)

ou

$$\log C_S = -2{,}14$$

Convertendo a composição inicial da escória 48,87% CaO, 37,59% Al_2O_3, 7,53% SiO_2, 6,01% de MgO em suas respectivas frações molares, obtém-se que a basicidade ótica dela é $\Lambda = 0{,}750$.

Então, de acordo com Sosinsky e Sommerville (1986):

$$\log C_{S^{2-}} = \frac{22690 - 54640\Lambda}{T} + 43{,}6\Lambda - 25{,}2$$

Para a temperatura de 1873 K e $\Lambda = 0{,}750$, *resulta que:*

$$\log C_S = \frac{22690 - 54640 \times 0{,}75}{1873} + 43{,}6 \times 0{,}75 - 25{,}2$$

de modo que:

$$\log C_S = -2{,}26$$

De acordo com Young et al. (1992), para $\Lambda < 0{,}8$

$$\log\ C_S = -13{,}913 + 42{,}84\Lambda - 23{,}82\Lambda^2 - \frac{11710}{T} - 0{,}02223\ \%SiO_2 - 0{,}02275\ \%Al_2O_3$$

$$\log C_S = -13{,}913 + 42{,}84 \times 0{,}75 - 23{,}82 \times 0{,}75^2 - \frac{11710}{1873} - 0{,}02223 \times 7{,}53 - 0{,}02275 \times 37{,}59$$

$$\log C_S = -2{,}45$$

Nita et al. (2010) sugerem:

$$\log C_S = 19{,}14 - 22{,}245\Lambda + \frac{61855\Lambda - 55785}{T}$$

$$\log C_S = 19{,}14 - 22{,}245 \times 0{,}75 + \frac{61855 \times 0{,}75 - 55785}{1873} = -2{,}55$$

EXEMPLO 6.10 (*continuação*)

Seguindo Tsao e Katayama (1986), tem-se:

$$\log C_S = 14{,}2\Lambda - \frac{9894}{T} - 7{,}55$$

$$\log C_S = 14{,}2 \times 0{,}75 - \frac{9894}{1873} - 7{,}55 = -2{,}18$$

O modelo Taniguchi et al. (2009) sugere:

$$\log C_S = 7{,}350 + 94{,}89 \log \Lambda - \frac{10051 + \left[-338\ \%MgO + 287\ \%MnO\right]\Lambda}{T} +$$
$$0{,}2284\ \%SiO_2 + 0{,}1379\ \%Al_2O_3 - 0{,}0587\ \%MgO + 0{,}0841\ \%MnO$$

Daí, vem que:

$$\log C_S = -2{,}44$$

O cálculo do coeficiente de partição de enxofre requer conhecer o grau de oxidação do banho. Na falta de informação específica, considere-se que o equilíbrio de desoxidação seja atingido com alumina pura e sólida. Uma vez que o aço foi acalmado ao alumínio, a atividade do oxigênio residual é ditada pela reação:

$$2\,\underline{Al}_{1\%} + 3\,\underline{O}_{1\%} = Al_2O_3(s)$$

Tal que:

$$\log K = \log \frac{a_{Al_2O_3}}{h_{Al}^2\ h_O^3} = \frac{64.000}{T} - 20{,}57$$

Assumindo-se que $h_{Al} = \%Al = 0{,}04$ *(como sugerido), pode-se escrever que:*

$$\log a_{Al_2O_3} - 2\log \%Al - 3\log h_O = \frac{64.000}{T} - 20{,}57$$

$$-2\log \%Al - 3\log h_O = \frac{64.000}{T} - 20{,}57$$

EXEMPLO 6.10 (*continuação*)

De modo que a atividade do oxigênio no aço é dada por:

$$\log h_O = \frac{1}{3}\left[-2\log\ \%Al - \frac{64.000}{T} + 20{,}57\right]$$

$$\log h_O = -3{,}60$$

O coeficiente de partição ou distribuição de enxofre entre o aço e a escória é expresso como:

$$\log L_S = \log C_S + \log f_S - \log h_O - \frac{935}{T} + 1{,}375$$

Então, por simplicidade, tomando-se $\log f_S \approx 1$ *e T=1600 °C, a equação precedente se transforma em:*

$$\log L_S = \log C_S - \log h_O + 0{,}8758$$

o que permite construir a tabela a seguir.

Valores comparativos de coeficientes de partição de enxofre, de acordo com várias formulações

	Real	Young	Sommerville	Nita	Tsao	Taniguchi
$\log C_S$	−2,14	−2,45	−2,26	−2,55	−2,18	−2,44
L_S	216	106	164	84	197	108

■

EXEMPLO 6.11

80 gramas de uma escória com 30% SiO_2*, 14% MgO, 56% CaO são levados, a 1600 °C, ao contato com 1000 gramas de aço, baixo carbono, contendo 50 ppm de enxofre e 10 ppm de oxigênio. Considere a reação CaO + S = CaS + O e estime o teor final de enxofre.*

Primeiramente, considerando massa e composição (em peso) fornecidas, pode ser construída a tabela a seguir, que relaciona composição em peso e frações molares.

EXEMPLO 6.11 (*continuação*)

	SiO_2	MgO	CaO
% peso	30	14	56
Xi	0,27	0,189	0,541

Nota-se que a razão (CaO+MgO)/SiO_2 é maior que 2. Dessa forma, pode-se assumir que a escória seja constituída dos cátions Mg^{2+} e Ca^{2+}, e dos ânions SiO_4^{4-}, O^{2-} e S^{2-}, este último provindo da dessulfuração.

Os números de mols desses íons na escória podem ser estimados como:

$$n_{Mg^{2+}} = \frac{M_{escória}}{100}\frac{\%MgO}{M_{MgO}} = 0,28 \qquad n_{Ca^{2+}} = \frac{M_{escória}}{100}\frac{\%CaO}{M_{CaO}} = 0,80$$

$$n_{SiO_4^{4-}} = \frac{M_{escória}}{100}\frac{\%SiO_2}{M_{SiO_2}} = 0,40$$

onde $M_{escória}$ é a massa de escória e M_i representa a fórmula-grama do óxido.

Simbolizando por x o número de mols de enxofre transferidos desde o metal até a escória pode-se escrever que:

$$n_{S^{2-}} = x$$

e, como a reação de dessulfuração, em termos iônicos, seria $O^{2-} + S = S^{2-} + O$, um balanço de conservação de oxigênio escreve-se como: $n_{O^{2-}}$ = (oxigênio fornecido pelos óxidos básicos – oxigênio consumido na formação de SiO_4^{4-} – oxigênio consumido na dessulfuração):

$$n_{O^{2-}} = \left(n_{Ca^{2+}} + n_{Mg^{2+}} - 2n_{SiO_4^{4-}} - x\right)$$

$$n_{O^{2-}} = 0,28 - x$$

Resta também avaliar a composição do aço, que se modifica em razão da dessulfuração. As concentrações finais (em % em peso) seriam dadas por (Mi representa a massa atômica e $M_{aço}$, a massa de aço):

EXEMPLO 6.11 (*continuação*)

$$\%O = \frac{ppmO}{10^4} + \frac{x\,M_O}{M_{aço}} \qquad \%S = \frac{ppmS}{10^4} - \frac{x\,M_S}{M_{aço}}$$

$$100 = 0{,}0010 + 1{,}6\,x \qquad 100 = 0{,}0050 - 3{,}2\,x$$

Para avaliar a eficiência de remoção de enxofre, pode-se analisar o equilíbrio:

$$CaO \text{ (escória)} + S \text{ (metal)} = CaS \text{ (escória)} + O \text{ (metal)}$$

$$K_{eq} = \frac{a_O\,a_{CaS}}{a_S\,a_{CaO}}$$

o que requer conhecer relações funcionais entre composições das fases e atividades das espécies. Por exemplo, considerando:

$$CaO(l) + S_{\%} = CaS(l) + O_{\%}$$

$$K_1 = \frac{h_O\,a_{CaS}}{h_S\,a_{CaO}} \approx \frac{\%O\,a_{CaS}}{\%S\,a_{CaO}}$$

O valor da constante de equilíbrio pode ser estimado considerando

$$CaO(s) = Ca_{1\%} + O_{1\%} \qquad \Delta G^o\,(1873K) = 326000\,J/mol$$

$$Ca_{1\%} + S_{1\%} = CaS(s) \qquad \Delta G^o\,(1873K) = -319000\,J/mol$$

Além de,

$$T_{CaO}^{fusão} = 2888K; \qquad \Delta H_{CaO}^{fusão} = 79496\,J/mol$$

$$T_{CaS}^{fusão} = 2798K; \qquad \Delta H_{Cas}^{fusão} = 37245\,J/mol$$

estimado a partir de entalpias e temperaturas de fusão de sulfetos do tipo MS ou 63111 J/mol calculado pelo aplicativo HSC:

$$CaO(l) = CaO(s) \qquad \Delta G^o = -27939\,J/mol$$

$$CaS(s) = CaS(l) \qquad \Delta G^o = 12312\,J/mol$$

EXEMPLO 6.11 (*continuação*)

$$K_1 = 1{,}74 = \frac{(0{,}0010 + 1{,}6x)a_{CaS}}{(0{,}0050 - 3{,}2x)a_{CaO}}$$

Daí, o valor de x pode ser avaliado a partir dos valores de atividade dos componentes da escória. Como mostrado a seguir.

De acordo com Temkin, as atividades dos cátions são iguais às respectivas frações catiônicas (frações molares calculadas considerando-se apenas os cátions) e as atividades dos ânions são iguais às frações aniônicas. Nesse caso,

$$a_{O^{2-}} = N_{O^{2-}} = \frac{n_{O^{2-}}}{n_{O^{2-}} + n_{SiO_4^{4-}} + n_{S^{2-}}} = \frac{0{,}28 - x}{0{,}68}$$

$$a_{S^{2-}} = N_{S^{2-}} = \frac{n_{S^{2-}}}{n_{O^{2-}} + n_{SiO_4^{4-}} + n_{S^{2-}}} = \frac{x}{0{,}68}$$

$$a_{Mg^{2+}} = N_{Mg^{2+}} = \frac{n_{Mg^{2+}}}{n_{Mg^{2+}} + n_{Ca^{2+}}} = \frac{0{,}28}{0{,}28 + 0{,}8} \approx 0{,}259$$

$$a_{Ca^{2+}} = N_{Ca^{2+}} = \frac{n_{Ca^{2+}}}{n_{Mg^{2+}} + n_{Ca^{2+}}} = \frac{0{,}8}{0{,}28 + 0{,}8} \approx 0{,}741$$

Além disso, as atividades das espécies pseudomoleculares seriam dadas pelos produtos das atividades de íons e contraíons, elevadas aos respectivos coeficientes estequiométricos,

$$a_{MgO} = a_{Mg^{2+}} a_{O^{2-}} \quad \text{e} \quad a_{CaO} = a_{Ca^{2+}} a_{O^{2-}}$$

Finalmente x pode ser estimado,

$$K_1 = \frac{(0{,}0010 + 1{,}6x)\left(\dfrac{0{,}741x}{0{,}68}\right)}{(0{,}0050 - 3{,}2x)\left\{\dfrac{\left[(0{,}741)(0{,}28 - x)\right]}{0{,}68}\right\}} = \frac{(0{,}0010 + 1{,}6x)x}{(0{,}0050 - 3{,}2x)(0{,}28 - x)}$$

EXEMPLO 6.11 (*continuação*)

Resulta:

$$x = 1,558 \times 10^{-3}$$

Herasymenko (1938) propôs calcular as atividades das espécies iônicas como sendo iguais às suas respectivas frações molares, tomando o conjunto formado por todos os ânions e todos os cátions. Dessa forma:

$$a_{O^{2-}} = X_{O^{2-}} = \frac{n_{O^{2-}}}{n_{O^{2-}} + n_{SiO_4^{4-}} + n_{S^{2-}} + n_{Mg^{2+}} + n_{Ca^{2+}}} = \frac{0,28 - x}{1,76}$$

$$a_{S^{2-}} = X_{S^{2-}} = \frac{n_{S^{2-}}}{n_{O^{2-}} + n_{SiO_4^{4-}} + n_{S^{2-}} + n_{Mg^{2+}} + n_{Ca^{2+}}} = \frac{x}{1,76}$$

$$a_{Mg^{2+}} = X_{Mg^{2+}} = \frac{n_{Mg^{2+}}}{n_{O^{2-}} + n_{SiO_4^{4-}} + n_{S^{2-}} + n_{Mg^{2+}} + n_{Ca^{2+}}} = \frac{0,28}{1,76}$$

$$a_{Ca^{2+}} = X_{Ca^{2+}} = \frac{n_{Ca^{2+}}}{n_{O^{2-}} + n_{SiO_4^{4-}} + n_{S^{2-}} + n_{Mg^{2+}} + n_{Ca^{2+}}} = \frac{0,8}{1,76}$$

Novamente, as atividades das espécies pseudomoleculares seriam dadas pelos produtos das atividades de íons e contraíons, elevadas aos respectivos coeficientes estequiométricos,

$$a_{MgO} = a_{Mg^{2+}} a_{O^{2-}} \quad \text{e} \quad a_{CaO} = a_{Ca^{2+}} a_{O^{2-}}$$

e x seria estimado de:

$$K_1 = \frac{(0,0010 + 1,6\,x)(0,8\,x)}{(0,0050 - 3,2\,x)(0,8(0,28 - x))} = \frac{(0,0010 + 1,6\,x)x}{(0,0050 - 3,2\,x)(0,28 - x)}$$

Como antes, resulta $x = 1,558 \times 10^{-3}$ e um residual de enxofre igual a 0,144 ppm.

Masson (1965) propõe que as escórias de base silicato sejam compostas de ânions silicatos do tipo $Si_nO_{3n+1}^{2(n+1)-}$, oxigênio livre O^{2-} e cátions. Nesse caso, os cátions seriam Mg^{2+} e Ca^{2+}, e, adicionalmente seriam encontrados ânions S^{2-}, em função do processo de dessulfuração. Assumindo, como primeira aproximação, que a participação dos ânions S^{2-} possa ser desprezada, pode-se estimar ($N_{S^{2-}} \ll N_{O^{2-}}$), de acordo com essa teoria (que os ânions da escória sejam apenas de íons silicatos e de oxigênio),

EXEMPLO 6.11 (*continuação*)

$$\sum N_{silicatos} = 1 - N_{O^{2-}}$$

$$\sum N_{silicatos} = \frac{N_{SiO_4^{4-}}}{1 - \dfrac{K N_{SiO_4^{4-}}}{N_{O^{2-}}}}$$

$$N_{SiO_4^{4-}} = \frac{1 - N_{O^{2-}}}{1 - K\left(1 - 1/N_{O^{2-}}\right)}$$

$$X_{SiO2} = \frac{1}{3 - K + \dfrac{N_{O^{2-}}}{1 - N_{O^{2-}}} + \dfrac{K(K-1)}{\dfrac{N_{O^{2-}}}{1 - N_{O^{2-}}} + K}}$$

O valor de K, necessário aos cálculos, é normalmente encontrado através de uma comparação entre valores de atividades medidas experimentalmente e valores previstos pelo modelo. O resultado dessa comparação encontra-se disponível para alguns pares MO–SiO$_2$, em temperaturas selecionadas, por exemplo (Wang et al., 2009).

Sistema	K1	T (K)
MgO-SiO$_2$	0,01	2173
FeO-SiO$_2$	0,7	1573
FeO-SiO$_2$	1,0	1873
MnO-SiO$_2$	0,25	1773
PbO-SiO$_2$	0,196	1273
CaO-SiO$_2$	0,0016	1873

EXEMPLO 6.11 (*continuação*)

Dessa forma, o valor de K a ser empregado neste exemplo será estimado como:

$$K = K_{CaO}^{\alpha}\, K_{MgO}^{(1-\alpha)} = 0,00253$$

onde α *representa a fração de cal na mistura de óxidos básicos,*

$$54,1/(54,1+18,9)$$

Para esse valor de K e para $X_{SiO2} = 0,27$ *vem, sucessivamente:*

$$N_{O^{2-}} = 0,415$$

$$N_{SiO_4^{4-}} = \frac{1 - N_{O^{2-}}}{1 - K\left(1 - \frac{1}{N_{O^{2-}}}\right)} = 0,583$$

$$\sum N_{silicatos} = \frac{N_{SiO_4^{4-}}}{1 - \frac{K\,N_{SiO_4^{4-}}}{N_{O^{2-}}}} = 0,585$$

Note-se que, se todos os ânions silicatos estivessem na forma de íons SiO_4^{4-}, *isto é, se a escória fosse constituída apenas dos íons* Mg^{2+}, Ca^{2+}, SiO_4^{4-} *e* O^{2-}, *então a fração aniônica de* O^{2-} *seria 0,28/(0,28+0,4) = 0,4117, enquanto a fração aniônica de* SiO_4^{4-} *seria 0,588. Esses resultados sugerem que os silicatos estão na forma de ânions* SiO_4^{4-}, *para a escória em questão,* $N_{S^{2-}} \approx x/0,68$.

Então, o valor de x seria encontrado de:

$$K_1 = \frac{(0,0010+1,6x)N_{S2-}}{(0,0050-3,2x)N_{O2-}} = \frac{(0,0010+1,6x)x/0,68}{(0,0050-3,2x)0,415}$$

Resulta x = 1,553 x 10^{-3} *e um residual de enxofre igual a 0,31 ppm, praticamente coincidente com os anteriores.*

EXEMPLO 6.11 (*continuação*)

Assumindo x = 1,558 x 10^{-3}, resulta que: residual de enxofre igual a %S = 0,0050 – 3,2 x = 0,0000144 ou 0,144 ppm de enxofre no aço; residual de oxigênio no aço %O = 0,0010 + 1,6 x = 0,00349 ou 34 ppm. A quantidade de enxofre na escória corresponde a 1,558 x 10^{-3} [mol] x M_S [g/mol] ou 0,06232%. Isso permite estimar a partição de enxofre de equilíbrio como:

$$L_S = \frac{(\%S)}{[\%S]} = \frac{0,06232}{0,0000144} = 4327$$

Esse valor de partição pode ser comparado com aquele derivado de capacidade de enxofre; por exemplo, Sommerville sugere:

$$\log C_S = \frac{22690 - 54640\ \Lambda}{T} + 43,6\ \Lambda - 25,2$$

de modo que, para 1873 K e Λ igual a 0,746, vem:

$$\log C_S = -2,323$$

Finalmente, de:

$$\log L_S = \log C_S + \log f_S - \log h_O - \frac{935}{T} + 1,375$$

$$\log L_S = -2,327 + \log 1 - \log 0,00349 - \frac{935}{1873} + 1,375$$

De onde resulta que:

$$L_S = 10$$

EXEMPLO 6.11 (*continuação*)

Os resultados são claramente discrepantes. A diferença pode ser creditada: i) à falta de dados precisos de ΔG° *das reações envolvidas na dessulfuração; ii) à não aplicabilidade das teorias apresentadas. Valores comparáveis (* $L_S = 15$*) de coeficientes de partição, calculados de acordo com a equação de Sommerville e estimados pelo modelo de dessulfuração, seriam obtidos assumindo* $K = 0{,}00317$*; nesse caso, os teores finais de enxofre e oxigênio alcançariam 22,7 ppm e 23,6 ppm, respectivamente; o grau de dessulfuração seria, então:*

$$\frac{[S]o-[S]}{[S]o}100 = 54\%.$$

Note-se que esse modelo prevê que o grau de oxidação do metal aumenta durante a dessulfuração, o que se traduz em redução do valor do coeficiente de partição. Em geral, admite-se que a desoxidação se dá com excesso de alumínio, o que permitiria manter os teores de oxigênio em níveis baixos. Por exemplo, para teor fixo de oxigênio igual a 10 ppm, o valor do coeficiente de partição seria 35,4 e o teor final de enxofre seria 13 ppm, com grau de dessulfuração de 74%.

■

6.7 CAPACIDADE FOSFÍDICA E FOSFÁTICA DE UMA ESCÓRIA

Geralmente, escórias apresentam capacidade expressiva de retenção de fósforo. Em função do possível contato entre essas escórias e metais ou suas ligas, o fósforo pode se distribuir entre as fases citadas, o que torna útil mensurar essa habilidade. Por exemplo, no aço a presença do fósforo pode ser benéfica ou nociva. Entre os efeitos deletérios podem ser citados: formação de inclusões não metálicas Fe_3P e Fe_2P; segregação nos contornos de grãos durante a solidificação; fragilidade a frio do aço – baixa resistência ao choque e ductilidade. Segundo Suito e Inoue (1984), os efeitos benéficos são em geral aumento da dureza; melhoria da capacidade de usinagem; aumento da resistência à tração e aumento da resistência à corrosão.

Fontes comuns de fósforo ao aço seriam o gusa e os ferroligas utilizados na desoxidação e no ajuste de composição de aços. Ferroligas podem apresentar teores de fósforo maiores do que 2%.

Em função da necessidade de controlar a quantidade de fósforo nos aços, pode ser realizada uma operação de pré-tratamento de desfosforação do gusa líquido, conduzida em carros-torpedos ou panelas de transferência, por meio da injeção de oxigênio, finos de cal, minério de ferro e carepa (Figura 6.49). Essa prática industrial permite a minimização do volume de escória quando da etapa de refino do aço no convertedor do tipo LD, incorrendo em redução dos custos e aumento de produtividade.

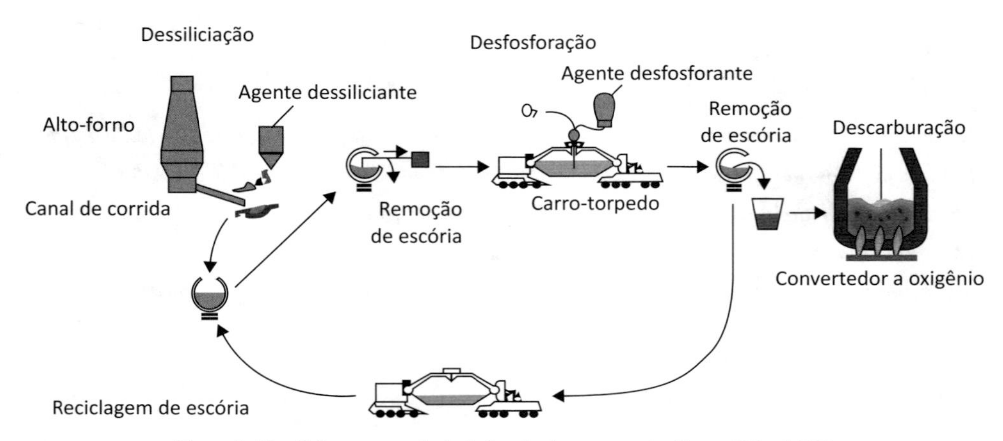

Figura 6.49 – Pré-tratamento de desfosforação do gusa na usina Kawasaki Steel, 2003.

Fonte: Disponível em: http://www.jfe-21st-cf.or.jp/chapter_2/2e_1_img.html.

O fósforo pode ser removido no LD, também, através do contato com uma escória, após a etapa de oxidação do silício e manganês. Nota-se que a eficiência de remoção de fósforo é aumentada com o aumento da basicidade da escória. Li et al. (2005) ressaltam que a adoção de operações de pré-tratamento do gusa e de alguns processos especiais, tais como o processo "Zero Slag" e o processo Murc, permitem a minimização da quantidade de escórias de refino do aço. A eficiência metalúrgica desses processos está associada à escolha correta de fluxantes e à capacidade das escórias em absorver e reter os íons de fósforo.

6.7.1 MECANISMOS DE DISSOLUÇÃO DO FÓSFORO EM ESCÓRIAS

Uma escória, a depender da temperatura e do potencial de oxigênio, pode abrigar íons de fósforo tanto na forma de íon fosfato PO_4^{3-} como de íon fosfeto P^{3-}, segundo as reações eletroquímicas:

Sob condições oxidantes, a dissolução de fósforo na escória respeita a reação:

$$\tfrac{1}{2}\ P_{2(g)} + 5/4\ O_{2(g)} + 3/2\ (O^{2-}) = PO_4^{3-} \qquad (6.160)$$

Sob condições fortemente redutoras, a dissolução do fósforo na escória obedece à reação:

$$\tfrac{1}{2}\ P_{2(g)} + 3/2\ (O^{2-}) = (P^{3-}) + \tfrac{3}{4}\ O_2(g) \qquad (6.161)$$

Por exemplo, a dissolução do fósforo em escórias contendo CaO e Al_2O_3 é influenciada pela pressão parcial de oxigênio, segundo uma curva que passa um valor mínimo em $-18 < \log p_{O_2} < -17$ (Figura 6.50). Esse ponto de mínima concentração de íons de fósforo na escória indica uma mudança do mecanismo de dissolução do fósforo na escória. Na região esquerda do ponto de mínimo, o aumento da pressão parcial de oxigênio decresce a concentração do ânion de fósforo na escória, o que corresponde à reação de formação do fosfeto P^{3-}; enquanto à direita do ponto de mínimo, a concentração do ânion de fósforo aumenta com o aumento da pressão parcial de oxigênio, o que corresponde à formação do fostato PO_4^{3-}.

Então, a quantidade de fósforo absorvida por escórias básicas depende do nível de oxidação das escórias.

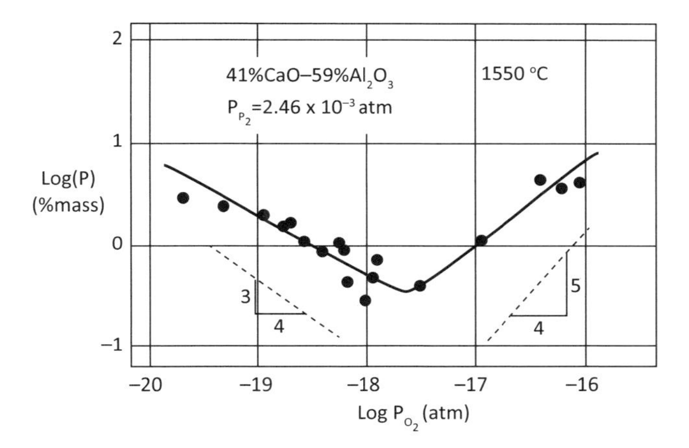

Figura 6.50 – Variação do teor de fósforo em escórias CaO–Al_2O_3 com a pressão parcial de oxigênio.

Fonte: Sano, 1997.

Cho et al. (2010) mencionam que, em consonância com o grau de complexidade dos silicatos da escória, os ânions de fósforo podem ser expressos pelo equilíbrio entre o íon monômero (PO_4^{3-} = íon ortofosfato) e o íon dímero ($P_2O_7^{4-}$ = íon pirofosfato), conforme a reação:

$$(P_2O_7^{4-}) + (O^{2-}) = 2(PO_4^{3-}) \quad (6.162)$$

O aumento da atividade do ânion de oxigênio divalente na escória (aumento de basicidade) favorece a formação de íons ortofosfato. No caso de escórias ácidas (baixos valores de atividade do íon oxigênio divalente), a estabilidade seria de íon pirofosfato ($P_2O_7^{4-}$). A Figura 6.51 apresenta os mesmos argumentos a partir de um diagrama de estabilidade, envolvendo fosfetos e fosfatos puros. A linha identificada por "2CO(g) =

$2C + O_2(g)$" pretende definir o potencial de oxigênio no interior do reator. Embora a posição correta dessas curvas precise ser avaliada em função da dissolução dos diversos reagentes na escória e no aço, a figura sugere que, na faixa de temperaturas típica de fabricação de ferro e aço (1400 °C a 1700 °C), o fosfato seria predominante (Sano, 1997). Em alguns casos tem sido aventada, como, por exemplo, para a desfosforação de aços inoxidáveis, a utilização de ambientes redutores com a formação de fosfetos, Ca_3P_2.

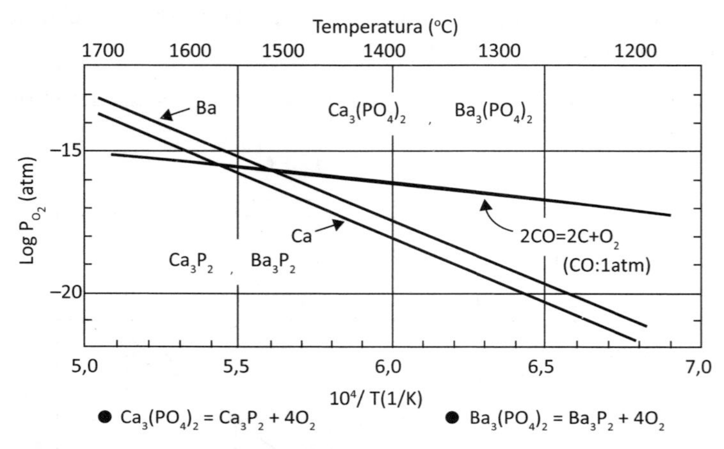

Figura 6.51 – Estabilidade dos íons fosfato e fosfeto em função da temperatura e da pressão parcial de oxigênio.

Fonte: Sano, 1997.

A solubilidade de fósforo nas escórias pode ser determinada a partir das Capacidades Fosfática e Fosfídica, abordadas a seguir.

6.7.2 CAPACIDADE FOSFÁTICA DE ESCÓRIAS

Em ambiente oxidante, a incorporação do fosfato pela escória pode ser descrita pela reação:

$$\tfrac{1}{2}\, P_{2(g)} + 5/4\, O_{2(g)} + 3/2\, (O^{2-}) = PO_4^{3-} \tag{6.163}$$

Para essa reação, a constante de equilíbrio vale:

$$K_{PO_4^{3-}} = \frac{a_{PO_4^{3-}}}{p_{P2}^{1/2}\, p_{O_2}^{5/4}\, a_{O^{2-}}^{3/2}} = \frac{(\%PO_4^{3-})\ \gamma_{PO_4^{3-}}}{p_{P2}^{1/2}\, p_{O_2}^{5/4}\, a_{O^{2-}}^{3/2}} \tag{6.164}$$

onde $a_{PO_4^{3-}}, \left(\%PO_4^{3-}\right), \gamma_{PO_4^{3-}}, P_{P2}, P_{O2}$ e $a_{O^{2-}}$ representam a atividade, concentração e coeficiente de atividade do ânion fosfato; pressões parciais de fósforo e oxigênio e atividade do ânion oxigênio divalente na escória, respectivamente.

A capacidade fosfática da escória pode ser definida como (Cho et al., 2010):

$$C_{PO_4^{3-}} = \frac{(\%PO_4^{3-})}{p_{P2}^{1/2}\, p_{O_2}^{5/4}} = \frac{K_{PO_4^{3-}}\, a_{O^{2-}}^{3/2}}{\gamma_{PO_4^{3-}}} \qquad (6.165)$$

Como se nota, a Capacidade Fosfática seria função apenas da temperatura, do tipo e da composição da escória e independente do metal que porventura viesse a entrar em contato com ela. A equação precedente mostra que o aumento da atividade do anion O^{2-} e a diminuição do coeficiente de atividade do ânion fosfato PO_4^{3-}, para uma dada temperatura, resultam em aumento da magnitude da capacidade fosfática da escória. Também se espera que a capacidade fosfática aumente com a diminuição da temperatura, tal como exemplifica a Figura 6.52, devido à exotermicidade da reação:

$$\tfrac{1}{2}\, P_{2(g)} + 5/4\, O_{2(g)} + 3/2\, (O^{2-}) = PO_4^{3} \qquad (6.166)$$

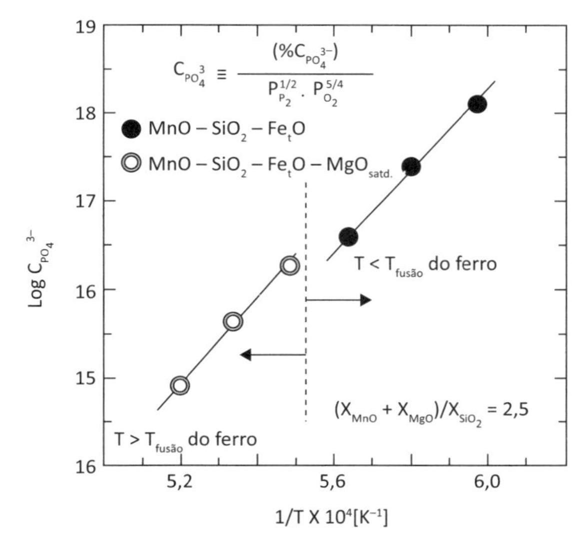

Figura 6.52 – Influência da temperatura sobre a capacidade fosfática de escórias $\left(X_{MnO} + X_{MgO}\right)/X_{SiO_2} = 2{,}5$.

Fonte: Kobayashi et al., 1996.

O valor da capacidade fosfática depende da natureza dos óxidos básicos que compõem a escória, além de temperatura. Uma ilustração dos diferentes valores de capacidade, propiciados por óxidos diversos, é mostrada na Figura 6.53. O uso de BaO e BaF_2 como partícipes do processo de desfosforação de banhos ferrosos e não ferrosos tem sido amplamente difundido na literatura. A figura mostra que o aumento do valor do parâmetro $\left[(\%Na_2O)+(\%BaO)+(\%CaO)\right]$ é acompanhado do aumento do valor de $C_{PO_4^{3-}}$. Compreende-se ainda que as escórias nos sistemas BaO–CaF_2; Na_2O–SiO_2; BaO–MnO; BaO–MnO–BaF_2; CaO–Cl_2 e CaO–Na_2O apresentaram maiores capacidades fosfáticas, comparativamente às demais.

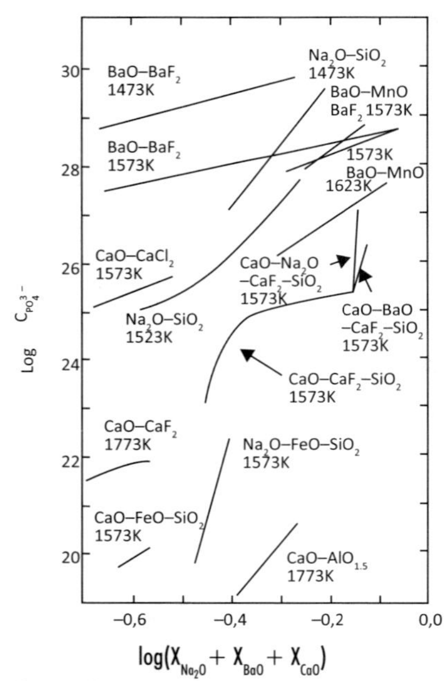

Figura 6.53 – Influência da basicidade sobre a capacidade fosfática de algumas escórias.

Fonte: Sano, 1997.

A Figura 6.54 mostra que o aumento da concentração de FeO eleva a capacidade Fosfática de escórias no sistema $CaO–FeO_x–SiO_2$ até que se atinja um valor máximo. Presumivelmente, a partir desse valor máximo, o aumento da concentração de FeO causa a diluição do CaO, principal óxido básico dessa escória, levando à diminuição da capacidade fosfática.

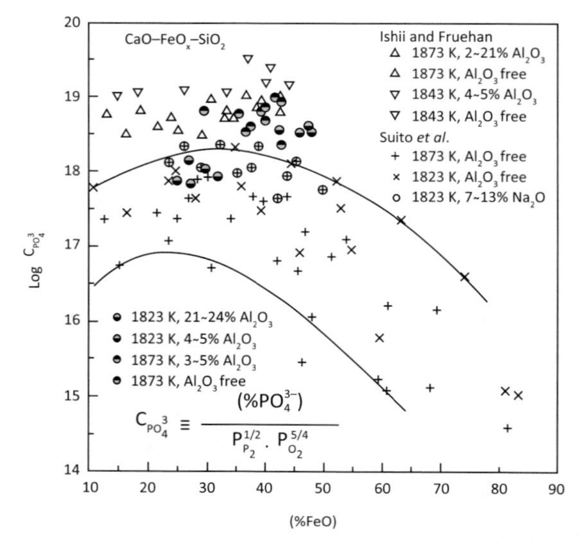

Figura 6.54 – Influência do teor de FeO sobre a capacidade fosfática de escórias $CaO–FeO–SiO_2$.

Fonte: Li et al., 2005.

Os efeitos de basicidade podem ser condensados, utilizando-se o conceito de basicidade ótica. A Figura 6.55 ilustra a relação entre a magnitude do parâmetro $C_{PO_4^{3-}}$ e a basicidade ótica de algumas escórias.

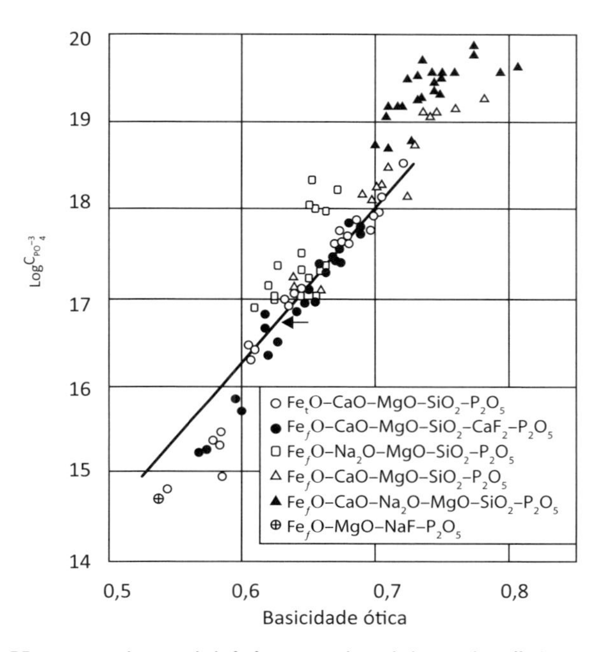

Figura 6.55 – Variação da capacidade fosfática com a basicidade ótica de Duffy de várias escórias.

Fonte: Mori, 1984.

Turkdogan e Pearce (1963) propuseram a correlação a seguir, válida para escórias de aciaria:

$$\log \gamma_{P2O5} = -1{,}12\left(22X_{CaO} + 15X_{MgO} + 13X_{MnO} + 12X_{FeO} - 2X_{SiO_2}\right) - \frac{42000}{T} + 23{,}58 \qquad (6.167)$$

Nota-se que o aumento das concentrações de CaO, MgO e FeO bem como a diminuição da temperatura incorrem em diminuição do coeficiente de atividade $\gamma_{PO_4^{3-}}$, estimulando o aumento da concentração de íon fosfato na escória. A Figura 6.56 mostra o efeito da concentração de CaO sobre o valor de log $\gamma_{PO_4^{3-}}$ para algumas escórias selecionadas.

O efeito de basicidade sobre os valores de $\gamma_{PO_4^{3-}}$ poderiam ser, naturalmente, descritos em termos de basicidade ótica da escória. Isso está resumido na Figura 6.57, para uma grande variedade de escórias. Novamente, o efeito de decréscimo de $\gamma_{PO_4^{3-}}$, quando do aumento de basicidade, se torna evidente.

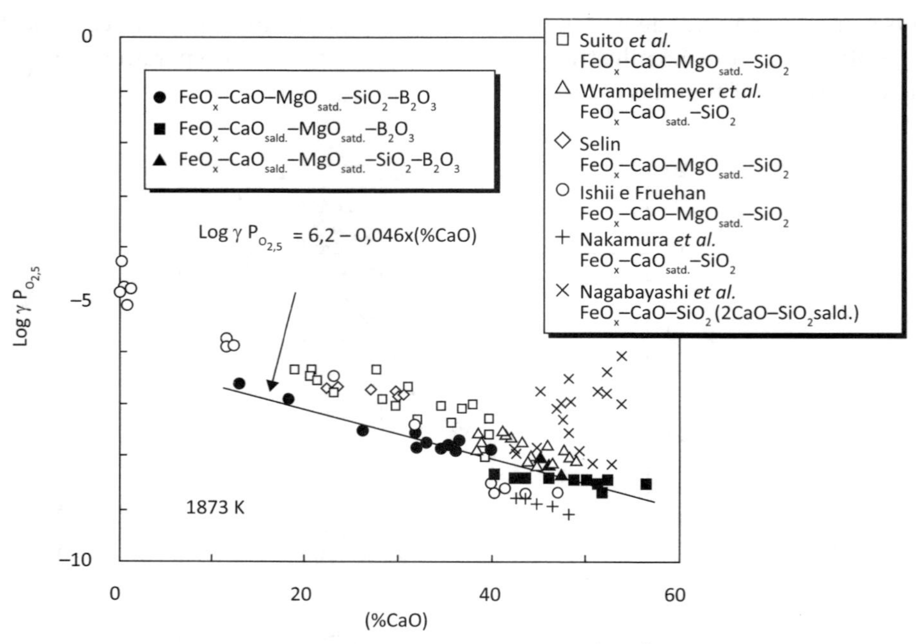

Figura 6.56 – Influência da concentração de CaO sobre a magnitude de $\log\left(\gamma_{PO_4^{3-}}\right)$ em algumas escórias, a 1873 K. Estado de referência líquido puro.

Fonte: Hamano e Tsukihashi, 2005.

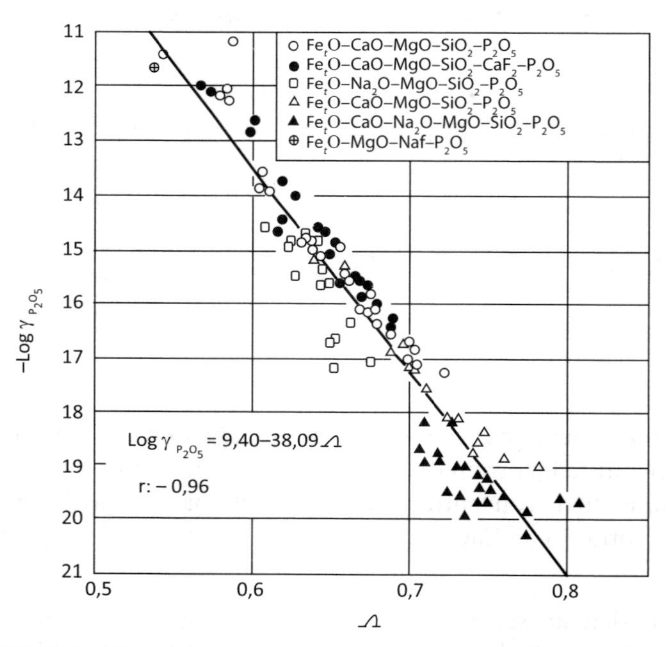

Figura 6.57 – Efeito da basicidade ótica teórica Duffy sobre o coeficiente de atividade de P_2O_5 em escórias. Estado de referência líquido puro.

Fonte: Mori, 1984.

Comparando matematicamente as expressões de capacidades sulfídica e fosfática de uma escória arbitrária, tem-se que (Sano, 1997):

$$\log C_{PO_4^{3-}} = \frac{3}{2}\log C_S + \log\left(\frac{K_{PO_4^{3-}}}{K_S^{3/2}} x \frac{\gamma_{S^{2-}}^{3/2}}{\gamma_{PO_4^{3-}}}\right) \quad (6.168)$$

A Figura 6.58 mostra a correlação entre as capacidades sulfídica e fosfática de algumas escórias, a várias temperaturas. Nota-se, como requerido, que log $C_{PO_4^{3-}}$ varia linearmente com $\log C_S$, tal que o coeficiente angular é 3/2. Embora todas as escórias apresentem habilidades dessulfurantes e desfosforantes, as escórias $BaO–BaF_2$ seriam as mais propícias para a remoção simultânea de fósforo e enxofre de gusas a temperaturas de 1200 °C e 1300 °C, por apresentarem, simultaneamente, maiores valores de capacidades sulfídica e fosfática. Escórias do tipo $Na_2O–SiO_2$ também apresentam essa característica; dessa forma, elas foram escolhidas, no início das operações de pré-tratamento do gusa, para conduzir a desfosforação e dessulfuração.

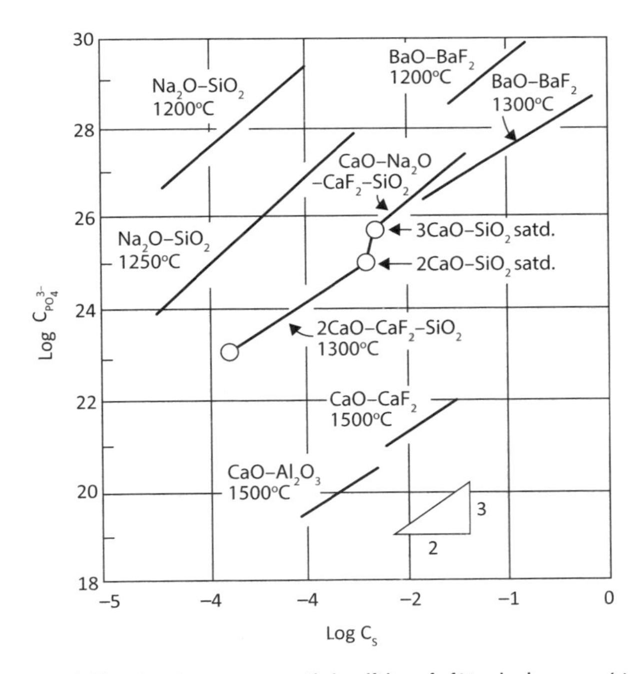

Figura 6.58 – Correlação entre capacidade sulfídica e fosfática de algumas escórias.

Fonte: Tsukihashi et al., 1988.

Expressões empíricas, que fornecem valores de capacidade fosfática de algumas escórias, estão disponíveis na literatura; por exemplo, Turkdogan (1983) propôs que a capacidade fosfática de uma escória de aciaria poderia ser estimada em termos da temperatura e dos teores de CaO, CaF_2 e MgO da escória, pela correlação a seguir:

$$\log \frac{(\%P)}{[\%P]\ [\%O]^{5/2}} = \log C^{**}_{PO_4^{3-}} = \frac{21740}{T} +$$

$$0,071\left[\%CaO + \%CaF_2 + 0,30\%MgO\right] - 9,87 \qquad (6.169)$$

Bergman e Gustafsson (1988) propuseram que a distribuição de fósforo entre a escória e o banho metálico, a 1600 °C, pode ser descrita como:

$$\log \frac{1,6\sqrt{0,64 + (\%P)}\ -\ 1,28}{[\%P](\%O)^{5/2}} = 17,58\Lambda - 7,86 \qquad (6.170)$$

De maneira geral, a correlação assume a forma a seguir:

$$\log \frac{(\%PO_4^{3-})}{[\%P][\%O]^{5/2}} = 21,3\Lambda + \frac{32912}{T} - 27,9 \qquad (6.171)$$

A Figura 6.59 mostra que menores temperaturas e maiores valores de BO = %CaO + $\%CaF_2$ + 0,3% MgO implicam maiores valores do parâmetro $\log \frac{(\%P)}{[\%P][\%O]^{5/2}}$.

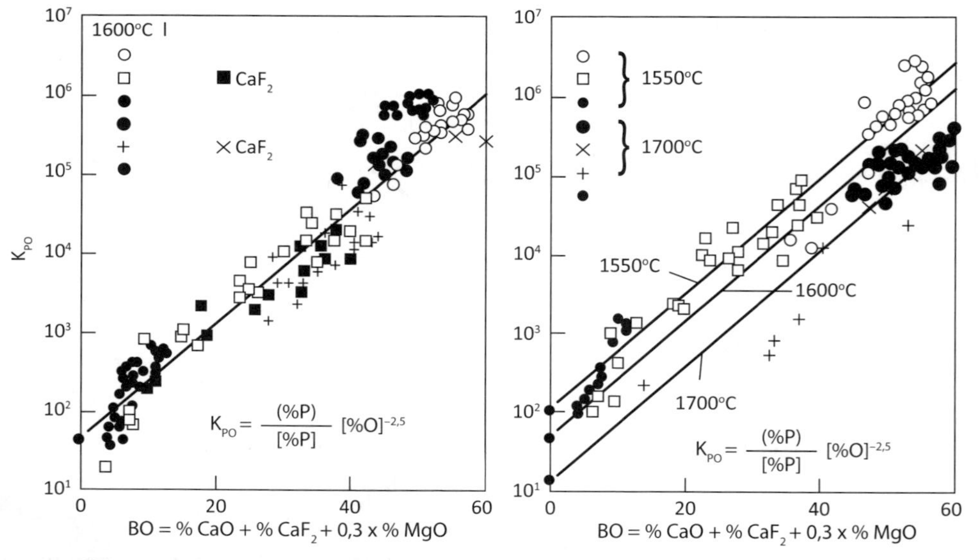

Figura 6.59 – Efeito da soma dos teores de óxidos básicos sobre a capacidade fosfática de escórias simples e complexas.

Fonte: Turkdogan, 2000.

Mori (1984) propôs que a capacidade fosfática de escórias no sistema CaO–MgO–SiO_2–Fe_tO seja expressa em termos da basicidade ótica de Duffy pela equação:

$$\log C_{PO_4^{3-}} = 17{,}55\Lambda + 5{,}75 \tag{6.172}$$

Selin et al. (1990), para o caso de escórias CaO–SiO_2–CaF_2, propôs as correlações a seguir para o cálculo da capacidade fosfática:

a) Para $1{,}4 \leq \frac{X_{CaO}}{X_{SiO_2}} \leq 3{,}0$, a capacidade fosfática é calculada como:

$$\log C_{PO_4^{3-}} = 2{,}016 \left(\frac{X_{CaO}}{X_{SiO_2}}\right) - 0{,}34\left(\frac{X_{CaO}}{X_{SiO_2}}\right)^2 + \frac{52600}{T} - 11{,}506 \tag{6.173}$$

b) Para $\frac{X_{CaO}}{X_{SiO_2}} > 3{,}0$, a capacidade fosfática é representada pela equação:

$$\log C_{PO_4^{3-}} = \frac{52600}{T} - 8{,}39 \tag{6.174}$$

6.7.3 COEFICIENTE DE PARTIÇÃO DE FÓSFORO ENTRE A ESCÓRIA E O METAL

Dados relativos à Capacidade Fosfática podem ser convertidos em Coeficientes de Partição de fósforo, entre uma dada escória e um banho metálico específico. O banho metálico pode ser aço ou pode ser gusa, por exemplo. A discussão a seguir se refere a ligas ferrosas.

O parâmetro denominado coeficiente de partição de fósforo entre a escória e o banho metálico pode ser definido como:

$$L_P = \frac{(\%P)}{[\%P]} \tag{6.175}$$

onde (%P) e [%P] representam as concentrações em peso de fósforo na escória e no banho metálico. A concentração de fósforo na escória pode ser convertida para a concentração de PO_4^{3-}, conforme a equação:

$$(\%P) = \frac{(\%PO_4^{3-})\ M_p}{M_{PO_4^{3-}}} \quad (6.176)$$

onde $(\%PO_4^{3-})$, M_p e $M_{PO_4^{3-}}$ representam, respectivamente, a porcentagem em peso de PO_4^{3-} na escória, a massa atômica do fósforo e a fórmula-grama do PO_4^{3-}.

Considerando o equilíbrio das reações:

$$1/2P_2(g) = P_{\%} \quad (6.177)$$

e

$$\Delta G^o = -157700 + 5,40\ T \text{ J/mol} \quad (6.178)$$

pode-se estimar a constante de equilíbrio (Turkdogan, 2000) como:

$$\log K_P = \frac{8240}{T} - 0,282 \quad (6.179)$$

A concentração de equilíbrio de fósforo, em presença de fósforo gasoso (P_2), seria dada por:

$$[\%P] = \frac{K_P\ \sqrt{P_{P2}}}{f_P} \quad (6.180)$$

Com isso, o coeficiente de partição de fósforo entre a escória e o banho metálico pode ser encontrado a partir dos valores de capacidade fosfática como:

$$\log L_P = \log\frac{(\%P)}{[\%P]} = \log C_{PO_4^{3-}} + \frac{5}{4}\log p_{O_2} + \log f_P - \log K_P + \log\left(\frac{M_P}{M_{PO_4^{3-}}}\right) \quad (6.181)$$

Alternativamente, considerando o equilíbrio:

$$1/2O_2(g) = O_{\%} \quad (6.182)$$

e

$$\Delta G^o = -117300 - 2,889\ T \text{ J/mol} \quad (6.183)$$

$$\log K_O = \frac{6129}{T} + 0{,}151 \tag{6.184}$$

$$[\%O] = \frac{K_O \sqrt{P_{O2}}}{f_O} \tag{6.185}$$

$$\log \frac{(\%P)}{[\%P]} = \log C_{PO_4^{3-}} + \frac{5}{2}\log[\%O] + \frac{5}{2}\log f_O - \frac{5}{2}\log K_O +$$

$$\log f_P - \log K_P + \log\left(\frac{M_P}{M_{PO_4^{3-}}}\right) \tag{6.186}$$

A diluição do CaO pelo FeO na escória causa diminuição do coeficiente de atividade do CaO (Figura 6.60). Em escórias do sistema CaO–SiO_2–FeO_x–P_2O_5–MgO, um aumento na concentração de FeO até 13% a 14% em peso é benéfica à partição de fósforo entre o aço e a escória. Para essas escórias, o coeficiente de partição é expresso pela correlação (Suito e Inoue, 1995):

$$\log\left(\frac{(\%P)}{[\%P]}\right) = \frac{5}{2}\log(\%Fe_t) + 0{,}072\Psi + \frac{11570}{T} - 10{,}52 \tag{6.187}$$

onde:

$$\psi = \%CaO + 0{,}3\%MgO + 0{,}6\%P_2O_5 + 0{,}2\%MnO + 1{,}2\%CaF_2 - 0{,}5\%Al_2O_3 \tag{6.188}$$

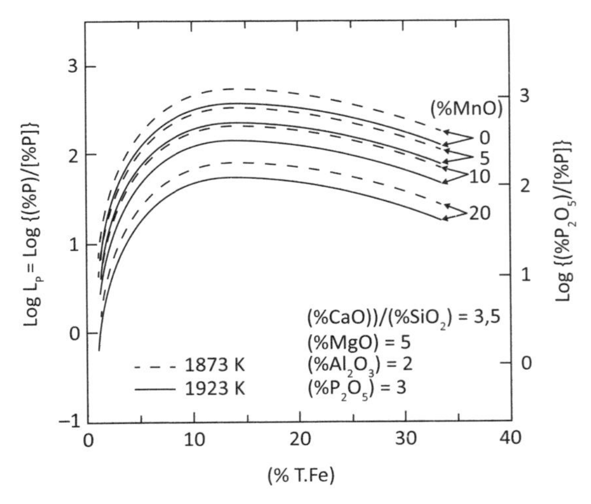

Figura 6.60 – Influências da %MnO e % ferro total sobre o coeficiente de partição de fósforo entre o aço e a escória.

Fonte: Suito e Inoue, 1995.

Healy (1970) propõe que o coeficiente de partição de fósforo entre a escória e o aço líquido possa ser calculado pela expressão:

$$\log L_P = \frac{22350}{T} + \frac{5}{2}\log(\%Fet) + 0{,}08(\%CaO) - 16{,}0 \qquad (6.189)$$

Balajiva (1946) propõe que a distribuição de fósforo entre a escória e o aço pode ser expressa como:

$$\log\frac{(\%P_2O_5)}{[\%P]^2} = \frac{22810}{T} + 0{,}145(\%CaO + 0{,}30\%MgO - \frac{1}{2}\%P_2O_5 + 0{,}3\%MnO + \qquad (6.190)$$

$$+\ 1{,}2\ \%CaF_2 - 0{,}20\ \%Al_2O_3) + 5\ \%FeO - 20{,}51$$

EXEMPLO 6.12

Considere uma escória, de composição 55%CaO e 45%Al_2O_3, em panela de refino secundário do aço líquido a 1873 K. A pressão parcial de oxigênio atinge $4{,}57 \times 10^{-15}$ atm e pressão parcial de fósforo $1{,}32 \times 10^{-4}$ atm. Determinar a solubilidade do íon fosfato nessa escória.

Na ausência de dados específicos (note que os dados originais não incluem escórias CaO–Al_2O_3 – Figura 6.76), admite-se que, de acordo com Mori (1984), o coeficiente de atividade do íon fosfato na escória pode ser calculado em termos da basicidade ótica pela correlação:

$$\log \gamma_{P2O5} = 9{,}40 - 38{,}09\Lambda$$

onde Λ representa a basicidade ótica da escória.

Para avaliar esse parâmetro, consideram-se as basicidades óticas individuais, $\Lambda_{CaO} = 1$ e $\Lambda_{Al2O3} = 0{,}61$, e a composição inicial da escória, 55%CaO, 45%Al_2O_3, devidamente convertida em frações molares. Então, $X_{CaO} = 0{,}6896$ e $X_{Al_2O_3} = 0{,}3104$.

A basicidade ótica da escória CaO–Al_2O_3 pode ser estimada como:

$$\Lambda = \frac{X_{CaO}\,\Lambda_{CaO} + 3X_{Al_2O_3}\,\Lambda_{Al_2O_3}}{X_{CaO} + 3X_{Al_2O_3}} = 0{,}776$$

EXEMPLO 6.12 (*continuação*)

e, logo, o coeficiente de atividade do íon fosfato na escória vale:

$$\log \gamma_{P2O5} = 9,40 - 38,09\Lambda = 9,40 - 38,09x0,776 = -20,15$$

Resultando em:

$$\gamma_{P2O5} = 7,08x10^{-21}$$

Pode-se então considerar o equilíbrio,

$$P_2(g) + 5/2O_2(g) = P_2O_5(l)$$

tal que:

$$\log K_P^* = \frac{80.154,95}{T} - 26,45$$

Para $T = 1873$ *K, vem* $K_p = 2,22x10^{16}$

o que implica:

$$K_P^* = 2,22x10^{16} = \frac{\gamma_{P2O5}\ X_{P2O5}}{P_{P2}\ P_{O2}^{2,5}} = \frac{6,95x10^{-21}\ X_{P2O5}}{1,32x10^{-4}\ (4,57x10^{-15})^{2,5}}$$

e, logo:

$$X_{P2O5} = 5,93\ x\ 10^{-4}\ ou\ (\%PO_4^{\ 3-}) = 0,154.$$

Por sua vez, a capacidade fosfática pode ser estimada, para a faixa de temperatura de 1773 K a 1873 K (Li et al., 2005), como:

$$\log C_{PO_4^{3-}} = 17,55\Lambda + 5,72$$

EXEMPLO 6.12 (*continuação*)

De modo que para o valor de basicidade ótica da escória igual a 0,776 resulta que:

$$\log C_{PO_4^{3-}} = 19{,}34$$

A figura a seguir apresenta valores de capacidade fosfática no sistema CaO–AlO$_{1,5}$; portanto, o valor de capacidade deve ser obtido após a mudança devida de coordenada:

$$X_{CaO} = 0{,}526 \text{ e } X_{Al\,O_{1,5}} = 0{,}474.$$

Nessa escala, $\log X_{CaO} = -0{,}27$, *o que implica* $\log C_{PO_4^{3-}} = 20{,}24$.

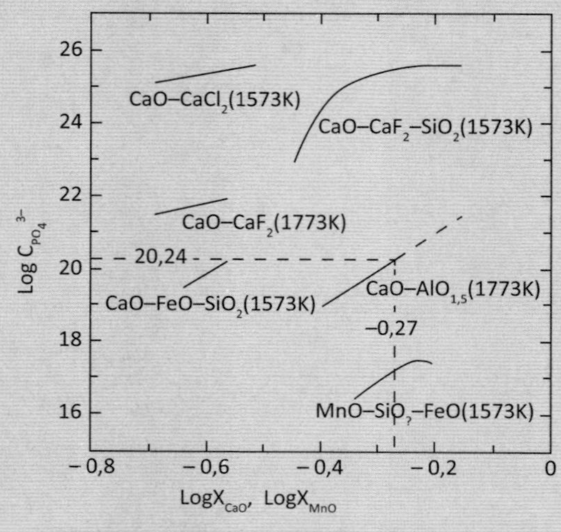

Influência da fração molar do óxido básico sobre a capacidade fosfática de algumas escórias a várias temperaturas.

Fonte: Kobayashi et al., 1996.

Portanto, voltando à definição de capacidade fosfática:

$$C_{PO_4^{3-}} = \frac{(\%PO_4^{\ 3-})}{\sqrt{p_{P_2}}\ p_{O_2}^{5/4}}$$

EXEMPLO 6.12 (*continuação*)

A concentração de PO_4^{3-} *será dada por:*

$$(\%PO_4^{3-}) = C_{PO_4^{3-}} \sqrt{p_{P_2}}\ p_{O_2}^{5/4}$$

$$(\%PO_4^{3-}) = 10^{19,34} \sqrt{1,32x10^{-4}}\ (4,57x10^{-15})^{5/4} = 0,298$$

Os resultados encontrados mostram discrepância significativa, decorrente da utilização de fontes diferentes dos dados termodinâmicos.

■

6.8 CAPACIDADE HIDROXÍLICA DE ESCÓRIAS

A presença de hidrogênio nos aços, ainda que em poucos ppm, causa fragilização, formação de poros, microtrincas, entre outros, deteriorando as propriedades mecânicas do produto final. Escórias podem servir de barreira, evitando o contato direto com atmosferas contendo hidrogênio. Entretanto, escórias podem elas mesmas conter hidrogênio, oriundo de adições com teor importante de umidade; poderiam também ser investigadas como meio de remoção desse elemento. Diante de tal assertiva, é importante conhecer a capacidade de escórias em absorver íons hidroxila ou de hidrogênio.

6.8.1 MECANISMO DE DISSOLUÇÃO DE HIDROGÊNIO E HIDROXILA

Diversos mecanismos têm sido propostos para interpretar o processo de dissolução de íons hidroxílicos em escórias. Ban-Ya et al. (2002), entre outros, propõem que:

1. No caso de escórias ácidas, o vapor de água reage com o oxigênio ligado ao silício rompendo a rede tridimensional silicatada, formando o íon hidroxila, conforme a reação:

$$(-\overset{|}{\underset{|}{Si}} - O - \overset{|}{\underset{|}{Si}} -) + H_2O = -\overset{|}{\underset{|}{Si}} - OH \quad HO - \overset{|}{\underset{|}{Si}} - \qquad (6.191)$$

ou

$$(\geqslant Si - O - Si \leqslant) + H_2O = 2\,(\geqslant Si - OH) \qquad (6.192)$$

ou

$$(O^o) + H_2O(g) = 2(OH) \quad (6.193)$$

2. No caso de escórias básicas, as possíveis reações de dissolução seriam:

$$(O^{2-}) + H_2O(g) = 2(OH^-) \quad (6.194)$$

$$2(O^-) + H_2O(g) = (O^{2-}) + 2(OH) \quad (6.195)$$

$$2(O^-) + H_2O(g) = (O^o) + 2(OH^-) \quad (6.196)$$

A participação relativa dos vários mecanismos é esquematizada na Figura 6.61. Nota-se a existência de um valor mínimo a partir do qual a solubilidade do hidrogênio aumenta na escória. Esse mínimo na curva de solubilidade indica mudança de mecanismo de dissolução de hidrogênio na escória.

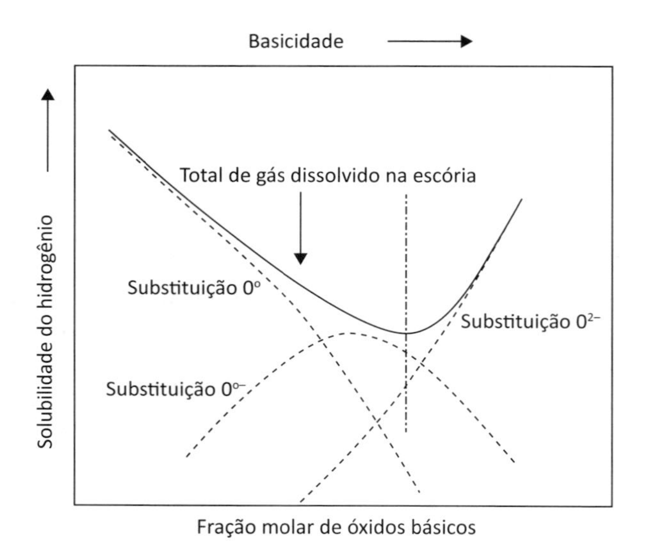

Figura 6.61 – Variação da solubilidade de hidrogênio com a composição da escória.

Fontes: Jung, 2006a, e Jung, 2006b.

A comprovação da existência de mecanismos distintos de incorporação, de acordo com o ramo ácido ou básico, é sugerida na Figura 6.62. Ela mostra que o aumento da basicidade $\left(X_{CaO}+X_{FeO}\right)/\left(X_{SiO_2}+X_{TiO_2}\right)$ resulta em diminuição da solubilidade de hidrogênio na escória até um valor mínimo, a partir do qual a solubilidade de hidrogênio aumenta com o aumento da basicidade. Ainda que a 1823 K as escórias no sistema TiO_2–SiO_2–MnO, sob pressão parcial de hidrogênio de 0,20 atm, apresentem menor solubilidade de hidrogênio em comparação com a escórias no sistema CaO–SiO_2–FeO, sob pressão de 0,1 atm.

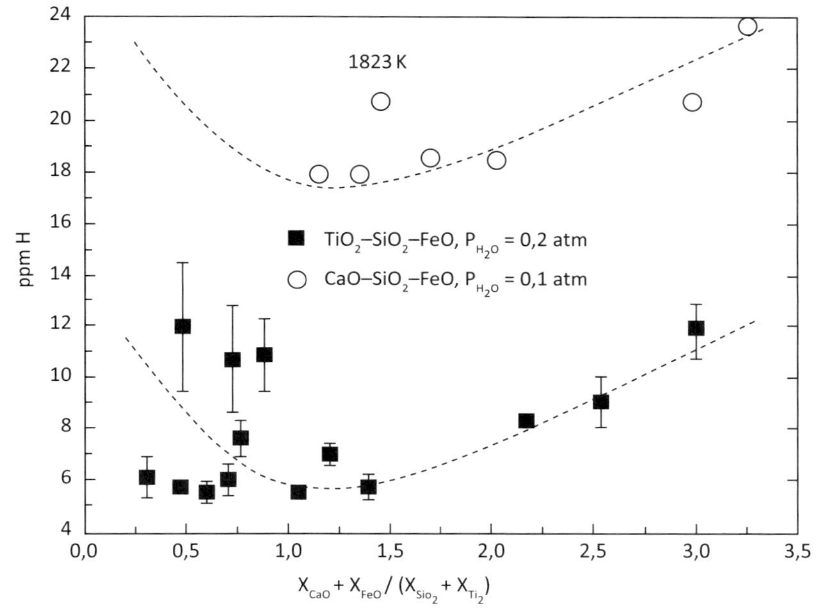

Figura 6.62 – Efeito da basicidade $\left(X_{CaO}+X_{FeO}\right)/\left(X_{SiO_2}+X_{TiO_2}\right)$ e tipo de escória sobre a solubilidade de hidrogênio.

Fonte: Park et al., 2011.

As reações anteriormente sugeridas para a incorporação de hidroxila nas escórias indicam que, no equilíbrio, o conteúdo de hidroxila é proporcional à raiz quadrada da pressão parcial de água na atmosfera. Por exemplo, para escórias básicas considera-se:

$$(O^{2-}) + H_2O(g) = 2(OH^-) \tag{6.197}$$

obtém-se que a constante de equilíbrio K_{OH} é:

$$K_{OH} = \frac{X_{OH}^2}{p_{H_2O}\ a_{O^{2-}}} \tag{6.198}$$

ou

$$X_{OH} = \sqrt{K_{OH}\ p_{H_2O}\ a_{O^{2-}}} \quad (6.199)$$

onde X_{OH}, p_{H_2O} e $a_{O^{2-}}$ representam, respectivamente, fração molar da hidroxila na escória, pressão de vapor de água e atividade do oxigênio divalente na escória (a Figura 6.63 ilustra esse comportamento). A figura mostra também que a solubilidade do vapor de água em escória depende fortemente da natureza da escória.

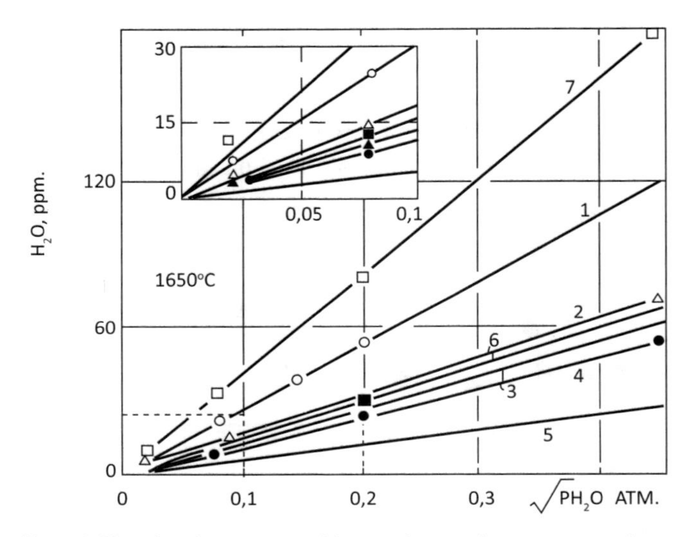

Figura 6.63 – Efeito da pressão parcial de vapor de água sobre a concentração de água em escória de *electroslag remelting*, a 1650 °C.

1 = 77%CaF_2–21,6%CaO–0,1% Al_2O_3–4% SiO_2; 2 = 67,2%CaF_2–3,3%CaO–28,1% Al_2O_3–0,8% SiO_2; 3 = 40%CaF_2–30%CaO–30%Al_2O_3; 4 = 60%CaF_2–20%CaO–20%Al_2O_3; 5 = 50%CaF_2–25%CaO–25% Al_2O_3; 6 =75%CaF_2–25%Al_2O_3; 7 = 43,5%CaF_2-30,2%CaO–1,5%Al_2O_3–21,2% SiO_2–0,9%MgO.

6.8.2 CAPACIDADE HIDROXÍLICA DE ESCÓRIAS

Pode-se, como no caso de outros elementos, apresentar dados de solubilidade em termos de Capacidade Hidroxílica. Por exemplo, considerando o equilíbrio da reação entre o vapor de água e uma escória:

$$(O^{2-}) + H_2O(g) = 2(OH^-) \quad (6.200)$$

Tal que a constante de equilíbrio é:

$$K_{OH} = \frac{a^2_{OH^-}}{a_{O^{2-}}\ p_{H_2O}} \tag{6.201}$$

de modo que a capacidade hidroxílica da escória pode ser definida como:

$$C_{OH} = \frac{(\%\ H_2O)}{\sqrt{p_{H_2O}}} = \sqrt{\frac{K_{OH}\ a_{O^{2-}}}{(\gamma_{OH^-})^2}} \tag{6.202}$$

onde p_{H_2O}, $(\%\ H_2O)$, K_{OH}, $a_{O^{2-}}$, γ_{OH} representam a pressão parcial do vapor de água em contato com a escória, a % de água dissolvida, a constante de equilíbrio da reação, a atividade dos ânions O^{2-} (como medida da basicidade) e o coeficiente de atividade do ânion hidroxila.

Como o mecanismo de dissolução varia em função da basicidade, torna-se conveniente definir (posto que a quantidade de água armazenada deve ser proporcional à raiz quadrada da pressão de vapor de água) a capacidade hidroxílica como, por exemplo,

$$C'_{OH} = \frac{(ppm\ H_2O)}{\sqrt{p_{H_2O}}} \tag{6.203}$$

ou de acordo com Ban-Ya et al. (2002), como:

$$C^*_{OH} = \frac{X_{H2O}}{\sqrt{p_{H_2O}/p_a}} \tag{6.204}$$

onde X_{H2O}, P_{H2O} e P_a representam, respectivamente, a fração molar e a pressão parcial da água em equilíbrio com a escória e a pressão atmosférica no reator. Essas expressões podem ser utilizadas independentemente de a dissolução ser ácida ou básica.

A evidência de existência de mecanismos distintos de dissolução se mostra de novo na tabulação de dados de capacidade hidroxílica como função de basicidade da escória (Figuras 6.64 e 6.65).

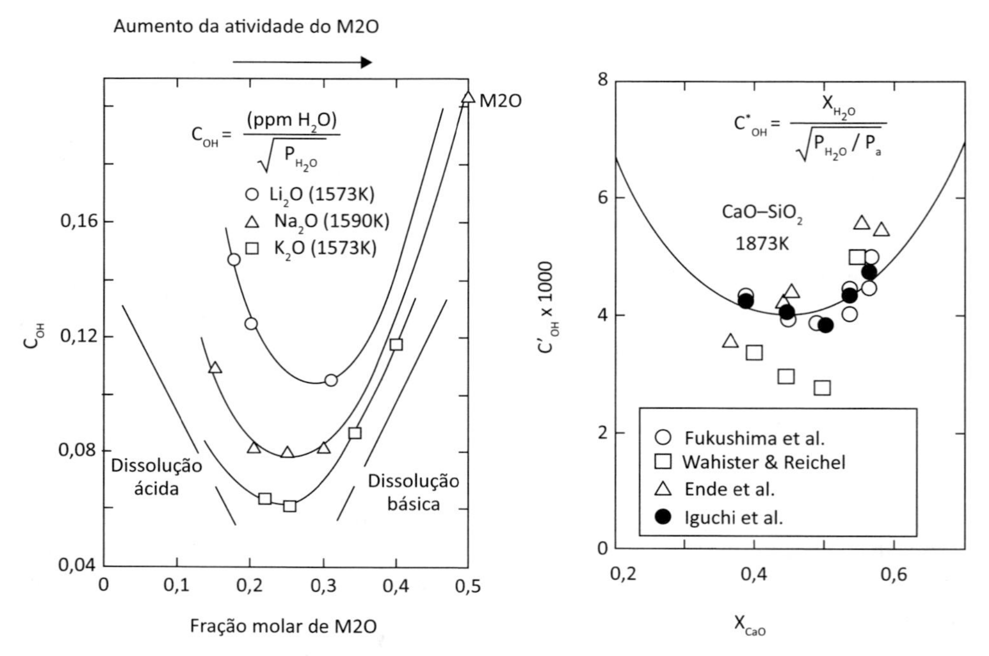

Figura 6.64 – Capacidade hidroxílica de escórias silicatadas alcalinas e $CaO–SiO_2$.

Fonte: Ban-Ya et al., 2002.

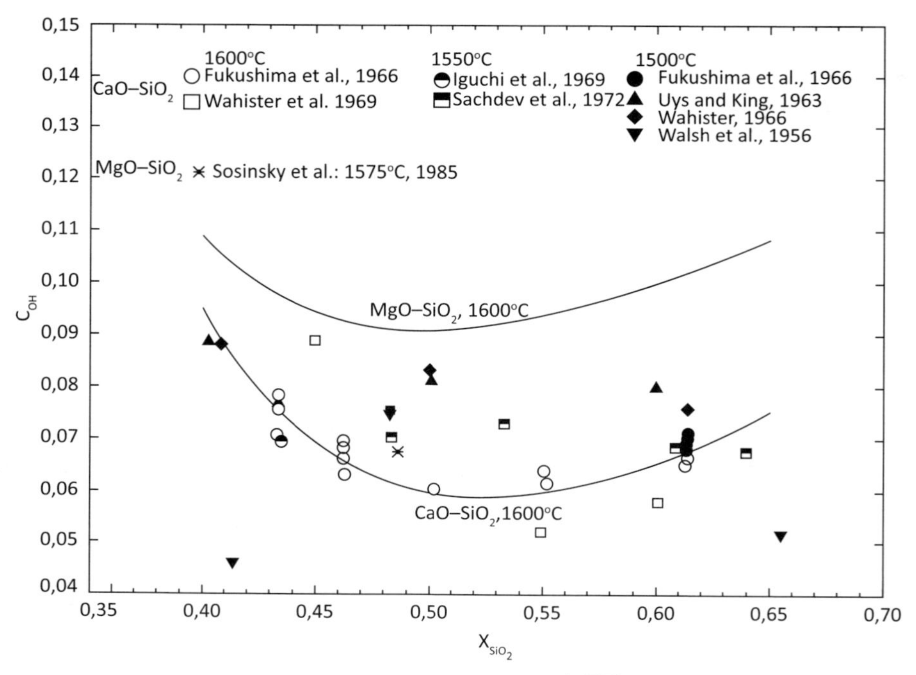

Figura 6.65 – Capacidade hidroxílica $C_{OH} = (\%\ H_2O)/\sqrt{p_{H_2O}}$ de escórias no sistema $MgO–SiO_2$ e $CaO–SiO_2$, a temperaturas diferentes.

Fontes: Jung, 2006a, e Jung, 2006b.

Iguchi et al. (1969), entre outros, mencionam que o efeito da temperatura sobre a capacidade hidroxílica da escória pode ser considerado negligenciável. Como exemplifica a Figura 6.66, no sistema Al_2O_3–CaO, a partir de certo valor de concentração de CaO, a elevação da temperatura decresce a magnitude da capacidade hidroxílica da escória, efeito mais evidente em escórias com altas basicidades. O efeito da basicidade sobre a capacidade hidroxílica é muito mais pronunciado que o da temperatura.

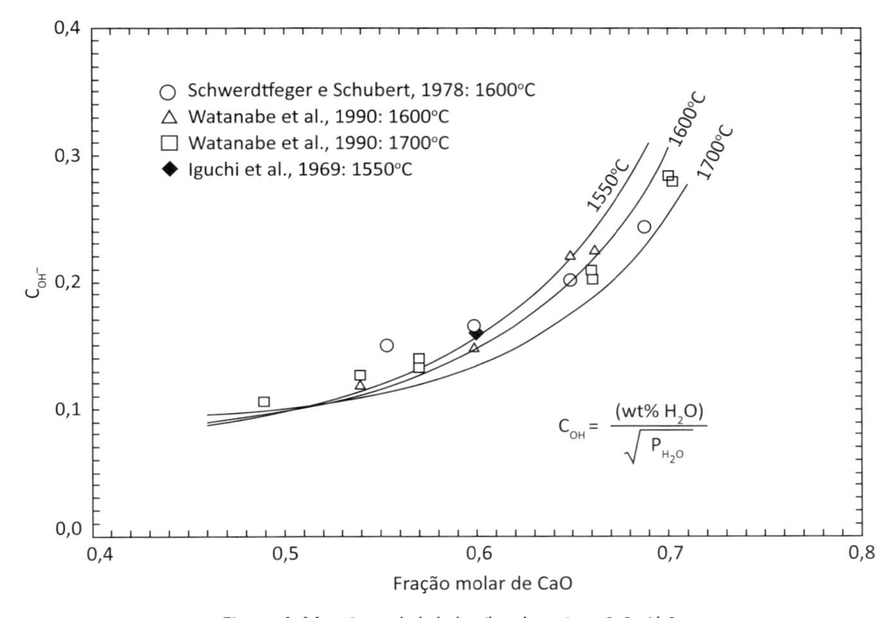

Figura 6.66 – Capacidade hidroxílica de escórias CaO–Al_2O_3.

Fonte: Iguchi et al., 1969.

Sosinsky et al. (1985) propuseram uma correlação empírica para expressar capacidade hidroxílica em função da basicidade ótica de uma escória (Figura 6.67). Novamente, nota-se que o aumento da basicidade da escória decresce a capacidade em hidrogênio até um valor mínimo, a partir do qual o aumento da basicidade ótica é acompanhado de aumento da capacidade hidroxílica:

$$\log C_{H_2O} = 12{,}04 - 32{,}63\ \Lambda_{Duffy} + 32{,}71\ \Lambda^2_{Duffy} - 6{,}62\ \Lambda^3_{Duffy} \qquad (6.205)$$

Curvas de isocapacidade hidroxílica são também apresentadas por meio de diagramas ternários ou pseudoternários (Figuras 6.68 e 6.69). De acordo com Brandberg (2006), a presença de CaO exerce forte efeito sobre a magnitude da capacidade hidroxílica. As figuras mostram curvas de isocapacidade em hidrogênio de escórias no sistema CaO–MgO–Al_2O_3–SiO_2, a 1600 °C. Nessa classe de escórias, o aumento da concentração de CaO e de alumina promove o aumento da capacidade hidroxílica da escória.

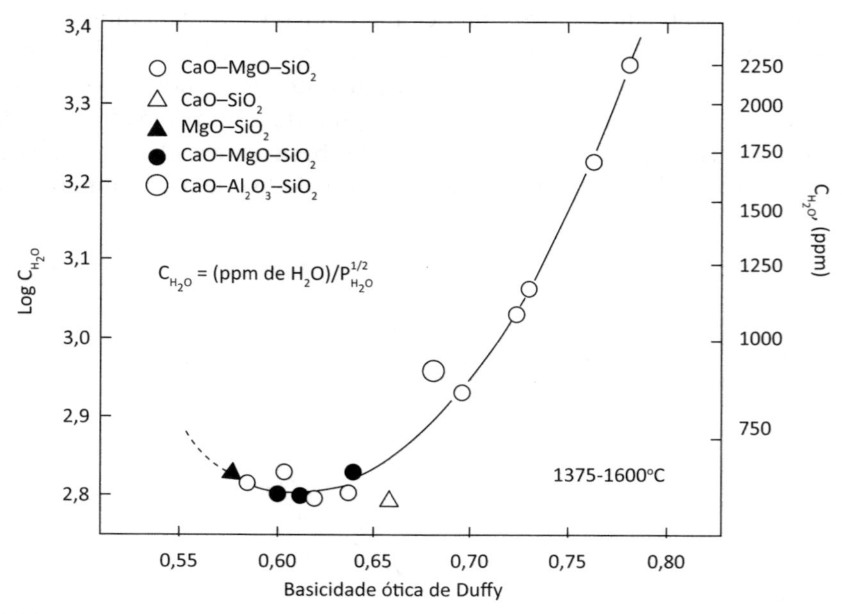

Figura 6.67 – Variação da capacidade em água em função da basicidade ótica de escórias CaO–MgO-SiO_2, a 1375 °C a 1600 °C.

Fonte: Sosinky et al., 1985.

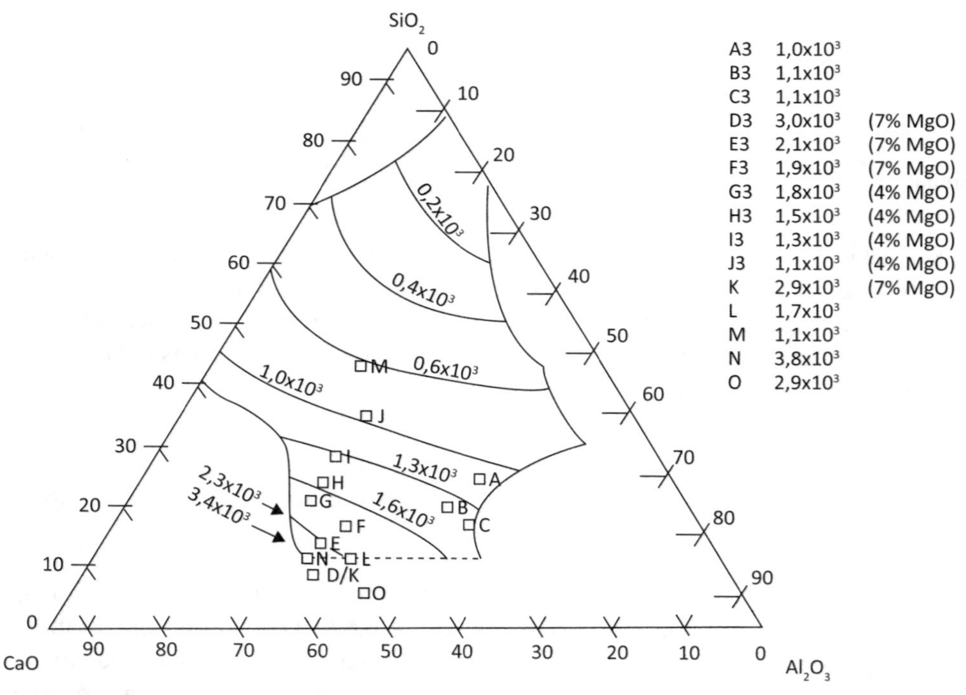

Figura 6.68 – Isoterma do diagrama ternário a 1600 °C, do sistema CaO–MgO–Al_2O_3–SiO_2,com 5% de MgO mostrando as curvas de isocapacidade hidroxílica: $C_{OH} = 10^3(\%\ H_2O)/\sqrt{p_{H_2O}}$.

Fonte: Brandberg, 2006.

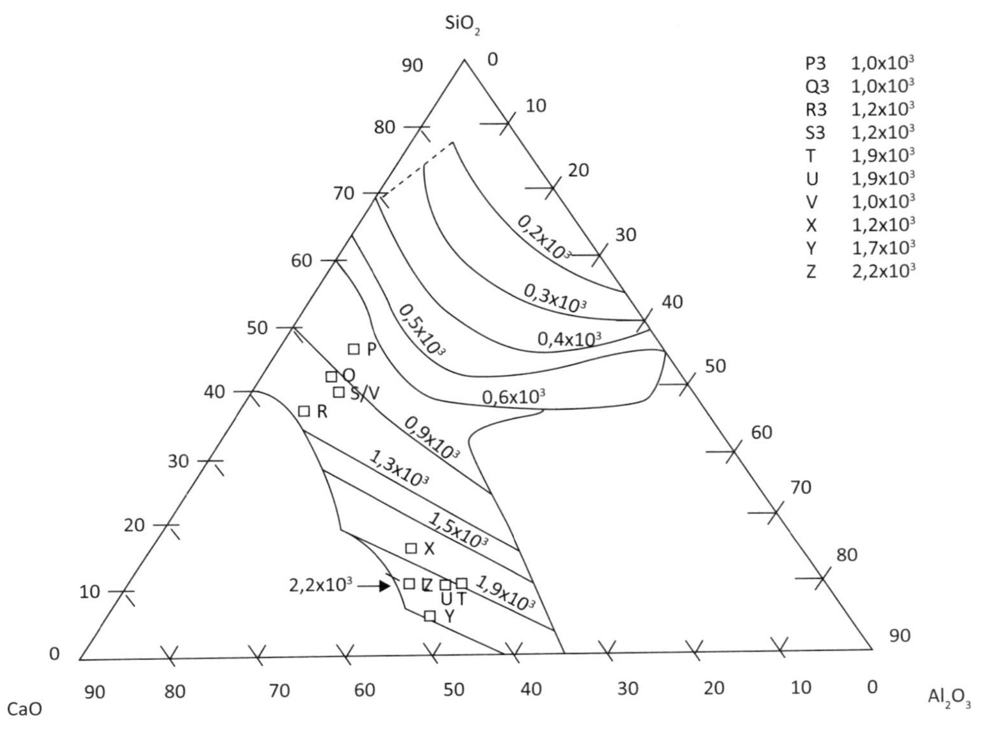

Figura 6.69 – Isotermas do diagrama ternário a 1600 °C, do sistema CaO–MgO–Al_2O_3–SiO_2, com 10% de MgO, mostrando curvas de isocapacidade hidroxílica ($C_{OH} = 10^3(\%\ H_2O)/\sqrt{p_{H_2O}}$).

Fonte: Brandberg, 2006.

EXEMPLO 6.13

Considere que 80 gramas de escória com composição 30% SiO_2, 40% Al_2O_3 e 30% CaO, inicialmente isenta de água, são colocados em contato com 1000 gramas de aço, a 1600 °C, com 0,0008% de hidrogênio e 0,0010% de oxigênio. Quais os teores finais?

A habilidade dessa escória em reter água pode ser retratada pela capacidade hidroxílica. Para essa composição (Figura 6. 84):

$$C_{OH} = \frac{ppm\ H2O}{\sqrt{P_{H2O}(atm)}} = 750$$

Inicialmente, considerando 1000 g de aço, pode-se estimar a quantidade de átomos-grama de hidrogênio e oxigênio como:

EXEMPLO 6.13 (*continuação*)

$$n_H^o = (1000 \times 0{,}0008/100)\ [g]\ /\ 1[g/mol] = 0{,}008$$

$$n_O^o = (1000 \times 0{,}0010/100)\ [g]\ /\ 16[g/mol] = 0{,}000625$$

Considerando a reação, a 1873 K:

$$2H_{1\%} + O_{1\%} = H_2O(g)$$

$$\Delta G^o = -207694 + 0{,}293\ T\ J$$

$$K_{H_2O} = \frac{P_{H_2O}}{\%O\ \%H^2} = 5{,}99 \times 10^5$$

e o consumo de ξ *átomos-grama de oxigênio, pode-se calcular as concentrações no equilíbrio. No aço, em % em peso:*

$$\%H = \frac{(n_H^o - 2\xi)\ x\ 1\ x\ 100}{1000} = 0{,}1(n_H^o - 2\xi)$$

$$\%O = \frac{(n_O^o - \xi)\ x\ 16\ x\ 100}{1000} = 1{,}6(n_O^o - \xi)$$

Enquanto a concentração de água na escória, em ppm, seria:

$$ppm\,H_2O = \frac{\xi\ x\ 18\ x\ 100\ x\ 10^4}{80} = 225000\xi$$

No equilíbrio deve-se obedecer a restrição:

$$C_{OH} = \frac{ppm\ H_2O}{\sqrt{P_{H_2O}(atm)}}$$

EXEMPLO 6.13 (*continuação*)

para a qual os teores de oxigênio e hidrogênio definem a pressão parcial da água:

$$P_{H_2O} = K_{H_2O} \ \%O \ \%H^2$$

Finalmente, o avanço da reação pode ser estimado ao se resolver:

$$C_{OH} = \frac{ppm \ H_2O}{\sqrt{P_{H2O}(atm)}} = \frac{225000 \ \xi}{\sqrt{K_{H_2O} \ \{1,6(n_O^o - \xi)\}\{0,1(n_H^o - 2\xi)\}^2}}$$

O resultado é $\xi = 6,1 \times 10^{-5}$*, o que corresponde a 13,725 ppm de água dissolvida na escória. Portanto, apenas 1,5% do hidrogênio inicial seria retirado via escória, o que ressalta a dificuldade de reduzir os teores de hidrogênio de um aço por ação de escórias. A escória pode, no entanto, servir de barreira física ao "pick-up" de hidrogênio provindo da atmosfera.* ■

EXEMPLO 6.14

Considere uma escória com 30% SiO_2*, 40%* Al_2O_3 *e 30% CaO, inicialmente isenta de água, mas que entra em contato com uma atmosfera com alto teor de umidade (dia de verão, 30 °C, 85% de umidade relativa). Quanto essa escória seria capaz de absorver de umidade a 1550 °C?*

A capacidade de absorção de água é dada como (Figura 6.84):

$$C_{OH} = \frac{ppm \ H2O}{\sqrt{P_{H2O}(atm)}} = 750$$

A pressão de vapor da água é conhecida através da expressão:

$$\log \ P(mm \ Hg) = -\frac{2900}{T} - 4,65 \ \log \ T + 22,613$$

EXEMPLO 6.14 (*continuação*)

Então, 30 °C e 85% de umidade relativa significam pressão parcial de água igual a: 0,85 x 0,0042 atm. Portanto:

$$ppm\ H_2O = C_{OH}\ \sqrt{P_{H2O}(atm)} = 44{,}81.$$

Esse resultado pode ser comparado com aquele do exemplo precedente. Conclui-se que existe a tendência de que a escória absorva umidade da atmosfera e a transmita ao aço. Se o equilíbrio for atingido ao final, o aço apresentaria teores maiores de hidrogênio e oxigênio. No entanto, o equilíbrio não se dá instantaneamente, existem limitações cinéticas ao transporte das espécies iônicas que compõem a água através da camada de escória; dessa forma, a escória pode ser utilizada como barreira à absorção de hidrogênio.

■

6.9 CAPACIDADE NÍTRICA E CIANÍDRICA DE ESCÓRIAS

A presença do nitrogênio nos aços pode ser nociva ou benéfica. O efeito deletério da presença de nitrogênio nos aços de baixa liga provém da diminuição da resistência à corrosão intergranular. No caso de aços inoxidáveis austeníticos, o nitrogênio estabiliza a estrutura e aumenta a dureza e o limite de escoamento. Em presença de titânio, vanádio, cromo e molibdênio, o nitrogênio forma nitretos que incrementam a resistência mecânica e dureza dos aços. Por meio de tratamento superficial de nitretação dos aços, o nitrogênio confere alta resistência ao desgaste (erosão, cavitação e atrito), resistência mecânica (tração, fluência e fadiga) e resistência à corrosão (corrosão localizada, corrosão sob tensão e corrosão intergranular).

A contaminação do aço por nitrogênio pode ser proveniente da atmosfera; de borbulhamento de gases para homogeneização composicional e de temperatura; gusa dos altos-fornos; sucatas, adições de ligas e coque; reagentes sólidos, etapa de aquecimento do banho; entre outros (Tabela 6.15).

Processos de desgaseificação de aços não são efetivos para a remoção de nitrogênio devido à ação de elementos tensoativos (enxofre principalmente). Por isso, vários tipos de escórias têm sido propostos como removedores do nitrogênio dissolvido em aços. Fan e Cho (2006) reportam que a incorporação de óxidos de titânio propicia a redução da contaminação do aço em nitrogênio (Figura 6.70).

Tabela 6.15 – Teores de nitrogênio em matérias-primas utilizadas na produção de aços em fornos elétricos a arco

Sucatas	20–120 ppm
HBI/DRI	20–30 ppm
Gusa líquido de altos-fornos	60 ppm
Sucatas de gusa	20–30 ppm
Coque	5000–10000 ppm
Oxigênio	3–20 ppm
Nitrogênio borbulhado pelo fundo	> 99,9%
CaO	400 ppm

Fonte: Silva, 2010.

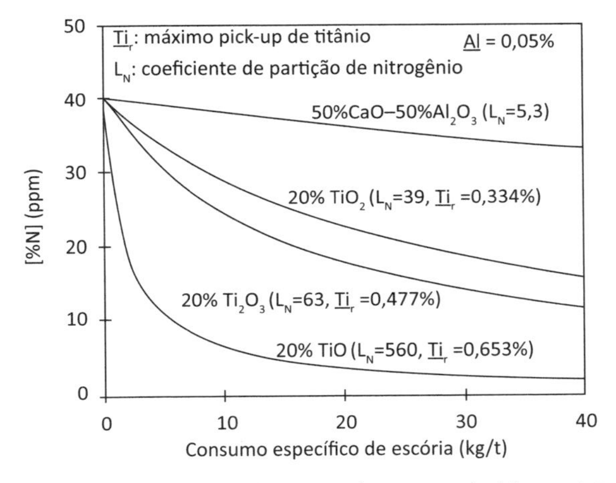

Figura 6.70 – Influência da quantidade e composição de escórias sobre o teor residual de nitrogênio em um aço de composição (% em peso): 0,025%Al; 0,0011%Ti; 0,163%C; 0,172%Si; 0,709%Mn; 0,0062%P; 0,035%S e 0,085%Cr, a 1600 °C.

Fonte: Fan e Cho, 2006.

Sob condições de baixas pressões de oxigênio e escórias básicas, o nitrogênio dissolve-se em escórias metalúrgicas, segundo a reação química:

$$\frac{1}{2} N_2(g) + 3/2\,(O^{2-}) = \frac{3}{4}\, O_2(g) + (N^{3-}) \qquad (6.206)$$

tal que a sua constante de equilíbrio é:

$$K_N = \frac{p_{O_2}^{3/4}\, \gamma_{N^{3-}}\, (\%N^{3-})}{p_{N_2}^{1/2}\, a_{O^{2-}}^{3/2}} \qquad (6.207)$$

Logo, a concentração de nitrogênio em equilíbrio com a escória e a fase gasosa é:

$$(\%N^{3-}) = \frac{K_N \, p_{N_2}^{1/2} \, a_{O^{2-}}^{3/2}}{p_{O_2}^{3/4} \, \gamma_{N^{3-}}} \tag{6.208}$$

Vê-se que a concentração de nitrogênio na escória, sob a forma de íon nitreto, depende da temperatura, de pressões parciais de nitrogênio e de oxigênio, além da composição da escória.

A Figura 6.71 mostra os efeitos da temperatura e da pressão parcial de oxigênio sobre a concentração de nitrogênio em escórias nos sistemas $CaO–SiO_2–Al_2O_3–TiO_2$ e $CaO–Al_2O_3–CaF_2$. Vê-se que o aumento da pressão parcial de oxigênio e a diminuição da temperatura resultam em decréscimo da concentração de nitrogênio; além disso, a forma da curva experimental encontra-se de acordo com a relação funcional prevista pela reação citada.

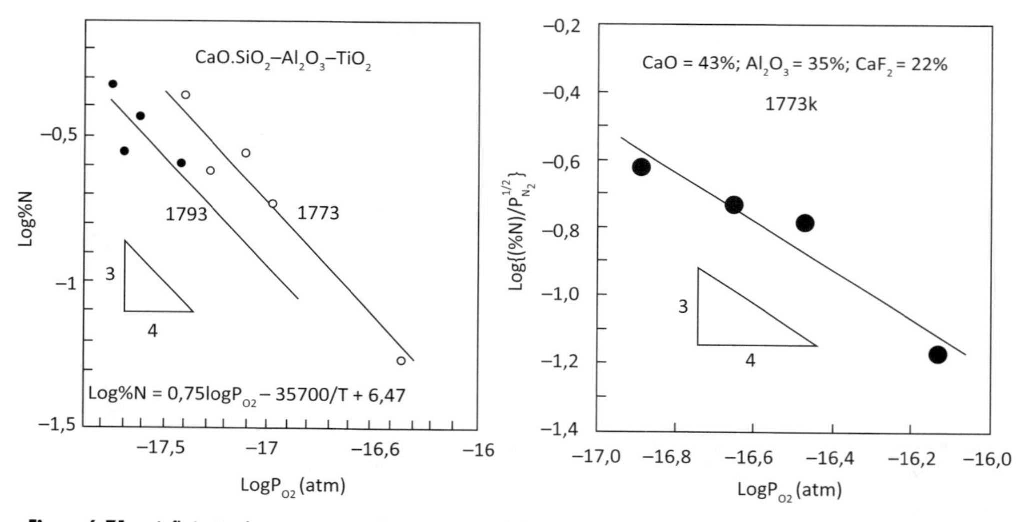

Figura 6.71 – Influências da temperatura e da pressão parcial de oxigênio sobre a concentração de nitrogênio em escórias $CaO–SiO_2–Al_2O_3–TiO_2$ (Sasabe et al., 2002) e $CaO–Al_2O_3–CaF_2$ (Shin e Lee, 2001).

6.9.1 CAPACIDADE NÍTRICA DE ESCÓRIAS

Sasabe et al. (2002), entre outros, considerando a reação (atuante em meio básico e redutor):

$$\tfrac{1}{2}\, N_2(g) + 3/2\,(O^{2-}) = \tfrac{3}{4}\, O_2(g) + (N^{3-}) \tag{6.209}$$

definem a capacidade nítrica da escória como:

$$C_{N^{3-}} = \frac{K_N a_{O^{2-}}^{3/2}}{\gamma_{N^{3-}}} = \frac{(\%N^{3-})\ p_{O_2}^{3/4}}{\sqrt{p_{N_2}}} \tag{6.210}$$

o que denota que a capacidade nítrica é dependente apenas da temperatura e da composição da escória.

Min e Fruehan (1990) argumentam que esse mecanismo seria válido para escórias fortemente básicas, o nitrogênio sendo incorporado na escória sob a forma de íon nitreto livre, e, com isso, a capacidade nítrica resultaria proporcional a $a_{O^{2-}}^{3/2}$.

Para escórias ácidas, o nitrogênio se combina com o formador de redes:

$$2\ O^- + ½\ N_2(g) = N^- + 1/2\ (O^{2-}) + ¾\ O_2(g) \tag{6.211}$$

o que permite definir a capacidade nítrica da escória como:

$$C_{N^{3-}} = \frac{K_N\ (a_{O^-})^2}{\gamma_{N^-}\ (a_{O^{2-}})^{1/2}} = \frac{(\%N^{3-})\ p_{O_2}^{3/4}}{\sqrt{p_{N_2}}} \tag{6.212}$$

Então, haveria uma mudança de mecanismo em um valor intermediário de basicidade (Figura 6.72).

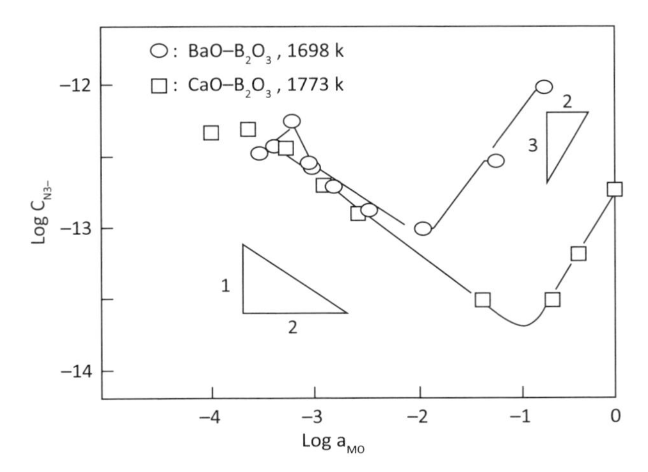

Figura 6.72 – Influência da atividade do óxido básico sobre a capacidade nítrica de escórias no sistema $BaO-B_2O_3$ a 1698 K e $CaO-B_2O_3$ a 1773 K.

Fonte: Min e Fruehan, 1990.

Jung (2006) também confirma a ocorrência de ponto de mínimo na curva de absorção de nitrogênio, separando dois regimes de dissolução.

A Figura 6.73 ilustra que o aumento da temperatura causa aumento da capacidade nítrica de escórias nos sistemas $CaO-Al_2O_3$ (saturada em CaO) e $CaO-Al_2O_3$ (saturada em Al_2O_3), tal como já percebido pelos dados de solubilidade.

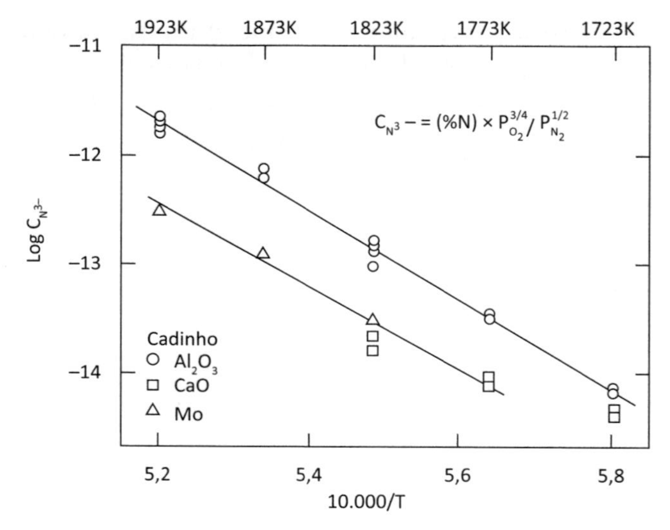

Figura 6.73 – Efeito da temperatura sobre a capacidade nítrica de escórias nos sistemas $CaO-Al_2O_3$ (saturada em CaO) e $CaO-Al_2O_3$ (saturada em Al_2O_3).

Fonte: Tomioka e Suito, 1994.

Naturalmente, o valor da capacidade nítrica é influenciado pela natureza dos componentes da escória, e alguns são mais marcantes. Nomura et al. (1991) reportam que escórias dos sistemas $CaO-Al_2O_3-TiO_2$ e $CaO-BaO-Al_2O_3-TiO_2$ apresentam fortes afinidades por nitrogênio e, por isso, são capazes de remover eficientemente o nitrogênio de aços. Sakai e Suito (1996) mostram que escórias dos sistemas $CaO-Al_2O_3-TiO_x$, a 1600 °C, apresentam capacidades nítricas superiores às de escórias nos sistemas $CaO-Al_2O_3-ZrO_2$ e $CaO-Al_2O_3-SiO_2$ (Figura 6.74), enquanto para a mesma temperatura escórias do sistema $CaO-Al_2O_3-MgO$ apresentaram menores capacidades nítricas em comparação com as três escórias ternárias anteriores.

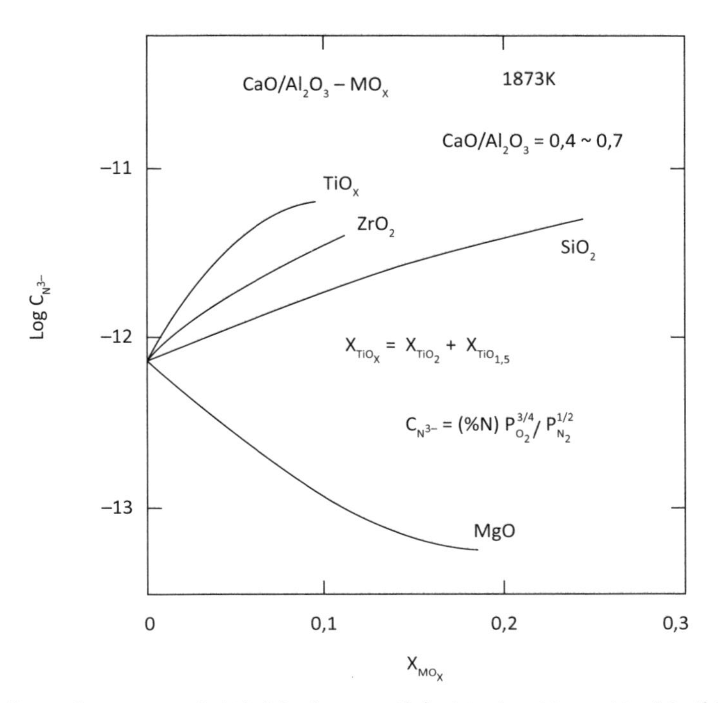

Figura 6.74 – Influência da concentração de óxido MO_x sobre a capacidade nítrica de escórias ternárias $CaO–Al_2O_3–MO_x$, a 1600 °C.

Fonte: Sakai e Suito, 1996.

As Figuras 6.75 e 6.76 ilustram o efeito da basicidade ou da atividade da cal. Se existe uma relação direta entre basicidade e atividade de cal, então a declividade da curva deveria se conformar às reações:

$$\frac{1}{2} N_2(g) + 3/2\ (O^{2-}) = \frac{3}{4}\ O_2(g) + (N^{3-});\ \text{ramo básico} \quad (6.213)$$

$$2\ O^- + \frac{1}{2} N_2(g) = N^- + 1/2\ (O^{2-}) + \frac{3}{4}\ O_2(g);\ \text{ramo ácido} \quad (6.214)$$

As Figuras 6.75 e 6.76, para as escórias citadas, sugerem o mecanismo atuante em escórias ácidas.

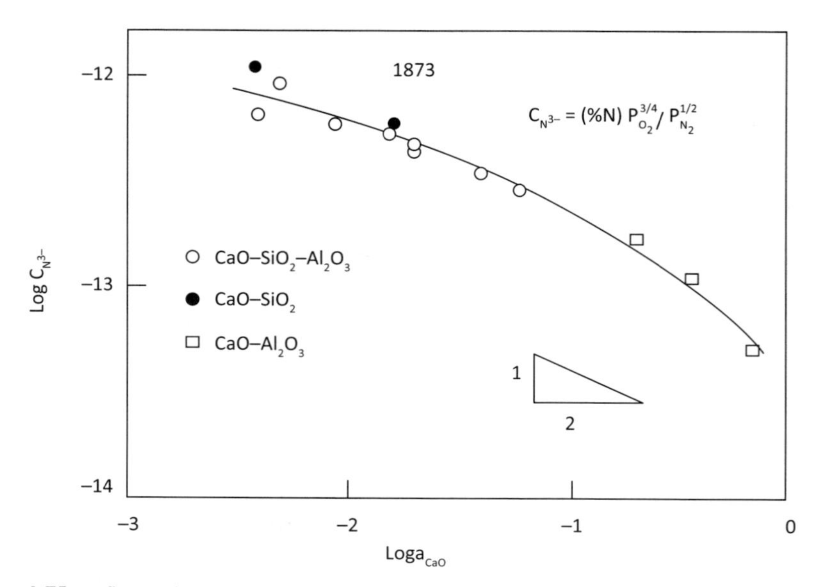

Figura 6.75 – Influência da atividade do óxido CaO em escórias nos sistemas $CaO–Al_2O_3$, $CaO–SiO_2$ e $CaO–SiO_2–Al_2O_3$ sobre sua capacidade nítrica.

Fonte: Ito e Fruehan, 1988.

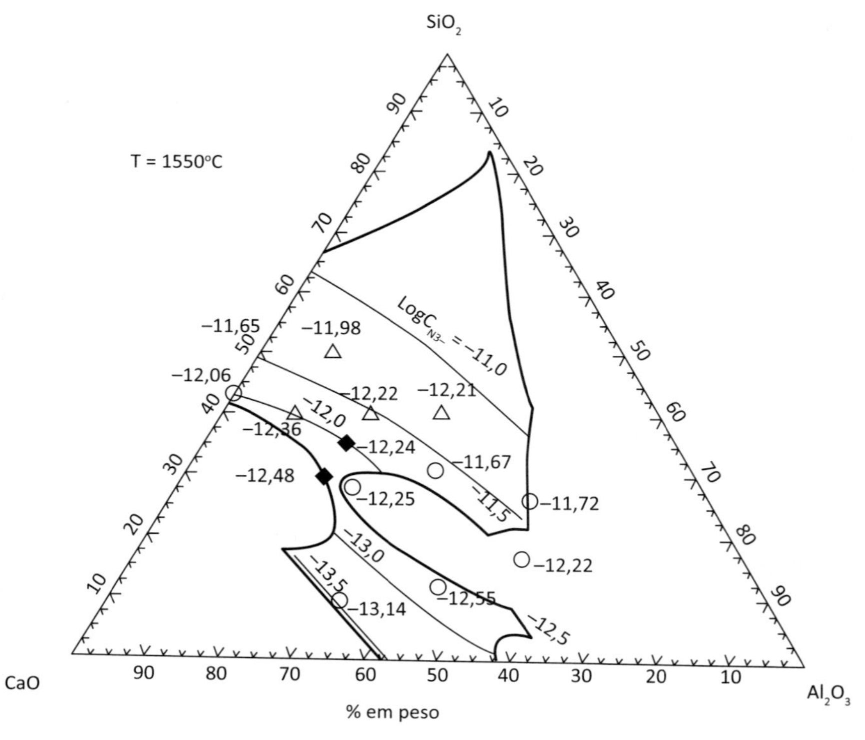

Figura 6.76 – Curvas de isocapacidade nítrica de escórias do sistema $CaO–Al_2O_3–SiO_2$, a 1550 °C.

Fontes: Jung, 2006a e Jung, 2006b.

É comum a presença de pequenas quantidades de fluorita em escórias metalúrgicas por causa de seu efeito escorificante e aumento da fluidez. Contudo, seu uso é limitado devido aos problemas ambientais e corrosão do refratário na linha de escória. A Figura 6.77 mostra que o aumento do valor de $X_{CaO}/X_{Al_2O_3}$ e da fração molar de CaF_2 resultam em aumento da capacidade nítrica de escórias do sistema $CaO{-}CaF_2{-}Al_2O_3$, a 1500 °C. Observa-se que as escórias são fortemente básicas. Shin e Lee (2001) afirmam que o aumento das concentrações de CaO e CaF_2 provoca a ruptura da rede de aluminatos da escória, aumentando a solubilidade do íon nitreto na escória.

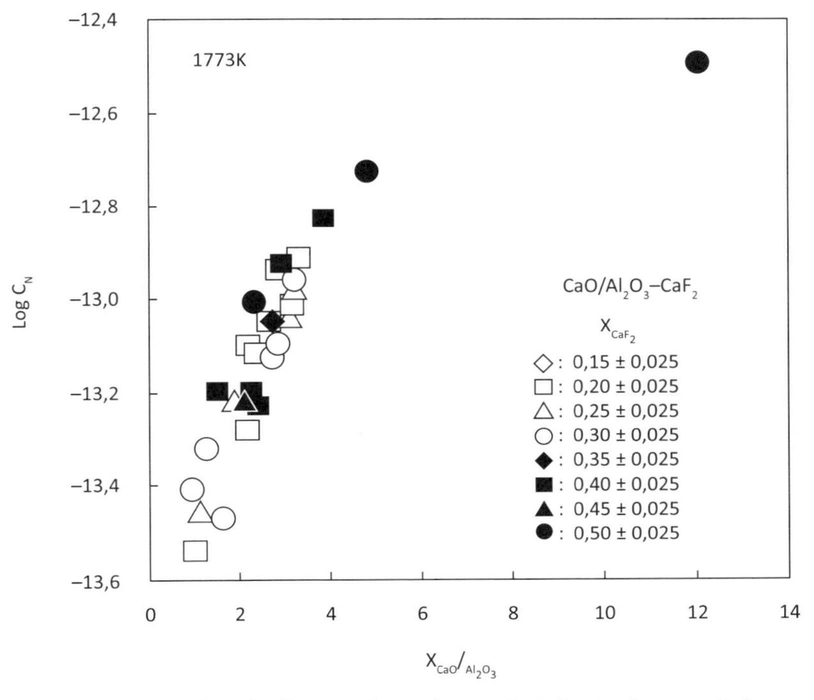

Figura 6.77 – Efeitos da relação $X_{CaO}/X_{Al_2O_3}$ e fração molar da fluorita sobre a capacidade nítrica de escórias do sistema $CaO{-}CaF_2{-}Al_2O_3$, a 1500 °C.

Fonte: Shin e Lee, 2001.

Shin e Lee (2001) propõem, para escórias básicas, que a capacidade nítrica pode ser expressa como:

$$\log C_{N^{3-}} = 7,442\Lambda - 19,05 = 7,442 \left[\frac{\Lambda_{CaO}\, X_{CaO} + 3\Lambda_{Al_2O_3}\, X_{Al_2O_3} + 2\Lambda_{CaF_2}\, X_{CaF_2}}{X_{CaO} + 3\, X_{Al_2O_3} + 2\, X_{CaF_2}} \right] - 19,05 \qquad (6.215)$$

Essa relação é apresentada na Figura 6.78.

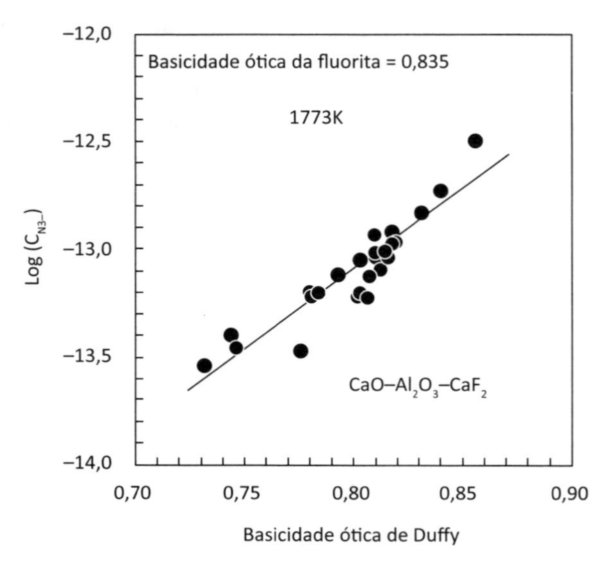

Figura 6.78 – Variação da capacidade nítrica com a basicidade ótica de Duffy de escórias no sistema $CaO–Al_2O_3–CaF_2$.

Fonte: Shin e Lee, 2001.

6.9.2 CAPACIDADE CIANÍDRICA DE ESCÓRIAS

Em presença de carbono, o nitrogênio dissolve-se na escória na forma de íons cianeto CN^-, conforme a reação:

$$\frac{1}{2} N_{2(g)} + C + 1/2\,(O^{2-}) = (CN^-) + 1/4\, O_{2(g)} \qquad (6.216)$$

tal que a capacidade cianídrica da escória é definida:

$$C_{CN^-} = \frac{K\, a_{O^{2-}}^{1/2}}{\gamma_{CN}} a_C = (\%CN^-)\frac{p_{O_2}^{1/4}}{\sqrt{p_{N_2}}} \qquad (6.217)$$

A equação precedente mostra que o aumento da $a_{O^{2-}}$ causa o aumento da capacidade cianídrica da escória. Esse efeito pode ser retratado pelo aumento da fração molar de CaO na escória (Figura 6.79).

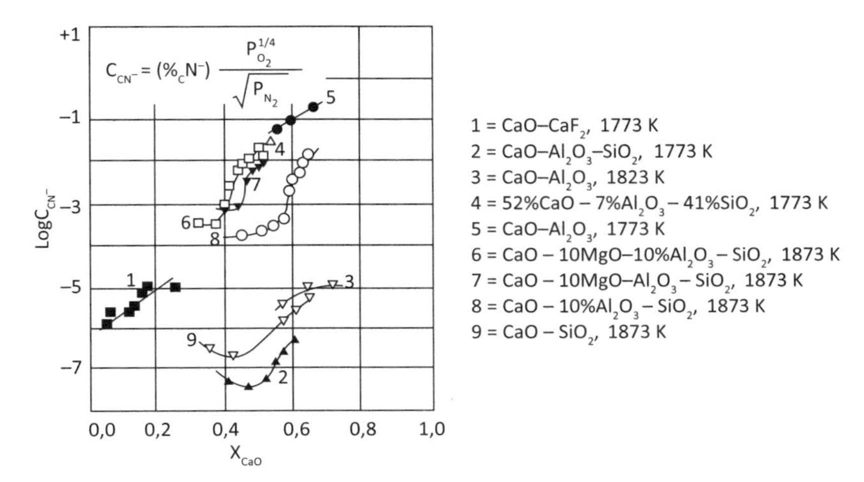

Figura 6.79 – Efeito da fração molar de CaO sobre a capacidade cianídrica.

Fonte: Ban-Ya e Hino, 1991.

6.9.3 COEFICIENTE DE PARTIÇÃO DO NITROGÊNIO ENTRE ESCÓRIA E METAL

Considerando a definição de capacidade nítrica, independentemente do mecanismo atuante:

$$C_{N^{3-}} = \frac{(\%N^{3-})\ p_{O_2}^{3/4}}{\sqrt{p_{N_2}}} \tag{6.218}$$

e ainda a reação de dissolução do nitrogênio no aço líquido:

$$\tfrac{1}{2}\ N_2(g) = \underline{N}_{\ 1\%} \tag{6.219}$$

$$\Delta G^o = 3600 + 23{,}9T \quad J/mol \tag{6.220}$$

encontra-se que a constante de equilíbrio dessa reação:

$$K_N^{**} = \frac{h_N}{p_{N_2}^{1/2}} \tag{6.221}$$

permite determinar a relação entre pressão parcial de nitrogênio e nitrogênio dissolvido no aço:

$$P_{N_2}^{1/2} = \frac{\%N \ f_N}{K_N^{**}} \tag{6.222}$$

Então, a expressão de capacidade nítrica pode ser reescrita de modo a identificar o coeficiente de partição,

$$C_{N^{3-}} = \frac{(\%N^{3-}) \ p_{O_2}^{3/4}}{\frac{\%N \ f_N}{K_N^{**}}} = \frac{L_N \ K_N^{**} \ p_{O_2}^{3/4}}{f_N} \tag{6.223}$$

Assim, capacidade nítrica e coeficiente de partição estão interligados através de:

$$L_N = \frac{(\%N^{3-})}{\%N} = \frac{C_{N^{3-}} \ f_N}{K_N^{**} \ p_{O_2}^{3/4}} \tag{6.224}$$

Ono et al. (2010) ressaltam que há um limite para a diminuição da concentração de nitrogênio nos aços, em virtude da interferência dos elementos tensoativos mas também por causa do "pick-up" de nitrogênio da atmosfera após a etapa de desgaseificação. Adições de Al, Ti ou Si ao aço líquido favorecem a redução do teor residual de nitrogênio nos aços, em virtude do aumento do coeficiente de partição de nitrogênio entre a escória e o aço.

Por exemplo, considere-se o equilíbrio entre escória líquida (contendo Al_2O_3) e liga Fe–N–Al líquida (Inoue e Suito, 1991), tal que o potencial de oxigênio seja definido pela reação:

$$2 \ \underline{Al}_{1\%} + 3/2 \ O_2(g) = Al_2O_3(s) \tag{6.225}$$

$$\Delta G^o = -1.555.516 + 377{,}61 \ T \ J/mol \tag{6.226}$$

Nessa situação, a pressão parcial de oxigênio seria dada como:

$$P_{O2}^{3/2} = \frac{a_{Al2O3}}{K_{Al2O3} \ h_{Al}^2} \quad \text{ou} \quad P_{O2}^{3/4} = \sqrt{\frac{a_{Al2O3}}{K_{Al2O3} \ h_{Al}^2}} \tag{6.227}$$

tal que o coeficiente de partição de nitrogênio entre ambas as fases líquidas seria:

$$\log L_N = \log C_{N^{3-}} + \log f_N - \log K_N^{**} - \log P_{O2}^{3/4} \quad (6.228)$$

$$\log L_N = \log C_{N^{3-}} + \log f_N - \log K_N^{**} - \log \sqrt{\frac{a_{Al2O3}}{K_{Al2O3}\, h_{Al}^2}} \quad (6.229)$$

$$\log L_N = \log C_{N^{3-}} + \log f_N - \log K_N^{**} - \log \sqrt{\frac{a_{Al2O3}}{K_{Al2O3}}} + \log h_{Al} \quad (6.230)$$

Os resultados (Figura 6.80) evidenciam que o aumento da concentração de alumínio no ferro líquido causa o aumento do coeficiente de partição de nitrogênio entre a fase metálica e a escória, como esperado.

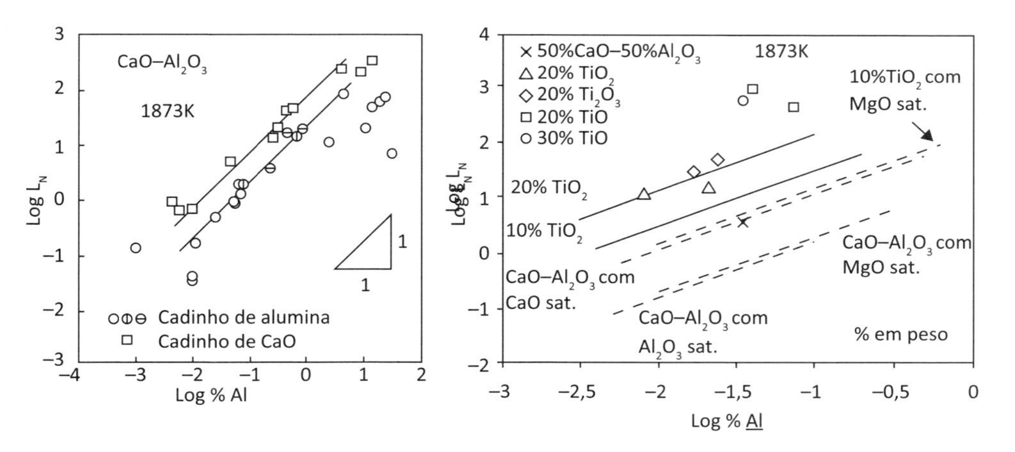

Figura 6.80 – Influência do teor de alumínio no ferro líquido sobre o coeficiente de partição de nitrogênio entre a escória e o banho.

Fonte: Inoue e Suito, 1991.

6.10 CAPACIDADE MAGNESIANA DE ESCÓRIAS

Refratários à base de MgO são comuns em reatores siderúrgicos e de não ferrosos. A Figura 6.81 mostra um exemplo de distribuição de diversos tipos de refratários em uma panela de refino de aço. Nota-se a participação expressiva de refratários com base em MgO. Essa categoria de revestimento refratário é suscetível ao ataque químico de escórias não saturadas em MgO, decrescendo a vida útil do reator metalúrgico.

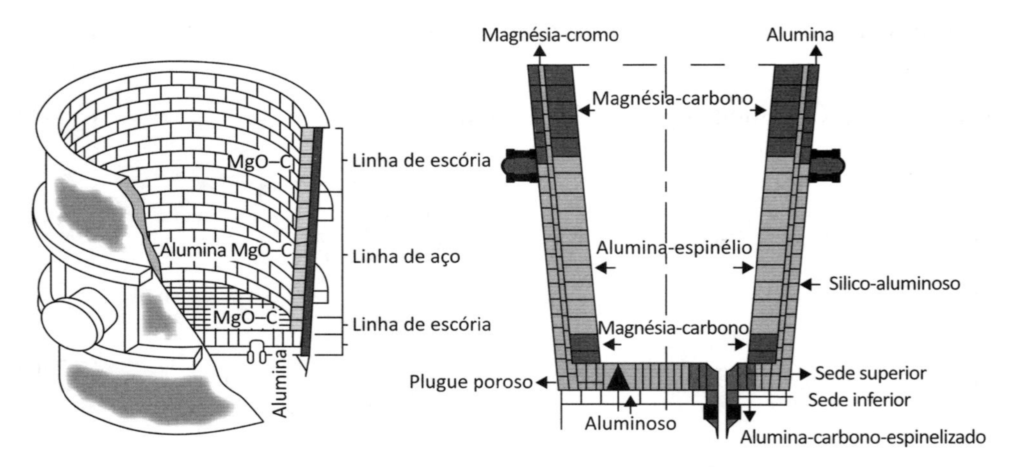

Figura 6.81 – Exemplo de revestimento refratário de uma panela de refino de aço.

Em função da combinação de aspectos metalúrgicos e econômicos relacionados à dissolução de magnésia em escórias, algum esforço tem sido devotado para a determinação das relações que interligam a habilidade de dissolução de MgO com a composição química da escória e temperatura.

A dissolução do MgO em uma escória, a uma dada temperatura, pode ser descrita pela reação:

$$MgO(s) = (Mg^{2+}) + (O^{2-}) \tag{6.231}$$

Tal que a constante de equilíbrio é:

$$K_{Mg^{2+}} = \frac{a_{Mg^{2+}} a_{O^{2-}}}{a_{MgO}} \tag{6.232}$$

ou:

$$(\%Mg^{2+}) = \frac{K_{Mg^{2+}} a_{MgO}}{a_{O^{2-}} \gamma_{Mg^{2+}}} \tag{6.233}$$

onde $K_{Mg^{2+}}$; a_{MgO} ; $a_{O^{2-}}$ e $\gamma_{Mg^{2+}}$ representam, respectivamente, constante de equilíbrio, atividade do MgO no refratário, atividade do ânion divalente de oxigênio e coeficiente de atividade do cátion de magnésio na escória.

Denominando por M_{MgO} e M_{Mg} as massas moleculares de MgO e do Mg, pode-se escrever que:

$$(\%MgO) = \frac{K_{Mg^{2+}}\, a_{MgO}}{a_{O^{2-}}\, \gamma_{Mg^{2+}}} \frac{M_{MgO}}{M_{Mg}} \qquad (6.234)$$

Essa expressão fornece o limite de solubilidade do MgO na escória, ao se fazer $a_{MgO} = 1$, o que ressalta ser a solubilidade função da temperatura e da composição da escória.

Por exemplo, no caso de escórias do sistema $CaO-SiO_2-Al_2O_3-Fe_tO-MnO$, Jung et al. (2007) propõem que o limite de solubilidade do MgO na escória varia com a temperatura segundo a equação:

$$\log(\%MgO) = -\frac{3330}{T} + 3{,}09 \qquad (6.235)$$

No caso de escórias do sistema $CaO-SiO_2-MnO$, Jung et al. (2007) propõem que a influência da temperatura sobre o limite de solubilidade do MgO nessa escórias seja dada como:

$$\log(\%MgO) = -\frac{8830}{T} + 6{,}19 \qquad (6.236)$$

A Figura 6.82 mostra que, para uma dada basicidade binária, maiores temperaturas implicam maiores solubilidades do MgO em escórias do sistema $CaO-MgO-Fe_2O_3-Al_2O_3-SiO_2-Mn_2O_3-CaF_2$, a 1600 °C. Também mostra que, para uma dada temperatura da escória, maiores basicidades binárias implicam diminuição do limite de solubilidade do MgO nessa escória. A adição de óxidos básicos eleva o valor do coeficiente de atividade $\gamma_{Mg^{2+}}$ na escória, reduzindo a solubilidade.

A Figura 6.83 mostra os efeitos dos teores de FeO e basicidade sobre o limite de solubilidade de MgO em escórias de refino do aço líquido. Shim e Ban-Ya (1981) investigaram a solubilidade do MgO em escórias do sistema $FeO_x-SiO_2-CaO-MgO$. Os resultados obtidos mostram que a solubilidade do MgO nessas escórias decresce com o aumento da basicidade e com o aumento da concentração de FeO, principalmente na região de escórias ácidas, onde esse óxido tem maior caráter básico.

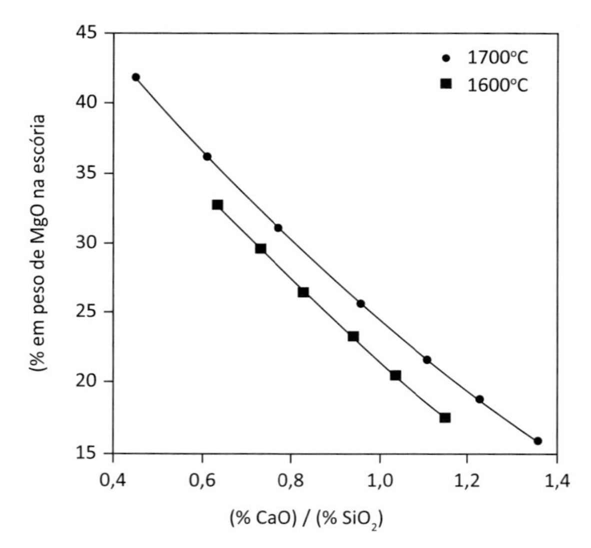

Figura 6.82 – Variação do limite de solubilidade do MgO em escórias $CaO–MgO–Fe_2O_3–Al_2O_3–SiO_2–Mn_2O_3–CaF_2$, a 1600 °C.

Fonte: Jung et al., 2007.

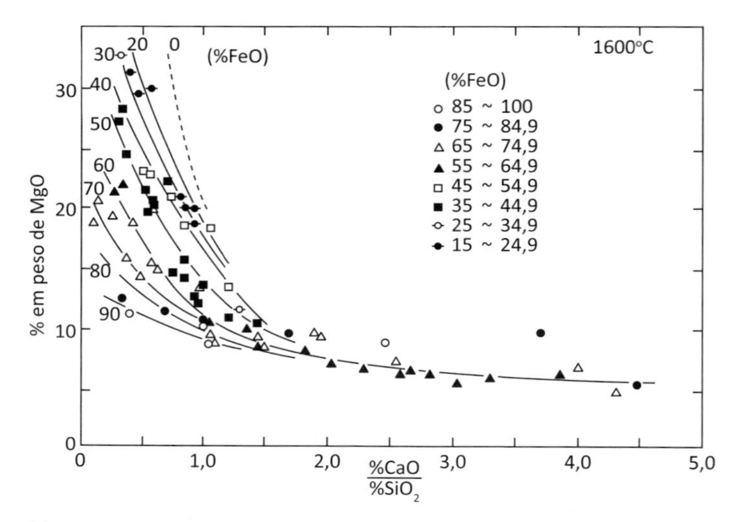

Figura 6.83 – Variação da solubilidade do MgO em escórias do sistema $Fe_tO–SiO_2–CaO–MgO$ com a basicidade, concentrações de FeO, a 1600 °C.

Fonte: Shim e Ban-Ya, 1981.

A Figura 6.84 mostra a variação da concentração de saturação de MgO, nas escórias do sistema $CaO–SiO_2–Fe_tO–MnO(>8\%)–MgO–P_2O_5$, em função da basicidade e concentração de MnO, à temperatura de 1650 °C. O efeito do MnO se mostra similar àquele do FeO.

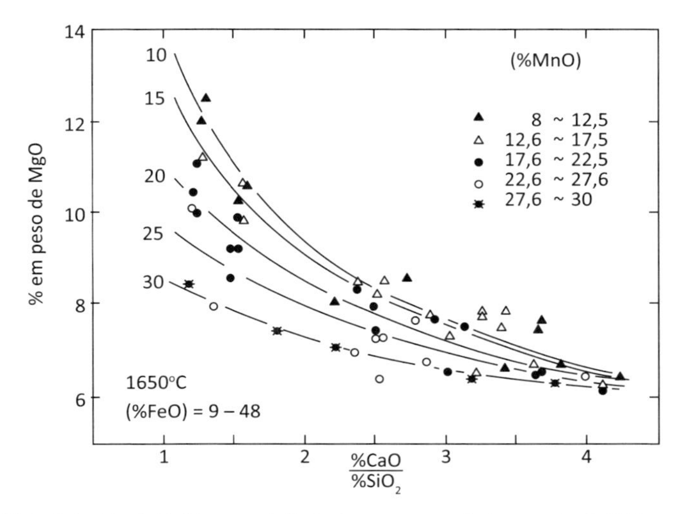

Figura 6.84 – Efeito da basicidade binária e teor de MnO sobre a concentração de saturação de MgO na escória, a 1650 °C.

Fonte: Park et al., 1993.

Jung et al. (2010) definem a capacidade magnesiana de uma escória arbitrária como sendo:

$$C_{Mg^{2+}} = \frac{(\%Mg^{2+})}{a_{MgO}} = \frac{K_{Mg^{2+}}}{\gamma_{Mg^{2+}} a_{O^{2-}}} \tag{6.237}$$

Então, a capacidade magnesiana de uma escória (habilidade da escória em reter cátions de magnésio) depende da temperatura, do coeficiente de atividade do Mg^{2+} e da atividade do ânion oxigênio na escória, isto é, se mostra função apenas da escória e temperatura.

Bergman (1989) propôs uma correlação expressando a capacidade magnesiana de uma escória em função da basicidade ótica de Duffy e a temperatura, tal que:

$$\log(\%MgO) = -9{,}12\ \Lambda_{Duffy} + 7{,}499 \tag{6.238}$$

Jung et al. (2007), considerando escórias do sistema $CaO–SiO_2–MnO$ a 1873 K, determinaram a solubilidade do MgO em função da basicidade ótica de Duffy, conforme a correlação:

$$\log(\%MgO) = -9{,}12\ \Lambda_{Duffy} + 6{,}84 \tag{6.239}$$

Uma comparação entre os valores previstos pela expressão anterior e aqueles sugeridos por Jung et al. (2007) é mostrada na Figura 6.85.

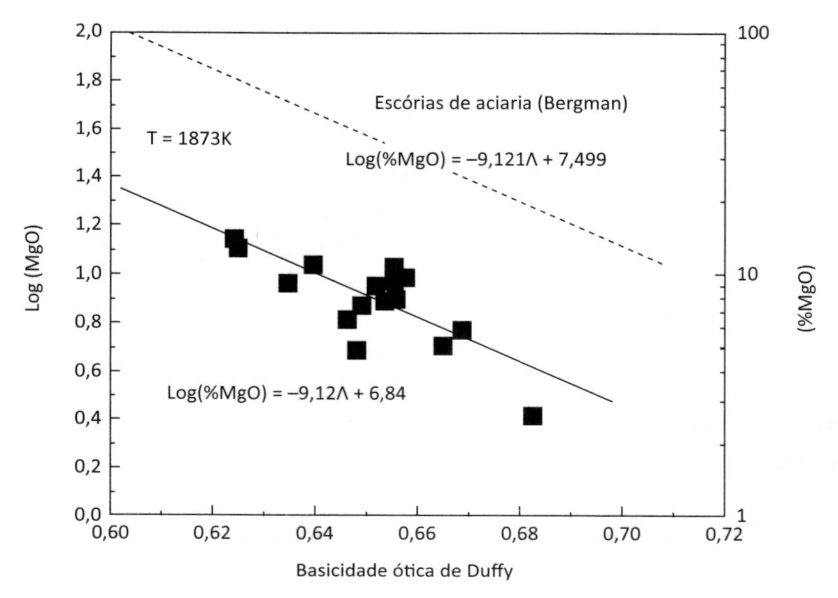

Figura 6.85 – Efeito da basicidade ótica de Duffy sobre a concentração de MgO em escórias 20%CaO–SiO_2–MnO, saturadas em MgO a 1600 °C.

Fonte: Jung et al., 2007.

6.11 CAPACIDADES SÓDICA E POTÁSSICA DE ESCÓRIAS

Os álcalis, normalmente sob a forma de aluminatos e silicatos estáveis, são introduzidos nos altos-fornos pelos componentes da carga: coque (ou carvão vegetal), sínter e pelotas (Tabela 6.16).

Tabela 6.16 – Participação relativa de algumas matérias-primas de altos-fornos na carga de álcalis nesses reatores, em usinas alemãs

	% em peso			
	Coque	Sínter	Pelotas	kg/t
Voest Alpine Stahl GmbH	28	45	19	4,95
Eko StahlGmbH	49	31	18	2,70
Thyssen Krupp Stahl AG	48–59	21–28	4–6	2,55–2,79

Fonte: Egks, 2000.

Nos altos-fornos os compostos alcalinos – silicatos de potássio, cianetos de potássio, entre outros – tendem a recircular no interior do reator (Figura 6.86) e a causar uma série de problemas: cascões na região da cuba; arreamentos da carga; desgaste do revestimento refratário, inchamento e degradação da carga ferrífera e do coque, distribuição irregular do fluxo gasoso e, consequentemente, marcha irregular do alto-forno, redução da produtividade, aumento do consumo de coque, abaixamento da temperatura, entre outros.

Nesse caso, em especial, as escórias dos altos-fornos devem ser capazes de capturar o máximo possível da carga de alcalinos residentes no interior do reator.

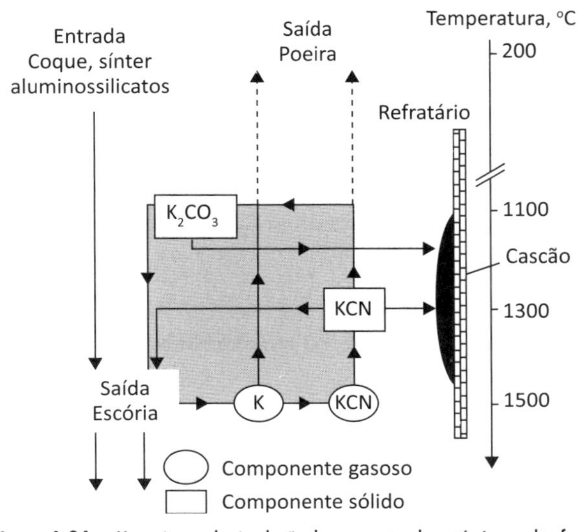

Figura 6.86 – Mecanismos de circulação de compostos de potássio no alto-forno.

Fonte: Steiler, 1978.

Kurunov et al. (2009) ressaltam que cerca de 80% a 85% dos álcalis removidos dos altos-fornos são atribuídos à escória, enquanto cerca de 8% a 20% são removidos pelos gases de topo. Teores típicos, em escórias de altos-fornos a coque, são da ordem de 0,50% de Na_2O e 2% de K_2O. Como K_2O e Na_2O são óxidos básicos, a basicidade e a temperatura controlam a solubilidade desses óxidos alcalinos em escórias, através de reação do tipo:

$$2\,(K^{+}, N_a^{+}) + O^{2-} = K_2O \tag{6.240}$$

Assim, espera-se que, quanto maior a basicidade, menor a solubilidade de óxidos alcalinos (Figura 6.87). A solubilidade também diminui quando aumenta a temperatura, em função da decomposição dos óxidos de acordo com a reação:

$$(K_2O, Na_2O) = (2K, 2Na) + ½ O_2(g) \quad (6.241)$$

Valores de capacidade de álcalis seguem essa tendência.

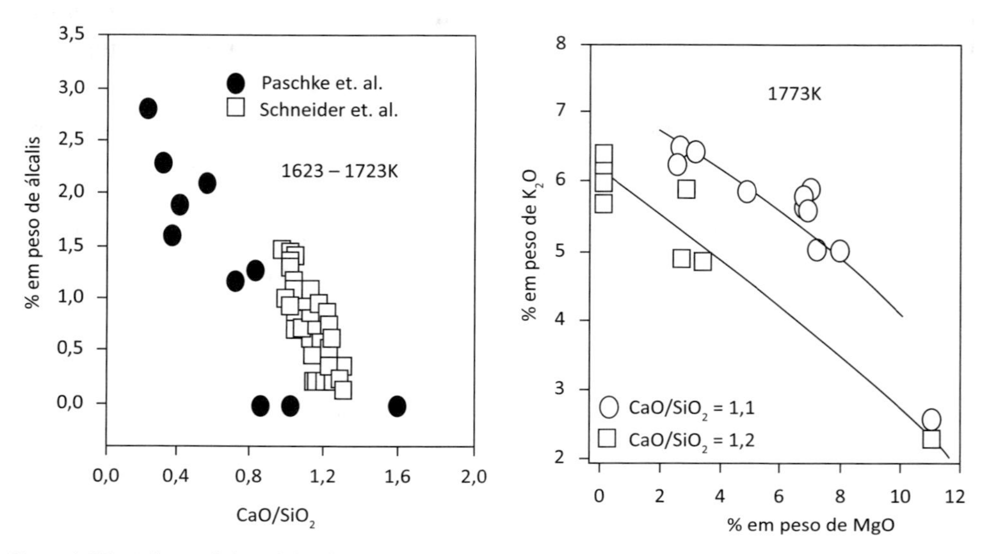

Figura 6.87 – Influência da basicidade e da concentração de MgO sobre a solubilidade de álcalis em escórias de altos-fornos a 1450 °C.

Fonte: Yang et al., 2000.

6.11.1 CAPACIDADE POTÁSSICA DE ESCÓRIAS

A literatura reúne várias formulações termodinâmicas para a habilidade de uma escória em absorver óxido de potássio, tal como exemplifica Rego et al. (1988), entre outros. Steiler (1978), por exemplo, considerando o equilíbrio da reação

$$(K^+) + ½(O^{2-}) = K(g) + 1/4O_2(g) \quad (6.242)$$

onde a constante de equilíbrio da reação vale:

$$K = \frac{p_K \, P_{O2}^{1/4}}{a_{K^+} \sqrt{a_O^{\;2-}}} \quad (6.243)$$

definiu a capacidade potássica da escória como:

$$C_K = \frac{(\%K_2O)}{p_K \, P_{O2}^{1/4}} = \frac{1}{K \, f_K \, \sqrt{a_{O^{2-}}}} \quad (6.244)$$

A Figura 6.88 mostra que os aumentos da basicidade da escória e da temperatura causam o decremento da magnitude da capacidade potássica da escória. No entanto, para uma dada temperatura e basicidade da escória do alto-forno, o aumento da concentração do MgO na escória resulta em decréscimo da magnitude da capacidade potássica da escória.

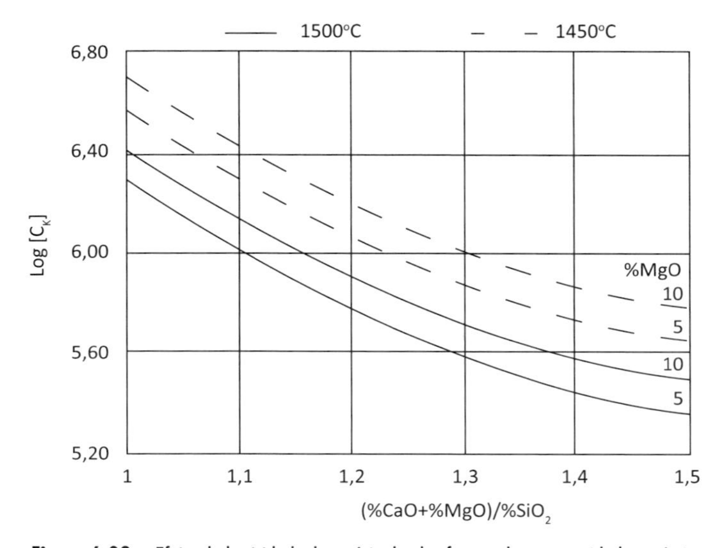

Figura 6.88 – Efeito da basicidade da escória de alto-forno sobre a capacidade potássica:

Fonte: Steiler, 1978.

Diversas correlações empíricas têm sido propostas com o intuito de expressar a capacidade potássica em termos da basicidade ótica da escória. Bergman (1989) propôs uma correlação entre capacidade potássica e basicidade ótica de Duffy da escória, tal que:

$$\log C_K = 7{,}48 - 10{,}13\Lambda_{\text{Duffy}} \tag{6.245}$$

Yang et al. (2000) correlacionaram a capacidade potássica de escórias de altos-fornos com a basicidade ótica, tal que:

$$\log C_{K_2O} = -13{,}34\Lambda_{Duffy} + 17{,}79 \tag{6.246}$$

Da mesma forma, esses autores correlacionaram a capacidade potássica com a capacidade sulfídica de escórias de altos-fornos, de modo que:

$$\log\ C_{K_2O} = -1{,}06 \log C_S + 4{,}9 \tag{6.247}$$

onde:

$$\log C_S = \left(\frac{22690 - 54640\Lambda_{Duffy}}{T} \right) + 43{,}6\Lambda_{Duffy} - 25{,}2 \tag{6.248}$$

O aumento da basicidade decresce a capacidade C_{K_2O} enquanto eleva a capacidade sulfídica C_S da escória (Figura 6.89). Essa assertiva reforça a necessidade de controle preciso de temperatura e composição de escórias em altos-fornos.

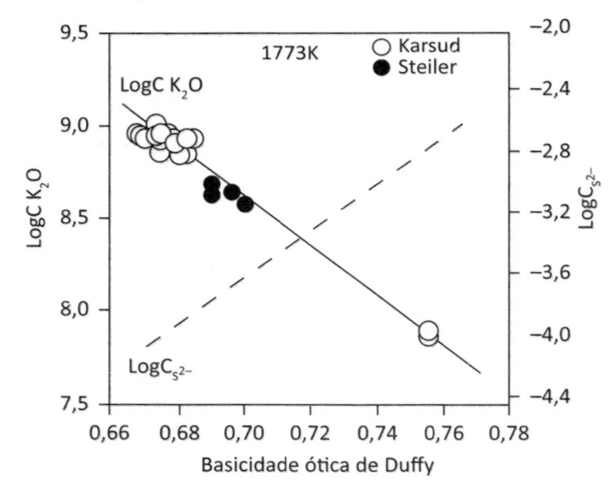

Figura 6.89 – Influência da basicidade ótica sobre as capacidades potássica e sulfídica de escória de altos-fornos a 1500 °C.

Fonte: Yang et al., 20030.

6.11.2 CAPACIDADE SÓDICA DE ESCÓRIAS

Na literatura, a exemplo das definições da capacidade potássica, existem várias definições de capacidade sódica de escórias, por exemplo, Kärsrud (1984).

A capacidade sódica de uma escória depende de temperatura, tipo e composição da escória, o que pode ser representado pela magnitude da atividade ou coeficiente de atividade do Na_2O (Figura 6.90). A figura a seguir mostra que menores temperaturas e maiores teores de SiO_2 decrescem a atividade do Na_2O, o que deve resultar em aumento da capacidade sódica da escória.

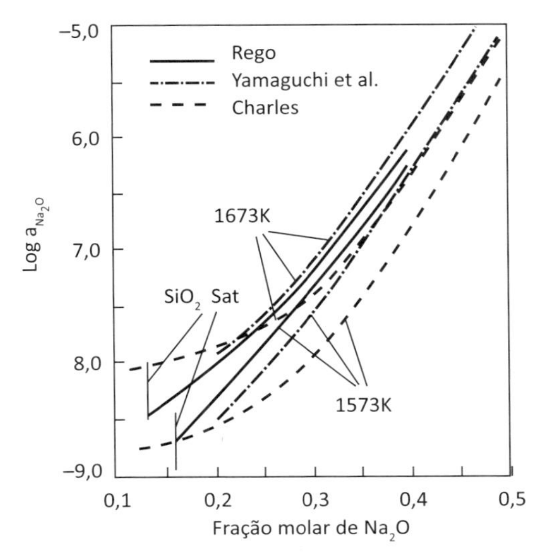

Figura 6.90 – Variação da atividade do Na_2O com a fração molar de Na_2O em escórias do sistema $Na_2O–SiO_2$, a temperaturas de 1300 °C e 1400 °C. Estado de referência: Na_2O líquido puro.

Fonte: Rego et al., 1985.

Mathieu et al. (2011) reportam que a diminuição da basicidade ótica aumenta a solubilidade do Na_2O em escórias dos sistemas $Na_2O–CaO–SiO_2$ e $Na_2O–CaO–MgO–SiO_2$, a 1400 °C, em virtude do decremento do coeficiente de atividade do Na_2O na escória (Figura 6.91).

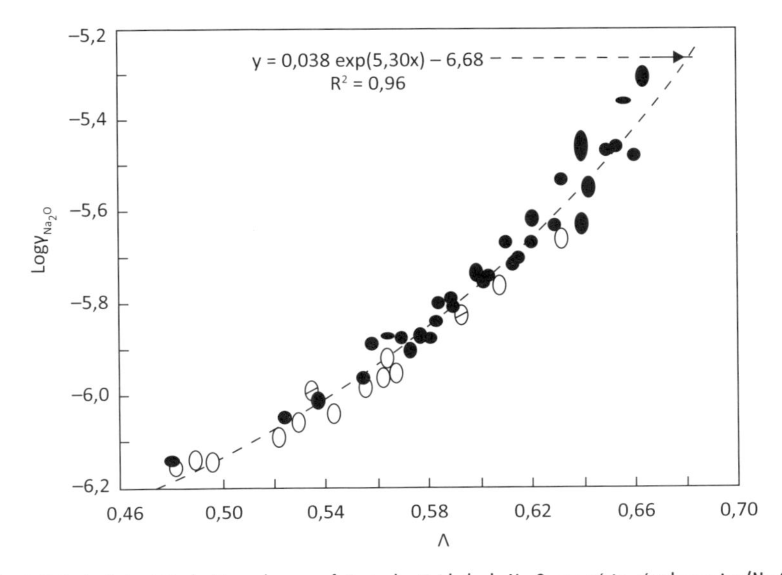

Figura 6.91 – Influência da basicidade ótica sobre o coeficiente de atividade do Na_2O na escória: círculos vazios ($Na_2O–CaO–SiO_2$) e círculos cheios ($Na_2O–CaO–MgO–SiO_2$), a 1400 °C. Estado de referência líquido puro.

Fonte: Mathieu et al., 2011.

A Figura 6.92 mostra, como exemplo, os efeitos da temperatura e da basicidade de escórias de altos-fornos sobre a solubilidade de óxidos alcalinos na escória. De acordo com Steiler (1978), os problemas deletérios oriundos da presença de álcalis nos altos--fornos são aumentados com o aumento da temperatura de chama, redução do volume da escória e com o aumento da basicidade da escória. Por isso, menores temperaturas de chama e maiores pressões constituem condições favoráveis para a remoção dos álcalis do alto-forno.

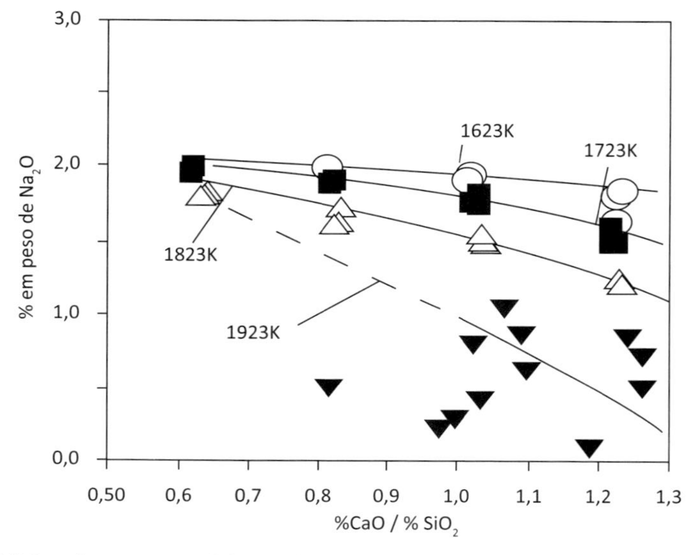

Figura 6.92 – Influência da temperatura e da basicidade de escória sobre o coeficiente de partição de enxofre e solubilidade dos óxidos alcalinos na região do cadinho dos altos-fornos.

Fonte: Yang et al., 2000.

EXEMPLO 6.15

Considere uma escória de composição 41,28%CaO; 11,45%MgO; 37,74%SiO$_2$*; 9,53%Al*$_2$*O*$_3$*, em peso, a 1673K, submetida às condições médias reinantes no cadinho de um alto-forno. Se a pressão parcial de sódio é próxima de 0,02 atm, qual seria o teor de Na*$_2$*O passível de ser incorporado à escória?*

Primeiramente, pode ser estimada a pressão parcial de oxigênio nesse ambiente, levando em conta que no "raceway" o oxigênio (21% em volume do ar) se converte em monóxido de carbono. Dessa maneira, a fração molar de CO no gás (CO e N$_2$*) seria da ordem de 0,347, o que, para uma pressão total na região das ventaneiras da ordem de 3 atm, rende como pressão parcial de CO, aproximadamente* P_{CO} *= 1atm. Assim, o equilíbrio entre carbono grafítico (do coque) e monóxido ocorreria com oxigênio exercendo pressão parcial dada pelo equilíbrio:*

EXEMPLO 6.15 (*continuação*)

$$C(s) + ½\ O2(g) = CO(g)$$

$$\Delta G^o = -111713 - 87{,}65\ T\ J$$

A 1673 K, essa pressão parcial atingiria $P_{O2} = 7{,}33\ x\ 10^{-17}$ *atm.*

Para $P_{O_2} = 7{,}33\ x\ 10^{-17}$ *atm e* P_{Na} *= 0,020 atm e desde que para o equilíbrio:*

$$Na_2O(l) = 2Na(g) + 1/2O_2(g)$$

$$Keq\ (1673K) = \ 1{,}14x10^{-4}$$

pode-se estimar, então, o valor de atividade de Na_2O *como sendo* a_{Na2O} = $3{,}00\ x\ 10^{-8}$.

A fração molar correspondente pode ser avaliada considerando que $a_{Na2O} = \gamma_{Na2O}\ x_{Na2O}$, *e que existem expressões disponíveis para o cálculo do coeficiente de atividade, como:*

$$\log\ \gamma_{Na_2O} = -6{,}68\ +\ 0{,}038\ \exp\ (5{,}30\ \Lambda)$$

onde Λ *representa a basicidade ótica da escória. Para avaliar esse parâmetro consideram-se as basicidades óticas individuais:*

$$(\Lambda_{CaO} = 1;\ \Lambda_{SiO2} = 0{,}48;\ \Lambda_{Al2O3} = 0{,}63;\ \Lambda_{MgO} = 0{,}87;\ \Lambda_{Na2O} = 1{,}40)$$

e a composição inicial da escória:

$$(41{,}28\%CaO;\ 11{,}45\%MgO;\ 37{,}74\%SiO_2;\ 9{,}53\%Al_2O_3)$$

devidamente convertida em frações molares. De acordo com a proposição de Duffy:

$$\Lambda = \frac{\sum n_i\ X_i\ \Lambda_i}{n_i\ X_i}$$

EXEMPLO 6.15 (continuação)

onde n_i, X_i, Λ_i representam, respectivamente, o número de átomos de oxigênio na fórmula do óxido, a fração molar do óxido na escória e a basicidade ótica individual. Resulta $\Lambda = 0{,}6896$ e, por consequência de:

$$\log \gamma_{Na_2O} = -6{,}68 + 0{,}038 \exp(5{,}30\ \Lambda)$$

o valor do coeficiente de atividade $\gamma_{Na_2O} = 6{,}16 \times 10^{-6}$.

Daí, infere-se que:

$$X_{Na_2O} = a_{Na_2O} / \gamma_{Na_2O} = 3{,}0 \times 10^{-8} / 6{,}16 \times 10^{-6} = 4{,}87 \times 10^{-3}$$

Esse valor de fração molar de Na_2O representa uma pequena incorporação de óxido de sódio e poderia ser aceita como resultado final. Cálculos mais precisos levariam em conta a diluição dos componentes originais pela incorporação de Na_2O na escória, o que iria afetar a composição média da escória e a repetição desse procedimento iterativamente, até a convergência. Nesse caso, um pequeno número de iterações (11) gera:

$$a_{Na2O} = 3{,}004 \times 10^{-8}$$

$$\Lambda = 0{,}6918$$

$$\gamma_{Na2O} = 6{,}41 \times 10^{-6}$$

$$X_{Na2O} = 4{,}68 \times 10^{-3},$$

para uma composição de escória (% em peso), 41,07%CaO; 11,39%MgO; 37,55%SiO_2; 9,48%Al_2O_3 e 0,51% Na_2O.

Alternativamente, se for utilizado o conceito de capacidade sódica da escória em menção:

$$C_{Na} = \frac{X_{Na_2O}\ a_C}{p_{Na}^2\ p_{CO}}$$

pode-se determinar a concentração do Na_2O na escória.

EXEMPLO 6.15 (*continuação*)

A figura a seguir permite estimar graficamente o valor da capacidade sódica para o valor do parâmetro $\dfrac{X_{CaO} + X_{Na2O}}{X_{SiO2} + 2X_{Al2O3}}$ *da escória de alto-forno a 1400 °C.*

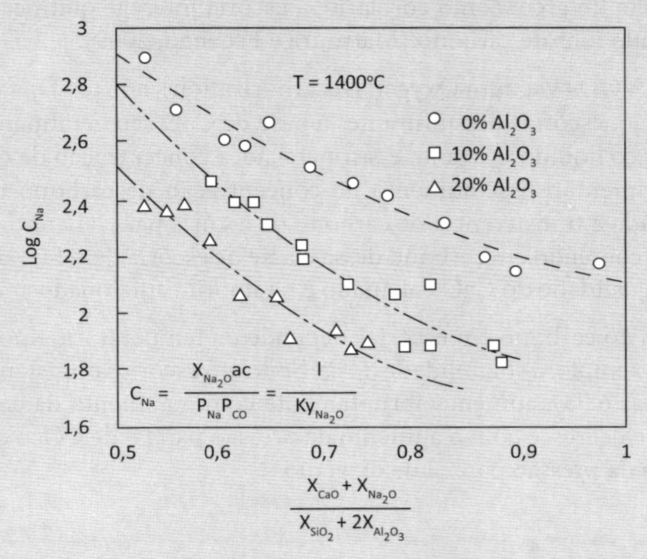

Variação da capacidade sódica com a basicidade de escórias $CaO-Na_2O-SiO_2-Al_2O_3$, a 1400 °C.

Fonte: Rego et al., 1988.

E como a composição da escória do alto-forno, em termos de frações molares, corresponde a $X_{CaO} = 0{,}422$; $X_{SiO_2} = 0{,}36$; $X_{MgO} = 0{,}164$; $X_{Al_2O_3} = 0{,}0535$, *tem-se, como primeira estimativa:*

$$\frac{X_{CaO} + X_{Na2O}}{X_{SiO_2} + 2X_{Al_2O_3}} = 0{,}9$$

E, então:

$$C_{Na} = 68{,}60$$

Como $P_{Na} = 0{,}020$ *atm,* $a_C = 1$ *e* $P_{CO} = 1$ *atm resulta em* $X_{Na_2O} = 2{,}74 \times 10^{-2}$.

Esse procedimento precisa, como visto anteriormente, ser repetido iterativamente até a convergência. Nota-se a discrepância entre as avaliações, que se deve à utilização de dados termodinâmicos provindos de fontes diferentes.

6.12 CAPACIDADE CARBONÁTICA E CARBÍDICA DE ESCÓRIAS

A quantidade de carbono dissolvido em escórias pode ser importante e se mostra fortemente dependente da temperatura e basicidade das escórias (Basu et al., 1996). Esse aspecto é importante, pois escórias podem entrar em contato com refratários carbonosos, eletrodos, misturas gasosas $CO–CO_2$ e outras fontes de carbono, e daí com metais. Por exemplo, nos fornos elétricos a arco procura-se atingir uma forte espumação da escória com o intuito de proteger os refratários e painéis de refrigeração da radiação direta do arco; como corolário, a escória interage quimicamente como o eletrodo, captando íons de carbono (Matsuura e Fruehan, 2009).

No processo VOD (Vacuum Oxygen Decarburization), após a etapa de descarburação e desoxidação, escórias dessulfurantes à base de CaO são geralmente adicionadas à superfície do aço líquido. Durante essa operação, a concentração de carbono no aço líquido pode aumentar. Esse aumento da concentração de carbono no aço líquido pode ser associado à transferência de carbono da escória para o banho metálico (Park e Min, 2004). O conteúdo em carbono dessa classe de escória de refino do aço pode ser devido à baixa qualidade do CaO calcinado e da fluorita adicionados.

A dissolução do carbono em escórias depende da temperatura, tipo e composição da escória. Por exemplo, a solubilidade do carbono em escórias do sistema $CaO–Al_2O_3$, a 1600 °C (Figura 6.93), aumenta abruptamente com o aumento da concentração de CaO na escória e decresce com o aumento da pressão parcial de CO, o que corresponde à diminuição da pressão parcial de oxigênio.

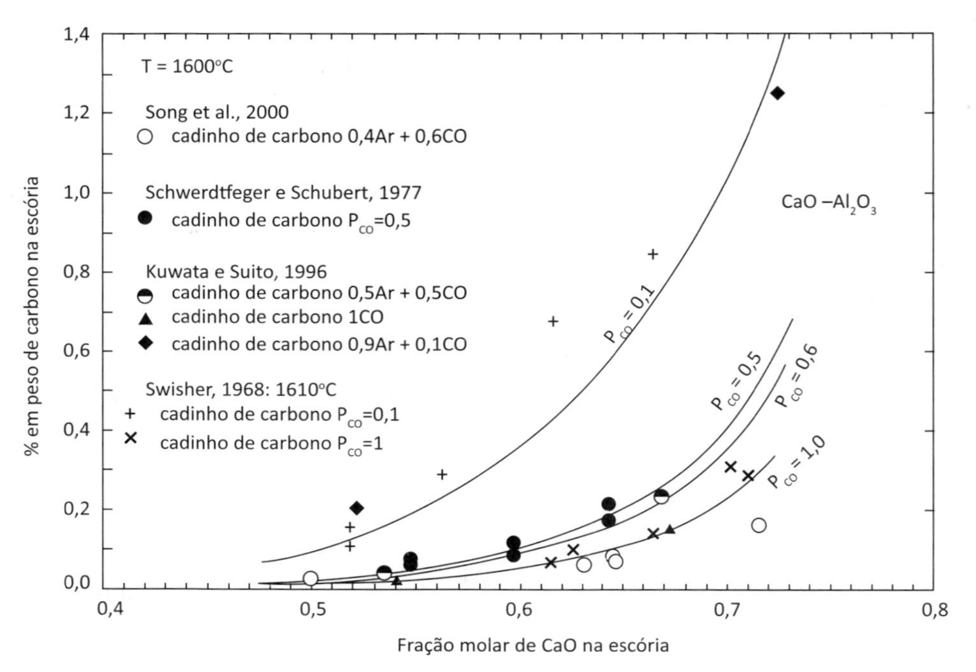

Figura 6.93 – Influência da concentração de CaO sobre a concentração de carbono em escórias do sistema $CaO–Al_2O_3$, a 1600 °C.

Fonte: Jung et al., 2006.

6.12.1 MECANISMOS DE DISSOLUÇÃO DO CARBONO EM ESCÓRIAS

O carbono dissolvido em escórias pode se apresentar na forma de íons de CO_3^{2-} e nas formas C^-, C^{2-}, C_2^{2-} e C^{4-}; dessa forma, a capacidade carbídica se define a partir da absorção desses íons.

Berryman e Sommerville (1992) apontam que o carbono pode dissolver em uma escória sob a forma de ânion conforme a equação:

$$\left(x+\frac{y}{2}\right) C(s) + \frac{y}{2}\left(2O^-\right)=\left(C_x^{y-}\right) + \frac{y}{2}CO_2(g) \tag{6.249}$$

quando de baixas pressões parciais de oxigênio. Joo e Kim (2000), no caso de escórias do sistema $CaO-SiO_2$, a 1600 °C, apontam que essa espécie de íon de carbono na escória ocorre para valores de $\log P_{O_2} < -10$ (Figura 6.94). Esses autores indicam que entre as formas aniônicas: C^-, C^{2-}, C_2^{2-} e C^{4-}, o ânion C^{2-} é o mais aceito pelos pesquisadores como sendo a espécie mais comum.

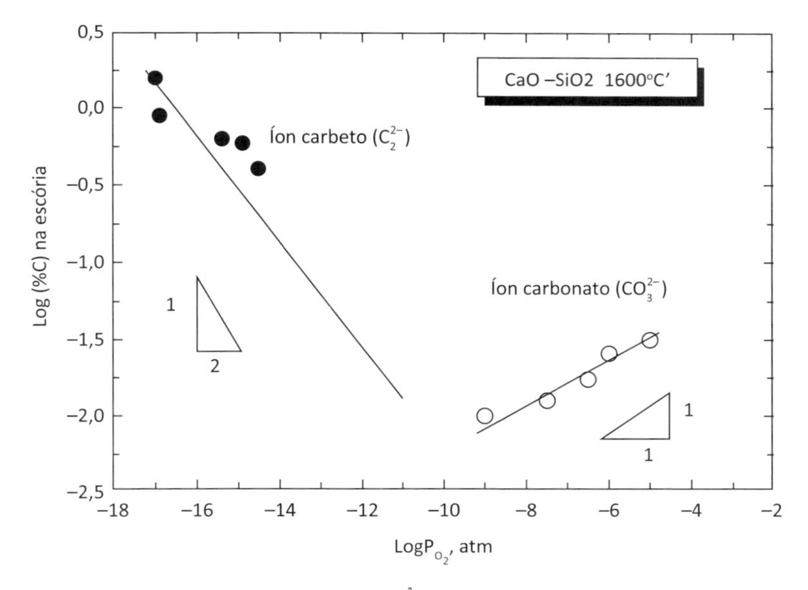

Figura 6.94 – Estabilidade de íons de carbeto C_2^{2-} e de carbonato em escórias $CaO-SiO_2$, a 1600 °C.

Fonte: Joo e Kim, 2000.

Não existe concordância quanto a esse aspecto. A Figura 6.95 mostra a influência da pressão parcial de oxigênio e atividade de carbono sobre a solubilidade de carbono em escórias do sistema $CaO-Al_2O_3$, a 1600 °C. Para valores de $\log P_{O_2} < -12$, o carbono dissolve-se na escória sob a forma de íons C^{2-}, e para valores de $\log P_{O_2} > -12$, o carbono dissolve-se sob a forma de íon CO_3^{2-}.

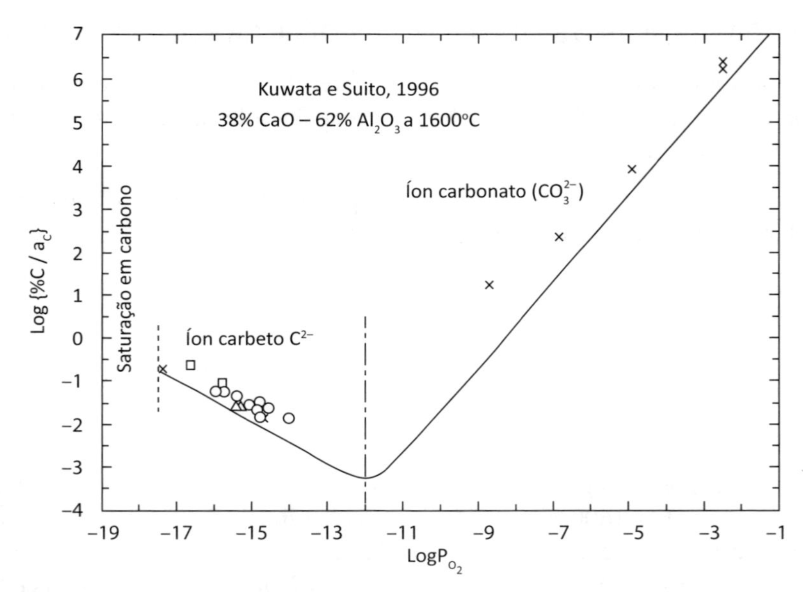

Figura 6.95 – Influência da atividade do carbono e da pressão parcial de oxigênio sobre o solubilidade de carbono em escória CaO–Al_2O_3, a 1600 °C.

Fonte: Kuwata e Suito, 1996.

De acordo com Park e Min (2004), o carbono pode se dissolver em escórias metalúrgicas na forma do íons C_2^{2-} ou C^- segundo dois mecanismos distintos, conforme a composição e temperatura da escória:

em escórias básicas

$$2C(s) + (O^{2-}) = (C_2^{2-}) + 1/2O_2(g) \tag{6.250}$$

em escórias ácidas

$$C(s) + 2(O^-) = (C^-) + ½\,(O^{2-}) + 3/4O_2(g) \tag{6.251}$$

Yokokawa (1986) ressalta que o dióxido de carbono tende a se dissolver fracamente em escórias ácidas e fortemente em escórias básicas. A Figura 6.96 ressalta a dependência entre a concentração de carbono na escória e tipo e composição da escória. Observa-se a existência de mínimo, que pode ser interpretado como uma mudança de mecanismo de dissolução: dissolução em ânion carbeto e em ânion carbonato,

$$CO_2(g) + (O^{2-}) = (CO_3^{2-}) \tag{6.252}$$

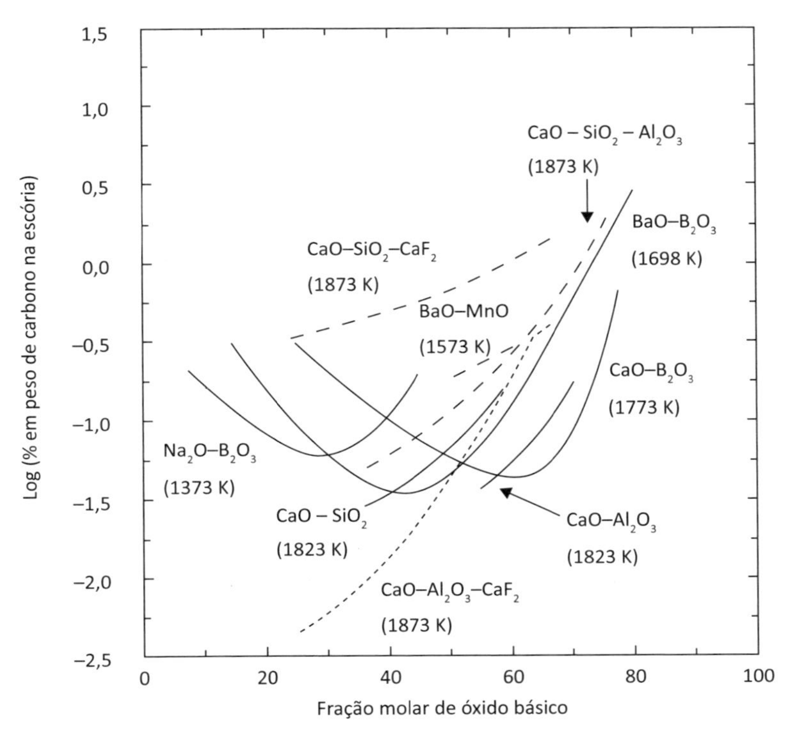

Figura 6.96 – Influência do tipo e concentração do óxido básico sobre a concentração de carbono em escórias.

Fonte: Park et al., 2000.

6.12.2 CONCEITO DE CAPACIDADE CARBONÁTICA DE ESCÓRIAS

O conceito de capacidade carbonática de uma escória foi proposta por Wagner (1975) considerando a reação:

$$CO_2(g) + (O^{2-}) = (CO_3^{2-}) \tag{6.253}$$

tal que a constante de equilíbrio é:

$$K_{CO_2} = \frac{a_{CO_3^{2-}}}{a_{O^{2-}}\ p_{CO_2}} = \frac{\gamma_{CO_3^{2-}} X_{CO_3^{2-}}}{\gamma_{O^{2-}}\ X_{O^{2-}} p_{CO_2}} \tag{6.254}$$

onde os termos $a_{CO_3^{2-}}$, $\gamma_{CO_3^{2-}}$, $X_{CO_3^{2-}}$, $a_{O^{2-}}$, $\gamma_{O^{2-}}$, $X_{O^{2-}}$ e p_{CO_2} representam, respectivamente, a atividade, coeficiente de atividade, a fração molar do ânion carbonato na escória; atividade, coeficiente de atividade e fração molar do ânion de oxigênio na escória e pressão parcial do dióxido de carbono em contato com a escória. Das equações anteriores, pode-se definir:

$$C_{CO_3^{2-}} = \frac{K_{CO_2}\, a_{O^{2-}}}{\gamma_{CO_3^{2-}}} = \frac{K_{CO_2}\gamma_{O^{2-}}\, X_{O^{2-}}}{\gamma_{CO_3^{2-}}} = \frac{X_{CO_3^{2-}}}{p_{CO_2}} \tag{6.255}$$

o que mostra que a capacidade carbonática depende da temperatura e composição da escória. Baseado nessa equação, pode-se ainda escrever que:

$$C'_{CO_3^{2-}} = \frac{(\%\ CO_2)}{p_{CO_2}} \tag{6.256}$$

Como exemplo, a Figura 6.97 mostra que o aumento da atividade $a_{O^{2-}}$ resulta em aumento linear (como esperado) da capacidade carbonática em escórias dos sistemas $CaO–CaF_2$, $CaO–Al_2O_3–CaF_2$ e $CaO–SiO_2–CaF_2$, a 1400 °C.

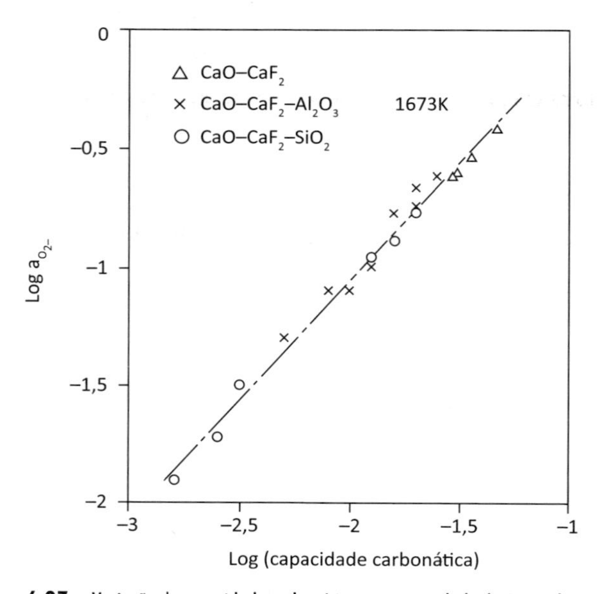

Figura 6.97 – Variação da capacidade carbonática com a atividade do ânion de oxigênio.

Fonte: Sosinski et al., 1985.

Em vista da dependência entre capacidade carbonática e basicidade da escória, pode-se apresentar essa relação em termos de basicidade ótica de Duffy (Figura 6.98).

Nota-se que o aumento da basicidade induz o aumento da capacidade carbonática da escória, mas que esta se apresenta dispersa.

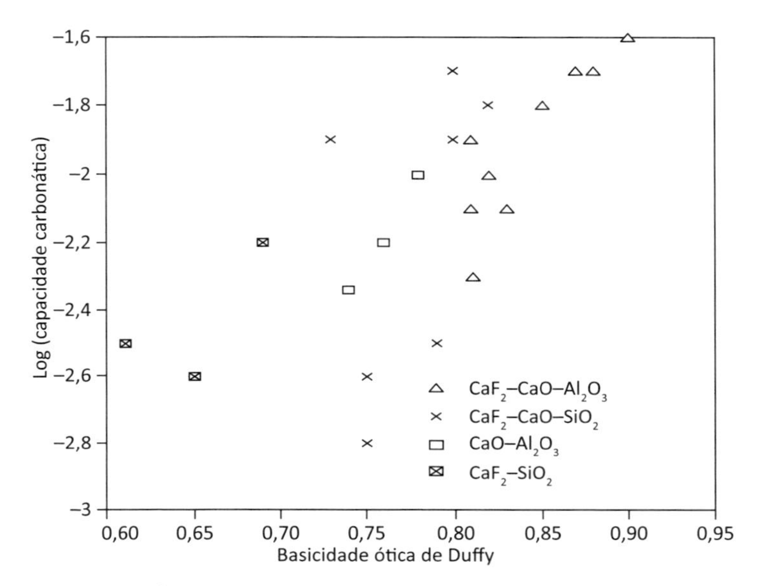

Figura 6.98 – Variação da capacidade carbonática com a basicidade ótica da escória.

Fonte: Chattopadhyay, 1978.

Wagner (1975) ressalta que a capacidade carbonática é um parâmetro desejável para caracterizar a basicidade de escórias. Isso porque a capacidade sulfídica varia com a atividade $a_{O^{2-}}$ tal como a capacidade carbonática da escória (Figura 6.99).

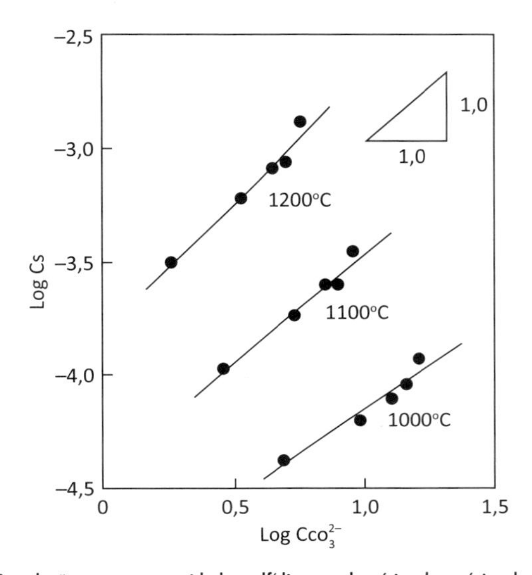

Figura 6.99 – Correlação entre as capacidades sulfídica e carbonática de escórias do sistema $CaO–CaCl_2$.

Fonte: Sakai e Maeda, 1990.

De fato, sendo a capacidade carbonática dada por:

$$C_{CO_3^{2-}} = \frac{K_{CO_2}\, a_{O^{2-}}}{\gamma_{CO_3^{2-}}} \tag{6.257}$$

enquanto a capacidade sulfídica é definida como

$$C_S = \frac{K_S\, a_{O^{2-}}}{\gamma_{S^{2-}}} \tag{6.258}$$

então,

$$C_{CO_3^{2-}} = C_S \frac{\gamma_{S^{2-}}\, K_{CO2}}{\gamma_{CO_3^{2-}}\, K_S} \tag{6.259}$$

6.12.3 CONCEITO DE CAPACIDADE CARBÍDICA DE ESCÓRIAS

A capacidade carbídica de uma escória pode ser definida considerando-se a reação (Park e Min, 2004):

$$2C + (O^{2-}) = (C_2^{2-}) + ½\, O_2 \tag{6.260}$$

onde:

$$C_{C_2^{2-}} = \frac{K\, a_{O^{2-}}}{\gamma_{C_2^{2-}}} = \frac{(\%C_2^{2-})\sqrt{p_{O_2}}}{a_C^2} \tag{6.261}$$

o que indica que a capacidade do ânion carbeto C_2^{2-} é função da temperatura e composição da escória. Em condições em que $a_C = 1$, a capacidade carbídica da escória em íons C_2^{2-} é expressa como:

$$C_{C_2^{2-}} = (\%C_2^{2-})\sqrt{p_{O_2}} \tag{6.262}$$

Como exemplo da influência de basicidade das escórias sobre a capacidade carbídica, apresenta-se a Figura 6.100 para os sistemas $CaO–SiO_2$–30,5% de CaF_2 e $CaO–Al_2O_3$–27,5% de CaF_2, a 1500 °C. Note-se que não existe perfeita concordância quanto à relação prevista em relação à atividade do ânion O^{2-} ou a_{MO}.

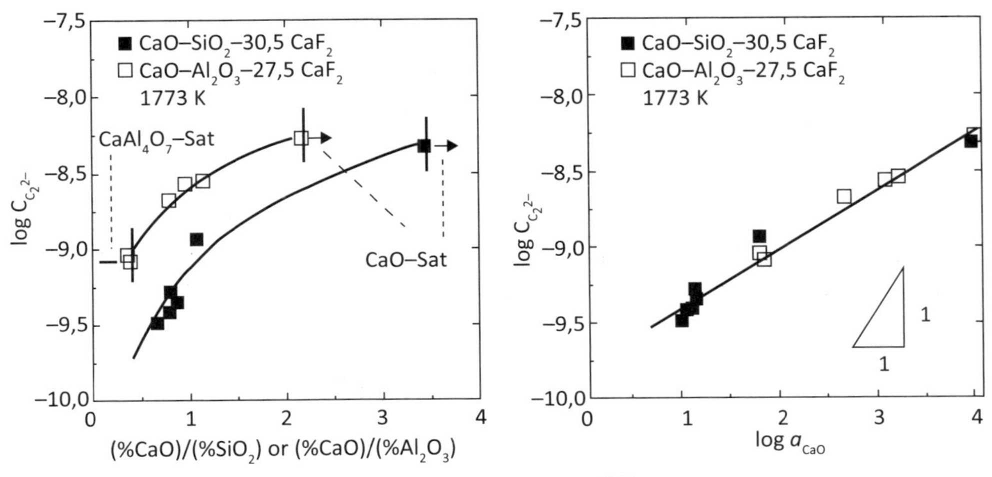

Figura 6.100 – Capacidade carbídica $C_{C_2^{2-}} = (\%C_2^{2-})\sqrt{p_{O_2}}$ de escórias dos sistemas $CaO-SiO_2$–30,5% de CaF_2 e $CaO–Al_2O_3$–27,5% de CaF_2, a 1500 °C.

Fonte: Park e Min, 2000.

Os efeitos podem ser reunidos em torno do conceito de basicidade ótica (Figura 6.101) para escórias do grupo $CaO–SiO_2–CaF_2–Na_2O–Al_2O_3$. Como esperado, quanto maior a basicidade maior a capacidade carbídica.

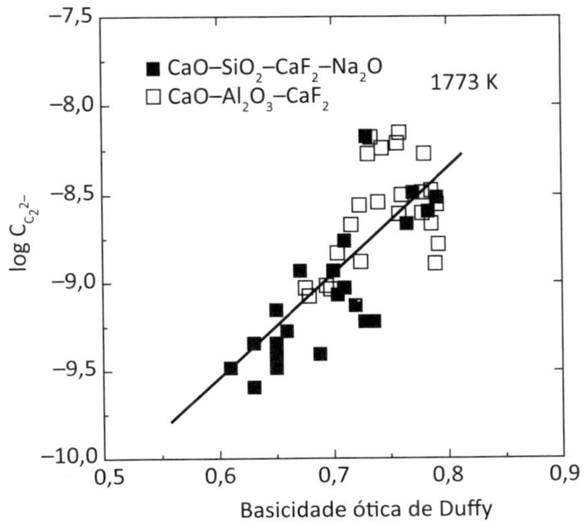

Figura 6.101 – Influência da basicidade ótica de Duffy sobre a capacidade de carbeto C_2^{2-}.

Fonte: Park et al., 2004.

Nos processos de refino de aços e pré-tratamento do gusa, adições de fluorita às escórias visam favorecer os processos de escorificação do CaO e evitar a saturação de silicatos e aluminatos, além de minorar a viscosidade das escórias. A Figura 6.102 mostra o efeito da concentração de fluorita em algumas escórias dos sistemas $CaO-SiO_2-CaF_2-Na_2O$, $CaO-SiO_2-CaF_2$ e $CaO-Al_2O_3-CaF_2$, a 1600 °C. O efeito dessa adição parece depender da basicidade da escória.

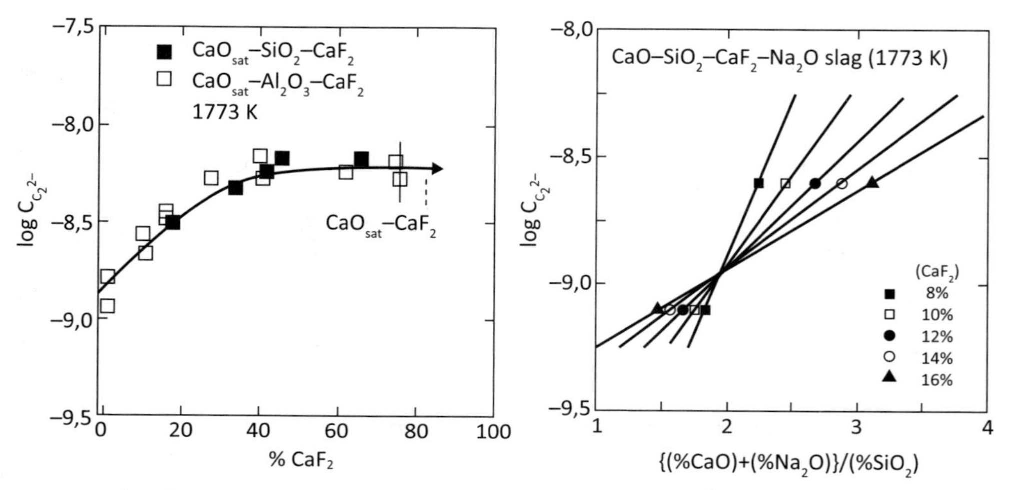

Figura 6.102 – Influência da fluorita sobre a capacidade carbídica em íon C_2^{2-} de algumas escórias.

Fonte: Park e Min, 2004.

Note-se que podem ser oferecidas definições alternativas, por exemplo, com base na espécie C^{2-}:

$$C + (O^{2-}) = (C^{2-}) + ½\, O_2 \qquad (6.263)$$

onde:

$$C_{C^{2-}} = \frac{K\, a_{O^{2-}}}{\gamma_{C^{2-}}} = \frac{(\%C^{2-})\sqrt{p_{O_2}}}{a_C} \qquad (6.264)$$

Porém, sob condições em que $a_C = 1$, não existe diferença prática quanto às definições de capacidade carbídica.

A Figura 6.103 compara as concentrações do carbono em escórias dos sistemas $CaO-B_2O_3$, $BaO-B_2O_3$ e $Na_2O-B_2O_3$, em função da fração molar do óxido básico ou basicidade. Note-se a existência de um ponto de mínimo. De acordo com os autores, o trecho à direita seria compatível com a dissolução de íons carbeto "livres" C_2^{2-}:

$$2C + (O^{2-}) = (C_2^{2-}) + ½\ O_2 \tag{6.265}$$

enquanto o trecho à esquerda com a dissolução de íons C^-, associados à rede de silicatos:

$$C + 2\ O^- = ½\ (O^{2-}) + (C^-) + ¾\ O_2 \tag{6.266}$$

onde:

$$C_{C^-} = \frac{K''\ a_{O^-}^2}{\gamma_{C^-} a_{O^{2-}}^{1/2}} = (\%C^-)\ p_{O_2}^{3/4} \tag{6.267}$$

A presença do mínimo da curva (Figura 6.103) indica a possibilidade de mudança de mecanismo de dissolução dos íons de carbono. Essa explicação concorre com aquela que atribui o ponto de mínimo à incipiente absorção de carbonato, por via da reação $CO_2(g) + (O^{2-}) = (CO_3^{2-})$.

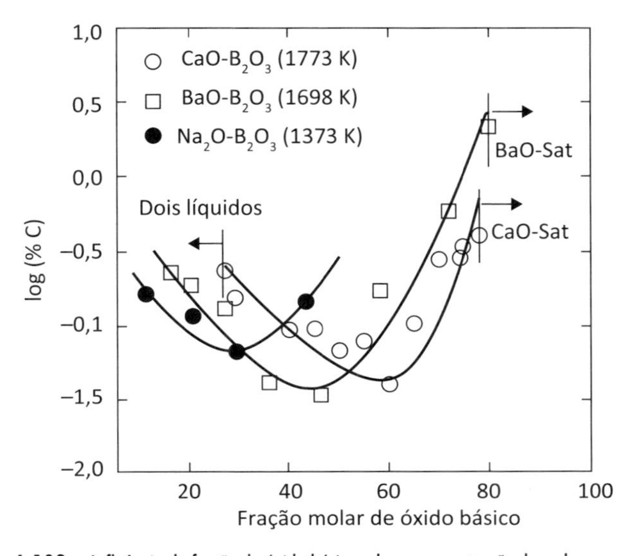

Figura 6.103 – Influência da fração do óxido básico sobre a concentração de carbono em escórias.

Fonte: Park e Min, 2000.

Sendo a capacidade sulfídica definida como:

$$C_S = \frac{K_S \, a_{O^{2-}}}{\gamma_{S^{2-}}} \tag{6.268}$$

e a capacidade carbídica como:

$$C_{C_2^{2-}} = \frac{K \, a_{O^{2-}}}{\gamma_{C_2^{2-}}} \tag{6.269}$$

Então, antevê-se a relação, se os mecanismos se aplicam:

$$C_{C_2^{2-}} = C_S \frac{\gamma_{S^{2-}} \, K}{\gamma_{C_2^{2-}} \, K_S} \tag{6.270}$$

Como sugere a Figura 6.104, essa relação não se aplica sempre ao sistema $CaO-SiO_2-MnO$ em comparação com os sistemas $CaO-Al_2O_3-CaF_2$ e $CaO-SiO_2$ (Park et al., 2010). Esse tipo de resultado abre espaço para discussões sobre a forma de dissolução do carbono.

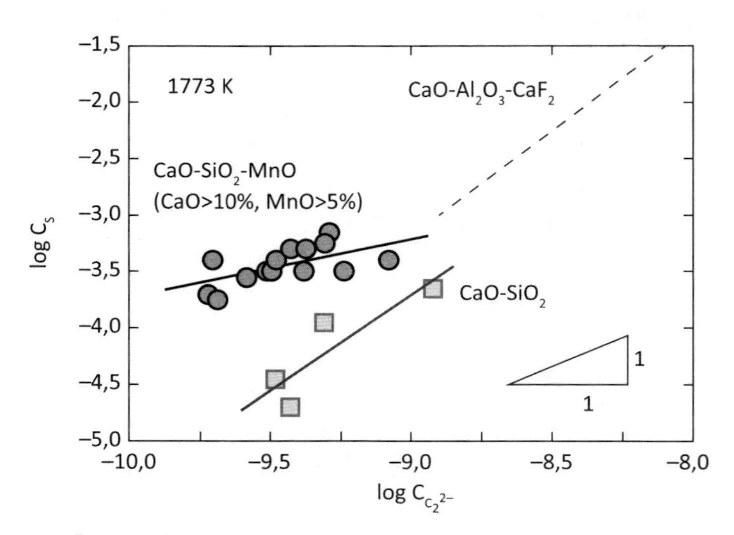

Figura 6.104 – Correlação entre capacidade sulfídica e capacidade em carbono de ânions C_2^{2-} de escórias do sistema $CaO-SiO_2-MnO$, a 1500 °C.

Fonte: Park et al., 2010.

6.13 REFERÊNCIAS

ALEXIS, J.; MATZKEIT, M.; PEETERS, T.; DI DONATO, A.; DE MIRANDA, U.; SANDBERG. *Improved control of inclusion chemistry and steel cleanness in ladle furnace – Technical Steel Research. Final Report.* EUR 23593. Brussels, 2008.

BALAJIVA, K. *Slag-metal reactions*: a laboratory investigation of the phosphorus reaction in the basic steel-making process. Metallurgy. Sheffield, South Yorkshire: University of Sheffield, 1946.

BAN-YA, S.; HINO, M. *Chemical properties of molten function of log P_{CO2} slags.* Tokyo: The Iron and Steel Institute of Japan, p. 174, 1991.

BAN-YA, S.; HINO, M.; NAGASAKA, T. Estimation of hydroxyl capacity of molten silicates by quadratic formalism based on the regular solution model. *ISIJ*, vol. 79, n. 1, p. 26-33, 2002.

BASU, KUWATA, M.; SUITO, H. Solubility of carbon in $CaO–Al_2O_3$ melts. *Metallurgical and Materials Transactions B*, vol. 27B, p. 57-64, 1996.

BERGMAN, A. Some aspects on MgO solubility in complex slags. *Steel Res.* vol. 60, n. 5, p. 191-195, 1989.

BERGMAN, A.; GUSTAFSSON, A. On the relation between optical basicity and phosphorus capacity of complex slags. *Steel Res.*, vol. 59, n. 7, p. 281-288, 1988.

BERRYMAN, R. A.; SOMMERVILLE, I. D. Carbon solubility as carbide in calcium silicate melts. *Metallurgical Transactions B*, 23B: 223, abr. 1992.

BLANDER, M. Inconsistencies in a criticism of the flood-grjotheim treatment of slag equilibria. *Metallurgical Transactions B*, vol. 8B, p. 529-530, dez. 1977.

BRANDBERG, J. *Solubility of hydrogen in slags and its impact in ladle refining.* 2006. Licentiate Thesis – School of Industrial Engineering and Management, Stockholm, Sweden, 20 out. 2006.

BUSOLIC, D.; PARADA, F.; PARRA, R.; PALACIOS, J.; HINO, F.; COX, F.; SÁNCHEZ, A.; SANCHEZ, M. Recovery of iron from copper flash smelting slags. Molten 2009, INTERNATIONAL CONFERENCE ON MOLTEN SLAGS, FLUXES AND SALTS, VIII., Santiago, Chile, 18-21 jan. 2009.

CHASKAR, V.; KLEIN, B. Slag reclamation in the 21st century. In: ANNUAL BRITISH COLUMBIA MINE RECLAMATION SYMPOSIUM, 25., 2001, Campbell River, BC. *Proceedings...* Campbell River, BC: The Technical and Research Committee on Reclamation, 2001.

CHATTOPADHYAY, S. *Themodynamics of hydrogen in electroslag smelting.* PhD Thesis – University of British Columbia, Vancouver, 1978.

CHIANG, Y-M.; BIRNIE, D. P.; KINGERY, W. D. *Physical ceramics: principles for ceramic science and engineering.* New Jersey: John Wiley & Sons, 1997.

CHIPMAN, J. Thermodynamic properties of blast-furnace slags: physical chemistry of process metallurgy. Part I. *Interscience*, New York, p. 27, 1961.

CHO, M. K.; PARK, J. H.; MIN. D. J. Phosphate capacity of $CaO–SiO_2–MnO–FeO$ slag saturated with MgO. *ISIJ International*, vol. 50, n. 2, p. 324-326, 2010.

COUDURIER, L.; HOPKINS, D. W.; WILKOMIRSKY, I. Fundamentals of metallurgical processes. 2. ed. Oxford: Pergamon Press, 1985.

DEO, B.; BOOM, R. *Fundamentals of steelmaking metallurgy.* New Jersey: Prentice Hall International, 1993.

DUFFY, J. A.; INGRAM, M. D. Establishment of an optical scale for Lewis basicity in inorganic oxyacids, molten salts, and glasses. *J. Am. Chem. Soc.*, vol. 93, n. 24, p. 6448-6455, 1971.

______. Optical basicity IV: influence of electronegativity on the Lewis basicity and solvent properties of molten oxianion salts and glasses. *J. Inorg. Nucl. Chem.*, vol. 17, p. 1203-1206, 1974.

DUFFY, A.; INGRAM, M. D.; SOMMERVILLE, I. D. Acid-base properties of molten oxides and metallurgical slags. *S. Chem. Soc.*, 156, *Faraday Trans.*, vol. 74, p. 1410-1413, 1978.

EGKS Jahresbericht 2000, Projekt-Nr. 7210-PR/068. Investigation of chlorine and alkali behaviour in the blast furnace and optimization of blast furnace slag with respect to alkali retention capacity, 2000.

ELLIOTT, J. F. Activities in the iron oxide-silica-lime system. *Trans. Met. Soc. AIME,* vol. 203, p. 485-488, 1955.

ELLIOTT, J. F.; GLEISER, M.; RAMAKRISHNA, V. *Thermochemistry for steelmaking*: Thermodynamics and transport properties. New York: The AISI; Addison-Wesley, 1963.

FAHLMAN, B. D. *Materials chemistry.* Berlim: Springer Verlag, 2011.

FAN, P.; CHO, W. D. *Nitrogen removal from molten metal by slag containing titanium oxides.* University of Utah Research Foundation, US Patent n. US 7655066 B2, 13 jun. 2006, 2 fev. 2010.

FLOOD, H.; GROJTHEIM, K. Thermodynamic calculation of slag equilibria. London, *The Journal of Iron and Steel Institute*, p. 64-70, 1952.

FLORY, P. J. Molecular size distribution in linear condensation polymers. *J. Am. Chem. Soc.*, vol. 58, p. 1877-1885, 1936.

FORLAND, T.; GRJOTHEIM, K. Thermodynamic of slag equilibrium. *Metallurgical Transaction B*, p. 645-650, 1977.

GAYE, H.; LEHMANN, J. Modelling and prediction of reactions involving metals, slags and fluxes. In: INTERNATIONAL CONFERENCE ON MOLTEN SLAGS FLUXES AND SALTS, VII., 2004, The South African Institute of Mining and Metallurgy, 2004.

GEIGER, G. H.; POIRIER. D. R. *Transport phenomena in metallurgy.* Massachusetts: Addison-Wesley, 1974, 616 p.

GHOSH, A. *Secondary steelmaking, principles and applications.* New York: CRC, 2001.

GOTO, M.; OSHIMA, I.; HAYASHI, M. Control aspects of the Mitsubishi continuous process. *JOM*, vol. 50, n. 4, p. 60-65, 1998.

GRIVESON, P. High temperature chemistry: its role in metal production. *Pure Appl. Chem.*, vol. 54, n. 7, p. 1313-1324, 1982.

HAMANO, T.; TSUKIHASHI, F. The effect of B_2O_3 on dephoshorization of molten steel by FeO_x-CaO-MgO saturated slags at 1873. *ISIJ International*, vol. 45, n. 2, p. 159-165, 2005.

HATCH, G. G.; CHIPMAN, J. Sulfur equilibria between iron blast furnace slags and metal. *Trans. AIME*, vol. 1, n. 4, p. 274-284, 1949.

HEALY, G. W. A new look at phosphorus distribution. London, *JISI*, v. 208, p. 664-668, 1970.

HERASYMENKO, P. Electrochemical theory of slag-metal equilibria. Part I: Reactions of manganese and silicon in acid open-heart furnace, *Trans. Farad. Soc.*, vol. 34, p. 1245-1254, 1938.

HERASYMENKO, P.; SPEIGHT, G. E. Ionic theory of slag metal equilibria. Part I: Derivation of fundamental relationships. London, *The Journal of Iron and Steel Inst.*, vol. 166, p. 169-183, 1950a.

_______. Ionic theory of slag-metal equilibria. London, *JISI*, p. 290, 1950b.

HOED, P. An anatomy of furnace refractory erosion: evidence from a pilot-scale facility. In: ELECTRIC FURNACE CONFERENCE, 58, 2000, Warrendale, PA, *Proceedings...* Warrendale, PA: Iron & Steel Society, 2000. p. 361-370.

IGUCHI, Y.; BAN-YA, S.; FUWA, T. The solubility of water in liquid $CaO-SiO_2$ with Al_2O_3, $Ti0_2$ and FeO at 1550 °C. *Trans. ISIJ*, vol. 9, p. 192-193, 1969.

INOUE, H.; SUITO, H. Partitions of liquid iron of nitrogen and sulfur between $CaO-Al_2O_3$ melts and liquid iron. *ISIJ Inter.*, vol. 31, n. 12, p. 1389-1395, 1991.

ITO, K.; FRUEHAN, R. J. Thermodynamics of nitrogen in $CaO-SiO_2-AlO$ slags and its reaction with Fe–C melts. *Metallurgical and Materials Transactions B*, vol. 19B, p. 419-425, 1988.

IWAMOTO, N. Structure *slag* (X): desulfurization. *Trans. of JWRI*, Welding Research Institute of Osaka University, Osaka, Japan, p. 155-163, 1982.

JALKANEN, H.; HOLAPPA, L. On the role of slag in the oxygen converter process. INTERNATIONAL CONFERENCE ON MOLTEN SLAGS FLUXES AND SALTS, VII., The South African Institute of Mining and Metallurgy, 2004. p. 71-67.

JOO, S. K.; KIM, S. H. Thermodynamic assessment of $CaO-SiO_2-Al_2O_3-MgO-Cr_2O_3-MnO-$Fe*t*O slags for refining chromium-containing steels. *Steel Research*, vol. 71, n. 8, p. 281-287, 2000.

JONES, P. T. *Degradation mechanisms of basic refractory materials during the secondary refining of stainless steel in VOD ladles.* Belgie, Katholieke Universiteit Leuven, Faculteit Toegepaste Wetenschappen, 2001.

JUNG, I.-H. Thermodynamic modeling of gas solubility in molten slags (I) – carbon and nitrogen. *ISIJ International*, vol. 46, n. 11, p. 1577-1586, 2006a.

_______. Thermodynamic modeling of gas solubility in molten slags (II) – water. *ISIJ International*, vol. 46, n. 11, p. 1587-1593, 2006b.

JUNG, E. J.; KIM, W.; SOHN, I.; MIN, D. J. A study on the interfacial tension between solid iron and $CaO-SiO_2-MO$ system. *J. Mater Sci.*, vol. 45, p. 2023-2029, 2010.

JUNG, S.-M.; MIN, D-J ; RHEE, C.-H. Solubility of MgO in $CaO-SiO_2-MnO$ slags. *ISIJ International*, vol. 47, n. 12, p. 1823-1825, 2007.

KÄRSRUD, K. Alkali capacities of synthetic blast furnace slags at 1500 °C. *Scandinavian Journal of Metallurgy*, vol. 13, p. 98-106, 1984.

KOBAYASHI, T.; MORITA, K.; SANO, N. Thermodynamics of sulfur in the $BaO-MnO-SiO_2$ flux system. *Metallurgical and Materials Transactions B*, vol. 27B, p. 652, ago. 1996.

KURUNOV, I. F.; TITOV, V. N.; EMEL'YANOV, V. I.; LYSENKO, S. A.; ARZAMASTEV, A. N. Analysis of the behavior of alkalis in a blast funrace. *Metallurgist*, vol. 53, n. 9-10, p. 533-542, 2009.

KUWATA, M.; SUITO, H. Solubility of carbon in $CaO-Al_2O_3$ melts. *Metallurgical and Materials Transactions B*, vol. 27B, pp. 57-64, 1996.

LI, G.; HAMANO, T.; TSUKIHASHI, F. The effect of Na_2O e Al_2O_3 on dephoshorization of molten steel by high basicity MgO saturated $CaO-FeOx-SiO_2$ slag. *ISIJ International*, vol. 45, n. 1, p. 12-18, 2005.

LUMSDEN, J. Physical chemistry of process metallurgy I. Edited by G. R. St. Pierre. New York, *Metall. Soc. Conf. Interscience*, p. 165, 1961.

MASSON, C. R. An approach to the problem of ionic distribution in liquid silicates. *Proc. R. Soc. London*, vol. A287, p. 201-221, 1965.

______. Thermodynamics and constitution of silicate slags. *JISI*, vol. 210, p. 89-92, 1972.

MASSON, C. R.; SMITH, I. B.; WHITEWAY, S. G. Activities and ionic distributions in liquid silicates: application of polymer theory. *Can. J. Chem.*, vol. 48, p. 1456-1464, 1970.

MATHIEU, R.; LIBOUREL, G.; DELOULE, D.; TISSANDIER, L.; RAPIN, C.; PODOR, R. Na_2O solubility in $CaO-MgO-SiO_2$ melts. *Geochimica et Cosmochimica Acta*, vol. 75, p. 608-628, 2011.

MATSUURA, H.; FRUEHAN, R. J. Slag foaming in an electric arc furnace. *ISIJ International*, vol. 49, n. 10, p. 1530-1535, 2009.

MIN, D. J.; FRUEHAN, R. J. Nitrogen solution in BaO–BO and CaO–BO slags. *Metallurgical and Materials Transactions B*, vol. 21B, p. 1025-1032, 1990.

MIYABAYASHI, Y.; NAKAMOTO, M.; TANAKA, T.; YAMAMOTO, T. A model for estimating the viscosity of molten aluminosilicate containing calcium fluoride. *ISIJ Inter.*, vol. 49, n. 3, p. 343-348, 2009.

MIYAKE, T.; MORISHITA, M.; NAKATA, H.; KOKITA, M. Influence of sulphur content and molten steel flow on entrapment of bubbles to solid/liquid interface. *ISIJ Inter.*, vol. 26, n. 12, p. 1817-1822, 2006.

MORI, T. On the phosphorus distribution between slag and metal. *Transactions for the Japan Institute of Metals*, vol. 25, n. 11, p. 761-771, 1984.

MUAN, A.; OSBORN, E. F. *Phase equilibria among oxides in steelmaking*. New York: Addison-Wesley, 1965.

MYSEN, B. O.; RICHET, P. Silicate glasses and melts, properties and structure. Amsterdam: Elsevier, 2005. 544 p.

NAKAMURA, T.; UEDA, Y.; TOGURI, J. M. A new development of the optical basicity. *Trans. JIM*, vol. 50, p. 456-461, 1986.

NITA, P. S.; BUTNARIU, I.; CONSTANTIN, N.The efficiency at industrial scale of a thermodynamic model for desulphurization of aluminium killed steels using slags in the system $CaO-MgO-Al_2O_3-SiO_2$. *Revista de Metalurgia*, vol. 46, n. 1, p. 5-14, jan.-fev. 2010.

NOMURA, K.; OZTURK, B.; FUREHAN, R. J. Removal of nitrogen from steel using novel fluxes. *Metallurgical and Materials Transactions B*, vol. 22B, p. 783-790, dez. 1991.

NZOTTA, M. M.; SICHEN, D.; SEETHARAMAN, S. A study of the sulfide capacities of iron-oxide containing slags. *Metallurgical and Materials Transactions B*, vol. 30B, p. 909-920, 1999.

ONO, H.; SATOH, T.; USI, T. Transport of nitrogen from molten iron to gas phase through a $CaO–Al_2O_3$ melt. *Journal of JSEM*, vol. 19, Special Issue, p. 225-229, 2010.

ONO, H.; TANIZAWA, K.; USUI, T. Rate of iron carburization by carbon in slags through carbon/slag and slag/metal reactions at 1723 K. *ISIJ International*, vol. 51, n. 8, p. 1274-1278, 2011.

OTTONELLO, G. *Principles of geochemistry*. New York: Columbia University Press, 1997.

PARK, J. H.; MIN, D. J. Thermodynamic behavior of carbon in molten slags. *ISIJ Inter.*, vol. 40, Supplement, p. S96-S100, 2000.

______. Carbide capacity of $CaO–SiO_2–CaF_2$ $(–Na_2O)$ slags at 1773 K. *ISIJ International*, vol. 44, n. 2, p. 223-228, 2004.

PARK, J. H.; PARK, G. H.; LEE, Y. E. Carbide capacity of $CaO–SiO_2–MnO$ slag for the production of manganese alloys. *ISIJ International*, vol. 50, n. 8, p. 1078-1083, 2010.

PARK, J.-M.; SON, J.-W.; DZO, M.-H. Study on MgO solubility content in $CaO–SiO_2–Fe_tO–MnO(>8\%)–MgO–P_2O_5$ slag in contact with molten iron and its application. *J. of Korean Inst. of Met. e Mater.*, vol. 31, n. 1, p. 113-114, 1993.

PARK, J. Y.; PARK, J. G.; LEE, C. H.; SOHN, I. Hydrogen dissolution in the $TiO_2–SiO_2–FeO$ and $TiO_2–SiO_2–MnO$ based welding-type fluxes. *ISIJ International*, vol. 51, n. 6, p. 889-894, 2011.

POIRIER, D. R. A.; GEIGER, G. H. *Transport phenomena in materials processing*. New Jersey: Wiley; TMS, 1994.

RACHEV, I. P.; TSUKIHASHI, F.; SANO, N. *Metallurgical and Materials Transactions B*, (Process Metallurgy); vol. 24B, n. 2, 1991.

RAO, Y. K. *Stoichiometry and thermodynamics of metallurgical processes*. London: Cambridge University Press, 1985.

RAY, H. S. *Introduction to melts: molten salts, slags and glasses*. New Delli: Allied Publishers, 2006.

REGO, D. N.; SIGWORTH, G. K.; PHILBROOK, W. O. Thermodynamic study of $Na_2O–SiO_2$ melts at 1300 °C and 1400 °C. *Metallurgical and Materials Transactions B*, vol. 16, p. 323-330, 1985.

______. Thermodynamic activity of Na_2O in $Na_2O–CaO–SiO_2$, $Na_2O–MgO–SiO_2$, and $Na_2O–CaO–SiO_2–Al_2O_3$ melts at 1400 °C. *Metallurgical and Materials Transactions B*, vol. 19, n. 4, p. 655-661, 1988.

RICHARDSON, F. D. *Physical chemistry of melts in metallurgy*. New York: Academic Press, vol. 2, p. 291-304, 1974.

RICHARDSON, F. D.; FINCHAM, C. J. B. Sulphur in silicate and aluminate slags. *Journal of the Iron and Steel Institute*, p. 4-16, 1954.

ROSENQVIST, T. *Principles of extractive metallurgy*. New York: McGraw-Hill, 1983.

SAKAI, H.; SUITO, H. Nitride capacities in the CaO-base ternary slags at 1873K. *ISIJ International*, vol. 36, p. 143-149, 1996.

SAKAI, T.; MAEDA, M. Sulfide capacity of $CaO–CaCl_2$ molten fluxes. *ISIJ*, p. 65-69, 1990.

SANO, N.; LU, W.-K.; RIBOUD, *Advanced physical chemistry for process metallurgy*. P. V. (eds.). Toronto, Academic Press, 1997.

SASABE, M.; YAMASHITA, S.; SHIOMI, S.; TAMURA, T.; HOSOKAWA, H.; SANO, K. Nitride capacity of the molten $CaO–SiO_2–Al_2O_3$ system containing TiO_2 or ZrO_2 and equilibrated with molten Si. *ISIJ*, p. 1-7, 2002.

SCHENCK, H. *Introduction to the physical chemistry of steelmaking*. The British Iron and Steelmaking Research Association, 1945.

SELIN, R.; DONG, Y.; WU, Q. Uses of lime-based fluxes for simultaneous removal of phosphorus and sulphur in hot metal pretreatment. *Scand. J. Metall.*, vol. 19, n. 3, p. 98-109, 1990.

SENGUPTA, J.; THOMAS, B. G. Visualizing hook and oscillation mark formation in continuously cast ultra-low carbon steel slabs. *JOM*, vol. 58, n.12, p. 16-18, dez. 2006.

SHIM, J. D.; BAN-YA, S. The solubility of magnesia and ferric-ferrous equilibrium in liquid $FetO–SiO_2–CaO–MgO$ slags. *Tetsu-to-Hagane*, vol. 67, n. 10, p. 1745, 1981.

SHIN, W. Y.; LEE, H. G. Nitride capacities of $CaO–Al_2O_3–CaF_2$ melts at 1773 K. *ISIJ International*, vol. 41, n. 3, p. 239-246, 2001.

SILVA, H. G. *Estudo sobre o pick-up de nitrogênio após a etapa de refino primário do aço*. 2010. 116 f. Dissertação (Mestrado em Engenharia de Materiais)–Universidade Federal de Ouro Preto, Ouro Preto, 2010.

SLAG ATLAS. 2. ed. Düsseldorf: Verlag Stahleisen, 1995. 619 p.

SMITH, I. B.; MASSON, C. R. Activities and ionic distributions in cobalt silicate melts. *Canadian Journal of Chemistry*, vol. 49, p. 683-690, 1971.

SOSINSKY, D. J.; MAEDA, M.; McLEAN, A. Determination and prediction of water vapour solubilities in $CaO–MgO–SiO_2$ Slags. *Metallurgical and Materials Transactions B*, vol. 168, p. 61-66, 1985.

SOSINSKY, D. J.; SOMMERVILLE, I. D. The composition and temperature dependence of the sulphide capacity of metallurgical slags. *Metallurgical and Materials Transactions B*, vol. 17 B, p. 331-337, 1986.

STEILER, J. M. Étude thermodynamique des laitiers liquides des systèmes $K_2O–SiO_2$ et $K_2O–CaO–SiO_2–Al_2O_3–MgO$. In: INTERNATIONAL CONFERENCE PHYSICAL CHEMISTRY OF STEELMAKING, 1978, PCS 78, Versailles, France, 1978, S. 254-255.

STOLEN, S.; GRANDE, T. *Chemical thermodynamics of materials*: macroscopic and microscopic aspects. New Jersey: John Wiley & Sons, 2004.

SUITO, H.; INOUE, R. Phosphorus distribution between MgO-saturated $CaO–FetO–SiO_2–P_2O_5–MnO$ slags and liquid Iron. *Trans. Iron Steel Inst. Jpn.*, vol. 24, n. 1, p. 40-46, 1984.

______. Thermodynamic assessment of hot metal and steel dephosphorization with MnO-containing BOF slags. *ISIJ International*, vol. 35, n. 3, p. 258-265, 1995.

TANIGUCHI, Y.; SANO, N.; SEETHARAMAN, S. Sulphide capacities of $CaO-Al_2O_3-SiO_2-MgO-MnO$ slags in the temperature range 1673–1773 K. *ISIJ Inter.*, vol. 49, n. 2, p. 156-163, 2009.

TEMKIN, M. Mixtures of fused salts as ionic solutions. *Acta Phys. Chim. URSS*, vol. 20, n. 4, p. 411-420, 1945.

TOMIOKA, K.; SUITO, H. Nitride capacities in CaO–SiO and CaO–SiO–AlO melts. *Steel Research*, vol. 63, p. 1-6, 1992.

TOOP, G. W.; SAMIS, C. S. Activities of ions in silicate melts. *Transactions of the Metallurgical Society of AIME*, vol. 224, p. 878-887, 1962.

______. Some new ionic concepts of silicate slags, *Canad. Met. Quart.* vol. 1, n. 196, p. 129-152, 1970.

TSAO, B. T.; KATAYAMA, H. G. Sulphur distribution between liquid and $CaO-MgO-Al_2O_3-SiO_2$ slags used for ladle refining. *Trans. ISIJ*, vol. 26, p. 717-723, 1986.

TSUKIHASHI, F.; TAGAYA, A.; SANO, N. Effect of Na_2O addition on the partition of vanadium, niobium, manganese and titanium between $CaO-CaF_2-SiO_2$ melts and carbon saturated iron. *Trans. ISIJ*, p. 164-171, 1988.

TURKDOGAN, E. T. *Physicochemical properties of molten slags and glasses*. London: The Metals Society (now The Institute of Materials), 1983.

______. *Fundamentals of steelmaking*. London: The Institute of Materials, p. 209-243, 1996.

______. Assessment of P_2O_5 activity coefficients in molten slags. *ISIJ Inter.*, vol. 40, n. 10, p. 964-970, 2000.

TURKDOGAN, E. T.; FRUEHAN, R. J. Fundamentals of iron and steelmaking. Pittsburgh, PA: The AISE Steel Foundation, p. 13-30, 1998.

TURKDOGAN, E. T.; PEARCE, M. L. Kinetics of sulfur reaction in oxide melts-gas system. *Transactions of the Metallurgical Society of AIME*, vol. 227, p. 940-949, 1963.

VAARNO, J.; JÄRVI, J.; AHOKAINEN, T.; LAURILA, T.; TASKINEN, P. Development of a mathematical model of flash smelting and converting processes. INTERNATIONAL CONFERENCE ON CFD IN THE MINERALS AND PROCESS INDUSTRIES, 3., 2003, Melbourne, Australia: CISRO, 10-12 dez. 2003. p. 147-154.

VAN NIEKERK, W. H.; DIPPENAAR, R. J. Thermodynamic slags used for aspects of Na_2O and the desulphurization CaF_2 containing lime-based of hot-metal. *ISIJ Inter.*, vol. 33, n. 1, p. 59-65, 1993.

WAGNER, C. The concept of the basicity of slags. *Metallurgical and Materials Transactions B*, vol. 6B, p. 405-409, 1975.

WANG, X.; FENG, M.; ZOU, Z.; ZHAO, G.; LIU, Z. Slag forming route and dephosphorization of BOF dephosphorizing pretreatment and direct steelmaking. *Iron and Steel*, vol. 44, n. 1, p. 23-30, 2009.

WASEDA, Y.; TOGURI, J. M. *The structure and properties of oxide melts: applications of basic science to metallurgical processing*. Singapura: World Scientific Publishing, 1998.

WEGMANN, E. F. Chap. 5. In: *A reference book for blast furnace operators*. Moscou: Mir Publishers, 1984. Tradução inglesa do original russo de V. Afanasyew.

YANG, Y. D.; McLEAN, A.; SOMMERVILLE, I. D.; POVEROMO, J. J. The correlation of alkali capacity with optical basicity of blast furnace slags. *Ironmaking and Steelmaking*, vol. 276, p. 103-111, 2000.

YOKOKAWA, T. Gas solubilities in molten salts and silicates. *Pure Appl. Chem.*, vol. 58, n. 12, p. 1547-1552, 1986.

YOUNG, R. W.; DUFFY, J. A.; HASSALL, G. J.; XU, Z. Use of optical basicity concept for determining phosphorus and sulphur slag-metal partitions. *Ironmaking and Steelmaking*, vol. 19, n. 3, p. 201-219, 1992.

ZHANG, G.-H.; CHOU, K.-C. Model for evaluating density of molten slag with optical basicity. *Journal of Iron and Steel Research International*, vol. 17, n. 4, p. 1-4, 2010.

CAPÍTULO 7
TERMODINÂMICA COMPUTACIONAL (TC)

Resolver um problema em termodinâmica requer conhecer os *princípios* que se aplicam e dispor de *dados* termodinâmicos apropriados ao método de *solução* que se pretende empregar. Muitos problemas de interesse prático podem ser considerados complexos por envolver número significativo de variáveis. Obtidos os resultados, estes devem ser analisados com o objetivo de se verificar se fazem sentido físico (Figura 7.1).

Figura 7.1 – Fatores envolvidos na solução de um problema em termodinâmica.

Os princípios da termodinâmica foram relembrados nos capítulos anteriores. Algumas técnicas matemáticas envolvidas na aplicação desses princípios foram apresentadas em problemas de pequena e média complexidade.

A disponibilidade de computadores de alta capacidade de processamento e de armazenamento permitiu estender a aplicabilidade da termodinâmica a sistemas de grande complexidade por meio de aplicativos que podem ser considerados amigáveis ao operador. O advento dos computadores permitiu que os princípios básicos de termodinâmica fossem aplicados com maior facilidade, precisão e repetibilidade a sistemas multicomponentes e multifásicos, que constituem a maior parte dos casos de importância industrial.

Neste capítulo, alguns exemplos tirados de aplicativos comerciais são abordados. Esses aplicativos não foram escolhidos por ordem de importância; existem exemplos de outros similares. Atualmente, muitos programas, alguns comerciais, podem ser encontrados, como Thermo-Calc® (Suécia), FactSage® (Canadá), MTDATA® (Reino Unido), Thermodata® (França), Therdas® (Alemanha), CEQCSI – ArcelorMittal R&D (França) e PANDAT® (Estados Unidos), HSC Chemistry® (Finlândia), que tratam de aspectos diversos da termodinâmica. Os exemplos escolhidos são apenas ilustrativos.

Em termodinâmica computacional (TC), o estado de equilíbrio é descrito usando funções termodinâmicas que dependem da temperatura, pressão e composição química. Essas funções podem ser extrapoladas também para o estado fora do equilíbrio e então, quando são incluídas nos modelos de simulação, fornecem informações sobre condições metaestáveis de equilíbrio.

Os modelos termodinâmicos usados na TC contêm parâmetros de ajuste, os quais são otimizados através de dados experimentais e também por modelos teóricos. A qualidade dos resultados irá depender da precisão dos dados experimentais do banco de dados termodinâmicos utilizados por um determinado modelo de TC. Então, novos estudos são em geral fundamentais para atualizar os bancos de dados.

Vários tipos de *softwares* de TC dependem das informações termodinâmicas, como: calor específico, coeficientes de partição, calor latente, atividade, entalpia, pressão de vapor, entre outros, os quais podem ser coletados de várias fontes. Pode então resultar que sejam inconsistentes entre si e sejam incapazes de reproduzir o estado de equilíbrio real.

A TC segue dois caminhos, um deles utiliza informações experimentais que servem de base para ajustar as expressões no banco de dados do próprio *software*; o outro envolve utilizar o banco de dados assim aprimorado de modo a obter informações para aplicações em escala laboratorial e/ou industrial (Figura 7.2).

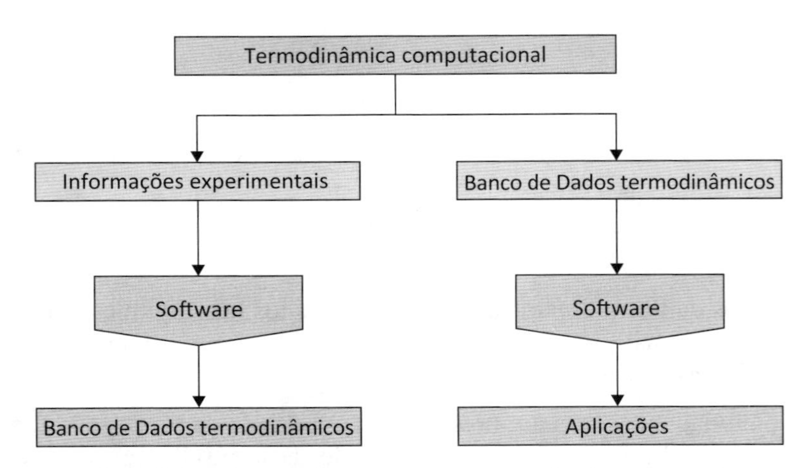

Figura 7.2 – Esquema dos fluxos para utilização da termodinâmica computacional.

Equilíbrios termodinâmicos podem envolver fases puras (ou de composição fixa) ou soluções de composição variável. Neste último caso, a TC se serve de modelos teóricos ajustados a bancos de dados termodinâmicos que possam descrever de forma satisfatória o comportamento das soluções reais, bem como outros aspectos de interesse.

A metodologia mais adotada para modelar as propriedades termodinâmicas das soluções é o CALPHAD (CALculation of PHAse Diagrams) (Lukas et al., 2007). Uma característica geral de modelos de TC que utilizam a metodologia CALPHAD é a otimização constante dos bancos.

Existem, naturalmente, vários modelos que descrevem o comportamento de soluções, aplicáveis com menor ou maior grau de especificidade. Entre os modelos possíveis podem ser citados:

Energia livre de soluções, em geral:

- o modelo mais simples é o modelo de solução ideal, em que a energia de excesso de mistura (ΔG^E_{Φ}) é nula;
- o modelo mais simples para expressar a energia de excesso é o modelo de solução regular de Hildebrand;
- dentre as diversas séries propostas para descrever as propriedades básicas de ΔG^E_m, duas merecem destaque: os polinômios de Legendre e a de Redlich-Kister;
- polinômio de Legendre: não existe correlação entre os coeficientes da série. Então, pode-se reduzir o número de termos na expansão e, quando se necessita de uma maior precisão nos cálculos, pode-se também adicionar termos, sem a necessidade de revisar os termos de mais baixa ordem;
- polinômio de Redlich-Kister: tem sido mais empregado devido à sua facilidade na utilização e pela consistência matemática; tomando-se como exemplo uma solução binária tem-se a expressão:

$$^{E,bin}G_f^m = x_1\, x_2 \sum_{v=0}^{n} L_{1,2,f}^{v}\, (x_1 - x_2)^v$$

O termo L^{υ}, em geral da forma $A^{\upsilon} + B^{\upsilon}T$, é um coeficiente do polinômio de Redlich-Kister, de ordem υ, onde A^{υ} e B^{υ} são constantes determinadas através de dados experimentais. Essas constantes são normalmente objeto de estudos quando se busca melhorar a precisão do modelo.

A maneira usual de tratar com as soluções metálicas é através do formalismo de Wagner para soluções diluídas:

$$\frac{\mu_i}{RT} = \ln \gamma_i^o\, X_i + \varepsilon_{ii}\, X_i$$

Essa formulação é válida para soluções binárias, e tem sido mostrado que ela viola a equação de Gibbs-Duhem no caso de soluções de mais alta ordem. Daí, modificações e/ou outros modelos foram propostos.

Darken (Oertel, 1998) verificou que além do termo L_0 (quando a solução é regular), independentemente da temperatura no polinômio de Redlich-Kister, seria necessário outro termo adicional $x_i \cdot M_i$ na energia de excesso de soluções ricas em solventes, para que este termo seja capaz de reproduzir o comportamento das propriedades termodinâmicas de uma solução metálica diluída, conforme se mostra a seguir:

$$G_m = X_S\, G_S^o + X_i\, G_i^o + T\, \Delta S_m^{id} + X_S\, X_i\, L_o + X_i\, M_i$$

Para escórias, o modelo mais simples é o de Ban-Ya (1993). Esse modelo assume óxidos presentes na escória na forma de compostos moleculares (como o CaO) e que eles interagem entre si.

O modelo de Gaye, desenvolvido com base no modelo de Kapoor e Frohberg (Gaye e Welfringer, 1984), é mais complexo e obtém resultados mais próximos da realidade. Esse modelo admite que células, como Si–O–Si, interagem entre si na forma de células assimétricas como Si–O–Ca e que elas interagem entre si na escória.

Existem dois problemas importantes na termodinâmica computacional:

1. como calcular, para cada fase presente no sistema, a Energia Livre de Gibbs em função da temperatura, pressão e composição química (modelos comentados anteriormente);
2. como determinar a combinação dessas fases, de tal forma a se ter por meio de suas composições e quantidades um resultado com um mínimo de Energia Livre de Gibbs. O método dos multiplicadores de Lagrange atende a esta questão.

7.1 MÉTODO DOS MULTIPLICADORES DE LAGRANGE

O interessante para aplicação da termodinâmica computacional é que o usuário não seja necessariamente instado a acessar tabelas, gráficos, diagramas e nem conhecer qual o modelo matemático utilizado para calcular o equilíbrio. Isso não exclui a necessidade de se conhecer os princípios da termodinâmica, como o da Minimização da Energia Livre de Gibbs e como ele pode ser aplicado para se encontrar a condição de equilíbrio entre fases de um sistema.

Um dos métodos matemáticos utilizados para se encontrar a condição de mínimo em sistemas como esse é o Método dos Multiplicadores de Lagrange, descrito a seguir.

Considere uma função $F(n_1, n_2, n_3,...)$, a qual precisa ser minimizada pela escolha de valores específicos de $n_1, n_2, n_3,...$ Considere ainda que existam restrições entre estes parâmetros, que necessitam serem respeitadas, na condição de mínimo, de acordo com as expressões seguintes:

$V(n_1, n_2,...) = 0$

$W(n_1, n_2,...) = 0$

A diferencial total da função F é dada pela expressão:

$$dF = f_{n1}\, dn1 + f_{n2}\, dn2 + \ldots$$

onde se tem, como derivada parcial em relação a um parâmetro específico, a expressão:

$$f_{ni} = \frac{\partial F}{\partial n_i}$$

De modo análogo, as diferenciais totais relativas às condições de restrição seriam as expressões:

$$dV = V_{n1}\, dn1 + V_{n2}\, dn2 + ... = 0$$

$$V_{ni} = \frac{\partial V}{\partial ni}$$

$$dW = W_{n1}\, dn1 + W_{n2}\, dn2 + ... = 0$$

$$W_{ni} = \frac{\partial W}{\partial ni}$$

Multiplicando dV por λ_V e dW por λ_W, e adicionando a dF, tem-se a expressão:

$$\left(f_{n1} + \lambda_V\, V_{n1} + \lambda_W\, W_{n1}\right) dn_1 + \left(f_{n2} + \lambda_V\, V_{n2} + \lambda_W W_{n2}\right) dn_2 + \ldots = 0$$

Uma vez que os valores de n_i são arbitrários, então, os seus coeficientes precisam ser nulos para satisfazer a condição anterior, expressões seguintes. Portanto:

$$f_{n1} + \lambda_V\, V_{n1} + \lambda_W\, W_{n1} = 0$$

$$f_{n2} + \lambda_V\, V_{n2} + \lambda_W\, W_{n2} = 0$$

As equações são resolvidas, em conjunto com aquelas das restrições $V(n_1, n_2,...) = 0$ e $W(n_1, n_2,...) = 0$, para resultar em valores de λ_V e λ_W e $n_1, n_2,...$ Esses tipos de métodos servem como base para elaboração dos *softwares* de termodinâmica computacional.

A resolução de problemas de equilíbrio de reações químicas, ou entre fases, pelo método clássico envolve o cálculo das constantes de equilíbrio das várias reações operantes no sistema, bem como o estabelecimento dos balanços de conservação de massa. Valores de constantes de equilíbrio podem variar significativamente de acordo com a fonte. A resolução de um conjunto de equações lineares (balanços de massa) e não lineares (constantes de equilíbrio) pode ser problemática, principalmente em sistemas multicomponentes e multifásicos. No método CALPHAD, a resolução do problema se dá através da definição de expressões para os potenciais químicos, ou melhor, de expressões de energia livre das fases presentes, em função de temperatura, pressão e composição. O equilíbrio é determinado utilizando-se a Energia Livre de Gibbs como uma função objetiva a ser minimizada.

7.2 ALGUMAS APLICAÇÕES EM THERMO-CALC®

Thermo-Calc® é um aplicativo de caráter geral e de uso flexível, baseado em minimização da Energia Livre de Gibbs. Ele foi desenvolvido para sistemas com fases não ideais, e pode utilizar diferentes bancos de dados termodinâmicos, particularmente aqueles desenvolvidos pelo SGTE (Scientific Group Thermodata Europe).

EXEMPLO 7.1

A figura a seguir mostra o diagrama de fases paládio-prata gerado pelo Thermo-Calc®. Prevê-se um diagrama isomorfo simples, uma fase líquida e uma fase sólida substitucional. A posição das linhas Solidus e Liquidus pode ser encontrada pelo traçado de dupla tangente às curvas de Energia Livre de Gibbs da solução sólida e da solução líquida.

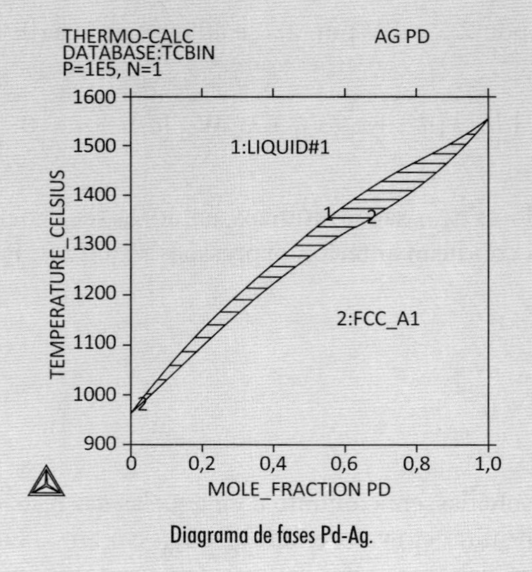

Diagrama de fases Pd-Ag.

Fonte: Thermo-Calc®.

EXEMPLO 7.1 (*continuação*)

Esse aplicativo pode fornecer as curvas de energia livre. Por exemplo, a 1400 °C resultam as curvas da figura a seguir.

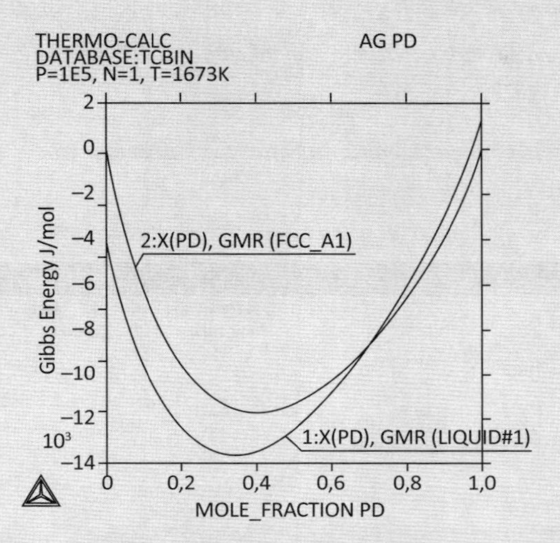

Curvas de variação de energia livre de formação de soluções sólida e líquida no sistema Pd-Ag, a 1400 °C.

A curva (1) corresponde à variação de energia de Gibbs de formação da solução líquida, a partir de paládio e prata sólidos e puros. A curva (2) é para a formação da solução sólida, a partir de paládio e prata sólidos e puros; portanto, a mesma referência permite a aplicação direta da dupla tangente para determinação das composições de equilíbrio. Uma porção ampliada desse diagrama, ao redor do ponto de cruzamento entre as duas curvas, fornece as composições das duas fases em equilíbrio, como se mostra na figura a seguir.

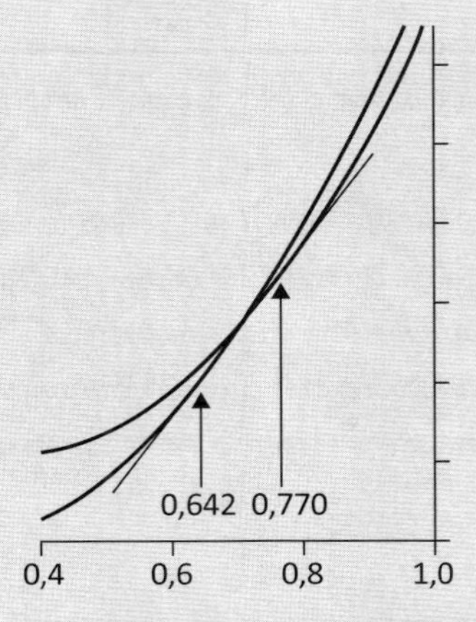

Determinação de composições de equilíbrio no sistema Pd-Ag, a 1400 °C, método de dupla tangente.

EXEMPLO 7.2

Anteriormente foi resolvido um problema em que se determina a quantidade alumínio a ser adicionada a 30 toneladas de aço, contendo 0,1% de oxigênio, de modo a reduzir o residual deste a 23 ppm. A 1873 K encontrou-se adição necessária de 33 kg de alumínio e teor residual deste de 0,985 ppm, sob escória na qual a atividade da alumina (em relação ao líquido puro) era 0,0027.

A página inicial do "setup" de problema equivalente no Thermo-Calc® é mostrada na figura a seguir.

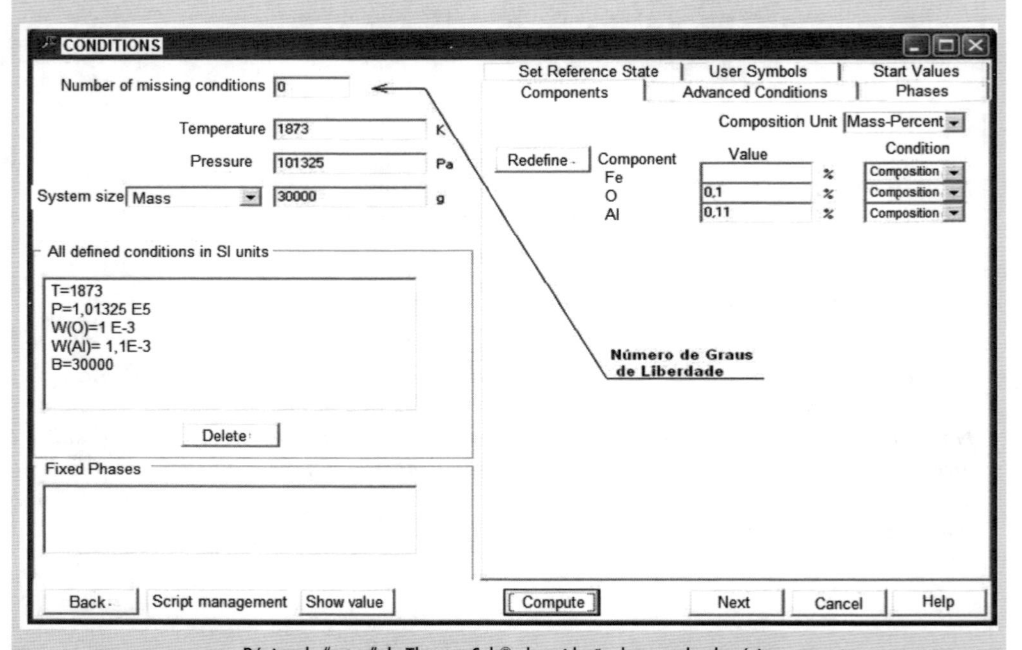

Página de "setup" do Thermo-Calc®, desoxidação de aço pelo alumínio.

Nota-se que o problema só se encontra especificado quando o número de graus de liberdade ("missing conditions") é igual a zero. Nesse "setup" apenas três elementos, ferro, alumínio e oxigênio, foram admitidos. Então, a única escória passível de ser formada seria do sistema FexO–Al_2O_3. Tal formação não ocorre, pois o óxido de alumínio é muito mais estável que os de ferro. A tela de resposta para este problema fornece os resultados da figura a seguir.

EXEMPLO 7.2 (*continuação*)

```
Database: SLAG2                                        fração em massa e massa,
                                                       valores iniciais
Conditions:
T=1873, P=1.01325E5, W(AL)=1.1E-3, W(O)=1E-3, B=30000
DEGREES OF FREEDOM 0

Temperature 1873K (1600C, 2912F), Pressure 1,013250E+05
Number of moles of components 5,39152E+02, Mass 3,00000E+04
Total Gibbs energy -6,25669E+07, Enthalpy 3,95103E+07, Volume 0,00000E+00

Component    Moles        Mass-Fraction   Activity     Potential     Ref.State

AL           1,2230E+00   1,1000E-03      1,2662E-09   -3,1905E+05   GAS
FE           5,3605E+02   9,9790E-01      9,9986E-01   -2,1948E+00   FE_LIQUID
O            1,8751E+00   1,0000E-03      1,2567E-06   -2,1159E+05   GAS

                                                       Resumo das condições
FE_LIQUID#1        STATUS ENTERED     Driving force 0,0000E+00    termodinâmicas iniciais
Number of moles 5,3613E+02, Mass 2,9938E+04
Mass fractions:
FE 9,99954E-01   O 3,31371E-05   AL 1,28864E-05

AL2O3#1            STATUS ENTERED     Driving force 0,0000E+00
Number of moles 3,0218E+00, Mass 6,1622E+01
Mass fractions:                                        composição de equilíbrio
AL 5,29261E-01   O 4,70739E-01   FE 0,00000E+00        do aço: 33 ppm O; 12,8 ppm Al
```

Quadro-resposta do Thermo-Calc®, desoxidação de aço pelo alumínio. ■

EXEMPLO 7.3

Quando 10 kg de silício metálico são adicionados a 1 tonelada de aço a 1600 °C, contendo inicialmente 0,1% de oxigênio, os residuais de Si e O podem ser determinados considerando--se que seja atingido o equilíbrio de acordo com:

$$Si\ (1\%) + 2\ O(1\%) = SiO_2(s) \qquad \Delta G^0 = -594412 + 230{,}23\ T\ J$$

De fato, a estequiometria da reação ($Si + O_2 = SiO_2$) requer que as quantidades consumidas desses dois elementos obedeçam à restrição:

$$(1\% - \%\ Si)\ /\ 28 = (0{,}1\% - \%O)\ /\ 32$$

Daí, os teores residuais seriam interligados pela relação:

$$\%Si = (1 - 0{,}875\ (0{,}1 - \%O))$$

EXEMPLO 7.3 (*continuação*)

e, de acordo com a constante de equilíbrio,

$$\%Si(\%O)^2 = 2{,}8228\,x10^{-5}$$

$$Vem:\ \%O = 5{,}55\ x\ 10^{-3}$$

A resposta de Thermo-Calc® a essa proposição é (mostrando boa concordância) apresentada na figura que se segue:

```
FE        1,7709E+01     9,8900E-01     9,7963E-01     -3,2048E+02     FE_LIQUID
O         6,2504E-02     1,0000E-03     1,9019E-06     -2,0514E+05     GAS
SI        3,5606E-01     1,0000E-02     1,3504E-07     -2,4633E+05     GAS

FE_LIQUID#1         STATUS ENTERED        Driving force 0,0000E+00
Number of moles 1,8040E+01, Mass 9,9825E+02
Mass fractions:
FE 9,90736E-01   SI 9,19696E-03  O  6,68308E-05

SIO2#1              STATUS ENTERED        Driving force 0,0000E+00
Number of moles 8,7501E-02, Mass 1,7524E+00
Mass fractions:
O  5,32563E-01   SI 4,67437E-01   FE 0,00000E+00
```

fração em massa dos solutos

Quadro-resposta para equilíbrio silício–oxigênio em aço líquido.

■

EXEMPLO 7.4

Anteriormente se discutiu a possibilidade de adição de cálcio a um aço previamente desoxidado com alumínio, com o intuito de transformar, ainda que parcialmente, as inclusões de alumina em cálcio-aluminatos líquidos. Por exemplo, considerando teores residuais (em solução) % Al^o= 0,0200 e $\%O^o$ = 0,0003 e certa quantidade de alumina suspensa, perfazendo $\%O^t$ = 0,0100, pode-se estimar a 1873 K que uma adição de cálcio de cerca de 83 ppm iria provocar:

1) a produção de inclusão líquida com cerca de 45% em peso de CaO;

2) o consumo de cerca de 80 ppm de cálcio;

3) residual de alumínio de 0,0236%.

Este problema pode ser implementado em Thermo-Calc® (ver figura a seguir). As condições iniciais foram escolhidas de modo que reproduzissem as do cálculo anterior e com a adição de cálcio que iria produzir a inclusão desejada.

EXEMPLO 7.4 (*continuação*)

Como resultado, encontra-se que o residual de cálcio dissolvido seria muito pequeno, o que já havia sido adiantado. A inclusão conteria 44,89% CaO e 54,93% Al_2O_3, em muito boa concordância. Para atender à condição de equilíbrio de distribuição, a escória contém, ainda que pequena, certa quantidade de FeO.

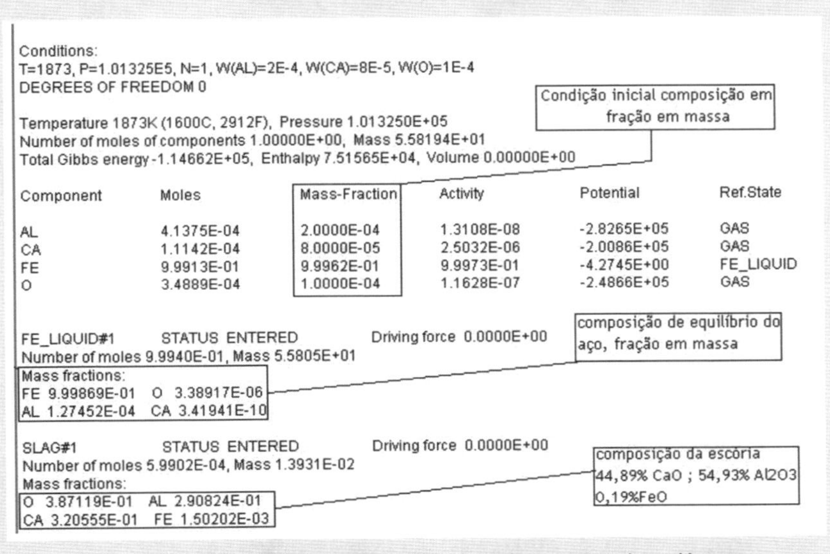

Conditions:
T=1873, P=1.01325E5, N=1, W(AL)=2E-4, W(CA)=8E-5, W(O)=1E-4
DEGREES OF FREEDOM 0

Condição inicial composição em fração em massa

Temperature 1873K (1600C, 2912F), Pressure 1.013250E+05
Number of moles of components 1.00000E+00, Mass 5.58194E+01
Total Gibbs energy -1.14662E+05, Enthalpy 7.51565E+04, Volume 0.00000E+00

Component	Moles	Mass-Fraction	Activity	Potential	Ref.State
AL	4.1375E-04	2.0000E-04	1.3108E-08	-2.8265E+05	GAS
CA	1.1142E-04	8.0000E-05	2.5032E-06	-2.0086E+05	GAS
FE	9.9913E-01	9.9962E-01	9.9973E-01	-4.2745E+00	FE_LIQUID
O	3.4889E-04	1.0000E-04	1.1628E-07	-2.4866E+05	GAS

FE_LIQUID#1 STATUS ENTERED Driving force 0.0000E+00
Number of moles 9.9940E-01, Mass 5.5805E+01
Mass fractions:
FE 9.99869E-01 O 3.38917E-06
AL 1.27452E-04 CA 3.41941E-10

composição de equilíbrio do aço, fração em massa

SLAG#1 STATUS ENTERED Driving force 0.0000E+00
Number of moles 5.9902E-04, Mass 1.3931E-02
Mass fractions:
O 3.87119E-01 AL 2.90824E-01
CA 3.20555E-01 FE 1.50202E-03

composição da escória
44,89% CaO ; 54,93% Al2O3
0,19%FeO

Tela de resultados de Thermo-Cal©®, explicitando condições iniciais e de equilíbrio.

Esses resultados podem ser visualizados em um diagrama de estabilidade (ver figura a seguir) que explicita a região de inclusões líquidas, região "Fe_Liquid + Slag" em função dos teores de alumínio e de cálcio.

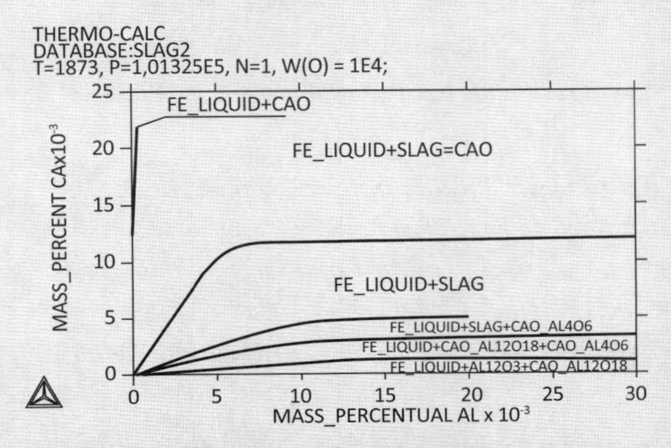

Regiões de estabilidade das fases, de acordo com Thermo-Calc®, resultantes da adição de cálcio ao aço líquido.

EXEMPLO 7.5

Como já citado, um atrativo de "softwares" empregando termodinâmica computacional é a capacidade de realizar cálculos repetitivos, com precisão e confiabilidade. Daí a facilidade em serem produzidos mapas que indiquem a evolução de parâmetros termoquímicos ao longo de um dado processo. Magalhães (2010) analisou a evolução da composição do aço e das inclusões, durante o ciclo de processamento, através da comparação entre análises em MEV das inclusões e composição prevista pelo Thermo-Calc® (ver figura a seguir).

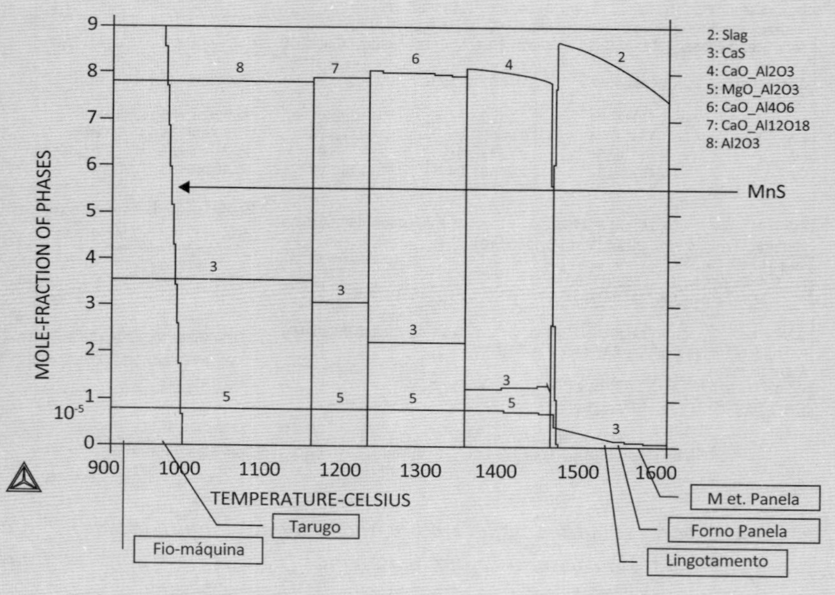

Evolução da composição de inclusões, previstas pelo Thermo-Calc®, durante as várias etapas de processamento de um aço SAE 1045.

De acordo com esse autor, durante o resfriamento do aço, seria possível formar as seguintes inclusões:

- *metalurgia da panela: CaS e inclusões líquidas Al–O;*
- *forno-panela: CaS e inclusões líquidas Al–O;*
- *lingotamento contínuo – início: CaS e inclusões líquidas Al–O;*
- *tarugo: Al_2O_3, espinélio ($MgO.Al_2O_3$), CaS e MnS;*
- *fio-máquina: Al_2O_3, espinélio ($MgO.Al_2O_3$), CaS e MnS.*

Na tabela a seguir mostra-se a comparação entre resultados reais (resposta industrial) e os calculados pelo aplicativo citado.

EXEMPLO 7.5 (*continuação*)

Os resultados obtidos no sistema real seriam similares àqueles previstos, diferenciando-se um pouco na composição química das inclusões no início do processo devida à ausência de Ca antes do forno-panela. Thermo-Calc® computa uma pequena quantidade de sulfeto de cálcio na etapa metalúrgica da panela, pois o "input" desse programa exige a definição de um teor, ainda que residual, de cálcio para que fases contendo esses elementos possam se formar em etapas posteriores. O magnésio presente a partir do forno-panela provém provavelmente dos refratários, em quantidade difícil de ser mensurada.

Comparativo entre as inclusões encontradas no sistema real com as previstas pelo Thermo-Calc®

Etapas do processo	Industrial	*Thermo-Calc®*
Metalurgia da panela	Al-O	Al-O-Ca-S
Forno-panela	Al-O-Mg-Ca-S	Al-O-Ca-S
Lingotamento contínuo – início	Al-O-Mg-Ca-S	Al-O-Ca-S
Tarugo	Al-O-Mg-Ca-S-Mn	Al-O-Mg-Ca-S-Mn
Fio-máquina	Al-O-Mg-Ca-S-Mn	Al-O-Mg-Ca-S-Mn

Ainda de acordo com esse autor, para aços com enxofre, acalmados ao alumínio e tratados com cálcio, torna-se importante formar inclusões líquidas, que garantem boa lingotabilidade ao aço. Má lingotabilidade diz respeito à obstrução da válvula submersa, por deposição de inclusões e macroinclusões ou congelamento do aço.

Na figura a seguir são apresentados diagramas de estabilidade de fases, para uma dada composição química média do aço, para a adição de CaSi ao nível de 0,15kg/t. A região de boa lingotabilidade é identificada como região "inclusões líquidas + aço líquido". Foram também plotados os resultados da análise química no processo de forno-panela e lingotamento contínuo, nas temperaturas de 1550 °C e 1530 °C. Percebe-se que ocorre um estreitamento da janela de lingotabilidade (área do aço líquido + inclusões líquidas) durante o resfriamento do aço líquido do forno-panela para o distribuidor do lingotamento contínuo.

EXEMPLO 7.5 (*continuação*)

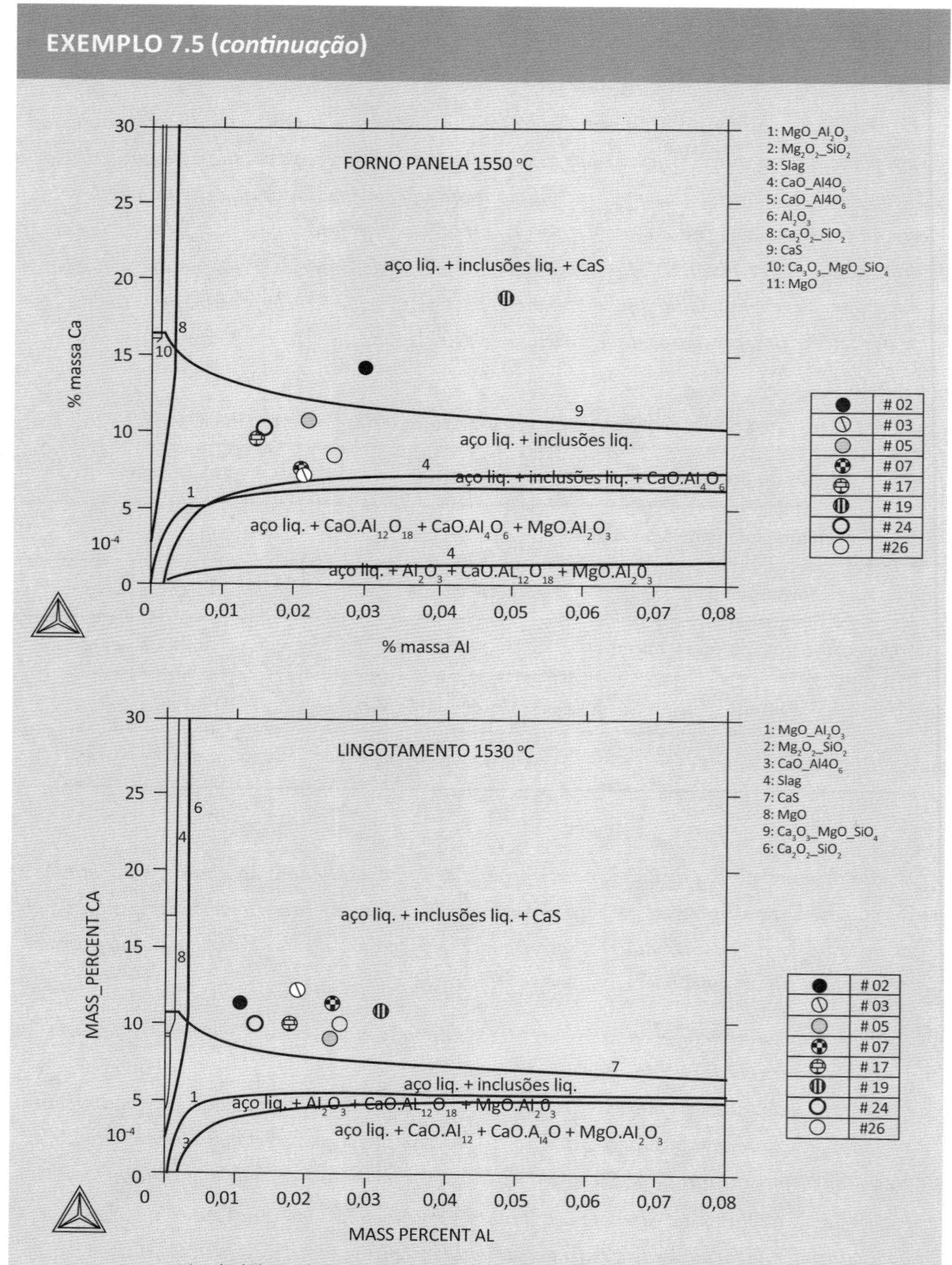

Janela de lingotabilidade de um aço SAE 1045, com adição de 0,15 kg/ton de CaSi.

Fonte: Conforme Thermo-Calc®.

7.3 ALGUNS EXEMPLOS EM HSC®

A construção de diagramas de estabilidade, em várias de suas formas, foi abordada nos capítulos anteriores. Como já citado, uma representação muito comum, amplamente utilizada para análise de processos de ustulação, envolve o equilíbrio metal--enxofre-oxigênio. Bale (1990) aborda a teoria e aspectos computacionais de diagramas de predominância envolvendo dois metais ou de maior ordem. O mesmo autor, tomando como exemplo o caso de um único metal, à temperatura conhecida, propõe escrever reações químicas relativas aos equilíbrios univariantes (três componentes, três fases, temperatura fixa) do tipo:

$$M(s) + (j/2z)\ S_2(g) + (k/2z)\ O_2(g) = (1/z)\ M_zS_jO_k$$

onde $M_zS_jO_k$ representa o metal, passando por óxidos, sulfetos e sulfatos e oxissulfatos.

A variação de Energia Livre de Gibbs dessa reação genérica seria escrita como:

$$\Delta G = \Delta G^o + \left(\frac{1}{z}\right) RT \ln a_{M_zS_jO_k} - RT \ln P_{S2}^{\left(\frac{j}{2z}\right)} P_{O2}^{\left(\frac{k}{2z}\right)}$$

Com base nessa expressão, o autor propõe identificar a fase estável, para um dado par de pressões parciais de oxigênio e enxofre, como aquela de menor energia livre de formação. Diagramas como o da Figura 7.3, que representa o sistema Fe–S–O, seriam facilmente obtidos (a pressão parcial de SO_2 é calculada considerando o equilíbrio ½ $S_2(g) + O_2(g) = SO_2(g)$).

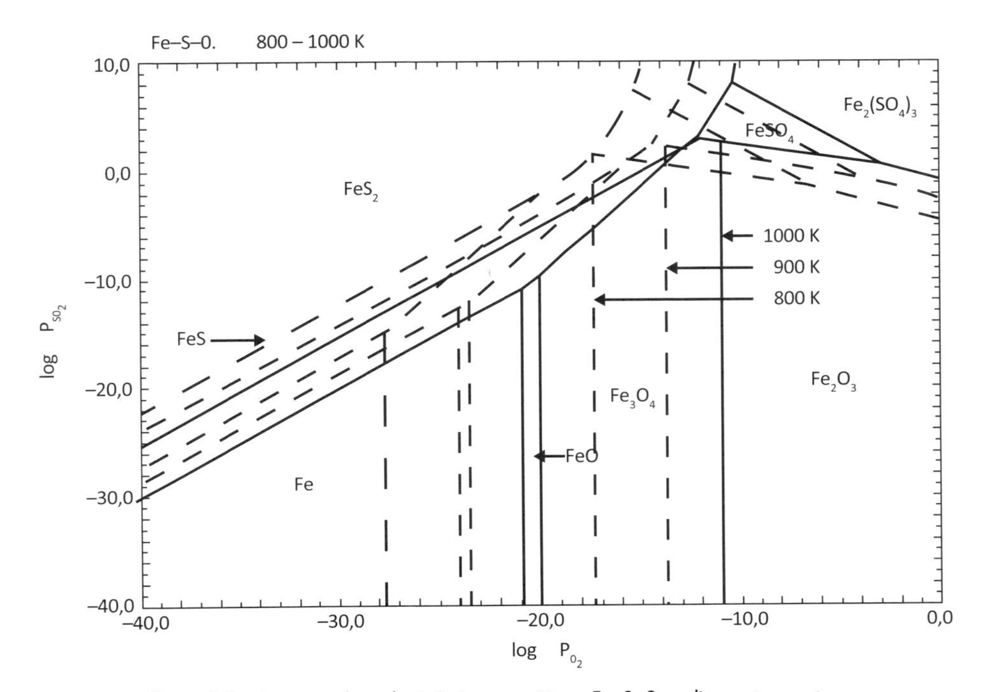

Figura 7.3 – Diagrama de predominância para o sistema Fe–S–O em diversas temperaturas.

A utilização da metodologia apresentada nos capítulos anteriores pode ser trabalhosa. Por exemplo, se N são as espécies químicas (M, MO, MO_2...MS, M_2S,...MSO_4,... $MO.SO_4$,...O_2, S_2, SO_2...) e se, destas, G são as espécies gasosas (S_2, O_2, SO_2...), então os equilíbrios univariantes (três componentes, duas fases distintas contendo o metal e o gás, temperatura fixa) seriam em número de:

$$(N-G)! / (N-G-2)!\ 2!.$$

Equilíbrios invariantes (três componentes, três fases distintas contendo o metal e o gás, temperatura fixa) seriam em número de:

$$(N-G)! / (N-G-3)!\ 3!.$$

Por exemplo, no sistema Cu, CuO, Cu_2O, CuS, Cu_2S, $CuSO_4$, $CuO.CuSO_4$, S_2, O_2, SO_2, SO_3 seriam 21 equilíbrios univariantes:

$$(N-G)! / (N-G-2)!\ 2! = (11-4)! / (11-4-2)!\ 2!. = 21$$

e 35 equilíbrios invariantes:

$$(N-G)! / (N-G-2)!\ 2! = (11-4)! / (11-4-3)!\ 3! = 35.$$

Como se nota, a quantidade de informação a ser analisada é expressiva, o que sugere a utilização de um aplicativo específico. HSC Chemistry (Outokumpu) seria uma possibilidade.

EXEMPLO 7.6

O diagrama de predominância para o sistema Fe–S–O, a 1000 °C, de acordo com HSC é apresentado na figura a seguir. O aplicativo permite (ver figura), entre outras coisas, especificar quais as fases e espécies que devem ser levadas em consideração (assim pode ser feita opção entre diagramas estáveis ou metaestáveis), atividades e temperatura.

EXEMPLO 7.6 (*continuação*)

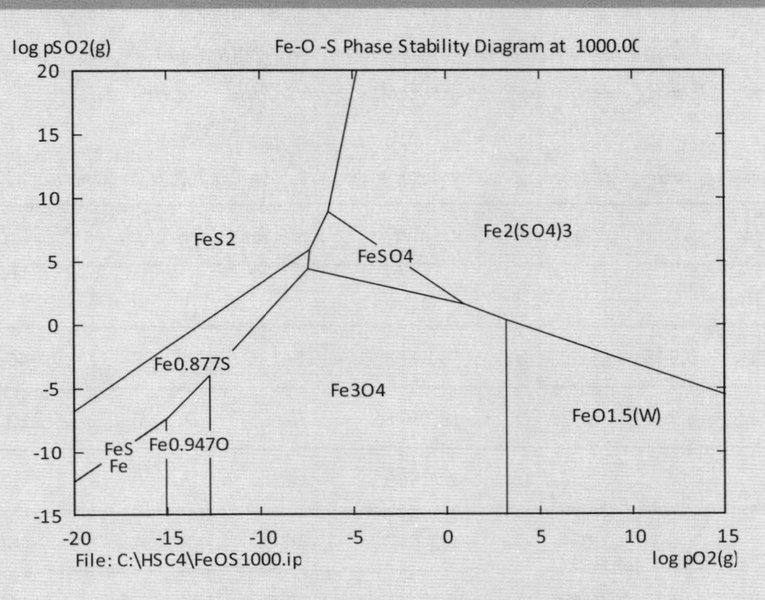

Diagrama de estabilidade para sistema Fe—S—O a 1000 °C.

A página inicial do "setup" correspondente a este exemplo é mostrada na figura que se segue. Faz-se a opção pelos elementos envolvidos, as fases que são consideradas de interesse, a temperatura e as variáveis a serem representadas nos eixos do diagrama.

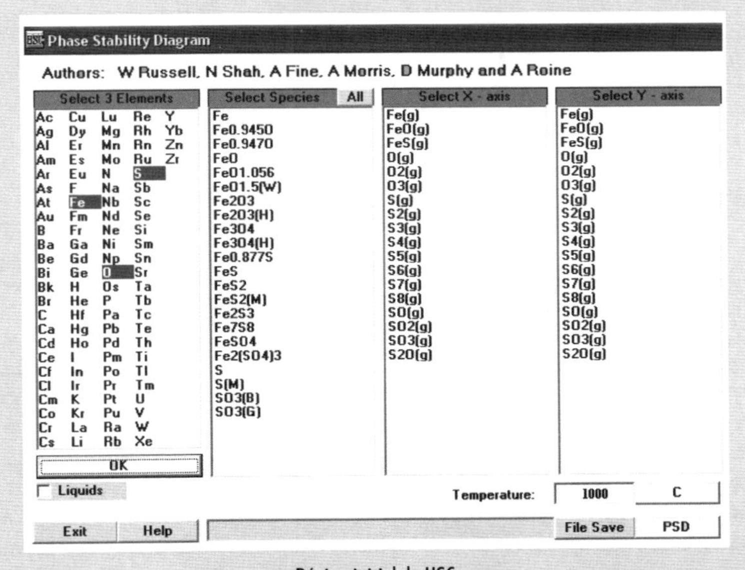

Página inicial do HSC.

EXEMPLO 7.6 (*continuação*)

Os dados termodinâmicos utilizados para gerar esse diagrama são do banco de dados do HSC (mas podem ser modificados) e são mostrados na tabela a seguir.

Variação de energia livre de formação de compostos do sistema Fe—S—O, a 1000 °C, de acordo com HSC

Espécies	Fe	O	S	kJ/mol	Espécies	Fe	O	S	kJ/mol
Fe	1	0	0	0	FeS	1	0	1	−82,0736
$Fe_{0,945}O$	0,945	1	0	−181,658	FeS_2	1	0	2	−46,9079
$Fe_{0,947}O$	0,947	1	0	−183,576	Fe_2S_3	2	0	3	−102,382
FeO	1	1	0	−180,965	Fe_7S_8	7	0	8	−497,13
$FeO_{1,056}$	1	1,056	0	−187,092	$FeSO_4$	1	4	1	−458,599
$FeO_{1,5}$(W)	1	1,5	0	−230,35	$Fe_2(SO_4)_3$	2	12	3	−1123,33
Fe_3O_4	3	4	0	−710,586	O_2(g)	0	2	0	0
$Fe_{0,877}S$	0,877	0	1	−81,9908	SO_2(g)	0	2	1	−268,935

A lista de reações químicas, expressando equilíbrios univariantes, de acordo com HSC, é apresentada na tabela a seguir. Essa lista pode ser construída a partir dos dados anteriores. Como esperado, a lista de reações é de tamanho expressivo.

Reações univariantes para o equilíbrio Fe—S—O e respectivos valores de variação de Energia Livre de Gibbs (padrão) a 1000 °C

Reações		Reações	
0,945 Fe + 0,5 O2(g) -> Fe0,945Oº	−181658,2	FeO + SO_2(g) -> 1,5 O_2(g) + FeS	367826,3
0,947 Fe + 0,5 O2(g) -> Fe0,947Oº	−183576,2	FeO + 2 SO_2(g) -> 2,5 O_2(g) + FeS_2	671927,5
Fe + 0,5 O2(g) -> FeO	−180964,5	2 FeO + 3 SO_2(g) -> 4 O_2(g) + Fe_2S3	1066353,8

EXEMPLO 7.6 (*continuação*)

Reações univariantes para o equilíbrio Fe—S—O e respectivos valores de variação de Energia Livre de Gibbs (padrão) a 1000 °C (*continuação*)

Reações		Reações	
Fe + 0,528 O2(g) -> FeO1,056	−187092,4	7 FeO + 8 SO2(g) -> 11,5 O2(g) + Fe7S8	2921105,1
Fe + 0,75 O2(g) -> FeO1,5(W)	−230350,1	FeO + 0,5 O2(g) + SO2(g) -> FeSO4	−8699,3
3 Fe + 2 O2(g) -> Fe3O4	−710586,1	2 FeO + 2 O2(g) + 3 SO2(g) -> Fe2(SO4)3	45401,8
0,877 Fe + SO2(g) -> O2(g) + Fe0,877S	186944,7	FeO1,056 + 0,222 O2(g) -> FeO1,5(W)	−43257,7
Fe + SO2(g) -> O2(g) + FeS	186861,8	3 FeO1,056 + 0,416 O2(g) -> Fe3O4	−149308,8
Fe + 2 SO2(g) -> 2 O2(g) + FeS2	490963,0	0,877 FeO1,056 + SO2(g) -> 1,463 O2(g) + Fe0,877S	351024,7
2 Fe + 3 SO2(g) -> 3 O2(g) + Fe2S3	704424,7	FeO1,056 + SO2(g) -> 1,528 O2(g) + FeS	373954,2
7 Fe + 8 SO2(g) -> 8 O2(g) + Fe7S8	1654353,2	FeO1,056 + 2 SO2(g) -> 2,528 O2(g) + FeS2	678055,4
Fe + O2(g) + SO2(g) -> FeSO4	−189663,9	2 FeO1,056 + 3 SO2(g) -> 4,056 O2(g) + Fe2S3	1078609,6
2 Fe + 3 O2(g) + 3 SO2(g) -> Fe2(SO4)3	−316527,3	7 FeO1,056 + 8 SO2(g) -> 11,696 O2(g) + Fe7S8	2964000,3
1,002 Fe0,945O -> 0,001 O2(g) + Fe0,947O	−1533562,0	FeO1,056 + 0,472 O2(g) + SO2(g) -> FeSO4	-2571,5
1,058 Fe0,945O -> 0,029 O2(g) + FeO	11266317,6	2 FeO1,056 + 1,944 O2(g) + 3 SO2(g) -> Fe2(SO4)3	57657,5
1,058 Fe0,945O -> 0,001 O2(g) + FeO1,056	5138432,2	3 FeO1,5(W) -> 0,25 O2(g) + Fe3O4	-19535,6
1,058 Fe0,945O + 0,221 O2(g) -> FeO1,5(W)	−38119,3	0,877 FeO1,5(W) + SO2(g) -> 1,658 O2(g) + Fe0,877S	388961,7

EXEMPLO 7.6 (*continuação*)

Reações univariantes para o equilíbrio Fe—S—O e respectivos valores de variação de Energia Livre de Gibbs (padrão) a 1000 °C (*continuação*)

Reações		Reações	
3,175 Fe0,945O + 0,413 O2(g) -> Fe3O4	-133893,4	FeO1,5(W) + SO2(g) -> 1,75 O2(g) + FeS	417211,9
0,928 Fe0,945 + SO2(g) -> 1,464 O2(g) + Fe0,877S	355531,1	FeO1,5(W) + 2 SO2(g) --> 2,75 O2(g) + FeS2	721313,1
1,058 Fe0,945O + SO2(g) -> 1,529 O2(g) + FeS	379092,7	2 FeO1,5(W) + 3 SO2(g) -> 4,5 O2(g) + Fe2S3	1165125,0
1,058 Fe0,945O + 2 SO2(g) -> 2,529 O2(g) + FeS2	683193,7	7 FeO1,5(W) + 8 SO2(g) -> 13,25 O2(g) + Fe7S8	3266804,2
2,116 Fe0,945O + 3 SO2(g) -> 4,058 O2(g) + Fe2S3	1088886,6	FeO1,5(W) + 0,25 O2(g) + SO2(g) -> FeSO4	40686,2
7,407 Fe0,945O + 8 SO2(g) -> 11,704 O2(g) + Fe7S8	2999969,3	2 FeO1,5(W) + 1,5 O2(g) + 3 SO2(g)--> Fe2(SO4)3	144173,0
1,058 Fe0,945O + 0,471 O2(g) + SO2(g) -> FeSO4	2566972,4	0,292 Fe3O4 + SO2(g) -> 1,585 O2(g) + Fe0,877S	394672,7
2,116 Fe0,945O + 1,942 O2(g) + 3 SO2(g) -> Fe2(SO4)3	67934,4	0,333 Fe3O4 + SO2(g) -> 1,667 O2(g) + FeS	423723,7
1,056 Fe0,947O -> 0,028 O2(g) + FeO	12885709,4	0,333 Fe3O4 + 2 SO2(g) -> 2,667 O2(g) + FeS2	727824,8
1,056 Fe0,947O + 0 O2(g) -> FeO1,056	6757824,0	0,667 Fe3O4 + 3 SO2(g) -> 4,333 O2(g) + Fe2S3	1178148,9
1,056 Fe0,947O + 0,222 O2(g) -> FeO1,5(W)	-36499,9	2,333 Fe3O4 + 8 SO2(g) -> 12,667 O2(g) + Fe7S8	3312387,2
3,168 Fe0,947O + 0,416 O2(g) -> Fe3O4	-129035,1	0,333 Fe3O4 + 0,333 O2(g) + SO2(g) -> FeSO4	47198,1
0,926 Fe0,947O + SO2(g) -> 1,463 O2(g) + Fe0,877S	356951,4	0,667 Fe3O4 + 1,667 O2(g) + 3 SO2(g) -> Fe2(SO4)3	157196,7
1,056 Fe0,947O + SO2(g) -> 1,528 O2(g) + FeS	380712,1	1,140 Fe0,877S + 0,140 O2(g) -> 0,140 SO2(g) + FeS	-26302,0

EXEMPLO 7.6 (*continuação*)

Reações		Reações	
1,056 Fe0,947O + 2 SO2(g) -> 2,528 O2(g) + FeS2	684813,3	1,140 Fe0,877S + 0,860 SO2(g) -> 0,860 O2(g) + FeS2	277799,2
2,112 Fe0,947O + 3 SO2(g) -> 4,056 O2(g) + Fe2S3	1092125,3	2,281 Fe0,877S + 0,719 SO2(g) -> 0,719 O2(g) + Fe2S3	278097,0
7,392 Fe0,947O + 8 SO2(g) -> 11,696 O2(g) + Fe7S8	3011305,0	7,982 Fe0,877S + 0,018 SO2(g) -> 0,018 O2(g) + Fe7S8	162206,5
1,056 Fe0,947O + 0,472 O2(g) + SO2(g) -> FeSO4	4186364,2	1,14 Fe0,877S + 2,14 O2(g) -> 0,14 SO2(g) + FeSO4	-402827,6
2,112 Fe0,947O + 1,944 O2(g) + 3 SO2(g) -> Fe2(SO4)3	71173,2	2,28 Fe0,877 + 5,28 O2(g) + 0,72 SO2(g) -> Fe2(SO4)3	-742855,9
FeO + 0,028 O2(g) -> FeO1,056	-6127,9	1 FeS + SO2(g) -> O2(g) + FeS2	304101,2
FeO + 0,25 O2(g) -> FeO1,5(W)	-49385,6	2 FeS + SO2(g) -> O2(g) + Fe2S3	330701,1
3 FeO + 0,5 O2(g) -> Fe3O4	-167692,4	7 FeS + SO2(g) -> O2(g) + Fe7S8	346320,8
0,877 FeO + SO2(g) -> 1,439 O2(g) + Fe0,877S	345650,6	FeS + 2 O2(g) -> FeSO4	-376525,7
2 FeS + 5 O2(g) + SO2(g) -> Fe2(SO4)3	-690250,5	0,5 Fe2S3 + 2,5 O2(g) -> 0,5 SO2(g) + FeSO4	-541877,7
2 FeS2 + O2(g) -> SO2(g) + Fe2S3	-277501,2	Fe2S3 + 6 O2(g) -> Fe2(SO4)3	-1020952,8
7 FeS2 + 6 O2(g) -> 6 SO2(g) + Fe7S8	-1782386,2	0,143 Fe7S8 + 2,143 O2(g) -> 0,143 SO2(g) + FeSO4	-426000,8
FeS2 + 3 O2(g) -> SO2(g) + FeSO4	-680626,9	0,286 Fe7S8 + 5,286 O2(g) + 0,714 SO2(g) -> Fe2(SO4)3	-789199,1
2 FeS2 + 7 O2(g) -> SO2(g) + Fe2(SO4)3	-1298455,3	2 FeSO4 + O2(g) + SO2(g) -> Fe2(SO4)3	62800,5
3,5 Fe2S3 + 2,5 O2(g) -> 2,5 SO2(g) + Fe7S8	-811133,8		

EXEMPLO 7.6 (*continuação*)

Os pontos triplos, referentes às reações invariantes, teriam as coordenadas mostradas na tabela a seguir. Cada ponto triplo pode ser interpretado como a interseção das linhas referentes a dois equilíbrios univariantes. Na tabela só são apresentados aqueles correspondentes aos equilíbrios estáveis. Daí a complexidade de uma resolução manual se tornar evidente.

Coordenadas dos pontos triplos, para o sistema Fe—S—O a 1000 °C

Fases presentes	Log pO_2(g)	Log pSO_2(g)	Fases presentes	Log pO_2(g)	Log pSO_2(g)
Fe - Fe0,947O - FeS	-15,055	-7,393	Fe3O4 - Fe0,877S - FeSO4	-7,429	4,412
Fe0,947O - Fe3O4 - Fe0,877S	-12,717	-3,969	Fe3O4 - FeSO4-- Fe2(SO4)3	0,96	1,615
Fe0,947O - Fe0,877S - FeS	-15,002	-7,313	Fe0,877S - FeS2 - FeSO4	-7,33	5,919
FeO1,5(W) - Fe3O4 - Fe2(SO4)3	3,204	0,368	FeS2 - FeSO4 - Fe2(SO4)3	-6,333	8,908

■

Esse aplicativo, HSC, apresenta outros módulos de cálculo que podem ser úteis: diagramas Eh-pH (diagramas de Pourbaix), balanços de massa e energia e um módulo para cálculo de equilíbrio químico.

EXEMPLO 7.7

Considere-se o cálculo da temperatura de chama na zona de combustão de um alto-forno, para o caso em que se considera 22% de oxigênio no ar (1% de enriquecimento) e umidade ao nível de 20 g/Nm^3. O carbono entra na zona de combustão a 1500 °C e o ar é soprado a 1000 °C.

Balanços de conservação dos elementos permitem calcular os fluxos molares; por sua vez, esses fluxos e as respectivas temperaturas servem de "input" ao HSC, como mostra a tabela a seguir.

EXEMPLO 7.7 (continuação)

Dados de entrada para cálculo de temperatura de chama utilizando HSC

Espécie	ºC	kmols	H (MJ/kmol)
C(s)	1500,000	20,754	29,787
O_2(g)	1000,000	9,821	32,466
H_2O(g)	1000,000	1,111	–204,201
N_2(g)	1000,000	34,821	30,603

Os cálculos são feitos na forma $\Sigma(n_i H_i)^{entradas} = \Sigma(n_i H_i)^{saídas}$*, e resultam, para os produtos, no que é apresentado na figura a seguir.*

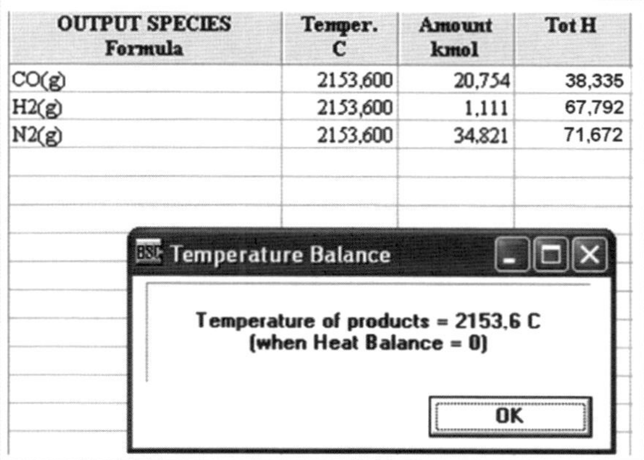

OUTPUT SPECIES Formula	Temper. C	Amount kmol	Tot H
CO(g)	2153,600	20,754	38,335
H2(g)	2153,600	1,111	67,792
N2(g)	2153,600	34,821	71,672

Temperature Balance

Temperature of products = 2153.6 C
(when Heat Balance = 0)

OK

Tela de "output" do HSC, para cálculo de temperatura adiabática.

■

EXEMPLO 7.8

A figura a seguir representa o resultado de um balanço de conservação de massa, relativo à produção de 1000 kg de gusa em um alto-forno. Os números entre parênteses indicam as massas, em kmols; as temperaturas também são especificadas.

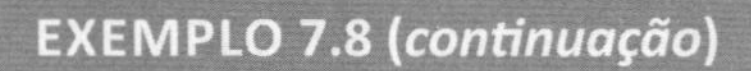

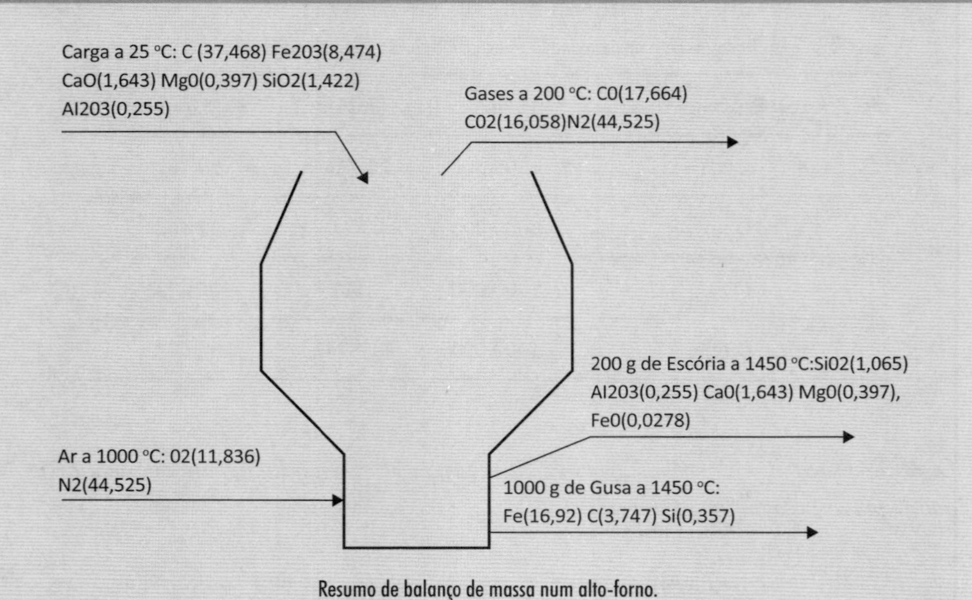

Resumo de balanço de massa num alto-forno.

Esses dados podem ser transplantados ao módulo de cálculo de balanço de energia do HSC, juntamente com a definição dos estados físicos. HSC calcula as entalpias de cada quantidade, assumindo se tratar de elementos ou compostos puros. A tabela a seguir ilustra o caso.

Dados de entalpia e massas relativas ao cálculo de perdas térmicas em um alto-forno, utilizando HSC

Espécie	°C	kmol	Hi (MJ/kmol)	ni x Hi	Espécie	°C	kmol	Hi (MJ/ kmol)	ni x Hi
C	25,000	37,468	0,000	0,000	CO(g)	200,000	17,664	−105,450	−1862,665
Fe_2O_3	25,000	8,474	−870,464	−6988,016	CO_2(g)	200,000	16,058	−386,590	−6207,871
CaO	25,000	1,643	−670,699	−1043,951	N_2(g)	200,000	44,525	5,119	227,944
MgO	25,000	0,397	−634,953	−238,807	SiO_2(l)	1450,000	1,065	−805,688	−858,055
SiO_2	25,000	1,422	−961,929	−1295,856	Al_2O_3(l)	1450,000	0,255	−1389,765	−354,391
Al_2O_3	25,000	0,255	−1769,207	−427,399	CaO(l)	1450,000	1,643	−483,692	−794,708
O_2(g)	1000,000	11,836	34,271	384,275	MgO(l)	1450,000	0,397	−465,831	−184,933

EXEMPLO 7.8 (*continuação*)

Dados de entalpia e massas relativas ao cálculo de perdas térmicas em um alto-forno, utilizando HSC (*continuação*)

Espécie	°C	kmol	Hi (MJ/kmol)	ni x Hi	Espécie	°C	kmol	Hi (MJ/kmol)	ni x Hi
N_2(g)	1000,000	44,525	32,304	1362,631	FeO(l)	1450,000	0,028	−159,189	−4,425
					Fe(l)	1450,000	16,920	68,701	1162,394
Total				−8247,123	C	1450,000	3,747	28,578	107,086
					Si(l)	1450,000	0,357	87,270	31,156
					Total				−8738,463
					Perdas				491,340

Os cálculos são feitos na forma $\Sigma(n_i H_i)^{entradas} = \Sigma(n_i H_i)^{saídas}$ *+ Perdas; daí resultam perdas da ordem de 491340 kJ/ton de gusa.*

■

Tal como no caso do outro *software* tomado como exemplo, nem todas as aplicações são descritas neste texto. O leitor não deve tomar esses exemplos como uma recomendação desses aplicativos, comparativamente a outros disponíveis no mercado; apenas como uma ilustração da aplicabilidade de se utilizar recursos computacionais para a resolução de problemas complexos.

7.4 REFERÊNCIAS

BALE, C. Theory and computation of two-metal and higher order predominance area diagrams. *Canadian Metallurgical Quartely*, vol. 29, n. 4, p. 263-277, 1990.

BAN-YA, S. Mathematical expression of slag-metal reactions in steelmaking process by quadratic formalism based on the regular solution model. *ISIJ International*, vol. 33, n. 1, p. 2-11, 1993.

GAYE, H.; WELFRINGER, J. Modelling of the thermodynamic properties of complex metallurgical slags. In: INTERNATIONAL SYMPOSIUM ON METALLURGICAL SLAGS AND FLUXES, II., 1984, Lake Tahoe, Nevada. TMS-AIME, 1984. p. 357-371.

LUKAS, H. L.; FRIES, S. G.; SUNDMAN, B. *Computational thermodynamics*: the Calphad method. London: Cambridge University Press, 2007.

MAGALHAES, H. L. G. *Melhoria da limpidez do aço SAE 1045 desoxidado ao alumínio com aplicação na indústria automobilística, utilizando termodinâmica computacional.* 2010. Dissertação (Mestrado) – REDEMAT, 2010.

OERTEL, L. *Avaliação de escórias para forno-panela através de ensaios de laboratório e termodinâmica computacional.* 1998, 129 f. Dissertação (Mestrado) – Escola de Engenharia Industrial Metalúrgica de Volta Redonda, UFF, Rio de Janeiro, 1998.

Outokumpu HSC Chemistry for Windows, v4.0, User's Guide, 1999.

PEACEY, J. C.; DAVEMPORT, W. G. *The iron blast furnace*: theory and practice. Oxford: Pergamon Press, 1979.

RIST, A.; MEYSSON, N. Recherche graphique de la mise au mille minimale du haut forneau a faible temperature de vent. *Revue de Metallurgie*, p. 121-145, fev. 1964.

SESHADRI, V.; PARREIRAS, R. T.; SILVA, C. A.; SILVA, I. A. *Fenômenos de transporte*: fundamentos e aplicações nas engenharias metalúrgica e de materiais. São Paulo: ABM, 2010.

Thermo-Calc® Software, User's guide. Foundation of Computational Thermodynamics, Sweden, 1995-2004.

GRÁFICA PAYM
Tel. [11] 4392-3344
paym@graficapaym.com.br